国家出版基金项目
NATIONAL PUBLICATION FOUNDATION

"十四五"时期国家重点出版物出版专项规划项目
现代农业学术经典书系

中国农业面源污染防治

【上卷】　刘宝存　杨林章　邹国元　安志装　等　著

中国农业科学技术出版社

图书在版编目（CIP）数据

中国农业面源污染防治 / 刘宝存等著. --北京：中国农业科学技术出版社，2024.5
ISBN 978-7-5116-6458-7

Ⅰ.①中… Ⅱ.①刘… Ⅲ.①农业污染源－面源污染－污染防治－研究－中国 Ⅳ.①X501

中国国家版本馆CIP数据核字（2023）第 187089 号

审图号：京审字（2023）G第2381号

责任编辑 王伟红
责任校对 马广洋
责任印制 姜义伟　王思文

出 版 者　中国农业科学技术出版社
　　　　　北京市中关村南大街 12 号　　邮编：100081
电　　话　（010）82105169（编辑室）　　（010）82106624（发行部）
　　　　　（010）82109709（读者服务部）
网　　址　https：// castp.caas.cn
经 销 者　各地新华书店
印 刷 者　北京中科印刷有限公司
开　　本　210 mm×285 mm　1/16
印　　张　68.5
字　　数　1 910 千字
版　　次　2024 年 5 月第 1 版　　2024 年 5 月第 1 次印刷
定　　价　520.00 元（上、下卷）

《中国农业面源污染防治》

指导委员会

主　任：严东权　王衍亮　陈彦宾　李成贵

委　员：郑　戈　熊　炜　宝　哲　任天志　黄元仿　刘　强　吴金水　隋　斌　胡春胜

专著委员会

主　著：刘宝存　杨林章　邹国元　安志装

副主著：李　勇　何　艳　徐阳春　潘瑜春　赵同科　张克强　施卫明　荣湘民　刘晓文　王玉峰
　　　　周建斌　朱　波　马兴旺　徐建明　刘新刚　红　梅　陈怡平　薛利红　索琳娜

著　者（按姓氏笔画排序）

丁京涛　万金鑫　马　林　马　燕　马刘正　马兴旺　马红红　马茂亭　王　风　王　玥
王　益　王　磊　王　毅　王天巍　王凤花　王玉峰　王仕琴　王军涛　王孝芳　王昊丹
王昌全　王凯博　王雪蕾　王慎强　王德健　牛世伟　艾绍英　左　强　叶权运　申　健
申　锋　田　昌　冯　瑶　冯爱萍　司　洋　吕金岭　朱　平　朱　波　朱志平　刘　孟
刘冬碧　刘连华　刘青海　刘宝存　刘晓文　刘善江　刘新刚　安志装　许俊香　孙　阳
孙　琦　孙世友　孙永明　孙在金　孙良杰　孙钦平　孙乾迎　孙瑞波　红　梅　苏　瑶
杜连凤　李　季　李　彦　李　勇　李　斐　李　强　李兆君　李芳柏　李辰宇　李叔瑶
李朋飞　李艳菊　李振峰　李晓岚　李晓欣　李梦婷　李彩斌　李焕春　杨　兰　杨　勇
杨　鹏　杨天杰　杨凤霞　杨林章　杨虎德　杨金凤　肖　强　肖润林　吴　星　吴文成
吴建军　吴颖欣　吴德胜　邱　城　邱才飞　何　艳　何培民　何德波　余光辉　谷佳林
谷学佳　邹国元　闵　炬　汪　涛　沙之敏　沈丰菊　沈玉文　沈玉君　怀宝东　宋吉青
宋媛媛　迟光宇　张　炼　张　磊　张大雷　张飞龙　张玉平　张克强　张秀芝　张陇利
张环宇　张宝贵　张树兰　张惠文　张富林　陈　硕　陈　清　陈怡平　陈禹杞　陈家赢
范先鹏　林　昕　欧阳威　罗　沛　周建斌　周玲莉　周雪全　庞桂斌　郑　戈　郑文波
郑玉婷　郑华宝　宝　哲　房怀阳　孟海波　赵　润　赵世翔　赵同科　赵沛义　荣湘民
胡文锋　胡建东　胡荣桂　胡海棠　柳王荣　钟　华　郜允兵　香　宝　侯朋福　侯振安
施卫明　娄翼来　贺　斌　贺德春　耿德宏　索琳娜　夏　颖　徐阳春　徐建明　高　阳
高红兵　高晶波　郭熙盛　唐文雪　唐翔宇　黄　斌　黄红英　黄志伟　曹林奎　康凌云
梁丽娜　隋　斌　隋文志　彭春瑞　董文旭　蒋永新　韩永亮　储　茵　曾　媛　谢桂先
蒲胜海　蒲施桦　慈　恩　蔡崇法　廖上强　漆新华　翟中葳　熊　炜　潘喻春　薛利红
薄录吉　魏世强　魏露露

食品安全生态保护
共相基人与自然和谐
共生谋发展

癸卯年夏万敏之

序 一

农业面源污染防治是当前生态环境保护工作突出的难点与短板，事关生态文明建设、农业绿色发展、城乡居民的"水缸子""米袋子""菜篮子"和"果盘子"。党的十八大以来，党中央、国务院高度重视农业农村生态环境保护工作，习近平总书记对此多次做出重要指示和批示，明确要求打好农业农村污染治理攻坚战等七大标志性战役。生态环境部联合农业农村部、住房和城乡建设部、水利部、国家乡村振兴局印发实施了《农业农村污染治理攻坚战行动方案（2021—2025年）》，取得阶段性进展。三大粮食作物化肥、农药利用率均达到40%以上，全国畜禽粪污综合利用率和农膜回收率分别达到75%和80%。我国农业生态环境质量总体上得到改善，但结构性、根源性、趋势性压力尚存，农业面源污染量大面广的基本态势尚未根本扭转，农业面源污染防治还面临一些亟待解决的问题。农业面源污染排放量与经济增长总体上呈倒"U"形曲线关系，化肥投入、农药使用以及畜禽粪便排放与人均GDP仍处于曲线上升阶段，到达农业面源污染减排拐点还需要一定的时间。

据《第二次全国污染源普查公报》显示，2017年全国水污染物排放量：氨氮96.34万t，总氮304.14万t，总磷31.54万t。其中，农业源水污染物排放量：氨氮21.62万t，占总量的22.44%；总氮141.49万t，占总量的46.52%；总磷21.20万t，占总量的67.22%。种植业水污染物排放（流失）量：氨氮8.30万t，占总量的8.62%；总氮71.95万t，占总量的23.66%；总磷7.62万t，占总量的24.12%。秸秆产生量为8.05亿t，秸秆可收集资源量6.74亿t，秸秆利用量5.85亿t。地膜使用量141.93万t，多年累积残留量118.48万t。畜禽养殖业水污染物排放量：氨氮11.09万t，占总量的11.51%；总氮59.63万t，占总量的19.61%；总磷11.97万t，占总量的37.95%。其中，畜禽规模养殖场水污染物排放量：氨氮7.50万t，总氮37.00万t，总磷8.04万t。水产养殖业水污染物排放量：氨氮2.23万t，占总量的2.31%；总氮9.91万t，占总量的3.26%；总磷1.61万t，占总量的5.10%。

农业环境问题是我国实现现代化农业强国的难点，生态文明与环境安全和粮食安全同等重要。绿色发展是农业农村发展的方向，而农业环境研究是确保绿水青山和土壤健康、食品安全、水土气环境安全的一项十分重要的任务，我国人口众多、资源有限，粮食和环境安全问题是前无之鉴，必须研究探索一条符合我国国情发展的双赢之路。

本书以我国环境领域"十二五""十三五"相关科技计划项目研究成果为基础，定位农业生产过程的投入品和产出品，在确保粮食安全和产地环境良好的前提下，给出我国农业面源污染防治和区域管理的解决方案，为研究和管控农业面源污染提供科学依据，故以《中国农业面源污染防治》为名。全书分上下两卷，上卷"农业面源污染防治理论与方法"，聚焦氮磷流失污染防治、有机/生物化学品污染防治、农业废弃物污染防治、面源污染物检测与监管等方面，总结提出适于中国农业特点的农业面源污染防治创新性新方法、新理论；下卷"农业面源污染防治技术与应用"依据中国农业生产现状，围绕长江、黄河两大流域，针对不同污染要素与特征，确认了11个主要农区，系统总结出具有区域特色的农业面源污染防治的关键技术与综合防控技术模式。

发展绿色农业必须要有良好的生态环境作为物质基础，保持和维护良好的农田生态环境尤为重要。农业面源污染防治是一项系统工程，探索建立一套符合我国国情的科学合理的农业面源污染防治理论与实践的技术体系，有利于进一步推动农业污染治理技术和成果的有效落地和应用，有利于提高我国农产品质量安全，促进农业生态环境改善，推进区域性或者全国性的农业绿色发展。

本书是目前国内首次编写较为系统的农业环境领域主要污染要素防治工作的学术专著。相信本书的出版将对国家有关管理部门、科研教学单位和相关研究教学人员全面学习了解本领域发展、技术、标准及规范等情况，制定区域管理规划等有所帮助。

中国农业科学院原院长

中国 工 程 院 院 士

2023年4月15日

序 二

习近平总书记指出，农业发展不仅要杜绝生态环境欠新账，而且要逐步还旧账，要打好农业面源污染防治攻坚战。党中央、国务院高度关注农业面源污染防治工作，先后出台了一系列政策措施，对农业面源污染防治发挥了有效作用。目前我国生态环境质量呈持续改善态势，但环境保护与经济发展复杂性有所上升，仍是广大人民群众关注的焦点问题。面对新时代土壤健康与农业绿色发展需求，生产经营方式变了，资源禀赋质量变了，人们生活需求变了，粮食安全与环境良好、生态环境保护与经济社会发展的矛盾还很突出，改善生态环境质量仍面临很大压力，这将是一项长期而艰巨的任务。当前污染防治形势依然严峻，需要进一步加强农业面源污染防治政策实施力度，在控制农业面源污染增量的同时，减少污染存量，切实改善农业生产环境质量，保障农产品安全，以满足人民日益增长的美好生活需要。

在长期的社会和经济发展中，我国农业在保障农产品供给、提供食物营养防止饥饿、稳定社会发展等方面发挥了突出作用，其生产性功能得到了长足发展。同时，我们也清醒地看到，我国农业发展在取得巨大成就的同时也带来了不少农业环境问题，如追求高投入高产出下的农业集约化、规模化发展导致农业生态系统自我调节能力减弱、防灾抗灾减灾能力下降等。农业应对气候变化、粮食安全等多元化目标的实现与可持续发展面临新挑战，农业高产生产模式对生态环境的影响，以及实现农业绿色可持续发展面临的资源与生态环境双重约束和压力越来越受到社会的普遍关注与重视。

"十二五"国家科技支撑计划、行业专项在农业面源污染防控领域研究设计10余项，围绕农业面源污染监测与防控技术等方面开展了系列研究，取得一批污染防治关键技术、材料、装备等科研成果，建设了多个相关领域的国家级、省部级重点实验室和工程中心，建成一批实验站、基地及监测网络。"十三五"期间，国家重点研发计划在农业环境领域启动了重点专项，以粮食、蔬菜、瓜果及主要经济作物种植区为对象，在农田氮磷流失、农田重金属污染、农业有机废弃物和农田有毒有害生物化学污染物防控与修复4个领域，共部署了35个（农业面源26个）项目。与以往相比，"十三五"农业面源专项的布局更加科学、系统、全面。过去，农业环境和耕地保护方面的科技项目往往分布在不同的计划中，内容比较分散，类别不成体系；氮磷流失、重金属污染治理、农业废弃物资源化利用等不同技术领域的项目相互隔离，缺乏协作，不可避免地存在一些低水平重复。"十三五"农业面源专项将多部门、多领域的研究任务统筹规划，互相配合，形成一体。从基础研究、关键技术设备研发到集成示范，一体化实施，系统性地推进研发工作，起到了事半功倍的效果。农业面源专项由于在整体设计上更加科学、系统，不但在科技成果的创新水平上有显著提高，而且更加贴近产业发展的需要，适用范围更大更广、指导作用更强。一是前沿基础研究取得了一批重要理论创新，有效支撑了共性技术研发和集成示范。二是关键共性技术研发呈体系化、深度化发展，形成一批技术—产品（材料、设备）的创新链和产业链。三是规模化应用和示范取得跨越式发展，从田块尺度拓展到流域或区域尺度。这些成果，有力地促进了我国农业环境健康发展。

本书是中华人民共和国成立以来首次正式出版的全面论述我国农业面源污染研究水平、技术创新和实用模式的一本专著。体现了理论研究与现实应用的结合，具有融理论性、实践性于一体的特色。该书内容翔实、资料珍贵完整，文、图、表并茂，是一本认识、研究我国农业面源污染防治的好书。

相信该书将为国家及区域管理、科研与教学单位和生产单位全面掌握农业环境情况、制定规划、指导农业生产、保护生态环境提供帮助。

中国工程院院士
中国土壤学会理事长　张佳宝

2023年3月30日

序 三

  我国农业直接利用的国土面积约占总量的50%，农业生产不仅具有提供食物和工业原料的生产功能，还具有调节大气、维持生物多样性、处理与吸纳农业废弃物、循环和贮存养分、防止水土流失、实现人与自然和谐共生等生态功能。改革开放以来，我国种植业经历了四轮农业结构调整，取得了巨大成就，用全世界9.6%的耕地解决了全世界约1/5人口的吃饭问题，其成功的经验在于应用良种、化肥、农药和地膜以及改善水利灌溉条件，其中，化肥农药的贡献率超过40%。在充分肯定化肥、农药、地膜为我国农业做出巨大贡献的同时，我国也清醒地认识到，随着工业化、城镇化进程加快以及农产品需求数量的上升，新增环境污染物的产生量和排放量将维持在一个较高水平，尤其是农药、化肥不合理使用以及农业废弃物无害化处理和资源化利用不足而产生的农业面源污染，加大了对土壤、水体和空气的环境压力，威胁我国农业和农村生态环境安全。

  面源污染也称非点源污染，按照来源不同，可细分为农业面源污染和城镇面源污染等。农业面源污染是指农业生产过程中由于化肥、农药、地膜等化学投入品的不合理使用，以及畜禽和水产养殖产生的废弃物、种植业产生的农作物秸秆等处理不及时或不当，所产生的氮、磷、有机物等营养物质，在降雨和地形等因素共同驱动下，以地表径流、地下淋溶和土壤侵蚀为载体，在土壤中过量累积或进入受纳水体，对生态环境造成的污染。

  党中央、国务院高度关注农业面源污染防治工作，先后出台了一系列政策措施及《全国农业可持续发展规划（2015—2030年）》《农业环境突出问题治理总体规划（2014—2018年）》《重点流域农业面源污染综合治理示范工程建设规划（2016—2020年）》等一系列文件，特别是把"一控两减三基本"作为治理农业面源污染的重要策略和终极目标，生态环境部、农业农村部全面推进农业面源污染防控工作，大力实施《打好农业面源污染防治攻坚战的实施意见》《农业农村污染治理攻坚战行动计划（2021—2025年）》等系列攻坚行动，取得了明显成效。全国化肥农药使用量持续减少，三大粮食作物化肥、农药利用率分别提升到40.2%和40.6%；农业废弃物资源化利用水平稳步提升，畜禽粪污综合利用率达到75.0%，秸秆综合利用率和农膜回收率分别达到86.7%和80.0%。全国地表水优良水质断面比例提高至83.4%，同比上升8.5个百分点，劣Ⅴ类水体比例下降到0.6%，同比下降2.8个百分点。然而，当前农业面源污染防治形势依然严峻。根据第二次全国污染源普查的数据，种植业化肥和畜禽养殖粪污排放是当前农业面源污染的"牛鼻子"。因此，应科学研判这两种类型污染对粮食安全、耕地质量和种质资源等方面的影响，科学确立总体思路和工作目标。在摸清各类型农业面源污染家底的基础上，系统分析化肥、农药、农用地膜和畜禽养殖废弃物等治理的难点与堵点，加强农业面源污染防治攻坚战实施效果的监测与评价。

以北京市农林科学院为代表的科技工作者们，较早和系统地开展了相关研究工作。他们于2000年主持承担国家环境保护总局"中国北方有效控制农业面源污染示范区"项目；2006年主持承担国家"十一五"科技支撑计划"沿湖地区农业面源污染防控与综合治理技术研究"项目；2012年主持承担国家"十二五"科技支撑计划"农业面源污染防控关键技术研究与示范"项目；2016年主持设计"农业面源与重金属污染综合防控与修复技术研发"重点专项。作为一名农业生态领域的专家，我一直跟踪、关注农业环境的研究工作，他们迎难而上的工作精神、求真务实的科学态度，给我留下了深刻印象。

欣闻近期他们组织全国该领域同行专家，将近年来在农业环保领域的研究成果梳理编辑出版，由衷地感到高兴，该书包含了农业面源污染特征、过程及其防控的理论、技术及模式，是一本重要的参考读物，我对他们取得的成果和成绩表示祝贺！多年来，这些专家和学者辛勤耕耘、甘于奉献，用他们的汗水、心血和智慧浇灌着生态之花，冲刷着环境之污，期盼着江河之净，值得敬佩！

我国是一个发展中大国。人口基数大、资源相对匮乏、生态环境容量有限，这是我们面对的基本国情。在今后一个较长的时期内，我国人口、资源、环境的压力将继续并存，而且随着社会经济的进一步发展将不断加大，实现我国社会经济环境的全面协调和可持续发展面临的任务还十分艰巨。我们坚信，有党中央的英明领导，有各级政府的大力支持，有广大科技工作者的不懈努力和广大人民群众的积极参与，我国农业环保事业充满希望，"绿水青山就是金山银山"的目标就一定能够实现。

南京农业大学原副校长
中国工程院院士 沈其荣

2023年4月10日

前 言

中国用世界9.6%的耕地和6%左右的淡水资源，生产了全球25%的粮食，养活了世界约20%的人口，为世界粮食安全做出了巨大贡献。这成功的经验主要在于良种的应用、水利灌溉条件的改善和化肥、农药、农膜的使用，在农业生产取得巨大成功的同时，我们也必须清醒地认识到化肥、农药、农膜的大量施用带来的生态环境问题，还有现代化、区域化、规模化畜禽、水产养殖导致粪污产生的集中化和大量化，以及养殖过程中饲料添加剂、兽药的不合理使用导致粪污中存在大量抗生素及病原微生物。现代化的种植、养殖业对环境的压力主要表现在地表水体的富营养化，地下水硝酸盐污染，土壤酸化，高毒持久性农药、难以降解的残膜、重金属和抗生素在土壤中的积累等。随着人民生活水平的提高，生态环境问题日益成为社会和公众关注的热点问题。

农业面源污染广义上包括农业投入品、产出品、农村污水和废弃物造成的污染，狭义上也有只讲氮磷流失带来的污染。本书定义农业面源污染为农业生产活动中由于化肥、农药、地膜等化学投入品的不合理使用，以及集约化畜禽水产养殖废弃物、农作物秸秆等处理不及时或不当，所产生的氮、磷等营养和化学、有机、生物等污染物质，以地表径流和土壤侵蚀为载体，在土壤中过量累积或进入受纳水体，对生态环境造成的污染。

农业面源污染由于来源分散、多样，无明确的排污口，地理边界和位置难以识别和确定；它的发生受自然地理条件、水文气候特征等因素影响，在污染物向土壤和受纳水体运移过程中，呈现时间上的随机性和空间上的不确定性；受到生物地球化学转化和水文传输过程的共同影响，农业生产残留的氮磷、有机废弃物等会在土壤中累积，并缓慢地向环境释放，对受纳水体环境质量的影响存在滞后性，但进入受纳水体或在土壤中过量累积，会变成污染物，如果利用好对农业生产则是一种资源。

我国农业面源污染研究起自20世纪70年代，中国科学院、中国农业科学院等科研单位围绕"三湖、三河"和农田、生活、养殖的重点区域开展了以调查为主要内容的先行试验研究。20世纪80年代中后期（"七五"）引入国外技术，主要集中在水库、湖泊及江河的富营养化调查，开始面源污染宏观特征和污染负荷定量估算模型探究。"十五"以后，"973计划""863计划"、国家科技支撑计划、专项规划、国际合作和"十三五"重点研发计划全面开展了农业面源污染综合防治研究。在农业面源污染基础研究、关键共性技术研发和集成示范等方面均取得显著成效，部分领域有突破性进展。初步形成了农田面源污染物溯源、迁移、转化及与农产品质量关系等重要理论体系；研发出农业化学/生物制品等一批污染治理产品与技术和农业废弃物处理智能反应器等重大核心装备，解决了一些关键核心技术问题；规模化应用示范取得跨越式进步，形成了一批生态环境效应和经济效益兼顾的防治模式，有效地推动了我国相关领域装备和产品的标准化及产业化水平的提高，促进了我国区域生态环境质量改善和农业经济健康发展。

虽然我国在农业面源污染方面的研究工作已经有了一定的积累，但是尚缺乏系统、全面地对不同水体农业面源污染本底检测数据、不同类型土壤与种植制度、不同污染要素与污染程度、创新与实用性技术成果等要素信息的系统梳理，不利于因地制宜地采取分类治理的方式防治农业面源污染。近年来，总结出版有关农业面源污染防治的书籍不少，但大多是以完成项目为目的的专题出版物，能在国家层面系统梳理科研成果、支撑乡村振兴、服务管理与产业发展，覆盖全国主要农区的专著尚未见到。

为进一步贯彻落实习近平总书记生态优先、绿色发展的指示精神，在科技部农村科技司、农业农村部科技教育司领导下，本书以我国"十一五"以来，"十二五""十三五"农业面源污染防治领域研究成果为主要素材，定位农业生产过程投入品和产出品，在确保粮食安全和产地环境良好的基础上，给出我国农业面源污染防治研究成果的水平结点和区域管理成熟的污染防治解决方案，为研究和管控农业面源污染提供科学依据，故以《中国农业面源污染防治》为名。全书共17章，分为上下两卷，上卷"农业面源污染防治理论与方法"（1~5章），第一章 概论（刘宝存、安志装、索琳娜）；第二章 氮、磷流失污染防治（杨林章、李勇、陈怡平、马林、朱波、陈清等）；第三章 土壤有机/生物污染防治（何艳、刘新刚、李兆君等）；第四章 农业废弃物污染防治（徐阳春、李季、隋斌、张克强、孙钦平等）；第五章 农业面源污染物检测与监管（潘瑜春、郜允兵、王雪蕾、张宝贵、胡建东等）。系统凝炼出具有中国农业特点的面源污染防治的创新性成果和新方法、新理论、新工艺。下卷"农业面源污染防治技术与应用"（6~17章），第六章 西藏"一江两河"农牧区（荣湘民、邱城、杨勇等）；第七章 长江上游西南农区（朱波、魏世强等）；第八章 长江中游农区（荣湘民、田昌、肖润林、彭春瑞、刘冬碧等）；第九章 长江下游平原河网农区（施卫明、薛利红、闵炬、曹林奎、储茵等）；第十章 东南丘陵农区（徐建明、吴建军等）；第十一章 华南集约化农区（刘晓文、孙乾迎、吴文成等）；第十二章 西北旱地农区（马兴旺、红梅、赵沛义等）；第十三章 关中平原及秦岭山地农区（周建斌、张树兰、高晶波等）；第十四章 华北集约化农区（张克强、李彦、孙世友、王风等）；第十五章 东北规模化农区（王玉峰、欧阳威、谷学佳、牛世伟等）；第十六章 都市农业区（赵同科、杜连凤、李芳柏、曹林奎等）；第十七章 中国农业面源污染防控策略与建议（刘宝存、安志装、宝哲、邹国元）。依据中国农业生产现状，主要围绕长江、黄河两大流域，针对不同污染要素与特征，确认了11个重点农区，系统总结出区域特色农业面源污染防治的关键技术、以及综合防控技术体系与模式。

本书由北京市农林科学院牵头，联合60余家中央与地方科研院所、大学和企业等单位，组织国内农业面源污染防治领域专家、学者200余名，系统梳理总结了"十一五"以来我国在农业面源污染防治方面的研究进展和区域生产实践中取得的重要成绩。技术内容主要基于收录的100多件中国技术发明专利和实用新型专利，科学内容主要来自公开发表的300多篇SCI论文和1 000多篇国内核心期刊论文，管理内容主要产生于不同农业区域、不同种植类型下集成示范的100多个防控模式。本书适合农业、环境相关专业的科研人员、在校师生和相关领域的党政管理人员阅读和使用，希望本书的出版能为我国农业面源污染防治研究和区域管治提供良好借鉴，有效推动我国农业面源污染防治领域的学术、科研、教学和管理工作，带动相关学科的发展和进步。

本书编写得到了农业农村部科技教育司、农业农村部科技发展中心、农业农村部农业生态与资源保护总站、北京市农林科学院植物营养与资源环境研究所、北京土壤学会等单位的指导与支持，同时也得到国家"十二五""十三五"面源重点专项/研发计划相关首席专家的鼎力协助，特别是全国农业科技创业和产业创新联盟主席、原农业部副部长刘坚为本书开篇题词，中国农业科学院第八任院长唐华俊院士，中国土壤学会理事长、中国科学院南京土壤研究所张佳宝院士，南京农业大学原副校长沈其荣院士在百忙之中为本书作序。对参加本书编写的相关专家和科研人员，以及各级领导等给予的大力支持和辛勤付出，在此一并表示感谢。

由于著者水平有限，书中难免有遗漏和不当之处，敬请广大读者批评指正。

2023年5月于北京

目　录

上卷　农业面源污染防治理论与方法

第一章　概　论……………………………………………………………**3**

第一节　我国农业面源污染现状 …………………………………………… 3

第二节　我国农业面源污染要素与特征 …………………………………… 4

第三节　国内外农业面源污染研究进展 …………………………………… 8

主要参考文献 ……………………………………………………………… 18

第二章　氮、磷流失污染防治………………………………………………**21**

第一节　农田氮磷径流流失污染防控机制与预测 ………………………… 21

第二节　包气带氮素淋溶理论与阻控机理 ………………………………… 71

第三节　水网区氮磷流失防控理论与方法 ………………………………… 84

第四节　设施菜田土壤高碳调控氮磷淋失机制 …………………………… 96

第五节　山坡地水土流失与农业面源污染机理 …………………………… 103

第六节　冻融作用下土壤氨氮的吸附与流失机制 ………………………… 119

第七节　治沟造地小流域氮磷迁移转移过程与面源污染理论模型 ……… 124

主要参考文献 ……………………………………………………………… 146

第三章　土壤有机/生物污染防治…………………………………………**149**

第一节　土壤有机/生物污染特征评估检测方法 ………………………… 149

第二节　土壤典型有机/生物污染过程与效应 …………………………… 158

第三节　土壤有机/生物污染源头防控 …………………………………… 166

第四节　土壤有机/生物污染综合防控方法与技术规程 ………………… 179

第五节　土壤抗生素和抗性基因污染防控 ………………………………… 190

主要参考文献 ……………………………………………………………… 219

附录 ···································· 223

第四章 农业废弃物污染防治 ································ **229**

第一节 低温与高温微生物菌剂的创制 ····················· 229
第二节 自动化、一体化好氧发酵原理与工艺 ··············· 256
第三节 有机废弃物厌氧处置原理与装备 ··················· 265
第四节 养殖场粪污在线监测、收储、高效转化新工艺 ········· 283
第五节 养殖面源和重金属污染防控优先序的构建 ··········· 292
主要参考文献 ································· 300

第五章 农业面源污染物检测与监管 ···················· **303**

第一节 农业面源污染物现场快速检测新方法与原理 ········· 303
第二节 农业面源污染天地一体化协同监测 ················· 313
第三节 区域农业面源污染生态风险管控 ··················· 333
第四节 农业面源污染信息化监管体系与平台 ··············· 362
主要参考文献 ································· 376

下卷 农业面源污染防治技术与应用

第六章 西藏"一江两河"农牧区 ······················ **381**

第一节 区域农牧业生产现状 ····························· 381
第二节 西藏"一江两河"流域农业面源污染风险分析 ········· 384
第三节 西藏"一江两河"流域农业面源污染防控技术模式 ····· 390
主要参考文献 ································· 400

第七章 长江上游西南农区 ··························· **401**

第一节 农业生产现状与面源污染负荷 ····················· 401
第二节 山地面源污染源头阻控技术 ······················· 405
第三节 丘陵山地面源污染全程控制技术 ··················· 413
第四节 山地小流域面源污染全程治理模式 ················· 425
第五节 西南川渝平原丘陵区农田面源污染防控技术模式 ······ 429
主要参考文献 ································· 438

第八章　长江中游农区 · **441**

第一节　区域农业生产现状及面源污染特征 · 441

第二节　新型材料对土壤中氮磷的固持及氮磷流失靶向控制技术 · · · · · · · · 446

第三节　中南丘陵旱地农业面源污染防控技术 · 460

第四节　稻田面源污染防控技术 · 468

第五节　畜禽养殖污染防控技术 · 478

主要参考文献 · 491

第九章　长江下游平原河网农区 · **495**

第一节　区域农业生产现状与面源污染特征 · 495

第二节　河网区面源污染防控技术 · 510

第三节　河网区畜禽、水产养殖污染控制技术 · 531

第四节　长江下游不同流域面源污染防控技术 · 547

主要参考文献 · 560

第十章　东南丘陵农区 · **563**

第一节　区域农业生产现状与面源污染特征 · 563

第二节　丘陵区农业面源污染防控技术 · 565

第三节　丘陵区水土流失与面源污染治理技术 · 590

第四节　丘陵区面源污染治理模式 · 598

主要参考文献 · 602

第十一章　华南集约化农区 · **605**

第一节　区域农业生产现状与面源污染特征 · 605

第二节　多熟制稻田面源污染防控技术 · 639

第三节　高复种菜地面源污染防控技术 · 646

第四节　集约化热带果园面源污染防控技术 · 657

第五节　集约化畜禽养殖污染防治技术 · 659

第六节　集约化水产养殖污染防治技术 · 671

第七节　面源污染控制单元综合防治技术 · 678

主要参考文献 · 686

第十二章　西北旱地农区 · **689**

第一节　区域农业生产现状与面源污染特征 · 689

第二节　农田氮磷流失防控技术 · 699

第三节　黄土高原苹果园氮磷流失防控技术 · 728

第四节　农膜污染防控技术 · 749

主要参考文献 ·· 764

第十三章　关中平原及秦岭山地农区 ·································· **767**

第一节　关中平原农区农业概况 ····································· 767

第二节　小麦–玉米种植制度农业面源污染防控技术与模式 ····· 773

第三节　秦岭北麓猕猴桃产区面源污染防控技术 ················· 790

主要参考文献 ·· 804

第十四章　华北集约化农区 ·· **807**

第一节　区域农业生产现状与面源污染特征 ····················· 807

第二节　小麦–玉米种植制度面源污染防控技术与模式 ·········· 812

第三节　菜地氮磷面源污染防控技术 ······························ 844

第四节　规模化奶牛场为主体的种养结合污染防控技术模式 ···· 854

主要参考文献 ·· 887

第十五章　东北规模化农区 ·· **889**

第一节　区域农业生产状况与面源污染特征 ····················· 889

第二节　东北流域农业面源污染综合防控技术模式 ·············· 892

第三节　平原农区氮磷减排与增容技术 ··························· 905

第四节　坡耕地水土流失阻控技术 ································· 943

第五节　秸秆资源化利用技术 ······································· 959

主要参考文献 ·· 970

第十六章　都市农业区 ··· **973**

第一节　都市农业内涵及现状 ······································· 973

第二节　都市农业发展存在的环境问题与分析 ··················· 986

第三节　京津冀区域都市面源污染与防控 ························ 990

第四节　长江三角洲农业面源污染与防控 ························ 1014

第五节　珠三角农业面源污染与防控 ······························ 1030

第六节　都市农业发展中的面源污染防控 ························ 1044

主要参考文献 ·· 1059

第十七章　中国农业面源污染防控策略与建议 ·················· **1063**

第一节　国内外农业面源污染防控实践 ··························· 1063

第二节　我国农业面源污染防控策略 ······························ 1065

第三节　农业面源污染防控建议 ···································· 1068

上 卷
农业面源污染防治
理论与方法

第一章 概 论

第一节 我国农业面源污染现状

一、农业面源污染概念

面源污染（Non-point source pollution，NPS）是一个区域或流域环境问题，是指在降雨冲击及地表径流冲刷条件下，大气、地面和土壤中的溶解性或固体污染物质（如大气悬浮物，生活垃圾，土壤颗粒，农田土壤中的化肥、农药、重金属及其他有毒、有害物质等）以广域、分散、微量的形式进入地表或地下水体，导致受纳水体（河流、湖泊、水库、海湾等）水质恶化的过程。农业面源污染是指在农业生产过程中由于化学投入品（化肥、农药、地膜等）不合理使用和畜禽、水产养殖废弃物、农作物秸秆等产出品处理不及时或不当，产生的化学、有机、生物等污染物超过水、土、气、生等环境承载能力，导致水体、土壤、大气污染以及农产品质量下降的过程（刘宝存等，2010；邹国元等，2020）。由于农业活动的普遍性和广泛性，农业面源污染具有发生的随机性、影响的滞后性、影响因素的复杂性、输送途径的广泛性等特征，并受农业集约化强度的制约，成为环境污染的主要类型。

二、农业面源污染现状与研究进展

随着我国农业绿色转型升级和工业、农村等点源污染控制力度的加大，农业面源污染问题日趋突出，引起人们广泛关注。化肥和化学农药使用依然是保证我国粮食安全的重要措施，对粮食增产贡献率达到50%左右（金继运等，2006；郑建秋，2013），其在农业生产过程中依然存在不合理施用现象，尤其是效益较高的经济作物如蔬菜、水果用量远远超过作物需求量，导致排放环境污染负荷增加（杨林章等，2022）。2020年发布的《第二次全国污染源普查公报》显示，从"一污普"到"二污普"，尽管全国农业源污染物排放量明显下降，化学需氧量（COD）、总氮（TN）、总磷（TP）排放量分别下降了19%、48%、25%，但来自农业源水体污染物负荷依然不容乐观，农业源水污染物COD、氨氮[NH_3-N，指水中以游离氨（NH_3）和铵离子（NH_4^+）形式存在的氮]、TN、TP排放量分别占各污染物总排放量的49.77%、22.44%、46.52%和67.22%。其中，畜禽养殖业COD、TN、TP分别占农业源总量的93.76%、42.14%、56.46%；种植业氨氮、TN、TP占农业源总量的38.39%、50.85%、35.94%；水产养殖业COD、氨氮、TN、TP分别占农业源总量的6.24%、10.31%、7.00%、7.59%。"二污普"与"一污普"相比种植、养殖业分别在农业源占比发生了明显变化，"二污普"农业源污染物排放量TN、TP下降主要是由于种植业氮磷排放量下降，而养殖业氮磷排放量占农业源比例（TN、TP分别增加4.2和0.2个百分点）则是增加的，特别是水产养殖COD、TN、TP分别增加了19.4%、20.7%和3.2%。

国家高度重视农业面源污染防治工作，相继发布了《农业部关于打好农业面源污染防治攻坚战的实施意见》《到2020年化肥使用量零增长行动方案》《到2020年农药使用量零增长行动方案》《农业面源污染治理与监督指导实施方案（试行）》《全国农业面源污染监测评估实施方案（2022—2025年）》《关于印发农业农村污染治理攻坚战行动计划的通知》等一系列有关农业面源污染防治的政策文件，2022年农业农村部发布了《到2025年化肥减量化行动方案》《到2025年化学农药减量化行动方案》等新的有关农业面源污染防控政策文件。为了有效防治农业面源污染，国家相继启动实施了"水体污染控制与治理科技重大专项"、"十一五"国家科技支撑计划项目"沿湖地区农业面源污染防控与综合治理技术研究"、"十二五"国家科技支撑计划项目"农业面源污染防控关键技术研究与示范"、"十三五"国家重点研发计划"农业面源和重金属污染农田综合防治与修复技术研发"，以及公益性行业农业科研专项"化肥面源污染农田综合治理技术方案"等一批农业面源污染防治科技计划。农业面源污染防控基础理论研究取得重要进展，同时突破了一批种植业、畜禽养殖业面源污染防控关键技术，形成了以我国粮食主产区为中心的农业面源污染综合防控技术模式应用示范区，取得良好成效，化肥、农药使用量呈负或零增长，畜禽粪污综合利用率达到75%，秸秆综合利用率达到85%，农膜回收率达到80%。

第二节　我国农业面源污染要素与特征

农田面源污染具有隐蔽性、滞后性、分散性、不确定性等特征，其发生在很大程度上受到降水、地形、土地利用、农业生产方式等诸多自然和人为因素的影响。我国是一个地域广阔、地形条件复杂、农业生产条件千差万别的国家，因此，我国农业面源污染状况较为复杂，总结"十一五"以来启动实施的农业面源污染防治科研计划项目形成的成果，我国农业面源污染特征体现在以下4个方面。

一、氮磷依然是影响我国环境质量变化的主要农业面源污染因子，但污染负荷呈下降趋势

第二次全国污染源普查和近年来开展的农业生产区域面源污染负荷估算结果都表明，畜禽养殖业和种植业等是地表、地下水以及大气N、P、COD等农业面源污染物主要来源之一，说明影响水体、农田和大气等环境质量的污染源已由第一次污染源普查时期呈现的工业、生活和农业"三源鼎立"，转变为以生活和农业两源为主。人为活动是农业面源污染负荷增加的主要因素，农田化肥、农药、农膜等的过量使用导致农田生态系统面源污染物向环境扩散。氮淋失量与施肥量呈极显著的正相关关系，研究结果表明，农业化学品用量增加，尤其是氮素的施用量远远超过了作物的吸收量，导致作物氮素利用率下降

（仅有20%～40%），大量氮在农田土壤剖面累积，未被作物吸收利用的氮素经地表径流和淋溶损失致使地表水和地下水中硝酸盐浓度逐渐升高。地下水硝酸盐$\delta^{15}N-NO_3^-$和$\delta^{18}O-NO_3^-$同位素示踪监测分析发现，化肥及有机肥施用是区域地下水硝酸盐的主要来源，地下水氮素含量高值地区与采样点化肥用量高且地下水位较高有关。污染物从土体到地下水迁移转化是一个漫长的过程，土壤中累积的硝态氮（NO_3^--N）迁移至地下水存在延迟性，包气带厚度的增加将显著延迟土壤硝态氮进入地下水的时间，从种植作物土层迁移至地下水的时间可达几十年，未来可能会面临更加严重的地下水硝酸盐污染问题。随土体氮素累积量增加，尤其是菜田氮素含量较高，导致菜田地下水氮素含量较高现象，超标案例呈增加趋势。近20年以来，华北农区浅层地下水硝酸盐超标率处于逐步增长趋势，2016—2018年对华北潮土区403个采样点监测发现，地下水超标率为19%，显著高于1998年地下水硝酸盐超标率12%，有些地区甚至高达300 mg/L。

经济作物面源污染呈加重趋势。除传统菜田肥料施用量较高以外，北方苹果、猕猴桃，南方香蕉等经济作物种植面积不断增加，生产过程存在长期过量施肥现象，在不合理灌水或降水量较大条件下，随径流流失或淋溶损失进入地表和地下水体（王时茂等，2020；杨林章等，2022）。氮素挥发进入大气通量也是一个不容忽视的问题。氧化亚氮（N_2O）不仅是重要的温室气体，还是破坏平流层臭氧的首要反应物，目前对全球变暖的贡献约为6%，在100年时间尺度上N_2O的全球增温潜势为CO_2的298倍。据报道，西北黄土高原区猕猴桃园在3个施肥季氨挥发累积量为11.57～13.98 kg NH_3/hm^2，显著高于当地农田氨挥发损失率（1.64～2.27 kg NH_3/hm^2），平均为农田的6倍。

《第二次全国污染源普查公报》结果显示，全国农业源氨氮、TN和TP进入水体负荷量分别为81.94万t、219.68万t和15.95万t，特别是畜禽养殖业是造成我国水环境污染的"大户"，氨氮、TN和TP进入水体负荷量分别为3.11万t、23.92万t和2.50万t，分别占总排放量的23.61%、31.95%、18.41%。以华南地区为例，种植业TN排放量为16.98万t，占该地区农业污染源排放总量的67%；种植业TP排放量为1.94万t，占该地区农业污染源排放总量的50%。TN和TP排放均是种植业贡献最大。

自"十一五"启动实施科技支撑计划项目"沿湖地区农业面源污染防控与综合治理技术研究"提出氮磷化肥源头减量20%～30%政策建议以来，以作物生产源头减量为核心的农业面源污染防控技术、产品及配套装备研发取得较大进展，在《到2020年化肥使用量零增长行动方案》《到2020年农药使用量零增长行动方案》政策指导下，一批农业面源污染防控技术如缓控释肥等功能肥料、侧深施肥技术、绿色环保新型农药及其配套装备等在我国农业主产区东北平原、华北平原、长江中下游平原、南方平原，以及南方丘陵山地生产过程中得到大面积推广应用，取得良好成效，化肥利用率提高5～10个百分点，农药利用率提高到40%以上，大大降低了农业面源污染负荷（如氮磷污染负荷降低了25%～50%）。

二、新型面源污染物污染问题不容忽视

随着我国现代化进程的推进，人民生活质量的提高，我们应该从广义的角度来考虑农业面源污染问题。近年来，随着农业现代化进程的推进和农业发展方式的转变，更多新品种农业生产资料进入农业生态系统，在带来农业发展进步的同时，由于不合理的使用，地膜残留、农药、抗生素、激素、病原微生物等新型污染物造成农业生态系统环境质量恶化或污染问题时有发生，影响农业持续健康发展。

地膜覆盖是农业生产中一项短期内无法替代的农业技术，具有蓄水、保墒，解决春季低温和积温不足，有效抑制盐渍化土壤返盐作用。我国是世界上地膜使用量最多、覆盖面积最大的国家，新疆、山东、内蒙古、甘肃、云南、河南、四川、河北、湖南9个省份是我国地膜的主要使用区域，每年用量大约

145万t，农作物覆盖面积近3亿亩（1亩≈666.7 m²）。地膜覆盖使得作物产量增加30%以上，由此带来的直接经济效益每年高达1 400亿元。农用塑料地膜大多为聚乙烯高分子化合物，分子结构稳定，在自然环境条件下难以降解，在土壤中可以残留200～400年。有统计数据显示，我国农田每年会新增20万～30万t不能降解的残留地膜。土壤中残膜降低土壤通透性，影响土壤微生物活动以及土壤肥力水平，使耕地质量逐渐恶化；增加土壤容重，对作物的生长发育造成严重的影响，同时降低了土壤肥力水平，特别是速效磷、速效钾；妨碍作物主根生长，使根系形态呈现鸡爪型和丛生型等畸形；此外，地膜残留还会影响农机具作业质量，堵塞灌溉渠道。农田残膜污染已成为解决难度最大的面源污染物，是农业面源污染不可忽视的主要因子，成为影响耕地质量提升和农业可持续发展的重要因素，亟待解决。新疆是我国残膜累积污染最为严重的省份之一，地膜使用量位居全国各省份之首，年使用量高达22.87万t。2020年新疆棉花播种面积3 761.38万亩，地膜覆盖率为100%，地膜残留率高达24%，每年有18 kg/hm²的地膜残留在棉田土壤中，是全国平均水平的5倍多。

过量施用农药会造成土壤农药残留超标，对土壤环境造成严重的损害。科学试验表明，农药施于作物上仅有10%～40%附着在作物上，60%～90%会散落在周边的环境中。有些农药虽然已禁用多年，但在部分地区农田土壤中仍可被检测到。农业抗生素、病原微生物污染也是一个不可忽视的面源污染问题。粪肥携带的病原菌和抗生素通过灌溉、径流和农田施用均可进入农田土壤环境中。近年来，由大肠杆菌、沙门菌和李斯特菌等病原微生物引起的土壤生物污染和抗生素污染日益加剧。存在于土壤中的病原菌具有迁移到地表和地下环境的潜力，并能依附于植物体表面生长存活甚至在植物体内生长繁殖，进而对人类生命健康构成威胁。农田有毒有害污染物初筛名单包括农药类395种、酞酸酯类15种、畜禽抗生素类37种、禽畜激素类16种。

三、养殖尤其是水产养殖面源污染问题逐渐突出

随着社会经济从高速度发展向高质量发展方式转变，我国畜禽养殖方式逐渐由农户散养向集约规模化转变，为了有效防控畜禽养殖污染，近年来国务院先后颁布实施了《畜禽规模养殖污染防治条例》（中华人民共和国国务院令第643号）、《国务院办公厅关于加快推进畜禽养殖废弃物资源化利用的意见》（国办发〔2017〕48号）、《国务院办公厅关于促进畜牧业高质量发展的意见》（国办发〔2020〕31号），农业农村部、生态环境部联合制定了《畜禽养殖场（户）粪污处理设施建设技术指南》（农办牧〔2022〕19号），随着畜禽养殖集约规模化程度提高，畜禽粪污利用率大幅提高，有力地促进了畜牧业绿色发展，粪污污染更多地转化为点源污染问题，面源污染问题逐渐弱化，值得关注的是"二污普"与"一污普"相比，虽然农业种植、养殖污染物排放总量均在下降，但养殖业总氮排放量占农业源的比例在上升，同时畜禽粪污资源化利用过程中缺乏科学定量化，如需求与供应时空不同步、施用量大、施用方式不合理等导致氮磷淋溶或径流损失量增加等次生面源污染问题不容忽视。

与畜禽养殖废水相比，水产养殖日常排放的尾水中常规水污染物（TN、TP、氨氮等）浓度不高，呈现微污染的特征，表现在以下方面：①污染物种类多，包括有机物、氨氮、硝态氮、磷等；②物理性污染明显，嗅阈值，色度较高；③污染指数偏高，采用常规的工艺去除效果难以达到理想标准；④微污染水体中还出现了许多新型微量污染物，包括激素、消毒副产物，以及新型致病微生物等。由于污染物浓度较低，现有常规水处理工艺无法将其有效去除，绝大部分的微污染物会最终排放进入自然水体，环境污染风险更大，并通过食物链对人体健康带来严重危害。

水产养殖收获期大量养殖尾水集中排放，甚至携带底泥外排，对受纳水体造成瞬时性高负荷污染，随着生产规模的扩张和生产效率的提高而大大增加，导致水产养殖污水无法全部处理，直排进入湖河导致水体"二次污染"高发，如华南地区各地水产养殖发展快速扩张，污水处理规模未能跟上水产养殖发展步伐，不少水产养殖污水处理规模不足，污水处理厂普遍处于"超负荷"运转状态，大量水产养殖污水无法处理只能直排，加上污水处理排放标准偏低，使部分污水处理厂超标排放成为"污染源"（魏子仲等，2022），环境污染风险隐患突出。2021年，全国水产养殖面积700.938万hm²。其中，海水养殖面积202.551万hm²，淡水养殖面积498.387万hm²。因此，开展各种类型和不同规模水产养殖场生产状况调查对于采取针对措施有效防控面源污染具有重要的意义。

四、农业面源污染物环境扩散途径复杂多样

一是我国是一个地形条件复杂多样的国家。面源污染既来自平原农业生产区，又来自于丘陵、山地农业生产区。在一定的地形地貌、水文及土壤等环境条件下，农业生产活动导致的农田养分过量盈余等是农业面源污染发生的必要条件。灌溉水是驱动因子，施肥用药是主控因子，长期、大量地施用化肥、农药，导致农田土壤里农药、化肥大量残留，这些残留的农药、化肥在降雨径流的作用下流失进入水体，造成严重的面源污染问题。长江中下游平原地区稻麦轮作农田无论是氮径流损失、渗漏损失还是氨挥发损失均随施氮量的增加而增加，其中氨挥发损失与施氮量呈显著线性正相关，而径流与渗漏氮损失则与施氮量呈显著指数正相关。北方平原生产区受施肥量和灌水条件影响，以氮为主的农业面源污染因子主要损失途径为深层地下淋溶损失和通过硝化反硝化形态转化以气态形式进入大气，地下水埋深和包气带岩性影响着硝酸盐进入地下水的通量和速率。因此，农田施肥量减少可有效降低氮磷流失量，在氮肥施用量减少23.5%～55.0%的基础上，氮流失污染负荷可减少47.9%～56.4%。

降雨与灌溉形成的径流是农田磷素流失的主要驱动力。受到灌溉条件、地形条件、土壤理化性质影响，丘陵山地农田面源污染物环境损失途径不同。西北地区呈现"一沟一梁一面坡"的地貌特征，多分布于山地丘陵的耕地和园地在雨季集中降水条件下，水土流失严重，农田土壤氮磷素径流流失是水体富营养化物质主要来源。利用硝酸盐氮、氧同位素示踪技术分析发现，该区域河流硝酸盐主要贡献源为化肥氮。盛夏追肥期水体总磷的平均浓度均显著高于早春萌芽肥和秋冬基肥期的现象，说明水体中磷素含量高低与降雨强度和施肥期有密切关系。利用RUSLE模型对俞家河小流域年均土壤侵蚀量和养分损失进行定量估算发现，小流域耕地和园地总氮年均损失量达8.83 t。该区域黄土层深厚质地较轻在灌溉方式仍以大水漫灌为主且单次灌溉量大条件下，分布于丘陵山地的果园硝态氮淋溶损失成为氮损失主要途径，化肥及有机肥施用是地下水硝酸盐的主要来源，同时氨挥发也是该区域农田氮肥施用后向环境排放的一个重要途径。

东北地区耕地中坡耕地面积比例大，耕地总面积约为33.2万km²，其中坡耕地面积为19.5万km²，占全区耕地总面积的58.7%。多为漫川漫岗，坡度较小，坡面延伸很长，一般为300～500 m，局部地区可达800～1 000 m。该区域深厚质地较好黑土在集中降水和强烈冻融交替作用下，顺坡种植方式导致大量水土和氮磷养分的径流流失，形成了严重的农业面源污染，随着水土流失加剧，黑土层被剥蚀，严重阻碍粮食持续健康生产。

长江上游西南山地坡耕地紫色土土层浅薄，降雨丰富且集中，土壤易发生蓄满产流，地表径流与壤中流均易发生。但不同降雨条件（暴雨、中雨）径流过程有所不同，暴雨地表径流产流快，初始产流

时间短，径流过程呈多峰，壤中流滞后于地表径流，径流过程为单峰型。多年平均径流深为295 mm，径流系数为32%。由于土质疏松，导水率高，下渗水很快抵达紫色土母岩，而透水性较弱的紫色页岩阻碍了水分继续下渗，迫使水分侧向移动形成壤中流，因此紫色土坡地壤中流极为发育，年均流量213 mm，占雨季径流的72%，远高于地表径流的28%，并能持续较长时间。颗粒态氮为紫色土坡耕地地表径流中氮素含量的主要形态，其次为硝态氮，铵态氮（NH_4^+-N）含量最低；泥沙结合态是磷随地表径流迁移的最主要形式，产流最后阶段以溶解态为主。壤中流中氮素形态主要为硝态氮、有机态氮，其中硝态氮约占TN的90%以上，有机氮（ON）约占7%；壤中流迁移的磷仅为溶解态，化学形态是磷酸盐（PO_4^{3-}-P）与溶解性有机磷（DOP），泥沙磷难于随壤中流迁移。

二是我国农业生产条件复杂多样。既包括旱地大宗小麦、玉米、大豆、马铃薯，又包括水田水稻作物种植；既包括蔬菜、瓜果，又包括果园、茶园等经济作物种植；受经济发展水平影响，区域化肥农药等农业生产资料投入水平和方式存在较大差异，因此，农业面源污染风险程度不同。总体而言，经济效益较高、集约化程度较高的蔬菜尤其是设施蔬菜、果园面源污染问题更加突出，污染负荷量大。

作为世界上最大的蔬菜生产国和消费国，设施蔬菜产值占蔬菜总产值约50%，已成为我国蔬菜生产的主导产业。由于蔬菜的种植效益高，受经济利益驱动，高投入高产出的蔬菜生产模式十分普遍，施肥量和灌溉量大已经成为我国蔬菜种植体系的生产特征，导致大量氮磷通过径流、淋溶进入地表和地下水体。以山东省为例，不同蔬菜品种氮磷平均投入量超过蔬菜养分需求量的7.2倍和12.9倍，导致氮磷在土壤中大量累积，菜地耕层土壤硝态氮平均含量可达695 mg/kg以上，平均每季磷素盈余量为527 kg/hm²，87%的设施菜地速效磷含量超过了磷环境阈值。在传统的水肥管理模式下，氮素的淋溶流失可达20%~40%，每年有250~500 kg N/hm²以硝态氮形式淋溶损失。蔬菜种植区的高施肥和高灌溉是地下水硝酸盐浓度上升的直接原因。

作为第二大香蕉生产国，2017年我国香蕉种植面积达$4×10^5$ hm²。香蕉根浅不耐干旱，是典型的大水大肥作物，香蕉氮肥、磷肥利用率低，氮肥利用率为11.2%~18.3%，磷肥利用率不足10%，氮磷在土壤中大量累积，广东、广西、海南、云南、福建等香蕉种植区高温多湿、降雨强度大，导致大量氮磷素通过径流、淋溶途径损失到地表和地下水体，氮素、磷素地表径流、淋溶损失分别占氮投入的53.8%和15%，占磷投入的0.3%和17.6%（杨林章等，2022）。

第三节　国内外农业面源污染研究进展

一、国内外农业面源污染研究进展

（一）2000—2021年WoS与CNKI收录文献逐年增加

利用CiteSpace文献计量软件分析2000—2021年在Web of Science（WoS）核心合集和中国知网（CNKI）发表的以农业面源污染为主题的相关文献。通过图1-1可知，农业面源污染问题在世界范围内引起了越来越多的关注。

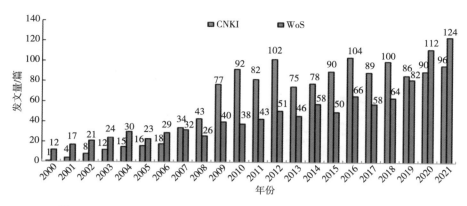

图1-1　2000—2021年农业面源污染领域在WoS和CNKI的发文量

如表1-1所示，在该领域发文量排名前3位的国家分别是中国（483篇）、美国（276篇）和加拿大（72篇）。分别占总发文量的46.18%、26.39%和6.89%。韩国和德国发文量相差不大，分别为34篇和30篇，意大利和印度发文量相同，均为27篇，英国、澳大利亚、西班牙紧随其后，且发文量均相差不大。这表明我国十分重视农业生态系统的良性发展，对于农业面源污染问题保持着较高的关注度；美国对农业面源污染领域重视程度也在逐步升高，制定了防治农业面源污染的政策与法规，又完善了相关立法和补助政策。

表1-1　2000—2021年WoS中农业面源污染领域发文总量居前10名的国家

排名	国家	发文量/篇	比例/%
1	中国	483	46.18
2	美国	276	26.39
3	加拿大	72	6.89
4	韩国	34	3.25
5	德国	30	2.87
6	意大利	27	2.58
7	印度	27	2.58
8	英国	25	2.39
9	澳大利亚	24	2.29
10	西班牙	24	2.29

（二）2000—2021年农业面源污染聚类分析

图1-2a为对在WoS上发表的论文进行聚类分析的结果，聚类图谱模块值$Q=0.86$（>0.3），平均轮廓值$S=0.94$（>0.7），表明聚类结果合理。利用关键词和LLR算法提取聚类标签，共得到176类结果（图1-2a）。聚类序号与规模大小呈反比，最大的聚类用#0标记（图1-2b）。排名前9位的标签分别是土壤侵蚀（Soil erosion）、氮和磷（Nitrogen and phosphorus）、农业面源污染（Agricultural non-point source pollution）、最佳管理措施（Best management practices，BMPs）、冗余分析（Redundancy analysis）、五大湖（Great Lakes）、扩散污染（Diffuse pollution）、重金属（Heavy metal）、流域（Basins），其中土壤侵蚀和氮磷标签的聚类规模较大，是农业面源污染领域的主要研究内容。

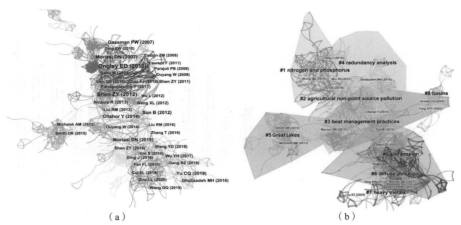

（a）　　　　　　　　　　　　　　　（b）

图a中节点代表发表的文章，节点越大表示该文章被引用的次数越多；节点之间的连线表示文献共被引的强度，连线越宽，强度越大；图b中不同色块表示由共被引文献产生的聚类，黑色字代表聚类标签，标签序号与文献数量呈现反比线性关系。soil erosion 土壤侵蚀，nitrogen and phosphorus 氮和磷，agricultural non-point source pollution 农业面源污染，best management practices 最佳管理措施，redundancy analysis 冗余分析，Great Lakes 五大湖，diffuse pollution 扩散污染，heavy metals 重金属，basins 流域。

图1-2　2000—2021年农业面源污染领域文献共被引（a）、聚类分析（b）
（数据来自WoS）

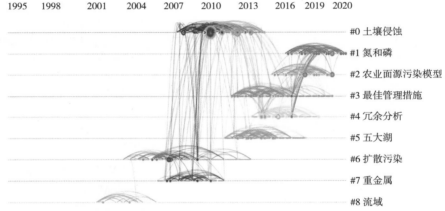

虚线代表2000—2021年农业面源污染领域共被引文献出现的时间轴，节点代表文献，节点越大表示该文献共被引频次越高，节点之间连线表示文献共被引出现的时间和强度。右侧词语代表共被引文献产生的聚类标签，标签序号与文献数量多少呈现反比线性关系。

图1-3　2000—2021年农业面源污染领域文献共被引聚类分析的时间轴视图示意
（数据来自WoS）

如图1-3所示，通过CiteSpace文献计量软件做时间线图分析，我们可以了解每个聚类主题在2000—2021年的发表顺序和最早发表时间，掌握农业面源污染领域知识研究推进的动态过程。结果表明聚类#1、聚类#2、聚类#3的引文发表时间最近，由此可见，氮和磷、农业面源污染模型和最佳管理措施是该领域近几年研究的热点。

1. 土壤侵蚀

在对文献共被引进行聚类得到的图谱当中，不同节点代表着不同研究方向的基础知识。对聚类#0土壤侵蚀的节点（被引文献）和施引文献进行统计发现，大部分文献被引频次越高，其中介中心性也越大，该文章在该方向也就越重要。土壤侵蚀主要研究内容有基于半分布式土地利用的径流过程（SLURPs）建立水文模型并改进出口系数，以评估气候和土地利用变化对NPS污染负荷的影响；土地覆被变化对水土流失的影响；使用SWAT生态水文模型评估点源和扩散源污染对低地流域硝酸盐负荷的长期影响，间接地判断出对当地水土流失的影响。

此外，还有一些关于水土流失的模型和控制方法的研究，如通过比较中国和美国氮磷硫污染模型以估算中国氮磷硫污染负荷，缓解我国水土流失问题；利用遥感技术控制水土流失；利用GIS模型和SWAT河流流域模型研究特定流域水土流失；运用复杂的水土评估工具（SWAT）和简单的广义流域负荷函数（GWLF）确定水土流失的关键源区；运用人工湿地去除面源污染物，缓解水土流失等。

2. 氮和磷

氮和磷虽然是植物生长不可缺少的两种营养元素，但其积累过多也会产生严重的农业面源污染。从图1-3中我们可以看出氮和磷是农业面源污染领域的研究热点，其主要知识结构包括：通过使用总氮和总磷的估算模型，结合遥感技术和实地数据调查，准确可靠地对氮和磷潜在的污染风险进行评估，并进行等级划分；通过研究ECDITSCCP等模型，提高存在氮和磷污染问题的农田土壤的利用效率；通过政策调控新的方法来管理农场规模，大大减少农用化学品的使用及对农田生态环境的影响；通过新方法既可以缓解农田氮、磷污染，又可以降低农业生产投入成本。

3. 农业面源污染

农业面源污染模型聚类中的被引文献普遍在近几年发表，表明农业面源污染模型是新的研究热点。常见的模型有：AGNPS、ANSWERS、CEAMS、SWRRB、HSPF、SWAT、EPDRIV1、DMA、CMBA和MA等，但是在这些模型中存在着面源数据积累少、数据连续性差、数据密集程度不高、模型参数存在不确定性等缺点。有研究开发了一种基于贝叶斯推理和集成马尔可夫链蒙特卡罗和多级因子分析的方法，有望弥补这些缺点。通过建立基流分离法，结合数字滤波法和通量法，来估算农业面源污染负荷，然后再通过APCS-MLR受体建模方法对潜在污染源的贡献进行分配。

4. 最佳管理措施

近年来随着经济发展，水资源污染中农业污染物所占比重越来越大，且没有针对措施彻底消除这些问题，为了解决这一问题，提出了最佳管理措施（Best management practices，BMPs）。最佳管理措施是针对农业养分管理过程防止和减少面源污染最有效的措施，它主要是针对面源污染而提出的，对于防控面源污染具有极其重要的作用。最佳管理措施要求在空间尺度上相互配合，保证物质循环、减少养分损失，其中养分管理是BMPs的核心。缓冲带、减少施肥和替代作物被视为BMPs并在集水区的SWAT模型中实施，研究了它们在减少与流域规模实施成本相关的硝酸盐负荷方面的效率，结果发现不同的最佳管理措施减少的硝酸盐负荷会有所不同，组合使用不同的最佳管理措施对减少硝酸盐污染最有效。目前关于最佳管理措施仍存在一些问题，包括确保环境安全的土壤养分含量、肥料施用量、养分流失途径、有机无机配施措施等。

5. 冗余分析

冗余分析简称RDA，目前在农业面源污染领域冗余分析常被用来对植被、土地利用类型及景观格局分布等关键环境因子进行宏观生态分析筛选，如有研究者用RDA在多个时间尺度上分析了土地覆盖、景观格局动态和面源污染养分污染负荷之间的相互作用。此外，近期有研究将冗余分析用于确定整个流域尺度和多个缓冲区尺度（100 m、300 m、500 m、1 000 m和1 500 m）的景观格局对高度城市化流域水质的影响，从而确定流域缓冲区过滤地表养分、沉积物和其他污染物进而缓解面源污染的水质服务功能。冗余分析近年来还广泛应用于分析景观格局对水文循环和非点源养分污染过程，揭示了景观格局指标与水质变量之间的定量关系。此外，还可以通过冗余分析，跨多个尺度分析土地利用模式与水质之间的关系，结果表明，土地利用模式对河流水质的影响在空间和时间上具有尺度依赖性。

（三）2000—2021年农业面源污染研究热点

如图1-4所示，对2000—2021年WoS上农业面源污染领域进行关键词共现分析。出现频次最高的关键词"面源污染"主要围绕"管理""土壤""水土流失""流域""河流""最佳管理措施"几个角度进行研究。对WoS核心合集和CNKI文献关键词按照共被引频次排列，前10位的关键词如表1-2所示。关键词"水质"，主要从"地理信息系统""面源污染""土地利用""氮和磷"几个方面进行研究。

围绕关键词"氮"主要研究了"磷""管理""水土流失""人工湿地水土流失""富营养化"等内容，而围绕关键词"磷"主要研究了"氮""河流""迁移""转化""动力学"等内容。

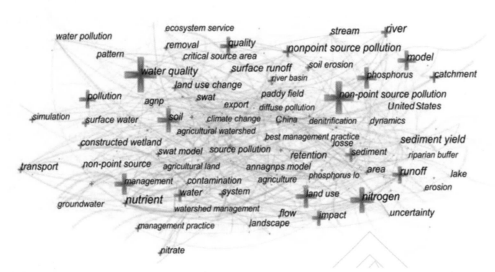

"十"字代表关键词，"十"越大表明该关键词出现的频率越高；节点之间的连线代表合作关系和强度。water pollution 水污染，swat model 土壤和水评估工具模型，stream 流、水流、溪流，pattern 模式，source pollution 点源污染，river 江河，water quality 水质，agricultural land 农田，nonpoint/non-point source pollution 非点源污染，pollution 污染，contamination 污染，soil erosion 土壤侵蚀，simulation 模拟，water 水，model 模型，transport 输送，system 系统，phosphorus 磷，surface water 地表水，watershed management 流域管理，catchment 汇水，constructed wetland 人工湿地，quality 质量，non-point/non-point source pollution 非点源污染，non-point source 非点源，river basin 江河流域，United States 美国，management 治理，paddy field 稻田，denitrification 反硝化作用，nutrient 营养物质，diffuse pollution 扩散性污染、面源污染，dynamics 动力学，groundwater 地下水，China 中国，sediment yield 沉积量，management practice 治理措施，best management practice 最佳管理措施，sediment 沉积物，nitrate 硝酸盐，riparian buffer 河岸缓冲带，ecosystem service 生态系统服务，retention 拦截，area 区域，removal 去除，annagnps model 农业面源污染年化模型，runoff 径流，critical source area 关键源区，agriculture 农业，lake 湖泊，surface runoff 表面径流，phosphorus 磷，erosion 侵蚀，land use change 土地利用变化，land use 土地利用，nitrogen 氮，agnp 连续农业面源污染模型，flow 流量，uncertainty 不确定，swat 土壤和水评估工具，impact 影响，climate change 气候变化，export 输出，landscape 地形，soil 土壤，agricultural watershed 农业集水区。

图1-4 2000—2021年农业面源污染领域在WoS中检索文献的关键词共现网络

围绕关键词"土壤"主要研究了"最佳管理措施""气候变化""侵蚀""地表径流"等方面。关键词"土壤""氮""磷""面源污染"节点的边缘呈现明显的紫色，说明几个关键词的中介中心性较强，是连接其他关键词的重要枢纽。

表1-2　2000—2021年农业面源污染领域高频关键词前10位

排名	WoS关键词	共被引频次	CNKI关键词	共被引频次
1	Non-point source pollution（面源污染）	185	面源污染	294
2	Water quality（水质）	182	农业	60
3	Nitrogen（氮）	147	三峡库区	46
4	Land use（土地利用）	125	农业面源	38
5	Phosphorus（磷）	118	污染负荷	28
6	Soil（土壤）	118	化肥	24
7	Management（管理措施）	111	人工湿地	18
8	Runoff（径流）	104	防治对策	17
9	Model（模型）	103	污染	16
10	Quality（质量）	94	对策	15

近几年，国内外研究者围绕生物质炭、微生物催化、模型建立与优化、最佳管理措施实践、污染负荷等角度进行了更加细致化的研究。所以，通过生物技术控制农田径流中氮磷污染、利用GIS等技术建立多种模型并对模型进行集成与优化、确定经济技术上可行的最佳管理措施、识别源区域的风险水平和空间分布是该领域的研究前沿。

（四）近年来国外面源污染防控动态

在农业面源污染防控的技术层面，美国采用的措施主要包括基于技术的最佳管理实践、日排放总量控制2个方面。2021年1月6日，美国环保署依据修订后的《有毒物质控制法》（TSCA），发布了5项最终规则，以减少对某些持久性、生物累积性和毒性（PBT）化学品的接触。

综合来看，欧美等发达国家和地区对农业面源污染的治理采取了行政、经济、技术、公众参与等多种综合措施，可以将其分为3种模式。

1. 行政命令型治理措施

行政命令措施包括政府行政管制和法律2种手段，用来减少和限制农业污染物的排放，这是治理面源污染最常规的措施。行政措施包括颁布行政命令、环境标准、环境指示和规定等对人的行为活动进行规范；法律手段，指国家使用强制手段制定法律法规对人的行为活动进行规范，包括环境立法与执法、司法和法律监督等，如标准、许可证、配额、使用限制等。这种措施具有易操作、易监督、管控目标明确等优势，便于政府部门的监管，效果也能快速显现，但最大的缺点就是需要大规模的资金投入。

因此，行政命令措施成为国外很多国家治理农业面源污染的主导措施，占据了很重要的地位。

2. 市场（或经济）型治理措施

市场型措施，亦称为环境经济措施，以经济激励或者营造市场等方式来改变农户的生产成本和利益结构，通过市场调节机制来改变农户选择，最终实现治理面源污染的目的。包括利用财税、价格、金融、交易等经济调控手段，促使污染者调整种植行为，降低环境负外部性，污染者因为利益驱动的作用，会采取最经济有效的方法减少污染物排放，灵活性很强，还兼具高效性特点。

3. 公众参与措施

随着农业面源污染的普遍性，公众对环境的参与热情高涨，对环保有了更深层次的认识，环保意识增强。20世纪90年代开始，公众参与机制逐渐兴起，并作为一种新的面源污染治理措施应用广泛，因此，通过教育、技术援助等方式，帮助公众提高环保意识，加上公众主动配合参与环境决策，一大批环境政策工具应运而生。目前，很多国家均建立起公众参与机制与渠道，将公众参与作为衡量污染治理制度是否完善的考核依据，有助于避免污染者及行政部门仅仅谋求短期经济利益，特别是在污染严重、牵涉面广的农业污染领域运用广泛。

二、我国农业面源污染防控基础研究和实践取得的重要进展

（一）农业面源污染基础研究与防控理论

1. 构建了农业面源污染监测与监管理论

氮磷流失过程受降雨、土壤性质、种植制度、水肥管理、坡度等因素的影响。氮磷的径流流失还受土地利用、景观格局、地形特征、水文系统等的影响。我国径流易发区分布广、农田氮磷流失严重且时空差异较大，农田氮磷径流流失定量评估难度大，仅采用少量的长期田间试验结果难以准确估算区域/大流域尺度农田氮磷径流流失负荷。因此，及时有效识别农业面源污染发生高风险区、污染指标及其风险因素和风险源，把握农业面源污染负荷及其空间差异特征，评估污染指标及对河湖等环境的影响程度，识别污染源的责任主体，是有效防治农业面源污染重要前提。始于20世纪80年代中后期，我国科研工作者开展了农业面源的宏观特征与污染负荷定量计算模型的研究，李怀恩、沈晋从我国的实际出发，建立了一个完整的流域面源污染模型系统，提出了流域汇流与面源污染物迁移逆高斯分布瞬时单位线模型及流域产污过程模型（李怀恩，1987，1996；李怀恩等，1997）。蔡明等（2004）提出了考虑降雨因素影响和污染物在迁移过程中损失的改进输出系数法模型；薛金凤等（2005）在官厅水库流域利用人工降雨模拟试验开展颗粒态氮磷负荷模型研究；李家科等（2006）开展了可用于有限资料条件下的支持向量机非点源负荷预测模型的探索研究；王宗志等（2006）开展了巢湖流域面源污染物来源的模糊聚类对应分析方法的研究；陈丁江等（2007）采用人工神经网络模型开展了面源污染河流水质的人工神经网络模拟研究；金菊良等（2007）提出了基于加速遗传算法的投影寻踪对应分析方法（PP-CFA）应用于流域面源污染源解析的研究；高龙华等（2007）利用人口密度的空间连续分布模型开展了面源污染空间连续分布模型的研究；王建中等（2008）根据农田土壤氮素流失过程建立了基于次降雨事件的坡面氮素迁移模型；李家科等（2009）尝试将自记忆原理引入面源污染负荷的预测研究；杨育红等（2009）采用"二源分割法"开展了第二松花江流域面源污染输出负荷研究。郝芳华等（2006a）在借鉴统计性经验模型和机理性过程模型优势的基础上，结合我国面源污染调查工作中的实际情况，以满足水资源综合规划需求为目的，建立了具有面源污染产生、迁移转化机理的大尺度面源污染负荷估算方法体系，结合中国"水资源分区"和"中国水文区划"，应用该体系提出了全国面源污染分区分级体系，确定了全国面源污染负荷估算模型的空间框架。

在"十三五"国家重点研发专项"农业面源和重金属污染农田综合防治与修复技术研发"支持下，利用现代监测技术体系和面源污染模型体系，从流域尺度建立"天地网"一体化的农业面源污染协同监测网络，形成"排放源-排放量-污染负荷-水体水质影响-预报预警"等全过程的监测体系，实现流域

尺度、区域尺度范围对污染物源汇路径全过程的监测，最终形成服务于流域、区域或国家尺度面源污染防治的农业面源污染源汇路径全过程监测与评估体系。空中多平台遥感监测技术包括卫星遥感和低空遥感平台监测技术，地面监测技术包括构成地面监测网的固定监测设备和便携式移动监测设备及系统。卫星遥感或低空遥感获取大面积全覆盖的污染及相关因素数据，包括：土地利用、植被覆盖度、水利工程措施、种植模式等影响农业面源污染的风险源或风险因素遥感识别监测；降水等气象因素遥感反演监测，土壤氮、磷、地膜等污染指标的土壤污染负荷监测评估；水体富营养化、COD、BOD等水质指标遥感反演监测。地面监测方面，农业部门已建立种植业氮磷径流和淋溶流失地面监测点，监测采集径流、淋溶水、土壤、植株、泥沙、灌溉水和降水样品及其TN、TP、NH_4^+-N、NO_3^--N、可溶性磷等指标数据；畜禽养殖业排污监测点，监测采集规模化养殖场的排污水量及其pH、COD、TP、TN、NH_4^+-N、铜和锌等指标数据，粪便量及其含水率、总磷、总氮、铜和锌等指标数据。生态环境保护部门建立河流及其他水体水质监测点，监测采集径流量、pH、TN、TP、凯氏氮、COD和悬浮物等指标数据。还包括便携式移动快速检测与信息采集设备用于检测获取土壤或水体氮磷等指标数据，采集农业生产管理数据、土地利用、土壤等监测点背景及其他调查监测数据。

天地一体化协同监测网络构建主要包括潜在的污染发生风险区划分、监测点优化布局、监测技术模式设计及监测网络构建等4个环节。风险区识别及快速核查确定是污染发生风险区划分的两个重要环节。借鉴磷指数法和农业面源污染发生潜力指数系统（Agricultural non-point source pollution potential index，APPI），构建空间多指标面源污染潜在风险评估模型，对农业面源污染风险指数NPSPRI进行自然间断点分级法（Jenks）分级为无风险、低风险、中风险、高风险4个等级，监测技术模式设计以污染发生风险分区为基础，主要依据污染风险强度、主要风险污染物指标和主要风险因素等风险区特征，确定风险区的关键监测指标，并筛选监测指标的监测技术，设计全区域"天-地-网"监测网络架构，明确区域范围内各监测技术的集成模式，服务天地一体协同监测体系构建，实现污染风险因素、污染负荷、污染物指标及相关数据的监测与数据获取，包括数据获取、传输与数据汇聚。在此基础上，构建农业面源污染信息化监管体系与平台，以及农业面源污染管理决策系统。

李勇等（2003）应用统计学荟萃分析方法，汇总大量试验点位的实测数据，分析污染物径流流失的时空变化规律及其主要影响因素，建立适用于区域尺度污染物流失负荷估算的经验性定量模型，构建径流易发区农田氮磷流失预测与决策支持系统、流域氮磷径流流失污染防控决策支持系统。在我国径流易发区农田氮磷流失数据库支持下，可以有效判识区域农业面源污染"热点"区域，并进行负荷预测。

2. 明确了农田氮磷流失机制

利用流域多年观测数据和国内外的成果，运用多元统计和相关模型研究氮磷流失的迁移与富集特征，系统分析土壤-作物系统内水肥管理、轮作制度与氮磷转化-运移的定量关系，确定农田系统中氮磷的流失主控因子。农田氮磷径流流失既受氮磷本身形态及其所在土体中复杂的物理、化学和生物过程的控制，也受水文、地形、气候和人为活动等外界因素的制约或驱动。降雨、灌溉形成的径流是农田氮磷流失的主要驱动力。作为农业面源污染主要因子的氮素，旱地与水田总氮径流流失负荷的影响因素存在较大差异，旱地主要受径流深、土壤含氮量和施氮量影响，氮肥是农田氮素流失的主要来源，土壤中残留氮是流失氮素的另一个重要来源；水田则主要受径流深和施氮量的影响。旱地磷素流失不仅来源于当年施用的磷肥，而且还来源于土壤速效磷，而水田磷素流失则主要来源于当年施用的磷肥。氮素与磷素的流失均受到土壤碳磷比的负向调控，说明土壤微生物可能对氮磷迁移过程产生重要影响。土地利用组成通过改变径流深而影响氮磷流失负荷，显著改变径流氮磷浓度。

稻田氮磷径流流失受轮作制度、化肥施用（用量、肥料类型）、秸秆还田的影响。长江下游采用水稻-冬闲模式时农田氮磷径流风险最小，稻-麦轮作农田的氮素径流风险最高，磷素径流风险较高。稻-麦轮作下增施磷肥增加农田磷素径流损失，秸秆还田可以增加水稻产量，有效降低氮素径流损失，但增加磷素径流风险。因此，在保证水稻稳产的前提下，可以通过秸秆还田和减磷、减氮优化施肥措施来减少稻田氮磷径流损失，在长江下游平原稻-麦轮作农田中提倡"秸秆还田+氮磷减量优化施肥"配套技术。水田表土中氮素的积累速率总体比旱地土壤高；旱地表土中磷素的积累速率总体明显高于水田土壤。以有机肥投入的氮素比以化肥投入的氮素更易于在农田表层土壤中发生累积。

相对常规施氮，配施秸秆会增加肥料氮的反硝化损失，降低氮肥淋溶/径流流失风险；增施氮肥增加肥料氮的贡献率但降低其利用率，土壤残留氮增加有限，但增加氮肥淋溶/径流流失风险。因此，肥料合理运筹、肥料品种调配以及轮作制度调整可作为平原河网区稻田氮素径流流失的源头削减，调整土地利用组成是小流域氮磷流失控制的有效途径之一。

地下淋溶也是农田土壤氮损失面源污染主要途径。胡春胜、马林、周建斌等研究团队提出了氮磷淋溶损失包气带理论。地下水硝酸盐浓度变化除受地表土地利用和土壤物理、化学、生物学性质影响外，包气带岩性、渗透性和地下水埋深等因素决定着农田土壤硝酸盐进入地下水的通量和速率。单位面积包气带硝酸盐存储量与包气带深度相关分析结果表明，随着包气带厚度的增大，单位面积硝态氮存储量与包气带深度呈正相关关系，量化了厚包气带硝态氮淋溶通量、淋失机制与主控因子。蔬菜种植区的高施肥和高灌溉是地下水硝酸盐浓度上升的直接原因，蔬菜种植区肥料投入水平高，地下水硝酸盐含量要高于其他作物种植区。而水稻种植淹水造成的厌氧环境促进了反硝化反应的发生，黏重的犁底层同时阻碍了土壤水的下渗，这是导致水稻种植区地下水硝酸盐浓度较低的主要原因。地下水埋深较浅地区，硝酸盐容易进入地下水，硝酸盐超标率较高。深层土壤中碳、氮含量的不均衡，是导致深层土壤硝酸盐累积的重要因素，"碳饥饿"是限制底层土壤反硝化微生物丰度与活性的关键因素，揭示了土壤微生物反硝化脱氮的影响机制和土壤磷吸附-解吸的动力学关系，以及全耕层调蓄扩容条件下土壤养分均衡供应机制和秸秆腐熟还田的土壤增碳效应及微生物机制，有助于"根层截氮包气带脱氮"的淋溶阻控。

3. 明确了农田土壤有机/生物污染防控机制

针对我国不同的土壤类型和种植制度的差异，结合田间土壤水分管理，利用室内微宇宙培养法和放射性同位素示踪技术等关键技术，探究揭示了典型农田土壤中农药、激素、塑化剂酞酸酯等降解、多界面迁移转化机制与效应、农田抗生素污染及抗性基因增殖扩散机制和生物调控削减机制以及土壤中病原微生物的存活与传播机制，提出了我国农田《土壤有机/生物污染综合防控方法与技术规程草案》。

4. 明确了畜禽养殖污染防控机制

首次提出了不同养殖类型优先控制污染物和各类污染物优先控制环节。明确了农业废弃物降解的微生物学机制、畜禽粪便超高温、低温好氧生物转化过程中微生物群落演替规律及其降解机制。

（二）农业面源污染防控关键技术、产品与装备

"十一五"以来，在国家重点科技专项支持下，针对我国农业生产过程中产生面源污染问题，农业面源污染领域专家研发突破一批农业面源污染防控关键技术，概括为以下4个方面。

1. 氮磷源头减量污染负荷减排技术

控释氮肥、低淋溶肥料助剂、氮磷增效剂及氮素抑制剂、新型大颗粒果树专用缓控释肥、水稻专用

低磷缓混肥等新型环保功能肥料，尤其是近年来发展起来的绿色智能肥料产品研发，可以有效地减少氮磷等肥料用量，提高作物利用率，进而减低环境损失。肥料精准施用也可实现减量增效减排目标，如基于土壤地力和水稻实时生长信息的精准按需施肥技术、稻田氮磷一次深施技术、菜田水肥一体化智能控制技术等。

2. 农田过程调控氮磷高效利用污染负荷减排技术

提高土壤氮磷固持蓄积能力扩容增汇技术研发，实现了粮食安全生产与环境保护协同发展目标。如有机肥与化肥配合优化施用（优化施肥+秸秆还田+深翻）技术、生物质炭调控技术、农田土壤综合（高碳有机肥+酸/碱解秸秆、新型秸秆腐熟剂+沼液营养液+一体化机械）增碳固氮技术、生物质炭与灌溉协同优先流阻控灌溉技术、农田肥水热调控技术、水肥耦合高效利用技术，稻田浅灌深蓄节水控排技术、稻田增氧控污技术、稻田水汽界面氨挥发阻控技术、硝化抑制剂增效技术、碳氮磷水协同调控技术，菜田土壤生境生物调节技术、养分拦截回用技术等都有效地提高了养分利用效率，降低了环境流失负荷。

生态防控技术研发实现了绿色发展与环境保护协同发展目标。如稻蛙生态种养技术、鸭稻共生技术、沼液还田浮萍调控技术、稻田排水促沉净化技术、农田排水生态沟渠拦截技术；豆科作物间套作、深浅根系作物间套作、揭棚期填闲蔬菜种植、菜地分段式生态沟渠过程拦截、时空优化配置养分循环利用等种植制度和结构优化菜田氮磷面源污染防控技术；果园豆科作物覆盖固氮控排技术、生草栽培覆盖技术等。

3. 坡耕地面源污染阻控技术

研发了适用于不同区域环境条件坡耕地面源污染防控技术。如新造耕地土壤氮磷增容提质改良技术，水利配套设施优化配置、改性纤维素高效拦截环保材料、高效吸收去除的生物质材料、地埂式竹生物质炭可渗透反应墙-植被过滤复合拦截等黄土丘陵沟壑区治沟造地边坡病害防治技术；适用于东北小坡度、长坡面坡耕地等高种植、优化施肥、秸秆覆盖还田、施用增效剂、深松农田控源整装、"生物+工程"整装生态拦截、横垄、免耕、秸秆粉碎覆盖还田固土减蚀整装、秸秆全量深翻还田等水土流失阻控技术；适用于东南降水量较大区域雷竹种植地的面源污染治理模式——雷竹林源头减量-灌木缓冲带生态拦截-水稻田利用氮磷流失复合防控技术；适用于中南丘陵旱地氮磷减量、有机肥替代与生物黑炭利用、生物拦截与稻草覆盖氮磷径流削减农田农业面源污染防控技术；适用于西南土层较薄、坡度较大坡耕地聚土免耕、微地形改造、养分管理、生态沟渠净化等面源污染防控技术。

4. 农业废弃物资源化利用污染负荷减排技术与装备

针对种植业生产产生的秸秆、畜禽养殖业产生粪污、水产养殖业排放尾水等，研发了以资源化利用为核心的污染负荷削减技术。如秸秆肥料化、燃料化、原料化、饲料化和基料化"五化"技术。畜禽养殖粪污源头削减-生物隔离-湿地消纳高效生态拦截技术体系，畜禽养殖固体废弃物肥料化利用技术，奶牛场粪尿"通铺发酵床"原位消纳回用技术、奶牛场粪污"固液分离前置-卧床垫料再生"技术、奶牛场粪污"蚯蚓转化-蚓粪还田"和"厌氧消化处理-沼液还田施用"循环利用技术；畜禽粪污超高温预处理堆肥技术、农村多元废弃物联合厌氧发酵技术、低温与高温微生物菌剂的创制；多原料高效厌氧发酵过程及前后端技术装备及自动监测与智能控制技术装备、沼渣一体化制肥与高值化利用技术装备、沼液高值化利用与深度处理技术装备，一体化智能装备生产线与成套工程技术。渔稻共作尾水处理、水产养殖尾水多营养层次、池塘圈养内循环生态养殖技术，陆基集装箱和跑道式尾水处理循环利用/达标排放技术，养殖场三池两坝或人工湿地尾水生态工程处理技术等。

三、区域典型农业面源污染防控技术体系与模式

我国典型种植制度和区域形成了与自身相适应的面源污染防控技术体系与模式。例如，①华北集约化小麦-玉米种植制度粮田面源污染防控技术与模式：化学投入品增效减损氮磷减排阻控技术体系——氮磷协同增效型复混肥料产品创制，减源增效农艺阻控技术、工艺与产品，生物阻控农田土壤硝酸盐淋失技术，沼液阻控硝态氮淋失微生物调控技术，氮磷淋失减损阻控技术；小麦玉米种植制度"玉米秸秆切碎+施肥+深旋+压实还田深耕"为一体的"旋施还"综合技术模式、"玉米秸秆粉碎-分层施肥+旋耕+深松"综合技术模式、"小麦秸秆（高留茬）粉碎混土+秸秆腐熟剂还田-玉米铁茬播种（种肥同播）"综合防控技术模式、褐土区增碳-活磷-控氮技术模式。②巢湖流域圩区不同轮作体系面源污染防控技术体系与模式：番茄-水稻轮作高效环境友好肥料运筹技术、番茄高效环境友好磷肥运筹技术、麦稻轮作秸秆覆盖旋耕还田利用技术模式、农田养分控流失产品的替代应用技术、生态沟渠氮磷输移控制技术、圩区农业面源污染综合防控技术模式。③太湖流域规模化种植制度面源污染周年全程防控技术体系与模式：集约化稻田源头减量减排技术、生态拦截沟渠技术、养分循环利用技术、生态净化技术；集约化菜地科学减施技术、硝化抑制剂增效减排技术、水肥一体化技术。④东江流域单元面源污染控制综合防治技术体系：基于数值模拟的农业源与水质响应关系模型构建技术、基于流域水质目标的农业源污染精准治理技术、东江流域畜禽养殖污染控制及资源化综合治理技术、东江流域连片面源污染生态治理技术模式、东江流域水产养殖污染综合治理技术模式。⑤西藏高原山地青稞面源污染防控技术体系与模式：配方施肥技术、有机肥替代化肥技术、间套作技术、深施肥技术、设施农业配方施肥技术。山地小流域"减源-增汇-截获-循环"面源污染全程控制生态技术体系与优化模式。

主要参考文献

蔡明，李怀恩，庄咏涛，等，2004.改进的输出系数法在流域非点源污染负荷估算中的应用[J].水利学报（7）：40-45.

陈丁江，吕军，沈晔娜，等，2007.面源污染河流水质的人工神经网络模拟[J].水利学报，38（12）：1519-1525.

高龙华，张文海，2007.面源污染空间连续分布模型研究[J].水科学进展，18（3）：439-443.

郝芳华，杨胜天，程红光，等，2006a.大尺度区域非点源污染负荷计算方法[J].环境科学学报，26（3）：375-383.

郝芳华，杨胜天，程红光，等，2006b.大尺度区域面源污染负荷估算方法研究的意义、难点和关键技术[J].环境科学学报，26（3）：362-365.

胡光伟，冯海丽，马逸岚，等，2022.欧美等发达国家农业面源污染治理经验及其对洞庭湖治理的启示[J].农业与技术，42（23）：4.

金继运，李家康，李书田，2006.化肥与粮食安全[J].植物营养与肥料学报（5）：601-609.

金菊良，洪天求，魏一鸣，2007.流域非点源污染源解析的投影寻踪对应分析方法[J].水利学报，38（9）：1032-1037，1049.

李怀恩，沈晋，刘玉生，1997.流域非点源污染模型的建立与应用实例[J].环境科学学报，17（2）：141-147.

李怀恩，1987.水文模型在非点源污染研究中的应用[J].陕西水利，3：18-23.

李怀恩，1996.流域非点源污染模型研究进展与发展趋势[J].水资源保护，2：14-18.

李家科，李怀恩，沈冰，等，2009.基于自记忆原理的非点源污染负荷预测模型[J].农业工程学报，25（3）：28-32.

李家科，李怀恩，赵静，2006.支持向量机在非点源污染负荷预测中的应用[J].西安建筑科技大学学报（自然科学版），

38（6）：756-760.

李勇，田伟君，吴亚帝，2003. 龙滩水电站有机污染预测研究[J]. 红水河，22（4）：4.

刘宝存，赵同科，2011. 农业面源污染综合防控技术研究进展[M]. 北京：中国农业科学技术出版社.

生态环境部、国家统计局、农业农村部，2020. 第二次全国污染源普查公报（E/BL）.

王建中，刘凌，燕文明，2008. 坡面氮素流失模型的建立与应用[J]. 水电能源科学，26（6）：45-47，53.

王时茂，曲婷，周建斌，等，2020. 陕西秦岭北麓猕猴桃主产区水质动态变化研究[J]. 农业环境科学学报，39（12）：2853-2859.

王宗志，金菊良，洪天求，2006. 巢湖流域非点源污染物来源的模糊聚类对应分析方法[J]. 土壤学报，43（2）：328-331.

薛金凤，夏军，梁涛，等，2005. 颗粒态氮磷负荷模型研究[J]. 水科学进展，16（3）：334-337.

杨林章，薛利红，巨晓棠，等，2022. 中国农田面源污染防控[M]. 北京：科学出版社.

杨育红，阎百兴，沈波，等，2009. 第二松花江流域面源污染输出负荷研究[J]. 农业环境科学学报，28（1）：161-165.

余耀军，胡楚，2020. 美国农业面源污染防治补助制度及启示[J]. 国外社会科学（2）：52-63.

章明奎，李建国，边卓平，2005. 农业非点源污染控制的最佳管理实践[J]. 浙江农业学报（5）：244-250.

郑建秋，2013. 农业面源污染的危害与控制[M]. 北京：中国林业出版社.

邹国元，张敬锁，安志装，等，2020. 都市农业面源污染防控理论与实践[M]. 北京：中国农业出版社.

DONG H，WU Q，PANG Y，et al.，2021. A comparative analysis on risk communication between international and Chinese literature from the perspective of knowledge domain visualization [J]. Environmental Health and Preventive Medicine，26：60.

LAM Q D，SCHMALZ B，FOHRER N，2010. Modelling point and diffuse source pollution of nitrate in a rural lowland catchment using the SWAT model [J]. Agricultural Water Management，97（2）：317-325.

ONGLEY E D，ZHANG X，YU T. 2010. Current status of agricultural and rural non-point source pollution assessment in China [J]. Environmental Pollution，158（5）：1159-1168.

OUYANG W，WANG X，HAO F，et al.，2009. Temporal-spatial dynamics of vegetation variation on non-point source nutrient pollution [J]. Ecological Modelling，220（20）：2702-2713.

PANAGOPOULOS Y，MAKROPOULOS C，BALTAS E，et al.，2011. SWAT parameterization for the identification of critical diffuse pollution source areas under data limitations [J]. Ecological Modelling，222（19）：3500-3512.

RUDRA R P，MEKONNEN B A，SHUKLA R，et al.，2020. Currents status，challenges，and future directions in identifying critical source areas for non-point source pollution in Canadian conditions [J]. Agriculture，10（10）.

SHEN Z，LIAO Q，QIAN H，et al.，2012. An overview of research on agricultural non-point source pollution modelling in China [J]. Separation and Purification Technology，84：104-111.

WANG X，WANG Q，WU C，et al.，2012. A method coupled with remote sensing data to evaluate non-point source pollution in the Xin'anjiang catchment of China [J]. Science of the Total Environment，430：132-143.

WU L，LONG T Y，LIU X，et al.，2012. Impacts of climate and land-use changes on the migration of non-point source nitrogen and phosphorus during rainfall-runoff in the Jialing River Watershed，China [J]. Journal of Hydrology，475：26-41.

XUE Y，2021. The research status and prospect of global change ecology in the past 30 years based on cite space [J]. Advances in Environmental Protection，11（2）：281-287.

ZHOU L，LI L Z，HUANG J K，2021. The river chief system and agricultural non-point source water pollution control in China [J]. Journal of Integrative Agriculture，20（5）：1382-1395.

第二章 / 氮、磷流失污染防治

第一节　农田氮磷径流流失污染防控机制与预测

长期大量施用化肥使土壤中氮磷富集超过环境安全容量之后，便通过水土流失向水体环境释放大量氮磷，造成区域水体富营养化。农田氮磷径流流失既受氮磷本身形态及其所在土体中复杂的物理、化学和生物过程的控制，也受水文、地形、气候和人为活动等外界因素的制约或驱动；化肥输入、不合理灌溉等是导致农田氮磷流失量增加的主因。国内外针对农田氮磷流失机理和氮磷养分管理措施等方面开展了一系列的研究工作，提出了氮磷的适宜施用量及氮磷减量化施用技术等，形成了农田氮磷养分管理的模式与技术。这些研究更多聚焦于氮磷肥料的农学效应以及提高肥料利用率的科学机制，对农田流失氮磷在"土壤-作物-水体"系统的定量关系把握不够，机制不够清晰。

因此，通过明确径流易发区农田系统的氮磷输入、积累、富集、流失之间，以及与环境要素之间的定量化关系，进而解析农田氮磷径流流失特征，确定氮磷流失防控关键因子，阐明控水、控肥农田氮磷流失削减机理并研发防控技术十分重要。通过研发农田氮磷径流流失预测、防控措施评价及方案决策的软件平台系统，构建氮磷径流流失综合防控模式，建立相应技术规则和标准，为农田氮磷流失污染防控提供理论和技术支撑。

一、径流易发区农田氮磷流失规律与流失负荷强度

国内外长期施肥试验研究结果表明，不同施肥制度下土壤中氮磷累积的特征差异显著，有机肥与化肥配施往往会提高土壤氮磷含量，因此减少农田氮磷随降雨径流的流失是控制农业面源污染的关键。氮磷流失过程受降雨、土壤性质、种植制度、水肥管理、坡度等因素的影响。对于农业小流域，氮磷的径流流失还受土地利用、景观格局、地形特征、水文系统等的影响。我国径流易发区分布广、农田氮磷流失严重且时空差异明显，有必要阐明不同类型区农田表层土壤氮磷累积与径流流失的主控因子。

农田氮磷径流流失定量评估的难度较大，在不同地理尺度上需要考虑的因子也不尽相同，仅采用为数不多的长期田间试验结果难以准确估算区域/大流域尺度农田氮磷径流流失负荷。尽管目前已有许多

模型（如AGNPS、HSPF、SWAT模型）可用于流域/区域尺度农田氮磷径流流失负荷的估算，但往往存在较大的限制。机理模型需要的参数较多，而集总模型则基于不同农田类型采用精确度不高的氮磷输出系数，其负荷估算结果存在较大的不确定性。荟萃分析是一种统计学方法，通过汇总不同研究者所报道的大量试验点位的实测数据，分析污染物径流流失的时空变化规律及其主要影响因素，从而建立适用于区域尺度污染物流失负荷估算的经验性定量模型。因此，应构建我国径流易发区农田氮磷流失数据库，为区域农业面源污染的"热点"关键区域判识、负荷预测以及模型模拟提供理论指导、数据支撑和观测手段。

（一）径流易发区农田土壤的氮磷累积特征

我国径流易发区不同类型农田在常规水肥管理条件下表层（按0～15 cm计）土壤氮磷积累速率的代表性观测值如表2-1所示。水田表土中氮素的积累速率总体比旱地土壤高，旱地表土中磷素的积累速率总体明显高于水田土壤。

表2-1　我国径流易发区代表性农田表层土壤的氮磷积累速率　　　　　　单位：kg/(hm²·a)

站点	种植制度	施氮量	氮素积累速率	施磷量	磷素积累速率
沈阳站	玉-豆轮作	168	19.5	68.5	37.6
封丘站	玉-麦轮作	509	26.7	234	25.3
盐亭站	玉-麦轮作	280	36.5	78.5	57.2
衡阳站	玉-麦轮作	300	7.5	52.4	31.8
衡阳站	双季稻	145	52.4	49.1	29.7
桃源站	玉-油轮作	134	69.5	46	18.1
桃源站	双季稻	290	84.7	112	7.4
长沙站	双季稻	270	5.0	66.5	0
鹰潭站	花生	149	24.4	116	41.2
常熟站	稻-麦轮作	508	70.3	47	−9.8
苏州望亭	稻-麦轮作	270	35.4	52.4	21.6

注：台站数据来自中国生态系统研究网络。

施肥制度对土壤氮磷累积有重要影响。以下按氮素和磷素分别阐述。

依据长江上游丘陵区盐亭站的石灰性紫色土施肥长期试验（始于2002年），研究发现：小麦-玉米轮作旱坡地（6°）在施氮量均为280 kg/(hm²·a)条件下，单施化肥（NPK）、单施有机肥（OM；猪粪）和有机无机肥配施（OMNPK）处理的耕作层（0～15 cm）土壤总氮（TN）积累速率分别为36.5 kg/(hm²·a)、75.8 kg/(hm²·a)和71.9 kg/(hm²·a)，表明有机肥的投入有利于石灰性紫色土中氮素的累积。位于三峡库区的西南大学中性紫色土施肥长期试验（始于2008年）结果表明：有机无机肥配施[施氮量均为221 kg/(hm²·a)]条件下，TN积累速率仅为12.9 kg/(hm²·a)，优化单施化肥NPK[施氮量均为188 kg/(hm²·a)]处理下土壤总氮含量下降。同样位于三峡库区的水田施肥长期试验（始于2009年）研究表明：单施化肥NPK处理[施氮量为127 kg/(hm²·a)]的土壤总氮积累速率为16.6 kg/(hm²·a)。对比发现，在中性紫色土发育的水田土壤比旱地中性紫色土更易累积氮素。

依托长江中游低山区衡阳站的红壤旱地长期定位试验（始于1991年），研究发现：不同施肥处理旱地农田耕作层土壤总氮的变化不同。单施有机肥（M）处理的土壤总氮积累速率最高，按表层0～15 cm计算，达74.1 kg/(hm²·a)；有机无机肥配施处理（NPKM）次之，为42.8 kg/(hm²·a)；单施化肥处理（NPK）最低，仅为7.5 kg/(hm²·a)。衡阳站双季稻田长期定位试验数据（始于1982年）结果表明，在施氮量均为72.5 kg/(hm²·a)的条件下，有机无机肥配施处理（NPKM）的土壤总氮积累速率最高，按表层0～15 cm计算，达104.3 kg/(hm²·a)；单施有机肥（M）处理次之，为93.9 kg/(hm²·a)；单施化肥（NPK）处理最低，为52.4 kg/(hm²·a)，表明有机肥的施用有利于水田中氮素的累积。对比发现，水田土壤中氮素的积累速率明显高于旱地。

总体而言，有机肥投入比化肥投入更易于导致农田表层土壤氮素发生累积。

盐亭站石灰性紫色土旱坡地单施化肥NPK处理[施磷量78.5 kg/(hm²·a)]、单施有机肥、有机无机肥配施下耕作层土壤中总磷（TP）的积累速率较高，平均分别达57.2 kg/(hm²·a)、35.4 kg/(hm²·a)和69.1 kg/(hm²·a)。西南大学中性紫色土旱坡地在有机无机肥[施磷量23.6 kg/(hm²·a)]配施条件下，土壤总磷并未发生明显累积，优化单施化肥NPK[施磷量39.3 kg/(hm²·a)]处理下土壤总磷出现累积现象，为27.0 kg/(hm²·a)。同样位于三峡库区的水田施肥长期试验结果表明：单施化肥NPK处理[施磷量为19.6 kg/(hm²·a)]的土壤总磷积累速率仅为7.5 kg/(hm²·a)。

衡阳站红壤旱地农田单施化肥NPK处理的土壤总磷积累速率为31.8 kg/(hm²·a)（按表层0～15 cm计算）；单施有机肥处理的土壤总磷积累速率最高，达131.3 kg/(hm²·a)；有机无机肥配施处理的土壤总磷积累速率也较高，为123.1 kg/(hm²·a)。双季稻田有机无机肥配施（NPKM）处理的土壤总磷积累速率最高，按表层0～15 cm计算，达46.2 kg/(hm²·a)；单施化肥处理（NPK）次之，为29.7 kg/(hm²·a)；单施有机肥（M）处理最低，仅为13.3 kg/(hm²·a)。对比发现，旱地各施肥处理表层土壤中磷素的积累速率明显高于水田。

（二）径流易发区农田氮磷径流流失规律

施肥制度对农田氮磷流失负荷产生显著影响。盐亭站石灰性紫色土旱坡地长期试验田2016—2018年氮磷年流失量（随地表径流和随壤中流的流失量之和）观测表明：在施氮量[280 kg/(hm²·a)]相同条件下，单施有机肥（OM）处理的总氮流失负荷略低于单施化肥（NPK）处理，秸秆还田配施化肥（RSDNPK）处理可大幅降低氮流失负荷，而不同施肥处理之间总磷流失负荷的差异较小（表2-2）。可见，通过秸秆还田替代部分化肥可有效减少氮流失。

表2-2　不同施肥处理下紫色土旱坡地的氮磷流失负荷　　　　　　　　　单位：kg/(hm²·a)

指标	施肥处理			
	NPK	OM	OMNPK	RSDNPK
总氮流失负荷	29.64 ± 16.37	24.21 ± 11.78	31.45 ± 19.84	14.97 ± 8.87
总磷流失负荷	0.66 ± 0.45	0.79 ± 0.56	0.47 ± 0.19	0.34 ± 0.19

运用结构方程模型，比较不施肥（CK）、有机肥（OM）、化肥（NPK）、有机无机肥配施（OMNPK）、秸秆还田（RSD）、秸秆还田配施化肥（RSDNPK）处理下紫色土旱坡地长期试验的2016—2018年氮磷流失负荷观测数据，结果表明：总氮年流失负荷主要受表层土壤碳磷比和径流深（即地表径流量除以集水面积）的负影响以及降雨量的正影响，而总磷年流失负荷主要受径流深的正影响以

及降雨量通过径流深的间接正影响（图2-1）；总氮径流加权年平均浓度主要受表层土壤碳磷比、降雨量和径流深的负影响，而总磷径流加权年平均浓度主要受表层土壤碳磷比的负影响（图2-2）。可见，氮素与磷素的流失均受到土壤碳磷比的负向调控，说明土壤微生物可能对氮磷迁移过程产生重要影响。

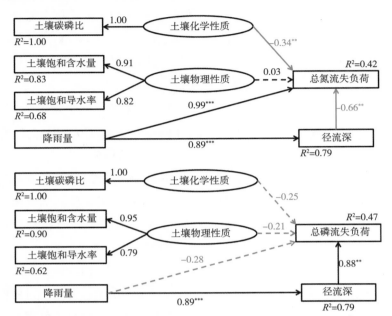

实线代表影响显著，虚线代表影响不显著；红色代表负影响，黑色代表正影响；R^2代表因变量变化被模型的解释量；影响程度大小由连线旁的路径系数决定；**和***分别表示$P<0.01$和$P<0.001$。

图2-1 石灰性紫色土旱坡地氮磷年流失负荷的主要影响因子及其作用路径

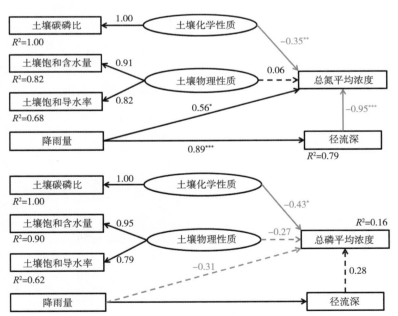

实线代表显著影响，虚线代表不显著影响；红色代表负影响，黑色代表正影响；R^2代表因变量变化被模型的解释量；影响程度大小由连线旁的路径系数决定；*、**和***分别表示$P<0.05$、$P<0.01$和$P<0.001$，下同。

图2-2 石灰性紫色土旱坡地氮磷径流加权年平均浓度的主要影响因子及其作用路径

24

以不同施肥处理下的石灰性紫色土旱坡地为对象，利用结构方程模型，分析表土养分水平与微生物群落特征对2017年氮磷径流加权平均浓度的影响，结果表明：总氮径流加权平均浓度主要受表土碳/磷比、功能菌组成的影响；总磷径流加权平均浓度主要受施肥、表土碳/磷比的影响（图2-3）。

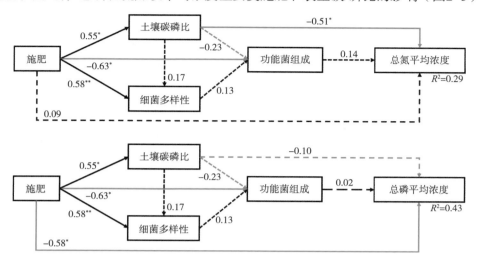

图2-3 石灰性紫色土旱坡地氮磷径流加权平均浓度的主要影响因子及其作用路径

通过文献检索，经分析甄别，选取了有关我国径流易发区农田氮磷径流流失研究的195篇文献（英文文献58篇），共计212个试验地点（试验时间：1987—2017年），分布于北京、河北、河南、山东、江苏、上海、浙江、福建、安徽、江西、四川、重庆、云南、贵州、湖北、湖南、广东、广西等18个省份。对文献报道的数据进行了标准化处理，基于SQL sever软件平台，构建了我国径流易发区旱地和水田氮磷径流流失数据库（存储于国家农业科学数据中心）。荟萃分析结果表明，长江流域农田总氮径流流失负荷在$0.01 \sim 85.9$ kg/(hm²·a)范围内，呈现显著（$P<0.05$）的空间变异性；上游[旱地：（6.3 ± 8.9）kg/(hm²·a)，水田：（4.3 ± 5.7）kg/(hm²·a)]<中游[旱地：（12.1 ± 15.0）kg/(hm²·a)，水田：（7.1 ± 5.8）kg/(hm²·a)]<下游[旱地：（12.3 ± 12.4）kg/(hm²·a)，水田：（12.1 ± 11.6）kg/(hm²·a)]（图2-4）。重要性分析和相关性分析表明，旱地与水田总氮径流流失负荷的影响因素存在较大差异：旱地主要受径流深、土壤含氮量和施氮量影响，而水田则主要受径流深和施氮量的影响。可见，降雨、灌溉形成的径流是农田氮素流失的主要驱动力；氮肥是农田氮素流失的主要来源，且土壤中的遗留氮是旱地流失氮素的另一个重要来源。

采用农田氮素径流流失的主要影响因子作为变量，随机选择数据库中氮素流失相关数据的70%用于模型构建，其余30%用于模型验证。在采用决定系数、纳什效率系数和均方根误差评估10种模型表述式之后，建立了用于农田氮素流失预测的多元回归模型。其公式如下：

$$L_{\text{Upland}} = R^{0.76} \left(0.01 \times N_{\text{rate}}^{0.06} + 0.15 \times N_{\text{soil}}^{0.30} \right) \tag{2-1}$$

$$L_{\text{Paddy field}} = 0.06 \times R^{0.75} N_{\text{rate}}^{0.11} \tag{2-2}$$

式中：L_{Upland}为旱地氮素流失负荷 [kg/(hm²·a)]；$L_{\text{Paddy field}}$为水田氮素流失负荷 [kg/(hm²·a)]；R为径流深（mm）；N_{rate}为当年施氮量 [kg/(hm²·a)]；N_{soil}为土壤氮含量（g/kg）。

采用构建的长江流域农田氮素径流流失模型，估算了2017年长江流域农田氮流失负荷（图2-4），并设置情景预测，定量评估了不同农田管理措施对总氮年径流流失负荷的削减效果。结果表明，2017年农田氮素流失负荷为0.54 Tg/a，其中旱地0.30 Tg/a，水田0.24 Tg/a。

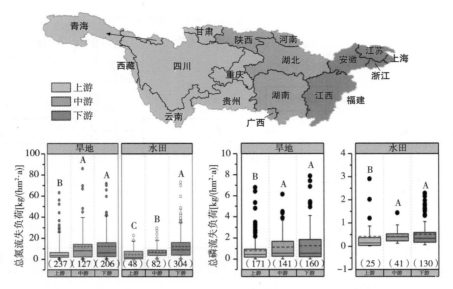

图2-4 长江流域农田氮磷年径流流失负荷的空间分异特征

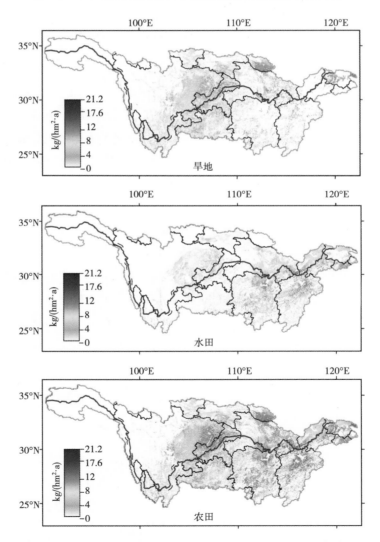

图2-5 长江流域农田（旱地与水田之和）总氮年径流流失负荷的空间分布

　　长江流域农田氮素流失的热点区域主要分布在长江中下游，中、下游平均氮流失负荷分别比上游高13.1%和12.1%。削减径流深是降低农田氮素径流流失负荷最有效的手段（图2-5）。通过水、肥、土壤协同管理，可以有效控制长江流域农田氮素径流流失。

　　长江流域农田总磷径流流失负荷在0.01～7.87 kg/(hm²·a)范围内，呈现显著（P<0.05）的空间变异性，上游[旱地：（0.8±1.1）kg/(hm²·a)；水田：（0.4±0.7）kg/(hm²·a)]<中游[旱地：（1.1±1.2）kg/(hm²·a)；水田：（0.5±0.2）kg/(hm²·a)]≈下游[旱地：（1.3±1.6）kg/(hm²·a)；水田：（0.5±0.5）kg/(hm²·a)]（图2-6）。旱地[（1.0±1.3）kg/(hm²·a)]总磷流失负荷显著（P<0.01）高于水田[（0.6±0.7）kg/(hm²·a)]。重要性分析和相关性分析表明，旱地与水田总磷径流流失负荷的影响因素存在较大差异，旱地主要受径流深、土壤Olsen-磷（Olsen-P）含量和有机质含量的影响，而水田主要受径流深、施磷量和土壤有机质含量的影响。降雨与灌溉形成的径流是农田磷素流失的主要驱动力。旱地磷素流失不仅来源于当年施用的磷肥，而且来源于土壤Olsen-磷，而水田磷素流失则主要来源于当年施用的磷肥。

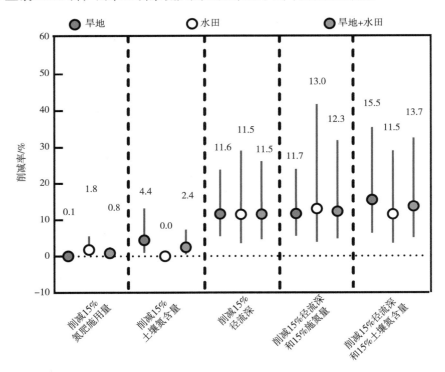

图2-6　不同农田管理情景下总氮年径流流失负荷的削减率

　　基于苏南太湖流域多年田间试验数据（71个试验点），统计分析发现，水田氮素径流流失的可调控因子主要包括3类，①土壤肥力：有机质（本底）、总氮（本底）、矿质态氮（速效）、碳氮比。②作物生长：作物产量、肥料利用效率。③生产投入：养分投入量。养分投入、作物肥料利用效率和土壤碳氮比是影响氮素径流流失负荷最为重要的因子（图2-7）。在土壤有机质含量较高的农田环境中，潜在的氮素径流流失应受到关注。肥料运筹优化、肥料品种调配以及轮作制度调整可用于平原河网区稻田氮素径流流失的源头削减。

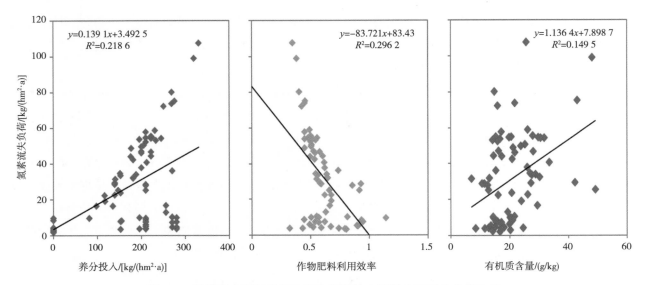

图2-7 平原区水田氮素径流流失负荷的主要影响因素的分析结果

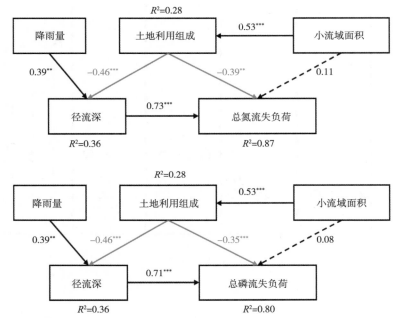

实线代表显著影响,虚线代表不显著影响;红色代表负影响,黑色代表正影响;R^2代表因变量变化被模型的解释量;影响程度大小由连线旁的路径系数决定;**和***分别表示显著性水平$P<0.01$和$P<0.001$。

图2-8 盐亭万安小流域氮磷年径流流失负荷的主要影响因子及其作用路径

通过盐亭万安小流域（12.36 km²）多尺度连续观测（始于2010年，在集水面积分别为3.2 hm²、35 hm²、480 hm²、1 236 hm²的4个断面，每7 d、10 d或30 d采集1次水样），查明了氮磷径流流失的主要影响因子及其作用路径。首先，采用主成分分析方法将土地利用组成（分林地、旱地、水田、居民区、其他）数据转化为第一主成分（对各断面对应集水区土地利用组成变化的解释量达93.09%；与旱地和水田占比呈显著正相关，与居民区和其他土地利用占比呈显著负相关），然后，利用结构方程模型，进行氮磷年流失负荷与径流加权年平均浓度的关键影响因子判识及其作用路径分析，结果发现：土地利用组成对径流深产生负影响，而径流深对总氮和总磷流失负荷都产生较强的正影响，说明径流过程中集水面积的变化可能是造成氮磷流失负荷呈现空间尺度差异的原因之一（图2-8）。

总氮和总磷的径流加权年平均浓度均主要受小流域土地利用组成很强的、负的直接影响，而受到小流域集水面积负的总影响（图2-9）。居民区面积占比对氮磷年流失负荷和径流加权年平均浓度均有较强的正影响（图2-8，图2-9）。可见，土地利用组成不仅能通过改变径流深而影响氮磷流失负荷，而且能显著改变径流氮磷浓度；调整土地利用组成是小流域氮磷流失控制的有效途径之一。

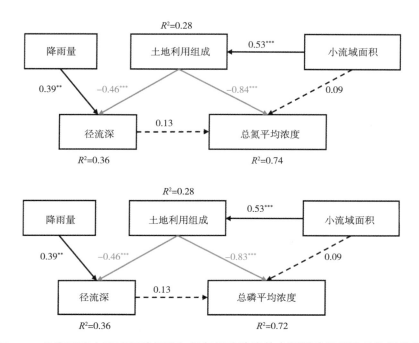

图2-9　盐亭万安小流域氮磷径流加权年平均浓度的主要影响因子及其作用路径

（三）农田氮磷累积与径流流失监测方法

在综合相关监测方法与技术进展的基础上，研发了我国径流易发区农田土壤氮磷积累速率及流失通量的多尺度观测与估算方法体系（图2-10），用以揭示氮磷流失的多尺度时空（时间：事件性、季节性、年际变化；空间：单一田块、小流域、区域）分布规律，为农田氮磷流失的针对性治理与控制提供一整套监测方法。该方法在四川、重庆、湖南、江苏等地的国家和部门野外台站及周边区域得以有效应用。

依托盐亭站大型坡地观测场（0.15 hm^2，坡度6°），利用雨季土壤水势与产流的降雨事件性动态数据，结合径流水的溶解性有机质含量与光学性质（紫外吸收光谱、激发-发射矩阵荧光光谱）以及液态水氢氧同位素分析结果，借助统计学方法，研究发现：SUVA$_{254}$（254 nm波长的紫外吸光度）为反映溶解性有机质芳香度的敏感指标，其随时间的变化可指示不同类型径流的水源（雨水、前期孔隙水）构成的动态变化；对于地表径流与裂隙潜流，溶解性有机质荧光组分C1与C2的最大荧光强度之比与δ^{18}O、δ^{2}H（传统的水源示踪剂）的丰度均表现出极显著的正相关关系（图2-11，图2-12）。因此，溶解性有机质光谱学指标可作为径流水分来源与运动路径分析的一种更为经济、快速的示踪方法。

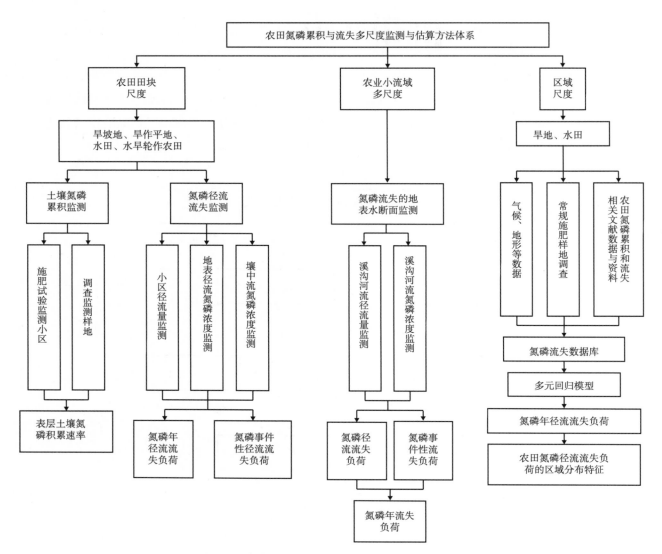

图2-10 农田氮磷积累速率及流失通量的多尺度观测与估算方法体系

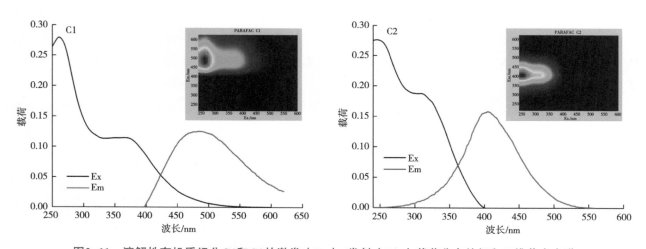

图2-11 溶解性有机质组分C1和C2的激发（Ex）-发射（Em）载荷分布特征和三维荧光光谱

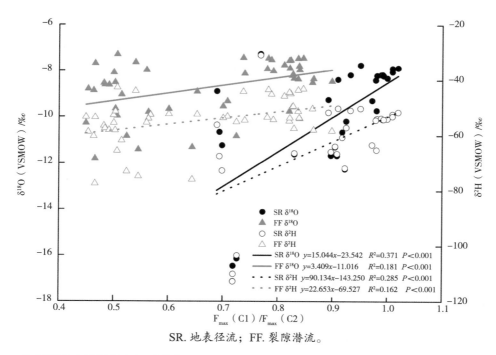

SR. 地表径流；FF. 裂隙潜流。

图2-12　降雨径流中溶解性有机质荧光组分C1和C2最大荧光强度（F_{max}）的比值与δ^{18}O、δ^2H的相关性

二、典型径流易发区农田系统氮磷迁移转化过程与流失主控因子

（一）土壤中氮、磷转化过程与流失风险

1. 磷在土壤中的转化过程及其流失风险

（1）土壤含铁矿物与磷的转化。土壤磷的径流损失不仅与其土壤中存在的形态有关，更与土壤的物理化学性质密切相关。土壤矿物、矿物-有机物复合体、活性铁含量等对磷在土壤中的转化过程有重要的控制作用，并影响着磷在土壤中的迁移和流失风险。

土壤和沉积物中的有机磷占总磷的20%～80%，因此含磷化合物在土壤中的吸附解吸对土壤溶解性磷的浓度具有重要影响，并对磷的生物有效性和流失风险起重要的控制作用。土壤中的铁氧化物具有较高的吸附磷的能力，铁磷界面反应对控制水-土界面磷的含量和活性起着关键作用。以一磷酸腺苷（AMP）、三磷酸腺苷（ATP）、植酸（IHP）3种可溶解性有机磷（OP）及无机磷（IP）为吸附质，开展了研究，结果显示铁氧化物可有效吸附固定无机磷和有机磷。不同有机磷分子在矿物上吸附机制不同，其中IHP的吸附量最高，亲和力最强，流失风险也最弱。

土壤中的铁氧化物对磷的吸附还与其自身的形态有关。土壤中铁氧化物易与有机质形成复合体（图2-13），但这种广泛存在于土壤中的复合体对无机磷和有机磷的吸附固定能力尚不明确。为此，研究了腐殖质（HA）存在对水铁矿（FH）转化过程及其对磷吸附的影响，结果表明，腐殖质不仅延缓了水铁矿向针铁矿类物质的转化，水铁矿及其复合体对磷的吸附也发生变化。水铁矿在30 min内大量吸附无机磷，60 min达到吸附平衡状态；而有机质-铁矿复合体除了在快速反应阶段吸附磷素外，在60～1 440 min的慢速反应阶段也在稳定地吸附磷素，慢速反应阶段FH-HA的反应速率大于FH。这说明有机质复合体的存在改变了原水铁矿吸附磷的方式，对磷的吸附提供了更多的可能性。

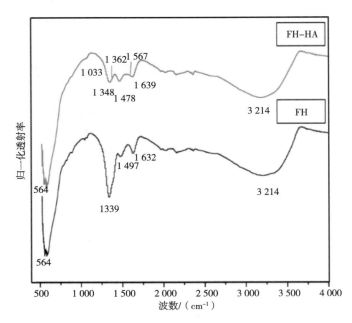

图2-13 铁氧化物-有机物复合体的红外特征

有机磷从铁氧化物上解吸与其相对分子量以及有机磷与铁氧化物的亲和性有关。对于同一种铁氧化物，有机磷相对分子量越小，越容易从铁氧化物上解吸下来，而与铁氧化物亲和力越大的有机磷越不容易从铁氧化物表面上解吸下来。铁氧化物对有机磷的吸附抑制了有机磷的酶解过程，但有机磷却可在光化学分解作用下转化成无机磷（图2-14）。由于无机磷易被铁矿物固定，故铁矿物的存在显著降低磷流失风险。

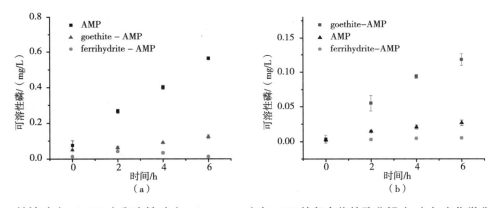

图2-14 针铁矿（goethite）和水铁矿（ferrihydrite）与AMP的复合物的酶分解（a）与光化学分解（b）

（2）添加秸秆对土壤磷转化的影响。有研究认为，长期施用磷肥或有机肥会造成土壤中磷的积累，增加了磷随径流流失的风险。针对该问题，研究了秸秆还田对土壤磷转化的影响。结果表明，秸秆添加改变了微生物组成和多样性，并形成不同类型的养分限制和养分利用模式；向养分含量低的土壤中添加秸秆促进了稳定态磷向活性磷的转化，并促进有机磷矿化，提高可溶性磷水平（图2-15）；向养分含量较高的土壤中添加秸秆，则趋向于磷的生物固定。这些研究结果暗示，有机物料的加入如秸秆还田或施用有机肥可改变土壤中C/N/P化学计量比，从而影响磷转化及相关微生物群落丰度、多样性和组成，调控磷酸酶的活性影响土壤可溶性磷含量。所以，秸秆还田或有机肥的施用，在某种程度上会增加磷的流失风险。由于无机磷比有机磷更易被铁氧化物吸附固定，因此，在铁氧化物含量较高的土壤中，添加有机物料带来的活性磷的增加和微生物活性的变化不会增加磷流失的风险。

　　为了进一步明确秸秆添加及活性铁含量的差异对土壤磷流失的影响，以潮土（C）和黄棕壤性水稻土（H）为研究对象，在淹水条件下设置添加秸秆与不加秸秆4个处理，利用填装土柱进行淹水秸秆还田的模拟实验。培养期间测定上覆水以及不同时期不同深度土层中各种形态磷的变化。

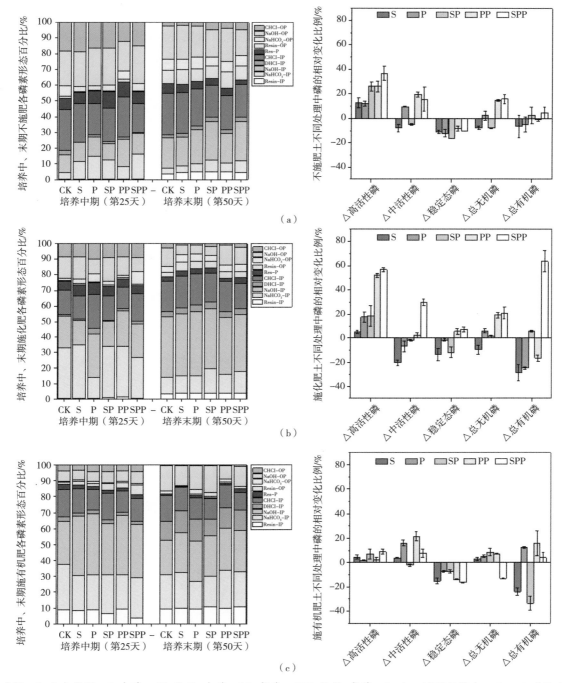

CK. 对照；S. 小麦秸秆；P. 中磷；SP. 秸秆+中磷；PP. 高磷；SPP. 秸秆+高磷。Resin-. 树脂交换态-；Res-P. 残渣态磷；
CHCl-. 浓盐酸提取态-；DHCL-. 稀盐酸提取态-；NaOH-. 氢氧化钠提取态-；NaHCO₃-. 碳酸氢钠提取态-；
IP. 无机磷；OP. 有机磷；下同。

图2-15　不施肥（a）、施化肥（b）和施有机肥（c）土中各形态磷的百分比含量（左）
以及处理组中各磷组分相对对照组的变化比例（右）

秸秆添加显著增加了上覆水颗粒态磷和可溶态有机磷浓度。潮土性水稻土和黄棕壤性水稻土上覆水颗粒态磷在总磷中的平均占比分别为60.6%、65.7%；可溶态有机磷占可溶态总磷比分别为75.1%、60.0%（图2-16）。此外，淹水后添加秸秆会使潮土稳定态磷活化，增加磷的流失风险；而在黄棕壤性水稻土中会造成活性磷向稳定态磷转化，增加土壤中磷的累积（图2-17）。

以上结果说明，秸秆还田对磷流失的影响在不同类型土壤上存在差异，而土壤矿物的存在不仅对上覆水中磷含量及其流失风险有重要影响，对土层中磷的形态也有重要控制作用。

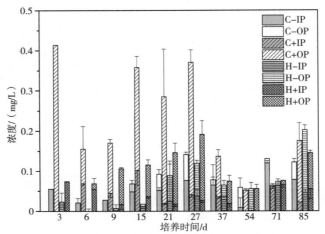

C. 潮土；H. 黄棕壤性水稻土；IP. 无机磷；OP. 有机磷。

图2-16　上覆水有机磷与无机磷浓度动态变化

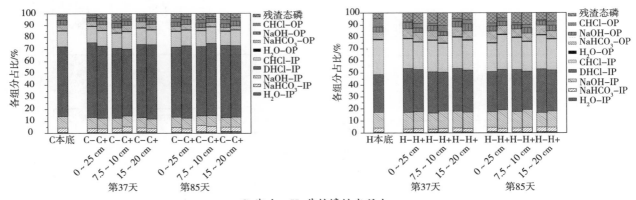

C. 潮土；H. 黄棕壤性水稻土。

图2-17　两种土壤各级磷组分占比动态变化

2. 氮在土壤中的转化过程及其流失风险

大量研究表明，农田氮素流失与农田退水或淋溶液中硝态氮浓度有关，而早期的研究证明，农田氮素损失主要源自反硝化过程的损失。因此，要减少农田径流带来的氮素损失，减少田面水中氮素含量，特别是硝态氮含量对控制径流损失是最有效的。为了明确氮的转化对其流失风险的影响，从土壤活性铁引起的化学过程和秸秆添加引起的生物学过程等开展了研究。

（1）土壤氮素转化与亚铁氧化的关系。利用室内培养试验在淹水条件下活性铁对氮素的转化进行了研究。结果表明，Fe（Ⅱ）氧化可通过捐赠电子影响土壤的反硝化过程，且活性铁含量高的土壤中

Fe（Ⅱ）氧化对反硝化过程的电子贡献大于低活性铁土壤的贡献（图2-18）。高活性铁土壤在淹水后，土壤中的Fe（Ⅱ）含量会急剧增加，高含量的Fe（Ⅱ）可促进反硝化过程的进行，从而降低了NO₃⁻的浓度，虽然这一过程可能降低了氮肥的有效性和氮肥利用率，但从控制径流损失的视角看，Fe（Ⅱ）增加可显著减少NO₃⁻淋溶风险，降低面源氮的威胁。从图2-18中还可以看出，硝态氮浓度在淹水后急剧降低，在2～3 d的时间里即降低到可以忽略的程度。在有机质和铁含量均较高的土壤中（图2-18，土壤样品2），淹水后硝态氮降低的同时会伴随有铵态氮的增加，可能是发生了异化硝酸盐还原成铵的过程，即使如此，由于铵态氮易于与土壤中的颗粒发生吸附作用，并不易于流失。所以，南方稻田土壤活性铁的存在对降低氮肥施用带来的面源污染有很好的控制作用。

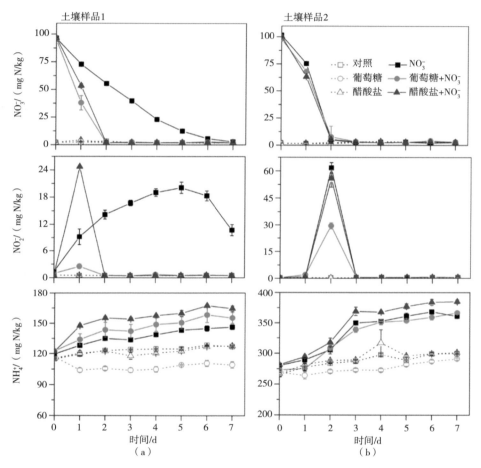

图2-18 活性铁含量低（a）和高（b）的土壤中不同氮形态随培养时间的变化

研究还显示，NO₃⁻与Fe（Ⅱ）之间的反应主要是微生物驱动的，而NO₂⁻与Fe（Ⅱ）之间的反应主要是化学作用（图2-19）。在灭菌土壤中，亚硝酸盐被逐渐还原消耗而硝酸盐没有被还原，表明化学反硝化作用的发生；在具有微生物活性（未灭菌）土壤中，硝酸盐被逐渐还原且伴随着亚硝酸盐的积累、铵的产生和N₂O的排放，这暗示反硝化作用、异化硝酸盐还原为铵（DNRA）和化学反硝化作用的同时发生。依据Fe（Ⅱ）、亚硝酸盐、硝酸盐和有机碳含量的不同，化学反硝化过程的N₂O排放可占总N₂O排放量的6.8%～67.6%，且化学反应的N₂O排放速率可达2.4 mg N/(kg·d)。在涉及碳、铁和氮的生物地球化学循环的化学和生物过程的复杂网络中，化学反硝化作用可能是稻田土壤N₂O排放的一个重要贡献者。

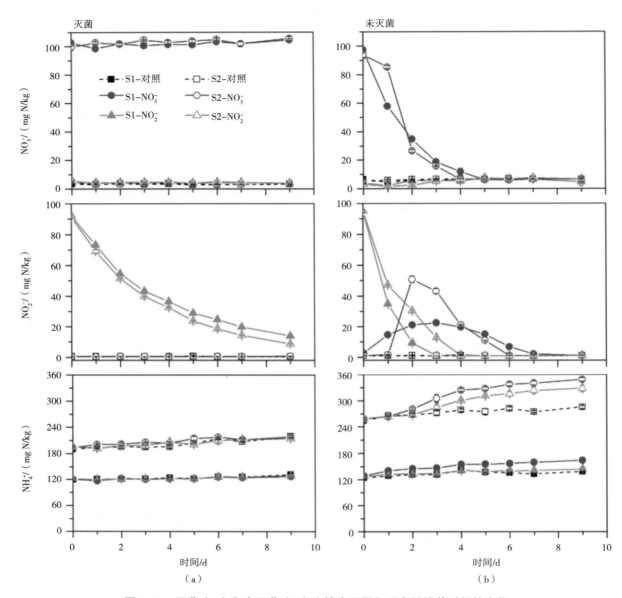

图2-19 灭菌（a）和未灭菌（b）土壤中不同氮形态随培养时间的变化

以上结果说明，淹水土壤中活性铁的含量对氮素循环转化有重要影响，因为，亚铁的存在可促进反硝化过程，减少NO_3^--N淋溶迁移和径流损失；但也应该看到，铁的存在加速氮素的反硝化过程，从而带来氮肥的损失，降低了肥料利用率，未来的工作中如何平衡这两方面的问题，是值得继续关注的重要研究内容。

（2）添加秸秆对氮素转化的影响。针对研究区水旱轮作面积大，土壤干湿交替频繁，且秸秆还田和有机肥施用量高的特点，研究了干湿交替环境下添加秸秆和不添加秸秆对氮素转化的影响。结果表明，干湿交替环境下添加秸秆，NO_3^--N的含量比恒湿处理平均低13.82 mg/kg（图2-20）。但干湿交替较恒湿处理显著增加了NH_4^+-N的含量，比恒湿处理平均高21.78 mg/kg。不添加秸秆时，干湿交替处理中NO_3^--N和NH_4^+-N的含量高于恒湿处理中NO_3^--N和NH_4^+-N的含量，意味着干湿交替条件下添加秸秆不会增加氮素流失风险。

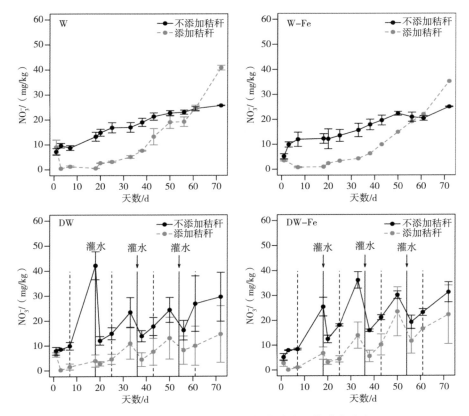

图2-20 干湿交替下硝态氮含量对秸秆的动态响应

（二）农田氮磷流失风险与耕作、施肥管理

1.农田磷流失风险

（1）有机肥施用与农田磷素流失特征。农田磷素流失是面源污染的重要来源之一，但现有研究对于农田磷素流失形态缺乏系统分析，致使后续对面源磷的控制过程缺乏依据。利用模拟降雨对施用化肥（CF）、有机肥（OF）、秸秆还田（FS）和不施肥处理（CK）的磷素流失特征进行研究，结果表明（图2-21）：①施用有机肥和秸秆还田处理磷素流失总量与化肥处理相当，且显著高于不施肥处理。②颗粒态磷是农田磷素流失的主要形态，且有机肥和秸秆还田处理中，有机磷是流失颗粒态磷的重要组分。③降雨强度和坡度是影响农田磷素流失的主要因子，磷流失总量随着雨强和坡度的增加呈现升高趋势。

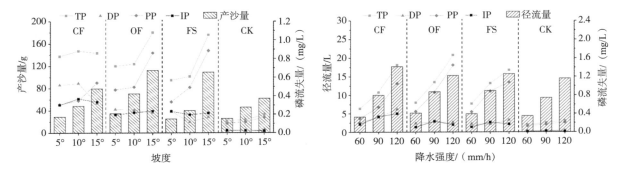

TP. 总磷；DP.溶解态磷；PP.颗粒态磷；IP.无机磷；下同。

图2-21 在不同施肥类型、降水强度、坡度下磷的流失强度与类型

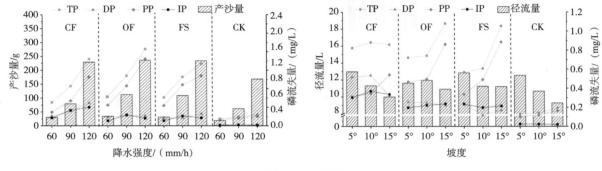

图2-21 （续）

（2）秸秆还田对水田磷素流失的影响。秸秆还田是近期农业生产中广泛推进的肥田措施，也有研究认为，秸秆还田会带来磷素损失。前期研究显示，土壤性质对磷素流失有重要控制作用，且秸秆施用不会带来磷的流失风险，但水稻生产的特殊水分管理是否会使得秸秆还田成为潜在的磷流失风险仍然没有定论。针对这一问题，采用土柱模拟研究了秸秆还田条件下不同类型水稻土中磷的转化及磷淋溶流失的特征。结果表明：水田秸秆还田显著增加了田面水中各形态磷的含量（>0.2 mg/L），是对照组的1～2.5倍，其主要形态为颗粒态磷和可溶态有机磷，占比超过60%。秸秆还田显著增加了淋溶液中磷的流失，其中可溶态磷以有机磷组分为主（图2-22）。所以，稻田秸秆还田有加剧有机态磷的流失，对水环境产生负面影响的风险。从前述研究结果可以看出，如果秸秆还田增加的是可溶性磷，土壤中的矿物可使其流失风险降低，而土壤含铁矿物低时，其流失风险可能会增加。因此，农田磷素在秸秆还田条件下的流失可因土壤性质不同而产生差异；此外，由于秸秆还田带来的流失主要是颗粒态有机磷，所以，腐熟的有机物料或有机肥而不是秸秆直接施用，是控制农田磷损失的重要保障。

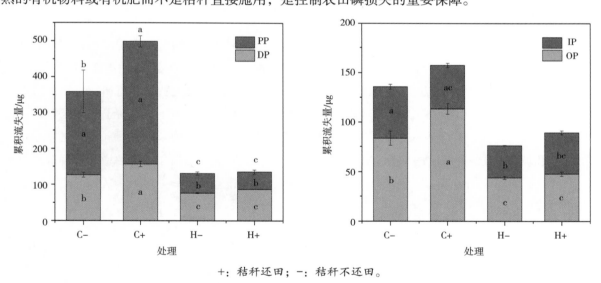

+：秸秆还田；-：秸秆不还田。

图2-22 水田秸秆还田条件下淋溶液各形态磷累积流失量

（3）磷素在水稻植株-土壤中的分配和转化。磷肥施用后，在土壤和植物之间的分配对流失有重要的控制作用。以红壤水稻土为对象，通过添加^{18}O-标记的Pi示踪磷在土壤不同磷分级中转化，探讨了稻田生态系统中磷的迁移转化特征。

结果表明，施磷显著促进水稻生长发育和植株对磷的吸收，提高水稻生物学产量和经济产量。不管种植水稻与否，施磷促进土壤中磷向中等活性无机磷转化，在种植水稻的条件下施磷可促进磷向稳态有机磷转化，甚至向难溶性残渣态磷矿转化（图2-23）。

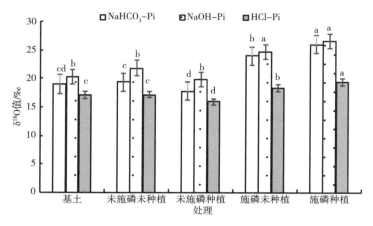

图2-23　红壤基础土壤和成熟期不同施磷水平土壤无机磷分级的δ^{18}O值

为了明晰施用磷肥的这种分配和转化差异是否在不同土壤上存在差异，利用盆栽对植物吸收磷素在不同土壤上的差异进行了研究，结果表明，在不施磷处理（P_0）中，潮土中种植的水稻苗高和单株分蘖数显著高于红壤中种植的水稻；在$P_{0.05}$施磷水平下，潮土中种植的水稻倒二叶长显著低于红壤中种植的水稻，但其他生长性状差异不显著；在$P_{0.15}$施磷水平下，潮土中种植的水稻苗高和倒二叶长显著低于红壤中种植的水稻。施磷水平极显著（$P<0.001$）影响两种土壤中种植的水稻单株生物学产量（图2-24），意味着不同土壤对磷肥的反应是不一样的，含铁高的红壤性水稻土施磷后其产量会显著增加，因其土壤中原有的磷主要以稳定态为主。

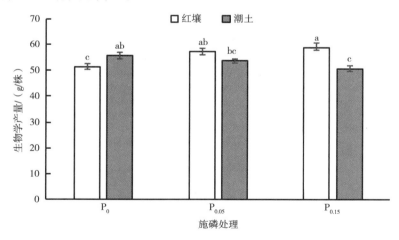

图2-24　不同土壤类型和施磷水平下水稻植株的生物学产量

水稻植株不同器官中磷分配比例均表现为：穗>茎鞘>叶片（图2-25），对比两土壤上水稻不同器官中磷的分配特征可以看出，潮土种植的水稻其叶片和茎鞘中磷低于红壤种植的水稻，而穗中分配的磷则高于红壤种植的水稻。这一结果说明，不同土壤由于其性质的差异，不仅会影响植物对磷的吸收，还会影响其在植物不同器官中的分配，进而影响磷的流失。

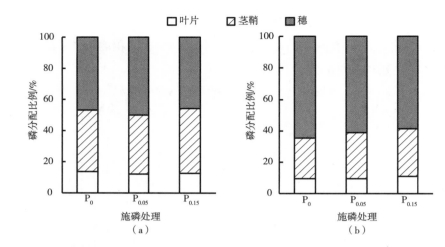

图2-25 不同施磷水平下红壤（a）和潮土（b）中水稻植株各器官的磷分配比例

2. 农田氮流失风险

（1）坡地不同施肥模式对氮素流失的影响。不同农作方式和种植方式对氮流失有重要的影响，对坡地柑橘园不同氮肥、有机肥、绿肥3个处理的径流小区的研究结果表明，地表径流中氮年流失量为7.4～14.8 kg/hm²（图2-26）。氮素以有机态和颗粒态为主，但颗粒态可占到总流失量的24%～54%。氮肥使用量的改变对流失量的影响不显著。进一步证明，径流中氮素主要以有机态和硝态氮为主。

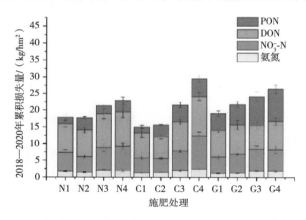

N1、N2、N3、N4.不同氮肥处理水平；C1、C2、C3、C4.不同有机肥处理水平；
G1、G2、G3、G4.不同绿肥处理水平；PON.颗粒态有机氮；DON.可溶性有机氮。

图2-26 不同施肥处理下坡地柑橘园氮径流流失负荷

（2）稻田几种轮作模式与田间氮损失途径与负荷。以双季稻-休闲、中稻-油菜和中稻-小麦三种稻田种植模式为研究对象，研究了氮素肥料的分配和流失特征，结果表明，中稻-小麦种植模式下作物吸收氮量最高，达到351.41 kg N/hm²，显著高于其他几种稻田种植模式，主要归因于旱作季小麦氮吸收（图2-27）。

此外，双季稻-休闲稻田种植模式下水稻季氮淋溶流失量为16.81 kg N/hm²，中稻-油菜稻田种植模式下水稻季氮淋溶流失量为10.34 kg N/hm²，中稻-小麦稻田种植模式下水稻季氮淋溶流失量为8.52 kg N/hm²，中稻-小麦种植模式下淋溶损失氮量也最低（图2-27）。因此，对比其他几种稻田种植模式，中稻-小麦种植模式具有更高的保氮优势，淋溶风险也较低。

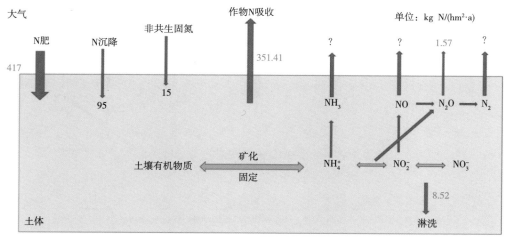

（黄冈农业科学院中稻–小麦轮作，夏季、冬季作物分别施肥225 kg N/hm²、192 kg N/hm²）

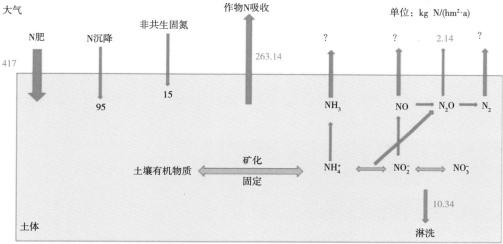

（黄冈农业科学院中稻–油菜轮作，夏季、冬季作物分别施肥225 kg N/hm²、192 kg N/hm²）

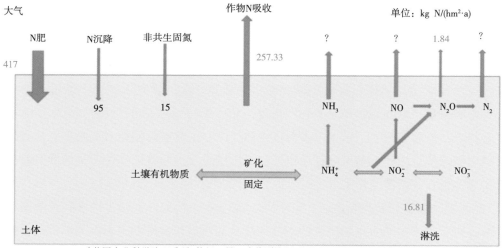

（黄冈农业科学院双季稻–休闲，早、晚分别施肥192 kg N/hm²、225 kg N/hm²）

图2-27 稻田不同轮作模式下田间氮损失途径与负荷

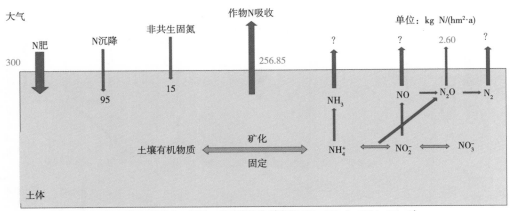

（华中农业大学中稻–油菜轮作，夏季、冬季作物分别施肥150 kg N/hm²、150 kg N/hm²）

图2-27　（续）

（3）不同秸秆施用与氮素转化。利用田间小区对3种C/N不同的秸秆（C/N从高到低依次是小麦>油菜>蚕豆）还田对作物氮素吸收和土壤氮素转化影响的研究结果表明，相比油菜秸秆，C/N高的小麦秸秆在腐解过程中需要消耗大量氮素，导致水稻生长后期氮素供应不足，同时还限制土壤微生物活性；而C/N低的蚕豆秸秆在腐解过程中消耗了大量碳源，导致水稻生长后期出现微生物所需碳源减少，限制了土壤微生物活性，增加了红螺菌目（Rhodospirillales），油菜秸秆还田则增加了变形菌门（Proteobacteria）（图2-28）。

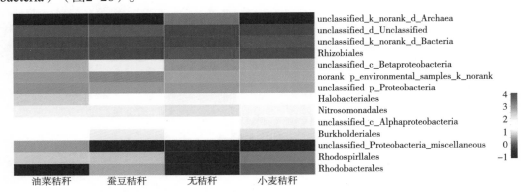

图2-28　不同还田秸秆处理下nirK目水平微生物组成热图示意

红螺菌能够分泌大量有机酸，促进反硝化微生物活性。这一研究从微生物学角度进一步阐述了秸秆还田可改善土壤质量，增加作物产量的作用机理。相比单施化肥，虽然秸秆还田对nirK基因微生物的多样性无显著影响，但显著改变了目水平的群落结构，改变了共有目的相对丰度，意味着改变了硝化过程，使农田硝态氮降低。因此，稻田秸秆还田不仅对土壤质量的改善及作物产量的提升有促进作用，对减少氮素流失风险也有重要控制作用。

（4）旱地氮肥分配特征及损失途径。应用^{15}N示踪技术，研究并明确了尿素和土壤来源的无机氮在东北棕壤玉米田耕层土壤中的含量和比例的季节变化及其在生长关键期玉米不同部位的分配特征，揭示了7—8月的大雨和暴雨对肥料氮在土壤中的迁移（淋溶）、转化（反硝化）和残留及其在玉米植株吸收利用分配和转运再分配中的决定性作用（图2-29）。相对常规施氮，配施秸秆增加肥料氮的反硝化损失，降低氮肥淋溶/径流流失风险；增施氮肥增加肥料氮的贡献率但降低其利用率，土壤残留氮增加有限，但增加氮肥淋溶/径流流失风险。

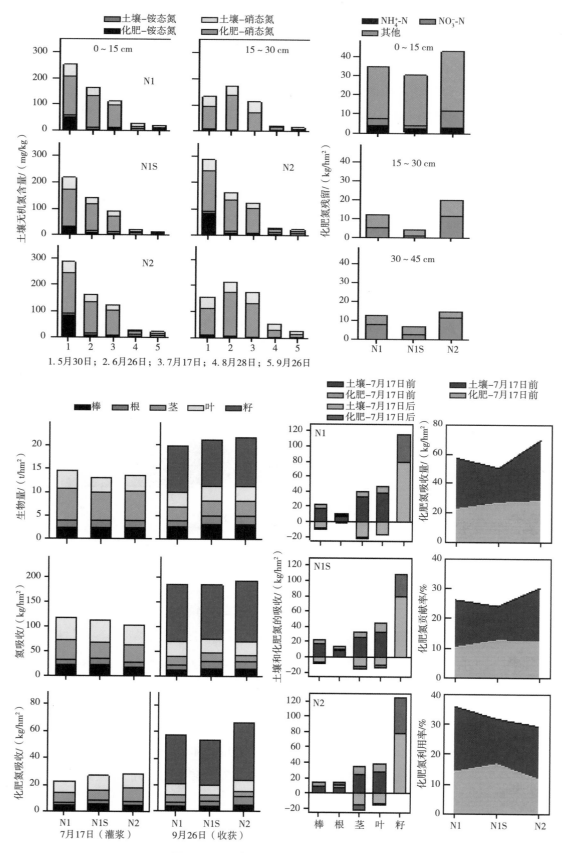

图2-29　土壤-玉米系统氮肥分配与转运

（5）基于经济产量与环境阈值的农艺措施优化。为了保证粮食产量以及生态环境安全，农业生产过程中要优化农艺措施，以权衡农作物的经济产量与环境安全。为此，在水稻生产中对影响产量的种植密度、氮肥施用量与田面水中氮磷浓度之间进行了建模，获得拟合优度较高的响应曲面模型。在限定田面水中氮磷浓度的环境阈值，如田面水中N的浓度为2.0 mg/L、P的浓度为0.2 mg/L时，利用响应曲面模型搜寻水稻经济产量最高（6.59 t/hm²）的种植密度与氮肥施用量分别为6寸×4寸（1寸≈33 cm）和167 kg N/hm²（图2-30）。

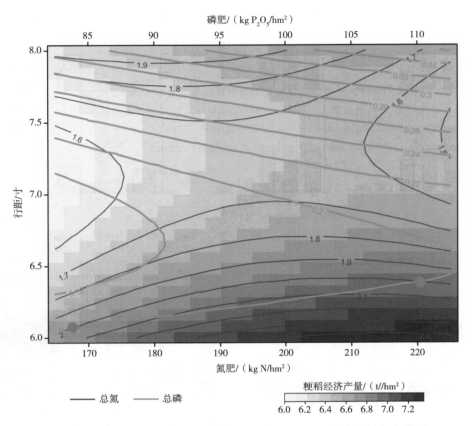

图2-30 基于响应曲面搜索获得的施肥量与行距和经济产量的权衡结果

以上研究结果说明，农田氮磷流失的环境安全阈值不仅与土壤性质有关，还与田间施肥、作物、轮作、田间管理，甚至所要求产量有密切的关系，并需要权衡环境和经济发展要求，在此基础上综合考虑提出。

（三）流域氮磷流失特征及污染防控机制

氮磷的面源流失最终反映在流域尺度上，流域出口水体氮磷污染程度、污染负荷是判断污染的关键。目前，几乎所有面源污染所有防控措施的提出均与此相关，因为面源污染最终体现在流域水体质量上。利用流域多年观测数据和国内外发表的结果，运用多元统计和相关模型研究了氮磷流失的迁移与富集特征，系统分析土壤-作物系统内水肥管理、轮作制度与氮磷转化-运移的定量关系，确定农田系统中氮磷的流失主控因子。

1. 不同流域氮磷迁移负荷及污染

（1）东荆河流域氮磷迁移负荷。以江汉平原腹地的东荆河流域为研究对象，利用降雨等水文资料，研究了种植业、畜禽养殖等对水质的影响。东荆河沿河两岸主要有湖北省潜江、监利、仙桃、洪湖等市的24个乡镇，总面积约为3 202 km²。区域内主要以种植水稻和冬季作物为主，分布有一定数量的畜禽养殖业。

种植业生产过程中施用的化肥以及养殖过程中产生的畜禽粪便在降雨作用下通过地表径流汇入地表水体，从而对地表水水质产生一定的影响。为此，利用相关模型研究了区域内种植业、畜禽养殖农业面源污染的输出情况以及对东荆河水质的影响（图2-31），结果表明：①氮磷污染输出负荷存在时间分布不均，污染物质输出主要发生在4—7月，这期间的TN输出量占全年输出量的87.4%，TP输出量占全年输出量的86.3%。②流域每年氮流出负荷为5.99 kg/hm²，磷为2.69 kg/hm²。

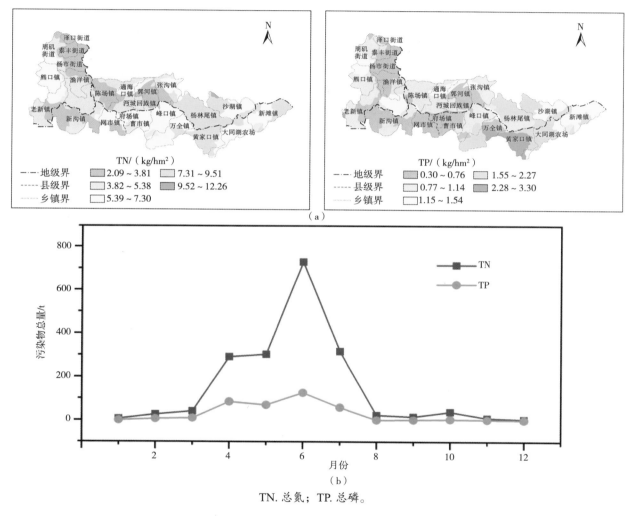

TN. 总氮；TP. 总磷。

图2-31　东荆河流域氮磷流失的空间（a）和时间（b）分布

（2）竹溪河流域颗粒态磷迁移及其与土地利用的关系。竹溪河位于湖北省十堰市竹溪县境内，在鄂、渝、陕三省（市）交界地带之中，全长约69.5 km，是汉江最大支流堵河的二级支流。竹溪河流域属于亚热带季风气候，全年四季分明，降水在夏季较为集中。本研究选取的竹溪河流域面积为670.30 km²，平均坡度15.43°，较高的坡度分布在周边的区域，内部中心坡度较缓，流域内主体建筑区域基本沿河分布，周边以山地环绕，地势呈外侧高内侧低的趋势，保留有较多的耕地用以种植蔬菜、茶树等作物，总体呈现为一个典型的农业小流域形态。

利用修正版通用土壤流失方程（Revised universal soil loss equation，RUSLE）对竹溪河流域的颗粒态磷流失量的时空分布进行了研究。结果表明，颗粒态磷流失量与土壤类型、坡度、坡向、降雨量、土地利用类型等有关。特别是接近河流的区域以耕地为主，是颗粒态磷流失的主要区域，占流域总流失量的53.8%。进一步分析发现，单位面积颗粒态磷流失负荷随着坡度的上升而显著增加，与坡度较低区域（如0°~5°）相比，在坡度大于20°的耕地区域，流失的程度〔以流失总量（%）与面积（%）比来刻画〕提高约6倍（图2-32）。因此，要有效地控制流域的颗粒态磷流失，对近河耕地的施肥与耕作模式进行严格管理是关键。

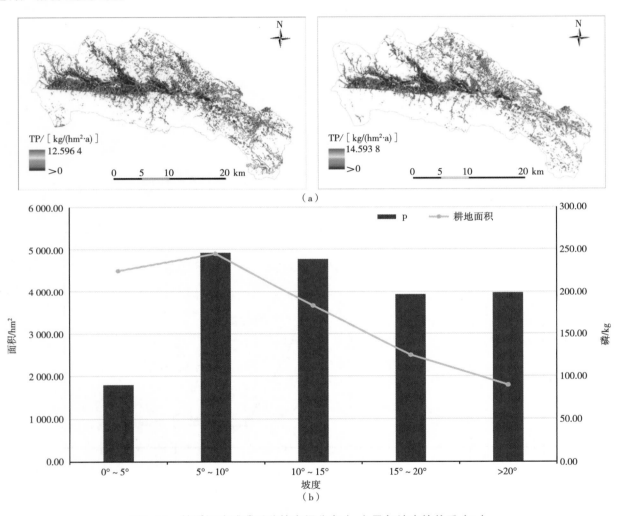

图2-32　竹溪河流域磷迁移的空间分布（a）及与坡度的关系（b）

（3）东北旱地氮素流失与径流的关系。以原位监测和模型拟合相结合的方法，在辽宁省沈阳市沈北新区蒲河上游马刚乡研究了降雨关键期（7—8月）大雨和暴雨强度与分布状况对缓坡（平均4.5°）玉米田集水区径流和氮磷径流流失季节变化的决定性影响（图2-33）。结果表明，7—8月暴雨和大雨分别贡献65%和20%左右的径流量，>80%的氮磷径流流失由7—8月的暴雨和大雨导致的强径流（>5 mm）引起，硝态氮为主的水溶性氮和水溶性磷的径流流失负荷分别为4.30 kg/hm² 和0.07 kg/hm²，化肥氮径流流失风险低于淋溶流失和反硝化损失风险。

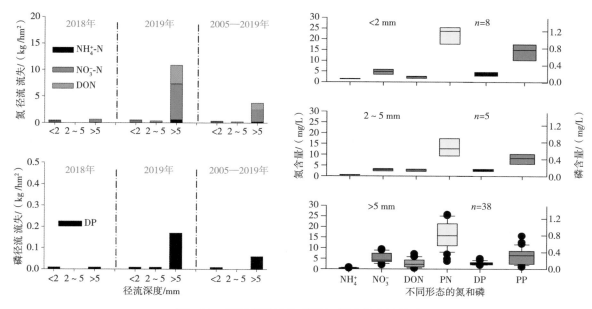

图2-33 氮磷径流流失负荷与径流强度的关系

（4）流域尺度的氮磷径流流失负荷及关键因子。以从论文中收集的径流小区、小流域尺度的氮磷径流流失负荷为基础，分析了地表覆盖、缓冲带、降水量、径流量、坡度、施肥强度、施肥模式、土地利用类型、土壤质地、套作、阻控措施等因素对氮磷径流流失负荷的影响。结果表明，氮素的年径流流失负荷为0 ~ 311.22 kg N/hm²，均值为9.81 kg N/hm²；磷的年径流流失负荷为0 ~ 20.95 kg P/hm²，均值为1.08 kg P/hm²（图2-34）。氮和磷由于其流失形态有明显的区别，因而其流失过程受不同因子的影响。

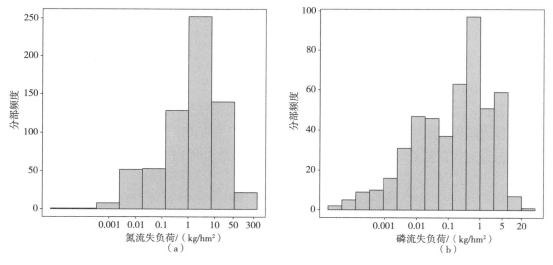

图2-34 基于文献数据的氮（a）和磷（b）年径流流失负荷分布

在流域尺度上，用地类型配置、氮磷的输入（施肥）强度以及输入方式是决定氮磷流失负荷的物质基础。减量化、优化的施肥可以在很大程度上降低氮磷在土壤中的盈余。降水和地表径流是氮磷径流流失的驱动因子。在流域尺度上，包括地表覆盖、缓冲带设置、水土保持措施等可以显著降低径流量以及水土流失模数等，从而降低氮，尤其是磷的径流流失负荷（图2-35）。

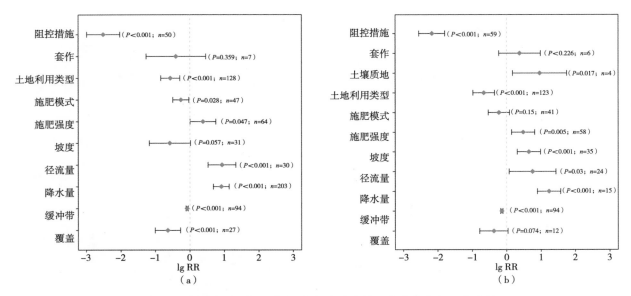

图2-35 影响氮（a）和磷（b）径流流失的因素及其作用强度比较

通过分析可以发现，氮磷径流流失的环境安全阈值的确定是一个非常复杂的系统性问题。一方面氮磷流失深受田间过程，特别是土壤性质、田块尺度、作物和施肥等多种因子的影响，使不同田块流出负荷存在较大差异。结果显示，当氮、磷肥用量控制在120 kg N/hm²和80 kg P₂O₅/hm²以下时，田面水及流失负荷可在安全范围之内。另一方面也可看到，即使田间流失负荷很低，如磷的流失负荷为0.05 kg P/hm²，但由于耕地占流域总面积比例高，所以，流域内水体磷的总负荷仍然很高。这意味着流域内农业活动对水体氮磷有重要控制作用，而耕垦的农地在不同区域所占比例是不同的，在占比较高的区域对田块流失负荷的要求或控制应该更加严格；反之，在占比低的流域，可以适当放宽。此外，与磷相比，氮从田块流出后在田间沟渠或生态沟渠中可以快速消纳，使其在水体中含量不断下降。基于此，在流域尺度考虑径流环境安全阈值时对这两元素的客观差异也要加以重视。再之，由于耕作与施肥活动，以及降雨和径流的年际差异，短时间的研究难以给出一个合适的阈值。

基于以上分析，考虑国家实施"双减"战略，控制氮磷肥的投入，从源头控制氮磷径流流失是最为有效的措施，所以阈值的考虑应该从其源头开始，而不是流失负荷上。综合研究和分析，不同的土壤和作物系统，径流易发区在氮肥用量≤150 kg N/hm²，磷肥用量≤80 kg P₂O₅/hm²条件下，才可以保证环境安全。

三、径流易发区农田氮磷流失预测与决策支持系统研究

（一）农田氮磷流失预测WNMM_CNPloss模型

1. 模型基本情况

依托我国氮磷径流流失数据库和农田试验数据，在利用自主知识产权WNMM（Water and nutrients management model）模型模拟农田氮磷纵向淋溶流失的基础上，开发了农田氮磷径流流失估算和融入生源要素生态化学计量学影响的土壤有机质分解的新计算方法，研发了WNMM_CNPloss新模型（软件著作权登记号：2019SR 0841500）。新模型的计算框图如图2-36所示。

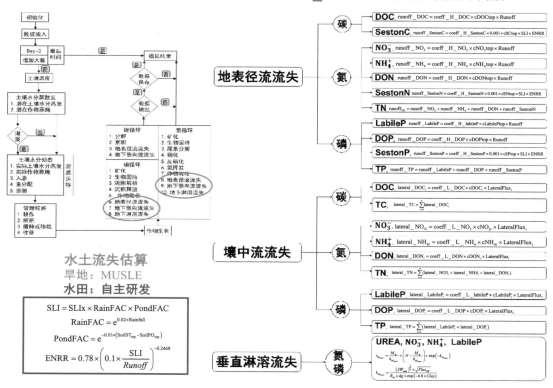

图2-36 WNMM_CNPloss模型的计算框图示意

在WNMM_CNPloss模型中，农田生态系统中养分流失主要受到大气沉降、地形地貌、土壤类型、土地利用类型、农业生产措施等关键因子的影响。土壤类型对碳氮磷流失的影响主要表现在土壤有机质的矿化除受到投入底物量、土壤温度、土壤湿度的影响外，还受到土壤生源要素计量学比的影响。

（1）土壤生源要素计量学比影响土壤有机质矿化。土壤有机碳库分解速率除受到投入底物浓度、温度、水分的影响外，同时受到其自身元素计量比因素（f_{es}）的支配：

$$f_{es} = 1 - \frac{(C:X)_{act}}{(C:X)_{max}} \tag{2-3}$$

式中，X为限制元素（氮或磷），$(C:X)_{act}$为土壤有机碳库的实际元素计量比，$(C:X)_{max}$为土壤有机碳库分解速率为零时的土壤有机碳库的最大元素计量比，f_{es}是用来修正土壤各有机碳库分解速率的。比如，土壤可矿化有机碳库的$C:P_{max}$为110~170，而土壤微生物量碳库的$C:P_{max}$为40~50。

（2）农田水土流失。旱作农田的水土流失应用美国农业部的修正通用流失方程MUSLE计算。然而，MUSLE不适用于我国南方水稻田系统，因此，为我国的稻作系统开发了一个新计算方法：

$$SLI = SLIx \times RainFAC \times PondFAC \tag{2-4}$$

$$RainFAC = e^{0.02 \times Rainfall} \tag{2-5}$$

$$\mathrm{PondFAC} = e^{-0.01 \times \left(\mathrm{SoilST_{top}} - \mathrm{SoilPO_{top}}\right)} \tag{2-6}$$

$$\mathrm{ENRR} = 0.78 \times \left(0.1 \times \frac{\mathrm{SLI}}{\mathrm{Runoff}}\right)^{-0.2468} \tag{2-7}$$

其中，SLI为水田土壤流失强度[t/(hm²·d)]，SLIx为潜在水田土壤流失强度[t/(hm²·d)，缺省值为0.1]，Rainfall为日值降水量（mm/d），$\mathrm{SoilST_{top}}$和$\mathrm{SoilPO_{top}}$分别为表土土壤含水量（mm H₂O）和孔隙度含水量（mm H₂O），ENRR为农田流失土壤中的养分元素富集比系数，Runoff为地表径流量（mm/d）。因此，水田土壤流失强度随着降水增强和农田田面水水深降低而增大。

（3）农田碳氮磷的地表径流流失

碳素

水溶性有机碳（DOC）的地表径流流失通量（runoff_DOC，kg C/hm²）：

$$\mathrm{runoff\_DOC} = \mathrm{coeff\_H\_DOC} \times \mathrm{cDOCtop} \times \mathrm{Runoff} \tag{2-8}$$

颗粒态有机碳（SestonC）的地表径流流失通量（runoff_SestonC，kg C/hm²）：

$$\mathrm{runoff\_SestonC} = \mathrm{coeff\_H\_SestonC} \times 0.001 \times \mathrm{cSCtop} \times \mathrm{SLI} \times \mathrm{ENRR} \tag{2-9}$$

农田总碳的地表径流流失通量（runoff_TC，kg C/hm²）：

$$\mathrm{runoff\_TC} = \mathrm{runoff\_DOC} + \mathrm{runoff\_SestonC} \tag{2-10}$$

氮素

硝态氮（NO₃⁻-N）的地表径流流失通量（runoff_NO₃，kg N/hm²）：

$$\mathrm{runoff\_NO_3} = \mathrm{coeff\_H\_NO_3} \times \mathrm{cNO_3top} \times \mathrm{Runoff} \tag{2-11}$$

铵态氮（NH₄⁺-N）的地表径流流失通量（runoff_NH₄，kg N/hm²）：

$$\mathrm{runoff\_NH_4} = \mathrm{coeff\_H\_NH_4} \times \mathrm{cNH_4top} \times \mathrm{Runoff} \tag{2-12}$$

水溶性有机氮（DON）的地表径流流失通量（runoff_DON，kg N/hm²）：

$$\mathrm{runoff\_DON} = \mathrm{coeff\_H\_DON} \times \mathrm{cDONtop} \times \mathrm{Runoff} \tag{2-13}$$

颗粒态有机氮（SestonN）的地表径流流失通量（runoff_SestonN，kg N/hm²）：

$$\mathrm{runoff\_SestonN} = \mathrm{coeff\_H\_SestonN} \times 0.001 \times \mathrm{cSNtop} \times \mathrm{SLI} \times \mathrm{ENRR} \tag{2-14}$$

农田总氮地表径流流失通量（runoff_TN，kg N/hm²）：

$$\mathrm{runoff_{TN}} = \mathrm{runoff\_NO_3} + \mathrm{runoff\_NH_4} + \mathrm{runoff\_DON} + \mathrm{runoff\_SestonN} \tag{2-15}$$

磷素

水溶性无机磷（LabileP）的地表径流流失通量（runoff_LabileP，kg P/hm²）：

$$runoff\_LabileP = coeff\_H\_labileP \times cLabilePtop \times Runoff \quad (2-16)$$

水溶性有机磷（DOP）的地表径流流失通量（runoff_DOP，kg P/hm²）：

$$runoff\_DOP = coeff\_H\_DOP \times cDOPtop \times Runoff \quad (2-17)$$

颗粒态有机磷（SestonP）的地表径流流失通量（runoff_SestonP，kg P/hm²）：

$$runoff\_SestonP = coeff\_H\_SestonP \times 0.001 \times cSPtop \times SLI \times ENRR \quad (2-18)$$

农田总磷地表径流流失通量（runoff_TP，kg P/hm²）：

$$runoff\_TP = runoff\_LabileP + runoff\_DOP + runoff\_SestonP \quad (2-19)$$

其中，cDOCtop、cSCtop、cNO₃top、cNH₄top、cDONtop、cSNtop、cLabilePtop、cDOPtop和cSPtop分别为表层土壤（0~20 cm）的水溶性有机碳、有机碳、硝态氮、铵态氮、水溶性有机氮、有机氮、水溶性无机磷、水溶性有机磷和总磷的浓度（kg C or N or P/hm²/mm H₂O）；coeff_H_DOC、coeff_H_SestonC、coeff_H_NO₃、coeff_H_NH₄、coeff_H_DON、coeff_H_SestonN、coeff_H_LabileP、coeff_H_DOP和coeff_H_SestonP为养分元素地表径流流失系数，其缺省值分别为0.1、0.5、0.5、0.1、0.1、0.5、0.002 5、0.1和0.1。

（4）农田碳氮磷的壤中流流失。养分元素的壤中流流失主要关注分层土壤的水溶态养分组分，并不考虑颗粒态养分元素。

碳素

水溶性有机碳（DOC）的壤中流流失通量（lateral_DOC，kg C/hm²）：

$$lateral\_DOC_i = coeff\_L\_DOC \times cDOC_i \times LateralFlux_i \quad (2-20)$$

农田总碳的壤中流流失通量（lateral_TC，kg C/hm²）：

$$lateral\_TC = \sum_{i=0}^{n} lateral\_DOC_i \quad (2-21)$$

氮素

硝态氮（NO₃⁻-N）的壤中流流失通量（lateral_NO₃，kg N/hm²）：

$$lateral\_NO_{3i} = coeff\_L\_NO_3 \times cNO_{3i} \times LateralFlux_i \quad (2-22)$$

铵态氮（NH₄⁺-N）的壤中流流失通量（lateral_NH₄，kg N/hm²）：

$$lateral\_NH_{4i} = coeff\_L\_NH_4 \times cNH_{4i} \times LateralFlux_i \quad (2-23)$$

水溶性有机氮（DON）的壤中流流失通量（lateral_DON，kg N/hm²）：

$$lateral\_DON_i = coeff\_L\_DON \times cDON_i \times LateralFlux_i \quad (2-24)$$

农田总氮的壤中流流失通量（lateral_TN，kg N/hm²）：

$$\text{lateral\_TN} = \sum_{i=1}^{n}(\text{lateral\_NO3}_i + \text{lateral\_NH4}_i + \text{lateral\_DON}_i) \tag{2-25}$$

磷素

水溶性无机磷（LabileP）的壤中流流失通量（lateral_LabileP，kg P/hm²）：

$$\text{lateral\_LabileP}_i = \text{coeff\_L\_labileP} \times \text{cLabileP}_i \times \text{LateralFlux}_i \tag{2-26}$$

水溶性有机磷（DOP）的壤中流流失通量（lateral_DOP，kg P/hm²）：

$$\text{lateral\_DOP}_i = \text{coeff\_L\_DOP} \times \text{cDOP}_i \times \text{LateralFlux}_i \tag{2-27}$$

农田总磷的壤中流流失通量（lateral_TP，kg P/hm²）：

$$\text{lateral\_TP} = \sum_{i=1}^{n}(\text{lateral\_LabileP}_i + \text{lateral\_DOP}_i) \tag{2-28}$$

其中，$cDOC_i$、$cNO3_i$、$cNH4_i$、$cDON_i$、$cLabileP_i$和$cDOP_i$分别为第i层土壤的水溶性有机碳、硝态氮、铵态氮、水溶性有机氮、水溶性无机磷和水溶性有机磷的浓度[kg C或N或P/(hm²·mm H₂O)]；coeff_L_DOC、coeff_L_NO₃、coeff_L_NH₄、coeff_L_DON、coeff_L_LabileP和coeff_L_DOP为养分元素壤中流流失系数，其缺省值分别为0.1、0.4、0.2、0.1、0.002 5、和0.1。

（5）农田氮磷的垂直淋溶流失。WNMM目前只考虑尿素（UREA）、NH_4^+、NO_3^-、LabileP在土体中的垂直移动，可以应用如下线性库容转移方程来描述移动过程：

$$r_{M_{Move}} = \frac{M_{in}}{k_{M_{Move}}} + \left(N - \frac{M_{in}}{k_{M_{Move}}}\right) \times \exp(-k_{M_{Move}}) \tag{2-29}$$

$$k_{M_{Move}} = \frac{(SW_{max})^{\frac{2}{3}} \times \sqrt{Flux_{SW}}}{R_M \times dg \times \exp(-4.0 \times Clay)} \tag{2-30}$$

式中，$r_{M_{Move}}$为某一可移动氮磷组分在土壤中的垂直移动通量[kg N或P/(hm²·d)]，M_{in}为可移动氮素组分（UREA、NH_4^+、NO_3^-、LabileP）的输入项[kg N或P/(hm²·d)]，$k_{M_{Move}}$为可移动氮磷组分的移动系数（d⁻¹），SW_{max}为某层土壤的最大可移动水容量（m），$Flux_{SW}$为土壤水的垂直通量（m/d），R_M为土壤可移动氮磷素的迁移阻抗系数（无量纲），dg为土壤的厚度（m），$Clay$为土壤的黏粒含量（0~1）。由方程2-30可知，R_M值越大，可移动氮磷移动越慢，尿素、NH_4^+、NO_3^-、LabileP的R_M缺省值分别为1.5、4.5、0.75、6。

2. 模型应用说明

WNMM_CNPloss模型由3个子程序构成：地表径流流失程序（Surface_CNP_Transport）、地下侧向流失程序（Lateral_CNP_Transport）、地下垂直淋溶程序（Vertical_CNP_Transport）。Surface_CNP_Transport（）子程序需要降水、降水中的NH_4^+和NO_3^-浓度、土壤中可移动碳氮磷组分的浓度、土壤水文性质等参数。Lateral_CNP_Transport（）子程序需要土壤中可移动碳氮磷组分的浓度、土壤水文性质等参数。Vertical_CNP_Transport（）子程序也需要土壤中可移动碳氮磷组分的浓度、土壤水文性质等参数。WNMM_CNPloss的3个子程序通过由WNMM主程序调用来运行。

WNMM_CNPloss输出每天计算的各可移动碳氮磷组分（水溶态、颗粒态）的地表径流流失、土壤壤中流流失和土壤垂直淋溶流失等通量。因此，WNMM_CNPLoss可以用来评价区域农业生产活动对水体（地表水和地下水）环境质量的影响。

（1）运行环境。内存：2 GB或以上。硬盘：4 GB或以上。操作系统：Windows XP以上。

（2）安装。将软件程序拷贝到目标文件夹内，在装有.NET框架的Windows系统中可打开用户交互界面运行（图2-37）。但是，在运行之前需准备好输入运行参数。下面介绍WNMM-CNPloss输入数据的预处理以及运行过程。

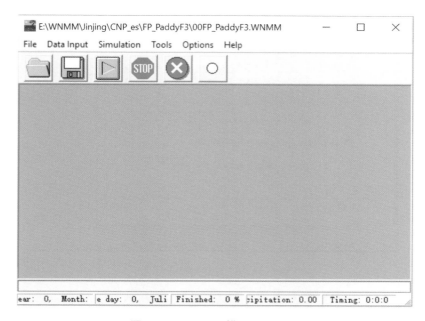

图2-37　WNMM模型运行界面

（3）输入数据。WNMM_CNPloss数据结构统一采用ARC GRID ASCII格式，关键输入变量包括土地利用、土壤性质、降雨和农业措施等数据。ASCII格式的土地利用数据通过转化shapefiles格式数据产生，农业管理措施、土壤性质以及每层土壤中土壤水和土壤C、N、P状态的初始条件由ArcGIS扩展插件产生。

在WNMM_CNPloss的用户界面中，以上输入数据可被归类为以下几类：①GIS层信息：土壤类型和土地利用类型等数据。②数据库信息：土壤性质和土地利用管理措施等数据。③驱动数据：日值气象数据和作物生物参数等数据。④控制数据：模拟时段的开始时间，模拟时间长度，初始化的地表信息、土壤条件和农业管理方案。

定义WNMM模型的可执行文件和输入数据文件所在目录$HOME，将可执行文件（WNMM_CNPloss.exe）、参数配置文件（WNMM_CNPloss.wnmm）和输入文件同时放入用户根目录$HOME下，另外包括每层土壤的土壤性质、作物生长数据、气象数据等。

（4）运行模型。输入数据和参数文件都正确配置好后，即可运行该模型。具体方法为：打开可执行文件WNMM_CNPloss.exe，界面如图2-38所示，点击图中文件夹图标，加载某模拟任务的项目配置文件，如FP_PaddyF3.wnmm。

打开Data Input下的Control Data选项卡，界面如图2-38所示，填入或加载所需3项（General：起始时间、工作目录。Geographical：研究区概况。Essential：选择计算蒸散发的方程，加载作物性质文件、气象文件）。输入信息。

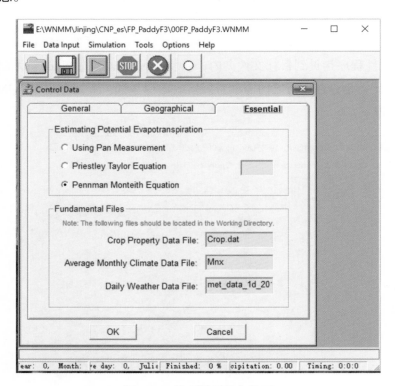

图2-38　控制数据输入界面

打开Data Input下的Terrain Characteristics Data选项卡（图2-39），填入所需文件。
打开Data Input下的Soil Physical Property Data选项卡（图2-39），填入所需文件。

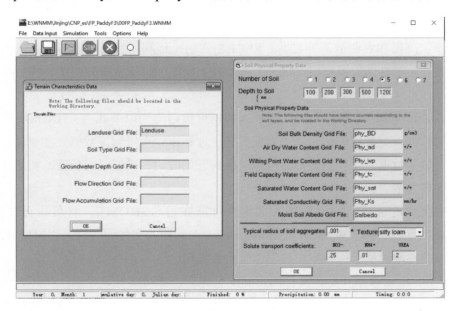

图2-39　输入信息界面

打开Data Input下的Agricultural Management Data选项卡（图2-40），依次在标签Plantation、Irrigation、Fertilization、Harvest和Tillage填入所需文件或内容。

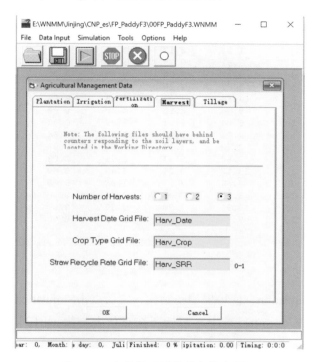

图2-40 农业管理措施输入信息界面

打开Data Input下的Initial Soil Chemical Properties选项卡（图2-41），填入所需文件；气象数据格式见图2-42。

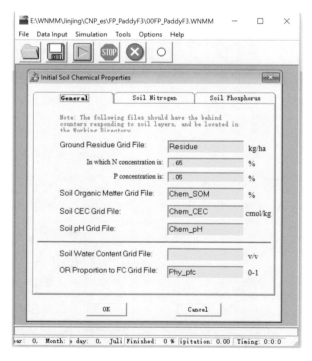

图2-41 初始化信息界面

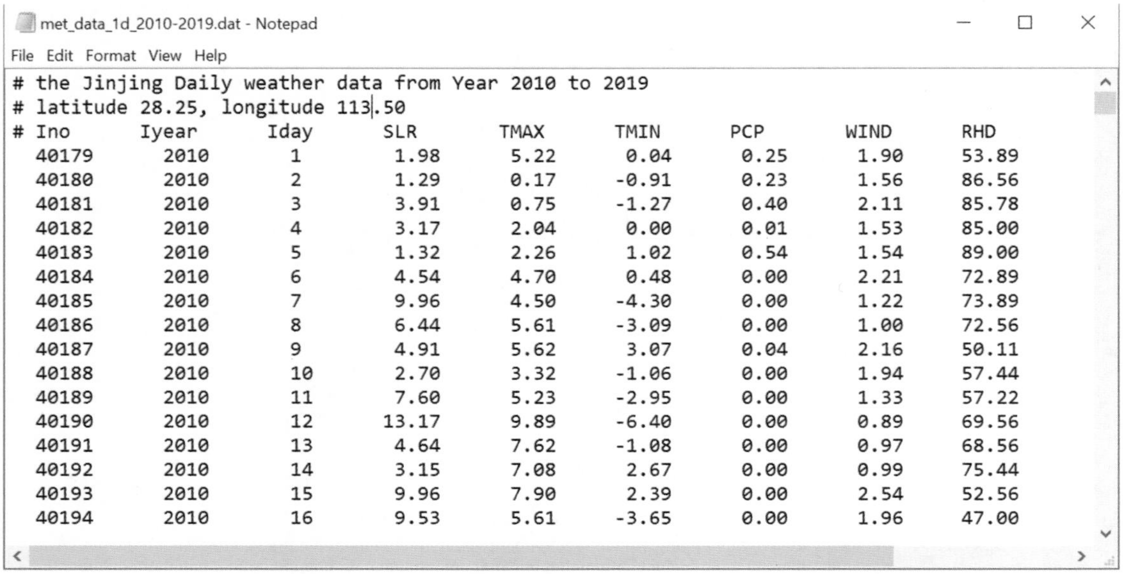

图2-42 气象数据文件格式

点击Simulation下的Initialization，使得模型初始化，之后点击Simulation下的Start开始运行模型。

结果文件输出到$HOME/output目录中，包括所选点位上与模拟时间步长一致的水、C、N和P信息。详细列表如表2-3所示。

表2-3 WNMM模型结果文件列表

文件名	信息	内容
Output_Carbon.txt	土壤碳循环信息	CO_2、CH_4等
Output_Crop.txt	作物生长信息	作物高度、产量等
Output_H2O.txt	土壤水含量	每层土壤含水量
Output_Hydrology.txt	水文信息	降雨、冠层截留、地表径流等
Output_NH4.txt	土壤NH_4^+含量	每层土壤NH_4^+含量
Output_Nitrogen.txt	土壤氮循环	NO、N_2O等
Output_NO3.txt	土壤NO_3^-含量	每层土壤NO_3^-含量
Output_OlsenP.txt	土壤速效磷含量	每层土壤速效磷含量
Output_pH.txt	土壤pH值	每层土壤pH值
Output_Phosphorus.txt	土壤磷循环	磷矿化量、活性磷含量等
Output_Summary.txt	年度报表	作物产量、蒸散发量等
Output_Temperature.txt	土壤温度	每层土壤温度
Output_UREA.txt	土壤尿素含量	每层土壤尿素浓度
Output_RunoffLatflow_CNPloss.txt	土壤养分流失	碳、氮、磷在地表径流、地下侧向流、地下淋溶等过程的流失通量

用户可对输出数据进行分析使用，进而可制定集约型农业生态系统中的针对作物施肥、灌水等的农田最佳管理措施。

3. 模型应用案例

WNMM_CNPloss模型针对2017—2018年湖南省长沙县金井镇双季稻田小区定位试验开展模拟应用。

在长沙地区，早稻一般在4—5月移栽，满水灌溉，同时施用基肥（占总施肥量的60%），1个月后再追1次肥（占总施肥量的40%），中期烤田1～2周，在7月上中旬收获前10 d退水。晚稻一般在7月中下旬移栽，满水灌溉，同时施用基肥（占总施肥量的60%），1个月后再追1次肥（占总施肥量的40%），中期烤田1～2周，在10月下旬收获前10 d退水。2017—2018年度具体的农田管理措施见表2-4，共设置了5个施肥处理：不施肥（0%NPK），减量50%施肥（50%NPK），减量30%施肥（70%NPK），常规施肥（100%NPK），增量50%施肥（150%NPK），见表2-4。

表2-4 2017—2018年度早稻和晚稻的田间管理措施

参数	晚稻（2017年）	早稻（2018年）	晚稻（2018年）
耙田时间	7月12日	4月26日	7月28日
基肥施肥时间	7月13日	4月27日	7月28日
基肥施用量（5处理）（kg N或P/hm²）	N：0，56.2，78.7，112.5，168.7 P：0，16.4，22.9，32.8，49.1	N：0，45，63，90，135 P：0，16.4，22.9，32.8，49.1	N：0，45，63，90，135 P：0，16.4，22.9，32.8，49.1
移栽时间	7月14日	4月28日	7月29日
追肥施肥时间	7月31日	5月13日	8月13日
追肥施用量（5处理）（kg N/hm²）	0，18.8，26.3，37.5，56.3	0，15，21，30，45	0，18.8，26.3，37.5，56.3
晒田时间	8月16日	5月27日	8月30日
复水时间	8月26日	6月13日	9月12日
收获时间	10月20日	7月14日	10月30日

WNMM_CNPloss模型针对长沙县金井镇双季稻田氮磷径流流失的模拟结果与田间实际观测结果吻合良好，见图2-43：

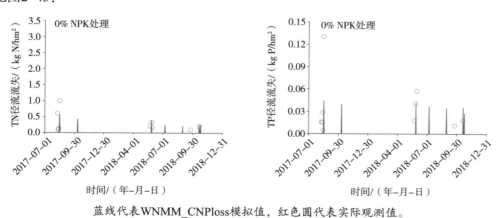

蓝线代表WNMM_CNPloss模拟值，红色圆代表实际观测值。

图2-43 WNMM_CNPloss的农田氮磷径流流失模拟结果与田间实际观测结果比较

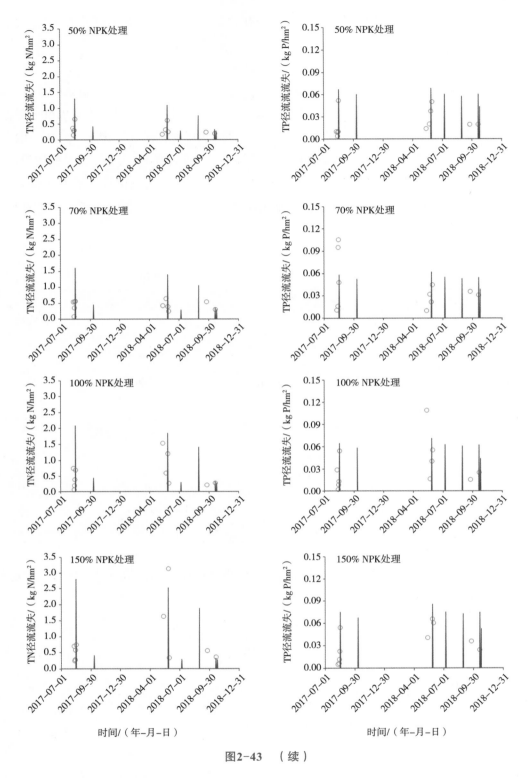

图2-43　（续）

　　应用WNMM_CNPloss模型模拟2017—2018年度江苏省常熟站稻麦轮作系统农田氮磷径流流失，结果（图2-44）表明，WNMM_CNPloss模型能较好地模拟水旱轮作农田氮磷径流流失过程。

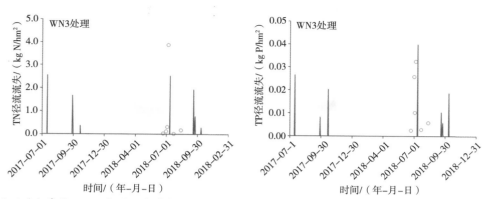

WN₃处理（麦季秸秆还田）的稻麦季氮肥使用量分别为240 kg N/hm²和200 kg N/hm²、磷肥使用量分别为
15 kg P/hm²和30 kg P/hm²。

图2-44　WNMM_CNPloss模拟常熟站农田氮磷径流流失的观测与模拟比较

4. 长江流域区域氮磷径流流失模拟

在WNMM_CNPloss模型的基础上，开展了长江流域区域氮磷径流流失模拟。成功收集了整个流域170万km²的基础数据：2000—2012年的0.5°空间分辨率的气象数据，0.5′空间分辨率的数字高程模型（图2-45）、水系图（图2-46）、土壤图（图2-47）、土地利用图（图2-48）和土地管理措施等。应用流域生源要素管理模型（CNMM）构建了长江流域氮磷径流流失模拟系统。模型模拟时间步长3 h，空间分辨率936 m，共划分为1 944 381有效网格和80 632水系链接。

图2-45　长江流域数字高程模型图示意（936 m空间分辨率）

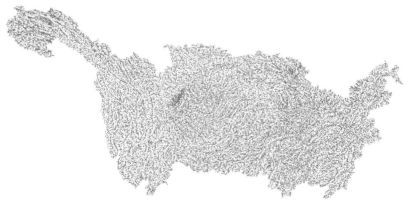

图2-46　长江流域水系图示意（最小汇水面积8 km²）

图2-47　长江流域土壤类型图示意

图2-48　长江流域土地利用现状图示意

模拟结果表明，2014年长江口年均流量为11 262 m³/s（图2-49），长江口年均总氮浓度1.747 mg/L（图2-50），总磷浓度为0.107 mg/L（图2-51），优于国家地表水三类水标准。

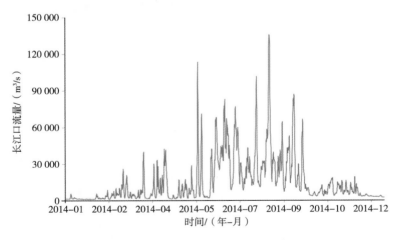

图2-49　2014年长江口流量模拟结果

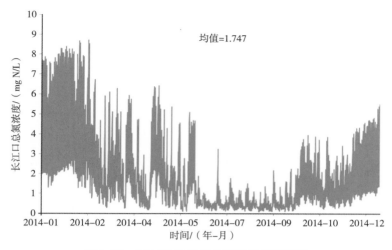

图2-50　2014年长江口总氮浓度模拟结果

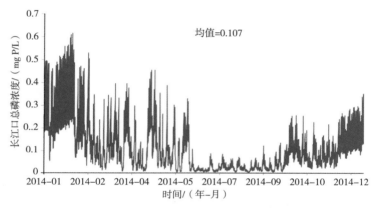

图2-51　2014年长江口总磷浓度模拟结果

通过模拟不同施肥量情景下长江流域TN、TP流失变化情况发现，TP流失对施肥量的响应不明显。在传统施肥量情况下[150 kg N/(hm²·a)]，通过实施秸秆还田措施，TN流失率降低0.89%；当氮肥施用量削减30%时，TN流失率降低2.35%（图2-52）。

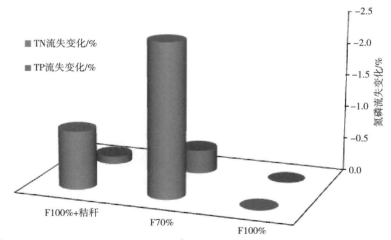

农田单季作物玉米或水稻施肥150 kg N/(hm²·a)；F100%：传统施肥，F70%：氮肥削减30%。

图2-52　长江流域氮磷流失对化肥减量、秸秆还田情景的响应

（二）流域氮磷径流流失污染防控决策支持系统

1. 基本情况

流域氮磷径流流失污染防控决策支持系统（Catchment nitrogen and phosphorus decision support system；CNPDSS）是一个基于安卓系统智能手机开发的且面向GIS的流域氮磷径流流失污染防控决策支持工具。它不仅可以通过选取单个小流域或单个出水口代表某汇流区域研究它们对整个流域的氮磷污染贡献，还可以应用优化算法模拟在选取区域实施农田原位、生态沟渠和生态湿地等防控措施以智能削减流域氮磷流失污染。根据流域总出水口的氮磷负荷或浓度达标程度（Ⅲ、Ⅳ、Ⅴ，GB 3838—2002），决定在流域哪些集水区（单个或连片）实施污染防控，并智能规划农田原位、生态沟渠和生态湿地等三元措施的氮磷削减效率，达到流域氮磷径流流失污染防控决策支持的目的。

CNPDSS的系统设计框架见图2-53。它主要由3部分组成：地理信息系统（GIS）、氮磷流失防控、决策支持。GIS模块采用MapBox Map SDK for Android（https://github.com/mapbox）的开源工具集的地图操纵功能，包括实施瓦片底图加载、本地地图加载（流域集水区、水系、塘库、出水口等）、本地地图查询和选择及显示等基本功能，本地数据库采用目前广泛流行的GeoJson数据格式（可由ESRI的SHAPE格式转换而来）。

氮磷流失防控模块包括选择农田原位、生态沟渠和生态湿地的氮磷削减效率、基于集水区防控和基于出水口上游汇水区域防控。流域总出水口的氮磷流失负荷[TN/P_LOAD_OPT，kg N/P/(hm²·a)]的计算按以下公式：

$$
\begin{aligned}
\text{TN/P\_LOAD\_OPT} = {}& \text{TN/P\_LOAD\_总流域} - \{\text{TN/P\_LOAD\_选取区域} - [\text{FOREST} \times \\
& \text{FOREST\_TN/P\_RATE} + \text{PADDY} \times \text{PADDY\_TN/P\_RATE} \times \\
& (1.0-p1) + \text{TEA} \times \text{TEA\_TN/P\_RATE} \times (1.0-p1) + \text{URBAN} \times \\
& \text{URBAN\_TN/P\_RATE} + \text{ROAD} \times \text{ROAD\_TN/P\_RATE} + \text{POND} \times \\
& \text{POND\_TN/P\_RATE}] \times 0.01 \times \text{AREA\_选取区域} \times (1.0-p2) \times \\
& (1.0-p3) \} / \text{AREA\_总流域}
\end{aligned}
\tag{2-31}
$$

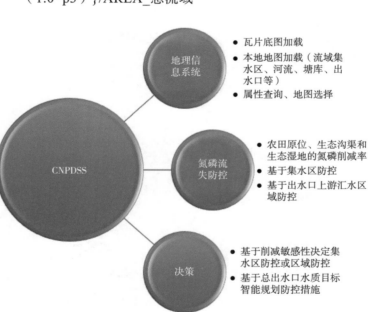

图2-53　CNPDSS系统框架图示意

式中，TN/P_LOAD_总流域为原始流域氮磷流失总负荷[kg N/P/(hm²·a)]；TN/P_LOAD_选取区域为原始选取区域氮磷流失总负荷[kg N/P/(hm²·a)]；FOREST、PADDY、TEA、URBAN、ROAD、POND分别为选取区域的林地、水田、茶园、居民地、道路、塘库的面积比例（％）；AREA_选取区域、AREA_总流域分别为选取区域和总流域的面积（hm²）；p1、p2、p3分别是农田原位（0～0.3）、生态沟渠（0～0.5）、生态湿地（0～0.5）的设计氮磷削减率（0～0.5）；FOREST_N/P_RATE、PADDY_N/P_RATE、TEA_N/P_RATE、URBAN_N/P_RATE、ROAD_N/P_RATE、POND_N/P_RATE分别为研究流域的林地、水田、茶园、居民地、道路、塘库的氮磷流失污染负荷产生率[kg N/P/(hm²·a)]，具体见表2-5。

表2-5　流域不同土地利用类型的氮磷流失污染负荷产生率　　　　单位：kg N/P/(hm²·a)

土地利用类型	总氮流失负荷	总磷流失负荷
林地FOREST	6.25	0.25
水田PADDY	33.50	1.50
茶园TEA	35.00	2.00
居民地URBAN	73.72	14.84
道路ROAD	24.92	2.94
塘库POND	0.00	0.00

决策模块包括基于削减敏感性决定集水区防控或区域防控策略、基于总出水口水质目标的智能规划氮磷流失防控措施。通过研究总流域氮磷防控措施的氮磷削减敏感性，以决定防控的尺度：集水区或出水口上游汇水区域。在确定总出水口水质目标（Ⅲ类水或Ⅳ类水）后，通过调节农田原位、生态沟渠、生态湿地的滑动棒选取以达到水质目标（见流域氮磷流失负荷的显示表头：绿色为Ⅲ类水及以上；橙色为Ⅳ类水；红色为Ⅴ类水及以下）的三元措施的削减效率，或以总出水口Ⅲ类水质和措施实施费用最低为双目标，应用差分进化算法优化规划各集水区的三元措施的削减效率。

流域总出水口Ⅲ类水质目标为5.06 kg N/(hm²·a)（总氮）和1.012 kg P/(hm²·a)（总磷）。

流域氮磷流失污染防控措施实施费用[TN/P_COST_OPT，RMB/(hm²·a)]的计算按以下公式：

$$
\begin{aligned}
\text{TN/P\_COST\_OPT}=\{&[\text{PADDY} \times \text{PADDY\_GRAIN\_YIELD} \times \text{PADDY\_GRAIN\_}\\
&\text{PRICE} \times （p1 \times 0.25）+\text{TEA} \times \text{TEA\_PRODUCT\_YIELD} \times \text{TEA\_}\\
&\text{PRODUCT\_PRICE} \times （p1 \times 0.25）] \times 0.01 \times \text{AREA\_选取区域}+\\
&（p2 \times 10/3）\times [\text{DITCH\_BASE\_COST}+（p2 \times 10/3）\times\\
&（\text{STREAM\_LEN} \times \text{DITCH\_MAX\_RATIO}）\times \text{DITCH\_}\\
&\text{WIDTH} \times \text{DITCH\_PRICE}]+（p3 \times 10/2）\times [\text{WETLAND\_BASE\_}\\
&\text{COST}+（p3 \times 10/2）\times （\text{AREA\_选取区域} \times \text{WETLAND\_MAX\_}\\
&\text{RATIO} \times 10\ 000）\times \text{WETLAND\_PRICE}]\}/\text{AREA\_总流域}
\end{aligned}
$$

（2-32）

式中，PADDY_GRAIN_YIELD为水稻籽粒产量，PADDY_GRAIN_PRICE为水稻籽粒单价，TEA_PRODUCT_YIELD为茶叶产量，TEA_PRODUCT_PRICE茶叶单价，STREAM_LEN为河流长度，DITCH_MAX_RATIO为生态沟渠占比，DITCH_WIDTH为沟渠宽度，DITCH_PRICE为生态沟渠构建价格，DITCH_BASE_COST为生态沟渠基础构建价格（缺省值为20万元），WETLAND_MAX_RATIO为生态湿地占比（缺省值为0.3%），WETLAND_PRICE为生态湿地构建单价，WETLAND_BASE_COST

为生态湿地基础构建价格（缺省值为10万元）。

在整个流域内，以湖南省长沙县湘丰镇脱甲河流域为例，在14个集水区内需要优化三元防控措施的氮磷削减率，因此共有42个参数。以氮磷流失通量与三类水质的差异最小和氮磷防控措施实施费用最低为目标，采用差分进化（Differential evolution）算法开展参数优化。差分进化算法是进化算法的一种，包含4个计算步骤，参数初始化，参数变异，参数杂交，参数选择；迭代次数为5 000次以上，计算时间大于5 s。参数优化过程见图2-54和图2-55。差分进化算法提供的是最接近最优解的次优解，因此它是性价比最好的一种参数优化方法，被广泛采用。

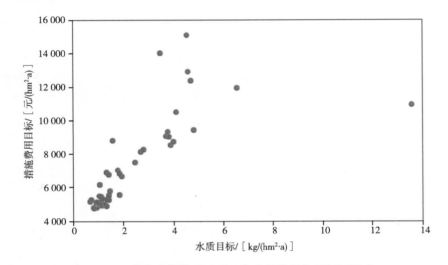

图2-54　差分进化算法10 000次迭代的目标逼近图示意

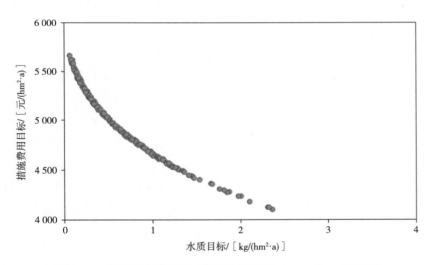

图2-55　差分进化算法第10 000次迭代的Pareto Front图示意

2. 模型应用说明

（1）运行环境。

内存：2 GB或以上。

硬盘：16 GB或以上。

操作系统：Android 9以上。

（2）安装。CNPDSS是在ANDROID STUDIO 4.0（JAVA）环境下开发的系统，其源程序经编译后产生CNPDSS-v1.0.apk，下载到安卓智能手机，点击安装后，可直接打开用户交互界面运行。下面介绍CNPDSS的输入数据及运行过程。

（3）数据。CNPDSS需要设置本地数据包括流域的集水区边界图、水系、塘库、出水口等地理信息，它们的数据格式皆为GeoJson，坐标系统皆为EPSG：4326-WGS84-Geographic，与谷歌卫星影像系统一致。集水区边界图属性字段定义如表2-6所示。

表2-6　集水区边界图的属性字段定义

字段	类型
OBJECTID	整型
ID	整型
OUTLET5～99	整型
STREAM_LEN	浮点
PERIMETER	浮点
AREA	浮点
FOREST	浮点
PADDY	浮点
TEA	浮点
URBAN	浮点
POND	浮点
ROAD	浮点
TN_LOAD	浮点
TP_LOAD	浮点

而流域出水口点位图的属性字段定义如表2-7所示，表2-7数据需要长期的野外实地观测或流域模型准确估算。地图数据需要安置在智能手机的Android/data/com.liyong.cnpdss1/assets目录下以由系统正确调用。

表2-7　流域出水口点位图的属性字段定义

字段	类型
PID	整型
ID	整型
NAME	字符串
FLOW_UNITS	字符串
FOREST	浮点

（续表）

字段	类型
PADDY	浮点
TEA	浮点
URBAN	浮点
ROAD	浮点
POND	浮点
FLOW_LEN	浮点
FLOW_AREA	浮点
TN_LOAD	浮点
TN_LOAD_OP	浮点
TP_LOAD	浮点
TP_LOAD_OP	浮点

（4）系统运行。基本功能在智能手机点击 ⬡ 图标CNPDSS App运行后见图2-56，该图介绍了CNPDSS的各项基本功能。

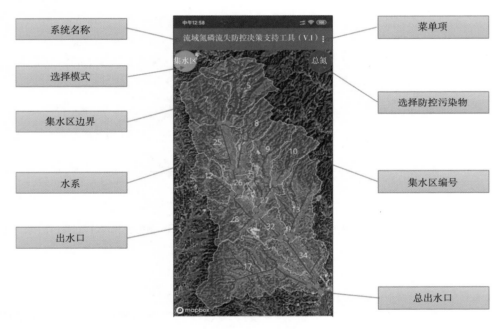

图2-56　CNPDSS基本功能

粉红色按钮为选择模式，点击可以更换模式，图2-56为集水区模式，点击任意集水区，可以增亮该集水区，表示选中（图2-57），再点击右上角的蓝色按钮，选择总氮防控，表示下面将针对流域总氮流失评估可行的防控措施。

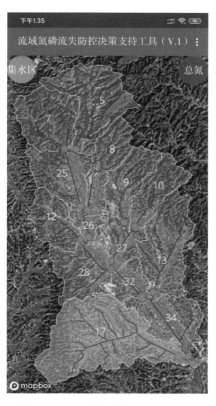

图2-57　CNPDSS集水区模式的某集水区的选择

一般评估　点击右上角三点Toolbar按钮打开菜单（图2-58）。点击"污染防控一般评估"项出现总氮一般评估窗口（图2-59），除显示流域各项信息外，移动农业田块、生态沟渠和生态湿地右边的滑动杆，设计它们的氮磷削减效率，同时可以动态观察到下面的流域总氮流失削减的评估结果图示。当指针在绿区时，表示水质为Ⅲ类水或更好，在黄区时为Ⅳ类水，在红区时为Ⅴ类水或更差，同时表头数字表示可削减到的流域总氮流失负荷。一般来讲，基于单个集水区的防控措施对流域总磷削减有效，但对总氮削减很有限。点击完成，离开评估窗口。切换治理模式为总磷防控，再点击一般评估按钮，激活总磷评估窗口（图2-60）。

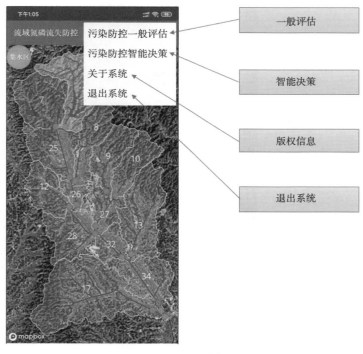

图2-58　CNPDSS的菜单功能

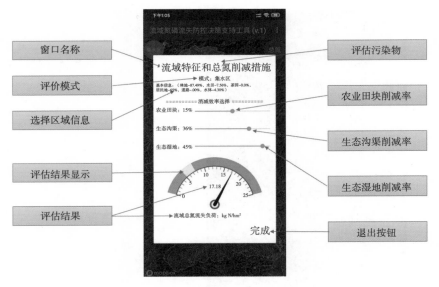

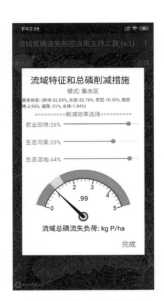

图2-59 集水区模式下总氮一般评估窗口

图2-60 集水区模式下
总磷一般评估窗口

点击粉红色按钮，切换至出水口模式，再点击红色流域出水口点位，以选择该出水口的上游汇流区域，见图2-61。再点击一般评估按钮依此开展流域氮磷流失污染的防控评估（图2-62）。

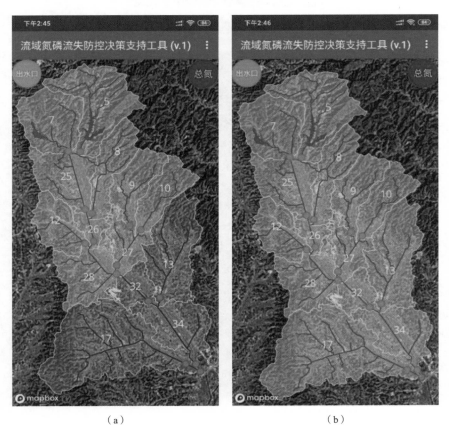

（a）　　　　　　　　　　　　　　　（b）

（a）部分流域；（b）总流域

图2-61 出水口上游汇流区域选择

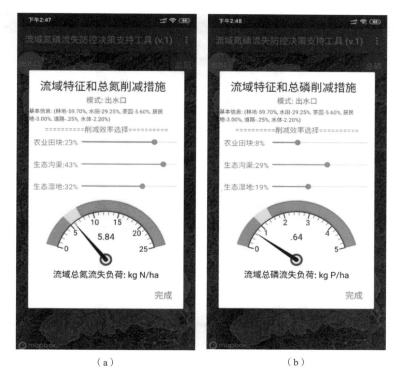

（a）　　　　　　　　　　　（b）

（a）总氮；（b）总磷

图2-62　出水口模式下流域氮磷流失污染防控决策

　　智能决策　氮磷流失防控智能决策是基于全流域开展的。点开菜单，点击流失防控智能决策项，启动智能决策窗口，点击优化按钮，开始差分进化参数优化计算，大约5 s后，结果表格更新各集水区的三元防控措施的优化氮磷削减率，还可以再点击按钮继续优化，每次的结果有一定差异，因为优化结果可能是多解的（图2-63为总氮防控优化，图2-64为总磷防控优化）。优化削减率有一个0.05的CUTOFF（临界值），即当某一削减率的优化值低于0.05时，理论上不值得采取优化措施，赋0值。

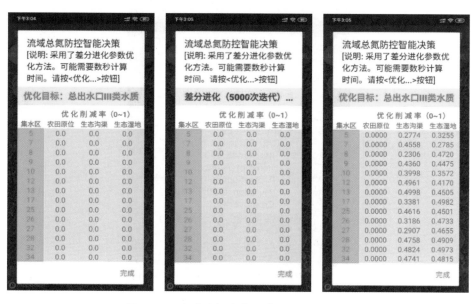

图2-63　流域总氮流失污染防控智能决策

图2-64 流域总磷流失污染防控智能决策

其他 点击菜单的关于系统项，可以展示CNPDSS app的版权、技术和联系人信息（图2-65）。

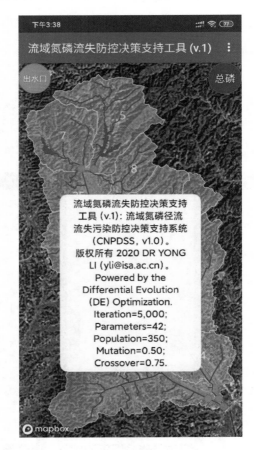

图2-65 CNPDSS的版权、技术和联系人信息

第二节　包气带氮素淋溶理论与阻控机理

农业生产中过量施肥和大水漫灌等问题突出，由此引起的农田氮磷淋溶损失污染问题在我国北方农区较为严重。目前，有关农田耕层向包气带到地下水的全过程氮磷淋失通量的拓展研究，以及农田水肥控制机制向多要素、多过程耦合的综合阻控修复机制的深入研究，是国际上农田氮磷淋失污染控制研究的重点。厚包气带农田在我国农业主产区分布广泛，长期"大水大肥"造成厚包气带土壤硝酸盐大量累积。多年观测结果表明，氮肥施用已造成0～12 m土壤剖面硝酸盐大量累积，80%以上监测点位的地下水污染严重（水利部地下水监测中心，2016）。国内研究多采用淋溶盘或lysimeter方法对根层氮磷淋溶进行观测，主要关注农田土壤氮磷淋溶及其影响因素，部分学者分析气候、土壤类型、种植制度、水肥管理、耕作方式、秸秆还田等对农田土壤氮磷迁移及淋溶过程的影响。而有关氮磷淋溶阻控研究，从单一转化过程转变为微生物、物理化学过程和随土壤水（饱和流、非饱和流、优先流）向地下水迁移等多过程及多因素交互作用影响机理研究。已有研究表明提高包气带土壤中微生物反硝化活性是削减硝酸盐污染的有效途径，但这一过程的微生物分子生物学机制尚缺乏深入研究。

通过联网监测、长期定位试验、厚包气带原位观测井、染色示踪法和模型等多手段结合，构建了北方典型农区地下水硝酸盐监测网，阐明了北方典型土壤区地下水硝酸盐时空变化特征；量化了厚包气带硝态氮淋溶通量、淋失机制与主控因子；明确了"碳饥饿"是限制底层土壤反硝化微生物丰度与活性的关键因素，揭示了土壤微生物反硝化脱氮的影响机制和土壤磷吸附-解吸的动力学关系，为控制氮磷淋溶提供了重要理论支撑。

一、包气带氮素淋溶理论

（一）北方典型类型土壤区地下水硝酸盐时空变化特征

聚焦我国北方农业主产区，选择具有典型土壤特点的东北黑土区、华北潮土区以及西北褐土区作为主要研究区域，建立了北方典型农区地下水硝酸盐监测网络，取样分析了北方三大土类农区地下水硝酸盐分布和来源的差异性特征。自2016年12月至2020年7月在统一标准的基础上分别对东北黑土、华北潮土、西北褐土的主要农业种植区（粮田、菜地、果树种植区）的浅层地下水进行采样与硝酸盐测定，结合前人的采样点数据，建立了北方主要农区地下水硝酸盐监测网。

东北黑土采样区包括吉林中部、松嫩平原和三江平原，华北潮土采样区包括河北平原、北京和天津南部，西北褐土采样区为关中盆地和山西三大盆地，总共布设监测采样点923个。其中山西省典型盆地采样点2020年雨季前和雨季后的两次采样，华北白洋淀流域2016年、2018年和2019年3次采样，结合收集的1996年和2005年共393个数据用以分析北方典型农区地下水硝酸盐浓度的时空变化规律。

结果发现北方不同典型土壤区浅层地下水硝酸盐空间分布存在显著差异（图2-66）。东北黑土区农田地下水硝酸盐超标率为39.6%，地下水硝酸盐的平均浓度也最高；其次为华北潮土区，超标率为19.3%；西北褐土区的地下水硝态氮超标率最低，为13.4%。黑土、潮土、褐土农区浅层地下水硝酸盐含量的中值分别为30.0 mg/L、14.9 mg/L和13.4 mg/L。东北黑土区作物种植和畜牧生产集约化程度高、地下水位浅，地下水硝酸盐浓度明显较高（图2-67），其中吉林黑土区的硝酸盐平均浓度最高

（91.9 mg/L），松嫩平原次之（87.8 mg/L），三江平原的硝酸盐浓度最低（14.1 mg/L）。作物种植类型与地下水硝酸盐浓度高低也密切相关，吉林黑土区蔬菜种植区地下水硝酸盐超标率为64.2%，玉米种植区地下水硝酸盐超标率为44.3%，水稻种植区和花生种植区的地下水硝酸盐超标率分别为29.2%和20.1%；不同种植类型区地下水硝酸盐浓度为蔬菜区（60.7 mg/L）>玉米区（46.6 mg/L）>花生区（37.6 mg/L）>水稻区（34.4 mg/L），相较于粮食种植区，蔬菜种植区的高施肥和高灌溉是地下水硝酸盐浓度上升的直接原因，而水稻种植淹水造成的厌氧环境促进了反硝化反应的发生，黏重的犁底层同时阻碍了土壤水的下渗，这是水稻种植区地下水硝酸盐浓度较低的主要原因。华北潮土区地下水硝酸盐超标点主要分布在渗透性较好的西部山前平原（包括低山丘陵区）和东部滨海平原区，地下水硝酸盐浓度平均值表现为：滨海平原（27.1 mg/L）>山前平原（24.2 mg/L）>中部平原（8.3 mg/L），华北平原不同土地利用类型区地下水硝酸盐的数据同样也证明了蔬菜种植区地下水硝酸盐浓度高于小麦-玉米粮食种植区。西北褐土区地下水硝酸盐污染程度较低，其中山西盆地地下水硝酸盐超标点在空间上分布相对均匀，关中盆地受到点源污染影响较大地下水硝酸盐超标样点分布不均，关中西部与中东部地下水硝酸盐含量较高，中部与东部含量较低，超标点分散在周至县、眉县、乾县与渭南北部。

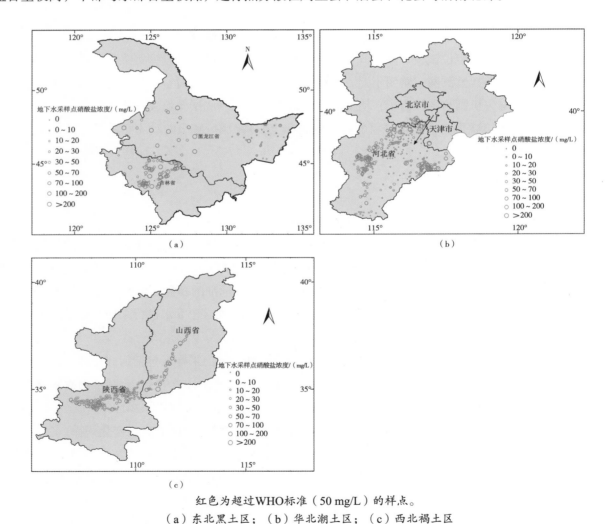

红色为超过WHO标准（50 mg/L）的样点。

（a）东北黑土区；（b）华北潮土区；（c）西北褐土区

图2-66　中国北方典型农区浅层地下水硝酸盐浓度空间分布

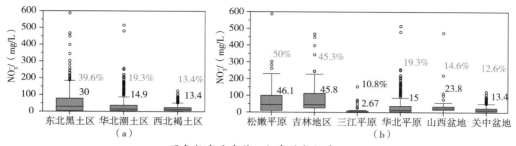

黑色数字为中值,红色为超标率。

(a)按三大土类分;(b)按地区分

图2-67 中国北方农区浅层地下水硝酸盐浓度统计特征值

　　随时间推移,浅层地下水硝酸盐浓度具有上升趋势。华北平原区1998年浅层井地下水硝酸盐超标率为11.8%,地下水硝酸盐浓度超标点主要分布在保定、石家庄和邯郸所在的冲洪积扇上游,其他地区几乎无硝酸盐超标情况;而2016—2018年403个采样点中,浅层地下水硝酸盐超标率升至18.9%,地下水硝酸盐浓度普遍显著升高,除华北中部地区地下水硝酸盐浓度较低外,山前平原冲积扇区和低平原区地下水硝酸盐含量普遍较高。受降水淋洗作用的影响地下水硝酸盐浓度具有季节性变化特征,华北平原西部低山丘陵区地下水硝酸盐含量在雨季强降雨后观测到明显升高现象,而山西盆地雨季之后浅层地下水硝酸盐超标率也由12.6%上升到16.8%(图2-68)。

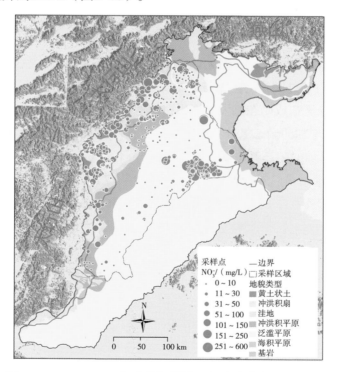

图2-68 2016—2018年华北平原地下水硝酸盐浓度空间分布

　　地下水硝酸盐浓度变化除受地表土地利用方式,包气带岩性、渗透性和地下水埋深因素的影响外,地下水埋深和包气带岩性也影响了硝酸盐进入地下水的通量和速率,地下水埋深较浅地区,硝酸盐容易进入地下水,硝酸盐超标率较高(图2-69)。

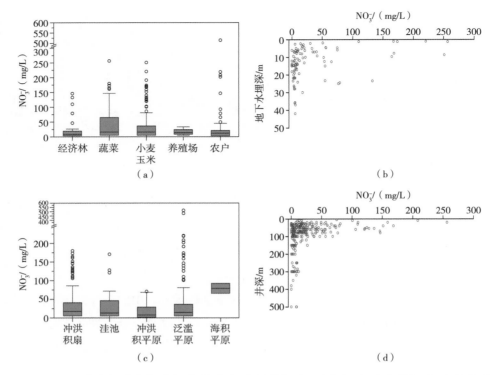

图2-69　NO₃⁻浓度和地貌类型（a）分类（b）及其与地下水埋深（c）和井深（d）的关系

（二）包气带淋溶与硝酸盐的存储分布

施肥是农业增产最有效的措施之一，但无论是施用化肥还是农家肥，都会给土壤带入大量的氮。土壤硝态氮累积和淋失正是由于过度施用化肥与水肥管理不合理等造成的。华北地区小麦-玉米一年两熟集约种植农田，多年长期施肥造成硝态氮大量累积在作物根系吸收层以下，并逐年递增。连续种植12年后，0～17 m土壤剖面累积增加的硝态氮分布如图2-70所示，剖面累积硝态氮增加总量为1 098 kg/hm²，占总施氮量的21%；剖面增加的硝态氮主要分布于4～12 m土层（表2-8），其中4～8 m增加量占总累积增量的51.3%，8～12 m增加量占总累积增量的40.2%，12～17 m硝态氮所占比率为11.9%；0～4 m土层硝态氮总累积量有所降低，作物吸收和夏季的强降雨造成的淋失是导致上层累积量降低的主要原因，每年约有32 kg/hm²的硝态氮随水分运移至包气带10 m处，进入更深层次，对地下水水质构成潜在威胁。

表2-8　华北平原不同地下水埋深区域包气带土壤硝态氮存储量

地下水埋深/m	区域面积/km²	粮田		菜地	
		种植面积/km²	硝态氮存储量/万t N	种植面积/km²	硝态氮存储量/万t N
2	12 712	5 212	55	801	21
3	75 451	31 186	351	4 753	100
6	77 501	39 332	494	9 300	119
10	21 870	8 967	143	2 078	43
16	29 114	9 317	197	3 203	58
25	20 776	6 025	129	1 309	39
40	11 618	3 486	76	662	19
50	957	287	8	55	2

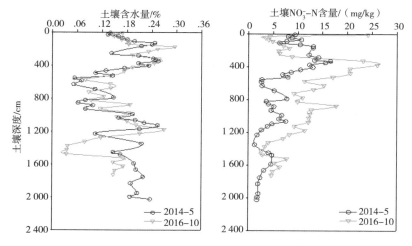

图2-70　长期施肥土壤剖面硝态氮累积量变化

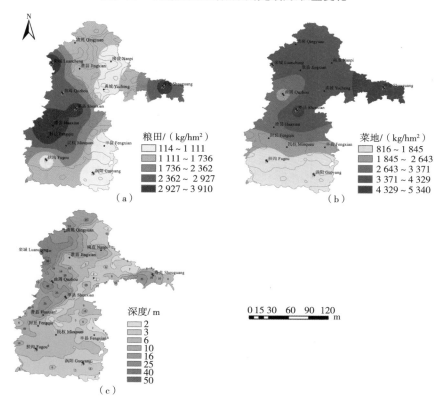

（a）基本粮田包气带土壤硝态氮累积存储分布；（b）菜地包气带土壤硝态氮累积存储分布；
（c）华北平原区浅层地下水埋深空间分布

图2-71　华北平原区域尺度包气带硝酸盐的累积存储分布

华北平原是我国主要农业生产区，也是厚包气带的典型区，其粮食、蔬菜种植面积占土地利用面积的47%以上，农业生产过程中施入的化肥在作物吸收后大多残留在包气带中，是潜在的危险源。华北平原包气带硝酸盐的存储分布如图2-71所示：黄河流域包气带粮田土壤剖面硝酸盐存储量最高，最高可达3 911 kg N/hm²，其次是海河流域和山东半岛，淮河流域的硝酸盐存储量最低；蔬菜地包气带硝酸盐累积量以山东半岛为最高，可达5 040 kg N/hm²，其次是海河流域和黄河流域，淮河流域的硝酸盐累积量最低。

通过对区域包气带不同深度硝酸盐分层分布进行比较发现：0～6 m是硝酸盐主要存储深度区，10 m以下除河北省中部地区还有明显的土壤硝酸盐存储外，其他地区基本没有存储累积；将单位面积包气带硝酸盐存储量与包气带深度进行相关分析，随着包气带厚度的增大，单位面积的硝态氮存储量与包气带深度呈正相关关系（粮田与菜地的相关系数r分别为0.93和0.72）。

（三）包气带土壤硝态氮淋溶的影响因素

氮肥施用量是影响土壤剖面硝态氮累积和淋溶的关键因素之一。随着施氮量的增加，小麦与玉米种植体系0～1 m土层平均土壤NO_3^--N累积量也逐渐增加。小麦种植体系在不同施氮范围内，即施氮量为0～100 kg N/hm²、100～200 kg N/hm²、200～300 kg N/hm²和大于300 kg N/hm²时，0～1 m土层平均土壤NO_3^--N累积量分别为26 kg N/hm²、45 kg N/hm²、89 kg N/hm²和168 kg N/hm²；玉米种植体系在同样施氮范围内，0～1 m土层平均土壤NO_3^--N累积量分别为39 kg N/hm²、59 kg N/hm²、95 kg N/hm²和102 kg N/hm²；小麦-玉米种植体系0～1 m土层土壤NO_3^--N淋溶量随着土壤NO_3^--N累积量的增加而增加；对于小麦和玉米种植体系，土壤NO_3^--N淋溶量与累积量极显著相关，小麦和玉米体系单位面积耕地NO_3^--N累积量每增加1 kg，土壤NO_3^--N淋溶量分别增加0.058 kg N/hm²和0.34 kg N/hm²，后者约为前者的6倍。可知，玉米种植体系土壤NO_3^--N淋溶量变化受土壤NO_3^--N累积量影响的变化幅度高于小麦（图2-72）。

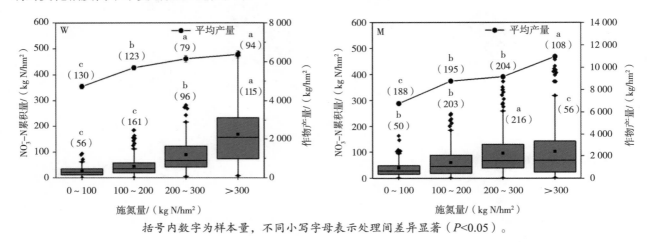

括号内数字为样本量，不同小写字母表示处理间差异显著（$P<0.05$）。

图2-72　小麦（W）、玉米（M）种植体系0～1 m土层不同施氮量下土壤NO_3^--N累积情况（箱形图）和产量（线形图）

不同施肥方式对土壤NO_3^--N累积量也有不同程度的影响。小麦和玉米种植体系皆显示施肥后随后灌水的施肥方式下0～1 m土层平均土壤NO_3^--N累积量最高，分别为143 kg N/hm²和148 kg N/hm²。相较而言，肥料表施和施肥后翻耕，该施肥方式下平均土壤NO_3^--N累积量较低。小麦种植体系，表施和施肥后翻耕方式下平均土壤NO_3^--N累积量分别为60 kg N/hm²和86 kg N/hm²；玉米种植体系，表施和施肥后翻耕方式下平均土壤NO_3^--N累积量分别为96 kg N/hm²和88 kg N/hm²，差异较小（图2-73a，图2-73c）。不同肥料品种对土壤NO_3^--N累积也会有较大的影响：小麦种植体系0～1 m土层平均土壤NO_3^--N累积量由大到小依次是化肥和有机肥配施>尿素>氯化铵>硝酸铵，分别为135 kg N/hm²、66 kg N/hm²、55 kg N/hm²和23 kg N/hm²；玉米种植体系0～1 m土层平均土壤NO_3^--N累积量由大到小依次为：尿素>化肥和有机肥配施>缓/控释肥，分别为89 kg N/hm²、59 kg N/hm²和45 kg N/hm²（图2-73b，d）。

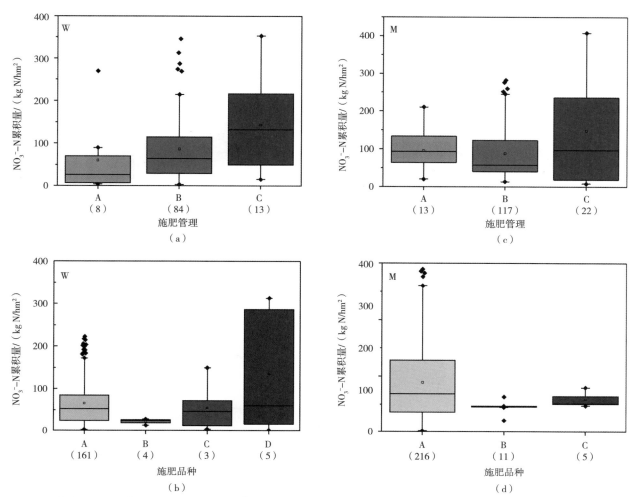

图a和图c，A.表施，B.深施，C.随灌水施入；图b，小麦施肥品种，A.尿素，B.硝酸铵，C.氯化铵，
D.有机无机配施；图d，A.尿素，B.缓/控释肥，C.有机无机配施。括号内为样本量，下同。
（a）（c）施肥管理；（b）小麦施肥品种；（d）玉米施肥品种

图2-73 施肥管理对小麦（W）、玉米（M）种植体系0～1 m土层土壤NO$_3^-$-N累积的影响

降雨与灌溉 水作为土壤NO$_3^-$-N运移的介质，对土壤NO$_3^-$-N累积量有较大的影响。小麦和玉米种植体系，0～1 m土层平均土壤NO$_3^-$-N累积量随着降雨量的增加呈现上升-下降趋势，其峰值出现在降雨量为400～550 mm时，分别为156 kg N/hm^{2}和138 kg N/hm^2（图2-74a，图2-74b）。在喷灌方式下，小麦和玉米种植体系0～1 m土层平均土壤NO$_3^-$-N累积量高于漫灌方式下的平均土壤NO$_3^-$-N累积量。小麦漫灌和喷灌方式下种植体系平均土壤NO$_3^-$-N累积量相差较小，分别为47 kg N/hm^{2}和55 kg N/hm^2；玉米喷灌方式下种植体系平均土壤NO$_3^-$-N累积量比漫灌方式下土壤NO$_3^-$-N累积量高152%，分别为199 kg N/hm^{2}和79 kg N/hm^2（图2-74c，图2-74e）。不同灌溉量下，小麦和玉米种植体系平均土壤NO$_3^-$-N累积量随灌溉水量的增加皆呈波浪式上下浮动。总体来看，小麦种植体系平均土壤NO$_3^-$-N累积量及其浮动范围较玉米小（图2-75d，图2-75f）。

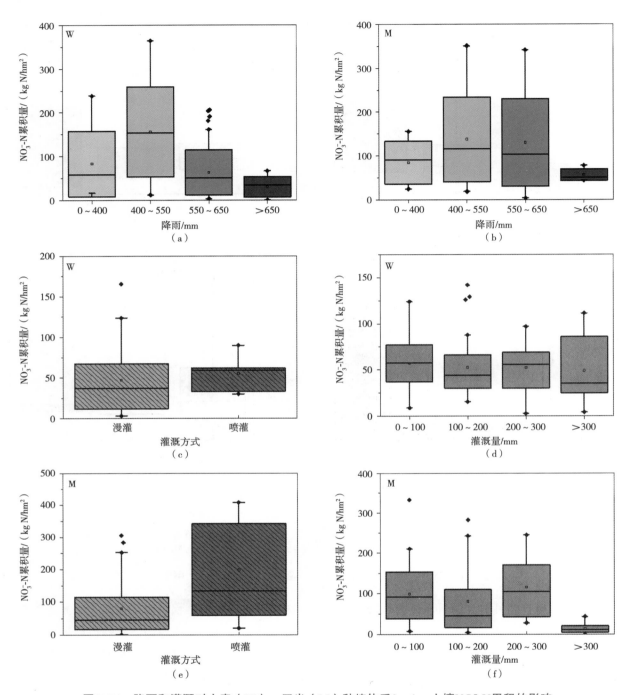

图2-74　降雨和灌溉对小麦（W）、玉米（M）种植体系0~1 m土壤NO_3^--N累积的影响

耕作制度　不同耕作制度下土壤NO_3^--N累积各异。小麦和玉米种植体系0~1 m土层平均土壤NO_3^--N累积量呈如下趋势，即间作<单作<麦玉轮作。单作模式下，小麦和玉米种植体系平均土壤NO_3^--N累积量几乎相等，都约为11 kg N/hm²；而在间作和麦玉轮作模式下，玉米种植体系平均土壤NO_3^--N累积量约为小麦种植体系的1.5倍，其中玉米的分别为69 kg N/hm²和118 kg N/hm²，小麦的分别为38 kg N/hm²和79 kg N/hm²。对于水旱轮作模式，该模式下小麦种植体系平均土壤NO_3^--N累积量为54 kg N/hm²，低于麦玉轮作，但是高于单作和间作模式（图2-75）。

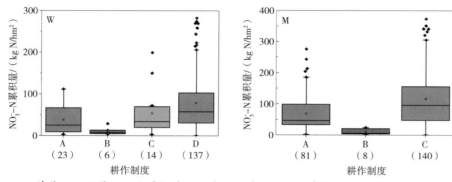

W: A.单作；B.间作；C.水旱轮作；D.麦玉轮作。M: A.单作；B.间作；C.麦玉轮作。

图2-75 耕作制度对小麦（W）、玉米（M）种植体系0～1 m土壤NO$_3^-$-N累积的影响

土壤质地与pH值 小麦和玉米种植体系，皆显示重壤土壤中NO$_3^-$-N累积量最高，分别为107 kg N/hm^{2}和175 kg N/hm^2，小麦种植体系轻壤和中壤平均土壤NO$_3^-$-N累积量差异较小，分别为60 kg N/hm^{2}和52 kg N/hm^2；而玉米种植体系轻壤和中壤中平均土壤NO$_3^-$-N累积量分别为96 kg N/hm^{2}和150 kg N/hm^2。不同土壤pH值，小麦和玉米种植体系皆显示碱性土土壤平均NO$_3^-$-N累积量最高，分别为79 kg N/hm^{2}和159 kg N/hm^2。小麦种植体系，中性土平均土壤NO$_3^-$-N累积量最低（20 kg N/hm^2），其次为酸性土（35 kg N/hm^2）；玉米种植体系，中性土平均土壤NO$_3^-$-N累积量为122 kg N/hm^2（图2-76）。

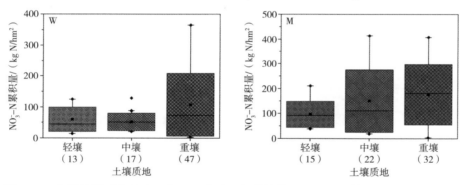

图2-76 土壤性质对小麦（W）、玉米（M）种植体系0～1 m土壤NO$_3^-$-N累积的影响

包气带厚度与地下水埋深 淋失至根系吸收层以下的硝态氮，很难被作物再次吸收和利用，这部分氮在降雨和灌溉作用下，会向土壤更深层迁移，包气带厚度越大，用于存储空间越大，硝态氮存储累积量越高；地下水埋深浅，更易造成硝态氮的淋失。如表2-9所示，华北平原地下水埋深较浅区域的农田硝态氮淋失量较大，而地下水埋深较深（>25 m）区域的农田硝态氮淋失量较小。

表2-9 华北平原农田硝态氮进入2 m埋深以下地下水的淋失量

地下水埋深/m	面积/km^2		NO$_3^-$-N淋失量/万t	
	粮田	菜地	粮田	菜地
2～3	5 212	801	44.65	16.18
3～6	31 186	4 753	329.38	97.52
6～10	39 332	9 300	196.43	54.26
10～16	8 967	2 078	53.06	14.60

（续表）

| 地下水埋深/m | 面积/km² | | NO₃-N淋失量/万t | |
	粮田	菜地	粮田	菜地
16～25	9 317	3 203	32.72	10.67
25～40	6 025	1 309	17.48	5.82
40～50	3 486	662	1.94	0.50
总计	103 811	22 160	675.66	199.55

二、包气带氮磷淋溶阻控机理

利用深层取样和分子生物学方法结合，分析了华北平原典型厚包气带0～10.5 m原位土壤微生物的反硝化活性和微生物区系组成。结果表明，表层土壤中反硝化功能基因 *nirK*、*nirS* 和 *nosZ* 丰度显著高于深层土壤，说明表层土壤是微生物进行反硝化的主要场所。随着土壤深度增加，微生物的反硝化作用显著减弱。氮肥显著影响了土壤中反硝化功能基因丰度。N600处理下表层土壤（0～10 cm）中反硝化功能基因 *nirK*、*nirS* 和 *nosZ* 丰度要显著高于N0处理（图2-77），说明施加氮肥提高了土壤微生物的反硝化活性。此外，*nosZ* 基因对氮肥的响应要高于 *nirK* 和 *nirS* 基因。

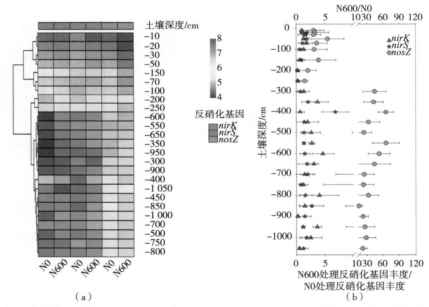

（a）热图表示N0和N600处理下的 *nirK*、*nirS* 和 *nosZ* 基因丰度（数据经过log转换）；
（b）不同深度土层下N600与N0试验处理中 *nirK*、*nirS* 和 *nosZ* 基因丰度比值

图2-77 不同深度和不同施肥处理下 *nirK*、*nirS* 和 *nosZ* 基因丰度

土壤微生物的反硝化功能基因在土壤中的垂直分布特征与土壤环境因子指标有着紧密联系。在N0处理中，反硝化功能基因与土壤有机质（$P<0.05$）和总碳（$P<0.05$）呈显著正相关，而与土壤pH值呈显著负相关（$P<0.05$）。而在N600处理中，反硝化功能基因丰度与NO₃-N呈显著正相关（$P<0.05$）。此外，土壤微生物群落结构也受土壤深度和施肥的影响。土壤中细菌主要由Proteobacteria、

Actinobacteria、Acidobacteria、Planctomycetes、Chloroflexi、Gemmatimonadetes、Nitrospirae和Firmicutes等组成。0~250 cm土层微生物群落结构与250 cm以下土层微生物群落结构差异显著（图2-78）。此外，结合土壤环境因子指标进行分析（图2-79），结果表明深层土壤中碳、氮的不均衡，是导致深层土壤硝酸盐累积的重要因素，明确了"碳饥饿"是限制底层土壤反硝化微生物丰度与活性的关键因素。

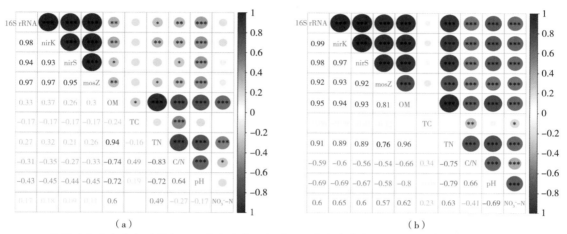

圆圈的大小代表相关性大小；蓝色代表正相关，红色代表负相关；星号代表相关性结果，
*0.01<P<0.05、**0.001<P<0.01、***P<0.001。

图2-78　N0（a）和N600（b）处理下16S rRNA基因丰度、反硝化功能基因丰度和
土壤环境因子指标间的Pearson相关性分析

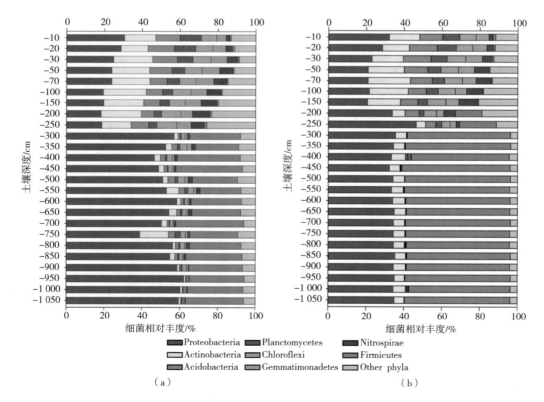

图2-79　N0（a）和N600（b）处理中各层土壤中门分类水平下主要微生物及非度量多维尺度
分析土壤微生物群落结构组成（c）

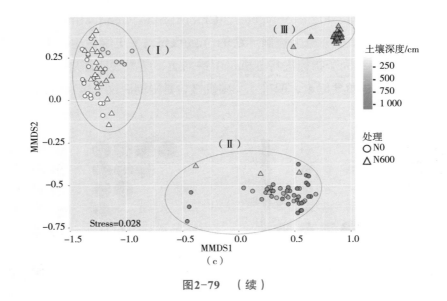

图2-79 （续）

此外，依据土壤质地分类，选取代表性土层开展室内培养实验，通过添加碳源和调控厌氧环境，研究影响土壤反硝化微生物活性的主要因素。实验结果表明，添加碳源可有效地激活土壤微生物的反硝化活性，提高土壤微生物反硝化速率，其中对深层土壤微生物的反硝化活性影响更为显著（图2-80）。添加碳源也增加了土壤反硝化微生物*nirK*、*nirS*和*nosZ*基因的丰度。

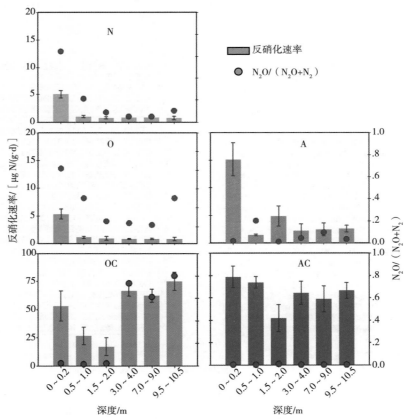

N. 原位土壤；A. 厌氧；O. 好氧；OC. 好氧加碳源；AC. 厌氧加碳源。

图2-80 各处理不同土层土壤微生物的反硝化速率以及$N_2O/(N_2O+N_2)$的比值

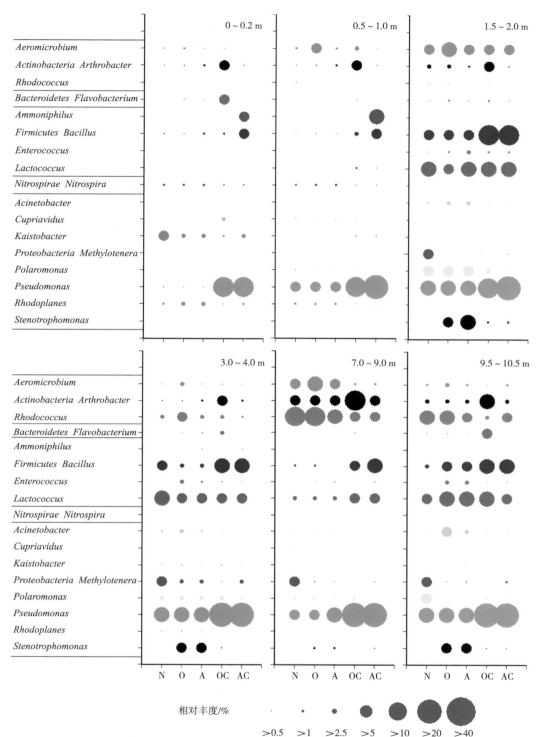

相对丰度/%

>0.5 >1 >2.5 >5 >10 >20 >40

N. 原位土壤；A. 厌氧；O. 好氧；OC. 好氧加碳源；AC. 厌氧加碳源。

图2-81 各处理下不同土层土壤中微生物属水平上的相对丰度

此外，添加碳源显著改变了土壤微生物群落结构，促进土壤反硝化微生物*Pseudomonas*和*Bacillus*等反硝化功能类群的生长（图2-81）。调控厌氧环境主要是提高了表层土壤N₂O到N₂的转化能力（图2-80），而对深层土壤反硝化速率影响不显著。此外调控厌氧环境也显著影响了反硝化功能基因丰度和微生物群落结构。上述结果说明，限制包气带反硝化活性的因素不是因为土壤中缺乏反硝化微生物，而是缺乏可利用性有机碳，进而导致了低反硝化微生物丰度。这些研究从分子水平和微生物水平揭示了碳源和氧气含量对深层包气带土壤微生物反硝化脱氮的影响机制，为"根层截氮包气带脱氮"的淋溶阻控机制找到了突破口。

第三节　水网区氮磷流失防控理论与方法

一、平原水网区氮磷流失规律

（一）氮磷流失途径与监测方法

农田氮素损失的途径主要有径流、渗漏、氨挥发、氧化亚氮排放以及反硝化损失。相对于氮素而言，农田磷素损失途径相对比较简单，主要通过地表径流和渗漏两种途径。其中与面源污染密切相关的是径流和渗漏损失，降雨时土壤中的氮磷养分随地表径流水平迁移到沟渠最后排入周围水体，部分养分则随渗漏向下迁移而逐步进入地下水，南方水网地区由于地下水位较浅（0.8~1 m），最终又汇入地表水体，引起水体中营养盐浓度升高而引发富营养化。当前地表径流常采用经典的径流池法进行监测，每次降雨后收集测定径流水量和径流水中氮磷浓度，两者的乘积加和即径流氮磷总损失量。渗漏（又称淋溶）主要通过埋设渗漏水收集管或收集盘的方法来监测，渗漏水体积与浓度的乘积加和即渗漏氮磷总损失量。

（二）稻田氮磷流失通量及主要形态

平原水网区农田以稻田为主，径流是稻田氮素排放进入水环境的主要路径。太湖流域稻麦轮作农田连续6年的监测结果显示，径流氮总损失量为36.9~70.5 kg N/hm²，占施肥量的9%~18%，平均为11.5%。其中稻季流失量为6.28~57.6 kg N/hm²，麦季流失量为6.6~64.3 kg N/hm²。流失的氮素中主要为无机态氮，占比60%~80%，稻季以铵态氮为主，麦季则以硝态氮为主。农田径流损失主要受降雨事件驱动，稻季插秧前的整地排水和麦季的开沟排涝是养分流失的主要窗口期。正常降雨年份稻季氮径流损失高于麦季，麦季雨水较多条件下氮素径流损失可达周年流失总氮量的50%以上。水稻移栽至分蘖期，小麦播种至返青拔节期是径流损失高风险期，此期遭遇降雨，径流样中氮浓度最高可达40~60 mg/L。稻季由于水层的存在使得渗漏氮损失相对稳定，氮浓度为2.28~5.03 mg/L，渗漏损失氮为4.97~9.76 kg N/hm²，占施氮量的1.7%~3.2%，平均为2.6%。麦季由于旱作导致渗漏氮损失受降雨量影响极大，氮浓度变化为10.4~20.7 mg/L，主要为硝态氮，损失总量为1.44~19.0 kg N/hm²，占施氮量的0.7%~9.5%，平均为4.2%。周年氮的渗漏损失量约占施肥量的3%。

磷损失以地表径流为主，约占农田磷总损失的76%。稻季的磷损失量为0.69~2.66 kg P₂O₅/hm²，占施磷量的1.1%~4.4%；麦季为0.55~1.26 kg P₂O₅/hm²，占施磷量的0.9%~2.1%；周年径流磷损失平均为2.58 kg P₂O₅/hm²，占总施磷量的2.1%。流失的磷素中，稻季以TDP为主要流失形态，约占总磷的70%以上，麦季则以颗粒态磷为主，占比可达50%~80%。磷的渗漏损失较少，稻季平均为0.56 kg P₂O₅/hm²，麦季平均为0.24 kg P₂O₅/hm²，周年为0.80 kg P₂O₅/hm²，占总施磷量的0.7%。

（三）稻田氮磷流失动态规律

对径流事件的动态监测可深入了解氮磷养分流失的动态变化特征，从而对因时因地制定养分削减策略具有重要指导意义，如仅拦截高浓度径流等。

太湖水网平原区稻麦轮作农田的降水模拟试验结果发现，无论是条播还是撒播，无论是小麦生长前期还是后期，径流中氮素浓度均表现为径流初始期较高，随后持续下降的趋势（图2-82）。

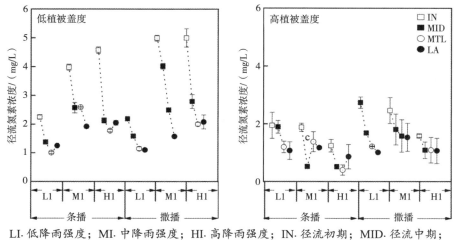

LI. 低降雨强度；MI. 中降雨强度；HI. 高降雨强度；IN. 径流初期；MID. 径流中期；
MTL. 径流中后期；LA. 径流后期，下同。

图2-82　不同雨强径流氮素浓度随产流时间的动态变化

在生育前期（低植被盖度下），条播处理的氮素峰值浓度在中高降雨强度下低于撒播处理，低雨强下不受播栽方式影响；生育后期，条播处理的氮素峰值浓度在不同雨强下均低于撒播处理。径流中磷素浓度总体上表现为随雨强的增加而增加，随产流进程而逐渐下降的趋势（图2-83）。径流磷素峰值浓度在低植被盖度时（生育前期），中低雨强下条播处理高于撒播处理，高雨强下二者相当；在高植被盖度时（生育后期），高雨强下撒播处理高于条播处理，中低雨强下均较低。

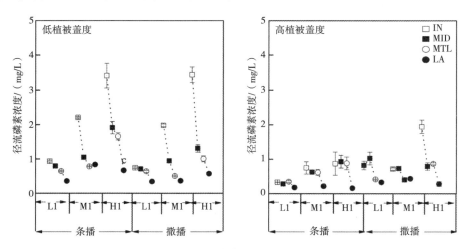

图2-83　不同雨强下径流磷素浓度随产流时间的动态变化

麦季不同处理下氮、磷流失速率均表现为随产流时间先上升后下降的趋势，峰值均出现在径流中后期，不受雨强、播栽方式和植被盖度的影响（图2-84）。低植被盖度下，条播处理的氮磷流失速率均高于撒播处理；而高植被盖度下，条播处理的氮磷素流失速率与撒播处理相当。

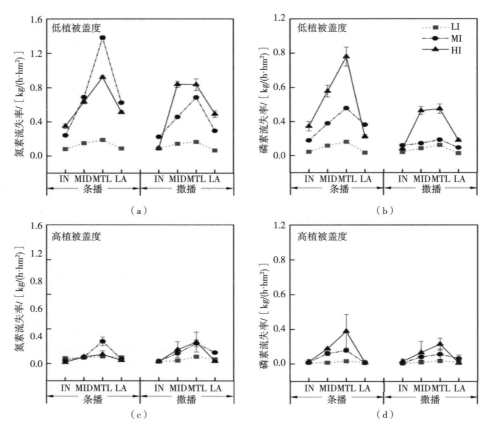

图2-84　不同雨强下氮磷流失速率随产流时间的动态变化

由稻季降雨模拟产流试验结果发现，不同植被盖度下均表现为径流初始时氮和磷的浓度较高，随径流的持续而逐渐下降的趋势（图2-85和图2-86）。低植被盖度下，雨强对稻田系统的扰动明显，径流氮素峰值浓度在高雨强下明显高于中、低雨强，而中、低雨强间无明显差异，磷素峰值浓度则表现为中、高雨强下明显高于低雨强，中、高雨强间差异不明显。另外，随着径流的持续发生，中、高雨强处理的TN浓度在径流中后期产生了一定的波动，而低雨强下的TN浓度随着径流的发生持续下降。高植被盖度时，水稻冠层对雨强的削减作用明显，低、中和高降雨强度下的径流氮素和磷素流失浓度峰值相当。

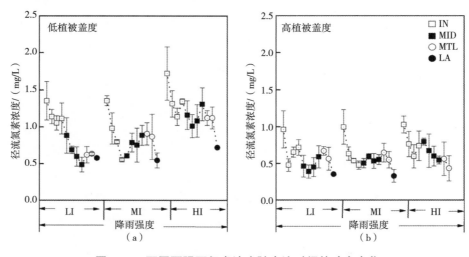

图2-85　不同雨强下氮素浓度随产流时间的动态变化

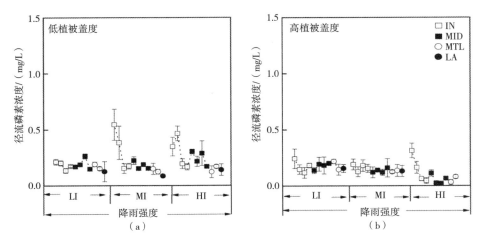

图2-86　不同雨强下磷素浓度随产流时间的动态变化

从稻季径流TN流失速率变化结果来看，低植被盖度下，径流氮素流失率受雨强影响明显（图2-87）。高雨强下，氮素流失率变化波动明显，整体呈现先上升后下降的变化趋势，其峰值出现在径流中期。而中、低雨强下，氮素流失率呈"波浪"形波动变化，无明显峰值。但中雨强的氮素流失率整体高于低雨强。另外，不同雨强下径流氮素流失率在中后期整体较低。结果同时表明，受植被盖度影响，

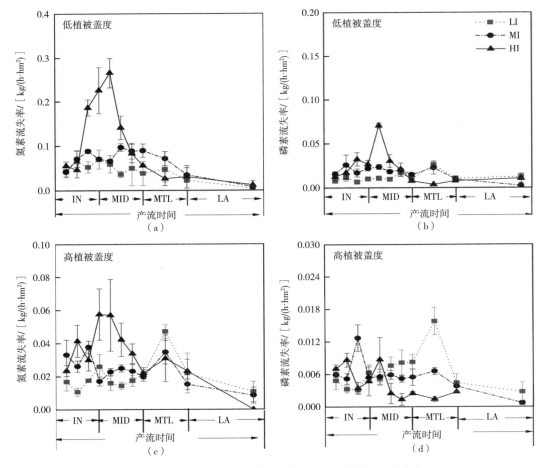

图2-87　不同雨强下氮磷流失率随产流时间的动态变化

径流氮素流失率在高植被盖度下受降雨强度影响较小。总磷流失率随产流时间的变化规律与氮素流失率一致，低植被盖度下，径流磷素流失率整体呈现先上升后下降的变化趋势且受雨强影响明显。高雨强下，磷素流失峰值出现在径流中期。而中、低雨强下，磷素流失率呈"波浪"形波动变化，无明显峰值。另外，在植被盖度的影响下，径流磷素流失率在高植被盖度下受降雨强度影响较小，不同降雨强度下的径流磷素流失率整体更为平缓，各雨强下的磷素流失率较为接近且无明显峰值。同时，高植被盖度下不同降雨强度的径流磷素流失率明显低于低植被盖度。

二、平原水网区稻田氮磷流失的主控因素分析

为进一步明确农田养分流失的主控因素，以径流氮为研究对象，利用meta分析评估了施肥对中国水田和旱地径流氮素流失的影响，并研究了径流与施肥、土壤性质及降水之间的关系。径流氮素流失的表观均值分析结果表明，与不施氮肥对照相比，施肥显著增加了农田氮肥地表径流量（图2-88）。施肥处理的稻田氮素损失量从3.31 kg N/hm²增加到10.03 kg N/hm²，旱地从3.00 kg N/hm²增加到11.24 kg N/hm²。

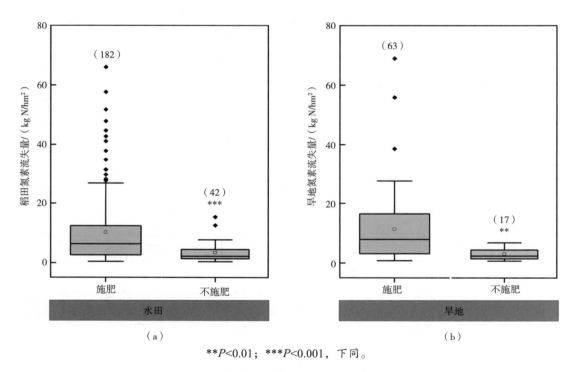

（a）

（b）

P<0.01；*P<0.001，下同。

图2-88 施肥对水田和旱地径流氮素流失量的影响

混合效应模型分析发现，稻田氮素地表径流损失量的增加主要受肥料类型和施氮量的影响（图2-89a），而旱地氮素径流损失量的增加主要受施氮量和种植季节降水的影响（图2-90a）。稻田和旱地的氮素径流损失均随施氮量的增加而增加（图2-89b；图2-90b）。此外，旱地农田的氮素损失随季节降水量的增加而增加，且可用多项式方程进行描述（$N_L=-0.37+0.005Pr-0.000\ 04Pr^2$，$P<0.05$）（图2-90c）。稻田肥料类型中，缓控释肥料（CRF）对N径流损失的控制效果最优，优于有机肥和无机化肥（图2-90c）。

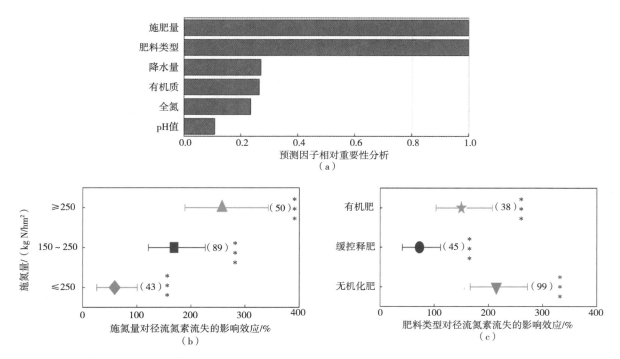

图2-89　稻田氮素径流损失预测因子相对重要性及影响效应分析

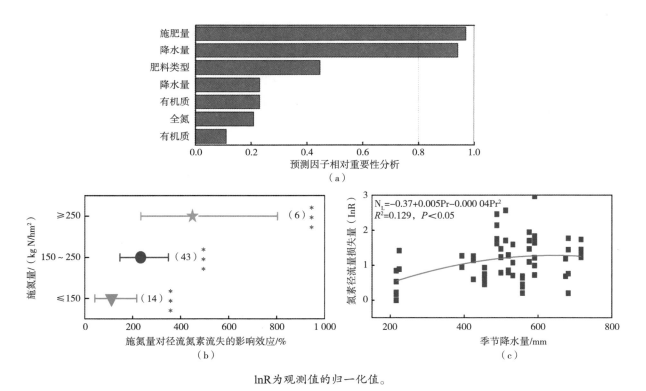

lnR为观测值的归一化值。

图2-90　旱地氮素径流损失预测因子相对重要性及影响效应分析

　　由于稻田氮素径流损失同时受肥料类型和氮肥用量的影响，为了进一步揭示不同施肥条件下氮素径流损失的关键因素（肥料类型、施氮量），建立了不同肥料类型和施氮量的6个分析亚组分析预测因子的相对重要性（图2-91）。从肥料类型亚组结果来看，无机化肥（CF）下氮素径流损失与施氮量密切相关；而所有预测因子对缓控释肥（CRF）和有机肥（OF）亚组的氮素径流损失均无显著影响。此外，施氮量亚组分析结果表明，肥料类型是中、低氮素用量亚组氮素径流损失的主要影响因子；而高施氮量下，所有预测因子对氮素径流损失的影响均不显著。以上结果说明，施肥显著增加了农田养分径流损失。肥料类型和施肥量是影响稻田径流损失的主要控制因素，特别是在无机化肥和中、低氮肥用量下。此外，季节降水和肥料用量是影响旱地径流养分流失的主要控制因素。据此，除优化施肥外，选择新型肥料也是降低稻田径流损失的重要途径。

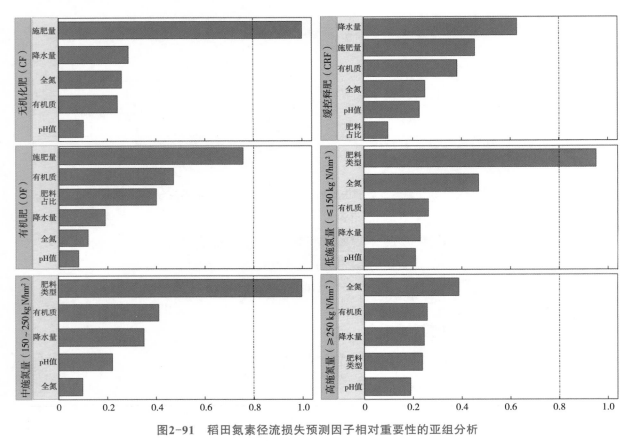

图2-91　稻田氮素径流损失预测因子相对重要性的亚组分析

农田总磷径流损失程度取决于当地的降水情况、施肥情况、土壤条件、地形地貌特点、植被覆盖条件和人为管理措施等多种因素。总磷径流损失量与土壤总磷、黏粒含量百分比显著负相关，与施磷量、降水量显著正相关。

三、平原水网区农田径流易发期识别

除主动排水外，径流的发生主要受降水驱动，当降雨强度超过土壤下渗率、降雨量超过土壤饱和持水量或强降雨的瞬时冲刷均可能造成径流事件的发生。另外，径流的发生还受农田耕种条件、田间植被覆盖度及土壤水分状况等多种因素综合影响。因此，尽管在同一地区相同种植方式下，不同监测年份的径流发生时间也存在较大差异，这也说明短期监测数据由于年际间降水差异而较难对农田径流发生的时间特征进行定性分析。为此，选取太湖流域典型地区（苏州、无锡、溧阳、湖州）1956—2015年60年间

逐日降水数据（国家气象信息中心），通过对太湖典型区域历史降水资料和径流发生时间的文献进行统计分析，以期明确太湖地区稻麦农田径流发生的时间特征，识别其径流易发期。

（一）稻田（水旱轮作农田）稻季径流易发期

稻田由于四周砌有土埂，是一种封闭的径流体系，只有降水超过田面排水高度后才会发生机会径流，因此径流的发生主要受降雨驱动。剔除偏涝年、偏旱年后按月进行时序划分的稻季日均降水概率以及日均降水量统计结果看出，水稻生长季降水概率的时序变化呈逐渐下降的趋势（图2-92）。不同月份降水概率表现为：6月（63.33%）>7月（46.77%）>8月（41.13%）>9月（30%）>10月（27.42%）。另外，按月划分的日均降水量时序变化为波动下降。日均降水量最低月份为10月（7.38 mm），最高月份为6月（20.03 mm）。不同月份日均降水量表现为：6月>9月>8月>7月>10月。这些结果说明，水稻种植季6月日降水概率和日均降水量均明显高于其他月份，是稻田的径流易发期。另外，结合太湖地区生产实践，6月份处于水稻移栽和返青分蘖阶段，经历基肥和分蘖肥两次施肥，且该时期株高和排水口高度较低，加上降水量较高，该期流失风险较大。

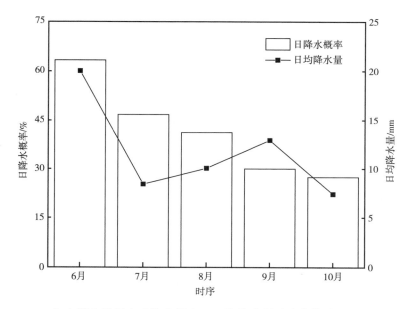

图2-92　60年水稻生长季内日降水概率、日均降水量时序变化（1956—2015年）
［数据不包括1987年、1991年、1993年、1999年、2015年（偏涝年）和1978年（偏旱年）］

（二）麦季径流易发期

与稻田相比，麦季旱作体系以排水为主，径流发生受降水、植被盖度和土壤条件等多种因素影响。多年降水的统计分析表明，剔除偏涝年、偏旱年后，按月进行时序划分的麦季日均降水概率呈现先下降后上升的趋势（图2-93），总体表现为：4月（43.0%）>3月（41.4%）>5月（40.6%）>2月（36.2%）>1月（30.5%）>11月（27.1%）>12月（25.2%）。按月划分的日均降水量时序变化同样表现为先下降后上升的趋势，日均降水量最低月份为12月（5.94 mm），最高月份为5月（13.00 mm）。不同月份日均降水量表现为：5月>4月>3月>2月>11月>1月>12月。

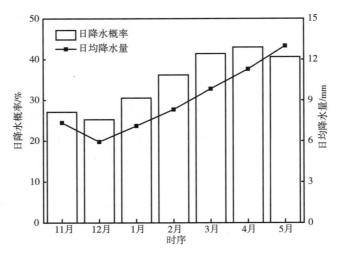

图2-93　50年小麦生长季内日降水概率、日均降水量时序变化（1956—2015年）
［数据不包括1987年、1991年、1993年、1999年、2015年（偏涝年）和1978年（偏旱年）］

为进一步明确旱地径流实际发生时间与降水时序变化的关系，对2000—2018年文献检索和田间实测数据18个小麦种植季中有监测数据的正常降水年份（12季）的径流发生时间进行了统计分析。结果表明，2月（20次）和3月（19次）的径流发生次数明显高于其他月份，各占总次数的19.05%和18.10%。12月（17次）、4月（14次）和5月（16次）径流发生次数的占比相当，分别为16.19%、13.33%和15.24%。另外，11月（7次）和1月（12次）径流发生次数占比较低，分别为6.67%和11.43%。以上结果说明，径流发生时间特征与降水概率和日均降水量并不完全一致。2月和3月小麦尚未完全封行，加上此期降水量和降水概率较大，使得此期成为太湖流域麦田径流发生的高风险期；4月、5月尽管降水概率和日均降水量均最高，但由于小麦处于旺盛生长阶段，需水量也大，因此径流风险反而降低；此外小麦生长前期的降水累加效应使得12月的麦田径流发生风险增加。

四、平原水网区氮磷沿程迁移转化及消纳

（一）沟渠的拦截净化功能

平原水网区沟、渠、塘、浜、河密布，沟渠是农田排水入河前的必经通道。排水在沟渠的迁移过程中，排水的流速会因沟渠内的植物或粗糙的地表等阻碍物而降低，从而提高了停留时间，排水中携带的颗粒物会通过物理沉降而沉淀留在沟渠中，排水中的氮磷还会被沟渠内的植物吸收，部分氮素会通过微生物作用反硝化脱氮而变成N_2或N_2O挥发到大气中，因此沟渠对排水中的氮磷具有一定的拦截净化功能。

然而，在传统观念中，沟渠仅仅是农田灌排水的输送通道。杨林章等（2003）早在2003年提出了生态拦截沟渠的概念，将沟渠的功能由传统的单一过水通道提升至生态拦截净化的高度。生态沟渠的渠壁和渠底采用带孔的硬质板材如带孔的生态透水砖等构建而成，孔内种植高效吸收氮磷的植物，沟内每隔一定距离设置一小型的拦截坝（高度10~20 cm），或放置一些多孔的拦截箱，拦截箱内装有能高效吸附氮磷的基质，也可搭配种植高效拦截氮磷的植物。生态拦截沟渠结合了水泥沟渠与传统土质沟渠各自的优势，并进行了功能强化，既保证了沟渠的稳定性和排水的通畅性，又大幅提升了对农田排水中氮磷的拦截效果，且兼顾景观功能。多点实践表明，水泥混凝土沟渠对氮磷的拦截去除率仅有5%~20%，而生态拦截沟渠对氮磷的拦截去除率可高达40%~70%。

为了保障粮食安全，使农田能够旱涝保收，国家大力推进高标准农田建设，沟渠硬质化成为主流。硬质水泥沟渠在方便灌排的同时，由于缺少植物的阻拦，过水界面的粗糙度下降，水力停留时间大大缩短，对排水中的颗粒悬浮物以及氮磷等的拦截功能也逐渐消失。为兼顾粮食安全和面源污染防控功能，杨林章和薛利红等提出了生态高标准农田建设的思路，即在传统高标准农田建设的基础上，实行灌排分开，灌溉系统采用硬质沟渠或管道灌溉，而排水系统则采用生态沟渠。

（二）生态塘浜/湿地的消纳净化

平原水网区塘-浜-河等小微水体密布，农田排水经沟渠后多排入周边的湿地塘、小河支浜等小微水体，最后再汇入大河湖库。这些小微水体的自净消纳能力也影响了农田排水氮磷的最终入河率。利用MIMS测定装置测定了江苏句容农业小流域内的池塘、河流或水库的反硝化速率，结果表明，池塘沉积物的反硝化速率变化范围为（23.7±23.9）~（121.2±38.7）μmol N$_2$-N/(m^2·h)，平均值是48.3 μmol N$_2$-N/(m^2·h)。水库沉积物的反硝化速率变化范围在（41.8±17.7）~（239.3±49.8）μmol N$_2$-N/(m^2·h)，平均值为114.0 μmol N$_2$-N/(m^2·h)。根据池塘和水库的面积，可计算池塘和水库的消纳系数分别为24.5%和32.5%（以田块氮素流失量为计算依据）。而经生态强化后的湿地塘净化系统对氮的消纳系数可提高到58%。太湖流域监测显示，稻季生态塘在降雨过程中对TN和TP的平均去除率分别为34.7%和34.8%，雨后对TN和TP的去除率分别为50.4%和52.3%（图2-94，图2-95；王晓玲等，2017）。生态塘的净化效率与污染负荷、植被类型等有关。

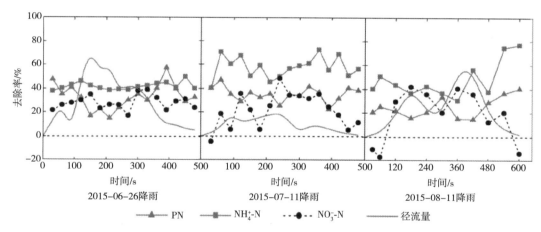

图2-94　生态塘对稻田径流中不同形态氮的去除效果

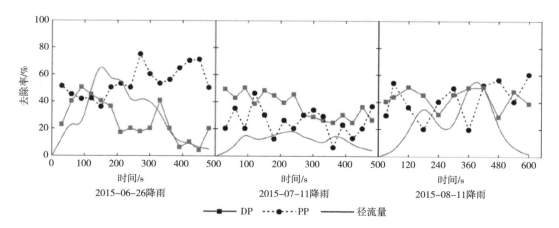

图2-95　生态塘对稻田径流中不同形态磷的去除效果

此外，对太湖地区的殷村港河流的反硝化速率的测定结果显示，其变异范围为（147.9±27.9）~
（269.5±28.4）µmol N_2-N/(m²·h)，通过太湖地区河流反硝化脱氮模型，估算了太湖地区河网湿地年均
脱氮速率为137.9 µmol N_2-N/(m²·h)，河流的反硝化消纳系数约为42.9%。生态塘对N、P的拦截净化率一
般在50%左右，而普通水塘小水库对氮的净化率为25%~30%，小河流对氮的净化率在42%左右。

五、平原水网区氮磷流失防控4R理论与方法

（一）氮磷流失防控4R理论

平原水网区农田径流直接排放至周边水体，直接加剧了水体的富营养化，相对于渗漏等其他损失
贡献最大且影响最为直接，是面源污染减排的重点。从农田氮磷流失规律来看，化肥氮磷用量与氮磷径
流和损失量呈显著正相关，且农田氮平衡分析发现当前的肥料施用量远高于作物对氮的吸收量，表明减
少化肥用量不仅可行且是减少农田氮磷流失的关键。多年监测结果显示，无论稻季还是麦季，生育前期
作物苗小，对养分需求量低，且此期也是降雨频发期，因此径流损失相对严重，损失的氮占全生育期的
60%~80%。因此，作物生长前期是控制径流排放的重要时段，除了要关注生育前期肥料的施用量和方
法外，还需要在径流迁移的全过程进行多手段拦截净化。

在对南方平原水网区农田氮磷流失特征深入剖析的基础上，杨林章研究团队以减少农田氮磷投入为
核心，拦截农田径流排放为抓手，实现排放氮磷回用为途径，水质改善和生态修复为目标，提出了"源
头减量（Reduce）-过程拦截（Retain）-养分再利用（Reuse）-生态修复（Restore）"的农田氮磷流失
综合治理4R（Reduce、Retain、Reuse、Restore）理论与方法（图2-96），有效实现了减氮减排、增产
增效及区域水环境质量改善的三赢。

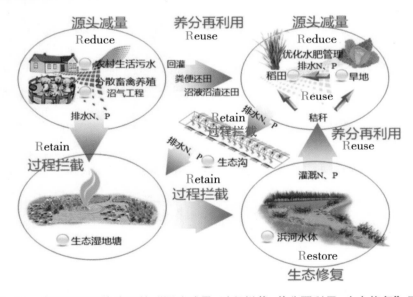

图2-96　农田面源污染治理的"源头减量-过程拦截-养分再利用-生态修复"示意

源头减量即通过农业生产方式的改变来实现面源污染产生量的最小化，如通过农田水肥管理方式的
优化，减少肥料投入量，增加农田蓄雨能力，降低降雨时产生的排水量，从而减少农田氮磷排放。过程
拦截即在污染物离开农田后向水体的迁移过程中，通过一些物理的、生物的以及工程的方法等对氮磷等
污染物进行拦截阻断和强化净化，延长其在陆域的停留时间，最大化减少其进入水体的量。养分再利用

即将污染物中包含的氮磷等养分资源进行循环利用，达到节约资源、减少污染、增加经济效益的目的。生态修复则重点针对农田汇水区的重污染受纳水体，利用生态工程修复措施，恢复其生态系统的结构和功能，提高水体生态系统自我修复能力和自我净化能力，最终实现水体由损伤状态向健康稳定状态转化。其中源头减量是关键，养分资源再利用来减少污染的技术途径，同时要把技术示范和工程应用相结合、面源污染防控要与生态文明建设相结合的思路。

农业面源污染防控的4R理论改变了以往污染治理"头痛医头、脚痛医脚"的末端治理思路，采用顶层设计和系统控制的理念，通过源头减量、过程拦截、养分再利用和生态修复4个环节的综合管控，实现了面源污染从农田发生，到沿沟渠迁移，再到湿地塘消纳，最终到末端水体的全过程覆盖和无缝对接，大大提高了面源污染的防控效果。

（二）保证高产且环保的氮肥用量推荐方法

在太湖流域宜兴大浦多年的长期定位试验结果发现，作物产量随着氮肥用量的增加而增加，但当氮肥投入增加到一定值后，产量不再增加，甚至出现下降，产量与氮肥用量之间存在着二次曲线函数关系；而氮素损失无论是径流还是氨挥发等，均随着氮肥用量的增加而增加，氮肥用量越高，氮肥损失率也越高（图2-97）。表明过多的氮肥投入不仅产量有所下降，而且环境污染也比较严重。因此，适宜减少施氮量，不仅能提高产量，还能减少面源污染。化肥减量就是在保证作物产量的前提下，以作物养分需求为指导，通过优化水肥管理技术，减少多施以及损失到环境中的那部分化肥，提高肥料利用率，从而达到减少农田氮磷排放的目的。

为保证化肥减量不减产，提出了基于氮肥产量响应曲线以及氮素径流损失曲线的稻田高产且氮素流失最小化的施氮量确定方法（图2-97）。其中，氮肥产量响应曲线的获取要求至少设置5个氮肥水平，且氮肥水平的区间要涵盖不施氮肥和过量施肥。由于稻田氨挥发损失也是一个重要的损失途径，因此，氮肥损失曲线最好能包括氨挥发损失数据，即径流损失和氨挥发损失的加和。产量区间推荐采用最高产量的95%作为置信度水平。据此推算，在保证作物的高产稳产的同时，太湖流域稻田系统氮肥的减量空间为15%~30%，可减少稻田氮径流排放30%~40%。

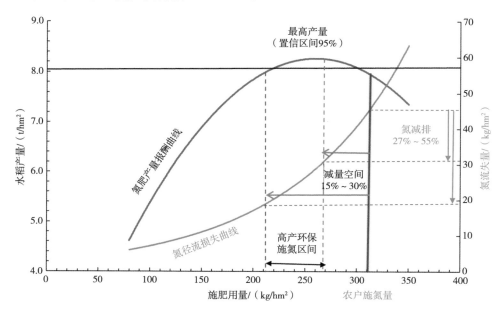

图2-97 作物高产环保施氮量的确定方法（以水稻为例）

第四节　设施菜田土壤高碳调控氮磷淋失机制

　　我国已成为世界设施农业生产大国，面积和产量居世界第一位。与粮食作物相比，设施蔬菜根长密度低、根系分布较浅，蔬菜作物生长期间往往需要根层土壤维持较高的养分浓度以满足作物对养分需求，使得有机无机肥料投入量远远超过了设施蔬菜需求量。从全国典型的设施蔬菜种植区域来看，平均每季氮肥投入量超过1 000 kg N/hm^2（有机肥275 kg N/hm^2，化肥860 kg N/hm^2），是蔬菜作物吸收量的5倍左右，当季利用率普遍低于10%；设施菜田的单季磷素投入量平均达到721 kg P$_2$O$_5$/hm^2，是磷素投入推荐量的5.4倍（黄绍文等，2017）；导致土壤中累积大量高浓度硝酸盐和磷酸盐。以我国主要设施蔬菜种植区寿光为例，设施菜田土壤碱解氮和速效磷平均含量分别达到217.3 mg/kg和155.4 mg/kg（蔡红明等，2022），远超过环境阈值，农业面源污染风险极高，从设施菜田土壤向地下水淋溶、向地表水输送、向大气扩散，对生态环境带来严重威胁。我国设施菜田集约化种植区地下水硝酸盐超标率近40%，87%的设施菜田土壤速效磷含量超过环境阈值（80 mg P/kg）。氮磷在土壤中大量累积降低土壤C/N和C/P值，进而导致土壤养分盈余和累积、生物多样性下降，严重制约着我国设施农业的健康发展。因此，在设施土壤中施入高碳有机物料，以达到预防和控制硝态氮积聚、提高磷素转化并减少磷素淋失、减轻土壤次生盐渍化、提高土壤肥力的效果。

　　高碳有机物料还田到土壤后，一般通过微生物的分解，在土壤中发生了一系列复杂的土壤生化反应。其中作物秸秆的化合物组成主要包括：①水溶性小分子有机物，是易被微生物分解和利用的氨基酸和碳水化合物；②纤维素、半纤维素等大分子有机物，是作物秸秆的主要成分，可占干重的28%~44%；③木质素和其他芳香族化合物，这类物质极难降解，往往是多种芳香性化合物的聚合物。对秸秆进行碳化处理可以水解有机物料中不稳定的有机碳、聚合芳香性有机碳提高有机物料的稳定性，具有很强的能源优势和环境用途。秸秆及其碳化物料的物质组成决定了其在土壤中发生降解可以进一步通过生物和非生物过程来影响土壤碳氮磷等元素的周转过程，并通过改变土壤微生物群落和土壤性质等因素影响土壤碳氮磷等元素的去向。

一、高碳有机物料阻控设施土壤氮素淋洗损失机制

　　设施菜田土壤氮素通过土壤氮素淋溶、氮素矿化、氨挥发、氮的硝化作用、反硝化作用损失进入环境中，其中淋溶损失是最主要的形式。设施菜地氮素累积导致土壤C/N较低，加重了氮素损失，特别是硝态氮（NO$_3^-$-N）淋溶损失。设施菜地土壤由于其有机质和全氮含量较高，氮素矿化能力高于大田粮食作物土壤。氮素在土壤中的矿化-固定周转过程受土壤生物和非生物过程影响，因此，凡影响土壤物理、化学以及生物学的因素均会影响氮素的转化。氮素流失的主要形态是NO$_3^-$-N，其占流失总氮的80%以上。NO$_3^-$-N在农田土壤中的产生与固持紧密地依赖于土壤微生物调控的生物化学过程。由于硝酸盐具有很强的动态性和流动性，底土硝酸盐可在根系接触不到的地方渗出，最终渗入地下水，造成硝酸盐污染，从而威胁人类健康。土壤中NO$_3^-$-N的产生主要受微生物硝化作用控制，一是化肥氮施入农田后，会很快通过硝化作用转变为NO$_3^-$-N；二是，土壤有机氮经过矿化作用转化为铵态氮，铵态氮再参与硝化作用产生NO$_3^-$-N。硝态氮在土壤中的固持主要通过微生物的同化作用转化为微生物量氮（MBN），在土

壤微生物的生长繁殖死亡过程中固持到土壤有机氮库中。可见，土壤微生物调控的硝化作用与同化固持作用是控制土壤NO_3^--N含量的关键，其作用强度直接决定了氮素的流失风险。而土壤生态化学计量碳氮比特征与土壤微生物密切相关。施用低碳氮比有机肥，会显著加快土壤中异养微生物活性，加速有机质分解，超过微生物生长所需部分的氮就会释放到土壤中，增加NH_4^+浓度，增强微生物的硝化速率，最终导致NO_3^-浓度快速增加，土壤硝态氮累积容易提升周围环境的酸性程度，促进氨氧化菌的生长繁殖，加速硝化反应，导致更进一步的土壤硝态氮累积，降低土壤碳氮比，使得土壤无机氮的固持效率减小，进而增加土壤硝态氮的累积和淋失风险。施用秸秆等高碳氮比的有机物料会增强土壤异养微生物活性，为满足它们的生长需要，无机氮（主要是硝态氮）转化为土壤微生物量氮，进而削弱硝态氮累积，提高氮素固持效率。因此，明确有机碳对土壤硝化作用与同化作用的影响及其响应机理，对正确评估有机碳对土壤氮素流失的防控作用具有重要意义。

（一）秸秆

秸秆富含N、P、K及微量元素和丰富的有机物质，直接还田可以改善土壤理化性质（如田间持水量、孔隙度、容重等），增加土壤肥力和农作物产量。添加秸秆可以增加土壤对氮素的固持，降低硝态氮损失，尤其以降低作物生长初期硝态氮淋溶效果最为显著。秸秆还田后，随着腐解过程进行，纤维素和半纤维素易被微生物分解产生小分子有机酸利用，从而增加土壤有机质含量和微生物活性，有利于土壤团聚体形成，促进土壤氮矿化过程，减少氮素淋失。小麦秸秆富含纤维素态的有机碳，易被微生物吸收利用，从而有利于土壤氮素矿化作用的长期持续发生。玉米秸秆还田对土壤有一定固氮作用，是减少土壤NO_3^--N淋失的有效措施。因此，秸秆还田可以合理利用秸秆资源，符合可持续发展战略，也是改善土壤理化性质、增加土壤肥力、减少氮淋失的有效措施。

（二）生物质炭

生物质炭是生物质在低氧或无氧条件下，经过高温煅烧后形成的产物，表面羧基官能团和较大的比表面积使生物质炭具有较强的阳离子交换能力，对NH_4^+和NO_3^-具有较强吸附作用。秸秆在缺氧环境中高温裂解是制备生物质炭的重要方式之一，将其还田可以降低温室气体的排放，增加土壤固碳能力。生物质炭作为土壤改良剂可提高土壤有机碳含量，调节C/N比，有助于增加土壤对氮素的吸附容量，改善土壤肥力状况，提高作物产量，降低土壤氮素损失等。生物质炭具有吸附作用如生物质炭孔隙及其有机矿物涂层可稳定NO_3^-，生物质炭还可促进土壤碳固持，生物质炭的高孔隙率和大比表面积可增加土壤持水能力，从而减少土壤水分渗透等，因此生物质炭被提议作为一种有机碳土壤改良剂，用于阻控设施土壤氮素淋失。生物质炭还田初期会促进原土中有机碳矿化，增加土壤碳排放，但是短期内生物质炭在土壤中的固碳能力超过了土壤碳排放，总体表现为碳素的储存，即碳汇。但是，生物质炭施用在不同类型的土壤后对氮素的作用效果有所不同，生物质炭来源和制备条件的多样性造成了其结构和施用效果的差异，同时还田时间和还田量也会对温室气体产生不同的影响；且生物质炭制备成本较高，故其在控制土壤氮素淋失方面应用的适用性和经济性仍需进一步优化。

二、施用高碳有机物料阻控设施土壤磷素淋洗损失机制

设施土壤中没有被植物吸收利用的磷素残留在土壤中发生大量累积，由于土壤矿物对于磷的固定能力是有限的，当土壤磷累积超过一定阈值时会流失进入水体造成富营养化等问题。提高土壤残留磷素的

活化对于实现资源高效利用和减少环境风险具有重要意义。秸秆及其碳化物料的化学组成决定了其在土壤中发生降解可以进一步通过生物和非生物过程来影响土壤磷素的化学循环。

（一）秸秆

土壤中存在多种吸附无机磷的物质，并且不同类型的土壤存在差异，在酸性土壤中磷素的吸附基质主要包括水合氧化物和无定形的铁铝氧化物，而在石灰性土壤中磷素的吸附基质为物理性黏粒、$CaCO_3$、游离态的Fe_2O_3等，而在钙含量较高的石灰性土壤中，$CaCO_3$则是吸附磷素能力较高的物质。在不同类型土壤，秸秆还田所介导的磷素转化过程存在差异，但都能通过生物和非生物的作用促进磷素转化（图2-98）。

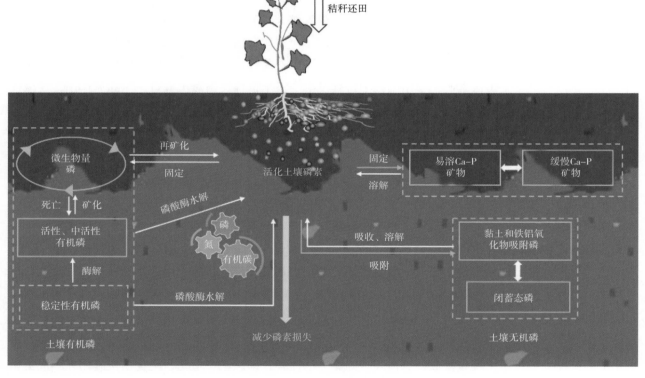

图2-98　秸秆还田对土壤磷素转化机制

秸秆对磷素转化的生物过程主要表现在：施用秸秆后微生物可以进一步分解秸秆中易溶的淀粉、氨基酸和糖类等从而获得碳源，并释放出矿质养分，同时微生物为保持自身碳氮磷化学计量比的平衡，通过分泌磷酸酶促进有机磷的矿化或是促进对无机磷的生物固持。秸秆中的磷主要以有机磷的形态存在，所以秸秆还田不仅增加了土壤有机磷库，更有利于土壤中磷素的持续供应。除此以外，秸秆还田通过提供丰富的易利用的碳从而增加了土壤微生物的数量和活性，提高了土壤磷酸酶活性，促进有机磷进一步矿化为无机磷。先前研究发现长期施肥条件下土壤C/P比与活性磷库和稳定磷库均存在显著相关性。这是因为有机碳的添加为微生物磷酸酶合成和有机酸分泌以及微生物量周转提供了碳源与能源，对土壤磷素的微生物转化起重要作用，可以实现短期内土壤有机碳和磷的快速周转。

秸秆还田对土壤磷素转化除通过微生物参与以外还涉及非生物的过程，主要表现在：秸秆施用后能分解产生小分子有机物，可通过竞争吸附位点和静电作用等方式抑制铁氧化物对磷的吸附；研究表明，秸秆还田增加了土壤有机质，掩蔽土壤中的磷吸附位点，从而降低土壤对磷素的吸附固定，促进磷素在土壤中的迁移转化。其次，土壤中不同形态磷素的生物有效性不同，秸秆还田后产生的有机酸类物质可有效促进土壤中难溶态磷的活化。此外，在酸性土壤中通过吸附Fe^{3+}、Al^{3+}等离子形成矿物-有机物-磷的复合物从而促进磷的固定，秸秆分解后残留的难分解组分如多酚和木质素等表面含有大量的醇羟基、酚羟基、羧基和羰基等官能团，对土壤溶液中的质子有一定的中和作用，秸秆释放出的钙镁等盐基离子水解后也能消耗质子，从而提高土壤pH值和离子强度，促进铁结合磷的溶解和释放。总之，秸秆还田可以提高土壤磷有效性，对促进磷素循环以及在活化土壤磷的生物/非生物过程中起着直接或间接的作用（图2-98）。

淋溶是农田土壤磷流失的主要途径之一。土壤对磷素的吸附性强，一般磷素较氮素不易发生淋失，只有当土壤速效磷含量超过某一临界值后，磷才会随水向深层土壤迁移，磷素在土壤中的淋溶过程是吸附-解吸-迁移交替缓慢发生的过程。秸秆还田相较于有机肥而言，虽然都可以通过生物和非生物过程影响磷素转化并提高速效磷含量，而秸秆还田被释放的磷素具有更小的淋失风险。一项基于设施菜田定位试验的研究，在粪肥减量施用的同时，分别施用等量和高量的稻壳进行等碳和增碳替代，结果表明，稻壳替代粪肥可以在保证作物产量的基础上使土壤磷素盈余降低72.0%～81.8%，并显著降低$CaCl_2$-P含量，降低磷素流失风险（平怀香，2022）。有研究表明秸秆施用也能够增加微生物的生物量库容，加强对土壤磷养分的固持，进而减少土壤中磷的累积，降低磷的淋溶风险。相关研究结果显示，玉米秸秆还田能改变设施土壤磷元素在耕作层中的分配，显著降低磷素的淋溶，减轻农业面源污染。

（二）水热炭还田

水热碳化是一种很有前途的技术。生物质在特定温度范围（180～300 ℃）和压力下，以水为介质转化为富含碳的固体产品，即水热炭。与热解、气化和燃烧等处理技术相比，水热碳化可以直接处理湿生物质，更适合于诸如畜禽粪污或活性污泥等高含水率生物质，且生产水热炭消耗的能量更少。水热炭产品富含含氧官能团和养分，在作为吸附剂、催化剂、土壤改良剂等方面有极大的应用潜力。

水热碳化技术有利于高碳物料中不稳定磷和有机磷（如植酸盐）的分解和稳定，形成稳定性强的磷酸盐（如羟基磷灰石），降低高碳有机物料自身的磷素损失风险。由于水热炭表面富含含氧官能团，对磷酸盐吸附展现了优良的性能，通过诸如静电相互作用、离子交换和络合等机制，水热炭的磷酸盐吸附容量可达37.0～386 mg/g，经镁、铝、水滑石或镧离子掺杂或改性的水热炭吸附性能尤为突出，这意味着水热炭作为一种相对低成本的磷素吸附材料具有应用于土壤改良以降低土壤活性磷和磷素流失风险方面的潜力。以猪粪水热炭为例，先前有研究分析了培养后土壤的淋洗液，发现相比于施用猪粪热解炭和猪粪堆肥产物改良的土壤，水热炭改良土壤释放的可溶性N、P、K浓度要低得多，磷损失仅为猪粪热解炭改良土壤的1/4。水炭的复杂表面功能可能与土壤相互作用并产生有利于养分保留的条件。然而，关于水炭对土壤磷素循环、磷素有效性和磷素流失风险方面的研究仍然较少。

（三）生物质炭

施用生物质炭来削减农业面源污染中氮磷流失的研究逐渐增多，如研究发现在菜地土壤中添加2%～8%质量分数的生物质炭能够有效降低土壤中总磷的淋失风险（李卓瑞等，2016）。施用1%～4%的芦苇生物质炭能够显著降低水稻土总磷、溶解态磷和颗粒态磷的淋失量，但过高的生物质炭添加量（6%～8%）反而提高了淋洗液中总磷和溶解态磷的含量（Wang et al.，2022）。此外，通过在生物质炭表面浸渍钙镁铁铝等制备金属氧化物改性生物质炭，能够引入更多的羟基官能团，增强生物质炭与磷酸根的络合作用，从而提高生物质炭对水体中磷素的吸附能力。总的来说，生物质炭降低高磷土壤磷素流失风险的机制主要包括对磷的直接吸附、提高土壤矿物对磷的截留以及作物对磷的吸收等。

1. 生物质炭直接吸附磷

设施土壤磷素发生流失的根本原因是大量活性磷的富集和迁移。生物质炭具有发达的孔隙度和孔径分布、高的表面电荷和比表面积，同时富含多种含氧官能团，既能够通过物理吸附或是带正电荷的位点静电吸引磷酸盐，其微孔结构也能够通过"孔隙填充"机制加强对活性磷的固定从而避免其被淋洗。此外，生物质炭表面的羧基、吡啶等含氧官能团能提高阴离子交换容量（Anion-exchange capability，AEC）从而提高对磷酸盐的吸附。富含铁铝钙镁等盐基离子的生物质炭还能通过沉淀和阳离子桥直接捕获磷。生物质炭对土壤磷的可能的吸附机制如图2-99所示。值得注意的是，生物质炭对磷的吸附往往是可逆的，能够减少土壤矿物对磷的专性固定，因此往往不会降低土壤磷的有效性。

2. 生物质炭提高土壤对磷的截留

设施菜田过量粪肥投入是导致土壤磷素高残留和高流失风险的原因之一，粪肥热解碳化能够将粪肥中的水溶性磷酸盐转化为不溶的羟基磷灰石、鸟粪石等矿物结合态磷，从而降低磷素的释放速率。生物质炭能够通过提高土壤pH值、释放其中可溶性有机质（BDOM）以及吸附土壤中可能与磷形成配合物的金属离子和有机化合物等改变土壤中磷的吸附/解吸和沉淀/溶解过程，进而影响土壤矿物对磷的截留。另一方面，水分作为土壤养分载体是影响土壤磷素淋失的主要因素之一。生物质炭施用于土壤后能够增加土壤的持水能力和促进土壤团聚体结构的形成，对降低磷素的迁移流失起着重要作用。在施用生物质炭条件下，土壤水的入渗速率、渗透性能和排水能力会受到影响，也有助于降低磷素的淋失风险。

3. 生物质炭促进作物对磷的吸收

设施土壤具有典型氮磷养分富集而有机碳缺乏等特点，施用生物质炭能够提升土壤有机碳储量，调控土壤碳氮磷化学计量比，提高土壤微生物对活性磷素的同化和周转，从而促进作物生长、根系发育和对土壤中磷素的吸收。根系是作物吸收养分的主要器官，作物对土壤中矿质营养元素和水分的吸收能力，影响着根系的大小、数量和在土壤中的分布特征。有研究发现在土壤中施用10～20 t/hm² 松枝生物质炭能够有效提升番茄对土壤磷的吸收，磷素利用效率提升了76%（Yang et al.，2021）。通过土柱实验，研究发现使用铁改性生物质炭能够去除99%的总磷，并且使蚕豆的地上部和地下部干重分别提高了64%和165%（Liu et al.，2015）。此外，田间微区试验证明施用生物质炭能够替代部分磷肥施用，减少了外源磷肥投入，同时还能够提高卷心菜根长、根表面积和根毛数量，从而提高作物产量和对磷素的吸收，最终导致田间径流总磷流失量降低了29%～32%（Sun et al.，2022）。

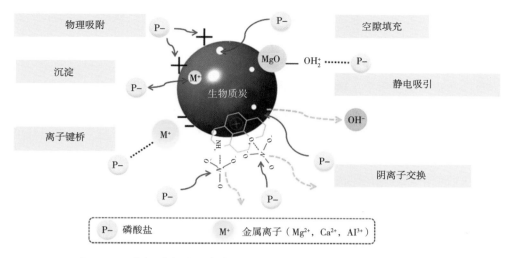

图2-99　生物质炭对土壤磷的吸附机制示意（Yang et al., 2021）

三、高碳有机物料使用调控集成技术途径与方法

（一）填闲作物

保持土壤生物多样性及其功能对于维持土壤健康和土壤稳定具有重要意义。设施菜田的长期连作种植模式是导致土壤养分积聚和生态系统失衡的重要原因之一，进而引起土传病害等生物学障碍问题。填闲作物种植在减少设施菜田土壤氮磷素淋洗所带来的环境问题以及提高体系内养分循环方面的作用已经得到了普遍的认可，其在集约化种植体系中具有广泛的应用前景。

当前，不同种类蔬菜之间或蔬菜与粮食作物之间进行合理的轮作或间作能够有效防治连作障碍等问题，在平衡土壤养分含量的同时，可以为蔬菜正常生长提供良好环境。因此，设施菜田夏季休闲期间可将填闲作物引入，其一般具备生物量大、根系发达和吸氮量高等特点，例如，玉米、高粱、禾本科牧草以及速生叶菜等，一方面具有深根系的填闲作物可以起到吸收削减土壤矿质态氮的作用，降低土壤养分盈余；另一方面，填闲作物的根际活性可促进土壤微生物氮的固持，其根系分泌物可以改善土壤微环境，对土壤养分循环、土壤结构和土壤微生物等均会产生正面影响。康凌云（2017）研究表明，夏季休闲期种植高粱显著降低了土壤硝态氮含量，保持较高的铵态氮含量，并且提高下一茬口设施茄子的产量。另外，填闲作物种植还可以与其他农艺措施结合，例如施用高碳有机物料，包括秸秆和碳化秸秆等，可以在全年不同茬口以及全生育期起到改善连作土壤微环境以及综合阻控氮磷淋失的作用。

（二）秸秆施用

秸秆还田在消纳农田废弃物的同时，亦是调节设施土壤碳和养分的比例以及改良土壤的普遍措施，也会在一定程度上影响氮磷淋洗。与氮素相比，磷素容易被土壤矿物固定而有效性降低，因此，活化土壤磷素提高利用率是重点，驱动设施土壤磷素形态转化是关键。秸秆作为碳磷比较高的物料，在补充土壤有机碳的同时，还可以增加土壤微生物活性、促进磷素活化进而提升磷素生物有效性。

因此，秸秆还田的关键在于既能够提升土壤残留养分的活化（包括生物驱动过程和非生物过程）又能够降低养分向深层土壤的迁移。对设施土壤中有机肥氮素矿化的研究表明，秸秆还田后的前期有机肥氮素矿化量降低进而减少了硝态氮淋洗。对于磷素而言，基于长期设施菜田试验发现，长期施用有机物料替代化肥可以通过增加土壤铁还原和降低土壤磷素吸附性能进而促进土壤磷素转化和剖面移动。而在寿光的田间试验利用秸秆还田结合优化氮肥施用条件下，显著降低了淋洗液体积和磷素淋失量，且秸秆通过提供碳源增加微生物对磷的固定也被认为是磷素淋失减少的原因之一。在设施菜田秸秆还田方面，需要根据作物目标产量，综合考虑土壤养分含量，减少化肥氮磷及有机肥（即在当前的有机肥施用量基础上降低25%～30%）的投入，优化氮肥配施秸秆有利于阻控养分的淋失。但应注意到，尽管粪肥、秸秆等常见有机物料可以提升地力、促进养分循环等，然而，在高温高湿的设施菜田土壤环境中，有机物料中的养分更易发生矿化进而导致养分淋失或温室气体排放等，因此，施用更稳定的碳，即将有机物料进行碳化或与碳化后物料混合施用已成为提升土壤碳储量、调节养分循环的新趋势。

（三）秸秆或粪肥碳化

高碳物料的投入在增加土壤有机碳含量的同时，可以有效改善集约化设施菜田土壤微环境，促进作物养分吸收和生长。生物质炭或水热碳化后的有机物料稳定性大大提高，其中生物质炭施用在改善土壤理化性质、培肥土壤以及提高作物产量方面的研究一直是当前的热点且具有比较明显的优势，秸秆碳化还田施用效果优于秸秆直接还田。并且，生物质碳化物料的投入不仅实现了蔬菜作物稳产，而且，可有效缓减土壤磷向深层土壤的迁移，改善土壤微生境、促进土壤微生物生长，进而增加土壤磷有效性，提高其利用效率，还可以提高土壤有机氮库的稳定性。但是，生物质炭具有的特殊结构会增加对矿质养分的吸附，降低作物根际的养分含量，因此，有研究将生物质炭和未碳化的有机物料，例如秸秆或粪肥，进行配施，这可以平衡生物质炭和有机物料各自缺点，这种配施方法由于同时引入了活性和稳定性碳源，更有利于土壤的改良。未碳化和碳化有机物料的配合施用可提升作物产量，一方面可以通过增加养分有效性进而提升作物产量，有研究表明这种配施有利于土壤碳封存且增加了有效养分含量；另一方面可能是由于生物质炭表面对氮的吸附作用而导致氮素的缓释。对于设施菜田而言，定植时期灌水量较高，是养分发生淋失的敏感期，应用此配施措施，可以在一定程度上减缓氮素淋失。对于土壤磷素而言，这种配施措施既可以通过补充活性碳源而促进微生物对磷素的活化，同时生物质炭又可以起到固持磷酸盐的作用。

与生物质炭比较，水热炭的生产过程更加节能。由于生产条件的不同，与生物质炭相比，水热炭蛋白质类、脂质类化合物的含量更高分子量更大，芳香性化合物含量更低。因此，水热炭一方面具有比秸秆更高的稳定性，可以减少土壤有机碳的分解和二氧化碳的排放，另一面具有比生物质炭更高的易分解有机碳含量，所以能为微生物提供更多的能源物质和有机碳源，兼具秸秆和生物质炭二者对土壤固碳和磷素转化的优势。由于水热炭的能源优势和环境用途，它在土壤中的应用显示出很强的前景，特别是在能源严重短缺的情况下。水热炭施用对土壤养分有效性和淋失有显著影响，与施用生物质炭相比，水热炭施用可以降低土壤中速效磷含量进而降低土壤中磷流失的风险。有人通过盆栽试验研究发现，水热炭以5%（wt/wt）的施用量添加，可显著提高土壤磷浓度，主要是由于与生物质炭相比，水热炭相对容易分解，微生物对其的降解能力较强，养分的释放也随之增加，产生了短期施肥效应。

综上，对于设施菜田氮磷面源污染阻控而言，首先要从源头控制氮磷投入，也可以选择利用一些快速减少氮磷流失的措施，例如添加吸附材料等，然而，从土壤改良与绿色发展的角度，优化高碳物料的施用是设施菜田土壤养分提效和减缓养分淋失的核心，既可以提升根区土壤养分有效性，又可以在一定程度上减缓氮磷淋失，但是需要同时考虑不同有机物料的配施，基于蔬菜目标产量，精准定量投入有机肥（表2-10），同时利用小麦或玉米秸秆替代50%的粪肥进行施用，"以磷定粪、以碳定秸"，粪肥建议用量在3~6 t/hm²，秸秆建议用量20 t/hm²，同时结合水肥一体化的养分精准调控实现水肥供需时空匹配，进而降低氮磷淋失；将碳化和未碳化有机物料进行混合施用，即根据设施菜田土壤养分含量，采用不同高碳物料配施对土壤碳氮比和碳磷比进行调节，既能增加根区养分活化，又能阻控养分剖面淋失；应用秸秆和粪肥水热炭，目前关于水热炭对土壤氮磷淋失的研究较少，但是鉴于水热炭兼具生物质炭和原始有机物料的优势，可作为设施菜田土壤氮磷淋失阻控的潜在高碳物料。因此，综合考虑源头氮磷养分控制、采用高碳物料改良土壤以及种植填闲作物等集成措施，可以有效提升土壤残留养分利用效率和改善土壤环境，实现设施菜田的面源污染控制和资源高效利用。

表2-10　设施菜地有机肥基施推荐

物料	施用标准	主要种类	建议用量
粪肥类（碳氮比值<50）	以满足单季作物氮磷需求量为标准，以设施番茄为例，单季氮和磷（P_2O_5）需求量分别为360 kg/hm²和120 kg/hm²。	鸡粪、猪粪、鸭粪、豆粕	3~6 t/hm²
有机物料（碳氮比值>50）	以碳定量的方法进行施用，碳的投入量与土壤有机碳降解量平衡，每季有机碳降解量为6~8 t/hm²。	稻壳、作物秸秆、食用菌菌渣等	20 t/hm²
高碳物料类	以碳定量的方法进行施用，可以与粪肥和秸秆等有机物料混合施用，高碳物料投入占总有机物料量的30%~40%。	粪肥和作物秸秆生物质炭等	3~7 t/hm²

第五节　山坡地水土流失与农业面源污染机理

水土流失是面源污染的原动力，坡地径流、泥沙的形成与迁移是面源污染产生及其对水环境造成影响的基本过程，因此水土流失过程是理解面源污染机理的核心。山地由于地形高差的势能变化凸显水土流失过程对于面源污染的重要性，特别是坡地对径流、侵蚀过程的加速导致面源污染的随机性、突发性特征更明显，过程、机理与影响因素更加复杂，坡地利用（下垫面）与区域特征更为突出，也是西南山地面源污染负荷估算与治理的基础条件。本节将重点阐述长江上游典型坡地利用与典型区域的水土流失及面源污染过程与机理。

一、坡地利用对水土流失特征的影响

不同土地利用类型坡地（坡度6°~10°）的水土流失多年定位观测发现，居民点坡地的临界降雨量为3.2 mm，年平均径流系数为0.57，年平均侵蚀模数为620 t/km²，远高于林地、坡耕地与果园（表2-11），居民点的侵蚀模数约为坡耕地、果园和林地的3~10倍。径流与降雨量呈线性关系（图2-100），降雨量直接决定了坡地径流量及年径流系数的大小。

表2-11　不同土地利用坡地的水土流失特征

土地利用	居民点	坡耕地	果园	林地
临界雨量/mm	3.5	18.5	16.3	23.5
年径流系数	0.57	0.36	0.42	0.18
年侵蚀模数/（t/km²）	620	210	121	64

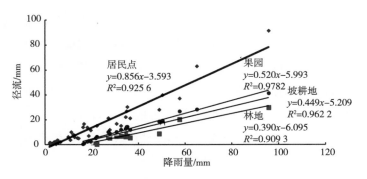

图2-100　典型坡地景观的降雨-径流关系

二、川中丘陵坡耕地养分流失过程与通量

（一）坡耕地径流、泥沙过程与特征

1. 坡耕地产流过程

紫色土坡耕地径流主要由地表流和壤中流组成。紫色土土层浅薄，雨季降雨集中，土壤易发生蓄满产流，地表径流与壤中流均易发生。但不同降雨条件（暴雨、中雨）径流过程有所不同，暴雨地表产流快。总体而言，典型降雨事件的地表径流初始产流时间短，径流深随降雨强度而变化，径流过程呈多峰（图2-101），而壤中流滞后于地表径流，径流过程为单峰型。

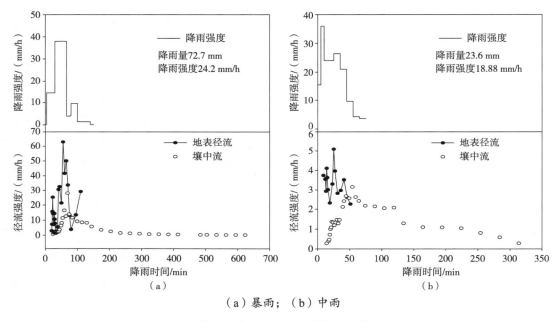

（a）暴雨；（b）中雨

图2-101　紫色土典型降雨的地表径流与壤中流过程

2. 坡耕地径流分配特征

长江上游地区降雨丰富，土层浅薄，雨季土壤水分极易蓄满，坡地蓄满产流特征明显，多年监测发现，平均径流深为295 mm，径流系数为32%（表2-12）。由于土质疏松，导水率高，下渗水很快抵达紫色土母岩，而透水性较弱的紫色页岩阻碍了水分继续下渗，迫使水分侧向移动形成壤中流，因此紫色土坡地壤中流极为发育，年均流量213 mm，占雨季径流的72%，远高于地表径流的28%（表2-12）。

表2-12 坡耕地径流量及其分配特征（2004—2013年） 单位：mm

年份	降雨量			径流量			径流系数
	年	夏季	冬季	壤中流	地表流	总量	
2004	860	647（75%）	213（25%）	106（54%）	92（46%）	198	23%
2005	835	668（80%）	167（20%）	132（62%）	82（38%）	214	26%
2006	806	619（77%）	187（23%）	126（51%）	121（49%）	247	31%
2007	892	712（80%）	180（20%）	102（69%）	46（29%）	148	17%
2008	1 024	833（81%）	191（19%）	172（77%）	51（23%）	222	22%
2009	951	842（89%）	102（11%）	292（80%）	83（20%）	375	39%
2010	845	737（87%）	108（13%）	263（84%）	49（16%）	312	37%
2011	1 025	860（84%）	165（16%）	296（83%）	60（17%）	356	35%
2012	1 080	918（85%）	162（15%）	312（81%）	73（19%）	385	36%
2013	1 157	1 023（88%）	134（12%）	329（67%）	159（23%）	488	42%
平均	928	696（79%）	187（21%）	213（72%）	82（28%）	295	32%

注：括号内数据分别代表不同季节降雨量和不同类型径流量分配百分比。

3. 坡耕地产沙特征

6.5°的坡耕地3年的连续产沙动态结果表明（Gao et al.，2012），产沙量与降雨量呈显著线性相关关系（$r=0.867^{**}$，$n=15$），回归方程为$y=0.762\,8x+19.109$（x为降雨量，y为产沙量）。可见，紫色土坡耕地产沙量随着降雨量的增加而增加。多年定位观测表明，坡耕地年均侵蚀模数为165 t/km²。

（二）坡耕地氮素随径流、泥沙迁移过程

1. 地表径流、壤中流中氮素形态与含量特征

（1）地表径流氮素形态与含量。分析常规施肥（NPK）条件下历次降雨产流事件中地表径流的氮素形态与含量，结果表明，地表径流总氮（TN）、硝态氮（NO_3^--N）、颗粒态氮（PN）、铵态氮（NH_4^+-N）、有机氮（ON）的平均含量分别为3.15 mg/L、0.86 mg/L、1.78 mg/L、0.34 mg/L、0.17 mg/L（图2-102a），NO_3^--N、PN、NH_4^+-N、ON占总氮的比例分别为27.3%、56.5%、10.8%、5.3%，PN占TN的比例较高，因此，PN为紫色土坡耕地地表径流中氮素含量的主要形态，其次为NO_3^--N，ON含量最低。

（2）壤中流氮素形态与含量特征。壤中流中氮素迁移形态主要为NO_3^--N、ON等（图2-102b），其中NO_3^--N约占TN的85.3%，ON也占有一定比例，平均约7.5%，NH_4^+-N、PN占TN比例均不足1%。而NO_3^--N含量很高，最低13.69 mg/L，最高38.39 mg/L，平均22.91 mg/L，远高于饮用水安全标准。

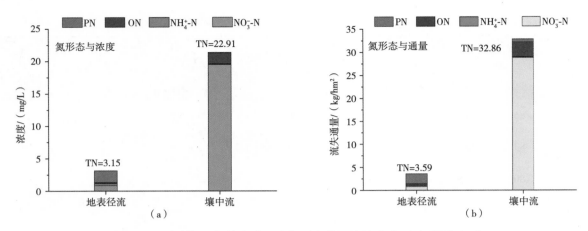

图2-102 地表径流与壤中流迁移氮形态的平均浓度（a）与通量（b）

2.地表径流与壤中流氮素迁移过程

（1）地表径流氮素迁移过程。以一次暴雨事件（2006年7月3日，降雨量73.7 mm）的地表径流过程为例，分析TN、PN随径流的变化（图2-103）。前期随径流量增大，TN、PN迅速升高，表明表层土壤累积的氮素迅速流失，到产流后40 min，TN、PN均达到最高，随后，径流量升高，TN、PN含量下降，但变化幅度较小。

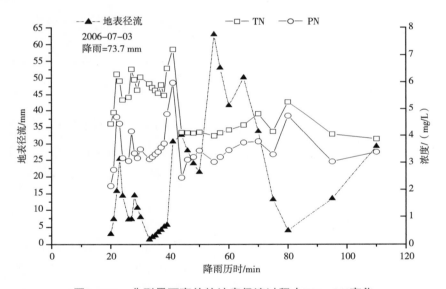

图2-103 典型暴雨事件的地表径流过程中TN、PN变化

（2）壤中流硝态氮迁移过程。壤中流中氮素迁移过程实际上是 NO_3^--N 的迁移过程，NO_3^--N随着径流过程的变化呈先快速上升，然后基本稳定，并能持续较长时间（图2-104）。典型降雨事件中 NO_3^--N 含量较高，均高于10 mg/L的饮用水安全标准。

3.地表径流与壤中流氮素迁移通量

（1）地表径流氮素迁移通量。2004—2013年长期监测表明，地表径流流量为82～159 mm（表2-12）。次降雨产流导致的TN流失通量为0.05～0.32 g/m²。多年TN、PN、NO_3^--N、NH_4^+-N年流失负荷的平均值分别为3.59 kg/hm²、2.11 kg/hm²、0.83 kg/hm²、0.28 kg/hm²（图2-102），氮素流失负荷的年际差异明显，主要是地表径流流量与浓度差异所致。

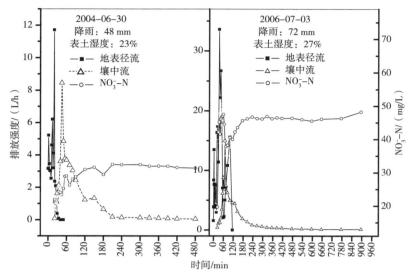

图2-104 典型降雨产流过程的地表流、壤中流和NO₃⁻-N含量变化

（2）壤中流硝态氮迁移通量。历次降雨产流事件的NO₃⁻-N含量与迁移通量因径流量不同有很大差异，NO₃⁻-N含量呈明显的季节变化特点（图2-105），每年降雨前期，NO₃⁻-N含量较高，因前期旱季降雨少，土壤硝酸盐趋于累积，一旦降雨产流，积累在土壤剖面的硝酸盐便以很高的浓度涌出。次径流事件的硝态氮淋失通量为0.1～0.3 g/m²，多年平均壤中流迁移总氮为32.86 kg/hm²（图2-105），而NO₃⁻-N迁移量为20.2～39.3 kg/hm²，多年平均为28.84 kg/hm²。

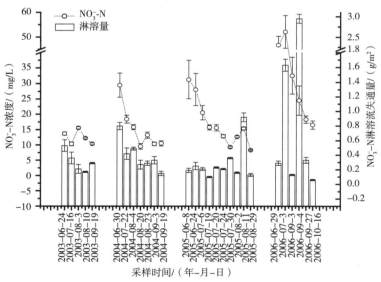

图2-105 典型壤中流事件中NO₃⁻-N含量与淋失通量

（3）水文路径对紫色土氮素迁移通量的贡献。按照水文路径与养分迁移的关系来划分，可将其分为地表径流、壤中流和泥沙等路径，它们对土壤氮素迁移的贡献有较大差异。壤中流对坡地氮素迁移通

量的贡献为87%~93%，平均89%，而泥沙的平均贡献为7%，地表径流的贡献为4%。可见，壤中流淋失氮是紫色土氮素流失的主体，然而，在常规的面源污染评估之中，仅测定地表径流的氮素损失，而忽略壤中流的测定或仅用固定系数估算，将导致巨大的误差。

（三）坡耕地磷随径流、泥沙迁移过程与通量

1. 磷随地表径流迁移过程

选取2012年7月22日的一次典型暴雨过程，分析紫色土坡耕地的磷素径流迁移过程。该次降雨的30 min最大雨强为48 mm/h，累计降雨量为24.7 mm。图2-106a反映了常规施肥（NPK）小区的地表径流磷含量动态变化。产流过程中总磷（TP）与颗粒态磷（PP）的时间-浓度曲线一直比较接近，分析表明该次产流过程中TP与PP呈极显著的正相关（$r=0.999^{**}$，$n=7$），说明PP是暴雨下紫色土坡耕地磷随地表径流迁移的最主要形式。

2. 磷随壤中流迁移过程

仍以2012年7月22日的典型暴雨过程为例，分析紫色土坡耕地磷随壤中流径流迁移过程，图2-106b为NPK小区当日壤中流磷素含量变化过程。现场采集的壤中流水样较为清澈，泥沙极少，初步认定随壤中流迁移的磷仅为溶解态，即DP，其具体化学形态是磷酸盐（PO_4^{3-}-P）与溶解性有机磷（DOP）。原因可能是因为土体内水流动力较小、而土壤内部阻力较大，泥沙磷难于随壤中流迁移。

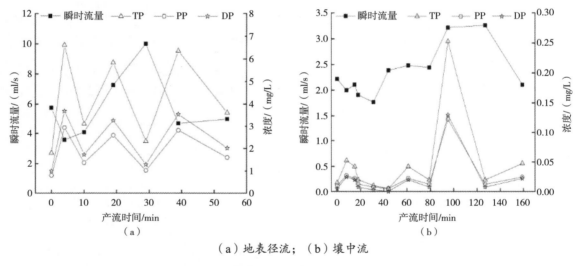

（a）地表径流；（b）壤中流

图2-106 坡耕地径流过程中的磷含量变化

3. 坡耕地磷随地表径流迁移的形态与负荷

（1）迁移过程。紫色土坡耕地磷素流失主要发生在每年的6—9月，其中7月、8月最多（图2-107），也是该区降雨最充沛的时期。历次降雨产流事件中，每次降雨都在20 mm以上，所以20 mm降雨量对该区的产流及养分流失有一定指示作用。但是降雨量与地表径流磷含量并没有显著的相关关系，原因在于径流磷输出浓度主要取决于土壤侵蚀过程及水、土界面的物理化学过程，其主要影响因子包括地表径流流量、流速以及当时的土壤理化条件，而不仅是降雨量。

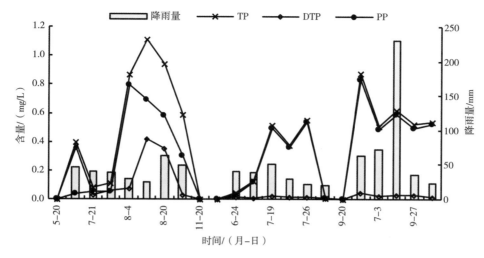

图2-107　典型降雨事件的地表径流迁移的磷形态与含量变化

　　另外，玉米的生育期横跨雨季，在这期间作物的生物性状与土壤理化性质一直处于动态变化之中，所以在作物不同生育阶段，降雨量对磷素流失的贡献不同。

　　多年监测结果表明，地表径流PP的平均浓度达到0.45 mg/L（图2-107），年均负荷为0.24 kg/(hm²·a)，溶解态总磷（DTP）的平均浓度达到0.09 mg/L，年均负荷为0.08 kg/(hm²·a)（表2-13）。地表径流中PP负荷主要取决于土壤侵蚀过程，而DTP负荷不仅受土壤养分与水流的物理化学过程，也在很大程度取决于径流量的大小。

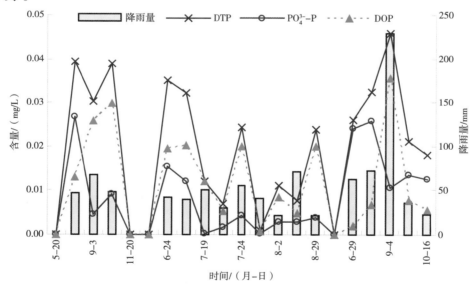

图2-108　典型降雨事件的壤中流迁移磷形态与含量动态

　　（2）含量与负荷。农田磷素随壤中流迁移的主要时段仍然是该区降雨最充沛的6—9月。以NPK正常施肥处理为例，多年监测结果表明，地表径流DTP的平均浓度达到了0.09 mg/L，年平均负荷为0.08 kg/(hm²·a)（表2-13）。壤中流中磷含量与壤中流流量共同控制了随壤中流迁移的磷负荷，其实质是土体内径流与土壤磷的相互作用。此外，土壤磷的形态组成也影响磷的解吸与溶出。年壤中流DTP与降雨量呈显著正相关（$r=-0.786^*$，$n=8$）。年际降雨差异造成迁移量年际变异也是很明显的。

4. 坡耕地磷流失途径比较

表2-13反映了紫色土坡耕地土壤磷素随地表径流、壤中流和泥沙等3种途径下的流失分配。磷流失负荷的顺序为：泥沙迁移>地表径流迁移>壤中流迁移，其中泥沙磷所占比例为66.7%。地表径流中可溶性磷以PO_4^{3-}-P为主，而壤中流磷则以DOP为主。

表2-13　不同迁移途径下的磷素流失

迁移途径	年径流量/mm	径流比例/%	年平均含量/（mg/L）	年平均负荷/（kg/hm²）	负荷比例/%	PO_4^{3-}/DTP比值
泥沙方式	—	—	0.45	0.24	66.7	—
地表径流方式	98.3	44.3	0.09	0.08	22.2	0.85
壤中流方式	121.3	55.7	0.03	0.04	11.1	0.25
合计	219.6	—	—	0.36	100	—

注：表中径流量、含量、负荷皆为3年的年平均值。

三、三峡库区农业面源污染机理

（一）坡耕地产流、产沙特征

三峡库区坡耕地径流主要由地表径流和壤中流组成。表2-14为2011—2013年不同施肥处理年平均径流量、径流系数、泥沙流失量等数据。农户常规施肥处理的地表径流量71.2 mm，占总径流量的30%；壤中流径流量167.3 mm，占总径流量的70%。这说明坡耕地径流以壤中流为主。与不施肥处理相比，减量施肥和常规施肥处理地表径流量分别降低了3.6%、6.5%，壤中流径流量分别降低了6.6%、3.3%。3年的泥沙流失量显示，对照处理泥沙流失量平均值最高，为1 861 kg/hm²，优化施肥与常规施肥处理泥沙流失量平均值分别为1 491 kg/hm²、1 443 kg/hm²。方差分析表明优化施肥和常规施肥处理的泥沙流失量与对照相比差异显著，但优化施肥与常规施肥间的差异不显著。

表2-14　2011—2013年不同处理径流量、产沙量及作物产量

处理	作物产量/（t/hm²）	径流量/mm			径流系数	泥沙流失量/（kg/hm²）
		壤中流	地表径流	总量		
不施肥	1.12b	173.0（69%*）a	76.2（31%）a	249.2a	0.63	1 861a
优化施肥	3.05a	161.5（69%）a	73.5（31%）a	235.0a	0.60	1 491b
常规施肥	3.22a	167.3（70%）a	71.2（30%）a	239.0a	0.61	1 443b

注：*占总径流量的比例。同一列中不同字母表示不同处理间差异显著（$P<0.05$）。

（二）坡耕地地表径流的氮磷流失特征

1. 氮磷流失形态与含量

通过对地表径流中各种形态氮素（TN、NO_3^--N和NH_4^+-N）浓度的定位观测，得到不同处理地表径流中各种形态氮素平均浓度（表2-15）。常规施肥处理的地表径流TN浓度最高，平均为4.85 mg/L；其次为优化施肥处理，为3.92 mg/L；对照处理的TN含量最低，仅为2.40 mg/L。PN与TN具有相同变化趋

势，PN含量常规施肥处理最高，为2.55 mg/L，减量施肥处理PN含量为2.12 mg/L，对照处理最低，为1.29 mg/L，3种处理的PN含量占总氮的比率均超过50%。可见，PN是坡地地表氮素流失的主要形态。方差分析显示，优化施肥和常规施肥处理各形态氮流失量与对照处理相比差异均显著，两种施肥处理之间TN差异显著，但PN、NO_3^--N和NH_4^+-N两种处理之间差异不显著。

表2-15 2011—2013年不同施肥处理地表径流氮素流失形态及其平均浓度   单位：mg/L

处理	TN	PN		NO_3^--N		NH_4^+-N	
		含量	比例/%	含量	比例/%	含量	比例/%
不施肥	2.40 ± 0.41c	1.29 ± 0.50b*	54**	0.95 ± 0.176b	40	0.11 ± 0.06b	5
优化施肥	3.92 ± 1.13b	2.12 ± 0.82a	54	1.67 ± 0.75a	43	0.19 ± 0.05a	5
常规施肥	4.85 ± 0.85a	2.55 ± 0.50a	53	1.95 ± 0.45a	40	0.23 ± 0.08a	5

注：*平均值±标准差，**占总氮的比例。同一列中不同字母表示处理之间差异显著（P<0.05）。

2011—2013年不同施肥方式下降雨地表径流中各形态磷素流失平均浓度及占比见表2-16。常规施肥下的TP平均浓度为0.848 mg/L，PP平均浓度为0.561 mg/L，生物速效磷（BAP）平均浓度为0.204 mg/L。与常规施肥处理相比，优化施肥TP、PP、BAP平均浓度分别降低了9.8%、7.3%、26.96%。3种处理下地表径流中的TP、PP和BAP浓度大小顺序均为常规施肥>优化施肥>不施肥，方差分析结果表明，3种处理之间磷素的浓度大小均有显著性差异。进一步分析发现，3种处理地表径流中PP浓度占TP浓度的比例为66.2% ~ 71.4%，这说明PP是坡地地表径流中磷素的主要形态。

表2-16 不同施肥处理地表径流中磷素形态及其平均浓度   单位：mg/L

施肥处理	TP	PP		BAP	
		浓度	占TP比例/%	浓度	占TP比例/%
不施肥	0.619 ± 0.092c	0.442 ± 0.036c	71.4	0.110 ± 0.005c	17.2
优化施肥	0.765 ± 0.106b	0.520 ± 0.019b	68.0	0.149 ± 0.023b	19.5
常规施肥	0.848 ± 0.153a	0.561 ± 0.074a	66.2	0.204 ± 0.064a	24.1

注：同一列字母相同表示处理间差异不显著，字母不同表示处理间差异显著（P<0.05）。

2. 地表径流氮磷流失通量

2011—2013年监测表明，常规施肥处理各形态氮流失量都为最高，TN、PN、NO_3^--N和NH_4^+-N平均值分别为4.26 kg/hm²、2.18 kg/hm²、1.73 kg/hm²和0.22 kg/hm²，优化施肥处理次之，不施肥处理最低（表2-17）。氮素流失通量的年际差异，主要是地表径流流量与浓度差异所致。2011年降雨量较均匀，且次降雨量未超过50 mm。2012年和2013年，都以大雨和暴雨为主，降雨集中，最高降雨量分别达101.2 mm和123.0 mm。2012年和2013年平均次降雨量分别达到74.7 mm和63.5 mm，而2011年只有38.7 mm。降雨量大且集中，增加了地表径流量。方差分析显示，优化施肥和常规施肥处理氮素流失量与不施肥处理相比差异显著，2种施肥处理之间的TN、PN和NO_3^--N差异显著（表2-17），NH_4^+-N差异不显著。

表2-17　2011—2013年不同施肥处理地表径流氮素迁移通量　　　　单位：kg/hm²

处理	TN	PN		NO₃-N		NH₄⁺-N	
		流失量	比例/%	流失量	比例/%	流失量	比例/%
不施肥	1.87 ± 0.67c	1.01 ± 0.42c*	54**	0.74 ± 0.29c	40	0.09 ± 0.02b	5
优化施肥	2.92 ± 1.48b	1.50 ± 0.87b	51	1.18 ± 0.46b	40	0.17 ± 0.08a	6
常规施肥	4.26 ± 1.19a	2.18 ± 0.34a	51	1.73 ± 0.60a	41	0.22 ± 0.07a	5

注：*平均值±标准差，**占总氮的比例。同一列中不同字母表示处理间差异显著（P<0.05），下同。

　　2011—2013年地表径流各形态磷素年均流失通量及占总磷流失通量的比例如表2-18所示。常规施肥TP年均流失通量为0.236 kg/hm²。与常规处理相比，优化施肥地表径流磷素年均流失通量降低了45.3%。可见，优化施肥能显著降低农用坡地地表径流磷素流失通量。地表径流中磷素流失通量与磷素浓度和径流量密切相关。常规施肥处理磷素浓度显著高于优化施肥处理，而两处理之间地表径流量差异不显著，造成优化施肥地表径流中较低磷素浓度的主要原因可能是优化施肥处理能显著降低坡地地表径流磷素流失通量。另外，地表径流中PP的流失通量占TP流失通量的比例较大（65.6%~83.7%），说明PP是地表径流磷素流失的主要途径。

表2-18　不同施肥处理地表径流磷素年均流失通量　　　　单位：kg/hm²

施肥处理	TP 流失通量	PP		BAP	
		流失通量	占TP比例/%	流失通量	占TP比例/%
不施肥	0.291 ± 0.003a	0.216 ± 0.003a	74.2	0.047 ± 0.001b	16.2
优化施肥	0.129 ± 0.003b	0.108 ± 0.003c	83.7	0.029 ± 0.001c	22.5
常规施肥	0.236 ± 0.004a	0.155 ± 0.007b	65.6	0.080 ± 0.004a	33.9

（三）坡耕地壤中流氮磷流失特征

1. 氮磷流失形态与浓度

　　壤中流中氮素形态主要为硝态氮、有机态氮（ON）和铵态氮，无颗粒态氮（表2-19）。整个季节中，不施肥处理壤中流的各形态氮中浓度均很低，动态变化不明显，常规施肥处理总氮浓度最高，平均为20.73 mg/L，优化施肥处理为11.83 mg/L。

表2-19　2011—2013年不同施肥处理的壤中流氮素流失形态与平均浓度　　　　单位：mg/L

处理	TN	ON		NO₃-N		NH₄⁺-N	
		含量	比例/%	含量	比例/%	含量	比例/%
不施肥	4.27 ± 0.38c	0.41 ± 0.14c*	10**	3.28 ± 0.40c	77%	0.29 ± 0.07c	7%
优化施肥	11.83 ± 1.74b	1.12 ± 0.35b	9	8.93 ± 1.88b	75%	0.64 ± 0.10b	5%
常规施肥	20.73 ± 2.05a	1.53 ± 0.61a	7	16.81 ± 1.90a	81%	0.78 ± 0.12a	4%

　　2种施肥处理硝态氮含量占总氮的比率均为最高，分别为81%和75%，且不施肥处理中壤中流硝态

氮流失比例也达到了77%。可见，硝态氮是坡耕地壤中氮素流失的主要形态。多重比较结果显示，各形态氮含量，优化施肥处理和常规施肥处理与不施肥处理之间差异显著，且优化施肥处理和常规施肥处理之间亦存在显著性差异（表2-19）。

通过对壤中流中各形态磷素浓度的观测发现，3种施肥处理壤中流的TP浓度大小顺序为：常规施肥>不施肥>优化施肥（表2-20）。尽管优化施肥处理壤中流TP平均浓度低于常规施肥处理和不施肥处理，但3种处理之间差异并不显著（表2-20）。这说明施肥并未显著增加壤中流的磷浓度。这可能与磷素易被土壤固定而不易移动有关。进一步研究发现，3种处理下，壤中流PP平均浓度占TP的比例为7.5%~13.5%，而BAP占到了TP比例的44.4%~66.7%，说明BAP是坡地壤中流中磷浓度的主要形态。

表2-20　不同施肥处理壤中流磷素形态与平均浓度

施肥处理	TP/（mg/L）	PP		BAP	
		浓度/（mg/L）	占TP比例/%	浓度/（mg/L）	占TP比例/%
不施肥	0.133 ± 0.008a	0.010 ± 0.003b	7.5	0.059 ± 0.012b	44.4
优化施肥	0.126 ± 0.003a	0.017 ± 0.006a	13.5	0.084 ± 0.031a	66.7
常规施肥	0.140 ± 0.006a	0.013 ± 0.002a	9.3	0.082 ± 0.052a	58.6

注：字母相同表示处理间差异不显著，字母不同表示处理间差异显著（$P<0.05$）。

2. 壤中流氮磷流失通量

3年定位试验结果表明，常规施肥处理的壤中流年均流失总氮（TN）通量为35.22 kg/hm²，NO_3^--N为28.50 kg/hm²，ON为2.62 kg/hm²，NH_4^+-N为1.38 kg/hm²（表2-21）；优化施肥处理壤中流中TN、NO_3^--N、ON和NH_4^+-N的年均流失通量分别为18.45 kg/hm²、13.97 kg/hm²、1.72 kg/hm²和0.92 kg/hm²；不施肥处理的壤中流中各形态氮素的年均流失通量较低。多重比较表明，优化施肥和常规施肥处理的壤中流氮素迁移通量与不施肥处理之间差异显著，同时优化施肥和常规施肥处理之间也存在显著性差异（表2-21）。3年优化施肥处理和常规施肥处理的NO_3^--N平均淋失通量分别为13.97 kg/hm²，28.50 kg/hm²，分别为地表径流TN流失通量的76%和81%。可见，通过壤中流淋失的NO_3^--N是三峡库区坡耕地氮素流失的主要途径。

表2-21　不同施肥处理壤中流氮年均流失通量及占比

处理	TN/（kg/hm²）	ON		NO_3^--N		NH_4^+-N	
		流失量/（kg/hm²）	比例/%	流失量/（kg/hm²）	比例/%	流失量/（kg/hm²）	比例/%
不施肥	7.28 ± 0.99c	0.72 ± 0.27c*	10**	5.59 ± 0.91c	77	0.50 ± 0.14c	7
优化施肥	18.45 ± 2.04b	1.72 ± 0.61b	9	13.97 ± 0.55b	76	0.92 ± 0.20b	6
常规施肥	35.22 ± 3.38a	2.62 ± 0.67a	7	28.50 ± 2.86a	81	1.38 ± 0.22a	4

2011—2013年壤中流TP年均流失通量见表2-22，常规施肥与优化施肥TP年均流失通量分别为0.100 kg/hm²、0.060 kg/hm²。与常规施肥处理相比，优化施肥处理TP年均流失通量显著降低了40.0%。可见，优化施肥能有效降低坡地壤中流磷素流失。进一步分析发现，3种施肥方式下的PP年均流失通量

仅占TP年均流失通量的21.7%～34.3%，而BAP年均流失通量占到了TP年均流失通量的37.0%～58.3%。这说明BAP是壤中流磷素流失的主要形态。

表2-22 不同施肥处理壤中流磷年均流失通量及占比

施肥处理	TP 流失通量/（kg/hm²）	PP		BAP	
		流失通量/（kg/hm²）	占TP比例/%	流失通量/（kg/hm²）	占TP比例/%
不施肥	0.073 ± 0.006b	0.025 ± 0.002a	34.3	0.027 ± 0.004c	37.0
优化施肥	0.060 ± 0.008b	0.013 ± 0.001b	21.7	0.035 ± 0.001b	58.3
常规施肥	0.100 ± 0.003a	0.023 ± 0.001a	23.0	0.047 ± 0.005a	47.0

（四）流失路径对坡地氮磷迁移通量的贡献

按照水文路径与养分迁移的关系来划分，可将其分为地表径流、壤中流和泥沙路径，不同途径对土壤氮素迁移的贡献有较大差异（表2-23）。优化施肥处理和常规施肥处理的壤中流对坡地氮素迁移通量的贡献在80%以上，平均分别为80%、84%，地表径流的贡献分别为12%、10%。对照处理的壤中流氮素流失量也在70%以上，最高达到84%。可见，壤中流淋失是三峡坡耕地氮素流失的主要途径。

表2-23 2011—2013年不同施肥处理坡耕地的氮磷流失通量

施肥处理	产量/（t/hm²）	径流量/mm		TN流失通量/（kg/hm²）		TP流失通量/（kg/hm²）	
		地表径流	壤中流	地表径流	壤中流	地表径流	壤中流
不施肥	1.12b	76.2a	173.0a	1.81（18%**）	7.28（72%）	1.05（93%）	0.073b（7.0%）
优化施肥	3.05a	73.5b	161.5b	2.92（12%）	18.45（80%）	2.04（97%）	0.060b（3.0%）
常规施肥	3.22a	71.2b	167.3b	4.26（10%）	35.22（84%）	2.37（96%）	0.100a（4.0%）

注：**地表径流或壤中流流失通量占总径流流失通量的比例。

紫色土坡地磷素流失的途径一般可以分为地表径流、壤中流两种。表2-23列出了不同处理两种途径磷素流失通量。其中，优化施肥处理和常规施肥处理的地表径流流失磷通量占磷总流失量的比例均在90.0%以上，而壤中流流失磷通量占磷总流失量的比例为3.0%～7.0%。另外，不施肥处理的地表径流磷素流失量占总流失量的比例也达到80.0%。可见，地表径流磷素流失是三峡库区坡地磷素流失的主要途径。但是，值得注意的是，尽管壤中流磷素流失量极低，但是壤中流中磷素以生物可利用磷为主，而生物可利用磷易溶于水，可随径流长途迁移，进而对水环境造成威胁，所以壤中流磷素流失也不可忽视。

四、安宁河谷稻菜轮作农田面源污染机理

（一）稻菜轮作农田土壤氮素累积特征

1. 蔬菜季土壤剖面分布

蔬菜季种植三月瓜（2019年12月至2020年3月），不同生育期土壤NO_3^--N和NH_4^+-N含量的动态变化见图2-109。2019年12月10日处于蔬菜种植前，土壤中NO_3^--N含量较低，0～20 cm、20～40 cm和40 cm以下

NO_3^--N含量分别为12.81 mg/kg、13.12 mg/kg、12.07 mg/kg。2020年1月11日处于三月瓜初瓜期，土壤中NO_3^--N含量出现极大值，其中0~20 cm土层NO_3^--N含量为119.29 mg/kg，20~40 cm土层NO_3^--N含量为46.89 mg/kg，40 cm以下土层NO_3^--N含量为28.84 mg/kg，土壤NO_3^--N含量随土层深度增加而减少。2020年5月9日处于蔬菜收获后，土壤NO_3^--N含量期略有下降，但仍随深度呈逐渐下降的趋势。

与NO_3^--N含量变化一致，蔬菜种植前土壤中NH_4^+-N含量没有显著性差异，0~20 cm、20~40 cm和40 cm以下NH_4^+-N含量分别为15.04 mg/kg、17.03 mg/kg、14.45 mg/kg。初瓜期表层土壤NH_4^+-N含量出现极大值，而中、下层土壤NH_4^+-N含量低于蔬菜种植前，其中0~20 cm土层NH_4^+-N含量为57.93 mg/kg，20~40 cm土层NH_4^+-N含量为13.94 mg/kg，40 cm以下土层NH_4^+-N含量为10.94 mg/kg。蔬菜收获后土壤NH_4^+-N含量随深度增加逐渐下降，与初瓜期相比，表层土壤NH_4^+-N含量明显降低，但中层和下层土壤NH_4^+-N含量高于初瓜期。可见，蔬菜季氮素主要累积在土壤表层，这可能源于安宁河地区降雨主要集中在6—10月，土壤中无机态氮缺少向下迁移的动力，从而使得NO_3^--N和NH_4^+-N含量在0~20 cm土层较高。

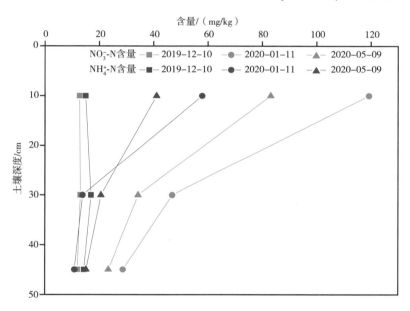

图2-109　蔬菜季土壤剖面NO_3^--N和NH_4^+-N的分布特征

2. 水稻季土壤剖面分布

水稻季不同生育期土壤NO_3^--N和NH_4^+-N含量的动态变化见图2-110。2020年5月9日处于水稻种植前，土壤中NO_3^--N含量在表层和中层较高，其中0~20 cm土层NO_3^--N含量为83.17 mg/kg，20~40 cm土层NO_3^--N含量为34.40 mg/kg，40 cm以下土层NO_3^--N含量为23.45 mg/kg。至2020年6月10日水稻分蘖期，表层、中层和下层土壤NO_3^--N含量均急剧下降，且3层土壤NO_3^--N含量未见明显差异，0~20 cm、20~40 cm和40 cm以下NO_3^--N含量分别为1.14 mg/kg、0.81 mg/kg、2.24 mg/kg。从分蘖期到水稻收获后，不同剖面的NO_3^--N含量均未出现明显变化。说明水稻季土壤NO_3^--N大量淋失。水稻季NO_3^--N含量最大值出现在水稻收获后，这可能是由于水稻季在8月底开始排水晒田，淋溶减少，土壤中有机肥矿化使得NO_3^--N含量增加。

水稻种植前NH_4^+-N含量随深度增加呈逐渐下降趋势，其中0~20 cm土层NH_4^+-N含量为41.13 mg/kg，20~40 cm土层NH_4^+-N含量为20.69 mg/kg，40 cm以下土层NH_4^+-N含量为15.26 mg/kg。与水稻种植前相

比，水稻分蘖期表层土壤NH_4^+-N含量急剧降低，但中层和下层土壤NH_4^+-N含量明显增高，且中层土壤NH_4^+-N含量明显高于表层和下层，0～20 cm、20～40 cm和40 cm以下NH_4^+-N含量分别为24.32 mg/kg、27.44 mg/kg和19.58 mg/kg。至水稻拔节孕穗期（2020年7月22日），不同层次土壤NH_4^+-N含量均明显降低，且随深度逐渐降低。这说明水稻季土壤NH_4^+-N含量大量淋失。水稻拔节孕穗期至成熟期，不同层次土壤NH_4^+-N含量没有显著变化，但水稻收获后土壤NH_4^+-N含量略有上升。这可能与水稻排水晒田促进了有机肥的矿化有关。

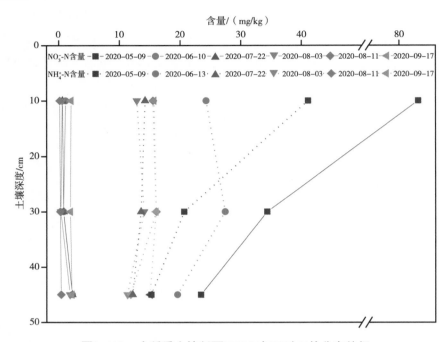

图2-110 水稻季土壤剖面NO_3^--N与NH_4^+-N的分布特征

（二）稻菜轮作农田养分流失

1. 田面水氮素浓度动态变化

2020年的田面水氮素浓度动态变化结果见图2-111。田面水TN浓度在稻田灌水后达到峰值为10.59 mg/L，前4 d TN浓度急速下降，5月22日TN浓度降低到55.90 mg/L，与峰值相比降低了44.27%，此后继续下降，10 d后（5月26日）田面水TN浓度为5.65 mg/L，降至峰值的53.35%以下。可以看出前10 d是田面水TN浓度变化的关键时期。田面水TN浓度（稻田灌水后第43天）6月30日后下降减缓，TN浓度为2.87 mg/L，降至峰值的27%以下并趋于稳定，在第64天（7月21日）到达最低值，为2.01 mg/L，此后至稻田放水前TN浓度有一个小幅度的增加。

与总氮浓度变化趋势一致，田面水NO_3^--N浓度在灌水后出现极大值，为8.00 mg/L，前10 d NO_3^--N浓度急速下降，至5月26日田面水NO_3^--N浓度下降为4.26 mg/L，与5月18日相比下降46.75%。此后，田面水NO_3^--N浓度继续下降，8月11日NO_3^--N浓度出现最小值为0.75 mg/L，在8月19日田面水NO_3^--N浓度有一个小增幅，这是因为8月12—18日持续降雨，其中18日降雨量为37.60 mm，导致田面水中NO_3^--N浓度增加。

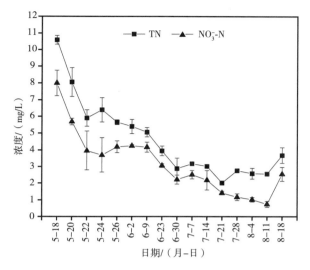

图2-111　2020年田面水氮素浓度的动态变化

2. 地表径流氮素浓度动态变化

2020年地表径流中氮素浓度动态变化结果见图2-112。径流中TN、NO_3^--N和NH_4^+-N浓度都呈现一个先下降再升高的趋势。第一次采集径流在5月23日，TN浓度较高为5.46 mg/L。径流TN浓度最大值出现在6月14日，为8.50 mg/L，此后TN浓度开始下降，6月30日至7月18日采集的4次径流水样TN浓度差异不显著，7月18日径流水样TN浓度出现最小值，为2.30 mg/L，此后采集的径流水样TN浓度有升高的趋势。

径流中5月23日NO_3^--N浓度较高为3.66 mg/L，与总氮浓度变化趋势一致，NO_3^--N浓度在6月14日最高，为6.49 mg/L，此后NO_3^--N浓度开始下降，在6月30日到8月9日采集的水样中NO_3^--N浓度变化不大，最小值出现在7月27日，为1.31 mg/L，在8月17日NO_3^--N浓度再次上升。6月14日径流中氮素含量突然增加，这是因为在6月9日晚上因降雨样地上方田块的田面水冲到样地里，导致试验田中TN、NO_3^--N含量突增，其中TN、NO_3^--N变化趋势最明显，说明硝态氮是该地区径流中无机氮的主要形态。田面水中的氮素是稻田径流的主要来源，径流氮素变化趋势与田面水基本一致。

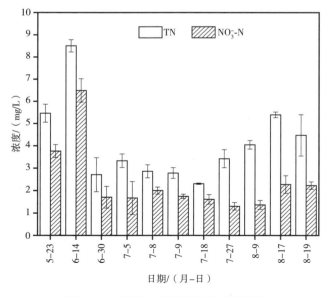

图2-112　径流中氮素浓度的动态变化

3. 地表径流氮素流失量

2020年地表径流中氮素流失动态变化结果见图2-113。水稻季降雨较多，水稻5月17日种植，8月22日放水晒田，共采集11次径流，平均每次径流量为36.37 L/m²。5月23日TN流失量较高为3.41 kg/hm²，占TN累积流失量的17.59%；6月14日TN流失量最大，为3.51 kg/hm²，占TN累积流失量的18.09%。此后TN流失量显著降低，采集的几次水样的TN流失量变化不明显，7月27日TN流失量开始上升，这与径流中TN浓度变化趋势一致。

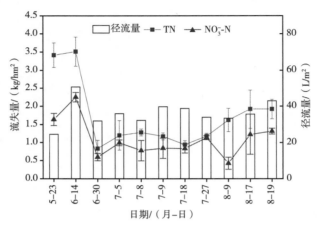

图2-113　2020年径流中氮素流失量的动态变化

与TN一致，NO₃⁻-N流失量在5月23日出现较大值，为1.64 kg/hm²，占NO₃⁻-N累积流失量的12.14%，NO₃⁻-N流失量在6月14日出现最大值，为2.25 kg/hm²，占NO₃⁻-N累积流失量的16.66%。此后NO₃⁻-N流失量开始下降，在8月9日NO₃⁻-N流失量出现最小值，为0.43 kg/hm²，NO₃⁻-N流失量在8月17日开始有上升趋势。5月23日氮素流失量大主要是因为施肥积累在蔬菜季，水稻季不施肥，在水稻季灌水后径流中氮素含量最高，尽管降雨量产生的径流量不大，但氮素还是大量流失。

(三) 稻菜轮作农田养分淋失

1. 土壤淋溶液的氮素浓度变化

2020年土壤淋溶液中氮素浓度动态变化结果见图2-114。淋溶水样中TN浓度呈现先急速下降后趋于

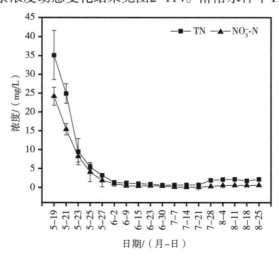

图2-114　2020年淋溶水的氮素浓度变化

平稳的趋势，淋溶水样中TN浓度在稻田灌水后达到峰值为35.12 mg/L，前10 d TN浓度持续下降，10 d后淋溶水样水TN浓度为3.19 mg/L，各处理均降至峰值的9.08%以下。

淋溶水样TN浓度在6月2日后趋于稳定，并维持在0.30~2.14 mg/L。与TN趋势一致，淋溶液NO_3^--N浓度在稻田灌水后达到峰值为24.19 mg/L，前10 d NO_3^--N浓度持续下降，10 d后淋溶水样水NO_3^--N浓度为1.86 mg/L，各处理降至峰值的7.68%以下。不同施肥淋溶水样NO_3^--N浓度在关水后第10天后趋于稳定，并维持在0.02~1.05 mg/L。

2. 稻田氮素淋失量

从图2-115中可以看出前10 d TN累积流失量变化较大，中间时段的TN累积流失量增加趋势不明显，从8月4日开始TN累积流失量增加趋势较明显。NO_3^--N累积流失量变化趋势与总氮流失量一致，前期增加趋势明显，这与前期稻田氮素浓度较高有关。

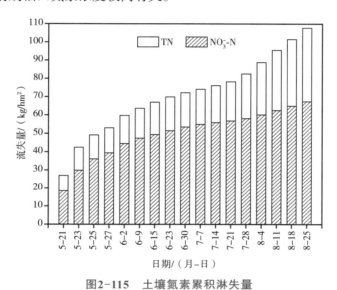

图2-115 土壤氮素累积淋失量

第六节 冻融作用下土壤氨氮的吸附与流失机制

一、理论与实验方法

（一）理论

吸附是指物质（主要是固体物质）表面吸附周围介质（液体或气体）中的分子或离子现象。常将被吸附的物质称为吸附质，表面多孔或比表面积较大的物质一般能有效地进行吸附，称为吸附剂。土壤固相孔隙较多，成分复杂，是良好的吸附剂，其吸附特性对养分的保蓄和土壤污染的形成都有重要的影响。

由于土壤胶体表面带有电荷，因而对土壤溶液中的某种离子产生吸附作用，使土壤固相和土壤溶液分别带有不同的电荷，在固液界面上形成离子分布浓度差，这种差异决定了土壤胶体表面的很多性质。对于这种浓度差，学者们提出了许多土壤的吸附机理模型来加以解释，如Helmholtz模型、扩散双电层模型、Stern双电层模型等。

对土壤的静态吸附过程模拟常采用吸附等温模型，通过模型拟合出的曲线为吸附等温线，它表征了一定温度下达到吸附的动态平衡时，吸附质的平衡浓度和被吸附量的关系。常见的吸附等温模型包括线型等温模型、Freundlich等温模型和Langmuir等温模型等。

（二）实验方法

通过对三江平原土壤在不同影响因子下对氨氮的吸附特性进行深入分析，经过资料收集和现场调研，将冻融作用作为土壤吸附特性的主要影响因子。在研究方法上，首先从吸附量上宏观地表现冻融对土壤吸附能力的影响，进而从离子的吸附形态上使冻融对土壤吸附特性的影响具体化，旨在从机理上探究冻融过程对土壤吸附能力的改变，同时将湿地表层土作为本底值来反映耕作对表层土土壤特性的影响，并结合产污函数对氨氮的迁移量进行估算，以表现冻融作用为产污负荷计算结果带来的差异。

1. 冻融作用下湿地表层土氨氮吸附能力

基于室内模拟实验观察冻融作用下湿地表层土对氨氮吸附量的改变，并通过吸附等温线的拟合及固液分配系数的分析，宏观地表现冻融作用对土壤吸附能力的影响。

土样取自乌苏里江自然保护区内（47°40.359′N；134°8.844′E）湿地0～10 cm表层，土壤类型为沼泽土，质地为黏土，主要的矿物成分为水云母和蒙脱石。分别称取风干过筛后的湿地土壤20 g各6份，置于密封袋中，根据现场监测数据，按43%的含水率加入不同浓度的外源氨氮溶液，在密封袋中充分混匀，加入6滴氯仿消除微生物影响。密封后于5 ℃恒温箱放置2 d，使溶液在土壤中均匀分布。

在-5 ℃冻结12 h之后在5 ℃融化12 h为一个冻融周期，土壤在经过1、2、3、4、5次冻融后，分别称取4.3 g土样（对应约3 g风干土样）于离心管，加入30 mL 0.01 mol/L KCl溶液振荡1 h，此时溶液对应的实际氨氮初始浓度修正为：0 mg N/L、8.6 mg N/L、17.2 mg N/L、28.67 mg N/L、43 mg N/L、57.3 mg N/L，以模拟不同实际施肥量下氨氮的吸附过程。过滤取1 mL滤液，测定其中氨氮浓度，每份样品均设不经冻融的对照。氨氮的测定采用水杨酸分光光度法（《HJ 536—2009水质　氨氮的测定　水杨酸分光光度法》）。

2. 冻融作用对旱地表层土中不同吸附形态氨氮影响实验

将基于冻融作用下旱地表层土中不同吸附形态氨氮量的测定，通过等温线的拟合及固液分配系数的分析，讨论不同吸附形态氨氮量之间的差异，并进一步分析冻融影响土壤吸附能力的机理。

样品于2010年5月采自859农场内（47°47.072′N；134°15.048′E）某旱地表层（0～10 cm），其上种植玉米。土壤类型为草甸白浆土，基底为黏土，主要矿物成分为水云母。

称取6份预处理后的土壤20 g，参照冬季旱地的表层土壤的水分监测数据，按25%的含水率加入不同浓度（0 mg N/L、30 mg N/L、60 mg N/L、100 mg N/L、150 mg N/L、200 mg N/L）的NH_4Cl溶液，在与风干土样充分混匀后装入密封袋，并加入氯仿消除微生物影响。混匀后的土样密封放置1 d，使溶液在土壤中均匀分布。

在以往对冻融的模拟实验中，对冻结温度的设定常以空气温度为参照，但实际上土壤表层发生冻结时的温度常比当时的空气温度高5～10 ℃。现场架设的ZENO气象站对表层土温监测数据显示，在发生季节性冻融期间，土壤表层土温为-5～5 ℃，故实验设计在-5 ℃冻结12 h，5 ℃融化12 h为一个冻融周期，土壤经过1、2、3、4、5次冻融后，分别称取3.75 g（鲜重）土壤样品，用15 mL 0.01 M KCl溶液和去离子水浸提，测定其中铵根离子浓度，每份样品均设不经冻融的对照样。氨氮的测定采用水杨酸分光光度法，具体参见《HJ 536—2009水质　氨氮的测定　水杨酸分光光度法》。

二、冻融作用对土壤氨氮吸附能力的影响

对冻融条件下土壤的吸附研究发现，当吸附质为NH_4^+、DOC、$H_2PO_4^-$和Cd^{2+}时，冻融过程均能增加土壤对其的吸附量。原因可能是因为冻融作用降低了土壤团聚体的稳定性，使土壤中的大团聚体破碎，增大了土壤团聚体的比表面积，从而增加了土壤的吸附量。而冻融作用几乎没影响土壤对铵根离子的总吸附量，只是增加了NH_4^+的强吸附态量。以上结果表明冻融作用使土壤中不能在0.01 mol/L KCl溶液浸提下发生解吸的阳离子强吸附点位显著增加。

土壤矿物表面由于具有带负电的吸附点位，故能通过离子交换的方式将阳离子吸附于土壤固相，且吸附点位的数量与土壤黏土矿物的晶格结构和同晶置换量密切相关。在有机质含量较高的土壤中，NH_4^+大部分被有机质吸附，且可被交换解吸，但被黏土矿物晶层间或晶格固定吸附于有机质胶体表面的NH_4^+而难以解吸。在冻融过程中，土壤中的水分通过冻胀作用使得大团聚体破碎，土壤平均质量直径减小。在此过程中冻胀作用还可能破坏了土壤中无机胶体（黏粒）的结构，使得NH_4^+更易进入黏土矿物的晶层间和晶格内部，表现为强吸附态而难以被盐溶液解吸。虽然有研究表明NH_4^+在海泡石和飞灰上的吸附为放热反应，吸附量随温度降低而升高，但在本研究中，冻融中的降温过程并没有明显增加土壤对铵根离子的总吸附量，这可能与土壤的组成有关。

另外，在对土壤中养分离子解吸规律的研究中，去离子水或一定浓度的盐溶液均是解吸过程中常选用的浸提液。实验浸提液的选用要根据室内实验所模拟的土壤环境来决定，才能确保结果真实地反映所模拟的过程。

1. 冻融和非冻融条件下湿地和旱地土壤的吸附容量对比

旱地采样点所在地也是在20世纪90年代由湿地开垦而来，因此将湿地表层土作为本底值与旱地表层土相对比，以反映耕作对表层土理化性质和吸附特性的影响。

对比湿地和旱地表层土的理化性质可以发现（表2-24），湿地土壤有机质含量（SOM）和阳离子交换量（CEC）都远远大于旱地土壤，其中有机质含量是旱地表层土的3.29倍，CEC是旱地表层土的2.66倍。

表2-24 湿地与旱地表层土理化性质对比

项目	pH值	CEC/（cmol/kg）	SOM/%
湿地	5.64	59.5	32.9
旱地	5.76	22.4	10

土壤中有机质含量和CEC的大小是土壤理化性质的重要指标。土壤矿物表面电荷一般呈负电性，并对周围的阳离子产生库仑力，使得土壤矿物表面附近的溶液中阳离子富集，而远离矿物表面的溶液中则阳离子缺乏。这种土壤矿物对阳离子吸附的能力可以用CEC来表现。阳离子交换量和土壤胶体的特性密切相关，就土壤无机胶体（黏粒）而言，CEC与黏土矿物的晶格结构和同晶置换量密切相关，其CEC的顺序为：蛭石>蒙脱石>云母>高岭石。而对土壤有机胶体（有机质）而言，其中的蛋白质、胡敏酸和富里酸等都能够影响土壤的吸附特性。由于土壤的CEC值表征了土壤胶体上的阳离子结合点位，因此该值也决定了土壤对铵根离子的吸附量。

在非冻融的条件下，以不同的浓度梯度为横坐标，湿地表层土和旱地表层土的固液分配系数Kd值为纵坐标作图。由图2-116可知，非冻融条件下所有浓度处理湿地表层土Kd值均大于旱地，平均相差3.71倍，最大相差4.36倍（C1）。湿地土壤对铵根离子的吸附能力更强。采样点所在地在20世纪90年代由湿地开垦为旱地，若将湿地表层土作为对照值，根据对旱地和湿地表层土理化性质（表2-24）和吸附特性对比（图2-116）可知，农业开垦活动使得土壤表层土中的有机质含量和CEC值明显下降，从而导致土壤的吸附量减少，对养分的保有能力下降。

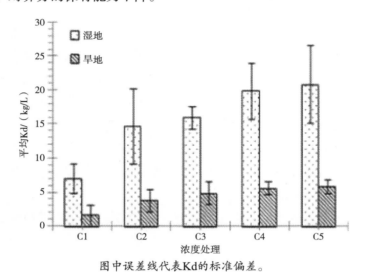

图中误差线代表Kd的标准偏差。

图2-116　非冻融条件下湿地和旱地表层土Kd值

在冻融条件下，以不同的浓度梯度为横坐标，湿地表层土和旱地表层土的固液分配系数Kd值为纵坐标作图。由图2-117可知，冻融条件下所有浓度处理湿地表层土Kd值仍然大于旱地，平均相差4.23倍，最大相差4.82倍（C2）。冻融作用使湿地土壤的Kd值平均增大了4.21 kg/L，旱地土壤Kd值平均增大了0.55 kg/L，因而加大了湿地土壤和旱地土壤吸附能力的差别。

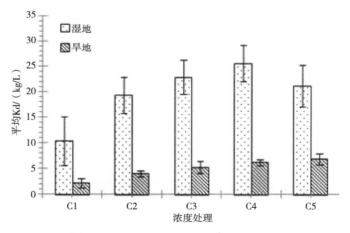

图2-117　冻融条件下湿地和旱地表层土Kd值

冻融作用对湿地土壤吸附能力的增加更显著，一方面是因为湿地土壤的湿度更大，从而在冻融过程中对土壤团聚体和土壤晶格的破坏作用更强烈；另一方面是因为湿地土壤的CEC和有机质含量都更高，一旦团聚体和晶格破坏后，新暴露的吸附点位会更多。

2. 冻融作用对氨氮随土壤空隙水迁移的影响

一方面冻融作用增大了土壤颗粒间的空隙，使土壤空隙水更易优先形成水流；另一方面冻融作用又增大了土壤固相和土壤溶液中铵根离子的分配比例，从而改变了融雪或降水过程中氨氮的迁移量。

根据黑龙江海伦站对17个黑土表层土的采样监测数据，黑土区典型的农田旱地表层土（0~15 cm）中氨氮浓度均值为20.88 mg/kg，分别带入不同冻融条件下旱地表层土拟合出的吸附等温方程求出该土壤固相铵根离子浓度下对应的液相溶液中的铵根离子浓度，拟合方程表达：

旱地表层土在无冻融条件下土壤吸附等温方程：

$$C_e = \frac{Q_e + 9.4894}{7.1349} \qquad (2-33)$$

旱地表层土在冻融条件下土壤吸附等温方程：

$$C_e = \frac{Q_e + 6.7292}{8.2392} \qquad (2-34)$$

式中，C_e 为土壤溶液中铵根离子的浓度（mg/L），Q_e 为土壤固相中铵根离子的浓度（mg/kg）。

根据计算结果，在冻融前土壤溶液中铵根离子的浓度为4.26 mg/L，在冻融后该值减小到3.35 mg/L。假设融雪或降水的强度及产流量相同，旱地表层土随土壤溶液形成的空隙水流而迁移的氨氮总量在发生冻融后减小为冻融前的79%。

3. 冻融对随泥沙迁移氨氮的影响

冻融过程会影响土壤的理化性质，加剧土壤团聚体的拆分作用，使得土壤疏松，抗蚀能力减小，从而增大降雨或融雪情况下地表径流中泥沙的产量，与此同时，吸附于土壤表面的氨氮也会随泥沙迁移，其迁移量与泥沙产量成正比。本节根据土壤流失方程，将冻融前后土壤的泥沙产量进行对比，旨在预测春季融雪或降水情况下，随泥沙迁移铵根离子量的变化。

根据USLE修正的土壤流失方程，降水过程中的土壤侵蚀泥沙产量为sed（t/d），地表径流量 Q_{surf}（mmH$_2$O/hm^2），径流洪峰 q_{peak}（m^3/s），水文响应单元HRU面积 $area_{hru}$（hm^2），土壤可蚀性因子 K_{USLE}，植被覆盖和作物管理因子 C_{USLE}，保持措施因子 P_{USLE}，地形因子 LS_{USLE}，土壤中直径大于2 mm的粗碎屑因子 $CFRG$ 等参数相关，表达式如下所示：

$$\text{sed} = 11.8 \times (Q_{surf} \times q_{peak} \times area_{hru})^{0.56} \times K_{USLE} \times C_{USLE} \times P_{USLE} \times LS_{USLE} \times CFRG \qquad (2-35)$$

其中，土壤可蚀性因子 K_{USLE} 由粒径<0.002 mm、0.002~0.05 mm、0.05~2 mm土壤颗粒含量百分比决定。

冻融过程对大粒径的团聚体表现出一定的拆分作用，但对于较小粒径的团聚体无明显作用。其中，粒径<0.25 mm的土壤干筛团聚体在季节性冻融后仅增加1.36%，且在方差分析中与空白对照样差异不显著，即决定土壤可蚀性因子 K_{USLE} 的参数在冻融前后变化不大，故可认为土壤可蚀性因子 K_{USLE} 在冻融前后的变化可忽略。

研究表明，粒径>2 mm的土壤团聚体在冻融后从50.23%减小到33.97%，与空白对照样差异显著（$P<0.05$）。根据粗块因子 $CFRG$ 的计算：

$$CFRG=\exp(-0.053 \times rock)\qquad(2-36)$$

式中，rock为>2 mm粗碎块在表层土中的百分含量（%）。

粗块因子CFRG从冻融前的0.070增加到冻融后的0.165。假设土壤流失方程中（2-35）植被覆盖和作物管理因子C_{USLE}、保持措施因子P_{USLE}和地形因子LS_{USLE}相同，土壤可蚀性因子K_{USLE}在冻融前后的变化又可忽略，则计算出的冻融后土壤sed值是冻融前的2.36倍，表明在相同的融雪或降水量下，冻融过程增大了地表径流中的泥沙量。前人的研究也表明，东北黑土区4—5月降水量小的条件下却能监测到较大的径流量和泥沙量，这主要是由融雪和融雪形成的径流冲刷地表产生，水蚀造成的荒漠化是我国黑土区水土流失的一大因素。

由于附着于泥沙表面而随泥沙迁移的氨氮量与产沙量成正比，则在相同的地形、植被覆盖和作物管理措施下，若遇到融雪或降水过程，随泥沙迁移的氨氮量在冻融后亦为冻融前的2.36倍。季节性冻融对团聚体的拆分作用将增大土壤的产沙量，从而加大吸附于土壤胶体表面氨氮随径流迁移的风险。

对氨氮迁移量的初步估算可以看出，冻融过程在机理性模型的产污负荷计算中有不可忽略的影响，因而在季节性冻融区应用相关模型时应将冻融作用作为影响因子，充分考虑其对计算结果的影响。与此同时，由于冻融作用加剧大团聚体的破碎，降低了土壤的稳定性，从而造成了以细沟侵蚀和切沟侵蚀为主的水力侵蚀，因而研究区可采取种植灌木植物篱、修筑谷坊等水土保持措施以减轻春季融雪或降雨造成的水蚀，同时也能减小氨氮等养分离子随泥沙而流失的风险。

第七节　治沟造地小流域氮磷迁移转移过程与面源污染理论模型

黄土高原是我国水土流失最为严重的区域，大量的氮磷伴随泥沙而流失，成为黄河流域水体污染物主要来源之一。治沟造地工程是黄土高原丘陵沟壑区新兴的一项生态和民生工程，可有效增加耕地面积，减少水土流失，进而有效遏制黄土丘陵沟壑区水土流失造成的氮磷面源污染。然而治沟造地工程的实践先于理论研究，许多重要科学和技术问题亟待解决，如治沟造地削坡塌方、新造耕地湿陷性沉降、科学配套水利设施（如流域洪峰流量、坝体设计、排水系统）、工程标准设计、造地流域面积与水资源当量关系、成本投入预算等诸多问题，制约治沟造地工程健康发展，为实现黄土高原区粮食安全生产与有效防控农业面源污染保护生态环境协调统一目标，针对问题开展治沟造地相关科学研究十分必要。

一、治沟造地和未治沟造地小支沟氮磷迁移转移过程

（一）未造地小支沟土壤氮素的空间分布特征

于2015年9月在未造地小支沟采集71个表层（0~20 cm）土壤样品（图2-118）。坡面采样间隔为80 m，沟谷采样间隔为30 m。采样的同时，用GPS记录采样点的经纬度和海拔。在坡度很陡、人无法到达的区域，未采集到样品。所有样品均分为4份。第一份样品自然风干，测土壤重力含水量。第二份样品储存在4 ℃环境，用比色法测试土壤无机氮浓度。具体方法如下：添加5 g土样至盛有50 mL的

1.0 mol/L的KCl溶液的塑料瓶，以200 r/min的速率振荡塑料瓶1 h，过滤，取其滤液，用连续流动分析仪（AutAnalyzer，Bran-Luebb，GmbH，德国）分析土壤硝态氮和铵态氮浓度。第三份样品自然风干，研磨，过0.25 mm筛，用凯式定氮仪测试土壤总氮浓度。第四份样品在115 ℃下烘至恒重用于测量土壤容重。土壤氮储量利用以下公式计算（Jin et al.，2016）：

$$N储量 = d \times BD \times N含量 \div 10 \tag{2-37}$$

式中，d和BD分别代表土层厚度（cm）和土壤容重（g/cm³）。

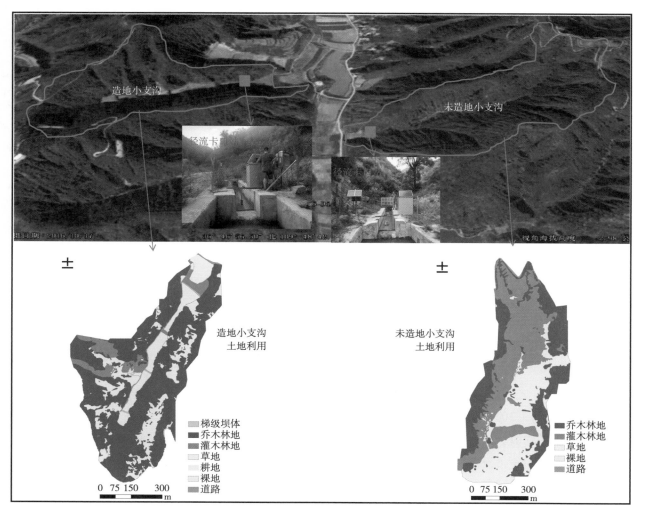

图2-118　造地和未造地小支沟氮磷迁移对比观测

对影响未造地小支沟的23个环境因素划分为2组。第一组由定量因素组成，包括基于GPS的位置因素（纬度、经度和海拔）、基于0.5 m DEM的地形因素（海拔、坡度、坡长、坡向、坡度余弦、坡度正弦、曲率、剖面曲率、平面曲率、地形湿度指数、汇流面积和流向），以及土壤湿度因素（土壤重力水含量）。第二组为定性因素，包括土地利用（林地、草地和沟谷地）和坡向（北坡、东坡、南坡和西坡），这些因素被转化为逻辑因素（0表示否，1表示是）。由于土壤母质主要为黄绵土，同时小流域面积较小，降雨与气温变异较小，因此不考虑土壤母质和气候因素对土壤氮空间变异的影响。

对N储量与相关因子进行了相关性分析、主成分分析和多元回归分析。此方法有以下4个步骤：

①相关性分析，通过相关性分析选择与土壤氮空间变异性显著相关的环境因素。②主成分分析，通过此分析选择最大因子载荷和与最大因子载荷相差在10%以内的环境因素。③相关系数与相关系数和，通过此分析排除同一主成分的信息冗余，选择"最小要素集"。④多元回归分析，通过此分析定量"最小要素集"中环境因素对土壤氮变异的总体贡献以及各个因素的贡献。多元统计分析具体过程如图2-119所示。关于此多元统计方法的更多细节描述见参考文献（Wang et al.，2011；Mandal et al.，2008）。Kruskal-Wallis（K-W）检验和单因素方差（one-way ANOVA）检验作为多元统计方法的辅助方法，用于进一步确认定性环境因素对土壤氮素变异的影响。

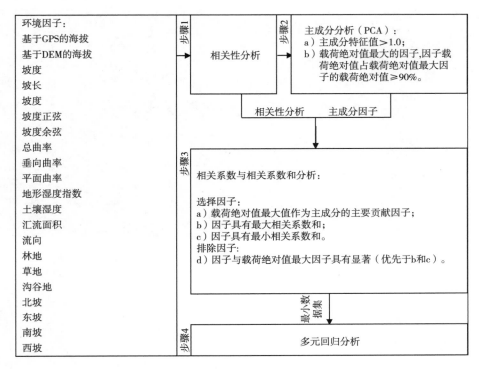

图2-119　多元分析方法

Bernhardt等（2017）综述了666篇关键点与关键时的文献，总结了以下5种定量关键点的方法：①观测值高于平均值、周边区域值或前观测值的区域或时段。②占总通量较大比重的且稳定的区域或时段。③统计显著高于预设定义类的区域或时段。④统计学上数据异常值的区域或时段；⑤作者自定义总通量或速率比重的区域和时段。其中，统计学的数据分布方法被学者广泛运用，但不仅仅局限于异常值（Darrouzet-Nardi and Bowman，2011）。例如，数据分布的上四分位点方法成功地被运用到关键点和关键时的确定。本研究将结合第一种和第四种方法，即在小流域内大于数据上四分位的区域为土壤氮的潜在关键点。

统计数据平均值和标准差用于分析样品氮素集中趋势和分散程度。用GS+9.0软件（Gamma，Design，USA）做半方差函数分析；半方差函数分析用于评估土壤氮素空间变异模型。根据块金值与基台值之比（N/S）判断土壤氮素空间相关性；N/S>75%为空间弱相关，75%>N/S>25%为中等程度空间相关，N/S<25%为空间强相关。通过普通克里格插值方法得到土壤氮空间分布模式。通过人工解译0.3 m的高精度遥感影像得到土地利用分类地图。基于0.5 m分辨率来自LiDAR的DEM数据，利于ArcGIS 10.2

水文分析和地表参数分析模块得到地形因素参数。相关分析、主成分分析、多元回归分析、K-W检验和单因素方差分析均由SPSS 20.0计算完成。

1. 土壤氮素和土壤水分特征

表2-25展示了土壤硝态氮、铵态氮和总氮储量均值与标准差等统计信息。土壤硝态氮和铵态氮具有较高的变异性，变异系数从77%到100%。然而，土壤总氮变异较小，变异系数为40%。半方差函数分析要求数据符合正态分布，为满足此条件，土壤硝态氮和铵态氮浓度通过Box-Cox转换，土壤总氮储量对数转换。潜在关键点位于上四分位数值的区域，即土壤硝态氮、铵态氮和总氮储量分别大于14.65 kg/hm²、9.58 kg/hm²和1.89 Mg/hm²的区域为土壤氮的潜在关键点。

从图2-120a可知，不同坡向土壤湿度大小依次为北坡>东坡>南坡>西坡。土地利用显著影响土壤水分，土壤水分含量在沟谷地显著高于林地和草地（图2-120b）。

表2-25　土壤氮储量描述统计

指标		硝态氮/（kg/hm²）	铵态氮/（kg/hm²）	总氮/（mg/hm²）
平均值 ± 标准差		9.66 ± 9.63	8.5 ± 6.51	1.42 ± 0.57
变异系数		100%	77%	40%
偏度		1.36	2.44	0.68
峰度		1.93	5.79	−0.26
四分位数	25%	1.6	4.81	1.03
	50%	7.38	6.35	1.31
	75%	14.65	9.58	1.89
数据转换		Box-Cox	Box-Cox	Log
偏度[a]		−0.2	0.06	−0.15
峰度[a]		−0.62	−0.6	−0.47
正态分布[a]		是	是	是

注：a转换后数据分析结果。

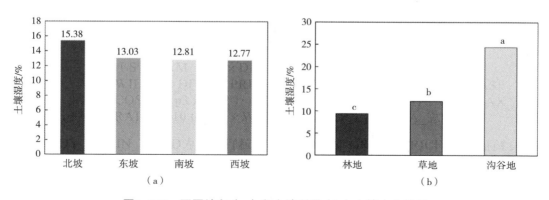

图2-120　不同坡向（a）和土地利用（b）土壤水分差异

2. 土壤氮素空间异质性

从图2-121可知，土壤NO_3^--N、NH_4^+-N和TN半方差模型为球状模型。土壤NO_3^--N、NH_4^+-N和TN基台值表明土壤氮素数据为各向同性。土壤NO_3^--N、NH_4^+-N和TN的块金值与基台值之比（Nugget ratio）均小于25%，表明土壤氮素存在强烈的空间相关性。土壤NO_3^--N、NH_4^+-N和TN变程（Range）均大于80 m，表明在采样间距内具有强烈的空间相关性。

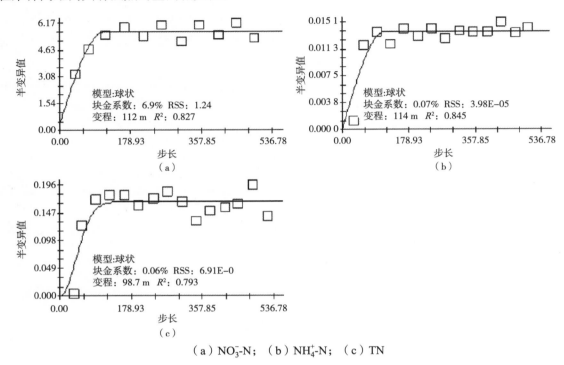

（a）NO_3^--N；（b）NH_4^+-N；（c）TN

图2-121 小流域土壤氮储量半方差图示

3. 土壤氮素和关键点空间分布

由图2-122可知，土壤NO_3^--N、NH_4^+-N和TN储量的空间分布模式具有差异。图中红色区域即土壤氮潜在关键点（即土壤氮储量大于上四分位值）。

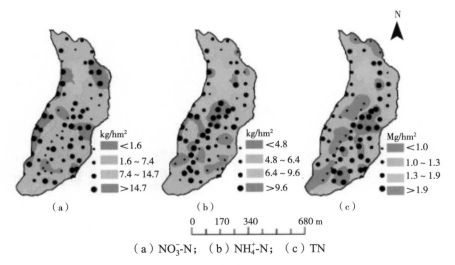

（a）NO_3^--N；（b）NH_4^+-N；（c）TN

图2-122 土壤氮素和关键点空间分布

土壤硝态氮潜在关键点主要分布在山脊区的林地，而低值主要分布在沟谷地。土壤铵态氮潜在关键点主要分布在沟谷地，低值散布在林地和草地。土壤总氮潜在关键点集中在西坡和北坡的草地，中间值连续分布在林地，低值主要分布沟谷地。

4. 土壤氮素空间变异主导因子

由表2-26可知，11个环境因素与土壤硝态氮储量显著相关。因此，对11个环境因素进一步进行主成分分析。土壤硝态氮3个特征值大于1的主成分被选择。

表2-26　土壤氮环境因子主成分分析

变量	硝态氮			铵态氮		总氮		
	PC1	PC2	PC3	PC1	PC2	PC1	PC2	PC3
基于GPS的海拔	0.799	−0.43	0.062	−0.839	0.149	—	—	—
基于DEM的海拔	0.803	−0.426	0.043			—	—	—
坡度	−0.489	−0.223	−0.622	—	—			
坡长	−0.073	−0.276	−0.297			—	—	—
坡度	—	—	—	—	—	0.876	−0.155	0.120
坡度正弦	—	—	—	—	—			
坡度余弦	—	—	—	—	—			
总曲率	0.560	0.800	−0.191					
垂向曲率	−0.593	−0.646	0.236	—	—			
平面曲率	0.434	0.813	−0.116					
地形湿度指数	—	—	—					
土壤湿度	−0.813	0.301	0.067	0.926	−0.095			
汇流面积	−0.140	0.255	0.749	—	—			
流向	—	—	—	—	—	0.768	0.437	−0.073
林地	0.687	−0.158	0.275					
草地						0.705	0.073	−0.041
沟谷地	−0.780	0.305	0.182	0.940	0.130	−0.429	0.079	0.220
北坡	—	—	—			0.444	0.832	0.175
东坡				0.091	0.991	−0.767	0.263	−0.544
南坡	—	—	—			−0.278	−0.169	0.903
西坡	—	—	—			0.627	−0.686	−0.272
特征值	4.144	2.483	1.261	2.453	1.030	3.294	1.488	1.285
方差/%	37.68	22.58	11.46	61.33	25.76	41.17	18.60	16.07
累积方差/%	37.68	60.25	71.72	61.33	87.09	41.17	59.77	75.84

注：PC1表示第一主成分，PC2表示第二主成分，PC3表示第三主成分。

　　首先，在主成分1中，土壤湿度因具有最大的因子载荷（−0.813）而被选中；其他3个环境因素，即基于GPS的海拔（0.799），基于DEM的海拔（0.803）和沟谷地（−0.780），因与土壤湿度相差小于10%同样被选中。同理，在主成分2中，平面曲率（0.813）和总曲率（0.800）被选中；以此类推，在主成分3中，汇流面积因最大的因子载荷（0.749）而被选中。其次，各个主成分中被选中的环境因素通过相关性分析去除主成分中的数据冗余。土壤硝态氮主成分1中，土壤湿度因为其最大的因子载荷而首先被选中，作为"最小要素集"的环境影响因子；沟谷地虽然具有最小的相关系数和，被认为是代表独立信息的组本应被选中，但其和土壤湿度具有很强的相关关系（$r=0.856$），因此沟谷地被排除在"最小要素集"之外。另外，基于DEM的海拔具有最大的相关系数和而被选中，但基于GPS的海拔因与前者具有较强相关关系（$r=0.943$）被排除。同理，在主成分2中，平面曲率被选中，总曲率被排除。最后，土壤湿度、基于DEM的海拔、平面曲率和汇流面积是主要影响土壤硝态氮空间变异的"最小要素集"。与土壤硝态氮环境影响因素的选取规则一致，沟谷地和东坡被选为土壤铵态氮空间变异的"最小要素集"；坡向，包括北坡和南坡，被选为土壤总氮空间变异的"最小要素集"。

　　线性回归分析用于定量评估"最小要素集"中的环境因素对土壤氮空间变异的贡献。由表2-27可知，回归模型分别可以解释土壤硝态氮、铵态氮和总氮变异的14%、23%和30%。土壤硝态氮空间变异主要贡献的环境因子依次为海拔（0.288）、平面曲率（0.104）、土壤水分（−0.100）和汇流面积（0.028）。土壤铵态氮空间变异主要贡献的环境因素贡献从大到小依次为沟谷地（土地利用因素，0.369）和东坡（坡向因素，0.248）。土壤总氮变异的主导环境因素为坡向。通过K-W检验和单因素方差分析进一步表明，坡向显著影响土壤总氮的空间变异性，而土地利用显著影响土壤硝态氮、铵态氮和总氮。林地土壤硝态氮储量显著高于草地和沟谷地土壤硝态氮储量。沟谷地土壤铵态氮储量显著高于其他土地利用土壤铵态氮储量。草地土壤总氮储量显著高于其他土地利用土壤总氮储量。

表2-27　主成分高负荷影响因子相关系数与相关系数和分析

硝态氮和铵态氮	PC1[a]				硝态氮	PC2	
	EG	ED	SM	Gy		Tc	Pc
基于GPS的海拔（EG）	1	0.943	−0.647	−0.663	总曲率（Tc）	1	0.918
基于DEM的海拔（ED）	0.943	1	−0.662	−0.615	平面曲率（Pc）	0.918	1
土壤湿度（SM）	−0.647	−0.662	1	0.856			
沟谷地（Gy）	−0.663	−0.615	0.856	1			
相关系数和	3.253	3.22	3.165	3.134			

注：a硝态氮环境因子为基于GPS的海拔、基于DEM的海拔、土壤湿度和沟谷地；铵态氮环境因子为土壤湿度和沟谷地。

　　以上结果表明，未造地小支沟土壤硝态氮、铵态氮和总氮空间分布模式各异。由于不同的环境因子导致了不同的物理和化学过程，土壤硝态氮、铵态氮和总氮空间分布存在显著差异。土地利用、土壤湿度和地形被认为是显著影响土壤氮素及其关键点空间分布的影响因素。土地利用、土壤湿度、平面曲率、海拔和汇流面积显著影响干沟小流域土壤硝态氮变异及其关键点分布；土地利用和坡向控制着土壤铵态氮和总氮变异及其关键点分布。林地被认为是未造地小支沟土壤硝态氮储量的潜在关键点；草地被认为是土壤总氮储量的潜在关键点；沟谷地被认为是土壤铵态氮储量的潜在关键点。

（二）造地与未造地小支沟土壤氮素垂向分布和迁移

以坡面80 m间隔和沟底30 m间隔采集土壤样品，造地与未造地小流域样品采集点分别为81个和72个。每个样点，1 m土壤剖面分别采集0～20 cm（soil layer，简称SL1，以下类同），20～40 cm（SL2），40～60 cm（SL3），60～80 cm（SL4）和80～100 cm（SL5）5个土层的样品。造地小流域共采集385个土壤样品，未造地小流域共采集340个样品，共725个土壤样品被采集（图2-123）。

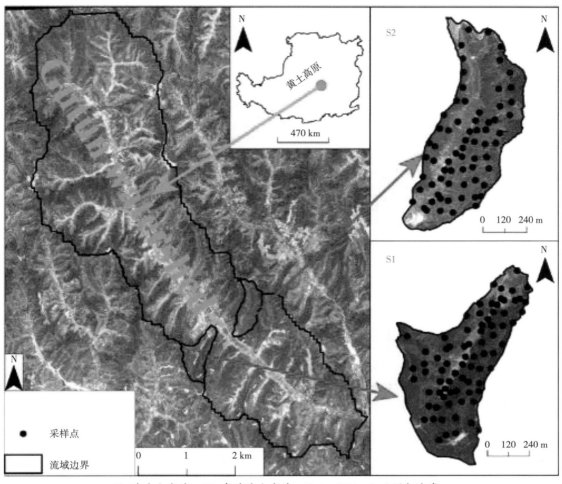

S1. 造地小支沟；S2. 未造地小支沟；Gutun Watershed 顾屯流域。

图2-123 研究区与采样点分布

因为灌木土壤样品较少，因此数据分析中灌木土壤样品数据被排除在外。计算均值、标准误差和显著性差异性。大部分数据不符合正态分布，因此运用非参数曼-惠特尼U检验来检验不同土地利用和土层之间的土壤氮素差异。当P值小于0.05时，认为存在显著差异。运用Pearson相关性分析检验土壤氮素与土壤湿度的关系。所有统计分析均在R语言（R3.4.2 software）中完成。

1. 小流域尺度土壤氮素垂向分布模式

从图2-124及表2-28可知，造地与未造地小流域土壤硝态氮浓度从SL1到SL3土层呈显著性降低趋势，而SL4到SL5土层变化相对较小。

表2-28 造地与未造地小流域不同土层土壤硝态氮、铵态氮和总氮差异

土层/cm	造地小流域			未造地小流域		
	NO$_3^-$-N/（mg/kg）	NH$_4^+$-N/（mg/kg）	TN/（g/kg）	NO$_3^-$-N/（mg/kg）	NH$_4^+$-N/（mg/kg）	TN/（g/kg）
0 ~ 20	6.26 ± 0.53a	3.86 ± 0.23a	0.57 ± 0.03a	4.08 ± 0.5a	3.46 ± 0.31a	0.59 ± 0.03a
20 ~ 40	3.02 ± 0.35b	3.76 ± 0.22a	0.36 ± 0.02b	1.34 ± 0.21b	3.11 ± 0.37bc	0.37 ± 0.01b
40 ~ 60	1.02 ± 0.12c	3.57 ± 0.26a	0.29 ± 0.01c	0.59 ± 0.06c	2.56 ± 0.21b	0.32 ± 0.01c
60 ~ 80	1.09 ± 0.14c	3.68 ± 0.29a	0.28 ± 0.01c	0.46 ± 0.05d	2.63 ± 0.34bd	0.28 ± 0.01d
80 ~ 100	2.29 ± 0.46bc	3.6 ± 0.28a	0.27 ± 0.01c	0.57 ± 0.11d	3.17 ± 0.46b	0.27 ± 0.01d

注：每个值代表均值 ± 标准误差；小写字母代表不同土层间土壤氮素差异。

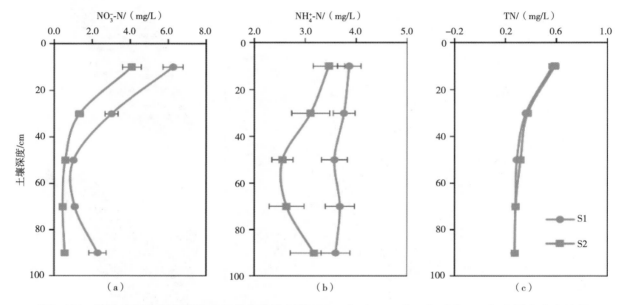

图2-124 造地（S1）与未造地（S2）小流域土壤NO$_3^-$-N（a）、NH$_4^+$-N（b）和TN（c）垂向分布特征

从图2-124c可知，造地与未造地小流域土壤总氮浓度随着土壤深度的增加而逐渐减小，并且在0 ~ 60 cm土层存在显著差异（表2-28）。从图2-124b可知，造地与未造地土壤铵态氮浓度在SL3土层浓度最低，且未造地流域不同土层之间差异性较少。造地小流域SL3到SL5土层土壤硝态氮浓度增加量（1.27 mg/L）显著高于未造地流域SL3到SL5土层土壤硝态氮浓度增加量（0.11 mg/L）。然而，造地小流域SL3到SL4土层土壤铵态氮浓度增加量（0.11 mg/L）显著低于未造地流域SL3到SL5土层土壤铵态氮浓度增加量（0.61 mg/L）。

2. 不同土地利用土壤氮素垂向分布模式

造地与未造地小流域沟谷土壤硝态氮和铵态氮及造地小流域沟谷总氮呈现明显的深层累积趋势。造地小流域沟谷耕地SL3到SL5土层土壤硝态氮浓度增加量为3.97 mg/kg，远高于未造地流域沟谷废弃地SL3到SL5土层土壤硝态氮浓度增加量（0.61 mg/kg，表2-29）。然而，造地小流域沟谷耕地SL3到SL5土层土壤铵态氮浓度增加量为0.67 mg/kg，远低于未造地流域沟谷废弃地SL3到SL5土层土壤铵态氮浓度增加量（4.50 mg/kg）。

表2-29 造地与未造地小流域不同土层和土地利用下硝态氮、铵态氮和总氮差异

	土层/cm	造地小流域			未造地小流域		
		林地	草地	耕地	林地	草地	废弃地
NO₃⁻-N/（mg/kg）	0~20	8.09±0.53aA	5.15±1.65aB	2.05±0.62aC	7.15±0.96aA	2.9±0.5aB	1.09±0.35aC
	20~40	4.01±0.48bA	1.54±0.43bB	1.41±0.4aB	2.34±0.47bA	0.69±0.16bB	1.1±0.29aB
	40~60	1.14±0.18cA	0.69±0.21bA	0.96±0.21aA	0.55±0.06cB	0.42±0.06bC	1.12±0.23aA
	60~80	0.92±0.16cB	0.71±0.23bB	1.85±0.4aA	0.42±0.05cdAB	0.33±0.03bB	0.87±0.25aA
	80~100	1.54±0.43cB	1.56±0.75bB	4.93±1.45aA	0.39±0.06dB	0.33±0.03bB	1.73±0.62aA
NH₄⁺-N/（mg/kg）	0~20	3.82±0.31abA	4.27±0.46abA	3.68±0.5aA	3.3±0.56abB	2.95±0.35aB	5.16±0.87abA
	20~40	3.92±0.31aA	3.52±0.41aA	3.51±0.37aA	3.93±0.81aA	1.98±0.14bB	4.47±1.13abA
	40~60	3.49±0.3abAB	2.77±0.26acB	4.4±0.75aA	2.49±0.36bcB	2.2±0.19bB	3.65±0.73bA
	60~80	3.24±0.27bB	4.32±1.15aAB	4.41±0.57aA	2.09±0.2cB	2.21±0.32bB	4.86±1.6abA
	80~100	3.39±0.36abB	3.59±0.83aAB	4.18±0.54aA	2.52±0.48cB	2.08±0.2bB	8.15±2.22aA
TN/（g/kg）	0~20	0.65±0.03aA	0.7±0.06aA	0.24±0.01aB	0.54±0.03aB	0.73±0.05aA	0.32±0.04aC
	20~40	0.38±0.02bA	0.44±0.05bA	0.23±0.02aB	0.35±0.02bAB	0.41±0.02bA	0.32±0.04aB
	40~60	0.31±0.01cA	0.3±0.02cA	0.23±0.01aB	0.3±0.01cA	0.31±0.02cA	0.37±0.03aA
	60~80	0.28±0.01cA	0.27±0.02cA	0.27±0.02aA	0.27±0.01cA	0.28±0.01cdA	0.3±0.02aA
	80~100	0.28±0.01cA	0.26±0.01cA	0.26±0.02aA	0.27±0.01cB	0.26±0.01dB	0.33±0.02aA

注：每个值代表均值±标准误差。小写字母代表同一土地利用不同土层间土壤氮素差异；大写字母代表同一土层不同土地利用间土壤氮素差异。同列字母相同表示差异不显著，不同表示差异显著（P<0.05）。

从图2-125可知，造地与未造地小流域林地和草地土壤硝态氮和总氮从SL1到SL3土层显著减小，而后随着土层深度加深趋向稳定。林地和草地土壤铵态氮垂向分布呈现为随机或均质分布（图2-125b，图2-125e）。

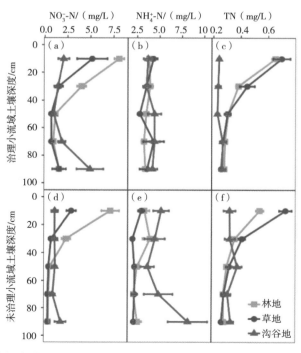

图2-125 造地与未造地小流域不同土地利用土壤NO₃⁻-N、NH₄⁺-N和TN垂向分布特征

3. 土壤水分垂向分布及其与土壤氮素的相关关系

从图2-126可知，在流域尺度、林地和草地，造地与未造地流域土壤湿度呈现清晰的浅层分布模式；在沟谷地区，土壤湿度在土壤剖面上呈现均值分布或随机分布模式。总体看来，造地小流域土壤湿度小于未造地小流域土壤湿度。造地与未造地小流域沟谷所有土层土壤湿度均显著高于林地和草地（$P<0.05$）。从图2-127可知，随着土壤深度增加，造地与未造地小流域土壤硝态氮和总氮浓度与土壤湿度相关系数由负变正。除造地流域SL2土层外，土壤铵态氮与土壤湿度相关系数为正。

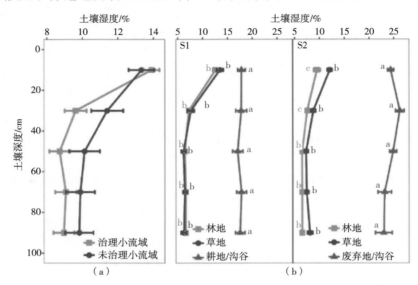

图2-126　造地（S1）与未造地（S2）小流域土壤湿度垂向分布特征

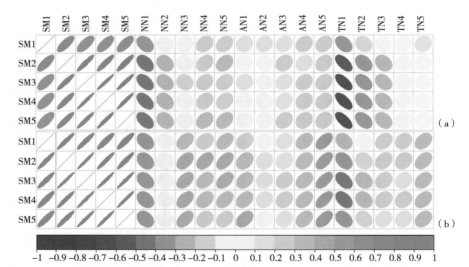

NN. NO₃-N（mg/kg）；AN. NH₄⁺-N（mg/kg）；TN. 总氮（g/kg）；SM. 土壤湿度（%）；1、2、3、4和5分别代表 0～20 cm、20～40 cm、40～60 cm、60～80 cm和80～100 cm土层。例如，NN1表示0～20 cm土层NO₃⁻-N浓度。

（a）造地小流域；（b）未造地小流域

图2-127　造地与未造地不同土层土壤氮素与土壤湿度相关性矩阵

4. 治沟造地对土壤氮素深层累积的影响

本研究结果表明造地与未造地小流域土壤深层硝态氮和铵态氮差异主要位于沟谷地区，此差异可能是造地小流域沟谷土地整治所导致的。造地小流域，沟谷被填平成平坦的耕地，导致地表径流和土壤侵蚀减少，降雨就地入渗增加。同时，更多的有机和无机氮肥被施用到耕地，从而导致更多的硝态氮淋溶至土壤深层。孙彭城等（2017）发现治沟造地能够减少沟谷27%～45%的地表径流，增加55%～73%的土壤水分。Zhao等（2019）也发现治沟造地显著减少地表径流和增加降雨就地入渗。孙彭城等（2017）通过模拟治沟造地小流域地表径流-沉积物-氮迁移发现，治沟造地后地表径流硝态氮输出减少了31%～48%。据此，我们认为治沟造地能够显著增加深层土壤硝态氮的累积。未造地小流域在强降雨下会形成显著的地表径流，因此，大量的土壤硝态氮可能随地表径流流失。然而，与造地小流域相比，未造地流域沟谷土壤深层显著累积土壤铵态氮。可能是由于沟道较高的土壤湿度导致的相对较高的土壤氨化速率并抑制了土壤硝化速率。前人研究同样发现当土壤水分大于80%（V/V）时，由于厌氧环境的存在，土壤硝态氮含量会显著降低，而土壤铵态氮含量显著增加，而且，较高土壤水分下较高的净矿质化速率导致了较高的土壤铵态氮含量。我们的研究中同样发现了土壤铵态氮与土壤水分呈正相关关系。

小支沟不同地形的土地利用通过调控生物循环和淋溶过程从而影响土壤氮素垂向分布。研究结果表明小支沟土壤总氮主要集中在土壤表层，主要受到生物循环控制，较少受淋溶作用影响。生物循环和较强的淋溶作用共同控制小流域土壤硝态氮的垂向分布。土壤铵态氮垂向分布受生物循环、淋溶作用和土壤吸附影响。具有不同土壤水分条件的土地利用显著影响土壤表层和深层土壤氮素异质性。土壤水分影响土壤氮素淋溶和转化速率，导致了沟谷地区更多的土壤氮素累积。治沟造地改变了沟谷水文路径从而导致了更多的土壤硝态氮淋溶至土壤深层。

（三）造地与未造地小支沟径流量和氮磷输出差异

选择顾屯治沟造地综合观测试验站内治沟造地和未治沟造地小支沟为研究对象，小支沟出口建设有径流卡口站，进行径流泥沙观测。

在观测时段内，治沟造地小支沟全年无径流输出，径流输出量零；未治沟造地小支沟存在长流水，有明显的径流输出，年均流量为0.000 7 m³/s（图2-128），治沟造地减流效益为100%。可见治沟造地小流域明显减小了径流量的输出。因为治沟造地小流域的径流输出为0，相应的氮、磷输出量也为0，治沟造地明显减少了对下游的面源污染。

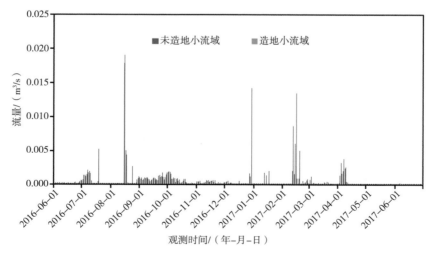

图2-128　造地与未造地小支沟径流输出量对比

二、治沟造地和未治沟造地大流域氮磷迁移转移过程

（一）造地与未造地大流域径流量和氮磷输出的差异

选择顾屯观测站内的治沟造地和未治沟造地大流域为研究对象，开展氮磷迁移转移过程的对比观测研究（图2-129a）。对治沟造地和未治沟造地大流域耕地和自然坡面土壤样品进行随机布点采样，分析氮磷含量和稳定同位素比值；同时对流域出口建立的径流泥沙卡口站进行径流样品采集，分析氮磷含量和稳定同位素比值。两者对比，获得治沟造地和未治造沟地大流域氮磷迁移转移的差异。

治沟造地和未治沟造地大流域共设计了17个地下水样点和16个地表水样点，地下水采样点包括田井10个、泉水7个，地表水采样点包括地表径流点11个、水库5个（图2-129b）。共采集水样品959个，测定的指标包括氢氧稳定同位素、硝态氮氮氧稳定同位素、水体主要阴阳离子、硝态氮、铵态氮、水化学指标等。

图2-129 治沟造地和未治沟造地大流域氮磷迁移对比观测（a）及水体采样点分布（b）

治沟造地作为黄土高原一项沟道土地整治重大工程，在保持水土、拦截泥沙和控制氮磷面源污染方面发挥着控制作用。研究结果表明，流域治沟造地后，由于淤地坝和水库的拦截作用，造地流域（24 km²）径流被全部拦截，只有在大暴雨发生后有较小的径流输出（图2-130）。

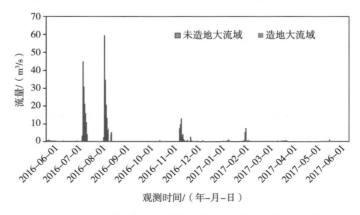

图2-130 治沟造地和未治沟造地大流域径流输出的差异

治沟造地流域年均径流量仅为0.03 m³/s，未治沟造地流域径流输出量大，年均径流量为1.06 m³/s，减流效益为97%。被拦截的径流一部分沿排水设施进入水库，另一部分就地入渗地下。由于径流输出大大降低，使得流域内氮磷物质无法迁移进入下游河流，因此不会造成下游河流的面源污染。根据径流量和无机氮浓度的计算结果，和未造地流域相比，造地流域无机氮输出降低了94%～96%（图2-131）。此外，由于水库的消化作用，治沟造地拦截的氮磷物质进入水库后大部分被微生物和水生植物消耗，也未造成流域内地表水（水库）的污染。而未治沟造地大流域径流输出较大，上游产生的氮磷元素可能进入下游，从而对流域下游造成点源或面源污染。

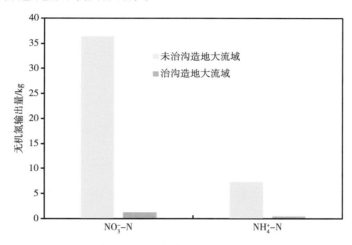

图2-131　治沟造地和未治沟造地大流域无机氮输出量的差异

（二）治沟造地对大流域地表水和地下水硝态氮的影响及机制

根据研究期降水量时间分布特征，整个研究时期划分为3个季节，即，2016年6—10月为丰水期，其降水量占整个研究时期降水总量的77.6%；2016年11月至2017年2月为枯水期，其降水量占整个研究时期降水总量的4.6%；2017年3—5月为平水期，其降水量占整个研究时期降水总量的17.8%（图2-132）。

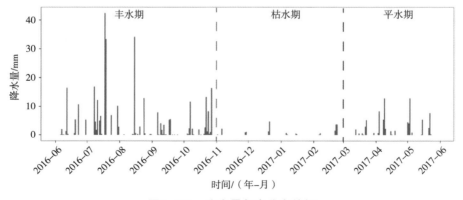

图2-132　降水量年内分布特征

采样点分布见图2-133。2016—2017年采集17个地下水样点（田井W1-W10和泉水S1-S7）和16个地表水样点（地表径流R1-R11和水库Re1-Re5）。其中每月采集W2，W4，W5，W7，W8，S1，S3，S6，Re1-Re5和R6-R11样点样品，其他样点样品2017年4月被采集。为进一步了解流域氮动态和生物地球化学过程，W2，W4，W5，W7，W8和S1每周采样，W7，S1和S2每2 d采样进行数据分析。

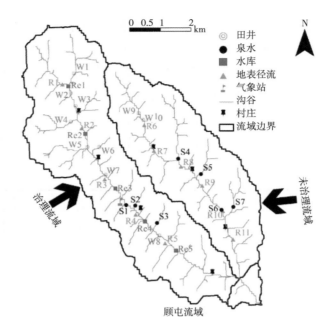

图2-133 治理与未治理流域水体样点分布

不同季节水体无机氮浓度均值和标准差被统计分析。运用主成分（Principal component analysis，PCA）和层次聚类分析（Hierarchical cluster analysis，HCA）对比治理与未治理流域水化学差异；运用非参数检验（Wilcoxon）检验治理与未治理流域水体无机氮浓度的差异；通过线性回归分析检验水化学变量之间的关系。所有分析均在R3.5.2中完成。

1. 造地与未造地流域水体水化学特征与差异

由表2-30可知，碳酸氢根离子（HCO_3^-）是水体中主要的阴离子，其次是硫酸根离子（SO_4^{2-}）；钠离子（Na^+）是水体中主要的阳离子，其次是钙离子（Ca^{2+}）和镁离子（Mg^{2+}）。治理与未治理流域地表水溶解氧高于地下水溶解氧。水体pH值域为7.7～8.7，呈弱碱性。相比治理流域，未治理流域地表水和地下水具有较高的Na^+、Mg^{2+}、Ca^{2+}、Cl^-、SO_4^{2-}、HCO_3^-、溶解氧浓度、pH值、电导率和水温，而且Na^+、Cl^-、HCO_3^-、溶解氧、pH值和电导率存在显著性差异（$P<0.05$）。地下水则除氯离子和电导率外，治理与未治理无显著差异。

表2-30 治理与未治理流域水体地球化学参数描述统计

水体	流域	Na^+	K^+	Mg^{2+}	Ca^{2+}	Cl^-	SO_4^{2-}	HCO_3^-	溶解氧Ⅱ/	pH值Ⅱ	电导率Ⅱ/	水温Ⅱ/
									（mg/L）		（μS/cm）	℃
					/ （mg/L）							
地表水	未治理	172.8 ± 11.1a	1.0 ± 1.3b	56.9 ± 6.2	55.2 ± 9.2	66.6 ± 6.8a	207.5 ± 37.4	423.2 ± 29.7a	8.6 ± 3.3a	8.7 ± 0.3a	1 163.2 ± 353.7a	15.2 ± 8.5
	治理	134.9 ± 23.9b	2.5 ± 0.7a	50.3 ± 9.8	46.5 ± 8.0	42.4 ± 11.4b	166.9 ± 46.7	350.2 ± 21.0b	7.2 ± 3.3b	8.6 ± 0.4b	943.7 ± 131.7b	13.3 ± 8.4
地下水	未治理	149.9 ± 12.3	0.3 ± 0.3	50.4 ± 7.0	71.6 ± 17.7	50.8 ± 3.3a	184.4 ± 42.7	416.0 ± 62.9	4.9 ± 0.4	7.7 ± 0.3	1 111.0 ± 13.1a	12.5 ± 1.1
	治理	145.4 ± 16.8	0.6 ± 0.5	47.7 ± 11.0	62.4 ± 15.5	39.7 ± 16.0b	185.9 ± 84.0	396.2 ± 41.1	5.4 ± 2.4	7.9 ± 0.3	991.2 ± 200.1b	11.6 ± 2.5

注：表中数字为平均值±标准差。不同字母表示未治理与治理流域间有显著性差异（$P<0.05$）。Ⅰ：2017年4月取样样品，Ⅱ：2016年6月至2017年每月取样样品。

主成分分析中前3个主成分分别能够解释总体变异的39.4%、15.7%和12.0%，共67.1%（表2-31）。从图2-134a可知治理流域水库和地表径流样品可归为一类（组Ⅰ），地下水样品和未治理流域地表水样品可归为一类（组Ⅱ）。层次聚类分析将组Ⅱ进一步划分为2个子类。除W10外，其他水井样品归为子类Ⅰ，除S2外，其他泉水和未治理流域地表水样品归为子类Ⅱ（图2-134b）。

表2-31 主成分分析

主成分	特征值	方差/%	累积方差/%
1	2.51	39.42	39.42
2	1.58	15.67	55.08
3	1.38	11.98	67.07
4	1.18	8.72	75.78
5	1.02	6.46	82.24
6	0.91	5.17	87.41
7	0.81	4.15	91.56
8	0.74	3.38	94.94
9	0.57	2.02	96.96
10	0.46	1.32	98.28
11	0.41	1.06	99.34
12	0.29	0.51	99.85
13	0.11	0.08	99.94
14	0.07	0.03	99.97
15	0.05	0.02	99.99
16	0.05	0.01	100.00

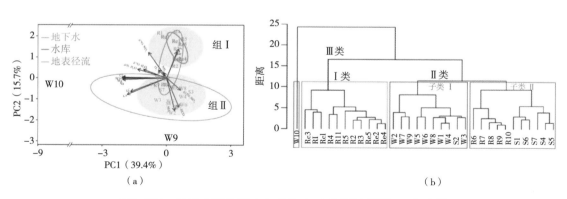

图2-134 地表水和地下水主成分（a）和层次聚类（b）分析

从图2-135可知，治理与未治理流域氯离子与钠离子和硫酸离子均存在显著的线性关系，并且治理与未治理流域地表水样品能够明显地区分开。从图2-136可知，相比治理流域，未治理流域地表水具有较低的NO_3^-/Cl^-摩尔浓度比和较高的氯离子浓度，地下水具有较高的氯离子浓度和相似的NO_3^-/Cl^-摩尔浓度比。

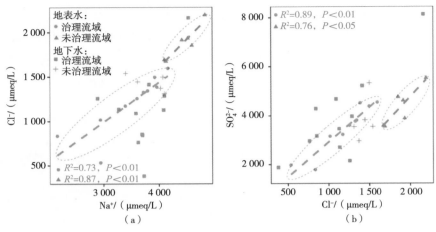

图2-135　治理与未治理流域氯离子与钠离子（a）和硫酸根离子（b）关系

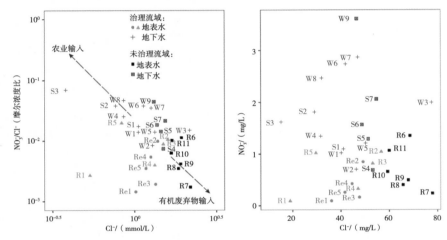

图2-136　治理与未治理流域硝酸根离子与氯离子关系

2. 造地与未造地流域水体NH_4^+-N与NO_3^--N特征与差异

硝态氮占水体无机氮的73.2%～98.9%，是水体无机氮的主要形式（表2-32）。治理流域地表水和地下水NO_3^--N百分比均低于未治理流域。治理与未治理流域地表水和地下水NH_4^+-N浓度范围为0.03～0.23 mg/L，丰水期、枯水期和平水期均不存在显著性差异（$P>0.05$，图2-137）。治理流域地表水NO_3^--N平均浓度范围为0.42～0.52 mg/L，所有季节均显著低于未治理流域地表水NO_3^--N浓度（范围为0.92～2.07 mg/L，$P<0.01$）。丰水期和枯水期，治理流域地下水NO_3^--N浓度显著低于未治理流域地下水NO_3^--N浓度（$P<0.05$，图2-137）。平水期，治理与未治理流域地下水NO_3^--N浓度无显著差异。

表2-32　治理与未治理流域无机氮组成

流域	水体	无机氮	季节	均值/（mg/L）	标准差	占无机氮百分比/%
治理流域	地表水	NH_4^+-N	丰水期	0.13	0.14	22.41
			枯水期	0.19	0.21	26.76
			平水期	0.05	0.02	10.64
		NO_3^--N	丰水期	0.45	0.23	77.59
			枯水期	0.52	0.39	73.24
			平水期	0.42	0.30	89.36

（续表）

流域	水体	无机氮	季节	均值/（mg/L）	标准差	占无机氮百分比/%
治理流域	地下水	NH_4^+-N	丰水期	0.15	0.15	3.95
			枯水期	0.21	0.26	7.17
			平水期	0.05	0.03	2.62
		NO_3^--N	丰水期	3.65	1.59	96.05
			枯水期	2.72	1.14	92.83
			平水期	1.86	0.87	97.38
未治理流域	地表水	NH_4^+-N	丰水期	0.13	0.13	5.91
			枯水期	0.23	0.25	11.68
			平水期	0.05	0.02	5.15
		NO_3^--N	丰水期	2.07	1.30	94.09
			枯水期	1.74	1.51	88.32
			平水期	0.92	0.45	94.85
	地下水	NH_4^+-N	丰水期	0.16	0.16	1.91
			枯水期	0.18	0.26	4.99
			平水期	0.03	0.02	1.09
		NO_3^--N	丰水期	8.21	1.83	98.09
			枯水期	3.43	1.55	95.01
			平水期	2.73	1.81	98.91

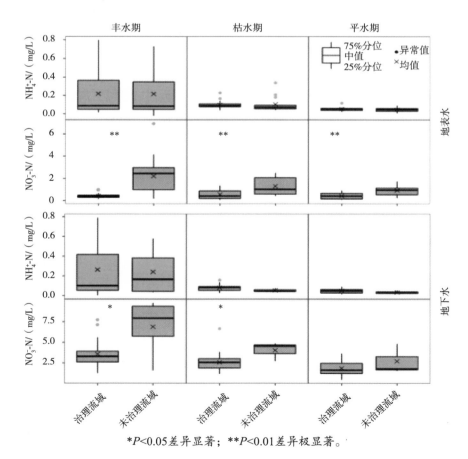

*P<0.05差异显著；**P<0.01差异极显著。

图2-137　治理与未治理流域地表水和地下水无机氮差异

3. 治理与未治理流域水体硝态氮及水体稳定同位素特征及差异

从图2-138a可知，所有样品均分布在当地降雨线下方。从表2-33可知，治理与未治理流域地表水氧稳定同位素值（$\delta^{18}O\text{-}H_2O$）范围为-9.8‰ ~ -2.9‰，氢稳定同位素（$\delta^2H\text{-}H_2O$）范围为-70.7‰ ~ -23.4‰；地下水$\delta^{18}O\text{-}H_2O$范围为-10.3‰ ~ -6.3‰，$\delta^2H\text{-}H_2O$范围为-75.0‰ ~ -52.9‰。两个流域地表水稳定同位素存在季节变异；除2017年4月外，地下水稳定同位素较为稳定（图2-138b）。

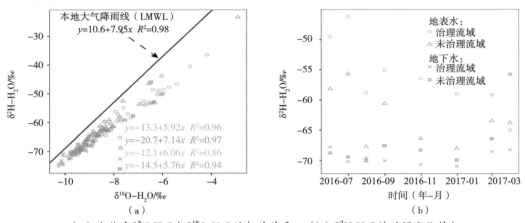

（a）水体中$\delta^2H\text{-}H_2O$与$\delta^{18}O\text{-}H_2O$的相关关系；（b）$\delta^2H\text{-}H_2O$的时间变化特征

图2-138　治理与未治理流域水体氢氧稳定同位素特征

从表2-33和表2-34可知，未治理流域地表水硝态氮氧同位素（$\delta^{18}O\text{-}NO_3^-$）范围为-0.2‰ ~ 23.8‰，平均为6.6‰±5.8‰；治理流域地表水$\delta^{18}O\text{-}NO_3^-$范围为1.2‰ ~ 27.1‰，平均为12.4‰±7.2‰。未治理流域地表水硝态氮氮同位素（$\delta^{15}N\text{-}NO_3^-$）范围为0.9‰ ~ 15.4‰，平均为9.5‰±3.2‰；治理流域地表水$\delta^{15}N\text{-}NO_3^-$范围为2.8‰ ~ 12.5‰，平均为7.1‰±4.2‰。未治理流域地下水$\delta^{18}O\text{-}NO_3^-$范围为-0.61‰ ~ 6.3‰，均值为1.9‰±2.12‰；$\delta^{15}N\text{-}NO_3^-$范围为6.27‰ ~ 11.2‰，均值为7.8‰±1.7‰。治理流域地下水$\delta^{18}O\text{-}NO_3^-$范围为-4.7‰ ~ 7.8‰，均值为0.7‰±3.7‰；$\delta^{15}N\text{-}NO_3^-$范围为0.63‰ ~ 17.9‰，均值为8.0‰±3.4‰。从图2-138b可知，地表水$\delta^{18}O\text{-}NO_3^-$存在较为明显的季节差异，地下水$\delta^{18}O\text{-}NO_3^-$和所有样品$\delta^{15}N\text{-}NO_3^-$季节差异较小。

表2-33　治理与未治理流域水体和硝态氮稳定同位素值域

流域	水体	$\delta^{18}O\text{-}H_2O$/‰	$\delta^2H\text{-}H_2O$/‰	$\delta^{18}O\text{-}NO_3^-$/‰	$\delta^{15}N\text{-}NO_3^-$/‰
未治理流域	地表水	-9.75 ~ -2.90	-70.22 ~ -23.38	-0.22 ~ 23.82	0.91 ~ 15.37
	地下水	-9.62 ~ -6.34	-70.13 ~ -52.85	-0.61 ~ 6.26	6.27 ~ 11.17
治理流域	地表水	-9.44 ~ -4.17	-70.70 ~ -36.54	1.17 ~ 27.1	-2.78 ~ 12.54
	地下水	-10.28 ~ -7.97	-75.01 ~ -61.53	-4.71 ~ 7.79	0.63 ~ 17.94

表2-34　治理与未治理流域水体和硝态氮同位素均值与标准差统计

流域	水体	$\delta^{18}O\text{-}H_2O$/‰	$\delta^{18}H\text{-}H_2O$/‰	$\delta^{18}O\text{-}NO_3^-$/‰	$\delta^{15}N\text{-}NO_3^-$/‰
未治理流域	地表水	-8.5±1.1	-62.5±8.2	6.6±5.8	9.5±3.2
	地下水	-8.6±1.28	-64.2±6.56	1.9±2.12	7.8±1.7
治理流域	地表水	-7.4±1.3	-57.2±7.6	12.4±7.2	7.1±4.2
	地下水	-9.5±0.5	-69.5±3.1	0.7±3.7	8.0±3.4

从图2-139a可知，枯水期和平水期的绝大部分地表水样品具有较低δ¹⁸O-NO₃⁻值，在土壤铵态氮和有机污染物硝化作用的氧同位素区间内。大部分丰水期地表水δ¹⁸O-NO₃⁻落在硝态氮肥，土壤铵态氮，有机肥和污染物硝化作用之间的区域。除丰水期的W4和融雪季的W10外，其他地下水样品集中在土壤铵态氮和有机污染物硝化作用区域（图2-139b）。所有地下水样品中硝态氮δ¹⁵N-NO₃⁻和ln[NO₃⁻]不存在线性关系，但丰水期部分样品存在线性趋势（图2-139c和图2-139d）。

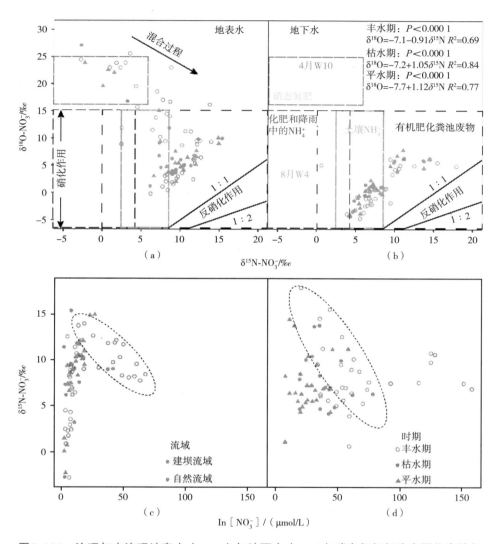

图2-139 治理与未治理地表水（a、c）与地下水（c、d）硝态氮氧氮稳定同位素特征

研究结果表明，治沟造地显著改变地表水体硝态氮迁移和转化过程。其中，治理流域新造耕地和水库是影响地表水硝态氮的关键性工程。治理流域水库显著改变地表水体水化学性质和硝态氮来源。治理流域中农业氮输入是地表水氮素主要的来源之一，而未治理流域农业氮输入较少影响地表水。尽管地下水目前并未受到沟道土地整治的影响，但需要持续关注未来治沟造地对地下水水质的影响。

同位素分析结果表明，造地与未造地大流域地表水硝态氮主要来源于硝态氮肥、土壤铵态氮和有机废弃物的转化，而地下水硝态氮主要来源于土壤铵态氮和有机废弃物的转化。相比未造地流域地表水（硝态氮的氧同位素均值为6.6‰±5.8‰），造地流域地表水（硝态氮的氧同位素均值为

12.4‰±7.2‰）有更多的硝态氮肥输入，然而地下水硝态氮的来源无显著性差异。这表明治沟造地对地表水硝态氮和水质产生显著影响，对地下水影响有限。但是，造地流域土地整治与地下水的响应存在滞后性，应持续关注地下水变化趋势。

总体结果表明，治沟造地对氮磷物质起到拦截和消耗作用，其中沿河道修建的水库起到非常重要的调节功能，后期在沟道造地中要重视淤地坝和水库的建设。

三、治沟造地流域氮磷的迁移转化路径和理论模型

（一）治沟造地小支沟氮磷的迁移转化路径和理论模型

前人研究结果表明，由于治沟造地的拦蓄作用，小支沟的地表径流全部拦蓄进入深层土壤储存；而未治沟造地小支沟水分储存呈现随机分布。此外，本研究结果表明，治沟造地小支沟可溶态氮磷，尤其是硝态氮随水迁移到深层土壤储存（图2-140）。根据前人和本研究成果，对治沟造地小支沟氮磷的迁移转化路径和理论模型总结如图2-140、式2-38所示。

图2-140　治沟造地小支沟氮磷的迁移转化路径

治沟造地小支沟氮磷模型平衡模式为：

$$Q=P+R \tag{2-38}$$

式中，Q为沟道内氮磷累积总量，P为降雨输入，R为地表径流汇集。

（二）治沟造地大流域氮磷的迁移转化路径和理论模型

治沟造地大流域沿沟道修建了梯级淤地坝和水库，并通过溢洪道相互连通（图2-141）。前期研究结果表明，治沟造地流域地下水抬升十分明显，受地下水影响的深度大部分<3 m，表明地表水和浅层地下水的连通性较好；此外，靠近淤地坝下游附近耕地的地下水抬升最为明显，表明淤地坝存在渗水或漏水现象（图2-142）。

图2-141 治沟造地大流域治沟造地前后地形地貌的变化

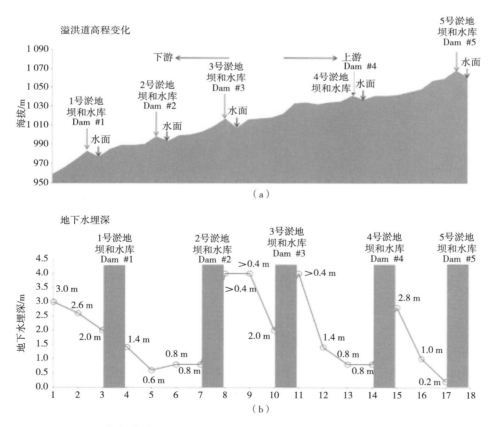

图2-142 治沟造地流域地形剖面图（a）和受地下水影响的土壤深度（b）

中国农业
面源污染防治

根据大流域治沟造地后地形地貌的变化和水文连通特征，治沟造地大流域氮磷的迁移转化路径和理论模型总结如图2-143、式2-39所示。

图2-143　治沟造地大流域氮磷的迁移转化路径

治沟造地大流域氮磷模型平衡模式为：

$$Q=P+R+H-R-G \tag{2-39}$$

式中，Q为沟道地表水和地下水中汇集的氮磷累积总量，P为降雨输入，R为地表径流输入，H为人为施肥输入的氮磷，R为水库净化氮磷的量，G为地下水消耗氮磷的量。

主要参考文献

蔡红明，王仁杰，王俊英，等，2022.寿光设施蔬菜施肥及土壤养分现状分析[J].中国果菜，42（6）：80-84.

陈秋会，席运官，王磊，等，2016.太湖地区稻麦轮作农田有机和常规种植模式下氮磷径流流失特征研究[J].农业环境科学学报，35（8）：1550-1558.

黄绍文，唐继伟，李春花，等.2017.我国蔬菜化肥减施潜力与科学施用对策[J].植物营养与肥料学报，23（6）：1480-1493.

姜世伟，何太蓉，汪涛，等，2017.三峡库区消落带农用坡地氮素流失特征及其环境效应[J].长江流域资源与环境，26（8）：1159-1168.

康凌云，2017.夏季填闲作物种植对设施菜田土壤氮素转化及淋洗的影响[D].北京：中国农业大学.

李吉平，徐勇峰，陈子鹏，等，2019.洪泽湖地区麦稻两熟农田和杨树林地氮磷径流流失特征研究[J].南京林业大学学报（自然科学版），43（1）：98-104.

李如忠，邹阳，徐晶晶，等，2014.瓦埠湖流域庄墓镇农田土壤氮磷分布及流失风险评估.环境科学，35（3）：1051-1059.

146

李勇，沈健林，王毅，等，2017.分布式栅格流域环境系统模拟模型及应用[M].北京：科学出版社.

李卓瑞，韦高玲，2016.不同生物炭添加量对土壤中氮磷淋溶损失的影响[J].生态环境学报，25（2）：333-338.

刘宏斌，邹国元，范先鹏，等，2015.农田面源污染监测方法与实践[M].北京：科学出版社.

刘莲，刘红兵，汪涛，等，2018.三峡库区消落带农用坡地磷素径流流失特征[J].长江流域资源与环境，27（11）：2609-2618.

宁建凤，姚建武，艾绍英，等，2018.广东典型稻田系统磷素径流流失特征[J].农业资源与环境学报，35（3）：257-268.

平怀香，崔建宇，陈硕，等，2022.施肥对农田土壤碳氮磷化学计量特征及相关酶活变化的影响[J].华北农学报，37（1）：112-120.

ANTHONY D N，WILLIAM D B，2011. Hot spots of inorganic nitrogen availability in an alpine-subalpine ecosystem，Colorado Front Range Ecosystems，14（5）：848-863.

BERNHARDT E S，JOANNA R B，CARI D F，et al.，2017. Control points in ecosystems：moving beyond the hot spot hot moment concept [J]. Ecosystems，20：665-682.

GAO Y，ZHU B，WANG T，et al.，2012. Seasonal change of non-point source pollution-induced bioavailable phosphorus loss：a case study of southwestern China [J]. Journal of Hydrology，420-421：373-379.

HOU X K，ZHOU F，LEIP A，et al.，2016. Spatial patterns of nitrogen runoff from Chinese paddy fields [J]. Agriculture，Ecosystems and Environment，231：246-254.

JIN Z，LI X R，WANG Y Q，et al.，2016. Comparing watershed black locust afforestation and natural revegetation impacts on soil nitrogen on the Loess Plateau of China [J]. Scientific Report，6：25048.

LIU F，ZUO J，CHI T，et al.，2015. Removing phosphorus from aqueous solutions by using iron-modified corn straw biochar [J]. Frontiers of Environmental Science & Engineering，9（6）：1066-1075.

LIU H Y，MENG C，WANG Y，et al.，2022. Multi-spatial scale effects of multidimensional landscape pattern on stream water nitrogen pollution in a subtropical agricultural watershed [J]. Journal of Environmental Management，321：115962.

LIU X，SHENG H，JIANG S Y，et al.，2016. Intensification of phosphorus cycling in China since the 1600s [J]. PNAS，113：2609-2614.

MANDAL U K，WARRINGTON D N，BHARDWAJ A K，et al.，2008. Evaluating impact of irrigation water quality on a calcareous clay soil using principal component analysis [J]. Geoderma，144：189-197.

MAYES M，MARIN-SPIOTTA E，SZYMANSKI L，et al.，2014. Soil type mediates effects of land use on soil carbon and nitrogen in the Konya Basin，Turkey [J]. Geoderma，232-234：517-527.

SUN H，LUO L，WANG J X，2022. Speciation evolution of phosphorus and sulfur derived from sewage sludge biochar in soil：ageing effects [J]. Environmental Science & Technology，56（10）：6639-6646.

WANG Y Q，ZHANG P P，SUN H，et al.，2022. Vertical patterns and controlling factors of soil nitrogen in deep profiles on the Loess Plateau of China [J]. Catena，215.

WANG Y S，SUN C C，LOU Z P，et al.，2011. Identification of water quality and benthos characteristics in Daya Bay，China，from 2001 to 2004 [J]. Oceanological & Hydrobiological Studies，40（1）：82-95.

YANG F，SUI L，TANG C，et al.，2021. Sustainable advances on phosphorus utilization in soil via addition of biochar and humic substances [J]. Science of the Total Environment，768：106-145.

ZHANG Y F，WU H，YAO MY，et al.，2021. Estimation of nitrogen runoff loss from croplands in the Yangtze River Basin：A meta-analysis [J]. Environmental Pollution，272：116001.

ZHANG Z，ZHANG Y，SUN Z，et al.，2019. Plastic film cover during the fallow season preceding sowing increases yield and water use efficiency of rain-fed spring maize in a semi-arid climate [J]. Agricultural Water Management，212：203-210.

第三章

土壤有机/生物污染防治

第一节　土壤有机/生物污染特征评估检测方法

　　土壤是人类赖以生存和农业生产的基础资源，也是环境污染物主要的汇聚地之一，土壤环境的健康程度与农产品的安全性和人体健康息息相关。近些年，化肥、农药的过度使用，工业污染物、生活污水的过度排放，地膜等农用材料的大量使用以及城市垃圾渗滤液渗漏等，导致土壤中的农药、酞酸酯、抗生素及抗生素抗性基因、病原微生物等外源有机和生物污染物在土壤中残留、累积，并进一步导致污染等一系列的资源环境问题。土壤有机和生物污染具有广泛性和复杂性等特点，开展污染物的污染特征评估检测是土壤污染防治的重要步骤。

一、典型农药

　　目前，对土壤进行农药残留检测主要的前处理技术有超声波提取法、加速溶剂萃取、索氏提取法、微波辅助萃取、超临界流体萃取、基质固相分散技术等。超声波提取操作简单，节省时间，提取效率也比较高，在土壤样品前处理方面应用比较广泛。黎小鹏等（2018）采用超声波提取法测定农田土壤中8种有机氯农药残留，乙腈作为萃取溶剂，加氯化钠盐析后振摇超声提取并放置过夜，翌日再次超声提取后，弗罗里硅固相萃取小柱净化，最后经气相色谱检测，该方法检出限为0.012 ~ 0.059 ng/g，回收率为92.1% ~ 105.3%。加速溶剂萃取有机溶剂用量少，快速高效，回收率高。王小飞等（2013）用加速溶剂萃取法提取土壤中12种三嗪类除草剂残留量，氨基固相萃取柱净化，最后经高效液相色谱-二极管阵列检测器测定，该方法检出限为0.004 ~ 0.005 mg/kg，回收率为75.2% ~ 112.7%。微波萃取是一种环境友好的样品前处理方法，符合现代化学分析的要求，国内外广大科研工作者对该方法都极其热衷。赵丽娟（2013）用微波萃取提取土壤中的多氯联苯，用气相色谱仪（GC-ECD）进行分析，该方法的回收率为80.4% ~ 95.7%；同时还用此方法对土壤中的有机氯农药进行了提取和分析，回收率为85.4% ~ 96.0%。基质固相分散萃取是在1989年首次提出的一种快速、简便、低成本的样品前处理手段，在食品、动植物组织和环境样品的农药残留分析中被广泛应用。该方法使土壤样品在萃取池中提取与净化一步完成，改变了传统的样品先提取后净化的流程，从而大大提高了土壤样品的分析效率。严朝朝等（2021）采用基质固相分散技术从土壤中提取8种有机氯农药，气相色谱法分析，加标回收率为60.3%～90.4%。

土壤样品成分有时会随目标物一起被提取出来，干扰仪器检测，因此，需要对提取出的样品进行净化，排除非目标物的干扰。常用的净化技术有液-液分配净化法、碘化法、沉淀法和柱层析法等。Cheng等（2016）建立了土壤中15种有机氯农药（百菌清、α-氯丹、β-氯丹、林丹、艾氏剂、异狄氏剂、灭蚁灵、五氯硝基苯）的检测方法，样品经正己烷-丙酮（9∶1）提取，固相萃取PEP小柱净化，APGC-QTOF-MS分析，回收率在91%～111%。黄士忠等（1995）用30 mL二氯甲烷∶石油醚∶丙酮（6∶3∶1）预淋内径1.5 cm、长18 cm的玻璃层析柱，后将待净化的浓缩液移入柱中，弃去收集的预淋液后，先用50 mL含10%乙醚的石油醚淋洗，再用120 mL二氯甲烷∶石油醚∶丙酮（6∶3∶1）淋洗，控制流速3～4 mL/min，收集二次淋洗液、浓缩、定容，此方法分离了土壤中10种有机氯农药，回收率为85%～110%。

（一）土壤和沉积物有机氯农药的测定：气相色谱法（HJ 921—2017）

本标准适用于土壤和沉积物中α-六六六、六氯苯、γ-六六六、β-六六六、δ-六六六、硫丹Ⅰ、艾氏剂、硫丹Ⅱ、环氧七氯、外环氧七氯、o,p′-滴滴伊、γ-氯丹、反式-九氯、p,p′-滴滴伊、o,p′-滴滴滴、狄氏剂、异狄氏剂、o,p′-滴滴涕、p,p′-滴滴滴、顺式-九氯、p,p′-滴滴涕、灭蚁灵等23种有机氯农药的测定，其他有机氯农药若通过验证，也可采用本方法测定。

1. 原理

土壤或沉积物中的有机氯农药经提取、净化、浓缩、定容后，用具电子捕获检测器的气相色谱检测。根据保留时间定性，外标法定量。

2. 样品前处理方法

（1）提取。

微波萃取 将样品全部转移至萃取罐中，加入30 mL丙酮-正己烷混合溶剂（色谱纯丙酮和色谱纯正己烷按1∶1的体积比混合），设置萃取温度为110 ℃，微波萃取10 min，离心或过滤后收集提取液。

索氏提取 将样品全部转移至索氏提取器纸质套筒中，加入100 mL丙酮-正己烷混合溶剂（用色谱纯丙酮和色谱纯正己烷按1∶1的体积比混合），提取16～18 h，回流速度3～4次/h，离心或过滤后收集提取液。

（2）脱水。在玻璃漏斗上垫一层玻璃棉或玻璃纤维滤膜，铺加约5 g无水硫酸钠，然后将提取液经漏斗直接过滤到浓缩装置中，再用5～10 mL丙酮-正己烷混合溶剂（色谱纯丙酮和色谱纯正己烷按1∶1的体积比混合）充分洗涤盛装提取液的容器，经漏斗过滤到上述浓缩装置中。

（3）浓缩。在45 ℃以下将脱水后的提取液浓缩到1 mL，待净化。如需更换溶剂体系，则将提取液浓缩至1.5～2.0 mL后，用5～10 mL正己烷置换，再将提取液浓缩到1 mL，待净化。

（4）净化。用约8 mL正己烷洗涤硅酸镁固相萃取柱，保持硅酸镁固相萃取柱内吸附剂表面浸润。用吸管将浓缩后的提取液转移到硅酸镁固相萃取柱上停留1 min后，弃去流出液。加入2 mL丙酮-正己烷混合溶剂并停留1 min，用10 mL小型浓缩管接收洗脱液，继续用丙酮-正己烷混合溶剂洗涤小柱，至接收的洗脱液体积到10 mL为止。

（5）浓缩定容。将净化后的洗脱液浓缩并定容至1.0 mL，再转移至2 mL样品瓶中，待分析。

3. 仪器方法

进样口温度：220 ℃。进样方式：不分流进样至0.75 min后打开分流，分流出口流量为60 mL/min。载气：高纯氮气（纯度≥99.999%），2.0 mL/min，恒流。尾吹气：高纯氮气（纯度≥99.999%），20 mL/min。柱温升温程序：初始温度100 ℃，以15 ℃/min升温至220 ℃，保持5 min，以15 ℃/min升温至260 ℃，保持20 min；检测器温度：280 ℃。进样量：1.0 μL。

（二）土壤和沉积物氨基甲酸酯类农药测定：高效液相色谱–三重四极杆质谱法（HJ 961—2018）

本标准适用于土壤和沉积物中杀线威、灭多威、二氧威、涕灭威、恶虫威、克百威、残杀威、甲萘威、乙硫苯威、抗蚜威、异丙威、仲丁威、甲硫威、猛杀威、棉铃威等15种氨基甲酸酯类农药的测定。

1. 原理

土壤或沉积物中的氨基甲酸酯类农药经有机溶剂提取、固相萃取柱净化、浓缩、定容后，用高效液相色谱–三重四极杆质谱法测定，根据保留时间、特征离子定性，内标法定量。

2. 样品前处理方法

（1）提取。

加压流体萃取：采用甲醇–二氯甲烷混合溶剂提取样品中氨基甲酸酯类农药，压力10.34 MPa，萃取温度80 ℃，加热时间5 min，静态萃取时间5 min，冲洗量80%，萃取后氮气吹扫60 s，循环萃取3次。

索氏提取：将滤筒置于索氏提取器回流管中，在圆底溶剂瓶中加入200 mL甲醇–二氯甲烷混合溶剂，提取12 h，回流速度控制在4~6次/h。提取完毕，取出圆底溶剂瓶，待浓缩。

（2）浓缩。用浓缩装置将萃取液浓缩至近1.0 mL，待净化。

（3）净化。用5.0 mL甲醇–二氯甲烷混合溶剂以2 mL/min的速度活化固相萃取柱，在填料即将暴露于空气之前，将浓缩液转移至柱头，用5.0 mL甲醇–二氯甲烷混合溶剂洗脱萃取柱，收集洗脱液于刻度管中。

（4）浓缩。用氮吹浓缩仪将洗脱液在30 ℃以下浓缩至近干，加入20 μL内标标准使用液，用甲醇–乙酸铵混合溶液定容至1.0 mL，过滤膜，待测。

3. 仪器方法

（1）色谱条件。流动相：流动相A甲醇，流动相B乙酸铵溶液。流速：0.2 mL/min。进样体积：1.0 μL。柱温：45 ℃。

（2）质谱条件。

电喷雾源：正离子模式。毛细管电压：3 000 V。脱溶剂气温度：350 ℃。源温：110 ℃。脱溶剂气流量：500 mL/min。锥孔气流量：50 mL/min。

检测方式为多反应监测。

二、酞酸酯

酞酸酯又名邻苯二甲酸酯（PAEs），是一类广泛应用于农用地膜、建材、食品包装材料、医疗器械、塑料袋、玩具和个人护理等产品的添加剂。酞酸酯增加了塑料产品的柔韧性、抗腐蚀性和绝缘性等，但同时也是一种外源性内分泌干扰物，具有类雌激素效应，从而导致生物体或者人体内分泌失调，影响生物个体的神经、生殖及免疫系统。土壤中的酞酸酯主要来源于污水灌溉、污泥再利用、肥料施用、工业烟尘沉降及农用塑料薄膜的使用等。其中，塑料薄膜是土壤中酞酸酯的主要来源，塑料薄膜在我国广泛用于大棚建设、熏蒸覆膜和土壤覆膜。2018年全国塑料大棚中塑料薄膜的使用量为247万t（Wang et al.，2021）。酞酸酯的污染已经引起全球普遍关注，美国国家环保署（EPA）将其中6种酞酸酯[包括邻苯二甲酸二（2-乙基己基）酯（DEHP）、邻苯二甲酸二正辛酯（DOP）、邻苯二甲酸丁基苄基酯（BBP）、邻苯二甲酸二正丁酯（DBP）、邻苯二甲酸二乙酯（DEP）、邻苯二甲酸二甲酯（DMP）]列为优先控制的有毒污染物。我国也将邻苯二甲酸二甲酯（DMP）、邻苯二甲酸二正丁酯（DBP）和邻苯二甲酸二正辛酯（DOP）列为优先控制污染物。

由于环境样品基质的复杂性，目前国内外主要的酞酸酯类化合物的土壤样品前处理技术包括加速溶剂萃取、固相萃取、超声提取等。陈永山等（2011）选择南京牛首山黄棕壤、浙江富阳水稻土和安徽铜陵水稻土等3种土壤作为酞酸酯添加的土壤基体，采用索氏提取和超声提取两种提取土壤酞酸酯的方法，通过气相色谱-质谱检测建立了11种酞酸酯的分析方法，从提高回收率和降低背景干扰角度出发，最后得出超声提取法更合适作为土壤酞酸酯分析的前处理。魏丽琼等（2016）建立了一种QuEChERS-高效液相色谱法联合测定土壤中5种酞酸酯，在2 g加标土样中加入2 mL超纯水、5 mL乙腈作为萃取剂，萃取后加入2 g无水$MgSO_4$和0.5 g NaCl，该方法回收率为94.7%～102.8%，检出限为0.49～1.29 μg/kg，具有操作快速简便、周期短、溶剂用量少、萃取效率高、精密度和检出限较好的特点，可作为一种新型的检测土壤中酞酸酯的分析方法。

土壤中邻苯二甲酸酯测定：气相色谱-质谱法（GB/T 39234—2020）

本标准适用于土壤中6种邻苯二甲酸酯的测定，目标物包括：邻苯二甲酸二甲酯、邻苯二甲酸二乙酯、邻苯二甲酸二正丁酯、邻苯二甲酸丁基苄基酯、邻苯二甲酸二（2-乙基己基）己酯、邻苯二甲酸二正辛酯。此方法检出测定下限见表3-1，其他邻苯二甲酸酯的测定可参考使用。

1. 原理

采用超声萃取方法提取土壤样品中邻苯二甲酸酯，利用层析柱对提取液净化、浓缩、定容，经气相色谱分离、质谱检测。采用特征选择离子监测扫描模式（SIM），以碎片离子的丰度比定性，标准样品定量离子外标法定量。

2. 前处理方法

（1）超声提取。称取5.00 g（精确至0.01 g）土壤试样置于玻璃离心管中，加入30 mL正己烷-丙酮（1∶1）混合溶剂，涡旋混匀后静置12 h，其后在水温25 ℃、100 kHz功率下超声提取30 min，3 000 r/min离心3 min，上清液用中速定性滤纸过滤于茄型瓶中。再向离心管中加入15 mL正己烷—丙酮（1∶1）混合溶剂超声15 min，重复提取2次，合并3次上清液（约70 mL）于茄型瓶中。

（2）浓缩。将以上提取液置旋转蒸发仪中，在水浴温度40 ℃，真空度35 kpa，转速80 r/min的条件下，浓缩至约1 mL。加入5 mL正己烷混匀，在同等条件下，再浓缩至约1 mL，浓缩液待柱层析净化。

（3）柱层析净化。在玻璃层析柱的底部加入玻璃棉，先加入5 g硅胶，再加入1 g无水硫酸钠，在添加过程中用洗耳球轻敲层析柱，使填料填实。依次用15 mL正己烷和15 mL正己烷-丙酮（4∶1）混合溶剂预淋洗层析柱，淋洗速度控制在2 mL/min，弃去淋洗液，柱面留少量液体。将浓缩液完全转移至已淋洗过的层析柱中，用正己烷洗涤浓缩器皿3次，每次2 mL，洗液全部转入玻璃层析柱，用40 mL正己烷-丙酮（4∶1）混合溶剂分多次洗脱，洗脱液收集于尾型瓶中，于旋转蒸发仪浓缩近干，加入3 mL正己烷并浓缩至1 mL以下，用正己烷准确定容至1 mL，待测。

3. 仪器分析方法

（1）气相色谱条件。进样口温度：250 ℃。进样方式：无分流进样，或分流进样（样品浓度满足仪器检测条件下）。载气：氦气，流速1.2 mL/min。升温程序：初始柱温50 ℃，保持1 min，以15 ℃/min升至200 ℃，保持1 min，再以8 ℃/min升至280 ℃，保持3 min。进样量：1 μL。

（2）质谱条件。电离方式：电子轰击源（EI）。离子源温度：230 ℃。离子化能量：70 eV。色谱与质谱接口温度：280 ℃。扫描方式：选择离子扫描模式（SIM）。溶剂延迟时间：2 min。

表3-1　气相色谱-质谱法检出限和测定下限　　　　　　　　单位：mg/kg

序号	化合物	英文缩写	离子扫描模式	
			检出限	测定下限
1	邻苯二甲酸二甲酯	DMP	0.04	0.16
2	邻苯二甲酸二乙酯	DEP	0.05	0.20
3	邻苯二甲酸二正丁酯	DBP	0.07	0.28
4	邻苯二甲酸丁基苄基酯	BBP	0.03	0.12
5	邻苯二甲酸二（2-乙基己基）酯	DEHP	0.03	0.12
6	邻苯二甲酸二正辛酯	DOP	0.02	0.08

三、抗生素

抗生素因具有良好的抑菌、抗菌和杀菌效果，在人类保健和感染性疾病治疗，动植物病虫害防治等方面发挥了不可替代的作用。由于抗生素自身特性及部分管控缺失，医疗和农业领域抗生素使用量逐渐增多，抗生素环境污染愈发成为全球性热点问题。抗生素可通过未经处理的动物粪便的施用、地表径流，渗滤等方式进入环境。抗生素残留累积到一定程度，能够诱导微生物产生抗生素抗性基因，引起生态环境风险。

抗生素的主要类型包括磺胺类、喹诺酮类、大环内酯类、四环素类、β-内酰胺类、多肽类、氯霉素类、硝基呋喃类、林可霉素类、氨基糖苷类、硝基咪唑类11大类。国彬等（2012）优化了磺胺甲基嘧啶、磺胺二甲嘧啶、磺胺对甲氧嘧啶、磺胺甲噁唑4种磺胺类抗生素的高效液相色谱（HPLC）检测方法，以甲醇：含EDTA的Mcllvaine缓冲液（$V:V$，1:1）为提取液，4种磺胺类药物的检测限2.9 ~ 4.7 μg/kg，回收率为83.6% ~ 90.1%。郭欣妍等（2014）通过超声提取-固相萃取，建立了利用超高效液相色谱-串联质谱同时分析土壤中25种兽药抗生素的方法，以加入EDTA的磷酸盐缓冲液（pH值3）：乙腈（$V:V$，1:1）作为提取液，超声提取后用SAX-HLB串联固相萃取柱净化与富集，该方法加标回收率为51.3% ~ 86.4%，检出限为0.000 2 ~ 0.056 0 μg/kg。

（一）土壤中四环素类、氟喹诺酮类、磺胺类、大环内酯类和氯霉素类抗生素含量同步检测方法：高效液相色谱法（NY/T 3787—2020）

本标准适用于土壤中四环素类（土霉素、金霉素）、氟喹诺酮类（环丙沙星、恩诺沙星、诺氟沙星）、磺胺类（磺胺噻唑、磺胺间甲氧嘧啶、磺胺甲恶唑、磺胺二甲嘧啶）、大环内酯类（泰乐菌素）和氯霉素类（氯霉素）5类11种抗生素含量的检测，本方法检出限和定量限见表3-2。

表3-2　高效液相色谱法的检出限和定量限　　　　　　　　　　　　单位：μg/kg

化合物	检出限	定量限
土霉素	0.3	1.0
金霉素	0.4	1.3
诺氟沙星	0.4	1.4
环丙沙星	0.3	0.8
恩诺沙星	1.9	5.9
磺胺噻唑	1.0	3.1
磺胺二甲嘧啶	0.6	1.9
磺胺间甲氧嘧啶	0.1	0.3
磺胺甲恶唑	0.9	2.8
氯霉素	0.2	0.5
泰乐菌素	1.7	5.0

1. 原理

试样中11种抗生素经Na$_2$EDTA-Mcllvaine缓冲液、有机混合提取剂依次提取，固相萃取柱净化处理后进样，高效液相色谱-紫外检测器测定，外标峰面积法定量。

2. 前处理方法

（1）提取。称取冻干土样（1.00±0.01）g，置于50 mL聚乙烯离心管中，加入10 mL Na$_2$EDTA-Mcllvaine缓冲液，涡旋混匀30 s（室温）。于4 ℃下，超声15 min，8 000 r/min条件下离心10 min，吸取上清液至另一洁净的离心管中，残渣再加入10 mL的Na$_2$EDTA-Mcllvaine缓冲液，重复以上步骤提取1次。提取2次后的残渣再用10 mL有机混合提取剂提取2次，每次提取剂用量5 mL，步骤同上。合并4次上清液，过0.45 μm有机相微孔滤膜，将过滤后液体在旋转蒸发仪（70 r/min，40 ℃）上浓缩至3~5 mL，用于净化。

（2）净化。将浓缩后的提取液以1 mL/min的流速过固相萃取柱，提取液完全流出后，用5 mL 25%甲醇水溶液淋洗，弃去全部流出液，并真空抽干5 min，最后用10 mL 65%甲醇水溶液洗脱，收集洗脱液于旋转蒸发仪上蒸至干燥，吸取1 mL乙腈：甲酸溶液（1:4）定容，过0.22 μm有机相微孔滤膜过滤，供液相色谱-紫外检测器测定。

3. 仪器分析方法

色谱柱：T3色谱柱，150 mm×4.6 mm，3 μm或相当者；流动相：A：0.1%甲酸水溶液，B：乙腈；流速：1.0 mL/min；检测波长：274 nm；柱温：40 ℃；进样量：10 μL。

（二）鸡粪肥中6种抗生素的测定：固相萃取-高效液相色谱法

建立了固相萃取-高效液相色谱法（SPE-HPLC）对畜禽粪便中常见的6种抗生素的同时提取方法，包括四环素类（四环素，TC；土霉素，OTC）、喹诺酮类（诺氟沙星，NOR；恩诺沙星，ENR）和磺胺类抗生素（磺胺二甲嘧啶，SMZ；磺胺甲噁砒，SMX）。在满足检出限要求的前提下，采用成本较低的固相萃取-高效液相色谱（SPE-HPLC）与二极管阵列检测器（PDA）结合的方法，优化了固相萃取前处理、淋洗和洗脱过程，确定了最佳色谱条件，该方法相对简便、低成本和准确，对研究和治理环境中多种抗生素污染提供技术支撑。

1. 样品处理

准确称取过筛的鸡粪样品0.50 g置于50 mL离心管中，加入提取剂EDTA-McIlvaine和有机混合提取液（甲醇：乙腈：丙酮，$V:V:V$，2:2:1）各2.5 mL，涡旋混匀30 s，30 ℃下超声15 min，在8 000 r/min下离心15 min，取上层清液于50 mL离心管中，重复以上步骤3次，合并3次提取液，将液体在40 ℃水浴条件下浓缩至5 mL，用超纯水定容到10 mL，以减少有机溶剂浓度。过0.45 μm有机滤膜，准备过HLB固相萃取柱进行净化。

HLB固相萃取柱使用前依次用5 mL甲醇和5 mL超纯水活化，保持柱床湿润，将浓缩液以1 mL/min的流速过柱，用5 mL 5%甲醇水溶液淋洗小柱并真空抽干5 min，最后用5 mL甲醇：二氯甲烷（$V:V$，7:3）溶液洗脱，收集洗脱液，在40 ℃水浴条件下氮吹至近干，用乙腈：0.7%磷酸（$V:V$，1:9）定容至1 mL，过0.22 μm有机滤膜待测。

2. 检测条件

0.7%磷酸水溶液与乙腈作为流动相，柱温32 ℃，采用高效液相色谱-二极管阵列检测器测定目标物含量。

3. 检测结果

分别在0.50 g鸡粪样品中加入5 μg/g、10 μg/g、50 μg/g的混合标准溶液，混好的样品在黑暗条件下静置24 h，使二者充分接触，尽量模拟真实样品。每个添加水平重复3次，按优化后的提取方法和色谱条件进行试验，计算各目标抗生素的添加回收率和相对标准偏差。该方法在低、中、高3个添加浓度下回收率达到70.0%~116.3%，相对标准偏差为1.2%~16.6%（表3-3）。

表3-3 6种抗生素添加平均回收率、相对标准偏差、检出限和定量限

抗生素	添加浓度/（μg/g）	回收率/%	RSD/%	检出限/（μg/kg）	定量限/（μg/kg）
磺胺二甲嘧啶	5	98.1	4.9		
	10	96.1	2.0	0.17	0.57
	50	93.8	4.4		
土霉素	5	87.5	10.5		
	10	93.2	16.6	0.67	2.22
	50	91.0	5.6		
四环素	5	116.4	1.7		
	10	112.2	7.2	0.40	1.33
	50	93.0	3.5		
诺氟沙星	5	94.9	6.1		
	10	89.4	1.3	0.14	0.48
	50	85.2	3.2		
磺胺甲噁唑	5	71.5	1.2		
	10	70.0	7.6	0.39	1.29
	50	70.9	2.9		

（续表）

抗生素	添加浓度/（μg/g）	回收率/%	RSD/%	检出限/（μg/kg）	定量限/（μg/kg）
	5	115.4	4.3		
恩诺沙星	10	116.3	2.2	0.04	0.15
	50	108.9	12.8		

四、病原微生物

土壤是地球上微生物多样性最丰富的生态系统。一方面，土壤中的微生物具有促进有机物质分解与能量转化和利用等作用，为植物生长提供营养物质；另一方面，病原微生物可通过土壤进入作物体内从而影响生长。近年来，由大肠杆菌、沙门氏菌和李斯特菌等病原微生物引起的土壤生物污染日益加剧。粪肥携带的病原菌通过灌溉、径流和农田施用均可进入土壤环境中，存在与土壤中的病原菌迁移到地表和地下环境的潜力，并能依附于植物体表面生长存活甚至在植物体内生长繁殖，进而对人类生命健康构成威胁。

通常采用总大肠菌群、粪大肠菌群、粪链球菌及沙门菌属等作为指示微生物以监测和评价环境污染状况和变化。利用Mi-seq技术、RT-PCR等现代分子生物学技术，建立农用污水（泥）、畜禽粪污等不同环境样品中人类致病菌高通量诊断方法，绘制不同类型样品中致病菌指纹图谱。

（一）样品采集

猪舍内粪便采样点和猪粪堆放采样点随机布设，其中有粪便堆放的养殖场采样点的布设覆盖所有堆放点。舍内粪便采样过程参照《GB/T 25169—2022畜禽粪便监测技术规范》。对采样点收集的舍内粪便进行称重，填写畜禽粪便收集记录表。对称重后的粪便混合均匀，用四分法取2份样品，分别编号，每份样品约1 kg。其中一份直接用于人畜病原菌、含水率等测定；另一份按每100 g样品添加10 mol/L硫酸进行现场固定处理，用于测定其他指标。堆放粪便采样点分别由底部自下而上每20 cm取样1次，每次采样约500 g，装入样品混合盆中，混匀后采用四分法取2份样品，分别编号，每份样品约1 kg。

农用污水采样点选取用于农田灌溉的养殖场氧化塘。分别在氧化塘周围随机设置采样点，采样表层水。采样选用聚乙烯塑料或硬质玻璃材质的容器，用单层采水器参照《NY/T 396—2000农用水源环境质量检测技术规范》采集瞬时水样，采样前先用水样洗涤取样瓶和塞子2～3次。

采样量、采样时间和采样频率。水样的采集量为1 000 mL；采样时间根据主要灌溉作物用水时间确定（4—6月）；采样频率为在灌溉期取样1次。同时采集现场空白样和平行样品，现场空白样和现场平行样的采样数量控制在采样总数的10%左右。

污泥样品采样点选取养猪场的氧化塘。氧化塘新鲜底泥采样参照《HJ/T 20—1998工业固体废物采样制样技术规范》，均匀随机采集氧化塘中的底泥，均匀混合，放入塑料自封袋中，每次污泥取样量为1 kg。

土壤样品采样点选取养猪场周边农田、有机蔬菜种植农场、水稻种植地和玉米种植地，农田耕层土壤采样参照《HJ/T 166—2004土壤环境监测技术规范》。采用5点法均匀随机采集农田中0～20 cm土层土壤，均匀混合，放入塑料自封袋中，每次土壤取样量为1 kg。

所有采集的样品现场填写采样记录表和样品标签，填写完毕后将样品标签贴在对应的样品包装上防止脱落并于采样结束后在现场逐项检查，包括采样记录表、样品标签、样品等。样品在运输前逐一核对采样记录和样品标签，分类装箱，运输过程中低温保存，避免在运输途中破损、阳光照射。采集的样品应尽快送至检测实验室分析检测。如果不能及时送达，应将样品临时保存在冰箱中。用于活菌检测的样品在4 ℃保存；用于高通量测序的样品置于-80 ℃保存，尽快提取样品DNA进行检测。

（二）环境样品DNA检测

根据试剂盒的说明书用FAST DNA kit提取采集样品中的总DNA，通过琼脂糖凝胶电泳检测其质量，-20 ℃保存DNA准备进行下一步PCR扩增。进行PCR扩增前需要用Qubit 3.0荧光定量仪对其浓度进行检测以确定PCR体系中DNA模板的加入量。本实验扩增的是16S rDNA的V3-V4可变区，引物为341F（CCTACGGGNGGCWGCAG）和805R（GACTACHVGGGTATCTAATCC）。16S rDNA的扩增需要经过2轮PCR反应。第一轮反应体系为30 μL，包含15 μL的2×Taq Master Mix（Vazyme），1 μL浓度为10 μmol/L Bar-PCR正向引物和1 μL浓度为10 μmol/L的反向引物，10~20 ng总基因组DNA，用无菌双蒸水补齐到30 μL。实验所用的PCR仪为BIO-RAD公司的T100™ ThermaL CycLer。第二轮PCR反应体系为30 μL，包含15 μL的2×Taq Master Mix，1 μL浓度为10 μmol/L正向引物和1 μL浓度为10 μmol/L的反向引物，20 ng上一轮PCR所得的产物，用无菌双蒸水补齐到30 μL。待两次PCR结束以后，PCR产物用0.2%的琼脂糖凝胶电泳进行检测，电泳结束后用Agencourt AMPure XP核酸纯化试剂盒对PCR产物进行纯化。纯化完成后用Qubit3.0荧光定量仪对PCR产物进行定量，以1∶1的比例将纯化后的PCR产物和测序缓冲液进行混合，混匀后上机测序。

畜禽粪污、污水、污泥、土壤和农产品分别使用试剂盒提取DNA扩增后进行高通量测序。高通量测序利用Illumina Mi-Seq平台进行，测序策略为PE300。选取16S rRNA基因V3-V4区域进行扩增测序，引物采用U341F（ACTCCTACGGGAGGCAGCAG）和U806R（GGACTACHVGGGT WTCTAAT）。

（三）生物信息分析方法

来自Illumina Mi-seq测序的原始图像数据文件可通过CASAVA转换为fastq序列，为了保证信息分析质量，需要对原始测序序列进行过滤，得到高质量的reads，用于后续信息分析。然后利用Mothur软件（version 1.34.4，http://www.mothur.org/）进行序列优化，主要步骤如下：①对序列进行筛选，去除模糊碱基数大于0、单碱基高重复区大于8、重叠区错配数大于0及长度大于97.5%的序列（细菌）。②进行去冗余处理。

OTU即操作分类单元，是在系统发生学研究或群体遗传学研究中，为了便于进行分析，人为给某一个分类单元（品系、种、属、分组等）设置的统一标志。根据序列之间的距离对所有样本序列进行聚类，然后将序列划分为不同的操作分类群（OTU），采用97%相似度的OTU对生物信息进行统计分析，根据各样本中OTU的分布情况绘制韦恩图和聚类树图。利用Mothur软件以平均邻近聚类算法（Average neighbor clustering algorithm）在0.03（或97%的相似度）水平下进行OTU的聚类，并统计获得OTU的个数。根据样品中OTU的数量，利用Mothur软件进行alpha多样性分析，alpha多样性分析指数主要包括Chao、ACE、Shannon、Simpson和Coverage等。以Chao1和ACE指数反映样品中微生物丰富度，以Shannon（反映物种的丰富度）和Simpson（反映物种的均匀度）来反映样品中微生物多样性，Shannon指数与微生物多样性呈正相关，Simpson指数与微生物多样性呈负相关。Coverage代表各样品文库的覆盖率，其数值越高，表明样本中序列没有被测出的概率越低，该指数实际反映了本次测序结果是否代表样本的真实情况。稀释曲线（Rarefaction curve）是采用对测序序列进行随机抽样的方法，以抽到的序列数与它们所能代表OTU的数目所构建的曲线，它可以用来比较测序数据量不同的样本中物种的丰富度，也可以用来说明样本的测序数据量是否合理。当曲线趋向平坦时，说明测序数据量合理，更多的数据量只会产生少量新的OTU，反之则表明继续测序还可能产生较多新的OTU。为了得到每个OTU对应的物种分类信息，我们利用RDP分类器对物种进行分类，该方法基于Bergey's分类，利用朴素贝叶斯分配算法计算出每个序列在不同层次上的排序概率值。一般认为，当概率值（RDP分类阈值）大于0.8，V3-V4区的序列可以正确分配到属的概率分别是98.1%和95.7%，满足分析需要。Bergey's分类分为6个层次，包括域、门、纲、目、科和属。基于物种分类结果采用统计学方法分析了不同分类水平样品的群落结构。根据测序结果和PHI-base数据库，从测序数据中筛选出病原菌相关数据，分析其组成和丰富度。

随机选取相似度在97%条件下的OTU生成稀释曲线，并利用软件Mothur计算丰富度指数Chao和ACE，多样性指数Simpson和Shannon。基于RDP和UNITE分类学数据库对OTU进行物种注释，并用Excel和SPSS进行数据处理，利用Excel和R语言工具对样品中人类致病菌组成及相对丰度统计结果绘制柱状图和Veen图。

第二节　土壤典型有机/生物污染过程与效应

一、基于^{14}C溯源的典型污染物结合态残留形成与形态转化

进入土壤中的污染物除了发生降解、转化、矿化、挥发等环境归趋过程之外，在土壤中的一个重要归趋是形成结合态残留。在结合态残留中，锁定态残留是一种可逆态残留，在土壤环境条件发生变化时，可从结合态中释放变成生物可利用态，由此对土壤环境构成"迟发性"危害。放射性同位素示踪技术是以放射性核素作为示踪剂对研究对象进行追踪标记的一种微量分析方法。放射性核素标记示踪剂可人工合成，在农业领域，已生产制备的放射性和稳定性核素标记示踪剂已有上百种，其中^{14}C标记化合物是较为常用的示踪剂，利用^{14}C标记示踪技术可以追踪土壤生态系统中典型污染物的土壤环境行为和多界面迁移规律，从而为其环境风险评价提供依据。针对我国不同的土壤类型和种植制度的差异，结合田间水稻土壤水分管理、室内微宇宙培养法和放射性同位素示踪技术等关键技术，探究了典型农田土壤中农药毒死蜱、磺胺抗生素、塑化剂酞酸酯的降解、转化和结合态残留的形成情况。

Jia等（2021a；2021b）以毒死蜱为例，关注了在施用毒死蜱后其在稻田土壤中的结合态残留的形成与形态转化，研究结果表明，毒死蜱施用后会在土壤中，尤其是淹水土壤，形成较大量的结合态残留。但随着时间延长，结合态残留量会逐渐降低，说明结合态残留会随时间延长不断释放，存在长期风险。促进结合态残留矿化或降低结合态残留的释放是降低农药结合态残留生态风险的有效措施。此外，抗生素也能在土壤中形成大量结合态残留。研究表明，在好氧条件下，磺胺嘧啶和磺胺甲恶唑在土壤中能快速形成大量的结合态残留，50 d后结合态残留量分别稳定在总放射性量的90%以上，并且多数为具有再次释放风险的锁定态残留。工业领域应用比较多的溴代阻燃剂（TBBPA）进入土壤以后也会形成结合态残留，结合态残留量占进入土壤中TBBPA总量的50%~80%。

土壤性质、生物（包括微生物、植物、动物）活性、土壤环境条件、种植制度等对农田中结合态残留的形成以及释放具有重要影响。土壤腐殖质含量占有机质总量的70%~80%，是土壤中与有机污染物形成结合态残留的活性成分。土壤腐殖质各组分结构复杂，与有机物之间的结合机理不同，因此不同

物质结合态残留在腐殖质上的分布规律差异较大，进而影响物质迁移转化及生物有效性。如毒死蜱结合态残留在土壤中主要分布在胡敏素中，依靠酯键与土壤有机物作用形成结合态残留。酞酸酯结合残留态在土壤腐殖质中的分布顺序为胡敏素>富里酸>腐植酸，也主要分布于胡敏素。农田土壤中种植的作物也影响结合态残留的形成。比如植物根系分泌的大量根系分泌物，可以改变土壤的理化性质，并促进土壤中微生物活性。根系分泌物可能刺激根际微生物，间接影响有机污染物的消散，另一方面根系分泌物与土壤成分之间相互作用产生的溶解有机碳可能改变有机污染物在土壤中结合态残留的形成。不同种植制度影响植物根际环境并进一步影响有机污染物的归趋，尤其是结合态残留的形成，有研究表明轮作可以提高植物对农药结合态残留的吸收，降低土壤中的农药结合态残留形成。土壤动物尤其是蚯蚓对有机污染物结合态残留的形成具有重要作用，蚯蚓对于土壤的结构和肥力建立和维持至关重要，比如蚯蚓的运动引起的土壤结构的物理运动可以将表层植物残体深埋，蚯蚓运动造成的洞穴结构有助于排水和土壤通气从而影响有机污染物的降解和结合态残留的形成。蚯蚓的啃食、挖穴、皮肤接触等物理扰动改变或破坏了土壤团聚体的结构，使得部分被包裹在土壤孔隙中的结合态残留及其可能的代谢产物重新被释放了出来，导致物理包裹部分的结合态残留减少；蚯蚓还可能通过化学生物作用影响结合态残留的形成，可以消化吸收、分泌有降解作用的酶、有机质同化作用以及生物扰动，另外蚯蚓活动促进了微生物的活性，使得代谢产物更易形成化学结合。如磺胺类抗生素以形成锁定态残留为主，蚯蚓活动显著减少锁定态残留并增加共价结合态残留，从而改变磺胺类抗生素结合态残留在土壤中的稳定性。微生物的作用会加速结合态残留的形成，因为微生物可以利用农药及其降解产物作为碳源，因此当生物体死亡后，会随着微生物的生物质组分被结合到土壤有机质中并形成几乎不能被提取的生物质源残留。如TBBPA特异性降解菌*Ochrobactrum* sp. strain T能够促进土壤中TBBPA结合态残留的释放和矿化，农药毒死蜱联合降解菌*Pseudomonas* sp. DSP-1和*Cupriavidus* sp. P2能够促进土壤中毒死蜱结合态残留的矿化。

二、典型旱作种植体系土壤农药污染过程与效应

旱作种植体系是我国重要的农业种植体系之一，农业生产过程中会用到大量的农药，研究表明，农业生产中施用的农药仅有10%作用于靶标生物，其余大部分进入环境中，导致土壤农药残留量及代谢物含量增加造成农田污染，同时通过灌溉或降水污染地表水和地下水，并通过食物链传递进入人体危害人类的健康。目前市面上的农药品种以杀虫剂为主，约占72%，如毒死蜱是旱作种植体系一种常用的有机磷杀虫剂，其余为除草剂（约占15%，如阿特拉津等），杀菌剂（约占11%）。研究农药在旱地土壤环境中的残留、迁移和消解等环境行为及使用风险具有重要意义。农药在土壤中的行为受到各种复杂的物理、化学和生物过程的影响：吸附解吸、挥发、降解、植物吸收、淋溶等。这些过程直接影响着农药在土壤中行为以及农药从土壤向其他环境介质的迁移，其中吸附与降解过程对农药环境行为和归宿的影响作用尤为突出。

农药进入土壤中后，会被土壤颗粒吸附，土壤颗粒的吸附作用降低了农药在土壤中的生物活性和迁移性，但同时增加了农药在土壤中的残留。农药在土壤中的吸附/解吸行为可以通过吸附模型拟合。农药在土壤中的吸附行为通常以农药在固液两相间的吸附常数比值（K_d/K_f）来表示，比值越大代表土壤对农药的吸附能力越强，农药在土壤中不容易迁移；比值越小代表农药对土壤的吸附能力越弱，农药在土壤中容易迁移。对于不同的农药，在不同土壤环境下，K_d/K_f各不相同，农药化合物结构和土壤性质的差异对于农药的吸附解吸能力产生不同程度的影响。某些农药在土壤中的吸附行为符合疏水性有机物

吸附理论：低浓度下农药的吸附行为符合线性吸附模型，高浓度下符合Freundlich吸附模型。

　　农药在土壤中的降解是土壤农药污染降低的重要途径。按照降解作用的因素，农药的降解过程可以分为非生物降解（水解、光解、化学降解）以及生物降解（主要是微生物降解）。微生物主要通过3种途径（矿化作用、共代谢作用和种间协同代谢）来实现农药降解。以毒死蜱为例，毒死蜱进入土壤后在多种作用下开始发生降解，其中微生物降解起主要作用，土壤中78%～95%的毒死蜱在微生物作用下降解。表层土壤中的毒死蜱还会发生光解。然而农药降解并不意味着农药环境风险的降低，实际上在降解过程产生的代谢物有可能比母体化合物毒性更强、环境风险更大。农药光解主要指农药接受紫外线辐射后，由于光能作用自身化学键发生断裂，一些农药在接受紫外线辐射以后，分子中的C-C、C-H、C-O、C-N等化学键受光能作用而发生断裂，称为直接光解，另外农药还可以与环境中的在光照条件下产生的物质发生相互作用，土壤腐殖质或无机物质吸收紫外辐射后被活化，产生氧自由基或过氧化物，导致农药发生间接光解。农药的光解受多种因素的影响，如土壤环境中光敏物质及土壤水分、pH等。农药光解虽然是农药重要的降解途径，但是受光照条件的限制，农药的光解一般只能发生在表层土壤中，较深层土壤中的农药比较容易发生微生物降解。

　　土壤微生物降解是农药降解的主要动力，以毒死蜱为例，其在土壤中微生物降解主要通过矿化作用和共代谢作用进行。矿化作用是指在微生物作用下，将农药分解为CO_2和H_2O等无机化合物的过程。通过矿化作用，农药能够彻底分解，而且避免产生具有毒性的中间产物。共代谢降解指的是微生物从土壤中获取碳源和能源的同时将土壤中的农药降解的过程。但是共代谢降解往往不能完全降解，如毒死蜱的共代谢过程中，毒死蜱仅在微生物的正常代谢活动期间被捕获在某些代谢途径中，从而使毒死蜱发生一定程度的降解。共代谢降解和矿化作用降解毒死蜱的第一步均是水解反应，涉及毒死蜱中磷酸酯键的裂解和水的氧原子形成新键。毒死蜱的水解反应目前可分为中性水解和碱性水解。中性水解指的是水分子中的孤对电子在乙氧基碳上的亲核攻击导致烃基断裂，从而发生水解，典型的是SN2型置换反应；碱性水解指的是在碱性条件下氢氧根离子中的电子在磷原子处的亲核攻击从而导致醇基或酚基键断裂。目前普遍认为，毒死蜱在土壤中的降解途径以碱性水解为主（薛南冬等，2017），农药的施用会影响土壤微生物群落的结构功能等，施用杀虫剂毒死蜱未对小麦、玉米田土壤酶活性和土壤硝化作用产生抑制作用，但可能不利于微生物对有机污染物的降解；施用除草剂阿特拉津后可以刺激玉米田微生物中对有机污染物的降解作用的菌属丰度升高。

　　农药的降解受土壤温度、湿度、农药施用浓度、土壤质地等多种因素的影响，在一定的施用浓度范围内，土壤中的微生物能降解阿特拉津降解产物脱乙基阿特拉津（DEA）和脱异丙基阿特拉津（DIA），而且浓度越高降解越快。低浓度的DEA和DIA可以较长时间残留在土壤中。在修复受阿特拉津污染土壤时，调整土壤湿度和土壤温度，可促进DEA和DIA在土壤中的降解（沈佳伦等，2020）。湿度过低或过高会导致农药在土壤中消解半衰期延长，如农业生产中通过灌溉适当调节土壤水分在60%～80%田间持水量的条件下可加快毒死蜱降解、降低毒死蜱的环境风险。DEA和DIA在不同土壤中削减规律不同，在黑土中的半衰期均比在潮土中长，但是在黑土中消解较完全（沈佳伦等，2020）。

三、设施菜地酞酸酯和激素的多界面迁移转化机制与效应

　　设施菜地农膜等的大量使用导致酞酸酯进入土壤并在土壤中积累，长期大量使用农膜以及农膜残留造成的酞酸酯污染问题日益严重。目前，酞酸酯污染已成为我国最受关注的有机污染问题之一。酞酸酯

会在大气、水体、土壤以及植物体系中发生一系列的迁移、累积和转化。

全国不同地区、不同类型的大量农膜采样分析发现，农膜中酞酸酯的含量范围为2.59～282 000 mg/kg，以邻苯二甲酸二（2-乙基己基）酯占主导。农膜中酞酸酯的释放动力学表明，不同类型农膜中邻苯二甲酸二（2-乙基己基）酯的释放均可用一级动力学方程描述，释放半衰期1～78 d。基于农膜释放邻苯二甲酸二（2-乙基己基）酯的健康风险评价方法，发现在农膜使用的前90 d内，聚氯乙烯（PVC）和茂金属聚乙烯（mPE）棚膜的邻苯二甲酸二（2-乙基己基）酯释放浓度将始终大于邻苯二甲酸二（2-乙基己基）酯在实际温室温度下的饱和蒸汽浓度，这不仅可能会促进土壤对邻苯二甲酸二（2-乙基己基）酯的吸附，而且会导致空气中邻苯二甲酸二（2-乙基己基）酯的风险值大于1，从而对人体健康造成较大的风险。对于其他类型农膜，如乙烯-醋酸乙烯共聚物（EVA）、聚烯烃（PO）等，其释放的邻苯二甲酸二（2-乙基己基）酯的健康风险值在1个月内从高水平（0.1）降低到安全阈值（10^{-4}）以下。建议在这类农膜使用的初期（约1个月），对塑料温室进行持续通风以降低温室内的邻苯二甲酸二（2-乙基己基）酯浓度，从而减少空气暴露带来的健康风险（Wang et al.，2021）。

采用傅立叶变换红外光谱（FTIR）和核磁共振（NMR）技术，揭示了不同浓度可溶性有机质对邻苯二甲酸二丁酯在不同土壤界面上的吸附动力学/吸附热力学影响。研究表明，无论是否添加外源可溶性有机质，邻苯二甲酸二丁酯在黑土中的平衡吸附量均高于红壤；分配作用在土壤吸附邻苯二甲酸二丁酯过程中起主导作用，而且外源可溶性有机质可通过促进疏水性分配作用来提高土壤对邻苯二甲酸二丁酯的吸附量。低浓度的可溶性有机质对红壤和黑土吸附邻苯二甲酸二丁酯的促进效果优于高浓度可溶性有机质，该现象在红壤中更明显。外源性可溶性有机质影响土壤吸附邻苯二甲酸二丁酯的具体机理与土壤的组成有关。红外光谱分析表明，土壤中羧酸类、芳香族C＝C和C=O的分子内和分子间氢键相互作用参与了土壤对邻苯二甲酸二丁酯的吸附过程。可见，外源性可溶性有机质对邻苯二甲酸二丁酯在土壤中的迁移与固持作用具有重要影响（Wu et al.，2018）。

对酞酸酯在设施菜地土壤–蔬菜系统中的迁移过程以及蔬菜根系/茎叶/果实、生物体表/体内富集的定向累积特征研究结果表明，水培液中添加的邻苯二甲酸二（2-乙基己基）酯降低了生菜生物量的增长量，高浓度（1 000 μg/L）的毒害和胁迫较中低浓度（100 μg/L和500 μg/L）明显，且胁迫毒害主要集中在根部。暴露于100 μg/L、500 μg/L和1 000 μg/L浓度水溶液条件下，生菜植株地上部分和地下部分均能检出邻苯二甲酸二（2-乙基己基）酯，叶片中的含量分别为2.37 μg/g、3.85 μg/g和5.43 μg/g，根部的含量分别是32.6 μg/g，290.9 μg/g和33.6 μg/g，根部生物富集因子分别为317.3、1 358.3和68.9。无论是植株中邻苯二甲酸二（2-乙基己基）酯浓度还是生物富集因子均显示邻苯二甲酸二（2-乙基己基）酯易于富集根部，向地上部分传输的风险较小。但当浓度高达1 000 μg/L时，植株中邻苯二甲酸二（2-乙基己基）酯浓度和生物富集因子均下降，结合对植物生长的观察及前期预备实验分析，其可能的原因是高浓度的邻苯二甲酸二（2-乙基己基）酯对生菜根系造成了较大的毒害作用，甚至导致根系腐烂，降低其对邻苯二甲酸二（2-乙基己基）酯的吸收和传送。植物传输系数（TF）显示1 000 μg/L邻苯二甲酸二（2-乙基己基）酯浓度下植物传输系数最大，说明污染物浓度是驱动根系传输的因子，根部的损伤促进了污染物向植物茎叶的传输过程。研究发现，酞酸酯的物理化学性质是影响植物吸收累积和代谢的关键控制因素，如分子量相对较小的邻苯二甲酸二乙酯相对邻苯二甲酸二正丁酯更容易被萝卜苗的根吸收并向叶片转移，而分子量相对较大的邻苯二甲酸二正丁酯更容易在萝卜根部富集且相对不容易向叶片转移，且邻苯二甲酸二正丁酯的降解速率相对邻苯二甲酸二乙酯也更慢。大棚蔬菜污染暴露实验表明，温度升高在一定程度上会增加作物对酞酸酯的吸收，这可能是由于温度增加会导致设施大棚空气中酞酸酯浓度增加，从而增加了植物对空气中酞酸酯的吸收。一定浓度范围内，增加NO_3^--N浓度能减少萝卜对邻苯二甲酸二正丁酯的吸收并促进根部的邻苯二甲酸二正丁酯向叶片转移，而NH_4^+-N会增加萝卜苗根部对酞酸酯的吸收并抑制酞酸酯的转运。

四、稻田土壤生源要素循环耦合的有机氯农药还原转化

氧化还原反应是稻田中的重要反应，稻田淹水后，微生物的厌氧呼吸将介导土壤有机碳的厌氧分解及含铁、硫等高价矿物质的还原。除了纯化学的反应外，这些还原过程的本质，其实是功能微生物厌氧呼吸过程中介导的由电子供体（如有机质碳）向电子受体（如高价铁或硫）传递电子的异化铁/硫还原和产甲烷过程。对于不易彻底好氧矿化且具备还原转化特性的COPs来说，还原脱氯是其污染削减的最重要途径。在厌氧条件下，COPs降解是由脱氯功能菌介导的脱氯呼吸过程，本质为得电子的还原脱氯过程。在该过程中，COPs扮演的也是电子受体的角色。因此，厌氧稻田土壤中各种还原过程（如Fe^{3+}还原、SO_4^{2-}还原、产甲烷和还原脱氯）会通过微生物厌氧呼吸介导的电子传递作用产生耦合，且这种耦合作用受到多重土壤环境因子的影响，包括共存电子供体的盈缺、电子穿梭体对还原过程中电子流向的调控、电子受体的竞争作用，以及底物或还原产物对功能微生物的毒害等（Cheng et al.，2019；Xu et al.，2020；Xue et al.，2017；Zhu et al.，2020）。

电子供体影响有机氯农药的还原，一方面能减缓有机氯农药对环境中微生物的毒害作用，另一方面电子供体可以被微生物利用。对严格型脱氯呼吸菌来说，只能利用H_2和乙酸盐作为电子供体；非严格型脱氯呼吸菌除上述两种还可以利用多种碳源（包括甲酸钠、乙酸钠、丙酮酸钠、乳酸钠等）。在天然淹水土壤中，通过设置不同的还原条件（硫还原条件和产甲烷条件）以及外源添加不同的电子供体（甲酸钠、乙酸钠、丙酮酸钠、乳酸钠），研究典型有机氯农药五氯酚（Pentachlorophenol，PCP）的还原脱氯降解与土壤中典型氧化还原过程的关系。研究发现外源有机碳输入后可作为电子供体补给微生物厌氧呼吸所需的电子，从而促进还原脱氯，其中丙酮酸钠的促进效果最为显著（$P<0.001$），其次依次是乳酸、乙酸、甲酸。但在电子盈余后，稻田中的Fe^{3+}还原、SO_4^{2-}还原和产甲烷过程也非选择性地受到促进，由此增加了稻田还原物质毒害和温室气体排放的风险。结合考虑不同外源电子供体添加对PCP还原降解和土壤其他还原过程影响的综合效应发现，乙酸钠是协调PCP还原脱氯降解与土壤天然氧化还原过程间相互作用的最佳电子供体，可在促进绝大部分PCP还原降解的同时，最大程度避免由外源电子供体添加可能导致的稻田甲烷增排和铁/硫还原物质毒害形成的负面效应。

土壤体系中物质成分比较复杂，不同氧化还原体系之间的关系错综复杂，相互影响，在淹水土壤中，电子受体的还原顺序一般为$NO_3^->Mn（Ⅳ）>Fe（Ⅲ）>SO_4^{2-}>CO_2$（Xu et al.，2015）。传统观点认为电子受体的还原过程与有机氯农药的还原脱氯过程存在电子竞争关系，从而使得有机氯农药的还原脱氯降解过程受到一定程度的抑制。然而，我们利用大数据手段收集分析已有研究数据（污染物涉及DDT、HCHs、PCP、PCBs等10种典型OCPs，厌氧环境介质涉及稻田、湿地、沉积物、垃圾填埋场、污泥、地下水、培养基等7大类），发现OCPs快速还原和甲烷加速生成过程共存发生，表现出正向协同相关性；其中，厌氧环境下OCPs脱氯所需还原电位值和产甲烷所需还原电位值重叠是协同共存的理论基础。探明一些产甲烷菌（如*Methanosarcina*、*Methanobacterium*、*Methanomassiliicoccus*）可利用自身代谢，通过H_2、维生素B_{12}等中介体辅助脱氯菌还原OCPs，或通过调控电子流向、营养物（碳源）参与

还原，或利用自身的次生代谢产物介导生物或非生物还原降解（Cheng et al.，2022），并且联合全球尺度微生物互作网络表征、纯菌尺度代谢组分子机理探索和分子/原子尺度量子热力-动力学模型模拟，发现产甲烷菌常常作为核心节点与脱氯菌一起维持着污染微生境的生态平衡，其中产甲烷菌关键辅酶因子F430结构中心Ni原子的强电子吸附作用力可显著降低还原脱氯的反应能垒，显示出产甲烷菌可能具有直接脱氯新功能。进一步考虑到当前全球生物多样性降低的情况，研究发现减绝稀释处理的稻田土壤，还原脱氯未发生显著变化，而产甲烷过程甚至得以促进，经稀释降低微生物多样性后，古菌群落比细菌群落具有更快的重组和恢复能力，且确定性过程的相对贡献在古菌群落组装过程中随稀释梯度升高而增加，而增加的确定性过程塑造了更高的微生物多样性，如功能脱氯菌群（*Sendimentibacter*、*Desulfitobacterium*）和产甲烷古菌（*Methanomassiliicoccus*、*Methanobacteria*）的相对丰度均显著增加，导致还原脱氯与产甲烷两个过程在微生物多样性损失条件下的协同耦合作用更加明显（Yang et al.，2021）。除了产甲烷过程外，铁/硫还原也是胞外呼吸链上重要的电子过程。我们以PCP为例，联合功能微生物（铁还原菌、硫还原菌、产甲烷菌、脱氯菌）组成与丰度、不同还原过程中电子转移量的化学计量分析，发现稻田中Fe^{3+}还原菌在PCP污染胁迫下丰度并没有明显降低，一方面可通过介导Fe^{3+}还原，在后续Fe^{2+}接力氧化过程中将电子传递给PCP以促进PCP的化学脱氯；另一方面具备脱氯功能，可以直接通过生物脱氯降解PCP，因此具备多样性的环境功能；典型SO_4^{2-}还原菌群虽可耐受PCP污染，但不具备与Fe^{3+}还原菌类似的脱氯功能；NO_3^-还原在稻田淹水后迅速发生，因与启动PCP还原所需的Eh条件相距较远，反硝化与还原脱氯不存在直接的耦合关系，但NO_3^-可以作为微生物生长的氮源，通过非选择性地促进功能菌生长而间接促进脱氯，低N或缺N土壤中这种作用更明显。上述结果揭示了稻田中还原脱氯表现出与铁还原和产甲烷协同、与硫还原拮抗的耦合关系（Xu et al.，2015；Cheng et al.，2019；Feng et al.，2020；Yang et al.，2021；Yuan et al.，2021；Cheng et al.，2022）。

电子穿梭体是一类可通过自身氧化还原介导电子转移的化学物质的统称，电子穿梭体可加速电子传递过程，参与矿物的微生物还原，驱动生源要素碳、氮、硫元素循环偶联有机污染物降解。作为一种电子穿梭体，生物质炭可干预一系列微生物厌氧呼吸过程中参与的电子传递过程，并通过对电子分配和电子传递流向的影响，调控土壤中生源要素的还原反应以及有机氯农药的脱氯降解过程。在电子亏缺情况下，生物质炭的共存可通过电子穿梭体机制调控电子传递流向，将有限的电子分配给体系中更有竞争力的内源电子受体Fe^{3+}和SO_4^{2-}，从而导致供给还原脱氯的电子量减少，COPs污染削减受到抑制，同时可能促进甲烷、二氧化碳等温室气体的排放（Chen et al.，2020；Xu et al.，2020）。

五、农田抗生素污染及抗性基因增殖扩散机制

动物粪便和土壤环境是抗生素和抗性基因污染的重要储库，人类活动（如有机肥施用等）会加剧抗生素和抗性基因在农田生态系统的传播与扩散，土壤中的抗生素和抗生素抗性基因可通过"土壤-植物"系统迁移至植物组织或植物微生物组中，从而进入食物链直接影响人类健康。可移动遗传元件包括质粒、整合子、转座子及插入序列等介导的基因水平转移是驱动环境中抗性基因传播扩散的主要机制。然而，针对农田生态系统中抗生素和抗性基因的污染特征、驱动因子、迁移规律和扩散机制尚不清晰。有鉴于此，我们对抗生素污染水平、抗性基因多样性及增值扩散机理开展了相关研究。

有机肥粪肥的施用是农田生态系统中抗生素的主要来源。基于高通量荧光定量PCR技术分析了猪粪和铜停施10年后土壤中抗生素抗性基因多样性和丰度。结果表明，猪粪和铜停施10年后，土壤抗生素抗

性基因相对丰度仍显著高于对照组，说明猪粪和铜施用可导致土壤抗生素抗性基因的长期存在，铜处理土壤中所检出的抗生素抗性基因数量的90%以上均可在猪粪施用土壤中检出，而铜是唯一在2种处理土壤中检出浓度均显著高于对照并处于同一浓度水平的元素。也说明铜可能是导致土壤中抗生素抗性基因增殖扩散的主要因素之一，施加重金属含量较高的粪肥对农田土壤抗生素抗性基因有着长期影响的风险。此外，我们也分析了抗生素积累（环丙沙星、氧四环素、磺胺甲噁唑和泰乐霉素）对农田土壤中抗性基因的影响，发现抗生素积累对土壤中微生物的丰度没有显著影响，然而泰乐霉素可以显著减少土壤中微生物的多样性，环丙沙星可以显著增加喹诺酮类抗性基因的丰度，由此可见抗生素种类影响土壤微生物群落和抗性基因的组成。我们通过微宇宙培养实验进一步研究了不同浓度的磺胺甲噁唑对土壤中微生物群落和抗性基因分布的影响，发现120 d孵育之后土壤中磺胺甲噁唑的浓度减少了75%~97%，磺胺甲噁唑污染显著减少了土壤中细菌和真菌群落的多样性并改变了它们的组成，sul1丰度也显著减少，这些研究表明抗生素和重金属都是驱动土壤抗生素抗性变化的主要因子（Cheng et al., 2020；Sun et al., 2021）。

土壤-植物系统是环境抗生素和抗性基因向人体传播的重要途径。对土壤-植物系统中抗性基因的传播扩散过程研究结果表明，长期（10年）有机肥施用（污泥和鸡粪）显著增加了玉米叶际抗性基因的丰度和多样性，叶际中有62个抗性基因显著富集，微生物群落变化是叶际抗性基因的主要驱动因子，土壤是叶际抗生素抗性基因的一个潜在储库，这些结果表明有机肥施用促进了抗性基因向农田土壤-植物系统中的传播扩散。通过微宇宙方法对有机粪肥与生物质炭添加对植物内生菌抗性基因影响的研究结果表明，土壤—植物根内—植物内，抗性基因的丰度和微生物多样性呈现逐渐减少的趋势。抗性基因整体分布与细菌OTUs丰度显著相关，其中抗性基因aac(3)-VIa和可移动遗传元件IS6100的丰度与各种细菌类群显著相关，此外厚壁菌可能是生菜组织中大环内酯类-林可酰胺类-链阳霉素B类（MLSB）和糖肽类抗生素抗性基因的主要载体。粪肥和生物质炭的添加没有明显改变生菜根和叶内样品中抗性基因丰度，然而粪肥添加增加了土壤和叶内抗性基因的多样性。这表明有机粪肥添加可能促进抗性基因在土壤-植物系统中的扩散潜力。这些内生菌抗性基因可能通过食物链对人体健康产生潜在危害。此外，研究发现土壤-植物系统中蔬菜品种显著影响植物微生物组中的抗性基因多样性和丰度，研究表明生菜和小白菜叶子比苦菊和香菜叶子含有更丰富的抗性基因，样品类型（根际土壤、根内生、叶内生）比蔬菜品种对抗性基因丰度的影响更大。同时鉴定了4种蔬菜可食用部分内生微生物组中共有的抗性基因有3种，分别为氨基糖胺类抗性基因aadE、四环素类抗性基因tet(34)和万古霉素类抗性基因vanSB（Sun et al., 2021）。

水平基因转移是抗性基因在环境中传播扩散的主要分子机制，抗性基因的水平转移需要借助可移动遗传元件进行介导完成，这些可移动遗传元件包括质粒、整合子、插入序列和转座子等，其中质粒介导的抗性基因的水平转移是较为主要的方式。我们通过构建微宇宙培养体系模拟质粒接合实验，研究了广宿主质粒RP4在土壤环境中的扩散。携带抗性质粒RP4的供体菌Pseudomonas putida与土壤微生物群落共同孵育15 d后，RP4质粒和供体菌的丰度快速减少，随后供体菌丰度减少速率变慢，75 d孵育后，RP4/P. putida比例逐渐增加。通过流式细胞分选接合子和测序发现RP4质粒可转移到300余种细菌中，且其中含多种潜在人类病原菌，暗示了抗性质粒在实际土壤环境中有可能通过植物传递如食物链传递等转移至人体，进而危害人类健康。

六、土壤中病原微生物的存活与传播机制

病原微生物（pathogenic microorganism）是指一切可以导致疾病发生的病原体，包括细菌、真菌、病毒、螺旋体、支原体、立克次体、衣原体、寄生虫（原虫、蠕虫、医学昆虫）等。这些病原菌在土壤环境中也能生存，因此未经处理的人畜粪便施肥、生活污水、垃圾、医院含有病原体的污水和工业废水农田灌溉或作为底泥施肥，以及病畜尸体处理不当等都会导致病原体从外界进入土壤，破坏土壤生态系统的平衡，引起土壤质量下降。而且这些病原菌还会通过土壤—空气、土壤—植物或土壤—地下水等多种途径进入人体，从而危害人体健康。沙门菌进入土壤后可以通过根际和根以内生菌的形式存在于植物体内（内生化），也可以在灌溉或降雨期间将土壤溅到叶、花、果上导致沙门菌内化到可食用的部分。沙门菌相比于在壤土中生长的植物更容易侵入沙质土壤中生长的植物。病原菌的入侵在不同植物中也不同，莴苣比玉米更容易被土壤中的沙门菌侵染（Jechalke et al.，2019）。某些病原菌（如非伤寒沙门菌属和肠毒性大肠杆菌）已经进化到可以利用植物作为替代宿主，这些病原菌在水果蔬菜等中的残留，可引起胃肠炎的暴发。沙门菌是一种普遍存在且耐寒的细菌，可以在干燥环境中存活数周，在水中存活数月。在环境中的存活率甚至比大肠杆菌更高。对于土壤环境来说，沙门菌可以随猪或家禽粪便作为肥料施用到农田时进入土壤。畜禽粪便所携带的沙门菌在不同的环境条件下可以存活不同的时长，在土壤中至少存活21 d，在合适的条件下甚至可存活长达数百天，最长甚至达到968 d。淹水条件下土壤中的沙门菌存活数量相对较少；土壤质地较为疏松的潮土则更加不利于沙门菌的存活。研究表明大肠杆菌优先吸附在大小范围为$16\sim30~\mu m$的土壤颗粒上，且吸附态的大肠杆菌O157:H7的存活时间超过悬浮态细菌。

进入土壤的病原菌与土壤胶体还会发生生物相互作用、物理相互作用和物理化学相互作用。生物作用主要指病原菌在土壤颗粒表面的生长、代谢和繁殖过程，病原菌可分解营养物质并分泌胞外聚合物等；物理作用主要指的是土壤的孔隙度、颗粒的团聚程度、质地等物理性质对病原菌的影响；物理化学作用包括病原菌在界面发生的吸附、解吸、氧化还原等过程。其中吸附行为显著影响病原菌与土壤界面作用的强弱程度，吸附态病原菌生理代谢的转变是病原菌在土壤中存活的重要机制之一。吸附的过程主要是大肠杆菌O157:H7的双组分系统、趋化性系统、鞭毛装配、三羧酸循环、脂肪酸代谢、精氨酸和脯氨酸代谢、糖酵解/糖原异生、β-内酰胺类抗生素抗性等起作用。除此之外黏土矿物的表面理化性质（电化学特性和形貌）是影响病原菌生存的关键，黏土矿物的表面理化性质决定矿物和细菌的结合方式及黏附强度，进一步影响细菌的生长空间、生理代谢活性、营养物质的利用方式、有害代谢产物的排放及细菌死活等，最终决定病原菌在土壤中的生长、生物被膜形成以及毒性表达等一系列生理过程。

除土壤的理化性质之外，生物因素也影响病原菌在土壤中的存活，研究表明，土壤土著微生物群落的存在能够缩短病原菌在土壤中的存活时长，并且对粪肥携带的病原菌在土壤中的定殖具有明显的抑制作用（Gao et al.，2019）。推测土著微生物抑制外源细菌的定殖主要有三种途径：第一，在相同生态位中，外源细菌对土壤养分资源的利用效率较土著细菌慢，因而竞争能力较弱；第二，土著微生物与外源细菌之间存在的相互作用和竞争关系；第三，土壤中的某些放线菌和真菌释放的抑菌物质所发挥的抑菌作用。病原菌进入土壤后会不可避免地与土壤土著微生物进行相互作用。细菌间的互作类型一般可以分为竞争、拮抗、互利共生、偏利共生等多种不同的类型。有研究关注菌种间的相互作用对碳源利用的作用，结果表明，两种菌种间的相互作用会随初始接种比例和生态位条件的变化而变化。1∶1和1 000∶1接种比例的共培养在利用14种特定碳源下显示出协同合作，从而可以大大提高整体碳的利用效

率（CUE），主要是因为初始比例导致了物种互作模式的改变，从而说明初始比例能够诱导共培养中涌现性特征的出现。另外在土壤环境中，由于微生物在固-液或气-液等界面聚集，并包被在自身分泌的胞外聚合物（Extracellular polymeric substance，EPS）中而形成的微生物聚集体，称之为生物膜（孙晓洁等，2017）。不同的环境会形成具有不同功能特性的多物种生物膜，而这些复杂的微生物群落又会对周围环境产生反馈调节，从而影响土壤质量和植物适应性等。另外，在植物根际，多物种生物膜可作为抵御病原菌入侵的一道生物防线。粪肥是农田土壤中病原菌的主要来源，频繁施用粪肥会导致微生物群落多样性、组成、生态位等发生了变化，一些病原菌可在粪肥施用后短时间存活，并在粪肥施用后的早期利用粪肥携带的养分发生增殖，因此，少量粪源病原细菌可在粪肥施用初期入侵成功，但因资源利用效率较低或者在抑菌物质的作用下，最终仍然无法存活较长时间。所以在粪肥携带的病原菌数量较少的情况下，长期施用猪粪一般不会造成沙门菌和大肠菌群的累积，粪肥施用土壤病原菌污染风险整体可控。

第三节　土壤有机/生物污染源头防控

针对我国农田环境中重点污染物不明确的问题，目前国内外生物污染修复技术存在局部化、短期化、应用难的问题，物理化学修复技术存在土壤本身破坏性大、使用方式缺失、不适用大面积的农田污染修复的技术瓶颈，以及生物污染防控技术易二次污染等现状，应采取以"源头控制—农田过程调控—污染削减"为指导主线，紧扣"关键技术研究"的重点，聚焦我国主要农业区域中典型农药、抗生素、酞酸酯、激素等化学污染和病原菌等生物污染，研发源头阻控、生物降解与失活、绿色防治、综合防控等新技术、新产品。

一、农药优控名录

（一）农田有毒有害化学污染物优控筛选技术

1. 筛选原则

基于潜在风险防范的理念，从源头减少农田有毒有害污染物的排放，结合农田有毒有害污染物的危害特性、环境暴露潜力，从污染物对人体健康与生态环境风险角度，确定筛选的方法。

2. 数据收集

收集农田有毒有害污染物信息或数据成为建立农田优先控制有毒有害污染物初筛名单关键，但目前我国尚未发布农田有毒有害污染物名单。采用文献调研法、数据库检索法和名录比对法确定农田有毒有害污染物名单。在建立农田有毒有害污染物初筛名单将考虑到所有可能排放（或施用）到农田的化学物质，主要遵循如下标准：

（1）我国已取得农药登记的化学农药有效成分。采用数据库检索法，收集中国农药信息网中收录的农药登记数据信息，共40 237条数据。排除生物农药、植物源农药和卫生用农药，共整理到30 135种化学农药，通过农药登记证号查询农药有效成分信息，将395种化学农药有效成分纳入初筛名单。数据库检索信息截止日期为2018年2月。

（2）我国农膜中主要添加的酞酸酯类化学物质。目前我国尚未发布农田中酞酸酯类污染物清单。采用文献调研法，调研中国知网科研文献100余篇，结合生态环境部2012年和2016年化学品生产使用调查数据，将可能添加在农膜中的15种酞酸酯类化学物质纳入初筛名单。

（3）我国允许使用的禽畜抗生素、激素。根据我国农业部第1997号公告《兽用处方药品种目录（第一批）》、第2471号公告《兽用处方药品种目录（第二批）》以及中国兽药信息网公布的化学抗生素清单整理出88种禽畜抗生素，排除生物源抗生素，筛选出25种禽畜抗生素有效化学成分纳入初筛名单。采用文献调研法，调研中国知网科研文献50余篇，将文献调研检索到的12种禽畜激素纳入初筛名单。

（4）我国农业农村部管控目录中禽畜激素。根据我国农业部第176号公告《禁止在饲料和动物饮用水中使用的药物品种目录》、第193号公告《食品动物禁用的兽药及其它化合物清单》，排除生物源激素，筛选出11种禽畜激素有效化学成分纳入初筛名单。采用文献调研法，调研中国知网文献50余篇，将文献调研检索到的5种禽畜激素纳入初筛名单。

通过初步的去重，共463种农田有毒有害污染物纳入初筛名单，包括395种农药、15种酞酸酯、37种禽畜抗生素和16种禽畜激素。通过数据库检索法、文献调研法、模型预测法等收集了农田有毒有害污染物暴露和危害信息，共计463条数据，6 960个数据记录。

3. 筛选方法

针对初筛名单中的农田有毒有害污染物，采用"直通车"法和风险筛选法，并采用此方法建立了4个方案的农田优先控制有毒有害污染物候选名单。

（1）"直通车"法。"直通车"法是将我国未全面禁止使用、限制使用和国际公约中我国未全面禁止的农田有毒有害污染物直接纳入候选名单，主要包括以下3个方面。

一是农业农村部限制使用的农药。根据农业部第2567号公告《限制使用农药名录（2017版）》，将可能施用到农田中的甲拌磷、甲基异柳磷、氯化苦、灭多威等21种农药直接纳入候选名单。

二是我国农业农村部管控名录中的禽畜抗生素激素。根据农业部第193号公告《食品动物禁用的兽药及其它化合物清单》和第176号公告《禁止在饲料和动物饮用水中使用的药物品种目录》，将丙酸睾酮、苯丙酸诺龙、苯甲酸雌二醇、己烯雌酚、雌二醇等11种禽畜激素直接纳入候选名单。

三是国际公约管控的我国仍有登记的农田有毒有害污染物。根据《鹿特丹公约》将苯菌灵和福美双直接纳入候选名单。通过去重，"直通车法"共将34种物质直接纳入候选名单。

（2）风险筛选法。除了运用"直通车"法筛选的34种物质外，其余429种农田有毒有害污染物基于风险进行筛选。

筛选指标确定 筛选指标包括暴露筛选指标和危害筛选指标。

暴露筛选指标：由于我国长期缺乏对农田有毒有害污染物监测数据，参考发达国家有毒有害化学品评估经验，即有生产使用就有暴露的可能性。考虑到农药类有毒有害污染物是直接施用到农田，将产品登记数量、单次施用最大量、施药次数和施药方式作为农药类有毒有害污染物主要暴露筛查指标；考虑到酞酸酯类和禽畜抗生素激素类有毒有害污染物是间接排放到农田，将生产使用企业数量、涉及生产使用省份数量、生产量和使用量作为酞酸酯类和禽畜抗生素激素类有毒有害污染物主要暴露筛查指标。

危害筛选指标：农田有毒有害污染物可能会对生态环境或通过生态环境对人体健康造成危害。在生态环境危害方面，由于农田中存在的有毒有害污染物可能通过地表径流对周边水生态环境造成危害，因此将水生生物急慢性毒性作为生态环境危害筛选指标。在有毒有害污染物环境归趋特征方面，选择土壤降解性和生物蓄积性作为筛选指标。在人体健康方面，农田有毒有害污染物造成的污染具有潜伏性，可能被作物吸收，并通过膳食暴露途径进入人体，短时间内可能无法发现其人体健康危害，但长时间积累，随着数量的增加便会出现危害特征，因此将致癌性、致突变性、生殖毒性、特异性靶器官一次接触毒性、特异性靶器官反复接触毒性作为健康危害指标。

数据来源　农田有毒有害污染物的危害信息来自国际权威数据库，主要参考美国ACToR数据库、HSDB数据库、AGRITOX数据库、国际经济合作和发展组织eChemPortal数据库中日本GHS-J分类结果、欧盟ECHA C&L分类结果，致癌性指标参考国际癌症机构（IARC）的分类结果，部分污染物环境归趋数据由EPI Suite等国际权威计算毒理学模型预测得到。暴露数据来自生态环境部化学品生产使用调查数据和中国农药信息网。

风险筛选方法　依据农田有毒有害污染物对人体健康和生态环境的危害和影响严重程度，提出4种筛选方法：SVHC法（方案一）、Copeland法（方案二）、单一指标比对法（方案三）和综合评分法（方案四）。

SVHC法（方案一）：SVHC法是参照欧盟高关注物质优先排序的方法，将初筛名单中物质按照表3-4进行分级赋分，风险总分值=危害分值+暴露分值。将农田有毒有害污染物SVHC总分>15的物质纳入候选名单。按SVHC法，共有34种农田有毒有害污染物纳入候选名单。

表3-4　农田有毒有害污染物SVHC法赋分标准

指标	评估指标/产量/t	类别	分数
危害信息	特异性靶器官一次接触和反复接触毒性的1类、2类	低	1
	C2A/2B、M2或/和R2	中	7
	C1、M1A/1B或/和R1A/1B	较高	13
	C1或/和M1A或/和R1A，且至少P，B，T1或/和vPVB	高	15
暴露信息	0	无	0
	<1 000	非常低	3
	1 000～10 000	低	6
	10 000～100 000	中	9
	100 000～1 000 000	高	12
	≥1 000 000	很高	15

注：vPVB-强持久性、强生物累积性物质，其他字母代表意义见表3-5。

Copeland法（方案二）：Copeland法是一种简单的非参数计分排序方法，即"少数服从多数"，是数学在社会学上的重要应用。详细规则如下：设有m种评价对象（X_1，X_2，X_3，…，X_m），n个评价指标，且指标n的数值大小与评价对象的危害呈正相关关系，对每一种评价对象的指标值分别与同一指标下其他评价对象指标值相比较，指标值大者计+1分，指标值相等计0分，指标值小者计-1分，最后以比对完的指标值的和进行排序，以图3-1进行举例说明。

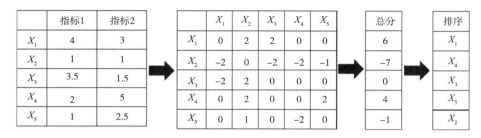

图3-1 Copeland法示意

从环境暴露及危害、人体健康危害共13个指标进行评价，因此*n*值为13。

将农药类有毒有害污染物Copeland总分>1 500、酞酸酯类有毒有害污染物Copeland总分>50、禽畜抗生素激素类有毒有害污染物Copeland总分>150的物质纳入候选名单。按Copeland法，共有39种农田有毒有害污染物纳入候选名单。

单一指标比对法（方案三）：将初筛名单中符合以下任一标准的农田有毒有害污染物纳入候选名单：一是满足国际癌症研究机构（IARC）致癌性类别1、类别2A和类别2B的污染物；二是满足《化学品分类和标签规范 第22部分：生殖细胞致突变性》（GB 30000.22—2013）中致突变性类别1A、类别1B和类别2的污染物；三是满足《化学品分类和标签规范 第24部分：生殖毒性》（GB 30000.24—2013）中生殖毒性类别1A、类别1B和类别2的污染物；四是满足《化学品分类和标签规范 第28部分：对水生环境的危害》（GB 30000.28—2013）中急性水生危害类别1或长期水生危害类别1的污染物。

按单一指标标准比对法，共有159种农田有毒有害污染物进入候选名单。

综合评分法（方案四）：综合评分法是指按照不同评价标准对筛选指标进行分级赋分的筛选方法，具体分级标准见表3-5和表3-6。

表3-5 农田有毒有害污染物危害指标分级赋分表

筛选指标	指标分级		分值
	分级依据	分级	
持久性（P）	《GB/T 24782—2009持久性、生物累积性和毒性物质及高持久性和高生物累积性物质的判定方法》	土壤降解半衰期天数>180 d	3
		土壤降解半衰期天数>120 d	2
		土壤降解半衰期天数≤120 d	1
生物蓄积性（B）	《GB/T 24782—2009持久性、生物累积性和毒性物质及高持久性和高生物累积性物质的判定方法》	BCF>5 000	3
		BCF>2 000	2
		BCF≤2 000	1
危害水生环境（长期）	《GB 30000.28—2013化学品分类和标签规范》第28部分：对水生环境的危害	第1类	3
		第2类	2
		第3类	1
		第4类	0
		无分类	0
危害水生环境（急性）	《GB 30000.28—2013化学品分类和标签规范》第28部分：对水生环境的危害	第1类	3
		第2类	2
		第3类	1
		无分类	0

（续表）

筛选指标	指标分级		分值
	分级依据	分级	
致癌性（C）	国际癌症研究机构（IARC）分类标准	1类	3
		2A类	2
		2B类	2
		3类	1
		4类	0
		无分类	0
生殖细胞致突变性（M）	《GB 30000.22—2013化学品分类和标签规范》第22部分：生殖细胞致突变性	第1A类	3
		第1B类	2
		第2类	1
		无分类	0
生殖毒性（R）	《GB 30000.24—2013化学品分类和标签规范》第24部分：生殖毒性	第1A类	3
		第1B类	2
		第2类	1
		无分类	0
特异性靶器官毒性（一次接触）	《GB 30000.25—2013化学品分类和标签规范》第25部分：特异性靶器官毒性一次接触	第1类	3
		第2类	2
		第3类	1
		无分类	0
特异性靶器官毒性（反复接触）	《GB 30000.26—2013化学品分类和标签规范》第26部分：特异性靶器官毒性反复接触	第1类	3
		第2类	2
		无分类	0

表3-6 农田有毒有害污染物暴露危害指标分级赋分表

筛选指标	指标分级		分值
	分级依据	分级	
施用方式	—	灌根、灌淋、灌穴、浇灌法、土壤浇灌、苗床浇灌、泼浇、杯淋法、沟施、条施、穴施	4
		土壤处理、播后苗前土壤处理、移栽前土壤喷雾、苗后土壤喷雾、播后苗前土壤喷雾、土壤喷雾、地表喷雾、喷雾于播种穴、药土法、毒土法、甩施、撒施、苗床喷淋、苗床喷雾、苗床土壤处理、喷洒、点射	3
		喷粉、喷雾、茎叶定向喷雾、茎叶喷雾、定向喷雾、土壤熏蒸、熏蒸、熏蒸（纸箱）、点燃放烟、密闭熏蒸	2
		种薯包衣、种子包衣、拌种法	1
		毒饵法、浸果、涂抹病斑、涂抹、拌粮法	0

（续表）

筛选指标	指标分级		分值
	分级依据	分级	
单次施用最大量/（g/亩）	—	>1 249	4
		≤1 249	3
		≤344	2
		≤81	1
		0	0
施用次数	—	>3	4
		≤3	3
		≤2	2
		≤1	1
		0	0
登记数量	—	>204	4
		≤204	3
		≤89	2
		≤31	1
		0	0
生产使用企业数量/家	—	≥100	5
		<100	4
		<75	3
		<50	2
		<25	1
		<1	0
生产使用涉及省份数量/个	—	≥20	5
		<20	4
		<15	3
		<10	2
		<5	1
		<1	0
生产量/（t/a）	《HJ/T 154—2004新化学物质危害评估导则》	≥10 000	5
		<10 000	4
		<1 000	3
		<100	2
		<10	1
		<1	0

（续表）

筛选指标	指标分级		分值
	分级依据	分级	
使用量/（t/a）	《HJ/T 154—2004新化学物质危害评估导则》	≥10 000	5
		<10 000	4
		<1 000	3
		<100	2
		<10	1
		<1	0

每一种污染的综合风险分值按照式（3-1）计算，最终获得每个物质的综合风险分值，通过风险矩阵评估确定优先控制的污染物。对于评分公式采用公认的风险模式Risk=Hazar × Exposure。

$$综合风险值=EXS \times （EHS+HHS）\tag{3-1}$$

式中，EXS为环境暴露分值；EHS为环境危害分值；HHS为人体健康危害分值。

农药环境暴露分值计算公式如式（3-2）所示：

$$EXS=\frac{UA+UM+UF+RN}{4}\tag{3-2}$$

式中，UA为单次施用最大量；UM为施用方法；UF为施用次数；RN为登记数量。

酞酸酯和禽畜抗生素激素环境暴露分值计算公式如式（3-3）所示：

$$EXS=\frac{PU+PUP+P+U}{2}\tag{3-3}$$

式中，PU为生产使用企业数量分值；PUP为生产使用企业涉及省份数量分值；P为生产量分值；U为使用量分值。

环境危害分值计算公式如式（3-4）所示：

$$EHS=\frac{\frac{T_{慢}+P+B}{3}+T_{急}}{2}\tag{3-4}$$

式中，$T_{慢}$为水生环境长期毒性分值；P为持久性分值；B为生物蓄积性分值；$T_{急}$为水生环境急性毒性分值。

人体健康危害分值计算公式如式（3-5）所示：

$$HHS=\frac{C+M+R+\frac{SSE+SRE}{2}}{4}\tag{3-5}$$

式中，C为致癌性分值；M为致突变性分值；R为生殖毒性分值；SSE为特异性靶器官一次接触毒性；SRE为特异性靶器官反复接触毒性。

将各农田有毒有害污染物的综合评分总分值从高到低排序，通过风险矩阵分析方法筛选出可纳入候选名单的污染物，农药类有毒有害污染物风险矩阵评估表见表3-7。酞酸酯类和禽畜抗生素激素类有毒有害污染物风险矩阵评估表见表3-8。

表3-7　农药类有毒有害污染物风险矩阵评估表

危害总分值	危害级别			
4.5 ~ 6	中等	中等	高	高
3 ~ 4.5	低	中等	中等	高
1.5 ~ 3	低	低	中等	中等
0 ~ 1.5	低	低	低	中等
0	0-1	1 ~ 2	2 ~ 3	3 ~ 4
	暴露总分值			

表3-8　酞酸酯类和禽畜抗生素激素类有毒有害污染物风险矩阵评估表

危害总分值	危害级别				
4.8 ~ 6	中等	中等	高	高	高
3.6 ~ 4.8	低	中等	中等	高	高
2.4 ~ 3.6	低	低	中等	中等	高
1.2 ~ 2.4	低	低	低	中等	中等
0 ~ 1.2	低	低	低	低	中等
0	0 ~ 1	1 ~ 2	2 ~ 3	3 ~ 4	4 ~ 5
	暴露总分值				

按综合评分法将潜在风险中等和潜在风险高等的农田有毒有害污染物纳入候选名单，共有103种农田有毒有害污染物进入候选名单。

通过比较4种基于风险的筛选方法可知，综合评分法和SVHC方法对污染物的筛选指标进行了分级赋分，相对于其他筛选方法会受主观因素影响，但考虑到了不同筛选指标对潜在风险的影响程度；Copeland法和单一指标比对法直接对污染物筛选指标的数值进行比较，相比之下较为客观，但未考虑筛选指标对污染物潜在风险的影响程度。

由于农药类污染物的生产使用数据不完善，选择了施用方式、施用量平均值、施用次数、登记数量作为农药类污染物暴露指标。相比农药类污染物，选择了生产量、使用量、生产使用涉及企业数量、生产使用涉及省份数量作为酞酸酯及禽畜抗生素激素类污染物的暴露指标。通过单一指标比对法筛选的结果发现，酞酸酯类和禽畜抗生素激素类污染物相对于农药类污染物环境危害和人体健康危害较小，单一指标比对法不适合筛选酞酸酯类和禽畜抗生素激素类污染物。

综合考虑，综合评分法更适合农药类污染物的筛选，SVHC法更适合酞酸酯类、禽畜抗生素激素类污染物的筛选，但综合评分法和SVHC法相对Copeland法和单一指标比对法主观性较强，为提高筛选的结果合理性，选择使用综合评分法和单一指标比对法筛选农药类污染物，选择使用SVHC法和Copeland法筛选酞酸酯类和禽畜抗生素激素类污染物，最终将两种方法筛选出的相同污染物直接纳入到候选名单。

通过"直通车法"和基于风险的筛选方法共筛选出125种农田有毒有害污染物。

（二）建立农田优先控制有毒有害污染物名录

为建立优先控制农田有毒有害污染物名单，对农田优先控制有毒有害污染物候选名单中的物质开展了可行性分析，主要以是否有环境质量限值标准、国际上管控情况、是否为内分泌干扰物、是否在我国环境中有检出为评估标准；同时与美国大气清洁法、美国清洁水法、美国有毒物质排放清单、欧盟高关注物质、欧盟水框架指令、欧盟污染物排放与转移登记制度、加拿大CMR类物质清单、加拿大PBT类物质清单、日本水质污染防治法、日本污染物排放与转移登记制度、日本防治大气污染法中管控的物质进行比对，为了对建立的优先控制农田有毒有害污染物名录中的物质开展管控或监测时有据可循，最终初步确定了包含19种农田有毒有害污染物的优先控制名录（表3-9）。

表3-9 农田优先控制有毒有害污染物名录

序号	CAS号	化学物质名称	筛选方法	来源
1	116-06-3	涕灭威	直通车法	《GB/T 14848—2017地下水质量标准》
2	121-75-5	马拉硫磷	综合评分法+单一指标比对法	《GB/T 14848—2017地下水质量标准》 《GB 11607—1989渔业水质标准》 《GB 5749—2022生活饮用水卫生标准》 《GB 3838—2002地表水环境质量标准》 《GB 3097—1997海水水质标准》
3	122-34-9	西玛津	综合评分法+单一指标比对法	《欧盟水环境优先物质名录》
4	1563-66-2	克百威	直通车法	《GB/T 14848—2017地下水质量标准》
5	1582-09-8	氟乐灵	综合评分法+单一指标比对法	《欧盟水环境优先物质名录》
6	15972-60-8	甲草胺	综合评分法+单一指标比对法	《欧盟水环境优先物质名录》
7	1897-45-6	百菌清	综合评分法+单一指标比对法	《GB/T 14848—2017地下水质量标准》 《GB 5749—2022生活饮用水卫生标准》 《GB 3838—2002地表水环境质量标准》
8	2921-88-2	毒死蜱	直通车法	《GB/T 14848—2017地下水质量标准》 《GB 5749—2022生活饮用水卫生标准》 《欧盟水环境优先物质名录》
9	330-54-1	敌草隆	综合评分法+单一指标比对法	《欧盟水环境优先物质名录》
10	52315-07-8	氯氰菊酯	综合评分法+单一指标比对法	《欧盟水环境优先物质名录》
11	52-68-6	敌百虫	综合评分法+单一指标比对法	《GB 3838—2002地表水环境质量标准》
12	52918-63-5	溴氰菊酯	综合评分法+单一指标比对法	《GB 5749—2022生活饮用水卫生标准》 《GB 3838—2002地表水环境质量标准》
13	60-51-5	乐果	直通车法	《GB/T 14848—2017地下水质量标准》 《GB 11607—1989渔业水质标准》 《GB 5749—2022生活饮用水卫生标准》 《GB 3838—2002地表水环境质量标准》
14	62-73-7	敌敌畏	综合评分法+单一指标比对法	《GB/T 14848—2017地下水质量标准》 《GB 5749—2022生活饮用水卫生标准》 《GB 3838—2002地表水环境质量标准》 《欧盟水环境优先物质名录》
15	63-25-2	甲萘威	综合评分法+单一指标比对法	《GB 3838—2002地表水环境质量标准》

（续表）

序号	CAS号	化学物质名称	筛选方法	来源
16	117-81-7	邻苯二甲酸二（2-乙基）己酯	SVHC法+Copeland法	《GB/T 14848—2017地下水质量标准》 《GB 5749—2022生活饮用水卫生标准》 《GB 3838—2002地表水环境质量标准》 《欧盟水环境优先物质名录》 《美国水环境优先污染物名录》 《优先控制化学品名录（第二批）（征求意见稿）》
17	117-84-0	邻苯二甲酸二正辛酯	SVHC法+Copeland法	《美国水环境优先污染物名录》
18	84-69-5	邻苯二甲酸二异丁酯	SVHC法+Copeland法	《优先控制化学品名录（第二批）（征求意见稿）》
19	84-74-2	邻苯二甲酸二丁酯	SVHC法+Copeland法	《GB 3838—2002地表水环境质量标准》 《美国水环境优先污染物名录》 《优先控制化学品名录（第二批）（征求意见稿）》

二、农田典型有机污染源头防控

（一）农药的源头防控

北方旱地常见的是玉米、大豆和小麦的种植体系，毒死蜱用量较广，以毒死蜱为例提出了适用于北方旱地典型农药毒死蜱的防控措施。基于源头控制，提出通过加强对毒死蜱使用的监督管理，因地制宜，科学合理施用推荐剂量的毒死蜱。结合毒死蜱及其代谢产物土壤中实际残留浓度和相关生态风险模型，以生态风险值不超过中等水平为限值，提出毒死蜱在不同种植体系的施用限值如表3-10所示。毒死蜱使用的监督和控制需要各级生态环境主管部门和农业农村等相关主管部门的合作。但在实际应用过程中，毒死蜱的施用限值需要因地制宜，要能满足当地环境保护需要或农业生产需要并且对旱地土壤不构成明显危害。

表3-10 不同种植体系毒死蜱的施用限值 单位：kg a.i./hm²

农作物	施用限值
玉米	0.45
小麦	0.50
大豆	0.45

稻田是我国最主要的农业生态系统之一，其面积约占全国耕地总面积的1/4，对我国粮食安全和环境健康起着举足轻重的作用，针对我国南方稻田水肥管理粗放及农药面源污染突出等问题，考虑从多角度出发，构建"水稻-土壤-水"系统农药污染和流失的综合防控体系，要确保在不影响稻田农业生产的同时减少对土壤、水资源的污染，可以从源头控制、过程阻断及污染修复3方面进行。

在源头控制方面，尽量减少农药的施用，要大力研究与推广无公害防治技术，如培育抗病虫品种，推广通过国家或地方相关部门的审定并示范成功的优质、高产、抗病虫的品种，并且定期轮换品种，可以减少病虫害发病概率。合理轮作，科学管理水肥可以破坏适宜病虫害的环境，减少病虫草害的发生，提高水稻的抗性，从而减少农药使用量。稻田间、混、套作等科学合理的轮作方式都可以提高水稻抗性。稻田应采用合理的水分管理方式，采用浅湿灌溉技术，雨后注意及时排水，避免深水漂苗和淹苗，并且减少潜叶蝇落卵量，除此之外，稻田应科学施肥，氮、磷和钾肥比例要根据实际情况调整，在不同生长期可以适当追肥，以提高水稻的抗逆性。推荐以生物农药，理化诱控的手段代替化学农药的使用。生物农药指的是利用生物活体（真菌、细菌、昆虫病毒、植物、转基因生物、天敌等）或其代谢产物（生长素、萘乙酸钠、2,4-D等）针对农业有害生物进行杀灭或抑制的制剂，因此更为安全、高效、广谱，可以兼顾病虫害防治效果和生态环境保护的要求。理化诱控指的是利用病虫的趋光性、趋化性和趋色性等特性，通过灭虫灯、信息素和诱虫板等集中杀灭害虫或降低其种群的繁衍速率的方法。具有高效、专一性强和无污染的特点。对于剧毒和高残留农药要严格控制使用，农药的施用要严格实施《GB/T 8321.10—2018农药合理使用准则》及《HJ 556—2010农药使用环境安全技术导则》；农药的使用要针对防治对象的危害特点科学用药，如适期防治、轮换交替使用农药，合理混配用药，充分考虑农药的混配效应，另外改善施药方式，要尽量避免降雨当天或雨前1~2 d施药，夏季高温天气应在气温较为凉爽的上午10点前或下午3点后施药。过程阻断主要是通过拦截田面排水中的农药，减少农药径流流失，可采取的措施有设置缓冲带、水分管理、建设人工湿地等。

（二）酞酸酯的源头防控

源头控制酞酸酯的污染主要是从农膜的角度来控制，科学管理农膜的生产，要制定农膜相关标准，限制农膜产品中酞酸酯含量，提高农膜质量。一是加强监管，及时监测农膜产品中酞酸酯含量，严格控制高酞酸酯含量农膜的使用并积极推广施用低酞酸酯添加量的农膜产品，农膜产品的厚度要严格控制，符合相关标准，如《GB/T 4455—2019农业用聚乙烯吹塑棚膜》《GB 13735—2017聚乙烯吹塑农用地面覆盖薄膜》等。二是积极开发研究与推广更为环境友好的新型增塑剂以替代农膜生产过程中酞酸酯的使用；此外，尽量减少农膜的使用，对于蔬菜大棚的棚膜可以使用玻璃大棚代替；农膜使用要科学合理，揭膜后要积极回收残留在土壤中的地膜，从而降低土壤农膜残留水平。除了农膜以外，酞酸酯还有其他的来源，如肥料、污泥、底泥等中也会有一定含量的酞酸酯，要限制肥料中酞酸酯的含量，加强肥料的合理使用及管理，另外限制污泥和底泥农用。

（三）堆肥化处理去除鸡粪中抗生素的源头阻断技术

通过高温堆肥可去除畜禽粪便中的抗生素类污染物。好氧堆肥采用室内静态桶装堆肥，如图3-2所示，该静态桶是PVC材料制成，直径0.3 m，高度为0.5 m，有效体积为31.80 L。在底部铺一层5 cm厚的石英砂，可以使渗滤液流出阀门，再加入堆体中，防止抗生素随渗滤液流出，保证实验的严谨性。筒壁厚1 cm，具有保温作用，实验在室内进行（温度保证在25±5 ℃）。翻堆采用人工翻堆，每次翻堆时间为10 min，保证堆体与空气充分接触。

选取四环素类（四环素，TCT；土霉素，OTC）、喹诺酮类（诺氟沙星，NOR；恩诺沙星，ENR）和磺胺类抗生素（磺胺二甲嘧啶，SMZ；磺胺甲噁唑，SMX）6种抗生素。当翻堆频率为1 d 3次、含水率60%、鸡粪锯末比2：1时，堆体中6种抗生素的去除率最高。在堆肥期间，6种抗生素的去除率都达到了92.73%~98.96%（图3-3），其中NOR去除效果最好，达到98.96%，残留浓度为（0.5±0.01）mg/kg，OTC的去除效果最差，为92.73%，残留浓度为（3.6±0.34）mg/kg。6种抗生素在好氧堆肥过程中降解规律符合一级动力学模型，R^2达到0.96~0.99，SMZ、OTC、TCT、NOR、SMX和ENR的半衰期分别为1.7 d、2.9 d、2.8 d、2.3 d、1.3 d和2.9 d，去除速率快慢为NOR>SMX>SMZ>TCT>ENR>OTC。

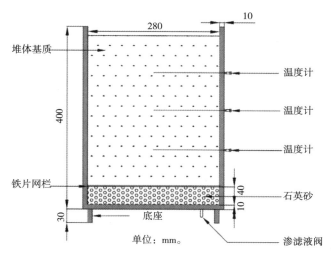

图3-2　堆肥装置剖面图示意

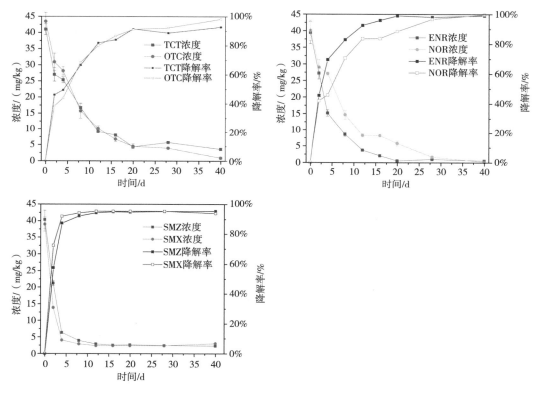

图3-3　抗生素浓度和降解率随时间变化情况

三、土壤典型生物污染源头防控

源头控制病原菌的污染应该从源头控制粪肥的施用。在管理层面要健全禽畜粪肥还田制度，施用应符合《GB 18596—2001畜禽养殖业污染物排放标准》《GB/T 25246—2010畜禽粪便还田技术规范》。这些标准的制定是为了控制畜禽养殖业所产生的废水、废渣和废气对环境的污染，在促进养殖业生产工艺和技术进步的同时维护生态平衡，粪肥的控制应该根据养殖规模，实行分阶段逐步控制，鼓励种养结合和生态养殖，推动畜禽养殖业污染物的减量化、无害化和资源化，从而逐步实现全国养殖业的合理布局。养殖业的污染物排放应符合包括生化指标、卫生学指标和感观指标等多种指标的规定。根据相关标准的规定严格控制未经无害化处理的粪肥和不充分腐熟的粪肥直接还田。科学施肥，针对禽畜粪肥中病原菌的种类和特点，严格遵守粪肥农用后的安全间隔期。粪肥携带的病原菌在土壤中存活或繁殖的时期也叫病原菌存活期，是最易发生人畜共患病污染的一段时期，如施加粪肥后的1周或1个月内。种植者应该最大限度地延长施肥和收获之间的时间，让带入农田的病原微生物有足够的时间削减和死亡，以避免潜在的食品安全风险。

《GB 7959—2012粪便无害化卫生要求》规定了粪便无害化卫生要求限值以及粪便处理卫生质量的监测检验方法。根据标准，无害化处理应依据残留病原菌的种类、数量、环境条件、无害化工艺特点等进行优化调控，可以通过继续升高处理温度或冷热交替等方式提高粪便病原菌的死亡率以降低其污染风险。为提升病原菌的去除效果，可多种无害化处理工艺联用，如巴氏杀菌、热干燥、砂干燥、好氧和厌氧消化、碱稳定、紫外线照射等多种处理方式并用。添加杀菌物质也可以提高无害化处理的效果，可以将畜禽粪便与添加剂或堆肥材料混合堆肥，降低病原菌的残留数量。《GB 7959—2012粪便无害化卫生要求》对于好氧和厌氧堆肥的卫生要求和处理温度的规定如下表3-11所示。《NY/T 1168—2006畜禽粪便无害化处理技术规范》等标准规范规定畜禽养殖场或养殖小区应采用先进的工艺、技术与设备、改善管理、综合利用等措施，从源头削减污染量。畜禽粪便处理应坚持综合利用的原则，实现粪便的资源化。畜禽养殖场和养殖小区必须建立配套的粪便无害化处理设施或处理（置）机制。畜禽养殖场、养殖小区或畜禽粪便处理场应严格执行国家有关的法律、法规和标准，畜禽粪便经过处理达到无害化指标或有关排放标准后才能施用和排放。另外发生重大疫情畜禽养殖场粪便必须按照国家兽医防疫有关规定处置。

表3-11　好氧和厌氧堆肥的卫生要求和处理温度

发酵方式	项目	卫生要求
好氧发酵	温度与持续时间	人工：堆肥≥50 ℃，至少持续10 d；堆肥≥60 ℃，至少持续5 d
		机械：堆肥≥50 ℃，至少持续2 d
	蛔虫卵死亡率	≥95%
	粪大肠菌值	≥10^{-2}
	沙门菌	不得检出
厌氧消化	消化温度与时间	户用型：常温厌氧消化，≥30 d；兼性厌氧发酵，≥30 d
		工程型：常温厌氧消化，≥10 ℃，至少持续20 d；中温厌氧消化，35 ℃，至少持续15 d；高温厌氧消化，55 ℃，至少持续8 d
	蛔虫卵	常温、中温厌氧消化沉降率≥95%；高温厌氧消化死亡率≥95%
	血吸虫卵和钩虫卵	不得检出活卵
	粪大肠菌值	中温、常温厌氧消化：≥10^{-4} 高温厌氧消化：≥10^{-2} 兼性厌氧发酵：≥10^{-4}
	沙门菌	不得检出

第四节　土壤有机/生物污染综合防控方法与技术规程

为保证粮食安全，单一的修复手段已无法满足需求，采用环境友好材料（如微生物代谢电子供/受体、电子穿梭体、生物质炭、铁基/碳基纳米颗粒等）与农艺管理措施（水分管理、水肥耦合，种植策略调整等）相结合，在农田典型有机/生物污染强化削减调控原理的基础上，构建针对不同种植体系和不同污染物的防控技术方法体系，以期实现绿色、多赢和可持续目标，重建和优化农田生态功能，协同提高农田地力。

一、典型农药污染防控

（一）降解菌剂对典型农药和抗生素的降解

生物方法是处理农田中农药污染的一种较为清洁有效无污染的方法，微生物修复被认为是一种安全、绿色的土壤治理技术。微生物分解是土壤中农药降解的主要途径，微生物可以通过矿化作用或者共代谢作用来降解农药，此外微生物降解改变环境条件还会引起次生的化学降解。针对特定的污染物筛选高效降解酶/菌是对其进行污染控制的前提。微生物菌剂、土著菌调控剂、解毒酶等技术和产品可实现对有机化学品生产工厂污水、污泥中有机污染物的降解，达到源头控制。也可以对污染农田土壤和作物进行边生产边修复，降低土壤中典型农药等有毒有害化学品的残留浓度，实施生物降解和自然修复过程调控的双重修复策略。

1. 甲磺隆和苯磺隆降解菌剂

甲磺隆和苯磺隆都是内吸传导选择性磺酰脲类除草剂，多用于麦田除草，也可用于稻田，由于甲磺隆和苯磺隆都是长残留除草剂，少量残留即可影响后茬作物的生长，造成田间药害。

主要菌株：磺酰脲类（甲磺隆、苯磺隆）除草剂的高效广谱降解菌 *Chenggangela methylivorans* CHL1。

生产工艺：针对降解菌进行培养和发酵条件优化，可制成液体菌剂。同时通过固定化方法研究，发现玉米改性材料方法可以获得较好的固定化效率，可对降解菌发酵液进行玉米改性材料固定，制成固体菌剂。

2. 甲磺隆和苯磺隆降解酶制剂

甲磺隆和苯磺隆都是麦田、稻田常用磺酰脲类除草剂，对于甲磺隆和苯磺隆的农田残留污染，使用酶制剂具有对土壤土著微生物影响小，降解快的特点，对于农产品的急性解毒也有很好的效果。

酶种类：磺酰脲类（甲磺隆、苯磺隆）除草剂降解酶SulE。

生产工艺：对SulE酶进行克隆表达，发酵后制成粗酶液。通过固定化方法研究，确定固定化方法对该酶有很好的固定化效率，固定后可以提高酶对环境的适应性，更高效地发挥酶的降解活性。酶固定化后，冷冻干燥，制成酶制剂。

3. 酰胺类除草剂降解菌剂

酰胺类除草剂（乙草胺、丁草胺）是在南方稻麦轮作农田中广泛应用的除草剂。由于该类除草剂应用范围广、残留期长，经常在土壤和水体环境中检测到残留，对农作物造成一定的药害。

主要菌株：酰胺类除草剂（乙草胺、丁草胺）高效广谱降解菌*Sphingomonas* sp. DC-6。

生产工艺：针对降解菌进行培养和发酵条件优化，可制成液体菌剂。同时通过新型干燥技术，可制成高活性且可长期保存的菌粉。

4. 莠去津降解菌剂

莠去津是选择性内吸传导型苗前和苗后除草剂，主要用于玉米、果园等，其水溶性强、迁移率较高，残留期长，易引起土壤和地下水的污染，可对后茬敏感作物（小麦、菠菜、甘蓝等）产生药害。

主要菌株：莠去津除草剂的高效降解菌*Arthrobacter* sp. ATR1。

生产工艺：针对降解菌进行培养和发酵条件优化，可制成液体菌剂。同时通过固定化方法研究，获得较好的固定化效率，可对降解菌发酵液进行玉米改性材料固定，制成固体菌剂。

5. 取代脲类除草剂降解菌剂

取代脲类除草剂（异丙隆、绿麦隆）是在南方稻麦轮作农田中广泛应用的除草剂。异丙隆是取代脲类除草剂的代表品种之一，其在土壤中的残留期可达几个月甚至1年以上，加之部分农户的不科学用药，不仅导致土壤和水体中残留量严重超标，危害自然环境，而且会对下茬作物产生药害。

主要菌株：取代脲类除草剂（异丙隆、绿麦隆）高效降解菌*Sphinggobium* sp. YBL2。

生产工艺：针对降解菌进行培养和发酵条件优化，可制成液体菌剂。

6. 菊酯类农药降解菌剂

菊酯类杀虫剂是一类人工合成的、类似天然除虫菊酯的化合物。在我国被广泛用于粮食、蔬菜和果树等多种作物。进入农田生态系统中的菊酯类农药，与土壤具有较强的结合能力，在土壤中的结合残留高达26% ~ 80%；具有蓄积性。

生产工艺：根据菌株*Rhodopseudomonas palustris* PSB-S的生长特性，设计了"三步法"小规模化生产工艺：全流程时间一般为20 d左右，培养结束后，菌体数量可达到$2 \times 10^9 \sim 3 \times 10^9$ cfu/mL以上。实验室一批次生产量可达50 L，按照每亩推荐用量500 mL用量计算，可用于100亩农田土壤处理。

7. 多菌灵降解菌剂

多菌灵属于氨基甲酸酯类农药，也是一类苯并咪唑类杀菌剂，还是很多苯并咪唑类杀菌剂如苯菌灵、甲基托布津和氰菌灵的水解产物和活性成分。多菌灵是我国产量和用量最大的杀菌剂，其化学性质稳定，难以降解，在裸土环境下半衰期为6 ~ 12个月，许多农产品中都能检测到多菌灵残留。

主要菌株：多菌灵杀菌剂的高效降解菌*Rhodococcus* sp. AH-1。

生产工艺：针对降解菌进行培养和发酵条件优化，可制成液体菌剂。

（二）生物质炭对土壤中易迁移农药的原位修复

生物质炭是农林废弃物等生物质在缺氧条件下热裂解形成的稳定的富碳产物，在粮食安全、环境安全、农业可持续发展及固碳减排中具有重要意义。利用废弃物资源制备结构和性能优良的生物质炭材料用于污染物的吸附和去除已得到国内外专家学者的广泛认可。生物质炭不仅为农业废弃物资源化处理提供了一条新途径，还能作为吸附剂处理污水中的污染物，并可作为土壤添加剂和修复剂，改善土壤理化性质，利于碳的增汇减排，吸附土壤中的污染物，降低污染物对作物和环境生物的生物有效性（Xiao et al.，2017；Zornoza et al.，2016）。利用铁或亚铁溶液处理生物质，制造改性生物质炭，热解后生物质炭表面会形成丰富的自由基，另外还可以形成氧化铁或氧化亚铁，达到催化过氧化尿素生成具有强氧化能力的羟基自由基的目的，从而实现有机污染物的有效降解。用于处理的生物质可以是牛粪、鸡粪、沼渣、稻壳或者作物秸秆（包括玉米秸秆、小麦秸秆、油菜秸秆、花生秸秆、棉花秸秆等），其中玉米秸秆的效果最好，它有更大的比表面积，一方面有利于改性生物质炭表面氧化铁与氧化亚铁的形成，另一方面有利于对污染物的吸附降解。生物质在浸泡前，需要进行筛分推荐尺寸为0.125～4.75 mm。生物质的尺寸过小，有可能会造成地下水的污染，生物质尺寸过大，比表面积会减小。改性生物质炭制成后可以施用到污染土壤中，施用时同时将过氧化尿素施用到污染土壤中，生物质炭表面的这些自由基可以将电子传递给过氧化尿素释放的H_2O_2，从而产生具有强氧化能力的羟基自由基，以达到降解土壤有机污染物的目的，同时过氧化尿素释放的尿素可以增加土壤肥力，因此改性生物质炭可以协同实现对农田土壤的控污和增产。总之，生物质炭是一项具有应用前景的新兴技术。为了提高生物质炭的修复效果和环境效益，近年来改变生物质炭结构和表面性质的研究受到了广泛的关注。改性生物质炭材料能够借助外界材料赋予的功能特性改善生物质炭的理化性质和污染物净化能力，对特定污染物具有强吸附效果以及良好的选择性（Ahmed et al.，2016；Huang et al.，2019），在污染阻控和修复方面有更大的潜力。

1. 生物质炭对乙氧氟草醚的污染阻控

在土壤被2.5 mg/kg乙氧氟草醚染毒后，培养的大豆生长受到明显抑制（图3-4）。中毒症状表现为叶片卷缩、叶边褪绿变白；在大豆苗2～3片复叶期较为严重；药害严重植株因根部不能及时供应矿物营养而生长缓慢，甚至造成死亡。以生物量（鲜重）作为评价指标，CK空白对照组大豆鲜重约为药剂处理组的4.54倍，存在显著差异（$P<0.05$）。稻壳生物质炭处理乙氧氟草醚染毒土壤后，大豆生长受抑制现象得到缓解（并随着生物质炭添加比例增加大豆植株鲜重而增大）。当以2%生物质炭添加比例修复土壤使得大豆植株生物量与CK对照组无显著差异（$P>0.05$）。

图3-4　乙氧氟草醚（5 mg/kg）污染土壤稻壳生物质炭添加后对大豆修复情况

田间研究结果表明，生物质炭处理加速了田间残留乙氧氟草醚的消解，初始残留浓度高时效果明显；生物质炭处理使田间乙氧氟草醚在高浓度和低浓度处理下，半衰期由260 d和128 d分别缩短至102 d和65 d。

生物质炭不影响玉米种子萌发，苗期正常；乙氧氟草醚可造成玉米种子的萌发少量推迟（约推迟2 d）。生物质炭的加入对已出幼苗的药害现象降低明显，枯黄叶片大量减少，低浓度处理中药害基本解除，高浓度处理中，药害率降低。

2. 铁改性生物质炭对吡虫啉的污染阻控

通过番茄苗期的盆栽实验分析铁改性生物质炭（BC-nZVI）对吡虫啉的固定和阻断性能。选用0.1%、0.5%和1%添加量进行试验研究，表3-12为不同添加量的铁改性生物质炭对番茄叶片吡虫啉残留的影响。

表3-12　盆栽番茄叶片吡虫啉残留量　　　　　　　　单位：mg/kg

处理	时间/d				
	1	7	10	15	30
对照	26.39c	27.2c	24.73a	16.21a	2.29a
0.1%BC	25.15d↓	26.41d↓	21.88c↓	14.66b↓	2.25a↓
0.1%BC-nZVI	24.75e↓	25.81e↓	22.02c↓	12.36e↓	1.61c↓
0.5%BC	30.92a↑	35.37a↑	21.32d↓	14.92b↓	2.09b↓
0.5%BC-nZVI	29.53b↑	33.73b↑	20.46e↓	13.22d↓	1.45c↓
1%BC	24.55e↓	25.87e↓	23.29b↓	14.40c↓	1.19d↓
1%BC-nZVI	23.75f↓	24.69f↓	19.27f↓	12.14e↓	0.53e↓

注：同列不同小写字母表示不同处理间差异显著（$P<0.05$），下同。

田间研究结果表明，同浓度生物质炭（BC）和BC-nZVI处理组叶片吡虫啉含量低于对照组，并且同浓度BC-nZVI处理组叶片中吡虫啉的含量低于BC处理组；对比不同生物质炭添加量的处理组可以发现，随着BC与BC-nZVI添加量的增加，番茄苗期叶片中吡虫啉的残留量减少。在7～30 d吡虫啉的去除效率迅速增加，一方面番茄体内会产生相应的酶调控吸收入体的吡虫啉，加速植株内部农药降解；另一方面BC和BC-nZVI对施入土壤的吡虫啉进行吸附降解，阻断了往植物体内的运输。在30 d添加0.1%的BC-nZVI叶片吡虫啉残留量为1.61 mg/kg，去除率比对照组高，并且在同一时间内同浓度的BC-nZVI处理组番茄叶片中残留量比BC处理组要低，由此可见，生物质炭铁改性后能提高生物质炭对番茄叶片吡虫啉的去除效果（表3-13）。

表3-13　盆栽番茄土壤吡虫啉残留量　　　　　　　　单位：mg/kg

处理	时间/d				
	1	7	10	15	30
对照	31.31b	29.96b	28.70a	17.77a	13.41a
0.1%BC	31.19b↓	26.11d↓	22.32d↓	16.52b↓	4.46f↓
0.1%BC-nZVI	30.99b↓	25.52e↓	21.34e↓	15.10c↓	2.61g↓
0.5%BC	35.67a↑	31.98a↑	24.14b↓	17.44a↓	10.59b↓
0.5%BC-nZVI	29.45c↓	25.87e↓	23.24c↓	12.36d↓	8.91c↓
1%BC	28.66d↓	27.08c↓	24.39b↓	11.75e↓	6.44d↓
1%BC-nZVI	25.72e↓	24.12f↓	22.57d↓	1 043f↓	5.56e↓

表3-13为不同添加量的生物质炭和铁改性生物质炭对番茄土壤吡虫啉残留的影响。结果表明，同浓度BC和BC-nZVI处理组土壤吡虫啉含量低于对照组，同浓度BC-nZVI处理组土壤中吡虫啉的含量低于BC处理组。0.1%的BC-nZVI对番茄土壤吡虫啉的去除效果最好，在30 d的去除率达到94.78%，相比对照组（73.18%）去除率提高了21.60%，同一时间同浓度的BC-nZVI处理组番茄土壤中残留量比BC处理组要低，考虑最终应用于设施蔬菜地的经济性，选用0.1%的BC-nZVI添加量开展设施蔬菜地的BC和BC-nZVI田间添加浓度。

田间研究结果表明，在施药后的21 d内，BC和BC-nZVI处理组土壤吡虫啉含量显著低于对照组，BC-nZVI处理组土壤中吡虫啉的含量显著低于BC处理组，土壤中残留负荷削减63.52%～85.21%（平均约为72%），本结果证实了铁改性生物质炭可以促进吡虫啉快速去除，可有效削减设施菜地土壤中吡虫啉残留负荷。BC和BC-nZVI处理组番茄叶片中吡虫啉含量显著低于对照组，BC-nZVI处理组番茄叶片中吡虫啉的含量显著低于BC处理组，番茄叶片中残留负荷削减59.22%～85.82%（平均约为72%），结果进一步证实了铁改性生物质炭可以通过促进土壤中吡虫啉快速去除，从而有效阻控设施菜地吡虫啉向植株迁移。同步监测显示植物株高无明显差异，表明铁改性生物质炭BC-nZVI对番茄生长无毒负影响。

（三）环糊精对常用除草剂的土壤原位调控降解技术

环糊精具有疏水性空腔，可与化合物发生包合作用，降低土壤对有机污染物的吸附，从而提高生物有效性。围绕玉米农田常用除草剂（莠去津、乙草胺）土壤原位生物降解有效性低的问题，利用环糊精选择性包合作用和吸附性能，改善除草剂在土壤中的传质，促进其原位降解。

选择辽宁铁岭张庄合作社农田作为试验基地，筛选优化环糊精强化除草剂土壤原位生物降解的应用参数条件（第一次应用示范）。将羟丙基-β-环糊精（HPCD）或β-环糊精（β-CD）按1%用量与市售莠去津、乙草胺桶混后，对土壤进行药剂喷施，并作对照处理，其他依照常规农业种植进行，定期采集土壤样品进行分析测试。经过146 d的土壤降解试验（图3-5），空白组、HPCD处理组和β-CD处理组的莠去津残留率分别为36.3%、0.41%和2.0%，乙草胺残留率分别为26.1%、5.90%和43.1%。HPCD可以使莠去津和乙草胺土壤残留负荷削减98%和77%，虽然β-CD没有削减乙草胺残留负荷，但β-CD可以使莠去津残留负荷削减95%。从应用成本出发，筛选β-CD作为强化除草剂土壤原位生物降解的优先环糊精应用种类。经过142 d的土壤降解试验，空白组和β-CD处理组的莠去津残留率分别为1.1%和0.3%，乙草胺残留率分别为5.8%和4.1%。β-CD处理组可以使土壤中莠去津残留负荷削减72%、乙草胺残留负荷削减30%。综上，利用环糊精原位生物降解技术，莠去津的土壤残留率削减35%以上，乙草胺的土壤残留削减39%以上。

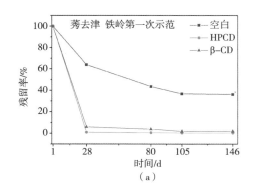
（a）

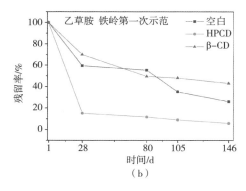
（b）

图3-5　环糊精施用对莠去津（a，c）和乙草胺（b，d）降解的影响

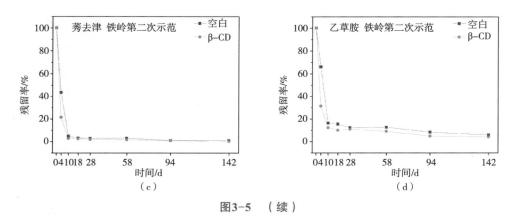

图3-5 （续）

（四）过碳酸化钠、氧化钙复配去除土壤中磺酰脲类农药残留

对甲磺隆、氯磺隆、吡嘧磺隆、苄嘧磺隆、砜嘧磺隆5种除草剂在土壤中的自然消解规律研究结果表明，其半衰期在35~86 d。选择配比为4：1的氧化钙和过碳酸钠作为复配降解剂，当添加复配降解剂在土壤中质量浓度为5.0 g/kg，添加土壤质量10%的水，反应72 h后，5种农药的降解率可达到91%~100%。

检测了分别施加0.5~5.0 g/kg降解剂，对3种不同酸碱度的土壤（中性偏酸的浙江土壤、中性偏碱性的山东土壤、偏碱性的北京土壤）中5种农药的降解效果以及土壤pH值的影响。结合降解效果和作物种植土壤适宜pH值，推荐了酸性土壤中降解剂用量范围；中性偏碱性土壤中推荐用量不超过1.5 g/kg；而pH值>8的碱性土壤中不适宜单独施用碱性复配降解剂。

在温室条件下，以玉米为模式作物评价了降解剂对苄嘧磺隆污染土壤修复效果。苄嘧磺隆残留浓度为0.05~5.0 mg/kg的土壤对玉米的根长、株高、鲜重等均有显著的抑制作用，且抑制率与土壤中苄嘧磺隆初始浓度有较好的正相关性。0.05 mg/kg低浓度水平下，农药降解率明显不高，表明痕量水平的农药残留降解需要更长的时间。较低的苄嘧磺隆浓度下，添加1.5 g/kg复配降解剂可以显著降低苄嘧磺隆对玉米迫害（产生药害的严重）程度，且各部位抑制中浓度（IC50）提高1.43~8.5倍，其中最敏感的根部IC50提高最多，鲜重、株高次之。研究结果还表明，降解剂使用后可显著提升玉米叶片中类胡萝卜素和叶绿素的含量，分别提升了16%~20%、11%~13%。

开展大田试验研究化学降解剂对磺酰脲类除草剂污染土壤的修复效果，结果表明，复配化学降解剂对磺酰脲类除草剂污染土壤有较好的修复效果，且在试验范围内磺酰脲类除草剂降解速率随复配降解剂用量的增大而增大。当土壤中苄嘧磺隆初始浓度为0.1 mg/kg时，施用降解剂28 d后，1.5 g/kg复配降解剂可将土壤中苄嘧磺隆降解率从2%提升至75%；当土壤中苄嘧磺隆残留量升高至1 mg/kg时，施用1.5 g/kg复配降解剂作用效果并不明显，施用4.5 g/kg复配降解剂28 d后对土壤中残留的苄嘧磺隆能降解80%以上。施用1.5 g/kg复配降解剂降解土壤中砜嘧磺隆残留时，无论砜嘧磺隆的初始浓度为0.1 mg/kg还是1 mg/kg，28 d的降解率均能达到90%，并且对较高浓度砜嘧磺隆残留降解速率更高。施用4.5 g/kg降解剂时，在播种前，即施药后4 d便能达到99%的降解效果。

苄嘧磺隆和砜嘧磺隆土壤残留会造成玉米植株矮小、叶片叶尖变黄、根部短粗且侧根数量减少等药害症状，且对玉米叶长、叶宽、株高和根长的抑制率随土壤中农药初始浓度的升高而升高。复配降解剂施用量对田间玉米生长无抑制作用，且可以显著降低苄嘧磺隆和砜嘧磺隆残留对玉米叶长、叶宽等生长指标的抑制率。施用4.5 g/kg复配降解剂可将苄嘧磺隆对玉米生长指标的抑制率由56%~82%降为

12%～49%；将砜嘧磺隆对玉米生长指标的抑制率由35%～74%降为2%～46%，有效缓解磺酰脲类除草剂对玉米生长的胁迫作用。

由此可见，通过调整土壤含水量等条件，将氧化钙与过碳酸钠复配使用对代表性磺酰脲类除草剂具有显著的降解效果。化学复配降解剂可缓解玉米受苄嘧磺隆胁迫的药害程度，具有较好的土壤修复效果。

稻田农药面源污染污染物种类繁多、覆盖面积大、修复工程量大，并且需要保证农田的生产不受破坏，因此原位、快速、高效、不易产生二次污染、可维持土壤肥力的修复技术亟待应用。有机物料还田、生物质炭调控、纳米材料修复、微生物降解、菌根修复等修复措施符合上述要求。

农作物秸秆富含多种营养元素，农作物秸秆还田可以提升土壤肥力，并能够促进作物和土壤中有益微生物生长，从而提高农作物的抗逆性，另外农作物秸秆还田后可以增强稻田土的吸附作用，促进微生物生长和污染物的降解，实际操作中可以使用联合收割机直接粉碎还田，另外要控制秸秆留茬高度。

（五）纳米材料活化PDS对高浓度有机污染物的阻控

在一些位于场地污染周边区域的农田受污染场地的影响可能存在高浓度的污染的问题，纯生物或生物质炭的强化削减调控对于高浓度污染效果不佳，可能不能有效控制与修复污染。场地污染使用的化学调控的方法去除污染物的效果较好，但是可能会破坏农田的生态环境，因此，基于环境友好材料的化学调控方法可以兼顾高浓度污染的降解效果和农田环境保护。铁基/碳基纳米材料具有特殊的结构特征，可以温和且高效地吸附或催化降解农业环境中的污染物及污染物的代谢副产物，另外高级氧化工艺（Advanced oxidation process，AOP）几乎能够将所有类型的有机污染物降解为无害产物，其中过二硫酸盐（PDS）这种氧化剂成本低、相对温和且绿色高效，也是解决上述高浓度污染农田问题的理想化学调控材料。结合这两种方法的优势，综合铁基/碳基纳米材料良好催化能力以及过二硫酸盐（PDS）的强氧化能力，构建一种铁基/碳基纳米材料活化过硫酸盐体系，为有效控制农田高浓度污染提供新的方法。铁基/碳基纳米材料[如纳米零价铁（nZVI）、碳纳米管（CNT）、改性碳纳米管（VOX-CNT）等]活化过硫酸盐体系可在不同地区不同类型的土壤中达到可观的有机污染物去除率。PDS活化主要依靠铁基纳米材料过渡金属元素的价态变化和碳基纳米材料的特殊结构（如缺陷碳、表面官能团等），且该方法已经得到培养实验和大田试验的验证。纳米材料活化PDS体系基本上可以降解大多数的有机污染物（农药、抗生素、激素等）。当以高剂量进行大田暴露和降解处理时，纳米材料活化PDS的处理可以有效降低污染物或者其有毒副产物的浓度，从而降低土壤毒性，但是该体系不影响农田的生产活动，对作物的生长发育未产生明显影响，甚至还可以改善作物的某些生长指标；而实际环境中污染浓度相比实验条件下会偏低，因此该体系对土壤的污染控制效果会更好，对作物的影响亦会更低（Cui et al.，2020；Li et al.，2019）。因此，铁基/碳基纳米材料活化过硫酸盐技术在较高污染农田的污染控制上具有广泛的应用前景。

（六）电子供/受体调控污染物降解

厌氧环境中有机氯农药的降解过程是微生物介导的还原脱氯过程，而有机氯农药的降解过程会与土壤中的多种氧化还原反应发生耦合，相互影响。因此通过改变电子供/受/穿梭体的数量和种类等可以调控电子传递的过程，并协调污染物快速削减与温室气体排放的关系。通过外源添加电子供体可促进有机氯农药的还原脱氯降解，但电子供体的添加同时非选择性地促进了温室气体甲烷的产生，还有可能加重土壤中铁/硫还原物质毒害的负效应。综合考虑污染物降解和土壤自然氧化还原过程，乙酸钠是调控有机氯污染削减与稻田土壤自然氧化还原过程间相互作用的最佳电子供体，可最大程度地促进有机氯农药降解的情况下降低土壤中温室气体甲烷的产生及铁/硫还原物质的毒害效应。电子受体可与污染物竞争电子，从而抑制有机氯农药的脱氯过程，通过人为调节土壤中电子受体的比例，可以实现污染物降解的促进。如在富铁硫的土壤中提高铁硫比至1以上、在缺氮土壤中适量补给氮源、在强还原富硫土壤中抑制硫酸盐还原等均可以促进有机氯农药的降解；电子穿梭体可以影响电子分配和电子传递流向。通过添加电子受体可以调控有机氯农药还原脱氯和土壤氧化还原过程。比如电子受限的环境中，生物质炭的添加会促进电子向竞争性更强的土壤还原过程传递，有可能会促进土壤甲烷气体的产生，因此在调控过程中需要重点关注污染稻田中可作为电子穿梭体的物质干预电子传递流向的负面影响。除此之外，稻田中水稻生长会抑制淹水环境中高浓度磷氮的削减过程，但是不同种类的水稻抑制效果不同，而杂交水稻的抑制效果较传统栽培品种会更低，这主要是因为不同水稻品种根系泌氧能力不同。另外磷氮污染胁迫和水稻品种还会显著影响土壤，植物根内和根际微生物的微生物群落结构，综合考虑推荐杂交水稻作为高浓度有机氯农药污染稻田中的一种主要粮食作物品种。

二、设施菜地酞酸酯污染防控

设施菜地农膜使用量大，回收率低，酞酸酯污染比较严重。整体来说酞酸酯污染的处理要因地制宜、推进农膜合理使用，从源头控制、污染过程阻控、污染土壤修复3个过程控制，以预防为主，防治结合。治理的过程要结合多种措施，包括农业、生态、工程、管理等措施，从而达到安全蔬菜生产、农产品、水、土壤环境酞酸酯污染与残留削减的目的。

经过对设施菜地系统中土壤酞酸酯的迁移转化过程研究，明确酞酸酯在设施菜地环境-作物系统的迁移规律，通过农艺措施及添加堆肥来削减农田中酞酸酯的污染。堆肥是一种生产有机肥的过程，利用各种有机废物（如农作物秸秆、杂草、有机生活垃圾、餐厨垃圾、污泥、人畜粪尿等）为主要原料，经堆制腐解而成的有机肥料，是利用自然界中广泛存在的微生物，有控制地促进可降解的有机物转化为稳定的腐殖质的生物化学过程。直接将污染土壤堆肥或者将堆肥后的产品施加到土壤中均可以达到促进污染物转化的目的。堆肥施用后有利于改善土壤结构、提高土壤肥力，另外堆肥中的腐殖质还可影响微生物群落，为微生物提供有效碳源与能量，从而促进酞酸酯降解转化。考虑到设施菜地土壤N、P养分负荷，每季每亩施用1 000 ~ 2 000 kg混合堆肥（土壤∶猪粪∶锯末=1∶1∶1）、稻草堆肥施用均可有效降低土壤中酞酸酯污染水平。采取适当的种植措施可以加速酞酸酯的削减。设施菜地传统的蔬菜与水稻进行水旱轮作可以促进酞酸酯的削减，原因是水旱轮作干湿交替可以改变土壤氧化还原条件，从而加快土壤中酞酸酯的削减；酞酸酯污染设施菜地也可以与豆科植物进行轮作，豆科植物的种植强化了微生物固氮作用，因此改善了设施菜地土壤质量，从而促进了蔬菜保质增产。除此之外，筛选酞酸酯超低累积蔬菜品种和超高累积植物对酞酸酯中/低污染土壤进行修复，超低累积蔬菜和超高累积植物间作套种，超低累积蔬菜降低蔬菜对于酞酸酯的累积，高累积植物收获后可通过破碎堆肥化、接种微生物菌剂以实现无害化处理，从而实现边生产边修复。高累积植物成熟后的植株可破碎后进行堆肥并接种微生物菌剂，作为堆肥施加到污染设施菜地，从而加速污染物降解。

对于已污染的设施菜地，可采取一系列修复措施。添加具有吸附功能的材料包括生物质炭、黏土矿物等可以有效地降低酞酸酯的生物有效性，每季每亩可添加300 ~ 500 kg，能够有效减少作物对酞酸酯的吸收。大气沉降是蔬菜吸收累积酞酸酯类污染物重要途径，蔬菜叶面喷施阻控技术可以切断污染物空气—植物的传播途径。活性氧自由基能够高效代谢酞酸酯，叶面喷施能够产生自由基的材料（如纳米生物质炭等）可以有效控制蔬菜对于酞酸酯的累积。喷施材料的选择要符合高效安全、低廉易得、环境友好的原则。推荐使用纳米生物质炭、碳量子点，这两种材料能够在光照作用下产生活性自由基，另外纳米生物质炭、碳量子点降解酞酸酯的同时，自身也能被分解成二氧化碳，不会对蔬菜产生影响。进行叶面喷施时可以将材料配置成悬液，碳量子点推荐浓度为0.5 ~ 10 mg/L，纳米生物质炭的推荐浓度为100 ~ 1 000 mg/L，配置完成后超声分散均匀后备用，推荐用量为10 ~ 15 kg/亩，对于不同叶菜的生长期酞酸酯的阻控效果不同，可根据具体情况进行多次喷施。纳米生物质炭、碳量子点对于酞酸酯有很好的阻控效果，实验结果表明，与对照相比，碳量子点和纳米生物质炭在不同蔬菜生长期对酞酸酯的阻控效果分别可以达到95%和90%以上。与此同时，纳米生物质炭、碳量子点不会影响设施菜地的生产，碳材料的分解还能促进蔬菜的生长，蔬菜产量可以增加10% ~ 20%。由于喷施的碳量子点会在叶面保持一段时间，因此喷施碳量子点后的蔬菜24 h内不建议食用以保证其食用安全性。使用酞酸酯高效降解菌剂也可以有效处理设施菜地的酞酸酯污染。经过评价安全的微生物菌剂可以通过多种使用方式施加到设施菜地里。如可以通过喷雾、浸种、蘸根、灌根等方式。使用喷雾施加微生物菌剂的时候推荐每亩施加1 ~ 2 kg，获得的微生物菌剂不可以直接喷施，应先用清水稀释600 ~ 800倍。蔬菜种植前可先浸种，需要将种子浸湿后与菌剂拌匀，晾干后即可播种，推荐用量每亩施加0.5 ~ 1 kg，播种前2 h拌种最佳，处理后的种子播种以后要及时覆土，防止日晒。顾名思义，蘸根指的是将菌种蘸到作物根部，适用于作物移栽时，作物根部不能直接沾到高效降解菌剂里面，将高效降解菌剂与掺入少量磷肥和钾肥的粒径较小的细土或塘泥混合，调成浆，推荐用量每亩1 ~ 2 kg，作物根部粘附适量上述调好的泥，再进行定植。也可以在灌溉时将菌剂加入土壤中，推荐用量每亩2 ~ 4 kg，清水稀释1 000倍左右灌溉。对于高浓度酞酸酯污染的设施菜地，植物修复是一种有效的修复方法，酞酸酯修复植物（如紫花苜蓿等）在污染菜地的轮作，利用修复植物的吸收代谢和根际降解等方式可以有效降低土壤中酞酸酯含量，同时降低蔬菜对于酞酸酯的吸收。另外，紫花苜蓿修复植物也是绿肥作物，是可以提供作物肥源和培肥土壤的作物。绿肥作物生长一段时间之后，可以通过生物固氮作用提高土壤肥力，可以直接将其绿色茎叶切断后翻入土中，绿肥作物既可以节省人力和运输费用，又可以沤制土肥施用。绿肥含有多种养分和大量有机质，能改善土壤结构，促进土壤熟化，增强地力。修复植物种植前要先将土地翻耕平整，土地翻耕要精细，需要地面平整，土块细碎且无杂草。播种前需要改善土壤肥力，施加底肥，推荐施加量为有机肥1 500 ~ 2 500 kg/亩，过磷酸钙2 030 kg/亩。施肥后可以开始播种，但播种前要先晒种2 ~ 3 d以打破种子休眠，可以提高发芽率和幼苗整齐度。推荐采用根瘤菌接种处理，一般每千克根瘤菌可以拌10 kg种子。播种的季节可分为春播、夏播和秋播，但播期土壤的最低温度不低于5 ℃，较为干旱的区域可以适当灌溉，推荐土壤含水量在18% ~ 23%。修复植株的耕种方法一般分为条播和撒播。条播行距推荐为30 cm，每亩播种0.8 ~ 1.5 kg为宜。播种深度以0.5 ~ 1 cm为宜。播种完成后要及时进行田间处理，中耕除草需要至少12次，推荐在紫花苜蓿幼苗期苗高达到一定高度，大概在5 cm和10 cm时分别进行除草1次，返青时进行除草1次。紫花苜蓿成熟后进行收获，一般于现蕾末期至初花期刈割，每次刈割时应留茬5 cm左右。收割后的紫花苜蓿可用于无害化处理堆肥后返田，用以提高土壤肥力。

在政策管理层面，我国目前尚无专门针对设施菜地土壤中酞酸酯的环境质量标准，个别酞酸酯类污染物在建设用地土壤污染风险管控标准中有相对零散的规定。因此现有的土壤污染防治标准不能满足控制酞酸酯污染，控制酞酸酯污染土壤是降低人体健康风险和生态环境风险的需要。设施菜地土壤酞酸酯的环境质量标准亟待制定，设施菜地酞酸酯污染防控的环境效益评价亟待进行。环境效益指标一方面可以以削减率作为评价指标，重点监测采用污染防控措施前后土壤和农作物中酞酸酯的残留量，用以计算各指标的削减率。另外，可以以农产品酞酸酯残留限量标准和区域环境质量要求为评价指标，检测在采取污染防控措施后农产品质量和区域环境质量的改善程度。

三、土壤病原微生物污染防控

农田病原菌污染指畜禽粪便未经无害化处理、直接作为肥料或土壤改良剂施入农田，导致畜禽粪便中的病原微生物进入农田，进而污染农作物。无害化处理指的是通过一些物理、化学、生物以及工程的方法（如高温、好氧或厌氧等），杀灭畜禽粪便中的病原菌以及寄生虫的过程，减少畜禽粪便向农田或地表水体等环境输出病原体的技术。病原菌的防控应该根据"源头控制、高效施肥、末端削减、土壤污染修复"的原则，预防为主、防治结合，以农业、生态、工程、管理等多种层次的措施，达到安全利用畜禽粪肥、有效控制病原菌在农田土壤、作物以及水环境中的残留与污染的目的。

要阻断病原菌在环境中的传播，应该采取多方面的措施。田间农艺措施可以控制病原菌的传播。细菌对温度和水分非常敏感，非最佳生长温度下细菌细胞存活率和生长速率明显下降。但是已有报道，许多病原菌在受到高温胁迫下能够进入VBNC（Viable but non-culturable state）状态并在合适的条件下复苏，对公众健康构成潜在风险。如大肠杆菌O157:H7在50 ℃高温处理2 h后进入VBNC状态，但高温压力消除后可以复苏。但是高温处理后的VBNC状态和复苏后的细胞仍保持毒力表达，仍然存在潜在的风险。如何使细胞丧失复苏能力是降低VBNC状态病原菌风险的控制策略。日晒高温覆膜是一种实用、经济，并且环境友好的土壤无害化处理方法，在控制土壤病原体、植物病原体、害虫和杂草等有广泛应用，有利于土壤微生物改良和促进农业增产。在蔬菜生产过程中利用高温日晒覆膜直接杀死土壤中食源性病原菌对有机蔬菜的安全生产具有深远意义。日晒高温覆膜能够有效地提高土壤表层温度，研究表明，高温日晒覆膜6 h就能够有效地控制土壤中大肠杆菌O157:H7的可培养数，8 h内可以杀死大肠杆菌O157:H7活菌。值得注意的是，高温日晒覆膜6 h后，土壤中的大肠杆菌O157:H7丧失复苏能力，有效降低VBNC状态病原菌的潜在风险。另外，高温日晒覆膜能够改变土壤微生物群落结构，从而降低土壤微生物的生物膜形成能力、毒力以及压力响应，因此降低病原菌产生耐性的风险。水分管理是控制病原菌传播的重要方式。依据病原菌在环境中的存活时间和繁殖规律结合当地降雨特征、作物生长需要以及粪肥施用量等条件合理调控田间水分，在土壤黏粒含量较多的土壤，通过适当淹水，减少排水可以避免病原体通过水体扩散，另外改变土壤水分含量可以降低病原菌的存活时间。通过交替淹水排水造成干湿交替，其中落干过程可以显著降低大肠杆菌O157:H7的可培养菌数，并进入VBNC状态，短期可以降低大肠杆菌病原菌的传播风险，但并不是完全杀死病原菌，重新淹水后复湿可以使VBNC状态的大肠杆菌O157:H7复苏，复苏后的风险不容忽视。落干过程造成的VBNC状态与可培养细胞相比，VBNC细胞呈球形，细胞液较空，细胞壁呈钩状，且VBNC细胞的蛋白质组图谱显示，与DNA复制和重组、碳水化合物运输和代谢过程相关的蛋白表达水平均被下调，但与鞭毛运动、致病性和营养物质吸收有关的蛋白表达水平均上调，这意味着VBNC大肠杆菌O157:H7处于低代谢活性和不可培养状态，但少部分VBNC状态的菌在极低含水量的土壤中依然可以存活，并且仍可引起致命性疾病。此外，由于其在土壤中再次建立适宜条件时能迅速复苏并大量繁殖，VBNC大肠杆菌O157:H7仍可能对环境造成潜在的风险。在田间的水分管理以及其他农艺管理过程中应该要重点关注VBNC病原菌复苏的潜在风险。生物措施可以降低病原菌的传播风险。例如，可以通过外加碳源等改良土壤，将粪肥与高碳氮比的复杂有机残留物，包括优质肥料、木屑和生物质炭、堆肥等混合施用，可以改良土壤质量，土壤肥力提升后土壤原生微生物多样性和活性增加，因此可以减少粪肥携带的外源病原菌在土壤中的存活和定殖。

要控制病原菌的传播风险重要的是要阻断土壤到人体的传播。一是要避免土壤到农作物的传播，应加强作物管理，可以通过管理农作物生产过程中的害虫；二是避免在食品生产和加工过程中对农产品造成机械损伤从而减少病原体通过农产品创口而产生的污染和持留降低食品安全风险，要禁止病菌携带者进入食品生产加工区，另外农户在采摘农产品时保持个人卫生，佩戴口罩、手套等，也要避免农产品产生创口；三是食用过程中要清洗干净，尽量食用熟食，切断病原菌粪口传播链；四是避免可食部分与土壤表面或土壤颗粒直接接触，如未经处理的粪便施用期与可能与其存在直接接触的农产品的收获期间隔120 d以上，没有直接接触的情况也要至少间隔90 d。在一些有利于病原体存活的环境条件下要适当延长间隔期，温度较低的条件下施肥与农产品收获间隔应延长到6个月至1年。而树果和葡萄、小型水果和蔬菜的收获期与粪肥施用期间隔至少分别为3个月、15个月和12个月。

在措施实施前和实施后要及时监测残留病原菌。农田土壤病原菌残留量推荐采用"选择培养法+PCR方法"测定，可在每次施肥后以及降水事件后以及其他关注的阶段，采集土样并测定病原菌的数量。对于作物可取部分农产品，主要是可食用部分，进行病原菌检验，根据实际环境、粪肥中残留的病原菌种类和数量，设置合适的采样频度以监测农田土壤病原菌存活、繁殖和随径流扩散的整个动态过程。尤其是在农田施用粪肥后和作物收获时，同步采集土壤耕作层、非耕作层的土壤样品和植物样品（主要是食用部分），从而分析土壤病原菌残留种类与数量以及病原菌在土壤到作物的传播。结合作物特点和环境特点，检测不同时段，从施肥期到叶菜采摘期、蔬果收获期等的病原菌的存活和繁殖规律，以确定农田病原菌污染监测的关键时期。也要根据不同区域土壤样品和农产品中病原菌含量，确定农田病原菌污染重点监控区，对于达到病原菌致病临界值的区域重点关注。依据检测的结果进行环境风险评价，评价基线可利用观测区域近3年内的农田土壤和农作物病原菌残留量（来自包括本区域的历史监测、专项调查、科技论文等）来确定。也可以利用研究区域内未采取污染防控技术的"对照试验"的监测数据来确定评价基线。另外也要参照国家或地方发布的农产品病原菌限量标准、环境质量标准等。风险评价可以参考《GB 29921—2021食品安全国家标准 预包装食品中致病菌限量》中的评价方法，以致病风险指数作为评价指标，监测目标区域农作物中的病原菌残留量和检出率，计算各病原菌的致病风险，低于标准限值为合格，超过标准限值为"有致病风险"需要关注。另外，还可以以农产品病原菌检测限量标准和区域环境质量要求为标准，检测农产品质量和区域环境质量在采取污染防控措施后的改善程度是否达到相应的要求。

（一）农田镰刀菌属病原菌污染防控

基于代表区典型农田镰刀菌属病原菌的分布和危害特征，利用经典方法拮抗平板法筛选获得了40余株拮抗活性较高、环境安全性较好的微生物菌株；通过发酵工艺优化和复配菌剂组合研究，获得了可用于镰刀菌农田污染土壤生态调控的菌剂组合和单剂。

针对玉米、水稻和生姜农田主要有毒有害病原菌——禾谷镰刀菌、尖孢镰刀菌、木贼镰刀菌、尖孢镰刀菌、短小芽孢杆菌、铜绿假单胞菌等，利用平板对峙法分离、纯化、筛选出具有较好禾谷镰刀菌拮抗活性和遗传稳定的细菌40余株。其中拮抗效果最好菌株经16s rDNA测序鉴定为假单胞菌、暹罗芽孢杆菌、黏质沙雷菌、绿色木霉、枯草芽孢杆菌、解淀粉芽孢杆菌、巨大芽孢杆菌、人参芽孢杆菌、嗜麦芽寡养单胞菌、枫香拟茎点霉、贝莱斯芽孢杆菌CC09等，其中枫香拟茎点霉B3具有植物内生作用。

通过盆栽实验研究结果显示：水稻盆栽中施加层出镰刀菌和巨大芽孢杆菌的处理发病率为88.71%，比施加层出镰刀菌的处理降低了8.21%；施加层出镰刀菌和巨大芽孢杆菌的处理，病害指数比施加层出镰刀菌的处理低了56.72%。"1/3假单胞菌+1/3暹罗芽孢杆菌+1/9黏质沙雷菌"菌剂组合抑制病原菌危害发生，对玉米生长具有促进作用；以贝莱斯芽孢杆菌CC09发酵液对生姜病害防治有显著效果；从施用方式来看，在生姜不同生长时期进行CC09发酵液灌根，能达到最佳防治效果。大型溞、鱼类等环境保护生物安全性试验结果显示，最大风险暴露量的贝莱斯芽孢杆菌CC09、暹罗芽孢杆菌对非靶标生物安全，例如，按照推荐使用剂量施用，菌剂环境风险较低。

（二）植物源熏蒸剂对土传病原菌的防控

针对土壤镰刀菌属病原菌传播特点，研究了新型植物源土壤熏蒸剂异硫氰酸烯丙酯（AITC）对土壤消毒处理关键技术，AITC $20~g/m^2$处理剂量（AITC20）可分别降低土壤中镰刀菌和疫霉菌65%和58%，AITC $40~g/m^2$处理（AITC40）土壤中镰刀菌和疫霉菌减少90%以上，说明AITC对土壤中的病原真菌具有良好的消杀效果。AITC环境安全性评估结果显示：AITC土壤处理后对土壤中速效氮、磷、钾含量均有显著增加，电导率也显著增大，能有效促进养分的矿化和提高肥料的利用，农作物株高、茎粗有显著增加；AITC处理后真菌和细菌在门水平和属水平主要物种的组成上均没有显著差异（$P>0.05$）。

第五节　土壤抗生素和抗性基因污染防控

畜禽粪便是抗生素和抗性基因的主要来源。畜禽粪便作为有机肥施用到农田土壤时，畜禽粪便中携带的抗生素和抗性基因也随之进入土壤环境中，给农田生态系统带来抗生素和抗性基因污染。为减缓环境中抗生素及抗生素抗性基因的传播，在保证人类健康和粮食安全的前提下，通过源头控制、过程阻控、污染修复的全过程，多层次的综合防控等措施，有效控制农田抗生素和抗性基因污染。

污染监测是有效控制农田抗生素和抗性基因污染的第一步，建立合理全面有效的农田抗生素和抗性基因污染监测技术体系是必要的。样点的设置要根据粪肥和农作物种类来确定，一般认为相同施肥条件并且种植相同农作物的田块为同一样方，每个样方推荐取5个样点，每个样点取表层土（0~20 cm）至少200 g，同一样方的5个样点的样品混匀后，去除石块、植物根系等杂物后，取250 g左右装入自封袋中密封，避光放入4 ℃冰箱保存，以供分析化验使用；另取100 g左右装入自封袋，并保存于-20 ℃冰箱用于抗性基因检测。另外抗生素和抗性基因也会自土壤传播到植物中，植物样品在采集时一般每个样方选取长势基本一致的农作物5株，并在同一高度剪取植物组织，包括根、叶子、果实5 g左右放入自封袋避光放入4 ℃冰箱保存，用于分析化验；另取5 g于-20 ℃冰箱保存，用于抗性基因分析。推荐检测频率为每年每季作物的成熟季节监测一次。抗生素的测定可参考《GB/T 32951—2016有机肥料中土霉素、四环素、金霉素与强力霉素的含量测定 高效液相色谱法》的相关规定。抗生素提取利用固相萃取（SPE）法，提取净化后，使用高效液相色谱（HPLC）或者高效液相色谱串联质谱（HPLC-MS/MS）进行测试。建议送到有资质的检测机构进行检验。抗生素抗性基因的检测，提取样品DNA后，通过高通量荧光定量PCR（qPCR）对其抗性基因（包括整合酶和转座酶等）的丰度进行定量检测。抗性基因的检测建议送到相关有资质的检测机构检验。

确定抗生素、抗性基因的丰度以后，可以通过控制粪肥的质量、施用量以及施肥时间等从源头控制抗生素和抗性基因在环境中的残留和传播；还可以通过一些物理、生物以及工程的方法处理畜禽粪便，削减其中的抗生素、抗性基因以及重金属含量，使粪肥在农田施用前达到安全标准，从而在源头上防控抗生素和抗性基因污染农田土壤环境生态的风险。《GB/T 36195—2018畜禽粪便无害化处理技术规范》对畜禽粪便无害化处理的基本要求、粪便处理场的选址及布局、粪便的收集、贮存和运输、粪便处理以及粪便处理后利用等内容都做了规定，适用于畜禽养殖场所的粪便无害化处理。该标准对于畜禽粪便处理后的蛔虫卵、钩虫卵、粪大肠菌群数、蚊子、苍蝇、沼气池粪渣等卫生学指标做了规定。还指出畜禽粪便经无害化处理后直接还田利用的，应符合《GB/T 25246—2010畜禽粪便还田技术规范》的规定。生产有机肥料的，应符合《NY/T 525—2021有机肥料》的规定。生产有机–无机复混肥的，应符合《GB/T 18877—2020有机无机复混肥料》的规定。根据《GB/T 25246—2010畜禽粪便还田技术规范》的规定，畜禽粪便作为粪肥还田应充分腐熟，卫生学指标及重金属含量达标后方可施用。粪肥的施用应满足农作物对于营养元素的需要，畜禽粪料单独施用不满足时可与其他肥料配施，另外要适量施用，充分考虑农田本底肥力水平，以生产需要为基础，"以地定产、以产定肥"以保持或提高土壤肥力及土壤活性。肥料的使用应不对环境和作物产生不良后果，为控制抗性基因在农田中的扩散与传播，建议粪肥施用量以20 t/(hm²·a)为限（以山东寿光设施菜地为例）。在饮用水源保护区不应施用粪肥。施肥时间建议春季和秋季耕种时施用，施用农田后，尽快在24 h内翻入土内。施肥应尽量避免雨季。

对于已经残留在土壤中的抗生素及抗性基因考虑通过改变土壤理化性质以及微生物群落结构等削减土壤抗生素残留和抗性基因的传播与扩散。充分利用农艺调控措施，依据抗生素在农田土壤环境中的赋存、当地的降雨特征以及农田作物的生长期来调控水分，通过水分管理改变土壤的氧化还原条件，以促进抗生素降解，并且降低土壤中抗生素的垂向分布及孔隙水中抗生素的浓度，也缓解了因抗生素引起的选择压力造成的抗性基因的扩散，种植结构调整技术可以通过调整种植结构，降低抗性基因沿土壤迁移到植物并进一步向人体传播的风险。依据抗生素污染检测的结果，综合考虑抗生素污染的程度，避免在污染重灾区种植可生食作物（如生菜、黄瓜、番茄等），改种不可生食的作物（如水稻、小麦、玉米、大豆等）。农艺管理措施可以减少土壤中抗生素残留以及土壤和作物携带抗性基因丰度。

物理方法也可以有效削减抗生素及抗性基因的污染，如生物质炭调控技术是一种针对多种污染物有效的方法，在农田中施加一定量的生物质炭，借助生物质炭的吸附有效截留土壤中的抗生素以及携带抗性基因的微生物，减少抗生素和抗性基因对土壤微生物菌群的扰动，保证土壤健康。生物质炭施用时应选取抗生素吸附效果好的秸秆生物质炭，在作物种植前通过表土撒施并将生物质炭翻入土中使生物质炭与土壤相融，推荐生物质炭施用量为10～20 kg/hm²，生物质炭的施用周期可根据土壤理化性质和抗生素种类确定。

生物方法亦是调控农田抗生素污染的重要手段，可以通过微生物、动物、植物等多种方法来调控。微生物群落调控技术指的是提高微生物群落多样性可以有效降低土壤中抗生素残留以及抗性基因在土壤中的传播扩散。建议采用微生物菌剂调控微生物群落，微生物菌剂施用时间应为清晨或者阴天，注意一定要避免在高温天气施用，以免高温影响微生物繁殖和代谢活动，施用微生物菌剂后应立即浇透水以保证微生物代谢活动所需的水分。微生物菌剂应避免杂菌污染，不能长期放置，开口后一次用完，否则会导致环境中其他菌进入，污染菌剂中的菌。另外为保证菌种活性，微生物菌剂不能与农药（包括杀菌剂、杀虫剂以及除草剂等）一起施用，农药容易造成菌种失活使其失去效果，最少间隔48 h再施用；农用微生物菌剂的主要技术指标可参考《GB 20287—2006农用微生物菌剂》，该标准规定了农用微生物菌剂（即微生物接种剂）的术语和定义、产品分类、要求、试验方法、检验规则、包装、标识、运输和贮存等。土壤动物也是修复土壤抗生素和抗性基因污染的重要手段。建议采用蚯蚓修复，推荐施用赤子爱胜蚓（*Eisenia foetida*，表层种）或者壮伟环毛蚓（*Amynthas robustus*，内层种）蚯蚓，依据自然环境条件选择适宜生长的蚯蚓品种，蚯蚓加入量推荐100～300条/m²，依据土壤具体的污染情况确定蚯蚓添加周期，引入蚯蚓后可正常种植植物。但要尽量避免在农药施用当天加入蚯蚓，防止农药对蚯蚓的毒害，一般在清晨或者阴天加入蚯蚓，蚯蚓通过吞食可促进抗生素的降解与转化，同时降低抗性基因丰度。

针对目前应用最广泛的5大类典型兽用抗生素开展功能降解菌的系统性筛选，最终获得高效功能降解菌优质资源，并对其降解特性进行研究。

一、典型兽用抗生素功能降解菌系统性筛选与研究

（一）氨基糖苷类抗生素庆大霉素降解菌筛选及其条件优化

1. 庆大霉素降解菌的筛选

通过平板分离的方法共获得8株真菌（FZC1-FZC8）。这8株真菌不能在无机盐培养基中生长，对无机盐培养基中的庆大霉素含量没有显著影响，表明这8株真菌均不能将庆大霉素作为唯一碳源生长。但8株真菌在1/10液体土豆培养基（LPD）中对庆大霉素具有去除能力（图3-6），去除率为10.1%～76.1%，其中FZC3对庆大霉素的去除率最高，且去除率随着培养时间的推移而逐渐变小。其中在前7天庆大霉素去除率达53.5%，第14天、第21天去除率分别为12.0%和8.0%，第28天去除率仅2.6%。因此，我们选择FZC3进行之后的优化试验，培养时间为7 d。基于分离出的8株真菌和其相关菌株的ITS序列临近法构建系统发育树（图3-7），结合菌落形态鉴定，分析得出FZC3为土曲霉。

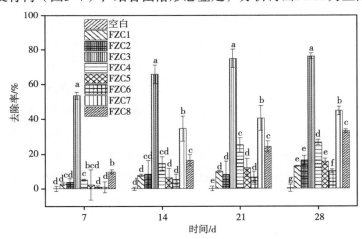

不同小写字母表示不同处理间差异显著（*P*<0.05），下同。

图3-6　不同真菌在1/10 LPD中对庆大霉素（100 mg/L）的去除率

2. 真菌FZC3对庆大霉素去除条件的优化

通过对培养基浓度、转速、温度、培养液pH值、接种量等实验室培养条件优化，提高了土曲霉FZC3对庆大霉素的去除能力。

由图3-8可知，最终的条件优化结果为含有50 mg/L庆大霉素的1/10 LPD培养液，转速为150 r/min，温度为35 ℃，培养液pH值为6，FZC3接种量为5×10⁸孢子/mL，在此条件下，FZC3对庆大霉素的去除

能力达到95%以上。FZC3能够在比较大的pH值范围内存活并维持较高的庆大霉素去除能力，尤其是其对碱性环境有较强的适应能力，证明了FZC3具有应用于大规模庆大霉素污染物处理的潜力。

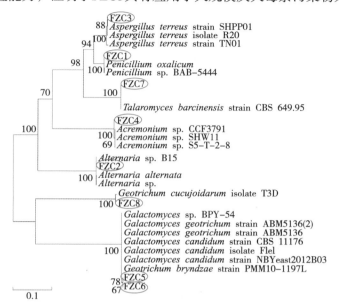

图3-7 庆大霉素降解菌系统发育树

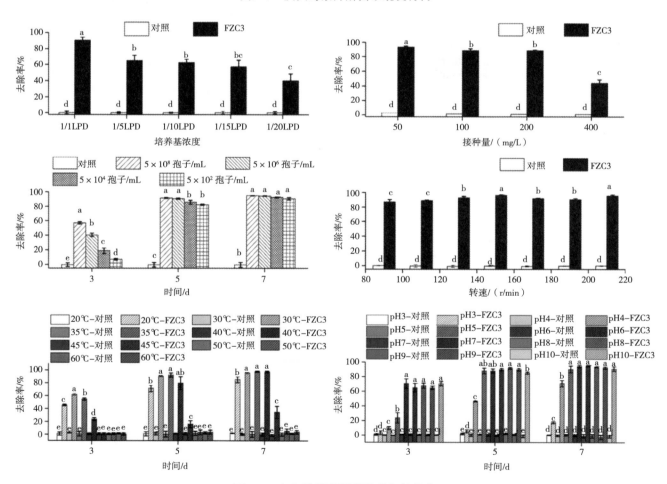

图3-8 庆大霉素降解菌培养条件优化

（二）大环内酯类抗生素降解菌筛选及其降解特性研究

1. 泰乐菌素降解菌筛选及降解特性研究

（1）泰乐菌素降解菌筛选。以浙江省湖州市德清县某有机肥生产厂为降解菌筛选来源，采集该有机肥厂长期堆放畜禽粪便的土壤进行降解菌筛选。降解菌的筛选以梯度压力驯化法进行驯化筛选。获得纯化的降解菌株在含100 mg/L泰乐菌素的LB固体培养基上生长24 h，菌落形态如图3-9a所示，菌落呈圆形、白色不透明并且边缘整齐表面有黏稠性，挑取单一菌落进行电子显微镜观察，如图3-9b和图3-9c所示，单个细菌在电镜下为短杆状、无芽孢、无鞭毛。挑取对数生长期的目的菌株进行测序，将测序结果与GenBank中的数据进行BLAST，发现其与 *Klebsiella oxytoca* 亲缘关系较近，比对（图3-10），结合透射电镜以及其他表征，将TYL-T1鉴定为产酸克雷伯菌属（*Klebsiella oxytoca*），命名为产酸克雷伯菌TYL-T1（*Klebsiella oxytoca* TYL-T1）。

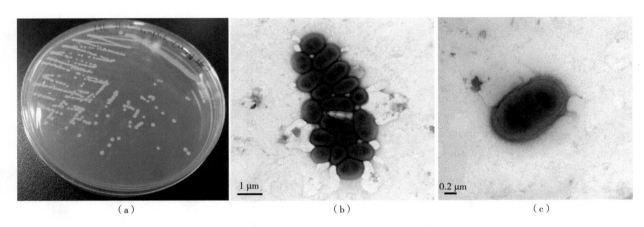

（a）　　　　　　　　　　（b）　　　　　　　　　　（c）

图3-9　菌株TYL-T1的菌落形态（a）和显微形态（b，c）

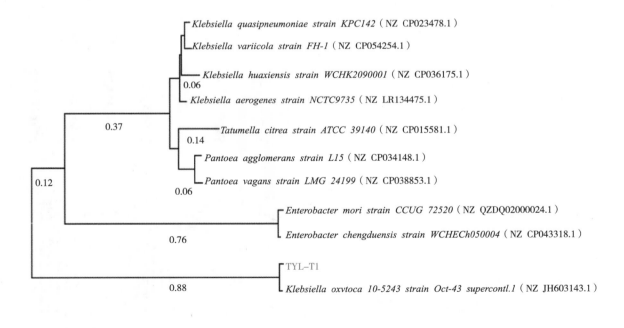

图3-10　菌株TYL-T1系统发育树

将获得的产酸克雷伯菌TYL-T1（*Klebsiella oxytoca* TYL-T1）接种至含100 mg/L的泰乐菌素LB液体培养基中，30 ℃、180 r/min条件下进行振荡培养，设置不同时间段取样，使用高效液相色谱对样品中抗生素的浓度进行测定，并且计算降解菌株对泰乐菌素的降解率，得到降解曲线（图3-11），菌株对泰乐菌素的降解并未出现明显迟滞，并在36 h降解率达80.86%，72 h以后达到最高降解率99.83%。

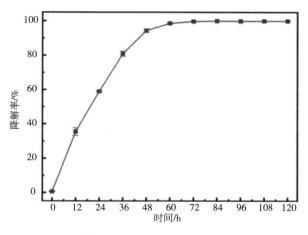

图3-11 菌株TYL-T1对泰乐菌素的降解曲线

（2）降解菌株对泰乐菌素的降解条件优化。采用单因素试验研究，将分离纯化获得的降解菌株以不同接种量接种到含有不同初始浓度泰乐菌素、pH值、温度的LB培养基中进行培养取样，测定培养基中泰乐菌素的残留浓度，得到降解菌株对泰乐菌素的最优降解条件（图3-12）。

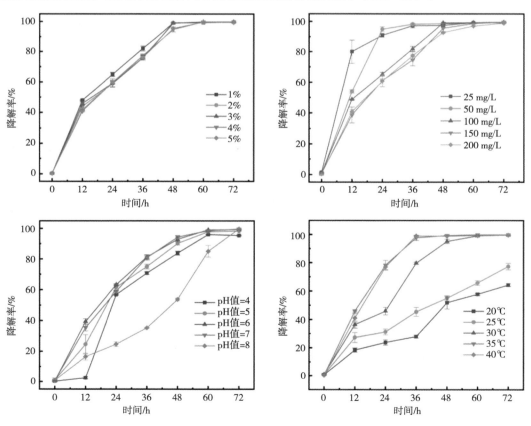

图3-12 泰乐菌素降解菌的降解条件优化

设置培养条件转速为180 r/min、温度为35 ℃、泰乐菌素浓度为25 mg/L、培养初始pH值为7、接种量1%，恒温摇床培养72 h，每12 h取样测定泰乐菌素的浓度，绘制泰乐菌素降解曲线。结果如图3-13所示，在本实验条件设定下降解菌在24 h对泰乐菌素的降解率为97.24%，在36 h就达到了最高降解率99.34%，验证了降解菌株TYL-T1对泰乐菌素降解的最优培养条件为：温度35 ℃，泰乐菌素浓度25 mg/L，培养初始pH值为7，接种量1%。

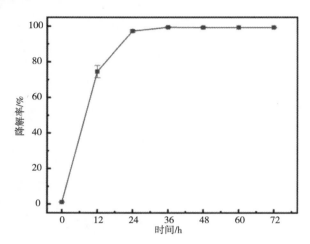

图3-13　菌株TYL-T1在最优降解条件下对泰乐菌素的降解曲线

2. 红霉素降解菌筛选及降解特性研究

（1）红霉素高效降解菌株的筛选。选择浙江省德清市某有机肥生产车间为红霉素（ERY）降解菌筛选来源，采集该有机肥生产车间内长期堆放鸡粪的场地土壤样品进行菌株驯化分离，经过多重驯化分离和富集筛选，得到两株能够共同作用降解高浓度红霉素的降解菌菌株Ery-6A和Ery-6B。同时发现，该共生菌群对氯霉素（CAP）也具有一定降解效果。

Ery-6A菌落形态呈圆形，直径约1~2 mm，乳白色、不透明、表面光滑、湿润且边缘整齐，在透射电镜下观察菌株形态发现该菌为杆状，无鞭毛，无芽孢，细胞内有黑白点。Ery-6B菌落形态呈圆形，直径2~3 mm，金黄色、不透明、表面光滑凸起、边缘整齐，透射电镜下该菌呈杆状，未发现鞭毛及芽孢（图3-14，图3-15）。

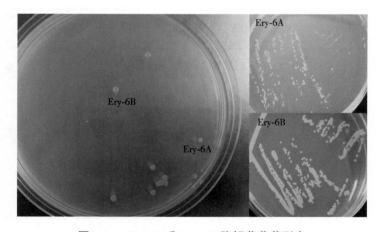

图3-14　Ery-6A和Ery-6B降解菌菌落形态

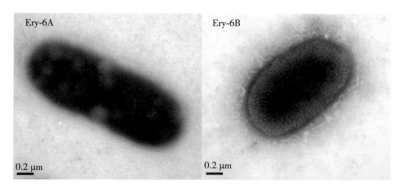

图3-15　Ery-6A和Ery-6B降解菌透射电镜下形态

挑取对数期菌株进行16S rDNA基因序列分析，通过BLAST与GenBank中的已知序列进行同源性分析比较，确定与降解菌同源程度最高的序列。利用MEGA7.0软件对菌株及其近缘属种进行遗传距离分析，采用邻接法构建系统发育进化树，如图3-16所示。结果显示Ery-6A序列与代尔夫特食酸菌*Delftia acidovorans*在同一分支上，相似性为99.5%，Ery-6B序列与产吲哚金黄杆菌*Chryseobacterium indologenes strain*在同一分支上，相似性为98.27%。

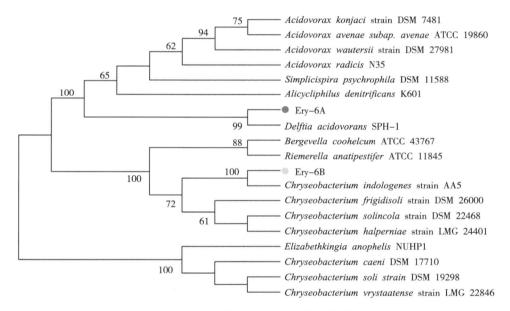

图3-16　Ery-6A和Ery-6B降解菌系统发育树

将共生降解菌分别接种至含100 mg/L红霉素和氯霉素的无机盐液体培养基中，30 ℃、120 r/min条件下培养，降解菌对红霉素和氯霉素降解动力学曲线见图3-17。红霉素降解率随培养时间而增加，0~48 h快速增长，最大降解率达74.10%，48 h之后趋于平稳；氯霉素降解率也随培养时间而上升，但上升幅度较小，在0~60 h快速增长，60 h之后保持不变（图3-17）。采用准一级动力学方程拟合接菌和不接菌条件下的红霉素和氯霉素降解过程，除氯霉素生物降解曲线外，R^2均在0.9以上，可知方程拟合度较好，因此其降解遵循准一级反应动力学，速率常数k（h^{-1}）、半衰期$t_{1/2}$（h）见表3-14。结果表明，这两种抗生素的自然降解均较弱，共生降解菌接种显著提高红霉素降解速率，半衰期缩短一半以上，相对氯霉素影响较小。

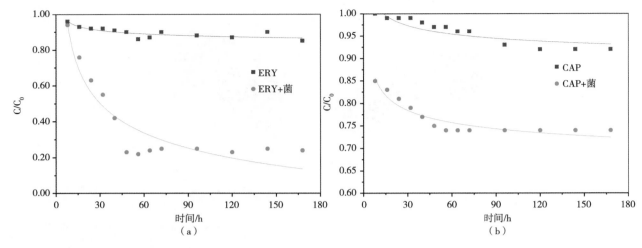

图3-17 ERY（a）和CAP（b）的生物降解动力学曲线

表3-14 ERY和CAP生物降解的动力学方程及动力参数

名称	一级反应动力学方程	速率常数（K）/h^{-1}	半衰期（$t_{1/2}$）/h	R^2
ERY	$C_t/C_0=92.14e^{-0.000\,49t}$	0.000 49	88.42	0.928 4
ERY+菌	$C_t/C_0=57.69e^{-0.007\,53t}$	0.007 53	30.65	0.925 9
CAP	$C_t/C_0=100.31e^{-0.000\,62t}$	0.000 62	95.22	0.920 8
CAP+菌	$C_t/C_0=80.44e^{-0.000\,71t}$	0.000 71	75.78	0.806 8

（2）降解菌降解红霉素条件的优化。代尔夫特食酸菌属（*Delftia acidovorans*）和产吲哚金黄杆菌属（*Chryseobacterium indologenes*）复合菌对红霉素和氯霉素具有降解能力。通过对底物浓度、温度、转速、培养液pH值、外加碳氮源等实验室培养条件优化，提高降解菌对红霉素和氯霉素的去除能力。结果发现，该复合降解菌对环境适应性较强，能以红霉素为唯一碳源生长，在红霉素底物浓度为100 mg/L的基础上，最佳降解条件为温度35 ℃，转速120 r/min，pH值7.0，培养48 h后红霉素降解率为79.91%；对于底物浓度为100 mg/L的氯霉素在48 h内降解率达到31.64%。此外，该共生降解菌还可以在高浓度红霉素为唯一碳源环境中生长，对于浓度为1 000 mg/L的红霉素降解率高达31.95%。因此，该复合菌有为微生物修复红霉素、氯霉素等复合抗生素污染问题贡献更大的可行性，为抗生素代谢途径或降解酶等研究提供菌种资源，也可以为红霉素制药厂等具有高浓度红霉素污染的厂家提供治理方案和解决途径。

（3）红霉素降解产物与途径分析。降解菌降解的红霉素样品经液质联用测定得到图谱见图3-18，推测降解途径见图3-19。其中，质荷比（m/z）为716的降解产物与已有报道（惠芸华等，2008）一致，推测为母体结构脱去一个羟基（-OH）得到的产物：红霉素8,9-脱水-6,9-半缩酮（图3-19a）。图3-19b所示产物与Zhang等人（2017）研究发现的红霉素降解产物7,12-二羟基-6-脱氧红霉素B和6-脱氧红霉素B的结构及质荷比接近，但未发现Zhang等（2017）推测的丙醛等产物。

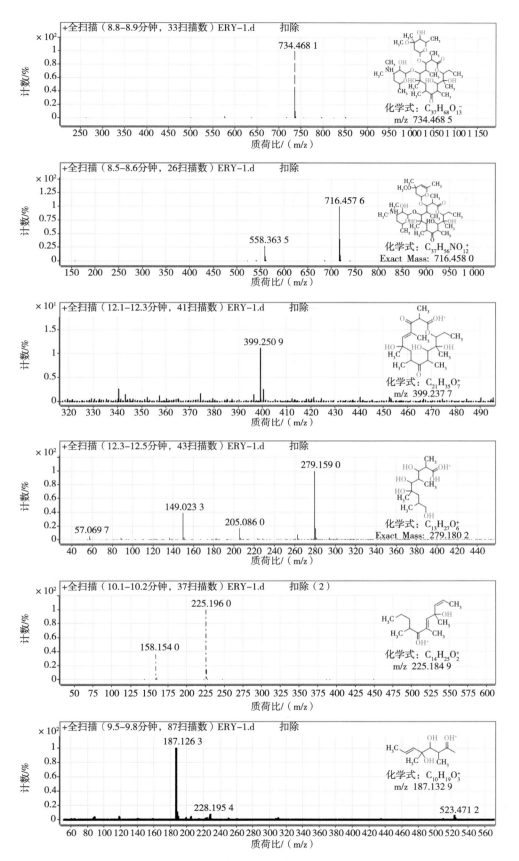

图3-18　红霉素微生物降解产物结构分析

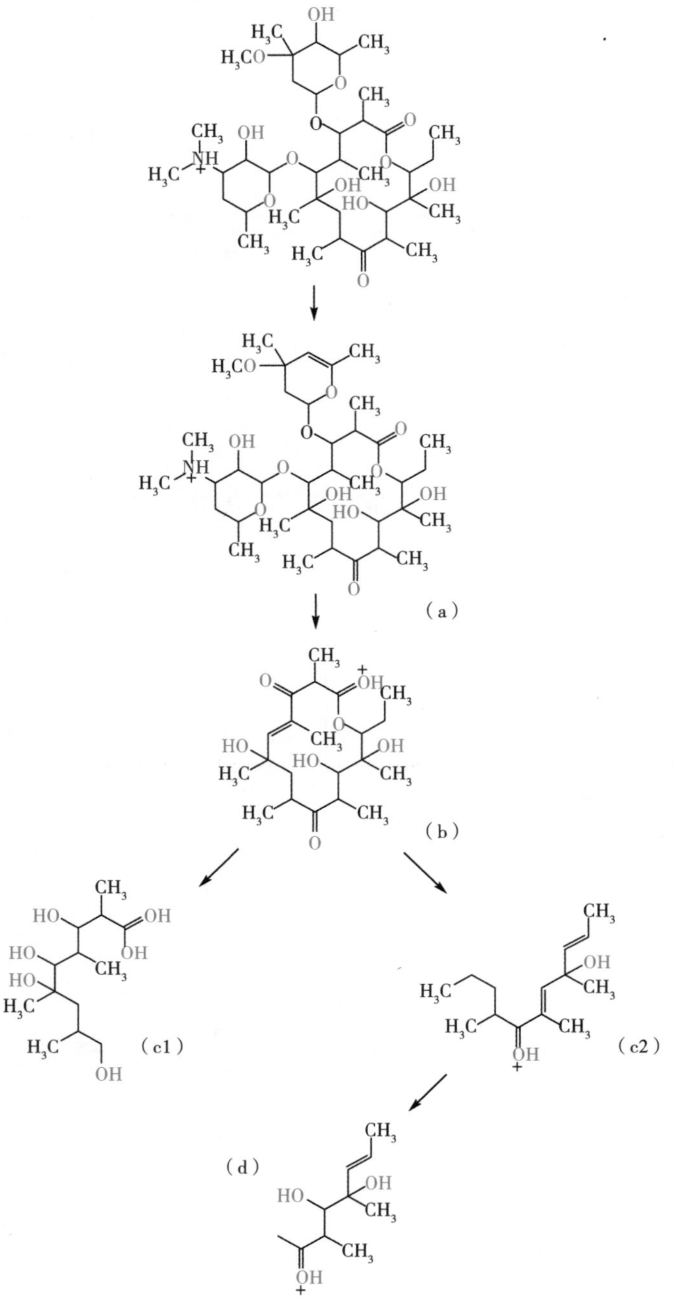

图3-19 红霉素微生物降解产物形成途径推测

（三）四环素类抗生素降解菌株筛选与降解特性研究

1. 土霉素降解菌株筛选与降解特性研究

（1）土霉素降解菌株的筛选。从土霉素菌渣中分离纯化菌株共得到5株细菌、17株真菌。将分离纯化得到的22株菌接种到含有0.3 g/L土霉素的无机盐培养基中，置于30 ℃恒温培养箱中培养，每天观察菌株生长情况以及菌落形态特征、生长量，通过紫外分光光度计测定22株菌降解土霉素效率，初步筛选得到14株菌。将筛选得到的菌株接种至以土霉素为唯一碳源的无机盐培养基中，置于恒温震荡培养箱中30 ℃，160 r/min培养，然后取样，测定各摇瓶中土霉素的降解率。结果见图3-20。可知，土霉素降解率最高的3株真菌为LTF3-2、LTF2-4和LTF2-1，降解率分别为81.32%、65.84%和62.50%。选取最高降解率的菌株，并命名为LTF2，用于后续的研究。

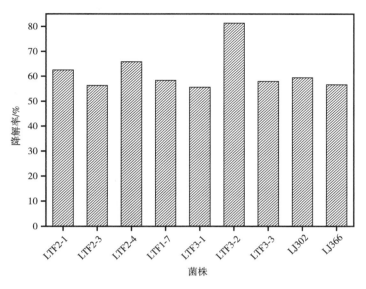

图3-20　不同菌株摇瓶中土霉素初筛结果

（2）土霉素降解菌株的鉴定。菌株LTF2在马铃薯培养基上生长较快，30 ℃培养4 d菌落直径为8～11 mm，菌落边缘为白色、全缘，中心稍隆起，菌丝层较厚，纹饰为同心环。菌落外观呈粉粒状，菌丝为白色绒毛状，质地紧密，有黄色渗出液，菌落背面为棕红色。第2天时，开始产孢子颜色为灰绿色，并逐渐加深。LTF2的菌落形态和显微形态如图3-21所示。显微观察菌丝透明，有隔，不断分支。分生孢子梗由菌丝直立生出，无色，分生孢子为球形，在孢子梗顶端分裂，孢子囊为球状。根据LTF2的菌落形态和显微形态初步判定LTF2为曲霉属菌株。

提取菌株LTF2的DNA进行测序，将测序序列结果利用NCBI网站的BLAST工具进行比对，并将同源序列利用MEGA-6.0软件构建进化树，结果如图3-22所示。菌株LTF2与*Aspergillus sydowii*同源性最近，相似性为100%，因此其为萨氏曲霉（*Aspergillus sydowii*）。

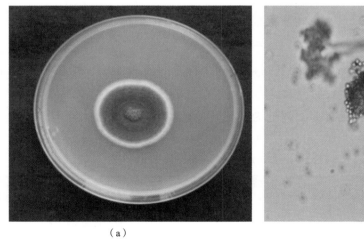 

（a）　　　　　　　　　　　　　（b）

图3-21　LTF2菌落形态（a）和显微形态（b）

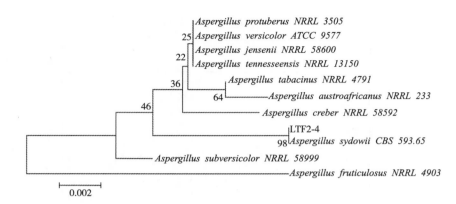

图3-22　菌株LTF2进化树

（3）菌株利用不同碳源共代谢降解土霉素。菌株LTF2在添加不同共代谢碳源培养基中，土霉素降解率的变化如图3-23所示，结果表明其他碳源的加入均能提高LTF2对土霉素的降解率。第9天时，按菌株LTF2降解土霉素效果，将各碳源按降解率由高到低排序依次为葡萄糖（82.04%）、麦芽糖（80.50%）、淀粉（74.99%）、蔗糖（79.14%）和半乳糖（61.47%）。

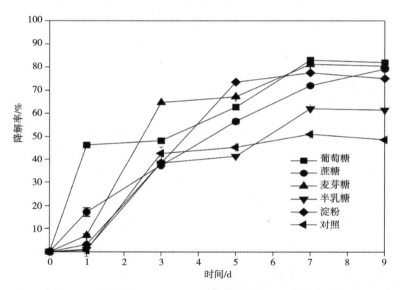

图3-23　菌株LTF2利用不同共代谢碳源对土霉素的降解率

土霉素降解符合一级反应动力学，得到各组碳源中菌株降解土霉素的一级反应动力学方程如表3-15所示。比较各个共代谢碳源的半衰期可知，降解效果最优的为麦芽糖，半衰期为3.48 d，其次为葡萄糖和淀粉，半衰期均为3.70 d，降解效果最差的为半乳糖，半衰期为5.89 d。

表3-15　菌株LTF2土霉素降解动力学方程

组别	动力学方程	R^2	速率常数（K）/d^{-1}	半衰期/d
葡萄糖	$y=273.800\,8e^{-0.007\,8x-0.178\,4}$	0.906 2	0.014 6	3.70
蔗糖	$y=277.813\,9e^{-0.007\,3x+0.013\,4}$	0.996 2	0.010 4	3.96
麦芽糖	$y=287.756\,8e^{-0.008\,3x-0.092\,9}$	0.896 6	0.011 4	3.48

（续表）

组别	动力学方程	R^2	速率常数（K）/d⁻¹	半衰期/d
半乳糖	$y=277.561\,4e^{-0.004\,9x+0.001\,2}$	0.930 6	0.010 8	5.89
淀粉	$y=273.800\,8e^{-0.007\,8x-0.008\,4}$	0.874 1	0.013 1	3.70
CK2	$y=279.842\,5e^{-0.003\,5x-0.077\,1}$	0.775 0	0.007 8	8.25

2. 金霉素降解菌株筛选与降解特性研究

（1）金霉素降解菌株分离与纯化。在无机盐培养基中添加2.5 g/L的金霉素，分离纯化菌株，共分离纯化出93株菌。将93株菌接种到含有4.0 g/L金霉素和1.0 g/L葡萄糖的无机盐培养基中避光培养，通过紫外分光光度计测定93株菌降解金霉素效率，初步筛选得到18株菌。将这18株菌分别涂布在以0.1、1.0、5.0和10.0 g/L金霉素为唯一碳源的平板上，通过观察菌株的生长情况发现，18株菌株均可在仅含有金霉素为唯一碳源的无机盐培养基上生长。

将得到的18株菌接种到摇瓶中取样，HPLC测定菌渣中金霉素浓度，选取高效金霉素降解菌株，结果如图3-24所示。可知，菌株LJ245、LJ302、LJ320降解效率最高。其中菌株LJ245与LJ320形态相似，经鉴定为同种菌株。对菌株生长量比较发现LJ245在以金霉素为唯一碳源的平板中生长速度最快。根据生长速度、降解效率以及环境友好性综合评定，选择菌株LJ245进行后续的研究。

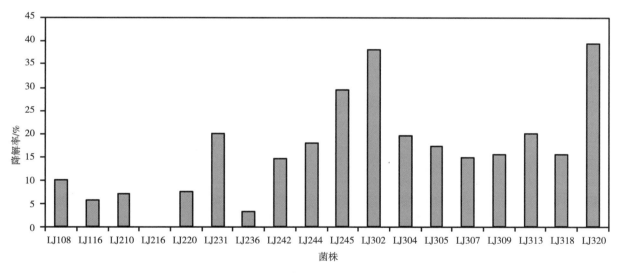

图3-24　菌株分离纯化结果

（2）金霉素降解菌株的鉴定。菌株LJ245在马丁氏平板培养基上生长迅速，30 ℃培养2 d菌落直径约50 mm，第3天菌丝即可铺满平板，菌丝层较厚，平坦，呈白色柔毛状。开始产孢子，孢子为黄绿色，产孢区排列成同心轮纹状，菌落背面白色。在马铃薯培养基上LJ245生长也同样迅速。LJ245菌落形态如图3-25所示。显微观察菌丝透明，有隔，菌丝间相互交叉覆盖。分生孢子梗由菌丝直立生出，无色，分枝多且不规则，整体像树枝，分枝与分生孢子梗近似直角，末端为小梗。小梗瓶形，基部细，中间膨大，以大角度伸出。分生孢子球形在孢子梗顶端分裂。根据菌株LJ245的菌落形态和显微形态初步判定LJ245为木霉属菌株。

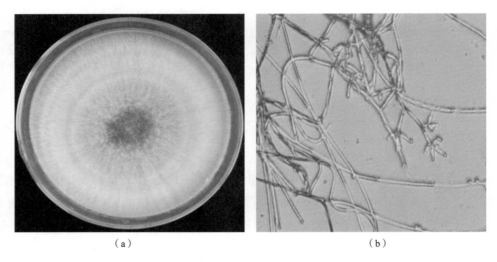

（a）   （b）

图3-25　菌株LJ245菌落形态（a）和显微形态（b）

提取菌株LJ245的基因组DNA，利用真菌ITS区通用引物ITS1和ITS4，得到约600 bp大小的扩增产物。对扩增出来的片段进行测序，将测序结果在NCBI进行BLAST比对后，构建系统发育树，确定菌株的种属，如图3-26所示。可看出菌株LJ245与*Trichoderma harzianum*同源性最近，因此确定为哈茨木霉（*Trichoderma harzianum*）。

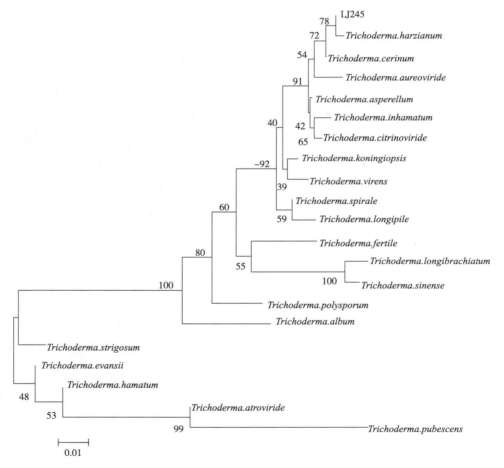

图3-26　菌株LJ245的系统发育树

（3）菌株LJ245对金霉素的降解特性研究。

适宜碳源 用8种不同的碳源替代马丁氏培养基中的葡萄糖，添加相同的碳比例，观察菌株LJ245生长情况（图3-27）。通过不同时间点的测定发现，在测定第36小时，除乙酸钠以外，菌株LJ245对于其他碳源均能较好利用，葡萄糖和甘油是利用最好的碳源（表3-16）。

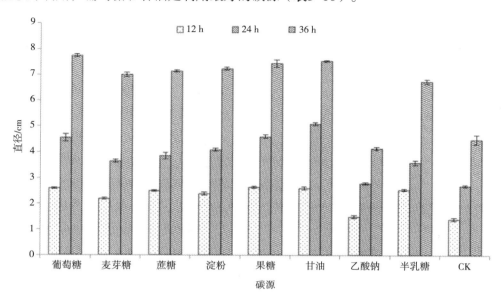

图3-27 不同碳源添加对菌株LJ245生长的影响

表3-16 不用碳源对菌株LJ245生长的影响（36 h）

碳源	形态描述
1-葡萄糖	中间空心，外缘白色绒状浓密
2-麦芽糖	菌丝稀疏，偏黄色
3-蔗糖	菌丝稀疏
4-淀粉	菌丝量适中
5-果糖	菌丝量适中
6-甘油	菌丝浓密，雪白色，有一定厚度，约0.2 cm
7-乙酸钠	边缘不圆滑，菌丝少
8-乳糖	中间空心，菌丝少
9-CK	少量菌丝

不同碳源添加对菌株降解金霉素的影响 在含有0.5 g/L金霉素的无机盐培养基中分别添加0.5 g/L的稻壳、麸皮、邻苯二酚和葡萄糖，接种2%菌株LJ245。观察几种碳源对菌株降解金霉素效果的影响，结果如图3-28所示。菌株LJ245在含有金霉素的培养基中添加邻苯二酚，金霉素降解效率高于在培养基中不添加其他碳源，而在培养基中添加稻壳、麸皮会略微降低金霉素降解效率，添加葡萄糖会明显降低金霉素降解效率。

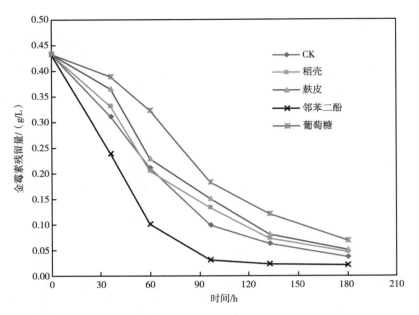

图3-28　不同碳源对菌株（LJ245）降解金霉素效果的影响

3. 土霉素降解菌的微生物降解途径

（1）土霉素降解菌T4的降解特性研究。由图3-29可知，土霉素容易自发进行水解，反应1周内，土霉素可降解将近20%，在实验室筛选得到的具有降解土霉素能力的假单胞菌T4作用下，降解率达到35%。

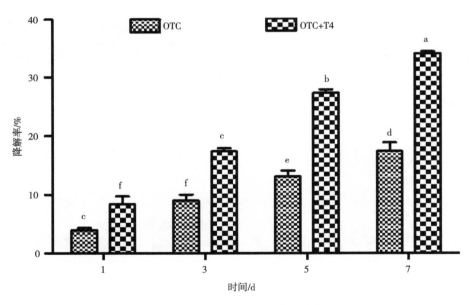

图3-29　假单胞菌T4对土霉素的降解效果

比较不同碳源物质（淀粉、酵母膏、麦芽糖、牛肉膏蛋白胨）和不同金属离子（Fe^{3+}和Cu^{2+}）对假单胞菌降解土霉素的影响（图3-30）。在4种碳源物质中，添加淀粉降解率最高，牛肉膏蛋白胨降解率最低；无机盐培养基中土霉素的降解率高于4种碳源，降解率可达35%。在0.1% Fe^{3+}和Cu^{2+}的作用下，Fe^{3+}能显著促进土霉素降解，降解率为65%，Cu^{2+}降解率仅为34%。可见，添加Fe^{3+}有助于提高微生物活性。

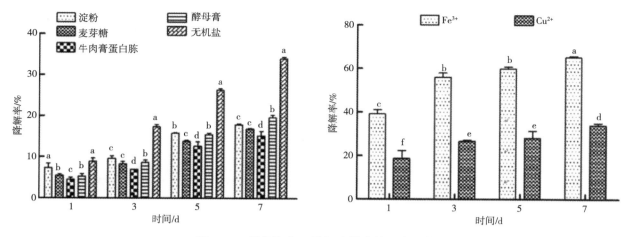

图3-30　假单胞菌T4降解土霉素的影响因素

（2）土霉素降解产物分析。通过UPLC/Q-TOT/MS分析土霉素降解产物，得到m/z 443和437两种降解产物的二级质谱图（图3-31），并基于质谱结果，分析了其进一步的降解途径。

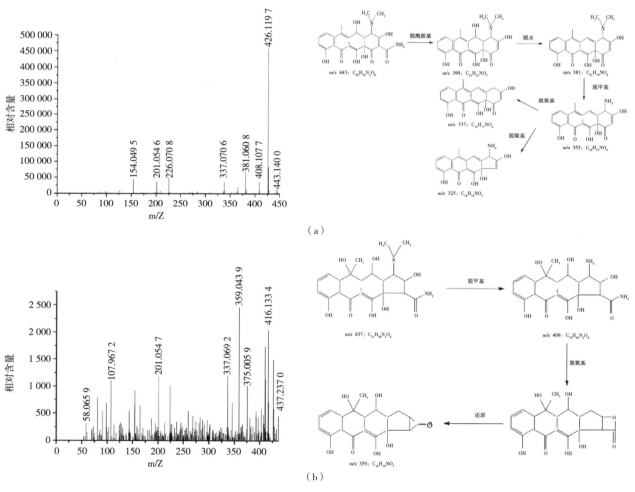

（a）

（b）

图3-31　m/z 443（a）和m/z 437（b）二级质谱图示意

（3）基于质谱结果探明土霉素微生物降解途径。土霉素的微生物降解路径主要有3条（图3-32）。

由于缺乏标准品，所以用相对丰度表示含量。分析得出，OTC的降解反应类型主要包括脱甲基、脱水、脱羧基、脱氨基、羟基化和烯醇-酮异构化。

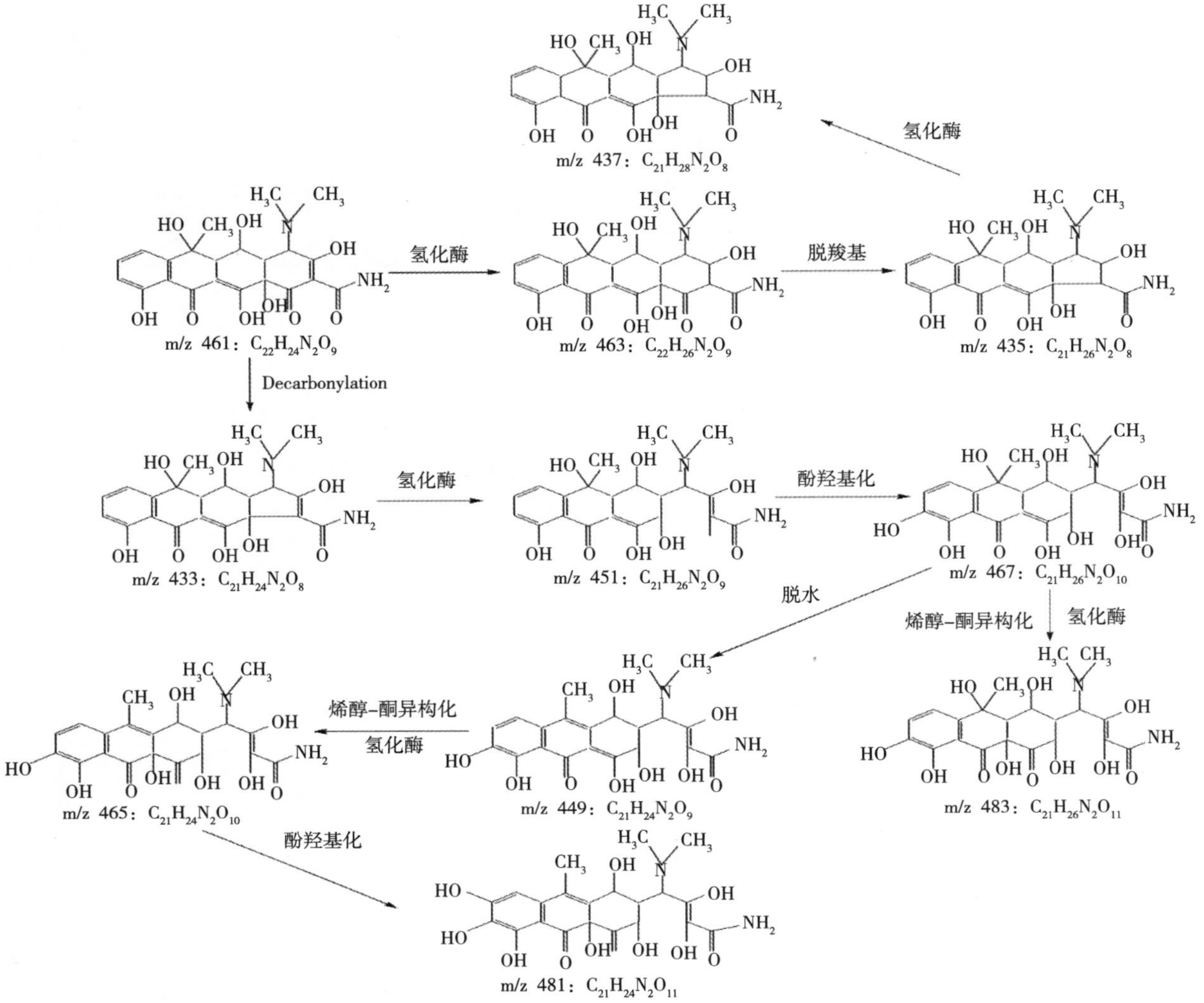

图3-32　土霉素微生物降解途径

（4）抗性基因检测。在为期7 d的反应中，并未检测到抗性基因（表3-17），说明本实验所用的假单胞菌T4降解土霉素在反应期内不会引起抗性基因的传播。

表3-17　抗性基因的变化

处理	时间/d	抗性基因			
		tet(A)	*tet*(M)	*tet*(O)	*tet*(W)
T4	1	nd	nd	nd	nd
T4+Fe^{3+}		nd	nd	nd	nd
T4	3	nd	nd	nd	nd
T4+Fe^{3+}		nd	nd	nd	nd

（续表）

处理	时间/d	抗性基因			
		tet(A)	*tet*(M)	*tet*(O)	*tet*(W)
T4	5	nd	nd	nd	nd
T4+Fe^{3+}		nd	nd	nd	nd
T4	7	nd	nd	nd	nd
T4+Fe^{3+}		nd	nd	nd	nd

注：nd指未检出。

（四）β-内酰胺类抗生素头孢呋辛钠降解菌筛选及其降解特性研究

1. 头孢呋辛钠降解菌株的筛选

（1）头孢呋辛钠降解菌株的分离纯化。使用马丁氏培养基、牛肉膏蛋白胨培养基作为分离培养基分离菌株，共分离纯化出32株菌。分离所得的32株菌包括13株细菌和19株真菌（表3-18）。

表3-18 β-内酰胺类抗生素降解菌株分离纯化结果　　　　　　　　　　　　　　　　单位：株

样品	菌渣1	菌渣2	菌渣3	合计
真菌	11	4	4	19
细菌	13	0	0	13
合计	24	4	4	32

将19株丝状真菌接种到1.00 g/L头孢呋辛钠作为唯一碳源的培养基上，于28～30 ℃下避光培养，通过观察菌株生长情况初步筛选得到15株真菌。

将初筛得到的15株头孢降解真菌接种到以头孢呋辛钠为唯一碳源的液体无机盐培养基中，采用抑菌圈方法测定头孢呋辛钠降解率。由图3-33看出，降解效果最好的菌株为CM1，培养10 d对作为唯一碳源的头孢呋辛钠的降解率可达到84.11%。根据复筛测定结果选择菌株CM1进行后续研究。

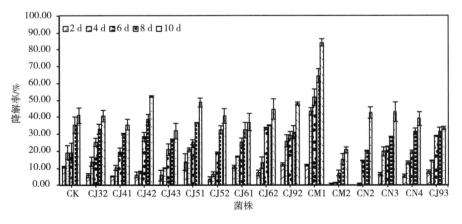

图3-33　头孢呋辛钠降解率测定结果

（2）头孢呋辛钠降解菌株鉴定。配制马铃薯固体培养基，将菌株接种到培养基上，观察菌株的菌落形态。挑取菌丝及孢子在载玻片上，观察菌株的显微结构。根据观察结果对菌株进行初步鉴定。菌株

CM1的菌落形态和显微形态如图3-34所示。菌株CM1在马铃薯培养基中28～30 ℃培养2 d，菌落直径约为14 mm，菌落平坦，呈平面扩散，有时呈放射样同心圆生长，其菌丝呈白粉状。于显微镜下观察，可见其菌丝有横隔，有的为二叉分枝，其孢子为节孢子，由菌丝断裂生成，呈圆筒形，短而两端平切，无色或淡色。

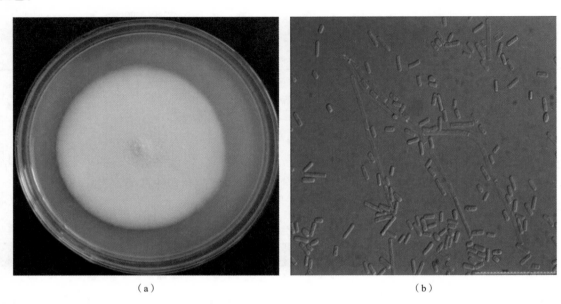

（a）　　　　　　　　　　　　　　　　（b）

图3-34　菌株CM1的菌落形态（a）和显微形态（b）

提取菌株CM1的基因组DNA进行扩增测序，并对测序结果进行拼接，然后将其置于NCBI上进行BLAST比对，并建立系统发育树，确定菌株的种属。菌株CM1的系统发育树如图3-35所示。根据BLAST结果与系统发育树可知，菌株CM1与*Galactomyces candidum*同源性最近，相似度达到98%，因此鉴定菌株CM1为白地霉（*Galactomyces candidum*）。

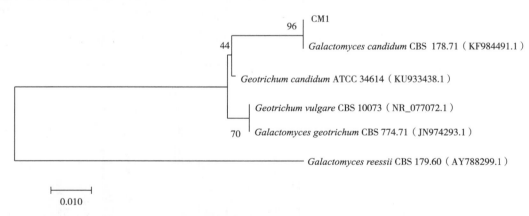

图3-35　菌株CM1的系统发育树

2. 头孢呋辛钠降解菌株降解特性研究

（1）菌株CM1对头孢呋辛钠为唯一碳氮源的降解。接种头孢呋辛钠降解真菌CM1于以100.0 mg/L头孢呋辛钠为唯一碳、氮源的无机盐液体培养基中，在第4天、第8天、第12天取样测定头孢呋辛钠的降解率，结果如图3-36所示。

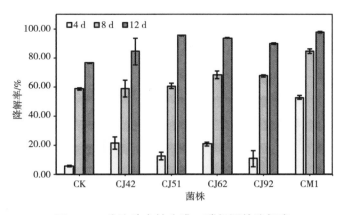

图3-36 头孢呋辛钠为唯一碳氮源的降解率

（2）菌株CM1利用共代谢碳源降解头孢呋辛钠。选择9种生长和降解都较好的不同碳源，添加到头孢呋辛钠为唯一碳源的培养基中，分别于第1天、第3天、第5天测定菌株CM1对头孢呋辛钠的降解率。菌株CM1利用不同共代谢碳源降解头孢呋辛钠，降解率结果如图3-37所示，降解动力学方程、降解速率及半衰期如表3-19所示。可以看出，除α酮戊二酸外，其他碳源都可促进菌株CM1共代谢降解头孢呋辛钠。按第5天的降解率由高到低对8种共代谢效果较好的碳源进行排序，依次为L-谷氨酸、D-山梨醇、L-丝氨酸、葡萄糖、D-木糖、蔗糖、L-天冬酸和DL-苹果酸，降解率分别为83.96%、81.58%、80.35%、77.47%、75.01%、58.27%、58.27%和51.20%。其中，D-山梨醇是共代谢降解最快的碳源，降解速率可达到0.368 mg/d，半衰期为1.89 d。根据差异显著性检验$F=9.31<F_{0.05}$（18.51），L-谷氨酸和D-山梨醇的降解率不存在差异。可见，菌株CM1共代谢降解的适宜碳源为D-山梨醇。

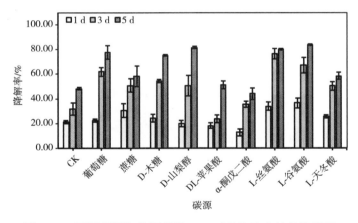

图3-37 不同碳源条件下菌株CM1对头孢呋辛钠的降解率

表3-19 不同碳源条件下菌株CM1降解头孢呋辛钠动力学方程

碳源	降解动力学方程	降解速率/（mg/d）	半衰期/d	R^2
CK	$y=-0.105\,5x+4.494\,0$	0.105 5	6.57	0.970 0
葡萄糖	$y=-0.308\,2x+4.627\,5$	0.308 2	2.25	0.993 7
蔗糖	$y=-0.126\,3x+4.331\,9$	0.126 3	5.47	0.958 0

（续表）

碳源	降解动力学方程	降解速率/（mg/d）	半衰期/d	R^2
D-木糖	$y=-0.276\,2x+4.616\,9$	0.276 2	2.51	0.997 0
D-山梨醇	$y=-0.367\,5x+4.834\,5$	0.367 5	1.89	0.962 6
DL-苹果酸	$y=-0.128\,8x+4.594\,6$	0.128 8	5.38	0.849 0
α-酮戊二酸	$y=-0.111\,3x+4.552\,3$	0.111 3	6.23	0.958 0
L-丝氨酸	$y=-0.303\,4x+4.354\,8$	0.303 4	2.29	0.862 4
L-谷氨酸	$y=-0.343\,5x+4.503\,9$	0.343 5	2.02	0.999 2
L-天冬酸	$y=-0.144\,4x+4.414\,3$	0.144 4	4.80	0.948 9

3. 头孢呋辛钠降解产物LC-MS分析

将菌株CM1在葡萄糖共代谢条件下降解50.0 mg/L头孢呋辛钠的第5天样品，通过LC-MS分析样品中各物质m/z。共找到4个差异峰，分别在19.6 min、23.5 min、26.6 min和27.1 min出峰。4个峰对应的m/z分别为417、385.8、282.1和381.8。其中m/z 381.8的物质可能是去氨甲酰头孢呋辛（DCC）或其异构体（图3-38）。

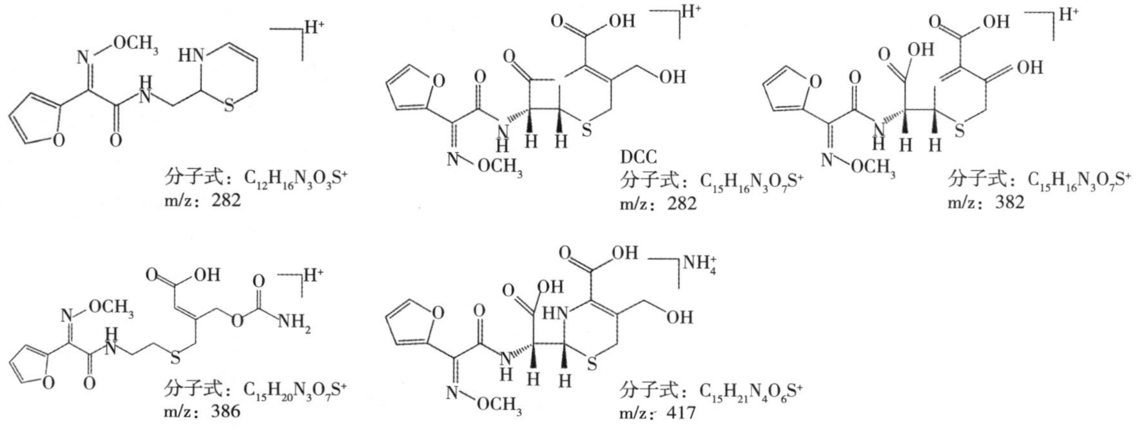

图3-38　头孢呋辛钠降解产物结构推导

二、昆虫对抗生素的削减规律及调控机制

黑水虻（*Hermetia illucens* L.）是一种双翅目水虻科的昆虫，在热带和亚热带一些全年温暖的地区均有发现。由于黑水虻幼虫含有丰富蛋白质、脂肪和微量元素，且对人畜安全，因而是联合国粮农组织推荐的饲用昆虫，被认为是优良的人畜蛋白来源。作为腐生性昆虫，黑水虻被大量用于有机废弃物的处理，近年来利用黑水虻对餐厨垃圾和人畜粪便等垃圾进行高效资源处理的报道也越来越多。

（一）环境因子对黑水虻过腹削减抗生素效果的影响

1. 不同抗生素浓度对黑水虻幼虫降解抗生素的影响

将泰乐菌素或恩诺沙星溶液分别加到猪粪中，设置猪粪中泰乐菌素或恩诺沙星浓度分别为300 mg/kg、200 mg/kg、100 mg/kg，用超纯水将猪粪湿度调整至65%。将150条8日龄黑水虻幼虫放在装有500 g猪粪的容器中，设置不投放黑水虻幼虫的含抗生素猪粪为空白对照组。用湿润的纱布覆盖在猪粪上防止黑水虻幼虫逃离容器。在28 ℃和65%湿度条件下培养14 d。每2 d取1次猪粪样品，测定其中的泰乐菌素或恩诺沙星含量，并计算降解率。

（1）不同泰乐菌素浓度对黑水虻幼虫降解泰乐菌素的影响。如图3-39和表3-20所示，28 ℃温度条件下，300 mg/kg、200 mg/kg、100 mg/kg初始浓度的泰乐菌素在14 d内均能被黑水虻幼虫快速降解，最终降解率分别为88.0%±0.6%、90.2%±1.0%和92.0%±0.8%；空白对照组的泰乐菌素降解率分别为39.8%±1.0%、39.3%±1.4%、38.4%±0.5%。泰乐菌素的降解过程符合一级动力学方程，在黑水虻幼虫的作用下，300 mg/kg、200 mg/kg、100 mg/kg浓度下泰乐菌素的半衰期分别为110 h、100 h、94 h；空白对照组中泰乐菌素的半衰期分别为452 h、466 h、481 h。通过黑水虻幼虫对猪粪进行为期14 d的处理，泰乐菌素的降解率提高了1.2～1.3倍，且在前8天的降解率较高；同时半衰期也显著缩短（$P<0.05$）。

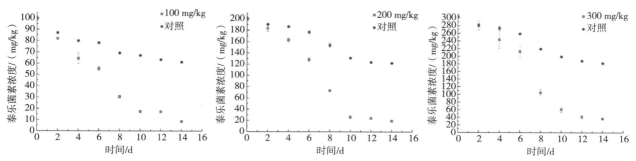

图3-39　黑水虻幼虫对不同浓度泰乐菌素的降解效果

表3-20　不同浓度下黑水虻幼虫对泰乐菌素降解的动力学计算

	组别		K（平均值±sd）	R^2	$t_{1/2}$/h	14 d内降解率/%（平均值±sd，$n=3$）
泰乐菌素	100 mg/kg	实验组	−0.007 36±0.000 26	0.931 5	94	92.0±0.8
		空白组	−0.001 44±0.000 08	0.980 4	481	38.4±0.5
	200 mg/kg	实验组	−0.006 92±0.000 30	0.879 2	100	90.2±1.0
		空白组	−0.001 49±0.000 03	0.910 3	466	39.3±1.4
	300 mg/kg	实验组	−0.006 30±0.000 15	0.882 6	110	88.0±0.6
		空白组	−0.001 51±0.000 02	0.936 5	452	39.8±1.0

（2）不同恩诺沙星浓度对黑水虻幼虫降解恩诺沙星的影响。如图3-40和表3-21所示，在28 ℃条件下，与空白对照组相比，14 d内黑水虻幼虫能够降解初始浓度为300 mg/kg、200 mg/kg、100 mg/kg的恩诺沙星，最终降解率分别为86.6%±0.7%、88.2%±0.3%、82.2%±0.6%；而空白对照组的恩诺沙星降解率分别为20.0±1.0%、18.2±1.4%、17.4±0.5%。

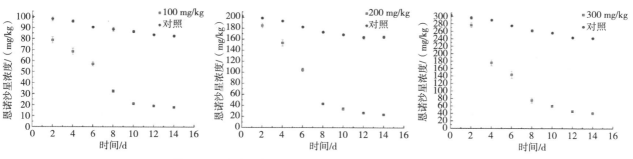

图3-40　黑水虻幼虫对不同浓度恩诺沙星的降解效果

相比对照组，经过黑水虻幼虫对猪粪进行14天处理，恩诺沙星的降解率提高了3.3～3.8倍，同样在前8天的降解率较高。恩诺沙星的降解过程符合一级动力学方程，黑水虻幼虫作用下，300 mg/kg、200 mg/kg、100 mg/kg初始浓度下的恩诺沙星半衰期分别为116 h、109 h、96 h；空白对照组的半衰期分别为1 095 h、1 231 h、1 286 h。二者相比，黑水虻幼虫处理的恩诺沙星降解半衰期显著缩短（$P<0.05$）。

表3-21 不同浓度下黑水虻幼虫对恩诺沙星降解的动力学计算

组别		K（平均值±sd）	R^2	$t_{1/2}$/h	14 d内降解率/%（平均值±sd，$n=3$）
100 mg/kg	实验组	−0.005 13 ± 0.000 10	0.944 8	96	82.2 ± 0.6
	空白组	−0.000 57 ± 0.000 02	0.977 3	1 286	17.4 ± 0.5
200 mg/kg	实验组	−0.006 37 ± 0.000 09	0.930 3	108	88.2 ± 0.3
	空白组	−0.000 62 ± 0.000 03	0.952 2	1 231	18.2 ± 1.4
300 mg/kg	实验组	−0.005 98 ± 0.000 16	0.967 5	116	86.6 ± 0.7
	空白组	−0.000 02 ± 0.000 68	0.961 0	1 095	20.0 ± 1.0

2. 不同温度对黑水虻幼虫降解抗生素的影响

将泰乐菌素或恩诺沙星溶液分别加入到猪粪中，使猪粪中泰乐菌素或恩诺沙星浓度分别为100 mg/kg，用超纯水将猪粪湿度调整至65%。将150条8日龄黑水虻幼虫放在装有500 g猪粪的容器中，设置不投放黑水虻幼虫的含抗生素猪粪为空白对照组。用湿润的纱布覆盖在猪粪上防止黑水虻幼虫逃离容器。设置23 ℃、28 ℃、37 ℃ 3个温度梯度，在65%湿度条件下培养14 d。每2天取1次猪粪样品，测定其中的泰乐菌素或恩诺沙星含量，并计算降解率。

（1）不同温度对黑水虻幼虫降解泰乐菌素的影响。如图3-41和表3-22所示，温度分别为23 ℃、28 ℃、37 ℃时，黑水虻幼虫处理14 d后，泰乐菌素降解率分别为67.7%±0.8%、87.0%±0.9%、73.5%±0.9%；空白对照处理的泰乐菌素降解率分别为37.8%±1.1%、38.4%±0.5%、40.3%±1.8%。泰乐菌素降解过程符合一级动力学，在23 ℃、28 ℃、37 ℃下，黑水虻幼虫处理的泰乐菌素半衰期分别为206 h、114 h、176 h；而空白对照处理中泰乐菌素的半衰期分别为491 h、481 h、452 h，可见28 ℃下黑水虻幼虫对泰乐菌素降解速率最高。

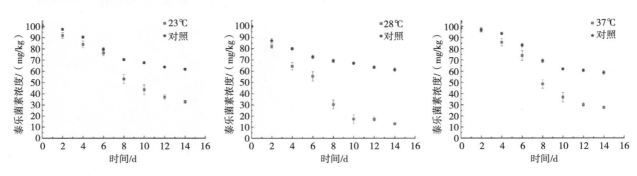

图3-41 不同温度下黑水虻幼虫对泰乐菌素的降解效果

表3-22　不同温度下黑水虻幼虫对泰乐菌素降解的动力学计算

组别		K（平均值 ± sd）	R^2	$t_{1/2}$/h	14 d内降解率/%（平均值 ± sd，$n=3$）
泰乐菌素	23 ℃ 实验组	$-0.003\ 36 \pm 0.000\ 07$	0.967 7	206	67.7 ± 0.8
	23 ℃ 空白组	$-0.001\ 41 \pm 0.000\ 07$	0.910 9	491	37.8 ± 1.1
	28 ℃ 实验组	$-0.006\ 08 \pm 0.000\ 21$	0.961 9	114	87.0 ± 0.9
	28 ℃ 空白组	$-0.001\ 44 \pm 0.000\ 08$	0.947 7	481	38.4 ± 0.5
	37 ℃ 实验组	$-0.003\ 97 \pm 0.000\ 10$	0.961 0	176	73.5 ± 0.9
	37 ℃ 空白组	$-0.001\ 53 \pm 0.000\ 15$	0.940 1	452	40.3 ± 1.8

（2）不同温度对黑水虻幼虫降解恩诺沙星的影响。如图3-42和表3-23所示，温度分别为23 ℃、28 ℃、37 ℃时，黑水虻幼虫在14 d内均能降解恩诺沙星，最终降解率分别为72.7% ± 2.1%、82.2% ± 0.6%、78.6% ± 0.6%；空白对照组的恩诺沙星降解率分别为16.2% ± 1.6%、17.4% ± 1.6%、18.7% ± 3.1%。不同温度条件下恩诺沙星的降解过程符合一级动力学方程，在23 ℃、28 ℃、37 ℃条件下，黑水虻幼虫处理的恩诺沙星半衰期分别为179 h、135 h、151 h；而空白对照组的半衰期分别为1 313 h、1 217 h、1 123 h，可见在28 ℃下黑水虻幼虫降解恩诺沙星的速率最高。

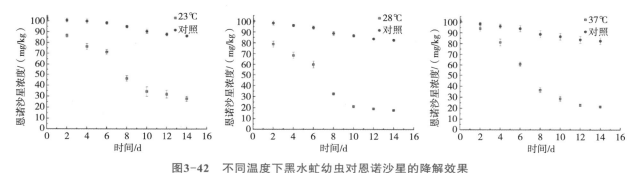

图3-42　不同温度下黑水虻幼虫对恩诺沙星的降解效果

表3-23　不同浓度下黑水虻幼虫对恩诺沙星降解的动力学计算

组别		K（平均值 ± sd）	R^2	$t_{1/2}$/h	14 d内降解率/%（平均值 ± sd，$n=3$）
恩诺沙星	23 ℃ 实验组	$-0.003\ 87 \pm 0.000\ 22$	0.962 2	179	72.7 ± 2.1
	23 ℃ 空白组	$-0.000\ 57 \pm 0.000\ 02$	0.965 2	1 313	16.2 ± 1.6
	28 ℃ 实验组	$-0.005\ 13 \pm 0.000\ 10$	0.950 6	135	82.2 ± 0.6
	28 ℃ 空白组	$-0.000\ 57 \pm 0.000\ 02$	0.981 1	1 217	17.4 ± 1.6
	37 ℃ 实验组	$-0.004\ 59 \pm 0.000\ 04$	0.961 6	151	78.6 ± 0.6
	37 ℃ 空白组	$-0.000\ 64 \pm 0.000\ 07$	0.976 7	1 123	18.7 ± 3.1

（二）黑水虻肠道中抗生素降解功能微生物的分离与鉴定

通过前期较高泰乐菌素与恩诺沙星浓度下对黑水虻肠道微生物进行初筛，从黑水虻幼虫肠道中分离了总共17株未知菌株，分别命名为S1～S17，再通过以金黄色葡萄球为指示菌的牛津杯法抑菌实验进行复筛，得到3株对泰乐菌素与恩诺沙星均具有较强降解作用的菌株S6、S15和S16，分别被命名为BSFL-1、BSFL-2和BSFL-3，对其进行16S rDNA扩增。测序后，在NCBI网站进行BLAST分析，选取与BSFL-1、

BSFL-2和BSFL-3三株菌株相似度较高（>95%）的菌株16S rDNA基因序列，分别进行对比后，用MEGA 5构建系统发育树，如图3-43所示。通过分析发现，BSFL-1和BSFL-3为粪肠球菌（*Enterococcus faecalis*），BSFL-2为奇异变形杆菌（*Proteus mirabilis*）。

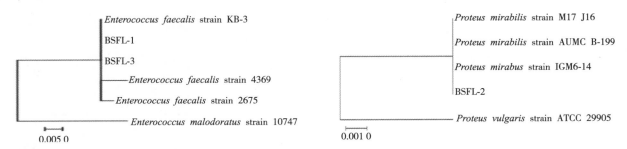

图3-43　菌株BSFL-1、BSFL-2与BSFL-3的系统发育树

3株分离出的菌株BSFL-1、BSFL-2和BSFL-3均对泰乐菌素与恩诺沙星有较强的降解作用，泰乐菌素最终降解率分别为63.2%±1.7%、57.2%±1.5%和65.9%±0.2%；在恩诺沙星中最终降解率分别为54.4%±1.8%、61.3%±0.3%和70.8%±0.8%。其中，BSFL-3对2种抗生素的降解能力最强。96 h后泰乐菌素与恩诺沙星的半衰期分别缩短至61.9 h和54.1 h。3株菌株对2种抗生素的降解过程均符合一级动力学模型，且R^2均大于0.85（表3-24）。

表3-24　三株肠道细菌对泰乐菌素与恩诺沙星的动力学计算

	组别	K（平均值±sd）	R^2	$t_{1/2}$/h	96 h降解率/%（平均值±sd，n=3）
泰乐菌素	BSFL-1	−0.008 20±0.000 42	0.991 5	85	54.4±1.8
	BSFL-2	−0.009 89±0.000 08	0.883 5	70	61.3±0.3
	BSFL-3	−0.012 82±0.000 29	0.939 2	54	70.8±0.8
	空白	−0.001 34±0.000 09	0.958 3	135	39.0±0.4
恩诺沙星	BSFL-1	−0.010 44±0.000 49	0.977 7	66	63.2±1.7
	BSFL-2	−0.008 85±0.000 37	0.927 9	78	57.2±1.5
	BSFL-3	−0.011 20±0.000 07	0.962 7	62	65.9±0.2
	空白	−0.005 15±0.000 07	0.932 3	520	12.0±0.8

（三）黑水虻幼虫及其肠道微生物对抗生素的降解作用

1. 黑水虻幼虫及其肠道微生物对抗生素的降解

设置泰乐菌素浓度为100 mg/kg，黑水虻幼虫做无菌处理，培养12 d。无菌黑水虻幼虫对抗生素的降解效果如图3-44所示。在温度为28 ℃时，12 d后黑水虻幼虫对泰乐菌素和恩诺沙星的降解率分别为87.0%±0.9%和82.2%±0.6%；无菌黑水虻幼虫对泰乐菌素和恩诺沙星的降解率分别为45.0%±2.6%和23.0%±0.4%；空白对照组为32.4%±1.3%和5.5%±1.1%。泰乐菌素和恩诺沙星的降解过程符合一级动力学，无菌黑水虻幼虫作用下的泰乐菌素和恩诺沙星的半衰期分别为334 h和356 h；空白对照处理的半衰期分别为510 h（泰乐菌素）和763 h（恩诺沙星）。

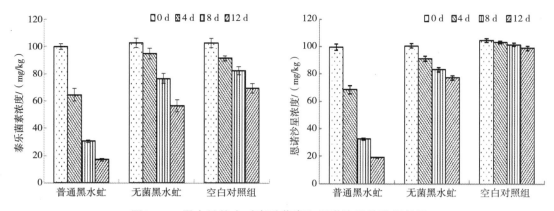

图3-44　黑水虻幼虫对泰乐菌素和恩诺沙星的降解效果

无菌环境下的泰乐菌素和恩诺沙星的降解率可以看作黑水虻幼虫对2种抗生素在浓度为100 mg/kg、温度28 ℃环境下的水解率。同时比较无菌与正常环境下黑水虻对抗生素的降解率，可以计算出，在100 mg/kg、28 ℃环境下黑水虻肠道微生物可以显著提高泰乐菌素和恩诺沙星的降解效果，降解率分别提高93.33%和257.39%。

2. 黑水虻幼虫肠道菌群在降解抗生素过程中的变化

从图3-45中的操作分类单位（Operational taxonomic unit，OTU）可以看出，与空白对照组530个OTU总数相比，在处理的第8天泰乐菌素组总数减少为357个OTU，同时产生了在空白对照组中不存在的91个OTU；在恩诺沙星中，总OTU减少为354，同样产生了不存在于空白对照组的103个OTU，且其中有87个OTU也存在于泰乐菌素组中，但仍有16个OTU独属于恩诺沙星组。通过UniFrac分析（图3-46）明显发现，恩诺沙星和泰乐菌素存在会大幅改变黑水虻幼虫肠道中微生物的多样性。由此可以看出在抗生素作用下，黑水虻幼虫肠道中的原始菌群的数量确实有一定比例的下降。而泰乐菌素组和恩诺沙星组中，相比于空白对照组所没有的OTU可能来自猪粪中的原始菌群，这也能说明黑水虻幼虫肠道菌群与猪粪中的原始菌群存在一定的相互作用，但具体机理与猪粪中原始菌群的变化仍需更多相关的研究。

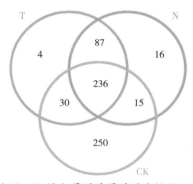

T. 添加泰乐菌素的黑水虻处理；N. 添加恩诺沙星的黑水虻处理；CK. 空白对照组。下同。

图3-45　基于OTU的Venn图示意

由图3-47可知，从不添加抗生素的黑水虻对照可以看出，变形菌门（Proteobacteria）、厚壁菌门（Firmicutes）和拟杆菌门（Bacteroidetes）是黑水虻幼虫肠道菌群的主要构成成分，相对丰度约占95%。对恩诺沙星进行8 d处理后，黑水虻幼虫肠道菌群中变形菌门和厚壁菌门的占比变化不大，而拟杆菌门从27%降低至15%，同时放线菌门（Actinobacteria）的占比从4%上升至16%，一个在空白对照组中不存在的门类RsaHF231增加至8%。对于泰乐菌素处理，8 d后变形菌门增加到16%，而厚壁菌门和拟杆菌门分别降低至8%和14%，同时增加了3个空白对照组中不存在的门类RsaHF231门、栖热链球菌门（Deinococcus-Thermus）和疣微菌门（Verrucomicrobia），相对丰度分别为0.8%、0.5%和3.1%。

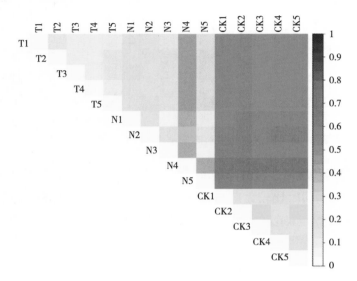

图3-46　UniFrac距离矩阵热图示意

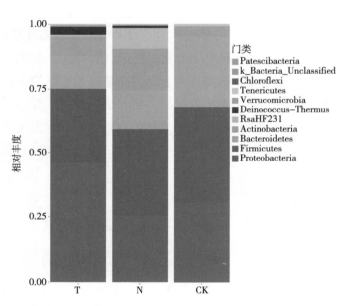

图3-47　肠道微生物在门水平上前30物种相对丰度分布

3. 黑水虻幼虫及黑水虻幼虫肠道微生物对抗生素的共同作用

将3株分离得到的降解抗生素功能菌株单独或混合培养液分别加入无菌黑水虻中用以探究在对抗生素降解过程中，黑水虻幼虫肠道细菌与黑水虻的协同作用。各菌株与其混合液和肠液对泰乐菌素与恩诺沙星的降解效果如图3-48和图3-49所示，从图中可以看出不同组别对2种抗生素有不同程度的降解，相同的菌与黑水虻幼虫共作用，在不同的抗生素下均表现出不同的降解能力，同时肠液组在泰乐菌素和恩诺沙星中都表现出最高的降解率。BSFL-1、BSFL-2、BSFL-3混合培养液和肠液对泰乐菌素的最终降解率分别为24.8%±0.9%、44.6%±0.2%、52.9%±0.9%、54.6%±0.9%和70.9%±0.8%；对恩诺沙星的最终降解率分别为48.1%±0.8%、45.6%±1.4%、62.1%±0.3%、52.7%±1.7%和68.9%±0.4%。除了肠液组，其他处理与无菌黑水虻幼虫共作用下的降解率均低于各自的纯培养对2种抗生素的降解率，降低幅度在8.7%~38.4%。而且在恩诺沙星组中，混合培养液与无菌黑水虻幼虫共作用下的降解率略低于BSFL-3与无菌黑水虻共作用下的降解率。

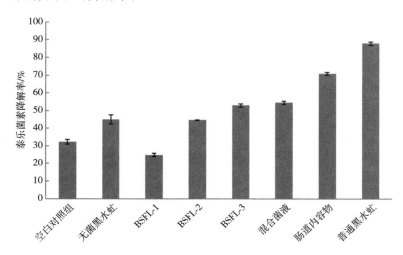

图3-48　黑水虻幼虫及肠道功能细菌共作用下对泰乐菌素的降解率

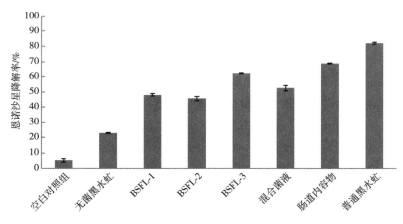

图3-49　黑水虻幼虫及肠道功能细菌共作用下对恩诺沙星的降解率

综上可知，黑水虻幼虫肠道菌群在黑水虻幼虫降解泰乐菌素与恩诺沙星的过程中起着关键作用，同时，在降解过程中黑水虻幼虫肠道中的细菌多样性也是另一个不可忽略的关键因素。由此推断，调节好黑水虻幼虫肠道菌群结构及其多样性将会大大提高其对泰乐菌素与恩诺沙星的降解率。

主要参考文献

陈永山，骆永明，章海波，等，2011. 土壤样品中酞酸酯含量分析的前处理研究——提取液浓缩过程与净化的影响[J]. 土壤学报，48（2）：9.

郭欣妍，邱盼子，许静，等. 2014. 超高效液相色谱/串联质谱法同时测定水，土壤及粪便中25种抗生素[R]. 华东地区色谱质谱学术报告会.

国彬，姚丽贤，何兆桓，等，2012. 土壤中磺胺类抗生素的检测方法优化及残留、降解研究[J]. 土壤通报，43（2）：5.

黄士忠，陈国光，1995. 有机氯农药残留分析方法标准化的研究[J]. 农业环境与发展，12（4）：6.

惠芸华，蔡友琼，沈晓盛，等. 2008. 红霉素残留测定过程中分解产物的研究[J]. 海洋渔业（3）：256-260.

黎小鹏，李盛安，马世柱，等，2018. 超声波提取-气相色谱法测定农田土壤中有机氯农药残留[J]. 安徽农业科学，46（7）：116-118，121.

沈佳伦，邓艳玲，张安平，等，2020. 脱乙基阿特拉津和脱异丙基阿特拉津在两种旱地土壤中的消解动态及影响因素[J]. 环境化学，39（2）：448-454.

孙晓洁，高春辉，黄巧云，等，2017. 自然环境中的多物种生物膜：研究方法及社群相互作用[J]. 农业资源与环境学报，34（1）：6-14.

王小飞，刘潇威，王璐，等，2013. 加速溶剂提取-固相萃取净化-高效液相色谱法测定土壤中12种三嗪类除草剂的残留量[J]. 农业环境科学学报，32（10）：2099-2104.

魏丽琼，呼世斌，刘书慧，等，2016. QuEChERS-高效液相色谱法测定土壤中邻苯二甲酸酯[J]. 环境工程，34（5）：148-151.

薛南冬，刘寒冰，杨兵，等，2017. 毒死蜱土壤环境行为研究进展[J]. 浙江大学学报（农业与生命科学版），43：713-726.

严朝朝，魏文婉，伍佳慧，等，2021. 基质固相分散萃取-气相色谱法测定土壤中有机氯农药含量[J]. 化工环保（2）：235-240.

赵丽娟，2013. 微波萃取-气相色谱法测定土壤中多氯联苯[J]. 农业与技术，33（3）：1.

AHMED M B, ZHOU J L, NGO H H, et al., 2016. Progress in the preparation and application of modified biochar for improved contaminant removal from water and wastewater [J]. Bioresource Technology, 214: 836-851.

CHEN Z Z, TANG X J, QIAO W J, et al., 2020. Nanoscale zero-valent iron reduction coupled with anaerobic dechlorination to degrade hexachlorocyclohexane isomers in historically contaminated soil [J]. Journal of Hazardous Materials, 400: 123298.

CHENG J J, XUE L L, ZHU M, et al., 2019. Nitrate supply and sulfate-reducing suppression facilitate the removal of pentachlorophenol in a flooded mangrove soil [J]. Environmental Pollution, 244: 792-800.

CHENG J, YUAN J, LI S Y, et al., 2022. Promoted reductive removal of chlorinated organic pollutants co-occurring with facilitated methanogenesis in anaerobic environment: A systematic review and meta-analysis [J]. Critical Reviews in Environmental Science and Technology, 52（14）: 2582-2609.

CHENG S T, SHI M M, XING L J, et al., 2020. Sulfamethoxazole affects the microbial composition and antibiotic resistance gene abundance in soil and accumulates in lettuce [J]. Environmental Science and Pollution Research, 27（23）: 29257-29265.

CHENG Z P, DONG F S, XU J, et al., 2016. Atmospheric pressure gas chromatography quadrupole-time-of-flight mass spectrometry for simultaneous determination of fifteen organochlorine pesticides in soil and water [J]. Journal of Chromatography A, 1435: 115-124.

CUI X L, LIU X T, LIN C Y, et al., 2020. Activation of peroxymonosulfate using drinking water treatment residuals modified by hydrothermal treatment for imidacloprid degradation [J]. Chemosphere, 254: 126820.

FENG J Y, JUE S T, ZHU Y J, et al., 2020. Crop-dependent root-microbe-soil interactions induce contrasting natural attenuation of organochlorine lindane in soils [J]. Environmental Pollution, 257: 113580.

GAO C H, ZHANG M, WU Y C, et al., 2019. Divergent influence to a pathogen invader by resident bacteria with different social interactions [J]. Microbial Ecology, 77（1）: 76-86.

HUANG Q, SONG S, CHEN Z, et al., 2019. Biochar-based materials and their applications in removal of organic contaminants from wastewater: state-of-the-art review [J]. Biochar, 1（1）: 45-73.

JECHALKE S, SCHIERSTAEDT J, BECKER M, et al., 2019. Salmonella establishment in agricultural soil and colonization of crop plants depend on soil type and plant species [J]. Frontiers In Microbiology, 10: 967.

JIA W B, SHEN D H, YU K X, et al., 2021a. Reducing the environmental risk of chlorpyrifos application through appropriate agricultural management: evidence from carbon-14 tracking [J]. Journal of Agricultural and Food Chemistry, 69（26）: 7324-7333.

JIA W B, SHEN D H, YU K X, et al., 2021b. Enhanced mineralization of chlorpyrifos bound residues in soil through inoculation of two synergistic degrading strains [J]. Journal of Hazardous Materials, 412: 125116.

LI X W, LIU X T, LIN C Y, et al., 2019. Catalytic oxidation of contaminants by Fe^0 activated peroxymonosulfate process: Fe（IV）involvement, degradation intermediates and toxicity evaluation[J]. Chemical Engineering Journal, 382: 123013.

SUN Y M, GUO Y J, SHI M M, et al., 2021. Effect of antibiotic type and vegetable species on antibiotic accumulation in soil-vegetable system, soil microbiota, and resistance genes [J]. Chemosphere, 263: 128099.

WANG J, CHEN G C, CHRISTIE P, et al., 2015. Occurrence and risk assessment of phthalate esters （PAEs） in vegetables and soils of suburban plastic film greenhouses [J]. Science of the Total Environment, 523: 129-137.

WANG Y, WANG F, XIANG L L, et al., 2021. Risk assessment of agricultural plastic films based on release kinetics of phthalate acid esters [J]. Environmental Science & Technology, 55（6）: 3676-3685.

WU W, SHENG H J, GU C G, et al., 2018. Extraneous dissolved organic matter enhanced adsorption of dibutyl phthalate in soils: insights from kinetics and isotherms [J]. Science of the Total Environment, 631-632: 1495-1503.

XIAO R, AWASTHI M K, LI R, et al., 2017. Recent developments in biochar utilization as an additive in organic solid waste composting: a review [J]. Bioresource Technology, 246: 203-213.

XU Y, LIU J Q, CAI W S, et al., 2020. Dynamic processes in conjunction with microbial response to disclose the biochar effect on pentachlorophenol degradation under both aerobic and anaerobic conditions [J]. Journal of Hazardous Materials, 384: 121503.

XU Y, HE Y, ZHANG Q, et al., 2015. Coupling between pentachlorophenol dechlorination and soil redox as revealed by stable carbon isotope, microbial community structure, and biogeochemical data [J]. Environmental Science & Technology, 49（9）: 5425-5433.

XUE L L, FENG X, XU Y, et al., 2017. The dechlorination of pentachlorophenol under a sulfate and iron reduction co-occurring anaerobic environment [J]. Chemosphere, 182: 166-173.

YANG X L, YUAN J, LI N N, et al., 2021. Loss of microbial diversity does not decrease γ-HCH degradation but increases methanogenesis in flooded paddy soil [J]. Soil Biology and Biochemistry, 156: 108210.

YUAN J, SHENTU J, FENG J Y, et al., 2021. Methane-associated micro-ecological processes crucially improve the self-purification of lindane-polluted paddy soil [J]. Journal of Hazardous Materials, 407: 124839.

ZHANG X，YIN Q，LI X，et al.，2017. Solubility and mixing thermodynamics properties of erythromycin ethylsuccinate in different organic solvents [J]. Journal of Molecular Liquids，237：46-53.

ZHU M，LV X F，FRANKS A E et al.，2020. Maize straw biochar addition inhibited pentachlorophenol dechlorination by strengthening the predominant soil reduction processes in flooded soil [J]. Journal of Hazardous Materials，386：122002.

ZORNOZA R，MORENO-BARRIGA E，ACOSTA J A，et al.，2016. Stability，nutrient availability and hydrophobicity of biochars derived from manure，crop residues，and municipal solid waste for their use as soil amendments [J]. Chemosphere，144：122-130.

附录 农田有毒有害污染物初筛名单

序号	CAS	化学物质名称	序号	CAS	化学物质名称	序号	CAS	化学物质名称	序号	CAS	化学物质名称
1	1918-02-1	氨氯吡啶酸	21	104040-78-0	啶嘧磺隆	41	112410-23-8	虫酰肼	61	12071-83-9	丙森锌
2	54-11-5	烟碱	22	104098-48-8	甲咪唑烟酸	42	1129-41-5	速灭威	62	120923-37-7	酰嘧磺隆
3	76-06-2	氯化苦	23	104098-49-9	甲咪唑烟酸胺盐	43	113158-40-0	精噁唑禾草灵	63	120928-09-8	喹螨醚
4	2597-03-7	稻丰散	24	104206-82-8	硝磺草酮	44	114311-32-9	甲氧咪草烟	64	121-21-1	除虫菊素
5	3100-04-7	1-甲基环丙烯	25	105512-06-9	炔草酸	45	114369-43-6	腈苯唑	65	12122-67-7	代森锌
6	3566-10-7	代森铵	26	105827-78-9	吡虫啉	46	114420-56-3	炔草酯	66	121552-61-2	嘧菌环胺
7	3813-05-6	草除灵	27	105843-36-5	氯噻啉	47	115852-48-7	稻瘟酰胺	67	121-75-5	马拉硫磷
8	8018-01-7	代森锰锌	28	10605-21-7	多菌灵	48	116-06-3	涕灭威	68	122008-85-9	氰氟草酯
9	10004-44-1	噁霉灵	29	1071-83-6	草甘膦	49	116-29-0	三氯杀螨砜	69	122-34-9	西玛津
10	1003318-67-9	氟噻唑吡乙酮	30	107534-96-3	戊唑醇	50	117337-19-6	噻草酮甲酯	70	122453-73-0	虫螨腈
11	100646-51-3	精喹禾灵	31	108-62-3	四聚乙醛	51	117428-22-5	啶氧菌酯	71	122836-35-5	甲磺草胺
12	100784-20-1	氯吡嘧磺隆	32	108-80-5	氰尿酸	52	119-12-0	哒嗪硫磷	72	122931-48-0	砜嘧磺隆
13	101200-48-0	苯磺隆	33	1104384-14-6	四氯虫酰胺	53	119446-68-3	苯醚甲环唑	73	123312-89-0	吡蚜酮
14	101-21-3	氯苯胺灵	34	110488-70-5	烯酰吗啉	54	119738-06-6	喹禾糠酯	74	125401-92-5	双草醚
15	101463-69-8	氟虫脲	35	110956-75-7	环戊噁草酮	55	119791-41-2	甲氨基阿维菌素	75	126535-15-7	氟胺磺隆
16	1014-70-6	西草净	36	1113-02-6	氧乐果	56	120068-37-3	氟虫腈	76	126801-58-9	乙氧磺隆
17	103055-07-8	虱螨脲	37	11141-17-6	印楝素	57	120116-88-3	氰霜唑	77	128639-02-1	唑草酮
18	103361-09-7	丙炔氟草胺	38	111991-09-4	烟嘧磺隆	58	1203791-41-6	环氧虫啶	78	129558-76-5	唑虫酰胺
19	10369-83-2	胺鲜酯	39	112225-87-3	抑食肼	59	143390-89-0	醚菌酯	79	129630-17-7	吡草醚
20	10380-28-6	喹啉铜	40	112281-77-3	四氟醚唑	60	143807-66-3	环虫酰肼	80	129909-90-6	氨唑草酮

农药类

（续表）

序号	CAS	化学物质名称	序号	CAS	化学物质名称	序号	CAS	化学物质名称
81	130000-40-7	噻呋酰胺	105	1420-04-8	杀螺胺乙醇胺盐	129	1582-09-8	氟乐灵
82	131341-86-1	咯菌腈	106	144171-61-9	茚虫威	130	158353-15-2	双唑草腈
83	131-72-6	硝苯菌酯	107	144550-36-7	甲基碘磺隆钠盐	131	1596-84-5	丁酰肼
84	1317-39-1	氧化亚铜	108	145701-23-1	双氟磺草胺	132	15972-60-8	甲草胺
85	131860-33-8	嘧菌酯	109	147150-35-4	氯酯磺草胺	133	1610-17-9	莠去津
86	13194-48-4	灭线磷	110	14816-18-3	辛硫磷	134	161050-58-4	甲氧虫酰肼
87	131983-72-7	灭菌唑	111	148477-71-8	螺螨酯	135	161599-46-8	啶菌噁唑
88	133-06-2	克菌丹	112	148-79-8	噻菌灵	136	165252-70-0	呋虫胺
89	13356-08-6	苯丁锡	113	149877-41-8	联苯肼酯	137	16672-87-0	乙烯利
90	134098-61-6	唑螨酯	114	150114-71-9	氯氨吡啶酸	138	167933-07-5	毒氟磷
91	135186-78-6	环酯草醚	115	150824-47-8	烯啶虫胺	139	168088-61-7	嘧啶肟草醚
92	135319-73-2	氟环唑	116	15263-53-3	杀螟丹	140	1689-84-5	溴苯腈
93	135410-20-7	啶虫脒	117	15299-99-7	敌草胺	141	1689-99-2	辛酰溴苯腈
94	13593-03-8	喹硫磷	118	153197-14-9	噁嗪草酮	142	169202-06-6	双胍三辛烷基苯磺酸盐
95	136191-64-5	嘧草醚	119	21087-64-9	嗪草酮	143	1702-17-6	二氯吡啶酸
96	13684-56-5	甜菜安	120	210880-92-5	噻虫胺	144	175013-18-0	吡唑醚菌酯
97	13684-63-4	甜菜宁	121	153233-91-1	乙螨唑	145	175217-20-6	硅噻菌胺
98	137-26-8	福美双	122	153719-23-4	噻虫嗪	146	17804-35-2	苯菌灵
99	137-30-4	福美锌	123	15545-48-9	绿麦隆	147	178928-70-6	丙硫唑
100	137-42-8	威百亩	124	155569-91-8	甲氨基阿维菌素苯甲酸盐	148	178961-20-1	精异丙甲草胺
101	1390661-72-9	氯氟吡啶酯	125	155860-63-2	单嘧磺隆	149	179101-81-6	三氟甲吡醚
102	139968-49-3	氰氟虫腙	126	1563-66-2	克百威	150	181274-17-9	氟唑磺隆
103	140-56-7	敌菌钠	127	156963-66-5	双环磺草酮	151	181587-01-9	乙虫腈
104	141517-21-7	肟菌酯	128	158062-67-0	氟啶虫酰胺	152	18181-80-1	溴螨酯
						153	187166-40-1	乙基多杀菌素
						154	188425-85-6	啶酰菌胺
						155	1897-45-6	百菌清
						156	1918-00-9	麦草畏
						157	1918-16-7	毒草胺
						158	1928-43-4	2,4-滴异辛酯
						159	19666-30-9	噁草酮
						160	199119-58-9	三氟啶磺隆钠盐
						161	2008-39-1	2,4-滴二甲胺盐
						162	203313-25-1	螺虫乙酯
						163	2039-46-5	2甲4氯二甲胺盐
						164	208465-21-8	甲基二磺隆
						165	210631-68-8	苯唑草酮
						166	211867-47-9	氟吡呋喃酮
						167	213464-77-8	嘧苯胺磺隆
						168	219714-96-2	五氟磺草胺
						169	220899-03-6	苯菌酮
						170	2212-67-1	禾草敌
						171	2255-17-6	杀螟硫磷
						172	2300-66-5	麦草畏二甲胺盐
						173	2303-17-5	野麦畏
						174	2310-17-0	伏杀硫磷
						175	23103-98-2	抗蚜威
						176	2312-35-8	炔螨特

（续表）

序号	CAS	化学物质名称	序号	CAS	化学物质名称	序号	CAS	化学物质名称	序号	CAS	化学物质名称
177	23184-66-9	丁草胺	201	28249-77-6	禾草丹	225	35409-97-3	灭幼脲	249	420-04-2	单氰胺
178	23564-05-8	甲基硫菌灵	202	2887-61-8	酚菌酮	226	3653-48-3	2甲4氯钠	250	420138-40-5	丙酯草醚
179	35554-44-0	抑霉唑	203	2893-78-9	二氯异氰尿酸钠	227	366815-39-6	烯肟菌胺	251	420138-41-6	异丙酯草醚
180	35691-65-7	溴菌腈	204	29091-21-2	氨氟乐灵	228	36734-19-7	异菌脲	252	422556-08-9	啶菌噁唑
181	238410-11-2	烯肟菌酯	205	2921-88-2	毒死蜱	229	372137-35-4	苯嘧磺草胺	253	42874-03-3	乙氧氟草醚
182	23947-60-6	乙嘧酚	206	29232-93-7	甲基嘧啶磷	230	374726-62-2	双炔酰菌胺	254	43121-43-3	三唑酮
183	23950-58-5	炔苯酰草胺	207	29547-00-0	杀虫单	231	3766-81-2	仲丁威	255	467427-80-1	呋喃虫酰肼
184	24017-47-8	三唑磷	208	298-02-2	甲拌磷	232	38641-94-0	草甘膦异丙胺盐	256	4685-14-7	百草枯
185	24096-53-5	菌核净	209	30560-19-1	乙酰甲胺磷	233	39148-24-8	三乙膦酸铝	257	4871-97-0	莪术醇
186	24307-26-4	甲哌鎓	210	3160-91-6	盐酸吗啉胍	234	39491-78-6	氧烯菌酯	258	494793-67-8	氟噻菌苯胺
187	24353-61-5	水胺硫磷	211	31895-21-3	杀虫环	235	39515-41-8	甲氰菊酯	259	49866-87-7	野燕枯
188	243973-20-8	唑啉草酯	212	3234-61-5	噻菌铜	236	39807-15-3	丙炔噁草酮	260	500008-45-7	氯虫苯甲酰胺
189	24579-73-5	霜霉威	213	32809-16-8	腐霉利	237	400882-07-7	丁氟螨酯	261	50512-35-1	稻瘟灵
190	25057-89-0	灭草松	214	330-54-1	敌草隆	238	40465-66-5	草甘膦铵盐	262	50594-66-6	三氟羧草醚
191	25606-41-1	霜霉威盐酸盐	215	33089-61-1	双甲脒	239	570415-88-2	丙嗪嘧磺隆	263	50-65-7	杀螺胺
192	256412-89-2	噁唑酰草胺	216	33089-74-6	单甲脒	240	57413-95-3	辛菌胺醋酸盐	264	51218-49-6	丙草胺
193	26087-47-8	异稻瘟净	217	333-41-5	二嗪磷	241	40487-42-1	二甲戊灵	265	51235-04-2	环嗪酮
194	26225-79-6	乙氧呋草黄	218	3347-22-6	二氯蒽醌	242	40843-25-2	禾草灵	266	51550-40-4	单甲脒盐酸盐
195	2631-40-5	异丙威	219	33629-47-9	仲丁灵	243	41083-11-8	三唑锡	267	51630-58-1	氰戊菊酯
196	2634-33-5	噻霉酮	220	34123-59-6	异丙隆	244	41198-08-7	丙溴磷	268	51707-55-2	噻苯隆
197	2686-99-9	混灭威	221	34256-82-1	乙草胺	245	412928-75-7	氟吡磺隆	269	521-61-9	大黄素甲醚
198	2702-72-9	2,4-滴钠盐	222	34494-03-6	草甘膦钠盐	246	41394-05-2	苯嗪草酮	270	52207-48-4	杀虫双
199	272451-65-7	氟苯虫酰胺	223	34494-04-7	草甘膦二甲胺盐	247	41483-43-6	乙嘧酚磺酸酯	271	52315-07-8	氯氰菊酯
200	27605-76-1	烯丙苯噻唑	224	348635-87-0	吲唑磺菌胺	248	41814-78-2	三环唑	272	5234-68-4	萎锈灵

（续表）

序号	CAS	化学物质名称	序号	CAS	化学物质名称	序号	CAS	化学物质名称	序号	CAS	化学物质名称
273	52-51-7	溴硝醇	296	64628-44-0	杀铃脲	319	70630-17-0	精甲霜灵	342	78587-05-0	噻螨酮
274	52645-53-1	氯菊酯	297	64700-56-7	三氯吡氧乙酸丁氧基乙酯	320	70901-20-1	草甘膦钾盐	343	79241-46-6	精吡氟禾草灵
275	52-68-6	敌百虫	298	65731-84-2	高效氯氰菊酯	321	709-98-8	敌稗	344	79277-27-3	噻呋酰胺
276	52918-63-5	溴氰菊酯	299	79622-59-6	氟啶胺	322	71422-67-8	氟啶脲	345	79319-85-0	叶枯唑
277	53112-28-0	嘧霉胺	300	79983-71-4	己唑醇	323	71697-59-1	高效反式氯氰菊酯	346	80060-09-9	丁醚脲
278	533-74-4	棉隆	301	658066-35-4	氟吡菌酰胺	324	71751-41-2	阿维菌素	347	8020-83-5	矿物油
279	55179-31-2	联苯三唑醇	302	66215-27-8	灭蝇胺	325	72178-02-0	氟磺胺草醚	348	80844-07-1	醚菊酯
280	55219-65-3	三唑醇	303	66230-04-4	S-氰戊菊酯	326	7287-19-6	扑草净	349	81334-34-1	咪唑烟酸
281	55285-14-8	丁硫克百威	304	66246-88-6	戊菌唑	327	732-11-6	亚胺硫磷	350	81335-37-7	咪唑喹啉酸
282	55335-06-3	三氯吡氧乙酸	305	66332-96-5	氟酰胺	328	73250-68-7	苯噻酰草胺	351	81335-77-5	咪唑乙烟酸
283	55-38-9	倍硫磷	306	67129-08-2	吡唑草胺	329	736994-63-1	溴氰虫酰胺	352	81406-37-3	氯氟吡氧乙酸异辛酯
284	5598-13-0	甲基毒死蜱	307	67375-30-8	顺式氯氰菊酯	330	74051-80-2	烯禾啶	353	81412-43-3	十三吗啉
285	57018-04-9	甲基立枯磷	308	67747-09-5	咪鲜胺	331	74115-24-5	四螨嗪	354	81777-89-1	异噁草松
286	57837-19-1	甲霜灵	309	68085-85-8	氯氟氰菊酯	332	74222-97-2	甲嘧磺隆	355	82560-54-1	丙硫克百威
287	58594-72-2	抑霉唑硫酸盐	310	68157-60-8	氯吡脲	333	74223-64-6	甲磺隆	356	82657-04-3	联苯菊酯
288	59669-26-0	灭多威	311	682-91-7	乙蒜素	334	74-83-9	溴甲烷	357	82-68-8	五氯硝基苯
289	60207-90-1	丙环唑	312	68359-37-5	氟氯氰菊酯	335	76578-14-8	喹禾灵	358	83055-99-6	苄嘧磺隆
290	6046-93-1	乙酸铜	313	69327-76-0	噻嗪酮	336	76674-21-0	粉唑醇	359	83164-33-4	吡氟酰草胺
291	60-51-5	乐果	314	69377-81-7	氯氟吡氧乙酸	337	76703-62-3	精高效氯氟氰菊酯	360	834-12-8	莠灭净
292	62-73-7	敌敌畏	315	69806-40-2	吡氟氯禾灵	338	76738-62-0	多效唑	361	83657-17-4	烯效唑
293	62924-70-3	氟节胺	316	69806-50-4	吡氟乙禾灵	339	77182-82-2	草铵膦	362	83657-24-3	烯唑醇
294	63-25-2	甲萘威	317	70288-86-7	依维菌素	340	77501-60-1	乙羧氟草醚	363	84087-01-4	二氯喹啉酸
295	64249-01-0	莎稗磷	318	704886-18-0	丁虫腈	341	77501-63-4	乳氟禾草灵	364	85-00-7	敌草快

（续表）

序号	CAS	化学物质名称	序号	CAS	化学物质名称	序号	CAS	化学物质名称	序号	CAS	化学物质名称
365	85509-19-9	氟硅唑	373	87820-88-0	三甲苯草酮	381	94593-91-6	醚磺隆	389	988-49-9	噻虫啉
366	86479-06-3	除虫脲	374	88671-89-0	腈菌唑	382	946578-00-3	氟啶虫胺腈	390	98886-44-3	噻唑膦
367	86598-92-7	亚胺唑	375	9006-42-2	代森联	383	94-74-6	二甲四氯	391	98967-40-9	唑嘧磺草胺
368	86763-47-5	异丙草胺	376	900-95-8	三苯基乙酸锡	384	94-80-4	2,4-滴丁酯	392	99105-77-8	磺草酮
369	868680-84-6	嗪吡嘧磺隆	377	902760-40-1	氯啶菌酯	385	95266-40-3	抗倒酯	393	99129-21-2	烯草酮
370	87392-12-9	异丙甲草胺	378	91465-08-6	高效氯氟氰菊酯	386	95737-68-1	吡丙醚	394	99387-89-0	氟菌唑
371	874195-61-6	氟酮磺草胺	379	93697-74-6	吡嘧磺隆	387	95977-29-0	高效氟吡甲禾灵	395	99675-03-3	甲基异柳磷
372	874967-67-6	氟唑环菌胺	380	94361-06-5	环唑醇	388	96489-71-3	哒螨灵			

酞酸酯类

序号	CAS	化学物质名称	序号	CAS	化学物质名称	序号	CAS	化学物质名称	序号	CAS	化学物质名称
1	117-81-7	邻苯二甲酸二(2-乙基)己酯	5	131-18-0	邻苯二甲酸二戊酯	9	84-61-7	邻苯二甲酸二环己酯	13	84-75-3	邻苯二甲酸二己酯
2	117-84-0	邻苯二甲酸二正辛酯	6	26761-40-0	邻苯二甲酸二异癸酯	10	84-66-2	邻苯二甲酸二乙酯	14	84-76-4	邻苯二甲酸二壬酯
3	131-11-3	邻苯二甲酸二甲酯	7	27554-26-3	邻苯二甲酸二异辛酯	11	84-69-5	邻苯二甲酸二异丁酯	15	85-68-7	邻苯二甲酸丁基苄基酯
4	131-16-8	邻苯二甲酸二丙酯	8	28553-12-0	邻苯二甲酸二异壬酯	12	84-74-2	邻苯二甲酸二丁酯			

禽畜抗生素类

序号	CAS	化学物质名称	序号	CAS	化学物质名称	序号	CAS	化学物质名称	序号	CAS	化学物质名称
1	8063-07-8	卡那霉素	7	114-07-8	红霉素	13	133868-46-9	盐酸沃尼妙林	19	70288-86-7	伊维菌素
2	100929-47-3	多西环素	8	64-72-2	盐酸金霉素	14	1401-69-0	泰乐菌素	20	15318-45-3	甲砜霉素
3	101312-92-9	沃尼妙林	9	64-75-5	盐酸四环素	15	1403-66-3	庆大霉素	21	154-21-2	林可霉素
4	108050-54-0	替米考星	10	84957-30-2	头孢噻肟	16	1404-04-2	新霉素	22	1695-77-8	大观霉素
5	11006-76-1	维吉尼亚霉素	11	117704-25-3	多拉菌素	17	1405-89-6	杆菌肽锌	23	17090-79-8	莫能菌素
6	11015-37-5	黄霉素	12	123997-26-2	乙酰氨基阿维菌素	18	37321-09-8	安普霉素	24	18507-89-6	癸氧喹酯

（续表）

序号	CAS	化学物质名称	序号	CAS	化学物质名称	序号	CAS	化学物质名称	序号	CAS	化学物质名称
25	26787-78-0	阿莫西林	29	80370-57-6	头孢噻呋	33	53003-10-4	盐霉素	37	79-57-2	土霉素
26	71751-41-2	阿维菌素	30	84878-61-5	马度米星	34	55297-96-6	延胡索酸泰妙菌素			
27	7177-48-2	氨苄西林	31	41372-02-5	苄星青霉素	35	57-92-1	链霉素			
28	73231-34-2	氟苯尼考	32	52093-21-7	庆大-小诺霉素	36	61-33-6	青霉素			

禽畜激素类

序号	CAS	化学物质名称	序号	CAS	化学物质名称	序号	CAS	化学物质名称	序号	CAS	化学物质名称
1	1231-93-2	炔诺醇	5	50-50-0	苯甲酸雌二醇	9	57-63-6	17α炔雌醇	13	62-90-8	苯丙酸诺龙
2	302-22-7	醋酸氯地孕酮	6	53-16-7	雌酮	10	57-83-0	孕酮	14	68-22-4	炔诺酮
3	481-30-1	表睾酮	7	56-53-1	己烯雌酚	11	57-85-2	丙酸睾酮	15	797-63-7	左炔诺孕酮
4	50-27-1	雌三醇	8	569-57-3	氯烯雌醚	12	57-91-0	雌二醇	16	979-32-8	戊酸雌二醇

第四章 农业废弃物污染防治

第一节 低温与高温微生物菌剂的创制

针对我国农业废弃物好氧转化腐熟菌剂缺乏针对性、性能不稳、低温起爆效果差、发酵温度低、周期长、对杂草种子、病原菌等有害生物杀灭效果不佳等问题，筛选低温和超高温发酵菌剂及其他功能菌剂，并采用多维功能组学技术研究功能菌剂作用规律。通过比较不同农业废弃物的常规好氧转化、超高温好氧转化过程，阐明不同农业废弃物好氧转化中功能微生物种群演替规律，揭示农业废弃物转化过程中微生物种群结构、功能、代谢活性与物质转化之间的关系。通过筛选耐受低温和高温降解菌，为建立农业废弃物好氧高效转化菌剂奠定理论基础。

一、农业废弃物降解的微生物学机制

（一）畜禽粪便好氧生物转化过程中微生物群落演替的研究

1.畜禽粪便槽式好氧转化过程中微生物种群演替规律

选择4种畜禽粪便（牛粪、羊粪、鸡粪和猪粪）作为原料，并以木屑调节水分含量进行为期90 d的槽式好氧堆肥（图4-1），关注起始和结束时期堆肥理化特性和微生物群落的差异。为了比较羊、牛、猪和鸡粪堆肥的异同，检测了堆肥初期和末期样品的理化特性（表4-1）。温度是堆肥成熟度的一个重要指标。4个堆肥堆在结束阶段的温度约为44 ℃。牛粪、猪粪和鸡粪堆肥的pH值略有增加，而羊粪堆肥的pH值显著降低。在堆肥的初期和末期，绵羊和牛粪堆肥系统的pH值均显著高于猪粪和鸡粪堆肥。电导率（EC）是表征堆肥水溶性盐的重要指标。与pH值变化趋势相反，猪粪和鸡粪的EC显著高于牛羊粪堆肥。除猪粪堆肥外，其余3种堆肥体系的EC值在堆肥结束阶段均高于堆肥初期。堆肥初期各处理NH_4^+-N含量均高于后期，而NO_3^--N含量在堆肥过程中均呈上升趋势。牛羊粪堆肥比猪粪和鸡粪堆肥的NH_4^+-N含量低，NO_3^--N含量高。堆肥成熟后，总氮（TN）和总碳（TC）含量均下降。4种堆肥体系的碳氮含量差异较大：猪粪和鸡粪堆肥的TN浓度较高，而牛羊粪堆肥的TC浓度较高。总碳氮含量的变化导致了碳氮比的变化，C/N值增加表明氮的损失比碳快。磷是评价有机肥营养的必需营养元素之一，猪粪和鸡粪堆肥总磷（TP）含量显著高于羊粪和牛粪堆肥。

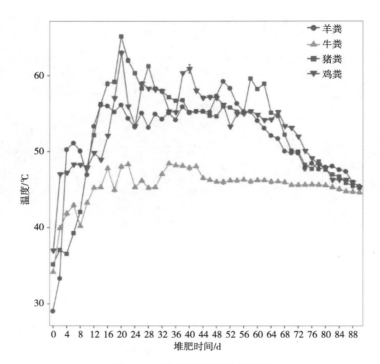

图4-1　4种堆肥原料温度变化

表4-1　4种堆肥原料理化特征变化

特性参数	初始时期（第0天）				结束时期（第90天）			
	羊粪	牛粪	猪粪	鸡粪	羊粪	牛粪	猪粪	鸡粪
pH	8.32 ± 0.23a	7.50 ± 0.53b	6.32 ± 0.11c	7.35 ± 0.09b	7.73 ± 0.27B	8.01 ± 0.40A	6.98 ± 0.35D	7.38 ± 0.17C
EC/（s/m）	2.14 ± 0.24c	2.21 ± 0.13c	7.16 ± 0.48a	5.73 ± 0.41b	2.16 ± 0.07C	2.62 ± 0.13B	6.88 ± 0.34A	7.13 ± 0.36A
NH_4^+-N/（g/kg）	0.62 ± 0.01c	0.52 ± 0.01d	8.06 ± 0.07a	1.30 ± 0.06b	0.13 ± 0.01C	0.31 ± 0.02B	1.01 ± 0.10A	0.98 ± 0.07A
NO_3^--N/（g/kg）	0.17 ± 0.01a	0.17 ± 0.01a	0.14 ± 0.01b	0.11 ± 0.01c	1.01 ± 0.03B	1.47 ± 0.16A	0.32 ± 0.02C	0.38 ± 0.02C
TN/（g/kg）	29.67 ± 0.76c	38.77 ± 0.70b	38.36 ± 0.46b	48.29 ± 0.0.47a	17.84 ± 0.78C	18.16 ± 1.25C	26.08 ± 0.22B	32.94 ± 0.34A
TC/（g/kg）	508.80 ± 4.26b	785.50 ± 5.68a	440.52 ± 7.39c	444.98 ± 20.41c	321.55 ± 7.45C	415.58 ± 9.21A	330.94 ± 2.60C	355.16 ± 7.68B
C/N	17.15 ± 0.43b	20.26 ± 0.27a	11.48 ± 0.16c	9.21 ± 0.36d	18.03 ± 0.43B	22.93 ± 1.14A	12.69 ± 0.42C	10.78 ± 0.32D
TP/（g/kg）	3.82 ± 0.20d	5.88 ± 0.07c	10.03 ± 0.15b	14.53 ± 0.31a	4.24 ± 0.05D	5.97 ± 0.15C	13.59 ± 0.16B	17.57 ± 0.13A

注：数值为处理重复平均值±标准差；同列不同小写字母表示差异达显著性水平（$P<0.05$）；同列不同大写字母表示差异达极显著水平（$P<0.01$）。

　　在4种肥料的堆肥过程中，细菌和真菌群落的多样性香农指数（Shannon index）随着堆肥时间的延长而下降，在每个堆肥阶段，虽然不同原料堆肥的微生物多样性存在差异，但羊粪和牛粪堆肥的多样性在2个堆肥阶段都显著高于猪粪和鸡粪堆肥（图4-2a）。初始和结束时期，细菌群落结构存在显著差异，与堆肥理化性质相似，羊粪和牛粪堆肥以及猪粪和鸡粪堆肥具有更相似的细菌群落结构。在堆肥过程中，真菌群落组成也发生了类似的大幅度变化，真菌群落也具有类似的变化（图4-2b）。此外，羊粪和牛粪堆肥更接近而猪粪和鸡粪堆肥分为一组（图4-2c，图4-2d）。

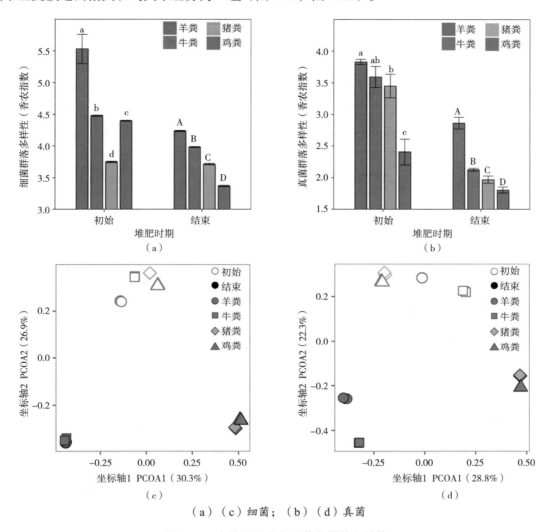

（a）（c）细菌；（b）（d）真菌

图4-2　4个堆肥微生物群落多样性和结构

在细菌群落中，Firmicutes、Proteobacteria和Bacteroidetes占优势（图4-3a）。羊（43%）和牛（41%）粪便堆肥中Proteobacteria的相对丰度高于其他2种堆肥，而猪（59%）和鸡（38%）粪便堆肥中的Firmicutes丰度较高。在堆肥结束时也可以发现类似的模式，但在最后阶段的细菌群落中观察到优势类群有很大的变化。然而，堆肥过程中优势菌门的细菌群落组成发生了变化。羊（44%）和牛（51%）粪便堆肥中的Chloroflexi增加，取代了Proteobacteria成为取代变形菌的新优势菌门。与此相反，在猪粪和鸡粪堆肥中，Firmicutes是优势菌门，它们的相对丰度较高，分别为77%和82%，其次是Actinobacteria，在所有堆肥处理中，它们的相对丰度都有所增加（猪粪和鸡粪堆肥分别为19%和14%）。对于真菌群落而言，尽管相对丰度存在差异，但在堆肥的初始和最终阶段，Ascomycota在所有堆肥处理中均占优势（图4-3b）。这一点在猪粪和鸡粪堆肥中尤其明显，在堆肥的最后阶段，其Ascomycota的相对丰度占总种群的99%以上。

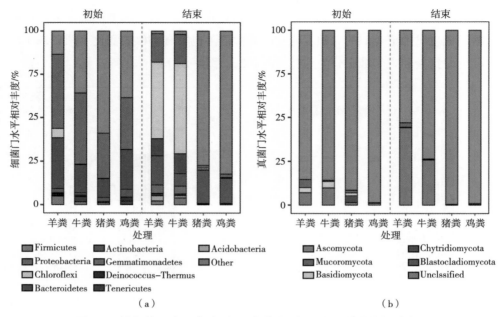

图4-3　堆肥体系中细菌（a）和真菌（b）门水平物种的相对丰度

　　为了揭示堆肥原料对堆肥微生物群落演替的影响，通过冗余分析研究了细菌和真菌属与堆肥材料理化参数之间的相关性（图4-4）。结果表明，第一轴可以解释细菌群落在初始阶段和结束阶段总变化

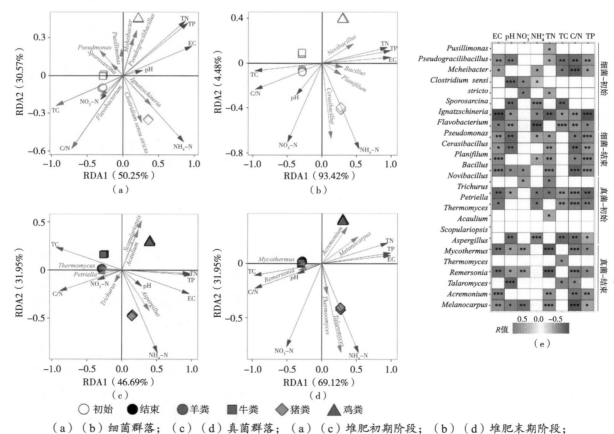

（a）（b）细菌群落；（c）（d）真菌群落；（a）（c）堆肥初期阶段；（b）（d）堆肥末期阶段；
（e）微生物与理化性质之间的关系

图4-4　RDA分析细菌真菌和理化性质之间的关系

量的50.30%和93.43%，真菌群落的总变化量分别为46.71%和69.14%。采用Monte Carlo test评价了理化参数对微生物群落的影响，EC、总氮和总磷含量与第一轴呈正相关，而总碳和C/N值与第一轴呈负相关，这与2个堆肥阶段细菌和真菌群落一致。我们还建立了优势菌属和真菌属与堆肥理化参数之间的关系，堆肥初期，*Pseudogracili bacillus*的丰度与温度、EC和总磷含量呈正相关，而*Flavobacterium*的丰度与这些参数呈负相关。堆肥结束时，4个属（*Cerasibacillus*，*Planifilum*，*Bacillus*和*Novibacillus*）的丰度与EC、总氮、总磷含量呈正相关。这意味着这些细菌引起或响应N/P含量的变化。真菌群落中，*Petriella*和*Thermomuses*的丰度与堆肥初期的C/N值呈正相关，在堆肥结束阶段，*Mycothermus*和*Remersonia*的丰度与C/N值呈正相关。结果表明，细菌和真菌的动态变化主要与碳源或氮源的变化有关。

2. 畜禽粪便条垛式好氧堆肥过程中微生物种群演替规律

为了更进一步了解堆肥过程中微生物群落的变化特征，选取猪粪堆肥体系整个周期的样品进行研究。堆肥初期，堆体温度迅速升高，至第20天，堆体内部达到最高温度（约65 ℃）；堆肥过程的高温期（58 ℃以上）持续15 d；第59天，再次出现短暂的高温期，持续4 d（图4-5）。既往研究表明，55 ℃以上的高温可以杀灭原料中的病原体和杂草种子，促进堆肥的无害化。在高温阶段之后到冷却阶段，温度逐渐下降。这可能是由于堆体易降解有机物减少，微生物活性降低导致。猪粪堆肥处理持续90 d，温度变化表明堆肥成熟。温度曲线显示了3个时期：初始升温期、高温期和降温期。根据3个时期，我们选择5个时间点（T1，0 d；T2，3 d；T3，20 d；T4，60 d；T4，90 d）收集堆肥样品供后续研究。

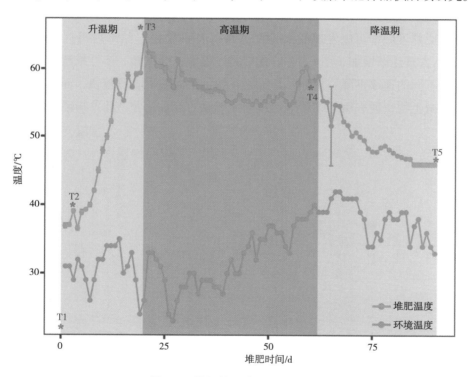

图4-5 堆肥体系中温度的变化

在堆肥前4个阶段（T1—T4），pH值迅速增加，堆肥结束时pH值下降（图4-6），有机质的降解释放出CO_2和有机酸，可能是导致成熟阶段pH值下降的原因。EC从T2时期开始下降，EC的减少可能是由于氨的挥发和矿物盐类的浸出。在整个堆肥过程中，TN和TC含量均迅速下降，而与TN和TC相比，C/N值的变化趋势则相反。C/N值的增加表明氮的损失比有机质的损失快。

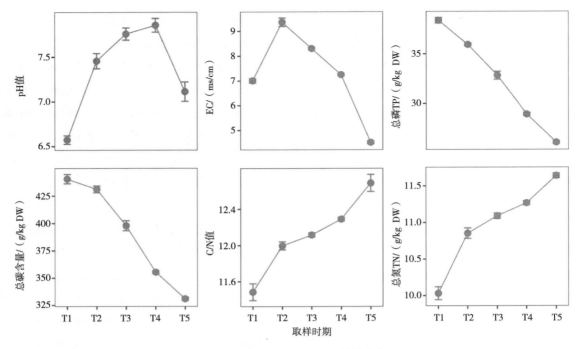

图4-6 堆肥过程中理化特性的变化

富里酸（FA）和胡敏酸（HA）是堆肥材料中腐殖质的主要成分，可以指示堆肥的成熟度和稳定性。一般来说，在成熟堆肥中可以发现低水平的FA和高水平的HA。结果表明，在堆肥过程中，FA的含量逐渐下降，而HA含量逐渐增加（图4-7）。在堆肥过程中，纤维素、半纤维素和木质素等与碳降解有关的物质的含量以不同的速率下降。例如，纤维素在初始中温阶段降解较快，而木质素在高温阶段降解较快。这可以通过微生物快速利用纤维素降解过程中释放的碳水化合物低聚物来解释。

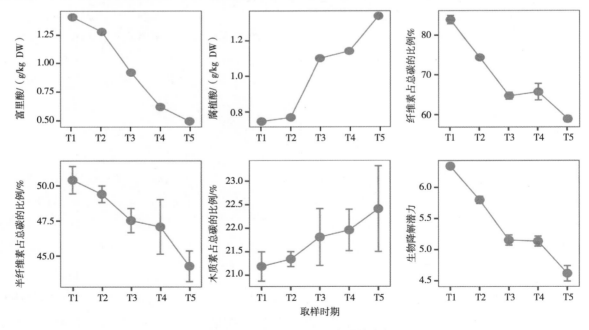

图4-7 堆肥过程中物质含量的变化

　　为了研究猪粪堆肥过程中的微生物演替，将细菌和真菌序列按97%的序列相似性划分为OTUs。
3 038个OTUs被分为细菌，550个OTUs被分为真菌。分析了堆肥样品中细菌和真菌群落的Shannon多样
性，结果表明，随着堆肥过程的进行，细菌群落的Shannon多样性不断增加，但在堆肥结束时下降（图
4-8a）。细菌的Shannon多样性在第2个高温期（T4）时最高。真菌群落Shannon多样性的波动变化更为
复杂，在第1个高温期（T3）表现出较高的多样性（图4-8b）。为进一步探究微生物群落结构，分别基
于细菌群落和真菌群落的未加权UniFrac距离矩阵进行主坐标分析（PCoA）。细菌群落中，PC1解释了
44.0%的变异，PC2解释了28.6%的变异（图4-8c）。对于真菌群落，PC1解释了48.2%的方差，PC2解释
了25.6%（图4-8d）。堆肥过程中细菌群落结构和真菌群落结构存在显著差异。

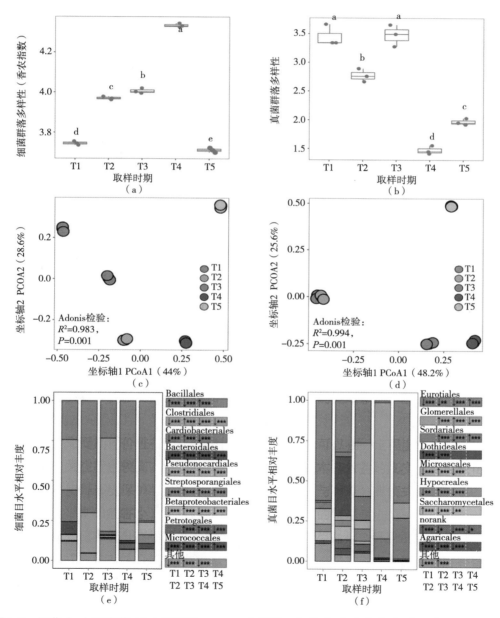

图4-8　细菌（a）和真菌（b）群落的Shannon多样性，细菌（c）和真菌（d）群落PCoA分析，
细菌（e）和真菌（f）群落组成

对于细菌群落，在堆肥过程中，厚壁菌门占主导地位，但丰度不同（图4-8e），这表明厚壁菌门可能起着至关重要的作用。这可能因为厚壁菌门一般能够适应恶劣环境、产生内生孢子，可广泛分布于堆肥的高温阶段。T1期变形杆菌的相对丰度较高（25.99%），而腐熟期（T5）放线菌丰度较高（19.19%）。放线菌也被认为是嗜热/耐热的，在降解有机物方面也起着重要的作用。对于真菌群落而言，尽管存在相对丰度的差异，但子囊菌群在堆肥的各个阶段都广泛分布，尤其是在堆肥的末期，仍占主导地位（图4-8f）。值得注意的是子囊菌可分泌多种纤维素酶和半纤维素酶，对堆肥中有机物的降解起着至关重要的作用。

根据测序数据，利用PICRUSt预测了细菌群落的潜在代谢功能。大多数由KEGG途径注释的蛋白质被富集到细胞过程、环境信息处理、遗传信息处理、组织系统和代谢等途径。不同代谢功能基因的丰度在堆肥过程的不同阶段有所不同。与有机物降解有关的代谢功能，如碳水化合物代谢、脂质代谢、聚糖生物合成和代谢，这3种代谢功能基因的丰度表现出相似的模式：前4个时期下降，但在堆肥末期逐渐增加（图4-9a）。与糖代谢、脂质代谢、聚糖生物合成和代谢有关的功能基因的减少可能与温度变化有关。随着温度的升高，微生物活性降低，代谢功能下降。研究表明，聚糖的生物合成和代谢促进了堆肥过程中缩聚/腐殖质样物质的形成。

利用FUNGuild预测真菌功能，将真菌分为3大类：病理营养型、共生型和腐生型。与致病性和共生性相关的功能基因丰度在开始时急剧减少，在高温阶段达到最低水平，随后略有回升（图4-9b）。具有腐殖质功能微生物的丰度在堆肥过程中增加，并在真菌群落中占主导地位。为了进一步将具有腐殖质功能划分为不同的类群，木材腐殖质和粪腐生物在高温期和降温期起着重要作用，尤其是在T4期，这与细菌的代谢功能不同。结果表明，在堆肥过程中，细菌和真菌交替作用于有机物的降解。

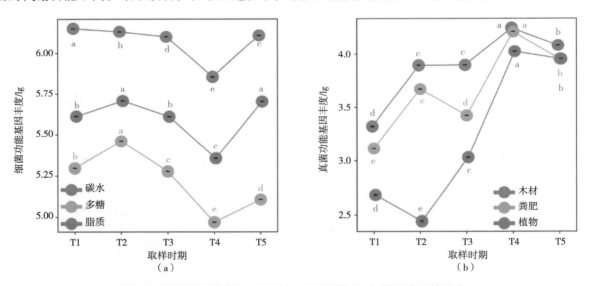

图4-9 猪粪堆肥过程中细菌（a）和真菌（b）代谢功能的变化

为了研究堆肥过程中细菌和真菌对非生物特性的影响，我们将堆肥的非生物特性（T、pH、EC、TN、TC、C/N、TP、富里酸、胡敏酸、胡敏素、纤维素、半纤维素和木质素）与细菌群落结构和功能（细菌特性：Richness、Shannon、PC、碳水代谢、脂肪代谢、多糖代谢）和真菌群落结构和功能（真菌特性：Richness、Shannon、PC、病理营养、共生体和腐殖质）进行RDA分析（图4-10a）。结果表明，前两个轴分别能解释堆肥非生物特性总变化的78.94%和15.71%。RDA1与细菌Glycan代谢功能和真菌Shannon多样性指数呈高度负相关，与真菌Saprotroph功能呈正相关。我们还发现细菌和真菌在不同的堆肥阶段起着不同的作用。例如，细菌Shannon和丰富度多样性与T3期的非生物特性呈正相关，而细菌结构和真菌腐殖质功能与T4期的非生物特性呈正相关（图4-10b）。为了进一步比较细菌和真菌特性的相对重要性，以堆肥的非生物特性作为响应变量，细菌和真菌特性作为解释变量，进行了方差分区分析，发现细菌和真菌特性的交互作用可以解释堆肥非生物特性的很大比例的变化（94.42%）。以上结果表明堆肥过程中细菌和真菌都与非生物特性的变化密切相关。

通过Spearman相关分析发现，真菌腐生功能（wood，dung and plant）的相对丰度与TN、TC、富里酸、纤维素、半纤维素含量呈负相关，但与C/N值、TP和腐植酸含量呈正相关。这些结果表明，真菌可能在有机物的降解和腐殖质的形成中起着重要作用。细菌多糖代谢（Glycan metabolism）基因的丰度与TN、TC、纤维素、半纤维素含量呈正相关，但与C/N、TP和腐植酸含量呈负相关。这说明与真菌相比，细菌在纤维素和半纤维素的分解中更为重要。

微生物群落的驱动效应可分为4类，它们与腐植酸含量的关系不同于其他因素。正相关关系说明这些微生物群对非生物特性的变化很敏感，负相关关系说明这些微生物群在堆肥过程中促进了有机物的降解和腐殖化。细菌到真菌的微生物群落演替主导了堆肥过程的不同阶段，并直接或间接影响堆肥过程。研究结果表明不同的细菌和真菌群参与不同堆肥阶段有机物的降解和腐殖质物质的转化。

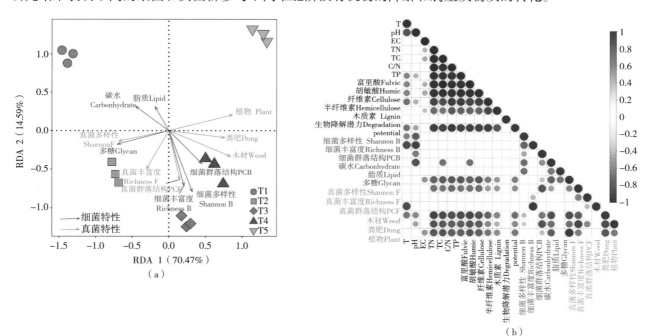

（a）RDA分析；（b）相关分析

图4-10 生物与非生物因素对微生物群落的影响

（二）尾菜好氧生物转化过程中微生物群落演替的研究

1.堆肥过程中微生物的α-多样性变化

以绿色大豆皮为原材料，进行为期55 d的堆肥，根据温度变化情况选取第0天、第2天、第4天、第8天、第14天、第22天、第28天、第34天、第40天和第55天的堆肥样品，测定堆肥过程中物质和微生物的变化。堆肥期间，堆体温度快速上升至60 ℃以上的高温期并维持了16 d，堆肥过程使得原材料C/N值由

32.23降至19.19，HA/FA比值则从初始的0.26增加到1.99，种子发芽指数（GI）也由第0天的28.46%上升至堆肥结束时的104.08%。

为评估绿色大豆皮堆肥不同阶段微生物群落的组内差异，将细菌真菌序列都按照97%序列相似性划分为OTU，细菌样品划分成3 091个OTU，真菌样品划分成574个OTU。分析了堆肥样品细菌、真菌群落的丰富度（OTU和Chao1）和多样性（Shannon）（图4-11），结果表明，随着堆肥进程，细菌的OTU数目、Chao1指数不断升高，与丰富度指标类似，Shannon指数也具有同样的线性变化趋势，细菌群落多样性不断升高。真菌的α-多样性指数分析表明，随着堆肥进程，真菌微生物多样性呈现出先增加后降低的规律。

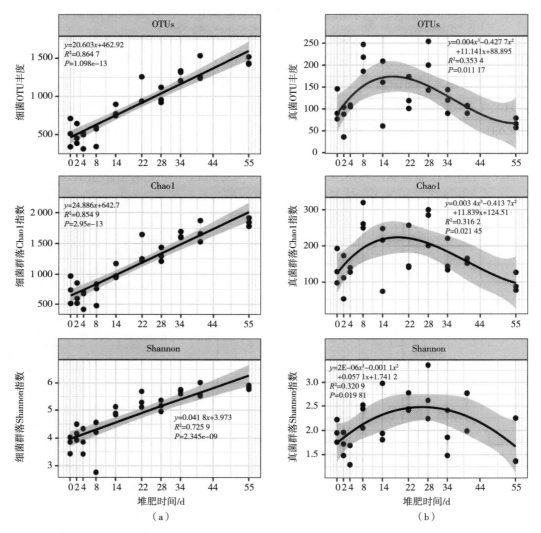

图4-11　堆肥过程中细菌α-多样性指数（a）和真菌α-多样性（b）的变化

2. 堆肥过程中微生物的β-多样性变化

为评估绿色大豆皮堆肥过程中微生物群落在各样品间的组成差异，分别基于各样品细菌和真菌OTU加权的Unifrac距离进行主坐标分析（PCoA）和相似性分析（ANOSIM），用于明确微生物群落的β-多样性（图4-12）。PCoA结果表明，无论是细菌还是真菌，微生物群落呈现出明显的时间演替规律。而ANOSIM分析表明不同时间段间的微生物群落表现出极显著差异（细菌：ANOSIM，P=0.001；真菌：

ANOSIM，*P*=0.001）。在堆肥的降温和成熟阶段，细菌和真菌群落结构分布较为接近（图4-12a，b），说明堆肥后期微生物群落结构逐渐稳定。为了进一步验证微生物群落的时间分布差异，本研究对所有堆肥样品的细菌和真菌群落进行了多元回归树（MRT）分析。由于本实验是时间连续性堆肥处理，因此多元回归树（MRT）分析分别使用了细菌和真菌的OTU加权的Unifrac距离数据和时间变化数据，对细菌群落组成和时期划分之间的关系进行可视化处理（图4-12c，图4-12d）。结果表明，绿色大豆皮堆肥的细菌样品可划分为4大分支，0 d、2 d样品，4 d、8 d样品，14 d、22 d、28 d样品和34 d、40 d、55 d样品各划分为一支；真菌样品可划分为3大分支，0 d、2 d、4 d、8 d样品，14 d、22 d、28 d、34 d、40 d样品和55 d样品各划分为一支。从MRT分析的结果来看，不同分支或由不同的群落组成。根据微生物α-多样性和β-多样性分析的结果，推测细菌和真菌在堆肥过程中可能发挥不同的作用。

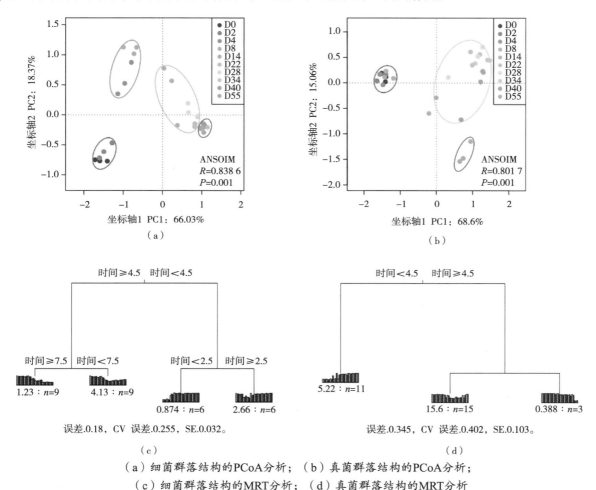

（a）细菌群落结构的PCoA分析；（b）真菌群落结构的PCoA分析；
（c）细菌群落结构的MRT分析；（d）真菌群落结构的MRT分析

图4-12　堆肥过程中的微生物群落结构的主坐标分析和多元回归树分析

3. 堆肥过程中的微生物群落结构与理化特性的共存网络

为探讨堆肥过程中微生物群落与理化特性的相互作用，构建了系统发育分子生态网络。然后选择与理化特性直接相关的细菌和真菌OTU进行网络结构可视化。如图4-13所示，细菌网络由124个连接组成，其中120条边为正相关连接，4条边为负相关连接。122个OTU分别属于酸杆菌门（Acidobacteria）、放线菌门（Acidobacteria）、拟杆菌门（Bacteroidetes）、BRC1、绿弯菌门（Chloroflexi）、栖热菌门（Deinococcus-Thermus）、厚壁菌门（Firmicutes）、芽单胞菌门（Gemmatimonadetes）、髌骨菌门（Patescibacteria）、浮霉菌门（Planctomycetes）、变形杆菌门（Proteobacteria）、疣微菌门（Verrucomicrobia）12个细菌门。在这个网络中，细菌OTU与GI、pH值、HA/FA值相关（图4-13a）。从OTU68（*Membranicola*）与HA/FA值是一个正相关的时间延滞关系。OTU228（*Bacillus*）与pH值之间也存在正相关关系。GI是与堆肥成熟度和堆肥过程中植物毒性密切相关的重要生物学指标。OTU28（不动杆菌属，*Acinetobacter*）、OTU825（肠球菌科，Enterococcaceae）和OTU1883（鞘氨醇杆菌属，*Sphingobacterium*）与GI呈负相关，尤其是OTU825与GI存在负相关的时间延滞关系（图4-13a），说明这些OTU可能会影响GI的变化。OTU272、OTU85、OTU100、OTU64、OTU740属于特吕珀菌属（*Truepera*），OTU97和OTU1743属于假单胞菌属（*Pseudomonas*），它们都与GI呈正相关（图4-13a），说明这些OTU可能会促进GI提高。OTU42（甲基球菌科，Methylococcaceae）、OTU56（*Sphaerobacter thermophilus* DSM 20745）、OTU63（*Sphaerobacter thermophilus* DSM20745）与GI呈正相关的时间延滞关系（图4-13），表明这2种菌可能作为有益菌促进GI的升高。

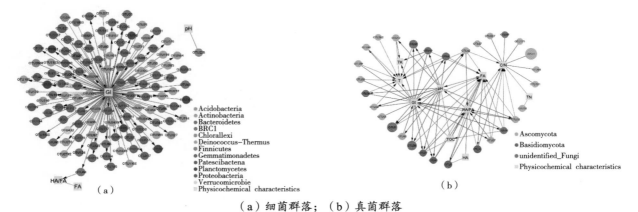

（a）细菌群落；（b）真菌群落

黄色方形节点表示理化特性，彩色圆形节点表示相应OTU属于的门。蓝色链接表示节点之间的正向交互，红色链接表示反向交互。箭头表示时间延滞方向。节点大小代表细菌/理化特性/真菌的平均相对丰度。

图4-13　堆肥过程中理化特性与共存网络分析

从图4-13b可以看出，真菌网络由97个连接组成，其中56条边为正相关连接，41条边为负相关连接。共有30个OTU分别属于子囊菌门（Ascomycota）、担子菌门（Basidiomycota）、未鉴定的真菌（unidentified Fungi），与真菌OTU相关的理化特性共有10种。温度是检测堆肥过程的重要指标之一。在这个网络中，有11个OTU与温度（在图4-13中用T来表示）呈负相关，它们大部分属于子囊菌门（Ascomycota）。OTU18（曲霉属，*Aspergillus*）与TN呈正相关，表明OTU18可能影响TN的变化。OTU27（*Coprinopsis cinerea*）和OTU41（*Coprinopsis cinerea*）与GI、pH值呈正相关，与HA/FA值呈时间延滞的正相关，与FA呈时间延滞的负相关，说明它们可能影响HA/FA值和FA的变化（图4-13b）。碳氮比的变化与微生物对有机物的降解有关，与C/N值呈正相关的OTU有9个，与C/N值呈负相关的OTU有4个。OTU12（*Melanocarpus albomyces*）和OTU19（unidentified Fungi）与TK呈正相关，OTU8（毛孢子菌属，*Trichosporon*）与HA呈负相关，OTU27（*Coprinopsis cinerea*）和OTU16（unidentified Fungi）与TOC呈负相关。综合上述结果，细菌和真菌在堆肥过程中扮演不同的角色，共同参与堆肥过程中的物质代谢。

4. 堆肥过程中的标志微生物

为建立细菌、真菌组成与堆肥周期的相关模型，采用随机森林算法对堆肥过程中的细菌和真菌相对丰度在科水平上进行了回归分析。该模型解释了与堆肥进程相关的微生物菌群方差的90.65%（图4-14）。在交叉验证误差最小时，有54个重要科，其中47个细菌科分属于13个细菌门，7个真菌科属于2个真菌门，大多数标志微生物在相应的堆肥进程中表现出较高的相对丰度。例如，在堆肥的前期中，属于细菌的莫拉氏菌科（Moraxellaceae）、肠杆菌科（Enterobacteriaceae）、肠球菌科（Streptococceaeae）和链球菌科（Enterococcaceae）等潜在的人类病原菌群存在较高的相对丰度，随着堆肥过程进程，它们的相对丰度分别从37.99%、14.47%、12.39%和4.63%降至0.03%、0.01%、0.01%和0.01%。这些结果表明，高温可以有效地减少堆肥过程中的病原菌。细菌的链球菌科（Streptosporangiaceae）的相对丰度在嗜热期增加，在堆肥降温期保持较高的相对丰度。在降温期和成熟期，细菌的特吕珀菌科（Trueperaceae）和Pirellulaceae的相对丰度明显提高。真菌的酵母目（Saccharomycetales）在堆肥的升温期和高温阶段相对丰度较高（图4-14），在升温期相对丰度高达50%，其孢子状的细胞结构使其对高温环境更加耐受。随着堆肥进程其相对丰度不断降低，到堆肥结束时酵母目（Saccharomycetales）的相对丰度降低至0.03%。作为粪壳菌目（Sordariales）的成员，毛壳菌科（Chaetomiaceae）在堆肥的高温期相对丰度较高。

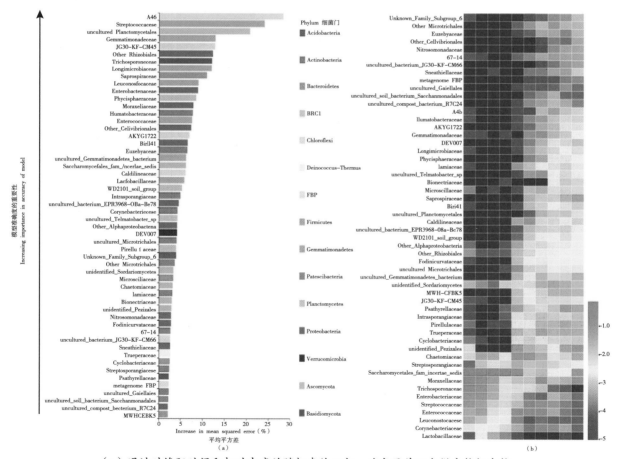

（a）通过对堆肥时间和相对丰度的随机森林回归，确定了前54个微生物标志物；
（b）与堆肥循环相关的前54个预测生物标志微生物的相对丰度热图

图4-14　利用随机森林模型检测堆肥过程中的标志微生物

5. 堆肥微生物时期代表样品判定及物种组成

冬季环境温度低且起伏变化大，显著影响堆肥温度，导致堆肥样品的微生物菌群微生态具有高不稳定性。为了更好地说明花椰菜尾菜冬季堆肥过程中的菌群和微生态变化规律，对整个堆肥过程进行了堆肥时期判定及代表样品划分。基于细菌、古菌和真菌的所有门水平相对丰度信息，本研究对全部样品进行了层次聚类分析（图4-15），图中T1-70处理样品编号（Sample ID）命名规则为T1-取样天数-取样平行序数，如T1-5-1表示T1-70处理在堆肥第5天取得的第1个平行样品，T2-80处理的样品命名规则同理。结果发现堆肥过程中所有样品大致按堆肥取样天数分为3个组。其中第一组（Group1）主要

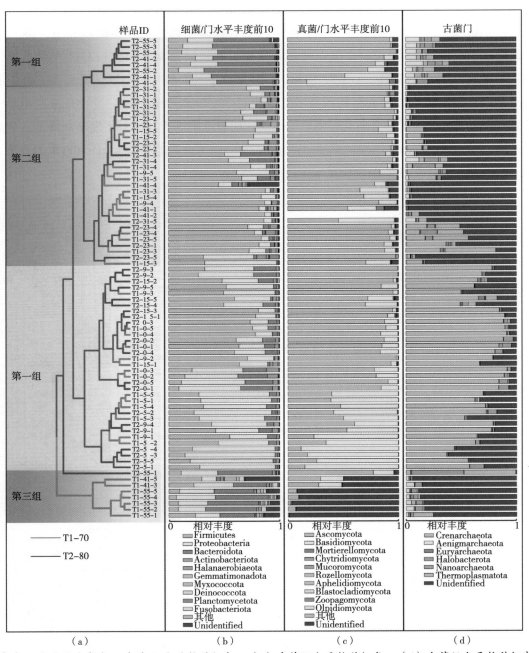

（a）门水平层次聚类；（b）门水平物种组成；（c）真菌门水平物种组成；（d）古菌门水平物种组成

图4-15　堆肥样品物种组成

242

以第0天、第5天、第9天和第15天样品为主，包含T1-70处理的第0天和第5天的全部样品以及T2-80处理的第0天、第5天和第9天的全部样品，因此确定以上样品为第一组（Group1）代表样品，结合堆肥温度曲线，判定Group1为堆肥的初期和升温期；第二组（Group2）主要以第23天和第31天样品为主，且包含两组处理的第23天和第31天的全部样品，以上样品为Group2代表样品，结合堆肥温度曲线，判定Group2为高温期；第三组（Group3）主要以第41天和第55天样品为主，且包含两组处理第55天的全部样品，确定其为Group3代表样品，并判定Group3为降温腐熟期。其中第一组（Group1）的物种中细菌以厚壁菌门和变形菌门为主，真菌以子囊菌门和担子菌门为主，古菌以泉古菌门为主；第二组（Group2）的物种中细菌的厚壁菌门，真菌的子囊菌门，古菌的未分类的门类占绝对优势；第三组（Group3）的物种中细菌以拟杆菌门和变形菌门为主，真菌以子囊菌门和未分类的门类为主，古菌以未分类的门类为主。

6. 堆肥中与理化因子存在直接关联作用的微生物菌群

为了解堆肥理化因子之间以及堆肥理化因子与菌群之间的直接相关关系，进一步构建了基于两组处理共存网络的菌群与理化因子直接关联作用子网络，如图4-16所示。T1-70处理与理化因子关联的主要菌门为细菌的变形菌门和拟杆菌门，古菌的泉古菌门以及真菌的子囊菌门。与菌群作用密切的理化因子为有机碳（TOC）、pH值和富里酸（FA），三者均受到温度的时滞性相关指向。温度对有机碳和富里酸有负相关时滞性指向，对pH值则为正相关时滞性指向。泉古菌门的未知菌属ARC3、9和22号古菌ASV对堆肥富里酸有显著的时滞性正相关关系，而富里酸对细菌的BAC774链霉菌属（*Streptomyces*）、BAC589短杆菌属、BAC573糖单孢菌属和BAC107假单胞菌有时滞性正相关关系。真菌的FUN5 *Melanocarpus*菌属与胡富比值呈正相关关系。

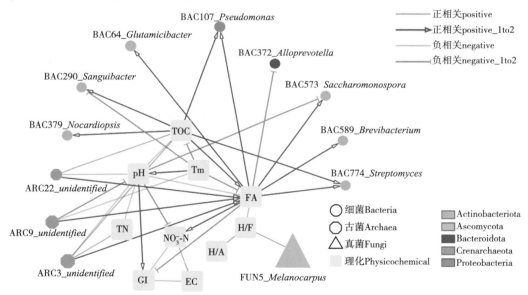

图4-16　T1-70处理菌群与理化因子直接关联作用子网络

（三）超高温好氧生物转化过程中微生物群落演替的研究

1. 超高温堆肥过程中微生物多样性动态变化特征

对超高温堆肥和普通堆肥过程中的细菌群落结构进行Beta多样性分析，图4-17为2种堆肥处理的细菌群落非度量多维标度（NMDS）分析图，由NMDS图可知Stress为0.048 99，表明NMDS图中的几何结构能够较好地表示堆肥样品。超高温堆肥和普通堆肥的样品几何结构明显地分开，表明这2种堆肥处理过程中的细菌群落结构是显著不同的，但堆肥处理的第45天是相似的。超高温堆肥起始阶段（第0～4天）和降温腐熟阶段（第27～45天）的样品几何结构分别聚集在一起，表明超高温堆肥的细菌群落结构分别在起始阶段和降温腐熟阶段相似，而在高温阶段（第4～21天）的样品几何结构较为分散，表明细菌群落结构在超高温堆肥的高温阶段也存在差异。相比之下，普通堆肥的样品几何结构聚集较为集中，表明普通堆肥过程中群落结构较为相似，变化不明显。

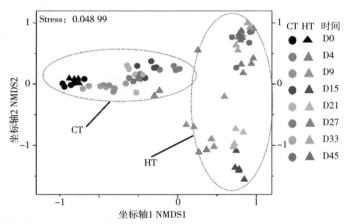

HT. 超高温堆肥，CT. 普通堆肥；不同颜色表示不同天的堆肥的样品组，Stress为匹配优度数值量度（应力），Stress<0.05说明此时几何结构能够较好地表示堆肥样品。

图4-17　不同堆肥处理中不同细菌群落整体分布格局

将超高温堆肥和普通堆肥过程中细菌群落结构进行Alpha多样性指数分析，由图4-18可以得知，超高温堆肥的细菌物种丰度和Shannon指数都明显低于普通堆肥。超高温堆肥的物种丰度在初始样品中共有2 100个OTU，在第0～15天显著降低，第15天的OTU约有500个，第15天之后略微增加，第27天之后稳定在700个左右。普通堆肥的物种丰度在堆肥过程中先缓慢降低，第33天仍然有1 600个OTU，但第33天之后也快速降低。两种堆肥处理过程中细菌多样性的变化趋势和物种丰度相似，超高温堆肥的细菌多样性在堆肥发酵前15天快速降低，第15天之后增加，第27天之后多样性较为稳定。而普通堆肥细菌多样性在堆肥发酵前33天降低缓慢，第33天之后降低较快。

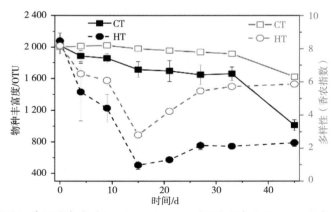

图中2个处理堆肥过程中的细菌物种丰度（Species richness；左Y坐标）和Shannon指数（右Y坐标），虚线表示超高温堆肥，实线表示普通堆肥。

图4-18　不同堆肥处理中细菌群落物种丰度和Shannon指数的变化曲线

图4-19为基于测序中获得的OTUs丰度制成的主坐标分析图，PCo1和PCo2分别解释了超高温堆肥过程中细菌变异数的54%和28%，共解释了细菌总变异数的82%，PCo1和PCo2分别解释了普通堆肥过程中细菌变异数的44%和33%，共解释了细菌总变异数的77%。可以看出超高温堆肥样品组在堆肥的起始阶段（第0天）、高温阶段（第4~21天）和腐熟阶段（第27~45天）分别聚集成3处，表明超高温堆肥的低温阶段、高温阶段和降温腐熟阶段的细菌群落结构明显不同，而在堆肥高温阶段聚集较为分散，表明高温阶段的细菌群落结构也存在差异。而普通堆肥的样品组除第45天外都聚集在一起，表明普通堆肥的细菌群落结构在堆肥过程中较为相似，但堆肥腐熟后的细菌群落结构与堆肥前期明显不同（图4-19）。

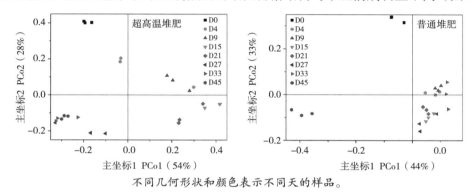

不同几何形状和颜色表示不同天的样品。

图4-19　不同堆肥处理中细菌群落PCoA分析

图4-20为超高温堆肥和普通堆肥过程中细菌门水平相对丰度变化图，从图中可以得知这2种堆肥过程中的细菌群落组成是明显不同的，堆肥起始阶段的细菌群落主要有变形菌门、拟杆菌门、厚壁菌门（Firmicutes）、放线菌门（Actinobacteria）和绿弯菌门（Chloroflexi），其中变形菌门和拟杆菌门是主要的菌门，共占细菌总序列的62.7%。超高温堆肥的细菌群落组成在堆肥高温阶段发生明显的变化，在堆肥发酵第15天，变形菌门丰度从32.1%减少到2.0%，拟杆菌门丰度从30.6%减少到0.32%，Thermi的丰度从第0天的0.41%增加到53.1%，厚壁菌门从8.0%增加到42.3%，第15天之后Thermi和厚壁菌门丰度开始降低，而放线菌门和拟杆菌门丰度增加并占优势。相比之下，普通堆肥过程中变形菌门、拟杆菌门、厚壁菌门和放线菌门占优势，并且它们的丰度变化不明显。以上结果表明超高温堆肥和普通堆肥过程中细菌群落组成明显不同。

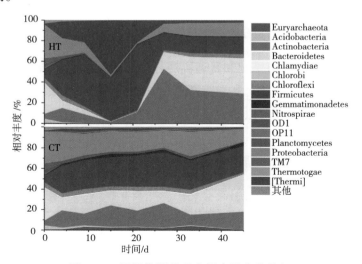

图4-20　不同堆肥处理中门水平变化特征

图4-21为根据LEfSe结果展示的超高温堆肥和普通堆肥过程中主要有代表性的细菌群落的Taxonomic cladogram图。进化分支从里到外辐射的圆圈分别代表门（Phylum）、纲（Class）、目（Order）、科（Family）、属（Genus）和种（Species）的物种分类水平，不同分类级别上的每个小圆圈表示该水平下的一个分类，绿色小圆圈表示在超高温堆肥组的差异物种，红色小圆圈表示普通堆肥组的差异物种，黄色小圆圈表示均无差异的物种，小圆圈直径的大小与相对丰度大小成正比。从图中可以得知超高温堆肥中Thermi和厚壁菌门（Firmicutes）为优势菌群，主要纲为芽孢杆菌纲（Bacilli）；普通堆肥的优势菌群为变形菌门，其中包括γ-变形菌纲（Gammaproteobacteria）、β-变形菌纲（Betaproteobacteria）和α-变形菌纲（Alphaproteobacteria）。以上结果表明超高温堆肥和普通堆肥过程中主要有代表性的细菌群落也是明显不同的。

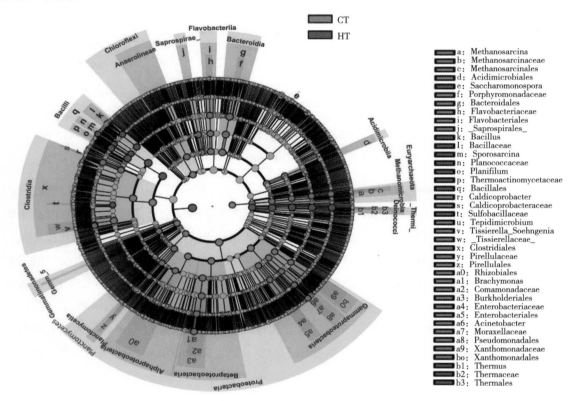

图4-21　不同堆肥处理的细菌不同类群的Taxonomic cladogram图示

图4-22为从属水平分析的超高温堆肥和普通堆肥过程中生物标志物的线性判别分析图（LDA），图中展现的是2种堆肥处理中相对丰度具有显著差异的物种（LDA值>3.5），柱状图的长度表示显著差异物种的影响大小。从图中可以得知，超高温堆肥中LDA值大于3.5的菌属主要有栖热菌属（Thermus）、Planifilum、芽孢杆菌属（Bacillus）、糖单胞菌属（Saccharomonospora）和芽孢八叠球菌属（Sporosarcina），其中栖热菌属和直丝菌属分别占53.1%和26.7%，它们分别是普通堆肥的86和37倍，这两种属分别属于Thermi和厚壁菌门。相比之下，普通堆肥中LDA值大于3.5的菌属有热微菌属（Tepidimicrobium）、单胞菌属（Brachymonas）、放线菌属（Actinomadura）和不动杆菌属（Acinetobacter），这些菌属大部分属于变形菌门和厚壁菌门。以上结果进一步表明超高温堆肥和普通堆肥中主要优势菌群存在显著差异。

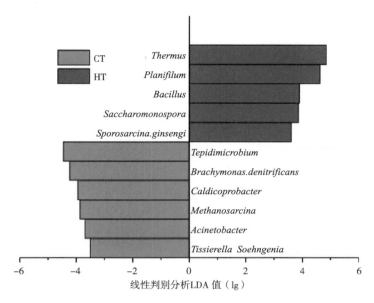

图4-22 不同堆肥处理的不同细菌属的相对丰度

2.超高温堆肥微生物群落功能结构与组成变化特征

图4-23a展示了2种堆肥方式的非参数多元统计检验（Adonis检验）结果，表明超高温堆肥在微生物功能结构方面显著区别于普通堆肥。此外，将两种堆肥过程样品的堆肥温度与NMDS1（58%方差解释）轴进行关联，发现两者极显著相关，表明两种堆肥过程微生物功能结构变化可能主要由堆肥温度变化所驱动。为了确定超高温堆肥过程微生物群落哪些功能基因丰度不同于普通堆肥过程，用负二项分布的广义线性模型拟合基因芯片测得的372个基因丰度的标准化数据，采用似然比检验法检验丰度差异，从而进行差异基因相对丰度分析。以普通堆肥处理的基因相对丰度为对照，以校正后P值为0.05为界，在堆肥第5天，共有111个功能基因表现出显著差异。其中，有43个功能基因相对丰度显著增加，包括18个碳降解相关功能基因，25个其他基因，有68个功能基因相对丰度显著降低，包括6个碳降解相关基因、12个氮循环相关基因和50个其他基因（图4-23b，上）。相比之下，超高温堆肥的超高温阶段（以第5天为例）没有任何一个氮循环相关功能基因得到富集，而是有相当大比例碳降解相关功能基因得到富集。随着堆肥过程的进行，2种堆肥方法之间碳降解相关功能基因富集程度减弱，而氮循环相关功能基因相对丰度的抑制作用仍保持，如在堆肥第44天，有29个功能基因相对丰度显著增加，包括12个碳降解相关功能基因，2个氮循环相关功能基因和15个其他基因，有55个功能基因相对丰度显著降低，包括8个碳降解相关基因、10个氮循环相关基因和37个其他基因（图4-23b）。上述结果表明，在超高温堆肥过程中，微生物的功能、结构和组成均发生了显著变化。

图4-24展示了超高温堆肥和普通堆肥过程丰度前15的子类别和功能基因的变化。超高温堆肥在第0天、第5天和第13天均含有较高丰度的碳降解、碳固定、亚硫酸盐还原等功能基因，含有较低丰度的氨化、硫氧化、除草剂相关等功能基因；普通堆肥中则含有较高的反硝化、氨化、硫氧化相关等功能基因，含有较低丰度的芳烃物质降解、砷同化等功能基因。与上述结果类似，相比较普通堆肥，超高温堆肥中，尤其超高温阶段的*amyA*、*xylanase*、*chitinase*等相关碳降解相关功能基因丰度较高。

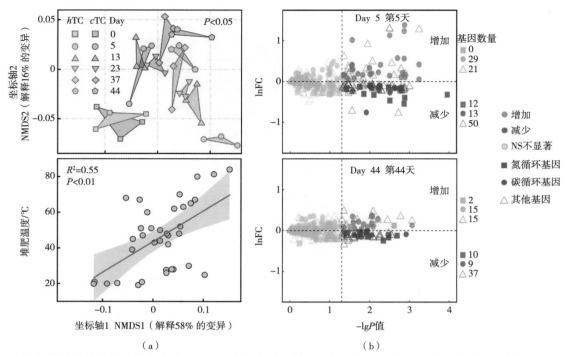

（a）堆肥样品的非计量多维尺度（NMDS）分析表明，样品不仅按处理分组，而且还按堆肥温度分开，如第一个NMSD和温度之间的强相关性所示；（b）差异丰度分析表明，与普通堆肥对照相比，超高温堆肥中372个基因的富集和减少。每个点代表一个单独的基因，沿y轴的位置代表丰度的变化。

图4-23　堆肥样品的NMDS（a）与差异丰度（b）分析

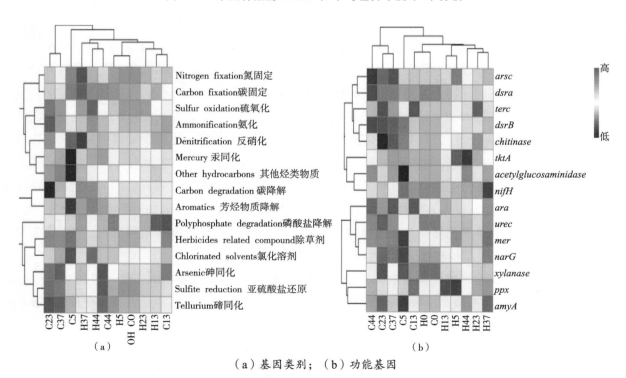

（a）基因类别；（b）功能基因

图4-24　超高温堆肥和普通堆肥功能基因丰度变化热图（丰度前15）

二、低温微生物菌株的筛选与降解特征

（一）低温富集筛选获得低温降解菌Aureobasidium pullulans DW-1

以牛粪–水稻秸秆堆肥样品为材料，通过10℃低温连续5次传代富集，利用CMC-刚果红培养基水解圈筛选获得1株耐冷纤维素降解真菌：低温菌DW-1。滤纸崩解、滤纸酶活和秸秆降解试验表明，低温菌DW-1的低温降解能力和产酶活性最强。利用真菌*ITS1/2 rRNA*、*rpb2*、*tef1*、β-tubulin和*act*等5个分子标记进行分类地位鉴定，发现低温菌DW-1为子囊菌亚门、腔菌纲、座囊菌目短梗霉属出芽短梗霉，命名为出芽短梗霉（*Aureobasidium pullulans* DW-1）。菌株DW-1的菌落初期白色，后逐渐变为灰黑色，最终为黑色，边缘为半透明，呈明显的根状；菌落中央质地柔软，周围坚硬，不易挑起，将孢子悬液放在倒置光学显微镜下观察，其形状呈椭圆形，与出芽短梗霉相同（图4-25）。

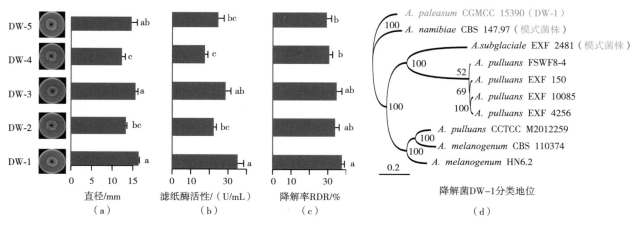

（a）滤纸崩解；（b）滤纸酶活；（c）秸秆降解率；（d）降解菌DW-1分类地位

图4-25　出芽短梗霉DW-1降解率及分类地位

（二）*Aureobasidium pullulans* DW-1的低温适应性解析

为了探究*Aureobasidium pullulans* DW-1的温度适应能力，测定了DW-1在不同温度下的生长能力、秸秆降解能力、产纤维素酶能力的差异（图4-26）。利用生长曲线下面积标准其生长能力，发现菌株DW-1在5～30℃范围内生长良好，生长能力随着温度的升高而增强；在10℃和20℃时对生长的抑制作用不强，初步判定DW-1为耐冷菌。秸秆降解试验表明在5～30℃范围内菌株DW-1对水稻秸秆均表现出较好的降解效果，其中在10℃和20℃均有最高的降解率，达到了34%左右，二者无显著差异；当温度为5℃或30℃以上时，菌株DW-1对水稻秸秆的降解率呈现明显的下降趋势，说明DW-1在5～20℃低温条件下具有良好的秸秆降解能力。产酶活性检测结果表明，DW-1产滤纸酶、内切酶、外切酶和β-葡萄糖苷酶的最适温度分别为25℃、30℃、25℃和20℃，在10℃时4种酶活分别为最大值的88%、70%、62%和94%；结合菌株DW-1在不同温度的降解结果，虽然4种酶活的最适温度均在20℃以上，但在10℃以下DW-1仍然具有最高的降解率，说明DW-1在产纤维素酶的耐冷能力是驱动其低温降解能力重要因素。

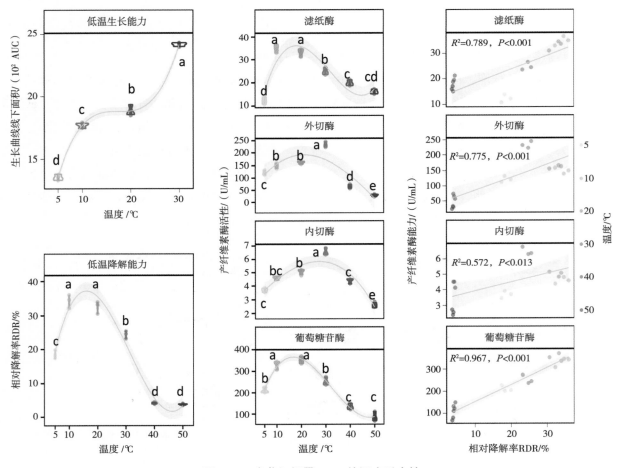

图4-26 出芽短梗霉DW-1的温度适应性

（三）出芽短梗霉DW-1较常规降解菌的低温降解能力更强

为了进一步明确DW-1在低温条件下秸秆降解效果的优势，选取了实验室保存的常温下高效降解水稻秸秆的草酸青霉*Penicillium oxalate* GZ-2为对照，在接种7 d后，GZ-2的降解率为10.6%左右，相对降解率为1.5%，而菌株DW-1在10 ℃下其降解率可达40%以上，相对降解率达到了34%，远高于2株对照菌的降解能力，在低温条件下具有良好的水稻秸秆降解能力（图4-27）。利用木质纤维素酶降解试验进一步明确DW-1降解大分子物质的优势，发现10 ℃下菌株DW-1的粗酶液对纤维素、半纤维素与木质素均有良好的分解效果，3种物质的损失率分别为18.4%、15.6%和8.5%，远超GZ-2和对照处理，说明菌株DW-1不仅能够在低温分泌纤维素酶，并且能够分泌半纤维素酶和木质素降解相关酶，拥有完整的木质纤维素酶系。傅里叶变换红外光谱（FTIR）分析发现经菌株DW-1处理和对照处理后，水稻秸秆的红外光谱特征相似，但峰值强度发生明显变化，表明菌株DW-1处理后秸秆降解水平提高。扫描电镜（SEM）检测发现，菌株DW-1处理7 d后，秸秆表明出现明显的崩解，菌丝深入秸秆内部破坏了秸秆木质纤维素的结构，从物理层面阐明了该菌株在低温条件下的降解效果。

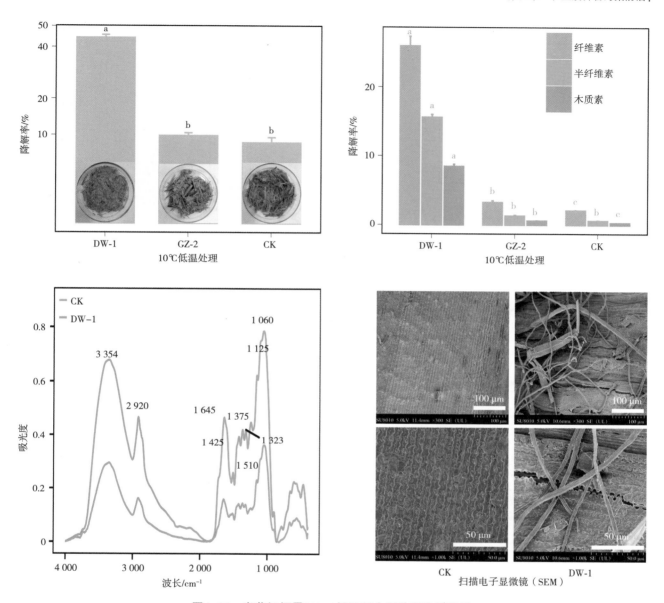

图4-27 出芽短梗霉DW-1低温下水稻秸秆降解效果

（四）出芽短梗霉DW-1可加速低温堆肥腐熟和提升堆肥品质

为明确低温菌DW-1在低温堆肥中的应用前景，比较了10 ℃低温下DW-1和GZ-2对鸡粪-水稻秸秆堆肥温度、发芽指数、理化性质和产酶活性等指标的差异（图4-28）。发现菌株DW-1在第5天时温度超过55 ℃，达到了57 ℃，提前进入高温期，堆体最高温度为62 ℃，较GZ-2和对照处理提高了5 ℃，说明DW-1可加速低温堆肥起爆、提升低温堆肥高温期温度。堆肥种子萌发试验发现，添加菌株DW-1的堆体的发芽率比GZ-2对照提高了21.3%，有利于促进堆肥的腐熟，提高堆肥的品质。堆肥理化性质检测表明，菌株DW-1是影响堆肥养分含量变化的主要因素，在堆肥第11天后的影响能力显著提高。堆肥产酶活性发现不同菌株处理后的堆肥酶活性随时间的变化而发生显著变化，除处理当天和堆肥后第11天外，堆肥产酶能力存在显著差异，说明菌株DW-1的添加可改善堆体中的酶活。

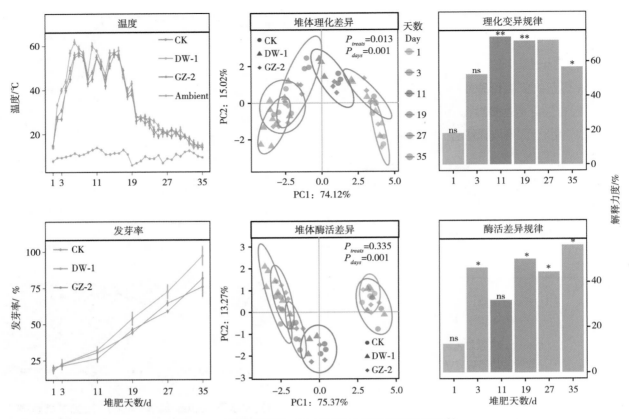

图4-28　出芽短梗霉DW-1与GZ-2低温堆肥过程比较

（五）出芽短梗霉DW-1通过产酶活性影响堆肥品质

为深入解析DW-1低温堆肥对堆体品质的影响，采用相关性分析和冗余分析理解堆肥酶活与堆肥养分之间的关系（图4-29）。相关分析结果发现，堆体的产酶活性与理化性质存在不同程度的相关关系，其中AGL、BGL、CBH、BX和NAG等主要与NH_4^+-N/NO_3^--N、NH_4^+-N、TN、TC和湿度等显著正相关，与C/N、AP、AK、pH值和NO_3^--N等显著负相关。冗余分析发现酶活是影响堆肥养分变化的重要因素，

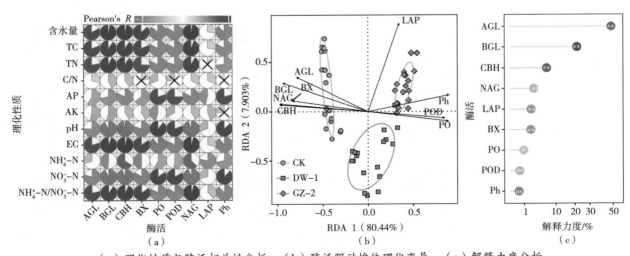

（a）理化性质与酶活相关性分析；（b）酶活驱动堆体理化变异；（c）解释力度分析

图4-29　低温堆肥酶活与理化特征之间的关系

共解释88%的理化性质变异，其中RDA1占80.44%，RDA2占7.90%，其中AGL、BGL和CBH是影响堆肥养分变化的重要因素，解释力度分别为50%、25%和9%，说明DW-1在低温条件下主要通过AGL、BGL和CBH等纤维素酶活力的变化影响堆肥理化性质，进而决定堆肥品质。

三、高温降率微生物菌株的筛选与降解特征

（一）高温降解菌的分离与筛选

通过连续5次高温驯化获得13株具备分解纤维素能力的耐高温细菌：55 ℃分离到6株（B-1至B-6），65 ℃分离到4株（B-7至B-10），75 ℃分离到3株（B-11至B-13）。水解圈实验结果表明，不同温度下分离株的纤维素分解能力存在显著差异，即在CMC-刚果红培养基上水解圈与菌落直径比不同（D/d，图4-30a）：55 ℃、65 ℃和75 ℃分离菌株的D/d范围分别是3.67～6.30、3.21～5.08和2.19～5.25。其中，

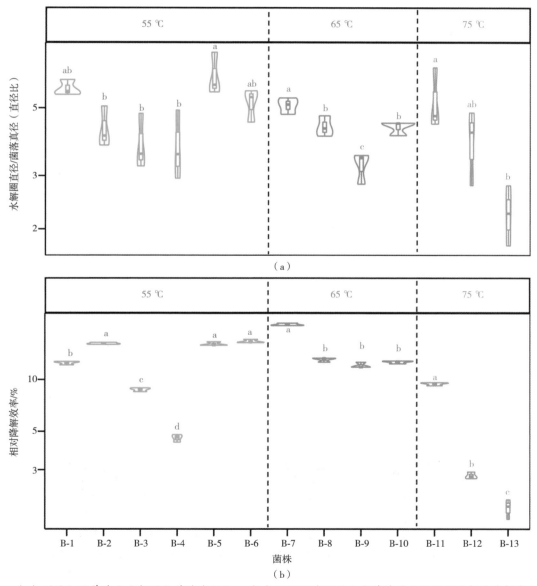

（a）刚果红培养基上水解圈与菌落直径比；（b）不同温度下的分离菌株对水稻秸秆的相对降解率

图4-30 耐高温分离菌株水解圈及其水稻秸秆降解能力

55 ℃下B-1、B-5和B-6的纤维素分解能力相似，且显著高于B-2、B-3和B-4，B-5最强；65 ℃下B-7的纤维素分解能力高于B-8和B-10，B-9最差；75 ℃下B-11的纤维素分解能力略高于B-12，二者的分解效果显著优于B-13（图4-30b）。水稻秸秆降解实验表明，不同温度下的分离菌株对水稻秸秆的相对降解率（RDE）差异显著，即秸秆降解能力不同：55 ℃、65 ℃和75 ℃分离菌株的RDE范围分别是4.58%～16.61%、12.08%～20.84%和1.81%～9.44%。其中，55 ℃下B-2、B-5和B-6的CMC分解能力差异不显著，B-1较弱，B-3次之，B-4最差；65 ℃下B-11的CMC分解能力最强，B-8、B-9和B-10的CMC分解能力相似；75 ℃下B-11的CMC分解能力最强，B-12次之，B-13最差。结合水解圈和水稻秸秆降解实验筛选不同高温情况下，纤维素分解能力和秸秆降解能力较强的耐高温细菌4株，即选取55 ℃分离菌株B-5和B-6、65 ℃分离菌株B-7以及75 ℃分离菌株B-11作为候选菌株，用于后续研究。

（二）高温高效降解菌的筛选

将上述4株候选耐高温细菌分别在55 ℃、65 ℃和75 ℃条件下培养，模拟考察堆肥高温期不同潜在高温水平对候选菌株降解水稻秸秆能力的影响。如图4-31a所示，候选菌株对水稻秸秆的降解能力受菌株类型和温度的影响很大，其中温度为降解能力变异的主要来源（解释水平为72.67%），且与菌株类型之间存在显著交互响应。候选菌株在55 ℃和75 ℃时对水稻秸秆的RDE存在显著差异，在65 ℃时相似：55 ℃下候选菌株RDE的范围是14.48%～19.47%，B-7对水稻秸秆的降解能力最强，B-5和B-6次之，B-11较弱；65 ℃下的RDE范围是10.87%～15.68%，不同菌株对水稻秸秆的降解能力相似；75 ℃下候选菌株的范围是1.20%～9.33%，其降解能力的强弱顺序为B-11>B-7>B-5和B-6。

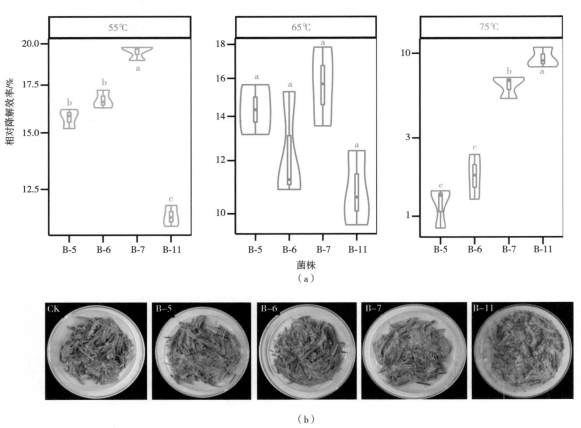

（a）不同高温菌株的相对降解效率；（b）75 ℃下高温降解菌对水稻秸秆的降解效果展示

图4-31　候选菌株在不同温度下的相对降解率

对菌株类型而言，候选菌株降解水稻秸秆的能力与温度的变化呈负相关关系，即相对降解效率随着温度的升高而降低。与55 ℃相比，65 ℃下B-6对水稻秸秆RDE的降幅最大（25.23%），B-6次之（19.47%），B-5（8.71%）和B-11（5.31%）的RDE降幅最小；75 ℃下B-11对水稻秸秆RDE的降幅最小（18.63%），而其他候选菌株的降幅均超过67%，降幅最大的是B-6（92.37%），该温度下候选菌株对水稻秸秆的降解效果如图4-31b所示。比较不同温度下候选菌株对水稻秸秆降解能力的影响发现，B-7在55 ℃和65 ℃高温下表现较好，在75 ℃高温下降解能力较差。尽管B-11在55 ℃和65 ℃时降解效果较弱，但温度耐受性较强，尤其在75 ℃的高温下依然保持较高的水稻秸秆降解能力，因此将B-7和B-11确定为目标高温高效降解菌株，用于后续研究。

（三）高温高效秸秆降解菌纤维素酶的热稳定性

分别测定了B-7和B-11分泌的滤纸酶（FPase）、纤维素内切酶（CMCase）、外切葡聚糖酶（EGLase）和β-葡萄糖苷酶（BGLase）在55～90 ℃范围内相对酶活的变化规律，以此表征与木质纤维素降解过程相关酶的热稳定性。如图4-32所示，2株高温高效秸秆降解菌的4种纤维素酶活性随着温度的升高总体呈先升高后降低的趋势。双因素方差分析发现，各纤维素酶对温度变化的响应存在显著差异，且与菌株存在显著的交换效应，温度对酶活性变异的影响（解释水平为50.91%～70.50%）高于交互作用（解释水平为29.50%～49.09%）。短小芽孢杆菌B-7的4种纤维素酶在50～60 ℃范围内随温度的升高活性增强，超过60 ℃时活力急剧下降，最适温度均在60 ℃左右。嗜热脂肪芽孢杆菌B-11的在50～80 ℃范围内4种纤维素酶随着温度的升高而活性增强，滤纸酶、纤维素内切酶和外切葡聚糖酶的最适温度为75 ℃，β-葡萄糖苷酶则在75～80 ℃之间，超过最适温度后各酶活迅速下降。2株高温高效降解菌在高温好氧堆肥方面具有一定的应用价值：短小芽孢杆菌B-7在50～65 ℃温度范围各纤维素酶的活性较高，而嗜热脂肪芽孢杆菌B-11在75～80 ℃温度范围各纤维素酶的活力更好。

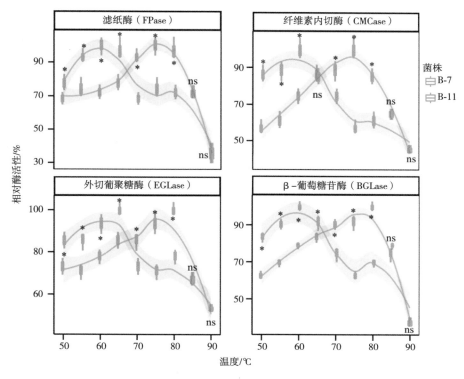

图4-32　菌株B-7和B-11四种纤维素酶的热稳定性

（四）高温高效秸秆降解菌的分子鉴定

16S rRNA基因序列比对分析和系统发育分析发现2株目标菌株与芽孢杆菌科的革兰氏阳性菌高度相似（图4-33）。菌株B-7与芽孢杆菌属纤维素芽孢杆菌（*Bacillus cellulasensis*）、平流层芽孢杆菌（*B. stratosphericus*）、嗜气芽孢杆菌（*B. aerophilus*）、高海拔芽孢杆菌（*B. altitudinis*）和短小芽孢杆菌（*B. pumilus*）的相似性大于99.5%。菌株B-11与地芽孢杆菌属立陶宛地芽孢杆菌（*Geobacillus lituanicus*）、好热地芽孢杆菌（*G. kaustophilus*）、嗜热脂肪芽孢杆菌（*G. stearothermophilus*）的相似性大于99.5%。系统发育分析结果表明（图4-33），芽孢杆菌属和地芽孢杆菌属的细菌明显形成两个分支。菌株B-7与短小芽孢杆菌的系统发育距离最近，因此命名为短小芽孢杆菌B-7（*B. pumilus B-7*）。菌株B-11与嗜热脂肪芽孢杆菌的系统发育距离最近，因此命名为嗜热脂肪芽孢杆菌B-11（*G. stearothermophilus B-11*）。

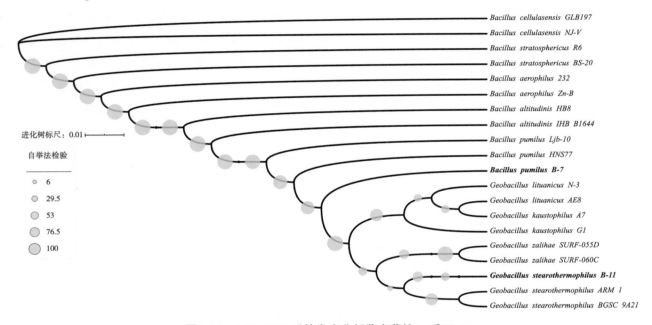

图4-33　16S rRNA系统发育分析鉴定菌株B-7和B-11

第二节　自动化、一体化好氧发酵原理与工艺

一、一体化好氧发酵原理

自动化、一体化好氧发酵是堆肥的一种形式，其本质是在人工控制和一定的水分、C/N和通风条件下通过微生物发酵作用，将废弃有机物转变为有机肥的过程。在这一过程中，有机物料在微生物的分解作用下，变成CO_2和小分子的有机化合物（有机质），实现有机物料的降解稳定，同时堆肥物料也聚集大量的热使堆体的温度达到55 ℃以上，并且持续一段时间，对病原菌和杂草种子等有杀灭作用，实现有机物的无害化。

$$有机废物 + O_2 \xrightarrow[\text{新陈代谢}]{\text{微生物}} 稳定的有机残余物 + CO_2 + H_2O + 热$$

好氧堆肥中发挥主要作用的是微生物，是在有氧条件下微生物对有机物进行吸收、氧化、分解的过程。微生物通过自身的生命活动，把一部分被吸收的有机物分解成可被植物吸收利用的简单无机物，同时释放出可供微生物生长活动所需的能量，而另一部分有机物则被合成新的细胞质，使微生物不断生长繁殖，产生出更多的生物体。

自动化、一体化好氧发酵是针对传统堆沤和常规堆肥中存在的占地面积大、有机物分解缓慢、环境控制难异味大、产品质量不稳定等问题提出的现代堆肥系统。一体化好氧发酵系统主要以机械化操作、自动化控制、发酵效率高、环境影响小为主要特征。其通常是一个密闭的设施或者设备，配套具有物料翻堆搅拌、通风曝气、排风除湿等功能的装置，同时辅助有解决物料进出、移动和臭气处理的单元，从而达到控制微生物在最佳发酵温度、湿度等条件，以改善和促进微生物的新陈代谢。

近年来，堆肥系统发展较快，不同的系统类型层出不穷，不论是物料水平流动的密闭槽式系统，还是物料垂直流向的立式筒仓系统，亦或是物料旋转推流的滚筒卧式系统，其本质特征都是一体化好氧发酵系统。不同的一体化好氧发酵系统，尽管物料流向、系统占地、处理规模等有所不同，但都遵循堆肥发酵的一般原理，其发酵过程都可以分为升温、高温、降温3个阶段，各阶段微生物类型和特征各有不同。

（一）升温阶段

一般指堆肥过程的初期，在该阶段，堆体温度逐步从环境温度上升到45 ℃左右，主导微生物以嗜温性微生物为主，包括细菌、真菌和放线菌，分解底物以糖类和淀粉类为主，其间能发现真菌的子实体，也有动物及原生动物参与分解。

（二）高温阶段

堆温升至50 ℃以上即进入高温阶段，在这一阶段，嗜温微生物受到抑制甚至死亡，而嗜热微生物则上升为主导微生物。堆肥中残留的和新形成的可溶性有机物质继续被氧化分解，复杂的有机物如半纤维素-纤维素和蛋白质也开始被强烈分解，微生物的活动交替出现，通常在50 ℃左右时最活跃的是嗜热性真菌和放线菌，温度上升到60 ℃时真菌几乎完全停止活动，仅有嗜热性细菌和放线菌活动。温度升到70 ℃时大多数嗜热性微生物已不再适应，并大批进入休眠和死亡阶段。现代化堆肥生产的最佳温度一般为55 ℃，这是因为大多数微生物在该温度范围内最活跃最易分解有机物，而病原菌和寄生虫大多数可被杀死。

（三）降温阶段

高温阶段必然造成微生物的死亡和活动减少，自然进入低温阶段。在这一阶段，嗜温性微生物又开始占据优势，对残余较难分解的有机物做进一步的分解。但微生物活性普遍下降堆体发热量减少，温度开始下降，有机物趋于稳定化，需氧量大大减少，堆肥进入腐熟或后熟阶段。

二、连续动态槽式发酵系统

连续动态槽式好氧发酵系统涵盖了从原料配料到成品包装全过程的智能装备系统，是针对50 t/d以上规模的养殖场畜禽粪便集中处理需求以及常规堆肥处理中存在的配料不均匀、进出料自动化程度和生产效率低等问题而提出。其配以链板式翻堆机和卧式双轴桨叶混料机等核心装备（图4-34），集成了精准配料、生物接种、矩阵布料、分段曝气、翻堆移位、在线监测、臭气控制和智能控制等单元技术。

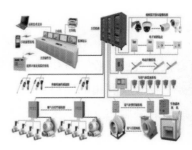

图4-34　连续动态槽式好氧发酵系统核心装备

该系统主要包括：①配料和混料系统：料仓底部采用变频螺旋按比例、计量配料出料；由卧式双轴桨叶混料机实现物料的连续均匀混合。②自动布料、翻堆和出料输送系统：混合物料通过自动布料系统在多个发酵槽内矩阵式均匀进料；链板式翻堆机，采用多齿链板式结构，可同时完成破碎、混合、曝气充氧、水分蒸发等作业；采用全幅宽翻堆设计，高度可调，避免翻堆死区、厌氧区，翻堆效率高、效果好；侧出料移行车与翻堆机配套使用，完成翻堆机换轨和物料的自动出料。③自控系统：实时监测发酵槽内温度、水分、氧气的动态变化，通过中央控制系统，实现整个发酵系统的远程操作和自动化控制（图4-35）。

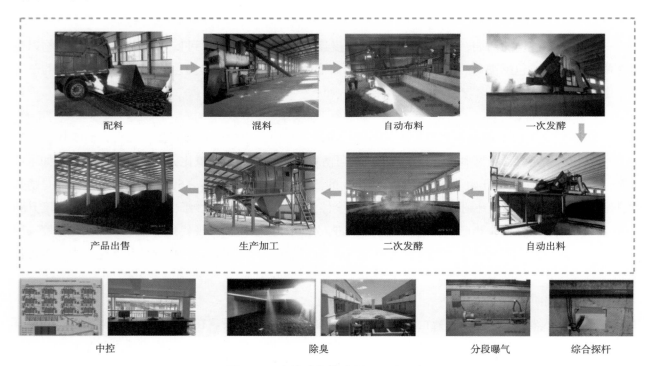

图4-35　连续动态槽式堆肥系统构成

以连续动态槽式堆肥系统为核心的有机肥料工厂化生产的工艺布局、系统连接应该充分考虑秩序性和效率性原则，保证工艺的顺畅，保证生产的便捷，物料流动有序，能以较低的能耗、较少的用工、适宜的劳动强度获得较高的产能和最佳产品质量。一般布局的基本原则为：①遵循秩序原则，保证工艺的顺畅；②遵循效率原则，满足最大限度地提高生产效率，降低能耗和人工投入；根据项目建设场地的实际，因地制宜、合理布局，生产区与辅助区、办公区适当分隔（图4-36）。

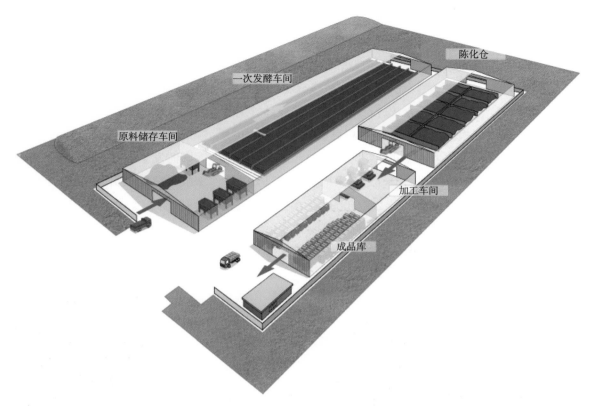

图4-36 堆肥厂车间布局

连续动态槽式堆肥的主要工艺流程分为原料预处理、一次发酵、二次发酵（陈化）、加工制肥，另外配套除臭、自动化控制等辅助工程（图4-37）。分述如下。

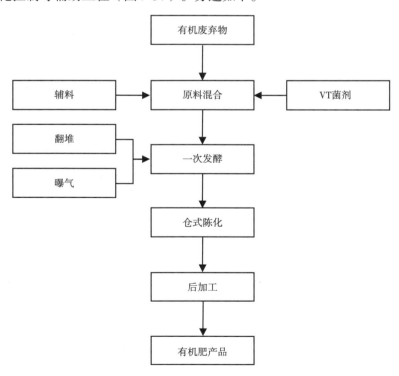

图4-37 连续动态槽式堆肥工艺流程示意

（1）原料存储及预处理车间。根据生产主要原材料的特性，储存部分原料和辅料。预处理主要用于原料预处理，原料和辅料按配料比例投入料仓，经混料机进行混合，微生物菌种储存在菌液罐中用小型计量泵加入，添加菌种以促进发酵过程快速进行。各种物料混合后由传送带经布料系统布置于发酵槽中。

（2）一次发酵车间。堆肥厂可以根据有机废弃物处理量不同和翻堆机设备选型，可选单槽或多槽，选择连续进料、连续出料的方式进行槽式发酵的设计。发酵单元高度应该根据发酵单元内最高设备确定。一般发酵槽设计根据废弃物处理量和翻堆机型号确定尺寸，一般槽宽2～10 m，槽高1～2 m。一方面利用翻堆机通过翻拌作用使发酵物料充分混匀，水分快速挥发，同时发生物料的位移（图4-38）；另一方面通过安装在发酵槽底部的曝气系统采取强制通风方式供给氧气，避免堆肥过程形成厌氧环境，同时挥发水分。工艺控制中根据堆肥物料的温度、水分、氧含量等参数的变化，由鼓风机向发酵槽内曝气。一般情况下，堆肥周期为15 d，堆肥温度可以上升至60～70 ℃，并持续10 d以上。经过一个周期的堆肥，发酵后的含水率大幅度降低（一般下降到40%左右），经移行出料机由传送带传送到陈化车间。

图4-38　发酵车间现场

（3）陈化腐熟车间。一次发酵阶段后期大部分有机物已被降解，由于有机物的减少及代谢产物的累积，微生物的生长及有机物的分解速度减缓，发酵温度开始降低，此时用皮带机将发酵槽内的物料移至陈化车间进行二次发酵。陈化车间单元的面积一般为发酵单元面积的0.5～0.7倍。陈化槽设计与发酵槽类似，仓体高度一般2～3 m，物料堆高一般低于2.5 m。陈化仓的长度和宽度根据车间尺寸灵活调整。在陈化车间通常采用静态仓式陈化工艺，陈化周期为15～25 d，堆肥的温度逐渐下降，稳定在40 ℃时，堆肥腐熟，形成腐殖质。

（4）有机肥加工车间。发酵物料经配料系统配料，或添加复配腐植酸、氮磷钾化肥、微量元素和微生物菌等，根据市场需求生产不同的高附加值的有机/生物有机肥产品；配料后由皮带输送机提升和输送后粉碎、筛分分级，筛上物返回到混合间配料，筛下粉状部分由皮带输送机输送进行包装，加工线拟采用日班及夜班人员连续生产模式生产有机肥产品，成品在成品库储存。

（5）除臭设施。发酵车间产生的废气拟通过收集风管和离心风机，臭气抽引到一体化除臭设备各处理单元进行净化，以达到环保排放的目标。

以连续动态槽式堆肥系统为核心的有机肥料工厂化生产工艺的主要特点有：①从物料的接收到堆肥生产加工有机肥全流程机械化、自动化控制，相比传统条垛工艺，同样生产规模的工厂用人工数量减少50%。②配料混料变频控制，堆肥过程的通风曝气、设备启停采用PLC可编程序控制，自动化程度高。③布料机、翻堆机和移行车等采用了电机驱动的设备，可遥控操作，生产能耗大大降低，现场用人工少、劳动强度低，便于管理、成本降低。④标准的发酵槽有效高度1.8 m，每天连续进料，堆体高、处理量大、占地面积减小一半，翻堆机整槽无死角搅拌翻抛，项目建设费用降低25%，生产效率高。⑤添加VT堆肥接种剂，使堆肥快速升温，堆肥腐熟时间缩短至15 d左右。⑥生产工艺模块化，混料系统、自动布料系统、堆肥系统、陈化系统和有机肥加工系统可以根据客户要求、处理规模、投资大小等灵活组合。⑦采取源头减量、过程控制和尾端收集处理的模式控制臭气，对周边环境影响小。

三、滚筒式反应器发酵系统

滚筒式反应器是一个使用水平滚筒处理物料进料、混合、通风、发酵以及输出的堆肥系统，是动态连续式的高温好氧发酵系统的一种。滚筒卧式堆肥反应器（图4-39）的滚筒置于大的支座上，通过前后两组支座的高度差，使筒体与水平地面呈一定的角度，物料从一端进入（高端），通过机械传统装置实现筒体本身的转动进而带动筒内的物料翻动，从另一端输出（矮端），在出料端有曝气装置向筒内提供通气，物料在翻动的过程中与通入的气体混合，空气流动方向与物料运动方向相反，进料端装有引风装置，引出的尾气进入除臭系统处理，出料端装有筛分装置，筛下物进行陈化发酵。通过滚筒转动，对物料进行翻堆，促进物料和氧气接触，增强传质，氧化有机物释放热量，蒸发水分。

图4-39 智能型一体化卧式堆肥反应器

该滚筒卧式反应器的处理能力为20 t/d（含水率55%~60%），反应时间为5~7 d。可实现对粪便、污泥、餐厨等有机废弃物的无害化及资源化处理。结构示意图如图4-40所示。

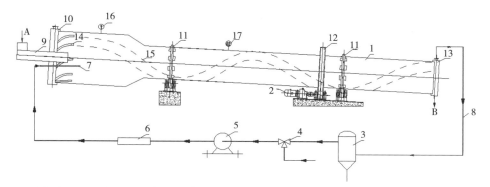

1.滚筒；2.驱动装置；3.凝水器；4.空气调节阀；5.风机；6.加热器；7.穿孔布气管；8.尾气回用管道；9.进料装置；10.前密封罩；11.滚圈式支撑装置；12.传动部件；13.后密封罩；14.导流板；15.抄板；16.温度仪；17.氧气检测仪。

图4-40 滚筒卧式反应器装置的结构示意

筒体采用50 mm厚的岩棉保温，外层加镀锌板。从头到尾设6个温度测点：T1、T2、T3、T4、T5、T6，温度检测点用于测量发酵过程中不同发酵时间温度变化，作为重要的运行分析指标。发酵滚筒长径比10：1，与地面呈3°安装，高端为进料端，低端为出料端，进出料设迷宫式密封罩，开观察门，观察门可打开、关闭，关闭时与密封罩无缝结合。

进出料密封罩顶部设排气孔。在设备运转过程中，从进料端气管通入高压空气，由出料密封罩排气孔流出，由于物料被翻抛的作用，曝气会非常均匀，可保证发酵效果的稳定。滚筒尾端设可调节出料挡板，用于控制筒内填充度。采用间断式通风，通风量0.5 ~ 5 m³/(m³物料·h)，物料含水率控制在55% ~ 65%。

四、筒仓式反应器发酵系统

筒仓是一种经济有效的散装物料立式存储装置，其使用起源于农业贮粮。由于它占地面积小，能够减少物料的装卸流程和泄漏损耗，又利于机械化、自动化作业，已被工农业许多领域采用。筒仓式反应器是一种发酵过程发生在筒仓内的反应系统；与连续动态槽式反应器以及滚筒式反应器相似，也是目前使用较多的一体化容器式好氧发酵系统。这种发酵反应器起源于21世纪初的日本，随后经我国多家科研单位二次开发形成系列产品，并已形成标准号为JB/T 14283—2022的"立式堆肥反应器"行业标准，多种型号的产品已在国内外饲养行业实现了一定程度的推广应用。

（一）系统组成及关键工作部件

如图4-41所示，筒仓式反应器发酵系统主要由立式反应器，以及与其配套的进出料装置、供气系统、尾气处理装置和自动监控系统组成。由于系统通常较高，而且大部分情况下露天使用，一般设有包含楼梯的检修平台和防雨顶棚，见图4-42。立式反应器是筒仓式发酵系统的核心装置，其主要组成部件包括机架、仓体、液压系统、搅拌转子、曝气系统和进出料口。

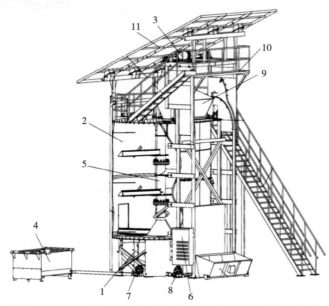

1. 机架；2. 仓体；3. 进料装置；4. 生物滤池；5. 搅拌转子；6. 自动监控系统；7. 液压系统；8. 供气系统；9. 进料口；10. 检修平台；11. 顶棚。

图4-41　筒仓式反应器发酵系统

图4-42 立式堆肥反应器应用现场

坐落在机架上的仓体是筒仓式反应器的重要组成部分之一，它是物料进行发酵的场所，一般采用双层保温密闭结构，一方面降低发酵过程中的热损失，另一方面可以把发酵原料与外界环境隔离，避免尾气外溢、造成二次污染。搅拌转子作为另一核心工作部件安装在仓体中心，如图4-43所示，其上设有不同形状的桨叶，桨叶兼具松动搅拌物料以及为发酵原料曝气的功能；供气系统从主轴下部将空气输送到转子桨叶通道内，然后通过其上的曝气孔进入仓体不同位置与物料接触；因其转速较慢且承受较大扭矩，通常由液压系统驱动的棘轮棘爪机构带动旋转。

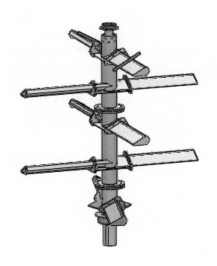

图4-43 组合式搅拌曝气转子

自动监控系统一般组装在一个户外防雨控制柜内，除了具备系统启停与状态显示功能之外，通常包括各种传感器、PLC、触摸屏和控制软件。操作员可以借助触摸屏选择适于不同应用场合的控制模式，并设置相应的运行工艺参数，软件以此为基础通过PLC启停相关装置。

（二）筒仓式反应器工作原理

工作时，发酵原料通过进料装置从筒仓顶部的进料口被加入仓体，自上而下向筒仓底部流动，在筒仓进料口正下方完成初步混合，然后借助自重和搅拌转子桨叶的推动作用，在被进一步混合的同时，基本实现在仓体断面上的均匀分布。如图4-44所示，在物料向下流动的过程中，细菌、真菌和放线菌等多种微生物在其内部逐步扩繁并放热，在不断分解有机物的同时，使仓内物料温度持续升高，进而使物料中的水分被加热汽化后随尾气进入尾气处理装置，所以仓内物料从上到下，水分逐渐降低、腐熟度逐渐增加；当料温达到一定程度后维持一定时间，堆肥发酵过程结束。由于反应时微生物生存条件优越稳定，通常物料起温快、发酵周期短。腐熟后的物料在筒仓底部停留一定时间后，位于仓底的卸料门自动打开，物料被转子桨叶推送到出料机构作为粉状堆肥输出。

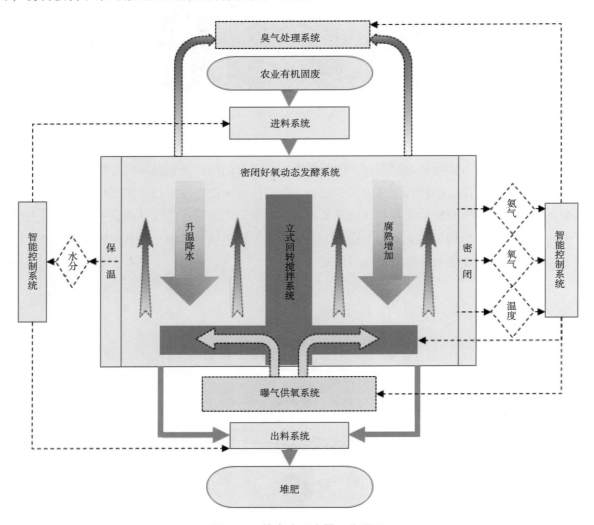

图4-44　筒仓式反应器工作原理

与此同时，自动监控系统根据发酵进程和物料状态按照一定节律启停供气系统，向筒仓内部提供压缩空气。压缩空气经曝气系统分配与仓内发酵物料充分接触，一方面为好氧微生物提供氧气，另一方面将物料内多余的水分和热量带走。随着农用传感器技术和元件的逐步完善，部分企业生产的仓式反应器已在内部安设温度、水分、二氧化碳、氨气和硫化氢等多种传感器，控制系统通过实时监测相应参数，根据选择的控制模式按照一定算法自动启停搅拌装置、与曝气系统相连的供气系统以及尾气处理装置，实现对氧气、水分和温度等重要发酵工艺参数的有效调控，进而优化发酵进程。另外为了稳定产品质量、提高客户满意度，控制系统可以实时显示、记录发酵过程工艺参数，为产品生产过程的追溯管理提供数据支撑。

发酵过程中产生的二氧化碳、水蒸气等多种尾气，被连接在仓体顶部的尾气处理装置收集处理后排出。尾气处理装置主要用来处理发酵过程中产生的诸如氨气、硫化氢、二甲基硫醚、二甲基二硫醚等不同异嗅物质，可以采用物理除臭方法或化学除臭方法，但在堆肥行业大多使用造价较低的生物滤池。

（三）系统特点及其应用

筒仓式堆肥反应器一般采用连续式发酵工艺，每天进料、每天出料，集废弃物日常收集、存贮和肥料化处理于一体；自成系统、无需厂房，一套设备就是一座工厂。物料在从上向下移动的过程中逐步发酵腐熟，到达仓体底部后由桨叶送出成为产品。由于仓体采用保温结构，相比条垛和槽式发酵该系统的发酵过程较少受环境条件影响；堆肥发酵一般在6 d左右完成，产品吨料电耗通常不大于65 kW·h。

由于它是立式结构，物料在反应器中垂直堆放，因此设备占地面积少、场地利用率高，但是仓内物料容易压实，卸料时仓内容易产生鼠洞。制造商需要通过合理设计搅拌曝气转子的结构及其在发酵过程中的启停控制算法，在保证物料先进先出的同时，有效控制仓内通风和发酵物料温湿度、腐熟度，进而降低运行成本。这些因素直接影响设备的运行性能，也是用户选用该类设备时需要考虑的重点关切。表4-2所列是中机华丰（北京）科技有限公司生产的系列立式发酵反应器技术参数，表中所列处理能力基于通过作物秸秆调节水分和碳氮比的畜禽粪便。

表4-2 立式堆肥反应器系列化产品参数

型号	功率/kW	仓体容积/m³	上料斗容积/m³	处理能力/（t/d）	仓体外径/mm	安装尺寸/m
C20	23.67	20	0.4	2.5～3.5	2 600	6.5×8×8.5
C50	26.97	50	1	6.5～9	4 500	7×10×9
C100	43.67	100	1	13～18	5 100	12×12×10

正是由于其"傻瓜型"操作特点，调试过程中必须掌握原料特性及其发酵特点，通过正确选用自动监控系统中的控制模式，结合气候条件合理设置诸如搅拌节拍、曝气频率等不同工艺参数，来维持系统稳定运行进而保证发酵产品质量稳定。正因为如此，发酵系统的可靠运行几乎都离不开对生产过程的长期观察和经验积累，对其作业过程的管理操作更多是艺术而非技术。

由于在生产过程中密闭性好、气味小，利于环保；反应过程中发酵期短，自动化程度高，工人劳动强度低；筒仓式反应器发酵系统已被用于养殖场粪便、园林废弃物、市场尾菜、生活垃圾、餐厨垃圾等多种堆肥处理行业。随着人们对发酵过程认识的不断深化，以及社会对农业面源污染防治的重视，相信它将在有机固体废弃物资源化利用方面发挥越来越大的作用。

第三节 有机废弃物厌氧处置原理与装备

厌氧发酵是农业农村有机废弃物资源化利用的重要途径之一。与国际相比，我国农业废弃物厌氧发酵技术工艺研究处于并跑水平，在装备制造和工程应用方面处于跟跑水平。但我国厌氧发酵仍存在智能装备水平差、资源利用效率低、二次污染风险大等瓶颈问题。在"十三五"国家重点研发计划"农业废弃物厌氧发酵及资源化成套技术与设备研发"项目支持下，根据我国典型区域特点及农业废弃物原料特性，研发形成了成套技术装备和工程应用模式。

一、多原料高效厌氧发酵技术装备

厌氧发酵技术包括干法厌氧发酵和湿法厌氧发酵两大类技术。我国厌氧发酵技术装备普遍存在产气效率低、中间产物控制难、传质传热差等关键技术瓶颈，针对以上问题，研发了干法连续推流厌氧发酵、分区接种批式干法厌氧发酵、高浓度湿法高效组合式机械搅拌、湿法两相厌氧发酵反应器等核心技术装备。

（一）干法厌氧发酵技术装备

干法厌氧发酵与湿法相比，具有原料包容性强、产能效率高、沼液产出少等优点。德国、瑞典等国家在干法、湿法厌氧发酵工艺装备开发、高效自控技术、装备标准化设计生产等方面处于国际领先水平，已开发出车库型、仓筒型等干法发酵设备，我国干法发酵处于研究阶段，工程应用较少，与国际先进水平差距较大。目前，德国、瑞典等欧洲发达国家60%以上新建沼气工程采用干法厌氧发酵技术，能源产率高，经济效益好。干法厌氧发酵反应器的类型较多，按照反应器形式，可分为卧式和立式两种，立式设备与卧式相比，具有占地面积小、土建成本低、运行负荷高等优点。按照反应器进出料方式的不同，将干法厌氧发酵技术分为干法连续和干法序批式两类。

国外较成熟的立式连续干发酵系统主要是DRANCO和VALORGA，均为依靠重力自上而下推流，采用底物或高压沼气循环进行流体搅拌，主要用于食品残渣、废纸等生活有机垃圾和畜禽粪污等生物质发酵。目前，干法连续厌氧发酵技术普遍存在酸碱累积抑制、传质传热效率低、高效稳定运行水平低等问题。针对上述问题，研发了一种立式推流干法连续式厌氧发酵系统设备，主要由密封进料单元、推流厌氧干发酵单元、控温单元、固液分离和出料单元、沼液循环单元、生物燃气计量单元以及控制单元组成（图4-45）。厌氧干发酵单元（反应器）是本系统的核心，从上到下利用承料层板和推料板将反应器分为若干区块，从而形成区格化分段分层式结构。创新采用"机械+重力"推流方式，使底物在反应器内逐层移动，有效控制系统水力停留时间（HRT）和污泥停留时间（SRT），高固体物料在反应器内形成有序队列，不易架桥和堵塞，提高处理效率。同时，通过沼液循环单元将沼液罐中的接种物通过中空的传动轴和推料板向反应器内的发酵底物进行包裹式喷淋，促进接种物与底物的接触，进一步提高传质传热和发酵效率。利用该干法连续式厌氧发酵设备进行秸秆牛粪混合发酵，通过驯化接种物和添加耐酸产甲烷菌剂以及循环喷淋，系统干发酵系统实现快速启动，发酵温度37 ℃，HRT为20 d，OLR达到6 kg VS/(m³·d)以上，进料TS 26.5%，甲烷含量55% ~ 60%，容积产气率4 m³/(m³·d)以上。

现有干法序批式厌氧发酵技术装备存在发酵迟滞期长、有机酸积累、产气效率低等问题。针对上述问题，研发了分区接种干法序批式厌氧发酵技术装备（图4-46）。该设备结构包括底座、套筒及上盖，在底座上同轴固装套筒，套筒上端安装密封上盖，上盖上设置了出气管和压力平衡口，出气管上安装阀门，底座中部安装有中空液腔，侧壁安装了排液管。设备套筒内中部水平间隔安装了发酵菌饼盘，厌氧发酵过程中采用发酵饼的形式分批加入甲烷菌，通过逐步加入接种物的方式，使甲烷菌在特定区域内处于绝对优势，充分发挥甲烷菌作用，避免有机酸积累和酸抑制，从而提高产气效率。该设备有机酸耐受浓度达32.3 mg/g，迟滞期比传统混合干法厌氧发酵缩短1倍以上，底物最大挥发性固体（VS）甲烷日产率是传统混合干法厌氧发酵的1.5倍。

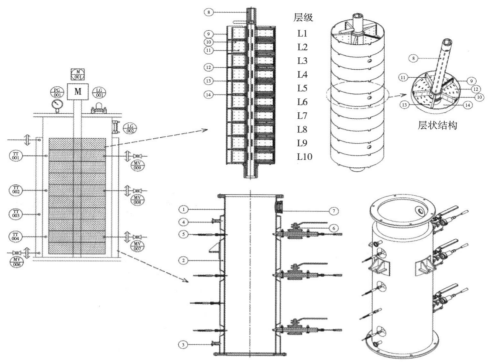

1.发酵筒体；2.增温夹套；3.增温热水入口；4.增温热水出口；5.温度探头；6.密封取样器；7.视窗；8.中空主轴；9.挡板；10.推料板；11.沼液喷淋孔；12.承料层板；13.渗滤孔；14.底物下落通道。

图4-45　推流厌氧干发酵单元结构图示意

图4-46　分区接种序批式干发酵设备

（二）湿法厌氧发酵技术装备

我国湿法厌氧发酵技术研究比较成熟，处于国际先进水平，但多原料高浓度混合发酵工程产气效率低、稳定性不够。目前常用的湿法厌氧反应器有升流式厌氧固体反应器（USR）、完全混合式厌氧反应器（CSTR）和高浓度塞流式反应器（HCPF），其中CSTR反应器在国内外沼气工程中应用较广泛。针对干秸秆等原料的湿法单相厌氧发酵技术研发了高浓度湿法高效组合式机械搅拌设备，针对易腐类原料的湿法两相厌氧发酵技术研发了湿法高效两相厌氧发酵反应器。

湿法单相厌氧发酵技术普遍存在高浓度原料发酵条件下传质困难、易上浮结壳的难题。为此，项目研发了高浓度湿法高效组合式机械搅拌设备，基于高浓度厌氧发酵气液固三相复杂传质体系的流体力学模拟和优化研究，对搅拌器的搅拌机直径、高低组合形式、安装角度以及破壳搅拌器的形式和数量等均进行了优化设计，设计了"推流式搅拌+破壳搅拌"的组合式搅拌工艺，开发出了大桨叶推流式搅拌器和长轴破壳搅拌器（图4-47），可满足发酵罐内物料浓度12%～15%的搅拌要求，实现大型厌氧发酵罐内90%以上流场流速大于0.5 m/s条件下，搅拌能耗可以控制在3～4 W/m³。研制的"大桨叶推流式搅拌器+长轴破壳搅拌器"的组合式搅拌设备，可有效消除运行过程中的物料上浮结壳问题，适合高浓度高黏度物料的混合和搅拌，能耗降低30%以上。

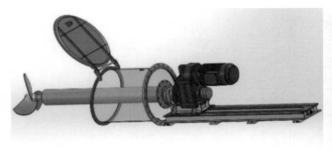

图4-47　大桨叶推流式搅拌器和长轴破壳搅拌器

　　湿法两相厌氧发酵系统普遍存在尾菜等原料降解快、易酸化，多原料发酵不同步，两相系统有机负荷与运行稳定性较差等问题。为此，研发了一种高效两相厌氧发酵反应器（图4-48）。该反应器较常见两相反应器的特点有：增加定时搅拌自控装置，实现自动控制间歇搅拌；增加温度监控装置，用于监测反应器温度及控制增温，保证反应器运行的稳定与安全；增加自动计数流量装置，增加气体测量的准

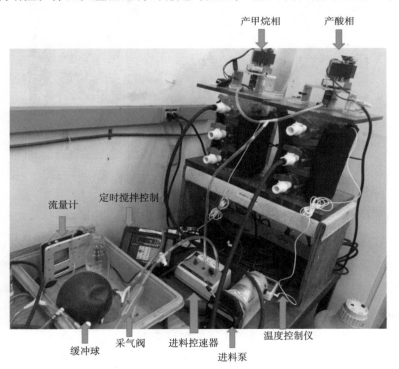

图4-48　高效两相厌氧发酵反应系统实物

确性；增加进料控速器，可以精准控制进料速度和时间。同时，在反应器的设计方面，增大酸化相的工作体积，使其在运行高负荷厌氧发酵时不易受到抑制。采用两相厌氧发酵反应器进行混合尾菜的连续式厌氧发酵研究，发酵温度37 ℃，酸化相pH值稳定控制在4～5之间，VFAs浓度从5 000 mg/L逐步提升至12 000 mg/L，产甲烷相pH值始终维持在7.0以上，VFAs控制在4 500 mg/L以下，氨氮和碱度分别控制在1 000～2 000 mg/L和2 000～4 000 mg/L。实现有机负荷提高至6 kg VS/m³，单位VS甲烷产率可以达到每天518 m³/t VS，容积产气率达到每天2.59 m³/ m³，VS去除率达到70%。

二、厌氧发酵前后端关键技术装备

厌氧发酵前后端关键技术主要包括前端原料预处理、发酵后端沼气净化提纯、厌氧发酵自动监测与智能控制等技术与装备。目前，我国农业废弃物原料来源分散且成分复杂，秸秆等废弃物预处理效率较低、在线监测与智能控制水平低、沼气净化脱硫与脱碳耦合难。为解决以上问题，研发了混合原料预处理、沼气净化提纯耦合、厌氧发酵自动监测与智能控制等技术与装备，为提升厌氧发酵总体水平提供可靠的保障。

（一）混合原料预处理技术与装备

传统的厌氧发酵多原料预处理混合搅拌系统普遍存在效率低、能耗高等问题，不但会增加农业废弃物资源化利用的处理成本，而且会直接影响到最终的工艺处理效果。为此，项目对传统混合搅拌装置进行了改造，研制了一种新型的匀质化混合搅拌装备（图4-49）。该装置为卧式混合搅拌机，搅拌轴4安装在混合桶的轴线上，通过搅拌桶两端带有轴承座的轴承5固定在水平位置；轴承座5通过支架6固定在

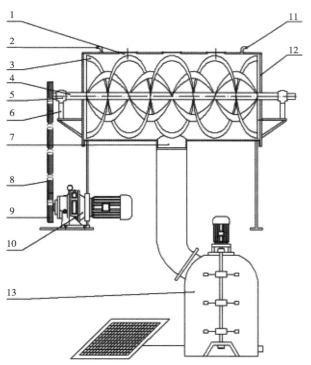

1. 入料口；2. 热蒸汽入口；3. 反向双螺旋螺旋带；4. 搅拌轴；5. 带轴承座的轴承；6. 支架；7. 出料口；8. 皮带；9. 皮带轮；10. 带电机的卧式行星摆线针轮减速机（BWD-B1）；11. 热蒸汽出口；12. 混合搅拌桶；13. 缓冲罐。

图4-49 匀质化混合搅拌装置

混合搅拌桶12上；搅拌轴4上安装反向双螺旋结构的螺旋带3；搅拌桶在上方设置有3个入料口1，下端中央设置有出料口7；搅拌轴4在混合搅拌桶12外的部分采用皮带轮9和皮带8与减速机10相连；采用带有电机的卧式行星摆线针轮减速机10，使电机驱动搅拌轴4旋转，电机10安装在混合搅拌装置的一端，通过减速机10调节搅拌轴4的转动速率；混合搅拌筒12上端设有热蒸汽入口2和热蒸汽出口11；出料口7连接缓冲罐13；减速电机选用BWD-B1型，功率为1.5 kW，可以正向转动，也可以反向转动。一级混合搅拌时，对于不同原料选择不同转速，固定混合时间4 min，不同浓度的秸秆、牛粪、尾菜与水混合的转速分别选择70 r/min、50 r/min、30 r/min时，最为节能。同时，设计的螺旋与叶片组合式混合搅拌轴可将干物质浓度分别为7%秸秆溶液、25%牛粪溶液13%尾菜溶液排出罐体。二级混合搅拌时，在浓度为3%～10%，秸秆、牛粪、尾菜的干物质配比为：1∶1∶1、1∶2∶1、1∶3∶1，混合时间在150～210 s，搅拌轴转速60～80 r/min的条件下，该设备的变异系数为4.13～6.75，均小于7%，可以实现湿式厌氧发酵原料的匀质化混合。

（二）沼气净化提纯耦合技术与装备

在沼气净化提纯方面，化学法、生物法等脱硫技术国内外均已近成熟，膜法脱碳技术已广泛应用，但仍需提高效率、降低成本。考虑到中小型沼气工程净化提纯系统低成本、小面积、高效率的要求，研发了撬装式沼气脱硫净化设备（图4-50），选择干法脱除H_2S，以膜分离法和变压吸附法相结合的方式对CO_2进行分离。干法脱硫中脱硫剂选择Fe_2O_3，在保证H_2S脱除效果的前提下，Fe_2O_3再生条件低，制造成本低，是最适合在中小型沼气净化提纯系统中使用的脱硫剂；膜分离法以中空纤维元件为接触器，通过聚酰亚胺（PI）膜对脱硫沼气进行粗脱碳；变压吸附法以13X分子筛为吸附剂对粗脱碳沼气再次脱碳，保证提纯气中甲烷含量达到最高。

1. 气水分离器；2. 化学脱硫罐一；3. 化学脱硫罐二；4. 膜脱碳系统；
5. 精脱碳系统；6. 凝水器一；7. 凝水器二。

图4-50　撬装式净化提纯装置示意

加工制造的撬装式沼气脱硫净化设备在山东寿光某奶牛场开展示范。该示范工程产气量为500 m³/d，沼气池出口粗沼气压力为104 kPa。在进行净化提纯设备更换前，该奶牛场所产生沼气全部用于发电，发电机组部分元件需要经常更换。设备更换后，发电机组元件更换速率大大降低，在满足奶牛场日常供电需求后还有部分生物天然气可以并入天然气管道增加奶牛场效益。通过实验检测，入口粗沼气中H_2S浓度差别较大，其平均浓度为248 ppm（1.52 ppm=1 mg/m³），而出口提纯气中H_2S平均浓度仅为8.2 ppm，远低于《GB 17820—2018天然气》中二类天然气所规定的20 mg/m³（标准状况下为13.2 ppm），平均脱硫率为97%。入口粗沼气中CO_2平均含量为41.2%，出口提纯气中CO_2平均含量仅为2.3%，低于《GB 17820—2018天然气》中二类天然气所规定的3%，平均CO_2脱除率达到97%。入口粗沼气中CH_4平均含量为58.4%，出口提纯气中CH_4平均含量可以达到97.5%，CH_4回收率达到86%，出口提纯气中CH_4含量与课题要求≥97%相符，达到考核指标。经过180 d连续运行实验结果表明，该设备运行稳定、净化提纯效果好、运行成本低，系国内首创。

（三）厌氧发酵自动监测与智能控制技术装备

厌氧发酵自动监测与智能控制技术是实现沼气工程高效智能运行的重要手段。发达国家已研发出标准化、系列化的沼气工程在线监测、智能调控等系统，并实现产业化应用，如德国、瑞典等国已基本实现生产线设计标准化、产品系列化、生产工业化，正向智能化、集成化发展，以Binder、Lipp、EnviTec Biogas AG和Bioprocess Control等公司为代表，但其设备价格昂贵。目前，我国仍处于单个环节的自控技术与设备研发阶段，北京盈和瑞环境科技股份有限公司、杭州能源环境工程有限公司等已初具装备生产能力。

为解决厌氧发酵工艺在线监测及智能控制水平低、工程运行失稳预警与调控技术缺乏等问题，通过调研国内外现有沼气工程在线监控技术应用现状、监测的主要指标、技术需求及存在的主要问题等，试制加工了一套厌氧发酵在线监测集成装置（图4-51）。该装置配套过滤系统、定量稀释混合系统和增保温系统，可对厌氧发酵液温度、pH值、ORP、COD、VFA和氨氮浓度等多个参数进行集成监控。针对目前各项指标相关传感器量程较小、精度低的问题，采用定量稀释的方式，通过倍率换算获得数据，解决了在线监测量程不足的问题。设备采集的数据通过无线透传通信模块进行传输，与现有的传输方式（模拟量、数字量、脉冲信号等）相比，提高了网络组网的灵活性与扩展性，可同时进行多点测试和数据传输，减少了现场布线工作量和错误率。在以上监测技术装备基础上，研发了厌氧发酵智能监控及预警系统，已在江苏苏港和顺生物科技有限公司进行了应用示范，实现了VFA、COD和TAN的高量程在线监测，与人工检测的误差在3%以内，最早可以提前6 d发出预警，提高了系统运行效率、可控性与安全性，为沼气工程的稳定高效运行提供保障。

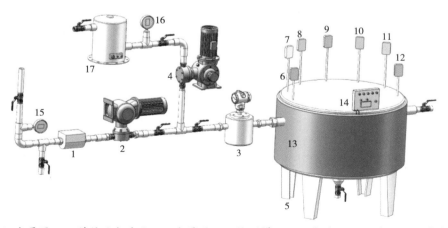

1. 过滤系统；2. 定量泵；3. 稀释混合系统；4. 定量泵；5. 检测罐；6. 温度计；7. pH计；8. 电导率仪；9. ORP传感器；10. TAN传感器；11. COD传感器；12. VFA传感器；13. 保温带；14. 温控装置；15. 温度传感器；16. 温度传感器；17. 加热装置。

图4-51　厌氧发酵在线监测装置示意

三、沼渣一体化制肥与高值化利用技术装备

制肥与高值化利用是沼渣处理利用的重要途径。我国沼渣制肥与高值化利用技术装备产业化应用少,仍需开发效率高、成本低、针对性强的技术装备。为此,研发了滚筒式沼渣堆肥一体化智能堆肥装备,研制了滴滤型生物除臭反应器,创新研发了一体化制肥与污染物去除新工艺,利用蚯蚓堆肥代替常规的后腐熟发酵,实现了重金属污染物移除,并获得高浓度氨基酸水解液。

(一)滚筒式沼渣制肥一体化装备

目前,我国沼渣制肥技术装备总体水平较低,在制肥工艺方面,聚焦于原料混配(与秸秆、猪粪等),缺乏针对沼渣制肥启动慢等技术问题的微生物适应性及起爆剂研究;在装备水平方面,多采用传统的堆肥设施设备,高效的一体化智能技术装备缺乏。针对沼渣制肥周期长、设备自动化程度低等关键问题,研制了滚筒式沼渣制肥一体化反应器,包括原料预处理、好氧发酵、生物除臭以及控制单元。根据热力学原理,创新设计了发酵滚筒、曝气等关键部件。采用CFD分析软件对曝气系统的曝气参数以及曝气结构进行了优化设计,确定了单个曝气孔的曝气有效辐射范围为0.36 m,临界曝气速率为1.5 m/s。研发了同时满足堆肥升温—高温—降温三阶段的抄板结构,获得不同类型抄板的粘料特性,发现高温阶段物料最易粘结在抄板上,粘料量是升温和降温阶段的3 ~ 4倍,筛选出适宜滚筒反应器的抗粘抄板材料——特氟龙材质。滚筒设备性能试验表明,设备前、中、后段堆肥高温期持续7 d,连续发酵15 d,产品种子发芽指数达90%,含水率降至30%以下,满足堆肥原料无害化和堆肥腐熟标准。依托研发成果,研制了一套容积450 L中试装备和一套日处理3 t沼渣的滚筒设备(图4-52),并在河北省三河市开展工程示范。

图4-52　滚筒式沼渣堆肥反应器实物

(二)智能生物除臭滴滤反应器

沼渣制肥过程中的臭气去除技术可分为原位除臭技术和异位除臭技术两种。原位除臭技术是通过化学试剂、酶、功能菌种等对恶臭物质直接降解或对产臭微生物抑制源头削减恶臭释放,原位控制技术目前研究较多,但实际应用却较少,大多数还处于实验探索阶段。异位除臭技术是目前应用较多的成熟技术,其中物理除臭和化学除臭具有操作简单、除臭起效快等优点,但两种方法存在处理成本较高,易对环境造成二次污染等缺点。

在臭气控制环节,生物除臭法具有处理效率高、无二次污染、安全性好、操作简单、费用低廉等

优点，是目前沼渣等制肥过程除臭的热点技术，但该方法只能对水溶性大的恶臭气体进行脱臭，同时依赖高效除臭菌种的筛选与复配，因此，只能对某些特定的恶臭物质利用降解，脱臭效果受外部条件影响较大。美、日等发达国家已研究出生物过滤等成熟技术，国内臭气控制技术处于研究推广阶段，仍需开发效率高、成本低、针对性强的技术装备。为解决沼渣制肥过程中氨和硫化氢等恶臭控制难等问题，研制了一套中试智能生物除臭滴滤反应器（图4-53），主要由喷淋系统、填料系统和布气集水系统

图4-53 生物除臭反应器设备

组成，采用智慧控制系统和无线监测技术，对除臭过程中的温度、pH值、进出口氨气（NH_3）、硫化氢（H_2S）浓度进行实时监测和智能调控。其处理风量为1 500 m^3/h，将实验室优化的工艺参数应用于堆肥厂的除臭研究，采用高比表面积、低压降的无机复合材料作为生物填料，添加与智能生物除臭系统配套的微生物除臭剂作为功能菌种，对沼渣堆肥中产生的恶臭气体进行降解。

目前该智能生物滴滤反应器已成功运行1年以上，并取得了良好的去除效果。经第三方检测，对H_2S和NH_3的去除效率分别高达95%和99%，表明了生物除臭滴滤反应器对H_2S和NH_3有良好的去除效果。该技术装备已成功应用于四川省平武县永鑫生物科技有机肥厂等多个工程除臭处理，出口恶臭浓度可达到《GB 14554—1993恶臭污染物排放标准》中的二级标准。

（三）沼渣高值化利用及污染物去除关键技术与产品

目前沼渣高值化利用技术主要包括用作有机肥、人工基质、土壤改良剂，生产有机复合肥，作为固体燃料等。在沼渣制肥和高值化利用过程中，抗生素、重金属等污染物含量会因为浓缩效应逐渐升高，目前沼渣高值化处理主要途径是肥料化和基质化，对其中污染物去除效率较低。针对制肥周期长、高值化利用过程中重金属去除困难、产品附加值低等问题，创新研发了一体化制肥与污染物去除新工艺（图4-54）。利用蚯蚓堆肥代替常规的后腐熟发酵，通过分离生物富集重金属的蚯蚓达到从有机废物中移除重金属的效果，再利用碱解工艺使蚯蚓水解、重金属沉淀分离，实现重金属污染物移除，并获得高浓度氨基酸水解液。同时，氨基酸水解液与筛选的具有促生及生物防治功能的植物根际促生细菌（PGPR）菌株*Bacillus amyloliquefaciens* SQR9、腐熟有机废物通过二次发酵生产高附加值的生物有机肥。盆栽试验表明该高附加值生物有机肥具有非常好的促生效果，该技术成果为沼渣堆肥中重金属去除提供了新思路。

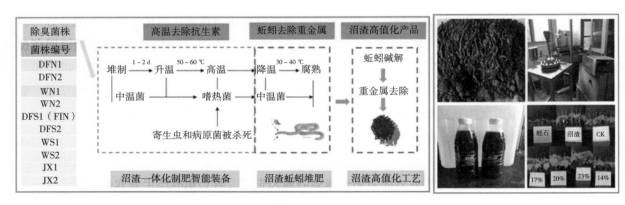

图4-54　一体化制肥与污染物去除新工艺

以新鲜猪粪厌氧发酵后的产物沼渣为主要堆肥原料，研究分析堆肥中的有机物结构演变特征和重金属形态的变化发现：沼渣堆肥对重金属Cu、Zn有浓缩作用，堆肥处理后Cu、Zn分别平均增加了28%和38%。同时，堆肥处理后沼渣中可交换态Cu、Zn的含量明显降低，而残渣态浓度普遍升高，说明高温堆肥有利于重金属的钝化作用，可减少其生物毒性较大的形态占比。开展了沼渣蚯蚓堆肥试验，筛选了功能菌（图4-55）；以高温堆肥后的沼渣为堆肥原料，调节含水率为60%，堆肥时间为8 d，研究发现沼渣蚯蚓堆肥可以去除26%的Cu、32%的Zn和13%的Pb，说明蚯蚓堆肥可以从沼渣中移除不同比例的重金属。

图4-55　沼渣生物有机肥研制中拮抗菌和诱导抗性功能菌筛选

针对沼渣中抗生素等有机污染物的去除，选用猪粪为原料的沼渣和花生秸秆高温发酵堆制，开展了室内堆体试验并进行典型有机污染物（四环素、土霉素和金霉素）的去除效果监测，结果表明，高温堆肥前期这三种有机污染物的含量普遍偏高，直接施用存在污染农用土壤和作物的潜在风险，经过高温堆肥分解后，堆体中四环素、土霉素和金霉素的含量分别降至3.09 mg/kg、0.30 mg/kg和0.33 mg/kg，去除率分别达到96.1%、97.2%和96.4%。

四、沼液高值化利用与深度处理技术装备

我国沼液资源化利用技术装备处于国际跟跑水平。发达国家一般按照"以地定畜"的原则建设养

殖场及配套沼气工程，沼液直接还田，并开发了系列机具装备。我国一些地区种植业和养殖业发展不匹配，大量沼液难以直接利用，沼液直接还田仍存在风险评估不足、安全施用技术有待提升等问题，沼液高值肥料利用处于研究推广阶段，但肥效有待提升、污染物去除技术亟须研发。针对沼液高值化利用和深度处理运行成本高、沼液肥料施用安全性低等关键技术问题，研发了沼液低成本高效太阳能-膜浓缩等高值化利用技术、沼液深度处理技术和沼液安全施用技术，为提升沼液资源化利用水平，进一步降低沼肥施用面源污染风险提供科技支撑（图4-56）。

（一）沼液高值利用技术

沼液中含有120多种组成成分，除了含有植物生长所需的多种养分元素外，其中有20多种成分使沼液具有抗病防虫作用。因此，沼液高值利用一般是做液体肥料、生物农药等。沼液高值化处理主要是指通过膜分离等相关工程技术回收沼液中有益资源，实现养分浓缩减量，获得高附加值产品。针对传统的沼液膜浓缩过程中能耗高、膜易污染和成本高的瓶颈问题，研发了反渗透膜-太阳能强化蒸发沼液联合浓缩系统，该系统能弥补单一浓缩工艺的缺点与不足，发挥两种浓缩工艺各自的优势，进一步提高沼液浓缩倍数，一定程度上降低设备运行成本。同时针对沼液中有害物质残留的问题，采用光催化、类芬顿等高级氧化技术降解沼液中抗生素，采用吸附法去除沼液中主要重金属离子。在此基础上，针对浓缩及去污后的沼液，配制沼液基复合微生物肥料和沼液基含氨基酸水溶肥料。主要技术要点如下图4-56所示。

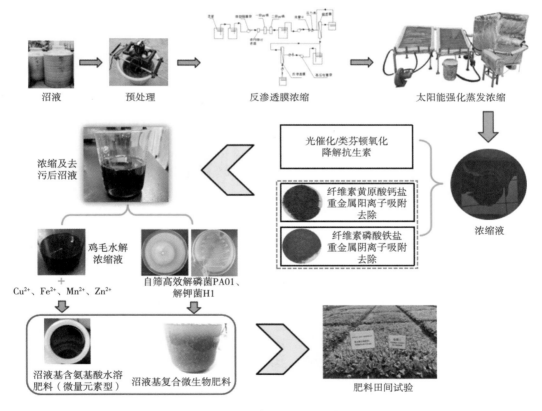

图4-56 沼液高值化利用技术路线

（1）沼液的联合浓缩工艺。取经过混凝预处理及过滤后的沼液，进行反渗透膜-太阳能强化蒸发联合浓缩。其中反渗透膜系统最佳的沼液体积浓缩倍数为4～5倍，太阳能蒸发浓缩倍数为1.5～10倍，联合浓缩工艺的运行成本较直接反渗透浓缩工艺降低20%以上。

（2）沼液的抗生素和重金属的去除工艺。每40 mL浓缩沼液加入2 mL过氧化氢和0.012 g铁酸铋，充分搅拌反应后过滤；再按每50 mL浓缩沼液中加入1 g纤维素黄原酸钙盐，充分搅拌反应后过滤，去除Cd、Pb等重金属阳离子；最后按每50 mL浓缩沼液中加入1 g纤维素磷酸铁盐，充分搅拌反应后过滤，去除Cr、As等重金属阴离子。

（3）浓缩及去污后沼液的配肥。经过混凝预处理及过滤后的沼液先通过反渗透膜浓缩4倍，再通过太阳能负压蒸发浓缩1.5倍后，得到浓缩6倍的沼液。调节浓缩沼液pH值至4左右，121 ℃灭菌备用；分别采用PDA和LB培养基培养解磷菌PA01和解钾菌H1，将培养好的菌体与灭菌沼液混合，保证菌体浓度大于5×10^6/mL，并根据其氮磷钾养分情况和目标肥料的养分配比，适当外源补充氮磷钾，使氮磷钾养分含量大于6%。执行标准：NY/T 798—2015，技术指标含量：氮磷钾总养分含量>6%，有效活菌数>0.5亿/mL，含有解磷菌和解钾菌，其中解磷菌>0.3亿/mL。

（二）沼液深度处理技术

沼液氨氮含量高，传统处理工艺存在成本高和达标难等问题。沼液深度处理一般采取膜处理技术，主要通过两方面降低膜污染：一是研究沼液预处理最佳工艺，研究气浮、絮凝沉淀、挤压过滤和氨吹脱等预处理工艺；二是研究低膜污染处理工艺，确定最佳进水浓度、停留时间、添加固定碳源、调节气液比等参数对沼液膜生物反应器处理效果的影响，降低膜污染。重点突破了沼液低成本深度处理达标排放技术，基于氨吹脱预处理、开展了沼液厌氧氨氧化耦合膜生物反应器处理工艺，实现了沼液的短程低成本脱氮，同时通过耦合MBR工艺，有利于氨氧化细菌的截留和富集，确保处理工艺的稳定运行，该技术为解决沼液深度处理成本高、处理难达标等难题提供了新型工艺，对于环境敏感区、无配套农田的养殖场或处理中心具有潜在的应用前景。该技术的主要工艺特点如下。

（1）优化获得的空心多面球为沼液氨吹脱填料，吹脱时间为90 min，pH值为11，气流量为28 m³/h时，沼液中的氨氮去除率可达到73%，配合稀硫酸吸收液，可实现沼液氨氮浓度降低的同时，吹脱的氨氮回用作为液体肥料。

（2）研发了厌氧氨氧化与膜生物反应器耦合一体化沼液深度处理工艺。曝气风机运行参数为曝气30 min停止10 min，可实现溶解氧控制0.2 mg/L左右，并通过MBR反应器截留厌氧氨氧化活性污泥并回流，可实现厌氧氨氧化工艺的稳定运行，总氮去除率达到70%以上，膜生物反应器的各项出水指标要明显低于《GB 18596—2001畜禽养殖业污染物排放标准》中规定限值，由于该工艺采用厌氧氨氧化处理工艺，曝气风机能耗低，风机曝气量仅为常规好氧污水处理的1/4，实现运行节能40%以上。

（三）沼肥安全施用技术

沼肥安全施用有两个关键环节：一是要根据种植作物类型、作物产量和土壤养分供给等情况，进行养分平衡测算，保证沼肥施用量不过量；二是要考虑沼肥中的重金属和抗生素等新型污染物含量情况，通过田间试验确定其施用量的安全阈值，避免过量施用导致土壤和作物中的重金属积累等环境风险。沼气工程发酵原料、发酵工艺的不同造成了沼液中养分含量差别较大，而沼液当作肥料用于还田时，往往面临着什么时候施用及施用多少的问题，用户对沼液农田施用量往往是依据经验确定的，所以经常导致盲目的多施用造成作物减产，此外，由于淋溶、径流还造成农业面源污染等问题。针对以上问题，研发了典型蔬菜作物沼液精准施肥系统软件（图4-57），旨在确保用户根据综合指标获得最佳沼液施用技术（包括底肥、追肥施用次数和施用量），确保作物产量的同时减少过量施用造成的环境污染风险。该软件能够实现在不同产量水平、土壤肥力条件下，不同发酵原料沼液（猪粪、鸡粪、牛粪）施用于不同种类作物（叶菜类、果菜类、根菜类）的最佳施肥方式，包括底肥施肥量、追肥施肥次数、追肥施用时间、单次施肥量的数据，并进行计算，解决沼液用户施肥难的问题。

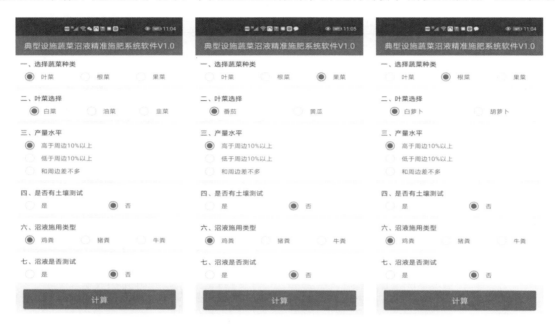

图4-57 典型设施蔬菜沼液精准施肥系统管理软件界面

五、一体化智能装备生产线与成套工程技术模式示范

与国外先进技术相比，我国在厌氧发酵一体化智能装备生产标准化和模块化设计水平方面处于跟跑阶段，所生产的装备对不同工艺条件的适应性较差；同时，我国区域差异较大，不同区域由于气候条件、原料种类、经济水平等方面的差异，厌氧发酵工程技术模式不尽相同。为此，项目开展厌氧发酵、沼渣沼液制肥等资源化模式研究，建成厌氧发酵和沼渣制肥一体化智能装备生产线各1条，并建立了示范工程4处，以期提升我国厌氧发酵、沼渣制肥装备制造模块化、标准化、产业化水平。

（一）我国不同地区农业废弃物厌氧发酵技术模式构建与评价

我国不同类型地区的环境条件、地形地貌、社会经济发展水平、农业废弃物种类与资源丰度以及"三沼"利用途径和方式不尽相同。综合考虑我国粮食主产区、畜禽养殖主产区、蔬菜优势产区，以及面源污染情况、区域的种养模式、土地消纳能力、气候条件、地形地貌以及对产品市场需求差异，可将我国分为南方丘陵区、南方平原水网区、黄淮海和西北区、高寒区4类区域。

为构建和评价典型地区农业废弃物厌氧发酵技术模式，基于层次分析法和模糊评价法相结合的模式定性评价的方法，广泛收集厌氧发酵等相关领域的评价指标，选择应用频率较高、重要性强的指标，分层次建立指标库，筛选出与综合评价目标关系密切的指标，将综合评价指标体系划分为3个层次共25个指标，形成农业废弃物厌氧发酵及资源化技术与装备模式评价指标体系。按照农业废弃物原料类型、收储运、预处理、厌氧发酵技术和"三沼"综合利用5个环节，总结出适宜于4类区域的厌氧发酵及资源化利用成套技术与装备集成优化模式4套和现有传统模式3套（图4-58）。

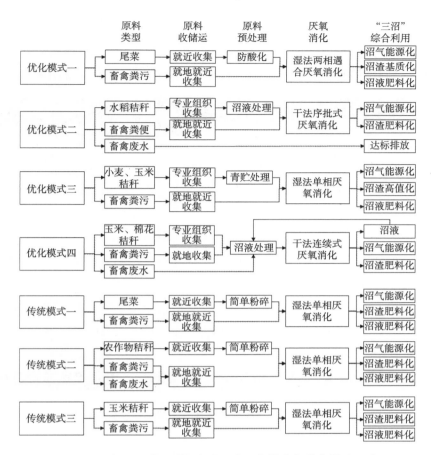

图4-58 农业废弃物厌氧发酵及资源化技术与装备模式示意

根据总结的4套优化模式和3套现有传统模式的特点,从中分别选取适合于4类区域的模式进行评价,邀请国内15名农村能源环保领域专家对各项指标进行打分,得到我国4类区域的评价结果矩阵(表4-3)。各模式按照评分高低依次为:南方丘陵区,优化模式一>优化模式二>优化模式四>优化模式三;南方平原水网区,优化模式二>优化模式四>优化模式三>优化模式一;黄淮海和西北区,优化模式三>优化模式二>优化模式四>优化模式一;高寒区,优化模式四>优化模式二>优化模式三>优化模式一。

表4-3 基于权重模糊矩阵和隶属度矩阵的模糊评价结果矩阵

模式名称	南方丘陵区				南方平原水网区				黄淮海和西北区				高寒区			
	Ⅰ级	Ⅱ级	Ⅲ级	Ⅳ级	Ⅰ级	Ⅱ级	Ⅲ级	Ⅳ级	Ⅰ级	Ⅱ级	Ⅲ级	Ⅳ级	Ⅰ级	Ⅱ级	Ⅲ级	Ⅳ级
优化模式一	0.685	0.179	0.049	0.087	0.175	0.195	0.360	0.270	0.197	0.204	0.259	0.340	0.202	0.200	0.269	0.328
优化模式二	0.499	0.218	0.113	0.170	0.699	0.169	0.067	0.065	0.571	0.150	0.089	0.190	0.407	0.207	0.149	0.238
优化模式三	0.122	0.227	0.462	0.189	0.197	0.204	0.266	0.333	0.707	0.176	0.052	0.065	0.148	0.232	0.173	0.446
优化模式四	0.418	0.230	0.137	0.215	0.444	0.230	0.124	0.202	0.540	0.245	0.106	0.131	0.680	0.205	0.047	0.068
传统模式一	0.175	0.226	0.266	0.333	0.182	0.234	0.176	0.407	—				—			
传统模式二	0.184	0.231	0.189	0.396	0.175	0.227	0.266	0.332	0.414	0.223	0.143	0.221	0.209	0.201	0.264	0.326
传统模式三	—				—				0.447	0.213	0.133	0.207	0.168	0.196	0.266	0.370

在通过层次分析法和模糊评价法相结合的定性模式评价后，进一步采用能值分析的方法进行定量分析。以河北省具有典型代表性的某产业园区为例，该奶牛养殖产业园区占地面积$2 \times 10^5 \, \text{m}^2$，发酵工艺为CSTR，产生的沼气用于产热和发电以供给园区使用，沼渣用于生产有机肥，沼液作为种植业液态肥料施用，形成了农业废弃物多层次利用的循环农业系统。以"奶牛养殖—CSTR湿法单相厌氧发酵沼气工程"循环农业模式为研究对象，记作模式Ⅰ，模拟同规模的湿法两相耦合厌氧发酵、干法序批式厌氧发酵、干法连续式厌氧发酵3种沼气工程模式，分别记作模式Ⅱ、模式Ⅲ、模式Ⅳ，对4种模式进行分析、比较和评价。能值自给率分析结果显示，模式Ⅰ的ESR值为0.39，高于其他模式，说明系统中本地环境资源的贡献更低，外部能量需求度相较于模式Ⅰ更高。能值可持续指标分析结果显示，模式Ⅰ的ESI值大于1，说明经济系统具有活力和发展潜力，其可持续性最好。

表4-4　能值评价指标计算值

评价指标	模式Ⅰ	模式Ⅱ	模式Ⅲ	模式Ⅳ
可更新能值比（RER）	0.02	0.01	0.01	0.01
环境贡献率（ECR）	0.05	0.03	0.03	0.03
环境负载率（ELR）	0.33	0.25	0.27	0.31
能值投入率（EIR）	17.57	31.18	31.92	33.63
能值产出率（EYR）	0.41	0.09	0.19	0.13
能值自给率（ESR）	0.39	0.09	0.18	0.13
能值可持续指标（ESI）	1.23	0.37	0.68	0.43

（二）厌氧发酵和沼渣制肥一体化生产线建设

目前，我国厌氧发酵装备生产线主要是装备标准化和模块化设计缺乏，所生产的装备对不同工艺条件的适应性较差，急需从两方面提升现有生产线水平：一是开发适应于不同厌氧发酵工艺的厌氧发酵装备专用加工工装模具及标准化设计模块，提高标准化生产水平；二是研发厌氧发酵罐体加工成型、瓷釉等防腐材料智能喷涂与质量过程控制系统，形成厌氧发酵反应器生产质量控制软件包，提高厌氧发酵一体化智能装备质量和精度。建成的厌氧发酵一体化生产线（图4-59）包括智能磨边、切割、抛光、智能有机喷涂、搪烧等装备，可以实现多种厌氧发酵装备（发酵罐体，搅拌机，进料箱等）的共享制造。同时研发了与生产线相匹配的3个生产控制软件包，智能生产线在线监测系统V1.0将原人工手持检测改为自动监测，提高工作效率80%以上，降低人工成本80%以上；厌氧发酵装备结构及技术经济智能分析数学模型计算软件具备装备生产整体设计计算能力，可缩短项目平均设计工时20%以上；禾实优算物料平衡智能软件包可计算不同平衡条件下的产出物料，通过积累数据，分析不同平衡条件，优化高效厌氧反应工艺。目前厌氧发酵一体化生产线年生产能力达到20台（套）。

沼渣制肥装备生产线智能化、一体化主要体现在：通过开发沼渣制肥好氧发酵生产制造控制软件包，可实现零部件加工的自动切割，精确控制加工曲线或者曲面的零件；通过加工设备多坐标联动，提高零部件一体化加工制造程度；通过研发装备生产专用电控、液压试验平台，实现沼渣制肥设备原位装备与调试，提高生产线一体化程度。建成的沼渣制肥一体化智能装备生产线主要包括机加工设备、焊接设备、冲压设备、表面处理设备、组装调试液压电控试验台、结构工装等，可配备自动送料装置，实现半自动化冲压作业（图4-60）。同时，研发了与生产线相配套的沼渣制肥一体化智能装备生产线控制软件包，使用触摸屏人机交互技术、可编程逻辑控制（PLC）技术、在线监测技术及信号传输技术，实现生产试验台的自动前进、后退及设备运行状态的控制监测功能。目前沼渣制肥一体化智能装备生产线年生产能力为22台（套）。

自动进出炉无人转板车

智能喷涂机器人

6 kW激光切割机

图4-59 厌氧发酵生产线重要组成部分

图4-60 沼渣制肥装备生产线重要组成部分

（三）建成了农业废弃物厌氧发酵及资源化成套技术装备示范工程

基于全产业链模式评价方法学研究，针对我国南方平原水网区、南方丘陵区、黄淮海区、高寒区等典型区域特点，开展工程示范，分别应用示范干法序批式、湿法两相、湿法单相、干法连续式等4种厌氧发酵技术装备，提升我国厌氧消化、沼渣制肥装备制造模块化、标准化、产业化水平。

　　南方丘陵区农业废弃物以尾菜和粪便为主，蔬菜优势产区，尾菜易酸败，由于土地贫瘠，沼液消纳能力强。南方丘陵区示范工程位于四川省绵阳市江油市河口镇，集中示范湿法两相工艺，处理单元分为预处理单元、厌氧发酵单元、沼气利用单元、沼液沼渣利用单元、在线监测预警单元等（图4-61）。新建了规模为50 m³酸化罐，新增1台3 t/h尾菜粉碎机，1台5.5 kW桨式搅拌机，1台20 m³/h酸化罐进料泵，1台7.5 kW酸化罐中心搅拌机，1台20 m³/h发酵罐进料螺杆泵。该项目发酵原料为猪粪和尾菜混合物，日处理混合物料26 t，发酵周期9 d，产气率达到740 m³/t VS，沼渣沼液资源化利用率达到96%。

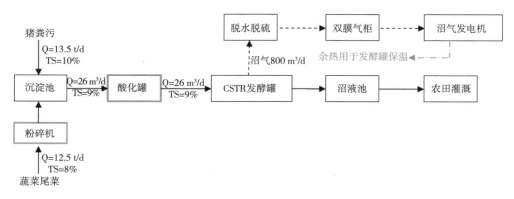

图4-61　南方丘陵区农业废弃物厌氧发酵及资源化成套技术与智能装备示范工程工艺流程

　　黄淮海区农业废弃物以畜禽粪便和玉米秸秆为主，农业废弃物资源量大收储难度低，且水资源缺乏、农田集中连片，沼液消纳能力强。黄淮海区示范工程位于江苏省盐城市大丰区（图4-62），系统示范湿法单相厌氧发酵研发成果，工程包括原料收集、厌氧处理、三沼利用整个环节；工程主体设施设备有CSTR厌氧发酵罐、沼液暂存罐（1 100 m³）、沼气提纯净化系统、沼渣好氧发酵系统、有机肥加工系统等；处理原料来自于周边15 km范围内乡镇鸡粪（水泡粪）和少量干鸡粪，项目日处理蛋鸡粪便550 t，总容积14 000 m³，有机负荷3.63 kgVS/(m³·d)，容积产气率1.43 m³/(m³·d)，沼渣沼液资源化利用率达到96%。

图4-62　黄淮海区农业废弃物厌氧发酵及资源化成套技术与智能装备示范工程

南方水网区对沼液的消纳能力很低，宜采用沼液产生量小的干法厌氧发酵技术；且南方平原水网以养猪为主，废弃物含固率较高。南方平原水网区示范工程位于广东省肇庆市怀集县，系统示范展示干法序批式厌氧发酵研发成果（图4-63），重点优化干法传质传热、沼液回流比等技术参数。工程日处理有机废弃物300 t，发酵周期为28 d，发酵TS平均可达35%以上，容积产气率可达1.23 $m^3/(m^3 \cdot d)$，沼渣沼液资源化利用率达到97.7%。

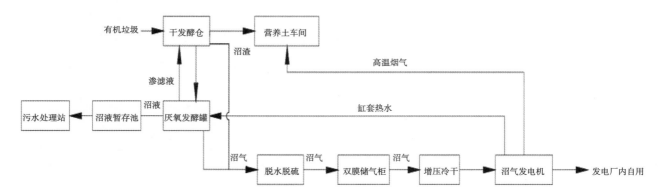

图4-63　南方水网区农业废弃物厌氧发酵及资源化成套技术与智能装备示范工程工艺流程

高寒区农业废弃物以畜禽粪便和玉米秸秆为主，奶牛养殖量大，牛粪多，秸秆多，牛粪会采用水冲，含固率略低，加之高寒地区气候严寒，不适宜原料批量储存，需连续进出料。高寒区示范工程位于黑龙江省林甸县四合乡，系统示范干法连续式厌氧发酵研发成果（图4-64），工程厌氧发酵罐总容积9 000 m^3，包括预处理、厌氧发酵、沼气脱硫、沼气脱碳、固液分离、CNG充装；项目日处理农业废弃物和畜禽粪污280 t，容积产气率2.1 $m^3/(m^3 \cdot d)$，生产生物天然气和固态生物有机肥377.8 × 10^4 Nm³/a和15 770 t/a，沼渣沼液资源化利用率96%。

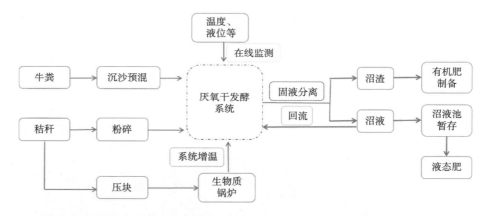

图4-64　高寒区农业废弃物厌氧发酵及资源化成套技术与智能装备示范工程工艺流程

截至2020年12月，以上示范工程已稳定运行1年以上，沼液沼渣利用率达95%以上，并通过第三方验收。通过在4个不同区域建设适宜本地区特点的示范工程，实现了农业废弃物厌氧发酵及资源化技术装备化、智能化、模块化、标准化和产业化，解决了厌氧发酵智能装备水平差、资源利用效率低、沼液回收处理难、二次污染风险大等瓶颈问题，促进并带动了不同区域内农业废弃物的资源化利用。

第四节　养殖场粪污在线监测、收储、高效转化新工艺

针对畜禽养殖过程及其粪污处理过程中氮磷等养分的快速精准定量、粪污中的重金属、有害微生物、有毒有害气体智能化信息化检测技术装备仍较为落后且缺乏系统性问题，在"十三五"国家重点研发计划"集约化养殖粪污污染综合防治技术与装备研发（2018YFD 0800100）"项目支持下，研发了畜禽粪污氮磷现场快速检测技术和装备、畜禽粪污重金属现场快速检测技术和装备、畜禽粪污微生物现场快速检测技术和装备、养殖环境有害气体原位速测技术装备。

一、畜禽粪污氮磷现场快速检测技术和装备

集约化养殖场畜禽粪污产量大、处理工艺链条长、运移环节位点多，导致末端粪污还田难，存在"还多少"和"怎么还"两大盲点，是制约企业生存和行业发展的痛点。研究实践表明，氮磷等养分的快速精准定量成为破解粪污还田难的关键（赵润等，2019；Wang et al.，2021）。当前，针对畜禽粪污中氮磷含量快速测定的方法主要有2大类，即电化学法和数学模型法，如图4-65所示。

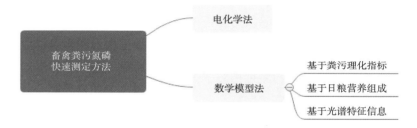

图4-65　畜禽粪污氮磷快速测定方法

电化学法是基于检测物在电化学反应过程中产生的电流、电阻或电位的变化进行检测。核心是对电极材料和探针的选择，决定着电化学传感器的稳定性、灵敏度等（郝斯贝等，2021）。依据电化学原理也相应问世了许多小型化设备，主要包括氨电极、电导笔和电导仪等。数学模型法则是利用粪污中氮磷与其他物质之间存在的相互关系建立模型来间接预测氮磷含量，大体分为3类：一是建立畜禽粪污理化指标（干物质、比重、密度等）与氮磷含量之间的相互关系，对应的检测设备包括粪污计、反射计、计量仪等；二是基于养分平衡理论，通过分析日粮采食、周围环境、动物代谢等情况来预知畜禽粪污中的氮磷含量，如营养平衡模型、猪生长模型、MESPRO模型等；三是利用光谱学技术结合化学计量学方法，建立吸光度和粪污氮磷含量之间的相互关系，对应的检测设备包括傅里叶变换近红外光谱仪、激光共聚焦拉曼光谱仪、光纤光谱仪等。由于粪污中的氮含量较高且物质组成复杂，使用电化学法时通常需要对样品稀释，导致检测结果的稳定性相对较弱，可检测物质也比较单一。近年来的研究更偏向于数学建模在粪污氮磷含量快速检测中的应用。

20世纪70年代末，国外就开启了针对畜禽粪污氮磷快速检测技术和装置的研发。爱尔兰学者Tunney首次发现猪粪中氮素与干物质含量之间呈显著相关关系，后续学者利用干物质与粪便密度之间的相互之间关系开发了粪污计，但是受温度的影响较大，需要对温度实时测定。后来也相继开发了电导仪、电导

笔、水分析仪等，但上述装置可检测的对象单一，大多只适合铵态氮的测定分析。20世纪90年代中期，英国西尔索研究院（Silsoe Research Institute）综合运用计算机技术、物理及电化学传感技术，开发了针对多种畜禽粪便组分的大型在线检测系统，将粪样密度、电导率、管路进出口压力差等参数集成到同一检测系统，拓宽了检测对象范围，但仪器设备造价高，对运行环境要求高且稳定性较差，难以实现产业化。因此，为实现多组分同步速测和提高检测的精确度，基于养分平衡和光谱法的研究逐渐进入公众视野。英国的McGechan（1997）、荷兰的Jongbloed和Lenis（1993）、美国的Maynard和Loosli（1969）基于物质流的思想，建立了营养平衡模型来计算粪污氮磷含量，后续补充发展的MESPRO、猪生长模型、经验模型以及一些适用于不同畜种粪污氮磷的预测模型都获得了良好的效果。但是这类方法需要收集养殖过程中的大量数据（如摄入的养分含量和转化为畜产品的比例等），而且对数据收集的准确性要求较高。后来随着化学计量学的快速发展，结合样本分集、光谱预处理、特征波段选取等建模过程中的算法开发和优化，建立兼顾精准度和鲁棒性的多元线性校正模型，实现对目标样品氮磷含量的快速预测，具备便捷高效、无须前处理、多组分同时测定、成本低等技术优势。研究人员通过采集分析近红外光谱信息，分别建立了不同的时区、畜种、相态粪污中氮磷的定量分析模型，并配套研制出可满足现场应用需求的快速检测设备，包括瑞士万通生产的XDS近红外光谱在线分析仪、美国海洋光学打造的Flame近红外光纤光谱仪、布鲁克TANGO小型化傅里叶变换近红外光谱仪等，并已被广泛应用于田间施肥作业等现代化精准农业生产过程。

国内相关畜禽粪污中氮磷含量快速检测方面的研究和应用起步较晚。Yang等（2006）通过测定粪污电导率、pH值、氮磷等物理和化学特性，建立了理想的线性回归关系模型；Chen等（2008a，b）综述了预测猪粪氮磷含量的各类理化模型，发现相较于传统的线性回归模型，一些新的分析方法（如人工神经网络模型）可以改善预测结果。区别于国外"舍—场—田"的单向路径，国内畜禽规模养殖粪污轮转工艺复杂、环节众多，上述回归模型的应用范围有限。同时，国内复杂的养殖情境也决定了运用养分平衡方法需要以收集大量翔实的基础信息为前提，数据获取上更加困难，且所建立的模型也都具有一定局限性。胡峥峥（2001）、李莉（2003）、渠清博等（2017）等多以摄入日粮的氮磷含量以及体重、生长期、生产状况等为自变量，分别建立了肉鸡、蛋鸡和奶牛粪便氮磷产生量的预测模型。结果表明，畜禽粪便氮磷产生量与其日粮相应元素的摄入量呈显著正相关；但由于基础数据的样本量有限，代表性不强，模型预测精度有待进一步提升。此外，光谱法在国内畜禽粪污及其处理过程氮磷等物质速测方面的应用也逐渐兴起并蓬勃发展。纵观近30年间基于红外光谱快速测定分析畜禽粪污污染物方向的研究，总体呈现两大发展趋势：一是研究对象上，从对粪尿、污泥等废弃物组分转变为好氧堆肥、厌氧消化过程物质成分的预测（黄圆萍等，2020），更加注重速测方法的适用性；二是技术输出上，逐步由实验室大型精密仪器设备转向现场便携式检测装置的研发等（梁浩等，2022），更加强调快检装备的实用性。

围绕奶牛场粪水农田利用氮磷养分定量检测实际需求，针对实验室检测耗时费力、原位快速检测技术设备缺乏的问题，运用近/中红外光谱定量解析技术构建了奶牛场粪水运移全程氮磷浓度多元校正全局模型，模型预测值与实测值相关系数>0.90，平均相对误差<8%；基于全局模型创新研制了奶牛场粪水氮磷专用快检箱（图4-66），检测时长<3 min/样，误差<10%，通过了天津市计量监督检测科学研究院的性能评测。与国标法相比，检测用时缩短80%，氮、磷可同时检测，全过程无需加酸、滴定、稀释、过滤等预处理措施。与国内外采用光度法、电极法或滴定法的快速检测技术和设备相比，成本降低60%以上，具有高效、快速、准确等优势，满足了粪水还田养分现场快速定量分析的迫切需求，填补了

国内奶牛场液态粪污中氮磷含量现场快速检测方向的技术空白。反观，首台样机在适用性、自动化和研发成本等方面也存在一些问题，比如核心部件采用的是进口光谱仪和积分球，占研发设备总成本的80%，整机主要配件国产化率<65%；现有模型仅适用于奶牛场粪污氮磷检测，应用对象和范围仍然存在一定局限性；建模和分析软件独立运行，与国内通用系统分析软件的兼容性差。因此，立足不同应用场景，开展可满足不同相态畜禽粪污养分含量的原位测定分析，不断提升现场快速监测仪器设备自主创新和系统研发能力，突破核心器件依赖进口、适用范围局限、自动化程度低等关键技术瓶颈十分必要。

图4-66　奶牛场粪水氮磷原位快检箱（AEPI NIR）及现场应用情况

二、畜禽粪污重金属现场快速检测技术和装备

重金属是评判畜禽粪污能否安全还田的必要无害化指标之一。粪污中的重金属平均浓度长期保持在1～100 mg/L，成为畜禽粪污安全还田的重要制约因素之一（楚天舒等，2021；Lin et al.，2018；Liu et al.，2020b）。畜禽粪污中的重金属主要来自饲料中的微量元素添加剂和环境本底污染（Zhu et al.，2018），其主要种类包括生物毒性显著的金属元素镉（Cd）、铅（Pb）、汞（Hg）、类金属元素砷（As），以及作物生长必需的元素铜（Cu）、锌（Zn）等。建立粪污重金属现场快速检测技术方法是监测还田粪污质量进而防控粪污重金属污染的重要前提。目前，针对重金属的现场快速检测方法主要包括光学分析法、电化学分析法和生物学分析法等，其中光学分析法又可划分为分光光度法、原子吸收法、发射光谱法、原子荧光光谱法、X射线荧光光谱法等（Ajay et al.，2017），如图4-67所示。

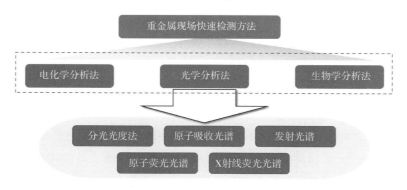

图4-67　重金属污染物现场快速检测方法

由于粪污样品的相态、主要成分等复杂程度与土壤或工业废水样品相类似，国外通常直接将相近领域的重金属检测仪器应用于粪污样品的现场检测。如美国哈希公司研发出基于化学分析方法的水质重

金属现场检测仪器，该设备基于分光光度法的基本原理，通过化学显色实现对水质样品中重金属的定量检测，但是由于该设备所涉前处理步骤相对简单，只适用于必要前处理后的污水样品检测（Zhu et al.，2022）。美国艾捷克公司研制出手持式XRF分析仪（Rahman et al.，2022），该设备采用非接触式的物质测量方法，使用高能量X射线或γ射线轰击样品时激发出的次级X射线强度（即X射线荧光）分析样品中的不同重金属元素含量。该设备具有样品兼容性强、分析精密度高、无需前处理等优势，但是由于采用相对定量的方法，需要配套标准样品，并且容易受多种元素叠加峰干扰，易受环境介质影响。英国Trace2o公司基于阳极溶出伏安法研制出的Metalyser HM4000重金属测试仪，可以测定样品中5种不同的重金属，并可以实现PPB浓度级别的重金属污染物检测，相比其他分析仪器具有检测下限低、重现性好、准确度高、回收率高等优势，但是由于电化学分析过程容易受样品杂质影响，对样品种类和前处理效率具有极高的要求。虽然目前国外尚无面向畜禽粪污中重金属元素含量的专用快速检测设备，但是针对污水、土壤等不同环境样品的快检装备相对成熟，且具有兼容粪污样品的应用潜力。

相比发达国家，我国面向复杂环境样品重金属元素的现场快速检测技术装备研发起步较晚，针对畜禽粪污样品中重金属元素的检测手段长期依赖于实验室湿化学测定方法。"十一五"和"十二五"期间，我国部分科学家开始尝试建立新的检测技术用于重金属的现场定量分析。如温晓东等人建立了流动注射式编结反应器，并与便携式钨线圈电热原子吸收光谱仪相结合，用于超痕量镉的预处理和测定。之后该团队又建立了超声辅助快速协同浊点萃取技术，并与便携式钨线圈电热原子吸收光谱仪相结合，用于痕量钴的预富集和测定（Wang et al.，2016；Wen et al.，2016）。我国研究人员研发出一种柔性的超浸润传感胶带，超疏水的背景涂层限制了液体扩散，超亲水微孔则为比色试剂提供负载位点，进而实施"蘸取式"的重金属现场检测，适用于环境质量标志物预警式的现场监控。中国农业科学院农业质量标准与检测技术研究所农产品质量安全风险评估创新团队首次提出了基于电热蒸发微等离子体的重金属元素传输增强技术，实现了固体进样的基体干扰消除，可以直接进样检测固体样品，无需复杂的样品前处理（Liu et al.，2020a）。上述技术鲜见针对畜禽粪污样品的适用性研究，但仍可为粪污重金属现场检测专用装备的研制提供借鉴；但技术层面普遍存在检测精度低，现场前处理难度大，检测技术兼容性差，装备化程度较低等问题，与产业化应用相距遥远。

发明了超声耦合电催化氧化现场快速消解技术方法，消解效率为90%～110%，消解时间缩短至45 min/样，在无强酸、无高压、无高温下实现了样品快速前处理。开发了多点特征吸收光谱5种重金属检测技术，实现了镉、汞2种元素的痕量检测，提高了传统吸光光度法的检测灵敏度；研制了养殖场粪污重金属消解-检测装备样机（Spark100），实现了复杂粪污体系中多种重金属元素的现场快速消解和定量分析。创新地使用补偿型光谱法和比率型光谱法实现镉和汞2种元素的痕量检测，检测灵敏度比单波长法提高1个数量级以上（0.05 mg/L）。整体实现了粪水复杂样本体系的特异性重金属浓度检测；形成模块化、信息化、标准化粪肥重金属现场快速检测装备，试制重金属现场快速消解-检测样机，试制的重金属消解-检测样机便于携行（尺寸≤550 mm×400 mm×850 mm，重量≤32 kg），处理速度快（消解处理耗时≤45 min；元素检测耗时≤15 min/项），在养殖场示范应用过程中性能表现良好（图4-68），检测装备通过了天津市理化分析中心的性能测评，为畜禽粪污安全还田利用提供了有效检测手段，填补了养殖现场粪污重金属消解-检测装备的空白。在此基础上，开发基于电化学消解-阳极溶出和无细胞生物传感器等检测方法的新一代检测技术和工程装备，进一步提升现场检测精度和待测样品的兼容性。

图4-68 畜禽粪污重金属快检装备现场应用

三、畜禽粪污微生物现场快速检测技术和装备

微生物是评判畜禽粪污能否安全还田的另一类必要无害化指标。畜禽粪污中含有约150多种人畜共患病的潜在致病原，如大肠杆菌、沙门菌、大肠杆菌O157:H7、李氏杆菌、马里克氏病毒和蛔虫卵等（张俊亚等，2021），特别是液态粪水样品中平均每毫升富含33万个大肠杆菌和66万个肠球菌。这些有害微生物在未经处理的粪污中可以长期生存，甚至在田间施用后仍能存活，对农产品质量和生态环境构成了潜在的安全风险。建立粪污微生物现场快速检测技术方法是监测还田粪污质量进而防控粪污微生物污染的重要前提。但由于微生物种类繁多且检测方法各异，在现场检测中通常将微生物分为指示微生物和致病微生物2类，如图4-69所示。一方面使用指示微生物数量表征样品受微生物污染的程度，另一方面会对样品中可能存在的致病微生物进行特异性检测。近年随着公共卫生和生物安全事件频发，微生物检测技术不断迭代发展（Amaral et al.，2021；Fenollar et al.，2021），已经建立起培养法、免疫学方法、分子生物学方法和生物传感器等诸多方法（Yang et al.，2021），其中培养法作为多种技术规范中的标准方法，常用于粪大肠杆菌、大肠埃希菌等指示微生物的检测；而免疫学、分子生物学、生物传感器等方法由于技术本身快速简便、检出限低等优势，具备在粪污中致病微生物（沙门菌、肠球菌等）现场快速检测方面应用的潜力。

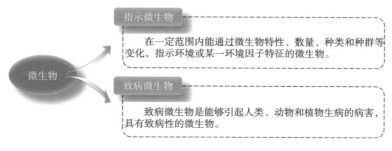

图4-69 微生物现场检测指标分类

虽然发展至今尚没有针对粪污中微生物专用的检测设备，但是国外大多已问世的微生物检测设备已具备面向前处理后粪污样品微生物的兼容能力。源于在生物领域的技术积累优势，美国在微生物现场快速检测装备的研发和应用方面长期处于世界领跑地位。如美国3M公司基于培养法（纸片法）开发了系列薄膜和脱水培养基，将培养基粉末固化在薄膜或纸基材料上，便于长期保存；该公司后续进一步研发了基于DNA等温扩增和生物荧光检测技术的致病菌分子检测系统，可以对环境样品中常见的致病微生物，诸如沙门菌、大肠杆菌O157:H7以及李斯特菌等开展现场快速检测（Sollini et al., 2018）。美国Hygiena公司研发出一款基于ATP荧光检测技术的现场快速检测设备（SystemSURE Plus），利用样品中的ATP含量与微生物污染水平之间的显著相关性，以萤火虫酶为反应底物，检测发光强度进而定量化样品中的微生物总量，检测结果与微生物平板计数的相关性约为80%~90%（Pierce et al., 2019）。美国纽勤公司开发了实时光电检测技术并结合传统培养法的微生物快速检测系统（Soleris Next Generation），通过染色和光学感应对微生物生长进行监测，相较于传统培养法缩短了检测周期（Tria et al., 2016）。与此同时，为配合现场检测的实际需求，一些便携式的微生物检测试剂和组件也在近年来逐步问世。德国Sartorius和美国Millipore公司均研发了基于滤膜法的配套抽滤组件和过滤膜材料，可配合培养试剂对水质样品中的微生物进行富集检测（Zaspa et al., 2022）。此外，由于荧光定量PCR检测仪逐渐趋于小型化，一系列基于PCR检测技术的环境微生物快速检测试剂盒的出现也为畜禽粪污微生物的现场检测提供了更为多元化的检测方案。

近年来，在新冠疫情的裹挟下，我国公共卫生检测技术不断发展，目前已有部分可用于环境微生物样品的现场快速检测试剂盒和简易设备陈列货架。比如，广东环凯生物科技有限公司开发的微生物快检系列产品，包括可用于人畜粪尿样品前处理离心分离的过滤袋，以及可用于微生物定量检测的PCR试剂盒、层析试纸条等，但是由于人畜粪尿基质特性的差异，仍需要进一步验证其适用性。青岛海博生物技术有限公司基于酶底物检测技术研制出系列培养基配方，可用于现场培养和快速检测，然而尚缺少配套的便携式培养设备，对现场检测条件尤其供电和控温方面的要求相对严苛。尽管上述试剂盒等装备提供了部分特定应用场景下的微生物快速检测解决方案，但是相比美国等发达国家，具有自主知识产权的微生物现场快速检测本土化技术装备相对缺乏，针对畜禽粪污中指示微生物和致病微生物的现场快速检测尚无适宜的技术装备支撑。

"十三五"期间，开展了集约化养殖粪污中微生物的现场快速检测技术及装备研发。首先突破了粪污样品中指示微生物（粪大肠菌群、大肠埃希菌）和致病微生物（沙门菌）检测关键技术，开发了基于酶底物法的指示微生物现场快速检测技术；同时也建立了基于LAMP-层析生物素双标记的致病微生物检测技术方法，形成DNA扩增-标记-半定量荧光检测的致病微生物现场解决方案，实现8 h内完成现场检测，致病菌检测灵敏度>10^3 cfu/100 mL；研制了基于远红外加热的折叠式便携培养箱、微生物检测箱和检测结果无线传输判读仪的畜禽粪污微生物现场快检设备样机（图4-70）。

指示微生物现场检测成套装备可以实现对粪污样品中总大肠菌群、大肠埃希菌和粪大肠菌的定量检测，检测灵敏度可达到1 cfu/100 mL，检测操作时间/样品≤30 min，培养时间24 h。应用项目自研检测装备对生猪、奶牛、蛋鸡3个畜禽种的81个粪便样品进行了指示微生物丰度调查，在现场完成了指示微生物的检测工作，检测结果与平板计数方法相比无统计学差异，检测装备通过了天津市理化分析中心的性能测评。破解了畜禽粪污微生物检测必须依托于微生物实验室的难题，填补了畜禽粪污微生物现场快速检测装备的技术空白。

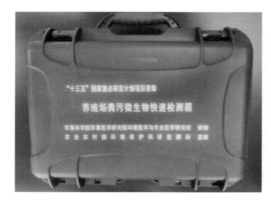
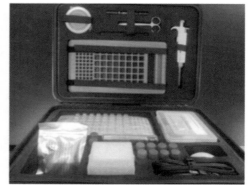
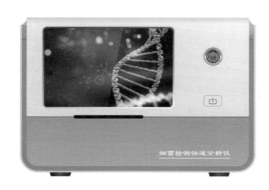

图4-70 畜禽粪污微生物现场检测装备

基于酶底物法开发并应用于畜禽粪污微生物的现场检测已被相关技术标准采纳和实施，虽然检测时间可以缩短至30 min以内，但是由于培养过程限制仍需要等待培养24 h后才可以得到检测结果；而基于分子生物学方法的致病微生物检测仍具有继续提高检测精度、拓展检测范围的潜力。因此，"十四五"期间可以在继续拓展畜禽粪污微生物现场检测自研设备产业化应用的同时，开发基于新型生物传感器、无细胞合成生物学及微流控等手段的新兴检测技术，进一步优化检测装备面向粪污微生物的现场适用性和快检性能，为畜禽粪污安全还田提供必要技术支撑，推进农业面源污染防控和农业绿色发展。

四、养殖环境有害气体原位速测技术装备

规模化畜禽养殖场排放的有害气体排放强度大、成分复杂，以氨气（NH_3）、硫化氢（H_2S）、挥发性有机物（Volatile organic compounds，VOCs）和固体颗粒物（Particulate matters，PM）为代表的畜禽源主要空气污染物，不仅会引起人畜呼吸类疾病，也严重污染周边环境，制约畜禽养殖业的可持续发展。科学适用的气体检测技术不仅是防控畜禽养殖场空气污染的必备手段，也是我国现代畜牧业向绿色高效转型升级的重要保障措施。早期养殖场气体检测主要是采用湿化学法和嗅觉法等传统方法，后来随着光谱和传感器技术的引入，迄今针对畜禽养殖环境有害气体的检测方法主要分为嗅觉法、化学法和光学法三大类。其中，气体检测管、电化学传感器、光学气体分析仪被广泛应用于养殖环境气体的现场甚至原位快速检测（图4-71）。

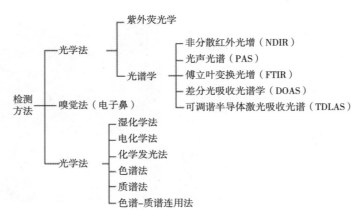

图4-71　畜禽养殖环境气体检测方法分类

　　欧美等发达国家早在20世纪末就开启了针对畜禽养殖场气体污染物的检测，早期侧重于氨气等恶臭气体的测定，主要通过湿化学等传统检测方法在现场采集后送实验室分析完成，该类方法操作复杂，无法实时高效测定分析。对此，Parbst等（2000）开发出气体检测管，推动了养殖环境有害气体现场快速检测技术的发展（Parbst et al.，2000）；但是气体检测管的检测精准度无法满足舍内部分低浓度气体的测定需求。为提高养殖场污染气体实时检测的精度和速度，欧美学者又开发了电化学检测系统，如Ji等（2016）对传统间同步相量测控系统（PMU）进行了改进，并使用电流同步相量测控设备（iPMU）测定蛋鸡场内的NH_3浓度，实现了多点位有害气体检测；后来在应用过程中发现电化学传感器存在易老化、寿命短、多种气体交叉干扰等缺陷，也逐渐不适用于养殖环境气体的长期定位监测。而光谱法相较于电化学法，具备灵敏度高、检测精度高、抗干扰性强等天然优势，近年来逐步成为养殖环境气体检测方面的研究和应用热点。2006年，美国环境保护局启动"国家（畜牧业）气体排放监测"专项并首次采用光声光谱气体分析仪（INNOVA 1314i）开展畜禽养殖场空气质量的监测研究。目前，欧美国家已建立了相对成熟的多点位、高精度、连续性的有害气体监测系统，并将视野逐步由养殖场转向农业源空气污染，开展区域尺度有害气体的时空分异规律、扩散模型构建等相关研究及大型监测装备的系统示范应用，为农业面源污染综合防控提供支撑。

　　进入21世纪以来，畜禽规模养殖环境空气污染问题开始引起我国各级政府的关注，先后启动了关于畜禽养殖场主要空气污染物的监测技术方法和排放系数等方面的研究。早期，我国相关人员采用气体采样管对封闭猪舍中H_2S和NH_3浓度的变化进行了监测分析，后来伴随全球养殖环境有害气体检测方法和水准的不断提升，我国的研究学者也在逐渐对检测技术装备进行改进，如黄华和牛智有（2009）利用红外气体传感器作为检测元件，开发了一套畜禽舍污染气体检测控制系统，测量误差在±3%上下。王娇娇等（2015）设计出一种无线Mesh网络猪舍环境监测综合系统，可多点实时测量猪舍内NH_3和H_2S浓度的变化规律，并能一定程度上扩充传感器节点的种类和数量。随着近年来针对畜禽养殖有害气体检测要求的进一步提高，国内研发人员逐步将视野转向光谱法，开始利用可调谐吸收光谱技术来搭建畜禽舍有害气体浓度的检测系统，以提高舍区环境气体检测的精准度（谭鹤群等，2020）。发展至今，我国高精密气体检测设备的使用主要集中在科研院校且大部分为进口设备，在畜禽养殖场的应用实例寥寥无几。一方面是由于我国畜禽养殖环境相对复杂，不同地区的畜舍结构、养殖规模和方式、环境条件等千差万别，导致有害气体组分及浓度的差异性大、波动性强，养殖过程中产生的粉尘、皮屑等干扰物质众多，造成现场检测技术装备在准确度、稳定性、使用寿命和标准化等方面的难度系数高；另一方面国内缺乏自主研制的面向畜禽养殖环境有害气体的速测设备，且由于这类技术在畜禽场的可接受性和应用性不强，长期制约着畜禽养殖环境气体检测行业的发展。

"十三五"期间，针对畜禽养殖场气体污染物检测设备传感器寿命短、检测精准度低、连续性差等问题，研发了1套基于电化学和红外光学原理相结合的多组分有害气体检测装备（图4-72），该装置终端由触摸屏、数据采集盒、气体检测模块、DC-DC降压模块、采样泵、保险、组合气室及气体传感器等组成，并配备了基于GPRS数据传输和介质存储相结合的气体污染物远程数据智能处理平台，具有灵敏度高、操作方便，体积小巧，现场布点方便、数据远程传输的特点，可实现养殖环境主要气体污染物（NH_3、CH_4、N_2O、H_2S、CO_2）的同时检测，响应时间T90<1 min，检测显示精度 ≤ ± 5%全量程，检测频次≤10 min/样，通过了苏州国防校准测试技术有限公司的第三方性能检测。同国外光谱型、电化学型气体检测设备进行对比测评，自研设备在70 mg/m³标准气体测定中，检测偏差率为1.2%，优于市场大部分电化学气体检测设备，并接近红外光声谱设备的检测精准度，避免了电化学传感器经过长时间使用后易产生的检测漂移，同时延长了使用年限，降低了设备造价及维修成本；在重庆、河北、湖北等地生猪、蛋鸡、肉兔养殖场进行了设备应用测评，原位监测设备数据精准度和重复性高于国标法；为提升自研设备传感器使用寿命，减少监测环境干扰，配套研发了传感器现场校准标定气室，实现了现场定期自动标定。反观，自研设备在养殖场应用过程中也存在一些问题，比如主要适用于畜禽舍相对密闭空间的检测，并且侧重于对单点的实时测定，在应用场景和适用范围上仍然具有一定局限性。

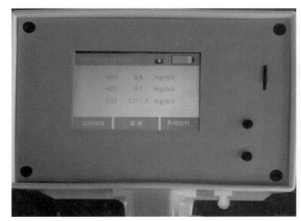

图4-72　养殖环境有害气体速测自研设备及示范应用情况

立足畜禽养殖过程有害气体产排的重要场景（舍区、粪污处理区、田间等）产生的臭气（NH_3、H_2S、VOCs）和温室气体（CO_2、CH_4、N_2O），研发经济高效的气体原位速测技术和装备，是实现农业面源污染防控的必备手段。随着计算机、光谱分析、传感器和无线通信等相关领域的飞速发展，搭建一套实现多点位、快速、实时、低成本的气体测定分析平台，同时匹配能够兼顾数据传输和处理软、硬件的智能监测系统是今后畜禽养殖空气环境污染防控的重要研究方向。因此，以目标气体的排放源、污染特征、检测目标、检测点数及检测时间为背景，建立一套标准化、规范化、数字化的养殖场气体排放自动采集监测系统（DAC系统），科学选用不同类别的检测方法手段，实现对目标气体的精准测定及污染预警，为"双碳"国策下的生态环境保护和农业绿色发展保驾护航。

第五节　养殖面源和重金属污染防控优先序的构建

黄淮海地区作为我国畜禽养殖的重点地区，2020年肉、蛋和奶产量分别达到2 388.6万t、1 766.6万t和1 119.5万t，分别占全国总量的30.8%、50.9%和31.7%。针对黄淮海地区养殖污染排放负荷重，氮磷、重金属和抗生素复合污染高，污染物处理处置优先序缺失现状，对家禽、生猪和奶牛在该区域的分布进行汇总，对三大畜种各污染物处理工艺进行优选，构建了饲料—处理—农田应用各环节污染物优先控制序技术体系。

一、黄淮海地区养殖污染阻控重点区域和类型

结合黄淮海地区（北京、天津、山东、河北、河南、江苏、安徽）统计年鉴数据和粪污产生系数等，整理了7个省（市）2007—2017年畜禽存栏量和粪污产生量情况（表4-5）。

表4-5　黄淮海地区2007—2017年畜禽存栏量和粪污产生量

年份	存栏量/（万头/只）					粪污产生量/万t				
	生猪	肉牛	奶牛	家禽	羊	生猪	肉牛	奶牛	家禽	羊
2017	12 428.5	1 369.3	412.8	232 355.0	5 946.8	36 557.0	19 969.0	8 254.5	25 929.0	2 387.6
2016	12 382.3	1 554.9	468.2	231 891.0	6 610.0	36 395.8	22 767.7	9 374.8	25 688.9	2 653.9
2015	12 773.5	1 594.2	497.8	228 533.5	6 835.0	35 946.0	23 341.9	9 971.8	25 325.4	2 744.3
2014	13 010.4	1 526.3	502.7	229 427.1	6 758.7	36 604.8	22 342.9	10 060.1	25 454.3	2 713.6
2013	13 081.1	1 552.2	477.9	229 090.5	6 556.8	36 800.5	22 733.3	9 568.3	25 450.1	2 632.6
2012	13 048.7	1 555.8	489.1	236 752.1	6 497.3	36 749.1	22 781.3	9 788.2	26 364.7	2 608.7
2011	12 874.7	1 606.9	473.2	222 267.0	6 574.2	36 278.2	23 524.9	9 467.9	24 740.5	2 639.5
2010	12 681.7	1 256.6	435.1	210 198.5	6 542.6	35 747.3	18 409.8	8 723.1	23 378.6	2 626.9
2009	12 860.4	1 245.7	359	207 773.2	6 775.4	36 237.3	18 244.9	7 143.5	23 074.5	2 720.3
2008	12 711.7	1 228.2	337.1	209 912.8	6 879.4	35 821.8	18 000.2	6 725.9	23 297.1	2 762.1
2007	12 019.4	1 968.5	334.7	197 662.5	6 921.8	33 858.5	28 800.3	6 674.9	21 912.1	2 779.1

与2007年相比，该区域2017年家禽、生猪和奶牛的养殖量和粪污产生量均显著增加，其中粪污增加7.97%~23.66%。而肉牛和羊的养殖量和粪污产生量则在降低，其中粪污减少了14.09%~30.66%。截至2017年底，黄淮海地区生猪、肉牛、奶牛、家禽、羊存栏量分别12 428.5万头、1 363.9万头、412.8万头、232 355万只、5 946.8万头。按照畜禽存栏量和粪污产生系数折算，黄淮海地区2017年产生的畜禽粪污量为：粪便产生量28 825.47万t，尿液产生量17 962.20万t、污水产生量46 309.50万t。其中生猪、肉牛、奶牛、家禽、羊的粪污产生量分别为36 557.01万t、19 969.02万t、8 254.53万t、25 928.98万t、2 387.64万t，占畜禽粪污量总量的39.27%、21.45%、8.87%、27.85%、2.56%。北京、天津、河北、江苏、安徽、山东、河南的粪污产量分别为717.56万t、1 265.05万t、16 275.97万t、8 944.98万t、9 481.36

万t、24 700.75万t、31 711.53万t,分别占黄淮海整个地区畜禽粪污产生量的0.77%、1.36%、17.48%、9.61%、10.18%、26.53%、34.06%。

整体来看,2017年,河北、河南和山东3省的畜禽粪污量占到了该地区产生量的78.02%,是该地区养殖面源防控的重点区域。家禽、生猪和牛(包括肉牛和奶牛)粪污产生量占到了97.44%,是该区域最主要的面源污染防控畜种。

二、黄淮海地区养殖粪污的主要清粪方式和处理方式

2018—2020年系统分析了黄淮海地区54个县、812个养殖场,其中生猪、蛋鸡、肉鸡、肉牛、奶牛和肉羊规模养殖场占比分别为61.7%、12.1%、9.1%、9.2%、6.2%和1.7%(表4-6)。

表4-6 黄淮海区调研养殖场分布情况

省(市)	调研县(县级市)	调研养殖场数量/个
北京市	大兴区、顺义区、通州区	32
天津市	静海区、蓟州区、武清区	42
河北省	玉田县、遵化市、滦南县、定兴县、辛集市、围场满族蒙古族自治县、宁晋县	114
山东省	平度市、高密市、临邑县、齐河县、胶州市、安丘市、汶上县、莘县、章丘区、肥城市、莒县	167
河南省	新郑市、汝州市、浚县、济源市、唐河县、西平县、确山县、通许县、叶县、濮阳县、淮阳县、郾城区、邓州市、睢阳区、睢县、永城市、潢川县、鄢陵县、辉县市	280
安徽省	五河县、颍上县、怀远县、太和县	65
江苏省	射阳县、东海县、东台市、灌南县、沭阳县、涟水县、新沂市	112

数据显示,多数的集约化养殖场粪污的清粪方式以干清粪工艺为主,占调研养殖场总数的89.9%,清粪后固体粪污和液体粪污分别处理。此外,还有8.4%的养殖场采用水泡粪工艺,1.7%的养殖场采用水冲粪工艺,粪便、污水混合后一并处理。

该区域采用干清粪工艺的养殖场以人工清粪方式为主,配套的清粪设备较简单且落后,投资少,也便于固液分离和后期处理,但所需劳动量大、效率低。少数养殖量较大的养殖场采用机械清粪方式,包括铲车清粪和刮粪板清粪等,可减轻劳动强度,提高效率,但投资大,运行和维护费用高。

固体粪污主要采用堆沤肥、牛床垫料、栽培基质、饲养昆虫等方式处理固体粪污,养殖场占比分别为93.3%、1.3%、0.9%、0.6%;固体粪污用于生产商品有机肥的养殖场占比为2.1%;少部分养殖场固体粪污未进行处理,占比为1.8%。在堆(沤)肥主要有简易堆沤、槽式和反应器等工艺,以简易堆沤工艺为主,占比为89.8%。少部分的养殖场采用槽式工艺,占比8.5%,其中肉鸡养殖场最多。小部分生猪和蛋鸡养殖场采用反应器堆肥,占比为1.7%。调研发现,大多养殖场存在发酵工艺不规范的问题,发酵物料仅为畜禽粪污,不添加秸秆等辅料,且不进行翻堆,堆体表面易形成硬壳,内部无法彻底发酵,难以达到无害化要求。

该区域液体粪污采用沼气发酵、贮存发酵、异位发酵床、达标排放方式处理液体粪污的养殖场占比分别为33.2%、52.8%、0.8%、1.2%,未利用的养殖场占比1.8%。

肥水利用主要是指将液体粪污通过自然贮存的方式使其达到无害化处理并还田利用，按液体粪污贮存处理时间180 d计算，仅有34.4%的养殖场粪水贮存容积达到了要求，大部分养殖场未达到要求。从不同畜种来看，液体粪污贮存设施容积达到要求的生猪、蛋鸡、肉鸡、肉牛、奶牛养殖场占比分别为39.1%、20.0%、4.3%、31.8%、33.3%。

总的来看，该区域内89.9%的集约化养殖场粪污的清粪方式以干清粪工艺为主，清粪后固体粪污和液体粪污分别处理。固体粪便处理方式主要依靠堆沤还田（93.3%）和第三方处理制有机肥或基质等。而养殖场粪水处理方式以"厌氧发酵+沼液还田"为主（86.0%），因此这也是该区域内集约化养殖场需要重点进行技术提升的领域和方向。

三、不同养殖类型优先控制污染物差异

饲料是畜禽粪便中重金属残留的主要来源。在家禽饲料生产过程中，Cu、Zn等重金属元素常被超量添加，同时环境污染也可能将重金属元素带入饲料。资料查询和市场调研中获取了家禽、生猪和奶牛饲料中6类重金属的含量，各畜种之间存在着较大的差异，并且不同重金属含量差异性也非常明显。

不同省市鸡饲料中同种重金属的含量存在一定差异。重金属As平均含量在安徽与其他省市之间鸡饲料中差异显著（$P<0.05$），河南、河北、山东、江苏、北京之间无显著差异（$P>0.05$），其平均含量由高到低依次为安徽>北京>江苏>河南>山东>河北>天津；重金属Cr平均含量在河南、江苏、安徽之间无显著差异（$P>0.05$），河南与河北、山东、北京、天津之间差异显著（$P<0.05$），其平均含量由高到低分别为安徽>江苏>河南>山东>河北>北京>天津；不同省市鸡饲料中As、Cr平均含量均未超出《饲养卫生标准》。重金属Ni平均含量在河南、河北、山东、北京之间无显著差异（$P>0.05$），江苏、安徽、天津之间差异显著（$P<0.05$），其平均含量由高到低依次为安徽>江苏>河南>山东>河北>北京>天津。

黄淮海地区蛋鸡不同生育期饲料中As、Mn、Ni、Zn产蛋期饲料其含量由大到小依次为产蛋期>育成期>育雏期。研究发现，蛋鸡产蛋高峰期的配合饲料中Mn、Ni含量均高于产蛋前期和育雏育成期饲料，这与本研究结果一致。蛋鸡育成期饲料中重金属Cd、Pb、Cu含量最高；产蛋期饲料中Cd、Pb、Cu含量高于育雏期，育雏期和育成期配合饲料中重金属Pb、Cu含量最高。

对于养猪场，各类饲料同样差异较大，并且不同养殖阶段各类重金属含量也有较大差别。添加量最高的为Zn，其次是Cu。Cu和Zn在仔猪饲料中的添加水平显著高于其他养殖阶段。其他几种重金属除Cd外，在各个养殖阶段饲料中的含量没有显著差异（$P>0.05$）。

从集约化养殖场饲料中重金属含量特征来看，饲料中重金属含量符合偏态分布，数据量偏少且离散。7种重金属Cu、Zn、Cd、Pb、Cr、As、Hg含量分别为42.70 mg/kg、127.85 mg/kg、0.04 mg/kg、0.82 mg/kg、3.76 mg/kg、0.81 mg/kg、0.02 mg/kg。按照我国《GB 13078—2017饲料卫生标准》（Cu≤35.0 mg/kg，Zn≤150 mg/kg，Cd≤0.5 mg/kg，Pb≤5 mg/kg，As≤2.0 mg/kg，Cr≤10 mg/kg，Hg≤0.1 mg/kg），饲料中Cu超标率为57.94%，Zn超标率为37.38%，Cr超标率为10.28%，As超标率为4.67%，Hg超标率为3.74%，Pb超标率为1.87%，Cd不超标。按照俄罗斯饲料标准（Cu≤8.0 mg/kg，Zn≤100 mg/kg，Cd≤0.5 mg/kg，Pb≤5 mg/kg，As≤2.0 mg/kg，Cr≤10 mg/kg，Hg≤0.1 mg/kg），Cu、Zn超标率分别为93.46%和67.29%，Cr超标率为10.28%，As超标率为4.67%，Hg超标率为3.74%，Pb超标率为1.87%，Cd不超标。可见，由于饲料添加剂的广泛应用，饲料里的某些微量重金属元素超标比较严重。奶牛饲料中Cu超标率为28.85%，Zn超标率为9.62%，Cr超标率为5.71%，As超标率为2.86%，

Hg、Pb和Cd不超标。可见，奶牛饲料里的某些微量重金属元素超标比较轻。

调研整体显示家禽、生猪饲料中重金属含量偏高，超标率高，因此这两畜种饲料端要严控重金属的投入。而奶牛饲料相对清洁，饲料中重金属超标率低。在养殖粪污当中，重金属的防控重点在于家禽和生猪的饲料端。

抗生素引起的面源污染受到高度关注。目前，畜禽养殖过程中广泛使用的抗生素包括喹诺酮类、多肽类、四环素类、大环内酯类、磺胺类、氨基糖苷类等6大类。我国农田土壤普遍检出四环素类抗生素，部分样点土壤中四环素类抗生素的含量超出了兽药国际协调委员会（VICH）筹划指导委员会提出的土壤抗生素生态毒害效应的触发值（100 μg/kg），具有一定生态风险。

调研所测定的24种抗生素中，98.6%的样品能检测出抗生素的残留，其浓度范围为0～543 445 μg/kg（图4-73）。其中不同种类的抗生素污染水平从高到低分别为四环素类>氟喹诺酮类>氯霉素类>林可霉素>磺胺类>大环内酯类>头孢噻呋。其中四环素类和喹诺酮类是粪污中检测到的主要抗生素种类，尤其是四环素类，强力霉素、土霉素、四环素和金霉素的平均浓度分别达到17 520 μg/kg、10 598 μg/kg、7 133 μg/kg和4 064 μg/kg。除此之外，还发现在一些样品中，其他种类抗生素残留也处于较高水平，比如磺胺嘧啶、氟苯尼考、林可霉素等。与已有报道相比较，京津冀地区集约化养殖粪肥中抗生素浓度与我国浙江、辽宁等集约化养殖畜禽粪污中抗生素浓度相当，但本研究报道的四环素类抗生素比其他区域要高，并且高于土耳其、马来西亚等地区养殖场畜禽粪污中四环素浓度。

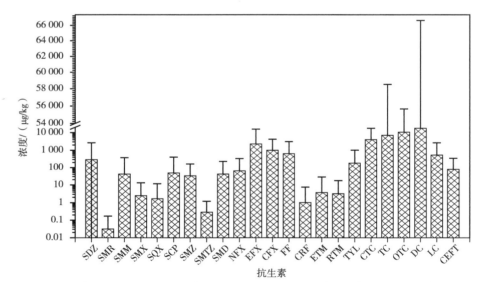

SDZ. 磺胺嘧啶；SMR. 磺胺甲嘧啶；SMM. 磺胺对甲氧嘧啶；SMX. 磺胺地索辛；SQX. 磺胺喹噁啉；SCP. 磺胺氯哒嗪；SMZ. 磺胺甲噁唑；SMTZ. 磺胺甲二唑；SMD. 磺胺对甲氧嘧啶；NFX. 诺氟沙星；EFX. 恩诺沙星；CFX. 环丙沙星；FF. 氟苯尼考；CRF. 氯霉素；ETM. 红霉素；RTM. 罗红霉素；TYL. 泰乐菌素；CTC. 金霉素；TC. 四环素；OTC. 土霉素；DC. 强力霉素；LC. 林可霉素；CEFT. 头孢噻呋。

图4-73　畜禽粪肥中抗生素污染水平

不同种类的畜禽，由于其生长状况、易感染病菌种类以及对抗生素的代谢机理存在一定的差异，可能会对排泄物中的抗生素残留数量有一定影响。因此，由于不同动物种类的用药类型和用药量的差异，畜禽粪污抗生素在不同的动物种类之间差异也比较大。该结果也与其他报道相一致，生猪和家禽由于养殖密度大、生长周期短，因此大量的抗生素被应用于生物促生长和疾病防控。

同时，调研了不同季度畜禽废弃物中抗生素污染水平的差异。总体来讲，不同季节抗生素污染水平差异较大，抗生素总浓度由高到低分别为春季>秋季>冬季>夏季。春季采集的粪肥样品中抗生素浓度较高，而夏季抗生素污染水平最低。尤其是对于四环素类抗生素而言，春季的检出率要远高于其他季节。另外，对于不同类型抗生素来说，不同季节的分布规律也有所差异，比如秋季的生猪粪肥中检测出较高含量的氟苯尼，而在其他季节检出率较低。对于头孢噻呋，冬季浓度较高，其他季节检出率较低，这跟畜禽不同季节的疾病类型和用药习惯有关。因此，对于不同季节的畜禽粪污中抗生素防治需要差异化开展。

目前对于有机肥，仅针对四环素类有限量标准。在测定的粪肥样品中，鸡粪和猪粪中抗生素平均含量超过有机肥中抗生素的限量标准（≤1 mg/kg）数十倍。养猪和养鸡粪便携带大量抗生素，如不进行处理直接接触土壤，被土壤吸附后能长期存在并积累，土壤中微生物的种群、群落结构、耐药性以及植物的生长等均会受到影响，最终人们因长期摄入抗生素导致抗生素在体内蓄积；因此，需要开展相关削减措施，降低粪肥使用的危害。而奶牛粪肥中四环素类抗生素总量平均为0.38 mg/kg；与有机肥标准相比较，奶牛粪肥样品在限值以下。调查结果表明，无论从检出率、抗生素的种类还是污染程度上，奶牛粪污中抗生素含量都处在较低水平。

总的来说，在残留量方面，生猪、肉鸡、蛋鸡粪污中各类抗生素残留量明显高于肉牛、奶牛。猪粪中土霉素和金霉素等抗生素残留最高；蛋鸡粪便中土霉素和金霉素平均残留较生猪低1个数量级，但强力霉素浓度高于生猪粪污。生猪和家禽中的抗生素污染是面源污染防控的重点内容。

四、各类污染物优先控制环节

由于各类饲料中蛋白以及添加剂的添加提高了其粪污中的氮磷含量，养殖场污染物排泄量很大程度上取决于污染物在饲料中的含量。

调研发现养殖场饲料氮素含量范围为0.81%~5.04%，平均含量2.87%，其中大多数为2.0%~3.0%。磷含量为0.48%~2.43%，平均含量1.51%，并且各个生长阶段饲料不同，氮磷含量差异较大。如据调研数据发现，猪粪氮磷含量与饲料喂养、体重有一定关系。体重小于30 kg的生猪的猪粪氮含量较高，其次是30~60 kg的生猪，体重大于60 kg的生猪猪粪氮含量偏低。这可能是猪在不同生长阶段的消化能力以及对养分的需要量不同造成的。小猪消化能力没有大猪强，对饲料的要求比较高，相对大猪而言，小猪的饲料比较精细，且含氮物质容易被吸收。然而精饲料在小猪体内的消化时间比在成年猪体内消化的时间短，因而小猪对饲料吸收的养分比例与成年猪对所食用的饲料中的养分吸收比例小。正因为如此，小猪的猪粪中的含氮量要大于大猪粪的含氮量。

堆肥是目前养殖场粪污的主要处理利用方式之一。但是堆肥物料pH普遍偏碱性、堆肥过程pH值上升、微生物活性、发酵高温、翻堆等原因，导致堆肥过程中大量NH_3挥发损失，其中采用翻堆工艺氨挥发损失约占初始总氮的28.2%，是堆肥过程中氮素损失的主要途径，因此粪污处置过程中氨挥发的减排和氮素的保全是减少氮素损失，降低氮素污染的重要组成部分（图4-74）。

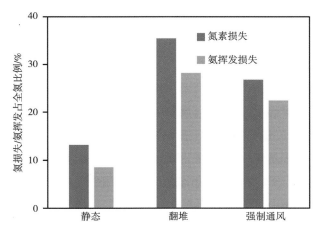

图4-74　堆肥中氨挥发损失占氮素损失率

即便是通过厌氧发酵的方式进行处置，氮素的损失也非常巨大。厌氧沼气工程产生的沼液施用受时间和季节的限制以及沼液后熟的特性和工艺规定，一般都要经过一段时间的储存过程，而沼液在储存过程多数露天存放，会有氨气以及一些温室气体的溢出，从而造成环境污染等问题。沼液存放过程中氮素的保全也是要予以重点关注。

由图4-75可以看出，在整个储存期间沼液氨气挥发量由高到低依次为鸡粪沼液、猪粪沼液、牛粪沼液。3种沼液氨气挥发都是呈现先升后降，并在第7天时达到挥发的峰值分别为3 896.97 mg/m^2、1 214.50 mg/m^2、431.86 mg/m^2，3种沼液在储存后各理化指标均有所下降。TN含量下降了5.65%、7.44%、4.01%；COD下降了68.55%、13.87%、28.12%。

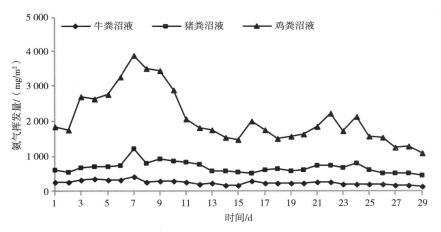

图4-75　沼液存放期的氨挥发

氮磷是养殖过程中动物饲料必不可少的营养添加物，因此通过饲料的入口端进行控制可能有一定的效果，但难度较高，由于其在处置和农田利用端有较多的损失途径，因此对于氮磷来说更多要进入养分的保全，减少处置和应用过程中的损失，从而实现养殖面源中氮磷的防控。

与饲料中相似，猪粪粪便中Zn仍然是含量最高的重金属，其次是Cu。Zn在猪粪中的平均含量为1 095 mg/kg（育肥猪粪便）到2 987 mg/kg（仔猪粪便），Cu的平均含量为180 mg/kg（孕母猪粪便）到909 mg/kg（仔猪粪便）。Zn在仔猪粪便中的含量显著高于其他养殖阶段粪便中的含量。仔猪粪便中Cu

的含量与保育猪和育肥猪粪便中的Cu含量无显著差异（P>0.05），而显著高于孕母猪和哺乳母猪粪便中的Cu含量（P<0.05）。除Pb和Cr外，其他5种重金属在生猪粪便中的含量均低于10 mg/kg。按照我国《NY525—2012有机肥料标准》中对重金属限量的标准，As、Cd、Pb和Cr的限量值分别为15 mg/kg、3 mg/kg、50 mg/kg和150 mg/kg，采集的猪粪样品中As、Cd、Pb和Cr均未有超标现象。

集约化奶牛养殖场畜禽粪便中7种重金属Cu、Zn、Cd、Pb、Cr、As、Hg的含量符合偏态分布，但数据分布较为离散（图4-76）。畜禽粪便中重金属含量是饲料中相应重金属含量的2.36～17.09倍。所采集的畜禽粪便中重金属含量差异较大，变异系数为126.99%～462.76%，其中As>Cr>Pb>Zn>Cd>Hg>Cu，变异系数较大的重金属元素As和Cr是常用的饲料添加物质，这也说明因饲料添加剂量不同而导致畜禽粪便中重金属含量差异较大。

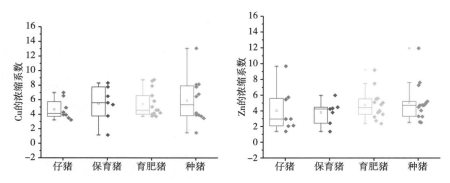

图4-76　养殖中饲料到粪便的浓缩系数

动物经由饲料摄入体内的重金属利用率不高，大部分随粪便排出体外，并且重金属从饲料到粪便呈现不同程度的浓缩趋势。综合实测数据及2009年以来的文献数据得出的从饲料到猪粪过程中重金属浓缩系数。Cu、Zn、As、Cd、Pb和Cr从饲料到猪粪的浓缩系数分别为4.68～6.11、3.43～4.60、2.30～3.12、2.89～4.63、2.45～5.00和3.32～5.00（图4-77）。富集程度随元素及猪只年龄而有所不同。

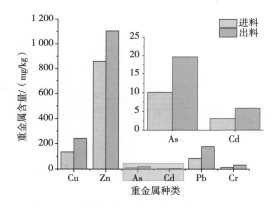

图4-77　畜禽粪便发酵前后的浓缩系数

由于重金属在饲料—粪便—有机肥这处理阶段中浓缩系数大于1，含量不断提高，因此在处理的中后段很难对重金属含量进行降低，最后的方式还是严控饲料中重金属的投入，防止重金属通过饲料进入食物链体系，从而降低后端处置和农田利用重金属含量。

由于国家对饲料中抗生素的投入采取了严控的措施，对于抗生素在废弃物处置和农田消纳环节研究较少。研究发现，堆肥试验从堆肥开始到高温期结束这一期间的土霉素、磺胺甲噁唑、环丙沙星和红霉素的浓度变化可以用一级动力学方程拟合，并得出不同通风方式下土霉素、磺胺甲恶唑、环丙沙星和红霉素浓度变化的降解速度和半降解周期。经过拟合，方程R^2值介于0.914～0.995（图4-78），静置堆肥、自然通风和强制通风组的R^2均大于0.9。由半降解期可以看出，不同的堆肥方式下抗生素的降解速率有所不同。在整个堆肥处理过程中，四类抗生素降解速率快慢顺序依次均为强制通风>自然通风>静置堆肥，即均是随着通风供氧条件的增强，抗生素更易被降解，因而强制通风半降解期最短，静置堆肥半降解期最长。

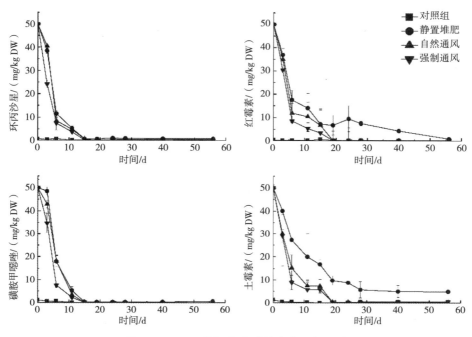

图4-78　不同堆肥方式对抗生素降解影响

在强制通风条件下，土霉素、磺胺甲噁唑、环丙沙星和红霉素4种抗生素降解速率大小依次为，环丙沙星>磺胺甲噁唑>红霉素>土霉素，土霉素的半降解期最长，为3.15 d，环丙沙星的半降解期最短，为2.77 d。在自然通风条件下，4种抗生素的降解速率快慢顺序依次为土霉素>环丙沙星>红霉素>磺胺甲噁唑，磺胺甲噁唑的半衰期最长，为3.92 d，土霉素的半衰期最短，为3.8 d（图4-78）。在静置堆肥条件下，4种抗生素的降解速率快慢顺序依次为环丙沙星>磺胺甲噁唑>红霉素>土霉素，土霉素的半衰期最长，为8.25 d，环丙沙星的半衰期最短，为4.03 d。

各类抗生素在高温堆肥中有比较高的去除率，均值在81%～89%，并在不同的发酵工艺、抗生素浓度和发酵温度下有所差异（表4-7）。有机肥厂成品肥生态风险评估结果表明，经过堆肥技术优化处理后的有机肥中，生态风险明显低于原始养殖粪便，氟喹诺酮类抗生素风险平均风险略高于四环素类抗生素，仅有少数堆肥厂粪便有机肥经过处理后在高风险（1<RQ<10），其他均为低生态风险，说明该项好氧堆肥技术是降低规模化养殖场粪污中抗生素生态风险的有效控制手段。

表4-7 堆肥发酵对抗生素的去除率

抗生素种类	堆肥发酵去除率/%		样本数
	均值	范围	
四环素类	88	89~94	59
磺胺类	89	76~95	36
氟喹诺酮类	81	58~91	24
总抗生素组	86	74~93	119

对多年连续施用有机肥的农田抗生素残留监测表明，抗生素在农田土壤并没有连续的累积效应。说明有机肥的连续施用并不会引起抗生素的累积，土壤中抗生素残留浓度跟有机肥内残留和施肥后时间没有显著性关联，土壤中抗生素污染风险不高。

主要参考文献

楚天舒，王柄雄，高思程，等，2021. 基于农田土壤重金属污染风险筛选值的畜禽粪污农田承载力估算[J]. 中国农业大学学报，26（2）：125-138.

郝斯贝，刘成斌，陈晓燕，等，2021. 畜禽粪便中氮磷及抗生素的高效检测方法研究进展[J]. 中国环境科学，41（4）：1746-1755.

胡峥峥，2001. 预测家禽粪便肥料成分含量的试验研究[D]. 北京：中国农业大学.

黄华，牛智有，2009. 基于PIC18F2580的畜禽舍有害气体环境控制系统[J]. 测控技术，28（4）：5.

黄圆萍，沈广辉，廖科科，等，2020. 基于NIRS和Local PLS算法的堆肥关键参数实时动态分析[J]. 农业工程学报，36（13）：195-202.

李莉，2003. 预测蛋鸡粪便肥料成分含量的试验研究[D]. 北京：中国农业大学.

梁浩，史卓林，范雅彭，等，2022. 基于定标模型云共享的奶牛粪水微型 NIR现场速测系统[J]. 农业工程学报，38（10）：208-215.

渠清博，杨鹏，翟中葳，等，2017. 规模化奶牛场泌乳牛粪便氮磷含量预测模型研究[J]. 农业资源与环境学报，34（3）：234-241.

谭鹤群，李鑫安，艾正茂，2020. 基于可调谐吸收光谱的畜禽舍氨气浓度检测[J]. 农业工程学报，36（13）：186-194.

王娇娇，高云，雷明刚，等，2015. 无线Mesh网络下的猪舍环境监测综合系统设计[J]. 华中农业大学学报，34（6）：6.

张俊亚，隋倩雯，魏源送，2021. 畜禽粪污处理处置中危险生物因子赋存与控制研究进展[J]. 农业环境科学学报，40（11）：2342-2354.

赵润，牟美睿，王鹏，等，2019. 基于近红外漫反射光谱的规模化奶牛场粪水氮磷定量分析及模型构建[J]. 农业环境科学学报，38（8）：1768-1776.

AJAY P V，PRINTO J，KIRUBA D，et al.，2017. Colorimetric sensors for rapid detection of various analytes [J]. Materials Science & Engineering C，78（9）：1231-1245.

AMARAL R，TORRE C，ROCHA J，et al.，2021. Ebola outbreaks: a stress test of the preparedness of medicines regulatory systems for public health crises [J]. Drug Discov Today，26（11）：2608−2618.

CHEN L J，CUI L Y，XING L，et al.，2008a. Prediction of the nutrient content in dairy manure using artificial neural network modeling [J]. Journal of Dairy Science，91（12）：4822−4829.

CHEN L. J，XING L，HAN L，et al.，2008b. Rapid evaluation of poultry manure content using artificial neural networks（ANNs）method [J]. Biosystems Engineering, 101（3）：341−350.

FENOLLAR F，BOUAM A，BALLOUCHE M，et al.，2021. Evaluation of the panbio COVID-19 rapid antigen detection test device for the screening of patients with COVID-19 [J/OL]. Journal of Clinical Microbiology，59（2）e02589-20 [2023-20-20]. DOI：10. 1128/JCM. 02589-20.

INSAUSTI M.，TIMMIS R，KINNERSLEY R，et al.，2019. Advances in sensing ammonia from agricultural sources [J]. Science of the Total Environment，706：135124.

JI B，ZHENG W，GATES R S，et al. 2016，Design and performance evaluation of the upgraded portable monitoring unit for air quality in animal housing [J]. Computers and Electronics in Agriculture，124：132−140.

LIN Z Q，CHEN X，XI Z G，et al.，2018，Individual heavy metal exposure and birth outcomes in Shenqiu county along the Huai River Basin in China [J]. Toxicology Research（Camb），7（3）：444−453.

LIU M T，LIU J X，MAO X F，et al.，2020a. High sensitivity analysis of selenium by ultraviolet vapor generation combined with microplasma gas phase enrichment and the mechanism study [J]. Analytical Chemistry，92（10）：7257−7264.

LIU W R，ZENG D，SHE L，et al.，2020b. Comparisons of pollution characteristics，emission situations，and mass loads for heavy metals in the manures of different livestock and poultry in China [J]. Science of the Total Environment，734：139023.

MATHEUS D O，FERNANDA C S，JARIO O S，et al.，2021. Ammonia emission in poultry facilities：a review for tropical climate areas [J]. Atmosphere，12（9）：1091.

Parbst，K E，Keener，K M，Heber A J，et al.，2000. Comparison between low-end discrete and high-end continuous measurements of air quality in swine buildings [J]. Applied Engineering in Agriculture，16（6）：693−699.

PIERCE J，HIEBERT J B，MAHONEY D，et al.，2019. Development of a point-of-contact technique to measure adenosine triphosphate：a quality improvement study [J]. Annals of Medicine and Surgery，41：29−32.

RAHMAN M J，POWNCEBY M I，RANA M S，2022. Distribution and characterization of heavy minerals in Meghna River sand deposits，Bangladesh [J]. Ore Geology Reviews，143：104773.

SOLLINI M，BERCHIOLLI R，DELGADO B，et al.，2018. The "3M" approach to cardiovascular infections：multimodality，multitracers，and multidisciplinary [J]. Seminars in Nuclear Medicine，48（3）：199−224.

TRIA S A，LOPEZ-FERBER D，GONZALEZ C，et al.，2016. Microfabricated biosensor for the simultaneous amperometric and luminescence detection and monitoring of Ochratoxin A [J]. Biosensors and Bioelectronics，79：835−842.

WANG P，ZHAO R，SUN D，et al.，2021. Rapid quantitative analysis of nitrogen and phosphorus through the whole chain of manure management in dairy farms by fusion mode [J]. Spectrochimica Acta Part A-molecular and Biomolecular Spectroscopy，249：119300.

WANG Z Q，SUN X，LI C H，et al.，2016. On-site detection of heavy metals in agriculture land by a disposable sensor based virtual instrument [J]. Computers and Electronics in Agriculture，123：176−183.

WEN X D，YANG S C，ZHANG H Z，et al.，2016. Combination of knotted reactor with portable tungsten coil electrothermal atomic absorption spectrometer for on-line determination of trace cadmium [J]. Microchemical Journal，124：60−64.

YANG X H, DONG Y, MA C, et al., 2021. Establishment of a visualized isothermal nucleic acid amplification method for on-site diagnosis of acute hepatopancreatic necrosis disease in shrimp farm [J]. Journal of Fish Diseases, 44（9）: 1293-1303.

YANG Z. L, HAN L, LI Q, et al., 2006. Estimating nutrient contents of pig slurries rapidly by measurement of physical and chemical properties [J]. Journal of Agricultural Science, 144（3）: 261-267.

ZASPA A, VITUKHNOVSKAYA L, MAMEDOVA A, et al., 2022. Voltage generation by photosystem I complexes immobilized onto a millipore filter under continuous illumination [J]. International Journal of Hydrogen Energy, 47（22）: 11528-11538.

ZHU D W, WEI Y, ZHAO Y H, et al., 2018. Heavy metal pollution and ecological risk assessment of the agriculture soil in Xunyang mining area, Shaanxi province, northwestern China [J]. Bulletin of Environmental Contamination and Toxicology, 101（2）: 178-184.

ZHU H Y, HU X L, ZHA Z T, et al., 2022. Long-time enrofloxacin processing with microbial fuel cells and the influence of coexisting heavy metals （Cu and Zn）[J]. Journal of Environmental Chemical Engineering, 10（3）: 107965.

第五章

农业面源污染物检测与监管

研究农业面源污染监测与监管技术，建立"天地网"一体化的农业面源污染协同监测网络，形成"排放源—排放量—污染负荷—水体水质影响—预报预警"等全过程的监测体系，及时有效识别农业面源污染发生高风险区、污染指标及其风险因素和风险源，把握农业面源污染负荷及其空间差异特征，评估污染指标及对河湖等水质的影响程度，识别污染源的责任主体，为农业面源污染防治提供有效支撑，对保障水环境质量安全具有重要意义（冯爱萍等，2019；王萌等，2022）。

第一节　农业面源污染物现场快速检测新方法与原理

一、农业面源污染快速检测特点与要求

（一）农业面源污染快速检测特点

农业面源污染快速检测应有针对性地检测地表径流和地下渗漏所产生的区域面源氮磷污染、区分农业面源污染来源贡献量（如农业施用化学肥料和农村禽畜粪便或者生活垃圾等产生的面源污染等），计算区域内不同面源污染来源所占总负荷比例、评价面源污染程度。农业面源污染快速检测有利于制定农业面源污染防控措施和策略，比如，农田氮磷高效利用与减排措施、农业面源污染物源头控制与生态阻控措施、农村生活垃圾收集与处理方法等。因此，农业面源污染快速检测特点有：①检测地表径流或者农田土壤淋溶液中的农业面源污染含量；②连续在现场高效率测试，同时满足现场实时监测需求；③测试结果与实验室常规方法测试结果应基本一致；④自动化完成测量，减少操作人带来的误差；⑤样品和试剂取样量少，适合于微流道检测，节省测试成本，提高检测系统性价比；⑥检测结果实时共享，满足远距离监控分析需求。

（二）农业面源污染快速检测要求

农业面源污染随时空变化而发生变化，常用农业面源污染测量技术有电化学测量方法和光谱测量方

法两大类。固态选择电化学电极方法已经有效地应用到农业面源污染实时检测中，但电化学固态敏感膜寿命短，长时间使用时测试结果稳定性差，且需要建立复杂的校正模型，才能将电化学电极测量值换算到常规方法的测量值。光谱测量方法主要包括近红外光谱、激光诱导击穿光谱、紫外可见分光光谱和荧光光谱等。吸收光谱方法是测量入射到被测样品光强和透过被测样品光强后，计算被测样品的吸光度来获取农业面源污染含量信息。激光诱导击穿光谱技术能够快速获取土壤样品中农业面源污染信息，但定量分析需要借助于化学计算学方法，分析计算过程复杂，且得到的农业面源污染是元素形态的量，与样品中的农业面源污染物存在形态不一致。随着农业生产集约化发展和农田生态环境污染治理力度加大，需要对大量农业面源污染样品进行测定，为农业面源污染防治与修复提供关键基础数据，因此农业面源污染测定自动化是发展的必然趋势。

农业面源污染快速检测要求有：①快速在现场测试样品中的总氮、总磷、硝态氮、铵态氮和磷酸盐，或者在典型地区实施在线监测。②计算面源污染来源贡献量。③评价农业面源污染程度。④提供制定农村面源污染防控措施和策略，比如，农田氮磷高效利用与减排措施、农业面源污染物源头控制与生态阻控措施、农村生活垃圾收集与处理方法等。

二、农业面源污染采样要求

（一）采样范围
主要用于我国以地表径流或地下淋溶途径发生的田间尺度上面源污染的监测。

（二）采样周期
农田面源污染监测采样每年为一个监测周期，包括作物生长阶段和农田非种植阶段。一般情况下，一个监测周期从第一季作物播种前翻耕开始，到下一年度同一时间段为止。以作物收获的时间顺序来确定第一季作物，遇到特殊气候条件（如强降雨等），随时监测。

（三）农田地表径流/地下淋溶采样

1. 农田地表径流采样
（1）建立田间监测小区。依照典型性、代表性、长期性和抗干扰性等几个方面的要求建立田间监测小区，①典型性：试验地块应位于粮食、蔬菜、园艺等作物主产区。②代表性：试验地块的地形、土壤类型、肥力水平、耕作方式、灌排条件、种植方式等应具有较强的代表性。③长期性：试验地块应尽可能位于试验站、农场或园区，避免土地产权纠纷，便于管理，确保监测工作能持续开展15年以上。④抗干扰性：试验地块尽可能选择在地形开阔的地方，远离村庄、建筑、道路、河流、主干沟渠。

监测小区一般为长方形，面积为30~50 m²。平原小区规格一般为（6~9）m×（4~6）m，长宽比为3：2；山地丘陵区小区规格为（9~15）m×（3~5）m，长宽比为3：1。中耕作物（如烤烟、玉米、棉花等）小区面积不小于36 m²，密植作物（如小麦、水稻等）小区面积不小于30 m²，保护地蔬菜小区面积可根据实际情况适当调整。园地作物小区面积不小于40 m²，园地作物应选择矮化、密植、成龄期果园、茶园或桑园，每个小区最少2行、每行最少3株。为便于施工和田间操作，平原区各个监测小区及径流池的排列与田间设计可根据试验地条件双向排列或单向排列，山地丘陵区各个小区应顺坡依次单向排列。对于山地丘陵区的梯田，各个小区应含有2个或2个以上的梯面。

（2）安装径流收集设施。安装田间径流池监测农田地表径流面源污染物排放量，田间径流池包括径流收集池、径流收集管、抽排池和集水沟或槽。

每个监测小区均对应一个径流收集池，用于收集该监测小区地表径流。平原区径流收集池位于两个监测小区之间，山地丘陵区径流收集池位于监测小区下方的排水方向。径流池的大小以能够容纳当地单场最大暴雨所产生的径流量来确定。各个监测点应根据监测小区的面积、最大单场暴雨量及其产流量来确定径流收集池的大小。径流池的建设要满足不漏水、不渗水的基本要求。根据各地区的气候及地质条件差异，北方地区建议采用防水钢筋混凝土或素混凝土（不放置钢筋）修筑池壁和池底，避免冬季冻裂；南方地区采用砖混结构（池底必须为混凝土浇筑）修筑。为准确计量径流池内每次的径流水量，每个监测点应配备一个标杆尺（最小刻度为mm），用于测量径流池内水的深度，从而计算出径流量。

径流收集管的安装依照具体情况为准，以水田为例：对于单季稻、双季稻等全年只种水稻的地块，径流收集管由直径为5～10 cm的PPR管和一个三通管连接而成。三通管垂直管口用于水稻生长田面存水期间的径流水收集，管口高于田面5～10 cm（以当地水稻田用于排水的田埂上排水口的平均高度为准）；三通管水平管部分则紧贴田面，用于水稻生长晒田期、落干期或休闲期径流水收集。在水稻生长田面存水期间收集径流时，用橡胶塞塞紧三通管水平管管口（或盖上管盖）；在水稻生长晒田期、落干期或休闲期，打开三通管水平管管口，收集径流水。

抽排池位于径流池最外侧，较径流池深20 cm左右，一般在地表以下100～120 cm，地面以上高度与径流池高度相同。抽排池宽度与径流池相同，长度可短于径流池，具体尺寸可根据实际情况而定。为了便于将抽排池内积水排空，抽排池内应设置集水坑，内放置水泵，积水坑长、宽尺寸及深度应根据所选水泵规格确定。

（3）径流水样采集。在记录径流量后即可采集径流水样。采样前，先用清洁、不污染分析项目的工具充分搅匀径流池中的径流水，然后用采样瓶在径流池不同部位、不同深度多点采样（至少8点），置于清洁的塑料桶或塑料盆中。将水样充分混匀，取水样分装到2个样品瓶中，规范编写编号，每瓶水样不少于500 mL，其中一个供分析测试用，另一个作为备用。取完水样后，拧开每个径流池底排水凹槽处的盖子或排水阀门，抽排径流水。抽排过程中，应搅拌径流水，将径流池清洗干净，以备下一次径流水收集和计量。

2.农田地下淋溶采样

采用田间渗滤池技术进行原位采样。

（1）修建田间渗滤池。渗滤池是在田间条件下用于收集特定面积、特定规格目标土体淋溶液的全套装置（图5-1），包括监测目标土体、淋溶液收集桶、采样装置及相关配件等。

安装田间渗滤池之前，选定安装区域挖掘1个长150 cm×宽80 cm×深90 cm四壁平齐的土壤剖面，长边垂直于作物种植行向，挖出的土壤按层次（0～20 cm、20～40 cm、40～60 cm、60～90 cm）堆放在周围标明土层编号的塑料薄膜上，以便能分层回填，挖掘过程中，要保证土壤剖面四壁整齐而不塌方。再将土壤剖面底部修理成周围高出中心3 cm左右的倒梯形，以便淋溶液向中部汇集，然后在剖面正中心位置向下挖一个直径40 cm、深35 cm的圆柱形小剖面，以放置淋溶液收集桶，集液桶上盖铺尼龙网，集液桶安装好后，铺设已定制好的集液膜，使集液膜组成一个四周密闭、与土坑大小一致的框体，底部开小口将抽液管伸出，用压膜环将集液膜压在淋溶液采集桶盖上，剪去盖上集液膜，其上再铺石英砂与桶盖平齐。

将挖出的土壤按逆序分层回填，边回填边压实，并保持集液膜与框体四壁之间紧密连接，回填过程中可少量多次灌水，使土层沉实，回填至距地表30 cm时，将集液膜沿回填土表面裁掉，再将通气管与抽液管穿过套管并垂直立于土表，最后回填最上层土壤。

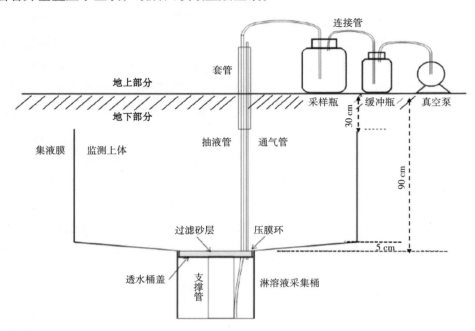

图5-1　田间渗滤池（地下部分）及取水装置（地上部分）

（2）淋溶水样采集。每次灌水或较大降雨后，检查是否发生淋溶。每次流量单独计算，单独采集淋溶液。采样前，先摇匀淋溶液，然后取2份混合水样（每份样品约500 mL，如淋溶液不足1 000 mL，则将淋溶液全部作为样品采集）。1份供分析测试用，留置1份作为备用。采样时，将真空泵连接缓冲瓶，缓冲瓶连接采样瓶，采样瓶连接淋溶液采集桶，保证各个接口处紧密连接，然后启动真空泵将淋溶液全部抽入采样瓶中，计量淋溶液体积。

（四）样品保存

地表径流或地下淋溶水样原则上应于24 h内带回实验室进行分析测试，如不能当天测试，需要冷冻（-20 ℃）保存。样品保存与运输方法参见《HJ 493—2009水质采样　样品的保存和管理技术规定》。

三、农业面源污染快速自动检测原理与方法

（一）原理与方法

随着先进自动控制技术和光电探测技术发展，人们对农业面源污染测定自动化的探索也在不断进行。农业面源污染测定自动化，其目的是为了提高农业面源污染检测效率，减少不同操作者在测量过程中导入的测试误差，同时也避免操作者接触到有害化学试剂，减少人身伤害。农业面源污染快速自动检测的技术基础是流动分析方法。目前，典型的流动分析方法有间隔流动分析（Segmented flow analysis，SFA）和流动注射分析（Flow injection analysis，FIA）。与SFA方法相比，FIA不用气泡进行分割，而是通过注射泵把样品注入到载液中进行测量。由于连续自动进样和测试，每小时可连续实现高达200个样品测量。随着计算机控制技术发展，通过微处理器控制可实现连续注射分析（Sequential injection analysis，SIA）。与FIA方法相比，SIA方法节省了试剂消耗量，适合于多参数连续流动测试，SIA方法已经成为最常用的流动分析方法之一。近些年，在上述基本流动分析方法基础上，发展起来了多换向

注射分析方法（Multi-commuted flow injection analysis，MCFIA）、多注射泵流动注射分析方法（Multi-syringe flow injection analysis，MSFIA）、全进样注射分析方法（All injection analysis，AIA）和多泵流动分析方法（Multipumped system，MPS）等，通过不断优化化学试剂和样品进样及反应方式提高农业面源污染测试效率。结合现有流动分析方法特点，研究团队探索了一种新颖的农业面源污染自动测试方法（集成化学反应流动分析方法），融合基于实验室的农业面源污染测试方法，满足不同地区农业面源污染快速检测需求。

（二）集成化学反应流动分析方法

集成化学反应流动分析方法是为了降低农业面源污染检测系统的成本而提出的，也是实现农业面源污染样品自动化检测的关键方法。集成化学反应流动分析方法采用精密微量程注射泵和储液环实现样品和试剂自动精确定量，样品和试剂在多通道电磁阀作用下按照化学反应先后顺序和反应条件集中在化学反应腔中发生动态化学反应。程序控制蠕动泵正反转使化学反应腔中的反应物产生湍流，基于化学反应湍流动力学实现化学反应完全彻底地发生。完全化学反应后的产物进入水浴单元保持化学反应状态并使化学反应达到稳定状态。最后程序控制夹管阀产生气泡将反应物分割成等长的多段，依次流入模块化光电探测单元，完成吸收光谱测量，从而连续实现多样品的农业面源污染自动化检测。

集成化学反应流动分析系统采用了专门的化学反应腔、恒温模块化光电探测单元和程序自动控制的清洗流程。化学反应腔中的反应物在蠕动泵正反转和转速控制下，扰动和诱导化学反应腔内的反应液产生湍流。此时，蠕动泵正反转，提供了样品和试剂化学反应所需要的动力。空气从化学反应腔底部泵入，推动化学反应腔中样品和试剂溶液向上和向两侧循环翻滚，助推了湍流现象发生，从而加速化学反应进程。水浴加热单元采用螺旋管形式，有效增加反应物在水浴加热单元停留时间。集成化学反应流动分析农业面源污染检测原理如图5-2所示。

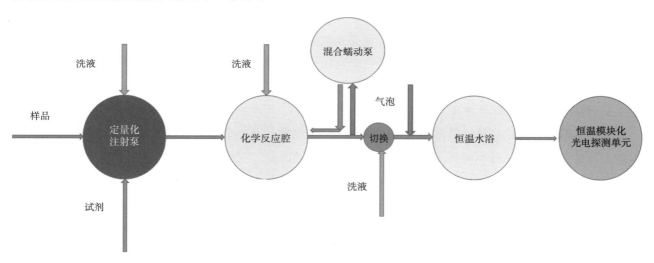

图5-2　集成化学反应流动农业面源污染快速检测原理示意

仪器开机，系统首先自动进行初始化程序，将恒温水浴单元和恒温模块化光电单元切换到洗液流路，程序控制连接清洗液的蠕动泵，连续不断地对恒温水浴单元和恒温模块化光电探测单元进行清洗。清洗程序执行完毕，仪器返回到等待测试状态。按下仪器面板的运行按钮，仪器自动启动注射泵抽取设定的样品和试剂量，在多通道电磁阀的作用下，将定量化的样品首先推入化学反应腔，然后再将定量化的试剂推入。样品或试剂最初在化学反应腔中产生扩散和对流运动，在化学反应腔中发生缓慢的化学反应。与此同时，程序控制清洗液系统工作，对样品和试剂定量化的管路进行清洗，防止交叉污染。然后，与化学反应腔相连的蠕动泵抽取化学反应腔中的反应溶液进入储液环，待反应液完全进入到储液环后，程序控制蠕动泵以高速速率泵回化学反应腔。重复上述过程，直到样品和试剂的化学反应达到稳定为止。

1. 集成化学反应流动分析方法农业面源污染快速检测系统

集成化学反应流动分析方法是将样品和试剂依照反应先后顺序在化学反应腔中集中进行化学反应。反应液通过气泡分割成多段流入模块化光电探测单元，完成光谱吸光度测量。程序控制清洗单元有序工作，实现依次对集成化学反应流动分析系统中的管路、化学反应腔、水浴单元和光电探测单元中的微流道清洗，从而实现多个农业面源污染样品全自动化检测。集成化学反应流动分析方法农业面源污染检测系统由模块化恒温光电探测单元、样品和试剂定量注射泵与储液环、恒温水浴单元、流路换向夹管阀、化学反应腔和程控清洗单元构成。恒温模块化光电探测单元是集成化学反应流动分析方法农业面源污染检测系统关键部件，分别由组合光源、高性能光电转换器、温度传感器与PID（Proportional integral derivative）控制器、高分辨率A/D（Analog to digital converter）转换器、标准通信485总线接口及电源等构成。控制部分包括光源的开启和功率控制、温度监测和控制、光波长选择与控制和光电信号测量与反馈控制等。

2. 农业面源污染快速检测系统管路清洗策略

样品和试剂定量化单元由样品和试剂定量化注射泵和储液环、夹管阀、多通道电磁阀及管路清洗等组成。当样品和试剂进入化学反应腔之后，程序控制夹管阀关闭清洗通道、关闭样品和试剂进入化学反应腔的通道。待样品和试剂在化学反应腔中充分反应达到稳态后进入水浴单元，然后程序控制夹管阀切换到清洗通道。启动化学反应腔的清洗程序，清洗蠕动泵进入工作状态，对化学反应腔进行清洗，有效地提高农业面源污染样品检测稳定性，避免受残留样品或者试剂影响。被测样品进入模块化恒温光电探测单元完成光谱吸光度测量之后，系统即启动进样系统管路清洗程序，蠕动泵高速抽取洗液对管路清洗。仪器结束测量之后，也启动系统清洗程序，完成整机的清洗后，自动关机。

3. 连续多个农业面源污染样品精确测量

采用气泡隔断方法实现连续多个农业面源污染样品测量。同一个样品通过短气泡隔开进行重复多次测试，而长气泡用于隔开不同样品溶液，完成不同样品的测量。农业面源污染快速检测系统，内嵌多个超声液位传感器，用于探测待测样品位置和气泡长度，识别是同一个样品多次测量还是不同样品连续测量，以保证其自动化进样、反应、测量和清洗4个步骤有序进行，提高农业面源污染多样品自动化连续测量的效率。同一样品溶液通过气泡分割多段，除实现多次重复测量之外，还有效地减少样品在管路内壁带过和残留。气泡注入时间和气泡长度是通过控制电路控制夹管阀来实现的。当蠕动泵低速旋转时，控制夹管阀每隔相同时间段开放气泡注入，从而程序严格控制每段空液比一致。农业面源污染检测系统还设计了流量校准模块，用于对蠕动泵因制造误差而带入的流量误差进行校准，确保同一台仪器，使用多个蠕动泵，或者不同仪器，使用了不同蠕动泵后，流量严格一致。

4. 化学反应腔

化学反应腔是农业面源污染快速检测系统中样品和试剂发生化学反应的载体。化学反应腔体下端连接均匀螺旋环构成的储液环，当试剂注入化学反应腔之后，启动蠕动泵，使化学反应腔中液体抽入储液环，然后启动蠕动泵反转，使储液环中的液体再反向以高速注入化学反应腔，使化学反应腔中的液体产生湍流，重复运行多次，直至化学反应腔中的化学反应达到稳定。

化学反应腔结构如图5-3所示，由顶端盖、氟胶"O"形圈、硅橡胶垫片、雾化喷头、化学反应腔筒和下端盖组成，化学反应腔筒底端开有带螺纹的圆柱形孔。

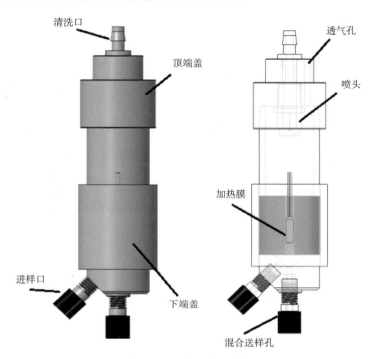

图5-3　化学反应腔结构

化学反应腔材质为石英玻璃材质，腔筒内壁涂覆疏水涂层，使液体汇集成液滴流下，减少液体在腔筒内壁残留。底端盖开有2个螺纹圆柱形孔，通过螺纹连接到化学反应腔筒，一个与样品和试剂通道相连，通过注射泵和多通道电磁阀将样品溶液与试剂依次注入化学反应腔中，另一个与均匀螺旋环构成的储液环相连接。化学反应腔筒底端正中间螺纹孔直径为24 mm，长度为134 mm。顶端盖下端开有环槽，套上氟胶"O"形密封圈之后，直接插进化学反应腔筒内。化学反应腔顶端面开2个直径为6 mm圆孔，正中间为清洗孔，侧面为透气孔，透气孔使化学反应腔中液体始终处于常压条件下。清洗孔连接有雾化喷头，工作压力为1.0~2.5 kPa，控制清洗蠕动泵的转速，从而控制喷洒流量。启动清洗蠕动泵，系统根据测试项目对象自动选择清洗液，最大喷洒直径达1 m，雾化喷头喷射到化学反应腔筒内壁液体最高点距离化学反应腔筒上端尺寸不大于1/3。化学反应腔清洗流程是：蠕动泵高速吸入清洗液，经雾化喷头雾化成锥状液面喷到化学反应腔筒内壁，清洗液沿内壁流下，被下端V形锥槽收集，然后由扰动蠕动泵高速排出；接着关闭化学反应腔扰动蠕动泵，调整化学反应腔清洗泵为中速，延时一段时间，将管道内的清洗液全部注入化学反应腔后停止化学反应腔清洗蠕动泵；调整化学反应扰动蠕动泵为中速，启动扰动蠕动泵，化学反应腔中的清洗液被中速排出。由于液体表面张力作用，内壁表面干净，无液体残留（表面涂覆疏水膜）。底端盖下端设计成倒立圆锥状，保证化学反应腔内液体完全排净，避免残留。

5. 模块化光电探测单元

模块化光电探测单元由微流池、光源和光电探测器3部分组成，采用避光设计，且封装成不可拆卸的紧凑型模块，确保光路对准，不受外部环境光的影响，如图5-4所示。

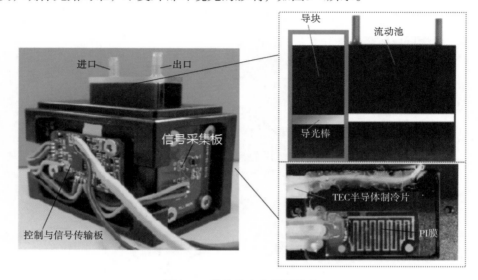

进口　出口
导块　流动池
导光棒
信号采集板
控制与信号传输板
TEC半导体制冷片
PI膜

图5-4　模块化光电探测单元

一旦模块化的光电探测单元损坏，可选择一个相同型号的光电检测单元模块，直接插入就可以更新替换。光源及驱动电路板和光电探测器及光电接收电路板分别内嵌在微流池外壳两侧。测量时，模块化光电探测单元处于恒温环境中，有效地减少温度变化对测试结果的影响。微流池两个侧面分别安装PI（Polyimide）发热膜和TEC（Thermoelectric cooler）半导体制冷片。光电信号采集与处理电路板、PI发热膜、TEC半导体制冷片、铂电阻和PID（Proportional integral derivative）温度控制器配套使用，实现温度自适应控制。光电信号采集与处理电路板完成光电信号采集、光源驱动和光波长选择、亮度调整、A/D转换和吸光度计算等，光电信号采用485总线接口与主控制器通信。

6. 多体系融合的农业面源污染快速检测

为了增强对国内外不同农业面源污染测试技术规范适应性，设置了灵活方便的参数配置方法。仪器的操作系统可根据不同的标准和规范配制测试参数，包括测试项目、根据测试项目自动控制光源亮度、选择测试光源波长、样品取样量、试剂种类和用量、反应条件、显色体系和光程长等。参数配置后，使农业面源污染快速检测系统具有通用性和可移植性。

实际使用中，只要通过操作系统页面选择农业面源污染测试项目，系统就将该项目信息传输给控制单元，自动开启测试光源、自动调整光源亮度、自动找到扰动蠕动泵的扰动次数和化学反应腔反应条件（如反应温度和反应时间）等。如果在使用中发现需要添加新的测试项目和采用新的测试体系，用户只需要对相应通道配置相关参数即可。单击所需要修改区域，数字键盘就会自动弹出，出现在参数配置模块中，输入相应的参数，然后点击确定按钮之后，相应参数会配置成功并保存到存储单元。试剂配置表可以修改或绑定测试通道、试剂用量和扰动次数。农业面源污染快速自动检测系统通过参数配置，方便实现基于氯化钙浸提土壤速效磷抗坏血酸还原剂钼蓝比色法、硝态氮重氮偶合络合物比色法、铵态氮靛酚蓝比色法、硫酸钠和碳酸氢钠联合浸提土壤铵态氮纳氏试剂法或者其他的测试规范等。

四、总结和展望

基于集成化学反应腔（扰动扩散流动分析）的农业面源污染快速检测方法极大地提高了农业面源污染测试的快速性、准确性和经济性。农业面源污染快速检测仪器采用了集成反应流动分析方法、模块化光电探测单元和便捷的参数配置，可与国内外不同农业面源污染测试方法、规范及标准相融合，增强仪器通用性和测试方法可移植性。

（一）测量结果及分析

为了验证农业面源污染快速检测系统对土样中铵态氮、硝态氮和水溶性磷测定的有效性，采集了同一地区不同点且取样深度为20 cm的9个水稻土壤样品。铵态氮测定基于靛酚蓝反应方法、硝态氮测定基于重氮偶合反应方法、而水溶性磷测定则基于抗坏血酸还原钼蓝反应方法。测定时，农业面源污染快速检测系统中的模块化光电探测单元光程长选择10 mm，设定PID控制器温度为37 ℃。

将土壤待测样品分别分成2份，其中一份用农业面源污染快速检测系统测量，另一份采用实验室紫外可见分光光度计测量。两种方法共用铵态氮标准溶液浓度分别为0.0 mg/L、0.5 mg/L、1.0 mg/L、2.0 mg/L、4.0 mg/L、5.0 mg/L、8.0 mg/L和10.0 mg/L，硝态氮标准浓度分别为0 mg/L、0.5 mg/L、1.0 mg/L、2.0 mg/L、3.0 mg/L、4.0 mg/L和5.0 mg/L，水溶性磷标准浓度分别为0 mg/L、0.5 mg/L、1.0 mg/L、2.0 mg/L、3.0 mg/L、4.0 mg/L和5.0 mg/L建立相应的标准曲线。农业面源污染快速检测系统获得的吸光度与标准溶液浓度曲线如图5-5所示，铵态氮基于靛酚蓝反应的吸光度与标准溶液线性相关系数为0.999 7，硝态氮重氮偶合反应和水溶性磷钼蓝反应的相关系数分别达到0.998 3和0.999 5。

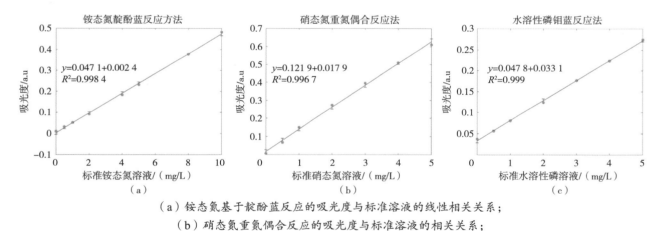

（a）铵态氮基于靛酚蓝反应的吸光度与标准溶液的线性相关关系；
（b）硝态氮重氮偶合反应的吸光度与标准溶液的相关关系；
（c）水溶性磷钼蓝反应的吸光度与标准溶液的相关关系

图5-5　农业面源污染快速检测系统和常规实验室紫外可见分光光度计测量结果

标准曲线建立之后，分别采用农业面源污染快速检测系统和常规实验室紫外可见分光光度计测量，并对比分析测量结果，其中实验室的土壤硝态氮采用275 nm和220 nm双波长法测定。由两种方法的测量结果发现，9个土样分析基于氯化钾浸提的土壤铵态氮（靛酚蓝反应法）、硝态氮（重氮耦合反应法）和水溶性磷（钼蓝反应法）的结果与常规分析方法结果之间的相关系数分别为0.968 7、0.997 3和0.934 3，都达到了0.001水平显著（$n=9$显著性水平alpha=0.001时，相关系数显著性的临界值为0.847）如图5-6所示。由此可见，两种方法具有很好的相关性，且农业面源污染快速检测系统（扰动扩散流动分析）能够满足不同浸提体系的自动化测定，其通用性和可移植性使其具有很广阔的应用前景。

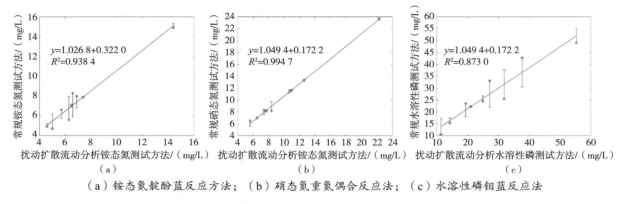

（a）铵态氮靛酚蓝反应方法；（b）硝态氮重氮偶合反应法；（c）水溶性磷钼蓝反应法

图5-6　农业面源污染快速检测的土壤有效态氮磷校准曲线

（二）与AA3（Seal analytical）型连续流动分析仪对比

分别取铵态氮标准浓度为0.25 mg/L、0.50 mg/L、1.00 mg/L、2.00 mg/L的样品，硝态氮标准浓度为0.50 mg/L、1.00 mg/L、2.00 mg/L、4.00 mg/L的样品进行测试对比（$n=5$），测试结果如表5-1和表5-2所示。

测试结果表明，两种方法的铵态氮测试结果基本一致；AA3连续流动分析方法对硝态氮的测试最大误差是3.6%，而农业面源污染快速检测系统的最大误差是6%，说明两种方法在农业面源氮素快速测定方面具有可比性。

表5-1　铵态氮测试结果对比

标准铵态氮样品浓度/（mg/L）	AA3型测试结果/（mg/L）	相对误差/%	农业面源污染快速检测系统测试结果/（mg/L）	相对误差/%
0.25	—	—	0.25	0.00
0.50	0.473	5.40	0.48	4.00
1.00	0.942	5.80	0.94	6.00
2.00	1.844	7.80	1.94	3.00

表5-2　硝态氮测试结果对比

标准硝态氮样品浓度/（mg/L）	AA3型测试结果/（mg/L）	相对误差/%	农业面源污染快速检测系统测试结果/（mg/L）	相对误差/%
0.50	0.518	3.60	0.53	6.00
1.00	0.976	2.40	0.94	6.00
2.00	1.967	1.65	1.92	4.00
4.00	3.936	1.60	3.91	2.25

（三）展望和建议

农业面源污染快速检测系统降低了样品和试剂消耗量，避免了人对有害试剂接触，极大地提高了测试效率和准确性。农业面源污染快速检测系统采用了灵活参数配置方法和模块化光电探测单元，提高了仪器通用性和可移植性。该系统采用注射泵和储液环实现了样品和试剂精确提取，内置反应腔与均匀螺旋环相结合实现样品和试剂的充分化学反应，反应后的溶液在水浴单元中保持化学反应稳定。该系统还采用低功耗夹管阀切换不同管路，通过注入不同长度的空气气泡实现连续多个样品自动化测量。尽管集成反应流动分析方法农业面源污染快速检测实现了自动化，但以下两个方面还需要优化和改进。

1. 集成反应流动分析农业面源污染快速检测仪工程化设计

目前，农业面源污染快速检测仪管路通过聚四氟乙烯（Poly tetra fluoroethylene，PTFE）硬管和软管进行连接，易引起管道内壁擦伤，增加液体带过及残留风险，建议在仪器工程化时，采用内壁光滑的石英玻璃管替代PTFE硬管。

2. 与微流控技术相结合实现农业面源污染快速检测仪小型化

为了节约样品和试剂用量、降低有害试剂及反应生成物产生的二次污染，需要进一步减少样品和试剂消耗量。微流控技术能够使溶液管道小型化甚至微型化，因此农业面源污染快速检测仪与微流控技术相结合，除降低样品和试剂消耗量外，还将极大地降低仪器体积，提高农业面源污染检测效率，同时适应更广阔的应用领域。

第二节　农业面源污染天地一体化协同监测

一、天地一体化协同监测机制

农业面源污染监测是指监测农业生产活动中，从非特定的地域输出污染物的种类、形态、浓度和输出量，以及对水体、土壤等受体造成的污染。目前，面源污染排放量基于计算获得，流域尺度污染主要基于模型评估实现，但面源污染发生机理复杂，影响因素众多，无论是利用简单统计模型，还是复杂机理模型，如果要获得较高精度计算结果，模型对输入数据的专题和时空覆盖等有着很高的要求，而传统的地面点监测难以满足实际需求，协同地面调查监测和多平台遥感监测是保障模型计算评估的重要基础。此外，面源污染综合防治需要对污染物源汇路径全过程的监测，相应的面源污染监测要从田间尺度拓展到流域尺度、区域尺度范围，形成服务于流域、区域或国家尺度面源污染防治的农业面源污染源汇路径全过程监测与评估体系。显然，该监测和评估体系需要有效融合现代监测技术体系和面源污染模型体系，实现天地一体的协同监测与评估，如图5-7所示。空中多平台遥感监测技术包括卫星遥感和低空遥感平台监测技术；地面监测技术包括构成地面监测网的固定监测设备和便携式移动监测设备及系统。

卫星遥感或低空遥感获取大面积全覆盖的污染及相关因素数据，包括：土地利用、植被覆盖度、水利工程措施、种植模式等影响农业面源污染的风险源或风险因素遥感识别监测；降水等气象因素遥感反演监测；土壤氮、磷、地膜等污染指标的土壤污染负荷监测评估；水体富营养化、COD、BOD等水质指标遥感反演监测。地面监测方面，农业部门已建立种植业氮磷径流和淋溶流失地面监测点，监测采集径流、淋溶水、土壤、植株、泥沙、灌溉水和降水样品及其TN、TP、NH_4^+-N、NO_3^--N、可溶性磷等指标数据；畜禽养殖业排污监测点，监测采集规模化养殖场的排污水量及其pH值、COD、TP、TN、NH_4^+-N、铜和锌等指标数据，粪便量及其含水率、TP、TN、铜和锌等指标数据。生态环境保护部门建立河流及其他水体水质监测点，监测采集径流量、pH值、TN、TP、凯氏氮、COD和悬浮物等指标数据。此外，除了固定监测站点数据获取外，还包括便携式移动快速检测与信息采集设备用于检测获取土壤或水体氮磷等指标数据，采集农业生产管理数据、土地利用、土壤等监测点背景及其他调查监测数据。

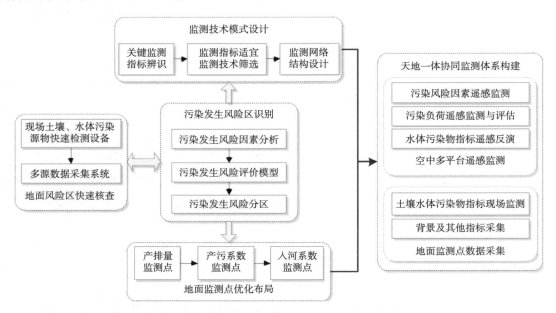

图5-7 天地一体化协同监测网络构成及构建方法

天地一体化协同监测网络构建主要包括潜在的污染发生风险区划分、监测点优化布局、监测技术模式设计及监测网络构建4个环节，如图5-7所示。农业面源污染监测不仅要把握污染现状，更要能预测未来趋势，科学划定污染发生潜在风险区，准确识别各类污染发生风险区是实现这一监测目标的前提，天地一体化协同监测网络应以此为基础进行构建。风险区识别及快速核查确定是污染发生风险区划分的两个重要环节，污染发生风险识别模型建立是风险区识别的基础，而便携式移动快速现场检测设备及采集系统保障风险区的快速核查确定。由于资源和经费限制，地面调查监测点布设数据有限，如何提高有限资源限制下的监测效率是要通过监测点优化布设增强地面监测调查点的代表性，体现在监测点重点关注潜在中高风险区，但同时也要覆盖地理空间、各类风险区、变化强度等特征。监测点主要包括污染产排量监测点、产污系数监测点、入河系数监测点等。监测技术模式设计是以污染发生风险分区为基础，主要依据污染风险强度、主要风险污染物指标和主要风险因素等风险区特征，确定风险区的关键监测指标，并筛选监测指标的监测技术，设计全区域"天地网"监测网络架构，明确区域范围内各监测技术的集成模式，服务天地一体协同监测体系构建。天地一体化协同监测体系实现污染风险因素、污染负荷、污染物指标及相关数据的监测与数据获取，包括数据获取、传输与数据汇聚。

二、农业面源污染潜在风险区识别评价方法

目前，农业面源污染风险识别方法有输出系数法、面源污染定量模型法、指标体系法。输出系数法

结构简单，所需资料较少，可直接评估和预测农业面源总氮和总磷的污染负荷量，但其在区域尺度上的应用需要大量的实地监测资料。面源污染定量模型包括SPARROW模型、AnnAGNPS模型、SWAT模型和HSPF模型等，需要参数较多，而目前农业管理中的数据积累还不够丰富，下垫面情况更复杂，区域性差异大，更是增加了地面基础信息的获取难度，国外模型直接移植的难度较大。非点源污染潜力指数法（APPI）、磷指数法（PI）等指标体系法可综合分析影响农业面源污染物流失的主要因子，能够为农业面源污染风险提供一个更为合理的评价框架，灵活性较强。但常规农业面源污染风险指标体系法中存在考虑的污染来源分类少、指标选择不全面、研究单元太粗等问题，因此从简单快速、成本低、精确性和适应性强等角度，建立识别农业面源污染潜在风险程度的指标体系，确定指标权重并划分因子等级，采用多因子综合分析法计算流域农业面源污染风险指数，对其农业面源污染潜在风险进行评价，确定流域内农业面源污染发生风险高的区域为重点控制区，为农业面源污染潜在风险评价和快速筛查奠定了基础。

（一）农业面源污染潜在风险识别评价指标体系

农业面源污染潜在风险指标的选择是否恰当对整个研究过程及研究结果都存在较大的影响。农业面源污染的发生受多方面因子的影响与控制，其中包括人类无法调控的自然因子，如降水、地形、地貌等，同时也包括了人类活动可以调控的许多因子，如植被覆盖、农药化肥的使用、农田灌溉等。所有气候因素都对水土流失有相应影响，其中降水最为重要，一般是年降水量越大，水土流失就越严重，地形地貌和土壤植被主要通过降水和地表径流影响面源污染。经济水平决定人的生产生活方式，主要通过社会经济活动影响土地利用方式、农业生产方式及管理水平、农村庭院养殖集中程度和规模、居民环境保护意识等，农村人口现状及增长速度直接影响耕地利用方式及利用程度、农业面源污染物的产生总量。

在充分考虑影响农业面源污染的自然因素（气象、地形地貌、土壤、植被、水文等）和人为因素（化肥农药施用、耕作、灌溉、畜禽养殖、农村生活垃圾及污水排放等），兼顾污染物的产生、迁移和削减整个过程，结合现有资料，最终选择能反映农业面源潜在污染普遍特征的3大类指标：水文气象指标、土壤地形植被指标和经济指标，水文气象指标具体包括年降水量、溶解态面源污染物入河系数和颗粒态面源污染物入河系数；土壤地形植被指标具体包括年植被覆盖度、坡度和土壤可侵蚀性因子；经济指标具体包括农田氮表观平衡量和农田磷表观平衡量。3大类8个指标的含义及算法如下。

1. 年降水量

降水是影响地表土壤侵蚀和面源扩散的重要因素之一，因降水有时空变化，面源污染也存在时空上的不同，受降水强度、持续性、数量和降水频率等因素影响。在这些因素中，对面源污染有重要影响的是降水量和降水强度，其大小直接影响着径流量的大小，进而影响面源污染的程度。基于流域范围内气象站的降水量数据，以数字高程模型（Digital elevation model，DEM）作为协变量，利用薄板样条滑动平均法进行降水量的空间插值，得到流域年降水量空间数据。

2. 溶解态和颗粒态面源污染物入河系数

指产生的面源污染物进入河网的比例，是用来估算面源污染物入河排放量的重要参数。按照溶解态和颗粒态两种污染物存在形式分为溶解态污染物入河系数和颗粒态污染物入河系数。其中溶解态入河系数由径流系数决定，而颗粒态入河系数由泥沙输移系数决定。溶解态面源污染物入河系数为年径流量与年降水量的比值，具体公式如下：

$$CR = \frac{Runoff}{Prec} \qquad (5-1)$$

式中，CR 为溶解态面源污染物入河系数，$Prec$ 和 $Runoff$ 分别为年降水量和年径流量。颗粒态面源污染物入河系数为年泥沙含量与年土壤侵蚀量的比值，具体公式如下：

$$SDR = \frac{Sed}{Sel} \times 100\% \qquad (5-2)$$

$$Sel = R \times K \times L \times S \times C \times P \qquad (5-3)$$

式中，SDR 为颗粒态面源污染物入河系数，Sed 为年泥沙含量（t），Sel 为年土壤侵蚀量 $[t/(hm^2 \cdot a)]$，R 为降雨侵蚀力因子 $[MJ \cdot mm/(hm^2 \cdot h \cdot a)]$，$K$ 为土壤可侵蚀性因子 $[t \cdot h/(mm \cdot MJ)]$，$L$、$S$ 分别为坡长因子和坡度因子，C 为植被覆盖与管理因子，P 为水土保持措施因子。

3. 年植被覆盖度

植被指数是一种无量纲的辐射测度，用来反映绿色植被的相对丰度及其活动，其中以归一化植被指数（Normalized differential vegetation index，NDVI）应用最为广泛，而且经过验证，植被指数与植被覆盖度有较好的相关性，用它来计算植被覆盖度是合适的。该因子与耕作管理密切相关，直接影响着土壤侵蚀速度。可利用遥感数据，采用最大最小值定量反演算法进行流域植被覆盖度反演。

4. 坡度

坡度是形成土壤侵蚀的根本原因，对侵蚀强度的影响也非常大，一般来说，地形的坡度越大，侵蚀的可能性也越大。基于DEM高程数据计算流域坡度。

5. 土壤可侵蚀性因子（K）

土壤可侵蚀性因子是土壤潜在侵蚀性的量度，它受土壤物理性质的影响，如与土壤机械组成、有机质含量、土壤结构、土壤渗透性等有关，K 值越大，土壤就越容易遭受侵蚀。K 因子采用EPIC（Environmental policy-integrated climate）模型计算，并对其计算结果进行纠正。具体公式如下：

$$K = 0.131\,7 \times K_{China} \qquad K_{China} = -0.013\,83 \times 0.515\,75 K_{EPIC}$$

$$K_{EPIC} = \left\{ 0.2 + 0.3 \exp\left[-0.025\,6 S_a \left(1 - \frac{S_i}{100} \right) \right] \right\} \times \left(\frac{S_i}{C_i + S_i} \right)^{0.3} \times$$

$$\left[1.0 - \frac{0.25C}{C + \exp(3.72 - 2.95C)} \right] \times \left[1.0 - \frac{0.7 S_n}{S_n + \exp(-5.51 + 22.9 S_n)} \right] \qquad (5-4)$$

式中，K_{EPIC} 为EPIC模型计算得到的土壤可侵蚀性因子，K_{China} 是中国土壤可侵蚀性因子，K 为土壤可侵蚀性因子，0.131 7为美国制和国际制的单位转换系数，S_a 为砂粒含量，S_i 为粉粒含量，C_i 为黏粒含量，C 是土壤有机碳含量，$S_n = 1 - S_a/100$。

6. 农田氮表观平衡量和农田磷表观平衡量

表观平衡量定义为氮磷输入项与输出项之差，当平衡量为负值时表示土壤养分输出大于输入，处于亏损状态；当平衡量为正值时，表示土壤养分输入大于输出，处于盈余状态，盈余的氮磷会增加农业面源污染的风险。根据县级的化肥施用量、畜禽养殖量、农作物产量、农业人口等51个统计指标数据，采用输入输出法计算，具体计算公式如下：

$$Q_{bal}=Balance/area \times 1\ 000$$
$$Balance=Input-Output$$
$$Input=Ftlz+Mnr+Irg+Seed+Dpzt+Bnf \tag{5-5}$$
$$Output=Hvst$$

式中，Q_{bal}为所述农田氮磷平衡量或所述农田磷平衡量，$area$为耕地面积和园地面积之和，1 000为单位转换系数，$Balance$为养分平衡量，$Input$为养分输入量，$Output$为养分输出量，$Ftlz$为化肥养分输入量，Mnr为有机肥养分输入量，Irg为灌溉养分输入量，$Seed$为种子养分输入量，Bnf为生物固氮氮输入量，$Dpzt$为干湿沉降养分输入量，$Hvst$为作物带走养分输出量。

根据《土地利用现状调查技术规程》、区域降水分布规律及土壤侵蚀强度分级的参考指标等，结合GIS的自然间断点分级法（Jenks），充分考虑数据的均值、方差等统计结果，对8个潜在污染风险指标进行了分级并赋值1～4，各指标分级标准及其赋值结果如表5-3所示。

表5-3　农业面源污染潜在风险识别评价指标分级

指标	一级	二级	三级	四级
	1	2	3	4
年降水量/mm	≤400	400～500	500～700	>700
溶解态面源污染物入河系数	≤0.018	0.018～0.055	0.055～0.130	>0.130
颗粒态面源污染物入河系数	≤0.018	0.018～0.13	0.13～0.28	>0.28
年植被覆盖度/%	>60	45～60	30～45	≤30
坡度/°	≤8	8～15	15～25	>25
土壤可侵蚀性因子/[t·h/(MJ·mm)]	≤0.010	0.010～0.023	0.023～0.027	>0.027
农田氮表观平衡量/（t/km²）	≤0	0～15	15～40	>40
农田磷表观平衡量/（t/km²）	≤0	0～5	5～15	>15

（二）农业面源污染潜在风险识别评价模型

借鉴磷指数法和农业非点源污染发生潜力指数系统（Agricultural Non-point Source Pollution Potential Index，APPI）指数法，构建空间多指标面源污染潜在风险评估模型。

$$NPSPRI = \sum W_i \times I_i \tag{5-6}$$

式中，$NPSPRI$为农业面源污染潜在风险指数（Non-point Pollution Potential Risk Index），W_i为潜在风险指标在指标体系中的权重值，其值范围为0～1，I_i为指标赋值，其值范围为1～4，i为指标体系中的指标。

不同指标对农业面源污染的潜在危害程度不同，需要确定各影响因子的权重以获得更准确的污染风险等级。农业面源污染受多因素共同作用，且具有随机性、广泛性、模糊性和滞后性等特点，较适合采用层次分析法。研究采取层次分析法中的幂法确定各指标的权重，得到的权重结果见表5-4。

表5-4　农业面源污染潜在风险评价识别指标权重

一级指标	二级指标	三级指标
自然因素	气象水文因子（0.539 6）	年降水量（0.266 2）
		溶解态面源污染物入河系数（0.167 7）
		颗粒态面源污染物入河系数（0.105 7）
	土壤地形植被因子（0.163 4）	土壤可侵蚀性因子K（0.088 2）
		年植被覆盖度（0.026 7）
		坡度（0.048 5）
人为因素	经济因子（0.297 0）	农田氮平衡量（0.198 0）
		农田磷平衡量（0.099 0）

（三）农业面源污染潜在风险分级

对分级后的8个风险指标数据按各指标的权重数值进行加权，得到根据权重对8个指标进行加权后的农业面源污染潜在风险综合指数NPSPRI。

对农业面源污染风险指数NPSPRI进行自然间断点分级法（Jenks）分级为4个风险等级，无风险赋值1，低风险赋值2，中风险赋值3，高风险赋值4，得到农业面源污染综合指标评价体系潜在风险空间分布图。

三、基于卫星遥感的农业面源污染高风险区识别方法

（一）区域农业面源污染负荷估算模型

在二元结构模型基础上，耦合定量遥感模型和遥感对下垫面污染源高风险区识别技术，构建DPeRS（Diffuse pollution estimation with remote sensing）面源污染评估模型，对区域农业面源总氮、总磷污染负荷进行量化评估。DPeRS模型是一种基于二元结构的半经验半机理过程模型，污染物按照溶解态和颗粒态2个类型进行模拟，空间计算单元为影像栅格，模型参数考虑流域水文特征、土地利用和土壤特征等确定。DPeRS模型可以概括为5个污染类型和2个元素形态，即农田径流型、城镇径流型、农村生活型、畜禽养殖型和水土流失型；溶解态和颗粒态2种污染物形态。

具体污染指标包括总氮（TN）、总磷（TP）、铵态氮（NH_4^+-N）和化学需氧量（COD_{Cr}）；溶解态污染物即表明面源污染物具有水溶性，能随地表径流发生迁移，整个过程受水循环控制，污染源主要来自农田生产过程中肥料（TN和TP），农村生活和城市生活中非集中处理和排放的生活垃圾和生活污水污染、散养和集中养殖过程未集中处理的粪便污染（TN、TP、NH_4^+-N和COD_{Cr}）等；颗粒态污染物即通过附着在土壤颗粒体而实现迁移运动的污染元素（TN和TP），其过程同水土流失密切相关，DPeRS模型基本构架和主要指标参数见图5-8和表5-5。

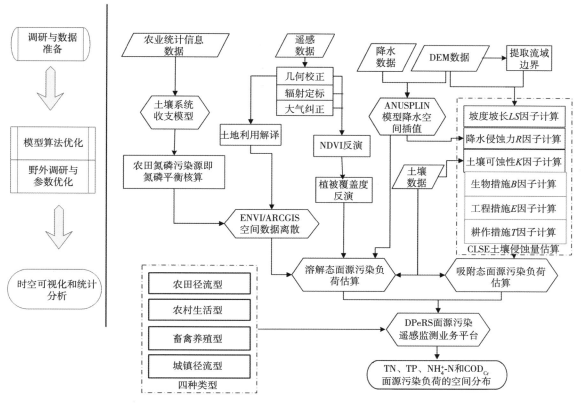

图5-8　模型基本构架

DPeRS模型包括农田氮平衡核算模块，植被覆盖度定量遥感反演模块，溶解态污染负荷估算模块和入河模块，涉及主要变量如表5-5所示。

表5-5　模型中的主要参变量

参数/单位	意义	参数/单位	意义
NUT_{bal}/[t/(km·a)]	氮磷平衡负荷	Mnr/t	有机肥养分输入量
$Input$/t	养分输入量	Irg/t	灌溉养分输入量
$Output$/t	养分输出量	$Seed$/t	种子养分输入量
$Area$/hm²	为耕地面积和园地面积之和	Bnf/t	生物固氮氮输入量
$Ftlz$/t	化肥养分输入量	$Dpzt$/t	干湿沉降养分输入量
$Hvst$/t	作物带走养分输出量	Gas/t	氨气挥发和反硝化氮输出量
$Water$/t	淋失和径流养分输出量	FVC	植被覆盖度
$NDVI$s	标准化归一化植被指数	$NDVI_{low}$	裸土像元的NDVI
$NDVI_{high}$	植被像元的NDVI	NIR	近红外波段地表反射率
RED	红光波段地表反射率	C_{Dis_urb}/（t/km²）	城市径流型溶解态污染负荷
ε/无量纲	地表径流系数	M/无量纲	污染元素类型（1TN；2TP；3COD$_{cr}$；4NH$_4^+$-N）
J/无量纲	月份	N/无量纲	自然修正因子

（续表）

参数/单位	意义	参数/单位	意义
P/（mm/月）	月降雨量	ε_0/无量纲	标准化地表径流系数
S/无量纲	社会修正因子	C_{Dis_rur}	农村居民点型溶解态污染负荷
Γ_m/无量纲	污染物转化系数	C_{Dis_liv}	畜禽养殖型溶解态污染负荷
C/（t/km²）	累积垃圾/粪便量	D/d	两次降雨期之间的未降雨天数
L_m/（t/km²）	降雨过后残留污染物量	R/（mm/月）	月标准降雨强度
Q_{balm}/（t/km²）	污染源强即氮磷平衡负荷	k/无量纲	地表冲刷系数
C_{Dis_agr}/（t/km²）	农田型溶解态污染负荷	C_{Ads}/（t/km²）	颗粒态非点源污染负荷
Er/无量纲	氮磷富集系数	Q_a/（mg/kg）	土壤氮磷含量
CR/无量纲	年径流系数	SDR/无量纲	输沙系数
A/[t/(km²·a)]	年土壤侵蚀量	Q_a/（mg/kg）	土壤中的氮磷含量
LS/无量纲	坡度坡长因子	R/[MJ·mm/(hm²·h·a)]	降雨侵蚀力
K/[t·hm²·h/(MJ·mm·hm²)]	土壤侵蚀性因子	S_n	$S_n=1-S_a/100$ S_a土壤砂粒含量
K_{China}	修正的土壤侵蚀性因子	C_l/%	土壤黏粒含量
C/%	土壤有机碳含量	S_i/%	土壤粉粒含量
K_{EPIC}/[t·hm²·h/(hundred·hm²·ft·ton·in)]	美国制单位的土壤侵蚀性因子	P/无量纲	水土保持措施因子
C/无量纲	生物措施因子	0.131 7	单位转换系数

1.农田氮平衡核算

采用输入输出法对农田氮表观平衡量进行计算，输入项包括化肥、饲料、粪肥、生物固氮、大气沉降和种子幼苗等过程，输出项为农作物带走氮量。

2.植被覆盖度

应用归一化植被指数间接反演植被覆盖度（Fc）。

3.溶解态污染负荷估算

以暴雨径流产污模型为基础，分别构建农田径流、农村生活、畜禽养殖和城镇径流的溶解态污染负荷估算方程。

$$C_{Dis}=\sum_{j=1}^{12}C_{Dis j}=\begin{Bmatrix}\sum_{j=1}^{12}\sum_{i=1}^{4}\dfrac{\varepsilon}{\varepsilon_0}\times\left(1-e^{-kt}\right)\times\left(Q_i+L_i\right)\times N_i\times S_i^{'} & P\geqslant r\\ 0^{'} & P<r\end{Bmatrix} \qquad (5-7)$$

$$N_i=Slop_{co}\times Veg_{co}\times Soil_{co}$$
$$S_i=（1-W）\times（1-U）$$

式中，C_{Dis}是溶解态面源污染负荷（t/km²）；i是面源污染类型（1是农田径流型，2是城镇径流型，3是农村生活型，4是畜禽养殖型）；j是月份；Q_i是单位面积面源污染源强（t/km²）；L_i是次降水冲刷后剩余污染物的量（t/km²）；N_i是自然因子修正系数，用来表征对面源污染物空间分布产生影响的主要自然因子的空间异质性；S_i是社会因子修正系数，用以表征城镇和农村的经济发展对面源污染物排放的影响；ε为径流系数；$ε_0$为标准径流系数，反映不透水硬化地面情况，本研究中，$ε_0$默认取值为0.87；k为地面冲刷系数；r为降雨强度（mm/d）；t为降雨历时（h）；P为日降雨量（mm/d）；$Slop_{co}$，Veg_{co}和$Soil_{co}$分别为坡度、植被和土壤因子；W为垃圾处理率；U为垃圾入网率。

4. 入河系数计算

基于DEM和流域水系划分亚流域，以亚流域为单元计算入河系数，如下：

$$Q_{discharge}=C_{Dis} \times CR \times Area$$
$$CR=\frac{Runoff}{Prec} \tag{5-8}$$

式中，$Q_{discharge}$为面源污染物入河量（t）；$Area$是像元面积；CR为径流系数（无量纲）；$Prec$和$Runoff$分别为年降雨量和年径流量，可采用站点实测数据。

5. 畜禽养殖密度计算

畜禽养殖密度（Animal density，AD）用单位耕地面积的畜禽单元数量来表示。畜禽单元（Animal unit，AU）计算标准为1个畜禽单元等于454 kg畜禽活体重量。

（二）农业面源污染源遥感识别

主要应用GF-2/PMS、HJ-1/CCD、Landsat-8/OLI、Sentinel-2/MSI和Worldview-2等系列中高分辨率遥感数据，对农业面源污染源的地物光谱特征和纹理形状特征进行分析，采用面向对象方法和目视解译等方法提取养殖场等污染源空间分布以及耕地、林地、菜地和园地等关键地类空间分布。

1. 基于面向对象法的地理遥感识别

利用GF2的全色和多光谱融合的1 m多波段时间序列遥感影像，构造特征空间，结合分层分类与面向对象方法，进行特征优选和分割参数优选，制定类别提取方法，完成农田、菜地、果园和河流等关键类别的提取。

（1）特征空间构建。结合时间序列、空间信息、光谱信息等具有不同特点的数据特征，构建全面的特征空间来进行分类。

（2）多尺度分割参数优选。面向对象分类的方法进行类别提取时，地物分割结果的完整性和纯度直接影响对象的属性值，不完整或存在混合地物的对象容易产生具有误导性的属性值，从而错误分类。使用单一分割参数的分类需要综合考虑所有地物的完整性和纯度，对每一类地物都可能不是最佳的分割结果。为了完整获取各类地物对象，针对每一类地物选择合适的分割参数，在分类时使用每个类别的最佳分割参数获得该类对象。

（3）最优特征子集选择。不同的特征集合影响分类的速度和精度。精度不一定会随着特征数量的增加而增高，过多的冗余特征反而会降低精度并且降低分类效率。为了减少冗余特征，需要对特征集合进行特征优选。在多分类问题中，特征选择往往是综合考虑所有类别的结果，没有对每个类别进行细致的选择。本项目方法将在分类时为每一类地物选择合适的特征集合。

（4）分层分类结构并引导对象分类的综合分类方法构建。引入分层思想，并提出一种生成分层结构的方法，将分类问题分解为各个类别的提取问题，降低问题复杂度，提高分类过程的可操作性。生成的分层结构中在每一层提取出一个最容易区分的类别，即提取的类别与其他类别的混淆程度最小。通过该分层结构引导分类，以实现为每一类选择适合的特征集合与分割参数。

2. 基于时间序列中高分辨率影像数据的土地利用分类

基于环境卫星CCD以及Landsat TM/ETM[+]/OLI的研究区域影像，发展了基于时间序列30 m分辨率数据的土地利用分类方法，同时基于Sentinel-2A/B数据，发展了基于时间序列10 m分辨率数据的土地利用分类方法，提高了区域土地利用产品的精度和时间分辨率，并基本实现了自动化与半自动化的分类流程（图5-9），提高了土地利用分类的效率。

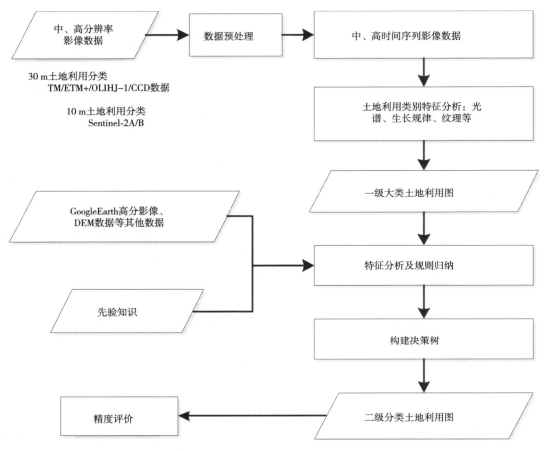

图5-9　区域土地利用遥感分类方法

主要利用决策树的思想，将多源遥感数据和多种分类器在决策树的框架下进行融合，通过由简入繁的方式，将复杂问题拆分成多个简单问题；在不同的阶段引入不同的数据和分类器，从而在提高算法精度的同时提高了算法的效率。对整个区域的分类流程进行了整理，将分类中所设置的阈值进行设置，使得阈值尽量宽泛，而且在确定阈值时是根据数据情况自动确定，这样就避免了人工的介入，从而能够实现算法的自动化。

将Sentinel-2A/B数据处理成全流域具有月度分辨率的时间序列数据，利用地物在时间维的动态变化信息提取耕地、林地、草地、水体、城建用地等一级大类，在一级大类的基础上，利用Google Earth高分辨率数据、DEM数据和先验知识，建立分层分类决策树，将二级土地利用类别提取出来，其中对耕地类型下的不同作物种植类别可进行精细区分。图5-10是北京市的分类结果。

草地
水体
建筑用地
夏玉米
蔬菜
夏玉米–冬小麦轮作
夏玉米–蔬菜轮作
蔬菜–春小麦轮作
蔬菜–冬小麦轮作
其他作物–冬小表轮作
蔬菜–其他作物轮作
其他作物
常绿林
落叶林
道路
矿场
裸岩

图5-10　北京市土地利用及作物轮作模式遥感分类结果

3. 养殖场遥感识别

利用遥感技术将养殖场分布提取出来，以作为农业面源污染的污染源空间分布数据。基于Worldview-2卫星数据，根据已掌握的养殖场的基本位置，将该位置周围1 km作为缓冲区，根据缓冲区内的影像，基于养殖场棚房/场房光谱特征、空间分布特征，利用面向对象分割的方法，提取养殖场位置分布信息，见图5-11。

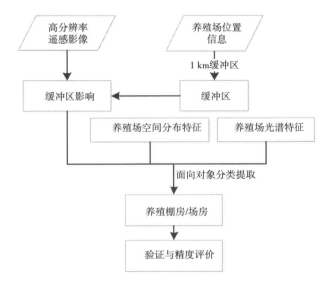

图5-11　养殖场遥感识别方法及养殖场样本影像

（三）农业面源污染高风险区空间识别

基于面源总氮和总磷污染物入河量数据，结合地表水环境质量标准限值（表5-6）和地表水资源量数据，在点源和面源对水质的影响各占一半的前提下，构建与水质标准限值相对应的5级面源污染潜在风险评估标准。具体计算公式为：

$$CNPS=M_{total} \times 0.5/A_{total}$$
$$M_{total}=C_{standard} \times Q_{water} \times 100 \qquad (5-9)$$

式中，$CNPS$是面源污染物浓度的潜在风险评估标准限值（t/km²），M_{total}为水体污染物总量（t）；A_{total}为区域总面积（km²）；$C_{standard}$为水质指标浓度的标准限值（mg/L）；Q_{water}为区域地表水资源量（亿m³）。

基于上述公式计算得到的面源污染物浓度潜在风险评估标准限值（Ⅰ~Ⅴ级），将面源污染风险划分为无风险、低风险、中风险、较高风险和高风险5个等级：①无风险，$CNPS \leqslant$ Ⅱ级潜在风险阈值。②低风险，Ⅱ级潜在风险阈值$<CNPS \leqslant$ Ⅲ级潜在风险阈值。③中风险，Ⅲ级潜在风险阈值$<CNPS \leqslant$ Ⅳ级潜在风险阈值。④较高风险，Ⅳ级潜在风险阈值$<CNPS \leqslant$ Ⅴ级潜在风险阈值。⑤高风险，$CNPS>$Ⅴ级潜在风险阈值时。

表5-6 地表水环境质量标准限值 （单位：mg/L）

指标	Ⅰ级	Ⅱ级	Ⅲ级	Ⅳ级	Ⅴ级
TP	0.02	0.1	0.2	0.3	0.4
	0.01（湖库）	0.025（湖库）	0.05（湖库）	0.1（湖库）	0.2（湖库）
TN	0.2	0.5	1	1.5	2

注：此处TP的浓度取值参考地表水环境质量标准限值中TP浓度的均值。

四、农业面源污染监测网络优化方法

农业面源污染监测网络布设时，为实现多指标的总体估计、空间插值制图和时间趋势分析精度多个目标的优化设计，结合具体监测业务需求，采用特征代表性监测的思路相关展开监测网络优化布设。

总体技术路线如下所述，首先构建采样空间，其次是构建能反映面源污染的多指标估计、空间插值制图精度和时间趋势分析精度的监测网络多目标优化函数，再次研究面向监测网络优化布设的多目标优化求解算法研究，保障多目标优化布局设计效率。最后结合历史监测数据根据研究需求对冗余点位进行去除，并使用多目标优化求解算法进行新增站点优化布设，最终形成一套完整的监测点位布局方案（图5-12）。

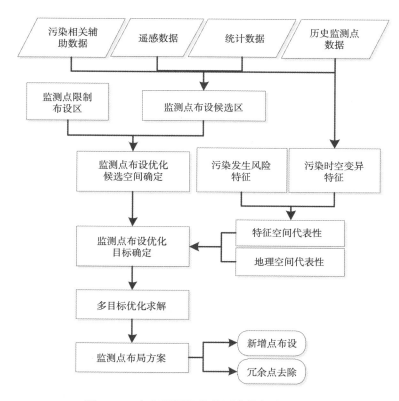

图5-12　农业面源污染监测点优化布局方法

（一）农业面源监测点布设优化候选空间构建方法

农业面源监测布设优化候选空间构建，主要涉及两方面的内容：结合实际情况和管理需求对监测点限制性布设区提取和监测点布设候选空间确定。

1. 农业面源污染监测点限制布设区提取

监测点限制布设区是无需监测或禁止监测区，在农业面源监测点限制布设区提取中，可结合土地利用、高程、道路、河流水系、工矿企业分布、农用设施用地、畜禽养殖场等专题数据进行判别。主要有两种提取方式：一是结合研究区实际情况及监测需求进行直接提取，如依据土地利用直接提取非农用地区作为限制布设区；二是如果限制布设覆盖区域缺乏代表性，可先提取非限制监测点布设区域，然后通过去除非限制布设区获得限制布设区，如对农用地区域中的重点监测区域进行提取，获得最终的限制性布设区。重点监测区主要包括距离河流、道路、工矿企业、农用设施用地、畜禽养殖场等近的区域。

2. 农业面源污染监测点布设候选空间确定

基于已获得的监测点可布设候选区，对区域进行离散化生成监测点布设候选空间。主要将面状要素按照一定的格网大小，提取其中心点，离散成覆盖监测区域的可布设区域的点位，可提取反映该点位的农业面源污染及发生风险状况相关的辅助数据信息，用于指导后续的农业面源监测点布局优化设计。

（二）农业面源污染监测点布设多目标优化函数

监测点优化目标包含特征空间代表性优化目标和地理空间代表性优化目标。同时，监测点布设要能兼顾多个污染指标的总体估计、保障空间插值制图精度及时间趋势分析精度，这要求在构建特征空间代表性优化目标时，要综合考虑监测区域的污染发生风险及污染时空变异特征等的代表性。因此，优化目标函数构建时，首先，需要结合前期研究基础，基于多期调查监测数据及结合辅助数据构建监测网络布设优化的特征空间，既能反映面源发生风险和污染状况，又能反映由多种辅助因素引起的空间变异程度及变化趋势；其次，构建理想的监测点分布模式，以实际的监测点分布和理想模式的差别构建优化目标函数。构建的农业面源污染监测点布设的多目标优化函数的形式如下：

$$F(s) = \{f_a(s), f_g(s)\}^T \tag{5-10}$$

式中，$F(s)$为多目标优化函数，其中$f_a(s)$为能反映农业面源发生风险和污染程度及其空间变异程度和时间变化趋势的特征空间代表性优化目标函数，$f_g(s)$为地理空间代表性优化目标函数。

1. 特征空间代表性优化目标函数

特征空间代表性优化目标函数，以其中一特征属性指标为例，其对应的优化目标函数如下所示：

$$f_a(s) = \sum_{j=1}^{c} \left| \eta(s_j) - \alpha \right| \tag{5-11}$$

式中，c为监测点的数量，$\eta(s_j)$表示实际落入第j个分层中的监测点个数，α表示理想模式下落入第j个分层中的监测点个数。通常是希望每个分层中落入1个监测点，但是当需要重点关注某特征空间分层时，可根据需求进行偏好性设置。其他特征属性指标的优化目标函数定义类似。

2. 地理空间代表性优化目标函数

地理空间代表性优化目标采用平均最短距离最小函数，其计算公式如下：

$$f_g(s) = \frac{1}{N} \sum_{i=1}^{N} minDis(u_i, s_i) \tag{5-12}$$

式中，N为区域总单元个数，u_i为区域i个单元，$minDis(u_i, s_i)$为第i个单元距离最近监测点的距离。

（三）农业面源污染监测点多目标优化求解方法

模拟空间退火（SSA）主要被用于解决单目标或者将多目标问题简化为单目标的优化问题，不能实现多个目标的同步优化。为了同时实现多个目标优化，获得多个目标的代表性监测优化布设方案，采用模拟空间多路退火方法（Simulated spatial multi-path annealing，SSMPA）进行多目标优化求解。通过将SSA单条退火路径扩展为多路退火，形成模拟空间多路退火方法用于解决多目标监测点优化问题，该方法将多目标优化函数$F(s)$的每一个优化目标$f\_i(s)$分别作为适应度函数，为每个适应函数设置各自的降温路径。具体优化求解实现如图5-13所示。

1. 优化目标函数设定与数据准备

设定优化目标，并以监测点的函数形式进行表达，$f_1(s)$，$f_2(s)$，…，$f_m(s)$。优化的目标为最小化m个函数的值（对于最大化的情况可以通过倒数或者负数的方式变换为最小化问题）。根据限制条件，生成监测点布设候选空间数据。

2. 初始化算法

分别为每个优化目标设定各自的初始温度、结束温度、降温速率α_1，α_2，…，α_m，并设定其他迭代终止条件。设定每个目标所对应的温度变量T_1，T_2，…，T_m为初始温度。以随机或者空间均匀的方式生成初始样本s_1，令$s=s_1$，并计算$f_1(s)$，$f_2(s)$，…，$f_m(s)$的值。

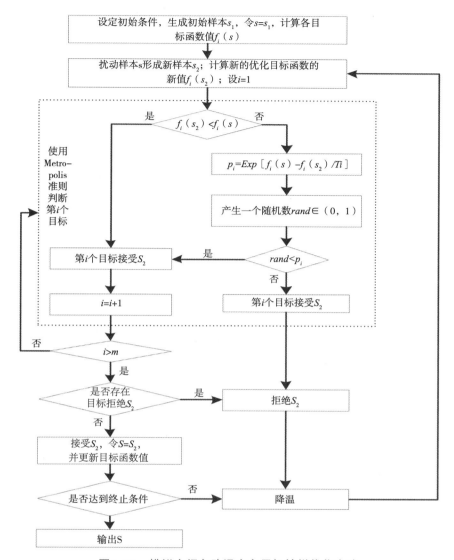

图5-13 模拟空间多路退火多目标抽样优化方法

3. 扰动s，产生新解s_2

在s中，随机选择s中的一个样点位置，以随机的角度和距离移动该位置产生新的样点，用新的样点替换原样点，生成新的抽样方案s_2，并计算s_2所对应的目标函数$f_1(s_2)$，$f_2(s_2)$，…，$f_m(s_2)$。

4. 依据Metropolis准则确定是否接受新解

用式（5-13）依次计算每一个目标对s_2的接受概率：

$$p_i = \begin{cases} 1 & f_i(s_2) \leq f_i \\ Exp\left(\dfrac{f_i(s) - f_i(s_2)}{T_i}\right) & f_i(s_2) > f_i(s) \end{cases} \tag{5-13}$$

生成一个0～1之间的随机数rand，如果rand$<p_i$，则目标f_i的判断结果为接受，否则目标f_i的判断结果为不接受。完成针对每个目标的判断后，判断是否存在目标f_i选择拒绝s_2，如果存在，则拒绝s_2；否则选择接受s_2，令$s=s_2$，$f_i(s)=f_i(s_2)$；不管拒绝与否，按照式（5-14）中的规则进行降温：

$$p_i = \begin{cases} T_i \times \alpha_i & \text{rand} < p_i \\ T_i & \text{rand} \geq p_i \end{cases} \qquad (5\text{-}14)$$

5. 收敛判断

依据各个函数目标值、降火温度及其他终止条件，选择是否结束迭代。如果收敛条件未满足，转第3步继续执行；否则结束迭代，输出s。

在模拟空间多路退火多目标监测点优化中，每一条退火路径自主选择是否接受新的解。接受新解的概率取决于新解对该目标的改善程度，以及该路径当前的温度。新解对目标的改进程度越好，其被接受的概率越大；当前新解未改善目标时，路径的温度越高，被接受的概率越大，同时随着温度的降低，对未改善目标的新解的接受概率不断降低。由于新解最终是否接受由所有路径共同决定，施行一票否决制，而每条路径都以寻求自身的最大改进为目标，因此在优化过程中，新解的接受必然朝着所有目标整体改进的方向前进（图5-13）。

不同目标的权衡通过各自路径不同的温度实现。温度相对越低的路径，对非改善解的接受概率越低，即越不愿意牺牲自己的目标改进以配合其他目标的改进。在降温判断中，按降温规则，当接受新解时，各条路径同步降温；当选择拒绝新解时，只对选择接受的若干路径进行降温。随着迭代的进行，不同路径的温度出现差异。当某条路径选择拒绝新的非改善解时，说明其所对应目标的改善已经达到一定的程度，因此暂不对其进行降温，即不降低其对非改善解的接受概率，增加其牺牲自己以配合其他目标改进的概率；相反，如果某条路径选择接受新的非改善解，则说明其在积极搜寻最优解，尚待优化，因此降低其温度，使其更加专注于自身目标的改进。通过上述降温机制，模拟空间多路退火多目标监测点优化方法能够自动实现不同目标之间的平衡。

当需要在所有优化的多目标之中有所侧重时，可以通过设置不同的降温速率实现。对于重要的目标，设置较快的降温速度，即较小的α_1值。在迭代优化过程中，由于其降温较快，所以接受非改善解的概率较低，能够得到比其他目标更多的改进。

五、农业面源污染监测新增站点优化布设

在进行农业面源污染监测的新增站点布设时，需要综合考虑人力物力条件及调查区域环境因素，在可调查监测区域选择若干具有代表性的样点进行监测。监测不同于一次性的调查，当监测网络设计完成后，需要多次进行数据获取。为了保持具有时间序列的数据，监测样点不宜频繁变动。因此，需要在监测网络构建时就全面考虑，优化布设监测样点。

一个监测网络往往需要观测多个变量，实现多目标监测。为了提高监测网络的效率，需要选择布设的监测点能较好反映各个变量的各类属性特征，对各个变量的总体具有较好的代表性。如需要监测点能涵盖各种土地利用类型、土壤类型、种植模式和污染程度。但是如果分别在各种土地利用类型、土壤类型、种植模式和污染程度中抽样，然后并合并为一个样本，会导致样本量较大，成本增加。因此，提出基于特征代表性的多目标监测网络优化布设方法，其主要思想如图5-14所示。该方法为了降低样本量需求，增强样点的代表性，要求每个样点具有对多个属性的代表性，如一个样点同时代表某种土地利用类型、土壤类型、种植模式和污染程度，而另一个样点代表另一种土地利用类型、土壤类型、种植模式和污染程度，尽量避免对属性代表性的重复。

　　基于特征代表性的多目标监测网络优化布设方法通过将实际的采样空间映射到拉丁超立方体中，并按顺序进行样点的选取和超立方体的消融，在逐步降低立方体的大小和维度的同时，选择出监测点。

　　在假设监测点布设需要考虑 n 类属性的代表性，分别表示为 X_1，X_2，$\cdots$，X_n。对于连续变量，按照等概率间距进行分层，对于类别变量，按照类别进行分层。设每个变量的分层数分别为 H_1，H_2，$\cdots$，H_n。用变量与层的组合表示具体变量的某一层，如 $X_1(h_1)$ 为第一个变量的第一层，$X_2(h_3)$ 为第二个变量的第三层。并假设 X_1，X_2，$\cdots$，X_n 变量已经按照分层数目由大到小排列。按照如下步骤进行样本点选择。

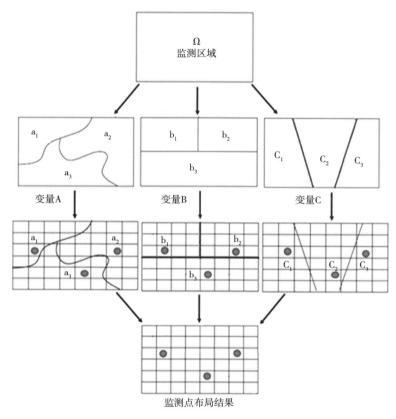

图5-14　代表性监测点布设方法

　　（1）拉丁超立方体构建。将已经按照分层数目由大到小排列的变量 X_1，X_2，$\cdots$，X_n 作为坐标轴，构建 n 维坐标系统。在 n 维坐标系统中，按照每个变量的分层，构建多维格网，形成 n 维拉丁超立方体，数目为 $H_1 \times H_2 \times \cdots \times H_n$ 个。

　　（2）映射采样空间。遍历采样空间中的候选点（S_1，S_2，$\cdots$，S_n），将每个点按照其属性映射到上一步构建的拉丁超立方体的具体格网中，记录映射关系，建立候选点的索引。遍历结束后，立方体中没有包含映射候选点的格网设置为空。

　　（3）立方体切片。从 X_1 轴开始，使用 X_1 轴的第一个间隔对立方体进行切片，即选择 $X_1 = X_1(h_1)$ 的 $n-1$ 维切片。若总共有两个坐标轴，则切片为一列；若总共有三维，则切片为面；以此类推。

　　（4）采样并消融。选择切片中不为空的格网。以如下方法计算每个格网的影响度，即计算与格网相交的各个 $n-1$ 维的面中非空单格个数。将切片中单元格的影响度由小到大的顺序排列。选择非空单元格数最小的单元格，在单元格中随机选择样点（选择一定数量的，或按层所占总体的比例确定）。然后对拉丁立方体进行消融，即删除选中单元格所在每个坐标轴的间隔，使得立方体缩小。

（5）降维。计算消融后每个坐标轴间隔的数目，当某个坐标轴的剩余间隔等于1时，进行立方体的坍塌降维，转化为低一维度的超立方体。

（6）判断降维后的立方体的维度，如果维度等于一维，选择剩余的单元格并在单元格中随机选择样点；如果维度大于一维，转（3）继续。

空间监测点优化包括前向优化和后向优化两类单项优化方法。前向优化是指通过逐渐增加监测点最终形成所需最优监测点的优化方式。前向优化的监测点最优布局主要是在未布设点中探寻具有最大信息含量的监测点位置，每增加一个监测点，均能使由已知监测点推断出的总体表面精度有显著性提高，直至当增加的监测点不能显著提高精度或已达到所需的精度要求，或者新增监测点已达到预设监测点数。后向优化是指在已有的监测点中逐渐去除信息含量较低的冗余监测点，直至去除监测点后所带来的信息所示较大，或者剩余监测点不能被去除时停止。采用双向优化方法，即首先去除信息含量较低的冗余监测点，然后在需要监测点加密区域优化选点，布设新增监测点。

六、农业面源污染监测网络技术模式

（一）农业面源潜在污染区域特征分析

在农业面源污染潜在风险分区技术、高风险区遥感识别技术和监测网络优化的基础上，对各典型潜在污染区域的主要污染要素的取值类型、测量方式、污染发生特征、空间分布特征和时间变化特征进行分析。

（1）污染要素。面源污染要素指标有8个，分别是年降水量、溶解态面源污染物入河系数、颗粒态面源污染物入河系数、年植被覆盖度、坡度、土壤可侵蚀性因子、农田氮平衡量和农田磷平衡量。

（2）污染要素的取值类型。农业面源的污染要素都是连续型变量。

（3）测量方式。这些污染要素的测定方式可以分为取样实验室分析、年鉴统计资料查阅、现场快速监测、遥感解译。其中污染源数据和年植被覆盖度数据需要遥感解译，农田氮磷平衡量数据、降水量、径流量数据等需要通过年鉴统计资料获取，其余数据均需通过制定方案，采样实验室分析测定。

（4）污染发生特征。面源污染可能发生的特征是农药化肥施用量较高、降水量大导致的南方农田径流型、水土流失型和农村生活型、北方地下淋溶等。

（5）时间变化特征。农业面源污染的季节和年际变化较大。

（二）监测参数的确定方法

在制定面源污染潜在风险指标的监测模式规则前，需要先确定遥感监测空间分辨率及光谱分辨率、监测样点空间密度、监测频率等监测参数以及辅助数据比例尺及属性数据精度等参数。

1. 遥感监测数据的空间分辨率确定

在进行污染高风险区识别时，所需要的遥感数据只需要能看清养殖场等污染源及土地利用，通常采用高分及Worldview等高分辨卫星遥感影像的7个波段数据。遥感数据的分辨率最低2 m，如需更精细地提取污染源位置，遥感数据的分辨率可选择0.8 m或0.5 m。

2. 监测点的空间密度确定

监测点的空间密度，需要根据监测变量的空间变异情况确定。首先，需要计算均值估计的方差：

$$v\left(\overline{y}_{st}\right) = s^2\left(\overline{y}_{st}\right) = \frac{1}{N^2}\sum_{h=1}^{L} N_h\left(N_h - n_h\right)\frac{s_h^2}{n_h} \tag{5-15}$$

其中 $s_h^2 = \frac{1}{n_h - 1}\sum_{i=1}^{n_h}\left(y_{hi} - \overline{y}_h\right)^2$，$v\left(\overline{y}_{st}\right)$ 为总体均值估计量的方差，$s^2\left(\overline{y}_{st}\right)$ 为总体均值的方差，N 为全部个体总数，N_h 为第 h 层的个体总数，n_h 为第 h 层抽取的个体数，y_{hi} 为第 h 层第 i 个体的实际值，y_h 为层均值，s_h^2 为第 h 层的总体方差。

当考虑空间相关性 c_{ch} 时：$s_h^2 = \frac{\left(1 - c_{ch}\right)}{n_h - 1}\sum_{i=1}^{n_h}\left(y_{hi} - \overline{y}\right)^2$，其中空间相关性 c_{ch} 可以通过空间半变异函数与区域形状和面积进行估计。

不考虑空间相关性时，分区布设监测点的监测点数量计算公式为：

$$n_0 = \frac{\left(C - c_0\right)\sum\left(N_h s_h / \sqrt{c_h}\right)}{\sum\left(N_h s_h / \sqrt{c_h}\right)} \tag{5-16}$$

式中，n_0 为分区布设的监测点数量，C_h 为在第 h 层中抽取一个单元进行调查的平均监测点布设费用，c_0 为与监测点数量无关的固定费用，S_h 为第 h 层的标准差。

当考虑空间相关性时，监测点数量计算公式为：

$$n_0 = \frac{\left(C - c_0\right)\sum\left[N_h s_h\left(1 - c_{ch}\right) / \sqrt{c_h}\right]}{\sum\left[N_h s_h\left(1 - c_{ch}\right) / \sqrt{c_h}\right]} \tag{5-17}$$

其中 $n_h = \frac{W_h s_h\left(1 - c_{ch}\right) / \sqrt{c_h}}{\sum W_h s_h\left(1 - c_{ch}\right) / \sqrt{c_h}} \times n_0$，$W_h$ 为层权。

根据均值估计误差公式或监测点数量计算公式，能够获得随着监测点数量增加估计误差降低的曲线，同时能够计算出每增加一个监测点后对估计误差的改进，绘制监测点的边际效益曲线。考虑增减监测点成本，计算降低特定误差后所需要的成本，绘制边际成本曲线。根据边际效益曲线和边际成本曲线，确定边际收益等于边际成本时的监测点数量为单目标最佳数量，或者根据决策者需求确定监测点密度。

3. 基于多源数据的监测频率确定

对于农业面源污染多源数据环境参数的变化通常为非平稳时间序列，其均值、方差等统计特征是随时间的变化而变化，它的监测频率的设计要把监测频率与监测目的用统计参数结合起来。通常识别农业面源污染风险及监测网络优化的遥感影像数据和地面监测数据的监测频率为一年一次或更久一次，主要视污染程度和污染情况的变化而定。

（三）辅助数据比例尺及辅助属性数据的精度确定方法

辅助数据通常是指识别农业面源污染风险时会用到的土地利用、行政区划、流域边界、DEM等，其比例尺需要和最终的出图比例尺一致，即与主要数据（如遥感影像等）的空间分辨率一致；而对于辅助属性数据，在精度要求高的情况下，需要依据面源污染和辅助数据相关系数，然后根据管理的精度需求，反推辅助数据的精度。如精度要求不高，辅助属性数据的精度可参考《GB 21139—2007基础地理信息标准数据基本规定》粗略确定。

（四）农业面源污染潜在风险指标监测网络技术模式

根据年降水量、溶解态入河系数、颗粒态入河系数、年植被覆盖度、土壤可侵蚀性因子K、农田氮平衡量、农田磷平衡量、坡度等农业面源潜在污染发生风险的主要指标，可通过遥感解译、多指标综合评价等方法识别出农业面源污染的潜在高风险区。应用此结果反推每一监测评价单元农业面源污染潜在风险指标的贡献度，从而获得每一个指标的贡献度分布图，制定农业面源污染潜在风险主导地位指标的监测网络模式规则，再将这8个指标的贡献度分区图进行重分类、组合，最终形成农业面源污染潜在风险模式分区图。进而针对每一种农业面源污染潜在风险模式，确定具体的监测内容、监测手段（遥感、地面、手持式数采等）、监测频率等。

1. 农业面源污染潜在风险指标量化解析

（1）污染潜在风险指标数据归一化处理。为了把不同来源的农业面源污染潜在风险指标数据统一到一个参考系下，对其进行归一化、min-max标准化处理，使其值域均为[0，1]，采用公式为：

$$X' = (X - X_{min}) / (X_{max} - X_{min}) \qquad (5\text{-}18)$$

X'为归一化后的新数据，X、X_{max}和X_{min}分别为原始数据的值、最大值和最小值。

（2）污染潜在风险指标数据加权合成。对经过归一化处理后的8个指标风险指标数据进行加权合成，即可得到每一潜在风险指标的综合加权空间污染程度数据。加权合成公式为：

$$N_9 = N_1 \times 0.266\,2 + N_2 \times 0.167\,7 + N_3 \times 0.105\,7 + N_4 \times 0.026\,7 + N_5 \times 0.088\,2 + N_6 \times$$
$$0.198\,0 + N_7 \times 0.099\,0 + N_8 \times 0.048\,5 \qquad (5\text{-}19)$$

（3）污染潜在风险指标贡献度计算。在加权合成结果（N_9）的各监测评价单元上得到各指标的影响程度，从而在空间上为不同区域的农业面源污染预警机制及防控措施提供参考。计算公式为：

$$C_i = X_i' \times W_i / N_9 \qquad (5\text{-}20)$$

式中，C_i、X_i'和W_i分别为第i个潜在风险指标的贡献度、归一化数据和指标权重，N_9为加权合成结果。

2. 基于潜在风险指标贡献度的组合编码

（1）潜在风险指标贡献度重分类。对不同农业面源污染潜在风险指标每一监测评价单元的贡献度进行二级重分类，进而获得各指标贡献度两类重分类编码图。重分类标准为：（0，0.2]，（0.2，1）。

（2）污染潜在风险指标贡献度组合。将农业面源污染潜在风险指标贡献度重分类的编码图按位进行组合，即得到一个8位数的不同组合编码图。其组合公式为：N_1编码×10 000 000+N_2编码×1 000 000+N_3编码×100 000+N_4编码×10 000+N_5编码×1 000+N_6编码×100+N_7编码×10+N_8编码×1。

（3）基于潜在风险指标贡献度组合编码的融合分区。综合考虑区域的农业面源污染特点，对重分类组合编码图进行融合、分区处理。

3. 基于污染潜在风险的指标监测模式规则制定

分析不同农业面源污染潜在风险指标的影响，遵循农业面源污染风险的发生、发展特点，确定监测重点，制定针对不同农业面源污染潜在风险指标的监测网络模式，其内容包括监测内容、监测网络布设、监测点数、监测频率等（表5-7）。

表5-7　农业面源污染潜在风险主导指标监测模式规则

潜在风险指标	潜在风险主导指标（指标贡献度=2）	重点监测内容	监测网布设、监测方式、频率及内容
年降水量	潜在风险主要由降水量和降水强度对污染物的冲刷、运移引起	统计或监测区域或流域的日降水量	如有区域气象站点，获取站点月、年降水数据；否则，在重点潜在污染风险区设置降水监测点，参见《SL21—2015降水量观测规范》，监测日、月降水量。可结合DEM高程数据，对区域站点的月降水数据进行空间插值
溶解态入河系数	潜在风险由具有水溶性的污染物随径流发生迁移，整个潜在污染过程受水循环控制	重点监测区域内主要站点降水量和流经区域主要河流的月径流量	如有水文监测站点，可直接利用当地当年水文年鉴；否则，在主要河道布设监测点，借助水文工具监测径流量。同步监测降水量，具体监测方式见上一指标
颗粒态入河系数	潜在风险主要是总氮、总磷等通过附着在土壤颗粒体上实现迁移运动，与水土流失过程密切相关	同步监测区域月降水量、月产沙量，估算年土壤侵蚀量	如区域内有河流水文控制站点，河流产沙量可查阅《中国河流泥沙公报》或从当地水文站获取；否则，在流域出口处设置收集池，测定流域年产沙量。同步监测月降水量，利用ASTER全球30 m DEM数据提取坡度和波长数据，提取植被覆盖度，查阅中国土壤数据库获得土壤颗粒组成等理化性质，采用USLE方程进行土壤侵蚀量的估算
植被覆盖度	潜在风险的发生主要由植被覆盖度的变化影响	重点监测区域或流域年植被覆盖度的变化	利用多源遥感影像数据反演提取区域植被覆盖度（30 m空间分辨率）：尽量使用具有相同传感器采集系统的多时相影像，以减少对地观测系统因素的影响。对中高分辨率土地利用数据进行重采样，得到低分辨率土地利用数据，应用MOD13Q 1 250 m 16 d合成的NDVI植被指数产品数据进行植被覆盖度的反演计算
土壤可侵蚀性因素	潜在风险主要由降水对不同类型土壤的侵蚀引起	查阅、调研为主，也可直接测定	查阅中国土壤土种数据库，获取机械组成、有机质含量、土壤结构、土壤渗透性等土壤物理性质。或可直接测定：在没有任何植被，完全休闲，无水土保持措施的标准小区（坡长为22.1 m，宽为1.83 m，坡度为9%）收集降水后由坡面径流而冲蚀到集流槽的土壤，烘干、称重，计算K值
农田表观氮平衡量 农田表观磷平衡量	潜在风险由农田的年均氮磷营养的盈余引起。农田土壤氮磷养分输入大于输出，处盈余状态，土壤盈余氮磷导致土壤氮磷浓度升高，增加农业面源污染的风险	查阅、整理各类统计年鉴为主，辅以监测	调研中国县级统计年鉴、中国农业年鉴、中国农村统计年鉴和中国经济年鉴等农田播种面积、耕地面积和园地面积、化肥、有机肥和复合肥投入量（氮肥以N计，磷肥以P_2O_5计）、农作物产量（包括豆科作物等）、灌溉面积、农村人口数及畜禽养殖的存栏、出栏数等，农田氮磷平衡量核算采用输入输出法；对于无调查资料区，可开展面源污染调查
坡度	潜在风险主要由降水对不同坡度的侵蚀引起	重点监测区域/流域坡度变化	利用ASTER全球30 m DEM数据：结合流域边界数据，提取流域坡长、流域范围、坡度等空间数据

第三节　区域农业面源污染生态风险管控

一、农业面源污染生态风险评价

（一）农业面源污染物致污过程及指标选择

在系统梳理典型面源污染物致污的研究过程中发现，氮、磷、COD、农药、抗生素、激素等污染物主要是通过地表径流和土壤淋溶对水体造成影响，其致污过程主要通过降水径流、土壤侵蚀、地表溶质溶出和土壤溶质渗漏等，其生态危害主要包括富营养化、生物毒害等（表5-8）。

表5-8 典型面源污染物致污过程

| 污染物类型 | 来源 | 水土界面 | | 生态危害 |
		迁移过程	影响因素	
氮	化肥施用、畜禽养殖	地表径流迁移和土壤淋溶迁移	降水量、施肥量、土壤性质、生物种类和耕作方式	富营养化
磷	化肥施用、畜禽养殖	地表径流迁移和土壤淋溶迁移	降水量、施肥量、土壤性质、生物种类和耕作方式	富营养化
COD	畜禽养殖、水产养殖	地表径流迁移和土壤淋溶迁移	—	富营养化
农药	农药施用	地表径流迁移和土壤淋溶迁移	土壤结构、吸附/解吸、微生物降解、溶解以及挥发	毒害水生生物
抗生素	畜禽养殖、水产养殖	地表径流迁移和土壤淋溶迁移	土壤结构、吸附/解吸、微生物降解、溶解以及挥发	影响单细胞生物
激素	农药施用、塑料分解	地表径流迁移和土壤淋溶迁移	土壤结构、吸附/解吸、微生物降解、溶解以及挥发	生物毒害

（二）农业面源污染风险评价方法

农业面源污染主要包括农用化学品污染（化肥、农药等）、集约化养殖场污染、农村生活污水污染等方面。当前针对农业面源污染风险评价研究主要集中于农业面源污染物负荷核算、农业面源污染潜在风险评估等方面，主要方法包括输出系数模型、水文模型、空间模型等。而关于面源污染所引起的生态风险评价的报道相对较少。结合农业面源污染的发生机制及其对生态系统的影响，水体富营养化所引起的水生态系统结构和功能的变化是农业面源污染生态风险发生的主要体现，因此农业面源污染生态风险评价主要针对水体氮磷营养元素的富营养化所引起的生态风险评价开展。

农业面源污染生态风险评价方法构建

（1）评价流程。按照评价计划制定（确定评价区域范围和目标）→污染识别→风险表征→风险分级等流程进行农业面源污染生态风险评价（图5-15）。

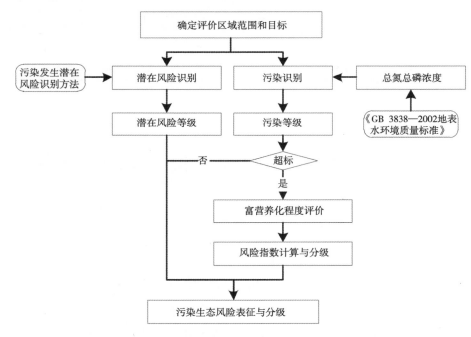

图5-15 农业面源污染生态风险评价流程

（2）制定计划。以区域或流域为基本单元确定生态风险评价的范围，确立生态风险评价目标，制定评价方案，按照《GB 3838—2002地表水环境质量标准》的技术方法，进行样品采集，检测指标包括叶绿素a（Chla）、TP、TN、透明度（SD）、高锰酸盐指数（COD$_{Mn}$）共5项参数。

（3）污染等级识别。首先参照《GB 3838—2002地表水环境质量标准》，对检测样本的TN、TP 2个指标进行对比，判断面源污染物是否超标。若超标，则参考中国环境监测总站制定的湖泊（水库）富营养化评价方法及分级技术规定，选取Chla、TP、TN、SD、COD$_{Mn}$共5项参数综合计算面源污染生态风险指数S$_i$。然后根据风险指数的大小进行分级。

首先计算综合营养状态指数，其计算公式为：

$$TLI(\Sigma) = \sum\nolimits_{j-1}^{m} w_j \times TLI(j) \quad\quad （5-21）$$

式中，$TLI(\Sigma)$为综合营养状态指数；$TLI(j)$为第j种参数的营养状态指数；w_j为第j种参数的营养状态指数的相关权重。

以Chla作为基准参数，第j种参数归一化的相关权重计算公式为：

$$w_j = r_{ij}^2 / \sum\nolimits_{j=1}^{m} r_{ij}^2 \quad\quad （5-22）$$

式中，r_{ij}为第j种参数与基准参数Chla的相关系数；m为评价参数的个数。中国湖泊的Chla与其他参数之间的相关关系r_{ij}、r_{ij}^2如表5-9所示。

表5-9　中国湖泊（水库）部分参数与Chla的相关关系r_{ij}、r_{ij}^2值

参数	Chla	TP	TN	SD	COD$_{Mn}$
r_{ij}	1	0.84	0.82	−0.83	0.83
r_{ij}^2	1	0.705 6	0.672 4	0.688 9	0.688 9

营养状态指数计算公式：

$$TLI(chla) = 10 \times (2.5 + 1.086\,1n\,chla) \quad\quad （5-23）$$

$$TLI(TP) = 10 \times (9.463 + 1.624\,1n\,TP) \quad\quad （5-24）$$

$$TLI(TN) = 10 \times (5.453 + 1.649\,1n\,TN) \quad\quad （5-25）$$

$$TLI(SD) = 10 \times (5.118 + 1.941n\,SD) \quad\quad （5-26）$$

$$TLI(COD_{Mn}) = 10 \times (0.109 + 2.661n\,COD_{Mn}) \quad\quad （5-27）$$

计算所得营养状态指数分级见表5-10。

表5-10　营养状态分级

富营养状态指数	级别
$TLI(\Sigma) < 30$	贫营养

（续表）

富营养状态指数	级别
$30 \leqslant TLI（\Sigma）\leqslant 50$	中营养
$TLI（\Sigma）>50$	富营养
$50<TLI（\Sigma）\leqslant 60$	轻度富营养
$60<TLI（\Sigma）\leqslant 70$	中度富营养
$TLI（\Sigma）>70$	重度富营养

（4）污染发生潜在风险识别。利用污染发生潜在风险评价方法进行面源污染发生潜在风险分析，划分潜在污染风险类别（表5-11）。

表5-11　面源污染生态风险分级表

面源风险指数	风险等级
$S_i \leqslant 1$	无风险（0~20分）
$1<S_i \leqslant 1.2$	低风险（20~50分）
$1.2<S_i \leqslant 1.4$	中风险（50~80分）
$1.4<S_i$	高风险（80~100分）

（5）风险表征与分级。基于污染等级和污染发生潜在风险等级进行污染生态风险分级，体现了污染导致的现实生态风险和潜在的生态风险。生态风险分级如表5-12所示。

表5-12　污染生态风险分级

污染等级	富营养化状态	污染潜在风险			
		高	中	低	无
超标	重度富营养	极高	极高	极高	高
	中度富营养	极高	高	高	中
	轻度富营养	高	中	中	低
	富营养	高	中	低	极低
	中营养	中	低	极低	无
	贫营养	低	极低	无	无
不超标	—	极低	无	无	无

二、农业面源污染生态价值损益评估

（一）农业面源污染生态价值损益评估因果链框架

压力-响应（DPSIR）概念模型是一个综合分析和描述环境、经济社会问题相互作用的框架（图

5-16）。可用于识别和描述引发农业面源污染风险的社会经济活动、评估其对环境的压力、反映环境质量状况的指标、污染对生态系统和社会经济影响、防控措施及政策选项，后者对环境和社会经济的影响。

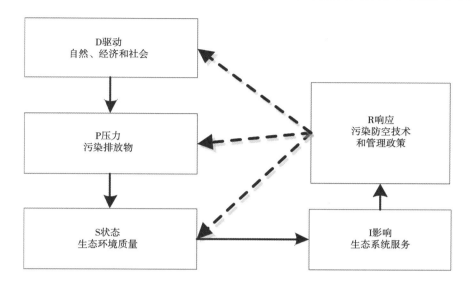

图5-16　DPSIR农业面源污染防控模型

1. 驱动

驱动（Driving forces）是指农业面源污染的自然、社会和经济根源，识别污染的驱动因素对农业面源污染的风险管控至关重要。自然条件影响面源污染的形成，包括气候因素如降水强度、地形如耕地坡度、影响土壤可侵蚀性的土壤质地和结构、农田与水体的连通性等。经济方面，种植经营者为了获取更高的产量和收益，大量使用肥料、农药、农膜等投入品，向环境排放污染物；同时种植还会产生作为农产品副产物的农作物秸秆，露天焚烧会产生大气污染物（表5-13）。社会层面，农业种植业经营的组织形式会影响污染产生。适度规模经营，采用农业托管，由社会化服务组织经营比散户经营更容易采用绿色种植方式和农作物秸秆综合利用，可以减少农田污染。

表5-13　农业面源污染的驱动因子及其对生态环境的压力

农作措施	驱动D作用	农业投入品/副产品	压力P污染物	影响的环境要素
施肥	提供养分	肥料	TN、NH_3-N、TP；N_2O、NH_3；NO_x、$PM_{2.5}$、PM_{10}	水体、大气、空气
植保	病虫草害防控	农药	农药残留	水体、空气、土壤、食用农产品
地膜覆盖	土壤保墒、增温	农膜	残膜	土壤、景观
灌溉	作物蒸腾和生态需水	灌溉水	重金属含量	土壤
种植	副产品	秸秆	CH_4、N_2O、PM_{10}、$PM_{2.5}$	大气、空气、景观

2. 压力

农业面源污染对生态系统的压力（Pressures）是作物种植导致的污染物排放。包括：氮磷养分、农药离开农田进入到水体、大气和空气环境中；土壤和食用农产品中农药残留、残膜和微塑料；秸秆焚烧产生可吸入颗粒物等空气污染物（表5-13）。以温室气体为例，排放是指进入大气，浓度代表经过大气、生物、岩石、水圈复杂相互作用后保留在大气中的温室气体，总排放量中大约有1/4被海洋吸收，另有1/4在生物圈被吸收。从农田排出的养分，进入水体前，部分被截留、吸收。压力可以简单看成随肥料施入土壤的养分减去作物吸收和土壤保留的部分，从这个意义上讲，降低肥料损失同时也减轻污染压力。

3. 状态

状态（States）指生态系统功能的物理化学和生物条件，是环境状况的表征，影响和决定着生态功能和服务。面源污染防控中，状态本身及其变化可揭示污染的严重程度、有助于决策者识别压力、确定优先保护目标和评估污染治理政策的效果。公众及决策者关注的程度与环境状态有关，劣Ⅴ类水等唤醒了民众对水体污染和水环境质量保护重视，促使政府出台防控政策。从影响人类福祉的角度，环境状态包括大气质量、空气质量、水质、农产品质量安全、土壤环境质量。

表征水体状态的是地表水和地下水水质，农业面源污染影响的水质指标有氨氮、TP、TN和硝酸盐浓度（mg/L）以及农药浓度（mg/L）。根据地表水域环境功能和保护目标按功能高低，将地表水分为5类（参照《GB 3838—2002地表水环境质量标准》）。根据地下水质量状况和人体健康风险，参照生活饮用水、工业、农业等用水质量要求，将地下水质量分为5类（参照《GB/T 14848—2017地下水质量标准》）。每个类别对应不同的污染物浓度限值。如作为集中式生活饮用水水源的水体（Ⅲ类）中NH_3-N浓度，地下水不得超过0.5 mg/L，地表水不得超过1.0 mg/L。根据氮磷浓度、叶绿素含量和溶解氧浓度，可以评价湖（库）地表水富营养化状态，据此确定防治技术政策。对淡水生物多样性造成威胁的阈值是1.5 mg/L。

4. 影响

影响（Impact）指农业面源污染对生态系统服务价值的影响。千年生态系统评估（Millennium ecosystem assessment，MEA）中将分为供应、调节、支持和文化服务4类。供应服务包括饮用水、食用农产品、水产品等生产；调节服务包括大气和空气质量调节；支持服务包括养分循环、生物多样性维持、授粉等生态过程；文化服务包括美学、休闲娱乐和旅游、文化遗产、艺术灵感、宗教和精神价值、科学研究和教育等。生态系统服务和生物多样性经济学研究计划（The economics of ecosystems and biodiversity，TEEB），对生态系统服务的经济价值评估。

因为支持服务是其他3种生态系统服务的基础，为了避免在经济价值评估中的重复计算，只考虑供应、调节和文化服务。这3种服务也是影响人类福祉的终极服务，因此在国际通用生态系统服务分类（Common international classification of ecosystem services，CICES），生物多样性和生态系统服务的政府间科学和政策平台IPBES（The intergovernmental science-policy platform on biodiversity and ecosystem services），美国环保局生态系统最终产品和服务分类系统FEGS-CS（US-EPA final ecosystem goods and services classification system）中，不强调对生态系统本身的影响，而只考虑与人类福祉（Human welfare）相关的生态系统终极服务。

农业面源污染会影响生态服务，养分流失、农膜残留和农作物秸秆焚烧对生态系统服务的影响见表5-14。受农业面源污染影响的生态系统产品及服务的时空范围是确定环境管理制度利益相关方的依据。

表5-14　农业面源污染所影响的生态环境及生态系统服务

生态环境	环境状态指标	供应服务	调节服务	文化服务	敏感目标
水体	TN、TP、NH_3-N、农药	饮用水源	—	休闲娱乐	水功能区Ⅲ类及以上
大气	CH_4、N_2O	—	气候GHG	—	—
空气	$PM_{2.5}$、PM_{10}、NO_x氮沉降	—	调节空气质量	人体健康	自然保护区、风景名胜区
农作物	食品中农药残留量	食用农产品	授粉、病虫害调控	—	食用农产品
景观	村边、田间秸秆堆积，土壤中残膜量	—	—	旅游	—

5. 响应

响应（Responses）是社会特别是决策者针对面源污染驱动因子、压力、生态系统的影响做出的应对措施和政策，包括制定和采取污染防控的技术政策和环境管理政策。环境管理政策包括法律法规、强制标准等命令控制型管理政策和市场为主导的经济激励政策（表5-15）。

表5-15　农业面源污染防控政策

污染防控技术政策	污染防控环境管理政策	
	命令控制型环境管理政策	市场为主导的环境经济政策
种植规划	水污染防治法、土壤污染防治法	生态环境损害赔偿制度
减量增效	土壤环境质量标准	生产者责任延伸制度土壤污染防治基金制度
原位控制	农用灌溉水质标准	生态补偿制度
传输阻控	农药安全使用标准	—

（二）农业面源污染对生态系统服务影响的指标体系

应用生命周期评价（LCA）农业生产过程，结合文献调研梳理农业面源污染相关的关键性指标，形成"污染物—途径—环境影响—生态系统服务—评价指标—关键因子"多级指标体系（表5-16）。

表5-16　面源污染物-生态系统服务多级指标体系

污染物	途径	环境影响	受影响的生态系统服务	终极生态系统服务	评价指标	关键因子
氮	径流流失	富营养化	水质净化	清洁水源、水产品供应	氮流失负荷	氮肥类型、施用量、施用技术；种植制度、耕作模式；地形、土壤类型、气候
	淋洗	地下水硝酸盐污染	水质净化	清洁水源供应	氮淋洗负荷	氮肥类型
	氨挥发	酸雨、雾霾	水质净化、空气净化	—	氨挥发量、N_2O排放量	氮肥类型、施用量、施用技术；种植制度、土壤pH值
	N_2O、NO_x排放	臭氧层破坏、全球变暖	温室气体、气候调节	—	氨挥发量、N_2O排放量	氮肥类型、施用量、施用技术；种植制度、耕作模式；地形、土壤类型、气候

（续表）

污染物	途径	环境影响	受影响的生态系统服务	终极生态系统服务	评价指标	关键因子
磷	径流流失	富营养化、赤潮	水质净化	清洁水源、水产品供应	磷流失负荷	磷肥类型、施用量、施用技术；地表覆盖类型；地形；土壤可侵蚀性；气候；水土保持措施
	淋洗	—	土壤质量		磷残留量	
农药及包装废弃物	水体、土壤中累积	—	水质、生物多样性、人类健康、授粉	粮食和清洁水源供应	农药流失负荷	农药类型、农药投入量、喷洒方式
作物秸秆	焚烧	大气污染	净化空气、土壤肥力、人类健康	—	N_2O、CH_4排放量	秸秆类型、秸秆燃烧量
农膜	土壤中累积	—	土壤质量、作物生长	粮食供应	农膜残留量	农膜残留量、微塑料含量

（三）农业面源时空维度

1. 空间维度

面源污染所影响生态系统服务的空间范围、预防和修复受损生态系统措施应用的空间范围。

2. 时间维度

面源污染对生态系统服务价值影响持续的时间、预防生态服务价值受损的措施设立和持续的时间，决定生态补偿等环境经济政策应用的期限。生态服务价值也会随时间变化，首先，生态产品供需随时间变化，其次社会和公众关注及需求偏好随时间变化，如休闲娱乐等文化服务、农产品质量安全、生物多样性保护。

农业面源污染对大气环境的影响空间范围广，波及全球；温室气体CH_4和N_2O在大气中的平均生命周期分别为12年和120年；影响空气质量的空间范围为几百米到上千米，时间范围为几天到几周；导致水体富营养化影响范围为当地湖泊和水库。氮磷污染防控措施使水体恢复的时间尺度为季、年至十几年。农药对农产品质量安全的影响一般为当季，在土壤残留时间长的农药可能会在几年内都有影响。

（四）农业面源污染生态价值损益评估方法

1. 氮磷面源污染生态损益评估

氮磷面源污染引起水质变化是面源污染对生态系统服务影响的核心。耦合面源污染氮磷流失量评估模型、氮磷迁移模型和水质影响评估模型，建立了子流域尺度和流域尺度农业面源污染对水生态系统服务损益评估模型。其中，通过对《全国农田面源污染排放手册》中的面源污染模式进行空间化，以定量评估全国农田氮磷流失量。

（1）农田氮磷流失量估算。农田氮磷流失的估算参照《全国农田面源污染排放系数手册》，手册基于国家第一次农业污染源普查成果，给出了不同"农区—地形—梯田/非梯田—旱地/水田—种植类型"组合模式的氮磷流失系数。其中，农区为种植区划数据；地形地貌依据第二次全国土地利用调查结果划分为平地（坡度≤5°）、缓坡地（坡度5°~15°）、陡坡地（坡度>15°）；梯田/非梯田、旱地/水田等；土地利用数据：2015年土地利用数据；种植制度依据中国农作制二级区数据。查询《全国农田面源污染排放系数手册》，根据面源污染模式，得到氮磷流失系数空间分布；根据统计年鉴的化肥施用量数据，得到氮磷流失量分布。

（2）氮磷面源污染入河负荷估算和风险评估。在流域尺度利用改进的氮磷指数法进行N、P面源污染风险评估（图5-17）。

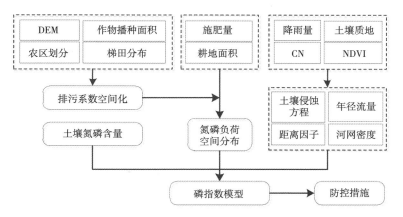

图5-17　基于改进NP指数法的面源污染入水负荷评估方法

氮磷指数模型为：

$$PI = \left[\sum_1^n (F_i \times W_i)\right] \times \prod_1^j (T_j \times W_j) \tag{5-28}$$

式中，PI为氮磷风险指数；F_i为第i个源因子的等级分值，W_i为第i个源因子的权重；T_j为第j个迁移因子的等级分值，W_j为第j个迁移因子的权重。磷指数模型中，氮磷流失的影响因子分为源因子和迁移因子。根据各个因子对氮磷污染作用的大小赋予一定的权重。

源因子，用流失系数法估算获得到的氮、磷污染负荷作为源因子；迁移因子主要包括土壤侵蚀量（用修正的通用土壤侵蚀量模型RUSLE估算）。年径流量、到河流和巢湖等水体的距离因子，对水可能造成污染的河道因素主要考虑河网密度，因此将河网密度加入到迁移因子中。

土壤侵蚀量

$$A = R \times K \times LS \times C \times P \tag{5-29}$$

式中，A为年平均土壤侵蚀量t/(hm²·a)；R为降雨侵蚀力因子MJ·mm/(hm²·h·a)；K为土壤可蚀性因子t·h/(mm·MJ)；LS为坡长坡度因子；C为植被覆盖与管理因子；P为水土保持措施因子。

年径流量　采用降水估算年径流量方法获得迁移因子。该模型计算简便，参数少且易于获取，在世界范围内广泛应用于地表径流的计算。

距离因子　距离因子是氮磷迁移因子的影响因素之一，距离河流远的农田氮磷流失的影响比距离河流近的农田氮磷流失影响大，氮磷农田产生到水体的迁移随距离衰减。利用DEM提取流域水系分布，将农田到河网和水体的距离划分为小于0.5 km、0.5~1 km、1~2 km、2~3 km、大于3 km。

河网密度　表示每平方千米的河流长度（km/km²）。

淋溶　我国南方耕地以水田居多，淋溶作用非常小，可以忽略不计，只考虑地表径流对农田氮磷流失产生的影响。

氮磷流失风险等级　利用GIS技术估算流域农业面源污染风险等级。确定氮磷元素流失的高风险区域，可为流域污染防治提供科学依据，以便高效地进行流域污染的治理，减少人力、物力、财力的消耗。

2. 基于养分传输率的氮磷负荷估算

基于GIS的生态系统服务功能价值评估与权衡模型（InVEST）中，养分传输率（NDR）模块可估算进入水体的氮磷负荷。

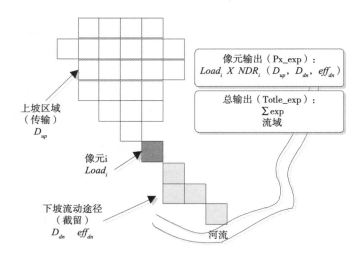

图5-18　NDR模型概念图示

该模型中，每个像元i的特征包括营养负荷，负荷与其营养输送比率（NDR）。NDR是上坡区域的函数和下坡的流动路径（特别是在下坡路径上土地利用、土地覆盖类型的截留效率）。

（1）农田出口处氮磷负荷模型。

$$modified. load\,(x,i)=load\,(x,i)\,RPI_i \tag{5-30}$$

RPI_i是像素i的径流潜在指标，定义为：$RPI_i=RP_i/RP\alpha\upsilon$，其中，$RP_i$是像素$i$上径流的养分径流代表，$RP\alpha\upsilon$是栅格上的平均$RP$。在实践中，栅格$RP$被定义为快速流量指数（例如来自INVEST季节性水量模型）或降水。

$$load_{surf,i}=\,(1-proportion\_subsur face_i)\times moid fied.\,load\_x_i \tag{5-31}$$

$$load_{subsur f,i}=proportion\_subsur face_i\times moid fied.\,load\_x_i \tag{5-32}$$

每一个像素上的负载分成两部分，总营养出口是表面和子表面贡献的总和。

$$NDR_i = NDR_{O,\,i}\left(1+\exp\left(\frac{IC_i-IC_O}{k}\right)\right)^{-1} \tag{5-33}$$

$$NDR_{subs,i} = 1-eff_{subs}\left(1-e^{\frac{-5\times\ell}{\ell_{subs}}}\right) \tag{5-34}$$

其中NDR_i是综合考虑像素到水域距离、流经路径的土地利用土地覆盖的最大保留值。

（2）养分输出模型（河、湖）。从每一个像素计算得到的养分输出：

$$x_{expi}=load_{surf,i}\times NDR_{surf,i}+load_{subs,i}\times NDR_{subs,i} \tag{5-35}$$

$$\text{总和：} \quad x_{\mathrm{exp}tot} = \sum_i x_{\mathrm{exp}i} \qquad\qquad (5-36)$$

3. 氮磷面源污染对水质影响评估

基于GIS空间分析建立水文网络拓扑关系，对流域农业面源污染氮磷负荷进行定性、定量和可视化的显示。通过水文网络建立的上下游汇集关系，定量化各河段和断面污染负荷量，以及上游源区对下游水质的贡献率。

NDR模型运行的结果被用来计算每个子流域的氮磷负荷量，进而计算河网中每个断面和每条河段累积的氮磷负荷量。整个流域内的上游子流域产生的氮磷污染物会直接流入相连的下游子流域，经过有限次数的迁移后最后到达流域的出口，这样的水文过程可以用河网的累积效应来解释，表明所有上游子流域的污染物最终都会在最下游的流域出口累积，如图5-19所示。

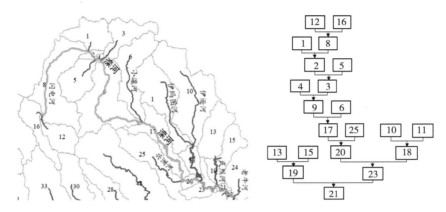

图5-19　水网汇集关系图示

基于水文网络计算氮、磷的汇集和输移，从而得到每个河段和水文节点的氮磷输入量。

通过构建潜在氮磷径流浓度（即氮磷入河负荷与潜在径流量的比值）来表征氮磷入河对水质的影响程度。基于水量平衡法产水量模型公式如下：

$$EMC(N) = \frac{TN}{WY(x)} \qquad\qquad EMC(P) = \frac{TP}{WY(x)} \qquad\qquad (5-37)$$

式中，$EMC(N)$、$EMC(P)$ 是该节点处的潜在氮、磷径流浓度（mg/L）；$WY(x)$ 是产水汇集量（m³）；TN、TP 是该节点处的氮、磷入河负荷汇集量（kg）。

氮磷负荷从上游河段到流域的出口河段逐渐增加，上游子流域产生的污染物直接流向相连的下游子流域，所有上游子流域和上游河段的氮磷污染物最终都会在最下游的出口累积，在流域的出口河段处氮磷的负荷量比较高。

通过氮磷污染负荷的空间分布确定农业面源污染的关键源区，定量分析流域出口的农田氮磷负荷贡献量，计算各区域对流域出口的贡献。

4. 农业面源污染生态损益物质量及价值评估

农业面源污染所涉及的生态系统服务如图5-20所示。利用NDR模型得到的入水氮磷负荷量，计算氮肥磷肥施用引起的水质污染价值损失。基于文献整合方法，定量化评估相关生态系统服务分项的物质量，运用替代成本法、市场价格法、污染当量法等进行货币化评估（表5-17）。

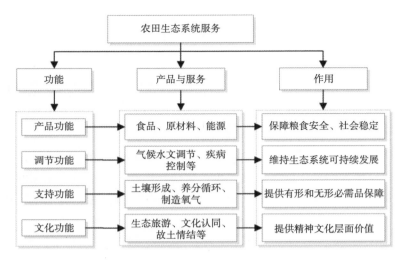

图5-20　农业面源污染与生态系统服务

表5-17　氮磷面源污染生态损益评估方法

生态损益类型	定量化方法	价值化方法
水质生态损益	输出系数法、SWAT模型、NDR模型等	替代成本法
氨挥发	直线拟合方程或指数方程、多因子加和	替代成本法
N_2O排放	$Q=1.22+$施氮量$\times 1.25\%$（稻田为0.25%）	市场价格法
NO_x排放	$Q=1.22+$施氮量$\times 0.5\%$	市场价格法

（五）农业种植的环境成本

1. 基于生命周期分析的生态损益评估

为定量化评估典型农业种植对环境的影响，明确农田面源污染的调控重点以及为污染防控的生态补偿标准提供依据。系统包括农资生产系统和农田种植系统两个子系统，前者包括化肥、杀虫剂、燃料和电力的生产系统，以及到农场的运输，后者包括播种、灌溉、施肥、植保、收获和干燥过程。

2. 污染物排放量估算

NH_3挥发、NO_3^--N淋溶、N_2O-N、NO_x-N排放及磷流失量估算采用排放系数法，农药排放到空气、水和土壤中的比例根据通用残留模型得出。

3. 环境影响分析及生态价值损益

首先利用IPCC和特征化因子（Characterization factor），从资源利用和污染物排放，汇总计算出不同类别的环境影响，然后选择适合的参照值将其归一化（Normalization），最后加权得出环境影响权重指数（WI）。如冬小麦-夏玉米轮作体系生命周期分析的8类影响类别指标包括：能源消耗、水资源消耗、全球变暖、酸化潜力、富营养化、人体毒性、水生生态毒性和陆地生态毒性。其中，最重要的环境影响类别是富营养化潜力，氮肥施用对环境成本的贡献率最高，其次是农药使用，农田面源污染防控的重点应放到化肥和农药减量增效上。

4. 农田面源污染环境成本

污染物排放的影响用人力资本法（Human capital approach）。用收入的损失来表征污染所引起的过早死亡的成本，环境污染物对人类健康造成的负担用伤残调整寿命年（DALYs）表示。CO_2、NO_x和SO_2的排放主要与电力有关，主要用于灌溉水泵。NH_3和N_2O排放主要与氮肥的使用有关。

作物种植的环境成本没有体现农产品的成本上，没有被生产者承担，因此产生了经济外部性。经济外部性内在化的路径之一是征收环境税，由于作物生产关乎国家粮食安全和农户生计，没有可行性，相反，我国实行粮食直补政策。从另一方面，小麦生产耗水量大，在地下水严重超采地区，政府提倡小麦休耕。生态补偿作为经济激励政策可以促成休耕。补偿标准的最低限是休耕农户的机会成本，而基于生命周期评价的生态损益评估可以为生态补偿标准上限确定提供依据。

5. 不同种植模式的环境成本

随着农业不断发展，出现蔬菜-粮食等多样性种植模式，可以替代冬小麦-夏玉米等单一种植模式。蔬菜-粮食多样性种植和冬小麦-夏玉米单一种植模式对环境的影响存在明显差异。间作和连续种植不同的蔬菜能够最大限度地提高资源利用效率，以比传统种植模式低得多的环境成本产生同等的收益。蔬菜种植还降低了全球变暖、富营养化和酸化的潜力。随着日益增长的国内需求，在有限的资源和较少的耕地上获得更多营养的多样化种植系统，为未来农业的可持续发展提供了有价值的思路。

除了冬小麦-夏玉米轮作模式和蔬菜-粮食多样性种植模式，种养结合设施蔬菜模式也逐渐成为农业结构调整的重要方向，该模式主要在前温室、后冷棚、沼气池、畜舍、蓄水池的"五位一体"生态温室中进行生产。"五位一体"生态温室以生物能-沼气为纽带，以调节能流、物流在生态系统中再生、再利用为主导，减少外源投入，增加系统的自给率，实现节地、节肥、节药、节水、节能、节饲料的目标。

运用基于能值分析和生命周期评价耦合的生态效率模型，对以厌氧发酵为关键技术的生态温室和以好氧堆肥为关键技术的普通温室的产出效益和环境效益进行综合评估。土壤pH值和有机质含量与粪肥施用量呈正相关，单施、配施、沼肥处理pH值高于有机肥处理，有机肥有机质含量高于沼肥。与粪肥施用量呈正相关，差异性来自粪肥施用比例，而沼肥与有机肥之间没有显著差异。有机肥处理土壤速效磷含量显著高于沼肥处理；单施化肥处理速效钾含量达到最大值。养殖所带来的饲料及仔畜投入，使"五位一体"生态温室的总经济投入高于普通温室，但总经济产出"五位一体"生态温室明显高于普通温室。农资子系统中"五位一体"生态温室污染物排放量均减少。从对人体健康影响的总体来看，"五位一体"生态温室和普通温室系统影响潜值基本相同；对生态系统的健康影响"五位一体"生态温室比普通温室系统有显著下降。

基于货币化和生命周期评价进行生态补偿标准核算。补贴可以在一定程度上提高农民收益，所以农民对相关政策措施的关注度也较高。生态补偿能够将系统的成本和效益的真实情况反映出来，通过满足各利益相关者的需求使得环境保护与经济利益能够和谐统一。与种养分离模式系统相比，种养结合模式系统投入高、给环境带来的危害小，所以需要对种养结合模式的使用者进行一定的生态补偿。运用货币化来衡量种养结合模式比种养分离模式投入增加值；运用基于生命周期评价的污染物排放带来的环境损失来衡量种养分离模式比种养结合模式对环境污染多出的部分，将二者求和得到生态补偿最高值，即生态补偿最高值=总经济投入差值+总环境损失差值。

综上所述，基于农业过程构建的农产品环境成本核算方法，将环境效应货币化。与冬小麦-夏玉米轮作种植模式相比，蔬菜-粮食多样性种植在收益相等的条件下，环境影响较小，特别是在全球变暖、富营养化和酸化潜力方面。与普通温室相比，"五位一体"生态温室的种养结合模式对资源的利用效率更高，给环境造成的压力较小，具有更高的生态效率。

（六）农业面源污染关键源区识别

通过识别农业面源污染关键源区，可以有针对性地选择对下游水质影响显著的面源污染管理单元，提高污染防控效率。常见的关键源区识别针对管理单元面源污染负荷，未考虑水文联系，忽略了水量对水质的影响。本研究结合水文网络，根据氮磷负荷和产水量，计算了河段氮磷径流浓度。

1. 污染贡献率和热点分析法

在氮磷入河负荷和潜在径流浓度的热点分析基础上，结合管理单元贡献率确定关键源区。

利用GIS热点分析，首先以子流域或县域等为单元进行分区统计，得到总负荷和单位面积平均负荷，然后基于Getis-Ord Gi*指数进行冷点和热点类型分区，Getis-Ord Gi*是一种识别高值或低值要素在空间上发生聚类的位置的空间统计方法，原理见公式5-38。

$$\begin{cases} G_i^* = \dfrac{\sum_{j=1}^{n} W_{ij} X_j - \bar{X} \sum_{j=1}^{n} W_{ij}}{S\sqrt{\dfrac{n\sum_{j=1}^{n} W_{ij}^2 - \left(\sum_{j=1}^{n} W_{ij}\right)^2}{n-1}}} \\ S = \sqrt{\dfrac{\sum_{j=1}^{n} X^2}{n-1} - \bar{X}} \\ \bar{X} = \dfrac{\sum_{j=1}^{n} X_j}{n} \end{cases} \quad (5\text{-}38)$$

式中，X_j为斑块j的值，$\bar{X}$为所有斑块的均值，W_{ij}为斑块i和j的空间权重，n为斑块总数。G_i^*指数值为3代表热点区、2代表次热点区、1代表不显著、-2～0代表次冷点区、-3代表冷点区，将热点区视为关键源区。

河段氮磷潜在径流浓度的热点分析，采取GIS的Jenks自然断点分级法划分不同氮磷潜在径流浓度等级。采用贡献率法定量评估各个子流域对河流断面水质的贡献。针对某个河流断面，首先通过水文网络分析，回溯建立其上游子流域或行政单元清单，计算断面上游污染物总负荷、各管理单元的总贡献率或单位面积贡献率，依据贡献率大小识别关键源区，具体流程如图5-21所示。

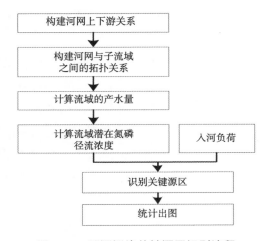

图5-21　面源污染关键源区识别流程

河段潜在氮磷径流浓度按照自然断点法划分为5个等级，从低到高分别为低值区、中低区、中等区、中高区和高值区。潜在氮磷径流浓度高值区的河段空间分布与入河负荷热点区在空间上不一定重合。入河负荷热点区的河段，潜在氮磷径流浓度并不总高，也有点处于非热点区的河段，潜在氮磷径流浓度反而很高。因此，面源污染防控的关键源区识别应将入河负荷和潜在氮磷径流浓度的空间分布结合起来分析。潜在氮磷径流浓度高的区域，内源污染为主的进行源头控制，而外源污染为主的采用过程拦截和末端治理的方式，并追溯其上游的关键源区。

基于氮磷入河负荷，结合水网溯源和热点分析，可快速识别关键源区及评估各行政单元或流域单元对整个流域或关键断面的贡献率，为优先控制单元选择和区域间生态补偿范围确定提供参考。

2. 排序筛选法

按照各面源污染管理单元的潜在氮磷径流浓度，由高到低进行排序，并按顺序对每个子流域的减污负荷（入河负荷×减污率）进行累加，累加到减污负荷总量达到减污目标。该方法可以根据减污目标快速确定优先控制单元。

三、农业面源污染生态补偿机制

生态补偿是以经济手段为主要方式，以保护和可持续利用生态系统服务为目的，调节相关者利益关系的制度安排。生态补偿机制的建立是多种环境经济手段综合应用的结果，可理解为通过对农田面源污染防控进行补偿，从而激励生态保护，以达到保护资源和环境目的。生态补偿作为有效的经济激励手段，其要素包括补偿主客体、补偿范围、补偿方式、补偿标准等，"谁补谁，补多少，怎样补"是核心问题。

（一）生态补偿利益相关方

生态补偿利益相关方（Stakeholder or interested parties）是指对生态服务价值提升或损害以及生态补偿实施起到直接或间接作用，以及利益受到直接或间接影响的个人、群体和组织。

1. 补偿方和受偿方

国务院办公厅《关于健全生态保护补偿机制的意见》（国办发〔2016〕31号）中明确指出，生态补偿的原则是"谁受益、谁补偿"。通过受益者付费，使生态保护者得到合理补偿，原则性地确定了生态补偿的补偿方和受偿方。

补偿方是农田生态系统服务价值增值的受益者，如饮用水水源保护地的用水居民、旅游者等。对于重要生态功能区的保护，补偿方为代表全体民众的中央政府。具体实践上要根据生态系统与生态服务功能的关系，分析不同生态系统所提供生态服务功能及生态服务在空间上的流转机制，通过过程-效益评价，确定生态补偿的补偿方和受偿方。补偿主体主要是有支付能力的政府，而客体则主要是实施农田面源污染防治措施以减少污染物排放的农民、合作社及企业等。在农田面源污染的防治过程中，经营者们为了保护生态环境、减少污染物的排放而进行相应的环境保护行为（如减少施用化肥），短期内可能造成农民的粮食收益降低、污染防控设备购置成本增加、丧失部分机会成本等。同时，社会公众因面源污染的减少而享受到更好的生态系统服务及产品，因此环境保护者理应受到补偿。

2. 政府的主导作用

生态补偿实施管理包括政府主导、基于市场和借助社会团体。生态补偿涉及生态产品是公共物品，产权不明，靠市场调节效率低，政府应起主导作用。政府可以通过各级行政机构的权责，主导资源配置，促进清洁饮用水源、公众健康等公共物品产出。公共物品是与私人产品相对应的概念，其划分基于两个基本属性，即受益的非排他性和消费的非竞争性。由于公共物品的这两个特征，私人出于自身利益考虑，不愿意参与公共物品的供给。公共物品理论在公共政策领域突出体现为政府是提供公共物品的主体。生态环境作为人类生存栖息地，在受益的非排他性上具有明显的公共物品属性，应该由政府供给。在建立生态补偿机制时，一定要意识到，完善生态领域的公共服务重要的是强调政府的主体责任。在建立生态补偿机制的初期阶段，政府的主导作用非常关键，只要政府重视，并有一定财力，生态补偿机制的建立就可以进入轨道。

在生态补偿实施中，政府的职能包括建立生态产品市场、保证公平交易、监督实施，如农作物病虫草害统防统治项目的社会化服务组织的资质审核、承担单位招标、与农户签订合同管理、服务质量标准制定、补贴标准和中标者信息公示等。

具体到农田面源污染防治和生态保护，补偿和受偿的社会主体的确定要考虑所处的生态功能区、土地权属，影响的生态系统服务及效果。生态功能区粮食主产区，退耕休耕利益受损者是土地（原始）承包人，减肥减药的实施者是农业生产经营者（土地最终承包者），影响的是食用农产品品质，受益的是消费者，通过优质优价对其进行补偿，补偿方还应包括政府，补偿有机或绿色无公害农产品认证费用，提供生产技术服务，包括政府购买服务。集中式饮用水源保护地，受益的是当地饮用水用户。从可操作性角度，承包权人比较容易辨别。2016年10月30日中共中央办公厅、国务院办公厅《关于完善农村土地所有权承包权经营权分置办法的意见》规定，将土地承包经营权分为承包权和经营权，实行所有权、承包权、经营权分置并行。所有权归集体，土地集体所有权人对集体土地依法享有占有、使用、收益和处分的权利。农民集体是土地集体所有权的权利主体。

3. 非政府组织和社会团体的中介作用

如果完全依靠政府，生态补偿资金来源没有可持续性，需探索政府和市场结合方式。另外生态补偿是基于自愿合作的交易，利益相关方的信任至关重要，非政府组织和社区团体在建立信任，保证公平公正方面起独特的作用，可通过人际关系和参与机制，增强信任，突破健康绿色农产品监测和认证成本高企的局限。本项目将致力探索合适的组织实施和管理方式，以提高生态补偿实施效率。

农田面源污染防控的生态补偿制度影响农田生态系统服务价值提升，涉及大众生计和福祉（Livelihood and welfare），通过利益相关方广泛的参与，可改变政府作为单一补偿主体的局面，建立政府主导、市场化和多元化生态补偿机制。

（二）生态补偿方式

1. 财政转移支付

政府财政资金的单方面无偿转移。在上级和下级政府进行纵向补偿，如省级政府通过转移支付制度，对省级重点生态功能区域进行生态保护补偿，具体可参考国务院办公厅《生态保护补偿条例》（国令第779号）。横向生态保护补偿，受益地区与保护生态地区、流域下游与上游通过资金补偿、对口协作、产业转移、人才培训、共建园区等方式建立横向补偿关系。目前我国的补偿基本模式是中央向地方的财政转移支付。

2. 成本补偿

可以是现金直接补贴也可以是实物补贴，成本补偿范围包括：种植户种植结构调整造成的机会损失、不施或减施化肥农药造成的减产损失、农资购买、农机购置、作业成本。

（1）农资购买或实物补贴。缓控释肥、有机肥、肥料增效剂；用于植物缓冲带、过滤带的植物种子、苗木；害虫天敌、生物农药、石灰等土壤重金属污染调理剂、钝化剂等。

（2）农机购置补贴。化肥深施机械、水肥一体化设备、高效农药喷施设备、农作物秸秆粉碎还田、农膜回收机械购置。

（3）作业和技术支持。农田氮磷污染防控方面，有机肥、化肥深施、土壤侵蚀和养分流失生态拦截工程建设和维护成本。农药喷洒、机械除草、害虫物理防控作业、石灰等土壤重金属污染调理剂、重金属钝化剂、pH值调节剂施用作业。

政府通过推广最佳管理农作措施可减少农业污染，这类措施往往依赖农户的自愿参与。最佳管理农作措施包括推荐施肥量、农药使用量和保护性耕作措施等，因防治污染的不一定增产，而往往增大成本，如不是政府提供技术服务，农户不一定有意愿实施，也不一定能保证产出环境和社会效益。生态补偿涵盖组织农户技术学习和专家指导的费用。

（4）机会成本。为保护饮用水源或农产品质量安全，调整种植结构或减施化肥农药造成的收入损失。

3. 政府购买服务

将市场机制引入生态服务供给领域，生态服务由政府供给转向政府向企业、社会组织或个人购买。政府与第三方机构签订合同，由政府提供资金、实物补贴或购买服务。政府购买服务适用于所涉及的生态产品产出的时间和空间尺度维度大。如降低氮排放引起的温室气体排放、减少农药施用以保护生物多样性、重度重金属污染土壤修复、测土配方施肥服务、病虫草害专业化统防统治、农作物秸秆粉碎还田、收储运专业化服务等。

4. 扶持新型农业经营和服务主体

支持龙头企业发挥引领示范作用，建设标准化和规模化的原料生产基地，带动农户和农民合作社发展适度规模经营。

市场化补偿是通过市场的调节使生态环境的外部性内部化，通过绿色金融、绿色信贷、绿色价格等优惠政策，让投资者通过有经济收益，消除经济外部性。

5. 生态产品的价值实现

生态产品价值实现就是生态产品价值的显性化，由于生态产品价值往往难以通过市场交易直接体现，需要通过一定的机制设计，使得生态产品价值在市场上得到体现，解决补偿资金的来源。

通过产出的生态产品的价值市场实现的前提是生态产品的产权必须明晰，绿色、有机、特色农产品属于俱乐部类生态产品，应明确准入门槛，加强认证监管，促成生态产品价值实现，通过优质优价实现生态补偿。政府通过构建统一的绿色产品标准、认证和监管等体系，建立健全绿色标识产品清单制度，实现绿色标识认证，政府加大对"三品一标"的农产品品牌的宣传和保护。生产者严格按照"三品一标"农产品生产技术规范和标准进行农业管理，积极利用国家农产品质量安全追溯管理信息平台，如实记载农业投入品使用、出入库管理等信息，用信息化手段规范生产经营行为。召集关注农产品质量安全和健康的消费者，参与绿色农产品生产过程，讨论定价和监督机制。

科研院所、农业技术推广部门为生产者提供合理施肥、绿色防控和科学使用化学农药的技术指导。消费者协会、生态环保领域的非政府组织（NGO）、媒体和公众对绿色标识产品生产、质量违法进行监督和举报。

6. 信托基金承包权交易

农户将承包土地的经营权委托给信托公司，每年从后者获得不少于上年种植收入的补偿金；机构、企业和个人可以以资金、技术、农机、劳动力等方式投资，并在信托完成后得到利润分红。信托基金筛选社会化服务组织或家庭农场、农业合作社等新型农业经营主体，开展绿色种植和循环农业，产生环境、社会和经济效益，从政府获得项目补贴和奖励，开展生态农产品销售、获得技术服务收入和农作物秸秆销售收入、有机肥销售收入。收入主要用于支付基金的日常运营费用、农户土地承包经营权的生态补偿金、信托到期后的分红。

此外，生态补偿还可探索政府税收、从生态服务和产品的最终用户直接收费，非政府组织（NGO）从志愿者募集等其他机制。

（三）生态补偿标准核算方法

生态补偿标准确定包含两方面内容：标准区间和标准的差异化，在这个基础上，通过利益相关方谈判博弈确定标准。

生态补偿标准设定及其确定方法要与生态补偿的目的相一致，即通过调整生态保护利益相关方的利益关系，实现生态服务的提供者和受益者双赢。以生态服务价值为基础，考虑受偿方的利益并兼顾补偿方的支付意愿和支付能力，做到合理补偿。

理论上，生态补偿的标准应介于生态服务提供者的成本（机会成本或付出）和其提供的生态服务价值（新增的生态服务价值）之间，机会成本是生态保护补偿标准的下限，生态系统服务价值提升是生态保护补偿标准的上限。生态补偿标准如果低于机会成本，生态服务提供者利益受损，不愿意持久提供生态服务或产品；若生态保护补偿标准高于生态系统服务价值的增量，生态系统服务的受益者不愿意支付补偿费用，只有当补偿标准介于二者之间时，生态系统服务的买方和卖方才可能协商一致，实现生态保护补偿目标。机会成本法是普遍认可、可操作性较强的确定生态补偿标准的方法，造成生态补偿标准偏低的原因是机会成本统计不全。

补偿标准的核算方法主要有生态系统服务价值功能法、意愿调查法、机会成本法、微观经济学模型法等，但使用不同方法计算所得的补偿标准存在很大差别，又由于个体之间生产模式、教育水平、选择意愿等差异，同一区域使用不同方法得到的补偿标准不一样，不同区域使用同一方法得到的结果也不同。区域及个体间的差异加之生态补偿的复杂性、敏感性，使得农业面源污染生态补偿机制难以快速建立并完善，补偿制度实施也较为困难，效果同样不尽如人意。因此在进行农业面源污染防治条件下的生态补偿时，一定要充分考量地域间和个体间的差异，科学制定差别化的补偿机制以确定合理的补偿标准。

以山东省桓台县农田生态系统小麦-玉米轮作体系为研究对象，应用InVEST模型、污染当量法、直接市场法、问卷调查法等方法，综合考虑作物产量损失价值、化肥成本节约及生态系统服务提升价值，以当地农民生态受偿意愿为参考，构建不同化肥用量和减施程度下生态补偿标准的核算模型，确定了补偿标准的上、下限，最终提出合理的化肥用量减施范围及补偿标准。

1. 意愿调查法

意愿调查问卷主要包括以下4个部分：①家庭基本情况，涉及被调查者的性别、年龄、文化程度、家庭人口、职业、收入来源及农业收入比例等相关问题。②土地利用相关情况，包括土地承包方式、经营模式，种植作物及制度，产量，施肥、耕作措施及技术，生态保护和污染防治措施及其补偿等。③农田生态环境及生态系统服务认知：包括长期使用化肥是否会对农田生态环境造成危害、是否存在河流污染情况、对农田生态环境的关注度及满意度等问题。④农田生态补偿意愿，调查其对化肥不同程度施用量减少的受偿意愿及标准，以及补偿方式的选择（现金补偿、实物补偿、技术支持等）、补偿年限的调整等。调查结果显示：

（1）农民总体上对农田面源污染了解不多，未意识到滥用化肥带来的面源污染危害性。补偿标准的高低会在较大程度上影响农民对于面源污染防治措施的配合。农民环境意识觉悟越高，其化肥减施受偿意愿标准也越高。此外，约20%的受访者希望能够得到技术补偿，表明农民有较为强烈的生态农业种植技术需求，在现金补偿的基础上，还应重视技术补偿并尝试探索市场价格调控的新形式。

（2）随着化肥减施量的不断增加，农作物减产量也逐渐增加，供给服务价值损失也随之增大。当化肥减施5%~95%时，损失的供给服务价值量在586.09~7 024.63元/hm²，生态系统调节价值由0.91元/hm²增加至28.40元/hm²。综合考虑减产损失、节省的化肥投入价值及提升的生态系统服务价值，生态补偿标准下限范围为362.74~4 823.43元/hm²，补偿标准上限为367.29~4 851.83元/hm²。

（3）从受偿意愿来看，农户接受10%~30%的化肥减施方案；从政府支付角度来看，当减少使用当前化肥用量的25%时，补偿的标准最低，为362.74元/hm²。但农民受偿意愿值远远高于实际测算的减产损失，说明农民对化肥依赖程度较大。

2. 基于能值的补偿标准核算

基于受偿意愿和支付意愿调查的生态补偿标准有主观性，受访者的环境意识影响调查结果。客观定量评估面源污染对生态系统服务价值面临诸多挑战，面源污染对生态系统服务影响包括社会、经济和环境，对价值造成的损害不能全部货币化；污染物种类多，排放量不能简单相加，存在物质流量，生态流量和经济流量量化的不一致性。为解决物质流、能量流和经济流之间联系困难的问题，用能值分析法计算NH_3、N_2O、TN、TP污染物排放量和化肥减施造成的粮食减产对应的能值，再根据能值（Energy value）和DGP比值进行货币化。该方法的核心是将生态产品和服务所需的能量用统一的能值表示。化肥投入量从统计年鉴获得，污染物排放物理量用基于第一次全国污染源普查的排放系数计算，不同化肥减施情景下玉米产量用经验公式计算。通过15个化肥减施的情景比较，最佳生态补偿的比例是磷肥施用量减少20%，补偿标准为379.63元/（hm²·a）。

（四）污染防控生态补偿机制

1. 政府的主导作用

当前多数生态补偿由政府主导，财政资金是补偿资金的主要来源，2016年生态补偿资金中，中央财政投入占87.7%，地方财政资金占12%，其他来源资金占比不到1%。优良的饮用水水源水质、农产品质量安全和优美的生态环境等是公共物品，政府是公众的代表，理应为促进这些生态产品和服务的供给提供生态补偿资金。比如，饮用水水源保护地采用土壤侵蚀防治措施、施用有机肥可以保护和培肥土壤，国家作为耕地的所有者，也有义务为生态保护者额外付出作出补偿。生态旅游配套的基础设施、公共服务设施建设和库区优美景观的维护，投资巨大，难以依赖个体经营者的投入，主要依靠地方政府投入或通过政府和社会资本合作（PPP）等模式吸纳社会资本。

只有明确水质保护的权责，才能调动水体特别是水源地生态保护的积极性。饮用水水资源及水质保护权责界定、保护区生态旅游特许经营权发放属于政府职能。政府通过地理标志农产品品牌保护、完善绿色、有机和特色农产品标准、认证和可溯源等质量监管体系，对生态产品的"真实性"进行规范性制度性监督，只能在政府权限范围内开展。水库饮用水水源保护地农田面源污染防控生态补偿涉及各方、各部门的利益调整，需要政府出面统筹协调，比如水质水价联动需要政府部门协调，因仅政府部门有执法权和饮用水的定价权。各级农业技术推广和环境保护机构，作为职能部门，为饮用水水源保护区的面源污染防控提供技术支持或通过购买服务提供技术补偿。

综上所述，政府财政资金能在生态补偿中发挥"种子资金"的作用，多数情况下是补偿资金的主要来源。政府在生态产品和服务的权属界定、利益相关方之间的协调、政策和标准的制定、生态产品认证监管方面起着不可替代的作用。但从扩大生态补偿领域和保障补偿资金的可持续供应角度，应尽快促成政府由作为补偿主体的主导者转变为"引导者"，发挥市场机制作用，由市场主体提供补偿资金。

2. 企业为主体、社会组织和公众共同参与机制

国家发展改革委、财政部、自然资源部、生态环境部等9部门联合印发的《建立市场化、多元化生态保护补偿机制行动计划》，按照"谁受益，谁补偿"的原则，明确了生态受益者、社会投资者对生态保护者的补偿，除了政府，还需要企业、社会组织和公众的共同参与。

3. 市场化运作

生态补偿的市场化特征是补偿资金主要不是来自政府，而是社会资本的投资。生态产品多属于"非排他性"的公共物品，生态价值实现途径可以为生态补偿提供资金来源。

培育水资源和生态环境市场，使资源资本化、生态环境资本化。水体特别是饮用水水源地生态保护与生态旅游产业发展有机融合，通过生态旅游的特许经营，建立生态环境市场；扶持和培育新型农业经营和服务主体，通过适度规模经营和专业化服务实现盈利。生态补偿标准要反映市场供求关系，受市场供求规律调节，运用直接市场评价法、揭示偏好评估法、陈述偏好评估法等方法，科学严密地评估测算，使其合理地反映生态资源的稀缺和优良程度。通过"三品一标"农产品的绿色认证和标识以及企业和政府部门绿色采购，实现优质优价，使保护者通过生态产品的市场交易获得充分补偿。

4. 良性互动和利益共享机制

生态补偿是基于自愿合作的机制，合作多赢。补偿方和受偿方通过深入沟通，成立水库水质共同管理机构，明确权责和利益共享机制，使生态保护和污染防控成为库区各方自觉自愿的行为。无论政府、水体管理处或者是社会化服务组织，对接合作社或村集体比散户效率更高。当前基于项目的生态补偿，以政府单方决策为主导，生态补偿对象、范围、标准和方式的确定，主要由政府决定，没有利益相关者参与协商的良性互动机制，尤其作为生态保护主要实施者的农民没有参与。建立生态补偿主体和客体间的良性互动机制，保证公开、公平和公正。

5. 补偿资金来源的长效机制

转直接补贴为通过生态价值实现途径补偿，针对饮用水水源地生态保护，可建立水质和水价联动机制，根据水库水质，确定水资源出售价格；适度规模经营，生态农场、种植合作社，服务主体通过规模效应盈利，获取生态保护的补偿资金；通过"三品一标"等特色健康农产品的"优质优价"，由消费者补偿因面源污染防控而多付出的成本。

（五）生态补偿的时空尺度

1. 生态补偿的空间维度

生态补偿范围指应当得到补偿的地域范围，以生态系统服务为基础确定生态补偿范围，且主要考虑生态产品消费的地理分布，要与生态补偿的目的相适应。需要权衡（Trade-off）同样的管理措施在不同尺度上对生态服务的不同影响，如使用化肥和农药在田块尺度上可以增加（粮食）供应服务，但在流域和区域尺度会造成水体质量下降、农产品质量安全、生物多样性降低。生态补偿的空间范围从流域或县域、全国（跨区、省）到全球。

2016年，国务院办公厅《关于健全生态补偿机制的意见》（国办发〔2016〕31号）中提出，将生态保护补偿与实施主体功能区规划相结合。根据农田面源和重金属污染影响生态系统服务的重要性、影响的严重程度确定生态补偿的优先次序。在粮食主产区，将影响食用农产品质量安全的农药污染的防治优先划入生态补偿范围。水污染防治重点流域，集中式饮用水源保护地，农田面源污染（氮磷、农药）防治的生态补偿。在地下水漏斗区、生态严重退化地区对实施耕地轮作休耕进行生态补偿。扩大新一轮退耕还林还草规模，逐步将25°以上陡坡地退出农田，纳入退耕还林还草补助范围。

生态补偿实施范围的空间尺度涉及利益相关方，取决于污染及防控措施影响到的生态系统服务。农业面源污染的空间尺度从地块到乡（镇）、县域的尺度；测土配方施肥、农作物病虫害统防统治等防控措施实施要求，生态补偿的空间尺度逐渐从单个农户的地块扩展到整村、整乡的集中连片。政府购买服务和扶持新型农业经营和服务主体（如社会化服务组织）要求生态补偿从对分散农户的补偿转移到新型农业经营和服务主体上。

2. 生态补偿的时间维度

生态补偿时间尺度主要考虑污染物对生态服务影响出现及持续的时间，生态系统修复所需要的时间、生态保护和污染防控效果持续的时间，进而决定生态补偿的实施年限、补偿标准和生态补偿的利益相关方。生物多样性对生态系统服务的影响效应会随着时间推移而增强，也随空间尺度增大而增强。考虑治理成本是否也随不同时期经济社会发展水平和政策而变化，如果机会成本升高，则补偿的刺激作用会减弱，如国家实行的种粮补贴政策。

针对农田氮磷污染，测土、肥效试验、肥料配方确定一般是3~5年一轮回，而对配方肥购买和施肥作业补贴每季、每年都要提供。化学农药的减量通过优质优价进行补偿时，需要持续遵守绿色、有机种植肥料、农药使用的技术规范；农作物病虫草害统防统治效果评估时间尺度是一个生长季。

补偿方式方面，通过扶持新型农业经营主体的污染防控能力建设，具有长效机制。

利益相关方方面，土地经营权、土地承包权土地所有权的年限不同，污染及防控措施对土地所有者、承包人和经营者的影响不同。退耕、种植制度调整等大时间尺度下的生态补偿受偿方是所有权人和承包权人，而农药化肥减量增效等短期措施的受偿方应该是土地经营方。

生态补偿时段方面，在生态补偿机制建立的初期，政府的主导作用至关重要，只有政府重视、且有财力生态补偿才能实施。以农作物病虫害的绿色防控和统防统治为例，在开始实施时，由于农户的认知局限，往往需要以政府购买服务和扶持专业化植保服务组织的方式进行补偿推进。随着农户对防治效果的认可，统防统治和绿色防控得以集中连片作业，通过规模效应，降低成本，补偿标准可以适当降低。而绿色防控提高农产品质量安全的效果显现出来后，可以通过优质优价的市场方式对其进行补偿。

（六）面源污染生态补偿决策

1. 基于博弈论的生态补偿决策概念模型

基于对面源污染防控和生态补偿利益相关方的目标诉求和交互作用的理解，结合防控行为决策对面源污染及水生态环境的影响机理的分析，以流域/小流域为研究对象，设计和构建基于智能体模型和博弈论的面源污染生态补偿决策模型框架。耦合污染负荷模型、污染物输出系数模型、污染对生态系统服务损益的评估模型，模拟不同农业经营主体（农户、种植大户、种植企业/农场等）、政府、专家、下游水域开发者等不同利益相关方之间博弈，以及主体与环境之间的相互作用，模拟典型污染风险类型区域采取的不同时段和不同空间尺度的污染防控方式（休耕、种植结构调整、保护性耕作、使用有机肥、低毒农药）及其相应生态补偿的实施效果及成本效益分析，从而明确生态补偿机制对生态系统污染风险管控的反馈作用机制。

构建的基于智能体模型和博弈论的污染防控与生态补偿决策模型概念框架如图5-22所示。其中各个利益相关主体之间的相互作用，尤其是生态补偿标准的商定过程，都是基于博弈论思想来进行的。

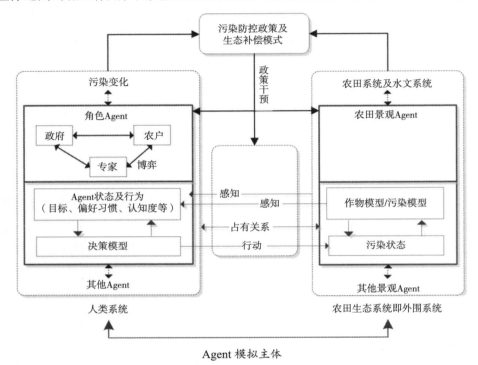

图5-22 污染防控与生态补偿决策模型概念框架

表5-18是以污染防控与生态补偿决策模型框架中涉及的智能体类型（利益相关方）及其决策特征。每类主体具有不同目标、决策依据，如信息不对称将影响博弈中的决策。

表5-18 智能体模型中智能体类型（利益相关方）及其决策特征

智能体类型	决策范围	决策依据	模拟模型
上级政府	防治计划、防控指南	区域环境保护目标、污染水平	污染负荷简单统计模型、经济学模型
基层政府	防控措施和生态补偿模式	生态补偿模式的优化配置	污染负荷评价模型、污染损益评估模型、多目标优化模型
农户	采取的防控方式和接受的生态补偿形式	损失/投入-补偿权衡	简单经验模型
专家	防控策略建议	环境响应、成本-综合效益权衡	污染负荷评价模型、污染损益评估模型、多目标空间优化模型

农田面源污染生态补偿决策模型以智能体模型为核心，耦合LUCC（Land use cover change）经验统计模型、元胞自动机模型，模拟主体（Agent）和主体之间、主体与环境之间的相互作用过程，以及农田面源污染防控和生态补偿在不同时空尺度上的决策过程和环境效应。在此基础上，采用多目标优化方法、博弈法等对不同类型污染源影响下的典型污染风险类型区域的生态补偿模式进行优化。

2. 基于博弈论的生态补偿标准确定模型

（1）模拟农民减施化肥的生态补偿标准谈判的模型如下。

角色 农户和政府

单位面积农民原来收入I_0 单位面积S的农产品产值（产量$GrainYield_0$按最高潜力产量计算，价格为$Price$）减去单位面积农业投入成本$Cost_0$

$$I_0=S \times (GrainYield_0 \times price - Cost_0) \tag{5-39}$$

单位面积减施氮肥后农民收入I_n 按照第n轮谈判的补偿标准C_n所获得的补偿金加上单位面积农产品产值，减去减施氮肥后单位面积农业投入成本$Cost$

$$I_n'=S \times C_n + S \times (GrainYield \times price - Cost) \tag{5-40}$$

减施化肥后农民期望单位面积收入I_n'

$$I_n=S \times C_n + S \times (GrainYiled \times price - Cost) \tag{5-41}$$

补偿标准C_n （第n轮谈判的补偿标准）：

$$C_n = C_0 + \frac{C_0 \times (1-q^{n-1})}{1-q} \tag{5-42}$$

政府单位面积净收益R_n 防控措施的单位面积生态效益$E_{co-benif}$减去单位面积措施实施成本e和单位面积生态补偿金C_n。

$$R_n = E_{co-benif} - e - C_n \tag{5-43}$$

（2）基于博弈的生态补偿谈判过程如图5-23所示。

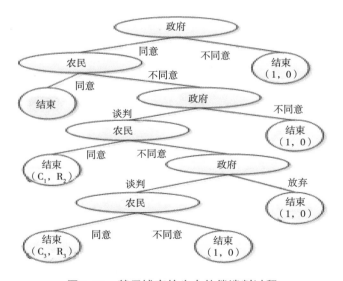

图5-23　基于博弈的生态补偿谈判过程

其中，农户的决策依据是"单位面积成本-单位面积收入权衡"，即$I_n'>I_0$。

应用综合博弈论和智能体模型的面源污染防控生态补偿决策模型，可以进一步扩展到子流域内甚至流域范围，应用到不同的防控措施和不同的生态补偿方式及标准的情况，对面源污染及相关生态系统服务的影响进行模拟和评价分析，并进行防控效益评估。

3. 氮肥减施的经济和生态效益反馈

研究发现，作物产量与氮肥施用量呈二次曲线关系，与氨挥发呈线性关系，而与氮淋溶一般呈指数关系。当达到一定施肥量时，减施单位氮肥造成的粮食减产率最小，而氮淋溶损失降低率高，并且该情景下农民考虑到氮肥成本减少，减氮后收入并未降低，因此是兼顾产量和环境效益的合理减氮方案。

4. 氮肥减施情景的生态补偿博弈分析及优化

氮肥减施事实上并未造成农民收入减少，但长期以来施化肥增收的观念，使农户认为减施氮肥尽管会减少投入，但仍会造成收入降低。调查发现，农户认为氮肥投入的收益比为1∶1.5。氮肥施用从247.6 kg/hm^{2}降至203.4 kg/hm^{2}时氮肥成本减少176元/hm^2，农户预计粮食产值减少264元/hm^2，纯收入减少88元/hm^2，但事实上，减施只造成了172元/hm^{2}的产值下降，农户纯收入反而增加了4元/hm^2。

表5-19列出了不同补偿标准下，政府补贴和农户收益情况，针对农户预期的减收和实际不相符，我们提出了两阶段生态补偿方案，补偿标准和利益相关方收益（农民收益、生态效益和系统总效益）（表5-20）。

表5-19　生态补偿方案及农民收益选择

政府补贴C	农民不减施收入	农民减施收入
$0<C_1<88$	GY_0	GY_1+C_1
$88<C_2<172$	GY_0	GY_1+C_2
$C_3>172$	GY_0	GY_1+C_3

注：C_1、C_2、C_3分别是3个补偿标准；GY_1和GY_0代表减施化肥和不减施化肥时的粮食生产纯收入。

表5-20　两阶段生态补偿方案及利益相关方收益

单位：元/hm^2

时期	补偿标准	农民收益变化	生态效益	系统效益
1期（3~5年）	100	104	172	176
2期（之后）	20	24	172	176

在生态补偿方案实施之初，可以将补贴标准设为略高于88元/hm^2，如100元/hm^2，超过农民认为的纯收入减少值，但小于172元/hm^{2}的生态收益，实现农民从经济角度、政府从环境角度的共赢。

在实施3~5年后，农户将认识施肥量减少到200 kg/hm^{2}对收入影响不显著，尤其是如果氮肥价格上涨，减施还会进一步增加收入。这时可以将补贴转变为减施奖励，并降低标准，如20元/hm^2，以减轻地方政府的财政压力。

四、农业面源污染风险管理及生态补偿模式

（一）农田氮磷面源污染风险管理

1. 针对农业投入品管理和经营方式

表5-21列出了农田面源污染防控模式。农业生产生命周期评价表明，农田面源污染主要源于肥料、农药农膜等农业投入品以及农作物秸秆的随意堆放和露天焚烧。对冬小麦-夏玉米种植制度下污染贡献分析表明，氮肥是造成环境影响的最重要的投入，占包括全球变暖、土壤酸化、水体富营养化、人体毒性、水生和陆生生态毒性在内的环境成本的70%。大量研究表明，磷是水体富营养化的主要来源。农田氮磷污染是污染物在传输因子的作用下进入环境特别是敏感水体。土壤养分含量、施肥种类和数量、施肥方式和时间是农田氮磷污染的源因子；传输因子则包括气候、地形和土壤性状所影响的土壤侵蚀潜力、暴雨与施肥季节相吻合，农田与敏感水体相联通等。应用农田养分输出系数模型和氮磷指数模型，在流域和县域尺度上确定源因子和传输因子对农田面源污染的相对贡献。在源因子主导的地区，应用先进施肥技术（测定土壤养分含量、制定肥料配方、统一供肥和统一施用）和使用缓控释肥和肥料增效剂，在源头上实现肥料的减量增效，减轻污染。在传输因子主导的地区，采用基于生态工程的农田氮磷拦截模式减轻污染。

表5-21　农田面源污染防控模式

污染物	模式类别	污染防控模式
N、P	源头减量增效	化肥减量增效模式
	源头减量增效	基于新型肥料和增效剂的污染防控模式
	过程控制	基于工程的氮磷拦截防控模式
农药	优化施用方式	农作物病虫害统防统治模式
	源头减量增效	农作物病害虫绿色防控模式
作物秸秆	合理处置	玉米秸秆循环利用模式

化学农药施用会造成人体健康、生态环境和农产品质量安全的损害，通过综合农艺防控、物理防控和生物防控的替代化学农药的绿色防控模式。针对散户缺乏高效农药喷施机械，农药利用率低，农药包装废弃物污染问题，依靠专业化植保服务组织，进行农作物病虫害统防统治，减少化学农药的使用。

农作物秸秆产生量大、物质密度和能量密度低，收集和运输成本高，导致农户处置困难，露天焚烧现象严重，农田秸秆合理处置是急需解决的问题。饲料化和肥料化可实现大量农作物秸秆的循环利用，相比粉碎深翻还田和能源化利用更经济有效。

2. 针对污染排放的防控措施

针对污染压力形成的途径采取相应的防控策略，从技术和管理降低土壤氮磷向环境中的排放：从农田田块到流域尺度，技术政策包括：减少进入农田的养分总量、减少养分流失、阻断从农田到水体的养分传输，具体技术措施见表5-22。配套的管理政策包括养分综合管理、禁止开垦大于25°的坡耕地，在敏感水体保护区调整种植制度等。

表5-22　减少N、P流失及污染的防控措施

作用机理	防控措施名称	适用条件
减少养分总量	测土、配方、平衡施肥	所有农田
	改变种植制度	坡地、库湖周围
减少无机N、P	有机种植	
	有机无机配合	所有农田
	缓释肥和控释肥	高附加值作物
减少NH_4^+	施用脲酶抑制剂	高附加值作物
减少NO_3^-	施用硝化抑制剂	高附加值作物
降低土壤溶液养分浓度	氮肥机械深施	集中连片
	水肥一体化	高附加值作物
	施用生物质炭、有机肥	高附加值作物
保持有机N、颗粒状P	果园生草	园地
减少养分径流损失	坡改梯	丘陵、坡地
	免耕覆盖	所有农田
	等高种植	丘陵坡地
	生态田埂	所有农田
	植被过滤带	所有农田

3. 基于生态系统服务价值实现的环境管理政策

如前所述，农田面源污染会对生态系统服务价值造成损失，但成本没有计入价格，也就没有市场生产者或消费者承担成本，而由与经济活动无关的第三方在市场交易外承担副作用，故称具负外部性（Negative externality）。外部性如不被内在化（Internalized），会扭曲市场，刺激私人获益，给社会带来巨大成本。采取生态保护和污染防控措施的经营者提升了生态系统价值，但不能体现在经济价值上，额外付出的成本得不到补偿，具有正外部性。正外部性如不被矫正，会影响生态保护和污染防控的积极性和生态产品的产出。建立政府主导、经营者和社会广泛参与、市场化运作、可持续的生态保护补偿机制，激发全社会参与生态保护的积极性。补偿标准最低限是采取的防控技术措施的成本［压力-状态（P-S）因果环可提供适用的防控措施］，最高限是提升的生态价值。为建立生态补偿的长效和可持续机制补偿资金的筹集应立足生态价值实现，如通过饮用水水源水质和水价联动机制，获得饮用水水源地保护区污染防控生态补偿资金；通过生态旅游特许经营，实现多样性生态环境、清洁空气和水体的生态价值实现；通过认证标识，绿色有机农产品的优质优价。

（二）农药污染风险防控

减少农药面源污染防控，主要采用农作物病虫害统防统治和绿色防控模式。具有植物保护技能的服务组织，遵循"预防为主，综合防治"的植保方针，采用先进的装备和技术，对农作物病虫害实行安全高效的统一预防与治理的规模化、规范化、契约化的承包服务。在组织发动、技术方案、药剂供应、施药时间和防控行动上"五统一"。采取统防统治的服务组织优先选用理化诱控、生物防治、生态调控，以及环境友好的高效低风险农药等绿色防控措施。防控装备精良可以减少农药使用量，落实严禁使用国家禁限用的农药品种、饮用水源保护地农药使用等技术规范，合理轮换使用农药品种，延缓病虫抗药性产生，严格遵守农药安全间隔期规定，保障农产品质量安全。

（三）污染防控生态补偿模式

面源污染防控所影响生态服务和生态产品为公共物品的受益者和提供方分别是补偿方（补偿方）和客体（受偿方）。补偿方式根据所采取的污染防控策略和措施确定。补偿模式可分为成本补偿、农业经营组织方式优化和通过生态产品价值的市场化实现补偿3类。成本补偿包括对生态保护和污染防控所需有机肥、绿色农药等农资购买、专用机械设备购置、作业费用和机会成本的补偿。优化农业经营组织可以由政府主导，通过扶持新型农业经营和服务主体实现，也可以是企业主导、社会力量多方参与，通过土地经营承包权流转，实现适度规模经营，促进病虫害绿色防控和统防统治，服务组织通过规模效应和特色经营活动获得收益作为补偿资金。生态产品包括绿色健康农产品、清洁饮用水源、优美生态环境等（表5-23）。

表5-23　农田面源污染防控生态补偿模式

模式类别	生态补偿模式
成本补偿	"有机肥替代化肥"补贴
	污染防控机械购置补偿
	集中式饮用水水源保护区生态补偿模式
政府主导	扶持新型农业经营主体
企业主导多方参与	信托基金土地承包权流转
基于生态产品的价值实现的市场化补偿	生态健康农产品认证标识模式
	发展生态旅游产业模式
	农作物秸秆综合利用

通过绿色健康农产品的标识认证实现优质优价、农作物秸秆综合利用、发展休闲农业和生态旅游，实现生态价值向经济价值转化。通过市场化运作、企业社会参与可以改变政府作为单一补偿方的局面，保证生态补偿的可持续性。

1. 农资补偿

以有机肥配合化肥使用为例，政府对示范基地、示范村、示范户、生态标准园、合作社、种植协会等使用有机肥按每亩一定量标准进行实物补贴。地方政府农业部门组织有机肥购买招投标，全程管控产销环节；供肥企业通过肥料企业按中标价格出售一定数量和质量的有机肥给符合资质的种植者。种植户资质和申领补贴的肥料数量由土肥部门审定，种植者承诺严格按照要求施用补贴的有机肥。

2. 农机购置补贴

为促进经营者使用先进的农机设备，减少农药、化肥和农作物秸秆污染，中央和省级财政资金对从事农业生产的个人和农业生产经营组织，购置和更新入围中央财政资金全国农机购置补贴机具种类的农机具给予补贴。

为鼓励农户和组织利用农作物秸秆，减少因露天焚烧污染大气，利用秸秆资源，保护环境，培肥土壤，但秸秆还田需要切碎和深翻入土，机械作业成本高。尽管还田利用可以作为土壤有机质原料，也能提供部分养分，但大多数农户没有因为秸秆还田而减少化肥用量，也没有意识到秸秆还田的增产作用，为调动农民积极性，对农作物秸秆还田进行补贴。除农机购置补贴外，还要至少补偿还田作业成本。

3. 政府购买服务

对散户"不愿干、干不好"的污染防控和生态环境保护工程，县级以上地方政府财政局会同农业农村局、生态环境局、水利湖泊局等将饮用水水源地保护区面源污染防控服务，按照公开招标、邀请招标、竞争性谈判、单一来源采购等方式招标，交由具备资质和服务能力的承接主体，并根据服务数量和质量等因素向其支付费用。通过政府购买的程序，使政府和社会公众对生态服务的公共需求通过市场竞争机制显示出来。根据地区、敏感目标、生态服务等级标准，实施差别化的经济补助。服务包括沿河湖、库岸线生态拦截带建设和维护、病虫草害统防统治、果园生草、割草服务、有机肥施用、化肥机械深施服务，重金属污染土壤修复等。

4. 扶持新型农业经营主体

利用中央财政资金中的农业适度规模经营资金以及地方政府自有财力等渠道，采取先建后补、以奖代补等方式，对农民合作社、家庭农场和农业社会化服务组织等新型农业经营主体实施给予包括项目补助、金融政策、设施农业用地和技术等方面的支持。受到扶持的新型农业经营主体，必须从事绿色生产、标准化生产、完善投入品管理、档案记录、产品检测，严格执行合格证准出和质量追溯等制度，购置农产品质量安全检测相关设施设备等。通过构建全程质量管理长效机制，推进绿色食品、有机食品、地理标志等优质特色农产品认证和品牌建设。通过"保底收益+按股分红"、股份合作、订单农业等利益联结机制，补偿农户开展生态保护和污染治理所付出的机会成本。

5. 信托基金承包权交易

农户将承包土地的经营权委托给信托公司，每年从后者获得不少于上年种植收入的补偿金；机构、企业和个人可以以资金、技术、农机、劳动力等方式投资，并在信托完成后得到利润分红。信托基金筛选社会化服务组织或家庭农场、农业合作社等新型农业经营主体，开展绿色种植和循环农业，产生环境、社会和经济效益，从政府获得项目补贴和奖励，开展生态农产品销售、获得技术服务收入和农作物秸秆销售收入、有机肥销售收入。收入主要用于支付基金的日常运营费用、农户土地承包经营权的生态补偿金、信托到期后的分红。

6. 生态产品认证标识

通过绿色食品、有机农产品和地理标志农产品的品种培优、品质提升、标准化生产、产品认证标识、品牌管理和推广，使经营者比常规种植获得更高的经济收益，以补偿多付出的成本，通过绿色农产品生态价值实现获取补偿资金。如中央和地方政府在集中式饮用水源保护区，加强基础设施建设，结合特色种植和以自然风光及民族风情为特色的文化产业和生态旅游业发展，作为优良生态环境的生态价值实现途径，获取生态保护的补偿资金。在生态旅游产业发展初期，补偿依靠政府，并逐步过渡到社会资金和市场成为补偿主体。

（四）风险管理与生态补偿决策应用案例

官庄水库是湖北省宜昌市生活饮用水源，库岸柑橘种植大量使用化肥和除草剂等农业化学品，给水库水质安全带来隐患，暴雨季节土壤侵蚀使水库浊度超标。针对水库水质问题，农业部门推荐的生态保护和农田面源污染控制措施，因需要种植户付出额外的成本，落地困难。农田面源污染由于分散随机，且源于与农民生计有关的种植业，不适合采用"污染者付费"的环境管理原则。通过在水库水源地保护区现场考察调研、座谈，结合文献研究和借鉴国内外相似情景的案例，提出了官庄水库饮用水水源地保护的防控措施方案（表5-24）和生态补偿建议。生活饮用水水源面源污染防控存在的经济外部性，根据公共物品理论和生态价值论确定了经济外部性矫正原则，即由生态保护和污染防控的受益方对防控措施的实施方提供补偿。

表5-24　饮用水水源地保护区污染控制方案

类型	防控方案	方案简介
农药源头减量增效	绿色防控	防控病虫草害的农艺、物理和生物防控措施
	统防统治	专业组织，采用先进的装备和技术，对农作物病虫害实行统一预防与治理的规模化、规范化、契约化的承包服务
化肥减量增效	测土配方施肥	土壤取样化验，结合肥料试验，确定施肥配方、肥料施用技术和时间
	有机肥化肥配施	以有机肥使用为主，辅以化肥提供作物养分
	缓释肥和控释肥施用	养分按照设定的释放率和释放期缓慢或控制释放的肥料
	化肥机械深施	利用机械将肥料翻入土壤至少20 cm，避免表面撒施
土壤侵蚀防控	地表覆盖、果园生草	在果树行间或全园树盘外区域种植适合当地条件耐荫性强、覆盖性能好的草种，或培育自然草本植被
	坡地改梯田并修建导流沟	横跨斜坡建造土堤并与导水道组合，减小陡坡长度，降低土壤侵蚀量
	等高种植	平行于坡向的垄和沟种果树，以拦蓄水分，改变径流方向
	植物缓冲带和过滤带	在径流形成的下坡处沿着与坡向垂直的方向，平行种植抗土壤侵蚀能力强的植物条带
	种植结构调整	水库岸线旁临水果园和玉米等旱地作物改种不施化肥农药的树木或多年生草本植物
入库水防护	库岸居民生活污水处理	修建生活污水存储池，进行雨污分流和溢出防护，定期抽走库岸居民生活污水

入库水质改善的直接受益者是水库管理方，间接受益者是供水企业，最终受益者是宜昌市民。库区保护还提升了农产品质量安全和生态环境及景观价值。针对饮用水水源地保护措施的成本构成及生态价值提升，提出市场化、多元化、和基于生态价值实现的生态补偿方式，包括水库水资源水价水质联动，绿色优质农产的优质优价，优美生态环境生态旅游价值实现，政府针对防控成本的补贴、扶持社会化服务组织和建立利益分享机制等补偿模式（表5-25）。

表5-25　饮用水水源地保护生态补偿方式

类型	分项	补偿方式
成本补偿	农资购买	现金、实物补贴
	农机购置	农机购置补贴
	作业成本	政府购买服务
	技术成本	技术支持
	机会成本	承包经营权流转、信托入股
经营组织方式优化		政府购买（农业托管）服务
		利益共享机制
		扶持新型农业经营和服务主体、特许经营
生态产品	柑橘	绿色优质农产品认证、标识，有机认证费用补贴
价值实现	水质	水质水价联动机制
	生态旅游	基础设施建设

　　宜昌市政府在生态补偿中起主导作用，制定保护水源地所采取的污染防控和环境管理政策，为农产品质量安全提供了具体保障；通过地理标志认证管理创建水源保护地保护区特色品牌，提高其知名度、消费者认可度和市场美誉度，进而提高其市场价格；特色品牌的优质优价又为污染防控的生态补偿提供稳定的资金来源，促进措施落地。

第四节　农业面源污染信息化监管体系与平台

一、面源污染信息化监管体系

　　农业面源污染信息化监测体系包括平台技术体系、运维管理保障体系、标准体系和队伍体系等4大部分，如图5-24所示。

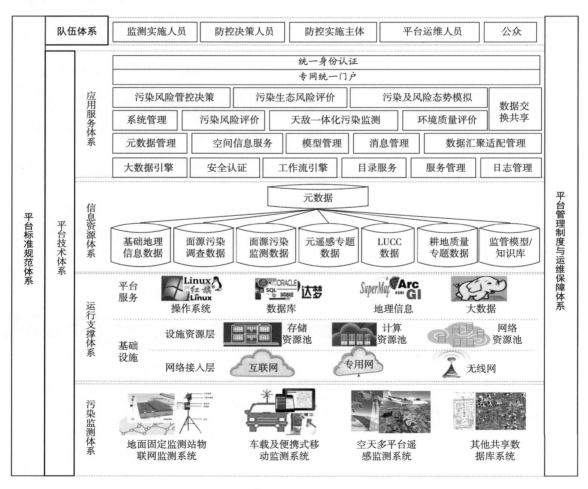

图5-24　面源污染信息化监管体系构成

　　平台技术体系是信息化监管的核心，是实现农业面源污染监测、风险评价、风险管理决策及污染防控实施监督和评价等全过程监测的技术支撑平台，具体包括污染监测体系、运行支撑体系、信息资源体系和应用服务体系。污染监测体系是信息化监管体系的核心，主要通过地面固定监测站构成物联网监测系统、车载及便携式移动监测调查系统、空天多平台遥感监测系统及其他共享数据库系统等构成空天地网一体化的监测调查平台，实现对农业面源污染风险因素、污染负荷、污染物指标及相关数据的监测与数据获取、传输与汇聚。运行支撑体系是信息化监管实现的基础，主要由基础设施和平台服务两大层次构成。其中，基础设施由硬件和网络构成，硬件包括支撑平台运行的存储设施、输入输出设施、运行数据处理和程序的计算资源设施，网络是实现从监测数据获取到信息资源层的传输通道，可以是互联网、专用网络和无线网络等。平台服务主要指构成信息化监管平台的基础软件系统，包括操作系统、数据库管理系统、地理信息系统基础软件等。信息化平台构建要以建立数据内容应完备、统一、规范的信息资源体系为前提，信息资源体系是信息化监管平台处理与分析的对象，由基础地理信息数据、面源污染调查与监测、遥感专题、土地利用与覆盖（LUCC）、耕地质量专题等数据，以及监管模型/知识库及元数据等构成，信息资源体系通过元数据与应用服务体系衔接。满足业务需求，宜优先采用大数据技术存储和管理。应用服务体系是支持农业面源污染监测数据获取、处理及面源污染风险管理、决策服务、应用的计算机应用程序，是信息化监管平台建设的服务目标，是信息化监管的价值体现。通过专网统一门户及统一身份认证为监管人员队伍提供服务监管的功能应用。

人员队伍体系是为信息化监管实施所建立的组织机构和人员，实现信息化监管体主体，包括污染监测实施人员、风险防控管理人员、污染防控实施人员及信息化平台运维保障人员，还包括实施面源污染防治监督的公众等人员。

平台技术标准体系应包括为保障农业面源污染信息化监管平台规范化建设和安全运行所制定和采用的一系列支撑环境、数据、应用软件及互操作等方面的标准规范。

平台管理制度与运行保障体系包括为信息化监管平台建设、运行维护和应用所建立起的组织机构和人员规章制度、日常管理规章制度和应急处置保障措施等一系列规章制度和保障措施。

二、区域农业面源污染数据库模型

面源污染监测调查评价管理信息多源，存在分类标准不统一，指标体系多样，信息分类编码各异等问题，需要制定区域农田污染数据内容构成及其分层分类标准，构建区域农田环境数据元目录、信息编码及分类标准，设计区域农田污染数据分类组织框架与数据模型，并建立区域污染数据概念描述模型。

（一）数据库构成分析

面对分散化、缺乏系统体系组织和一体化的专题数据，充分挖掘历史数据价值，实现全面全程监管分析，需设计面向多源异构的多维时空数据模型，降低数据冗余，提高访问效率，体现监测调查对象的生命周期特征，为污染监测、防治的数据分析和挖掘提供数据库保障。依据初步调研结果，农业面源污染全面全程监管相关信息至少应包含：

1. 种植业生产

种植业用水、排水情况，化肥、农药、饲料和饲料添加剂等工业投入品使用情况及面源污染实时环境监测信息。

2. 养殖业生产

养殖业污染物产生、治理情况以及生活用水量、排水量以及污染物排放情况、土地利用信息，畜禽业养殖信息，水产养殖信息及实时环境监测信息。

3. 农村生活产污

村镇人口信息、村镇污染源信息、污染量信息及实时环境监测信息。

4. 城镇、工矿等外源输入

城镇、工矿用地污染源及实时环境监测信息。

5. 影响污染形成的基础和专题地理信息

行政区、交通、居民点、河流水系、基础地形图、气温降水信息、土壤信息。从数据库组织和构成上可分为：农业面源污染调查监测库（核心数据库）和基础支撑数据库（图5-25）。其中，按数据性质可将农业面源污染调查监测库分为空间数据库、非空间数据库、监管业务模型库和元数据数据库，按数据的来源和数据性质，基础支撑数据库可分为用于监管业务分析的基础地理信息数据库、生态环境基础库、人文社会经济数据库、遥感影像数据库等空间专题数据库。同时数据库建立访问接口可与环保、农业、国土等部门已有的外部业务数据库进行逻辑关联，并支持数据服务的有效访问，支持通过表关联、数据库访问等形式接入已有相关土壤和农产品样品库、土壤和农产品检测化验库数据，以及农村土地经营权确权登记数据、污染源调查数据、土地利用现状数据、耕地质量调查评价数据、农业环境专家知识与图谱库等数据，同时以数据服务形式支持数据库表数据的关联导出。

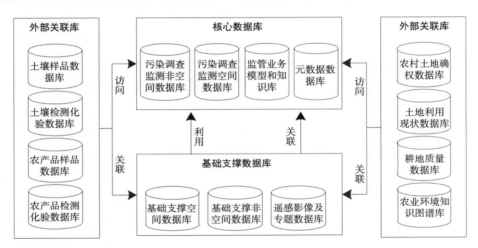

图5-25　面源污染数据库构成及与其他数据库的联系

基于OWL DL（Web ontology language，description logic）语言构建污染监管数据本体。OWL DL支持以文本形式概念和概念之间的关系用以表达事物间的关系，折中可判定推理能力和较强表达能力，既能支持对概念的文本表达，也可基于语法的约束和限定，能支持描述逻辑的推理功能。数据本体的定义包括类结构、属性和实体3个方面。类结构用以描述不同概念之间的类别隶属关系，实体是各个类的具体实例，而属性则连接不同的实体，表现实体之间的关系。属性定义中基于Domain和Range限定了该属性能作用的实体范围。污染监管数据的子类结构中，最底层的原子类对应污染监管数据库结构中的数据表，类的属性即为表的属性。本体一般定义了"使用""具有"和"属于"3类属性，用于本体类的各个实体。"使用"即属性的Domain类的某个实体选用了Range类的某个实体，如监测样点采用了某种地方坐标系。"具有"为一种交互关联属性，即属性的Domain类的实体概念较大，而Range类的实体概念较小，同时range类的实体是Domain类实体完整所需具备的一项因素。"属于"主要用于污染监管数据类个体之间进行关联，即属性的Domain类的某个实体从属于Range类的某个实体，不同于类结构中子类的概念，它所关联的Range和Domain一般不具备类别隶属关系。污染监管数据类的实体源于污染监管数据库，原子类所对应数据表中的每一条记录，即为属于该类的一个实体。

（二）核心数据库概念模型

农业面源污染围绕种植业、畜禽养殖、水产养殖、重点流域农村生活等4类污染源调查，污染调查重在掌握面域上的污染范围和数量，4种污染类型间相对独立，实体间不存在关联。水产养殖与重点流域农村生活源污染调查实体关系相对简单，以下重点介绍种植业和畜禽养殖业实体关系模型。

种植业污染监测地块基本信息、土壤剖面、种植情况、施肥、耕作、灌溉、地膜以及植株产量和小区产流、农田肥料流失系数等存在多对多的关系，以监测地块为主线，串联农田面源污染监测过程的方式，其数据库概念模型如图5-26所示，农业面源污染监测地块基本信息记录监测单元地形地貌土壤环境以及监测小区等信息，以"监测地块编码"唯一标识实体，通过"监测地块编号"作为外键与种植与作物对应、监测小区与处理、土壤剖面、基础土壤样品及分析结果、小区产流记录表等实体建立关联，采用"种植模式分区"作为外键与农田肥料流失系数建立关联。

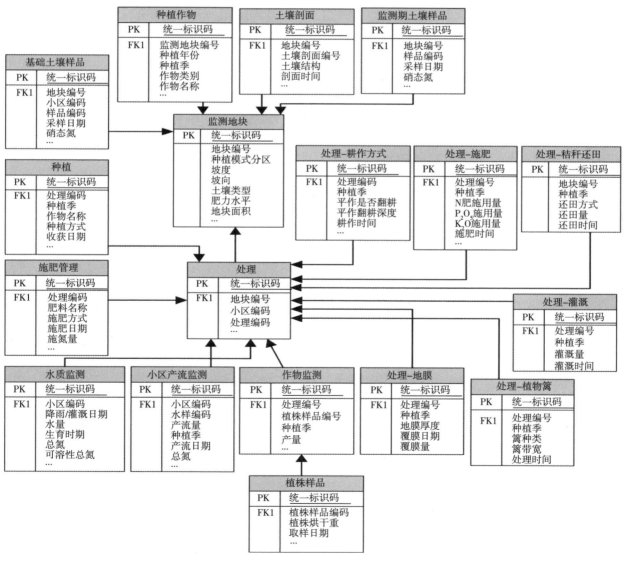

图5-26　种植业面源污染监测数据库模型

　　面源污染调查围绕种植业源、畜禽养殖源、水产养殖源、重点流域农村生活源等4类污染源调查（图5-27），污染调查重在掌握面域上的污染范围和数量，4种污染类型间相对独立，实体间不存在关联。水产养殖与重点流域农村生活源污染调查实体关系相对简单。种植业源调查分为种植业清查和典型地块调查两类，种植业清查与作物覆膜、种植模式等存在1对N关系。

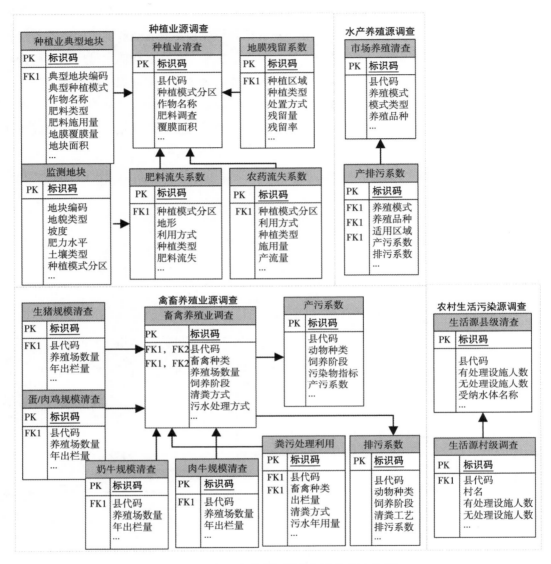

图5-27　农业农村面源污染调查数据库模型

　　畜禽养殖业源污染调查重点掌握生猪、蛋鸡、肉鸡、奶牛、肉牛数量规模以及产排污情况、清便方式和废水排放情况。养殖业源分为生猪、蛋鸡、肉鸡、奶牛、肉牛5类养殖规模清查实体。畜禽养殖业调查生猪、蛋鸡、肉鸡、奶牛、肉牛养殖场数据量、饲养阶段以及各阶段的粪污清理和处理方式，清粪方式与粪污处理利用调查各类畜禽存/出栏量、粪污产排情况、利用处理情况、污水处理情况等，畜禽养殖调查、清粪方式与粪污处理利用调查均与污染范围、数量、水体的贡献有关系，产排污系数重在计算排污产污量，产排污系数和调查实体间存在逻辑上的关联。因此畜禽养殖调查、清粪方式与粪污处理利用调查均存在关联关系，同时也与畜禽养殖业产污系数、排污系数存在关联关系。

（三）数据库数据本体存储模式

关系数据库广泛应用于本体数据的存储，但本体模型和关系模型存在差异，用关系型数据库存储本体包括水平模式、垂直模式、分解模式等多种模式。水平模式在本体更新和进化中，属性和名称都可能变化，且实例可能有不同属性，导致数据表和列需经常变化，且存在空值，只适用于小规模静态本体数据存储；垂直模式可读性差，难以构造SQL以进行查询，本体应用难。分解模式是将数据库进行模式分解，包括基于类的分解和基于属性的分解，该模式需随本体更新、修改不断建删除表，效率低，代价大，不利本体应用。采用混合模式，并将OWL描述词汇映射为数据表以存储存在此关系的本体资源、提高查询效率的模式等。

三、污染时空数据组织管理

（一）时空数据要素组织框架

区域农田污染数据内容主要包含基础地理数据、农业环境基础数据、农业环境质量调查监测数据及监管业务数据4大类。综合考虑时空数据特点、使用方式等因素，提出专题要素纵向分层、专题尺度（比例尺/分辨率）分级、数据横向分块的时空数据组织管理模型，如图5-28所示。

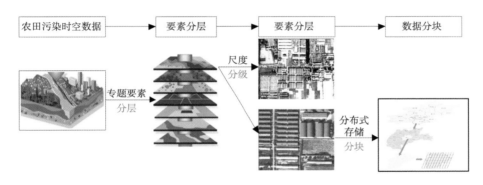

图5-28　数据组织框架

纵向分层是根据面源污染要素特征，抽取划分为若干个专题要素层，整个面源污染地图是所有专题要素层的叠加。横向分块是将某一区域的某一尺度数据集按照某种分块方式分割成若干数据块，并以文件或表的形式存放在不同的目录或数据库中。用户操作只涉及一些特定的区域对象，不是整个数据覆盖区域，可以从数据记录层面有效控制用户访问数据范围权限。通过分层分块，系统能对用户的要求做出迅速的反应，提高数据访问效率。数据集分块是从数据存储角度考虑，在数据量不大、集中式存储情况下，特定要素特定层级数据集不再进一步划分，只有单一数据集数据量巨大，集中存储管理影响时空数据分析和可视化效率情况下实施分布式存储管理，则需要将数据集分块处理。数据集分块是按照一定的规则将数据集覆盖的地理空间划分为无缝隙、无重叠的若干个数据块。由所有数据块的空间范围构成了数据管理的网格空间，因此网格是具有多级结构的空间属性，它立足于对地理划分空间数据的组织及检索，方便空间信息的共享和服务。通过分层、分级和分块实现空间数据库从纵、横两个方向的延伸，同时空间数据库是两者的逻辑再集成。

（二）时空数据存储管理

结合农业面源污染监管业务需求，综合考虑集中和分布式存储管理特点，设计农业面源污染时空数据存储方案，如图5-29所示。

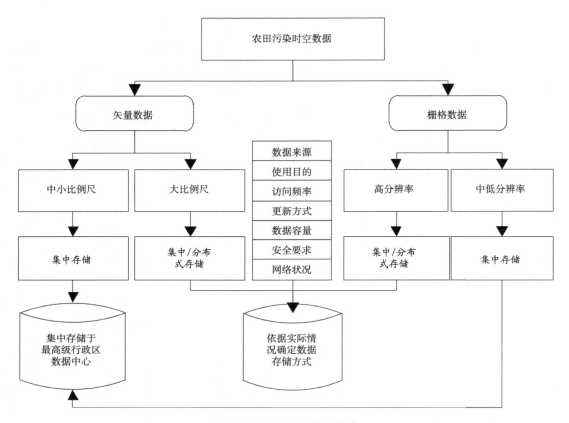

图5-29 时空数据存储方案

（1）一般小尺度数据（比例尺≥1∶10万）基础地理数据、农业环境基础数据、高分辨率遥感影像等数据由于数据量大，可从数据来源、数据容量、使用目的、访问效率、更新方式、安全需求和网络状况等角度综合考虑确定是否采用非冗余的分布式存储方式，即将不同层级的数据按照各级业务需求分配到省、市或县级，上一级不再重复备份或存储下一级数据层。

（2）中小比例尺（比例尺<1∶10万）矢量数据和中低分辨率（分辨率优于30 m）栅格数据，由于数据量小，省市县各级之间的政务专网能够满足实时传输的要求，可采用集中式和分布式结合的混合存储方式，即在分布式存储的基础上，上一级数据对下级的数据进行完整的备份。

（三）分布式存储节点数据簇单元优化

数据分块对应一块区域，主要有标准经纬度分块、矩形分块和任意区域多边形分块等分块方式。本研究主要采用不规则政区作为单元划分网格空间。行政区界无缝地分割地理空间，如国家由省、自治区和直辖市等省级区域组成，而省由若干个地级区域组成，地级区域又由若干个县级区域组成，县级区域又由若干个乡镇区域组成，行政区既具有无缝隙无重叠的空间特性，也具有法律意义，而且具有相对的稳定性。因此，以各级行政区为单位建立农田污染时空数据网格既符合空间信息网格的要求，也符合农业面源污染监管的要求。以乡镇、县、地市和省4级行政区划分的农业环境时空数据多级网格，进而建立县、市（地）、省、国家4级农业环境数据库，每一个行政区为一个网格，也可以依据数据量大小将若干个行政区合并为一个网格。

上述网格空间构成数据分布式存储节点优化的基本单元，从数据容量、访问效率、访问频次、访问流量、并发访问数等角度构建基于存储节点负载均衡的存储节点数据簇单元构成优化目标函数，基于数据来源、数据容量、使用目的、访问效率、更新方式、安全需求和网络状况等多因素限制的退火模拟存储节点数据簇单元优化方法，实现分布式数据存储方案自动生成，提高数据组织效率。

$$模型输入：\begin{cases} min.O(S,E,F,Fl,N) \\ s.t.G_j(x_1,\cdots,x_k),j=1,2,\cdots,m \\ s.m.SA(T_0,\phi,\varepsilon) \end{cases}$$ （5-44）

模型输出：$out，R(n,SubD,E)$

式中，$O(S,E,F,Fl,N)$是分布式存储节点负载趋于均衡的优化目标，包括数据容量S、访问效率E、访问频率F、访问流量Fl和并发访问数N等多项目标；$G_j(x_1,\cdots,x_k)$优选方案生成限制条件；$SA(T_0,\phi,\varepsilon)$是模拟优化过程，优化的基本单元是数据格网空间，关键参数是初始温度T_0、状态产生函数ϕ，终止条件ε。$R(n,SubD,E)$是优化输出结果，包括节点数n，节点数据单元集合$SubD$，目标优化程度E。

开始时在初始解中通过随机选择一个格网单元，以该格网为基础，在其距离向量$\overline{H}$范围内的相邻单元中随机选择一个有效的新单元替换原选择的单元，通过状态转移规则判断是否接受新状态；从第二次循环开始，以具体应用目标为参考，选择对相应优化目标中的目标函数值影响最大的单元。状态转移规则采用Metropolis准则。初始温度T_0（$\overline{H}$中的最长距离）和终止条件ε通过不同部署节点数和目标变量负载均衡模拟对比分析后，选择较为适宜的参数值。

四、监管平台功能拓展机制

面源污染管控决策模型包括调查监测方案生成、污染等级评价、生态风险评价与预警、污染损益评价、污染源-汇分析、生态补偿标准确定、农业结构与布局优化、防治模式、风险管理模型选择、应急响应等管理与决策专业模型，涵盖业务范围广、形式多样、参数设置区域差异大；同时随着管理业务的需求变更，监管决策业务流程改变，相关模型会发生相应变化，有必要实现污染监管决策模型及监管决策流程的灵活定制和维护，增强污染监管平台的灵活性和适用性。

（一）适应决策业务变更的决策功能拓展机制

利用工作流的方法对模型和数据进行组合是适应需求增长的一种主要方式。目前，工作流将流程设计和流程执行分开，使得流程设计更易于理解和分析，同时降低逻辑模型和运行环境之间的依赖，能适用于不同粒度和层次的面源污染管理。以面源污染监管业务对功能需求的知识规则为基础，分析各类监管决策业务的推理机制、规则和方法，基于工作流管理技术建立适应特定决策场景的决策业务流程定制框架和决策功能拓展机制，实现模型重组、高效复用和无缝调配，进而实现监管平台中决策功能定制和更新，提高监管平台的功能可扩展性，增强其适应能力。

决策业务流程定制框架以元数据为基础对监管业务流和数据流，以及涉及模型及其参数进行建模，优化工作流执行引擎，转换元数据模型为可执行模型。决策业务流程定制框架能作为基础功能模块，可实现进一步的决策业务流程和功能嵌套使用（图5-30）。同时，业务流程定制框架基于耦合插件模型设计，插件管理器在面源污染监管平台中的调用，可以通过模型管理器进行加载，也可以在工作流中作为活动被调用，还可以通过适配器模型调用，如Python脚本适配器模型与地理数据处理与分析适配器工具等，从而使监管平台适应不同层次应用需求、并能不断进行功能扩展和更新。

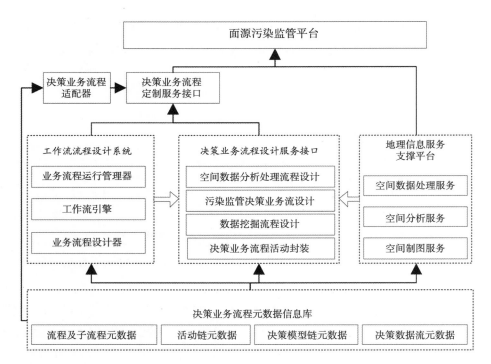

图5-30　决策业务功能定制框架

将构建的模型和模型库转换成工作流框架中的基础活动，同时提供基本的数据挖掘和空间数据处理分析等流程活动（图5-31）。在活动基础上构建基于工作流技术的工作流执行系统，其包含工作流管理器、工作流引擎及其对应的业务流程设计器（潘守慧等，2018；吴仪邦，2019）。

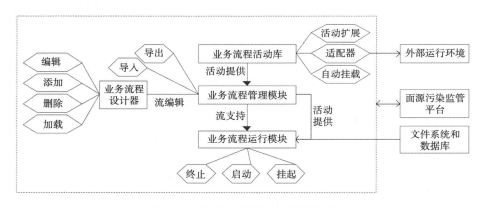

图5-31　决策功能拓展的运行机制

业务流程设计器提供了简明的模型设计及逻辑编译功能，并支持断点调试，提高了工作流活动的编译效率，降低了开发风险。

（二）适应模型发展的监管模型优化管理

模型是通过某种形式对一个系统的本质属性的抽象描述，揭示系统的功能、行为及其变化规律，是将数据转换成辅助决策信息的工具。在农业面源污染防治领域积累了大量的评价和预测模型及决策知识，随着模型技术的发展，监管业务模型会不断优化改进，业务变化导致评价标准变化，业务需求复杂性需要多个模型相互协同，为能更好地利用模型、共享模型，模型灵活管理是实现应用系统与专业领域联系的纽带，实现模型库资源的可重用及灵活管理，通过模型灵活管理可增强监管平台适用性和可拓展性。

针对决策模型多样性的现状，分析异构模型的差异化数据需求，明确了模型之间的相互逻辑关系，建立基于元数据的插件机制模型和数据耦合机制，实现面源污染监管模型库的高效运行和优化管理。模型管理服务基于已有的功能模型为基础，将基础空间分析模型、面源污染模型和定制的基本业务模型进行整合以此来适应不同层次应用需求，并能不断进行系统扩展和更新。

1. 模型结构

评价标准一般包含质量或预测模型及其知识规则。模型采用目标层、准则层和指标层的层次结构。模型包括模型基本信息、模型创建信息、模型包含指标、模型评价结果信息等4部分，如图5-32所示。

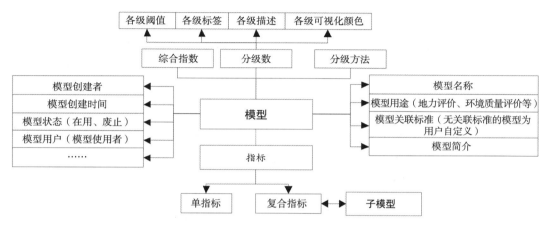

图5-32　基于指标评价类模型的模型结构

模型指标层的指标可分为单指标和复合指标，如图5-32、图5-33所示。单指标即是由测量或观测的属性值直接参加评价的指标，如耕地地力评价模型中的单一养分指标（pH值、总氮、有机质等）；复合指标是由多个下一级指标综合评价获得，如土壤养分状况和清洁程度等是一个由多个指标综合评价获得的结果。可见复合指标实质是由指标评价类模型构成的一个完整的评价模型，可以用上述模型结构表达。

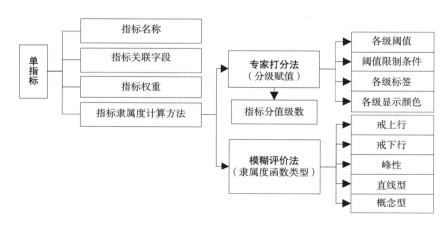

图5-33　评价指标结构

2. 模型库结构

模型库主要用于存储各类模型，是各种模型的集合。模型管理数据库由模型库、模型运行支撑的业务数据库及控制模型运行的控制数据构成,如图5-34所示。模型库是模型和知识规则化管理的核心,由模型及知识数据和模型元数据构成,模型及知识数据包括模型指标、参数和模型输出结果及表达方式等信息;模型元数据包括模型名称、简介、用途(功能及适用条件等)、关联标准、创建信息(创建者、时间、版本等)、模型。模型运行控制数据是用于控制外部用户访问或外部程序调用的数据,如模型用户等信息;业务数据是环境专题数据。

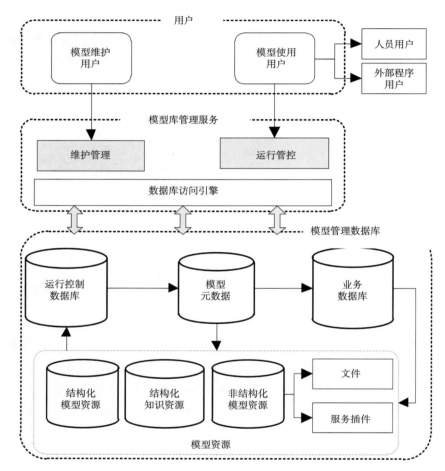

图5-34　模型库管理软件架构

3. 模型管理服务功能

模型管理应支持对评价模型的维护,增强系统的适用性,包括模型增加、删除、更新。依据模型类别,可以文件、插件服务和数据库等形式存储,通过模型元数据对模型进行检索调用管理,主要实现以下功能:

(1)指导用户迅速准确地查找到有关模型,了解模型及其输入输出参数的相关信息,同时可为用户提供有关模型属性的特征信息,便于用户正确地使用模型,对模型的运算结果做出正确的判断。

(2)可对模型库中的模型进行相应的剪切、删除、增加、更新等基础操作以及模型运算及运行操作,为用户新增模型的源代码和可执行代码的修改和模型的调用提供相关信息;还可以对模型进行封装扩展,便于第三方应用软件无缝集成或其他用户使用。

同时将面源污染模型知识库及工作流技术结合,可实现工作流协同服务,有效解决现有工作流技术难以解决的服务资源分布性所带来的协同瓶颈，为拓展面源污染监管领域的应用提供可靠的理论依据和技术手段。

（三）决策业务功能自适应运行机制

因为资源的分布性，基于各种资源构建决策业务流程和功能时需要面对多种、孤岛性等客观因素带来的任务协同问题，是目前科学工作流构建时需要面对的一个难题。结合工作流技术理论，提出的动态工作流协同服务方法，突破现有的工作流技术难以为解决服务资源的分布性所带来的协同瓶颈，为拓展污染监测、评价及防控管理应用提供可靠的理论依据和技术手段。

基于监管业务决策任务相对应的服务资源匹配结果，采用相应的工作流模式构建高效、动态的工作流实例并在工作流引擎中执行。工作流模式所涉及流程的执行路径是在设计时即可确定的，不需要运行时传输的信息，而是仅限于工作流操作步骤的控制和逻辑选择（魏明时，2020）。具体实现技术如图5-35所示。

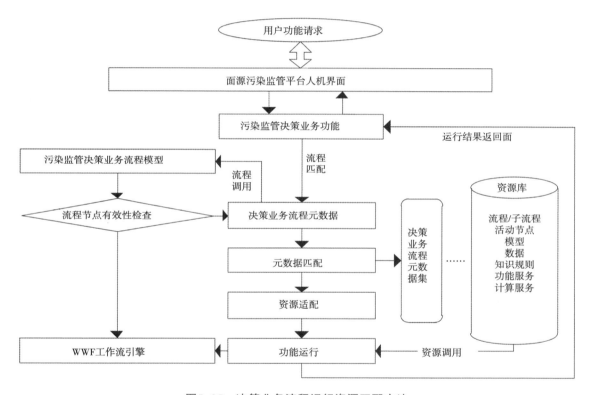

图5-35　决策业务流程运行资源匹配方法

活动节点是构成决策业务流程的基本单元，在对污染监管业务的元数据建模时，以流程的活动节点为单元，采用元数据对各类资源进行描述，包括活动所属流程/子流程、涉及活动输入输出规则，以及运行涉及模型、数据、知识规则、功能服务、计算服务等资源，以在污染监管业务功能运行中实现相对准确的资源匹配。元数据主要包含标识信息、特征信息、时空信息、能力信息、质量信息、服务信息、运行信息、管理信息和约束信息，从而实现资源的高效匹配。

功能运行任务中，输入条件（主要包括数据的时间、空间、波谱和辐射分辨率，分析算法的精度和效率等参数），在各个活动节点中搜索符合需求的服务资源是否在能力、可获取性、服务质量要求等约束规则上一致，从而实现服务流程的匹配。元数据匹配要针对请求任务在各个节点获取相应的服务资源集合；根据任务的请求时间，对服务的时间相关性进行查询，得到符合查询要求的资源集；然后再通过服务的九元组信息进行约束关系分析，对服务的流程进行逻辑匹配，最终得到符合要求的服务资源串。

五、面源污染信息化监管平台

（一）面源污染大数据服务系统

面源污染大数据服务系统是集位置服务、物联网技术和大数据挖掘为一体的农业面源污染时空数据管理、分析的GIS平台，支持氮磷等检测数据实时接入与共享，支持多源、多尺度、多要素、多时期的农业环境质量时空数据的一站式管理，提供从样点布局优化设计、点位管理、样点均衡性检测到时空异常数据检测，监测数据时空制图、疑似污染区域识别、区域污染综合评价的监测分析功能，提升区域农业环境监测的效率和信息化管理水平。平台实现数据汇交和时空大数据挖掘，为污染防控决策提供低冗余高质量的多源时空数据。

1. 多源监测数据汇交

主要提供监测数据的实时在线汇交功能、离线汇交功能，同时提供基础地理信息的网络地图服务汇交功能。监测数据实时汇交可实现实时接收野外现场快速检测设备和数据采集系统上传的监测数据，并以数据列表的形式显示。离线数据汇交可按照数据来源、数据主题、数据内容、数据格式、汇交目标，填写数据说明并上传导入。对于每一类数据内容，根据汇交数据库标准形成数据表字段和数据类型说明文档，用户可下载到本地，按照标准格式整理后，供上传数据使用。

2. 时空大数据挖掘

时空大数据挖掘主要实现异常数据检测（沈惠雅，2021）、样点均衡性检测（董士伟等，2019）、样点去冗优化（唐柜彪等，2020）、多尺度相关性插值（郜允兵等，2019、污染热点探测等功能服务。时空异常监测是对监测数据进行空间相关性计算，分析监测点位的空间差异特征及变化状况，识别其中具有统计显著性的热点、冷点或者空间异常值，可以发现疑似数据错误或环境质量异常区域。样点均衡性检测通过计算采样区域中所有采样点的地理空间分布均匀度，确定样点的聚集或离散程度，而样点去冗精化是根据样点均衡性检测结果，提供添加或删除样点及调整样点权重等纠偏处理，为环境质量制图等分析提供低冗余、高价值密度的数据和方法基础。多尺度相关性插值提供基于土壤采样点的空间自相关性与土壤影响因素的环境属性相似性，结合多维环境变量，利用广义回归神经网络（Generalized regression neural network，GRNN）和随机森类（Random forest，RF）等机器学习方法预测区域环境质量指标含量空间分布。

（二）面源污染管理决策系统

农业面源染管理决策系统主要面向国家、省、市各级农业生态和生态环境监管人员，以空间可视化表达作为系统的主题表现形式，耦合专业模型库和决策工作流框架，集成模型库、模式等知识库及面源污染大数据服务包，实现面源污染信息管理、风险评价与态势预测分析、生态补偿决策等业务功能的决策系统（图5-36），包含9个基本模块，105个基本功能点内容，能为不同的管理层面上提供土壤污染决策和管理提供科学依据。决策模型包括调查监测方案生成、污染等级评价、生态风险评价与预警、污染损益评价、污染源-汇分析、生态补偿标准确定，以及农业结构与布局优化、防治模式、风险管理模式选择、应急响应等管理与决策专业模型。系统利用插件框架对不同子系统进行耦合，并采用统一的用户表达，使得系统具有较高的适普性和扩展性（魏明时，2020；吴玲云等，2022）（图5-37）。

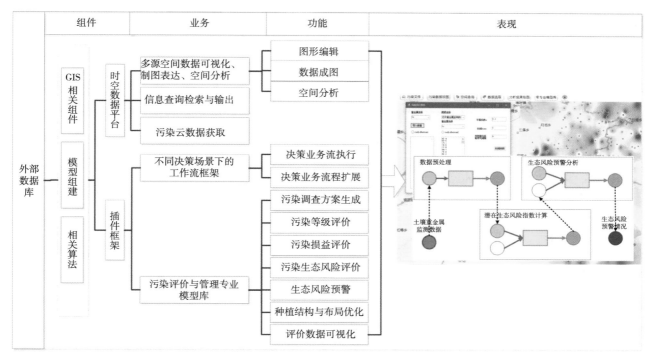

图5-36 面源污染管理决策系统总体架构

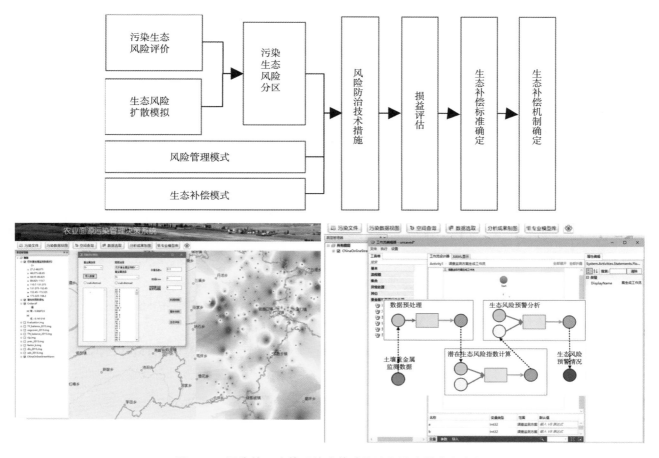

图5-37 污染管理决策系统决策功能流程及决策内容定制

主要参考文献

崔艳智，高阳，赵桂慎，2017. 农田面源污染差别化生态补偿研究进展[J]. 农业环境科学学报，36（7）：1232-1241.

董士伟，潘瑜春，高秉博，等，2019. 连续不规则区域采样点的地理空间分布均匀度检测方法：CN108197347B. [P]. 2019-03-09.

方志青，陈秋禹，尹德良，等，2018. 三峡库区支流河口沉积物重金属分布特征及风险评价[J]. 环境科学，39（6）：2607-2614.

冯爱萍，黄莉，王雪蕾，等，2022. 浦阳江流域（浦江县段）面源污染模型估算及河流生态缓冲带重点区域识别[J]. 环境工程学报，16（1）：73-84.

冯爱萍，王雪蕾，刘忠，等，2015. 东北三省畜禽养殖环境风险时空特征[J]. 环境科学研究，28（6）：967-974.

冯爱萍，王雪蕾，徐逸，等，2020. 基于DPeRS模型的海河流域面源污染潜在风险评估[J]. 环境科学，41（10）：4555-4563.

冯爱萍，吴传庆，王雪蕾，等，2019. 海河流域氮磷面源污染空间特征遥感解析. 中国环境科学，39（7）：2999-3008.

符素华，刘宝元，周贵云，等，2015. 坡长坡度因子计算工具[J]. 中国水土保持科学，13（5）：105-110.

高秉博，李晓岚，潘瑜春，等，2021. 样点布设的方法、装置、电子设备和存储介质：CN108287940A[P]. 2021-08-05.

郜允兵，高秉博，李晓岚，等，2015. 长时间序列土地利用数据时空索引技术研究[J]. 中国土地科学，29（9）：34-41，49.

郜允兵，高秉博，李晓岚，等，2019. 土壤属性值的计算方法及装置：CN109541172A [P]. 2019-06-08.

韩宗伟，黄魏，罗云，等，2015. 基于路网的土壤采样布局优化——模拟退火神经网络算法[J]. 应用生态学报，26（3）：891-900.

郝星耀，潘瑜春，高秉博，等，2017. 一种空间数据库中矢量数据几何变化检测的方法及装置：CN106407292A[P]. 2017-03-19.

胡根生，赵晋陵，梁栋，等，2019. 基于时空特征的多源异构面源污染大数据的关联和检索方法及监管平台：CN110334090A [P]. 2019-7-23.

胡建东，李冬贤，马刘正，等，2020. 一种土壤生物有效态氮磷流路控制系统及其方法：CN201911357326.9[P]. 2020-04-14.

胡建东，马刘正，李振峰，等，2022. 一种土壤养分自动检测系统及检测方法：CN201810305532.4[P]. 2020-09-22.

焦利，孙松周，刘天须，等，2019. 元数据驱动的分布式数据资源管理技术[J]. 计算机与现代化（3）：78-84.

靳乐山，2016. 中国生态补偿：全领域探索与进展[M]. 北京：经济科学出版社.

靳乐山，2019. 中国生态保护补偿机制政策框架的新扩展——《建立市场化、多元化生态保护补偿机制行动计划》的解读[J]. 环境保护，47（2）：28-30.

李灿，李振峰，马刘正，等，2022. 扰动扩散流动分析法测定土壤氮、磷技术研究[J]. 农业环境科学学报，41（8）：1846-1854.

柳荻，胡振通，靳乐山，2018. 生态保护补偿的分析框架研究综述[J]. 生态学报，38（2）：1-13.

马刘正，胡建东，李振峰，等，2021. 一种液体混合腔：CN201810305531. X[P]. 2021-01-22.

潘守慧，王开义，王志彬，2018. 基于云架构的农产品产地安全管理决策平台[J]. 江苏农业科学，46（14）：208-212.

唐柜彪，朱庆伟，董士伟，等，2020. 农业用地土壤重金属样本点数据精化方法——以北京市顺义区为例[J]. 农业环境科学学报，39（10）：2288-2296.

沈惠雅，李晓岚，潘瑜春等，2021. 土壤重金属数据异常识别方法——以北京农田区样点数据为例[J]. 江苏农业科学，49（8）：219-226.

覃苑，胡海棠，淮贺举，等，2022. 多情景分析的农业面源污染关键源区识别软件开发及应用[J]. 环境工程技术学报（4）：1288-1297.

孙在金，苏本营，侯红，等，2020. 农业面源和重金属污染风险综合评估方法：CN111080097A[P]. 2020-11-03.

王洪亮，冯爱萍，高彦华，等，2018. 伊犁河流域最大植被覆盖度的时空动态变化[J]. 环境科学与技术，41（6）：161-167.

王磊，香宝，苏本营，等，2017. 京津冀地区农业面源污染风险时空差异研究[J]. 农业环境科学学报，36（7）：1254-1265.

王萌，杨生光，耿润哲，2022. 农业面源污染防治的监测问题分析[J]. 中国环境监测，（2）：61-66.

王雪蕾，2015. 遥感分布式面源污染评估模型-理论方法与应用[M]. 北京：科学出版社.

王雪蕾，王桥，吴传庆，等，2015. 国家尺度面源污染业务评估与应用示范 [M]. 北京：科学出版社.

王雪蕾，王新新，朱利，等，2015. 巢湖流域氮磷面源污染与水华空间分布遥感解析[J]. 中国环境科学，35（5）：1511-1519.

王宇飞，靳彤，张海江，2020. 探索市场化多元化的生态补偿机制——浙江青山村的实践与启示[J]. 中国国土资源经济，33（4）：29-34，55.

位文涛，李振峰，李林泽，等，2022. 微流池多光程土壤有效态氮磷测定方法研究[J]. 中国无机分析化学，12（5）：58-64.

魏明时，2020. 基于土壤重金属污染评价系统的工作流集成方法研究[D]. 武汉：华中农业大学.

吴玲云，吴仪邦，魏明时，等，2022. 基于工作流的农业污染模型构建方法与应用[J]. 中国农业信息，34（1）：48-59.

吴仪邦，2019. 基于元数据匹配的土壤重金属污染评价资源集成研究[D]. 武汉：华中农业大学.

杨金凤，冯爱萍，王雪蕾，等，2021. 海河流域农业面源污染潜在风险识别方法[J]. 中国环境科学，41（10）：4782-4791.

张巧玲，胡海棠，王道芸，等，2021. 海河流域农田氮磷面源污染的空间分布特征及关键源区识别[J]. 灌溉排水学报，40（4）：97-106.

BRUS，D J，2018. Sampling for digital soil mapping：a tutorial supported by R scripts [J]. Geoderma，338：464-480.

DONG S W，CHEN Z Y，GAO B B，et al.，2020. Stratified even sampling method for accuracy assessment of land use/land cover classification：a case study of Beijing，China [J]. International Journal of Remote Sensing，41（16）：6427-6443.

GAO Y，HAN Z Y，CUI Y Z，et al.，2019. Determination of the agricultural eco-compensation standards in ecological fragile poverty areas based on emergy synthesis [J]. Sustainability，11（9）：1-18.

HUANG L，HAN X Y，WANG X L，et al.，2022. Coupling with high-resolution remote sensing data to evaluate urban non-point source pollution in Tongzhou，China [J]. Science of the Total Environment，831：1-12.

LIN K N，ZHU Y，ZHANG Y B，et al.，2019. Determination of ammonia nitrogen in natural waters：recent advances and applications [J]. Trends in Environmental Analytical Chemistry，24：e00073.

LIANG L，WANG Y C，RIDOUTT B G，et al.，2019. Agricultural subsidies assessment of cropping system from environmental and economic perspectives in North China based on LCA [J]. Ecological Indicators，96：351-360.

LIU R M，XU F，ZHANG P P，et al.，2016. Identifying non-point source critical source areas based on multi-factors at a basin scale with SWAT [J]. Journal of Hydrology，533：379-388.

MA L Z, DUAN T C, HU J D, et al., 2020. Application of a universal soil extractant for determining the available NPK: a case study of crop planting zones in central China [J]. Science of the Total Environment, 704: 135253.

REN X H, CHEN Z Y, GAO B B, et al., 2016. A spatial conditioned latin hypercube sampling method for mapping using ancillary data [J]. Transactions in GIS, 20（5）: 735-754.

WANG J F, GAO B B, STEIN A, et al., 2020. The spatial statistic trinity: a generic framework for spatial sampling and inference [J]. Environmental Modelling & Software, 134: 1048835.

YI K X, FAN W, CHEN J Y, et al., 2018. Annual input and output fluxes of heavy metals to paddy fields in four types of contaminated areas in Hunan province, China [J]. Science of the Total Environment, 634: 67-76.

国家出版基金项目
NATIONAL PUBLICATION FOUNDATION

"十四五"时期国家重点出版物出版专项规划项目

现代农业学术经典书系

中国农业
面源污染防治

【下卷】 刘宝存 杨林章 邹国元 安志装 等 著

中国农业科学技术出版社

下 卷
农业面源污染防治技术与应用

第六章

西藏"一江两河"农牧区

第一节　区域农牧业生产现状

一、农牧业基本情况

（一）"一江两河"流域自然状况

西藏"一江两河"流域包括雅鲁藏布江流域、拉萨河流域和年楚河中部流域。地势总体上南北高、中间低，雅鲁藏布江横贯东西，主要由山地、台地、冲洪积平原和冰碛平原等组成。气候属高原温带半干旱气候，气候温和，年平均气温在6~8 ℃；海拔4 000 m以下的拉萨、日喀则等河谷下游中心地带热量条件好，最暖月平均气温达15 ℃；光照充足，太阳辐射资源丰富，年日照时数超3 000 h；年平均降水量251.7~580.0 mm，年蒸发量达2 293~2 734 mm（陶娟平，2016）；雨热同期，季节分配不均，降水多集中在7—9月。"一江两河"流域水系众多。农业水资源主要有降水、高山积雪融水和地表径流水，由于降水量小，冰雪融水和地表河流水是主要的农业灌溉水源。拉萨河流域土壤以黑毡土与棕冷钙土为主，河谷中心地带有潮土分布，上游则有部分寒钙土；年楚河流域以冷钙土和棕冷钙土居多；雅鲁藏布江沿岸地区发育有较多的新积土和风沙土；雅鲁藏布江扎囊—桑日段河谷中心地区发育了较多风沙土和部分新积土，两岸平原以棕冷钙土为主河谷地区丰富的热量资源和雨热同期的气候条件使得"一江两河"流域地区成为西藏高原喜凉作物的重要种植区和高产区。

（二）"一江两河"流域种植业

"一江两河"流域耕地相对集中，温度水分条件较好，种植业占有重要地位，成为高原的主要粮仓。种植作物主要有青稞、小麦、油菜、豌豆等。2020年，青稞种植面积151.10万亩，约占全区农作物播种面积的55.6%，品种主要有藏青320、藏青2000、喜拉19、喜拉22等；小麦种植面积36.03万亩，约占全区农作物播种面积的13.3%，品种有山冬6号、山冬7号、藏春951、日喀则23号等；油菜种植面积26.46万亩，约占全区农作物播种面积的9.7%，有藏油5号、山油4号、年河系列、墨竹小油菜、拉孜小油菜等。种植方式上各地都实行不同程度的轮茬，轮作方式主要有青稞-小麦、青稞-小麦-油菜、青稞和小麦与油豌混播等。

青稞是"一江两河"流域种植面积最大的作物,种植技术比较成熟,产量也不断提高,部分地区平均亩产已超过500 kg。播种量一般为15 kg/亩左右,一般采用机耕畜播,翻耕深度18~20 cm。近年来,随着机械化推广力度加大,拉萨地区普遍实行机耕机播,日喀则等其他地区机耕机播的比例也不断增加。青稞施肥基本上是农家肥和化肥配合使用,农家肥在翻耕前作为底肥施入,化肥以撒施为主,主要为磷酸二铵、复混肥和氯化钾;追肥为尿素,根据作物长势不施或追施1~2次。近几年,日喀则地区青稞以使用商品有机肥为主。青稞主要虫害为蚜虫,干旱季节有蝗虫发生;主要病害为黑穗病,零星发生;农田杂草主要为野麦、灰灰菜、野油菜、酱刺等。病虫草害防治普遍采取不同作物轮茬、农艺和农药防治等措施。

（三）"一江两河"流域温室大棚种植

西藏地区生态环境条件特殊,有"绿色宝库"之称,发展绿色设施蔬菜的优势得天独厚。21世纪以来,随着人们对蔬菜供应需求量的不断增加,极端环境导致极不适宜露地蔬菜栽培,设施蔬菜大棚发展迅速,主要集中在"一江两河"流域地区,拉萨数量最多,其次为日喀则、山南。种植蔬菜主要有大白菜、辣椒、番茄、莴苣、黄瓜、菠菜等。2020年,全区蔬菜种植面积约39.97万亩,温室大棚蔬菜面积约8万亩,其中拉萨市2.59万亩。种植方式有连作、间作和轮作,亩产量为1 500~22 500 kg。

（四）"一江两河"流域畜牧业

西藏是我国五大牧区之一,自古以来畜牧业就是其社会经济发展的支柱产业,是农牧民收入的重要来源。全区有天然草地13.34亿亩,位居全国第一位,约占全区总面积的74.11%,其中可利用天然草地面积11.29亿亩。各类牲畜年末存栏数控制在2 000万头（只、匹）以内,主要的家畜、家禽有牦牛、绵羊、山羊、黄牛、犏牛、猪、马、驴、骡、兔、鸡、鸭等,这些家畜家禽长期以来适应高原环境,具有较高的经济价值。近年来,尽管"一江两河"流域农区畜牧业的发展取得了显著进步,但生产过程中仍然存在出栏率低、个体生产能力弱等生产效率低下问题,限制了农区畜牧业的发展质量与速度。

西藏畜禽规模化舍饲养殖主要集中在"一江两河"地区的拉萨市城关区、林周县、堆龙德庆区,山南地区的乃东、扎囊、隆子等县;日喀则地区的日喀则市、白朗、江孜等县。

二、种植业生产资料投入

（一）化肥

西藏化肥使用都是下级报计划,政府按生产需求和补贴资金情况统筹采购。农户通常是有机肥和化肥配合使用,有机肥为人畜粪便和炉灰等,普遍实行堆肥处理,使用时结合耕地将肥料施入土壤中;化肥以撒施为主,主要是尿素和磷酸二铵。近年来随着测土配方施肥技术的推广,打破了化肥品种的"老两样"局面,使用的化肥种类也逐渐增多,如专用复混肥、氯化钾、过磷酸钙、硫酸钾等。

2000—2015年西藏化肥施用量逐年增长,由于化肥零增长行动的实施,2016年开始逐年降低。2015年平均化肥施用量最高为2 255 kg/hm²,远高于东部平原地区（600 kg/hm²）。但西藏化肥施用存在区域不平衡,在"一江两河"流域的3个粮食主产区（拉萨、日喀则、山南）2020年化肥施用量为33 787 t,占全区全年化肥施用量的76.8%（表6-1,表6-2）。

表6-1　2000—2020年西藏全区化肥使用情况　　　　　　　　　　　　单位：t

化肥种类	施用量									
	2000	2002	2005	2008	2010	2012	2014	2016	2018	2020
氮肥	11 610	14 081	17 969	16 665	19 185	16 931	20 386	19 462	14 894	12 640
磷肥	5 359	6 165	12 688	9 302	10 677	10 210	11 102	11 959	9 407	6 156
钾肥	1 721	1 597	1 176	1 400	4 423	5 524	5 620	4 884	3 573	3 384
复混肥	6 266	8 518	10 240	18 834	13 066	17 211	21 100	22 789	24 010	21 807
合计	24 956	30 361	42 073	46 201	47 351	49 876	58 208	59 094	51 884	43 987
每公顷耕地平均化肥施用量	0.108	0.132	0.188	0.205	0.206	0.214	0.249	0.248	0.211	0.174

注：数据来源于2001—2021年《西藏统计年鉴》。

　　2015年，拉萨地区化肥施用量达499 kg/hm²，日喀则江孜县、山南贡嘎县和乃东区一带部分农户化肥施用量已达到600 kg/hm²，贡嘎县农业开发区、江孜县东郊一带部分农户化肥施用量甚至超过700 kg/hm²。远远超过防止水体污染化肥的安全使用标准。氮磷钾用量比例不协调，且氮肥量较大，造成肥料当季利用率不高，导致面源污染发生，调查显示部分农区饮用水存在硝酸盐超标现象。

表6-2　2020年拉萨、日喀则、山南三地化肥总体使用情况

化肥种类	施用量/t				三地占全区/%
	拉萨	日喀则	山南	全区	
氮肥	1 107	4 830	2 623	12 640	67.8
磷肥	1 025	3 451	1 219	6 156	92.5
钾肥	1 411	1 214	555	3 384	94.0
复混肥	5 082	8 841	2 429	21 807	75.0
合计	8 625	18 336	6 826	43 987	76.8
平均每公顷化肥施用量	0.208	0.189	0.214	0.174	—

注：数据来源于2021年《西藏统计年鉴》。

（二）农药

　　西藏地区由于特殊的气候环境，农药用量相对较少，除种子包衣、拌土用农药外，其他农药使用特别是病虫害防治上，各地都推行群防群控制度。在全区粮食主产县推行农作物病虫草害统防统治与绿色防控融合示范基地，大面积推广"藏青2000"等高产抗虫抗病青稞新品种，集成推广应用轻简化、机械化、集约化绿色高产高效生产技术。常用的农药品种主要有杀虫剂（速灭杀酊、高效氯氰菊酯、溴氰菊酯、地虫杀星、敌杀死等），杀菌剂（卫福、立克秀、三唑酮等），还有部分除草剂（野麦畏、2,4-D丁酯、大膘马等）。

　　2000—2016年全区农药整体用量呈上升趋势，2017—2020年全区农药总用量逐年下降，但也存在不平衡问题。2016年农药用量达1 091 t，"一江两河"流域3个粮食主产区（拉萨、日喀则、山南）农药施用总量达614 t，占全区全年农药施用总量的86.0%，主要用于水果和蔬菜病虫防治。存在施药方法不当和废弃物管理不到位的情况，对土壤和水体的污染风险较大（表6-3，表6-4）。

表6-3　2000—2020年西藏全区农药使用情况

年份	2000	2002	2004	2006	2008	2010	2012	2014	2016	2018	2020
农药/t	651	1 611	728	725	1 187	1 036	923	1 012	1 091	979	714
平均农药施用量/（kg/hm²）	3	7	3	3	5	9	4	4	5	4	3

注：数据来源于2001—2021年《西藏统计年鉴》。

表6-4　2020年西藏拉萨、日喀则、山南三地农药总体使用情况

用量	拉萨	日喀则	山南	全区	三地占全区/%
总量/t	105	384	125	714	86.0
平均农药施用量/（kg/hm²）	2	4	4	3	—

注：数据来源于2021年《西藏统计年鉴》。

（三）农田灌溉

西藏农田灌溉以渠灌为主，在山南、日喀则等少数地区有部分井灌和井渠结合灌区。农田灌溉方式多为大水漫灌和畦灌，利用渠道灌溉，但这种灌溉方式渗漏水量较大，渠道渗漏水量占渠系损失水量的绝大部分，一般占渠道引水量的30%～50%，有的灌区高达60%以上。2020年西藏农田有效灌溉面积达到199 000 hm²，占耕地的78.63%。拉萨市、日喀则和山南农田有效灌溉面积为37 190 hm²、90 780 hm²和30 470 hm²，分别占所在地区耕地的89.9%、93.36%和95.5%（西藏自治区农业技术推广服务中心，2021）。

第二节　西藏"一江两河"流域农业面源污染风险分析

一、"一江两河"流域农田土壤氮磷富集特征

（一）拉萨、山南、日喀则三地区城郊附近蔬菜基地土壤氮磷富集程度

对拉萨、山南和日喀则地区蔬菜大棚调查监测结果表明，拉萨河流域达孜、纳金、羊达土壤氮素含量为2.00 g/kg，曲水聂唐磷素含量为169.70 mg/kg；雅江流域乃东氮素含量达2.28 g/kg，磷素含量均高于120 mg/kg；年楚河流域土壤氮素含量较低，均低于1.51 g/kg，白朗和日喀则磷素含量超过80 mg/kg，最高达113.86 mg/kg。土壤重金属含量符合土壤环境质量一级标准。三地区温室大棚和周边农田土壤氮含量整体趋势是随土壤深度增加而逐渐降低，可溶性磷含量随土壤深度增加变化不大，温室大棚的土壤氮磷含量普遍高于对应周边农田土壤，温室大棚土壤氮素磷素的流失风险均较大。拉萨城郊附近蔬菜基地部分大棚土壤氮磷富集程度明显高于其他两个地区。

（二）"一江两河"流域三地九县农区农田土壤氮磷富集程度

通过对西藏"一江两河"流域三地九县（区）农区农田土壤进行监测，由表6-5可知，雅江流域

农田土壤全氮含量最高，均值为1.31 g/kg，极大值为2.28 g/kg，含量分级为丰，与年楚河流域和拉萨河流域差异显著（$P<0.01$），不同采样点偏度较小，各采样点土壤氮素含量均很高，有很高的流失风险。年楚河流域农田土壤全氮含量均值为1.09 g/kg，与拉萨河流域差异不显著，与雅江流域差异显著（$P<0.05$），极大值为1.96 g/kg，含量分级为稍丰，相对面源污染风险较大。拉萨河流域农田土壤全氮含量均值为0.96 g/kg，为最低，含量分级为稍缺，面源污染风险较小。

3个流域农田土壤氮素和磷素积累整体变幅不大。拉萨河流域墨竹工卡、达孜、曲水3县和雅江流域扎囊县、乃东区两县（区）农田土壤中氮素含量较高；雅江流域扎囊县、乃东区两县（区）和年楚河流域日喀则市农田土壤中磷素含量均较高；应多加强流域单元对应区域氮磷素的监控，减少氮磷肥施入，使土壤中氮磷素富集量降低。

表6-5　"一江两河"流域三个不同流域农田土壤中全氮含量分析

流域	极小值（g/kg）	极大值（g/kg）	均值（g/kg）	标准差（g/kg）	方差	偏度
雅江流域	0.39	2.28	1.31a	0.469 52	0.220	0.268
年楚河流域	0.46	1.96	1.09b	0.339 59	0.115	0.770
拉萨河流域	0.11	2.27	0.96bc	0.465 62	0.217	0.321
平均	0.32	2.17	1.12	0.425	0.184	0.453

注：同列不同小写字母表示流域间差异显著（$P<0.05$），下同。

由表6-6可知，雅江流域农田全磷含量最高，均值为1.26 g/kg，极大值为3.99 g/kg，土壤中磷素积累很高，有很大流失风险。相对年楚河流域全磷含量差异不显著，与拉萨河流域差异显著（$P<0.05$），三大流域的全磷含量在0.23～3.99 g/kg，均值为0.81～1.26 g/kg，磷素含量较高，可能导致3个流域农业面源污染的风险也不断增加，雅江、年楚河流域风险较拉萨河流域大。

表6-6　"一江两河"流域3个不同流域农田土壤中全磷含量分析

流域	极小值/（g/kg）	极大值/（g/kg）	均值/（g/kg）	标准差/（g/kg）	方差	偏度
雅江流域	0.57	3.99	1.26a	0.667	0.447	2.11
年楚河流域	0.46	3.21	1.22a	0.627	0.386	1.24
拉萨河流域	0.23	1.69	0.81b	0.240	0.058	1.05
平均	0.42	2.96	1.10	0.511	0.30	1.47

二、农牧业产污特征

西藏"一江两河"流域是农业主产区，化肥施用量相对较高，施用时期较为集中，而化肥施用方式以撒施为主，灌溉方式为漫灌，雨季降雨量较大，氮磷径流流失风险较大；日照时间长，蒸发量大，氮素通过气体挥发损失量大，通过干湿沉降向水体迁移。西藏"一江两河"流域养殖业也较发达，畜禽养殖废弃物不经无害化处理直接排放现象严重，加重了"一江两河"流域河水中氮磷污染风险。在河谷上游牧业区，随着牧业的迅速发展，致使草地退化。特别是冬春畜群集中，草地遭受轮番踩踏，严重损伤了植被、牧草的根和芽，也破坏了草甸土表层结构。

2000—2016年，西藏TN、TP排放量呈先增后减平稳变化的趋势（表6-7），2006年都达到最高值。TN和TP排放量分别由2000年的9.09万t和1.35万t变为2016年的9.94万t和1.48万t，年均增长都达到0.6%。西藏TN和TP排放量在2007年和2011—2014年均呈现下降趋势，主要原因在于畜禽养殖量减少，畜禽养殖TN和TP排放量下降。

表6-7 2000—2016年西藏总氮和总磷排放量及其增长率

年份	总氮		总磷	
	排放总量/万t	增长率/%	排放总量/万t	增长率/%
2000	9.085 198	—	1.349 945	—
2001	9.566 015	5.29	1.411 333	4.55
2002	9.941 387	3.92	1.474 624	4.48
2003	10.178 729	2.39	1.502 635	1.9
2004	10.526 898	3.42	1.579 289	5.1
2005	10.764 618	2.26	1.613 122	2.14
2006	11.052 719	2.68	1.654 564	2.57
2007	10.628 648	−3.84	1.583 919	−4.27
2008	10.936 445	2.90	1.625 547	2.63
2009	11.008 258	0.66	1.637 967	0.76
2010	11.049 499	0.37	1.643 332	0.33
2011	10.805 746	−2.21	1.618 206	−1.53
2012	10.471 965	−3.09	1.558 587	−3.68
2013	10.066 279	−3.87	1.503 457	−3.54
2014	9.950 308	−1.15	1.479 405	−1.60
2015	10.004 526	0.54	1.488 722	0.63
2016	9.939 048	−0.65	1.482 442	−0.42
均值	10.351 546	0.60	1.541 594	0.63

注：数据来自2001—2017年《西藏统计年鉴》和《中国农村统计年鉴》。

TN和TP排放量的贡献率由大到小分别是畜禽养殖、农村生活和农田化肥，占TN排放总量的平均比重分别为96.3%、2.0%和1.7%，占TP排放总量的平均比重分别为94.5%、2.9%和2.6%。畜禽养殖是西藏TN和TP排放的最主要来源，而畜禽养殖的贡献率总体呈现下降趋势，而农村生活和农田化肥贡献率有所增加（周芳等，2019）。

三、"一江两河"流域农田排水总氮和总磷含量分析

1. 农田排水总氮和总磷含量随空间和时间变化特征

水中总氮的平均含量在0.03～5.71 mg/L（图6-1），4次监测数据的空间变化趋势大致相同。

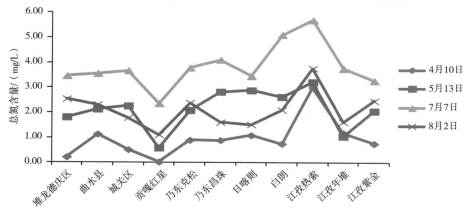

图6-1　2016年农田排水总氮含量随空间和时间变化特征

4次采样平均总氮含量最高出现在江孜热索，分别为3.02 mg/L、3.23 mg/L、5.71 mg/L、3.78 mg/L，根据《GB 3838—2002 地表水环境质量标准》，总氮平均浓度都严重超标，7月农田排水超标最为严重，超标（超Ⅴ类标准）2.85倍，说明江孜热索乡农田土壤中氮素流失较严重；贡嘎县农田排水总氮平均含量最低。江孜热索采样点是汇入监测流域的一条支流，其总氮含量远远高于其他监测点，这可能是受上游排入的污染物和周围种植的农作物影响所致。"一江两河"流域11个农田排水采样点总氮含量不同时间表现为：7月>5月>8月>4月，说明7月雨季导致农田中的氮素流失最为严重。

4次农田排水中总磷的平均含量在0.22～2.94 mg/L（图6-2），4次监测数据的空间变化趋势一致。4次采样平均TP含量最高出现在江孜热索，分别为1.214 mg/L、2.659 mg/L、2.936 mg/L、1.909 mg/L，根据《GB 3838—2002 地表水环境质量标准》，总磷平均浓度都严重超标，7月农田排水超标最为严重，超标（超Ⅴ类标准）7.34倍，说明江孜热索乡土壤中磷素流失较严重；贡嘎县农田排水中总磷平均含量也最低。江孜热索采样点是汇入监测流域的一条支流，其总磷含量远远高于其他监测点，这可能受上游排入的污染物和周围种植的农作物影响。"一江两河"流域11个农田排水采样点总磷含量不同时间表现为：7月>5月>8月>4月，说明7月雨季导致农田中的磷素流失也很严重。

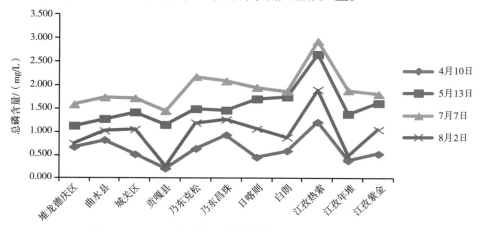

图6-2　2016年农田排水总磷含量随空间和时间变化特征

2. 农田土壤氮磷与农田排水中氮磷相关性分析

根据上述数据进行相关分析，“一江两河”流域农田土壤中总氮含量与农田排水总氮含量呈极显著正相关（$P<0.01$），相关系数为0.882，说明农田土壤中的总氮含量高，其排水水质中的总氮含量也会相应升高；农田土壤中总磷含量与河流水质总磷含量呈极显著正相关（$P<0.01$），相关系数为0.743，增加或减少土壤中磷素含量，影响到水质中总磷含量。

3. 农田土壤与水质氮磷含量分析

对西藏“一江两河”流域拉萨（墨竹工卡县、达孜区和曲水县）、日喀则（江孜县、白朗县、日喀则市）、山南（贡嘎县、扎囊县和乃东区）3市9县农区农田土壤监测结果表明，流域内农田土壤中氮素积累浓度不高；雅江流域扎囊县、乃东区和年楚河流域日喀则市农田土壤中磷素含量均较高。“一江两河”流域农田土壤中氮磷含量与河流水质中氮磷含量相关性极为显著（$P<0.01$），相关系数分别为0.811～0.822和0.826～0.854，土壤中氮磷含量直接影响到“一江两河”流域水体中氮磷含量。因此，减少农田氮磷投入，保证土壤中氮素和磷素维持在合理水平，是防治“一江两河”水质氮磷污染的重要措施。

四、流域农业面源污染水质变异监测

雅鲁藏布江、拉萨河和年楚河水质定位监测数据显示，在农业生产时期内上游水体总氮含量为0.401～0.531 mg/L，总磷含量为0.138～0.173 mg/L；中游水体总氮含量为0.641～0.843 mg/L，总磷含量为0.221～0.246 mg/L；下游水体总氮含量为0.884～1.002 mg/L，总磷含量为0.337～0.463 mg/L。总氮浓度全部达到地表水环境质量Ⅲ类水（生活用水）标准；下游水体总磷浓度超出地表水环境质量Ⅴ类水（0.4 mg/L, 农业用水）的范围，其余介于Ⅱ到Ⅴ类水之间，说明雅鲁藏布江流域水质存在局部磷素污染。水体中镉、铅、砷全部达到地表水环境质量Ⅰ类水标准（源头水、国家自然保护区标准），水体中汞含量达到地表水环境质量Ⅳ类水标准。以上结果说明，“一江两河”流域氮、磷对环境水体质量影响较小。

（一）水质氮磷含量分析

由图6-3、图6-4可知，2016年“一江两河”水质整体较好，3个单元水质总氮含量在0.566～0.749 mg/L，达到地表水环境质量Ⅲ类水标准（1.0 mg/L），总磷含量在0.196～0.291 mg/L，在地表水环境质量Ⅳ类水标准之上（0.2 mg/L）；雅江水质氮磷含量最高，拉萨河、年楚河水质氮磷含量相差不大。

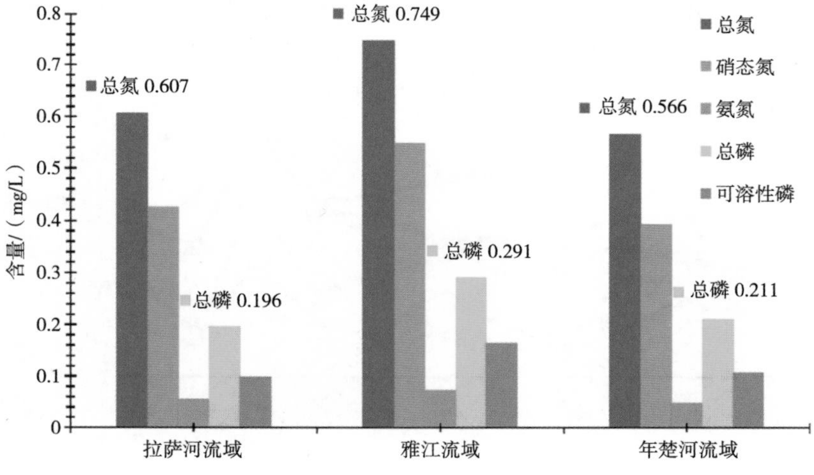

图6-3 “一江两河”氮磷平均含量

　　由图6-4、表6-8、表6-9可知，"一江两河"源头氮、磷含量都较低，总氮、总磷含量分别为0.203 mg/L和0.069 mg/L，可以达到地表水环境质量标准Ⅱ类水质要求；拉萨河、雅江、年楚河上游水总氮含量为0.401～0.532 mg/L，均值为0.478 mg/L；中游水总氮含量在0.641～0.843 mg/L，均值为0.745 mg/L；下游水总氮含量在0.884～1.002 mg/L，均值为0.953 mg/L；上游水总磷含量在0.138～0.173 mg/L，均值为0.159 mg/L；中游水总磷含量在0.221～0.246 mg/L，均值为0.234 mg/L；下游水总磷含量在0.337～0.463 mg/L，均值为0.395 mg/L；各种氮磷含量下游>中游>上游>源头，虽然下游水总氮、总磷含量均最高，但总氮含量0.953 mg/L，在Ⅲ类水（生活饮用水）标准之上，总磷含量0.395 mg/L，介于Ⅳ类水（工业用水）与Ⅴ类水（农业用水）标准之间；"一江两河"流域水质不同断面氮磷整体平均含量都未超过Ⅴ类水（农业用水）标准，说明该流域不同河段农区内农业生产中氮磷对环境水体水质影响较小，但下游水体总磷的增加速度值得关注。

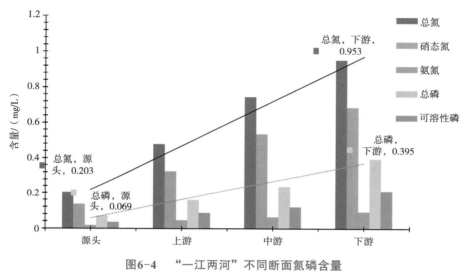

图6-4　"一江两河"不同断面氮磷含量

表6-8　西藏"一江两河"水质监测情况

单位：mg/L

流域	位置	总氮	硝态氮	氨氮	总磷	可溶性磷
拉萨河流域	源头	0.201	0.140	0.020	0.061	0.033
	上游	0.502	0.351	0.052	0.166	0.092
	中游	0.751	0.523	0.060	0.221	0.104
	下游	0.972	0.687	0.089	0.337	0.168
雅江流域	上游	0.401	0.294	0.035	0.173	0.101
	中游	0.843	0.607	0.079	0.236	0.130
	下游	1.002	0.745	0.106	0.463	0.263
年楚河流域	源头	0.205	0.132	0.014	0.076	0.036
	上游	0.532	0.334	0.048	0.138	0.068
	中游	0.641	0.478	0.053	0.246	0.126
	下游	0.884	0.628	0.081	0.384	0.197

表6-9　地表水环境质量标准基本项目标准限值　　　　　　　　　单位：mg/L

项目	I类	II类	III类	IV类	V类
化学需氧量（COD）≤	15	15	20	30	40
氨氮（NH₃-N）≤	0.15	0.5	1.0	1.5	2.0
总磷（以P计）≤	0.02（湖、库0.01）	0.1（湖、库0.025）	0.2（湖、库0.05）	0.3（湖、库0.1）	0.4（湖、库0.2）
总氮（湖、库，以N计）≤	0.2	0.5	1.0	1.5	2.0
砷≤	0.05	0.05	0.05	0.1	0.1
汞≤	0.000 05	0.000 05	0.000 1	0.001	0.001
镉≤	0.001	0.005	0.005	0.005	0.01
铬（六价）≤	0.01	0.05	0.05	0.05	0.1
铅≤	0.01	0.01	0.05	0.05	0.1

注：数据来源于《GB3838—2002地表水环境质量标准》。

第三节　西藏"一江两河"流域农业面源污染防控技术模式

一、"一江两河"流域青稞农业面源污染防控

（一）西藏高原山地青稞减氮控磷技术研究

1. 青稞产量与氮磷流失量分析

2014年径流水中总氮、总磷的流失量如表6-10所示。常规施肥处理的总氮、总磷流失量最大，分别为2.443 kg/hm²和0.105 kg/hm²。其他3个处理的总氮、总磷流失量与常规施肥处理相比均有降低，降低幅度分别为26.28%、16.05%和37.04%，19.04%、8.57%和31.43%。处理5[常规施肥+间作（箭舌豌豆）+植物篱（牧草）]总氮、总磷流失率最低，分别为0.876和0.089，对减少径流水中氮磷效果较好。处理5青稞产量较处理2[常规施肥]差异显著（$P<0.05$），减产23.42%；处理3和处理4较常规施肥处理产量减少，但差异不显著。不施肥处理氮磷的流失量显著低于其他施肥处理，但青稞产量也显著低于施肥处理（$P<0.05$）。

表6-10　不同处理青稞产量与肥料氮磷的流失量（2014年）

不同处理	流失量/（kg/hm²）		流失率/%		青稞产量/（kg/hm²）
	总氮	总磷	总氮	总磷	
处理1	0.165c	0.004d	—	—	1 816c
处理2	2.443a	0.105a	1.496a	0.133a	3 800a
处理3	1.801b	0.085ab	1.074b	0.106ab	3 320ab

（续表）

不同处理	流失量/（kg/hm²）		流失率/%		青稞产量/（kg/hm²）
	总氮	总磷	总氮	总磷	
处理4	2.051ab	0.096b	1.238b	0.121ab	3 125ab
处理5	1.538b	0.072ab	0.876c	0.089b	2 910b

注：处理1.不施肥；处理2.常规施肥（农民习惯施肥）；处理3.常规施肥+间作（箭舌豌豆）；处理4.常规施肥+植物篱（牧草）；处理5.常规施肥+间作（箭舌豌豆）+植物篱（牧草）；同列不同小写字母表示处理间差异显著（$P<0.05$），本章下同。

　　2015年（表6-11）径流水中总氮、总磷的流失量均比2014年高，但不同处理间的变化趋势基本一致，青稞产量也明显高于2014年，处理间的差异基本一致。从以上试验可以初步得出，处理5在降低氮磷流失量方面效果最好，但青稞产量减产较为显著；处理3[常规施肥+间作（箭舌豌豆）]较处理2也显著降低了氮磷的流失量，且青稞产量减产不显著。

表6-11　不同处理青稞产量与肥料氮磷的流失量（2015年）

不同处理	流失量/（kg/hm²）		流失率/%		青稞产量/（kg/hm²）
	总氮	总磷	总氮	总磷	
处理1	0.389c	0.010d	—	—	3 055d
处理2	3.443a	0.188a	2.315a	0.188a	4 901a
处理3	2.823b	0.152ab	1.958b	0.162ab	4 623ab
处理4	3.051ab	0.148ab	1.836b	0.155ab	4 468b
处理5	2.232c	0.138b	1.523c	0.142b	3 894c

2. 不同处理对氮、磷肥料利用率的影响

　　从表6-12可知，2014年施用氮肥各处理青稞氮肥利用率为18.25%~28.01%，其中处理3[常规施肥+间作（箭舌豌豆）]地上部分N累积量和氮肥利用率最高，分别为51.03 kg/hm²和28.01%，与处理4[常规施肥+植物篱（牧草）]差异显著（$P<0.05$），处理3氮肥利用率较常规施肥高5.46%，说明间作豌豆可以有效提高氮肥利用率，这可能与豌豆根际根瘤菌的固氮作用有关。

表6-12　不同处理对青稞氮、磷利用率的影响（2014年）

处理	氮肥			磷肥		
	N施用量/（kg/hm²）	地上部分N累积量/（kg/hm²）	氮肥利用率/%	P₂O₅施用量/（kg/hm²）	地上部分P累积量/（kg/hm²）	磷肥利用率/%
处理1	0	20.76c	—	0	19.61c	—
处理2	152.58	48.32ab	26.56ab	69	31.26a	14.37a
处理3	152.58	51.03a	28.01a	69	30.07ab	13.77ab

（续表）

处理	氮肥			磷肥		
	N施用量/ (kg/hm²)	地上部分N累积量/ (kg/hm²)	氮肥利用率/%	P₂O₅施用量/ (kg/hm²)	地上部分P累积量/ (kg/hm²)	磷肥利用率/%
处理4	152.58	44.39b	18.25c	69	27.84ab	11.94ab
处理5	152.58	46.37ab	24.60ab	69	24.95b	9.46b

地上部P的累积量及磷肥利用率均为常规施肥处理2最大。常规施肥处理2地上部P的累积量和磷肥利用率与处理3、处理4差异不显著，可能是由于间作牧草和间作豌豆虽吸收肥料中的磷素，但量很少，间作豌豆处理3磷肥利用率较常规施肥处理降低了4.18%，磷肥利用率的变化与地上部P的累积量的变化趋势一致。

2015年（表6-13）氮磷累积量比2014年明显增加，肥料利用率较2014年都有小幅提高，而处理间的差异与2014年基本一致。

表6-13 不同处理对青稞氮、磷利用率的影响（2015年）

处理	氮肥			磷肥		
	N施用量/ (kg/hm²)	地上部分N累积量/ (kg/hm²)	氮肥利用率/ %	P₂O₅施用量/ (kg/hm²)	地上部分P累积量/ (kg/hm²)	磷肥利用率/ %
处理1	0	29.88d	—	0	24.52c	—
处理2	174.78	55.22b	29.12b	75.75	40.31ab	17.22ab
处理3	174.78	67.55a	39.26a	75.75	42.01a	18.12a
处理4	174.78	48.26c	25.88c	75.75	38.67ab	14.89ab
处理5	174.78	58.66b	33.66b	75.75	32.85b	12.45b

（二）西藏高原山地减氮控磷技术研究

1. 不同处理径流水中氮磷含量变化

由图6-5可以看出氮素主要存在于土壤耕作层中，施氮以后径流水中氮素浓度迅速升高，且一直处于较高水平，只有处理1（不施肥）径流水氮素含量变化不大，说明随时间推移土壤氮素会随着雨水的冲刷，造成一定程度的流失。处理3及处理5氮素流失量相较其他处理较低，说明间作豌豆对土壤氮素的流失具有一定的截留作用。试验结果表明，间作箭舌豌豆和"有机无机复混肥+间作箭舌豌豆"对氮素流失拦截效果最好。

由图6-6可以看出施磷以后径流水中磷素浓度迅速升高，且一直处于较高水平，只有处理1（不施肥）径流水磷素含量变化不大，一直保持在较低水平。处理3及处理5磷素流失水平相较其他施肥处理较低，处理4的径流水中磷素含量也一直处于较低水平，说明有机无机复混肥和间作豌豆对土壤磷素的流失具有一定的截留作用。施肥后磷素流失比较严重，最高值达到0.655 mg/kg，这对土壤肥力的保持具有严重的威胁。7月7日常规施肥径流中的磷含量明显高于往常，可能是由于雨水过大导致大量的磷素流失所致。由此可见肥力拦截对土壤磷素流失防控具有重要意义。试验结果表明，间作箭舌豌豆（处理3）、有机无机复混肥（处理4）和"有机无机复混肥+间作箭舌豌豆"（处理5）对磷素流失拦截效果较好。

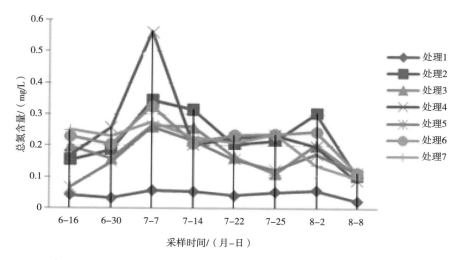

处理1. 不施肥；处理2. 常规施肥（农民习惯施肥）；处理3. 常规施肥+间作（箭舌豌豆）；处理4. 有机无机复混肥；
处理5. 有机无机复混肥+间作（箭舌豌豆）；处理6. 化肥减量20%+有机无机复混肥；处理7. 化肥减量20%，下同。

图6-5 2016年不同时间径流水中总氮含量变化

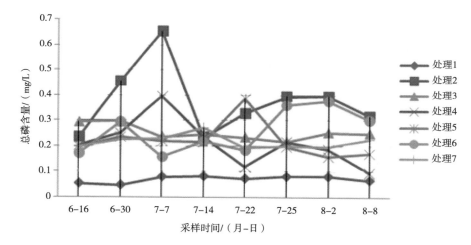

图6-6 2016年不同时间径流水中总磷含量变化

2. 青稞产量与氮磷流失量分析

如表6-14所示，常规施肥处理2的总氮、总磷流失量最大，分别为2.474 kg/hm²和0.165 kg/hm²；除不施肥处理外，处理5的氮、磷流失量最低，分别为1.833 kg/hm²和0.120 kg/hm²，较处理2分别低25.92%和27.21%，说明"有机无机复合肥+间作箭舌豌豆"（处理5）对阻控氮、磷流失具有较好的效果。处理7总氮、总磷流失量与处理2的流失量相比达到了差异显著水平（$P<0.05$），较处理2分别低16.37%和22.4%，说明化肥减量20%能显著降低氮磷流失量，且青稞减产不显著。

表6-14　不同处理青稞产量与肥料氮磷的流失量

处理	流失量/（kg/hm²）		流失率/%		青稞产量/（kg/hm²）
	总氮	总磷	总氮	总磷	
处理1	0.238d	0.018d	—	—	2 368b
处理2	2.474a	0.165a	2.643a	0.234a	3 342a
处理3	2.231ab	0.149b	2.306b	0.192ab	3 368a
处理4	1.929c	0.144b	1.689c	0.188c	3 115a
处理5	1.833c	0.120c	1.549c	0.175d	3 136a
处理6	2.343a	0.155ab	2.415b	0.214cd	3 489a
处理7	2.069b	0.128c	1.845c	0.179e	3 306a

以上结果表明，"常规施肥+间作箭舌豌豆"（处理3）青稞产量相对较高，但氮磷的流失量相对较大；"有机无机复混肥+间作箭舌豌豆"（处理5）在降低氮磷流失量方面效果最好，且青稞产量减产不明显。

（三）青稞面源污染防控技术

1．配方施肥

根据青稞的需肥规律、土壤供肥性能和肥料效应，在合理施用有机肥料的基础上，制定氮磷钾及中微量元素等肥料的合理配方，并规定施用量、施肥时期和施用方法。配方施肥可以更好地满足作物对养分的吸收，提高肥料利用率，减少养分流失。

2．有机肥替代

有机肥替代20%化学氮肥处理（有机肥作基肥一次性施用）与常规施肥（尿素262.5 kg/hm²，磷酸二铵112.5 kg/hm²）相比，青稞不减产，总氮流失量降低14.7%，总磷流失量降低18.4%（表6-15）。

表6-15　有机肥替代肥料氮磷流失量和流失系数

处理	流失量/（kg/hm²）		流失系数/%	
	总氮	总磷	总氮	总磷
常规施肥	1.228	0.038	0.818	0.072
有机肥替代20%化学氮肥	1.047	0.031	0.684	0.069

3．间作

青稞间作箭舌豌豆（青稞与豌豆间作比例为3∶1）施肥量与常规种植一致，与常规种植相比，青稞不减产，总氮流失量降低18.0%，氮肥利用率增加34.8%；总磷流失量降低19.2%，磷肥利用率增加5.2%（表6-16）。

表6-16　间作肥料氮磷流失量和流失系数

处理	流失量/（kg/hm²）		流失系数/%	
	总氮	总磷	总氮	总磷
常规施肥	3.443	0.188	2.315	0.188
常规施肥+间作箭舌豌豆	2.823	0.152	1.958	0.162

4. 深施肥

深施肥（肥料深施5 cm）与肥料地表撒施相比，青稞产量显著增加，总氮流失量降低4.7%，总磷流失量降低2.6%（表6-17）。

表6-17　深施肥肥料氮磷的流失量和流失系数

处理	流失量/（kg/hm²）		流失系数/%		青稞产量/（kg/hm²）
	总氮	总磷	总氮	总磷	
撒施	1.268	0.039	0.849	0.074	3 528
深施肥	1.208	0.038	0.804	0.072	4 255

二、西藏"一江两河"流域设施农业面源污染防控

（一）不同地区温室大棚土壤总氮、总磷含量分析

由表6-18可以看出，不同土层和不同地区土壤总氮含量差异较大，不同土层总氮含量从大到小依次为0~20 cm、20~40 cm和40~60 cm；0~20 cm和20~40 cm土层总氮含量的平均值、标准差和偏度都是随海拔高度升高而逐渐减少。海拔最低的山南地区温室0~20 cm土层中总氮含量均值最高，为1.95 g/kg，氮素的流失风险较大。

表6-18　不同地区温室大棚土壤全氮含量

土层深度/cm	不同地区	海拔高度/m	极小值/（g/kg）	极大值/（g/kg）	均值/（g/kg）	标准差/（g/kg）	偏度	峰度
0~20	山南	3 500	1.44	2.27	1.95	0.319	-1.164	1.503
	拉萨	3 650	1.30	1.75	1.49	0.197	0.803	-2.426
	日喀则	3 900	0.88	1.38	1.10	0.179	0.549	2.144
20~40	山南	3 500	0.99	2.17	1.65	0.520	1.745	-2.032
	拉萨	3 650	0.70	1.82	1.22	0.501	-0.537	-2.930
	日喀则	3 900	0.84	1.37	1.01	0.212	0.362	3.307
40~60	山南	3 500	0.57	1.68	1.03	0.458	0.658	-1.050
	拉萨	3 650	0.49	2.27	1.29	0.636	0.689	2.133
	日喀则	3 900	0.61	1.73	1.01	0.422	1.684	3.555

由表6-19可以看出，不同地区和不同土层全磷含量随海拔的变化趋势与全氮含量变化一致，随海拔升高逐渐减低。山南地区温室0~20 cm土层中全磷含量均值最高，为1.52 g/kg，大于1.0 g/kg（根据《土壤养分含量分级与丰缺度》来定义的临界值，土壤中全磷含量大于1.0 g/kg是磷素极度丰富，容易产生磷流失），这是由于长期过量施入有机肥或化肥使得表层土壤磷富集，同时磷发生垂向迁移、污染地表和地下水的可能性增大，存在磷素污染的风险，尤其以雅江流域的风险最高。

表6-19 不同地区温室大棚土壤全磷含量

土层深度/cm	不同地区	海拔高度/m	极小值/(g/kg)	极大值/(g/kg)	均值/(g/kg)	标准差	偏度	峰度
0~20	山南	3 500	1.03	2.28	1.52	0.501	1.370	0.067
	拉萨	3 650	0.66	1.80	1.18	0.473	1.025	1.548
	日喀则	3 900	0.93	1.09	1.03	0.063	0.155	1.906
20~40	山南	3 500	0.81	1.15	1.02	0.308	1.291	2.196
	拉萨	3 650	0.62	1.26	0.88	0.169	1.163	2.910
	日喀则	3 900	0.44	0.85	0.71	0.128	0.598	0.803
40~60	山南	3 650	0.54	1.42	0.79	0.360	2.040	4.291
	拉萨	3 500	0.60	0.87	0.76	0.112	0.373	0.992
	日喀则	3 900	0.64	0.81	0.74	0.081	0.587	2.788

（二）不同地区温室大棚与农田土壤不同土层氮含量对比分析

由图6-7至图6-9可知，山南地区土壤全氮含量总体水平最高，其次为拉萨地区，日喀则地区相对较低。除白朗温室2外，总体上温室大棚和周边农田土壤氮含量都随土壤深度增加呈降低趋势；温室大棚的土壤氮含量高于对应周边农田土壤，而日喀则地区达孜则是农田土壤氮含量高于大棚土壤；拉萨地区温室大棚与周边农田土壤氮含量的差异较大，而日喀则地区和山南地区差异较小，且日喀则地区和山南地

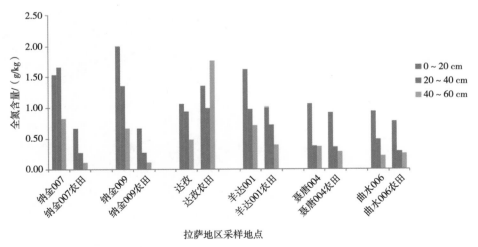

图6-7 拉萨地区温室大棚与农田土壤不同土层氮含量

区周边农田土壤氮含量高于拉萨地区；山南地区（乃东农田2、乃东农田3）和日喀则地区（纳金009）温室大棚土壤氮含量超过2.0 g/kg，最高达2.28 g/kg，氮素的流失风险大，可能导致拉萨河流域中下游农业面源污染的风险也不断增加；日喀则地区温室大棚土壤氮含量相对较低，最高含量为1.51 g/kg。

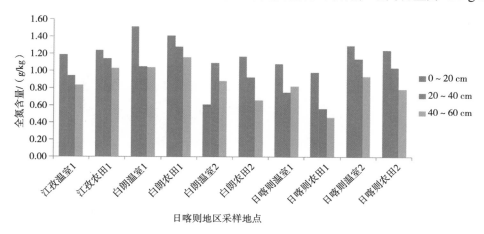

图6-8　日喀则地区温室大棚与农田土壤不同土层氮含量

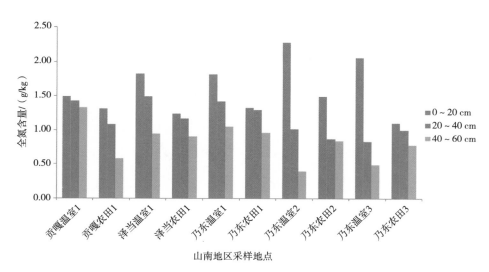

图6-9　山南地区温室大棚土壤和农田土壤不同土层氮含量

（三）不同地区不同土层温室大棚与农田土壤磷含量对比分析

由图6-10至图6-12可知，山南地区土壤磷含量总体水平最高，拉萨地区和日喀则地区相对较低且不同地区含量差异较大。温室大棚和周边农田土壤氮含量都随土壤深度增加呈降低趋势，温室大棚的土壤氮含量高于对应周边农田土壤。拉萨地区拉萨河中下游聂唐乡004温室大棚0～20 cm土层磷素含量高达169.7 mg/kg，磷素流失风险大，有3个大棚土壤磷含量在100.0 mg/kg左右，另外3个大棚土壤磷含量为60.0 mg/kg左右；日喀则地区有2个大棚土壤磷含量达到100.0 mg/kg，3个大棚土壤磷含量在60.0 mg/kg以下；山南地区整个流域温室大棚土壤0～20土层可溶性磷含量均高于120 mg/kg，磷素的流失风险大，可能导致雅江流域农业面源污染的风险也不断增加。

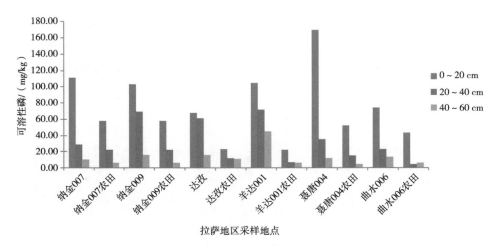

图6-10　拉萨地区温室大棚与农田土壤不同土层可溶性磷含量

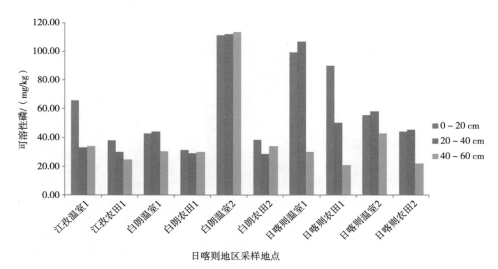

图6-11　日喀则地区温室大棚与农田土壤不同土层可溶性磷含量

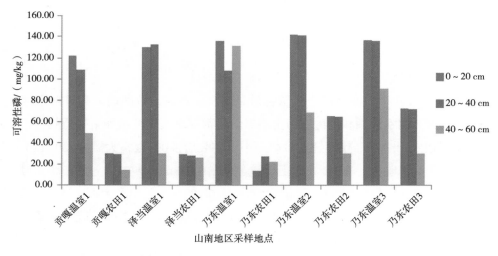

图6-12　山南地区温室大棚土壤和农田土壤不同土层可溶性磷含量

（四）设施农业面源污染防控技术

根据"一江两河"流域设施农业蔬菜生产基地施肥量大和灌水量大等特点，提出合理施肥、土壤改良和科学灌溉等设施农业面源污染防控对策。

1. 合理施肥

西藏地区施肥重氮磷肥轻钾肥，长期大量施用氮肥会使土壤养分失衡，不利于作物生长，还会增加氮磷流失的风险。大棚生产推广施用专用复合肥和大量元素水溶肥，配合施用微量元素肥料，根据作物需求提供平衡养分。合理控制肥料用量、施用时期和施用方式，提高肥料利用率，减少养分流失。同时，要增加有机肥施用量，配合适当施用生物菌肥，改良土壤质量，提高农产品品质。

2. 土壤改良

西藏日照时间长、土壤水分蒸发量大，大棚生产普遍灌水频次高，地表径流量大，导致养分淋溶量大，面源污染风险高。施用生物质炭和土壤改良剂，可提高土壤的吸附性能和缓冲能力，降低氮磷流失风险。使用土壤保水剂能将土壤中的水迅速吸收，长久保持局部恒湿，干旱时缓慢释放供植物利用，可以有效改善农田土壤水分状况，提高水利用率。使用硝化抑制剂可使土壤中长时间保持较高的铵态氮含量，减少土壤中硝态氮的积累，进而减少土壤氮素的淋失和反硝化损失，延长氮肥肥效，提高氮肥利用效率。

3. 科学灌溉

根据土壤田间持水量进行科学灌溉是减少氮磷流失的重要手段，滴灌和渗灌等灌溉方式能有效减少水分的蒸发，并能防止土壤下层的盐分随水迁移到土壤表层积累。而漫灌和沟灌则会加速土壤水分的蒸发，使土壤盐分向表层土壤迁移。

三、畜禽养殖面源污染防控

（一）畜禽标准化养殖

西藏高原地区畜禽养殖污染防治必须以发展循环经济为指导思想和根本出发点，标准化养殖是发展方向，实行全过程污染防治。配制生态饲料，最大限度地利用饲料的营养和能量，促进畜禽粪尿的生物转化和综合利用，从而实现废弃物、污染物的资源化、减量化和无害化。

（二）畜禽养殖废弃物资源化利用

1. 肥料化

一是作为农家肥。西藏的畜禽养殖规模不大，养殖方式多为传统的初级模式，个体或小规模畜禽养殖场的废弃物处理主要采取传统的固态粪方式进行收集贮存，并作为农家肥施入农田（韩智勇等，2014）。二是生产有机肥料。大规模畜禽养殖场的粪便处理，可以采用厌氧发酵技术、快速烘干技术、微波技术、膨化技术、充氧动态发酵等现代技术生产有机肥。

2. 燃料化

在高原缺乏柴薪的地方，牦牛的牛粪大多晒干后作为燃料做饭和取暖（韩智勇等，2014）。此外，畜禽粪便也可以发酵产生沼气作为燃料使用。

主要参考文献

方广玲，香宝，杜加强，等，2015.拉萨河流域非点源污染输出风险评估[J].农业工程学报，31（1）：247-254.

韩智勇，旦增，孔垂雪，2014.青藏高原农村固体废物处理现状与分析——以川藏5个村为例[J].农业环境科学学报，33（3）：451-457.

唐琳，2013.中国西部地区的面源污染现状及防治对策探讨[J].西藏农业科技，35（3）：28-32.

陶娟平，2016.过去300年西藏"一江两河"地区耕地变化[D].西宁：青海师范大学.

西藏自治区农业技术推广服务中心，2021.西藏耕地[M].北京：中国农业出版社.

周芳，金书秦，张惠，2019.西藏农业面源TN、TP排放的空间差异与分布特征[J].中国农业资源与区划，40（1）：35-41，67.

第七章 / 长江上游西南农区

第一节 农业生产现状与面源污染负荷

一、区域农业生产现状

（一）农业种植结构

农业作为西南地区（四川、重庆、云南、贵州）的支柱产业之一，对于西南地区社会经济发展发挥着重要作用。2008—2018年，耕地面积和农作物总播种面积均有增加（表7-1），2018年耕地面积占比全国较2008年稍有降低，而农作物总播种面积占全国的15.27%，较2008年略有提升。

表7-1　近10年西南四省（市）耕地面积和农作物总播种面积　　　　　　　　　　　　　　　单位：万hm²

省（市）	耕地面积		农作物总播种面积	
	2008	2018	2008	2018
四川	594.74	672.52	983.49	961.53
重庆	223.59	236.98	321.51	334.85
云南	607.21	621.33	595.36	689.08
贵州	448.53	451.88	461.94	547.72
合计	1 874.07	1 982.71	2 362.3	2 533.18
全国	12 172.0	13 488.1	15 630.0	16 590.2
占比/%	15.40	14.70	15.11	15.27

注：数据来源于《中国统计年鉴2019》。

西南地区农作物仍然是以粮食作物种植为主（表7-2），约占主要农作物种植的60%。但在2008—

2018年，由于国家"退耕还林（草）"政策的实施，粮食作物的种植面积由67.58%下降至59.01%，而油料、蔬菜和水果占比全部增加，油料占比由8.12%增加至12.31%，蔬菜占比由12.09%增加至19.58%，果园占比由3.31增加至9.06%，农业产业中主要农作物的种植结构发生了显著变化。同时西南4省（市）主要的农作物种植面积在全国的占比，除粮食作物略有增加外，其他作物占比均显著下降。这主要与该地区的生产条件和集约化种植水平低有关，也与国家近10年的生态文明建设等国家战略的部署密不可分。

表7-2　西南地区4省（市）农业种植结构　　　　　　　　　　　　　　单位：%

省（市）	粮食		油料		蔬菜		果园	
	2008	2018	2008	2018	2008	2018	2008	2018
四川	69.42	65.16	11.74	15.51	11.49	14.24	5.26	7.74
重庆	68.91	60.26	6.70	9.71	14.98	22.08	0.69	9.18
云南	68.80	60.58	4.20	4.49	9.80	16.43	4.85	8.70
贵州	63.20	50.03	9.85	19.53	12.09	25.58	2.44	10.59
均值	67.58	59.01	8.12	12.31	12.09	19.58	3.31	9.06
占比全国	12.99	14.81	23.52	13.48	22.71	10.65	18.80	9.27

注：数据来源于《中国统计年鉴2019》。

（二）农业产业结构

2018年西南地区4省（市）的农林牧渔业总产值在各自国民生产总值中的占比较2008年均有下降，平均下降约10%，其中四川下降近14%，主要是因为各省（市）农业产值的占比的下降，而林业、牧业和渔业产值的变化各省（市）有所不同，比如四川省的林业和牧业产值在国民生产总值的比重均有所增加。从全国范围内看，长江上游4省（市）各类产业产值在全国的比重均略有上升（表7-3）。

表7-3　长江上游主要4省（市）农林牧渔业产值指数

省（市）	生产总值/亿元		农林牧渔业总产值占比/%		农业产值占比/%		林业产值占比/%		牧业产值占比/%		渔业产值占比/%	
	2008	2018	2008	2018	2008	2018	2008	2018	2008	2018	2008	2018
四川	12 506.25	40 678.13	31.21	17.10	12.85	9.84	0.70	0.85	5.01	5.41	0.83	0.58
重庆	5 096.66	20 363.19	17.10	9.87	9.13	5.86	0.57	0.42	1.69	2.95	0.41	0.47
云南	5 700.10	16 376.34	27.97	23.65	13.70	12.11	3.22	2.33	3.48	7.87	0.49	0.54
贵州	3 333.40	14 806.45	25.31	15.38	13.94	9.72	1.07	1.18	1.97	3.43	0.31	0.26
小计	26 636.41	92 224.11	27.08	16.39	12.46	9.35	1.26	1.07	3.52	4.99	0.61	0.49
全国	300 670	900 309	19.29	12.62	9.33	6.83	0.72	0.60	2.29	3.19	1.73	1.35
占比	8.86	10.24	12.44	13.31	11.83	14.03	15.59	18.19	15.75	16.02	3.14	3.76

注：数据来源于《中国统计年鉴2019》。

（三）农业施肥情况

西南地区4省（市）化肥施用总量差异较大（图7-1）。2019年四川省化肥施用总量最高，达到235.3万t。其次为云南省，化肥施用总量为217.4万t，重庆市和贵州省化肥施用总量最低，分别为93.2万t、89.5万t。2008年以来，四川省化肥施用总量保持稳定，呈现先升后降的趋势。2017年以前，云南省化肥施用总量持续增加，2017年后开始逐渐下降。2008年以来，贵州省和重庆市化肥施用总量变化较小。

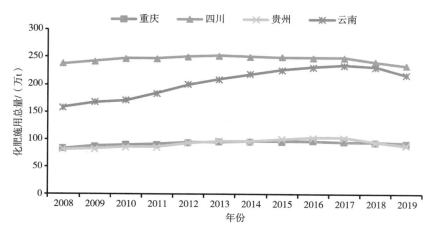

图7-1　西南地区化肥施用总量的动态变化

西南地区4省（市）化肥结构差异也较大（表7-4）。2008年、2019年重庆市氮磷钾肥施用比例最高，氮磷钾肥施用的比例分别为11∶4∶1、9∶3∶1。其次为四川省和贵州省。云南省氮磷钾肥施用比例则最低，氮磷钾肥施用的比例分别为6∶2∶1、4∶1∶1。与2008年相比，2019年4省（市）氮磷钾施用比例均表现为氮肥施用比例明显降低。

表7-4　西南地区氮磷钾肥的施用量
单位：万t

省（市）	2008年			2019年		
	氮肥	磷肥	钾肥	氮肥	磷肥	钾肥
重庆	48.0	18.4	4.3	45.9	16.6	5.3
四川	127.9	48.0	14.8	112.1	45.4	17.4
贵州	45.9	10.7	6.7	40.1	10.6	8.9
云南	86.6	24.8	13.6	105.0	31.3	24.6

注：数据来源于2009年、2021年四川省、云南省、重庆市、贵州省统计年鉴。

二、农业面源污染负荷

（一）农业面源污染排放情况

第二次全国污染源普查结果显示，2017年云贵川渝4省（市）的水污染物排放总量：化学需氧量235.27万t、总氮39.74万t、氨氮12.07万t、总磷3.96万t。按污染物来源统计，云贵川渝水污染中化学需氧量排放主要来源于农村生活（37.82%）、畜禽养殖（34.41%）和城镇生活（21.88%）；总氮排放主要来源于种植业（31.12%）和城镇生活（32.46%）；氨氮排放主要来源于城镇生活（49.48%）和农村生活（29.82%）；总磷排放主要来源于种植业（33.50%）和畜禽养殖业（24.51%），城镇生活（19.66%）和农村生活（15.20%）也有不小的贡献（图7-2）。可见，农业面源污染已成为云贵川渝水污染物排放的主要来源。

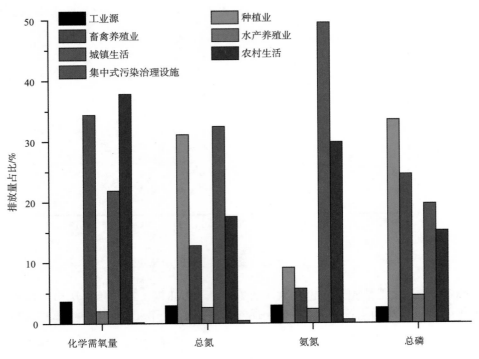

图7-2 云贵川渝不同来源水污染物排放量

（二）农业面源污染现状

2020年四川省化肥施用总量为210.8万t，其中氮肥90.7万t、磷肥38.1万t。氮流失系数按16%计算，2020年四川省氮肥流失总量达到14.9万t，约占云贵川渝水污染总氮排放量的37.5%。四川省农业发达，农业面源污染来源复杂，其主要问题表现在：①农用化学品投入量大，利用率低。四川省氮肥用量年亩均达到12.78 kg；农药年亩均用量0.8～2.4 kg，是发达国家的1.5倍。由于投入量大，加上技术影响，化肥和农药当季利用率分别仅为35%和35%，流失严重。②畜禽养殖量大，粪污有效处理率低。2015年，四川省肉（猪牛羊禽）、蛋、奶产量分别为673.8万t、146.7万t和67.5万t，分别占全国总产量的7.97%、4.89%和1.80%。2015年四川省生猪、肉鸡、蛋鸡、奶牛、肉牛、肉羊规模养殖比例为30.91%、27.26%、43.36%、35.05%、21.14%和17.17%。四川省畜禽粪便产生量8 700万t，局部性养殖面源污染问题依然严重，畜禽粪污综合利用率仅为60%。③农田废弃物产生量大，资源化利用率低。四川省农作物秸秆理论资源量4 641万t，可收集量3 629万t，2015年秸秆综合利用率为81.3%左右，仍有678.26万t被野外焚烧或丢弃田间，既污染环境，又浪费资源。四川省农膜（套袋）用量达到18.68万t，农药废弃包装物（袋/瓶）达到1万t，废弃量达到60%以上。④水产养殖饵料比高，污水无害化处理率低。2015年四川省水产养殖面积达到20.25万hm²，产量达到138.68万t，常年废水产生量约30亿m³，直接排入养殖外部水体占58%，排放总氮、总磷和COD分别达到1 894 t、353 t和8 563 t，污水无害化处理率低（罗付香等，2017）。

云南省化肥施用量低于四川省，2019年化肥施用总量217.4万t。但由于云南省部分地区发展的现代农业是目前我国耕作面积最大的农业生产方式，长期、大量地施用农药、化肥，导致农田土壤农药、化肥大量残留，在降雨径流的作用下可能流失进入水体，造成污染。据调查，云南省九大高原湖泊流域内，农业面源COD污染负荷排放量占流域总量的5.26%~26.77%，农业面源TN污染负荷排放量占流域总量的30.51%~67.10%（侯娟、赵祥华，2018）。受农业面源污染的影响，高原湖泊已经出现了比较严重的水体富营养化现象，以滇池、洱海尤为严重。

虽然重庆市化肥施用总量远低于云南省和贵州省，但是重庆市氮磷钾肥的结构不合理，氮肥的施用比例较高，因此其农业面源污染问题也较为突出。据调查，三峡库区重庆段1998—2011年COD、NH_4^+-N、TN和TP平均排放量分别为449 551.65 t、91 646.4 t、134 076.92 t和61 651.66 t；平均排放强度分别为4.45 t/hm²、0.91 t/hm²、1.91 t/hm²和0.61 t/hm²。库区COD排放中，农村生活所占的比例最大，贡献率达到42.38%；库区铵态氮排放中，农业化肥的贡献最高，达到50.38%；TN、TP排放中，化肥施用排放所占比重分别达58.17%和89.86%；畜禽养殖在各种污染物中所占的比重较低（肖新成等，2014）。

贵州省年化肥施用总量远低于云南省、四川省。但由于贵州省山地多，且以喀斯特地貌为主，农业破碎化程度高，地下淋溶严重，因此农业面源污染影响的范围很广，特别对地下水影响较大。其中主要问题表现在以下几个方面：①贵州省喀斯特岩溶面积占全省总面积的73.6%，生态环境脆弱，地下淋溶严重。②土壤贫瘠，化肥有效利用率低。贵州省土壤以地带性黄壤为主，面积为738.37万hm²，占全省土壤面积的46.4%。黄壤全氮量较高，但矿化率低，供氮能力低；全磷量不高，尤其速效磷十分缺乏。③农用薄膜使用量大，但回收率极低。2008年贵州省农膜使用量19 838 t，比2000年增加了64.0%。④农村散养畜禽污染大。贵州省农村地区由于家畜数量少，喂食量大，致使很多饲料堆积在圈中，待其达到一定数量后挖出来进行堆肥。在场地等的限制下，堆肥场一般较为开放，大多属于露天堆肥，堆肥产生的液体随着地势流淌，尤其是在降雨时，流出量更是巨大，严重污染地表水和地下水（杨俊波、刘鸿雁，2011）。

第二节　山地面源污染源头阻控技术

径流、泥沙及其驱动的可溶性养分及泥沙颗粒物输出是面源污染的重要来源和载体，坡地水土保持、养分管理技术是农业面源污染源头减控的关键，也是面源污染治理的"牛鼻子"，本节重点阐述山地面源污染源头减控关键技术。

一、农村居民点的径流污染阻控技术

（一）农村居民点径流污染特点

1. 农村居民点的降雨-径流污染特征

通过对居民点降雨径流过程及污染物迁移特征的持续监测（2006—2007年）发现，已观测到的12场降雨事件主要的污染物（总氮，TN；总磷，TP；化学需氧量，COD；悬浮物，SS）峰值均出现在径流峰值之前，二者出现的时间间隔为3~47 min（罗专溪等，2008），出现非常明显的初期冲刷效应。

村镇沟道、不透水地位于集水区出口的前端（罗专溪等，2008），在降雨初期迅速产流，冲刷出大量存积的污染物；而位于集水区上部的农地、林地的透水地，在较大雨强下，径流量与泥沙量均较大，使集水区出口的径流污染物呈现第二次小峰值（Luo et al.，2009），从而保持径流污染处于较高浓度水平（表7-5）。进一步分析农村景观格局与各典型降雨径流污染的耦合特征，发现不透水地面源污染与沟道累积污染是农村居民点的主要降雨径流污染源，而透水地的水土流失加剧降雨径流污染。

表7-5　次降雨事件的污染物峰值浓度与峰值流量及其出现时间

事件	TN		TP		COD		SS		流量峰值/（m³/min）	流量峰值出现时间[a]/min	间隔时间/min			
	峰值浓度/（mg/L）	出现时间[a]/min	峰值浓度/（mg/L）	出现时间	峰值浓度/（mg/L）	出现时间	峰值浓度/（mg/L）	出现时间			TN	TP	COD	SS
6 620	53.16	0	5.82	3	708	0	10 845	0	0.34	15	15	12	15	15
6 629	14.14	0	4.38	3	1 543	3	9 619	3	8.06	15	15	12	12	12
6 703	17.54	6	8.44	6	1 708	3	13 809	6	44.45	30	24	24	27	24
6 711	27.23	0	5.87	12	480	9	2 529	12	2.01	15	15	3	6	3
6 721	46.34	22	12.02	35	1 268	0	3 529	0	3.2	45	23	10	45	42
6 822	48.13	12	5.02	15	1 239	12	2 745	6	0.21	20	8	5	8	14
7 421	94.08	20	12.98	9	1 565	9	7 141	9	0.29	25	5	16	16	16
7 423	16.86	0	2.63	9	171	6	170	6	0.52	30	30	21	24	24
7 608	30.34	20	1.91	20	312	20	566	20	0.42	30	10	10	10	10
7 702	38.11	15	4.10	15	835	15	4 932	50	4.48	60	45	45	45	10
7 716	42.62	6	2.73	3	1 604	15	6 535	3	21.6	50	44	47	35	47
7 728	12.06	6	1.15	6	152	3	2 067	3	3.22	12	6	6	9	9

注：a表示降雨产生径流后的时间。

2. 径流污染的水质与污染物负荷估算

由于污染物浓度在降雨径流过程中的差异很大，很难利用浓度对不同降雨特征的径流污染状况进行比较，而采用事件平均浓度（EMCs）来评价降雨径流污染状况。EMCs计算结果如表7-6所示。TN的EMCs为（21.31±20.98）mg/L，最高达82.78 mg/L，最小为5.74 mg/L；TP的EMCs为（3.00±2.35）mg/L，最高为8.00 mg/L，最小为0.83 mg/L；而COD的EMCs为（536±361）mg/L，最高达1 162 mg/L，最小则至125 mg/L。SS的EMCs为（1 941±1 225）mg/L，浓度最高为3 715 mg/L，最小为51 mg/L。与《GB 3838—2002国家地表水环境质量》V类标准比较，TN、TP和COD的EMCs平均分别超标10.6、7.5和13.4倍；其中，TN最小超标2.9倍，最大超标41.4倍；TP最小超标2.1倍，最大超标20.0倍；而COD最小超标3.1倍，最大超标29.0倍。相关分析结果表明（罗专溪等，2008），TN、EMCs均与最大雨强、径流量呈显著负相关关系（$P<0.05$），而与前期晴天数呈显著正相关关系（$P<0.05$），但与平均雨强、降雨量、降雨时间、径流时间，则无显著相关关系（$P>0.05$）。TP、EMCs均与最大雨强、降雨量、径流量、降雨时间、径流时间呈显著的负相关关系（$P<0.05$）。COD和SS均与降雨特征无显著相关关系（$P>0.05$）。

采用UPLRs（Unit pollutant loading rates）来计算村镇降雨径流年平均污染物输出负荷，其中径流系数、污染物浓度分别由12场降雨事件的径流系数、EMCs平均而得，其中径流系数为0.568，TN、TP、COD与SS的平均EMCs分别为21.31 mg/L、3.00 mg/L、536 mg/L、1 941 mg/L；降雨量取为836 mm。计算结果中的TN、TP、COD与SS的年负荷分别为93.52 kg/hm²、14.64 kg/hm²、2 374 kg/hm²、8 390 kg/hm²（表7-6）。可见农村居民点的径流污染浓度高、负荷大，远高于农业面源污染（Zhu et al.，2012）。

表7-6　村镇降雨径流的事件平均浓度与年负荷

项目	污染物	平均/（mg/L）	最大值/（mg/L）	最小值/（mg/L）	标准偏差	年负荷/（kg/hm²）
EMCs	TN	21.31	82.78	5.74	20.98	93.52
	TP	3.00	8.00	0.83	2.35	14.64
	COD	536	1 162	125	361	2 374
	SS	1 941	3 715	51	1 225	8 390
超标倍数[a]	TN	10.6	41.4	2.9	—	—
	TP	7.5	20.0	2.1	—	—
	COD	13.4	29.0	3.1	—	—

注：a指超过《GB 3838—2002国家地表水环境质量》Ⅴ类标准的倍数。

（二）沟渠对径流污染的减控机制

排水沟渠在降雨条件下产生径流，无降雨则无径流通过，且自然排水沟渠大都呈封闭状态。其主要自净作用为泥沙吸附、植物吸收、跌落曝氧等自然净化机制（图7-3）。本节在前述降雨径流污染特征的基础上，分析排水沟渠具有的土壤（泥沙）截控固持、跌落曝氧和植物拦截吸收等主要生态净化机制与容量，为利用沟渠控制农村居民点的径流污染的优化设计提供科学依据。

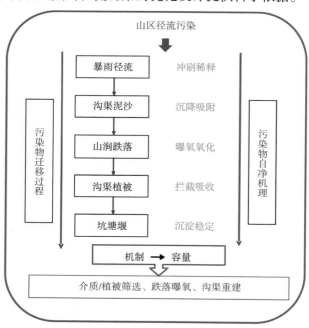

图7-3　沟渠自然净化机制

研究表明，泥沙截控、存储以及泥沙自身的吸附作用，可较好地去除居民点降雨径流颗粒态污染物和氮磷养分，分别平均去除悬浮物（SS）、总氮（TN）、总磷（TP）195 g/m^2、63.0 g/m^2、72.0 g/m^2（表7-7），经过筛选的特殊介质（如蒙脱石）平均去除SS、COD、TN、TP容量为22 g/m^2、8 253 g/m^2、76 g/m^2、590 g/m^2。植被通过拦截吸收可显著去除泥沙与氮磷等污染物，平均去除氮磷分别为16.0 g/m^2、7.4 g/m^2。

表7-7　沟渠主要净化机制及其容量　　　　　　　　　　　　　　　单位：g/m^2

机制	SS	COD	TN	TP
泥沙吸附	195	230	63	72
介质固定	228	253	76	590
跌落曝氧	23	830	25	0.3
植物拦截/吸收	106	7.8	16	7.4

沟渠泥沙的吸附固持及植被的拦截吸收是自然沟渠控制降雨径流污染最重要的作用机制（Luo et al.，2009）。山区由于地形起伏，排水沟渠具有自然跌落，跌落曝氧也是沟渠污染自然净化的重要作用机理。跌落段对NH_4^+-N的场均去除负荷为15.05 g/m^2，跌落段的硝化能力偏低，约0.95 g/m^2，跌落曝氧对COD的场均去除负荷为0.83 kg/m^2。由表7-7可见，COD净化能力突出。总体而言，径流污染的控制将依赖沟渠的各种净化机理的综合作用。

（三）居民点径流污染的生态沟渠净化技术

在排水沟渠的自然净化机制研究的基础上，利用山区山涧跌落曝氧、沟渠坑塘与积水潭的自然沉降和泥沙吸附、植被拦截吸收等净化机理，经过多重改造与强化（图7-4），如建设沉沙池与洪污分流子系统，增设强化介质处理自控系统，筛选高效养分吸收植物对排水沟渠开展植被重构，形成干湿交替、高矮搭配结构，具有水土保持与污染净化双重功能的强化生态沟渠系统，有效去除居民点的高负荷径流污染。通过对自然净化机制的强化去除GSS、COD、TN、TP的平均效率分别为96%、83%、65%、53%（Luo et al.，2009）。

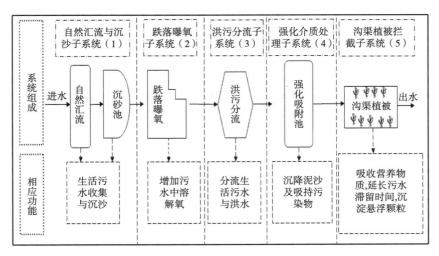

图7-4　农村居民点的生态净化技术体系

二、坡耕地水土保持技术

（一）坡耕地聚土免耕技术

1. 坡耕地水土保持网状结构构建

坡耕地是长江上游最重要的耕地资源之一，以四川盆地及盆周低山丘陵区分布最为集中。由于坡耕地地形起伏，降雨集中，加之人口压力导致的土地过度垦殖以及不合理耕作导致严重的水土流失，大量表土流失，约40%的旱坡地土层厚度小于40 mm，土地生产力低而不稳（朱波等，2009）。因此，退化坡耕地的水土保持与生产力恢复十分迫切（朱波等，2002）。土壤生产力的恢复应致力于增厚土层，改善土壤结构以保持水土，增强抗旱能力。通过以耕作措施为核心的长期田间对比试验开展土壤肥力的恢复与重建。试验处理为聚土免耕（Seasonal no-tillage ridge cropping system，SNTRCS）和常规耕作（平作），其中聚土免耕分为聚土垄作和垄沟互换两个处理。聚土作垄是聚土免耕的基础，应予优先保证。在作物收获后，全土翻耕，沿等高线2 m开厢，一半为垄，一半为沟（图7-5）。垄基均匀铺上有机肥，约15 000 kg/hm²。然后顺坡方向牛犁，由内及外，向心倒垄，形成垄胚，再将沟内熟土的1/2或2/3聚于垄上，整形筑垄。聚土后形成的沟是深耕改土和培肥的主要对象，若土层较为深厚，经聚土后的沟内熟土变薄，这时需深耕改土，有机、无机肥配合强化培肥，沟内可种植绿肥；夏季沟内每隔5～7 m设置10 cm高的土挡，以拦截径流和泥沙。若聚土后沟内露出母质，可深啄泥岩，加速风化，促其成土。为保持水土，有利抢种，垄上小麦收获后，留茬免耕，降雨可抢种甘薯，甚至麦收前10～15 d将甘薯套在麦笼中，提早地表覆盖。为改造培肥整块土壤，实行垄沟互换，一般3～5年，但薄土改造可2年一换，以缩短改造周期。因此4年可以将土块轮换改造1次，以后再反复轮换，促使土层增厚增肥，并将坡土逐步改为梯土。

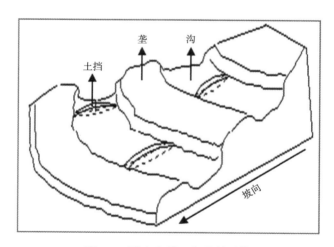

图7-5　聚土免耕田间网状结构

2. 水土保持耕作措施对水土流失的影响

5年（1985—1989年）的测定结果表明（表7-8），聚土免耕与常规平作的土壤侵蚀模数分别为530.0 t/km²和3 122.0 t/km²，聚土免耕减少土壤侵蚀83%；聚土免耕与平作的径流分别为657.7 m³/hm²，1 754.0 m³/hm²，聚土免耕减少径流64%，可见聚土免耕的水土保持效应显著。聚土免耕网格状的沟和土挡作为微小的蓄水库接受和保持降雨，所截留的降雨再进入土壤水库，而蓄积在土壤水库中的水分长期缓慢地为作物生长所利用，缓解了旱地的季节性干旱，改善了土壤水分条件，聚土免耕沟内水分比平作高1.1%，垄上高0.6%。聚土免耕的网格状结构对旱坡地的水土保持的作用尤为突出（朱波等，2002），聚土免耕以垄沟和小土挡所构成的网格状结构对水土保持贡献率达80%。试验结果还表明，少耕留茬可减少降雨对表土的直接拍击所引起的土壤溅失。

表7-8 平作与聚土免耕月均土壤侵蚀模数与径流量（1985—1989年）

月	产流降雨/mm	侵蚀模数/（t/km²）		径流量/（m³/hm²）	
		聚土免耕	常规平作	聚土免耕	常规平作
1—4	36.5 ± 3.3*	6.0 ± 0.5	20.2 ± 5.2	28.6 ± 1.6	62.5 ± 2.6
5	85.7 ± 5.2	223.0 ± 20.1	1 253.6 ± 86.0	68.7 ± 4.6	260.2 ± 35.5
6	68.7 ± 3.6	15.0 ± 0.6	87.1 ± 15.3	32.7 ± 3.0	103.0 ± 15.2
7	199.4 ± 12.3	179.0 ± 10.6	1 075.3 ± 75.2	251.6 ± 18.9	705.0 ± 85.0
8	213.4 ± 8.8	92.0 ± 6.6	624.0 ± 38.7	204.0 ± 21.5	409.9 ± 22.2
9	47.4 ± 1.6	10.0 ± 1.5	38.5 ± 5.8	40.6 ± 8.5	110.8 ± 5.6
10	21.4 ± 1.0	3.0 ± 0.2	8.0 ± 7.5	20.8 ± 1.2	72.3 ± 5.1
11—12	10.2 ± 0.3	2.0 ± 0.2	6.0 ± 2.2	10.3 ± 0.8	30.04 ± 4.2
合计	682.8	530.0	3 122.0	657.7	1 754.0

注：*标准差（SD），n=5。

（二）坡耕地微地形改造技术

1. 坡耕地"大横坡+小顺坡"结构与功能

长江上游坡地"大横坡+小顺坡"结构是指在大地形（如坡面或整块坡地）具有与坡度横向的地埂或田坎，而在微地形（坡面或田块的内部排水沟）呈顺坡向耕作，是老百姓长期耕作形成的微地形特征，有利于在降雨丰富地区的坡耕地雨季排水防涝，在盆周山地和三峡库区较为常见。大横坡+小顺坡耕作技术是一种能够有效控制坡耕地细沟侵蚀。大横坡+小顺坡的坡式梯田能够有效改善坡耕地拦沙效益，降低土壤容重，增加其含水量、饱和导水率和总孔隙度，充分满足保水减蚀的目标，并且拥有低造价、操作简便的优点，广泛被农民接受（郑祖俊，2018）。

2. 坡耕地"大横坡+小顺坡"微地形改造的临界坡度

张怡等（2013）通过三峡库区坡耕地研究发现，与全顺坡模式比较，"6 m顺坡+2 m横坡"模式、"5 m顺坡+3 m横坡"模式和"4 m顺坡+4 m横坡"模式径流量分别减少了41.74%、45.84%和59.63%，表明无论是哪种大横坡+小顺坡耕作技术都可有效减少水土流失。三峡库区和川中丘陵区的人工降雨试验表明，暴雨情况下细沟发生的临界坡长与坡度呈二次抛物线关系；在临界坡长处开挖水平沟截断径流能有效地控制细沟侵蚀的发生，与没有改造的小区相比拦沙效益提高了53.8%。因此，建议在调查长江上游各区坡耕地细沟侵蚀发生临界坡长的基础上，针对不同坡度、不同土壤特征按照细沟侵蚀可能发生的临界坡长开挖横坡截流沟时重新确定小顺坡的坡长（严冬春等，2010）。研究表明，三峡库区10°和15°紫色土坡耕地细沟侵蚀临界坡长分别为6.0 m和4.5 m，细沟出现主要与土壤本身性质和坡度有关。应用7Be示踪技术结合人工降雨实验开展了细沟侵蚀产沙研究，发现细沟侵蚀量约占总侵蚀量的70%（表7-9）。

表7-9 人工模拟降雨实验临界坡长统计

坡度	设计雨强/mm	实际雨强/mm	均匀度/%	降雨历时/min	重复次数	临界坡长/m
10°	60	55.9	78.6	26	3	6.16
	100	108.1	71.7	40	4	5.89
	130	136.3	70.5	30	5	6.35
15°	60	60.5	76.9	21	3	5.3
	100	105.7	74.4	30	3	3.78
	130	135.5	73.7	27	3	4.47

3. 坡耕地"大横坡+小顺坡"微地形改造技术

人工构建"大横坡+小顺坡"微地形结构通过在坡面地块上、下缘及横向修筑地埂，其上侧面为竖直面，下侧面水平倾角30°~80°，地埂下侧面密植护埂植物，地埂上、下侧分别开挖边沟、背沟，在坡面地块其余周边沿坡面开挖，连接上缘地埂背沟和下缘地埂边沟，形成排水网渠；并且在排水网渠内坡面地块开挖多条横坡进行截流，将坡面分割为多个顺坡起垄区；在顺坡起垄区内沿坡面均匀起垄若干小顺坡，相邻小顺坡之间开挖垄沟；并使顺坡起垄区内垄沟与横坡截流沟和边沟相连通；顺坡起垄区的顺坡坡面长度小于该坡面发生细沟的临界坡长（严冬春等，2010）。

三、坡耕地养分管理技术

（一）坡地养分去向观测

为系统查明坡地农田生态系统的水土过程、养分去向及其对生产力的影响，设计建设大型坡面水土过程及养分迁移观测试验（图7-6），小区均按独立水系的自由排水采集器（Free-drain lysimeter）建造，均开展了玉米-小麦轮作系统的土壤水分、地表径流、入渗、壤中流和泥沙运移及养分迁移及环境效应试验进行观测研究。

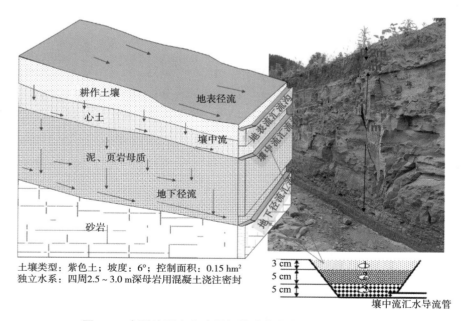

图7-6 大型坡面水文路径与坡地自由排水采集观测系统

（二）坡地农田氮磷去向

常规施肥（NPK）情况下，紫色土坡耕地氮磷养分和碳的去向主要为植物吸收、土壤存留、流失和排放到大气中，秸秆还田（CRNPK）的土壤固定碳较NPK处理显著增加。施肥方式对C、N气体损失和通过径流损失的影响较大，有机-无机平衡施肥（OMNPK）和CRNPK可能促进土壤CO_2的排放，但却能有效降低通过径流损失的C、N（表7-10），CRNPK可在一定程度上抵消CO_2排放的增加，同时，CRNPK还减少约30%的氮素气体损失。而土壤磷主要通过径流损失，OMNPK和CRNPK能够有效降低磷的流失。

表7-10　不同施肥方式下紫色土农田碳氮磷的去向

处理	碳/[t C/(hm²·a)]				氮/[kg N/(hm²·a)]				磷/[kg P/(hm²·a)]		
	植株	土壤	流失[a]	气体	植株	土壤	流失	气体	植株	土壤	流失
NPK	11.6	6.95	18.5	12.1	225.3	4.95[b]	35.1	57.5	3.9	5.11	4.3
OMNPK	12.0	7.35	16.3	13.9	236.2	4.96	19.7	64.8	4.3	5.11	3.2
CRNPK	12.3	8.32	20.7	14.7	242.9	4.93	22.6	40.4	4.8	5.11	2.5

注：a单位为kg C/（hm²·a）。

（三）施肥方式对坡耕地氮磷面源污染的减控

1. 不同施肥方式下的氮磷流失量

通过2016—2018年的田间对比观测发现，常规施肥方式下，坡耕地TN、TP年均流失量最高，分别达到44.47 kg N/hm²和1.91 kg P/hm²，氮主要通过壤中流流失，磷主要通过泥沙损失（表7-11）。有机替代施肥方式（OM、OMNPK、CRNPK）显著降低坡耕地TN、TP的流失，主要表现对壤中流氮流失和泥沙磷流失的显著减控（Zhu et al.，2022），有机替代施肥可作为源头减控面源污染的重要技术措施。

表7-11　不同施肥方式下年累积氮磷流失量及其途径

施肥方式	TN/（kg N /hm²）			TP/（kg P /hm²）		
	地表径流	壤中流	泥沙	地表径流	壤中流	泥沙
NF	1.33 ± 0.23a	8.8 ± 1.52d	3.26 ± 0.41a	0.75 ± 0.15a	0.29 ± 0.05a	0.97 ± 0.16a
OM	1.55 ± 0.27a	27.63 ± 2.62c	2.13 ± 0.32a	0.46 ± 0.12b	0.18 ± 0.04a	0.72 ± 0.12b
NPK	2.03 ± 0.34a	39.92 ± 2.16a	2.52 ± 0.51a	0.71 ± 0.16a	0.25 ± 0.09a	0.92 ± 0.21a
OMNPK	1.91 ± 0.25a	35.8 ± 3.29b	2.33 ± 0.36a	0.53 ± 0.05b	0.16 ± 0.05b	0.73 ± 0.20b
CRNPK	1.51 ± 0.12a	11.82 ± 1.02d	0.83 ± 0.13b	0.32 ± 0.07b	0.15 ± 0.04b	0.45 ± 0.09c

2. 施肥方式对肥料利用率的影响

计算不同施肥方式下肥料N、P的养分利用率（表7-12），结果表明，紫色土施氮、磷肥的效应显著，常规NPK施肥方式下的氮肥利用率为35.0%，OMNPK和CRNPK的氮肥利用率分别较NPK提高9.4%和18%，CRNPK显著提高了农田氮肥利用率。紫色土磷肥利用率较低，常规NPK施肥方式下的磷肥利用率不足15%，OMNPK和CRNPK施肥方式显著提高磷肥利用率。可见秸秆还田与有机-无机配施等有机替代施肥方式可显著提高化肥利用率，从而实现坡耕地养分资源的循环利用与综合管理。

表7-12　施肥方式对坡耕地肥料利用率的影响

施肥方式	N		P₂O₅	
	作物吸收/（kg/hm²）	利用率/%	作物吸收/（kg/hm²）	利用率/%
NF	30.7 ± 0.3	—	8.1 ± 1.0	—
OM	98.0 ± 9.5b	36.3 ± 6.3b	20.4 ± 2.4b	13.6 ± 3.7b
NPK	96.8 ± 7.3b	35.7 ± 4.7b	19.5 ± 0.9b	12.6 ± 1.2b
OMNPK	101.7 ± 5.5b	38.3 ± 4.3b	21.8 ± 5.5b	18.7 ± 0.9c
CRNPK	107.4 ± 3.2c	41.3 ± 3.0c	25.3 ± 1.4c	19.0 ± 2.4c

第三节　丘陵山地面源污染全程控制技术

通过集成源头削减、过程拦截、末端消纳等氮磷面源污染减控技术，并从全流域物质循环角度出发，以生态沟渠为纽带，构建"减源—增汇—截获—循环"有机衔接的丘陵山地面源污染一体化控制技术体系。

一、源头减控技术

（一）丘陵山地耕作田块工程修筑削减小流域氮磷流失技术

采用耕作田块修筑工程从源头削减氮磷面源污染的风险。坡耕地田块平整的技术要点主要包括以下两点（图7-7）：①每相隔2 m高差建造一个由条石制成的田坎；②若原始田块坡度<6°，则维持当前坡度；当坡度为6°~15°时，降坡5°；坡度为15°~25°时，降坡10°。通过对小流域耕作田块修筑，

条田修筑

坡改缓修筑

水平梯田修筑

坡式梯田修筑

图7-7　耕作田块修筑工程

田块坡度得到了有效降低，土层厚度增大，田块形状变得更加规整。以上田块优化工程能够促进对地表径流的拦截，主要表现在提高径流在田块台面的停留时间。

在工程修筑之前，10次降雨径流液中TN、NH$_4^+$-N、TP和TDP（可溶性总磷）的平均值分别为15.6 mg/L、10.8 mg/L、0.5 mg/L和0.2 mg/L；但当工程修筑完成2年后，TN、NH$_4^+$-N、TP和TDP的平均值分别为10.7 mg/L、7.8 mg/L、0.3 mg/L和0.1 mg/L，与修筑之前比，在相似降雨条件下分别降低了32.2%、59.7%、36.2%和59.6%（图7-8）。因此，耕作田块修筑工程措施能够有效降低土壤氮磷养分流失，提高土壤氮磷保持能力，从而有效降低农业面源污染负荷。

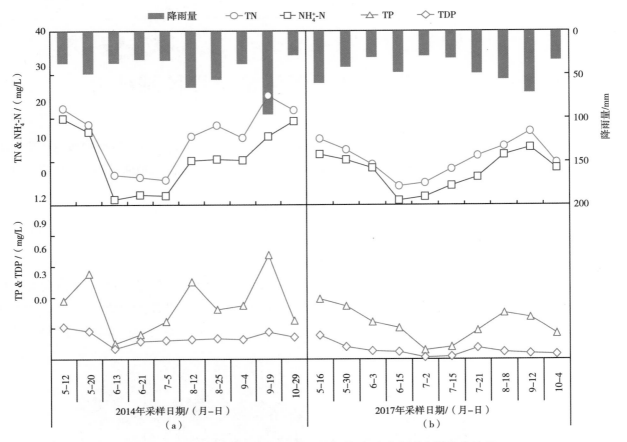

图7-8　建设前（a）与建设后（b）次降雨径流中氮磷含量变化情况

（二）生活污水塔式滤池净化技术

针对西南山区居民点氮磷迁移通量大，是重要的氮磷面源污染来源这一特征，研发了生活污水塔式滤池净化技术。

1. 塔式处理系统工艺流程

塔式污水生态处理系统由塔身、滤料及各种动植物组成的小型生态系统所构成，总容积为18 m³。其中塔身共设置了3个梯级，每个梯级有3组平行反应池，反应池分为两栖植物反应池与水生植物反应池，其包含的两栖植物有铜钱草 [Hydrocotyle chinensis（Dunn）Craib]、黄葛树 [Ficus virens Ait. var. sublanceolata（Miq.）Corner]，水生植物有狐尾藻（Maiophyllum verticillatum L.），均是常见的净水植物，根系发达且易于成活；加上反应池中有天然栖息的动物，如蜘蛛（Araneida）、蜻蜓（Dragonfly）

等，以及大量的微生物，这三者共同创造了一个干湿交替、氧化还原的复合生态体系。当污水自进水口三角堰进入，首先通过一个沉淀池，依靠水的自然沉淀对油污和大型悬浮物进行过滤降解后再引入塔式污水生态处理系统。在多级塔式处理系统内，利用微动力搅拌系统、植物根系吸收拦截以及微生物硝化反硝化等多种共同作用，在轻简优化管理的同时达到去除污水中N、P等污染物质的目的。塔式污水生态处理系统充分结合山丘区地形特点，依坡而建，运行过程中可自行跌水充氧，节约了额外的曝气设备费用，每天处理水量约为150 m³。采样工艺流程如图7-9所示。

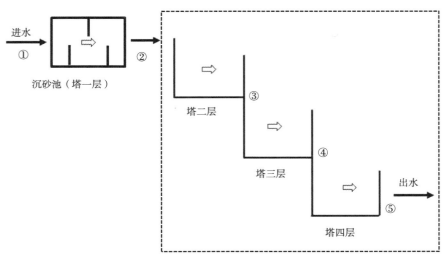

①进水口；②沉砂池（塔式一层出水）；③塔式二层出水口；④塔式三层出水口；⑤塔式系统出水口。

图7-9　塔式污水生态处理系统工艺流程

2. 塔式处理系统的整体运行效果

塔式污水生态处理系统在正常工作运行期间，对各污染物的净化效率良好，如表7-13所示，COD、NH₃-N、TN和TP的平均净化效率分别为69.25%、67.23%、54.48%、73.26%；出水浓度分别为55.21 mg/L、8.79 mg/L、16 mg/L、0.7 mg/L，达到《GB 18918—2002城镇污水处理厂污染物排放标准》的一级B标准。在植物吸收与微生物的硝化反硝化作用下，实现了对氮、磷较高的去除效果。图7-10为COD、NH₃-N、TN、TP在不同时间下进出水浓度及进化效率。

表7-13　塔式处理系统净化效果

指标	进水浓度/（mg/L）	出水浓度/（mg/L）	净化效率/%	达标情况
COD	181.69 ± 11.8	55.21 ± 5.67	69.25 ± 5.01	一级B标（≤60 mg/L）
NH₃-N	26.53 ± 3.02	8.79 ± 2.17	67.23 ± 4.84	一级B标（≤15 mg/L）
TN	35 ± 2.84	16 ± 2.23	54.48 ± 3.12	一级B标（≤20 mg/L）
TP	2.59 ± 0.18	0.7 ± 0.17	73.26 ± 5.6	一级B标（≤1 mg/L）

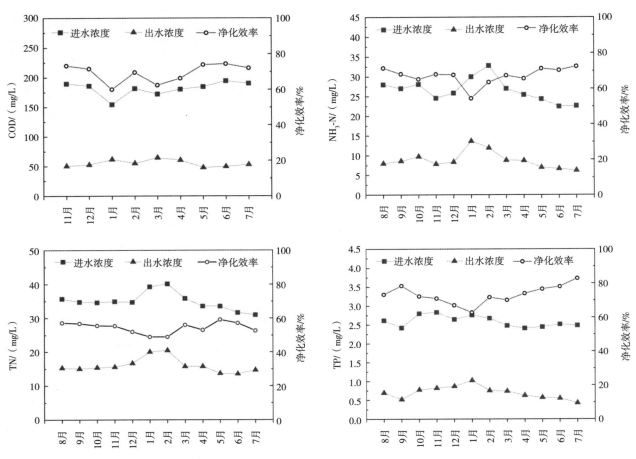

图7-10 塔式系统生活污水净化效果

3. 塔式处理系统分级净化效果

图7-11为不同污染物在塔式污水生态处理系统沿程中的净化效果。①—⑤号取样点，COD的浓度分别为181.69 mg/L、106.28 mg/L、84.92 mg/L、70.46 mg/L、55.41 mg/L，沿程净化率分别为41.5%、20.1%、17.03%、21.64%。自塔式污水生态处理系统进水口到底层出水口，COD浓度逐渐降低，说明系统每一层对COD都有净化效果，而沿程净化率不同说明每一层的净化效果有高低之分。COD的净化效果最上层最高，随后下降，到底层又略有增加。

①—⑤号取样点，NH_3-N的浓度分别为26.53 mg/L、21.95 mg/L、16.76 mg/L、12.23 mg/L、8.79 mg/L，沿程净化率分别为17.26%、23.64%、27.03%、28.13%。自塔式污水生态处理系统进水口到底层出水口，NH_3-N浓度逐渐降低，也说明系统各层均有净化效果，而NH_3-N的沿程净化率一直变大，说明NH_3-N最上层净化效果较低，越到下层净化效率越高，到最底层达到最大值。

①—⑤号取样点，TN的浓度分别为35 mg/L、29.96 mg/L、25.42 mg/L、20.7 mg/L、16 mg/L，TN的沿程净化率分别为3.18%、16.68%、19.37%、22.71%。自塔式污水生态处理系统进水口到底层出水口，TN浓度逐渐降低，说明系统各层均有净化效果，而TN的沿程净化率一直变大说明TN最上层净化效果较低，越到下层净化效率越高，到底层达到最大值。

①—⑤号取样点，TP的浓度分别为2.59 mg/L、1.68 mg/L、1.19 mg/L、0.86 mg/L、0.7 mg/L，TP的沿程净化率分别为35.14%、29.17%、27.73%、18.6%。自塔式污水生态处理系统进水口到底层出水口，

TP浓度逐渐降低，说明系统各层均有净化效果，而TP的沿程净化率与TN相反在一直变小。此现象说明TP的沿程净化率最上层最高，越到下层净化效率越低，到最底层达到最小值。

从塔式污水生态处理系统对各污染物沿程净化的效果来看，COD、TN、NH₃-N、TP浓度逐渐降低，说明每个滤层对各污染物的净化效果均有贡献，但各段对总净化效率的贡献差别较大，COD净化效率最前段较高，随后下降；TN、NH₃-N净化效率趋势不断上升，最后段净化效率最高；而TP则相反，净化效率趋势逐渐下降，最后段净化效率最低。

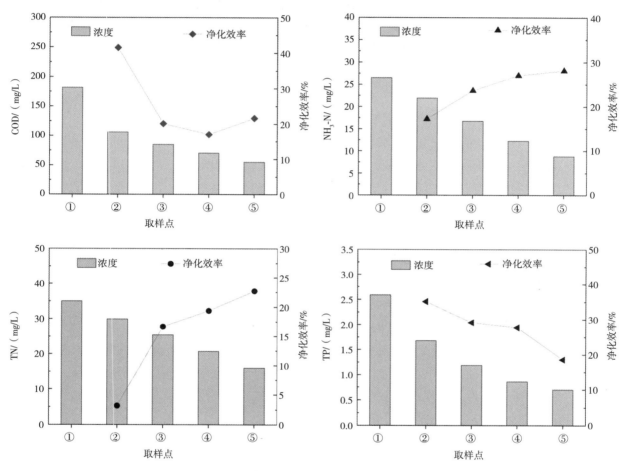

图7-11　塔式系统生活污水分级净化效果

二、过程阻截技术

（一）生物质炭对坡耕地氮磷流失的阻截效果

以三峡库区坡耕地为研究对象，在不破坏原有坡耕地构造的前提下在耕地中埋设竹生物质炭，并设置植被过滤带，探索复合拦截带对紫色土坡耕地地表径流及泥沙流失的拦截效果，同时分析不同降雨强度、地埂式竹生物质炭可渗透反应墙宽度以及拦截带类型等因素对坡耕地径流中氮磷含量以及径流中流失泥沙量的影响，探讨竹生物质炭可渗透反应墙-植被过滤带复合拦截带（VBS）在降雨条件下对坡耕地蓄水减流和保土固沙的效应，为西南地区坡耕地氮磷流失及水土流失防治技术的推广应用提供理论依据和实际参考（图7-12）。

图7-12　生物质炭试验照片

1. 复合过滤带作用下坡耕地氮磷流失动态变化

在坡耕地中埋设的地埂式竹生物质炭可渗透反应墙可以对地表径流和壤中流中的氮素和磷素进行吸附拦截，不同复合拦截带宽度下的总氮及可溶态氮流失浓度变化如图7-13和图7-14所示，设置地埂式竹生物质炭可渗透反应墙-植被过滤带（VBS）后，农田径流液中总氮浓度明显降低，且随着地埂式竹生物质炭可渗透反应墙宽度的增加，拦截效率也随之增加，但地埂式竹生物质炭可渗透反应墙宽度达到0.3 m后，拦截效果变化不明显。植被过滤带所设置的植物为黑麦草，在7月生长期结束即枯萎，随后补种皇竹草，在换草期间，坡耕地氮流失量有显著增高。在8月6日总氮流失浓度最高，达到81.46 mg/L，与此同时，在9月初施肥后，径流中总氮和可溶态氮含量也有升高的趋势，一方面与施肥有关，另一方面可能是由于秋季施肥之后，部分农残物腐烂后随雨水进入径流中，随着时间推移，浓度也随之降低，所以在实际农业生产中，要尽量避免在雨前施肥。从图7-13与图7-14中氮流失的动态变化趋势来看，可溶态氮的浓度变异与总氮的浓度变异趋势几乎保持一致。这也说明，可溶态氮是西南地区坡耕地氮素流失的主要形态。仅设置有植被过滤带拦截的氮流失浓度在1.52~64.24 mg/L，要显著低于对照组流失浓度2.87~81.45 mg/L，但是浓度仍然很高，这也说明地埂式竹生物质炭可渗透反应墙可以对农田径流中壤中流的可溶态氮进行拦截，有效阻控可溶态氮的流失。

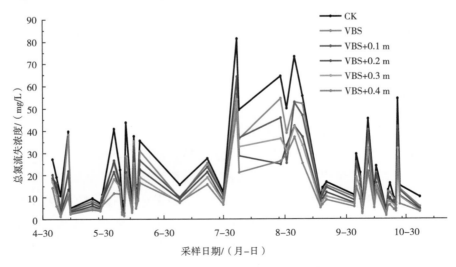

图7-13　不同拦截带下的总氮浓度变化

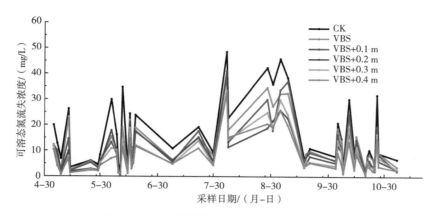

图7-14 不同拦截带下的可溶态氮浓度变化

地埂式竹生物质炭可渗透反应墙-植被过滤带复合拦截带对坡耕地中磷素的阻控也表现在吸附和迁移转化两个方面。一方面埋设在土壤中的竹生物质炭可以调节土壤pH值，进而影响磷的活性来影响磷在土壤中的吸附，另一方面设置的植被过滤带则可以将土壤中的PO_4^{3-}同化，对坡耕地土壤中磷素进行固定，进而减少其流失量。图7-15和图7-16分别是地埂式竹生物质炭可渗透反应墙-植被过滤带复合拦截带下的总磷和可溶态磷流失浓度变化。径流中总磷和可溶态磷在通过地埂式竹生物质炭可渗透反应墙-植被过滤带复合拦截带后，其浓度明显降低，且随着地埂式竹生物质炭可渗透反应墙宽度的增加，总磷和可溶态磷的浓度进一步降低，但复合拦截带中地埂式竹生物质炭可渗透反应墙的宽度达到0.3 m后，对磷素的拦截效果提升不明显。

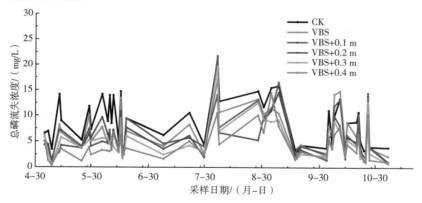

图7-15 不同拦截带下的总磷浓度变化

同样，在7月后植被过滤带所设置的植物黑麦草枯萎后，随后补种皇竹草的换草期间，坡耕地总磷流失量有显著增高，在8月6日总磷的流失浓度最高，达到21.26 mg/L，但流失的可溶态磷浓度却仅有5.16 mg/L，这可能是由于换草期间对土壤耕层的破坏导致颗粒态磷的大量流失。与此同时，在9月的施肥后，坡耕地径流中总磷和可溶态磷含量也同样有升高的趋势，可以看到在10月8日可溶态磷的流失浓度最高，达到12.42 mg/L，这可能是与田间肥料的施用有关，随着时间推移，磷素流失的浓度也随之降低。从图7-15和图7-16中磷流失的动态变化趋势来看，可溶态磷的浓度变异与总磷的浓度变异趋势有显著差异，说明可溶态磷并非西南地区坡耕地磷素流失的主要形态。仅设置有植被过滤带拦截的磷流失浓度为0.75～8.41 mg/L，要显著低于对照组流失浓度2.63～12.41 mg/L，但浓度仍然大于引起水体富营养化的阈值，这也说明植被过滤带虽然可以明显降低氮磷的浓度，然而要在农田系统中将氮磷浓度控制

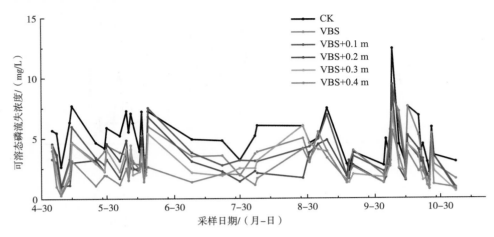

在富营养化阈值以内还比较困难，需要从施肥、耕作、拦截等多方面着手控制养分流失。

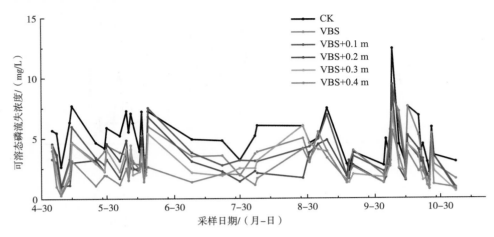

图7-16　不同拦截带下的可溶态磷浓度变化

2. 复合过滤带对坡耕地氮磷流失的拦截效果

由于不同宽度地埂式竹生物质炭可渗透反应墙-植被过滤带复合拦截带对农田径流的拦蓄量不同，其对壤中流中总氮、可溶态氮和颗粒态氮的拦蓄作用效果也不同。2019年4月至2020年1月间植被过滤带及地埂式竹生物质炭可渗透反应墙-植被过滤带复合拦截带在4种宽度下（0.1 m、0.2 m、0.3 m、0.4 m）对总氮、可溶态氮和颗粒态氮的阻控效果如表7-14所示。

表7-14　不同宽度拦截带对氮素的拦截效果

处理	总氮		可溶态氮		颗粒态氮	
	流失量/（g/hm²）	拦截效率/%	流失量/（g/hm²）	拦截效率/%	流失量/（g/hm²）	拦截效率/%
CK	1 954.75	0	1 281.35	0	673.39	0
VBS	1 650.56	15.56%	1 200.88	6.28%	412.45	32.75%
VBS+0.1 m	1 452.52	25.69%	1 042.00	18.68%	385.99	38.68%
VBS+0.2 m	1 378.89	29.46%	991.51	22.62%	349.32	42.13%
VBS+0.3 m	1 273.45	34.85%	898.87	29.85%	396.49	44.12%
VBS+0.4 m	1 309.34	33.02%	928.60	27.53%	315.28	43.18%

由表7-14分析可知，坡耕地径流氮主要有颗粒态氮和可溶态氮两种形态。2019年4月建立径流小区后，裸地条件下总氮的总流失量为1 954.74 g/hm²，其中可溶态氮流失量为1 281.35 g/hm²，占总流失量的65.55%，这说明可溶态氮是氮素流失的主要形态；在地埂式竹生物质炭可渗透反应墙的宽度为0.3和0.4 m过滤带时，复合拦截带对总氮拦蓄量相差不大，宽度为0.3 m时，总氮流失量仅为1 273.45 g/hm²，对总氮的拦截效率为34.85%；在仅设置植被过滤带的处理中，总氮的流失量为1 650.56 g/hm²，对总氮的拦截效率虽然仅为15.56%，但其对颗粒态氮的拦截效率却达到32.75%，这说明植被过滤带可以对颗粒态氮进行有效拦截。

表7-15为2019年4月至2020年1月，植被过滤带以及地埂式竹生物质炭可渗透反应墙-植被过滤带复合拦截带在4种宽度下（0.1 m、0.2 m、0.3 m、0.4 m）对坡耕地中总磷、可溶态磷和颗粒态磷的拦

截量。坡耕地的径流磷主要有可溶态磷和颗粒态磷两种形态。2019年4月建立径流小区后，裸地条件下总磷的总流失量为713.37 g/hm²，其中可溶磷流失量为369.55 g/hm²，占总流失量的51.8%，其中颗粒态磷流失量为343.81 g/hm²，占总流失量48.19%；地埂式竹生物质炭可渗透反应墙–植被过滤带复合拦截带的各带内总磷的拦蓄作用是随着竹生物质炭宽度的增大而增加，各过滤带内拦蓄的总磷量分别为：570.1 g/hm²、461.2 g/hm²、493.6 g/hm²、452.8 g/hm²、429.9 g/hm²，地埂式竹生物质炭可渗透反应墙的宽度为0.4 m时，总磷流失量最小，对总磷的拦截效率为39.74%；在仅设置植被过滤带的处理中，虽然对总磷的拦截效率虽然仅为15.56%，但颗粒态磷的流失量仅为243.2 g/hm²，拦截效率却达到29.26%，这说明植被过滤带可以对颗粒态磷进行有效拦截。这可能与植被过滤带对径流及泥沙的拦蓄作用有关。

表7-15　不同宽度拦截带对磷素的拦截效果

处理	总磷		可溶态磷		颗粒态磷	
	流失量/（g/hm²）	拦截效率/%	流失量/（g/hm²）	拦截效率/%	流失量/（g/hm²）	拦截效率/%
CK	713.37	0	369.55	0	343.81	0
VBS	570.14	20.08	327.61	11.35	243.21	29.26
VBS+0.1 m	461.24	35.34	250.52	32.21	210.96	38.64
VBS+0.2 m	493.62	30.80	260.50	29.51	233.23	32.17
VBS+0.3 m	452.80	36.53	245.68	33.52	207.35	39.69
VBS+0.4 m	429.90	39.74	233.04	36.94	197.07	42.68

（二）生态沟渠污染物净化功能提升与阻控技术

1. 适生植物筛选

利用紫色土丘陵区广泛存在的农田自然沟渠系统，通过筛选具有氮磷高效吸收去除的植物品种，构建水土保持型生态沟渠，进一步降低流域氮磷污染负荷。通过室内盆栽试验与野外观测相结合，筛选出美人蕉、铜钱草、再力花、水竹等氮磷吸收能力强、季节适应性好的沟渠植物（图7-17）。

美人蕉　　　　　　　　　　　　　铜钱草

再力花　　　　　　　　　　　　　水竹

图7-17　沟渠适生植物及配套组合

2. 生态沟渠氮磷去除效率

本研究沟渠水体主要来源为村镇居民生活污水，受居民用水影响，具有高氮、磷污染负荷的特点。由于夏、秋季降雨量大，秋、冬季降雨量小，沟渠进水口水体污染物浓度指标总体呈夏季低、冬季高的季节性特征，冬季进水口污水TN、TP范围为11.17~39.98 mg/L和0.71~2.88 mg/L，夏季进水口污水TN、TP范围为5.91~14.36 mg/L和0.38~1.25 mg/L。进水口（采样点1）TN、TP全年平均浓度分别可以达到21.15 mg/L和1.20 mg/L，NO_3^--N、NH_4^+-N进水口全年平均浓度分别为7.52 mg/L和7.67 mg/L，上述4项指标均超过地表水V类的标准（GB 3838—2002），属于劣V类水。

表7-16　全年沟渠水体污染物浓度变化

监测点	TP/ (mg/L)	TN/ (mg/L)	TDP/ (mg/L)	TDN/ (mg/L)	COD/ (mg/L)	NH_4^+-N/ (mg/L)	NO_3^--N/ (mg/L)	PO_4^{3-}-P/ (mg/L)	pH值
样点1	1.20±0.36	21.15±9.08	2.17±1.21	15.59±4.37	11.58±3.35	7.67±2.28	7.52±3.56	1.76±0.36	7.43±0.70
样点2	0.95±0.33	16.44±7.46	2.12±0.85	12.74±4.01	10.05±1.86	6.03±1.37	5.89±1.21	1.63±0.33	7.48±0.23
样点3	0.82±0.12	14.96±5.52	1.91±0.61	11.40±4.33	9.46±1.90b	4.81±1.55	4.51±1.33	1.42±0.29	7.45±0.36
样点4	0.76±0.20	10.96±2.23	1.63±1.09	10.08±2.96	8.34±0.33	3.16±0.21	2.40±0.59	1.33±0.35	7.55±0.68

沟渠中4个采样点水质全年（2018年11月至2019年10月）理化性质的均值见表7-16，沟渠全段pH变化并不明显，其值在7.5左右浮动。整条沟渠自上游至下游（采样点1至采样点4），采样点所监测到上覆水中的各类污染物浓度逐渐降低，上覆水中TN浓度由源头采样点（采样点1）的（21.15±9.08）mg/L降至沟渠尾端（采样点4）的（10.96±2.23）mg/L，降幅达48.2%，其中可溶性总氮（TDN）降幅为35.1%，TP由（1.20±0.36）mg/L降至（0.76±0.20）mg/L，降幅为36.5%，其中可溶性总磷（TDP）降幅为24.9%，可以看出整段沟渠对于氮污染的净化效率高于磷。水体溶解性有机碳（DOC）的含量经过净化也出现显著的下降，由（11.58±3.35）mg/L降至（8.34±0.33）mg/L，降幅27.9%；全段沟渠对于污水中活性氮的去除效果最好的是NH_4^+-N与NO_3^--N，NH_4^+-N由进水口7.67 mg/L经过沟渠三段植被组合的净化降至3.16 mg/L，去除效率为58.8%，NO_3^--N由进水口7.52 mg/L经过沟渠三段植被组合的净化降至2.40 mg/L，去除效率为68.1%。出水口水体中总氮与活性氮浓度按照《GB 18918—2002城镇污水处理厂污染物排放标准》，均达到一级标准，可以看出生态沟渠对于生活污水中氮、磷负荷净化效果较好。

为探究不同植物组合对污染物的净化能力，选择适应当地气候条件、长势良好、并具有一定观赏价值的6种植物，两两组合，分别种植于沟渠的A、B、C 3个区段。结果表明（图7-18），沟渠内A、B、C三个区段水体中各污染物浓度指标在经过不同植物组合的净化后均出现不同程度的下降，且不同植物组合对不同污染物的净化效率各有差别，A段（石菖蒲+美人蕉）对TP、TDN、NH_4^+-N及DOC的净化效率较高，分别可达到20.4%、18.3%、37.6%和13.2%，对污水中TP的去除效率显著高于其他2个区段，这可能是由于在沟渠前段污水中污染物浓度较高，磷的沉积与底泥吸附作用显著，故去除效率较高；B段（铜钱草+再力花）对PO_4^{3-}-P的净化效率最好，达12.6%，但对污水中活性氮的净化效率并不高，且显著低于A、C区段；C段（小叶菖蒲+水竹）对TN、NO_3^--N、TDP的去除效率最好，去除效率分别为26.8%、46.8%和14.5%，并且对于TN、NO_3^--N的净化效率显著高于A、B 2个区段，C段对于水体中NO_3^--N全年的去除效率分别比A、B2个区段高出10.1%和23.4%，这可能是由于在长期淹水条件下，土壤中氧气含量很低，厌氧环境下发生反硝化作用消耗大量NO_3^--N，而C段中小叶菖蒲与水竹的根系较发达、长势较好，活跃的根际微生物可以促进反硝化作用，导致C段TN、NO_3^--N去除效果明显高于其他植被净化区段。综上可知，"石菖蒲+美人蕉""小叶菖蒲+水竹植物"组合区段对生活污水中活性氮的去除效率较高，A段（石菖蒲+美人蕉）对于水体中NH_4^+-N的去除效果最好，C段（小叶菖蒲+水竹）对于水体中NO_3^--N及TN的去除效果最好，适宜作为高活性氮负荷污水的植被净化组合。

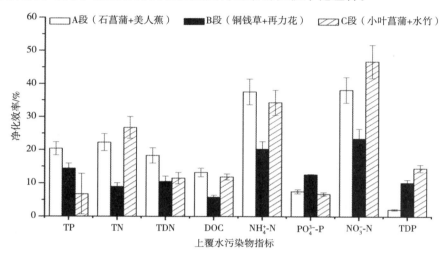

图7-18　试验期间不同植物段对污染物的净化效率

3. 生态沟渠氮磷净化效率的季节性特征

图7-19表示了整段沟渠不同季节对于生活污水中不同污染物的净化效率。整条生态沟渠区段对TP的净化效率季节变化相较于其他污染物较为平稳，这与其吸收净化特点有关，沟渠上覆水中的磷去除

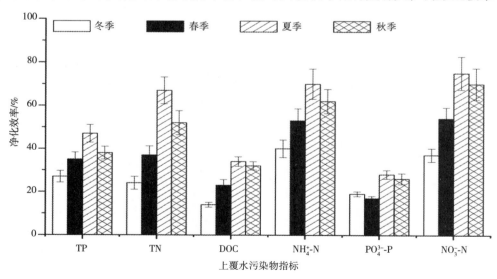

图7-19　沟渠上覆水净化效率的季节性差异

主要通过植物对可溶性磷的吸收和底泥对磷酸盐的吸附两种途径，故其受季节性温度变化影响较小，以沟渠源头采样点（采样点1）为进水口，末位采样点（采样点4）为出水口，整段沟渠对于流入渠内的TP的净化效率冬季（12月至翌年2月）为27.0%，春季（3—5月）为35.2%，夏季（6—8月）为47.6%，秋季（9—11月）为38.1%；对PO_4^{3-}-P净化效率冬季为19.9%，春季为17.2%，夏季为28.5%，秋季为26.5%。

整段沟渠对TN净化效率冬季为24.3%，春季为37.7%，夏季为67.4%，秋季为52.0%；对NH_4^+-N净化效率冬季为40.4%，春季为53.8%，夏季为70.9%，秋季为62.5%；对NO_3^--N净化效率冬季为37.2%，春季为54.0%，夏季为75.1%，秋季为70.5%，可以看出整条沟渠全年对于上覆水中氮污染的净化效率较高，但是由于氮素主要依赖硝化-反硝化和植物吸收来净化，而硝化-反硝化受微生物活性影响较大，故夏季与冬季对于N元素的去除效率相差十分显著，对于TN的净化效率季节性差异最为明显，其夏季净化效率比冬季高出43.1%，整段沟渠对于NO_3^--N净化效率最为突出，其全年净化效率都保持在一个较高的水准；整条沟渠对于污水中DOC的净化效率不太理想，其净化效率冬季为14.3%，春季为23.1%，夏季为34.5%，秋季为32.1%，均属偏低水平。总体而言，因夏季气温较高，微生物活性强，其新陈代谢均需要消耗污水中N、P元素，并且夏季植物生长旺盛，对N、P元素需求量大，所以生态沟渠对其中污水的净化效率以夏、秋季为最高，冬、春季则净化效率较低。夏季由于进水口生活污水中污染物浓度较低，加之高效的净化效率，其出水口TN、TP全季度平均浓度可达3.02 mg/L和0.84 mg/L；冬季由于进水口生活污水污染物浓度较高，低温及植株凋零导致沟渠全段净化效率偏低，出水口TN、TP全季度平均浓度可达17.63 mg/L和2.17 mg/L。可以看出由于季节性差异，导致沟渠出水口水质冬夏差异较大。

三、末端消纳技术

通过整治流域末端的滩地、塘堰，并配置水竹、菖蒲、美人蕉、狐尾藻、再力花等氮磷高效吸收两栖植物，构建以人工湿地为主的氮磷面源污染末端消纳系统（图7-20），进一步实现流域氮磷面源污染物削减去除。监测结果表明，构建的人工湿地系统每年对TN、TP的削减量分别为23.49 kg和1.67 kg，削减比例分别为27.43%和25.93%（图7-21，图7-22）。

图7-20　末端消纳技术实体模式

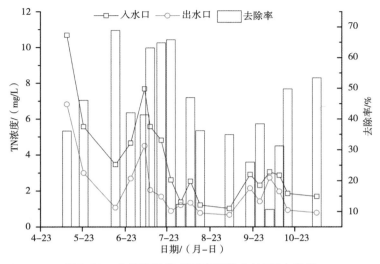

图7-21　末端消纳技术对农田排水的TN去除率

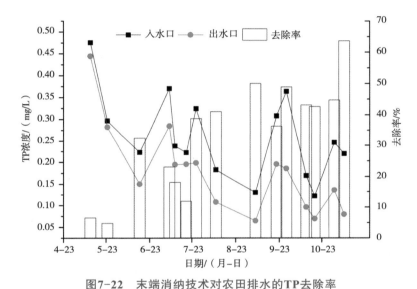

图7-22　末端消纳技术对农田排水的TP去除率

综上所述，通过集成源头削减、过程拦截、末端消纳等氮磷面源污染减控技术，并从全流域物质循环角度出发，以生态沟渠为纽带，构建"减源—增汇—截获—循环"有机衔接的小流域面源污染一体化控制技术体系。

第四节　山地小流域面源污染全程治理模式

一、典型小流域面源污染的源汇特点

（一）小流域面源污染的来源与贡献
通过川中丘陵、三峡库区的典型小流域的林地、居民点、坡耕地、水稻田等土地利用坡地的水土流失与面源污染长期监测表明，居民点、坡耕地是小流域面源污染的主要污染物来源（Zhu et al.，2012），川中丘陵区的面源污染主要来源于居民点和坡耕地，特别是居民点的径流污染（包括分散生活污水排放）是首要污染源，以不足5%的土地面积贡献了30%～40%的污染负荷，可见，控制居民点高负荷径流污染与大面积坡耕地是面源污染治理的突破口（图7-23，朱波等，2021）。

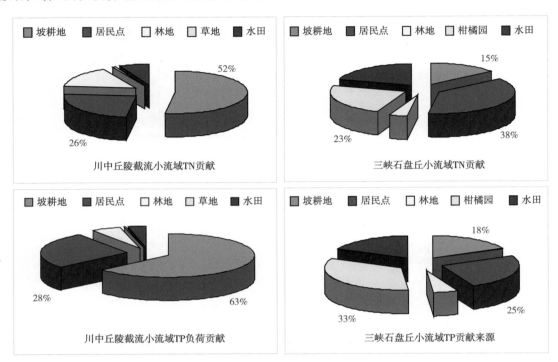

图7-23　长江上游典型小流域面源污染来源与贡献

（二）小流域氮磷迁移的源汇特点

分析长江上游不同小流域的土地利用特征及其氮磷流失特点，可以发现小流域氮磷污染物含量与单位面积负荷均呈现集镇>村落>柑橘果园>坡耕地>水稻田>林地的状况（朱波等，2021），由此可初步判定小流域面源污染的主要来源为农村居民点、柑橘果园和坡耕地。进一步分析土地利用及其对小流域氮磷负荷的贡献：居民点以不足6%的土地面积贡献了38%的氮和25%的磷负荷，柑橘果园以16.7%的土地面积贡献了23%的氮和33%的磷负荷，毋庸置疑，居民点（村落）和柑橘果园是面源污染的主要源，坡耕地以12.7%的土地面积贡献了15%的氮和18%的磷，贡献负荷高于其面积比，因此坡耕地也是一个重要的源；水稻田占土地面积的46.2%但仅贡献了20%的氮磷，远低于小流域单位面积的氮磷流失负荷。长江上游的坡耕地、果园（柑橘）通常位于小流域的坡顶、岭上，而水稻田大都位于地势低洼的沟谷、坡底，在居民点下方也有水稻田分布，特别是三峡库区移民就地后靠后，居民点也逐渐设在地势较高处。通过对污染负荷最高的居民点下方的水稻田进行监测，发现居民点排出的氮磷污染物经过水稻田后含量明显降低（表7-17），水稻田对各种污染物的去除率达到56%～98%，各种形态的氮磷污染物基本达到稻田的本底流失量，可见水稻田是三峡库区面源污染的汇，对面源污染具有重要的净化作用。但库区秋冬季晒田的习惯，会导致一定量的氮磷排放。加强水稻田的施肥管理，并在水稻收割后，田面水经一段时间陈留后再排放，可能会有助于稻田氮磷截留净化功能的进一步发挥（杨小林等，2013）。

表7-17　水稻田对居民点暴雨径流中氮磷的去除效率

位点	不同养分形态含量/（mg/L）						
	氮				磷		
	TN	NO₃⁻-N	NH₄⁺-N	PN	TP	DP	PP
居民点排入稻田	15.62	6.31	5.60	3.61	2.19	1.57	0.62
稻田出口	2.81	2.05	0.12	0.39	0.36	0.09	0.27
平均去除效率	82%	68%	98%	89%	84%	94%	56%

注：PN. 颗粒态氮；PP. 颗粒态磷；DP. 可溶态磷。

二、山区环境自净机制与面源污染过程阻控技术

研究发现山区跌落曝氧氧化、泥沙吸附固持、坑塘沉降稳定、植物拦截吸收等自然净化功能强大（图7-24）、效率高，充分利用其生态净化机制并提升净化容量将可能应用于面源污染治理，不仅可应用于高负荷农村居民点的径流污染源头减控，还可应用于流域过程阻控。在坡耕地下方构建生态沟渠植被拦截吸收系统，降低径流污染负荷；其次通过各级地埂和植物篱拦截来自于坡耕地的侵蚀泥沙；在平缓沟道设置多级沉沙池则能达到更好的泥沙拦截效果；依据山区排水沟道地势起伏的特征通过跌水曝氧则可有效降低COD、氨氮等还原性污染物。过程阻控技术的难点在于植物的选择、处理和

山地自然景观（过程阻断，耗散机理）

图7-24　山区环境污染过程阻控机制与技术

规避洪水。通过筛选强化吸附介质和养分高富集植物，并与山区自然跌落、凼坑、排水沟渠相结合，并经过景观与净化功能强化，形成具有集汇流、分流、沉淀、拦截、吸收、氧化、稀释等功能的生态净化系统，构建基于过程阻控的技术体系（图7-24），克服了传统的生态处理技术建设成本高、占地多、效率低的缺点，对侵蚀泥沙与面源污染具有良好去除效果。

三、面源污染末端消纳技术

末端消纳技术主要应用于小流域下游的沟谷末端，利用小流域低洼处广泛分布的水田、塘（库），构建人工湿地系统，消纳面源污染物（单保庆等，2006）。水田-塘（库）系统能极大地延长水力停留时间，一方面系统内水体的自净作用能消减大量污染物，另一方面水力停留时间的延长增加了系统内植物对污染物的吸收，也促进了反硝化作用。末端治理技术的难点在于湿地植物的无害化、资源化处理，有报道可通过蚯蚓生物堆肥可实现湿地植物的资源化。

四、小流域面源污染全程治理模式

（一）水土流失与面源污染的流域控制思路

应用生态学、环境学原理，设计应用自然、生态的轻简、高效技术体系，遵循"减源、循环、增汇、生态拦截、全程控制"的治理理念和流域控制思路（图7-25），首先搭建坡顶林地的乔灌草植被体系，即具备基本的水土保持功能，控制好源头的侵蚀与泥沙；利用沟谷水田、塘库和自然沟渠的湿地功能，控制侵蚀泥沙的输出，同时合理利用水稻田的高产保障小流域粮食供给；在此基础上，大力推进坡耕地种植业结构调整，并采用坡地粮经弹性结构种植技术，既可发展农村经济，又能建立良好的坡地水土保持耕作体系。同时合理配置台地间的坡坎林地生态系统，并与农地形成农林镶嵌的空间格局，由此建立丘陵上部的农林复合系统和沟谷稻田湿地系统相呼应的农林水系统复合的小流域侵蚀泥沙控制的生态经济体系。

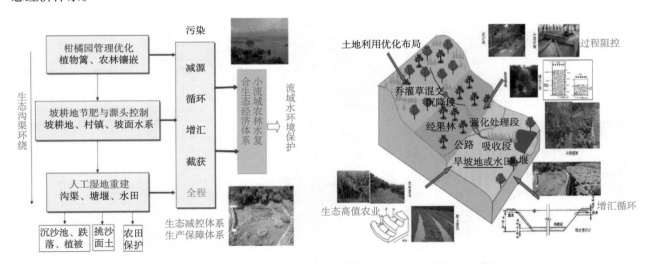

图7-25　长江上游典型小流域面源污染全程减控技术体系与模式

（二）主要技术措施

水土流失与面源污染防控的主要措施包括源头减控、过程阻断和末端消纳技术及其有机融合。其中，源头控制主要通过不同农田管理措施减少化肥农药的施用来控制面源污染输出（朱波等，2021）；过程阻断是指在面源污染物向受纳水体的迁移过程中利用生态净化原理消纳面源污染物，如植被过滤带、生态沟渠等（罗专溪等，2008）；末端控制是指在面源污染物进入受纳水体前，通过设置大型人工湿地、前置库或稳定塘对面源污染物进行拦截（单保庆等，2006）。随着对面源污染认识的深入，仅靠单一的技术及工程措施或政策措施无法有效防控农业面源污染（杨林章等，2013）。因此，紫色土区农业面源污染防控依据水土流失与面源污染的产生、迁移特点，遵循小流域"减源、增汇、循环、生态净化、全程控制"综合治理理念，构建丘坡农林复合、坡地节肥增效、坡面水系改造、沟谷稻田等有机衔接的小流域面源污染控制技术体系与优化模式。

（三）小流域面源污染全程治理模式

利用强化生态沟渠技术从源头控制居民点的分散生活污水与径流污染，同时坡耕地利用水土保持耕作体系与秸秆还田节肥增效技术，源头控制坡耕地泥沙与养分流失；同时通过坡顶低效林改造，并在坡腰营造经果林（柠檬、蜜柚、柑橘等），陡坡地埂栽植金银花保持水土，合理配置台地间的坡坎林地生态系统，与农地形成农林镶嵌的空间格局，并与水土保持生态沟渠、沟谷水田、塘库的人工湿地功能相结合，构建丘陵上部的农林复合系统与山丘区生态强化沟渠和低洼沟谷的人工湿地等系统紧密衔接的农林水复合生态系统，并形成小流域"减源—增汇—截获—循环"的面源污染全程控制的生态技术体系与优化模式（图7-25）。目前该技术模式已在川中丘陵区（万安流域）、三峡库区（申家河流域）、云南洱海流域推广，其中小流域出口泥沙减少72%～85%，TN负荷减少60%～73%，TP负荷降低73%～91%，在净化水质并减轻面源污染入库负荷的同时，坡腰经果林平均产值超过1 500元/亩，取得了显著的生态与经济效益。

第五节 西南川渝平原丘陵区农田面源污染防控技术模式

西南地区地形地貌复杂，以丘陵山地为主，降雨集中，土壤抗蚀性能差。在典型粮食生产集约化农区，土壤利用强度高、化肥农药投入量大，肥料利用效率低，农田面源污染对水环境的污染负荷贡献高。

一、融合乡村旅游振兴的"S-P-R"面源污染全程全时控制技术模式

成都平原是我国西南地区的"粮仓"，素有"天府之国"的美誉。区域内农业生产集约化程度高，粮油轮作是主要的农业种植制度之一。区域内地形平缓，农田水网、沟渠密布，排灌条件优越。田块排水—支沟—主沟—大沟逐级汇集输送，是农田N、P和农药等面源污染物进入岷江、沱江等敏感受纳水体的主要途径。以成都平原粮油广汉和崇州为研发示范区，针对面源污染发生的关键环节，从全程全时周年控制角度出发，研究形成了化肥减施增效源头阻控技术、田间生态沟过程拦截技术、生物质炭-氮磷高富集观赏植物沉塘的集约化平原区氮磷末端消纳技术，建立了融合乡村旅游振兴的"源头阻控（S）-过程拦截（P）-末端消纳（R）"面源污染全程全时控制技术模式（以下简称"'SPR'技术模式"）。

（一）粮油轮作集约化种植区田间氮磷、农药增效减损技术

针对农田田块内氮磷利用率低、农药耗损大的问题，通过优化肥料和农药的管理措施，筛选出氮磷吸收效率高的品种，减少氮磷肥料及农药的投入；筛选符合区域作物需肥特点的专用控释肥，研发最佳施肥技术，减少施肥总量，实现肥料减量增效，减少氮磷流失源和农药损失排放量，实现"增效减损"。

1. 氮磷养分高效水稻、油菜品种的筛选

在广汉、崇州、都江堰试验点，通过分析不同品种在传统施肥和优化施肥下的作物氮磷肥利用效率、根际磷活化能力和土壤养分有效性，筛选了氮磷养分高效水稻、油菜品种5个（图7-26，图7-27）。其中，油菜高效品种3个（川油36号、德油6号、川杂NH5118），磷肥的利用效率提高15%~20%；水稻高效品种2个（川香优6203、宜香优2115），氮肥的利用效率提高15.3%~19.2%。

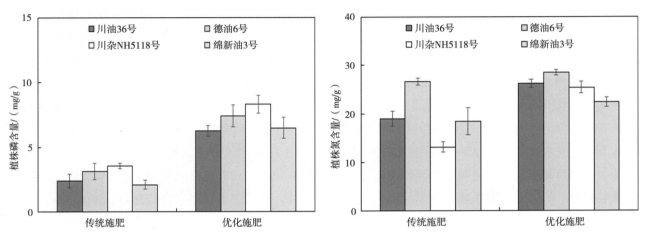

图7-26　4个油菜品种植株氮磷含量

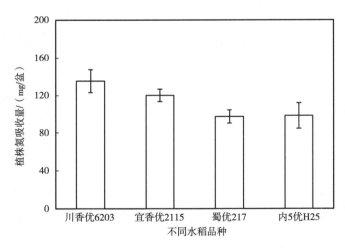

图7-27　不同水稻品种在收获时期的氮吸收量

2. 田间化肥减施增效技术的研发

基于前期筛选的氮磷养分高效水稻、油菜品种，以化肥减施增效为核心，从源头阻控研发最佳施肥技术，减少施肥总量，实现肥料减量增效，减少流失源。包括油菜季秸秆还田的以碳促磷的节肥技术、水稻季控释肥与速效肥配施技术和水稻季种养废弃物替代化肥的节肥技术。与传统施肥（NPK）相比，

油菜季水稻秸秆还田（S）能将土壤的速效磷提高50%，根际微生物量磷库库容提高25%（图7-28）。

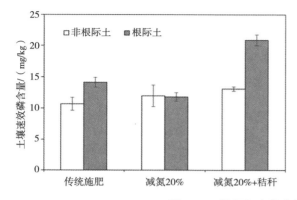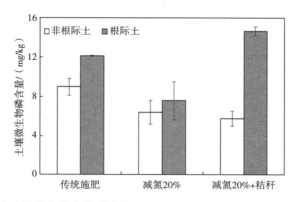

图7-28　根际和土体土壤速效磷和微生物磷含量

（二）粮油轮作集约化种植区内氮磷全程生态拦截和周年全时控制技术

针对成都平原粮油轮作农田面源污染输移特点，以氮、磷为主控污染物，构筑新型田间生态沟渠，研究成都平原粮油轮作集约化种植区内"田-沟-渠"运移系统中径流与氮磷协同迁移和形态转化的过程、通量和途径，分析氮磷在沟渠输移过程中的主要流失形态；进一步优化或改造现有沟渠的布局，筛选氮磷吸收率高、生物量大、成活率高并兼顾观赏价值的植物，综合利用沟渠水生植物带、人工浮床等技术工艺，构建种植区内氮、磷全程生态拦截及周年全时控制技术，为农业面源污染的治理提供技术支撑。

1. 氮磷高富集并具有观赏价值的田间生态沟植物的筛选

以氮磷吸收显著、生物量大、成活率高，兼顾经济效益、观赏价值等原则，同时考虑农田沟渠多样性（硬化沟渠、土沟），从18种水生植物中筛选出了3种生态沟渠植物：美人蕉、野生风车草、狐尾藻，3种植物不仅具有较高的生物量和较强的营养吸收能力，而且还有一定的观赏价值（表7-18）。

表7-18　田间沟渠水生植物的生长情况

植物种类	总生物量/（g WW/m²）	相对生长速率/%	磷去除率/%	氮去除率/%
美人蕉（Canna indica）	14 400	206.5	69.47	68.91
野生风车草（Cyperus alternifolius）	7 700	194.3	81.71	69.88
狐尾藻（Myriophyllum verticillatum）	400	115.6	71.93	78.46

2. 树脂基负载铁氧化物复合除磷吸附剂Fe-402和铁载生物质炭研制

以凝胶型强碱性阴离子交换树脂为基体，以市售高铁酸钾为铁源，利用铁酸根离子极易交换到阴离子树脂表面的特性，通过一步原位水解法沉淀制备树脂基负载铁氧化物复合除磷吸附剂Fe-402。Fe-402可有效处理~540 BV的模拟废水（图7-29），穿透后的Fe-402可由"5% NaOH+5% NaCl"在常温下高效再生，仅仅用1 BV的再生液就可洗脱约80%的磷，再生后的Fe-402可进行循环使用，经过3次循环试验后，Fe-402的处理能力并没有受到明显影响，适合长期使用。在连续监测期54 d内Fe-402对DIP、DTP、TP平均去除率分别为34.5%、28.3%、44.9%。

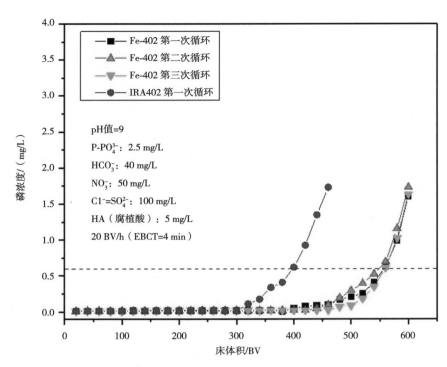

图7-29　Fe-402和IRA-402除P穿透曲线及再生曲线

以小麦秸秆、椰壳、凤眼莲为原料制备生物质炭，将生物质炭以盐酸和$FeCl_3$溶液浸渍，利用NaOH溶液调节pH值，采用化学共沉淀法进行铁改性生物质炭。实际应用过程中，在吸附单元放置15 kg吸附材料，对地表径流中NO_3^--N、NH_4^+-N及P的平均去除量可分别达到16.2%，32.9%和42.5%。结合往年降雨及径流流量，碳基铁改性材料预计使用27.5 d后吸附接近饱和，可进一步用于土壤修复。

3. 田间新型生态沟拦截系统的研发

考虑农田沟渠多样性（硬化沟渠、土沟），基于前期筛选的水生植物，研发了2套田间新型生态沟拦截系统。其中，"土沟毛渠-沉塘拦截"系统（图7-30a）是筛选氮磷高富集并具有观赏价值的水生植物（美人蕉和旱伞草），构建"富集植物+土沟"组合，总磷去除率36.9%，总氮去除率22.7%。"硬化沟渠生态沟拦截"系统（图7-30b）是氮磷高富集并具有观赏价值的水生植物（美人蕉、野生风车草、狐尾藻）、人工生态浮床固定植物和新型吸附材料加强吸附，构建"富集植物+高效吸附材料+硬化沟渠"组合，总磷去除率32.6%，总氮去除率31.5%。

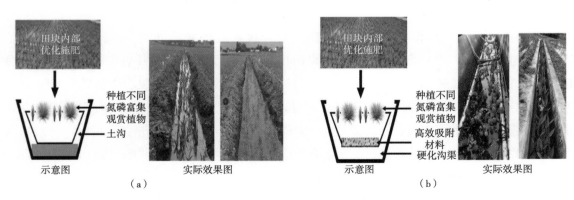

图7-30　"土沟毛渠-沉塘拦截"系统（a）和"硬化沟渠生态沟拦截"系统（b）

4. "土-水-生"氮磷全时-全程监测体系构建

田块出口和过程拦截"富集植物+土沟"和"富集植物+高效吸附材料+硬化沟渠"生态沟渠出入水口，建立径流、泥沙、植物观测采样点，同时沿程设置流量监控点，形成田块-沟渠水量、水质同步监测体系，系统评价不同生态沟渠对水体氮磷去除率和全年不同时段面源污染发生的规律特征。经过水稻种植季的运行，去除氮磷营养盐的效果明显，整体总磷去除率达到52.8%，总氮去除率达到34.6%（图7-31）。

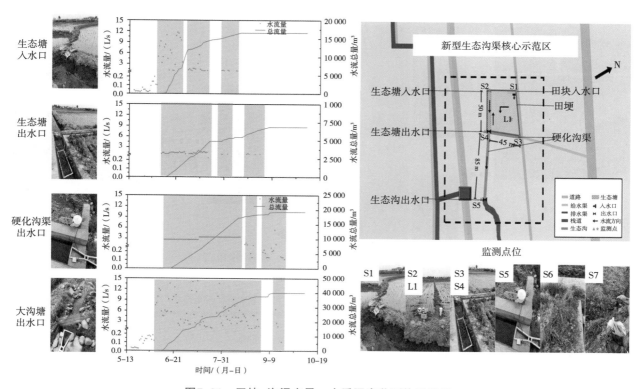

图7-31　田块-沟渠水量、水质同步监测体系图示

（三）粮油轮作集约化农区氮磷污染物末端消纳技术

为强化农业面源污染的末端消纳，通过沟渠内种植观赏富集植物（旱伞草、美人蕉、梭鱼草、狐尾藻）、沟坎种植乔灌树木、沟渠中施用生物质炭（30 t/hm²）组合的生态大沟渠，消纳经田间生态沟渠拦截后的水体，总磷去除率50.0%，总氮去除率33.3%。从水生植物对氮、磷的携带能力能够看出，旱伞草、狐尾藻携带氮的能力比较强，旱伞草、梭鱼草对磷的携带能力比较强。生态大沟渠全年可以携带总氮53.04 kg，总磷116.64 kg。

（四）粮油轮作集约化农田面源污染综合防治技术模式集成示范

基于上述水稻油菜氮磷养分高效作物品种筛选、水稻季控释肥与速效肥配施、油菜季秸秆还田以碳促磷节肥、水稻季种养废弃物替代化肥等化肥减施增效源头阻控技术、氮磷高吸附新型材料和氮磷高吸收观赏植物组合的田间生态沟过程拦截技术、生物质炭-氮磷高富集观赏植物沉塘的集约化平原区氮磷末端消纳技术，通过优化组配，建立了平原粮油轮作区融合乡村旅游振兴的"S-P-R"技术模式（图7-32）。

"S-P-R"技术模式，在广汉建立了粮油轮作示范区530亩，其中核心示范365亩，与农民传统模式相比，呈现出4个特点：①化肥农药减量明显，"S-P-R"技术模式比农民传统模式减少了肥料投入22.2%（氮肥减少16.7%，磷肥减少33%），化肥氮磷利用率提高20.8%～24.5%；农药减少31.2%；②氮磷消纳效果显著，"S-P-R"技术模式，氮磷污染负荷分别削减61.5%和76.0%；③作物产量增加，水稻季增产4.53%；④成本可控、易于推广，"S-P-R"技术模式直接推动了示范区农业观光休闲旅游，在油菜花季节高峰期游客量可达10万余人次。

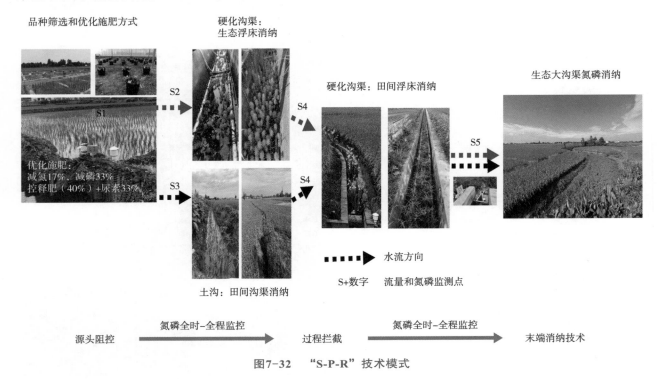

图7-32　"S-P-R"技术模式

二、丘陵区粮菜轮作农田面源污染防治"三全"模式

长江上游丘陵区粮菜轮作集约化农田多具有"投入高""坡度陡""径流急""路径短"等特点，面源污染发生明显不同于平原区，对长江水环境安全构成了潜在威胁。为此，选择三峡库区涪陵小流域为研发基地，以粮食（水稻）-蔬菜（榨菜）高强度种植体系为对象，针对区域农田面源污染的发生过程与特征，集成了一套适宜丘陵区粮菜轮作农田面源污染综合防治的"全流程-全时段-全循环"模式（简称"三全"模式），并在丘陵区典型粮菜轮作小流域（渠溪小流域）进行了示范应用，面源污染控制成效显著。

（一）模式构建思路

针对丘陵区粮菜轮作集约化农田面源污染的发生特征，充分吸纳国内外先进经验和相关技术，从源头减量、多级循环利用、全程全时控制、景观生态阻控等多方面入手，通过技术优选、研发和集成，提出了一套适宜丘陵区粮菜轮作农田面源污染综合防治的"三全"模式，总体构建思路见图7-33。该模式以"源头控制是重点，多级拦截与循环利用是关键"为构建原则，以"空间"和"时间"为主线，以"结构优化-景观拦截"和"流域养分多级利用"为亮点，突出区域特色，充分利用流域内现有资源和条件，尽可能降低构建成本，切实提高其可操作性和可推广性。

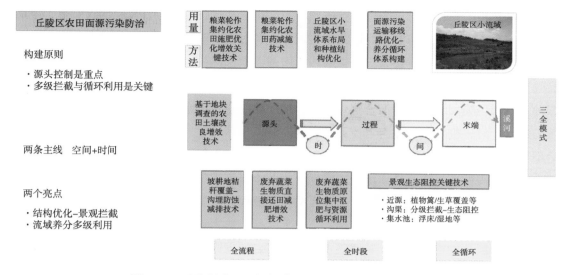

图7-33 丘陵区农田面源污染防治"三全"模式构建图示

（二）关键技术集成

针对示范小流域——渠溪小流域的农业生产实情，如全域实行玉米-榨菜、水稻-榨菜等粮菜轮作制度，氮、磷肥投入高，玉米秸秆和废弃菜叶处理粗放，水改旱普遍、种植结构较单一，土壤酸化问题突出，排水沟渠已基本硬化等，结合地形约束和水旱布局特征，在该模式的各防治环节因地制宜集成相关关键技术，具体如下：

1. 源头

根据"源头控制是重点、多级拦截与循环利用是关键"的构建原则，在源头环节主要集成了"粮菜轮作（玉米-榨菜、水稻-榨菜）集约化农田施肥优化增效关键技术""废弃榨菜生物质直接还田减肥增效技术""废弃蔬菜生物质原位集中沤肥与资源循环利用""坡耕地玉米秸秆覆盖-沟埋防蚀减排技术""丘陵区小流域水旱体系布局和种植结构优化""基于地块调查的农田土壤酸化改良增效技术"和"粮菜轮作集约化农田农药减施技术"等多项关键，力求从源头降低面源污染发生风险，减少氮、磷及农药进入排水渠道。

2. 过程

针对示范小流域的丘陵地形条件、面源污染物径流输移路径、田块梯级分布特点及配套沟渠现状等，在过程环节主要集成了"沟-凼-田径流优化-养分循环拦截技术""丘陵区硬化沟渠面源污染物分级拦截-生态阻控技术"等关键技术，局部近源区域还集成了"豆科植物篱（如光叶苕子、三叶草、苜蓿等）拦截"技术，突出"多级拦截与循环利用"，充分消纳径流水体中的氮磷，以解决丘陵区污染物输移路径短、流速快、单向拦截难的问题。

3. 末端

通常情况，丘陵区小流域的末端消纳和拦截空间有限，很难发挥实质性作用，研发团队将防治重心放在源头和过程，尤其是源头，但考虑到示范小流域的末端有一个小集水池，故也集成了丰水期（高水位）浮床、枯水期（低水位）湿地等消纳技术，以进一步降低示范小流域出水的氮磷污染负荷。

通过上述源头——过程——末端的技术集成，可实现小流域农田面源污染物输出的全流程防控。在实施粮菜轮作（玉米-榨菜、水稻-榨菜）集约化农田施肥优化增效关键技术时，根据示范小流域地块的性状和全年两季作物的生长需求，合理推荐施肥种类、用量和优化施肥方式（采用施肥器，改撒施为穴施），实现周年源头氮磷投入控制，降低其流失风险；在过程防治技术集成中，除充分发挥稻季水田的消纳功能外，在榨菜季，还通过设置田面拦水坎，增强菜季梯田的消纳功能，结合水路优化，实现周年全时的高效田面拦截与循环利用，此外在沟渠生态阻控技术构建时，合理选用沟渠水生植物，灵活配置生态浮床和积土栽培渠段，确保沟渠全年生态化，加上非固定式拦水坎在干、支渠的分梯级设置，实现沟渠体系的周年全时多级拦截和生态阻控；在末端环节，浮床和湿地技术丰枯水期交错使用，确保了末端出水污染负荷的全时削减。源头和过程环节中，诸多关键技术都是围绕循环利用设置，无论是地块内循环，还是小流域内循环，均有技术涉及，确保了示范小流域内氮磷养分的充分循环利用。总的来看，针对示范小流域的关键技术集成，体现了新建模式"全流程""全时段"和"全循环"的防治特征。

（三）示范验证与推广应用

根据"三全"模式的构建思路与关键技术集成策略，研发团队在典型丘陵区粮菜轮作小流域——渠溪小流域开展了示范验证。针对示范小流域的农田管理现状、地形地貌、种植结构与布局、污染物径流输移特征等多方面的具体情况，制订了小流域技术集成布局方案，结合农田面源污染源头防控技术推广策略，全域应用了该防治模式，示范总面积约560余亩（图7-34）。

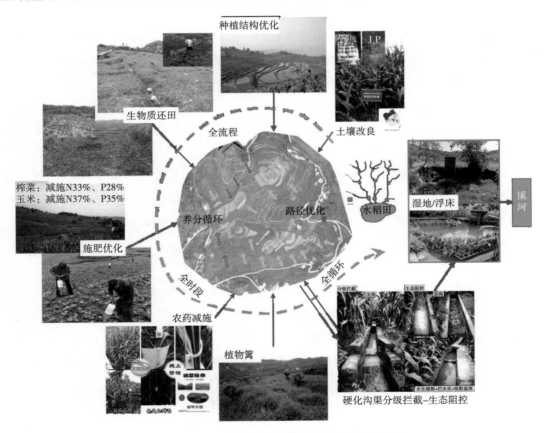

图7-34 "三全"模式在渠溪小流域的示范应用

"三全"模式在渠溪小流域全域应用后，小流域内农田化肥、农药投入量逐户调查统计表明，同对照年份（2018年）相比，全年（2020年）氮、磷肥投入量分别下降了32%和29%，主要农药用量均减少了32%以上；小流域A、B出水口（图7-35）径流总氮、总磷排放监测结果表明，较之对照年份，小流域全年（2020年）径流氮、磷污染负荷均削减显著，削减率达到了40%以上（图7-36，图7-37）；此外，小流域主要农产品（稻米、玉米、榨菜）抽样检测结果显示无重金属、农残超标现象，质量均达到了国家食品卫生标准。总的来看，"三全"模式的构建思路与丘陵区地形条件、农田布局及其面源污染发生特征高度契合，区域特色鲜明，投入低，可操作性强，现场示范效果良好，适宜在西南丘陵区大面积推广应用。

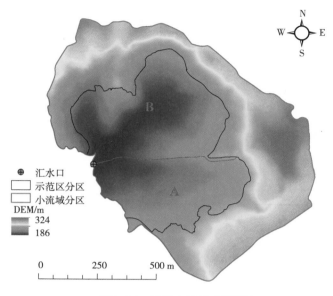

图7-35 渠溪小流域分区图示

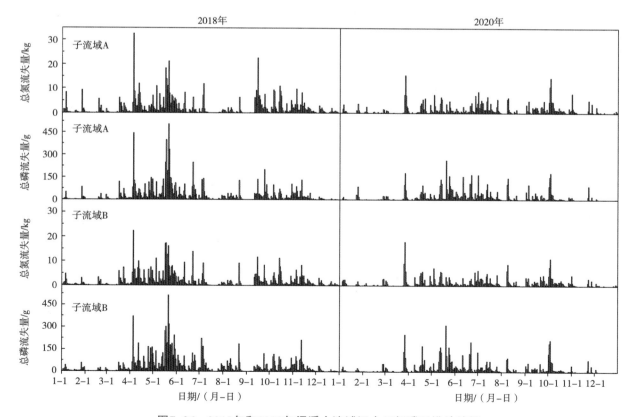

图7-36 2018年和2020年渠溪小流域汇水口氮磷日排放特征

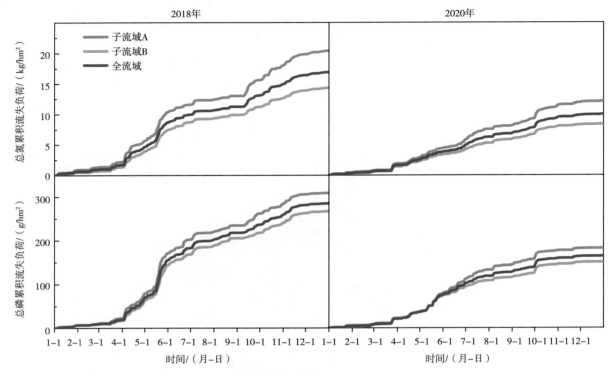

图7-37　2018年和2020年渠溪小流域汇水口氮磷累积排放负荷

　　为进一步扩大"三全"模式的影响及辐射范围，在重庆市高新区国家现代农业科技示范展示基地内建立了重点技术推广展示区，着重展示了丘陵区粮菜轮作施肥优化增效、农田养分资源循环利用、硬化沟渠面源污染物分级拦截-生态阻控、酸化土壤改良以及农药减施等关键技术，产生了很好的社会反响；此外，近3年来，围绕"三全"模式的关键技术，积极组织人员，通过多种途径培训各类人员2 000余人次，在重庆、贵州等地辐射推广相关技术3.65万亩，取得了良好的社会、经济和生态环境效益。

主要参考文献

侯娟，赵祥华，2018. 云南省高原湖泊农业面源污染防治和对策研究[J]. 环境科学导刊，37（6）：63-65.

姜世伟，何太蓉，汪涛，等，2017. 三峡库区消落带农用坡地氮素流失特征及其环境效应[J]. 长江流域资源与环境，26（8）：1159-1168.

刘莲，刘红兵，汪涛，等，2018. 三峡库区消落带农用坡地磷素径流流失特征[J]. 长江流域资源与环境，27（11）：2609-2618.

罗付香，秦鱼生，林超文，等，2017. 四川省农业面源污染现状及治理对策[J]. 安徽农学通报，23（7）：76-78.

罗专溪，朱波，王振华，等，2008. 川中丘陵区村镇降雨特征与径流污染物的相关关系[J]. 中国环境科学，28（11）：1032-1036.

单保庆，陈庆锋，尹澄清，2006. 塘-湿地组合系统对城市旅游区降雨径流污染的在线截控作用研究[J]. 环境科学学报，26（7）：1068-1075.

肖新成，倪九派，何丙辉，等，2014. 三峡库区重庆段农业面源污染负荷的区域分异与预测[J]. 应用基础与工程科学学报，22（04）：634-646.

严冬春，龙翼，史忠林，2010. 长江上游陡坡耕地"大横坡+小顺坡"耕作模式[J]. 中国水土保持（10）：8-9.

杨俊波，刘鸿雁，2011. 贵州省农业面源污染现状与生态农业发展[C]. 贵州省高效生态（有机）特色农业学术研讨会论文集.

杨林章，施卫明，薛利红，2013. 农村面源污染治理的"4R"理论与工程实践——总体思路与"4R"治理技术[J]. 农业环境科学学报，32（1）：1-8.

杨小林，李义玲，朱波，2013. 紫色土小流域不同土地利用类型的土壤氮素时空分异特征[J]. 环境科学学报，33（10）：2807-2813.

张怡，何丙辉，唐春霞，2013. "大横坡+小顺坡"耕作模式对氮及径流流失的影响[J]. 西南师范大学学报（自然科学版），38（3）：107-112.

郑祖俊，2018. "大横坡+小顺坡"水土保持耕作技术效益研究与应用探讨[J]. 中国标准化（24）：239-240.

周萍，文安邦，贺秀斌，等，2010. 三峡库区生态清洁小流域综合治理模式探讨[J]. 人民长江，41（21）：85-88.

朱波，陈实，游祥，等，2002. 紫色土退化旱地的肥力恢复与重建[J]. 土壤学报，39（5）：743-749.

朱波，等，2021. 长江上游水土流失与面源污染[M]. 北京：科学出版社.

朱波，高美荣，况福虹，等，2009. 土层厚度对紫色土坡地生产力的影响[J]. 山地学报，27（6）：735-739.

LUO Z X，ZHU B，TANG J L，et al.，2009. Phosphorus retention capacity of agricultural headwater ditch sediments under alkaline condition in purple soils area，China [J]. Ecological Engineering，35：57-64.

ZHOU M H，ZHU B，NICOLAS B，et al.，2016. Sustaining crop productivity while reducing environmental nitrogen losses in the subtropical wheat-maize cropping systems：a comprehensive case study of nitrogen cycling and balance [J]. Agriculture，Ecosystems and Environment，231：1-14.

ZHU B，WANG T，KUANG F H，et al.，2009. Measurements of nitrate leaching from a hillslope cropland in the Central Sichuan Basin，China [J]. Soil Science Society of America Journal，73（4）：1419-1426.

ZHU B，WANG Z H，WANG T，et al.，2012. Non-point-source nitrogen and phosphorus loadings from a small watershed in the three gorges reservoir area [J]. Journal of Mountain Science，9：10-15.

ZHU B，YAO Z Y，HU D N，et al.，2022. Effects of substitution of mineral nitrogen with organic amendments on nitrogen loss from sloping cropland of purple soil [J]. Frontiers of Agricultural Science and Engineering，9（3）：396-406.

第八章 / 长江中游农区

第一节 区域农业生产现状及面源污染特征

一、长江中游地区农业生产现状

（一）长江中游地区自然状况

长江中游自湖北宜昌至江西湖口，主要包括湖南、湖北和江西3省，面积56.46万km²。截至2021年末，常住人口1.70亿，占全国总人口的12.5%。长江中游地区地貌类型多样，有半高山、低山、丘陵、岗地、盆地和平原。区域内除高山地区外，大部分为亚热带季风性湿润气候，春温多变，秋温陡降，春夏多雨，秋冬干旱。长江中游地区3省年平均气温一般为14~20 ℃，热量条件较好。区域内年均降雨量在800~1 950 mm，降雨充沛，雨热同期。长江中游地区河流众多，河网密布，水系发达，坐拥中国第一和第二大淡水湖——鄱阳湖和洞庭湖，水资源丰富。区域内土壤类型多样，主要有红壤、黄壤、紫色土、水稻土、黄棕壤、石灰土、潮土、山地草甸土等8个种类。丰富的热量资源、雨热同期的气候条件、充沛的水资源和多样的土壤类型使得长江中游地区成为农作物主要种植区。该地区自古以来就是著名的"鱼米之乡"，历史上"湖广熟，天下足"的称誉也说明了其农业地位的重要性。

（二）长江中游地区种植业生产现状

长江中游坐拥洞庭湖平原、江汉平原和鄱阳湖平原三大农业主产区，农作物种植面积大。据2021年中国统计年鉴数据：长江中游地区农作物总播种面积2 201.88万hm²，占全国总农作物播种面积的13.15%；其中稻谷种植面积971.66万hm²，占全国稻谷种植面积的32.31%；小麦种植面积106.88万hm²，占全国小麦种植面积的4.57%；玉米种植面积118.36万hm²，占全国玉米种植面积的2.87%；油菜种植面积283.58万hm²，占全国油菜种植面积的41.92%。稻谷产量5 554.48万t，占全国稻谷产量的25.23%；小麦产量411.73万t，占全国小麦产量的3.07%；玉米产量555.45万t，占全国玉米产量的2.13%；油菜产量537.61万t，占全国油菜产量的38.27%。

（三）长江中游地区养殖业生产现状

近年来，长江中游地区畜禽规模化养殖发展快、集约化程度高，已逐步成为农业和农村经济的重要支柱产业。据2021年中国农村统计年鉴数据：湖南、湖北、江西省生猪出栏9 508.3万头，占全国的18.04%；牛出栏411.7万头，占全国的9.02%；羊出栏1 674.4万只，占全国的5.24%；家禽出栏170 561.5万只，占全国的10.95%。

二、长江中游地区农业生产资料投入现状

（一）长江中游地区化肥施用现状

据2001—2021年中国统计年鉴数据显示（表8-1）：长江中游地区农作物种植面积占全国农作物种植面积12.9%～13.6%，化肥施用量（折纯量）在2015年之前逐渐上升。2015年以来化肥农药使用量零增长行动取得成效，化肥施用量逐年下降。

表8-1　2000—2020年长江中游地区化肥施用情况

项目	年份								
	2000	2005	2010	2015	2016	2017	2018	2019	2020
农作物种植面积/万hm²	2 124	2 106	2 094	2 203	2 170	2 182	2 162	2 146	2 202
氮（折纯量）/万t	278.3	295.8	310.2	282.3	275.6	264.2	241.2	219.1	210.1
磷（折纯量）/万t	96.4	110.8	114.6	108.9	107.8	101.1	90	81.9	79
钾（折纯量）/万t	63.3	78.9	92	95.8	95	92.4	88.6	80.5	78.6
复合肥（折纯量）/万t	98.3	139.7	208.2	236.9	238	240.3	242	236.9	232.3
合计（折纯量）/万t	536.2	625.1	725	724	716.4	698.2	661.6	618.5	600
农作物种植面积占全国的比例/%	13.6	13.5	13.2	13.2	13.0	13.1	13.0	12.9	13.2
氮肥占全国氮肥用量的比例/%	12.9	13.3	13.2	12	11.9	11.9	11.7	11.4	11.5
磷肥占全国磷肥用量的比例/%	14.0	14.9	14.2	12.9	13.0	12.7	12.3	12.0	12.1
钾肥占全国钾肥用量的比例/%	16.8	16.1	15.7	14.9	14.9	14.9	15	14.3	14.5
复合肥占全国用量的比例/%	10.7	10.7	11.6	10.9	10.8	10.8	10.7	10.6	10.5
化肥占全国化肥用量的比例/%	12.9	13.1	13	12	12	11.9	11.7	11.4	11.4
平均化肥施用量/（kg/hm²）	252	297	346	329	330	320	306	288	272

注：数据来源于2001—2021年中国统计年鉴，2001—2021年湖南、湖北、江西省统计年鉴。

化肥施用量占全国的11.4%～13.1%，其中氮肥施用量（折纯量）占全国的11.4%～13.3%，磷肥施用量（折纯量）占全国的12.0%～14.9%，钾肥施用量（折纯量）占全国的14.4%～16.8%，复合肥施用量（折纯量）占全国的10.5%～11.6%，平均化肥施用量为252～346 kg/hm²。2000—2020年长江中游地区年平均化肥施用量为305 kg/hm²，低于全国平均水平（331 kg/hm²），远高于国际公认的化肥施用安全上限（225 kg/hm²）。

（二）长江中游地区农药施用现状

据长江中游地区2001—2021年统计年鉴数据显示（表8-2）：长江中游地区农药整体用量呈上升趋势，在2010年达到顶峰。2015年以来，农业部组织开展化肥农药使用量零增长行动取得成效，农药整体用量和平均农药施用量逐年下降。2000—2020年长江中游地区年平均农药施用量为13.95 kg/hm²，远高于全国平均水平（9.45 kg/hm²）。一直以来，长江中游地区都是使用农药进行预防和治理农作物产生的病虫害问题。该措施虽然增加了农作物产量，但是农药中的大量有害物质及农药施用过程中施药方法不当、废弃物管理不当等因素，对土壤和水体有着较大的污染风险，严重制约了农业绿色可持续发展。

表8-2　2000—2020年长江中游地区农药施用情况

项目	年份								
	2000	2005	2010	2015	2016	2017	2018	2019	2020
农药施用量/万t	25.2	29.9	36.5	33.7	32.8	31.3	29.5	26.5	24.7
总耕地面积/万hm²	2 124	2 106	2 094	2 203	2 170	2 182	2 162	2 146	2 202
平均农药施用量/（kg/hm²）	11.9	14.2	17.4	15.3	15.1	14.4	13.6	12.4	11.2
全国平均农药施用量/（kg/hm²）	8.2	9.4	11.1	10.7	10.4	10.0	9.1	8.4	7.8

注：数据来源于2001—2021年中国统计年鉴，2001—2021年湖南、湖北、江西省统计年鉴。

（三）长江中游地区地表水污染现状

2020年湖南省生态环境公报显示：湖南省345个评价考核断面中，Ⅰ类水质断面23个，Ⅱ类水质断面281个，Ⅲ类水质断面27个，Ⅰ～Ⅲ类水质断面共331个，占95.9%；Ⅳ类水质断面12个，占3.5%；Ⅴ类水质断面1个，占0.3%；劣Ⅴ类水质断面1个，占0.3%（图8-1）。其中，洞庭湖湖体11个评价考核断面中，Ⅲ类水质断面1个，Ⅳ类水质断面10个，水质总体为轻度污染，主要污染指标为总磷，营养状态为中营养。

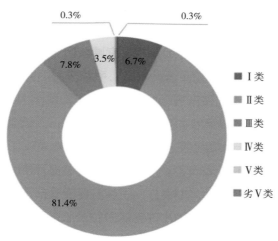

图8-1　2020年湖南省地表水质量概况

2020年湖北省生态环境公报显示：湖北省主要河流总体水质为优。179个河流断面中，Ⅰ～Ⅲ类水质断面占93.9%（Ⅰ类占10.1%、Ⅱ类占60.9%、Ⅲ类占22.9%），Ⅳ类占6.1%（图8-2a），无Ⅴ类和劣

Ⅴ类断面;主要污染指标为化学需氧量、高锰酸盐指数、溶解氧和总磷。湖北省主要湖泊总体水质为轻度污染。17个省控湖泊的21个水域中,Ⅰ～Ⅲ类水域占42.9%,Ⅳ类占42.9%,Ⅴ类占14.2%,无劣Ⅴ类水域(图8-2b);主要污染指标为总磷、化学需氧量和高锰酸盐指数。

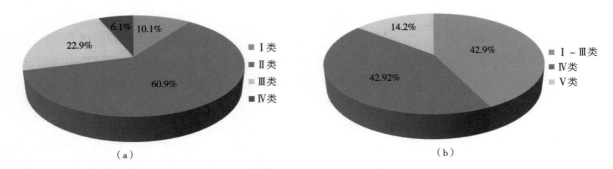

(a)主要河流水质; (b)主要湖泊水质

图8-2 2020年湖北省地表水质量概况

2020年江西省生态环境公报显示:全省地表水水质优良比例(Ⅰ～Ⅲ类水质比例)为94.7%。其中鄱阳湖点位水质优良比例为41.2%,水质轻度污染;其中,Ⅰ～Ⅲ类比例为41.2%,Ⅳ类比例为58.8%(图8-3),营养化程度为中营养,主要污染物为总磷。

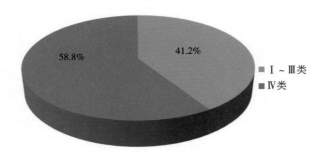

图8-3 2020年江西省鄱阳湖水质量概况

三、长江中游地区农业污染特征

(一)长江中游地区农业面源污染特征

长江中游地区农业面源污染主要来源包括:种植业化肥、农药等过度施用,大量使用地膜,农作物秸秆自然腐解污染水体和土壤,畜禽养殖业的粪污排放、流失等(尹亚亚,2021;周志波,2019)。长江中游地区3省中,湖南省是面源高污染风险区,湖北省是中污染风险区,江西省是低污染风险区(孙铖等,2017)。以湖南省为例,2019年畜禽养殖业化学需氧量排放贡献率最高,达78.98%(图8-4)。总氮排放主要来自种植业、畜禽养殖业和农村生活污水,贡献率分别为31.22%、35.10%、31.77%。氨氮排放主要来自农村生活污水,贡献率为63.67%,种植业、畜禽养殖业贡献率分别为20.27%、14.30%。总磷排放主要来自畜禽养殖业、农村生活污水和种植业,贡献率分别为43.01%、36.06%、19.79%。从污染物贡献来看(表8-3),2019年湖南省农业面源化学需氧量、总氮、总磷、氨氮排放总量分别为58.08万t、6.83万t、0.98万t、2.19万t,等标污染负荷分别为2.90万t、6.83万t、4.93万t、2.19万t,等标污染负荷比分别为17.24%、40.51%、29.25%、13.00%。从污染源贡献来看,种植业、畜禽养殖业、水产养殖业和农村生活污水贡献比例分别为21.07%、42.28%、1.58%、35.08%。由此可知，湖南省农业面源主要污染物为总氮、总磷，其中总氮为最主要污染物。主要污染来源为畜禽养殖业和农村生活污水，其中畜禽养殖是最主要的污染源（宋晓明等，2022）。

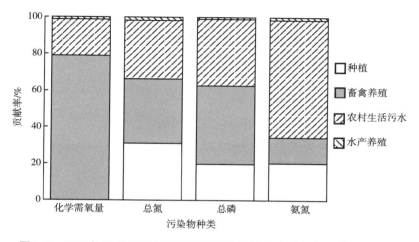

图8-4　2019年湖南省农业面源等标污染源贡献率（宋晓明等，2022）

表8-3　2019年湖南省农业面源污染负荷及占比（宋晓明等，2022）

项目	污染物排放量				污染源排放量			
	化学需氧量	总氮	总磷	氨氮	种植业	畜禽养殖业	水产养殖业	农村生活污水
排放量/万t	58.09	6.83	0.98	2.19	2.77	49.01	0.98	15.32
等标污染负荷/万t	2.90	6.83	4.93	2.19	3.55	7.12	0.27	5.91
等标污染负荷比/%	17.24	40.51	29.25	13.00	21.07	42.28	1.58	35.08

（二）长江中游地区种植业污染特征

《第二次全国污染源普查公报》显示，农业源污染物排放对我国水环境的影响较大，是总氮、总磷排放的主要来源，其排放量分别为141.49万t和21.20万t。全国种植业水污染物排放（流失）量：氨氮8.30万t，总氮71.95万t，总磷7.62万t；秸秆产生量为8.05亿t，秸秆可收集资源量6.74亿t，秸秆利用量5.85亿t；地膜使用量141.93万t，多年累积残留量118.48万t。《第二次全国污染源普查公报》湖南、湖北、江西数据显示：长江中游地区农业源是总氮、总磷排放的主要来源，其排放量分别为51.19万t和5.98万t，分别占全国农业源排放总量的19.05%和19.20%。区域内种植业水污染物排放（流失）量：氨氮2.33万t，总氮15.59万t，总磷1.69万t；秸秆产生量为0.97亿t，秸秆可收集资源量0.72亿t，秸秆利用量0.62亿t；地膜使用量8.49万t，多年累积残留量3.71万t。

（三）长江中游地区畜禽养殖业污染特征

《第二次全国污染源普查公报》显示，农业源污染物排放中，化学需氧量排放量为1 067.13万t。全国畜禽养殖业水污染物排放量：化学需氧量1 000.53万t；氨氮11.09万t；总氮59.63万t；总磷11.97万t。《第二次全国污染源普查公报》湖南、湖北、江西省数据显示：长江中游地区农业源污染物排放中，

中国农业
面源污染防治

化学需氧量排放总量为344.88万t，占全国排放总量的16.09%。区域内畜禽养殖业水污染物排放量：化学需氧量157.43万t，分别占区域排放总量和农业源排放量的45.65%和88.96%；氨氮18.85万t，分别占11.36%和42.31%；总氮16.27万t，分别占18.95%和35.98%；总磷18.38万t，分别占36.79%和54.05%。据长江中游地区2016—2021年统计年鉴数据（表8-4），2015—2020年长江中游地区畜禽粪污排放总量逐年下降，年均粪污排放总量为30 374.2万t，其中畜禽粪便排放量为19 044.2万t，畜禽尿液排放量为11 330.0万t。牛、羊、猪、家禽年均粪便排放量分别为5 250.9万t、1 144.5万t、5 718.2万t、6 930.7万t，牛、猪年均尿液排放量分别为3 161.2万、8 168.8万t。

表8-4　长江中游畜禽粪污排放总量　　　　　　　　　　　　　　　　　单位：万t

年份	粪便排放量					尿液排放量			粪污排放总量
	牛	羊	猪	家禽	年总和	牛	猪	年总和	
2015	6 161.0	1 085.8	6 383.1	6 484.4	20 114.4	3 709.1	9 118.8	12 827.9	32 942.2
2016	5 904.6	1 079.0	6 190.2	6 723.2	19 897.0	3 554.7	8 843.1	12 397.8	32 294.8
2017	4 639.1	1 129.8	6 318.3	6 380.1	18 467.3	2 792.9	9 026.2	11 819.1	30 286.3
2018	4 718.0	1 142.6	6 197.2	6 520.9	18 578.7	2 840.4	8 853.1	11 693.5	30 272.2
2019	4 920.5	1 195.1	4 849.3	7 595.6	18 560.5	2 962.3	6 927.5	9 889.8	28 450.3
2020	5 162.4	1 234.4	4 370.9	7 879.9	18 647.5	3 107.9	6 244.1	9 352.0	27 999.5
年平均	5 250.9	1 144.5	5 718.2	6 930.7	19 044.2	3 161.2	8 168.8	11 330.0	30 374.2

注：数据来源于2016—2021年湖南、湖北、江西省统计年鉴，计算方法参考文献（温鑫，2018）。

第二节　新型材料对土壤中氮磷的固持及氮磷流失靶向控制技术

一、氨氮吸附固持材料的制备及其吸附性能研究

吸附剂吸附是一种有效降低氮磷流失的方法。目前氮的吸附方法可以分为3类：物理法（如反渗透）、化学法（如离子交换）、生物法（如生物脱氮），其中物理法中的离子交换法以及生物法中的硝化反硝化法常用于处理低浓度氨氮。针对氨氮径流流失的问题，研发了基于沸石的氮吸附固持材料，并在实验室通过模拟实验验证了其吸附性能。以大理洱海区域水稻为研究对象，验证了该材料对水稻氮流失控制效果。针对磷流失问题，以农业废弃物为原料，研发了磷高效吸附材料，通过实验室模拟和田间实验对其性能进行了验证。

选取了多种廉价的材料如硅藻土、高岭土、蛭石、麦饭石、沸石，经过初步筛选，发现沸石吸附性能最佳（图8-5），且沸石成本较低，对土壤无危害。沸石本身对氨氮具有一定的吸附性能。据报道，沸石还能改善土壤理化性质，是一种具有很大应用潜力的环保型土壤改良剂。

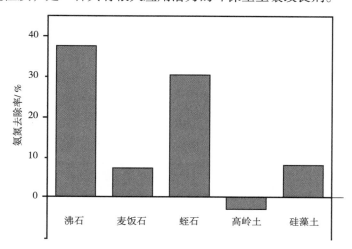

初始氨氮浓度 5 mg/L，40 mL；添加量 0.1 g，吸附12 h。

图8-5　不同基质材料对氨氮的吸附性能

为进一步增加沸石对氨氮的吸附性能，在不过高增加成本的基础上对其进行了改性。如图8-6所示，选取了4种改性方法，其中方法4改性效果显著，氨氮去除率高达70%以上。

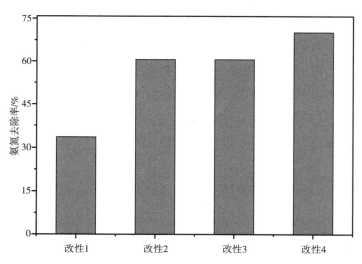

初始氨氮浓度 5 mg/L，40 mL；添加改性沸石 0.1 g，吸附12 h。

图8-6　不同沸石改性方法对氨氮的吸附性能

为进一步优化改性工艺，确定改性参数，对改性剂4进行了优化实验。主要包括改性剂浓度，吸附时间及吸附溶液pH值的影响。如图8-7所示，不同的改性剂浓度对吸附固持材料的吸附性能有较大影响。随着改性剂浓度的增加，氨氮去除率迅速提高，当改性剂用量达到3 mol/L时（即0.7 g/g沸石），其对氨氮的去除效果最佳，进一步提高改性剂用量不再提升其吸附性能。因此，在实际中综合考虑成本及性能等问题，每克沸石可选取改性剂用量0.2～0.7 g。

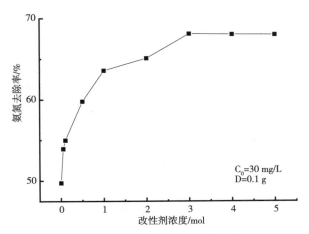

初始氨氮浓度30 mg/L，40 mL；改性沸石用量：0.1 g。

图8-7　不同改性剂浓度对吸附固持材料性能影响

pH值对该材料吸附性能有较大影响。如图8-8所示，过高或过低的pH值环境都不利于氨氮的吸附。在中性环境或偏酸性环境下吸附效率最高。因此，该吸附固持材料特别适用于中性或微酸性土壤中氨氮的吸附。

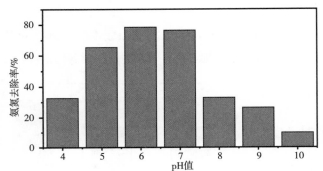

初始氨氮浓度5 mg/L，40 mL；添加量0.1 g，12 h。

图8-8　沸石改性材料在不同pH值环境中对氨氮的吸附性能

该改性材料吸附动力学如图8-9所示。结果显示，2 h即可达到饱和吸附，吸附时间较短。因此，该材料利于实际应用。

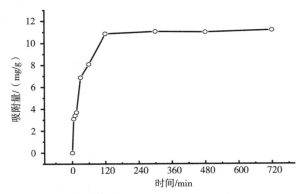

初始氨氮浓度：30 mg/L，40 mL；改性沸石用量：0.1 g。

图8-9　沸石改性材料吸附动力学

综上，通过前期基质材料筛选及吸附性能实验，确定了沸石作为氨氮吸附材料，改性剂浓度控制在 0.2~0.7 g/g，中性及偏酸性环境利于其吸附。改性方法简单，材料成本较低，效果较好，有望进一步在大田应用。

二、磷特异性吸附材料研发

通过混合球磨和热解相结合的方法将富钙生物质废弃物如蛋壳和农作物废弃物水稻秸秆制备成CaO-biochar复合材料。该CaO-biochar复合材料在溶液pH值为5~11范围内均表现出优异的磷酸盐吸附性能，最大吸附容量可达230.1 mg/g。朗格缪尔和准二级动力学对该CaO-biochar复合材料吸附结果拟合良好。热力学分析表明，吸附过程是自发的和吸热的。研发的此新型材料有望应用于土壤磷流失防控中。

（一）材料结构表征

所有富钙生物质炭（E-C）样品和纯生物质炭（BC）的物理性质和主要化学组成如表8-5所示。在化学组成方面，随着原料中蛋壳在材料中质量比的增加，Ca和O元素含量的比例也随之增加，但C元素的比例逐渐减少。在物理性质方面，随着蛋壳质量比的增加，E-C的孔径呈增加趋势。由于蛋壳富含碳酸钙，在高温热解过程中会分解成CaO和CO_2。CO_2的形成可以充当活化剂并且拓宽材料的孔径。此外，在生物质炭中添加蛋壳可以增加生物质炭的比表面积和孔体积。所有E-C材料的表面积和孔体积均高于纯秸秆衍生生物质炭BC的表面积和孔体积。由于较高的CaO含量但较低的C含量，E-C 2∶1的比表面积和孔体积显著低于其他E-C材料。

表8-5　E-C和BC的主要物理性质和化学组成

样品	物理性质			主要化学组成			
	比表面积/（m^2/g）	孔容/（cm^3/g）	孔径/nm	Ca/%	C/%	O/%	H/%
E-C 2∶1	8.30	0.027	13.06	42.17	4.32	25.43	1.68
E-C 1∶1	25.81	0.046	7.14	34.59	5.66	23.91	2.42
E-C 1∶2	25.04	0.039	6.81	25.78	15.53	24.26	2.06
E-C 1∶4	18.90	0.032	6.70	19.48	16.70	15.82	1.85
BC	7.87	0.012	6.40	0.98	46.58	7.59	1.90

（二）材料吸附动力学实验

E-C和BC的吸附动力学拟合结果如图8-10所示。材料在吸附磷酸盐的过程中，在2 h内吸附速率较快，随后吸附速率逐渐减缓，且所有E-C和BC样品约在6 h后逐渐达到吸附平衡。整个吸附过程包括两个不同的步骤：①初始快速吸附过程——磷酸根离子在溶液中快速扩散到吸附剂外表面；②较慢吸附过程——磷酸根离子通过离子扩散，潜入到吸附剂内孔中的Donnan空间。

相应的拟合结果如表8-6所示。E-C的准二级动力学模型的相关系数更高。准二级动力学模型假设吸附质的去除过程受化学吸附控制，化学吸附涉及吸附剂和吸附质交换或共享电子并可形成新化合物的价力。这些结果表明化学吸附是E-C吸附磷酸盐的主要机制，蛋壳引入的Ca^{2+}应与PO_4^{3-}发生了化学反应。另一方面，BC准一级动力学模型的拟合效果更高，BC有限的磷酸盐吸附性能应与物理吸附有关。

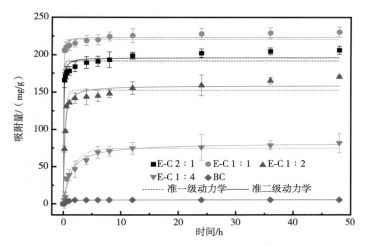

吸附剂的量0.01 g；温度25℃；初始磷酸浓度100 mg/L。

图8-10　E-C和BC的吸附动力学曲线

表8-6　E-C和BC的相关吸附动力学参数

吸附剂	准一级动力学（Pseudo-first-order model）			准二级动力学（Pseudo-second-order model）		
	k_1/h	q_e/（mg/g）	R^2	k_2/[g/(mg·h)]	q_e/（mg/g）	R^2
E-C 2∶1	10.467	191.6	0.962 2	0.124	196.1	0.982 5
E-C 1∶1	15.083	220.5	0.965 7	0.224	223.5	0.993 5
E-C 1∶2	3.460	152.6	0.957 8	0.035	158.8	0.972 7
E-C 1∶4	0.586	74.7	0.951 7	0.010	81.7	0.975 2
BC	1.260	5.2	0.984 6	0.311	5.5	0.957 8

（三）E-C的等温吸附曲线

吸附等温线的拟合结果如图8-11所示，相应的拟合参数列于表8-7中。随着磷酸盐初始浓度的增加，E-C的P吸附容量迅速增加。朗缪尔（Langmuir）模型（$R^2>0.969\,2$）比弗伦德里希（Freundlich）模型的拟合效果更优，表明E-C在吸附过程中的有效吸附表面为单层均质的吸附表面。

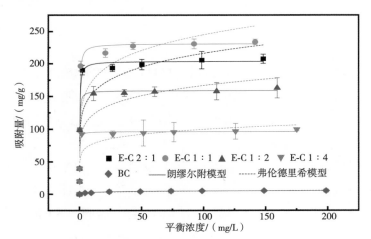

吸附剂添加量0.01 g；温度25℃；时间24 h。

图8-11　E-C和BC的等温吸附曲线

表8-7　E-C和BC的等温吸附曲线的相关拟合参数

吸附剂	朗缪尔附模型（Langmuir model）			弗伦德里希模型（Freundlich model）		
	$K_L/$（L/mg）	$q_{max}/$（mg/g）	R^2	$K_F/$[mg$^{(1-1/n)}$L$^{1/n}$/g]	$1/n$	R^2
E-C 2∶1	3.88	203.9	0.991 5	108.9	0.148 9	0.763 8
E-C 1∶1	3.74	231.1	0.984 4	121.6	0.152 1	0.752 1
E-C 1∶2	5.75	159.1	0.978 7	87.1	0.141 1	0.802 0
E-C 1∶4	8.06	96.4	0.999 9	59.6	0.112 3	0.747 8
BC	0.09	5.6	0.969 2	1.6	0.247 9	0.904 5

从结果可以看出，BC对磷酸盐的吸附能力较弱，吸附能力低至5.58 mg/g，这是因为BC比表面积较低且缺乏金属活性组分。与BC相比，E-C具有更高的磷酸盐吸附性能，这应该是由于蛋壳引入CaCO$_3$后，增加了生物质炭材料的比表面积和Ca^{2+}的负载量。蛋壳与稻草的质量比对制备的E-C吸附磷酸盐具有显著影响，蛋壳与稻草的质量比为1∶1时，E-C表现出最佳的磷酸盐吸附性能，最大吸附量为231.1 mg/g。

1. pH值和磷酸盐形态的影响

图8-12显示了E-C 1∶1在不同初始pH值下的磷酸盐吸附性能，表明E-C在吸附磷酸盐过程中具有很强的pH依赖性。当溶液pH值为1.0时，E-C的磷酸盐吸附量仅为28.4 mg/g，当pH值增加至3.0时吸附量急剧增加至131.5 mg/g。随着pH值进一步升高，当pH值为5.0时，吸附量已高达217.9 mg/g。pH值升至11.0时，E-C的磷酸吸附量增加至251.1 mg/g。因此，制备的E-C材料在弱酸到碱广泛的pH值范围内对磷酸盐均具有较高的吸附能力，这有利于在现实土壤和农田环境中的应用。

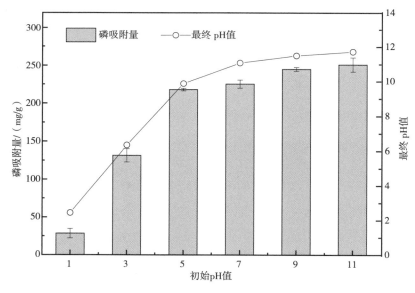

吸附剂添加量0.01 g；温度25℃；时间24 h；磷酸盐初始浓度100 mg/L，下同。

图8-12　不同pH值下E-C 1∶1的磷酸盐吸附量

磷酸盐在不同pH值下的电离平衡也会影响E-C的磷酸盐吸附性能。当pH值在2.13～7.20范围内时，溶液中的主要磷酸盐形式为$H_2PO_4^-$。当pH值在7.20~12.33范围内时，溶液中的主要磷酸盐形式为HPO_4^{2-}。当pH值高于12.33时，溶液中的主要磷酸盐形式为PO_4^{3-}。如图8-13所示，E-C对不同形式磷酸盐的吸附量由大到小的排列顺序为$PO_4^{3-}>HPO_4^{2-}>H_2PO_4^-$。

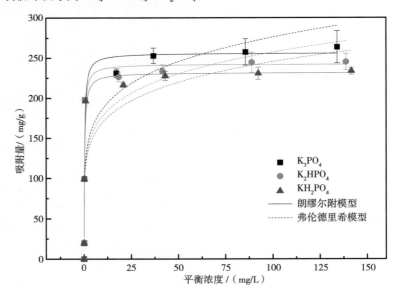

吸附剂添加量0.01 g；温度25℃；时间24 h；磷酸盐初始浓度100 mg/L。

图8-13　不同磷酸盐形态下E-C1：1的磷酸盐吸附量

2. 温度的影响

不同温度下E-C 1：1的磷酸盐吸附动力学曲线如图8-14所示，相应的拟合参数列于表8-8中。可以发现随着温度的升高，E-C的磷吸附性能略有提升。E-C 1：1吸附磷酸盐的热力学分析数据在表8-9中列出，可以发现ΔG^0为负值，表明E-C吸附磷酸盐是自发的。随着温度的升高，ΔG^0的负值更大，说明随着

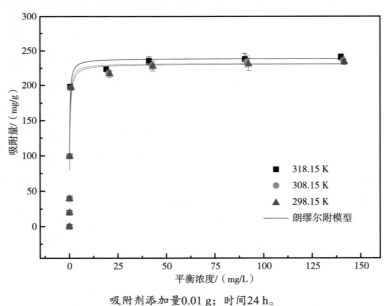

吸附剂添加量0.01 g；时间24 h。

图8-14　不同温度下E-C 1：1的磷酸盐吸附动力学曲线

温度的升高，E-C吸附磷酸盐的自发性逐渐增加。熵变（ΔS^0）为正值，表明在吸附磷酸盐过程中固体/溶液界面的自由度较高。焓变（ΔH^0）也为正值，表明E-C吸附磷酸盐属吸热反应，反应温度的升高可促进吸附反应。

表8-8 不同温度下等温吸附曲线的相关参数

温度/K	朗缪尔吸附模型（Langmuir model）		
	K_L/（L/mg）	q_{max}/（mg/g）	R^2
298.15	3.16	231.76	0.974 7
308.15	3.28	236.03	0.971 0
318.15	3.37	239.81	0.970 0

表8-9 E-C 1：1吸附磷酸盐的热力学参数

温度/K	ΔG^0/（kJ/mol）	ΔS^0/（J/mol·K）	ΔH^0/（kJ/mol）
298.15	-2.85	—	—
308.15	-3.04	16.50	2.06
318.15	-3.18	—	—

3. 不同共存阴离子的影响

如图8-15所示，NO_3^-、HCO_3^-、SO_4^{2-}和Cl^-对E-C 1：1的磷酸盐吸附能力存在不同程度的影响，按照影响由大到小顺序为$HCO_3^->SO_4^{2-}>NO_3^->Cl^-$。其中阴离子$NO_3^-$、$Cl^-$对E-C 1：1磷酸盐的吸附过程影响有限，即使$Cl^-$离子浓度高达1 mol/L，磷酸盐的吸附量仍保持在较高水平。另一方面，HCO_3^-、SO_4^{2-}对EC材料磷酸盐的吸附有显著影响，因为它们可以与Ca^{2+}结合形成不溶或难溶性物质，从而减少吸附材料表面活性位点。

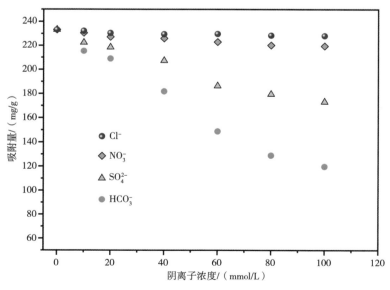

吸附剂添加量0.01 g；温度25 ℃；时间24 h，初始磷酸盐浓度100 mg/L。

图8-15 不同共存阴离子对磷酸盐吸附性能的影响

（四）E-C吸附磷酸盐的机理

为探索E-C吸附磷酸盐的具体机理，本试验分别采用傅里叶红外光谱（FTIR）、X射线衍射（XRD）和扫描电镜（SEM）对E-C磷酸盐吸附前后的具体变化进行了分析。如图8-16所示，FTIR分析显示在吸附之前和之后BC的特征峰没有显著变化。表明BC并没有与磷酸盐发生化学反应。BC较弱的磷吸附性能应与物理吸附有关。可以推测，只有少量的磷被吸附在BC的孔道中。与BC相比，E-C在吸附前后的特征峰发生了明显变化，并且在3 641 cm^{-1}处出现强且窄的-OH峰。在871 cm^{-1}处也观察到新的峰出现。研究表明，这些峰的出现与Ca(OH)$_2$有关。磷吸附后E-C的-OH峰消失，表明-OH基团参与除磷过程。此外，在E-C 1∶1吸附后，在1 024 cm^{-1}处出现了磷酸盐的峰。

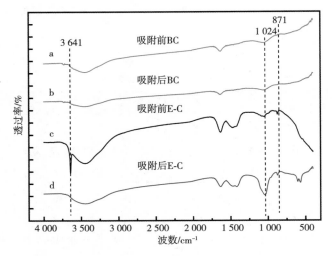

图8-16　E-C1∶1和BC磷酸盐吸附前后的FTIR图示

由图8-17的XRD图可知，E-C在吸附前和吸附后发生了明显变化。吸附前在衍射角为17.88°、28.57°、33.98°、47.04°、50.73°、54.33°处均发现明显的Ca(OH)$_2$（PDF#44-1481）衍射峰，此外在衍射角为32.04°、37.24°、64.09°处发现CaO（PDF#37-1497）的衍射峰。说明蛋壳成功地将钙引入E-C中，并以CaO和Ca(OH)$_2$的形式存在，其中CaO是由蛋壳中的碳酸钙高温热解产生，此外部分CaO与环境的

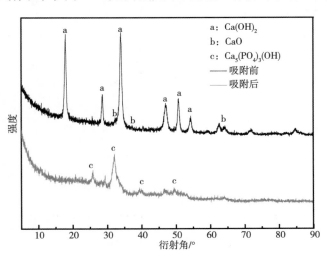

图8-17　E-C磷酸盐吸附前后的XRD图示

H$_2$O发生水合反应从而产生Ca(OH)$_2$。吸附后Ca(OH)$_2$和CaO的衍射峰完全消失，并在衍射角为25.78°、32.08°、39.31°、49.38°出现Ca$_5$(PO$_4$)$_3$(OH)（PDF#09-0432）的衍射峰。说明E-C吸附后磷均以钙磷石的形式存在。

图8-18为E-C吸附磷前后SEM图像的对比图，可以发现E-C的形貌发生明显的变化。吸附前E-C有明显的孔道结构，因为在材料制备过程中，蛋壳中含有的CaCO$_3$受热分解出CO$_2$能够拓宽C材料孔道。此外孔道内分散着细小的纳米颗粒石。通过FTIR、XRD以及SEM图像分析，可以推测E-C的主要吸附机制为Ca^{2+}、OH$^-$与磷酸根结合生成钙磷石沉淀，主要的反应化学式如下：

$$5Ca^{2+}+3PO_4^{3-}+OH^-\rightarrow Ca_5(PO_4)_3(OH)\downarrow$$

$$5Ca^{2+}+3HPO_4^{2-}+4OH^-\rightarrow Ca_5(PO_4)_3(OH)\downarrow +3H_2O$$

$$5Ca^{2+}+3H_2PO_4^-+7OH^-\rightarrow Ca_5(PO_4)_3(OH)\downarrow +6H_2O$$

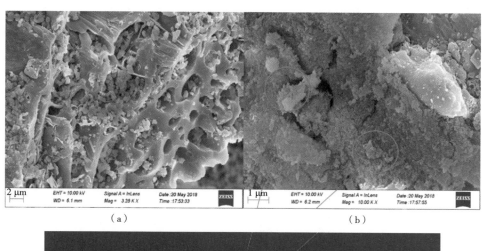

（a）　　　　　　　　　　　　（b）

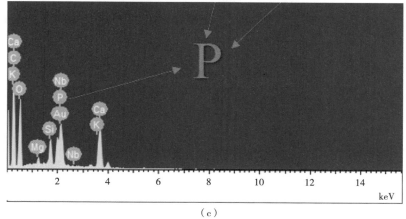

（c）

图8-18　E-C吸附前（a）和E-C吸附后（b）的SEM图以及EDS图（c）

三、吸附固持材料在水稻田氮磷径流流失防控中应用

（一）2018年对径流氮流失防控田间试验

以研发的氮磷吸附固持材料为吸附剂，开展了径流氮流失防控田间试验。

1. 试验设置

本试验以水稻"云粳25号"为研究对象，设置3个施肥试验处理（T1直接施入10 kg，T2间接施入5 kg+5 kg，T3小袋施入10 kg）。在整个水稻生长季，定期监测田间径流中硝态氮、铵态氮、总氮、总磷、可溶性磷浓度，验证氮磷吸附固持材料性能及不同施用方式对吸附固持材料性能的影响。常规施肥氮肥为尿素，磷肥为过磷酸钙，钾肥为氯化钾。尿素424 kg/hm²、过磷酸钙600 kg/hm²、氯化钾150 kg/hm²一次施入。每个处理重复3次。

2. 试验布置

每个试验小区面积为30 m²（6 m×5 m），小区间用水泥砂浆筑埂，埂宽0.24 m，埂高0.2 m，地表面以下筑入1 m。每个径流小区在排水端设径流收集池，径流池容积为4.5 m³（1 m宽×4.5 m长×1 m深），池表面覆盖石棉瓦密封，用以收集径流水，同时在小区与径流池相邻面设置壤中水收集装置用于收集壤中水，每个径流池下埋设排水管，每个小区在地下60 cm处安装淋溶盘用于旱季淋溶液收集。于地下60 cm和30 cm处安装淋溶收集管用于水稻季淋溶液收集。

3. 分析方法

本试验田间管理均采用当地典型的管理模式。通过对农田径流水、淋溶液、壤中流流失量测量，分析水样中TN、NH_4^+、NO_3^-、TP、PO_4^{3-}等含量。同时分别于农作物种前、收后取土壤样，分析pH值和有机质、TN、TP的含量。并测试农作物的产量、生物量以及籽粒和秸秆中的氮、磷含量。

4. 结果与分析

不同吸附固持材料处理方式对水稻产量的影响如图8-19所示。T1、T2、T3的产量分别为659.27 kg/亩、657.88 kg/亩、670.84 kg/亩。表明此氮磷吸附固持材料的施用方式对水稻产量的影响不大，也说明吸附固持材料没有影响水稻产量的副作用。

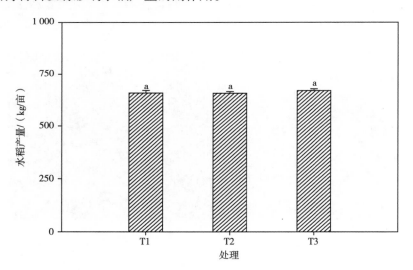

图8-19 不同吸附固持材料处理方式对水稻产量的影响

不同吸附固持材料处理方式对水稻田径流液硝态氮浓度影响分析表明（图8-20），吸附固持材料在不同施用方式下均有较好的效果，径流液中浓度很低。其中T3处理（小袋式）对硝态氮的固持作用较另两者稍差，但其可以重复利用。分两次施用处理（T2）对硝态氮的固持作用最为明显，说明吸附固持材料分次使用可以很好地吸附径流液中的硝态氮。

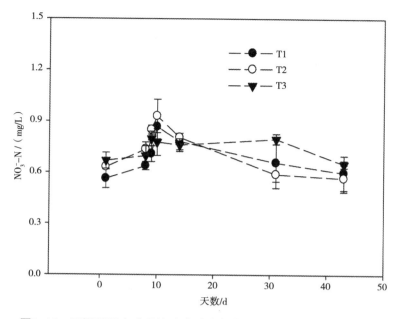

图8-20 不同处理方式径流液中硝态氮含量监测（施入当天计时）

2017年研发的氮高效吸附材料改性沸石田间验证试验结果表明，该材料对于水稻田氮流失具有较好的防控效果，径流液中浓度很低（<0.9 mg/L）。

（二）2019年对径流氮磷流失防控田间试验

基于2018年田间试验结果，设置氮磷吸附固持材料不同用量处理（不添加、小袋施入6 kg、小袋施入12 kg）。在整个水稻生长季，定期监测田间径流中硝态氮、铵态氮、总氮、总磷、可溶性磷浓度，验证氮磷吸附固持材料性能及不同用量对吸附固持材料性能的影响。小区设计与田间布置如图8-21所示。

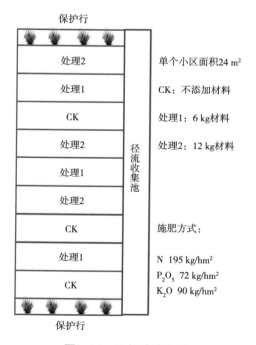

图8-21 田间试验设计

1. 不同处理对水稻产量的影响

不同吸附固持材料用量（CK，不添加氮磷吸附固持材料；处理1，6 kg；处理2，12 kg）对水稻产量的影响如图8-22所示。CK、处理1、处理2产量分别为697.3 kg/亩、673.0 kg/亩、655.67 kg/亩，添加氮磷吸附固持材料后产量略有下降，但差异不显著，说明氮磷吸附固持材料的施用对水稻产量的影响不大，与2018年试验结果一致。

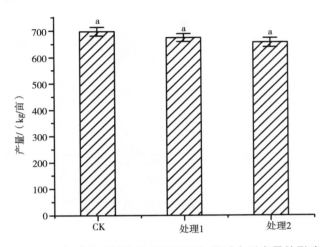

图8-22 氮磷吸附固持材料不同添加量对水稻产量的影响

2. 不同施用量对铵态氮和可溶性磷的影响

2019年水稻生长季共产生4次明显的径流，通过测定径流产生量，及径流液中铵态氮的浓度，计算出水稻生长过程中径流液中总的铵态氮排放量，结果如图8-23所示：与不添加吸附固持材料（CK）相比，处理1、处理2添加量铵态氮排放量分别为6.3 kg/hm²、4.3 kg/hm²，降幅分别为18.18%、44.16%。以上结果说明研发的吸附固持材料能有效降低水稻田排放径流液中铵态氮含量。

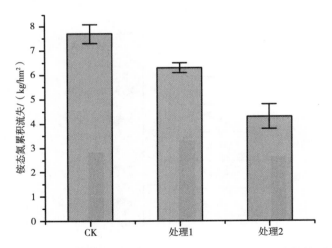

图8-23 不同氮磷吸附固持材料用量对铵态氮累计流失量的影响

不同氮磷吸附固持材料施用量对水稻田径流液可溶性磷的影响如图8-24所示。同铵态氮有所不同，可溶性磷的总流失量较小，且添加氮磷吸附固持材料并未显著降低可溶性磷的流失总量。因此，研发的吸附固持材料对磷效果并不明显。

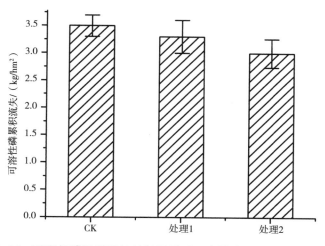

图8-24　不同氮磷吸附固持材料用量对可溶性磷累计流失量的影响

　　连续2年的田间试验证明，研发的袋装吸附固持材料能有效降低径流液中铵态氮含量，但单独使用吸附固持材料对磷的径流流失效果不明显。

（三）2020年氮磷径流流失防控田间试验

　　基于2019年田间试验，2020年开展了新研发蛋壳-秸秆磷吸附材料大田试验。设置不同用量处理（不添加、单独氮吸附固持材料、氮磷混合吸附固持材料）。在整个水稻生长季，定期监测田间径流中硝态氮、铵态氮、总氮、总磷、可溶性磷浓度，验证氮磷混合吸附固持材料性能及不同用量的影响。小区设计与田间布置如图8-25所示。

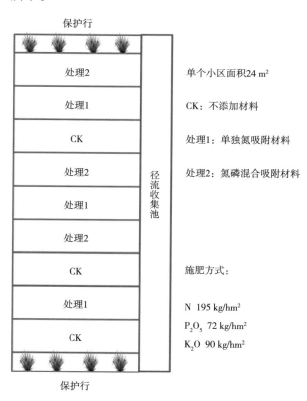

图8-25　田间试验设计情况

从图8-26可以看出，氮磷混合吸附固持材料能显著降低总磷的流失量。不添加任何吸附剂时，总磷流失量达到0.9 kg/hm²，施用研发的氮磷混合吸附固持材料后，总磷的吸附量降低至0.48 kg/hm²，降幅达46.67%。

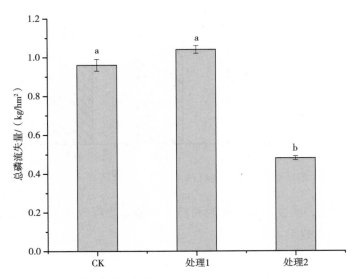

图8-26　氮磷混合吸附固持材料对径流液中总磷的去除效果

以农业废弃物、矿石等为原料，设计合成筛选出3种磷吸附材料和一种氮吸附材料，并揭示了它们物理化学结构、吸附规律、吸附工艺及吸附机理。经EDS检测发现E-C颗粒中Ca元素含量丰富。E-C磷吸附后，其显著的孔道结构、表面和孔道周围出现大量絮状沉淀。经XRD分析结果可以确定这些絮状沉淀为钙磷。3年田间试验验证了它们吸附固持效果及施用时期，铵态氮总排放量平均每年可减少34.8%~56.5%，总磷平均每年减少50%左右；最佳施用时期为施肥后1周。

第三节　中南丘陵旱地农业面源污染防控技术

一、玉米农业面源污染防控关键技术

（一）控释氮肥减量施用技术

玉米种植密度为56 000株/hm²，玉米氮肥常规施用量为240 kg N/hm²，控释尿素减氮10%、20%、30%的尿素，施用量分别为216 kg N/hm²、192 kg N/hm²、168 kg N/hm²。磷肥（P_2O_5）和钾肥（K_2O）施用量均为150 kg/hm²。氮肥按施用量的40%作基肥，30%作苗肥，30%作穗肥（大喇叭口期施）；磷肥全作基肥施用；钾肥按基肥和穗肥（大喇叭口期施）各50%施用。与不施氮肥处理相比，各施氮肥处理的玉米籽粒产量均有提高。与常量施肥处理相比，减氮10%~30%控释尿素后，玉米籽粒产量在前4年基本不受影响（图8-27），第五年，减氮30%处理的籽粒产量显著下降（谢勇等，2016）。

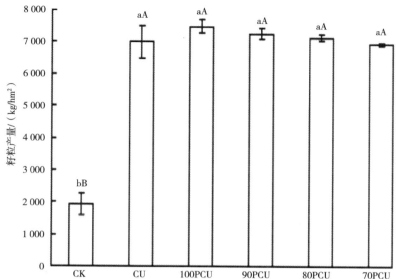

CK. 不施氮肥；CU. 常量普通尿素；100 PCU. 常量控释尿素；90 PCU. 控释尿素减氮10%；
80 PCU. 控释尿素减氮20%；70 PCU. 控释尿素减氮30%。不同小写字母代表处理间差异显著（*P*<0.05），
不同大写字母代表处理间差异极显著（*P*<0.01），下同。

图8-27 控释氮肥减量对玉米产量的影响

控释氮肥处理的氨挥发损失、N_2O-N排放损失、径流损失和渗漏损失量均明显低于常量普通化肥处理（图8-28），氮肥利用率明显提高，氮肥偏生产力增加（表8-10）（Xie et al.，2020）。

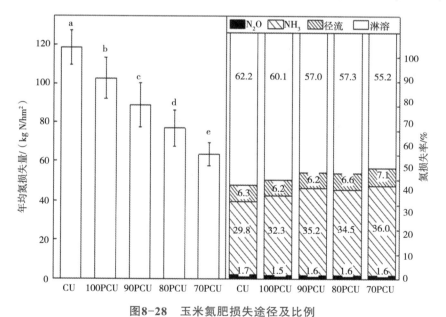

图8-28 玉米氮肥损失途径及比例

表8-10 控释氮肥减量施肥的氮素利用率（NUE）及氮肥偏生产力（PFPN）

处理	NUE/%			PFPN/（kg/kg）		
	2015	2016	2017	2015	2016	2017
常量普通尿素	68.5c	72.4c	67.0c	29.2e	31.2b	29.8c

（续表）

处理	NUE/%			PFPN/（kg/kg）		
	2015	2016	2017	2015	2016	2017
常量控释尿素	82.3bc	79.4b	73.7b	31.2d	32.4b	30.5c
控释尿素减氮10%	89.5b	84.1b	78.2ab	33.6c	34.1b	33.6b
控释尿素减氮20%	95.8ab	84.0b	84.0a	37.1b	37.5a	35.7ab
控释尿素减氮30%	106.5a	92.9a	81.5a	41.3a	40.4a	37.0a

（二）磷肥合理减量技术

玉米种植密度为56 000株/hm²，玉米常规施肥量为240 kg N/hm²、120 kg P₂O₅/hm²、150 kg K₂O/hm²。氮肥按施用量的40%作基肥、30%作苗肥、30%作穗肥（大喇叭口期施）；磷肥全作基肥施用；钾肥按基肥和穗肥（大喇叭口期施）各50%施用。磷肥种类为钙镁磷肥和过磷酸钙，过磷酸钙减量10%、20%、30%的磷肥施用量分别为135 kg P₂O₅/hm²、120 kg P₂O₅/hm²、105 kg P₂O₅/hm²。与常量钙镁磷肥和常量过磷酸钙处理相比，过磷酸钙减量10%～30%后，玉米籽粒产量不受影响（图8-29；龚蓉等，2014）。磷肥减量10%～30%的旱地径流总磷流失量均显著低于常量钙镁磷肥处理和常量过磷酸钙处理，与过磷酸钙常量施肥处理相比，磷肥减量10%～30%减少径流总磷流失13.7%～22.1%；减少总磷渗漏18.4%～31.6%；磷肥利用率明显提高（表8-11，表8-12）（龚蓉等，2014；2015）。

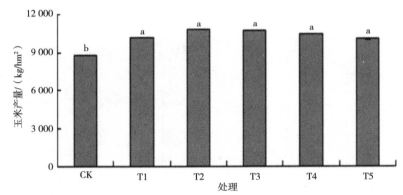

CK. 不施肥；T1. 常量钙镁磷肥；T3. 常量过磷酸钙；T4. 过磷酸钙减量10%；T5. 过磷酸钙减量20%；T6. 过磷酸钙减量30%，下同。

图8-29　磷肥减量施用对玉米产量的影响

表8-11　磷肥减量施用对可溶性磷和颗粒态磷流失及玉米磷利用率的影响

处理	可溶性磷			颗粒态磷			磷肥利用率/%
	流失量/（kg/hm²）	较钙镁磷肥常量施肥/%	较过磷酸钙肥常量施肥/%	流失量/（kg/hm²）	较钙镁磷肥常量施肥/%	较过磷酸钙肥常量施肥/%	
T1	0.16c	-78.68	-78.10	3.04a	6.18	7.08	—
T2	0.75a	—	2.76	2.86ab	—	0.85	9.04b
T3	0.73a	-2.69	—	2.84ab	-0.84	—	9.76b
T4	0.62ab	-17.07	-14.79	2.54ab	-11.35	-10.6	9.89b

（续表）

处理	可溶性磷			颗粒态磷			磷肥利用率/%
	流失量/（kg/hm²）	较钙镁磷肥常量施肥/%	较过磷酸钙肥常量施肥/%	流失量/（kg/hm²）	较钙镁磷肥常量施肥/%	较过磷酸钙肥常量施肥/%	
T5	0.40b	−47.25	−45.8	2.43b	−15.05	−14.33	12.04ab
T6	0.35bc	−53.75	−52.47	2.43b	−15.08	−14.37	13.65a

注：T1. 不施磷肥，T2. 钙镁磷肥常量施肥，T3. 过磷酸钙常量施肥，T4. 过磷酸钙减量10%，T5. 过磷酸钙减量20%，T6. 过磷酸钙减量30%；同列不同小写字母表示处理间差异显著（$P<0.05$），下同。

表8-12　磷肥减量施用对旱地总磷与可溶性磷渗漏流失的影响

处理	总磷/（kg/hm²）	磷肥流失率/%	可溶性磷/（kg/hm²）	磷肥流失率/%
T1	0.87c	−36.03	0.30c	−53.13
T2	2.25a	65.44	0.79a	23.44
T3	1.36b	—	0.64ab	—
T4	1.11bc	−18.38	0.43bc	−32.81
T5	1.06bc	−22.06	0.38c	−40.63
T6	0.93c	−31.62	0.34c	−46.88

（三）有机肥替代化肥与生物质炭利用技术

玉米种植密度为45 000株/hm²。以等氮施用量为基础，兼顾磷、钾养分平衡，施肥量为：240 kg N/hm²、150 kg P₂O₅/hm²、150 kg K₂O/hm²，其中氮肥按总量的30%作基肥，30%作苗肥，40%作穗肥施用；磷肥全部作基肥；钾肥50%作基肥，50%作穗肥。有机肥为猪粪堆肥，含N 12.98 g/kg，P₂O₅ 15.43 g/kg，K₂O 9.14 g/kg，有机无机肥配施为有机肥替代20%化肥。生物质炭以稻壳为原材料制成，施用量为13 500 kg/hm²，有机肥与生物质炭全部作基肥。

与单施化肥处理相比，有机无机肥配施与添加生物质炭可显著增加玉米产量，提高幅度为8.2%～13.7%（图8-30）；显著降低总氮径流流失15.9%～33.3%，显著降低总磷流失24.2%～35.2%（表8-13）；玉米氮肥利用率（NUE）提高了11.1%～22.1%，磷肥料利用率（PUE）提高了2.7%～9.3%（表8-14）（谢勇等，2018）。

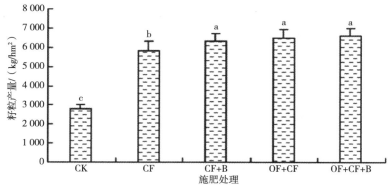

CK. 不施肥；CF. 施纯化肥；CF+B. 化肥+生物质炭；OF+CF. 有机无机肥配施；
OF+CF+B. 有机无机肥配施+生物质炭。

图8-30　生物质炭和有机肥替代化肥对旱地玉米产量的影响

表8-13　生物质炭和有机肥替代化肥对旱地氮素、磷素径流损失的影响　　　　单位：kg/hm²

处理	N			P		
	DN	PN	TN	DP	PP	TP
不施肥	0.7d	0.4d	1.2d	0.015e	0.128d	0.143d
施纯化肥	4.5a	1.8a	6.3a	0.066a	0.426a	0.492a
化肥+生物质炭	3.9b	1.4bc	5.3b	0.060a	0.313b	0.373b
有机无机配施	3.5b	1.7ab	5.2b	0.037c	0.332b	0.369b
有机无机肥配施+生物质炭	2.7c	1.5c	4.2c	0.026d	0.293c	0.319c

表8-14　生物质炭和有机肥替代化肥对旱地玉米肥料利用率和偏生产力的影响

处理	N			P		
	地上部N累积量/（kg/hm²）	NUE/%	PFPN/（kg/kg）	地上部P累积量/（kg/hm²）	PUE/%	PFPP/（kg/kg）
不施肥	37.1d	—	—	8.4d	—	—
施纯化肥	101.9c	27.0c	24.3b	34.0c	17.1b	38.9b
化肥+生物质炭	128.7b	38.1b	26.3a	38.0b	19.8b	42.1a
有机无机配施	139.1b	42.5b	27.0a	36.8bc	18.9b	43.2a
有机无机肥配施+生物质炭	155.0a	49.1a	27.6a	47.9a	26.4a	44.2b

（四）生物拦截与稻草覆盖氮磷径流消减技术

玉米种植密度为56 000株/hm²。氮磷钾化肥施用量分别为：240 kg N/hm²、150 kg P₂O₅/hm²、150 kg K₂O/hm²。氮肥按基肥：苗肥：穗肥为4：3：3比例施用；磷肥全作基肥施用；钾肥按基肥：穗肥为1：1的比例施用。玉米种植季采用秸秆覆盖，稻草收集自附近稻田，自然风干，完好储存，使用时均匀地平铺覆盖在播种区内，用量为5 000 kg/hm²。生物拦截用的大豆选择当地的常规品种，厢边播种在每厢地块的边缘。

与单施化肥且不采取任何拦截或覆盖等原位阻控措施处理相比，厢边种植生物拦截或稻草覆盖措施处理的玉米产量增加18.52%～28.13%（表8-15）（彭辉辉等，2015），玉米粗蛋白含量提高；径流总氮流失量和径流总磷流失量均显著降低，总氮径流流失量减少了23%～62.2%；总磷径流流失量减少了43.9%～54.4%（张宇，2014）；玉米年平均氮肥利用率提高了7.97%～11.24%；磷肥利用率提高了1.75%～2.80%。

表8-15　稻草覆盖与生物拦截对春玉米籽粒产量的影响

处理	穗粒数	百粒重/g	籽粒产量/（kg/hm²）	增产/%
不施肥	468.1d	20.55d	6 127.4d	—
施化肥	558.4c	24.33c	7 044.2c	14.96
施化肥+稻草覆盖	634.5b	25.96b	8 349.0b	36.26
施化肥+生物拦截	663.5b	26.48b	8 795.3ab	43.54
施化肥+稻草覆盖+生物拦截	727.6a	29.32a	9 026.0a	47.31

（五）间套作减污技术

玉米单作的种植条带间距40 cm，株距30 cm。玉米间种的花生、芝麻、大豆采用条带点播种植，玉米与间种作物的面积分布比例均为6∶4，玉米与间作作物条带间距均为40 cm。玉米与甘薯套作，玉米按常规栽培，适时将甘薯苗移栽至玉米条带间，相邻甘薯条带间距为45 cm。单作、间作、套作各处理氮磷钾施用以作物各自常规施肥量为准，玉米施N、P_2O_5、K_2O分别为240 kg/hm^2、120 kg/hm^2、150 kg/hm^2，氮肥按总N量的40%作基肥，30%作苗肥，30%作穗肥（玉米大喇叭口期施）；磷肥全作基肥施用；钾肥按总K_2O量的50%作基肥，50%作穗肥。间种作物芝麻施N、P_2O_5、K_2O分别为120 kg/hm^2、45 kg/hm^2、75 kg/hm^2，氮肥按总N量的50%作基肥，20%作苗肥，30%作初花期追肥；磷肥全作基肥施用；钾肥按总K_2O量的70%作基肥，30%作初花期追肥。间种作物花生施N、P_2O_5、K_2O分别为67 kg/hm^2、60 kg/hm^2、45 kg/hm^2，氮肥按总N量的60%作基肥，40%作花期追肥；磷钾肥全作基肥施用。间种作物大豆施N、P_2O_5、K_2O分别为70 kg/hm^2、65 kg/hm^2、50 kg/hm^2，氮肥按总N量的60%作基肥，40%作花期追肥；磷、钾肥全作基肥施用。套作作物甘薯不施肥。施肥方式采用沟施，不同作物分施。旱地玉米不同间（套）作模式对地表氮磷流失的拦截效应明显，尤其以玉米间作大豆和玉米套作甘薯效果最好，径流总氮流失分别减少40.67%和38.07%（图8-31），总磷流失分别减少38.94%和31.75%（图8-32）；等面积的玉米产量分别较玉米单作增产24.3%和17.4%，玉米套甘薯模式经济纯收入提高98.1%（表8-16）（陈红日等，2018）。

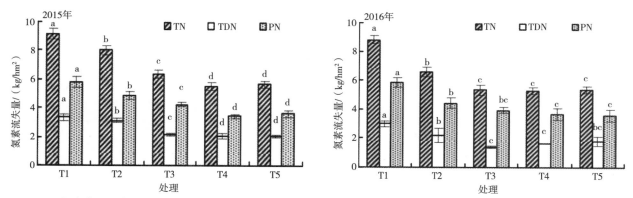

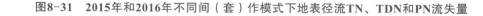

T1. 玉米单作；T2. 玉米与芝麻间作；T3. 玉米与花生间作；T4. 玉米与大豆间作；T5. 玉米与甘薯套作。

图8-31　2015年和2016年不同间（套）作模式下地表径流TN、TDN和PN流失量

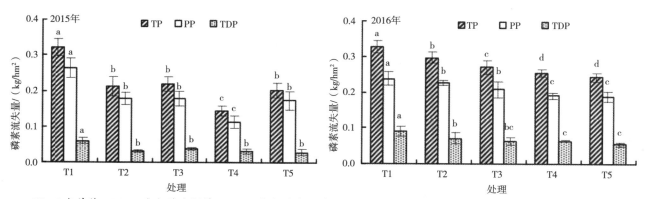

T1. 玉米单作；T2. 玉米与芝麻间作；T3. 玉米与花生间作；T4. 玉米与大豆间作；T5. 玉米与甘薯套作。

图8-32　2015年和2016年不同间（套）作模式下地表径流TP、TDP和PP流失量

表8-16　不同间（套）作模式下的作物生产成本及经济效益　　　　　　　　　单位：元/hm²

处理	作物单位面积产值		实际总产值	人工费用	物资费用	生产成本	纯收入
	玉米	间（套）作物					
玉米单作	18 450.9	—	18 450.9	5 400	4 500	9 900	8 550.9
玉米与芝麻间作	11 271.5	7 068.9	18 340.4	6 300	4 650	10 950	7 390.4
玉米与花生间作	12 378.1	8 925.1	21 303.2	7 200	5 400	12 600	8 703.2
玉米与大豆间作	13 762.9	7 305.0	21 067.9	6 300	5 400	11 700	9 367.9
玉米与甘薯套作	21 656.6	19 280	40 936.6	18 000	6 000	24 000	16 936.6

二、茶园面源污染防控技术

（一）合理减量施肥

与常规施肥处理相比，氮磷肥减量10%～30%。采用穴施或条施，在两茶行中间距根部20 cm处施肥，施肥深度5～15 cm，施肥后立即均匀覆土。茶叶稳产，总氮损失量分别减少52.42%、78.41%、82.82%，总磷损失量分别减少47.37%、76.32%、81.58%（表8-17）。

表8-17　合理减量施肥对地表总氮、总磷径流损失的影响

处理	总氮径流损失量/（kg/hm²）	比常规施肥减少/%	总磷径流损失量/（kg/hm²）	比常规施肥减少/%
常规施肥	2.27	—	0.38	—
氮磷肥减量10%	1.08	52.42	0.20	47.37
氮磷肥减量20%	0.49	78.41	0.09	76.32
氮磷肥减量30%	0.39	82.82	0.07	81.58

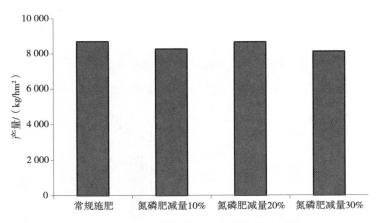

图8-33　合理减量施肥对茶叶产量的影响

（二）有机肥替代化肥与覆盖

有机肥替代10%化学氮肥和10%化学磷肥。茶叶产量平均提高9.23%和10.05%，地表径流总量平均降低0.83%和6.82%，氮素径流损失平均减少12.3%和21.5%，磷素径流损失平均减少20.02%和29.56%（表8-18，表8-19）。

表8-18 有机肥替代化肥与覆盖对茶叶产量的影响

处理	茶叶产量/（kg/hm²）				与T1相比增产/%
	2014年	2015年	2016年	平均	
T1	1 663.1	856.4	966.5	1 162.0	—
T2	1 664.3	937.1	1 206.5	1 269.3	9.23
T3	1 700.7	1 038.3	1 464.5	1 401.2	20.58
T4	1 669.7	992.6	1 174.0	1 278.8	10.05
T5	1 706.0	1 098.1	1 379.0	1 394.4	20.00

注：T1.农民习惯施肥，T2.有机肥替代10%化学氮肥；T3.有机肥替代10%化学氮肥+稻草覆盖；T4.有机肥替代10%化学磷肥；T5.有机肥替代10%化学磷肥+稻草覆盖，下同。

表8-19 有机肥替代化肥与覆盖对地表径流总量的影响（3—10月）

处理	年径流总量/（m³/hm²）				比T1减少/%
	2014年	2015年	2016年	年均流失量	
T1	1 393.5	1 809.5	1 752.8	1 651.9	—
T2	1 383.6	1 684.8	1 846.3	1 638.2	0.83
T3	1 256.1	1 381.3	1 116.1	1 251.2	24.26
T4	1 377.9	1 554.2	1 685.6	1 539.2	6.82
T5	1 256.9	1 430.9	615.4	1 101.1	33.35

有机肥替代10%化学氮肥和10%化学磷肥，并添加稻草覆盖，添加量为15 000 kg/hm²。茶叶产量分别平均提高20.58%和20.00%，地表径流总量分别平均降低24.26%和33.35%，氮素径流损失分别平均减少42.07%和61.90%，磷素径流损失分别平均减少49.49%和59.14%（图8-34，表8-20）。

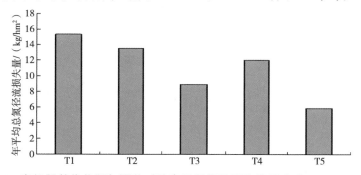

图8-34 有机肥替代化肥与覆盖对地表总氮径流损失的影响（2013—2016年）

表8-20 有机肥替代化肥与覆盖对地表总磷径流损失的影响

处理	总磷径流损失量/（kg/hm²）				与T1相比减少/%
	2014年	2015年	2016年	3年平均	
T1	1.12	1.94	1.36	1.47	—
T2	1.09	1.32	1.12	1.18	20.02
T3	0.97	0.65	0.61	0.74	49.49
T4	1.11	1.01	0.99	1.04	29.56
T5	0.97	0.57	0.26	0.60	59.14

（三）模式集成

将配方施肥、控释氮肥减量、有机肥替代、稻草覆盖、太阳能诱捕杀虫灯和依赖植物的益虫保护等技术进行集成，综合防控农业面源污染。地表总径流流失量减少39.1%，地表径流液中总氮浓度降低了8.38%，总磷浓度降低了6.89%（图8-35，图8-36）。年平均地表径流损失的总氮减少44.2%，总磷减少43.3%（图8-37）。

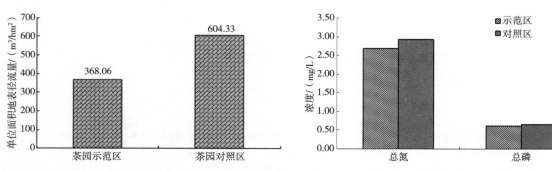

图8-35 单位面积示范区与对照区地表总径流流失量 　图8-36 示范区与对照区地表径流液中总氮、总磷平均浓度（2013—2016年）

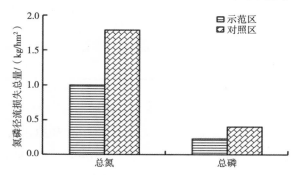

图8-37 示范区与对照区地表径流总氮、总磷损失量（2013—2016年）

第四节 稻田面源污染防控技术

一、稻–稻面源污染周年全程综合防治技术

（一）氮磷和农药污染周年原位阻控

1.品种选择

选择产量高、抗性强且生育期搭配适宜的高效利用氮磷的早晚稻品种（组合），如早稻品种可选用陵两优268和金优402；晚稻品种可选用泰优390和龙香24。

2.机插一次性深施肥减排

机插秧采用机插同步一次性机械深施化肥，条施，施肥深度为5~8 cm，化肥用量为早稻105~120 kg N/hm²、40.5~45 kg P_2O_5/hm²、90 kg K_2O/hm²，晚稻120~135 kg N/hm²、32.5~36 kg P_2O_5/hm²、90 kg K_2O/hm²，其中缓控释氮占比20%。人工移栽和抛秧，化肥全作基肥，施用量为早稻

90 ~ 120 kg N/hm^2（控释尿素）、45 kg P$_2$O$_5$/hm^2、90 kg K$_2$O/hm^2，晚稻120 ~ 150 kg N/hm^2（控释尿素）、36 kg P$_2$O$_5$/hm^2、90 kg K$_2$O/hm^2（彭建伟等，2021；韩永亮等，2022；王术平等，2021；Hou et al.，2021）。

3. 绿色防控与农残降解

放性诱剂防治二化螟和稻纵卷叶螟，分蘖期前每亩安装1个。每30 ~ 50亩安装1个频振式太阳能杀虫灯诱蛾。采用飞防技术，添加助剂，实现统防统治。施用微生物降解菌剂、活性炭、有机肥、深翻和放养蚯蚓等吸附和降解环境中残留的农药。早晚稻飞防方案见表8-21。

表8-21　水稻病虫草害统防统治飞防方案

	防治时间	防治对象	防治药剂（飞防专用药剂）	备注
早稻	移栽后7 ~ 10 d 除草	稗草、千金子、鸭舌草	10%吡嘧磺隆（10 g）+30%氰氟草酯（100 mL）	稻瘟病老病区加75%三环唑（20 g）
	5月中下旬	二化螟、纹枯病，兼防稻（水）象甲	6%阿维·茚虫威（50 mL）+30%己唑醇（100 mL）	
	6月中下旬	稻纵卷叶螟、二化螟、稻飞虱、纹枯病、稻瘟病	10%四氯虫酰胺（40 mL）+32.5%苯甲·嘧菌酯（20 mL）+48%吡虫啉（40 g）	
晚稻	移栽后7 ~ 10 d 除草	稗草、千金子、鸭舌草	10%吡嘧磺隆（10 g）+30%氰氟草酯（100 mL）	
	分蘖初期	稻纵卷叶螟、二化螟、稻飞虱、纹枯病、稻瘟病	5%丁虫腈（40 mL）+25%嘧菌酯（20 mL）+20%噻虫胺（40 g）	
	分蘖末期	稻纵卷叶螟、二化螟、稻飞虱、纹枯病、稻瘟病	20%氯虫苯甲酰胺（40 mL）+45%戊唑醇·咪鲜胺（80 mL）+25%吡蚜酮（40 g）	
	孕穗末期	稻纵卷叶螟、二化螟、稻飞虱、纹枯病、稻瘟病、稻曲病	5.7%甲维盐（20 g）+52.5%丙环唑·三环唑（80 mL）+80%烯啶·吡蚜酮（20 g）	

注：飞防药剂另加专用的飞防助剂易滴滴A+D或航化宝，部分田块加入激健减少农药使用量。

4. 冬闲期绿肥固持减排

在9月下旬至10月上旬每亩撒播紫云英0.8 kg和黑麦草1.2 kg。开沟排水，生长期内不施肥。早稻移栽前10 d左右，翻压绿肥。

（二）稻秸资源化利用

直接还田，早稻秸秆全量还田，配施30 kg/hm^{2}的快腐菌剂；晚稻收割留高茬还田。间接还田，包括堆沤还田、过腹还田、基质化还田、沼气发酵还田等。

（三）面源污染物多级拦截和景观湿地消纳

1. 面源污染物多级拦截

在稻田排水口，构建1个长宽高约1.5 m×1 m×0.3 m的渗漏坝，坝体内装填改性吸附材料，材料达到吸附平衡后取出作为土壤改良剂还田。在成片稻田排水口下方，按占稻田面积0.3% ~ 0.5%设置小型人工湿地，种植绿狐尾藻和梭鱼草。将稻田小流域周围原有排水沟改造为宽200 ~ 250 cm，底宽100 ~ 150 cm，深80 ~ 100 cm的生态沟。生态沟内一般每间隔30 ~ 50 m设置一个挡水坎。沟渠前端种植梭鱼草，后端种植绿狐尾藻，种植面积比为1:（3 ~ 5）。生态沟渠末端构建一个长宽高约1.5 m×1 m×0.3 m的拦截坝，其填料装填方式同上述渗漏坝，在拦截坝中间距沟岸0.8 ~ 1 m处设一个高约50 cm的泄洪坝（文炯等，2019；田昌等，2020；He et al.，2021）。

2. 末端景观湿地消纳

末端景观湿地分为浅水植物区和深水浮床区。浅水植物区<0.5 m段，主要种植美人蕉、再力花、水竹等水生植物；水深0.5～1 m段主要种植绿狐尾藻和大漂；深水浮床区水深>1 m，常用浮床水生植物为睡莲、花莲和鸢尾。在景观湿地中施用高效脱氮微生物菌剂，接种比例是景观湿地体积的5‰。

（四）模式效果

示范小流域末端与对照小流域末端相比：总氮、总磷平均浓度分别降低了54.69%和58.73%，对照区和示范区农田总氮流失量分别为9.04 kg/hm²和4.20 kg/hm²，总磷流失量分别为2.33 kg/hm²和0.98 kg/hm²，总氮、总磷分别综合减排53.62%和57.75%（图8-38）。

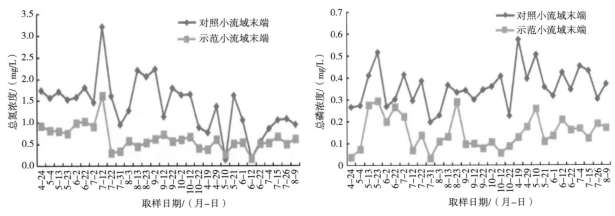

图8-38　流域内不同模式氮磷减排效果

二、稻-油面源污染周年全程综合防治技术模式

（一）氮磷和农药污染周年原位阻控

1. 水稻季

（1）优化品种。选择高产稳产优质多抗水稻品种的同时，优先选择氮或（和）磷高效品种，在江汉平原稻区可选择荃优丝苗、荃优822、徽两优898、黄华占、欣两优2172等（钱银飞等，2020）。

（2）优化管水。田埂高出田面25～30 cm，宽35～45 cm，移栽后泡田水深5～10 cm（图8-39）。全生育期浅水勤灌。强降雨排水扩容，雨后延迟2～3 d排水。晒田和收获之前采取自然落干方式。

图8-39　水稻移栽后保持5～10 cm水深泡田

（3）优化施肥。稻谷产量低于7 500 kg/hm²时，肥料氮（N，下同）、磷（P₂O₅，下同）限量分别为150 kg/hm²、45 kg/hm²；介于7 500～9 000 kg/hm²时，肥料氮、磷限量分别为180 kg/hm²和60 kg/hm²；高于9 000 kg/hm²时，肥料氮、磷限量分别为210 kg/hm²和67.5 kg/hm²。施缓控释氮肥时，氮肥限量标准下调10%～15%；选择"商品有机肥+化肥"模式时，有机肥用量以磷为基础计算，氮磷投入总量不超过限量标准。"复混肥+尿素"施肥模式的氮肥分配选用基肥、分蘖肥和穗肥"4-2-4"分配，施缓控释氮肥时选用"6-0-4"或"7-0-3"分配。不具备"侧深施肥"条件的产区，采用"先施肥、后灌水"的施肥方式（钱银飞等，2019；彭春瑞等，2020；彭春瑞，2020）。

（4）优化用药。选用高效低毒低残留农药。农药替代集成度较高地区，用药量减少30%～40%。植保无人机超低容量喷雾，避免雨前施药。田埂种植香根草、绿豆、芝麻等功能植物，香根草丛间距3～5 m，行间距不大于60 m，每丛5～10株；安插性诱剂等理化装置诱杀害虫，每亩1个性诱剂诱捕器（图8-40）。

图8-40　水稻无人机施药和物理装置诱杀害虫

（5）优化农田生态环境。农药、肥料等农资的包装废弃物（如塑料瓶、塑料袋）、塑料秧盘等分类回收。

2.油菜季

（1）优化品种。选择高产稳产、耐渍多抗、耐密植迟播的中早熟优质油菜品种，如华油杂9号、中油杂19等华油、中油系列优质品种。

（2）优化种植。10月上旬播种，机播用种量3.75 kg/hm²，每推迟5～10 d，播种量增加0.75 kg/hm²；人工撒播或免耕播种可适当增加用种量，总量控制在7.5 kg/hm²以内，成苗密度不超过75万株/hm²。

（3）优化施肥。产量低于2 250 kg/hm²时，肥料氮、磷限量分别为150 kg N/hm²、75 kg P₂O₅/hm²；2 250～3 000 kg/hm²时，氮、磷限量165 kg N/hm²和82.5 kg P₂O₅/hm²；高于3 000 kg/hm²时，氮、磷限量180 kg N/hm²和90 kg P₂O₅/hm²。施缓控释氮肥时，氮肥限量下调10%～15%；施有机肥时，有机肥用量以磷为基础计算，氮磷投入总量不超过建议限量标准。"种肥同播、一次基肥"模式可选用26-12-7或相近含量的含镁硼缓控释复混肥，株距25～28 cm，种肥间距12.5～14 cm，施肥深度8～10 cm；旋耕飞播或人工播种时，推荐"基肥为主、一次追肥"模式，可选用18-14-5或相近含量的含镁硼复混肥，避雨施肥。

（4）优化用药。选用高效低毒低残留农药。在农药替代集成度较高的地区，用药量减少40%，并用助剂增效。无人机超低容量喷雾，避免雨前施药。根据农田布局，在田埂、沟埂、渠埂因地制宜种植豆类等显花作物。

（5）优化农田生态环境。农药、肥料等农资的包装废弃物（如塑料瓶、塑料袋）、塑料秧盘等，分类回收。

（二）过程拦截

1. 生态沟渠水循环再利用

建立田面平整、沟渠网格化的生产单元，完善"排-灌"体系和配套泵站、闸门建设。雨季将沟（塘）、总排水口调控点的水闸调至最高安全水位，利用沟（塘）拦蓄稻田排水；旱季优先利用沟（塘）存水灌溉；汛期非排涝必须不对外排水，实现一定区域内水循环利用（图8-41）。

图8-41　沟渠水循环利用

2. 生态沟渠拦截

因地制宜建设生态沟渠（图8-42），以保护当地沟渠天然水生动植物为主，沟内适度种植蒲草、水芹等水生植物；根据输移沟渠长度、坡度，酌情分段设置小型拦截坝。在稻-油连片区，可因地制宜配置20%左右稻-虾模式或水产池塘养殖模式，提高区域沟渠水的再利用率。

图8-42　生态沟渠拦截农田排水氮磷

（三）模式效果

对照示范区油菜季常规区产量为2 377 kg/hm²，综合技术示范区产量为2 657 kg/hm²，增产11.8%；水稻季常规区产量为10 467 kg/hm²，综合技术示范区产量为10 454 kg/hm²，与常规区基本持平。油菜季氮、磷地表径流流失量分别比对照区降低了47.4%和27.7%，多种相关农残未检出，农沟和斗渠均无外排水，农田地表径流水100%实现了循环利用；水稻季水、氮、磷、农残流失量分别比对照区降低了8.68%、44.6%、33.4%和57.7%，稻田土壤农残降低47.9%，农田地表径流水总体循环利用率为42.7%。稻-油示范区氮、磷和农药周年负荷分别消减45.7%、32.5%和57.7%，稻田土壤农残降低47.9%，地表径流水总体循环利用率达到56.8%。具体实施防治技术模式见图8-43、图8-44、图8-45。

图8-43　江汉平原水稻-油菜轮作制面源污染综合防治技术模式（水稻）

图8-44　江汉平原水稻-油菜轮作制面源污染综合防治技术模式（油菜）

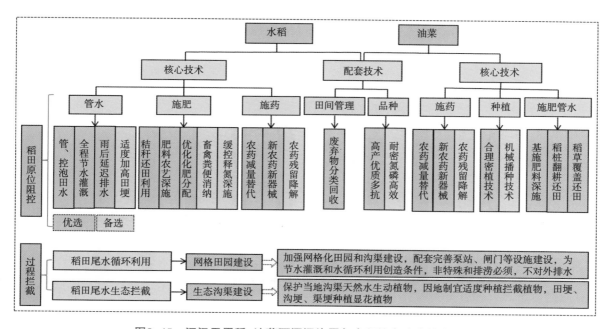

图8-45　江汉平原稻-油菜面源污染周年全程综合防治技术模式

三、稻-稻-油面源污染周年全程综合防治技术模式

(一)氮磷和农药污染周年原位阻控

1. 选用良种和优化配置

采用"早稻抛秧-晚稻抛秧-油菜直播"的种植方式。选用优质、丰产稳产、耐低氮低磷且氮磷利用率高、抗性强的品种或组合,特别是生育期能满足稻-稻-油三熟制的需求,要求三季作物的生育期在(400±5)d为宜,其中双季稻两季全生育期宜在(215±5)d,油菜生育期不超过185 d(表8-22、图8-46、图8-47)。在品种配置上,油菜尽量选用生育期短的早熟品种,而双季稻在生育期限值范围内,早稻应尽量选用生期短些的品种,晚稻尽量选用生育期长些的品种,一般生育期≤105 d的特早熟或早熟早稻搭配生育期(115±5)d的中熟晚稻较好。如"湘早籼45(早稻)+美香占2号(晚稻)+阳光131(油菜)"。

表8-22 稻-稻-油三熟制不同品种搭配模式产量

模式	总生育期/d	油菜产量/(kg/hm²)	早稻产量/(kg/hm²)	晚稻产量/(kg/hm²)	周年总产量/(kg/hm²)
A1B1C1	399	3 020.25 ± 181.8	6 231.3 ± 336.45	6 468.9 ± 310.57	15 720.45 ± 828.82^{bB}
A1B1C2	405	2 946 ± 134.4	6 232.5 ± 321	6 904.5 ± 287.92	16 083 ± 743.32^{aA}
A1B2C1	404	2 908.05 ± 171.3	5 800.5 ± 250.95	6 501.9 ± 300.67	15 210.45 ± 722.92^{cC}
A1B2C2	410	2 932.4 ± 142.8	6 234.6 ± 187.5	6 406 ± 275.3▲	15 573 ± 605.6▲
A2B1C1	404	2 812.8 ± 68.7	6 276.6 ± 276.3	6 575.55 ± 396.1	15 664.95 ± 741.1^{bB}
A2B1C2	410	2 784.5 ± 102.5	6 392.1 ± 186.5	6 850.9 ± 312.1▲	16 027.5 ± 601.1▲
A2B2C1	409	2 765.4 ± 134.2	5 934.5 ± 215	6 455.05 ± 245.8▲	15 154.95 ± 595▲
A2B2C2	415	2 854.5 ± 155.3	5 763.5 ± 224.5	6 899.5 ± 292.4▲	15 517.5 ± 672.2▲
A0B0C0	399	2 568 ± 85.05	4 654.5 ± 234.6	5 062.8 ± 229.49	12 285.3 ± 549.14^{dD}

注:油菜.A0(湘油13)、A1(阳光131)、A2(丰油730);早稻.B0(红星丝苗)、B1(湘早籼45)、B2(安育早1号);晚稻.C0(国香粘)、C1(万象优337)、C2(美香占2号)。▲表示未能正常成熟,不同大写字母表示差异达极显著(P<0.01),不同小写字母表示差异显著(P<0.05)。

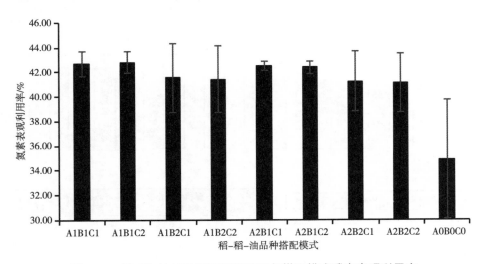

图8-46 稻-稻-油三熟制不同品种周年搭配模式磷素表观利用率

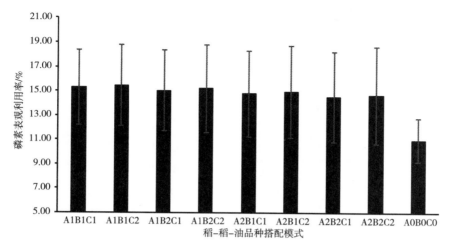

图8-47　稻-稻-油三熟制不同品种周年搭配模式磷素表观利用率

2. 壮秧增密节肥栽培

采用塑盘湿润育秧方式培育适龄水稻壮秧，主要技术要点：一是早稻秧龄不超过30 d，晚稻秧龄不超过20 d；二是要在施足基肥的基础上，在抛秧前3～5 d喷施尿素和氯化钾各8～10 g/m²秧畦作"送嫁肥"；三是适当化控，用100 mg/kg的烯效唑溶液浸种6～8 h，二晚若秧龄超过15 d，在一叶一心期还可喷施浓度150 mg/kg多效唑溶液150 g/m²秧畦；四是实行旱育，除出苗期保持沟中有水外，出苗后排干沟中水，实行旱育，秧苗不卷叶不浇水。种植时要适度密植，其中，水稻抛秧密度应增加20%～30%，以早稻36万～39万穴/hm²、晚稻30万～33万穴/hm²为宜（图8-48）；油菜直播应增加25%～35%播种量，以4.5～6.0 kg/hm²为宜。

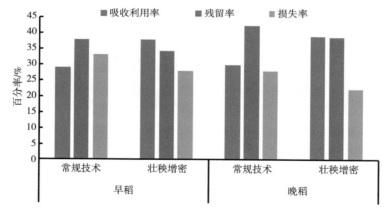

图8-48　水稻壮秧增密栽培的养分利用状况

3. 优化施肥

稻-稻-油三季的总施肥量以450～480 kg N/hm²、225～240 kg P_2O_5/hm²、450～480 kg K_2O/hm²为宜，并用有机肥和缓控释肥替代部分化肥，有机肥和缓控释氮的替代比例早稻分别为20%～30%和15%～25%，晚稻分别为20%～30%和25%～35%、油菜分别为15%～25%和35%～45%，依据养分的流失特征和后效优化肥料的周年运筹，适当降低早稻季的施肥比重，增加油菜季和晚稻季的施肥比重。早稻：晚稻：油菜三季的周年氮磷钾施肥比例以（26～28）：（36～38）：（35～37），推荐施肥比例为26.5-37-36.5或31.5-32-36.5（图8-49）。

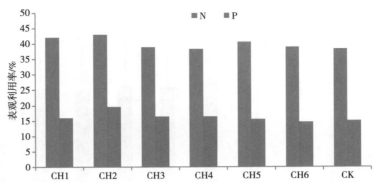

稻-稻-油氮磷肥施用比例为26.5-37-36.5（CH1）、31.5-32-36.5（CH2）、36.5-32-31.5（CH3）、
36.5-37-26.5（CH4）、26.5-42-31.5（CH5）、31.5-42-26.5（CH6）、31.5-37-31.5（CK）。

图8-49 不同处理的氮磷周年利用率

4. 绿色防控与农残降解

通过农艺、物理、化学、生物等方式，采用种植抗病虫品种、每公顷安装一盏频振杀虫灯、田间每100 m²布置1个昆虫性引诱剂器皿（图8-50），在田埂上、机耕稻两边、边角地种植香根草引诱水稻害虫在上产卵，然后集中灭杀，减少稻田虫害。

图8-50 杀虫灯杀虫-香根草诱虫-引诱剂诱虫

（二）稻秸多途径还田

1. 直接还田

水稻和油菜的秸秆在机械收割后直接还田，留茬高度≤15 cm为宜，秸秆粉碎长度≤5 cm为佳，全量还田需增施促进腐熟的菌剂15～30 kg/hm²。早稻田在油菜收后立即用旋耕机干耕一遍再灌水泡田1～2 d，然后旋耕耙平；晚稻田在早稻收割后，机深翻并旋耕后灌水泡田1～2 d，再旋耕耙平。油菜田在晚稻收割后用旋耕机旋耕灭茬后播种，然后开沟覆土，或用旋耕施肥播种联合播种机，一次性完成旋耕、灭茬、开沟、起垄、施肥、播种工序（倪国荣等，2020）。

2. 间接还田

对秸秆量大而全量直接还田难以实施的地区或季节，或由于养畜、基质利用、生产有机肥等需要利用秸秆的，可将部分秸秆利用后再还田，实现间接还田。常见的间接还田方式有堆沤还田、过腹还田、基质化还田（图8-51）、沼气发酵还田（图8-52）等。

图8-51 稻秸种植大菇盖菌后基质还田

图8-52 稻秸产沼气后的沼渣再与稻秸制作有机肥还田

（三）面源污染物多级拦截

1. 面源污染物多级拦截

对沟宽小于0.5 m稻田排水沟一般只要清淤就行；而对沟宽0.5~2.0 m的汇水排水沟，则一般只要适当清淤加固渠埂，并对水流较急的沟渠每隔50~100 m建一个水闸以延长滞水时间；而对沟宽2.0~5.0 m的大型排水沟渠和沟宽大于5.0 m的特大型排水沟，渠体两侧原本稳定则进行清淤就行，而对两侧崩塌严重的沟渠，进行削坡升级作业，加固边坡。沟渠宽≤0.5 m的沟底种植株型较小的水生植物，如狐尾藻、鸢尾、水芹、香蒲、水葱等，沟两岸可种植百喜草、画眉草、黑麦草等根系发达、株高较矮的草本植物。在沟渠宽0.5~2.0 m的沟底除可种植上述植株较小的水生植物外还可搭配梭鱼草、茭白、莲藕等植株较大的水生植物，沟渠两侧壁和沟两岸可选择百喜草、黑麦草等矮秆植物，两岸也可种植大豆、油菜等作物。沟渠宽2.0~5.0 m的沟底、两侧壁和两岸种植植物同0.5~2.0 m宽沟渠，但沟两岸还可选择一些果树或灌木。沟渠宽>5.0 m的除可选择同2.0~5.0 m宽沟渠的植物外，还可根据水深选择一些适宜的浮水植物和沉水植物，如睡莲、芡实、浮萍、水浮莲、黑叶轮藻、伊乐藻等。

2. 末端景观湿地消纳

因地制宜利用现有塘堰构建湿地，在没有塘堰湿地的稻田，可结合高标准农田建设按稻田面积0.5%~1.0%的标准在低洼处或汇水区建设人工塘堰。塘堰改造过程中，要对塘堰进行清淤和对塘岸修补加固，同时，对正常水深小于0.3 m的浅水塘堰或塘堰周边浅滩湿地可挖些S形或回形沟，增加蜿蜒度，延长污水滞留时间；新建人工塘堰则要根据地形、大小因地制宜进行建设，小型塘堰一般平底，大型塘堰一般周边浅，中间深，并视水深考虑是否开"S"形或回形沟。塘堰边岸平原区可选择乔木或灌木或果树，也可乔、灌（果）、草相间种植，丘陵山区可选择草本或农作物；"S"形或回形沟垄上可选择香根草等草本植物，沟中则以香蒲、灯芯草、茭白、梭鱼草等挺水植物为主；其他水深小于1 m的浅水区一般以挺水植物和芡实、浮萍、水浮莲等浮水植物为主，而水深大于1 m的深水区则一般用金鱼藻、黑叶轮藻、伊乐藻等沉水植物和浮水植物。

（四）模式效果

示范小流域末端与对照小流域末端相比：示范区的氮、磷负荷较非示范区分别消减了8.93 kg/hm²和0.28 kg/hm²，降幅分别为52.36%和67.91%（图8-53）。

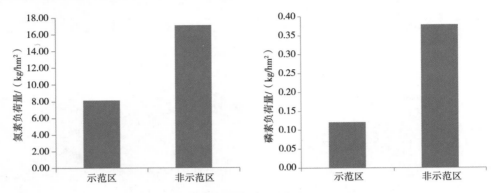

图8-53　流域内不同模式氮磷减排效果

第五节　畜禽养殖污染防控技术

一、畜禽养殖废水处理技术

（一）畜禽养殖废水（沼液）污染生态湿地防控技术模式

1. 畜禽养殖废水生态治理植物"绿狐尾藻"的筛选

绿狐尾藻在我国南方生长期10个月以上并能正常越冬，解决了以往湿地植物冬季不能生长，导致湿地近半年丧失除污效能的问题（李裕元等，2018；刘锋等，2018a）。经10年连续试验与示范点监测，适宜养殖污水中，绿狐尾藻对水体中铵离子的耐受能力高达20 mmol/L，氮磷吸收强度达1.1~2.2 t N/(hm²·a)和0.28~0.39 t P/(hm²·a)，比国内外已报道的人工湿地植物最高值还高出30%~50%（图8-54）（Luo et al.，2017；2018；Liu et al.，2018）。

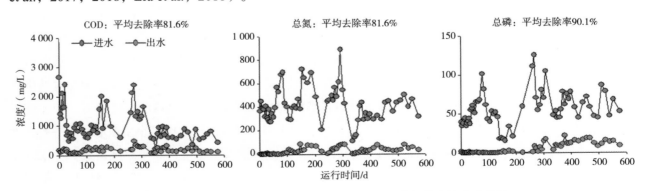

图8-54　绿狐尾藻湿地对养殖沼液中3类主要污染物的连续去除效果

绿狐尾藻具有茎根连通的筛孔结构，具有向水体泌氧功能。定位试验表明，绿狐尾藻湿地的水体溶解氧含量维持在2.0 mg/L以上（Zhang et al.，2016），能有效地消除水体中的毒性中间产物和臭气排放，为鱼类和底栖动物提供安全的生活环境。生态湿地去除水体中的有机物和氮磷是植物、微生物、底泥的协调作用。试验结果显示，绿狐尾藻具有分泌信号分子和有机物的功能，使水体和底泥的微生物种群数量比普通湿地扩大千倍以上，形成了复杂的硝化-反硝化微生物互作生态网络、使硝化-反硝化过程得以同步进行（Sun et al.，2017）。

绿狐尾藻生物质产量达30~50 t/(hm²·a)（干物质），植株粗蛋白含量22.4%~25.5%，远超已报道的生态湿地植物的粗蛋白含量，且粗纤维、氨基酸和矿质养分优于普通饲料，满足畜禽饲料的营养品质要求，饲粮中添加7%~10%的绿狐尾藻，可改善鸡、鸭、猪等动物的生长（刘新亮等，2019；曾冠军等，2017）。

表8-23 绿狐尾藻与饲用玉米的主要营养组分比较 单位：%

植物种类	粗纤维	粗蛋白	主要氨基酸					
			精氨酸	异亮氨酸	亮氨酸	苯丙氨酸	苏氨酸	缬氨酸
绿狐尾藻	20.6	22.35	0.80	0.77	1.13	0.73	0.59	0.81
饲料玉米	1.2	9.4	0.37	0.24	0.93	0.38	0.29	0.35

2. 畜禽养殖废水污染物减控和氮磷资源化利用技术模式构建

集成前端调节与生物基质处理、绿狐尾藻生态湿地消纳、末端物理吸附渗滤系统强化处理和湿地植物绿狐尾藻资源化利用等技术，构建畜禽养殖废水污染物减控和氮磷资源化利用技术模式（图8-55）。

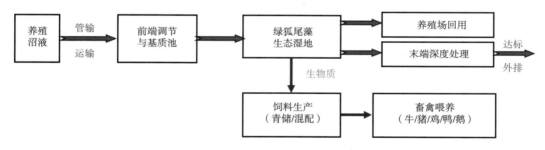

图8-55 畜禽养殖废水生态治理和资源化利用技术模式

（1）前端调节与生物基质处理技术。主要包括针对过高有机物和氮磷污水的污染物含量调节技术、污水中绿狐尾藻毒害物质的去除技术。该技术起到去除两类污水对绿狐尾藻生长的危害作用，促进反硝化微生物的种群繁殖，对COD、氮和磷的削减分别达30%~35%、40%~50%和30%~40%，有效地解决湿地植物不能直接在沼液原液中存活的问题，突破了沼液采用生态技术处理的限制性瓶颈（李裕元等，2015）。

（2）绿狐尾藻生态湿地消纳技术。主要包括绿狐尾藻栽培和管护成套系列技术、不同规模养殖污水生态处理成套技术和相应的工程参数（吴金水等，2014；肖润林等，2014，2015）。跟踪监测经该技术处理养殖场沼液治理效果结果显示，养殖污水经治理后3类主要污染物含量均降到国标GB 18596—2001限量的1/3以下。

（3）末端物理吸附渗滤系统强化处理技术。主要包括末端湿地出水的色素、微量COD和氮磷的去除材料和系列技术，经强化处理后的出水可达地表水Ⅳ类标准（刘锋等，2018b）。

（4）湿地植物绿狐尾藻资源化利用技术。主要包括绿狐尾藻湿地养殖虾、蟹、鳝、鱼系列技术，绿狐尾藻收获和脱水机械装备、绿狐尾藻饲料生产系列技术与工艺，及添加绿狐尾藻饲料的鸡、鸭、鹅、猪、牛、草鱼的无抗饲料配方和养殖等系列技术（刘新亮等，2019；刘锋等，2018b）。通过该技术的实施可实现资源化利用。

3. 养殖废水污染物减控试验示范工程与治理效果

湖南省长沙县金井镇的"天府农业有限责任公司"罗代黑猪养殖场（存栏生猪5 000头）在原有养殖废弃物固液分离和沼气工程的基础上，建立和完善了绿狐尾藻生态治污技术示范工程，按照存栏生猪5 000头养殖规模新建3级前端调节和生物基质处理池（156 m²），4级绿狐尾藻生态湿地（面积分别为689 m²、826 m²、764 m²和1 560 m²），末端排水深度处理（水质提升）工程系统（图8-56），调整并完善了运行参数，保障了末端出水水质达到以下标准：COD<150 mg/L，氨氮<30 mg/L，总磷<6 mg/L。

图8-56　养猪场废水生态治理思路和示范工程示意

在2017年1月至2018年3月共定期采样分析15次，沼液COD含量平均为7 727 mg/L，经4级前端调节与生物基质处理和4级绿狐尾藻生态湿地处理后，处理系统末端第四级绿狐尾藻湿地排放水COD平均含量为79 mg/L（55～110 mg/L），该示范工程对COD的平均去除率为99.0%，稳定低于150 mg/L。沼液氨氮含量平均为1 064 mg/L，经4级前端调节与生物基质处理和4级绿狐尾藻生态湿地处理后，处理系统末端第4级绿狐尾藻湿地排放水氨氮平均含量为9.0 mg/L（6.8～12.5 mg/L），该示范工程对氨氮的去除率为99.2%，稳定低于30 mg/L。沼液磷含量平均为114 mg/L，经4级前端调节与生物基质处理和4级绿狐尾藻生态湿地处理后，系统末端第4级绿狐尾藻湿地排放水磷平均含量为3.6 mg/L（2.1～5.8 mg/L），该示范工程对磷的去除率为96.8%，稳定低于6.0 mg/L。

（二）规模化畜禽养殖场废水工程处理技术

针对规模化养殖场废水COD高、NH_3-N高、SS（悬浮物）高的特点，研发出UASB（上流式厌氧污泥床）/MSBR（改良式序列间歇反应器）/氧化塘作为主体的中等规模化养殖场废水工程处理技术。养殖场废水工程处理技术工艺流程见图8-57。由于养殖场污水的排放主要集中在栏舍清粪后冲栏时段，此时污水量大，设置调节池收集每日产生的污水，去除污水中大部分不溶性有机物，降低进入UASB反应器的悬浮物浓度，同时起到水解酸化的作用，提高废水的可生物降解性。调节池出水进入UASB反应器进行厌氧消化，通过该处理工段可去除污水中70%以上有机物，同时所降解的有机物在厌氧细菌（产酸菌和产甲烷菌）的作用下转化为沼气，沼气通过收集，进入水封罐后作燃料。处理后的厌氧消化液进入兰美拉沉淀池进行固液分离，厌氧污泥回流到UASB反应，以确保UASB反应器中的厌氧微生物浓度能维持在一定的水平，厌氧消化液进入MSBR反应器进行好氧处理，将UASB反应器出水中的部分有机物和氨氮降解。由于污水中的氨氮和总磷含量高，MSBR反应器还不能完全将氨氮、总磷去除，还需要进入氧化塘作进一步的处理。MSBR反应器出水通过跌水方式自然溶氧，在水体自净和水生植物作用下，将污水中部分氮和磷去除，最终实现达标排放。

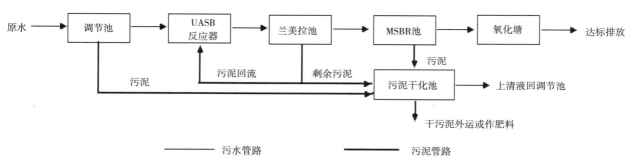

图8-57　规模化养殖场废水工程处理技术工艺流程

规模化养殖场废水工程处理技术在湖南省湘阴县楠竹山生态健康养猪场进行了示范（图8-58，图8-59），该养猪场年出栏量为3 000头，日排污水量为30 m³，产生的污水水质为：COD_{cr} 2 789～3 757 mg/L，pH值7.8～8.3，SS 1 465～1 728 mg/L，TP 13.2～15.6 mg/L，NH_3-N 289～377 mg/L。处理前后的水质分析表明（表8-24），工程处理后COD_{cr}、SS、总磷和氨氮分别平均降低90%、97%、50%和85%，养殖废水达到了《GB 18596—2001畜禽养殖业污染物排放标准》的规定，再经过氧化塘处理后，养殖废水中COD_{cr}、SS、TP和NH_3-N分别降低了89%、92%、94%和93%，明显优于国家排放标准。

表8-24　规模化养猪场养殖废水处理效果

项目	COD_{cr}/（mg/L）	pH值	SS/（mg/L）	TP/（mg/L）	NH_3-N/（mg/L）
污水	2 789～3 757	7.8～8.3	1 465～1 728	13.2～15.6	289～377
工程处理出水	288～341	7.3～7.5	52～56	6.8～7.5	42～56
氧化塘处理出水	36	7.2	4.3	0.4	3.2
排放标准	≤400	6～9	≤200	≤8	≤80

图8-58 规模化养殖场废水工程处理技术示范现场

图8-59 规模化养殖场废水工程处理后各工段出水

二、畜禽养殖固体废弃物肥料化利用技术

（一）畜禽养殖固体废弃物快腐技术

1. 畜禽养殖固体废弃物快腐微生物菌剂筛选

石其伟等（2006）筛选培养的快腐微生物菌剂（自配菌剂1和自配菌剂2），可使畜禽养殖固体废弃物堆肥提早5 d达到腐熟。从畜禽养殖固体废弃物腐熟过程中C/N的变化情况来看（表8-25），自配菌剂1、自配菌剂2、购买菌剂2和购买菌剂3处理C/N值均在堆肥25 d后降低到20以下，基本达到腐熟，而购买菌剂1和对照在堆肥30 d以后才降到20以下。

表8-25 不同微生物菌剂处理对堆肥过程中C/N值的影响

处理	0 d	5 d	10 d	15 d	20 d	25 d	30 d
对照	28.6	28.0	27.4	26.0	23.7	21.9	20.8a
购买菌剂1	28.7	28.0	27.0	25.5	22.2	20.7	19.8b
购买菌剂2	28.8	27.9	26.3	23.3	20.7	17.9	17.0c
购买菌剂3	29.0	27.9	26.5	23.8	20.6	18.4	17.4c
自配菌剂1	28.7	27.8	26.8	23.6	20.6	18.3	17.3c
自配菌剂2	28.8	28.0	26.8	24.1	21.6	19.7	19.4b

注：不同的小写字母表示5%的显著性差异，下同。

2. 畜禽养殖固体废弃物合理堆肥条件

畜禽养殖固体废弃物堆肥初始C/N值为30、初始水分含量55%、菌剂接种量为0.4%的畜禽养殖固体废弃物合理堆肥条件下。经过35 d堆肥后，初始C/N值为30的处理，其C/N值下降率分别比初始C/N值为20、25、35的处理提高了47.84%、68.19%和12.70%（表8-26）；初始水分含量55%的处理C/N值最低，与初始水分含量65%和初始水分含量75%处理之间的差异达显著水平（表8-27）；菌剂接种量对堆肥中物质的降解有显著的影响，菌剂接种量0.2%处理对堆肥腐熟的促进作用不显著，菌剂接种量为0.4%处理能显著提高C/N的降解率，促进堆肥腐熟（表8-28）。

表8-26　初始C/N值对堆肥过程中C/N的影响

处理	0 d	7 d	14 d	21 d	27 d	35 d	下降率/%
C/N20	20.00	19.07	17.65	17.43	15.31	14.84c	25.81ab
C/N25	25.00	24.21	23.75	23.12	20.22	19.35b	22.61b
C/N30	30.00	27.81	25.93	24.48	20.61	18.58bc	38.08a
C/N35	35.00	30.84	29.64	26.10	25.70	23.18a	33.79ab

表8-27　初始水分含量对堆肥过程中C/N的影响

处理	0 d	7 d	14 d	21 d	27 d	35 d	下降率/%
初始水分55%	25.00	23.46	22.45	21.78	20.86	15.63c	37.49a
初始水分65%	25.00	24.21	23.75	23.12	20.22	19.35a	22.61c
初始水分75%	25.00	23.16	21.95	20.49	19.28	18.20b	27.22b

表8-28　菌剂接种量对堆肥过程中C/N的影响

处理	0 d	7 d	14 d	21 d	27 d	35 d	下降率/%
不接种菌剂	25.00	24.64	21.86	20.13	19.91	18.12a	27.51c
菌剂接种0.2%	25.00	22.54	21.28	19.97	19.36	17.82ab	28.74c
菌剂接种0.4%	25.00	22.49	20.91	18.92	18.48	16.55c	33.79a
菌剂接种0.6%	25.00	23.84	21.82	20.21	20.04	17.10bc	31.60ab

（二）畜禽养殖固体废弃物堆肥过程中重金属钝化技术

针对规模化养猪场猪粪中含Cd、Zn、Cu、Cr、As等多种重金属，且以Cd、Zn和Cu的相对含量较高的问题，在分别确定重金属物理钝化剂和化学钝化剂种类（沸石、海泡石、粉煤灰、磷矿粉、钙镁磷肥）和较佳比例的基础上，进一步筛选出了重金属物理化学钝化剂组合（2.5%沸石+2.5%粉煤灰），发现该组合对可交换态重金属As、Cr、Cd、Cu、Zn、Pb的钝化效果达60%以上（表8-29），可降低蔬菜中重金属含量70%以上（表8-30）。

表8-29　不同处理对可交换态重金属的钝化效果　　　　　　　　　　　　单位：%

处理	As	Cd	Cr	Cu	Pb	Zn
2.5%沸石+2.5%粉煤灰	65.49	84.47	93.32	87.46	85.98	92.11
2.5%沸石+5.0%磷矿粉	49.64	66.45	80.28	88.78	88.05	89.65
2.5%沸石+2.5%钙镁磷肥	37.25	89.48	88.85	88.07	73.97	87.53
5.0%海泡石+2.5%粉煤灰	60.75	41.68	88.14	68.23	66.86	86.55
5.0%海泡石+5.0%磷矿粉	51.91	58.54	88.42	71.93	71.43	97.07
5.0%海泡石+2.5%钙镁磷肥	48.63	31.85	80.67	84.78	77.81	88.46
2.5%沸石	32.03	31.79	70.76	62.56	59.83	79.56
5.0%海泡石	25.69	30.09	77.67	66.58	60.73	79.52

表8-30　不同处理对小白菜重金属含量降低效果　　　　　　　　　　　　单位：%

处理	As	Cd	Cr	Cu	Pb	Zn
2.5%沸石+2.5%粉煤灰	81.31	75.00	77.42	69.56	76.41	75.64
2.5%沸石+5.0%磷矿粉	57.77	72.94	67.55	70.03	81.16	75.33
2.5%沸石+2.5%钙镁磷肥	54.82	92.70	65.12	69.72	72.60	71.46
5.0%海泡石+2.5%粉煤灰	82.16	58.97	64.75	68.54	71.92	71.60
5.0%海泡石+5.0%磷矿粉	56.89	79.88	71.23	69.25	65.94	75.65
5.0%海泡石+2.5%钙镁磷肥	55.30	81.36	66.10	68.73	70.35	71.43
2.5%沸石	34.31	74.04	59.82	54.79	59.10	63.35
5.0%海泡石	20.34	53.26	58.45	49.13	52.05	63.34

（三）畜禽养殖固体废弃物堆肥过程中除臭保氮技术

在分别确定物理除臭保氮剂和化学除臭保氮剂种类（稻草、米糠、过磷酸钙、氯化钙）和添加比例的基础上（表8-31），进一步筛选出了2种物理化学除臭保氮剂组合（"20%稻草+10%氯化钙"与"20%稻草+15%氯化钙"），二者均有较好的除臭保氮效果（表8-32至表8-34）（胡明勇，2009；刘强等，2013）。

表8-31　不同处理在不同时期脱臭效果比较　　　　　　　　　　　　单位：Ms

处理	臭度								
	第3天	第6天	第9天	第12天	第15天	第18天	第21天	第24天	第27天
20%稻草	4	4	5	3	2	1	0	0	0
20%米糠	4	4	5	4	2	1	0	0	0
20%稻草+2%过磷酸钙	4	4	4	3	2	1	0	0	0

（续表）

处理	臭度								
	第3天	第6天	第9天	第12天	第15天	第18天	第21天	第24天	第27天
20%稻草+5%过磷酸钙	4	4	4	2	1	1	0	0	0
20%稻草+8%过磷酸钙	4	4	4	2	1	1	0	0	0
20%米糠+2%过磷酸钙	4	4	3	2	1	1	0	0	0
20%米糠+5%过磷酸钙	4	4	4	4	2	1	0	0	0
20%米糠+8%过磷酸钙	4	4	4	3	2	2	1	1	0
20%稻草+5%氯化钙	4	4	4	3	2	1	0	0	0
20%稻草+10%氯化钙	4	4	3	2	1	0	0	0	0
20%稻草+15%氯化钙	4	4	3	2	1	0	0	0	0
20%米糠+5%氯化钙	4	4	3	3	2	2	1	1	0
20%米糠+10%氯化钙	4	4	4	2	2	0	0	0	0
20%米糠+15%氯化钙	4	4	4	3	2	1	0	0	0

表8-32　不同处理在不同时期NH_3挥发量　　　　　单位：mg

处理	NH_3挥发量									挥发总量
	0~3 d	3~6 d	6~9 d	9~12 d	12~15 d	14~18 d	18~21 d	21~24 d	24~27 d	
20%稻草	6.83	27.71	43.65	29.10	27.33	26.70	24.17	11.77	7.47	204.73
20%米糠	1.01	27.75	41.54	29.69	23.87	21.76	19.32	14.17	13.83	192.96
20%稻草+2%过磷酸钙	4.22	5.79	6.41	18.31	21.34	19.23	18.73	17.46	16.28	127.77
20%稻草+5%过磷酸钙	2.19	2.49	11.56	12.06	19.02	15.44	11.98	11.39	2.95	89.08
20%稻草+8%过磷酸钙	2.02	2.11	7.76	11.73	24.04	18.90	10.12	9.36	2.02	88.06
20%米糠+2%过磷酸钙	0.00	1.69	17.21	32.48	19.57	22.02	15.44	13.16	0.00	121.55
20%米糠+5%过磷酸钙	0.00	0.00	0.00	10.04	30.87	21.85	18.05	11.81	6.24	98.86
20%米糠+8%过磷酸钙	0.00	0.00	0.00	14.43	11.64	13.08	10.42	19.99	26.15	95.70
20%稻草+5%氯化钙	3.37	7.25	8.23	18.56	17.50	16.03	14.38	14.76	12.91	112.99
20%稻草+10%氯化钙	3.43	9.73	20.34	16.98	12.24	6.85	3.56	2.54	1.25	76.93
20%稻草+15%氯化钙	2.49	3.54	3.54	10.21	12.06	10.97	10.97	8.69	8.27	70.73
20%米糠+5%氯化钙	1.60	3.04	3.88	10.54	14.85	15.69	16.45	21.09	26.32	113.46
20%米糠+10%氯化钙	2.87	4.72	24.98	18.23	16.38	14.13	7.83	3.22	2.65	95.01
20%米糠+15%氯化钙	3.75	5.40	5.65	9.70	37.37	19.66	19.15	12.61	11.82	125.11

表8-33　不同处理在不同时期H_2S挥发量　　　　　　　　　　　　　单位：%

处理	H_2S挥发量/mg									挥发总量/mg
	0~3 d	3~6 d	6~9 d	9~12 d	12~15 d	14~18 d	18~21 d	21~24 d	24~27 d	
20%稻草	0.09	0.21	0.74	0.27	0.21	0.19	0.18	0.12	0.09	2.10
20%米糠	0.15	0.30	0.53	0.30	0.23	0.23	0.22	0.15	0.14	2.26
20%稻草+2%过磷酸钙	0.26	0.16	0.08	0.24	0.17	0.24	0.32	0.31	0.25	2.02
20%稻草+5%过磷酸钙	0.15	0.18	0.13	0.16	0.24	0.33	0.17	0.11	0.09	1.56
20%稻草+8%过磷酸钙	0.15	0.27	0.11	0.15	0.17	0.30	0.22	0.26	0.09	1.72
20%米糠+2%过磷酸钙	0.15	0.14	0.07	0.09	0.37	0.28	0.12	0.21	0.19	1.62
20%米糠+5%过磷酸钙	0.17	0.13	0.05	0.08	0.10	0.11	0.17	0.11	0.10	1.03
20%米糠+8%过磷酸钙	0.27	0.08	0.04	0.12	0.07	0.09	0.15	0.17	0.11	1.10
20%稻草+5%氯化钙	0.19	0.15	0.17	0.11	0.42	0.24	0.19	0.10	0.13	1.70
20%稻草+10%氯化钙	0.07	0.01	0.01	0.00	0.00	0.00	0.00	0.00	0.00	0.09
20%稻草+15%氯化钙	0.11	0.06	0.04	0.01	0.00	0.00	0.00	0.00	0.00	0.22
20%米糠+5%氯化钙	0.14	0.07	0.11	0.06	0.58	0.09	0.06	0.04	0.00	1.15
20%米糠+10%氯化钙	0.02	0.07	0.02	0.00	0.00	0.00	0.00	0.00	0.00	0.11
20%米糠+15%氯化钙	0.01	0.01	0.00	0.00	0.00	0.00	0.00	0.00	0.00	0.02

表8-34　不同处理氮的变化和损失

堆肥处理	TN			总氮损失/%	NH_3形式损失占总氮损失的百分率/%
	堆肥前/（g/kg）	堆肥后/（g/kg）	增加幅度/%		
20%稻草	15.10	14.00	−7.32	26.35	55.10
20%米糠	13.62	12.79	−6.10	26.20	57.11
20%稻草+2%过磷酸钙	14.76	13.84	−6.23	25.77	38.02
20%稻草+5%过磷酸钙	14.48	13.63	−5.88	19.23	36.42
20%稻草+8%过磷酸钙	14.25	15.15	6.30	15.24	46.23
20%米糠+2%过磷酸钙	13.45	13.76	2.27	19.65	48.62
20%米糠+5%过磷酸钙	13.18	13.24	0.42	17.65	45.41
20%米糠+8%过磷酸钙	12.67	12.65	−0.20	17.70	45.33
20%稻草+5%氯化钙	13.54	14.58	7.68	15.59	57.18
20%稻草+10%氯化钙	13.20	14.99	13.58	12.76	49.01
20%稻草+15%氯化钙	12.72	14.42	13.37	13.25	45.29
20%米糠+5%氯化钙	12.94	12.66	−2.19	17.72	52.54
20%米糠+10%氯化钙	12.89	13.62	5.64	13.06	60.42
20%米糠+15%氯化钙	12.54	13.74	9.60	14.35	73.93

（四）功能微生物培养技术与二次发酵技术

周成等（2008）和周成（2009）通过正交试验确定了解磷菌及白菜软腐病生防菌的最佳培养条件（适宜的碳源、氮源、培养基组合、pH值、生长温度、接种量、培养时间等），建立了其二次发酵技术（表8-35）。这两种功能菌的二次发酵适宜温度为45 ℃，接种时解磷菌和白菜软腐病生防菌的比例为2：1，接种量为0.2%时，二次发酵效果最好。生物试验表明，生物有机肥处理对小白菜软腐病的防治效果比化肥高29.2%、比普通有机肥高20.8%（周成，2009）。

表8-35 解磷菌及白菜软腐病生防菌最佳培养条件

	最佳碳源	最佳氮源	最佳培养基组合	最适pH值	最佳生长温度/℃	最佳接种量	最佳培养时间/h
解磷菌	葡萄糖	蛋白胨	6%葡萄糖+1%蛋白胨+0.5%NaCl	7.5	30	1.5%	38
白菜软腐病生防菌	玉米粉	酵母膏	2%玉米粉+1%酵母膏+1.5%NaCl	7.5	35	3%	30

（五）有机肥高效安全施用技术

张玉平等（2012）和宋小林等（2011）的研究表明，有机肥替代20%~30%化肥氮效果最好。与纯化肥处理相比，有机肥替代20%化肥氮处理能显著提高双季稻产量以及氮、磷、钾肥利用率与稻米外观和蒸煮品质，同时降低稻田氮磷养分流失。有机肥替代20%~30%化肥氮处理不仅能提高玉米、小白菜、莴苣、萝卜、豇豆等旱地作物与蔬菜产量，还可提高蔬菜可食部分粗蛋白、维生素C和可溶性糖含量，并降低蔬菜可食部分硝酸盐与亚硝酸盐的含量（黄涛等，2010；司婷等，2012；李益洋等，2012）。

三、畜禽废弃物能源化和肥料化综合利用技术

（一）畜禽废弃物能源化技术

1. 基于CSTR发酵罐的畜禽粪便与稻秸厌氧发酵技术

畜禽粪便和稻秆在厌氧发酵过程中，日产甲烷量在整体上呈现出随进料负荷增加而增加的趋势；但较低的含N量（C/N值约为60∶1）制约了微生物的生长繁殖，加之稻秆致密的纤维结构、相对缓慢的降解速度，使得日产甲烷量对进料负荷增加的响应相对滞后。根据产甲烷数据可知（图8-60），在进料负荷2.3 g VS/(L·d)下，单位物料产甲烷量可达134 mL/g VS。

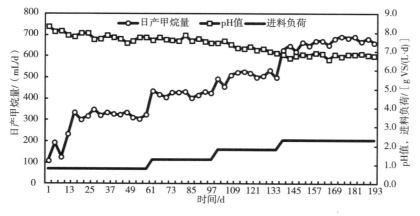

图8-60 进料负荷对日产甲烷量和pH值的影响

稻秆是一种典型的高C低N类物料，较低N含量使得反应系统中的NH_4^+-N指标在经过一个滞留期后，从起始的1 384 mg/L逐渐降低至200 mg/L，此后一直维持在200～400 mg/L，这使得试验期间的游离氨浓度非常低，不会产生氨抑制现象（图8-61）。

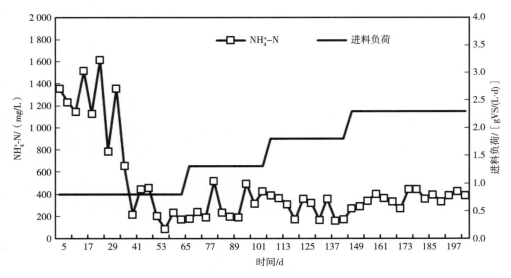

图8-61　进料负荷对NH_4^+-N的影响

图8-62显示，TIC指标在前两个滞留期内呈现出逐步降低的趋势，随后逐渐稳定在1 500 mg/L左右；而VFA指标也基本均维持在400 mg/L以内。计算分析VFA/TIC比值（代表系统风险值）也一直处于0.4以下，这表明发酵系统暂未出现酸抑制现象。但是，pH值随进料负荷增加呈现出逐步降低的趋势，特别是当进料负荷>1.3 g VS/(L·d)后，pH值出现较大降幅，在进料负荷2.3 g VS/(L·d)时，pH值为6.7～7.0。表明继续加大稻秆的进料负荷，则有将会出现酸抑制情况。

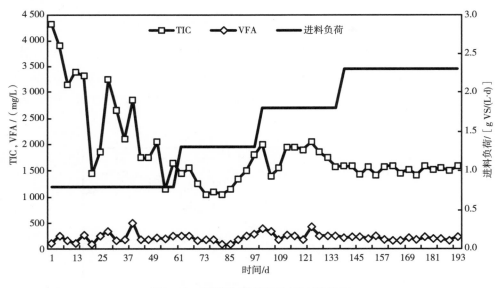

图8-62　进料负荷对VFA/TIC的影响

2. 基于CSTR发酵罐的稻秸厌氧发酵的产沼气效果

在35～38 ℃条件下，额定曝气量与曝气压力，15 min间歇式曝气48 h对稻秆预处理，处理后进行共混发酵，物料为"稻秆+猪粪"组合（VS稻秆：VS猪粪=1：1），总进料量约为71.5 t/d，滞留期为30 d。图8-63结果显示，与混合发酵前相比，以TS为6%的猪粪为发酵物料，其日产沼气量平均约为2 213.4 m³/d。而"稻秆+猪粪"组合共混发酵，当进料浓度达到10%后，日产沼气量平均为2 548.5 m³/d，较混合发酵前提高15.1%。

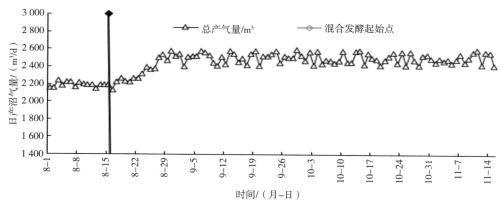

图8-63 稻秸厌氧发酵的沼气产量

（二）畜禽粪便能源化和肥料化综合利用示范

1. 稻秸厌氧发酵生产沼气生产线

在沼气站建设一个由钢筋混凝土结构的圆柱体，配有搅拌、曝气和控温系统的水解池（图8-64），在水解池（有效容积约80 m³，配有搅拌、曝气和控温系统）进行畜禽粪便和秸秆预处理。猪粪进匀浆池沉淀除砂后泵入发酵罐；稻秸粉碎后进入水解池，采用纤维水解预处理（TS控制在10左右），待稻秆溶胀下沉后，由螺杆泵进入发酵罐进行厌氧发酵。工程试验表明，在35～38 ℃条件下额定曝气量与曝气压力，15 min间歇式曝气48 h对稻秸预处理，处理后的稻秸与畜禽粪便进行共混发酵，日产沼气量平均为2 548.5 m³/d。

图8-64 稻秸与畜禽粪便混合发酵设备

2. 有机肥生产线及工艺

在江西省新余市罗坊镇新建有机肥厂房10 000 m²，沼气站年可产沼渣6 000余t，通过秸秆等辅料等，可年生产商品固态肥10 000 t。生产工艺如图8-65所示。

（1）原料处理。秸秆及其他辅料：使用铡草机或粉碎机进行粉碎。沼渣：发酵沼液达到前期沼气利用期限，进行排泥工序，并对污泥进行固液分离，使沼渣水分固定在60%～65%。

（2）有机肥制作技术参数。堆肥原料C/N控制在（20∶1）~（30∶1）。堆肥初始水分含量控制在50%~60%。及时翻抛，保证堆肥过程中氧气充足。堆肥原料pH值控制在7.5~8。可适当接种快腐微生物菌剂，接种量控制在秸秆重量的0.3%~0.5%。如采用堆垛式堆肥，堆体宽度控制在2.8~3.0 m或根据翻堆机的宽度确定，高度控制在1.2~1.5 m。

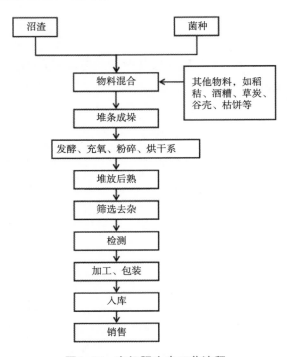

图8-65　有机肥生产工艺流程

3. 沼渣与沼液肥料安全施用技术

沼气站排出的沼液可直接作为肥料施用。沼液含有丰富的养分，特别含有多种水溶性养分，是一种速效性的优质肥料。沼液除了含有丰富的氮、磷、钾等大量元素和钙、铁、铜、锌、锰、钼等微量元素外，还含有对动、植物生长有调控作用，对某些病虫害有杀灭作用的生物活性物质，如氨基酸、生长素、赤霉素、纤维素酸、单糖、腐植酸和某些抗菌素类。它们对农作物生长发育具有重要的调控作用，参与调控农作物从种子发芽、植株长大、开花到结果整个过程。

（1）基肥。沼液作基肥，粮油作物与蔬菜每季沼肥施用量一般为每亩施用2 000~3 000 kg，施用方法一般采用撒施，沼液施入土壤立即翻耕整地。沼液可作为果树的"还阳肥"在果实采摘后施用，不同果树施用时间不同，一般在10月底前完成。每棵树施用沼液30~50 kg，沿滴水线开沟或挖穴深施，施肥后覆土。

（2）追肥。沼液作追肥应在粮油作物早期施用，生育后期不施。施用量一般为每亩施用1 000~2 000 kg，稻田田面水高于2 cm时可直接施用原液，油料作物撒施时需按1∶1兑水施用。

在蔬菜作物生长季，每10~15 d追施1次沼液，将原液用清水稀释1~2倍，混合均匀后灌溉，每亩年施用量1 000~1 500 kg，追肥应在晴天或傍晚进行，雨天或土壤过湿不宜追肥。

果树在开花前后以及果实生长过程中，对养分需求量大，沼液可作为"壮果肥"施用。一般一年施用2次。第一次在落花后1个月左右，第二次施肥在落花2个月后，每棵树施用液体有机肥30~50 kg，按辐射状开沟，并每年轮换错位，开沟深度30～40 cm，不可损伤大根系，施用量应根据树况和长势增减，并配合施用化肥，施肥后及时覆土。沼液还可作叶面肥，将原液稀释1～3倍，每亩每次施用40～80 kg，整个生育期至少喷施3～4次，于晴天早晨或傍晚进行，采摘前1周停止喷施。

主要参考文献

陈红日，张玉平，刘强，等，2018.玉米间套作模式对地表氮磷流失的影响与经济效益分析[J].湖南农业大学学报（自然科学版），44（2）：117-123.

龚蓉，刘强，荣湘民，等，2014.南方丘陵区旱地减磷对玉米产量及磷径流损失的影响[J].湖南农业科学（20）：18-20.

龚蓉，刘强，荣湘民，等，2015.中南丘陵旱地磷肥减量对不同形态磷素养分淋失的影响[J].水土保持学报，1（5）：106-110.

韩永亮，彭建伟，荣湘民，等，2022.用于机插秧的返青肥组合物、返青肥及其施用方法和应用：ZL 202010737686.8.[P].2022-6-3.

韩永亮，2012.生猪垫料合理堆腐条件及其堆肥在作物上的应用效果研究[D].长沙：湖南农业大学.

胡明勇，2009.猪粪堆肥过程中除臭与保氮技术研究[D].长沙：湖南农业大学.

黄涛，荣湘民，刘强，等，2010.施肥模式对春玉米和小白菜的产量和品质的影响[J].湖南农业科学（3）：46-49.

李益洋，谢桂先，姜利红，等，2012.猪粪型有机肥对萝卜韧皮部汁液组分与品质的影响[J].湖南农业科学（7）：65-67.

李裕元，李希，吴金水，等，2018.绿狐尾藻区域适应性与生态竞争力研究[J].农业环境科学学报，37（10）：2252-2261.

李裕元，刘锋，吴金水，等，2015.一种利用稻草处理养猪场废水的方法：ZL 201310310314561.4 [P].2015-8-10.

刘锋，罗沛，刘新亮，等，2018a.绿狐尾藻生态湿地处理污染水体的研究评述[J].农业现代化研究，39（6）：1020-1029.

刘锋，吴金水，李红芳，等，2018b.一种人工湿地和渗滤系统组合深度处理农村污水方法及装置：ZL 201510866359.1[P].2018-11-2.

刘强，荣湘民，谢桂先，等，2013.一种畜禽粪便堆肥除臭保氮调理剂及使用方法：ZL200910044700.X [P].2013-2-26.

刘新亮，刘锋，肖润林，等，2019.一种绿狐尾藻青贮饲料的制备方法：ZL 201610568220.3 [P].2019-6-9.

倪国荣，涂国全，魏赛金，等，2020b.一种稻草低温好氧腐解菌剂及其制备方法：ZL 202010359305.4 [P].2020-10-28.

彭春瑞，钱银飞，邱才飞，等，2020.双季稻减污丰产施肥技术规程：DB36/T 1352-2020 [S].江西省市场监督管理局.

彭春瑞，2020.水稻栽培生理与技术研究[M].北京：中国农业科学技术出版社.

彭辉辉，刘强，荣湘民，等，2015.稻草覆盖与生态拦截对春玉米光合特性、养分累积及产量的影响[J].中国农学通报，31（21）：58-64.

彭建伟，韩永亮，荣湘民，等，2021.水稻侧深精准施肥与机插一体化技术规程：DB43/T 2158-2021 [S].湖南省市场监督管理局.

钱银飞，邱才飞，姚易根，等，2020.油-稻-稻三熟制氮高效早稻品种的筛选[J].江西农业大学学报，42（5）：872-880.

钱银飞，邵彩虹，邱才飞，等，2019.猪粪与化肥配施对双季稻产量及氮素吸收利用的影响[J].江西农业学报，31（8）：

27-34.

石其伟，刘强，荣湘民，等，2006. 不同微生物菌剂对水稻秸秆发酵效果的影响[J]. 湖南农业大学报（自然科学版）
（3）：264-268.

司婷，刘强，张玉平，等，2012. 有机无机肥配施对莴苣产量及品质的影响[J]. 湖南农业科学（1）：50-53.

宋小林，刘强，荣湘民，等，2011. 猪粪堆肥与化肥配施对水稻产量及氮素利用率的影响[J]. 湖南农业大学学报（自然科
学版），37（4）：440-445.

宋晓明，柳王荣，姜珊，等，2022. 湖南省农业面源污染与农村水环境质量的响应关系分析[J]. 农业环境科学学报，41
（7）：1509-1519.

孙铖，周华真，陈磊，等，2017. 农田化肥氮磷地表径流污染风险评估[J]. 农业环境科学学报，36（7）：1266-1273.

田昌，陈敏，周旋，等，2020. 生态沟渠对小流域农田排水中氮磷的拦截效果研究[J]. 中国土壤与肥料（4）：186-191.

王术平，覃新平，黄乐丰，2021. 一种施肥装置：ZL201920490061.9. [P]. 2021-3-9.

温鑫，2018. 江西省畜禽养殖粪污污染物无害化处理研究[D]. 南昌：江西农业大学.

文炯，石敦杰，荣湘民，等，2019. 不同拦截植物对小流域农田排水沟渠氮磷消纳效果差异研究[J]. 作物研究，33（4）：
309-314，326.

吴金水，肖润林，李裕元，等，2014. 一种养猪场废水污染减控方法：ZL 201310313436.1 [P]. 2014-5-10.

肖润林，吴金水，刘锋，等，2015. 一种养猪场废弃污染物的处理方法：ZL 2201310313504.4 [P]. 2015-7-8.

肖润林，吴金水，刘锋，等，2014. 一种养猪场废弃污染物的处理方法：ZL 201210393851.8 [P]. 2014-10-6.

谢勇，荣湘民，张玉平，等，2016. 控释氮肥减量施用对春玉米土壤 N_2O 排放和氨挥发的影响[J]. 农业环境科学学报，35
（3）：596-603.

谢勇，赵易艺，张玉平，等，2018. 南方丘陵地区生物黑炭和有机肥配施化肥的应用研究[J]. 水土保持学报，32（4）：
197-215.

尹亚亚，2021. 湖南省农业面源污染治理绩效评价研究[D]. 长沙：中南林业科技大学.

曾冠军，陈家顺，吴飞，等，2017. 绿狐尾藻粉对芦花鸡生长性能、屠宰性能、血清生化指标及肌肉氨基酸含量的影响
[J]. 中国畜牧杂志，53（9）：114-120.

张宇，2014. 旱地地表覆盖与生态拦截对作物产量、品质、养分吸收利用及其径流损失的影响[D]. 长沙：湖南农业大学.

张玉平，刘强，荣湘民，等，2012. 有机无机肥配施对双季稻田土壤养分利用与渗漏淋失的影响[J]. 水土保持学报，26
（1）：22-27，32.

周成，荣湘民，刘强，等，2008. 白菜软腐病生防菌B-13最佳培养条件研究[J]. 现代农业科学，15（10）：69-71.

周成，2009. 生物有机肥的研制及其在蔬菜上的应用效果初探[D]. 长沙：湖南农业大学.

周志波，2019. 环境税规制农业面源污染研究[D]. 重庆：西南大学.

HE S F, LI Y, YANG W, et al., 2021. A comparison of the mechanisms and performances of *Acorus calamus*, *Pontederia cordata* and *Alisma plantagoaquatica* in removing nitrogen from farmland wastewater [J]. Bioresource Technology, 331: 125105.

HOU K, HUANG Y, RONG X M, et al., 2021. The effects of the depth of fertilization on losses of nitrogen and phosphorus and soil fertility in the red paddy soil of China [J]. PeerJ, 9: e11347.

LIU F, ZHANG S N, LUO P, et al., 2018. Purification and reuse of non-point source wastewater via Maiophyllum-based integrative biotechnology: a review [J]. Bioresource Technology, 248: 3-11.

LUO P, LIU F, LIU X L, et al., 2017. Phosphorus removal from lagoon-pretreated swine wastewater by pilot-scale surface flow constructed wetlands planted with *Myriophyllum aquaticum* [J]. Science of the Total Environment, 576: 490−497.

LUO P, LIU F, ZHANG S N, et al., 2018. Nitrogen removal and recovery from lagoon-pretreated swine wastewater by constructed wetlands under sustainable plant harvesting management [J]. Bioresource Technology, 258: 247−254.

SUN H, LIU F, XU S J, et al., 2017. *Myriophyllum aquaticum* constructed wetland effectively removes nitrogen in swine wastewater [J]. Frontiers in Microbiology, 8: 1932.

XIE Y, TANG L, YANG L, et al., 2020. Polymer-coated urea effects on maize yield and nitrogen losses for hilly land of southern China [J]. Nutrient Cycling in Agroecosystems, 116: 299−312.

ZHANG S N, LIU F, LUO P, et al., 2019. Does rice straw application reduce N_2O emissions from surface flow constructed wetlands for swine wastewater treatment [J]. Chemosphere, 226: 273−281.

ZHANG S N, XIAO R L, LIU F, et al., 2016. Effect of vegetation on nitrogen removal and ammonia volatilization from wetland microcosms [J]. Ecological Engineering, 97: 363−369.

第九章 / 长江下游平原河网农区

第一节 区域农业生产现状与面源污染特征

一、区域生产现状

长江下游平原河网农区主要包括太湖流域和巢湖流域河网农区。太湖是我国第三大淡水湖，也是长三角地区最重要的饮用水水源地。太湖流域地跨江苏省、浙江省和上海市（以下简称"三省市"），是我国经济最发达、最活跃的地区之一。加强太湖流域保护治理，对于保障长江下游和长三角地区水安全及生态安全、推动长三角一体化发展和长江经济带共抓大保护具有重要意义。

太湖流域面积3.69万km²，其中，西部低山丘陵区面积7 338 km²，中部平原区面积19 350 km²，沿江滨海平原区面积7 015 km²，太湖湖区面积3 192 km²（包括部分湖滨陆地）。流域属亚热带季风气候区，多年平均降水量1 177 mm，水面蒸发量822 mm，水资源总量176亿m³，长江过境水量9 334亿m³。太湖流域河网如织、湖泊棋布，水面总面积约5 551 km²，水面面积在0.5 km²以上的湖泊共189个，其中6个在40 km²以上（表9-1）。河道总长约12万km，河网密度3.3 km/km²，出入太湖河流230条，其中，主要入湖河流有望虞河、漕桥河、殷村港、城东港、长兴港、苕溪等，出湖河流有太浦河、瓜泾港、胥江等。太湖是上海、苏州、无锡、湖州、嘉兴等地主要供水水源，流域供水总量340亿m³左右，其中地表水源供水量占97.5%。

表9-1 太湖流域大中型湖泊形态特征

湖泊名称	湖泊面积/km²	湖泊水面/km²	湖泊长度/km	平均宽度/km	平均水深/m	总容蓄水量/亿m³
太湖	2 427.80	2 338.10	68.50	34.10	1.90	44.30
滆湖	192.00	189.10	23.00	6.12	1.20	5.00
阳澄湖	119.00	116.00	17.00	11.00	—	1.67

（续表）

湖泊名称	湖泊面积/km²	湖泊水面/km²	湖泊长度/km	平均宽度/km	平均水深/m	总容蓄水量/亿m³
淀山湖	62.00	59.20	12.90	4.30	1.94	1.60
洮湖	88.97	85.80	16.17	5.50	1.00	0.98
澄湖	40.64	40.10	9.88	4.11	2.49	0.74

2020年，太湖流域人口约6 755万人，人口密度达1 831人/km²，是全国平均水平的12.5倍。流域内上海、苏州、无锡等地城镇化水平高，常住人口城镇化率达84%，远超全国平均水平。2020年，太湖流域地区生产总值99 978亿元，占长三角地区经济总量40.8%，占全国经济总量9.8%，人均地区生产总值14.8万元，是全国平均水平的2.1倍。

太湖地区地处长江三角洲中心，以平原为主，水网交错，气候温暖多雨，年均降水量1 177 mm，且多集中在夏季，该地区也是我国经济最发达、大中城市最密集的地区之一，其地理和战略优势突出。流域内水、光、热资源充足，是发展农业的有利条件。截至2010年，流域内有耕地2 266万亩，占全国耕地的1.8%，其中水田1 856万亩，旱地410万亩，详见表9-2，复种指数200%，高出全国平均水平。每公顷耕地产出的农业产值超过全国平均值的1倍以上，粮食产量则比全国平均高出37%以上。它是上海、无锡、苏州等大中城市最重要的供水水源地，且集供水、蓄洪、灌溉、养殖、旅游、纳污等多重功能于一体，在区域经济和社会发展中具有不可替代的重要性。

表9-2　太湖流域耕地面积统计表　　　　　　　　　　　　　　　　　　　单位：万亩

流域	耕地面积	水田面积	旱地面积	有效灌溉面积	水浇地	菜地
太湖流域	2 265.8	1 855.8	410	1 959	86	83

2020年，太湖湖体水质为Ⅳ类，较2007年的劣Ⅴ类跃升两个类别，营养化水平由中度富营养转为轻度，高锰酸盐指数、氨氮、总磷、总氮4项主要水质指标分别降低15.6%、86.8%、25.7%和54.8%，除总磷外均达到控制目标。22条主要入湖河流水质全部达到Ⅲ类及以上。河网水功能区达标率由2007年的22.5%提高到2020年的82.5%。34个省界断面中，19个水质达到或优于Ⅲ类，124个重点断面水质达标率为97.5%，较2007年提高了59.8个百分点。

化肥是农作物生长过程中必不可少的"养分"，但是在提高作物产量的同时，也会给周边环境带来污染，配比不科学、施用量过多、流失严重等问题是造成化肥污染的主要原因。太湖流域三省市2010—2016年化肥施用折纯量近年来虽有下降趋势，但施用总量仍然较大。特别是江苏省，从单位农作物总播种面积所施化肥量来看，2016年江苏省化肥施用强度是407.1 kg/hm²，高于全国平均水平359.1 kg/hm²，接近国家为防止化肥污染而制定的安全使用上限（225.1 kg/hm²）的2倍。化肥的大量施用造成农田铵态氮过剩，随田间径流等汇入河流，是导致水体氮、磷污染的重要原因。

畜牧业养殖污染主要是由于畜禽养殖产生的固体废物和废水未进行及时有效的处理造成的。随着养殖规模的扩大，畜禽排泄废物日益增多，处理不及时易造成严重的环境污染。上海、浙江牲畜养殖数量都经历了先上涨后下降的阶段，上海2010年牲畜数量为203.2万只，至2013年上升到216.8万只，至

2016年数量大幅下降，为131.1万只；浙江2010年牲畜养殖数量为1 380.0万只，至2012年上升为1 463.2万只，而到2016年下降了一半多，为701.4万只。相比于上海和浙江，江苏牲畜养殖基数较大，2016年以来，养殖数量变化不大。江苏典型案例的文献研究表明，畜禽排泄废弃物的淋失导致附近水体及地下水的TN浓度明显升高，成为水体富营养化的重要来源。

水产养殖产生污染包括残余的饵料、养殖产品的排泄物等直接进入水体，导致水体的有机元素增加。近年来，随着水产养殖业的蓬勃发展，各种高产养殖方式如工厂化养殖、网箱养殖、流水养殖等，被广泛采用，淡水养殖数量呈现逐年上升的趋势，除上海外，江苏、浙江自2010年来淡水水产人工养殖数量均呈增长趋势。江苏淡水人工养殖数量由2010年的290.76万t上升至2016年的341.72万t，涨幅为17.5%；浙江则由2010年的87.5万t上涨为2016年的105.1万t，涨幅为20.1%；上海2010—2013年养殖总量维持在16万t左右，2013年后略有下降。总体来看，江苏养殖基数较大，平均为上海的20倍、浙江的3倍。水产养殖过程中产生的大量有机和无机废弃物，对周边水体构成了污染威胁。尤其在减污技术、设施未改善之前，势必给水环境带来巨大压力。

巢湖位于安徽中部、长江中下游左岸，湖区面积760 km²，流域面积13 486 km²，其中巢湖闸上面积9 130 km²，巢湖闸下面积4 365 km²。流域总人口790.6万人。地形地貌较为复杂，为江淮丘陵向长江平原的过渡地带，大体可分为低山、丘陵、岗地、平原4个地貌类型，境内地势起伏，岗、丘、圩、冲相间，河道纵横，塘坝水库星罗。其总体地势呈现东高西低态势，巢湖湖泊东西两端向北翘起，中间低洼平坦向南凸出，呈凹字形，状如鸟巢，形成巢湖盆地。巢湖流域涵盖居巢区、庐江县、无为县、和县、含山县、合肥市、肥东县、肥西县、舒城县等9个县（市、区），平均年降水量1 031.6 mm，形成地表径流250～280 mm，产水22.9亿m³，虽有水库、塘坝调蓄容量，每年仍有约12亿m³的径流资源流失。外来水源主要来自巢湖、长江两大水系，流域内有12条河流分别与巢湖、长江相通。流域内9个县（区）的农业耕地面积50.17万hm²，农村人口642.43万人，占总人口的81.3%，农业生产多以油-稻（棉）、蔬菜、林果、水产、畜禽为主，是典型的传统农业种植区。

通过对巢湖地区的实地调查研究和分析，巢湖流域农业面源污染源和污染途径来自以下几个方面：

1. 种植业

（1）施用化肥量过大且结构和方法不当。2004年，居巢区对流域内9个县（市、区）740户农业种植户调查统计表明：流域农户使用化肥总体上为氮肥施用量过大，磷、钾肥及有机肥施用不足，氮磷钾之比为1：0.3：0.3，化肥与有机肥（折纯）之比为1：0.3，施肥结构极不合理。由于复种指数高，蔬菜等高效作物种植面积大，对化肥的需求量比较多。同时，90%以上的农户追肥方法不当，基本以撒施为主，未被植物吸收的部分，通过地表径流、淋洗和蒸发等途径损失，导致了一系列环境问题，如土壤酸化和板结、地力下降；活化了重金属元素，造成农作物品质下降，还严重污染了地上和地下水源。

（2）农作物秸秆利用率低。据巢湖市居巢区农业环保站调查测算，该区年生产各种农作物秸秆总量50.2万t左右，其中粮食作物秸秆38.4万t，油料豆类秸秆9.5万t，棉花秸秆2.3万t，但利用方式各异，见表9-3。从表9-3不难看出因秸秆焚烧、直接抛弃两项而消耗的秸秆合计达19.38万t，占全部秸秆产量的38.6%。在夏、秋收时，农户在田间就地焚烧油麦秸秆、稻草等是造成面源污染的主要原因，同时也污染了空气。另外，农户将秸秆长期弃置堆放或抛入沟塘，日晒、雨淋、沤泡引起腐烂，也造成了水体污染。

表9-3 2006年居巢区秸秆利用情况

秸秆利用方式	用量/万t	占农作物秸秆总量的比例/%
秸秆还田	8.03	16
秸秆饲料	4.47	8.9
秸秆薪柴	16.42	32.7
秸秆沼气	1.91	3.8
秸秆焚烧	15.61	31.1
直接抛弃	3.77	7.5

2. 畜禽养殖业

（1）畜禽粪便无害化处理率低。近年来流域内畜禽养殖业发展迅猛，据统计，2004年巢湖流域饲养生猪存栏211.24万头，全年畜禽养殖产生粪便达1 257.55万t，其中经过无害化处理仅占粪便总量的8.6%。根据原中国农业科学院土壤肥料研究所（现中国农业科学院农业资源与农业区划研究所）的初步测算，即使只有10%畜禽粪便由于堆放或溢满随场地径流进入水体，对流域水体氮富营养化的贡献率仍可达到10%，磷可达到10%～20%。可见其面源污染的严重性。

（2）畜禽粪便流失量大。据对流域内360户和73个畜禽养殖场的调查，畜禽粪便多以干清粪方式收集，露天堆放，经日晒雨淋，流失量大，平均利用率70.6%，流失率为29.4%。同时，粪便处理多以集中堆放后作还田处理，处理手段落后。

目前，农村散养的畜禽粪便绝大部分被丢弃或者集中露天堆放；积肥池夏季雨水过多时粪水外溢；规模养殖场露天堆放的粪肥日晒雨淋，臭气熏天，污水横流，不仅污染了环境和水体，而且影响居民的身心健康。另外，家畜排泄物还是猪丹毒、猪瘟、副伤寒、布氏杆菌、钩端螺旋体、炭疽等人畜共患疾病传播的主要载体，这些疾病若在大中型畜禽养殖场暴发，后果不堪设想。

3. 水产养殖业

近年来，巢湖流域的渔业生产得到了快速发展，水产品产量年年增加，水产养殖面积不断扩大。水产养殖的快速发展，已对巢湖水域环境产生了不利的影响，主要表现在：饲料投放量高，水体残留多。由于大量使用非全价饲料，甚至直接投入人畜粪便，利用率较低，大量残饵滞留水中或沉入水底，逐步腐烂，导致水质恶化，其污水通过排水或地表径流进入巢湖。

二、氮、磷排放规律

近年来，太湖水污染尤其是富营养化日趋加剧，夏季蓝藻水华频发，其根本原因是水体总氮和总磷浓度严重超标。"十一五"国家水专项课题对太湖流域污染负荷来源的分析表明，作为农村面源污染三大来源之一的种植业污染对太湖总氮和总磷的贡献率分别为29%和19%（陆沈钧等，2020）。集约化、高投入、高产出是目前太湖地区种植业的主要特点。过量施用化肥不仅会降低肥料利用率，还会导致盈余的氮、磷养分通过径流、渗漏等途径进入水体，加大了水体富营养化的风险。

太湖流域种植业主要以稻麦轮作为主，由于蔬菜和水果等作物经济效益高，太湖流域稻改菜、稻改果现象突出。自20世纪80年代以来，随着农业种植结构的调整，太湖流域的蔬菜、水果、茶叶等经济作物播种面积逐年扩大。选取位于太湖水网平原区的江苏省宜兴市和丘陵区的常州溧阳市等地进行稻田、菜地、果园和茶园的氮磷排放监测，全面量化了地表径流、渗漏氮磷排放状况。

（一）不同土地利用方式下径流N、P排放监测方法

监测地点选择。宜兴是太湖流域传统的农业耕作区，土地利用方式包括稻田、菜地、果园等，属于典型的河网平原集约化种植区。溧阳是太湖流域丘陵山区的代表性地区，近年来，该区域丘陵山区综合开发加速，大量林地转变为茶果园，带来了水土流失加剧、河湖水质下降等一系列生态环境问题。稻田监测区域位于宜兴市丁蜀镇渭渎村，面积180余亩；菜地监测区域位于宜兴市周铁镇和渎村，面积110亩；果园监测区域位于宜兴市周铁镇中准村，面积102亩；茶园监测区域位于溧阳市上兴镇上沛龙峰村，面积120余亩。

采用野外监测和小区综合试验场法，即在水稻（对照）、蔬菜、果园和茶园的同一种植田块上，同时进行面源污染N、P各种排放途径的监测。建立测定径流、淋溶等N、P排放的监测技术与方法；研究不同土地利用方式下N、P面源污染的排放途径和输出强度变化；确定主要的损失途径和排放规律。

径流采集与测定。稻田径流产生的主要途径包括：由于田间水分管理而进行的排水，如中期烤田、后期烤田；由于降雨所产生的田面径流。因此，采集由于中期、后期烤田产生的水样，并采集由于降雨而引起的径流水样。水样用定性滤纸过滤后，冷冻于−20 ℃冰柜中待测。径流产生量通过安装在试验田总排水口的电子流量计获得，再分别折算为各小区径流排水量。菜地、果园和茶园径流观测采用径流池（中国科学院南京土壤研究所研制）收集测定径流损失量。通过连续流动分析仪（Skalar Analytical B.V., the Netherlands）测定径流样品中的总氮（TN）、铵态氮（NH_4^+-N）、硝态氮（NO_3^--N）、可溶性有机氮（DON）、总磷（TP）等指标。

渗漏水采集与测定。稻田土壤渗漏液通过多孔渗漏管（中国科学院南京土壤研究所研制）来收集。多孔渗漏管是由直径为5 cm的PVC管制作，管的一端距边缘20 cm的管壁上均匀分布直径为0.5 cm的小孔，小孔被细微的尼龙纱网包裹，一根直径为0.5 cm的塑料管由PVC管另一端插入直至布满小孔端底部。由于试验地区地下水位深度为80～100 cm，因此设计渗漏管长度（埋入土平面下长度）为80 cm，分别安置于各小区，渗漏液采集通过真空泵来完成。通过快速反应渗漏计监测本试验地区的稻田渗漏速率为2 mm/d。因此本研究中N素渗漏量的计算以渗漏速率2 mm/d作为参考值。菜地、果园采用改进的淋溶盘法（中国科学院南京土壤研究所研制）收集测定渗漏损失量，茶园的径流包括了渗漏产生的壤中流，故未采集淋溶渗漏液。施肥后隔天采集渗漏液水样，共采4次，之后每间隔10 d采集1次。采集后样品立即保存在−20 ℃冰箱中待测。渗漏水样品中TN、NH_4^+-N、NO_3^--N、TP浓度通过流动分析仪分析测定。N、P渗漏总量=$N_j×D×T$，其中N_j、D、T分别代表渗漏水中各形态N、P的加权平均浓度、水稻移栽后至最后一次采样时间间隔、渗漏体积。

（二）不同土地利用方式下径流N、P排放强度

由图9-1可以看出，稻田径流TN浓度平均为4.6 mg/L，最高浓度达到15.4 mg/L，最低浓度为0.95 mg/L。

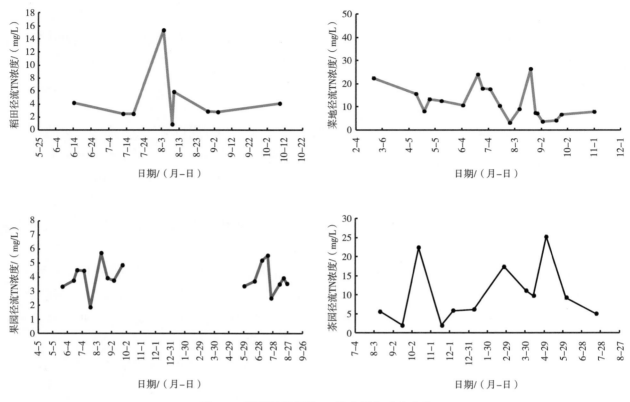

图9-1　稻菜果茶径流TN浓度周年动态变化

整个测定阶段仅8月9日监测浓度未超过地表水Ⅴ类标准（2 mg/L），超标占比为90%；菜地径流TN浓度平均为11.9 mg/L，最高浓度26.3 mg/L，最低浓度3.0mg/L，超地表水Ⅴ类占比100%；果园径流TN浓度平均为4.0 mg/L，最高浓度5.7 mg/L，最低浓度1.9 mg/L，仅7月20日监测浓度达标，超地表水Ⅴ类占比94%；茶园径流TN浓度平均为10.1 mg/L，最高浓度25.2 mg/L，最低浓度2.0 mg/L，仅9月中旬及11月中旬监测浓度略低于Ⅴ类水标准，超地表水Ⅴ类占比83%。径流TN浓度由大到小排序为菜地>茶园>稻田>果园，菜地径流TN浓度稍高于茶园，稻田和果园径流TN浓度接近。菜地径流TN浓度比稻田高1.6倍。4种土地利用方式下，在整个监测时段内超标均严重，整个降水产流时段都应作为排放监管的主要时期。

由图9-2可知，稻田径流NO_3^--N浓度平均为1.4 mg/L，最高浓度达到2.8 mg/L，最低浓度0.4 mg/L，均达到饮用水标准（10 mg/L）；菜地径流NO_3^--N浓度平均为10.3 mg/L，最高浓度25.1 mg/L，最低浓度2.3 mg/L，浓度超标主要集中在2—4月、5月初至7月中旬（可作为监管排放的主要时期），未达饮用水标准占比42%；果园径流NO_3^--N浓度平均为2.9 mg/L，最高浓度4.9 mg/L，最低浓度1.0 mg/L，均达到饮用水标准；茶园径流NO_3^--N浓度平均为9.6 mg/L，最高浓度24.5 mg/L，最低浓度1.5 mg/L，监测浓度超标主要集中在2—5月（可作为监管排放的主要时期），未达饮用水标准占比33%。径流NO_3^--N浓度由大到小排序菜地>茶园>果园>稻田，菜地和茶园径流NO_3^--N浓度相近，平均浓度10 mg/L左右，果园和稻田径流NO_3^--N浓度较低，全年保持在5 mg/L以下。因此，相比于稻田径流NO_3^--N浓度，菜果茶径流NO_3^--N平均浓度较高，其中稻田和果园径流NO_3^--N浓度可达到饮用水标准，菜茶浓度在部分时期超标，需要进行监管。

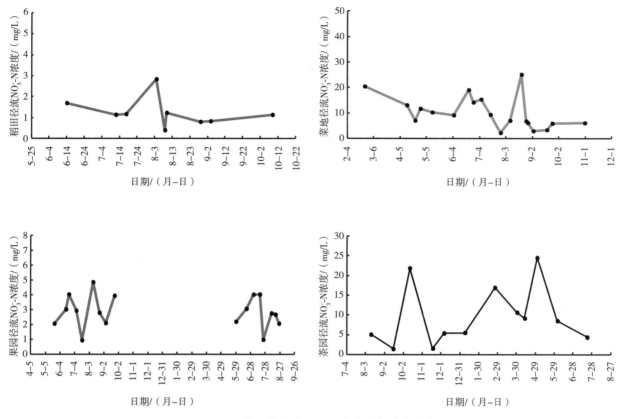

图9-2　稻菜果茶径流NO₃⁻-N浓度周年动态变化

由图9-3可以看出，稻田径流NH₄⁺-N浓度平均为2.6 mg/L，最高浓度达到10.8 mg/L，最低浓度0.3 mg/L，监测浓度在6月中旬和8月上旬时段超地表水Ⅴ类标准（2 mg/L），可作为排放监管的主要时期，超标占比为40%；菜地径流NH₄⁺-N浓度平均为0.4 mg/L，最高浓度1.9 mg/L，最低浓度0 mg/L，全部达到地表水Ⅴ类标准；果园径流NH₄⁺-N浓度平均为1.0 mg/L，最高浓度1.6 mg/L，最低浓度0.5 mg/L，全部达到地表水Ⅴ类标准；茶园径流NH₄⁺-N浓度平均为0.3 mg/L，最高浓度0.5 mg/L，最低浓度0.2 mg/L，全部达到地表水Ⅴ类标准。径流NH₄⁺-N浓度由大到小排序为稻田>果园>菜地>茶园，稻田径流NH₄⁺-N含量最高，除稻田外，其他径流NH₄⁺-N含量均达到地表水Ⅴ类标准。

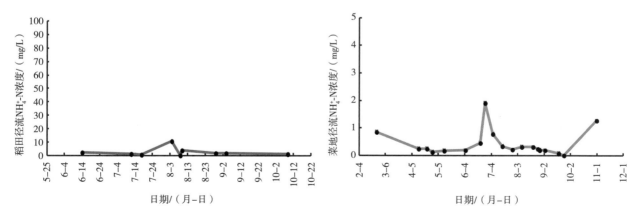

图9-3　稻菜果茶径流NH₄⁺-N浓度周年动态变化

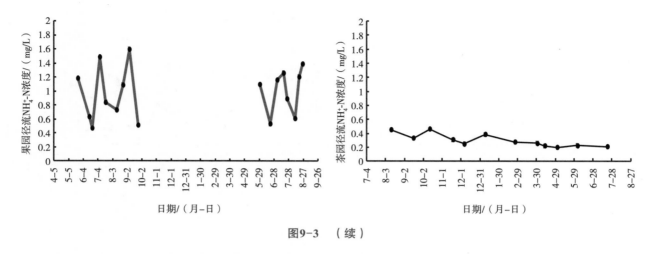

图9-3 （续）

由图9-4可以看出，稻田径流DON浓度平均为0.7 mg/L，最高浓度1.8 mg/L，最低浓度0 mg/L；菜地径流DON浓度平均为1.3 mg/L，最高浓度4.5 mg/L，最低浓度0.3 mg/L；果园径流DON浓度平均为0.1 mg/L，最高浓度0.4 mg/L，最低浓度0 mg/L；茶园径流DON浓度平均为0.2 mg/L，最高浓度0.5 mg/L，最低浓度0.1 mg/L。径流DON浓度由大到小排序为菜地>稻田>茶园>果园，菜地径流DON平均浓度最高。

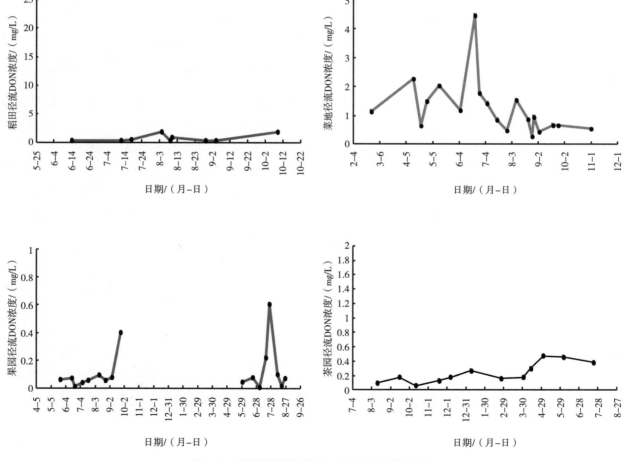

图9-4　稻菜果茶径流DON浓度周年动态变化

　　由图9-5可以看出，稻田径流TP浓度平均为0.5 mg/L，最高浓度达到1.3 mg/L，最低浓度0.1 mg/L，整个测定阶段中8月中旬至10月浓度超地表水Ⅴ类标准（0.4 mg/L），可作为排放监管的主要时期，超标占比为40%；菜地径流TP浓度平均为0.04 mg/L，最高浓度0.1 mg/L，最低浓度0 mg/L，全部达到地表水Ⅴ类标准；果园径流TP浓度平均为1.3 mg/L，最高浓度2.8 mg/L，最低浓度0.5 mg/L，超地表水Ⅴ类占比100%；茶园径流TP浓度平均为0.1 mg/L，最高浓度0.2 mg/L，最低浓度0 mg/L，全部达到地表水Ⅴ类标准。径流TP浓度由大到小排序为果园>稻田>茶园>菜地。其中，稻田径流TP浓度部分时期超过地表水Ⅴ类标准，而果园径流TP浓度最高，测量值均超过地表水Ⅴ类标准，整个阶段都要进行监管，菜地和茶园径流TP浓度低于稻田，测量值小于0.2 mg/L，全部达到Ⅴ类水标准。

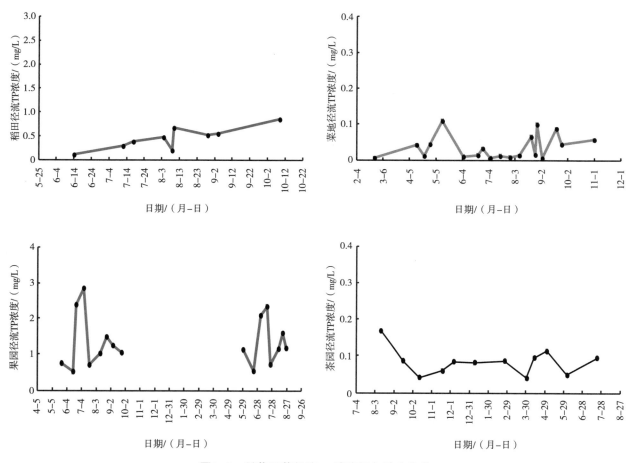

图9-5　稻菜果茶径流TP浓度周年动态变化

　　（三）不同土地利用方式下淋溶N、P排放强度

　　由图9-6可以看出，稻田淋溶TN浓度平均为1.9 mg/L，最高浓度3.3 mg/L，最低浓度0.9 mg/L，整个测定时段中6月下旬至7月中旬浓度超地表水Ⅴ类标准，超标占比为40%，可作为排放监管的主要时期；菜地淋溶TN浓度平均为59.7 mg/L，最高浓度128.6 mg/L，最低浓度13.6 mg/L，全部超过地表水Ⅴ类标准；果园淋溶TN浓度平均为3.3 mg/L，最高浓度4.9 mg/L，最低浓度1.4 mg/L，整个测定阶段仅3次略低于地表水Ⅴ类标准，且较分散，超标占比87.5%。淋溶TN浓度由大到小排序为菜地>果园>稻田。菜地和果园淋溶TN浓度均高于稻田，在整个阶段都需进行监管。

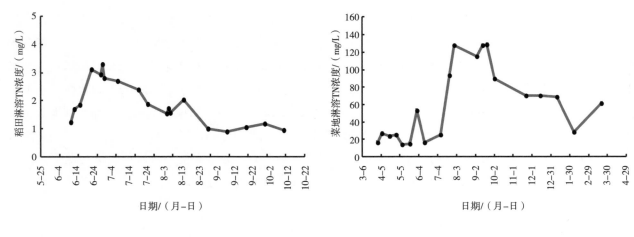

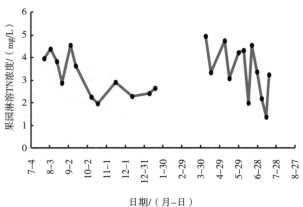

图9-6 稻菜果淋溶TN浓度周年动态变化

由图9-7可以看出，稻田淋溶NO_3^--N浓度平均为0.5 mg/L，最高浓度达到0.8 mg/L，最低浓度0.2 mg/L，全部达到饮用水标准；菜地淋溶NO_3^--N浓度平均为54.7 mg/L，最高浓度119.8 mg/L，最低浓度11.3 mg/L，全部超过饮用水标准；果园淋溶NO_3^--N浓度平均为2.3 mg/L，最高浓度4.0 mg/L，最低浓度0.3 mg/L，未超过饮用水标准。淋溶NO_3^--N浓度由大到小排序为菜地>果园>稻田，菜地和果园淋溶TN浓度均高于稻田，其中菜地淋溶NO_3^--N浓度最高，在整个阶段都要进行监管。

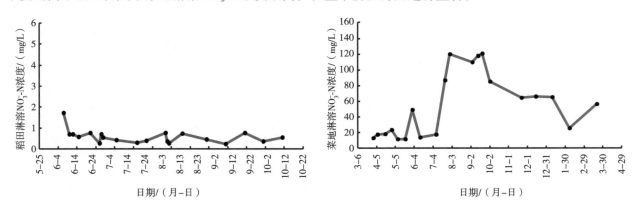

图9-7 稻菜果淋溶NO_3^--N浓度周年动态变化

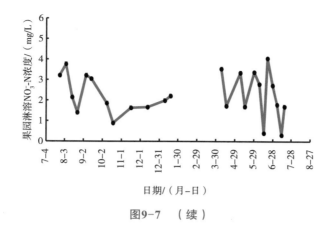

日期/（月–日）

图9-7　（续）

由图9-8可以看出，稻田淋溶NH$_4^+$-N浓度平均为1.0 mg/L，最高浓度达到2.2 mg/L，最低浓度0.1 mg/L，在整个测定阶段中6月浓度有2次超地表水Ⅴ类标准，可作为排放监管的主要时期，超标占比为10%；菜地淋溶NH$_4^+$-N浓度平均为0.7 mg/L，最高浓度2.2 mg/L，最低浓度0 mg/L，在7月末和9月中旬监测浓度有2次略高于地表水Ⅴ类标准，可作为排放监管的主要时期，超标占比为10%；果园淋溶NH$_4^+$-N浓度平均为0.8 mg/L，最高浓度1.5 mg/L，最低浓度0.2 mg/L，全部达到地表水Ⅴ类标准。淋溶NH$_4^+$-N浓度由大到小排序为稻田>果园>菜地。相比于稻田淋溶NH$_4^+$-N浓度，菜地和果园平均浓度较低。

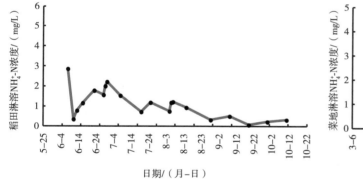

日期/（月–日）

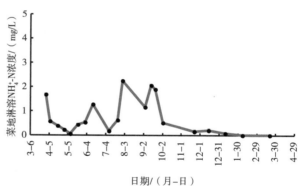

日期/（月–日）

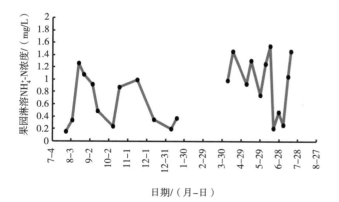

日期/（月–日）

图9-8　稻菜果淋溶NH$_4^+$-N浓度周年动态变化

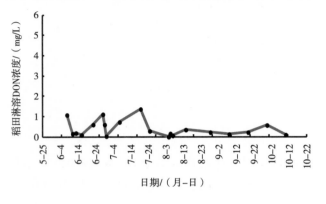
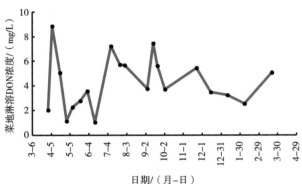

由图9-9可以看出，稻田淋溶DON浓度平均为0.4 mg/L，最高浓度达到1.4 mg/L，最低浓度0.04 mg/L；菜地淋溶DON浓度平均为4.3 mg/L，最高浓度8.8 mg/L，最低浓度1.0 mg/L；果园淋溶DON浓度平均为0.2 mg/L，最高浓度0.6 mg/L，最低浓度0.03 mg/L。淋溶DON浓度由大到小排序为菜地>稻田>果园。相比于稻田淋溶DON浓度，菜地浓度较高而果园较低。

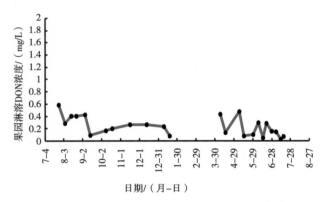

图9-9　稻菜果淋溶DON浓度周年动态变化

稻田土壤在长期水耕过程中，黏粒下沉淀积，形成结构紧实的犁底层，从而限制了P素下移，所以TP的淋溶量可忽略不计，不做监测。由图9-10可以看出，菜地淋溶TP浓度平均为0.03 mg/L，最高浓度0.11 mg/L，最低浓度0 mg/L，全部达到地表水Ⅴ类标准；果园淋溶TP浓度平均为1.1 mg/L，最高浓度1.9 mg/L，最低浓度0.4 mg/L，超地表水Ⅴ类标准占比100%，在整个阶段都要进行监管。果园淋溶TP浓度远大于菜地。

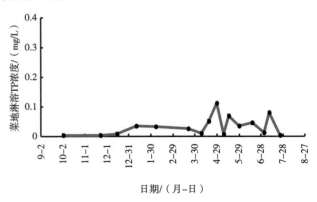
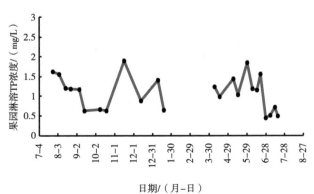

图9-10　菜果淋溶TP浓度周年动态变化

（四）分析与结论

（1）根据N排放强度监测数据，结合表9-4可以看出，N排放浓度排序为菜地>茶园>稻田>果园，菜果茶N排放强度比稻田高5.6倍，其中菜地N排放强度比稻田高2.6倍；根据P排放强度监测数据，结合表9-5可以看出，P排放浓度排序为果园>稻田>茶园>菜地，菜果茶P排放强度比稻田高4.1倍，其中果园P排放强度比稻田高3.8倍。以上结果说明果蔬茶园的氮磷排放强度已远高于稻田，成为农田N、P排放的优先控制对象。

表9-4　不同土地利用方式下N排放

		平均浓度/（mg/L）	浓度范围/（mg/L）	变异系数/%	超Ⅴ类水标准占比/%
径流	稻田	4.6	1.0～15.4	93.7	90.0
	菜地	11.9	3.0～26.3	58.3	100.0
	果园	4.0	1.9～5.7	25.4	94.1
	茶园	10.1	2.0～25.2	75.5	83.3
淋溶	稻田	1.9	0.9～3.3	41.5	40.0
	菜地	59.7	13.6～128.6	69.8	100.0
	果园	3.3	1.4～4.9	31.0	87.5
	茶园	—	—	—	—

注：茶园在丘陵坡地，径流包含了浅层淋溶，淋溶不单独作监测。

（2）不同排放途径下，稻菜果茶氮磷排放强度也有所差别：从径流途径看，径流N浓度排序为菜地>茶园>稻田>果园，其中稻田变异系数高于菜茶果；径流P浓度排序为果园>稻田>茶园>菜地。从淋溶途径看，淋溶N浓度排序为菜地>果园>稻田；由于稻田土壤有紧实的犁底层阻碍P素下移，所以P淋溶量可忽略不计，淋溶P浓度排序为果园>菜地。

（3）由表9-4和表9-5可看到稻菜果茶径流和淋溶的平均浓度、最高浓度、最低浓度及超Ⅴ类水标准占比。从径流方面来看，稻菜果茶田块排水口处周年径流TN浓度超Ⅴ类水占比都在83%以上；稻田径流TP浓度在8月中旬至10月浓度超过地表水Ⅴ类标准，该时段为主要发生时期；而果园径流TP浓度均超过地表水Ⅴ类标准，菜地和茶园径流TP浓度全部低于Ⅴ类水标准。从淋溶方面来看，稻田淋溶TN浓度在6月下旬至7月中旬浓度超过地表水Ⅴ类标准；菜地和果园淋溶TN浓度超Ⅴ类水占比都在87.8%以上；果园淋溶TP浓度100%超过地表水Ⅴ类标准；菜地TP浓度未达Ⅴ类水标准。

表9-5　不同土地利用方式下P排放

		平均浓度/（mg/L）	浓度范围/（mg/L）	变异系数/%	超Ⅴ类水标准占比/%
径流	稻田	0.5	0.1～1.3	65.0	40.0
	菜地	0.04	0.0～0.1	93.4	0.0

（续表）

		平均浓度/（mg/L）	浓度范围/（mg/L）	变异系数/%	超Ⅴ类水标准占比/%
径流	果园	1.3	0.5～2.8	52.2	100.0
	茶园	0.1	0.0～0.2	41.8	0.0
淋溶	稻田	—	—	—	—
	菜地	0.03	0.0～0.1	92.3	0.0
	果园	1.1	0.4～1.9	40.2	100.0
	茶园	—	—	—	—

注：稻田土壤在长期水耕过程中，黏粒下沉淀积，形成结构紧实的犁底层，从而限制了P素下移，因此TP的淋溶量可忽略不计，不做监测。茶园因为是形成壤中流，所以，淋溶和侧渗径流合二为一，所以，也不作淋溶监测。

三、区域面源污染负荷量估算

（一）面源污染负荷估算方法

区域尺度上农业面源污染负荷的估算及解析是掌握区域农业面源污染概况、精准制定面源污染控制策略的前提及关键。而农业面源污染因其形成过程受区域地形、气候、土地利用和植被覆盖等多种因素影响，具有随机性、分布范围广和产生机理复杂等特点，因此，区域尺度面源污染负荷的精确估算至关重要。当前常采用的估算方法有以下2种。

1. 输出系数模型法

输出系数法指利用污染物输出系数来估算流域输出的面源污染负荷，其特点在于能够利用土地利用状况、人口以及牲畜等资料，是一种集总式的简便面源污染负荷估算方法，属于经验统计模型。其以结构简单、应用方便、输入数据容易获取等特点在农业面源污染研究中得到了广泛的应用和发展。全国第一次、第二次污染源普查均采用该方法，土地利用方式细分为37种，并对径流和淋失进行了区分。其中输出系数的分类越细、考虑的影响因素越多，比如农田氮磷流失量可通过综合考虑施肥因素、降雨量及降雨强度、地形地貌、土壤性质和作物管理等多因素的多元回归模型来更精确地估计，其对区域/流域污染负荷的估算也越准确（夏永秋等，2018）。

2. 过程模型模拟法

我国应用较多的过程机理模型主要有SWAT模型、AnnAGNPS模型、HSPF模型等。其中SWAT模型应用最为广泛，其由水文模块、土壤侵蚀模块以及化学物质侵蚀模块3部分组成，能够很好地预测区域/流域管理措施对水质的影响，但所需资料量较大。AnnAGNPS模型将流域内具有相似水文性质的地区归纳为一个单元，并对其进行连续的模拟，可对流域内各种营养元素的流失量以及土壤的侵蚀速率进行估算，模拟过程和模拟结果准确可靠，具有良好的适用性。HSPF模型是连续性流域水模型，广泛应用于流域农业面源污染预测模拟。

（二）区域面源污染负荷估算及时空解析

陈亚荣等（2017）利用输出系数法估算了2010年长江流域的TN和TP面源污染负荷总量分别为141.96万t和5.32万t，农田的贡献率最高，其次是草地和森林，各子流域的贡献率由高到低为金沙江>洞庭湖>嘉陵江>鄱阳湖>岷沱江>汉江>上游干流区间>乌江>中游干流区间>下游干流区间>太湖；面源污染负荷强度较高的流域有上游干流区间、乌江和鄱阳湖流域。王雪蕾等（2015）对巢湖流域氮磷面源污染特征进行了遥感像元尺度解析，发现2010年巢湖流域TN和TP产生量分别为1 900.3 t和244.1 t，入河量分别为846.5 t和76 t；农业面源对巢湖氮污染贡献最大，而水土流失则对磷污染贡献最大；氮磷面源污染负荷削减50%需要施肥量减少30%、农村生活垃圾处理率提高到60%、畜禽粪便处理率和城市垃圾处理率提高到80%。熊昭昭等（2018）利用输出系数模型法分析了江西省的农业面源污染时空特征，发现2015年江西省农村地区TN及TP污染负荷分别为168.7 kt/a和58.8 kt/a；2011—2015年TN和TP污染负荷整体呈现逐年下降趋势，其中农村生活的贡献最高，其次是畜禽养殖、种植业和水产养殖；污染负荷呈西高东低的特点，污染强度呈中部高、四周低的特点，11个地市农村面源污染风险顺序为：南昌>萍乡>鹰潭>宜春>新余>抚州>上饶>赣州>九江>景德镇>吉安。赵永强等（2021）利用ArcSWAT模型对丹江口水库一级支流老鹳河流域的面源氮负荷进行了估算和源解析，发现化学氮肥施用和大气沉降是老鹳河流域面源氮的主要污染源，分别贡献了47.6%和38.6%；大气沉降、畜禽养殖和化学氮肥施用造成的入河氮量最大值均出现在3月，最小值均在12月；雨季是老鹳河流域控制面源污染氮的关键期，旱地、园地和水田需重点减控化学氮肥施用。龚世飞等（2021）应用输出系数法估算了丹江口水源涵养区谭家湾流域的污染负荷，发现2020年比2015年农业面源污染负荷量下降了66%，主导污染源由种植业转变为畜禽养殖，尤其是生猪养殖，TN是流域内最主要的农业面源污染物。钱晓雍等（2011）利用输出系数法解析了上海市农业面源污染TN和TP排放量分别为1.13×10^4 t/a和0.44×10^4 t/a，最主要污染源为畜禽养殖（贡献66.31%），最主要污染物为TP，主要污染源区位于上海南部以及崇明岛等农业产值相对较高且距离水源保护区较近的远郊区域。卢少勇等（2017）利用输出系数法分析了长江中下游区域洞庭湖农业面源污染排放特征，发现TN负荷量旱地最高，其次是水田、畜禽养殖、农村生活和林地；TP的污染负荷量则以畜禽养殖最高，其次是旱地、水田、农村生活和林地；TN、TP污染的空间分布一致，桃源、汉寿、澧县、鼎城、南县、安化、华容、平江等区域输出负荷量高，是流域优先控制区，并提出了相应的控制对策。

应用输出系数模型测算了2011年太湖流域TN及TP面源污染负荷为39.81万t/a和5.59万t/a，整体呈现为北区>浙西区>湖西区>南太浦区>湖东区的趋势；对太湖流域苏州片区的解析发现苏州片区水产养殖业的氮磷污染排放量是种植业和畜禽养殖业总和的4倍以上，是面源污染的主要来源。基于SWAT模型的太湖流域面源氮磷负荷变化研究发现，太湖流域1980—2018年TN、TP负荷量总体呈下降趋势，下降总量分别为4.06万t、1.77万t，主要和土地利用方式由耕地向建设用地的转变有关；TN、TP负荷变化空间分布上表现较为一致，均是西北高、西南低的特点；镇江地区TN、TP负荷增加最大，且由北向南逐渐增加；杭州和湖州地区TN、TP负荷削减最大，且由北向南逐渐增加。

（三）区域农田氮磷流失的主控因素

1. 降雨

降雨是稻田径流氮磷流失的主要驱动因素。降雨因年际效应具有随机性高、难预测等特点，因此由不同强度和历时的降雨造成的稻田产流将导致不同的氮磷流失特征。通过对长江中下游地区太湖流域苏州市1965—2016年的降水量数据分析，并结合实际径流监测结果，识别了太湖流域稻季和麦季的径流易发期，其中稻季基肥期和蘖肥期（6月初至7月中下旬）是径流发生的高风险期，而麦季中2月和3月是径流发生的高风险期，12月、4月和5月是次高风险期（严磊等，2020）。

2．施肥量

降雨决定了径流是否发生，而氮磷径流损失的大小则受施肥量的显著影响。研究发现，长江中下游地区稻麦轮作农田无论是径流氮损失、渗漏损失还是氨挥发损失均随施氮量的增加而增加，其中氨挥发损失与施氮量呈显著线性正相关，而径流与渗漏氮损失则与施氮量呈显著指数正相关。稻田总氮径流损失的主要影响因素为施氮量和降雨量（夏永秋等，2018）。稻田径流水中磷素浓度和磷的径流损失量均随着施磷量的增加而显著增加。文献meta分析也发现，TP径流损失量与施磷量、降雨量显著正相关。

3．土壤质地与养分含量

通过文献检索，meta分析了我国农田氮磷背景径流流失量（即不施肥下的氮磷流失量）及其影响因素数据并进行了回归分析，结果发现稻田径流氮损失还与土壤黏粒含量和总氮含量显著正相关，与土壤pH值和有机质呈负相关，而农田TP径流损失量与黏粒含量显著负相关。土壤磷素随径流流失的量随土壤速效磷含量增加而提高，但在土壤速效磷含量达到一定累积水平之前，径流流失的磷量随速效磷的增加非常有限，一旦达到临界值后径流流失的磷量便会迅速增加，这个临界值称为土壤磷素的环境警戒值。

第二节　河网区面源污染防控技术

一、稻田

（一）基于土壤地力和水稻实时生长信息的精准按需施肥技术

1．技术背景

长江中下游地区稻田肥料使用仍以常规化肥（尿素、氮磷钾复合肥）为主，采用多次施肥策略（稻季施肥一般3～4次）。为方便，农户往往基蘖肥用量过大（占施氮量的60%～80%），而前期水稻苗小需肥少，肥料流失严重。此外，农田以分散农户种植为主，施肥量不一致等也造成了区域尺度上土壤地力的不均衡。因此，为提高肥料利用率，降低面源污染风险，亟须根据土壤地力的不同进行精准减量施肥，保证高产可持续的同时减少化肥损失。

2．技术原理

在测土配方施肥的基础上，根据土壤地力对氮肥的分配比例进行优化，融合作物长势实时诊断技术对追肥进行精确调控，确保高产的同时提高肥料利用率。技术原理主要包括：①根据作物高产需求科学计算氮肥需要量，保证肥料不过量施用。②根据土壤地力合理分配基、蘖肥用肥比例，避免前期用肥过多造成的肥料损失严重问题。③根据作物长势如叶色、冠层光谱等实时诊断穗肥用量，避免施肥过多或不足造成的负面影响，确保高产。

3．技术工艺参数

（1）合理施氮量。采用以下公式进行计算确定

$$N = Y \times N_{100} \tag{9-1}$$

式中，*N*为理论推荐施氮量（kg/hm²）；*Y*为目标产量（kg/hm²）；N_{100}为百千克籽粒吸氮量（或者称为氮系数），在当前高产条件下，长江中下游流域主推的籼稻品种建议取值1.8，粳稻品种建议取值2.1，杂交稻建议取值1.7（薛利红等，2016）。

（2）氮肥分配比例。根据土壤地力确定适宜的氮肥分配比例，研究发现，土壤肥力水平决定了产量潜力的高低，在同等氮肥用量下高肥力土壤的产量明显高于低肥力土壤；且适宜的前后期比例也因土壤肥力的不同而不同，水稻前后期用肥比例随肥力水平的增加而下降，低肥力下6∶4最佳，中肥力和高肥力下5∶5最佳，此时的产量和氮肥利用率均最高。基蘖肥运筹比例对产量及氮素利用率的影响因地力水平的差异而不同。低肥力土壤下，随着蘖肥比例的增加，分蘖速度增加，高峰苗数降低，干物质积累和产量均呈现先增加后减少的趋势，在基蘖肥比例为3∶7时（总氮用量为300 kg N/hm²），产量和氮肥利用率最高，分别为13.12 t/hm²和41.50%。在高肥力土壤中，基蘖肥的运筹对产量以及氮肥利用率等的影响不显著（范立慧等，2016）。

（3）根据作物长势实时调整穗肥用量。可采用基于叶色的水稻实地氮肥推荐法（SSNM），能在保证产量的基础上，减少农户氮肥用量20%~40%，减少TN渗漏损失38%和径流损失26%。本技术的关键点是在水稻关键施肥期根据水稻叶片叶色（SPAD读数）对追肥用量进行实时调整，若实测叶片SPAD值低于临界值，说明水稻呈缺氮状态，需要在原追肥用量的基础上多施氮肥；若高于临界值，则说明水稻呈氮过剩状态，需要在原追肥用量的基础上减少用量。江苏地区常规籼稻品种的叶片SPAD阈值为35，常规粳稻品种为37。实际应用中，一般取临界值加减一个单位为适宜的SPAD值范围，增减的氮肥用量多以10 kg/hm²为标准。也可对该技术进行简化，根据倒三叶和倒四叶的叶色差来判断。此外还可根据作物冠层归一化植被指数（NDVI）进行诊断精确施肥。

4. 技术应用效果

在江西双季稻区的示范应用结果发现，推荐施氮量因土壤田块地力的不同而不同，早、晚稻的推荐施氮量分别为157.5~181.5 kg/hm²、165~187 kg/hm²，比农户施氮量减少了1%~18%，平均减少8%~9%，但早、晚稻产量比农户平均增产7.1%和7.6%，氮肥农学效率分别提高了30%和47%。以上结果说明，基于作物长势的穗肥调控技术能够根据作物的实时长势以及作物高产氮素需求对氮肥用量进行及时矫正，可有效避免过量施肥或者施肥不足带来的不利影响，从而确保高产并减少氮素的损失。

（二）基于水稻专用低磷缓混肥一次深施的稻田氮磷减量增效减排技术

1. 技术背景

长江中下游地区作为我国水稻主产区，农户施肥多以常规化肥为主，化肥施用强度大，苏南地区稻季亩施氮量高达17~25.3 kg（折纯N），远超作物实际需求量；稻季施肥一般3~4次，多采用人工撒施和表施，用工多且氮肥利用率低（仅40%左右），大量的氮磷流失到周围环境中，是周边水体富营养化的主要污染源之一。近年来随着我国土地流转规模日益扩大以及劳动力的日益短缺，省工节本又能减少施肥量降低养分损失的技术需求日益迫切，尤其是适宜机械化作业的施肥技术。针对上述问题，以提高养分利用率为核心，以机械化作业为抓手，面向未来规模化农业发展需求，通过水稻专用缓控释掺混肥和先进的水稻插秧侧深施肥机械的融合，实现肥料的深施与插秧施肥的同步作业，减少后期2次追肥，保证水稻高产并有效提高肥料利用率，并实现氮肥和磷肥的同步减量和氮磷的同步减排，节肥节工减排，环境效益显著。该技术简单实用，应用效果良好，先后入选《江苏省水污染防治技术指导目录（2018年版）》、2020和2021年度农业农村部十大引领性技术和江苏省主推技术（水稻机插缓混一次施肥技术）等，尤其适用于规模农场及专业合作社。

2. 技术原理

肥料选择不同控释速率氮肥优化掺混的水稻专用缓混肥，可实现肥料氮释放曲线与水稻吸收曲线的吻合，确保一次性施肥满足水稻高产对氮素的需求，提高氮肥利用率；在测土配方施肥的基础上，综合考虑了磷肥的"旱重水轻"原则，即淹水条件下土壤磷有效性提高的原理，在肥料配方上采用低磷掺混肥配方（N-P$_2$O$_5$-K$_2$O=30-6-12），实现了氮磷的同步减量。插秧侧深施肥一体化机械的配套施用，实现肥料定位深施于两行之间（施肥深度5 cm左右），不仅提高了作业效率，又显著提高了肥料利用率，还降低了田面水氮浓度，减少了氨挥发损失和氮磷径流流失风险。

3. 技术要点及相关参数

（1）肥料的选用及用量的确定。选择低磷配方的水稻专用新型缓控释掺混肥；氮肥用量在最佳施氮量[施用量参照斯坦福公式确定（凌启鸿，2007）]的基础上下调10%~15%。水稻推荐氮素施肥量为200 kg N/hm^2。

（2）侧深施肥机械及施肥深度的选择。选择插秧侧深施肥一体化机械，结合插秧进行一次性侧深施肥作业，施肥深度5 cm左右（3~5 cm）。

（3）整地及插秧的要求。小麦收获后水稻移栽前干旋土地，土地旋耕后上水泡田平田。秧苗两叶一心期移栽利用插秧施肥一体化机器进行插秧施肥作业。秧苗栽插密度为30 cm×14 cm（行×株）为宜。

（4）水分管理。坚持缓苗期湿润灌溉，分蘖前期间歇灌溉，分蘖中后期及早晒田，孕穗抽穗期灌寸水，灌浆期干湿灌溉的原则进行水分管理。

（5）是否需要追肥的判断。水稻生长期间密切关注水稻长势，如果拔节期落黄过度（倒4叶叶色浅于倒3叶），可在穗分化期追施速效氮肥15~30 kg N/hm^2。

4. 技术应用效果

本技术可实现肥料的侧深施和氮磷用量的同步双减，产量较农户施肥模式增加3%~5%，氮利用效率可较农户施肥模式提高5%~8%，径流氮磷分别减排37.5%~64.7%和18.2%~49.7%，氨挥发减排40%以上（侯朋福等，2019）。大部分时段农田出水可达到地表Ⅳ类水标准。如果不考虑机械租用带来的额外成本（即与普通插秧机的价格一致），每亩可增效100~300元。

该技术于2013—2015年在宜兴市周铁镇进行了示范应用（图9-11）。示范田采用日本井关插秧施肥一体化机器进行插秧作业，采用南京农业大学的专利水稻专用缓控释掺混肥（江苏汉枫缓释肥有限公司生产，N-P$_2$O$_5$-K$_2$O=24-12-8）结合插秧进行一次性作业，正常水分管理，后期不追肥。与农户施肥处理相比，化肥氮用量可由300 kg/hm^{2}降低到200 kg/hm^2，水稻产量增加了9.8%，氨挥发损失显著降低了38%，田面水TN浓度平均降低了32.8%，氮肥利用率从34%提升到42.8%。2018年，在南京市汤山街道阜庄社区太和水稻种植专业合作社的大面积（250亩）示范结果表明，采用宽窄行（33/17 cm×12 cm）和等行距（30 cm×12 cm）栽插两种插秧侧深施肥一体化机器进行掺混控释肥（N-P$_2$O$_5$-K$_2$O=23-11-17）的一次性基施，实施氮肥用量分别为131（宽窄行）和173（等行距）kg N/hm^2，比周围传统农户下降58~62 kg N/hm^2，减少2次追肥，亩节成本80多元，亩平均增产22 kg，按正常稻谷售价计算，亩节本增收近150元。由于该种植合作社有自己的品牌大米，售价5元/kg，实际上采用该技术亩节本增收300多元。

低磷配方水稻专用新型缓控释掺混肥　　　　　　　插秧侧深施肥模式图

图9-11　基于水稻专用低磷缓混肥一次深施的稻田氮磷减量增效减排技术示范

（三）稻田浅灌深蓄节水控排技术

1. 技术背景

长江中下游地区由于降水充沛且多集中在6—9月，因此，稻田径流是氮磷流失的主要途径。而稻田径流发生主要由降水驱动，径流量由降水量、稻田田面水深度和排水口高度综合决定。传统农户多采用淹水灌溉，水深一般在5~8 cm。而且在生产实际中为了管水方便，多采用平水缺的方法，平水缺的高度一般就设置在5~8 cm，全生育期相同。此外，生产中插秧前需要泡田整地，尤其是秸秆还田的稻田，但实际泡田时的灌水量往往较大，为了方便整地插秧还多有排水的现象产生，这也造成了基肥中的氮磷养分及秸秆腐解后相关有机产物的流失，加剧了面源污染。水稻是喜水作物，但不同生育阶段对水分的需求存在差异。因此，根据水稻各生育期的需求规律进行科学用水灌水，是水稻稳产减排的重要措施。而稻田是在田埂包围下形成的封闭体系，而水稻不同生长阶段的耐盐能力也有所不同，因此，为了最大化提高降雨蓄水能力，对排水口的高度进行合理动态调整也是减少排水的重要手段。

2. 技术原理

节水灌溉减少面源污染的原理在于：①通过降低稻田田面水深度来增加降雨时持水能力，使得稻田径流概率大大减少，降低了排水量；②灌溉水量减少降低了稻田表层水的水压，削弱了稻田水分下渗的动力，抑制了氮磷向下的淋失；③较薄的水层有利于土壤及其表层水中微生物活性的增强及数量的增加，提高了氮素吸收利用率；④使土壤通气性增强，氧化还原电位增加，从而加速磷形成难溶化合物而固定，降低了磷素流失的潜能。

此外，根据不同水稻生长阶段其耐淹能力不同的特性，在水稻生育期内动态调整排水口高度，可有效增加稻田的蓄水能力，减少径流的发生从而降低氮磷流失。

3. 技术参数

稻田田埂高度以20～25 cm为宜。水稻插秧前泡田灌溉水深以3～5 cm为宜，做到插秧前不排水，不应多灌后再排。

水稻插秧后或分蘖期后实行干湿交替灌溉技术，降低田面水层，减少降雨时径流发生机会。水稻生育期内应结合天气预报，及时调整稻田灌排方案。如近期预报有降雨时，可推迟灌水，或根据雨量预报，适量减少灌水量。根据水稻不同时期的耐淹水深适时调整排水口高度，稻田排水口的适宜高度见表9-6。在大面积推广应用时，稻田只要在施肥后一周内避免排水事件的发生，就能有效避免氮磷随径流或排水的流失，起到良好的减排效果。

表9-6 水稻耐淹水深、耐淹历时和推荐排水口高度

生育时期	耐淹水深/cm	耐淹历时/d	蓄雨上限/cm	适宜排水口高度/cm
返青期	3～5	1～2	8	5
分蘖期	6～10	2～3	8～12	10
拔节孕穗期	14～25	4～6	14～20	20
灌浆成熟期	30～35	4～6	10	10

注：耐淹水深和耐淹历时数据来自国家标准《GB 50288—2018灌溉与排水工程设计标准》，蓄雨上限数据来自江苏省地方标准《DB32/T 2950—2016水稻节水灌溉技术规范》，推荐排水口高度来自江苏省地方标准《DB32/T 4642—2022太湖流域稻麦轮作农田化肥增效及氮磷减排技术规范》。

4. 技术应用效果

节水灌溉（间歇灌溉和湿润灌溉）相较于传统的淹水灌溉，可明显减少灌水次数和灌水量，节水25%左右，能显著降低排水中氮磷浓度，减少20%～30%的总氮流失（Liang et al., 2017）和10%左右的总磷流失，并能降低渗漏水量和减少渗漏氮损失量，同时保证高产。采用干湿交替灌溉模式在某些年份甚至可以不排水，对氮磷流失的拦截效果达到100%。在节水灌溉的基础上，结合降雨信息，将田间烤田取代人工田间排水，确保在水稻全生育期内只灌不排，可使一季水稻的总磷、溶解态磷和颗粒态磷的净排放负荷分别降到了-0.65 kg/hm²、-0.30 kg/hm²和-0.17 kg/hm²，使稻田由输出磷素的"源"转而成为截流净化磷素的"汇"，起到了净化水体的作用。稻田的浅灌深蓄模式（即提高田埂高度，降低每次灌水的深度），比常规灌溉能减少排水量44.7%。在此基础上发展的智能灌溉系统在江西双季稻的应用表明，早稻可节水50%以上，增产6%～14%，减少排水56%～72%，降低氮磷流失60%以上；晚稻可节水14%～24%，增产9%～10%，减少排水80%以上，降低氮磷流失80%以上（表9-7）。

表9-7 智能灌溉系统在双季稻应用效果

稻季	节水		增产		减排					
	节水量/（m³/hm²）	比例/%	量/（kg/hm²）	增幅/%	排水量/（m³/hm²）	减幅/%	氮减排/（kg/hm²）	减幅/%	磷减排/（kg/hm²）	减幅/%
2017早稻	1 430	50	412	6.4	1 105	72	25.86	85	2.43	80
2017晚稻	528	14	795	10.4	436	83	9.38	90	0.71	83
2018早稻	840.5	90	811.5	14.3	462	56	23.1	65	4.61	66
2018晚稻	1 120	24	766.5	9.1	0	—	—	—	—	—

（四）稻田的增氧控污减排技术

1. 技术背景

稻田土壤的通气状况是影响秸秆还田水稻根区微环境以及水稻生长发育的关键因子。水稻根系维持正常生理活动的土壤含氧量为3%~5%，当根表氧浓度低于0.001 mol/m³时，根停止生长。稻田长期淹水环境下会造成土壤氧气缺乏，对水稻生长发育产生不利的影响。尤其是秸秆还田时，其在稻田厌氧环境条件下易产生还原性有毒物质，对水稻根系产生毒害效应，从而影响水稻发苗，并且CH_4排放明显增加。同时秸秆还田稻田田面水中的COD浓度得到不同程度的提高，增加了COD排放的风险。因此如何改善稻田尤其是秸秆还田稻田土壤的通气状况，提高水稻根际含氧量，减少秸秆还田带来的不利影响，降低面源污染风险，越来越受到关注。研究发现充氧灌溉可作为减轻水稻根部缺氧的有效工具，尤其是随着微纳米气泡发生装置的成功研制，可以使氧气在水中处于微纳米气泡（气泡直径在100 nm至10 μm）状态，达到更稳定的溶氧效果，也使得水稻高效增氧成为可能。在此背景下，江苏省农业科学院和江西省农业科学院系统开展了稻田增氧灌溉对双季稻田以及不同秸秆还田稻田水稻生长、氮磷利用与排放、COD及CH_4排放的影响研究，提出了基于稻田增氧灌溉的面源污染减排技术。

2. 技术原理

基于稻田增氧灌溉的面源污染减排技术主要是通过增氧装置如微纳米气泡发生装置，将空气中的氧气（或纯氧）切割，在水中处于微纳米气泡（气泡直径在100 nm至10 μm）状态，从而迅速提高灌溉水体的溶氧值，实现对水稻等作物的根际灌溉。由于微纳米气泡小，气泡在水中的上升速度非常缓慢，仅为普通气泡水的几千分之一，甚至会出现悬停现象，所以水中溶解氧在水体中存在时间长，因此增氧效果更为稳定。同时微纳米气泡水特有的带电性、氧化性、杀菌性等使其具有特殊的生物生理活性，能促进水稻等植物的生长发育。水稻微纳米气泡水增氧提效灌溉技术主要是通过在水稻关键生育期进行针对性的微纳米气泡水增氧灌溉，从而有效改善水稻根际土壤微环境的氧气状况，增强土壤通透性，促进水稻根系有氧呼吸，提高根系对氮磷等营养物质的吸收，增强植株的光合作用，从而增加水稻的干物质积累，最终实现产量的提高和氮磷养分和水分资源的高效利用，减少氮磷等面源污染物排放。

3. 技术工艺参数

该技术中增氧装置非常关键，需要选择正规厂家生产的安全合格的微纳米气泡泵。根据灌溉面积确定微纳米气泡泵的规格和动力，一般10亩以下可用空气源微纳米气泡泵，10亩以上可用氧气源微纳米气泡泵。田块面积越大，微纳米气泡泵的动力也越大。

实际操作中，将微纳米气泡泵放置于泵站或稻田边蓄水池中，灌溉时将灌溉水和空气（或氧气）吸收到微纳米气泡水泵中，形成微纳米气泡水进入灌水渠道，进入稻田。灌溉需要根据水稻的需水规律进行微纳米气泡水的灌溉，移栽返青期早稻浅灌1~2 cm微纳米气泡水，若遇低温，可适当留深水保温，晚稻浅灌2~3 cm。在分蘖前期，早晚稻每次浅灌2~3 cm微纳米气泡水，保持2~3 d浅水层和2~3 d无水层，不宜灌深水和长期淹水。分蘖后期，当茎蘖数达到预期有效穗数80%时开始晒田，早稻每兜苗数6~7根时，晚稻每兜苗数7~8根时开始搁水晒田。晒到田边有裂纹、田间稍硬、田面有白根露出、人站在田里有脚印，不要重晒。晒田以后间歇灌溉，即每次灌3~5 cm水层微纳米气泡水，停灌，自然渗干到地面无水时再灌3~5 cm水层微纳米气泡水，如此反复直到水稻孕穗为止。孕穗到抽熟期，早晚稻均浅灌3 cm微纳米气泡水，多保留水层，间或露田1~2 d。晚稻如遇低温可适当增加水深以保温。灌浆到黄熟期，早晚稻均宜灌微纳米气泡跑马水，不留水层，以露田为主。黄熟到完熟期，早稻宜收获前5 d断水，晚稻收获前10 d断水。

秸秆还田稻田尤其是稻秸或麦季还田稻田，建议在生育前期（分蘖期和拔节期）加大增氧的频率，从而确保增氧的效果。

4. 技术应用效果

该技术2018年在南昌县向塘镇高田礼坊村的双季稻田进行了应用（图9-12）。

图9-12　微纳米气泡灌溉实景

在施肥等其他条件一致的条件下，如表9-8所示，与常规自来水灌溉相比，采用微纳米气泡增氧提效灌溉技术，显著提高了早晚稻氮磷钾的积累量以及双季早晚稻的有效穗数、穗粒数、结实率和产量，其中早稻季增产9.9%，晚稻季增产39.2%，增产效果非常明显。采用该技术能有效减少稻田耗水量、灌水量和排水量，提高了水资源利用效率（WUE），早稻季WUE提高35%，晚稻季WUE提高66%，具有较好的节水效果（表9-9）。采用该技术可显著减少氮磷排放量，早稻季减少氮排放23.2%，晚稻季减少氮排放31.1%，早稻季减少磷排放259%，晚稻季减少磷排放33.3%。

稻-旱轮作农田不同秸秆还田下增氧灌溉对稻田甲烷排放以及田面水COD浓度的影响研究结果发现，与不增氧处理相比，增氧处理明显降低了秸秆还田后田面水中的COD浓度，3种秸秆还田处理（麦秸、油菜秸秆和蚕豆秸秆）的规律表现一致，COD降幅达到了15%~32%（图9-13）（胡锦辉等，2023）。

表9-8　不同灌溉处理对双季稻产量及其构成的影响

类别	处理	穗数/（×10⁴/hm²）	每穗总粒数	结实率/%	千粒重/g	实际产量/（kg/hm²）
早稻	增氧灌溉	241.5	132.2	81.4	26.8	6 840.0
	普通灌溉	235.5	128.8	79.5	26.6	6 222.0
晚稻	增氧灌溉	234.0	190.2	68.6	25.9	7 405.0
	普通灌溉	209.5	168.7	62.8	25.9	5 321.5

表9-9　不同灌溉处理对用水和氮磷排放的影响

类别	处理	灌水量（m³/hm²）	排水量（m³/hm²）	耗水量（m³/hm²）	氮排放量（kg/hm²）	磷排放量（kg/hm²）	WUE
早稻	增氧灌溉	743.54	2 889.45	4 447.09	24.2	0.54	1.54
	普通灌溉	1 870.50	3 252.65	5 210.85	31.5	0.72	1.19
晚稻	增氧灌溉	1 523.43	448.50	4 228.93	10.4	0.32	1.75
	普通灌溉	2 598.58	868.50	4 884.08	15.1	0.48	1.09

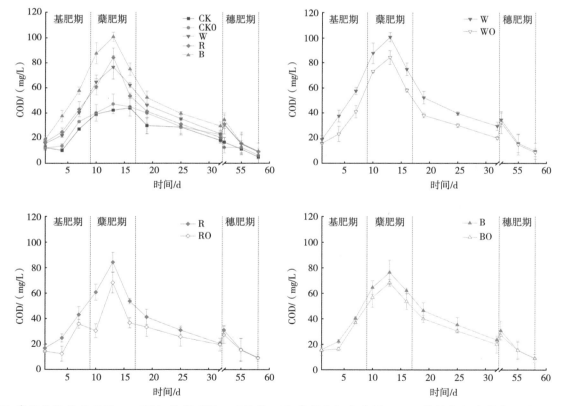

　　CK. 常规化肥秸秆不还田；CK0. 秸秆不还田不施氮；W. 常规化肥麦秸还田；R. 常规化肥油菜秸秆还田；B. 常规化肥蚕豆秸秆还田；WO. 常规化肥麦秸还田+增氧；BO. 常规化肥蚕豆秸秆还田+增氧；RO. 常规化肥油菜秸秆还田+增氧。

图9-13　不同处理下田面水COD浓度的动态变化

秸秆还田稻田CH₄的排放主要集中在移栽后前40 d，即基肥期和蘖肥期。不同处理之间，麦秸还田处理CH₄排放最高，豆秸还田处理最低。增氧措施同时降低了秸秆还田处理的CH₄和N₂O排放量，其中CH₄排放分别降低了24.8%（麦秸还田）、18.5%（油菜还田）和10.4%（豆秸还田），3种秸秆还田处理下均达到显著水平，而N₂O排放仅麦秸还田处理达到显著水平；最终的GWP降幅在9.7%~24.4%，均达到显著水平（表9-10）。产量结果显示，增氧处理后，3种秸秆还田处理的水稻产量均略有增加，但未达到显著水平（表9-10）。

表9-10 CH₄和N₂O排放总量及全球增温潜势

秸秆还田类型	灌溉处理	CH₄排放总量/（kg/hm²）	N₂O排放总量/（kg/hm²）	全球增温潜势/（kg/hm²）	水稻产量/（t/hm²）
蚕豆秸秆	常规灌溉	318.78 ± 8.4d	2.31 ± 0.07ab	9 538 ± 254d	10.63 ± 0.69a
	增氧灌溉	285.67 ± 7.5e	2.27 ± 0.07ab	8 600 ± 229e	10.66 ± 1.20a
麦秸	常规灌溉	745.64 ± 5.0a	2.35 ± 0.09a	21 501 ± 164a	10.75 ± 1.76a
	增氧灌溉	368.30 ± 5.0c	2.02 ± 0.02c	10 929 ± 143c	10.89 ± 0.36a
油菜秸秆	常规灌溉	560.86 ± 12.5b	2.33 ± 0.01ab	16 239 ± 369b	10.62 ± 0.55a
	增氧灌溉	300.01 ± 7.8e	2.22 ± 0.07b	8 989 ± 237e	10.73 ± 0.26a

注：同一列不同字母表示不同处理之间存在显著差异（P<0.05），表中数据为平均值±标准差，下同。

（五）基于水汽界面阻控的稻田氨挥发减排技术

1. 技术背景

氨挥发是稻田系统氮损失的主要途径之一，其带来的氮损失比例可高达到总施氮量的9%~40%，高于径流和渗漏途径的氮损失。而且挥发到大气的氨有很大一部分又通过干湿沉降回到地面而被认为对面源污染有间接贡献，据报道，太湖流域宜兴地区湿沉降（雨水）中70%左右的铵来源于农田氨挥发，干沉降中有40%来源于农田氨挥发。而当前基于调控氮肥用量的氨挥发排放削减技术并不能降低氨挥发途径的氮损失比例。如何在氮肥减投基础上进一步削减稻田氨挥发排放，是提升氮肥利用效率的难点。而稻田氨挥发是田面水中游离的铵根离子转换成氨气分子逃逸出水面的一个物理挥发过程，通过液-气界面的阻隔作用来拦截氨气分子，也是氨挥发控制的另一个途径。江苏省农业科学院通过在稻田喷施表面分子膜材料和覆盖稻糠等手段来减少稻田氨挥发，取得了较为理想的效果。

2. 技术原理

该技术的原理是：①通过物理阻隔作用，减缓田面水蒸发，阻拦氨分子逃逸挥发出田外。②通过调控田面水的pH值而调控氨挥发。有些两性分子材料本身带酸性基团，可影响在界面环境的酸碱度；适宜添加量的农业废弃物粉末因腐解过程有机酸的释放，也可显著降低田面水pH值。③通过降低化肥施用后田面水铵态氮浓度的峰值来减少氨挥发排放。农业废弃物粉末对田面水中的铵态氮存在一定吸附作用，可在肥后1~3 d减缓肥后田面水铵态氮含量的急速上升。膜材料中的两性分子材料和农业废弃物粉末影响氨挥发的途径有所不同。

3. 技术工艺参数

根据稻田的植被盖度和田面水pH值选择合适的界面阻隔材料。当稻田中植被盖度大于或等于50%，推荐采用两性分子材料和水（选择性包含助溶剂）；当稻田中植被盖度小于50%，还应增加农业废弃物粉末进行覆盖。

两性分子膜材料的选择首先要关注其环境友好性，综合考虑其成膜停留时长、酸碱度、价格等因素，推荐采用动植物油脂和脂肪酸类，可选用其中一种或多种进行混合。使用前，应将两性分子材料与水按照（1:9）~（1:4）的比例进行混合。可视两性分子材料属性添加一定比例助溶剂，协助一种或多种成膜材料互溶且在水面延展，两性分子材料与助溶剂添加比例在（1:10）~（1:5）范围。膜材料中的农业废弃物粉末选择易获得的轻质农业废弃生物质，如稻糠、椰糠，麦秆等，粉末粒径范围为20~40目。两性分子材料、水、助溶剂的混合液体用量以5~10 L/亩为宜，不应超过25 L/亩；农业废弃物粉末使用量在15~25 kg/亩为宜，不应超过40 kg/亩。淹水状态下，每次施用氮肥均需同步添加膜材料于田面水层上。膜材料的添加应在施肥后2 h内完成，将两性分子材料、水、助溶剂的混合部分灌于喷灌器中，从近水面处侧向进行喷洒；待水面静止后，直接铺洒农业废弃物粉末。

4. 技术应用效果

该技术在苏南稻田进行了应用，该区域水稻施用氮肥3次：基肥（水稻移栽时）、分蘖肥（水稻移栽后7~10 d）、穗肥（水稻移栽后40~50 d）。据此制订了稻田氨挥发减排的膜材料使用方案，见表9-11。

表9-11 抑制稻田氨挥发膜材料的调配方案

施肥时期	环境特征		需增加农业废弃物粉末	膜材料组成成分剂比例	
	植被盖度	田面水pH值			
基肥期	<10%	8.0	是	两性分子：卵磷脂（5%）、聚乳酸（5%）；助溶剂：酒精（2%）；水（88%）；混合溶液喷洒强度8 L/亩	稻糠25 kg/亩
分蘖肥期	15%	7.5	是	两性分子：卵磷脂（10%）；水（90%）混合溶液喷洒强度8 L/亩	—
穗肥期	50%	7.6	否	两性分子：卵磷脂（10%）；水（90%）；混合溶液喷洒强度8 L/亩	—

实际测定氨挥发损失结果显示：相比于未施用膜材料的田块，本技术分别在基肥期、分蘖肥期以及穗肥期削减氨挥发氮损失量27%、23%和27%，水稻整个生育期氨挥发总量削减26%（图9-14）。膜材料卵磷脂的使用使水稻产量增加了18%~24%，氮肥利用效率提高7.5%~18%，直接经济收益增加402元/亩；材料使用增加物料及人工成本510元/亩；稻季全生育期减少氨挥发途径的氮排放减少1.2 kg/亩（以纯N计），可节约环境治理成本1 200元/亩，环境效益显著，可优先推广于经济较为发达且对环境要求较高的稻田种植区。

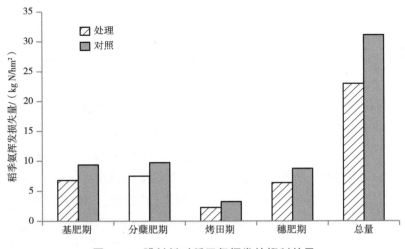

图9-14　膜材料对稻田氨挥发的抑制效果

（六）稻田排水的促沉净化技术

因地制宜地在农田集中排水口处或者排水沟渠入河前建设促沉净化装置。装置为半圆柱形或者长方形，池体底部密封，上不封顶，包括初沉室和主沉室。初沉室外壁与田埂高度持平，采用管道或穿孔进水，进水管高度同农田排水口高度（低于田埂高度5 cm左右）。初沉室内装砾石等填料，装填高度与进水口底部高度持平，初沉室内壁离池底部5 cm高处沿池壁均匀留二次布水孔，正方形（0.1 m×0.1 m左右）。主沉室内装采用对氮磷有较好吸附作用的沸石、火山岩、陶粒、生物质炭及碳基强化吸附等材料，装填高度离池顶向下20~30 cm，出水管设置在最外面的直壁上。农田排水首先经进水管进入初沉室，自上而下经填料净化吸附后由底部的布水孔进入主沉室，然后自下而上逐渐上溢，经两道促沉净化后排入沟渠或河道。为方便维护，填料建议采用渔网包石堆积处理。初沉室可间隔栽种鸢尾等常绿挺水水生植物，内沉室稻季可种植一些狐尾藻、水葫芦等浮水水生植物。

（七）农田排水的生态沟渠拦截技术

1. 技术背景

径流排放是农田氮磷排放的主要途径，其离开农田后一般经沟渠等而汇入周围水体。长江中下游地区河网水系发达，沟渠塘密布，稻田多以水泥沟渠为主，部分为传统的土质沟渠。如何在农田排水沿程迁移的路径中对排水中的氮磷进行有效拦截，将氮磷尽可能滞留在陆地，是减少水体污染的关键。早在2003年，中国科学院南京土壤研究所的杨林章研究员就提出了生态拦截沟渠的概念并在太湖流域进行了实践应用，之后生态沟渠拦截技术被广泛应用到长江中下游区域乃至全国。

2. 技术原理

生态拦截沟渠主要是通过对现有排水沟渠的生态改造和功能强化，或者额外建设生态工程，利用物理、化学和生物的联合作用对污染物（主要是氮磷）进行强化净化和深度处理，不仅能有效拦截、净化农田污染物，还能汇集处理农村地表径流以及农村生活污水等，实现污染物中氮磷等的减量化排放或最大化去除。该技术具有不需额外占用耕地、资金投入少、农民易于接受，又能高效阻控农田氮磷养分流失等特点。生态拦截型沟渠系统（图9-15），主要由工程部分和植物部分组成，沟渠采用带孔的硬质板材构建而成，沟内每隔一定距离设置一小型的拦截坝（高度10~20 cm），也可放置一些多孔的拦截箱，拦截箱内装有能高效吸附氮磷的基质，沟底、沟壁以及拦截箱内均可种植具备高效吸收氮磷的植物。通过工程和植物的有效组合，农田排水中的氮磷通过植物吸收、基质吸附、泥沙沉降以及流速减缓等而被有效去除。

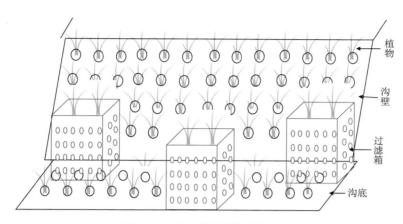

图9-15　生态拦截型沟渠图示

3. 技术工艺参数

生态沟渠断面多以梯形为主，上口宽、下口窄，具体因地制宜可大可小。沟壁宜采用适于植物生长的土质或铺设有孔穴的植草砖，应保证边坡稳定，沟底宜为土质。沟渠植物宜选择具有拦截径流和吸收氮磷的作用，且不影响沟渠正常排水的水生植物。沟壁植物以自然演替为主，人工辅助种植狗牙根（春夏季）、黑麦草（秋冬季）等当地多年生草种；沟渠中可间隔栽种茭白、梭鱼草、黄花水龙（春夏季），以及水芹、鸢尾、黄菖蒲（秋冬季）等水生植物，水底可种植菹草、狐尾藻、苦草等沉水植物。生态沟渠可辅助设置以下单元：①初沉池。位于农田排水出口与生态沟渠连接处，材料可选择泥质或混凝土。②拦水堰。位于生态沟渠的末端或者每间隔一段距离设置1个，用砖砌或混凝土或沙袋构筑，延长水力停留时间并使沟渠保持一定的水位，保证沟渠内植物正常生长。③填料净化区。位于生态沟渠中间，沟底铺设氮磷高效吸附填料如中小粒径沸石、火山岩等。

研究表明，生态沟渠的深度、构造等均会影响氮磷的拦截净化效率，沟渠深度1.30 m的效果优于1 m和0.8 m的，植草生态沟渠添加填料后对氮磷以及悬浮物的拦截净化效果都有明显提高，可达70%以上（刘福兴，2019a；b）。生态沟渠的长度对氮磷的净化效率也有较大影响，农田排水中氮磷浓度随着生态沟渠长度的增加而逐渐降低。一般上每百亩农田宜建设180 m长的生态沟渠。

4. 技术应用效果

在太湖流域宜兴市大浦镇汤庄村的连续3年监测表明，生态拦截型沟渠对稻田径流排水中氮磷的平均去除率可达48.36%和40.53%。在珠江三角洲地区的应用实践表明，在原有排灌沟渠基础上改建的生态沟渠，能在满足原有排灌功能的前提下，对稻田排水径流中固体悬浮物、总磷、总氮、化学需氧量、铵态氮的去除效率分别达到71.7%、63.4%、49.9%、26.6%、14.5%。这些均证实了生态沟渠对稻田排水氮磷存在较好的拦截效果（何元庆等，2012）。"十三五"期间在江苏常州新康村以及镇江新区的应用结果均显示，生态沟渠对氮磷的平均拦截率均在40%以上，而且通过农田排水促沉—生态沟渠—湿地塘浜全程拦截系统的应用，可保证农田排水稳定达到地表Ⅳ水水质（Xue et al.，2020）。

二、菜地

（一）基于固氮作物养分减投的轮作制度调整技术

截至目前，太湖地区蔬菜地面积为5.53万hm²，占该区旱地面积的20.2%。大多数新增的菜地由几十年种植历史的稻田改种而来，种植模式多以番茄-莴苣-芹菜轮作为主。太湖地区集约化菜地一年三季作物总氮（以纯N计）投入达到900～1 300 kg/hm²，远远超出当季作物的需求，造成土壤剖面NO_3^--N的过量累积，加之集约化菜地的分布区大多靠近河道水体，氮污染物进入水体的路径较短，由此可能引起的氮污染风险更为严重。由于不同作物在养分吸收利用上存在差异，通过合理配置轮作作物有利于控制集约化菜地土壤氮素淋失。

1. 技术原理

金花菜及豆科植物主要分布于地处太湖地区的江浙沪一带，需肥量少且经济价值较高。豆科作物固氮能力强，种植豆科作物可培肥土壤、减少氮肥投入。

2. 技术参数优化

以太湖地区的设施蔬菜试验点为研究平台，设置2种轮作制度：农民传统轮作模式（芹菜-番茄-莴苣）和优化轮作模式（金花菜-番茄-莴苣）。每种轮作模式下设置2种施氮处理：农民习惯施氮处理（N1），根据试验所在地农户的平均施氮水平确定，芹菜、金花菜、番茄、莴苣施氮量分别为620 kg N/hm²、190 kg N/hm²、370 kg N/hm²、490 kg N/hm²；优化施氮处理（N2），芹菜、金花菜、番茄、莴苣施氮量分别为500 kg N/hm²、150 kg N/hm²、280 kg N/hm²、420 kg N/hm²。

3. 技术效果

周年三季作物收获后，无论是传统轮作模式下还是优化轮作模式，N1处理下TN淋失量均显著高于N2处理，减氮处理可分别减少传统轮作模式、优化轮作模式全年TN淋失量23.4%和19.3%。不同蔬菜生长期均以传统轮作下N1处理的TN淋失量达到最高，分别为38.1、42.3、52.4 kg/hm²。从时间上来看，一年三季作物生长期TN淋失量表现为第三茬（秋季）>第二茬（春季）>第一茬（冬季），其中以莴苣季TN淋失量达到最高，分别占全年淋失量的39.5%、39.6%、46.9%和49.0%。与传统轮作模式相比，优化轮作模式可分别减少N1和N2处理下全年TN淋失量41%和38%（表9-12）。与减量施氮措施相比，改变轮作模式对总氮淋失量的阻控效果更加显著。

表9-12　不同轮作模式下各生长期总氮淋失量变化　　　　　　　　　单位：kg/hm²

轮作模式	处理	全年	TN淋失量		
			芹菜/金花菜	番茄	莴苣
传统	N1	132.8 ± 24.5a	38.1 ± 6.5a	42.3 ± 5.8a	52.4 ± 5.9a
	N2	101.7 ± 12.1b	29.5 ± 4.5b	31.9 ± 7.3b	40.3 ± 3.5b
优化	N1	78.1 ± 12.6c	16.2 ± 3.0c	25.3 ± 7.6c	36.6 ± 1.6c
	N2	63.0 ± 14.3d	13.9 ± 4.3d	18.2 ± 4.9d	30.9 ± 6.3d

注：芹菜/金花菜、番茄和莴苣生长期分别为：2009年11月24日至2010年3月30日，2010年4月15日至2010年7月25日，2010年9月17日至2010年12月20日。

与农民习惯施氮处理（N1）相比，减量施氮处理（N2）可显著提高农民传统轮作模式下一年三季作物产量，增产幅度分别为10.4%、9.6%和3.6%；优化轮作模式下也表现出同样的增产趋势，三季作物可分别增产13.5%、3.2%和5.5%。

从全年经济效益来看，在相同施氮处理下，优化轮作模式的经济效益显著高于传统轮作模式，其中以"优化轮作模式+减量施氮处理"最高，达51.9×10^4元/hm^2，与"传统轮作模式+习惯施氮处理"相比，可直接增加经济效益11.7×10^4元/hm^2，最大经济效益提高29%（表9-13）。

表9-13　不同轮作模式下蔬菜产量和年经济效益

轮作模式	处理	产量/（t/hm^2）			年经济效益/（$\times 10^4$元/hm^2）
		芹菜/金花菜	番茄	莴苣	
传统	N1	89.5 ± 8.2b	67.9 ± 7.1b	53.2 ± 2.1b	40.2
	N2	98.8 ± 2.1a	74.4 ± 3.2a	55.1 ± 2.8a	43.8
优化	N1	63.5 ± 1.7b	76.1 ± 2.9a	52.7 ± 1.8b	48.2
	N2	72.1 ± 1.5a	78.5 ± 4.4a	55.6 ± 3.2a	51.9

注：芹菜1.5元/kg，金花菜3.0元/kg，番茄1.6元/kg，莴苣1.2元/kg。

（二）硝化抑制剂增效减排技术

1. 技术原理

本技术通过控制氮转化机制，铵硝共存、混合营养使肥料养分达到长效与高效。控制氮转化机制：通过抑制硝化细菌的活性最大程度地降低氮肥的硝化作用，让氮肥以更多的铵态氮形式存在于土壤当中，使得带正电荷的铵态氮与带负电荷的土壤形成胶状吸附；同时减少土壤中硝态氮向亚硝态氮转化，减少氮的气态流失。

2. 技术工艺参数

根据作物对氮素需求的不同，按照含氮量的0.25%~0.5%的量添加硝化抑制剂-三氯甲基吡啶（简称"CP"）。试验示范验证结果表明，CP对土壤中的硝化细菌具有明显的抑制作用，延长了铵态氮向硝态氮的转化时间，将传统情况下7~14 d的氮肥硝化时间提升到90 d以上，扼制了氮肥的淋溶流失（16%），也间接减少了反硝化产生的N_2O（51%），从而提高作物氮肥利用率20%以上，并大幅提高农田中无机氮含量（28%），增强土壤肥力。

3. 施用方法

可广泛应用于撒施、沟施、穴施、冲施等传统施肥方式。具体操作方法见表9-14。

表9-14　硝化抑制剂长效肥减施增效技术操作方法

施肥时期	施用量	施用方法
基肥	传统化肥氮用量基础上减施基肥用量的30%	撒施后与有机肥一起翻耕
追肥	根据蔬菜生育期长短进行追肥：①若生育期小于90 d，不追肥；②若生育期小于90 d，需追肥，追肥频次与常规相同，追肥量在常规施氮水平上减少30%	可撒施、沟施、穴施、冲施

4. 技术应用效果

（1）试验地及供试作物。试验于2012年9月至2013年8月在江苏省宜兴农业科技示范园大棚蔬菜生产基地（31°14N，119°53E）进行。试验共选用2个钢管塑料大棚，其使用面积为36 m × 6 m，棚龄为3年，均种植相同作物，揭棚闲置1年后进行试验，因此试验前2个大棚的土壤理化性状基本相同，见表9-15。供试作物为番茄（4—7月）、莴苣（9—11月）和芹菜（12—3月），为太湖地区典型的大棚蔬菜周年轮作作物。

表9-15　试验地土壤的基础理化性状　　　　　　　　　　　　　　　　　　　单位：mg/kg

土层/cm	pH值	有机质/（g/kg）	全氮/（g/kg）	速效磷	速效钾	硝态氮	铵态氮
0～20	5.47	23.1	1.13	210.5	102.7	274.7	13.6

（2）试验处理。试验设3个施氮水平和2个CP硝化抑制剂处理，见表9-16。氮肥施用常规尿素，从当地农资公司购得，所施用的含CP的尿素，由浙江奥复托化工有限公司生产提供。采用1次基肥2次追肥，按50%、25%和25%施用。各处理磷、钾肥和有机肥用量相同，作底肥一次施入，移栽前各小区施钙镁磷肥180 kg P_2O_5/hm²，硫酸钾150 kg K_2O/hm²，腐熟鸡粪（含N2.2%）900 kg/hm²。小区面积为17.5（2.5 × 7）m²，重复3次，随机区组排列。

表9-16　试验处理设计　　　　　　　　　　　　　　　　　　　　　　　　单位：kg N/hm²

处理	施化肥氮量
CK（番茄-莴苣-芹菜）	0-0-0
N推荐（番茄-莴苣-芹菜）	180-162-180
N推荐+CP（番茄-莴苣-芹菜）	180-162-180
N农户（番茄-莴苣-芹菜）	300-270-300
N农户+CP（番茄-莴苣-芹菜）	300-270-300

（3）研究结果。CP硝化抑制剂可增加一周年中三季蔬菜的产量且增产效果稳定，平均增产率达21.1%。

图9-16为2013年一周年中三季蔬菜轮作番茄、莴苣和芹菜季的产量，结果表明，在设施蔬菜上施用CP增产效果显著。在推荐施氮量和习惯施氮量下，施用CP后番茄、莴苣和芹菜的增产率分别为15.9%和17.9%、33.5%和36.0%、3.4%和19.7%。其中莴苣的增产效果最好。说明CP的增产效应稳定，不论是在春季蔬菜、夏季蔬菜或是冬季蔬菜上施用CP都有显著的增产效果。

表观研究结果表明CP硝化抑制剂可增加蔬菜作物对氮素的吸收利用，增加土壤氮素残留，抑制了土壤铵态氮向硝态氮的转化，使得施入土壤中的氮素更多地以铵态氮形态存在，减少氮素的径流、淋溶损失，是适合太湖地区设施菜地施用的增产增效和减排的氮肥增效剂。

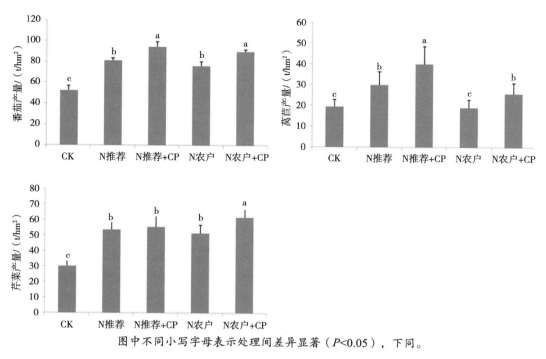

图中不同小写字母表示处理间差异显著（*P*<0.05），下同。

图9-16 CP施用于设施蔬菜的增产效果

由图9-17番茄、莴苣和芹菜收获后土壤硝态氮和铵态氮含量变化可知，与不施CP相比，施用CP后番茄、莴苣和芹菜季土壤中硝态氮含量分别下降了30%、30%和40%，而土壤中铵态氮含量则分别升高了40%～113%、206%和60%。说明CP施用后发挥了其硝化抑制剂的效果，显著抑制了铵态氮转化为硝态氮的硝化过程。

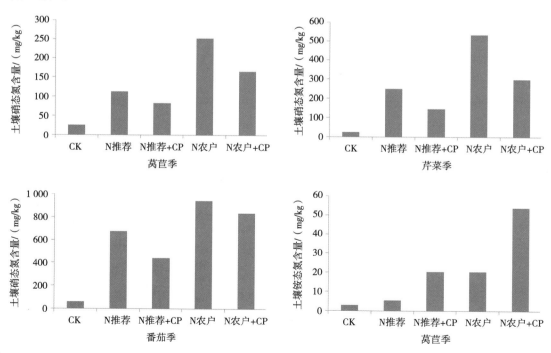

图9-17 施用CP对土壤速效氮含量的影响

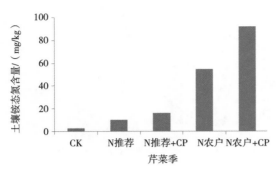
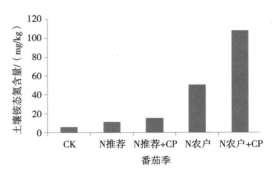

图9-17 （续）

由表9-17可知，在相同施氮量下施用CP显著降低了径流液中硝态氮和总氮浓度。在推荐施氮量（N推荐）和农户习惯施氮量（N农户）下，施用CP可减少径流损失达21.8%~53.1%，具有非常明显地减少径流排放的效果。

表9-17　施用硝化抑制剂对阻控径流氮排放的效果　　　　　　　　　　　　单位：mg/L

处理	硝态氮	氨氮	DON	总氮
CK	9.0	0.6	2.8	12.4
N推荐	36.4	1.5	3.1	41.0
N推荐+CP	26.6	1.4	4.1	32.1
N农户	65.7	1.8	6.5	74.0
N农户+CP	30.9	1.7	2.1	34.7

由图9-18可知，施用CP可有效降低淋溶液中总氮浓度和硝态氮浓度。在推荐施氮量（N推荐）和农户习惯施氮量（N农户）下，施用CP可减少淋溶损失达30%。

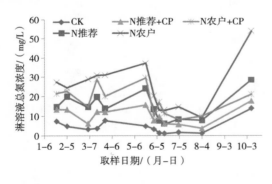
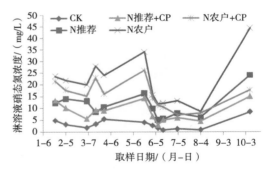
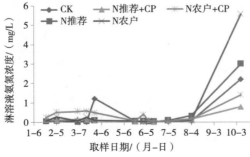

图9-18　施用CP对淋溶各形态氮含量的影响

图9-19为施用CP后对一周年三季设施蔬菜番茄、莴苣和芹菜土壤氨挥发的影响。施用CP可使每季蔬菜氨挥发量显著增加。在推荐施氮量（N推荐）和农户习惯施氮量（N农户）下，施用CP分别增加了36.9%和63.5%的全年氨挥发（图9-20）。这一方面说明，施用CP后显著抑制了硝化反应，导致铵态氮转化为硝态氮的过程受阻，铵态氮相对积累起来，进而促进氨挥发过程；另一方面也说明，如果辅以氨挥发抑制剂一起施用，可达到既抑制硝化反应，又抑制氨挥发损失的效果。

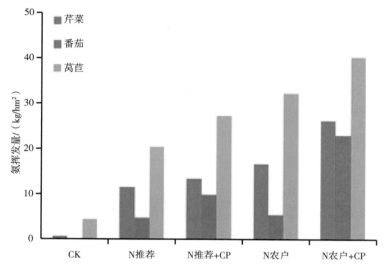

图9-19　施用CP对一周年三季设施蔬菜土壤氨挥发的影响

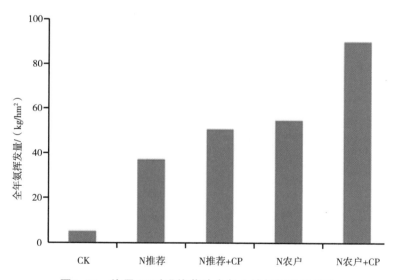

图9-20　施用CP对设施菜地全年土壤氨挥发的影响

施用CP经济效益非常显著。由表9-18可知，由于每千克的CP尿素比普通尿素价格高0.375元。在设施蔬菜生产中，农户习惯施氮量（870 kg N/hm²）和推荐施氮量（522 kg N/hm²）下，设施蔬菜施用CP尿素比普通尿素每亩分别增加了21.8元和13.1元的成本，然而CP尿素在推荐施氮量下一年中三季设施蔬菜番茄、莴苣、芹菜亩产分别增加908.3 kg、453.3 kg和677.8 kg，每亩设施蔬菜经济效益增加8 000元左右；在农户习惯施氮量下一年中三季设施蔬菜番茄、莴苣、芹菜亩产分别可增加861.7 kg、666.7 kg和

122.2 kg，每亩设施蔬菜经济效益增加7 000元左右。

表9-18　CP硝化抑制剂用于蔬菜生产上的经济效益分析

处理	产量/（kg/亩）	增产量/（kg/亩）	经济效益/（元/亩）
N农户	9 756.3	—	—
N农户+CP	11 795.8	2 039.4	7 187.8
N推荐	10 975.5	—	—
N推荐+CP	12 626.2	1 650.6	8 011.4

注：1.蔬菜产量为一年三季蔬菜番茄、莴苣、芹菜的产量之和。2.增产量=施用CP尿素区产量—不施CP尿素区产量。3.经济效益=增产量×蔬菜价格-CP价格-制作CP尿素的人工费。其中，番茄0.8元/kg，莴苣0.6元/kg，芹菜0.7元/kg，CP尿素比普通尿素增加成本0.375元/kg。

三、果园

（一）技术背景

长三角地区是我国重要的水果生产基地之一，果园种植面积占全国的52.2%，受雨热同期的气候影响，当地果农通常在降雨后地表撒施肥料进行施肥，易造成大量的氨挥发、N_2O排放以及地表径流氮损失。meta分析结果显示，果园生产中产生的N_2O排放远超粮食作物体系，最高可达26 kg $N/(hm^2·a)$，且不同地区随着温度和降雨的增加，N_2O排放逐渐增加。肥料投入作为农田环境氮损失的主要来源，其投入量与损失量息息相关。

适当减少氮肥施用可提高氮素利用效率（NUE），同时显著降低氮素的环境损失。对我国主要的果树种植类型（苹果、桃、柑橘及葡萄）的研究发现，在常规果园施肥量的基础上，减少20%～50%的N投入量耦合深施技术，在不降低产量的目标下，可以有效降低N素的环境损失，提高氮肥利用率。近些年来，尿素、液体氮肥料或铵基肥料结合使用硝化抑制剂（Ni）已被证明是提高NUE和减少环境氮损失而不影响果树产量的有效策略。虽然添加硝化抑制剂将进一步延长NH_4^+-N的土壤滞留时间，从而增加氨挥发风险，但耦合氮肥减量深施，相比于果园常规施肥，其环境氮损失消减效果依然尤为可观。研究表明，苹果园减少40%化肥氮投入耦合1%（wt/wt）硝化抑制剂DMPP添加，可以有效减少30%～60%氨挥发和N_2O排放损失，提高苹果产量增加果实品质。

清耕是一种清除地表覆盖物、裸露地表的耕作方式，广泛应用于商业果园中。但清耕管理方式，在降雨季，裸露的地表受到雨水冲刷，极易引起水土流失以及果园土壤盈余养分的地表径流和渗漏损失。生草覆盖是避免土壤直接被雨水冲刷，减少地表径流的有效管理方式，其中豆科类植物（如紫云英、三叶草、黑麦草等）覆盖，可通过生物固氮作用增加土壤有效氮含量，提高土壤有机质，改善土壤结构，从而广泛被用于果园生产中。在坡地和丘陵的果园中，生草覆盖可以减少20%～90%的径流氮损失，同时减少径流量和水体流失。

果树作为多年生木本植物，从冬季果树休眠期到果实收获期的时间跨度较长，由于普通肥料高溶解度和集中养分释放特点，往往在不同的果树生育阶段需要进行多次施肥，而多次施用往往会产生更多的氨挥发或通过硝化/反硝化过程产生大量的N_2O排放。缓/控释肥通过控制肥料氮的释放速率，匹配养分释放与作物吸收，从而增加氮肥利用率，降低环境氮损失，这为轻简化果树种植体系的肥料管理提供了一条新途径。有机无机超大颗粒缓控释复合肥作为一种新型缓释肥料，由于其配方灵活，含有的腐殖质成分具有改善土壤结构、保持土壤养分，以及肥料养分缓释减少施肥次数的特点，逐渐被果园生产所采用。同时大颗粒肥料配合小型钻孔深施机具不仅可以减少人工劳作成本，同时也可以减少人为扰动对果树生产的影响。以有机无机超大颗粒缓控释复合肥为代表的新型缓/控释肥料在果园生产实践中具有巨大的应用潜力，可有效推动果园减肥增效，高产保质的绿色生态发展。

（二）主要技术

1. 果园氮肥减量深施耦合硝化抑制剂DMPP增效控失技术

基于目前果园常规施肥的基础上，减少20%～40%化肥N投入量，以1%质量分数比例添加硝化抑制剂DMPP，在施肥时混匀，按以下方法进行施肥。

（1）肥料环状沟深施技术。围绕果树树盘20～40 cm距离内，挖取10～20 cm深度的环形沟，将有机无机肥料均匀施入沟后覆土（图9-21a）。

适用范围：单棵果树占地面积较大的乔木型果树（如桃、李、梨、大枣等）。

（2）肥料条带深施技术。基于小型条带施肥机具，在果树行间开10～20 cm条带沟，并定量化施肥（图9-21b）。

适用范围：种植密度较大的果树（如苹果，葡萄，蓝莓等灌木果树）。

（a）　　　　　　　　　　　　（b）

（a）肥料环状沟施技术；（b）肥料条带沟施技术

图9-21　果园肥料深施技术

2. 果园地表豆科作物覆盖固氮控排技术

果园生草覆盖包括全园生草覆盖或果树行间带状覆盖，覆盖所用的生草通常采用优质的豆科类牧草，例如紫云英、苜蓿、三叶草、黑麦草等。生草覆盖包括全园覆盖和条带覆盖。全园覆盖是指在果树休眠期（春季），于降雨或灌溉后，全园播撒选定生草的种子，待生草长出后（图9-22a），在果实收获后进行生草刈割；也可采用购买草皮的方式，在果树两侧条带铺设（图9-22b），待草皮生长至一定程度后，进行人工修剪。

适用范围：该技术可适用于平原、丘陵、坡地的各种类型果园。

（a）　　　　　　　　　　　　　（b）

（a）全园生草覆盖；（b）生草条带覆盖

图9-22　果园生草覆盖技术

3.基于新型大颗粒果树专用缓控释肥的减量增效技术

大颗粒肥料果树专用肥是腐植酸、控释尿素、KH_2PO_4和K_2SO_4等填料通过粉末成型液压机生产而成的圆柱形大颗粒肥料（图9-23a）。可根据不同果树的养分吸收类型，调整各填料比例，形成某种果树特定配方的专用肥料。大颗粒肥料配合小型钻孔机具，在果树树干周围钻取10～20 cm深的孔洞（图9-23c），在不同施肥时期，按照施肥量，放入圆柱形的大颗粒肥料（图9-23b），并覆土。

适用范围：目前适用于已经形成合理果树肥料配方的苹果树、葡萄树以及桃树。

（a）

（b）

机械化施肥

超大颗粒缓控腐植酸肥

（c）

图9-23　大颗粒果树专用缓控释肥生产线（a），产品（b）及施肥（c）图示

第三节　河网区畜禽、水产养殖污染控制技术

一、畜禽废弃物处置处理技术

随着规模化畜禽养殖业的发展，畜禽养殖成为长江下游流域水环境内源性污染重要污染源，对畜禽养殖污染治理一直是长江下游流域水环境治理重要任务和重点工作。

长江下游地区以中小型规模养殖为主，畜禽粪污处理形式多样。大型养殖场一般处理较为规范，以沼气发酵为主，沼气用于发电或作为燃料使用，沼液沼渣就地还田利用，农田配套不足的部分养殖场对沼液采用生化处理，实行达标排放。而中小规模养殖场粪污处理规范性相对较差，固体粪便经干清粪或固液分离后，粪渣部分简易堆肥还田，粪液部分多采取储存后还田。近年来，经过多次环境综合整治和畜禽养殖专项治理，区域内建立了一定数量的粪污处理中心，对域内中小规模养殖场粪污进行集中收集处理后还田利用或生化处理达标排放。

针对长江下游平原地区畜禽养殖场处理技术方面存在的粪便堆肥发酵效率低氮素损失大、养殖场废水生化净化处理成本高达标困难等问题，江苏省农业科学院开发了养殖场（猪、牛）粪污养殖舍原位固液分离、超高温预处理堆肥、农村多元废弃物高效厌氧发酵及低浓度畜禽养殖污水生态沟渠塘生态净化等技术，通过工程试验示范与推广应用，产生了良好的效果。

（一）畜禽粪污超高温预处理堆肥技术

1. 技术简介

针对传统畜禽粪便堆肥过程中碳氮损失率高，腐熟慢、产品腐殖质程度低的问题，将畜禽粪污与秸秆、木屑、菇渣等有机固体物料混合堆置，在超高温微生物的作用下进行好氧发酵，发酵过程中超高温（>85 ℃）发酵时间2~4 h，采用生物滤池回收预处理过程中形成的氨，预处理过程一方面增加了有机物料的可溶性，为后续堆肥的进行提供底物，另一方面提高了堆肥物料中高温放线菌和芽孢杆菌的比例，发酵完毕后继续进行槽式发酵或条垛式发酵，发酵过程持续5 d以上达到55 ℃以上高温，或持续10 d以上达到50 ℃以上高温发酵，使畜禽粪污等有机物料得到较充分的生物降解，形成无害、稳定的腐殖质的过程。其主要工艺流程见图9-24。

2. 技术工艺参数

（1）混合预堆。首先粪便原料添加秸秆粉、稻糠、木屑、菇渣等原料调节至合适的C∶N值，水分含量调至适宜45%~50%，堆制时间24 h，温度上升至45 ℃以上；

（2）超高温预处理。处理周期4 h，包括进料0.5 h、物料加热3 h和出料0.5 h，物料最高温度≥85 ℃。单批次进料量12 t，每天处理5批次，日处理量60 t。

（3）转鼓混料。若有酒精糟、醋渣等微生物发酵工程残余料或生物质炭等原料，在此环节添加，添加量为经预处理后的物料量的20%~30%。

（4）槽式发酵翻堆脱水。堆肥适宜高度为1.5 m，堆肥周期5~7 d，后续再静置堆肥14~20 d实现彻底腐熟。

（5）有机肥生产。槽式堆肥产物可以添加养分调理剂、微生物菌剂等直接用于制备商品有机肥、有机肥无机复混肥或生物有机肥，也可以继续堆制陈化。

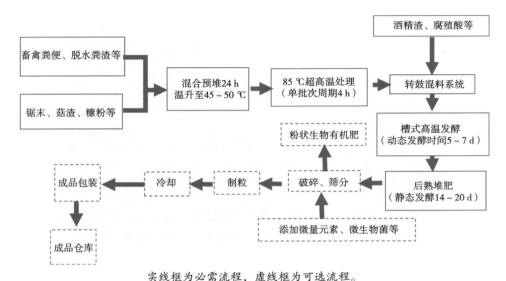

实线框为必需流程，虚线框为可选流程。

图9-24　畜禽粪便超高温预处理堆肥工艺

3.技术应用效果

应用该技术在江苏、湖南、陕西、内蒙古、江西等7家有机肥厂建立了工厂化生产线（图9-25），呈现积极的应用效果。

（1）有利于降低有机肥生产综合成本。比较超高温预处理堆肥与传统堆肥，年处理2万t 60%含水率有机固体废弃物堆肥工程总投资：条垛堆肥398万元、槽式堆肥301万元、超高温预处理堆肥216万元。运行年成本：条垛堆肥87.89万元、槽式堆肥54.73万元、超高温预处理堆肥91.64万元。采用超高温预处理堆肥工艺，一次高温堆肥发酵时间由传统条垛、槽式堆肥15 d缩短至5～7 d，后熟堆肥时间可由30～45 d缩短至14～20 d，堆肥过程物料发酵损耗由传统堆肥40%以上降低至25%以内。以传统工艺处理2万t含水率50%有机固体废弃物只能生产出0.875万t有机肥，按照超高温预处理堆肥则可生产1.071万t有机肥产品，按每吨有机肥出厂价500元计算，每年可增加效益27.3万～60.46万元。

（2）有利于提高堆肥品质。超高温预处理堆肥可减少堆肥过程挥发损失50%，有机肥产品含氮量提升20%以上，腐殖化指数提高30%以上，活性有机肥显著增加，中微量元素生物有效性显著增强，产品肥效显著提升，较传统堆肥产品增产效果一般在15%～30%。

（3）有利于粪便处理过程中臭气集中收集处理，可实现清洁化堆肥，堆肥场区环境友好。

（4）有利于减少堆肥厂占地，与传统堆肥相比，有机肥厂占地面积可减少50%以上。

图9-25　超高温预处理堆肥反应器

（二）农村多元废弃物联合厌氧发酵技术

1. 技术简介

农村分散式畜禽养殖多与村庄相连，周边多农田，养殖规模小，粪污处理成本高，治理难度大。秸秆、粪便不合理处理不仅造成资源浪费，还会引发环境污染。此外，近几年随着农村经济的发展，农村污水产生量也与日俱增。

多元物料混合厌氧发酵是根据不同原料的营养特征，根据物料互补的原理，实现多种原料同步处理厌氧发酵技术。该技术以打捆秸秆为固定相、养殖废水和生活污水为流动相的秸秆床厌氧发酵工艺，避免了传统秸秆厌氧发酵需要对秸秆进行破碎处理以及在厌氧发酵过程中需要对秸秆与畜禽粪便、生活污水混合物进行机械搅拌而产生的能源消耗，"秸秆床发酵+淋滤液发酵"两段连续发酵工艺，克服秸秆作为固定相引起的系统传质不均与发酵不充分的问题，提高了系统整体发酵产气效率。技术主要工艺流程见图9-26。

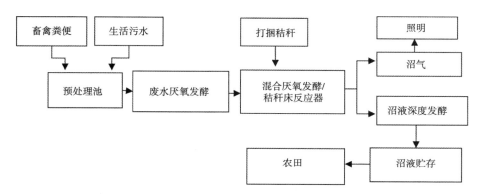

图9-26　多元物料混合厌氧发酵工艺流程

2. 技术工艺参数

新鲜的畜禽粪便和生活污水在废水厌氧发酵池进行发酵后，进入秸秆床反应器，然后加入打捆秸秆调节搅拌混合均匀，畜禽粪便、生活污水、打捆秸秆的质量比为：(2~3):(4~6):(3~4)，得混合物料；加水调节物料浓度（TS）为8%~12%，pH值调节至7.7~8.0，在温度为35~38 ℃条件下厌氧发酵；厌氧发酵3~5 d开始产沼气，发酵期为25~30 d（图9-27）。发酵过程中对打捆秸秆水解液回流或排空处理，排出量达总量的1/3~1/2，水解液回流量为水解液总量的60%，回流频率为3 d一次。

农村多元有机废弃物混合物料厌氧发酵产沼气装置应包括预处理池、废水厌氧发酵池、秸秆床反应器、沼液深度发酵池和沼液贮存池等（图9-27），通过管道相串联，预处理池出水进入废水厌氧发酵池，废水厌氧发酵池出水进入秸秆床反应器，秸秆床反应器出水进入沼液深度发酵池，沼液深度发酵池出水进入沼液贮存池贮存一段时间后回用农田。预处理池顶部设置遮雨棚，由上下交错的隔板把预处理池分隔为3格，第一格设置有液体进料管和存放农村多元有机固体废弃物的收集网袋，末格的底部设置与废水厌氧发酵池连通的管道；废水厌氧发酵池和沼液深度发酵池均采用上流式厌氧生物滤池，发酵池中的滤料层为砾石、碎石、波尔环、波纹管、蜂窝管、软性尼龙纤维滤料、半软性聚乙烯、聚丙烯滤料、弹性聚苯乙烯滤料中的一种或其中物料的组合。发酵产沼气，秸秆床反应器内秸秆由专用秸秆箱装填，秸秆箱在秸秆床反应器内左右交错排列形成秸秆床体。

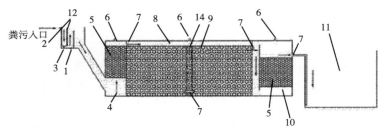

1. 预处理池；2. 液体进料管；3. 收集网袋；4. 废水厌氧发酵池；5. 滤料层；6. 出气口；7. 排液管；
8. 秸秆层反应器；9. 秸秆床体；10. 沼液深度发酵池；11. 沼液贮存池；12. 网袋支架；13. 秸秆箱；14. 隔墙。

图9-27　农村多元有机废弃物混合物料厌氧发酵装置图示

3. 技术应用效果

以江苏省宜兴市周铁镇某年出栏量为4 000头的养猪场为例，周边建立了一个200 m³发酵池、配套管网及沼液沼渣农田回用工程。在实现农户集中供气的同时，可消纳秸秆、生活污水和畜禽粪污1 313.1 t，产生沼液1 088.5 t和沼渣60.7 t，通过沼液沼渣还田向示范区工程周边约70亩农田，累积施入N 477.6 kg、P_2O_5 217.7 kg、K_2O 288.2 kg，节约化肥氮素养分投入32.5%、磷素65.2%、钾素42.0%，肥料综合成本节省约20%。该技术实现了农村居民生活污水和养殖污水零排放，彻底改变了养殖污水与粪便直接排入就近河道的现象，为改善水质起到积极作用。

（三）低浓度养殖场尾水生态沟渠塘净化技术

1. 技术简介

针对经沉淀、厌氧处理后的养殖污水产生量大、污染物浓度大幅降低等问题，采用生态沟渠塘净化技术，在生物净化塘、生态沟渠、人工湿地等生态净化系统中，利用系统内微生物、水生动植物等吸收、吸附、利用污染水体中的氮、磷、COD等污染物，经生物自身代谢活动来降解和消除水中污染物质。

该技术基于人工生态沟渠塘系统污染物削减特性和效能，对养殖区来水进行前置处理，主要措施包括干清粪、化粪池消化和厌氧池消化，有效削减生态沟渠塘来水中COD及总氮、总磷。生态沟渠塘系统第一级为兼性塘接纳厌氧消化后污水，重点去除COD和总磷。第二级为生态沟，沟内栽培耐污植物睡莲、梭鱼草、芦苇等植物，除通过植物吸收脱氮脱磷外，依靠底泥和植物根系造成好氧和厌氧环境促进氮的硝化与反硝化，实现高效脱氮；依靠污水与底泥充分接触产生吸附作用，实现高效脱磷。第三级为生物塘，生物塘内除种植净水植物外，还放养鱼虾等水生动物，构建植物-动物-微生物共存的复杂生态系统，增强对低浓度污水净化效能。第四级为土壤渗滤系统，分层铺设石砾石、陶粒、黄沙和土壤，表面种草，对生物塘排水进行最后净化，重点是脱氮和脱磷，确保排水达标。具体流程见图9-28。

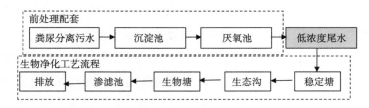

图9-28　生态沟渠塘污水净化处理工艺流程

2. 技术参数

技术分两段，一段为前置处理技术，通过沉淀和厌氧消化相对封闭的方法，在削减污水产生恶臭的同时显著降低养殖舍排出污水浓度，形成较低浓度的养殖尾水；二段为生态沟渠塘系统，利用"兼氧塘-生态沟（塘）-水生植物塘-砂滤池"净化低浓度养殖污水（图9-29），使其达到《GB 8978—1996污水综合排放标准》一级B标准，实现达标排放。

（1）前置处理。沉淀池中养殖尾水经过2 d停留，大量有机颗粒物沉淀后，采用污水泵将污水提升至厌氧池，厌氧池有效池容设计为80 m³，停留时间为8 d，设计COD削减率80%，出水COD≤2 500 mg/L。

（2）生态沟渠塘系统兼氧塘中有效水深1.8~2.0 m，内部挂膜以增强兼性塘污染物削减功能。挂膜间距为2 m，成排放置于水表面下20 cm，每片膜长1.0 m，宽10 cm。兼性塘设计水力停留时间为90~120 d。生态沟为折流式，目的是延长水力停留时间，水深为25~30 cm，沟内种植睡莲、梭鱼草、黄菖蒲、芦苇等植物，冬季种植水芹，设计水力停留时间为15~20 d；植物种植密度可根据植物种类与工程的要求调整，挺水植物的种植密度宜为9~25株/m²，浮水植物和沉水植物的种植密度均宜为3~9株/m²。浮水植物塘水面分散地留出20%~30%的水面。生物塘有效水深为0.5~0.8 m，植物采用网格栽培，种植植物主要为狐尾藻和再力花，并放养少量鱼虾，有效容积能容纳至少30 d的污水量。砂滤池为尾水最后一道渗滤装置，渗滤池内充满各种填料，渗滤层空隙度约30%。渗滤池的水力停留时间选择5 d，千头猪场需要90 m³的容积。

（a）　　　　　　　　　　　　（b）

（c）　　　　　　　　　　　　（d）

（a）稳定塘；（b）生态沟；（c）生物塘；（d）渗滤池

图9-29　生态沟渠塘净化系统水质净化不同环节

3.技术应用效果

以宜兴科牧公司养猪场生态沟渠塘系统尾水净化工程为例，该工程主要用于处理科牧公司母猪饲养片区产生的污水。该片区母猪常年存栏700头左右，并有相应哺乳期仔猪存栏。该区域污水日均产生量为10.6 m³，波动幅度在6.5～12.8 m³，典型污染物COD、TN、TP日均浓度分别为10 219.9 mg/L、1 974.3 mg/L、98.97 mg/L。

（1）污水处理效果。经过渗滤池最终流出的污水其COD、TN、TP最终的去除率相对于系统厌氧池出水（系统进水）去除率达到99%以上（表9-19）。对比各个环节，对高浓度污水处理部分（厌氧）和低浓度尾水部分共同监测分析，COD和TN总量的90%以上是通过厌氧和稳定塘的作用处理掉，超过90%的TP是通过稳定塘和生态沟处理；生物塘和渗滤池对低浓度尾水进一步净化，经生物塘的水已经低于《太湖流域污水排放标准》（表9-20），可用于公司鱼塘养鱼、绿化苗木灌溉（图9-30）。

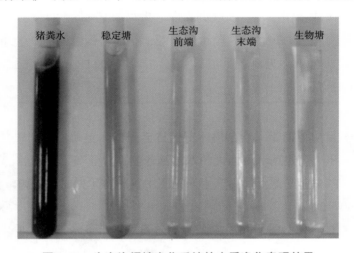

图9-30　生态沟渠塘净化系统的水质净化表观效果

表9-19　生态沟渠塘净化系统功能单元出水水质

处理单元	平均浓度/（mg/L）			去除率/%		
	COD	TN	TP	COD	TN	TP
系统进水	3 634.6	1 101.1	91.20			
稳定塘进水	335.60	134.07	57.03	90.77	87.82	37.46
生态沟出水	54.91	19.06	0.92	83.64	85.78	98.39
生物塘出水	25.73	7.91	0.33	53.15	58.50	64.17
渗滤池出水	14.50	3.74	0.18	43.64	52.73	45.57

表9-20　生态沟渠塘系统设计水质及排放标准　　　　　　　　单位：mg/L

污染指标	pH值	COD	TN	TP
进水水质	7.0～8.0	≤2 500	≤1 200	≤200
出水水质	6.5～7.5	≤150	≤20	≤1

（续表）

污染指标	pH值	COD	TN	TP
畜禽养殖业污染物排放标准	6.0 ~ 9.0	400	—	8
农田灌溉水质标准	5.5 ~ 8.5	150	—	—
污水综合排放标准（一级B标准）	6.0 ~ 9.0	60	20	1

注：出水达到《GB 18596—2001畜禽养殖业污染物排放标准》后经过消毒可用于冲洗猪舍；达到《GB 5084—2021农田灌溉水质标准》后，可直接作为农田灌溉用水；达到《GB 8978—1996污水综合排放标准》，可以直接排放。

（2）工程运行成本核算。

燃料动力费用　系统装有1个提水水泵，单独计量每年耗电量为189 kWh，按电价0.8元/kWh计算，每年燃料动力费151.2元。

净水植物购置费用　每年购置梭鱼草、睡莲、芦苇、狐尾藻、水芹等净水植物的费用为300元。

人工费用　用于净水植物栽植、收割换茬及环境维护，年用工量约10（人·d），合费用1 200元。

以上运行费用合计1 651.2元/年，年处理水量约为3 650 m³，单位水处理成本大约为0.452元/m³。

二、生态种养结合技术

种养结合，是一种将种植业和养殖业有机结合在一起的生态农业技术。种植业生产的农作物及其产品能为畜禽养殖提供饲料，畜禽养殖产生的粪便能为种植业提供有机肥，从而实现二者的良性循环、共同发展。种养结合包括农田生态系统内的种养结合和系统外的种养结合，两种都是目前长江下游平原河网区的主要模式（图9-31）。

农田生态系统内的种养结合，是直接将种植业和养殖业中两种或多种相互促进的物种组合在一个系统内，例如，稻田种养结合、桑基鱼塘等模式。农田生态系统外的种养结合，是通过种、养业间"一个生产环节的产出作为另一个环节的投入"的方式实现物质的循环利用，如沼气为纽带的农牧结合等模式。不同类型的种养结合模式都能实现废弃物的资源化利用，节约肥料、饲料等的投入，从而获得更高的资源利用率和更大的经济效益，并有效减轻废弃物等带来的农业面源污染。

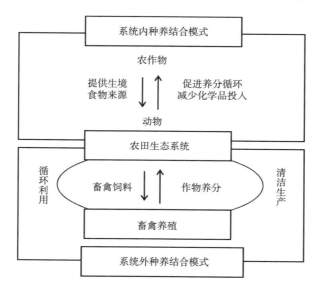

图9-31　种养结合型生态农业技术模式

（一）基于稻蛙生态种养的面源污染防控技术

稻田生态种养模式是典型的生态循环农业模式之一，利用其优势开展对稻田氮磷流失的防控，是实现长江下游地区农业可持续发展的可选方案。稻田生态种养是传统生态农业和生态循环农业的一种有效方式，是根据不同生物间的共生互补原理，利用自然界物质循环系统，通过相应的技术和管理手段，使不同生物在同一环境中共同生长，从而保持生态平衡，并使资源得到充分利用。稻田生态种养有稻鸭、稻鱼、稻虾、稻蟹、稻蛙等多种模式。

稻蛙生态种养技术是在我国有水稻栽培技术后，通过对自然湿地生态系统的模拟和现代生态农业耕作相结合继承并创新发展出的一项生态技术。稻蛙生态种养充分利用水田的立体空间，结合田间浅水面和稻田系统的空间和生物环境，水稻种植的同时进行蛙类养殖。该模式中除了水稻、杂草、藻类和菌类等生产者，还有蛙类作为消费者，共同构成一个更为复杂的和谐生态系统。稻蛙生态种养技术中，水稻植株形成的遮阴浅水层田块为蛙类提供了一个良好的生长和栖息场所，能够帮助蛙躲避蛇、飞鸟等天敌的捕捉；蛙类是稻田害虫的天敌，稻田的昆虫和水生生物为蛙提供食物，既保护了水稻的生长，又实现了"水稻-蛙-虫害"的生态平衡，减少了喷洒农药对环境造成的破坏。蛙的跳跃活动可以除草并促进稻田土壤养分转化，蛙排泄的粪便为水稻生长提供营养物质，二者互助互利，相辅相成，从而达到生态系统良性循环，发挥了生物最佳群体组织功能（图9-32，图9-33）。

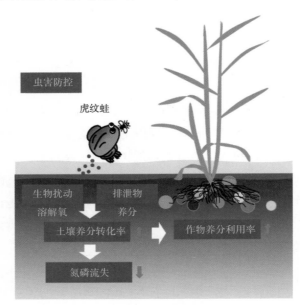

图9-32 稻蛙生态种养技术原理图示

图9-33 稻蛙生态种养技术示范

　　曹林奎等人于2016—2019年在青浦现代农业园区开展了稻蛙生态种养技术对面源污染防控效果的研究（未发表数据）。在农药污染负荷削减方面，常规水稻施用化学农药有效成分为59.0 g/亩，绿色稻蛙种植施用化学农药有效成分为22.0 g/亩，农药污染负荷削减62.7%；有机稻蛙削减了100%。

　　此外，研究还发现，有机稻蛙处理的年均总氮流失负荷为10.35 kg/hm²，比常规水稻处理降低了31.13%，流失系数比常规水稻降低了29.41%。试验期间有机稻蛙处理的年均总磷流失负荷为2.95 kg/hm²，比常规水稻处理增加了89.71%，而流失系数比常规水稻处理减少了27.53%（表9-21，表9-22）。

表9-21　不同种植模式下稻田氮素流失负荷及流失系数

年份	处理	渗漏		径流		总流失	
		流失负荷/ （kg/hm²）	流失系数/ %	流失负荷/ （kg/hm²）	流失系数/ %	流失负荷/ （kg/hm²）	流失系数/ %
2016	常规水稻	5.79	1.93	7.42	2.47	13.21	4.4
	绿色稻蛙	5.21	1.73	5.55	1.85	10.76	3.58
	有机稻蛙	4.55	1.52	4.08	1.36	8.63	2.88
2017	常规水稻	5.47	1.82	10.6	3.53	16.07	5.35
	绿色稻蛙	4.71	1.57	9.1	3.03	13.81	4.60
	有机稻蛙	3.95	1.32	8.2	2.73	12.15	4.05
2018	常规水稻	6.04	2.01	3.60	1.2	9.64	3.21
	绿色稻蛙	5.09	1.70	3.23	1.08	8.32	2.78
	有机稻蛙	4.38	1.46	1.43	0.48	5.81	1.94
2019	常规水稻	7.65	2.55	13.56	4.52	21.21	7.07
	绿色稻蛙	6.82	2.27	11.62	3.87	18.44	6.15
	有机稻蛙	4.01	1.67	10.81	3.60	14.82	5.27

表9-22　不同种植模式下稻田磷流失负荷及流失系数

年份	处理	渗漏		径流		总流失	
		流失负荷/ （kg/hm²）	流失系数/ %	流失负荷/ （kg/hm²）	流失系数/ %	流失负荷/ （kg/hm²）	流失系数/ %
2016	常规水稻	0.24	0.38	1.17	1.85	1.41	2.22
	绿色稻蛙	0.34	0.25	2.32	1.69	2.66	1.93
	有机稻蛙	0.43	0.22	3.13	1.61	3.56	1.83
2017	常规水稻	0.17	0.27	1.87	2.95	2.04	3.22
	绿色稻蛙	0.17	0.12	3.37	2.45	3.54	2.57
	有机稻蛙	0.24	0.12	3.93	2.02	4.17	2.14
2018	常规水稻	0.15	0.24	1.89	2.98	2.04	3.22
	绿色稻蛙	0.18	0.13	2.81	2.04	2.99	2.17
	有机稻蛙	0.30	0.15	3.22	1.66	3.52	1.81

（续表）

年份	处理	渗漏		径流		总流失	
		流失负荷/（kg/hm²）	流失系数/%	流失负荷/（kg/hm²）	流失系数/%	流失负荷/（kg/hm²）	流失系数/%
2019	常规水稻	0.26	0.43	0.47	0.78	0.73	1.22
	绿色稻蛙	0.20	0.36	0.29	0.53	0.49	0.89
	有机稻蛙	0.25	0.63	0.30	0.75	0.55	1.38

通过对比常规水稻种植模式与稻蛙生态种养模式下土壤氨挥发的变化，发现常规水稻种植模式与稻蛙生态种养模式的氨挥发累积量分别为55.72 kg/hm²和47.02 kg/hm²，分别占当季施氮量的15.3%和12.9%，稻蛙生态种养模式比常规水稻种植模式的水稻季氨挥发累积量降低了15.6%，尽管一年结果无显著差异，但仍说明放蛙具备减少稻田氨挥发的潜力（表9-23）。

表9-23　不同种植模式下稻田氨挥发累积量

处理	基肥/（kg/hm²）	追肥1/（kg/hm²）	追肥2/（kg/hm²）	全生育期/（kg/hm²）	占施氮量的比例/%
常规水稻	11.04 ± 2.11a	8.95 ± 1.84a	35.72 ± 0.84a	55.72 ± 2.02a	15.29 ± 0.55a
稻蛙生态种养	6.92 ± 0.55a	7.56 ± 1.10a	32.54 ± 4.48a	47.02 ± 5.31ab	12.91 ± 1.46a

（二）沼液还田的浮萍调控技术

近年来，在种养一体化的生态农业发展背景下，"沼液还田"因其成本低廉、技术简单以及废物资源化利用等优势在农业耕作中日益受到重视。沼液作为肥料在农田施用是一种传统的、经济有效的处置方式，利用农田消纳沼液既可以解决沼液后续处理的问题，又能实现沼液的二次利用。由于沼液中含有大量水稻生长所需的养分和水分，使用沼液作为肥源代替化学肥料的施用，不仅能减少农业生产成本及化肥生产成本，而且还能缓解水资源紧张状况，提高水资源利用效率，促进中国农业朝着高效、健康、可持续的方向发展。然而，沼液还田在我国仍具有一定的局限性，一方面，与发达国家相比中国缺乏足够的土地来消纳沼液，沼液未能得到充分合理的处置时，其高含量的有机物、氮、磷以及病源性微生物进入环境，将会造成二次污染，另一方面，养殖场大中型沼气工程产生的沼液量大且集中，沼液均直接施于农田、果园及菜地等，利用方式粗放，很少根据农田土壤、水分的变化规律以及作物需肥特点来施用沼液，缺乏相应的技术规范。由于沼液产生量大且含有相当数量的污染物，若沼液过量还田或连续还田，会成为农田中新的污染源，会对稻田水体和土壤环境造成污染。因此如何合理地进行沼液资源化利用，减少稻田氮磷流失负荷，对于实现农业面源污染防控、土壤养分的科学管理、农产品安全、农业的可持续发展意义重大。

浮萍是世界上体型最小的一类单子叶浮生植物，具有极强的繁殖能力，生长速度极为迅速，通常能以指数形式增长，理想条件下，生长速度最快的浮萍种类能在32 h内实现生物量的翻倍。自然条件适宜时，浮萍能够迅速繁殖形成一定种群，覆盖整个水面。浮萍生命力顽强，相较其他高等植物而言，植株结构简化，基本所有的组织都能完成光合作用和新陈代谢活动，从水体中吸收水和养分。浮萍分布广，耐受性强，对各种水环境的较强适应力使其在大多数环境下都能存活。在高营养含量的水域下，能在自身快速生长繁殖的同时，大量吸收水体中的氮、磷，改善水体状况，减轻富营养化程度。浮萍作为稻田中常见的水生植物，早在20世纪80年代，就有用作绿肥投放在稻田的报道。近年来，关于浮萍在稻田中利用的研究日益增多，普遍认为浮萍能减少稻田氮素流失。浮萍具有大量富集氮素的能力，且分布广泛，因此利用浮萍控制稻田氮素流失的研究很多。有研究发现浮萍可明显加快田面水中尿素的水解，并且在前期田面水氮素浓度较高时大量积累氮素，后期浓度较低时可以向田面水中释放氮素，这有利于降低施肥初期田面水氮素流失风险和保证施肥后期作物的氮营养供应。由于稻田中浮萍对氮素特别是铵态氮的吸收作用，氨挥发也随之减少。

沼液还田的浮萍调控技术，将沼液还田和浮萍投放稻田相结合。一方面，沼液作为一种有机肥，替代化肥施用，为农作物生长提供所需的养分。另一方面，利用浮萍繁殖能力强、生长速度快、耐受性强和吸附能力强的生物学特性，以及稻田中浮萍前期生长迅速和中后期腐解还田的特性，降低前期沼液还田的氮磷流失风险，维持后期土壤养分的持续供给，从而在保障水稻产量的基础上实现对稻田面源污染的调控。技术原理如图9-34所示。

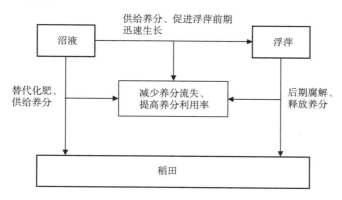

图9-34 沼液还田的浮萍调控技术原理图示

沼液还田所用沼液来源于猪场沼气工程，以300 kg N/hm²的施入量代替化肥施入稻田，按常规水稻氮肥施用时期分3次施入，比例为2∶1∶1。浮萍以青萍和少根紫萍为主，于水稻移栽当天投放，投放量为鲜重2 000 kg/hm²。具体实施如图9-35所示。

图9-35 沼液还田的浮萍调控技术实施现场

宋蝶等（2020）通过对比常规种植、"常规种植+浮萍"、沼液还田（全量替代化肥）和"沼液还田+浮萍"4种处理下稻田养分流失情况，探究了沼液还田条件下添加浮萍对农业面源的调控效果。结果如表9-24所示，沼液施用不会增加田面水N、P的浓度，浮萍的添加能有效降低田面水N、P的浓度。"沼液还田+浮萍"处理的稻田径流TN流失负荷平均为2.86 kg/hm²，TP流失负荷平均为0.25 kg/hm²，TN和TP流失系数分别为0.95%和1.70%，相比常规施肥，沼液施用下添加浮萍能减少32.54%的TN流失负荷和32.43%的TP流失负荷。

表9-24　不同处理稻田TN、TP径流流失负荷

处理	TN流失负荷/（kg/hm²）	TN流失系数/%	TP流失负荷/（kg/hm²）	TP流失系数/%
常规种植	4.24 ± 0.20a	1.41	0.37 ± 0.05a	1.15
常规种植+浮萍	3.27 ± 0.34bc	1.09	0.32 ± 0.05ab	0.99
沼液还田	3.91 ± 0.58ab	1.30	0.28 ± 0.05bc	1.89
沼液还田+浮萍	2.86 ± 0.41c	0.95	0.25 ± 0.06c	1.70

（三）沼液还田生物质炭调控技术

沼液还田生物质炭调控技术，将沼液还田结合生物质炭调控，利用沼液代替化肥为农作物提供养分的同时，充分发挥生物质炭的土壤改良作用和吸附作用，改善土壤中的水气状况，提高酸性土壤的pH值和土壤养分有效性，实现作物的增产和沼液养分元素损失的降低，在农田面源污染控制方面开辟了新途径。技术原理如图9-36所示。

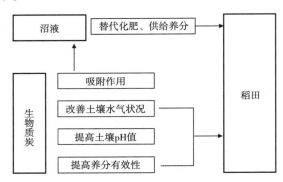

图9-36　沼液还田的生物质炭调控技术原理

沼液还田所用沼液来源于猪场沼气工程，沼液全量分次替代化肥（354 kg N/hm²）施入稻田。生物质炭于水稻移栽当天投放，投放量为1 500 kg/hm²。具体实施如图9-37所示。

图9-37　沼液还田的生物质炭调控技术实施现场

宋蝶等（2020）通过对比常规种植、"常规种植+生物质炭"、沼液还田（全量替代化肥）和"沼液还田+生物质炭"4种处理下稻田养分流失，结果如表9-25所示，生物质炭的添加能有效降低田面水N、P的浓度。"沼液+生物质炭"处理的TN流失负荷为16.41 kg/hm^2，TP流失负荷平均为1.95 kg/hm^2。与常规施肥相比，沼液全量还田TN流失降低了10.72%，"沼液+生物质炭"处理TN流失降低了40.56%，TP流失降低了7.14%。

部分研究关注了生物质炭在沼液氮淋溶阻控中的作用，认为生物质炭在降低沼液还田土壤氮淋溶中能发挥一定的作用。有研究表明0~20 cm土壤混合2%的牛粪生物质炭能使沼液还田土壤TN淋溶量降低10.6%~16.4%，也有研究发现秸秆生物质炭在5%添加量下最能够提高土壤氮保留能力，并认为这是由于生物质炭表面带负电荷的含氧官能团（如羧基）和酸性的结合位点（如酚羟基）可作为NH_4^+的吸附位点。另外，生物质炭比表面积大和孔隙率高，可以通过提高土壤的持水能力，从而降低土壤水分的渗滤和土壤中氮的淋溶。

表9-25 不同处理稻田TN、TP径流流失负荷

处理	TN流失负荷/（kg/hm^2）	TN流失系数/%	TP流失负荷/（kg/hm^2）	TP流失系数/%
常规种植	27.61±2.91a	7.8	2.10±0.31bc	2.7
常规+生物质炭	24.60±0.75a	6.95	3.49±1.10a	4.48
沼液还田	24.65±1.65a	6.97	2.71±0.77ab	3.87
沼液+生物质炭	16.41±1.12b	4.64	1.95±0.08c	1.35

三、规模化水产养殖污染控制技术

我国传统的水产业对产量的片面追求导致养殖环境日趋恶化，养殖生态系统不断退化，养殖业的可持续发展受到限制。传统的水产养殖由于受到空间和资源的限制，往往被强化为高养殖密度的网状系统，这种水产养殖系统有利于病原菌的生长并容易积累废物代谢物，造成水产养殖系统细菌性疾病的暴发。为有效利用养殖尾水中的有用资源，防止湖泊富营养化，近年来，国家和地方探索开展了一些规模不等的养殖尾水治理试验示范，总结提炼出不少行之有效的综合治理模式。针对我国水产养殖尾水多种处理方式，在此，重点介绍水产养殖尾水复合人工湿地处理模式、水产养殖尾水池坝系统处理模式、多营养层次综合水产养殖模式、池塘圈养内循环养殖模式等4个重要模式。

（一）水产养殖尾水复合人工湿地处理模式

1. 概述

该技术是指利用物理过滤、化学吸附、沉淀、植物过滤及微生物作用等方法，去除和削减水产养殖尾水中的N、P等营养元素，实现水产养殖尾水循环利用和达标排放。在池塘养殖集中连片区域，采用生态沟渠、沉淀池、表流湿地、潜流湿地等多种类型人工湿地组合来处理水产养殖尾水。人工湿地的类型包括表面流人工湿地、潜流式人工湿地和垂直流人工湿地等。稻田在生产粮食的同时，也发挥着湿地的功能，近年来常被用于养殖尾水净化。

2. 核心技术

人工湿地净化技术是一种集生物学和工程学的综合技术，在设置上可以采用生态沟渠、沉淀池、表

流湿地、潜流湿地等设施，结合物理过滤、化学吸附、植物过滤及微生物分解等方法，可有效去除水中多余营养元素及固体悬浮物、改变溶氧量、分解有机污染物等，最终达到环境友好型的尾水处理的目的（张燕等，2022）。通常运用于人工湿地的植物有：雍菜、茭草、鸢尾、眼子菜、芦苇、香蒲、大米草黄、旱伞竹、水葱、菖蒲、美人蕉、梭鱼草和风车草等（Guo et al.，2020；Huang et al.，2020）。

3. 特色

将人工湿地应用于池塘养殖废水的处理和回用，是解决高密度水产养殖带来的环境污染、实现健康养殖的有效生态工程技术。人工湿地虽然净水效果好，但需要一定的土地、工程成本，且运用人工湿地技术需要结合当地的气候、环境、资源等因素因地制宜，找出适合当地的人工湿地模式。

4. 案例

李谷等（2006）提出将人工湿地应用到池塘养殖水质的净化和管理，通过构建人工湿地-养殖池塘生态系统，以期达到有效解决池塘养殖过程中出现的自身污染严重、病害暴发严重及产品质量低劣等问题（图9-38）。管卫兵和王丽（2014）在成功实现有机稻或其他有机水生蔬菜如莲藕生产的基础上，以水稻田或水生蔬菜种养殖池塘作为净化系统，将其他高密度养殖系统产生的池塘污染进行循环利用，并将这种大规模的生产过程称为"陆基生态渔场"。马旻等（2011）、张志勇等（2009）等人试验的5种植物水葫芦、凤眼莲、轮叶黑藻、香根草和水蕹菜均能很好地强化水产养殖废水相关污染指标的去除，并表现出各自的特点。

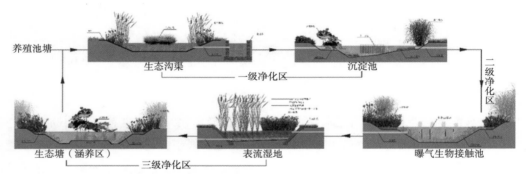

咸宁市养殖池塘标准化改造和尾水治理专项建设规划

图9-38 复合人工湿地尾水处理模式示意

（二）水产养殖尾水池坝系统处理模式

1. 概述

该模式是针对池塘养殖尾水分布及污染特点形成的养殖尾水多级组合处理工艺，对养殖区沟渠或边角池塘适当改造，采用集物理沉淀、填料过滤、曝气氧化以及生物同化于一体的多级组合养殖尾水净化模式，在实现最低投入的前提下养殖尾水的达标排放或循环利用（魏宾等，2021）。

2. 核心技术

一般采用"生态沟渠→沉淀池→过滤坝→曝气池→过滤坝→生态净化池"的工艺流程，尾水处理设施总面积通常为养殖总面积的6%～10%；原则上要求养殖用水循环使用，对于特殊情况需要排出养殖场的尾水水质应符合《SC/T 9101—2007淡水池塘养殖水排放要求》（李木华、李木良，2022）。

3. 特色

该系统具有容积负荷高、耐冲击负荷能力强、运转维护费用低、能有效去除养殖尾水中的TSS、

TN、TP、COD；夏季处理效果最好，其次是春、秋季节，冬季处理效果稍差，但仍然能稳定运行，保障出水水质达标；该组合工艺系统低、中、高污染类型示范点建设费用分别为1.370万元、2.775万元和1.304万元，建设费用低，分摊到每公顷养殖池塘尾水处理费用仅分别为0.325万元、0.387万元和0.400万元，运行维护费用较低，适合内陆淡水养殖池塘推广应用（刘梅等，2021）。

4. 案例

姜堰区冯庄村现代渔业产业园开展了"三坝四池养殖尾水净化模式"，养殖尾水通过"三坝四池"的处理（图9-39），均达到江苏省《D8 32/4043—2021池塘养殖尾水排放标准》的淡水受纳水域养殖尾水排放限值的一级标准（史晓芹等，2022）。

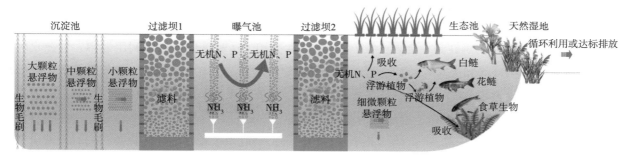

图9-39 池坝尾水处理模式示意（刘梅等，2021）

张旭彬（2020）结合黑龙江省气候特点及养殖周期特性，建立了"三池两坝一湿地"系统，尾水达到了农业部《SC/T9101—2007淡水池塘养殖水排放要求》中一级标准。兴化市建成"三池两坝"水产养殖尾水净化生态示范基地，可为周边约400亩养殖面积提供尾水净化处理服务。

（三）多营养层次综合水产养殖

1. 概述

综合水产养殖（Integrated aquaculture）既可指同一水域内多种水生生物的混合养殖，又可指水产养殖和其他农业生产方式结合的养殖模式（Knowler et al.，2020），多营养层次综合养殖（IMTA）是西方学者十分推崇的综合养殖模式，也是综合养殖的一种重要类型，其主要原理就是将一种养殖生物排出的废物变为另一种养殖生物的食物（营养）（图9-40）。IMTA作为一种生态系统水平的适应性管理策略，在中国沿海有了很好的发展。

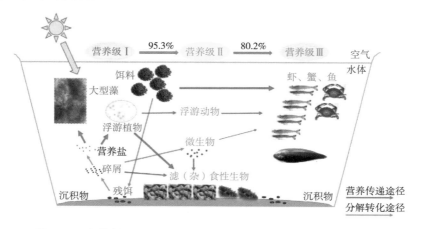

图9-40 多营养层次生态健康养殖模式示意（陈学洲等，2020）

2. 核心技术

IMTA是将几种不同营养水平的水生生物进行组合混养，通过一种水生生物提供的副产品（包括废物）作为另一种水生生物的输入物（肥料、食物），混养物种之间互利耦合，达到饵料资源和水体中物质的循环利用，实现养殖系统生态平衡。该模式在淡水中的应用主要是通过混养不同食性的鱼，配合主要养殖物种，达到提高资源利用率、降低环境污染的目的（韩枫等，2021；Luana et al.，2016）。

3. 特色

IMTA在中国已应用多年，取得了显著的经济、社会和生态效益。IMTA是一种可持续养殖的有效方法，可适当选择不同营养物种的比例以提高水产养殖产量和环境的可持续性（Fang et al.，2020）。

4. 案例

王摆等（2021）开展的海蜇-对虾-菲律宾蛤仔海水综合养殖池塘实验中，菲律宾蛤仔为初级消费者，海蜇为次级消费者，对虾为捕食者；3个物种可以和谐相处，显著增加饵料利用效率、加速水体中物质循环、改善养殖环境和提高养殖系统稳定性。车轩等（2021）以草鱼养殖区、河蟹养殖区、螺蛳鲢鳙养殖区和水处理设施等系统构建了一套多营养级分隔池塘养殖系统，对养殖水体氮、磷的去除效果显著。锦州的仿刺参-对虾综合养殖；盘锦的海蜇-对虾-菲律宾蛤仔综合养殖；丹东的海蜇-中国明对虾-缢蛏综合养殖，搭配褐牙鲆等海水鱼类（王摆等，2019），均取得了较好的经济效益，同时也减少了环境污染。

（四）循环水养殖模式

1. 概述

循环流水养殖模式（图9-41）是指将养殖品种集中"圈养"在一定数量养殖水槽中，并综合集成土建工程、机械电子、仪器仪表、化学、生物工程、自动控制和社会经济学等现代科技于一体，形成一套完整的、科技含量高的池塘内循环流水健康养殖系统，是现代水产养殖技术的一次重大创新。

2. 核心技术

该模式是在相对较为封闭的空间内，通过充氧曝气、物理化学法、生物法等手段，实现废水中养殖对象排泄物、饲料残留物、残余药物的降解去除，在尽可能少补充新鲜水体的情况下实现水体的循环再利用；通过水质测控、粪便收集、水体净化、恒温供氧、鱼菜共生和智慧渔业等功能模块，实现资源高效利用、循环用水、环保节能、绿色生产、风险控制的目标（朱瑞金等，2022）。

3. 特色

此类养殖模式具有建设成本低、占地少、可因地制宜灵活安装、单位水体养殖效益高、收获操作简单等特点；在建立好完善的增氧、尾水处理和进排水系统后，可实现循环用水，达到养殖污染物零排放的绿色养殖目标。

4. 案例

近年来，随着一系列先进养殖和水处理技术和设备的开发利用，始于20世纪60年代的循环式水产养殖模式（Recirculation aquaculture system，RAS）已经在我国商业化的成鱼和育苗系统养殖中推广开来，结合我国自主研发的多功能蛋白质分离器、多功能固液分离器装置、模块式紫外线杀菌装置、高效溶氧器装置、弹性刷状生物净化载体等设施装备，该模式循环水养殖水质净化处理工艺也得到进一步完善（张晓双等，2017）。20世纪90年代，奥本大学教授设计了池塘工程化循环水养殖模式（In-pond raceway system，IPRS），2013年被引进国内，简称"流水槽"，是传统池塘养鱼与流水养鱼技术的有效结合（刘杨等，2017）。此外还有陆基集装箱循环水养殖模式，陆基圆池循环水养殖模式经济效益较为可观。如陆基圆池666 m²可养鱼6.5万kg，产量是传统池塘的50～60倍（陈斌，2022）；而陆基集装箱循环水养殖模式可有效降低水体中氨氮浓度，目前已经推广到全国20多个省（市），并在埃及、缅甸等"一带一路"国家示范应用（肖耿锋，2021）。

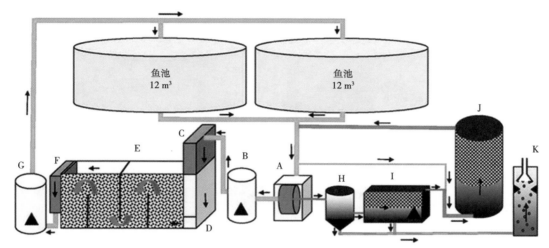

A. 微孔鼓状滤膜器；B. 贮水泵；C. CO₂气提塔；D. 蛋白质分离器；E. 硝化反应器；F. 充氧器；G. 贮水泵；H. 污泥收集器；I. 污泥酸化池；J. 脱氮反应器；K. 甲烷反应器及收集装置。

图9-41　循环水养殖模式示意（李平等，2009）

第四节　长江下游不同流域面源污染防控技术

一、巢湖流域圩区不同轮作体系面源污染防控技术

（一）巢湖流域圩区农业生产及面源污染情况

巢湖流域面积为13 486 km²，涉及合肥、六安、马鞍山、芜湖、安庆等五市的16个市、县（区）。流域内农耕面积约44万hm²，农村人口503万人，占总人口（1 075万人）的46.8%，农业生产多以稻油麦（棉）蔬菜林果水产畜禽为主，是典型的传统农业种植区，也是安徽省乃至全国重要的经济区。

巢湖流域四周分布着大别山、冶父山、凤凰山、浮山等山脉，总体地势西高东低，四周多低山丘陵，中部低洼平坦。全流域最大高程1 353 m，其中75%的高程处于50 m以下，其中圩区3 040.8 km²，占流域面积的22.5%。

1. 巢湖流域圩区及分布

圩区是由堤坝圈围起来的、通过闸门和泵站人工控制进、排水的低洼区，是一类特殊的集、排水区域。由于其独特的低洼地势及与外界水流交换的特殊性，水利建设一直是圩区安全和建设的重点。但由于圩区多位于距离大江大河、内河和湖泊等天然水体很近的敏感地带，其面源污染问题也亟待关注。

巢湖流域有大小圩区200多个，主要分布于河流中下游和沿湖周围（图9-42）。

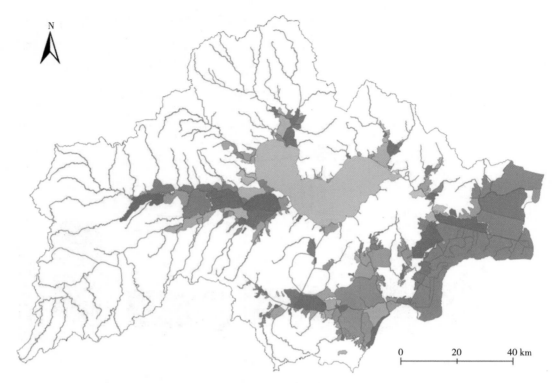

图9-42 巢湖流域圩区分布

2. 圩区农业生产活动

圩区土壤肥沃，交通方便，成为人们集中进行生产和生活的重要场所。其中多数以种植业为主，是巢湖流域的农作物主产区，传统的轮作模式是稻-麦和稻-油轮作。近年来，随着城市化的发展和巢湖周边旅游业的发展，番茄、草莓等蔬菜瓜果的种植有所增加。

3. 圩区面源污染特征

与天然流域相比，圩区排水量少，水分和养分可以在圩区内循环使用。圩区由于地势低，地下水位高，硝酸盐的淋溶是农业面源污染的一个重要方面。但由于地下水压差小，流动性不强，通过地下水的形式对周边水体的影响比较小。通过排灌站的进、排水是圩区与附近水体和物质交换的主要途径，与气象条件有很大的关系。在丰水年排水量大，输出负荷高。而在干旱年份，排水量少，一般都需要从周边河流或湖里引水灌溉。但由于圩区农业生产较为密集，在通常的气候条件下，氮、磷输出浓度和负荷也比较高。加上圩区主要位于距离河、湖等重要地表水体附近，圩区面源污染需要进行控制。

（二）关键技术模式和应用

针对巢湖流域圩区及农业生产的特点，研发了以轮作体系设置、耕作方式调整、施肥技术改进等种植业源头控制技术模式为主，同时包括沟渠的生态拦截和末端治理技术模式，以及总体监控模式的农业面源污染综合控制技术体系。具体如下：

1. 番茄-水稻轮作高效环境友好肥料运筹技术模式

（1）技术模式简介。针对前茬番茄等蔬菜施肥量大，收获后土壤养分含量高、环境风险大等问题，后茬种植水稻，并减量施肥以充分利用土壤养分减少流失的技术。

（2）技术工艺及关键技术。番茄-水稻轮作施肥方案：大棚番茄N、P肥习惯施用量减少25%，有机肥和钾肥用量不变，只在水稻拔节期和抽穗期分别追施尿素150和120 kg/hm²，具体施肥方案见表9-26。

表9-26　番茄-水稻轮作体系前茬大棚番茄施肥方案*　　　　　　　　　　单位：kg/hm²

类别	总施肥量	基肥	追肥Ⅰ（穗果膨大期Ⅰ）	追肥Ⅱ（穗果膨大期Ⅱ）	追肥Ⅲ（穗果膨大期Ⅲ）
鸡粪	11 250	11 250	—	—	—
尿素	675	268.0	202.9	89.3	114.8
磷酸二铵	675	440.3	88.1	146.6	—
硫酸钾	1 080	540.0	108.0	180.0	252.0

*氮磷化肥用量比习惯施肥减少25%。

（3）技术模式应用效果。该技术模式在巢湖市炯炀镇中李村巢湖好生态休闲观光有限公司水稻田应用。实施效果表明：与习惯施肥相比，本肥料运筹方案可使大棚耕层土壤速效磷含量减少8 mg/kg，0~20 cm、20~40 cm、40~60 cm土层硝酸盐含量分别下降13.5%、38.9%、32.0%，降低了蔬菜地氮磷环境污染风险。番茄产量与习惯施肥没有显著差异，但番茄可节本增收9 662元/hm²，后茬水稻增产11.1%，增收459元/hm²。

（4）技术模式的适用范围及注意事项。该模式适用于大棚番茄种植，为更有效地提高磷肥利用率和减少流失，可采用下述番茄高效环境友好磷肥运筹技术。

2. 番茄高效环境友好磷肥运筹技术

（1）技术模式简介。针对巢湖番茄生产基地大棚番茄水溶性磷肥施用量大，土壤速效磷含量提高迅速，环境风险大和中微量元素补充不足等现状。选用含有硅、钙、镁中量元素的枸溶性钙镁磷肥取代番茄习惯施用的水溶性磷酸二铵，根据田间试验结果提出番茄高产高效环境友好磷肥运筹技术。

（2）技术工艺及关键技术。番茄习惯施肥中的磷肥一半用枸溶性钙镁磷肥取代水溶性磷酸二铵，且钙镁磷肥全部用作基肥用，追肥磷肥全部用磷酸二铵。化肥氮磷钾用量为习惯施肥量，分别为576 kg N/hm²、414 kg P₂O₅/hm²、540 kg K₂O/hm²。具体施肥方案如表9-27所示。

表9-27　番茄高效环境友好磷肥运筹技术大棚番茄施肥方案　　　　　　　　单位：kg/hm²

类别	总施肥量	基肥	追肥Ⅰ（穗果膨大期Ⅰ）	追肥Ⅱ（穗果膨大期Ⅱ）	追肥Ⅲ（穗果膨大期Ⅲ）
鸡粪	11 250	11 250.0	—	—	—
尿素	1 076	533.4	270.5	119.1	153.0
磷酸二铵	450	137.0	117.5	195.5	—
20%钙镁磷肥	1 035	1 035.0	—	—	—
硫酸钾	1 080	540.0	108.0	180.0	252.0

（3）技术模式应用效果。该技术模式在巢湖市炯炀镇中李村巢湖好生态休闲观光有限公司水稻田应用。实施效果表明与习惯施肥相比，本肥料运筹方案可使大棚耕层土壤速效磷含量减少14.6 mg/kg，番茄增产4.7%，与习惯施肥产量没有达到显著差异水平，番茄增收18 494元/hm²。

（4）技术模式的适用范围及注意事项。该技术模式需要与其他田间管理措施相配套。

3. 麦稻轮作秸秆覆盖旋耕还田利用技术模式

（1）技术模式简介。秸秆还田是将不宜直接作饲料的秸秆（水稻、小麦等）直接或堆积腐熟后施入土壤中的一种方法。具有促进土壤有机质及氮、磷、钾等含量的增加；提高土壤水分的保蓄能力；改善植株性状，提高作物产量等优点。秸秆综合利用技术可以直接减少农民的肥料投入量，增加经济效益。秸秆直接还田相对增加了有机肥的施用量，削减了化肥施用量，不但降低了农业生产成本，并且降低了土壤等环境的污染，农业生态环境得到了良好改善。

（2）技术工艺及关键技术。小麦季："秸秆全量还田+高产施肥"（秸秆600 kg/亩，14.0 kg N/亩，6.0 kg P_2O_5/亩，9.0 kg K_2O/亩）；高产施肥方式：氮肥的施用采用6：4的施用方式（基肥60%+追肥40%）；磷肥作基肥一次性施；钾肥基肥70%，在二次追肥时追肥30%。水稻季："秸秆全量还田+优化施肥"或"无秸秆还田+优化施肥+腐植酸肥基肥施入"。

（3）技术模式应用效果。该技术模式在安徽省巢湖市炯炀镇西宋村、中垾镇应用。实施效果表明与传统模式相比，小麦种植的"秸秆全量还田+高产施肥"处理和水稻种植的"秸秆全量还田+优化施肥"和"无秸秆还田+优化施肥+腐植酸肥基肥"施入小区的作物产量提高。秸秆全量还田大致可以替代20%的化学肥料，也就是说实行秸秆还田的条件下，减少20%的肥料用量，基本能保证作物不减产。

（4）技术模式的适用范围及注意事项。秸秆还田时要求按照合理的C、N比进行配施，并且需要与其他田间管理措施相配套。

4. 农田养分控流失产品的替代应用技术模式

（1）技术模式简介。基于农田养分控流失产品替代应用为主体的农田氮磷流失污染控制技术，主要包括生物腐植酸的应用技术、有机肥的应用技术、秸秆还田技术、缓释肥的应用技术和控释肥的应用技术等，以上单项技术也可组合成不同的技术体系。当前，国家政府部门提出的"粮食绿色增产""一控、两减、三基本"等口号，对农业面源污染控制提出了较高的要求，而基于农田养分控流失产品应用为主体的农田氮磷流失污染控制技术正是在此背景下产生，该技术对于控制农业面源污染，提高农田的环境质量，提高农产品品质，具有重要而深远的意义。

（2）技术工艺及关键技术。基于农田养分控流失产品应用为主体的农田氮磷流失污染控制技术的主要技术特点是化肥氮磷减施和化肥部分替代、农田氮磷的高效利用。具体技术见表9-28。

表9-28 控制农田氮磷流失的养分替代技术

技术工艺	含义和优势	关键技术和效果
秸秆还田替代技术	把不宜直接作饲料的秸秆（水稻、小麦等）直接或堆积腐熟后施入土壤中的一种方法。其优势包括：①促进土壤有机质及氮、磷、钾等含量的增加。②提高土壤水分和养分的保蓄能力，减少施肥量。③改善植株性状，提高作物产量。④改善土壤性状，增加团粒结构	在作物收获期间，将秸秆直接粉碎旋耕还田。在测土配方优化施肥的基础上，进行氮肥减量30%，磷肥减量50%，每亩还田200 kg小麦/水稻秸秆，用以补充减少的氮磷养分。秸秆全量还田大致可以替代15%～20%常规化肥氮磷用量，适当调整化肥的施肥方式，能够保证作物的正常产量，减少农田养分流失量5%以上

（续表）

技术工艺	含义和优势	关键技术和效果
有机肥替代技术	指将各种动、植物废弃物或残体，经过一定的加工工艺制成的符合国家相关标准的一类肥料。其优势包括：①有机肥在土壤中经微生物分解，可源源不断、缓慢地释放出各种养分供植物吸收。②有机肥是改良土壤的主要物质。③有机肥可提高土壤难溶性磷的有效性，可减少化学磷肥施用量	100 kg/亩的有机肥作为基肥施入土壤，替代常规施肥量的10%，或以200 kg/亩的有机肥作为基肥施入土壤，替代常规施肥量的20%，作物产量能够提高5%～10%，农田养分流失量可降低15%
缓释肥运用技术	通过各种调控机制使其养分最初缓慢释放，延长作物对其有效养分吸收利用的有效期，并按照设定的释放率和释放期缓慢或控制其养分释放的肥料。其优势包括：①持续供应作物氮磷，提高养分吸收率，提高产量。②减少氮磷流失	缓释肥可80%～100%替代化肥，并明显降低农田养分的流失，降低率可达到20%以上，作物增产5%以上
控失肥运用技术	利用化肥固定化技术，研制出化肥养分控失剂，利用其形成的巨大互穿网络，"网捕"住化肥养分，阻止氮磷养分的流失，提高养分的利用率	控失肥可替代30%～100%化肥，减少农田氮磷流失的10%，作物产量基本比较稳定
生物肥替代技术	生物肥料是既含有作物所需的营养元素，又含有微生物的制品，是生物、有机、无机的结合体，可以代替化肥，提供农作物生长发育所需的各类营养元素。并可在一定程度上改善了土壤的理化性质，并提高土壤中某些养分的含量和有效性	施用生物肥料如固氮类生物肥料，不仅可适当减少化学肥料的施用量（如按照各类生物肥产品说明施用），一般施用生物有机复合肥比单一施用化肥增产10%左右。利用生物腐植酸（含有机碳菌剂）添加到土壤中，可以用20 kg/亩的生物腐植酸替代常规施肥量的15%～20%，作物基本能维持或稍增加产量，农田养分流失量可消减10%

（3）技术模式应用效果。基于农田养分控流失产品应用为主体的农田氮磷流失控制技术目前在巢湖烔炀镇及肥东牌坊乡等地应用，效果良好。各单项技术均可减少化肥氮磷用量5%～15%，减少农田氮磷流失5%～20%；组合技术可减施化肥氮磷20%～30%，减少农田氮磷流失25%～35%。通过开展生物有机肥、缓释肥、生物肥以及控失肥的小麦/水稻示范工作，利用肥料减量替代技术，并结合"秸秆还田+腐熟剂"，因地制宜推广化肥深施、合理灌溉等技术，通过科学施肥和养分替代，养分利用率提高，实现秸秆废弃物的农田循环利用，减少了化肥施用量和肥料流失，也取得了良好的经济效益。

（4）技术模式的适用范围及注意事项。该技术是针对环巢湖流域地区的自然条件（位置、气候、土壤和水文等）和社会经济条件（农业种植模式、生产水平、施肥模式、灌排情况）研究集成的，适合环巢湖流域地区一般土壤肥力条件下一年两季的水稻-油菜或水稻-小麦轮作模式，但也可以在其他类似地区进行推广应用。

5. 生态沟渠氮、磷输移控制技术模式

（1）技术模式简介。生态沟渠是近年来随着生态水利大环境的发展而提出的一个新兴概念，与传统沟渠相比，生态沟渠强调在保证沟渠正常水利功能的同时，还注重生态效益的发挥。

（2）技术工艺及关键技术。生态沟渠中的植物组合"沟壁黑麦草、沟底水芹"，这些植物生长旺盛，对农田排水中氮磷的拦截、去除发挥了重要作用。它们不仅可以吸收同化去除水体中的一部分氮磷，还能产生有利于水体氮磷去除的环境，此外水芹、黑麦草等植物还具有一定的经济价值，夏季沟壁植物狗牙根的垂落和蔓延形成绿墙覆盖在沟壁上，为生态沟渠带来了很好的景观效果。

沟渠的水生植物要定期收获、处置、利用，减少沟渠堤岸植物带受岸上人类活动、沟渠水流、沟渠开发等的影响，保护生态多样性。沟底淤积物超过10 cm、或杂草丛生，严重影响水流的区段，要及时清淤，保证沟渠的容量和水生植物的正常生长。农田排灌沟渠清理不要彻底清理沟渠，要保留部分植物和淤泥。

（3）技术模式应用效果。该模式在安徽省巢湖市炯炀镇西宋村应用，实施效果表明生态沟渠能很好地降解、去除排水中的营养成分，控制农田排水径流的氮磷进入河网水体，一般生态沟渠对农田排水总氮、总磷的平均去除率分别达到50%和40%。

（4）技术模式的适用范围及注意事项。在整治后的农田排水沟、入湖汇水沟，岸边种植草坪护坡，在沟渠水体内合理配置氮磷吸附能力强的挺水、沉水和漂浮植物，在深水区设置生物浮床，充分发挥植物对农业面源污染物的阻控、拦截、生物吸收和生物降解效应，最大限度地减轻农田流失氮磷养分和化学农药对水体的污染。

6. 圩区农业面源污染综合防控模式

（1）技术模式简介。圩区是一个独立的集、排水区域，可以看为一个特殊的子流域。农业面源污染的源头控制、污染物输送的过程拦截和末端治理技术都可以在圩区开展，因地制宜形成圩区综合控制和管理模式。

（2）技术工艺及关键技术。选择轮作制度并合理组合不同作物施肥方式，系统设计建设生态沟渠：在圩区支渠以及部分干渠、斗渠建设生态型沟渠，既保证灌溉时进水和洪涝时排水的顺畅，又可在平时多数时候拦截、吸收营养元素。在干渠排水下游段，排灌站泵房抽水管上游以及圩区内的塘洼建设人工湿地。进行排灌站进、排水量和水质的监控以及各级沟渠的监控管理。

（3）技术模式应用效果。在西宋圩区开展了圩区农业面源污染综合防控。西宋圩位于巢湖边，排灌站靠近鸡裕河入巢湖处，是一个以种植业为主，包含一个自然村的圩区。由于其特殊的位置，其农业面源污染防控非常重要。在这里采用了源头稻麦轮作多种养分替代控制农田氮磷流失技术和基于农田养分控流失产品应用为主体的农田氮磷流失控制系列技术，对种植业施肥量和施肥方式进行了系统优化；为收集和处理农村生活污水，开展了系统的生态沟渠和人工湿地建设，以及排灌站进、排水量和水质的监控、各级沟渠的监控管理，基本实现了水分和营养元素的循环利用，减少了向巢湖的排放。由于生态沟渠和人工湿地的整体设计还取得了较好的景观效果。

（4）技术模式的适用范围及注意事项。该技术模式需要因地制宜，以源头控制为主，整体优化设计。

二、巢湖流域坡耕地面源污染保土截流技术

巢湖流域农业经济水平较高，已由过去单纯的粮食生产向粮经型新复种方向发展，粮食、油料、棉花、水果都是该区域内重要粮农作物。

（一）巢湖流域坡耕地水土流失与面源污染情况

1. 水土流失

巢湖流域总体为微度侵蚀，面积达10 817.6 km²，占流域总面积的77.5%。强烈侵蚀以上的土地只占总面积的1.35%，但贡献了土壤侵蚀总量的28.0%。DEM和遥感图分析数据表明，微度和轻度侵蚀主要发生在坡度较小的地区，即0°~5°的地区；中度和强烈侵蚀呈点状分布，主要分布于山中林地，这些地区虽然有灌木、乔木等高覆盖度植被，但其坡度较大，也容易造成土壤侵蚀；而强烈等级以上的侵蚀主要发生在山顶、或沿山势走向呈带状分布，呈点状的发生在海拔较高的地区，这些地区植被覆盖度很低，一部分是因为土质导致没有植被生长，或是住在山上的居民毁林开垦，形成了坡耕，导致严重的土壤侵蚀；另一部分呈带状的可能是坡面太陡，并且因为阳光、土质问题没有形成高覆盖度的乔木，从而

导致土壤侵蚀沿陡坡面、山谷发生。2012年巢湖流域颗粒态磷负荷总量为3 092 t，巢湖流域西南山区和巢湖东部的山区土壤磷浓度较高，并且土壤侵蚀严重，故这些地区磷负荷值很高，因此成为重负荷区，2012年最高值为433.3 kg/km^2。巢湖南岸农业发达，盛行坡耕，磷负荷较高。与其他形式的磷污染源相比较，土壤侵蚀造成的颗粒态磷是巢湖总磷输入的重要来源之一，约占25%（侯森，2015）。

2. 不同土地利用颗粒态磷负荷

土地利用类型以耕地为主，占流域总面积的60.12%，林地和建设用地分别占17.87%和12.79%，其余用地类型均在10%以下。巢湖流域颗粒态磷负荷模数林地为759 kg/(km^2·a)，耕地为256 kg/(km^2·a)。坡度在8°～25°的地区土地开垦率较高，人类活动频繁，是水土流失的重点区域。这些区域，一旦为发展农业生产实行陡坡开荒，人为改变土地利用结构，将会导致水土流失严重。简单粗放的农业经济模式和不合理的资源利用方式使得耕地颗粒态磷负荷模数比林地大。

3. 地表径流氮磷流失

径流小区长期定位实验（坡度6°）结果表明（孟超峰，2014；王静等，2017），常规耕作顺坡种植的耕地降雨径流系数为0.375～0.425，相应的降雨径流产沙量为365.0～460.4 kg/hm^2，土壤流失量与径流量的关系（Y）为：$Y=0.386^{x^{1.911}}$，$R^2=0.972$。常规顺坡耕作条件下，径流液中总氮浓度范围是0.73～22.82 mg/L，顺坡种植耕地氮素随地表径流平均年度累积流失量为9.35 kg/hm^2，占当年作物施氮量2.83%。顺坡种植耕地地表径流总磷浓度范围为0.61～1.22 mg/L，每次坡耕地的地表径流都会对附近水体质量产生威胁。地表径流中颗粒态磷与总磷（PP/TP）的比例为71.3%～81.7%，径流搬运的颗粒物（粒径≥0.45 μm）是坡耕地地表径流磷迁移的主体。顺坡种植耕地总磷年流失负荷平均为0.706 kg/hm^2，占当年作物施磷量0.98%。有研究表明，巢湖沿岸圩区稻-油轮作区和稻-麦轮作区磷素年输出负荷分别为0.27 kg/hm^{2}和0.48 kg/hm^2。可见，巢湖沿岸坡耕地磷素的流失水平要高于同地区的稻麦（油）轮作区，其对巢湖水体的潜在和长期影响同样不容忽视（王静等，2017）。

（二）模式简介

低山丘陵农业区地形变化多样，并存在一定幅度的高程落差，在降雨产生地表径流的情况下，土壤中的各种养分和污染物在地表径流的动力下，使大量的土壤养分、泥沙及泥沙附着物进入地表水体，使水体富营养化，从而产生面源污染。与此同时，落差高会导致水流速度快，对土表、沟道边壁、沟底侵蚀严重，造成水土流失；水流因地势原因过速输入下游，导致上游水资源分布不均、存蓄贫乏；污染负荷不经有效削减便输入下游水体。

1. 植物篱

植物篱是坡地农业利用的新型技术体系，植物篱笆防治水土流失，篱带间为农业耕作利用，是一种融生态、经济为一体的坡耕地可持续利用技术。在以坡耕地为主，水土流失严重的地区，植物篱技术的保土截流效果已经得到人们的认可，也是控制面源污染的重要措施之一。植物篱通过覆盖阻挡作用、局部径流改变和土壤颗粒性质改变等途径，增加地表覆盖度减小雨滴对地表土壤的溅蚀和对土壤表层结构的破碎、堵塞土壤孔隙、抑制土壤入渗的作用，减小径流量和降低径流速度、拦截泥沙降低土壤流失，使泥沙及其中的养分被固定在土壤中，也增加对养分吸收、固定，避免养分的流失，从而起到保土截流作用。

2. 秸秆覆盖

秸秆覆盖可增加地表覆盖度，减少地表蒸发，减缓地表结皮，增加土壤孔隙度和入渗能力。通过秸秆覆盖还可避免雨滴直接击打地面,减缓雨水对表层土壤的冲击、有效增加雨水入渗延长产流时间,对雨水具有拦截和蓄存作用,从而减少地表径流及降低径流中泥沙含量,减少土壤侵蚀,进而降低土壤养分流失,具有提高土壤的蓄水、保水及土壤养分保持能力。秸秆覆盖还可使水稳性土壤团粒构造得到改善,提高团聚体稳定性,以提高土壤抗侵蚀能力,尤其是应用在陡坡地当中,其成效更为显著,是坡耕地土壤侵蚀防治的有效措施。

3. 植物篱+秸秆覆盖

植物篱通过形成的篱带拦截径流,降低径流流速和挟沙能力,增加入渗的时间,减少土壤颗粒的流失,从而起到保土蓄水的作用。植物篱带间覆盖作物秸秆,在种植植物篱的基础上,作物秸秆覆盖增加了地表覆盖度,降低雨滴对地表土壤的冲击和分离作用,改变了地表径流、改善土壤结构,增加水分的入渗时间,提高土壤对氮磷养分的吸附能力,从而减少地表径流和泥沙流失量。

4. 等高垄作

耕作措施能改变坡耕地的微地形,引起径流量、径流能量的变化,导致侵蚀的变化。等高耕作、等高带状间作、沟垄耕作少耕、免耕等耕作措施可调节降雨对坡面的冲刷,延长雨水在土壤中的下渗时间,增加土壤水分,减少地表径流的产生量和径流携带的泥沙量,延长径流沿着坡面移动的距离和时间,进而减少坡面的水土流失量及其坡面养分的流失量。坡耕地等高垄作有利于增加地表粗糙度,由于低洼处积水,增加入渗量,减少径流量;垄沟还可有效减缓径流速度,增加泥沙沉积,从而减少产沙量。

(三)技术工艺参数

1. 经济植物篱(埝)技术

(1)植物篱品种。植物篱品种选择标准是萌生力强,恢复性好;根系发达,有较高的叶茎比;抗逆力强,特别要求抗旱、耐瘠能力强;有较高的生态效益和经济效益。如:黄花菜、黑麦草、紫穗槐、金银花、桑等。

(2)坡岗地规划。对现有坡岗地,可沿现有田坎地埂种植经济植物篱,硬化和加固裸露土埂。对于未开垦的坡地或另行规划的坡岗地,需确定合理的带距,确定原则主要以坡度大小为依据、垂直高差为准则,即坡度越大,垂直高差越小,条带间距越小;反之坡度越小,垂直高差越大,条带间距就越大。对于已经坡改梯的坡地,可沿已有的梯埂种植经济植物篱,如梯埂密度过大,可隔台种植。

(3)经济植物篱的栽培与管理。根据各种植物的特性要求,高标准种植与管理经济植物篱,施足底肥,平衡施肥,做好病虫害的防治工作。黄花菜单行或双行种植,株距20 cm,行距30 cm。种植前开30 cm深的定植沟,顺沟施入农家肥,再铺放表层熟土。种植时浅施复合肥5~8 g/穴,并处理好种苗,将短缩茎下层的黑蒂掰掉,剪除肉质根上膨大的纺锤根,留5~7 cm长即可。将短缩茎上部的小苗叶剪短,一般留6~7 cm,并将残叶剔去。黑麦草单行或双行条播,行距20 cm,种植前开2~3 cm深的种植沟,播种量50~80 g/100 m,顺沟施入农家肥和复合肥,复合肥2~3 kg/100 m。当黑麦草长至80~100 cm高时,适时刈割,留茬高度25~30 cm,促进黑麦草分蘖,加快成篱。紫穗槐单行或双行种植,行距30 cm,株距15 cm。取苗后剪去较长主根,保留侧须根,地上部剪至30 cm左右,栽于约30 cm深的定植沟内。施复合肥5~8 g/穴。当紫穗槐长至80~100 cm时,适时进行刈割,留茬25~30 cm,促进分枝,加快成篱。

2. 秸秆覆盖还田技术

农田覆盖的秸秆要适宜,覆盖时力求均匀,做到"草不成团,地不裸露",提倡农作物秸秆全量还田。棉花盖草适宜时间为移栽后的6月中下旬；夏玉米采用从出苗至拔节前覆盖；小麦从播种到四叶期均可，但以播种后覆盖和分蘖初期（冬至）覆盖较好。油菜在播种（移栽）后即可覆盖。在每种作物推荐常规施肥的基础上，每盖草100 kg，可增施纯氮1.0～2.0 kg，以利于秸秆腐解，缓解与苗争氮的矛盾。应在播种（移栽）后盖草前田间喷施除草剂除草。避免把病虫害严重的秸秆直接还田，否则易发生病害，对带病秸秆如水稻白叶枯病、油菜菌核病、小麦玉米黑粉病的秸秆最好经高温发酵腐熟后还田，以防止病虫的蔓延。

3. 等高垄作技术

操作步骤分播种时起垄和中耕时起垄。

（1）播种时起垄由牲畜带犁完成，按以下步骤进行：在地块下边空一犁宽地面不犁，从第二犁位置开始，顺等高线犁出第一条犁沟，向下翻土，形成第一道垄，垄顶至沟底深20～30 cm，将种子、肥料撒在犁沟内。在此犁沟上部犁半犁深，虚土覆盖犁沟中的种子、肥料。再空一犁宽地面不犁，在其上部顺等高线犁出第二条犁沟，向下翻土，形成第二道垄沟相间。此后照上述步骤依次进行。在沟中每隔3～5 m做一小土挡，高10 cm左右，相邻两沟间的小土挡呈"品"字形错开。

（2）中耕时起垄主要用于玉米等高秆中耕作物。由人工操作，按以下步骤进行：在坡岗地上顺等高线条状播种，播种时不做沟垄。第一次中耕时（苗高30～40 cm），用锄将苗行间的土取起，培在幼苗根部；取土处连续不断形成水平沟，培土处连续不断形成等高垄。取土时在沟中每隔3～5 m留一个高约10 cm的小土挡，相邻两沟间的小土挡呈"品"字形错开。

（四）应用效果

1. 减流减沙效果

植物篱、"植物篱+秸秆覆盖"和等高垄作能有效减少地表径流量和土壤流失量，3种农艺措施的降低效果依次为"植物篱+秸秆覆盖">植物篱>等高垄作。与常规顺坡耕作相比，植物篱、"植物篱+秸秆覆盖"和等高垄作平均分别减少24.5%、36.5%和19.7%的径流流失，和31.0%、45.6%和25.4%的土壤流失，表现出显著的水土保持作用，且减沙效果大于减流效果。

2. 降低氮素径流损失

3种农艺措施显著降低了径流液颗粒态氮的浓度，提高了溶解态总氮、硝态氮和溶解态有机氮的浓度，但对总氮和铵态氮浓度无显著影响。常规顺坡耕作的径流液中颗粒态氮和溶解态总氮所占总氮的比例基本相当，而其在3种农艺措施下，溶解态总氮是氮素径流迁移的主要形态。在溶解态总氮中，硝态氮占较大比例，溶解态有机氮次之，铵态氮所占比例最小。与常规顺坡耕作相比，植物篱、"植物篱+秸秆覆盖"和等高垄作处理的氮素年度累积流失量平均分别降低了28.3%、40.7%和21.2%，其对氮素输出的控制效应主要是通过减流减沙来实现的。

3. 降低磷素径流损失

与常规顺坡耕作相比，"植物篱+秸秆覆盖"、植物篱和等高垄作可显著降低径流液颗粒态磷和总磷的浓度（$P<0.05$），但却不同程度地提高了溶解态总磷和溶解态正磷酸盐的浓度，而对溶解态有机磷的浓度无显著影响（$P>0.05$）。与常规顺坡耕作相比，植物篱、"植物篱+秸秆覆盖"和等高垄作处理磷的年流失负荷分别降低了38.4%、53.8%和33.4%（$P<0.05$），其对磷素输出的控制效应主要通过减少径流量和降低径流液颗粒态磷的浓度来实现的。

4. 提高土壤肥力

保土截流耕作措施能有效提高土壤中养分含量，"植物篱+秸秆覆盖"、植物篱和等高垄作的耕层土壤有机质、速效氮、速效磷、有效钾的含量都高于常规顺坡耕作，且0~10 cm土层中养分含量高于10~20 cm土层。0~20 cm土层，与常规顺坡种植相比，"植物篱+秸秆覆盖"、植物篱和等高垄作的耕层土壤有机质含量分别提高16.58%、4.62%和8.47%，速效氮含量分别提高15.58%、6.25%和4.86%，速效磷含量分别提高51.14%、37.60%和25.15%，有效钾含量分别提高19.62%、8.38%和2.31%。另外，植物篱对土壤中养分具有拦截效应，使土壤中养分在植物篱带前呈现出富集，坡中、坡上相对于坡下土壤养分含量较低。

三、太湖流域规模化稻田面源污染周年全程防控技术模式

（一）模式简介

针对长江下游地区土地流转进程加快、农田规模化越来越高、劳动力日益紧缺的现状，以及集约化稻田化肥施用量高、河网区氮磷迁移路径短而引起的氮磷流失负荷大等问题，以减少农田氮磷投入为核心，拦截农田径流排放为抓手，实现排放氮磷回用为途径，水质改善和生态修复为目标，形成了可复制可推广的集约化稻田氮磷流失综合治理的"源头减量-过程拦截-养分再利用-生态净化"技术模式（杨林章等，2013a；b；薛利红等，2013）。

该技术模式源头减量上重点集成应用新型缓控释肥或作物专用配方肥、水稻插秧侧深施肥一体化机械以及小麦播种深施肥一体化机械来实现肥料的深施及养分的按需供应，并优化水分管理，实现稻麦两季肥料的高效利用，保证高产高效的同时并有效减少氮磷的径流排放。过程拦截，根据区域的排水水系特征，因地制宜地在关键节点配置建设促沉净化池、生态拦截沟渠和生态湿地塘/浜，对农田排水中的氮磷进行多级阻控与拦截净化，最终实现区域农田氮磷排放的有效削减。

（二）技术模式工艺参数

1. 源头减量减排技术

集成应用了秸秆全量深耕还田技术、基于专用缓控释掺混肥（新型配方肥）的稻季插秧侧深施肥技术、基于专用缓控释掺混肥（新型配方肥）的小麦条播深施肥技术和水分的浅灌深蓄控排技术，通过水肥的优化调控实现肥料的高效利用，减少排水的发生以及氮磷养分的排放。如果区域内秸秆有好的离田资源化利用途径，推荐麦季秸秆优先离田资源化利用。施氮量在测土配方施肥推荐施氮量的基础上减少10%~15%；对土壤全磷含量大于1.0 g/kg、速效磷含量大于20 mg/kg的田块，稻季可少施或不施磷肥。

2. 过程拦截技术

因地制宜建设生态拦截沟渠，对排水中的氮磷进行拦截净化后再排放，生态拦截沟渠的建设参照《DB 32/T 2518—2013 农田径流氮磷生态拦截沟渠塘构建技术规范》执行。也可在水泥排水沟渠内间隔种植氮磷高效吸收的水生植物，稻季可种植水稻、空心菜、水葫芦、狐尾藻等，冬季可种植黑麦草；或者间隔配置拦截植物箱，箱体宽度窄于沟渠宽度，内填装氮磷高效吸附基质并种植多年生氮磷高效吸附植物，如菖蒲、襄衣草等。如果是土质沟渠，可以直接在土沟里种植氮磷高效吸收的水生植物。

3. 养分循环利用技术

若农田周边有可利用的塘/浜，可优先利用塘/浜构建汇水调蓄系统，对农田高浓度排水进行蓄集后循环灌溉，实现排水中氮磷养分的再利用，减少氮磷向水体的排放。

4. 生态净化技术

若农田周边有低洼地，可在低洼地种植氮磷去除效率高且有经济价值的水生植物如藕、茭白、茨菇等或水生花卉等，农田排水先排至水生植物田，其中的氮磷经植物吸收拦截后再排入河道。

（三）模式应用实例分析

技术模式在江苏省镇江新区姚桥镇江苏润果农业发展有限公司的万亩生产基地进行了全面应用，示范区面积上万亩，核心示范区面积1 200亩。主要以稻麦轮作为主，示范区排灌沟渠配套，农田排水主要汇集到上社河后排出，最终汇入长江。

化肥源头减量方面，主要应用示范的有秸秆全量粉碎深耕还田技术、基于水稻插秧侧深施肥一体化的新型缓控释肥技术、基于专用缓控释掺混肥（新型配方肥）的小麦条播深施肥技术、基于化肥总量削减-运筹优化-叶色诊断穗肥的精确施氮技术和稻麦周年磷肥优化运筹技术等。在过程拦截方面，主要应用示范了农田排水的促沉净化技术和生态拦截沟渠技术，在核心示范区的农田排水口安装了2处小型净化反应器和3处大型的促沉池，建设了3条生态拦截沟渠（长度分别为660 m、330 m和420 m，合计1 410 m）。

生态净化方面，主要示范了湿地塘调蓄净化技术和生态河浜净化技术，利用废弃的垃圾堆放地建设了一处大型的净化湿地塘（48 000 m²，约72亩），通常核心示范区所有的地表径流均汇集到该湿地塘进行净化，大暴雨时高浓度污染物的初期地表径流汇集在该湿地塘，后期的低浓度径流则经旁路系统直接排放至河道，基本实现了核心示范区农田排水的全部拦截与净化，正常降雨年份下可实现核心示范区农田排水不外排。此外，对示范区的农田汇水河道上社河进行了生态化改造，以对示范区排入的农田排水进行生态净化，生态净化区长1 km，主要包括生态岸坡、强化净化生态浮岛、河道滨水生态系统构建以及漂浮水生植物净化带建设等。每年11月，对河道及湿地的水生植物进行收获，收获后的水生植物进行堆肥后重新回用到农田。

源头减量的技术示范效果表明，采用基于新型缓控释掺混肥的水稻插秧侧深施肥一体化技术，在化肥减量27%（施氮量可由正常的337.5 kg N/hm²降低到240 kg N/hm²）条件下，产量由对照的8.16 t/hm²增加到8.92 t/hm²，氮肥利用率由36.2%提高到48.5%，氨挥发损失率由27.9%降低到13%，径流氮浓度也降低了近50%（由3.70 mg/L降低到1.95 mg/L），净收益增幅17%。小麦施氮量由270 kg N/hm²降低到216 kg N/hm²，小麦比对照增产4.6%，经济效益提高20%。生态沟渠对农田排水中氮磷的平均去除率可达40.7%和43.7%，农田排水中总氮浓度有80%的时间低于2 mg/L。示范区上社河道水质明显改善，TN、NH_4^+-N、TP和COD浓度分别下降28.9%、30.4%、21.9%和35.5%，水质提升了1～2个等级，优于地表V类水标准。

四、太湖流域集约化菜地面源污染防控技术

（一）区域背景特点/适用对象与地区

太湖流域集约化菜地面源污染防控技术示范区位于周铁镇徐渎村，太湖大堤向西至湖滨公路，示范区总面积504亩。该区域主要以蔬菜种植为主，分布有露天菜地和设施菜地，主要种植的蔬菜品种有大白菜、花菜、药芹、包菜、丝瓜等。菜地施肥量大致情况为：各种蔬菜每季的农民习惯施氮量（化肥氮）为190～620 kg N/hm²，每年种植蔬菜3～4季。每亩菜地的氮磷投入量高达900～1 200 kg/hm²，远远超过面源污染控制的施肥标准。该地区菜地土壤偏酸性，有机质含量较丰富。部分土壤硝态氮和速效

磷含量较高，最高分别可达400 mg/kg和285 mg/kg。因此，菜地面源污染控制的技术需求为优化肥料管理，避免盲目、过量施肥，进行科学减施。

（二）模式简介与工艺参数

示范规模占地504亩，核心区116亩，辐射区388亩。示范内容包括菜地投入品源头控制技术，具体为科学减施技术、硝化抑制剂增效减排技术和水肥药一体化技术。具体内容如下。

1. 科学减施技术

该技术在太湖流域设施菜地传统氮肥用量的基础上减少施氮量40%。可在保证设施蔬菜高产的情况下有效削减污染排放量，番茄季达42%，莴苣季达52%，芹菜季达46%以上。根据蔬菜的养分需求营养特性，在保证蔬菜产量的前提下，根据蔬菜作物的不同生长期养分需求量、土壤养分供应量特点以及养分流失规律，从源头上减少化学肥料的使用，该技术能保证产量不减少的条件下，化学氮肥减少使用量30%～40%，径流消减30%目标。在农民习惯施氮量的基础上减施20%～40%，在每次基肥和追肥时期进行减施。为了证明减量技术对设施菜地面源污染防控的作用，设计了5种不同的施氮量处理，包括不施氮、减氮25%处理、减氮40%处理、减氮60%处理和农民习惯施氮处理见表9-29，全年监测淋洗排放，每季作物收获测产，计算经济效益，并每季测定土壤养分动态。

表9-29　示范区设施菜地减量技术下的施氮量　　　　　　　　　　　　　单位：kg/hm^2

生长季	习惯施氮	减氮60%	减氮40%	减氮25%	不施氮
番茄	400	300	240	160	0
莴苣	520	390	312	208	0
芹菜	640	480	384	256	0

2. 硝化抑制剂增效减排技术

菜地施肥量高、农户盲目施肥问题突出，现有的从源头减量出发的面源污染防控技术大多仅关注如何减施，针对高附加值的蔬菜在减施的同时如何增效是减排保产保值的关键。据此提出了"菜地硝化抑制剂节氮增效减排技术"。该技术的创新之处在于，从源头上减少肥料氮的投入，保证产量的前提下减少菜地氮污染排放。硝化抑制剂可以抑制NH$_4^+$到NO$_2^-$的氧化、减缓甚至抑制硝态氮产生，降低土壤硝酸盐累积，从而降低径流水氮浓度30%以上。将硝化抑制剂、肥料与水均匀混合，通过浇灌、滴灌和淋灌等设施将混合液运送到蔬菜根部。硝化抑制剂选用浙江奥复托化工有限公司生产的为2-氯-6-(三氯甲基)吡啶，纯度为98%，有乳油剂（EC）和水乳剂（EW）两种剂型（含量24%），加入量为纯氮量的0.5%～1.0%。对该技术系统的主要技术节点，尤其在示范区广泛种植的蔬菜种类如叶菜类、果菜类蔬菜栽培上，适宜的CP硝化抑制剂与氮肥配施用量、施用时期等方面，均进行了系统的研究，取得了较好效果。技术模式应用效果表明，每年可减少90 kg/hm^{2}的氮投入（纯氮）、蔬菜增产15%左右，分别减少30%和20%的淋溶氮和径流氮排放。在设施蔬菜生产上使用CP硝化抑制剂每亩成本仅增加10～20元，但每亩经济效益可增加7 000元左右。

3. 水肥一体化技术

在菜地边设计安装建设一种通过落差进行水、肥、药一体化滴灌装置，包括高位储料箱1个，长×宽×高为2 m×2 m×1.5 m，以及与高位储料箱连通的缓冲池1个，高位储料箱下方设有支撑架，支架立地高为1.5 m，高位储料箱的一侧设有梯子，梯子的一侧沿着高位储料箱的外围延伸设有一圈防护栏；储料箱的进水由1台水泵抽取邻近的河水来供给；所述高位储料箱包括2个以上的子箱，每个子箱分别通过管道连通缓冲池，缓冲池内设有搅拌器，缓冲池通过管道连通田间滴灌带。

水肥一体化是借助压力灌溉系统，将可溶性固体肥料或液体肥料配兑而成的肥液与灌溉水一起，均匀、准确地输送到作物根部土壤。采用灌溉施肥技术，可按照作物生长需求，进行全生育期需求设计，把水分和养分定量、定时，按比例直接提供给作物。压力灌溉有喷灌和微灌等形式，目前常用形式是微灌与施肥的结合，且以滴灌、微喷与施肥的结合居多。微灌施肥系统由水源、首部枢纽、输配水管道、灌水器四部分组成。首部枢纽包括电机、水泵、过滤器、施肥器、控制和量测设备、保护装置；输配水管道包括主、干、支、毛管道及管道控制阀门；灌水器包括滴头或喷头、滴灌带。该技术能保证产量不减少的条件下，化学氮肥减少使用量30%～40%，达到径流消减30%目标。

根据种植作物的需水量和作物生育期的降水量确定灌水定额。露地微灌施肥的灌溉定额应比大水漫灌减少50%，保护地滴灌施肥的灌水定额应比大棚畦灌减少30%～40%。灌溉定额确定后，依据作物的需水规律、降水情况及土壤墒情确定灌水时期、次数和每次的灌水量。以褐土区重壤土设施栽培番茄为例，微灌制度见表9-30。

表9-30 设施栽培番茄微灌灌溉制度

生育期	灌水次数	水量/mm	耗水强度/（mm/d）
苗期	1	20.3	0.82
花期	1	17.1	0.11
结果期	12	251.4	1.46

施肥制度的确定。微灌施肥技术和传统施肥技术存在显著的差别。合理的微灌施肥制度，应首先根据种植作物的需肥规律、地块的肥力水平及目标产量确定总施肥量、氮磷钾比例及底、追肥的比例。作底肥的肥料在整地前施入，追肥则按照不同作物生长期的需肥特性，确定其次数和数量。实施微灌施肥技术可使肥料利用率提高40%～50%，故微灌施肥的用肥量为常规施肥的50%～60%。仍以设施栽培番茄为例，目标产量为10 000 kg/亩，每生产1 000 kg番茄吸收3.18 kg N、0.74 kg P_2O_5、4.83 kg K_2O，养分总需求量是31.8 kg N、7.4 kg P_2O_5、48.3 kg K_2O；设施栽培条件下当季氮肥利用率57%～65%，磷肥为35%～42%，钾肥为70%～80%；实现上述产量应亩施53.12 kg N、18.5 kg P_2O_5、60.38 kg K_2O，合计132 kg（未计算土壤养分含量）。

（三）技术应用效果

宜兴蔬菜污染控制技术示范工程主要实施了科学减施技术、硝化抑制剂增效减排技术、水肥一体化技术等工程，以下只对主要水质指标的氮、磷的消减规律进行了分析。

1. 集约化菜地面源污染防控技术对氨氮的净化效果

示范区出水氨氮的平均浓度为0.84 mg/L（0.40～1.39 mg/L），而农户蔬菜地排水的氨氮浓度则平均为1.45 mg/L（0.69～2.23 mg/L）。蔬菜地基肥、追肥结合降雨时期出水中氨氮浓度较高，这一时期出水氨氮浓度一般高于2 mg/L，同一时期经过工程改造后出水浓度可消减到1 mg/L左右。示范区对农户蔬菜地排水的氨氮平均拦截率为41.33%（31.03%～53.37%）。

2. 集约化菜地面源污染防控技术对TN的净化效果

示范区出水TN的平均浓度为2.23 mg/L（1.16～3.70 mg/L），而农户蔬菜地排水的TN则平均为4.81 mg/L（2.13～8.17 mg/L）。蔬菜地基肥、追肥结合降雨时期出水中TN浓度较高，这一时期出水TN浓度一般高于5 mg/L，同一时期经过工程改造后出水浓度可消减到2 mg/L左右。示范区对农户蔬菜地排水的TN平均拦截率为49.24%（31.75%～66.84%）。

3. 集约化菜地面源污染防控技术对TP的净化效果

示范区出水TP的平均浓度为0.63 mg/L（0.43～0.77 mg/L），而农户蔬菜地排水的TP则平均为0.97 mg/L（0.74～1.14 mg/L）。蔬菜地基肥、追肥结合降雨时期出水中TP浓度波动不大。示范区对农户蔬菜地排水的TP平均拦截率为34.83%（30.25%～42.11%）。

科学减施、硝化抑制剂增效减排和水肥一体化技术明显减少了菜地径流氮磷损失，径流总氮浓度降低比例为31.75%～66.84%，平均降低49.24%；氨氮浓度降低比例为31.03%～53.37%，平均降低41.33%；总磷降低比例为30.25%～42.11%，平均降低34.83%。此外，蔬菜地与稻田不同，蔬菜地（旱地）土壤残留以硝态氮为主，径流氮素损失以硝态氮为主，其中铵态氮占无机氮（主要为硝态氮和铵态氮）的比例为19.5%，蔬菜地基肥、追肥以及降雨时期是氮磷产污的关键时期，也是氮磷流失控制的关键时期。

主要参考文献

车轩，田昌凤，张俊，等，2021. 多营养级池塘养殖系统设计与试验[J]. 渔业现代化，48（4）：17-24.

陈斌，2022. 陆基圆池循环水养殖模式的优势[J]. 当代水产，47（1）：80-81.

陈学洲，李健，高浩渊，等，2020. 多营养层次综合养殖技术模式[J]. 中国水产（10）：76-78.

陈亚荣，阮秋明，韩凤翔，等，2017. 基于改进输出系数法的长江流域面源污染负荷估算，测绘地理信息，242（1）：96-101.

范立慧，徐珊珊，侯朋福，等，2016. 不同地力下基蘖肥运筹比例对水稻产量及氮肥吸收利用的影响[J]. 中国农业科学，49（10）：1872-1884.

龚世飞，丁武汉，居学，等，2021. 典型农业小流域面源污染源解析与控制策略——以丹江口水源涵养区为例[J]. 中国农业科学，54（18）：3919-3931.

管卫兵，王丽，2014. 陆基生态渔场的概念、理论与实践[J]. 江苏农业科学，42（9）：197-200.

韩枫，常志强，高勇，等，2021. 多营养层次生态养殖模式简析[J]. 水产养殖，42（4）：24-30.

何元庆，魏建兵，胡远安，等，2012. 珠三角典型稻田生态沟渠型人工湿地的非点源污染削减功能[J]. 生态学杂志，31（2）：394-398.

侯朋福，薛利祥，周玉玲，等，2019. 掺混控释肥侧深施对稻田田面水氮素浓度的影响[J]. 中国土壤与肥料（1）：16-21.

侯森，2015. 巢湖流域非点源磷污染负荷时空分布研究[D]. 南京：南京大学.

胡锦辉，薛利红，钱聪，等，2023. 增氧对不同秸秆还田稻田田面水养分动态及温室气体排放的影响[J]. 环境科学，44（4）：1-10.

李谷，钟非，成水平，等，2006. 人工湿地——养殖池塘复合生态系统构建及初步研究[J]. 渔业现代化（1）：12-15.

李木华，李木良，2022. "三池两坝"用于淡水养殖池塘尾水处理的技术要点[J]. 南方农业，16（12）：204-206.

李平，罗国芝，谭洪新，2009. 循环水养殖系统固体废弃物厌氧消化处理技术与分析[J]. 渔业现代化，36（6）：16-19，24.

凌启鸿. 2007. 疏导精确定量栽培理论与技术[M]. 北京：中国农业出版社.

刘福兴，陈桂发，付子轼，等，2019a. 不同构造生态沟渠的农田面源污染物处理能力及实际应用效果[J]. 生态与农村环境学报，35（6）：787-794.

刘福兴，王俊力，付子轼，等，2019b. 不同规格生态沟渠对排水污染物处理能力的研究[J]. 土壤学报，56（3）：561-570.

刘梅，原居林，倪蒙，等，2021. "三池两坝"多级组合工艺对内陆池塘养殖尾水的处理[J]. 环境工程技术学报，11（1）：97-106.

刘泉，李占斌，李鹏，等，2012. 汉江水源区自然降雨过程下坡地壤中流对硝态氮流失的影响[J]. 水土保持学报，26（5）：1-5，10.

刘杨，陈晔，魏泽能，2017. 安徽省低碳高效池塘循环流水养殖技术推广[J]. 中国水产（9）：75-77.

刘宗岸，杨京平，杨正超，等，2012. 苕溪流域茶园不同种植模式下地表径流氮磷流失特征[J]. 水土保持学报，26（2）：29-32，44.

卢少勇，张萍，潘成荣，等，2017. 洞庭湖农业面源污染排放特征及控制对策研究[J]. 中国环境科学，37（6）：2278-2286.

陆沈钧，姚俊，曹翔，2020. 浅析太湖流域农业面源污染现状、成因及对策[J]. 水利发展研究，20（2）：40-53.

马旻，朱昌雄，梁浩亮，等，2011. 几种植物对水产养殖废水的修复效果[J]. 环境科学与技术，34（S1）：18-22.

孟超峰，2014. 巢湖地区坡耕地保土截流措施效应研究[D]. 武汉：华中农业大学.

钱晓雍，沈根祥，郭春霞，等，2011. 基于水环境功能区划的农业面源污染源解析及其空间异质性[J]. 农业工程学报，27（2）：103-108.

史晓芹，凌山凤，郭凤鸣，等，2022. 池塘"三坝四池"养殖尾水净化模式初探[J]. 科学养鱼（1）：79-80.

宋蝶，何忠虎，董永华，等，2020. 沼液施用条件下添加浮萍对稻田氮素流失和Cu、Pb变化的影响[J]. 中国生态农业学报（中英文），28（4）：608-618.

王摆，田甲申，董颖，等，2019. 海蜇-对虾-缢蛏-牙鲆综合养殖池塘的食物网分析[J]. 水产科学，38（3）：327-332.

王摆，田甲申，周遵春，2021. 海蜇-对虾-蛤仔综合养殖池塘的食物网[J]. 应用生态学报，32（6）：2028-2034.

王京文，孙吉林，张奇春，等，2012. 西湖名胜区茶园地表径流水的氮磷流失研究[J]. 浙江农业学报，24（4）：676-679.

王静，王允青，叶寅，等，2017. 不同农艺措施对巢湖沿岸坡耕地不同形态磷径流输出的控制效果[J]. 中国生态农业学报，25（6）：911-919.

王少先，2011. 施肥对稻田湿地土壤碳氮磷库及其相关酶活变化的影响研究[D]. 杭州：浙江大学.

王卫平，张海鹏，王永彬，2015. 加速推广工厂化循环水养殖的探讨[J]. 河北渔业（11）：78-79，84.

王雪蕾，王新新，朱利，等，2015. 巢湖流域氮磷面源污染与水华空间分布遥感解析[J]. 中国环境科学，35（5）：1511-1519.

魏宾，方洁，顾雪林，等，2021. 基于"三池两坝"组合流程的池塘养殖尾水净化效能[J]. 水产养殖，42（11）：27-34.

夏永秋，杨旺鑫，施卫明，等，2018. 我国集约化种植业面源氮发生量估算[J]. 生态与农村环境学报，34（9）：782-787.

肖耿锋，2021. 循环水养殖系统尾水池塘生态系统稳定的影响因素探究[D]. 广州：华南理工大学.

熊昭昭，王书月，童雨，等，2018. 江西省农业面源污染时空特征及污染风险分析[J]. 农业环境科学学报，37（12）：2821-2828.

薛利红，杨林章，施卫明，等，2013. 农村面源污染治理的"4R"理论与工程实践：源头减量技术[J]. 农业环境科学学报，32（5）：881-888.

薛利红，李刚华，侯朋福，等，2016. 太湖地区稻田持续高产的减量施氮技术体系研究[J]. 农业环境科学学报，35（4）：729-736.

严磊，薛利红，侯朋福，等，2020. 太湖典型地区雨养麦田的径流发生时间特征[J]. 农业环境科学学报，39（5）：1043-1050.

杨林章，施卫明，薛利红，等，2013a. 农村面源污染治理的"4R"理论与工程实践：总体思路与"4R"治理技术[J]. 农业环境科学学报，32（1）：1-8.

杨林章，薛利红，施卫明，等，2013b. 农村面源污染治理的"4R"理论与工程实践：案例分析[J]. 农业环境科学学报，32（6）：2309-2315.

张晓双，傅玲琳，吕振明，等，2017. 国内外循环式工厂化水产养殖模式研究进展[J]. 饲料工业，38（6）：61-64.

张旭彬，2020. 高寒地区池塘养殖尾水治理模式构建[J]. 黑龙江水产，39（6）：1-2.

张燕，彭刚，蒋琦辰，等，2022. 淡水池塘养殖尾水处理模式[J]. 水产养殖，43（9）：12-17.

张志勇，刘海琴，严少华，等，2009. 水葫芦去除不同富营养化水体中氮、磷能力的比较[J]. 江苏农业学报，25（5）：1039-1046.

赵永强，李为超，蒲欢欢，等，2021. 基于ArcSWAT模型的老鹳河流域面源氮识别和分析，水生态学杂志，42（6）：1-6.

朱瑞金，敬志豪，唐波，等，2022. 工厂化循环水产养殖废水处理研究进展[J]. 黑龙江科学，13（2）：4-6.

FANG J H，FANG J G，CHEN Q L，et al.，2020. Assessing the effects of oyster/kelp weight ratio on water column properties：an experimental IMTA study at Sanggou Bay，China [J]. Journal of Oceanology and Limnology，38（6）：1914-1924.

HUANG J，XIAO J，GUO Y，et al.，2020. Long-term effects of silver nanoparticles on performance of phosphorus removal in a laboratory-scale vertical flow constructed wetland [J]. Journal of Environmental Sciences，87（1）：319-330.

GUO X F，CUI X Y，LI H S，2020. Effects of fillers combined with biosorbents on nutrient and heavy metal removal from biogas slurry in constructed wetlands [J]. Science of the Total Environment，703：1-11.

KNOWLER D，CHOPIN T，MARTÍNEZ E R，et al.，2020. The economics of integrated multi-trophic aquaculture：where are we now and where do we need to go [J]. Reviews in Aquaculture，12（3）：1579-1594.

LIANG K M，ZHONG X H，HUANG N R，et al.，2017. Nitrogen losses and greenhouse gas emissions under different N and water management in a subtropical double-season rice cropping system [J]. Science of the Total Environment，609：46-57.

LUANA G，NÁDIA S，SOFIA L，et al.，2016. Is integrated multitrophic aquaculture the solution to the sectors' major challenges?-a review [J]. Reviews in Aquaculture，8（3）：283-300.

NAGUMO T，YOSOI T，ARIDOMIET A，2012. Impact of agricultural land use on N and P concentration in forest-dominated tea-cultivating watersheds [J]. Soil Science and Plant Nutrition，58：121-134.

PAUL S W，TIMOTHY P，RICHARD B，et al.，2016. Application of a fluidized bed reactor charged with aragonite for control of alkalinity，pH and carbon dioxide in marine recirculating aquaculture systems [J]. Aquacultural Engineering，70：81-85.

XUE L H，HOU P F，ZHANG Z Y，et al.，2020. Application of systematic strategy for agricultural non-point source pollution control in Yangtze River basin，China [J]. Agriculture，Ecosystems & Environment，304：107148.

第十章
东南丘陵农区

第一节　区域农业生产现状与面源污染特征

一、区域农业生产现状

东南丘陵指中国东南部一带的丘陵，本章主要涉及浙闽丘陵地区。东南丘陵地区的海拔多在200～500 m，其中部分主要的山峰超过1 500 m。丘陵多呈东北—西南走向，丘陵与低山之间多数为河谷盆地，因多红色土壤、土质肥沃、土层深厚，适宜发展经济林农业。主要粮食作物为水稻，旱地作物主要有甘蔗、油菜、蔬菜等。

浙江省处于湿润季风气候区，丘陵山地、平原、河湖水面分别占71.6%、22.0%和6.4%（汪玉磊等，2017）。主要种植的农作物包括早稻、晚稻、小麦、油菜等。根据《2021年浙江统计年鉴》，2020年浙江省粮食播种面积为83.443万hm²，在各类粮食作物中，水稻的种植面积最大，占全省粮食作物种植面积的64.02%，水稻产量占粮食总量的76.79%，其中晚稻和单季稻占全省粮食总量的66.92%。从浙江省过去44年粮食产量来看，从1996年开始呈现下降趋势；与最高年份1984年（1 817.15万t）相比，2020年全省粮食总产量下降了66.65%。蔬菜、茶叶及水果的产量则逐年上升，2020年全省蔬菜产量达到1 945.50万t，其余依次为水果、粮食、油籽和茶叶。分析认为该现象产生的原因：一方面是东部地区城市化工业化进程加快，占用大量土地，导致耕地资源减少；另一方面，杭州等都市农业区由于人口众多，对蔬菜、茶叶的市场需求量增加，导致了种植业结构的调整。

福建省属亚热带湿润季风气候，阳光充足，雨量充沛，全省地势西北高、东南低，山地、丘陵和平原分别占75%、15%和10%。福建省耕地海拔普遍较高，据调查全省耕地中海拔在200 m以上的占55.3%，其中海拔500 m以上的占22.9%（Zhu，2011）。福建省主要农作物有水稻、甘薯、花生、大豆、小麦、玉米、蚕豆、马铃薯等。根据《2021年福建统计年鉴》，2020年全省粮食作物播种面积为83.443万hm²，其中稻谷的种植面积占全省粮食作物种植面积的72.11%，稻谷又以中稻和晚稻居多。全省水稻产量占粮食总量的77.99%，其次为甘薯和马铃薯。此外，福建省还充分利用多变的区域自然条件大力发展包括水果、茶叶、食用菌、蔬菜、烟草、花卉等在内的特色农业。全省蔬菜播种面积2020年达59.698万hm²，产量为1 492.30万t，其次为西瓜和烟叶。但是福建全省坡地比重较大，坡度>15°的耕地占14.04%，甚至有2.04%的耕地坡度>25°（梁伟，2015）。

二、农业面源污染特征

东南丘陵区面源污染源主要包括土壤侵蚀、化肥农药和农膜的过量使用、畜禽养殖业排污、农村生活污水排放等。

（一）浙江省农业面源污染特征

1. 土壤侵蚀

土壤侵蚀是规模最大、危害程度最严重的一种农业面源污染。由于南方地区热量丰富、降雨充沛，风化花岗岩母质坡地的表层土很容易被雨水冲刷带走。剧烈的土壤侵蚀既损害了土壤表层有机质层，又将各类污染物带入水体造成污染（邓龙洲，2021）。水利部统计数据显示，浙江省2020年水土流失面积达7 374 km²，占土地总面积比例为7.12%，其中淳安县、建德市属新安江国家级水土保持重点预防区。

2. 化肥施用水平高，流失严重

浙江省耕地分散、面积狭小，且复种指数较高，劳动力成本大，全省不少地方的农业生产在施肥问题上依然存在很大的盲目性（陆若辉等，2020）。据统计，2020年浙江省化肥施用总量达69.6万t，施用强度达345.5 kg/hm²，大大超出国际公认的化肥安全施用上限225 kg/hm²，且化肥利用率不高，氮肥约为30%～35%，磷肥更低，平均为14%（董作珍，2015）。同时浙江省受台风和梅汛期等影响，强降水时有发生，极易形成地表径流产生冲刷作用，导致化肥流失严重，对浙东诸河、钱塘江干流和运河水系的水质产生严重影响。

3. 畜禽养殖业发展迅速，畜禽粪便污染较严重

浙江省畜禽养殖数量大、分布广，畜禽养殖粪便的产生量逐年增加，治理难度较大。一些地方散养的畜禽粪便不经过任何处理直接排入河流或湖泊，严重污染了地表水。

4. 农村污水收集管网不健全，处理处置率低

浙江省上游地形大多为山区，城镇化程度相对较低，生活污水收集率偏低，尽管生活污水人均排污量不大，但由于人口较多，总排放量仍不容小觑。

（二）福建省农业面源污染特征

福建省作为全国第一个生态省建设试点，在经济不断增长的同时，也面临着不容忽视的农业面源污染问题，福建省农业面源污染特征主要表现在以下3个方面。

1. 氮肥过度使用导致硝酸盐、亚硝酸盐残留

福建省丘陵区土壤以红壤、黄壤为主，肥力比较贫瘠，对肥料的需求很大。同时境内耕地较为分散，农作物种类又多样，农户难以做到精准科学施肥，常导致化肥的过量施用。《2022中国农村统计年鉴》显示，2019年福建全省化肥施用总量达106.26万t，其中氮肥施用量为39.93万t，化肥施用强度已达986.83 kg/hm²，是国际公认上限施肥量225 kg/hm²的4.39倍。高强度的耕作和氮肥施用通过流失对水体面源污染产生重要影响。同时，因过多施肥导致作物中硝酸盐和亚硝酸盐的累积，还会通过食物链危害人体健康。

2. 畜牧业排泄物污染

据统计，福建省2020年畜禽养殖废弃物总量达到2 400万t，且集中于福建省龙岩、南平、三明、漳州等地区，降水充沛，因畜禽粪污直接消纳用地不足而导致农业面源污染问题（朱靖雄等，2022）。

3. 农作物生产过程的废料排放

福建省是食用菌生产大省，2020年全省食用菌产量达452.5万t，位列全国第二，然而，废弃的食用菌下脚料也可能会带来农业面源污染问题。食用菌废料是栽培食用菌后的培养料，主要基质是锯木屑、稻草、玉米芯、甘蔗渣、棉籽壳等多种农业秸秆及酒糟、醋糟等，但目前对该废料的处理技术尚未成熟，处理费用高，收效甚微。部分地方因未经处理的废料随意堆放或倾倒至河流，导致细菌滋生、病虫害蔓延，同时造成交通堵塞、河道堵塞和环境污染。

第二节　丘陵区农业面源污染防控技术

一、东南丘陵小流域水体氮污染的时空特征及其来源解析

（一）区域水文化学特征

东南丘陵区地表水以及水库水呈中性偏碱性，地下水呈中偏酸。溶解氧浓度在地表水和水库水中高于地下水。所有3类水中的溶解氧（DO）浓度都高于反硝化反应的DO阈值（$1 \sim 2$ mg/L）。地下水中硝酸盐浓度普遍高于地表水和水库水；在整个流域，硝酸盐最高浓度为43.50 mg/L，出现在5月地下水中，该值与WHO规定的饮用水阈值接近。

（二）硝酸盐的时间变异

地表水、地下水和水库水中硝酸盐的含量有较为明显的时间变异，各水体类型的最高值地下水出现在5月，地表水出现在2月，水库水出现在3月，而3种水体的硝酸盐最低浓度均出现在11、12月。这可能与2月上旬油菜和水稻开始施加化肥和粪肥有关。该区域处于亚热带季风气候区，在温暖湿润的气候条件下，土壤母质风化强烈，从5月起，该区域处于梅雨季节，加速了硝酸盐从地表淋失至地下水中，因此，硝酸盐在3种水体中的最高值均出现在5月（图10-1）。

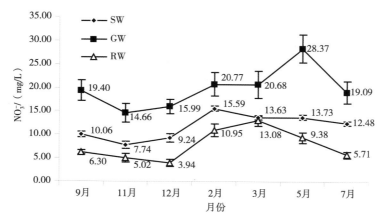

图10-1　地表水（SW）、地下水（GW）和水库水（RW）中硝酸盐的季节变化

（三）基于同位素分析的硝酸盐来源识别

如图10-2所示，大气中$\delta^{15}N$-NO_3^-为−1‰~3‰，土壤中$\delta^{15}N$-NO_3^-为3‰~8‰，化肥中$\delta^{15}N$-NO_3^-为−3.8‰~1.4‰，粪肥中$\delta^{15}N$-NO_3^-为8‰~20‰。地表水中的$\delta^{18}O$-NO_3^-为5.5‰~9.2‰，地下水中$\delta^{18}O$-NO_3^-为0.2‰~7.6‰。这些较低的同位素比率表征着这两种水中硝酸盐主要来自硝化过程。水库水中，$\delta^{18}O$-NO_3^-为6.3‰~23.0‰，这些较高的氧同位素比率表明水库水受大气沉降的影响高于河流水或地下水。氮氧同位素比率在12月均呈现出高于5月的值，这可能是由于12月的水体硝酸盐来自$\delta^{15}N$、$\delta^{18}O$较高的源，或者是由于12月的反硝化更强烈。$\delta^{18}O$-NO_3^-在水体中没有呈现出明显高于$\delta^{15}N$-NO_3^-的富集系数，并且3种水体的DO浓度均值8.66 mg/L已超过了适合反硝化反应的氧浓度（<1~2 mg/L），这两个因素均证明该地区无明显的反硝化反应。

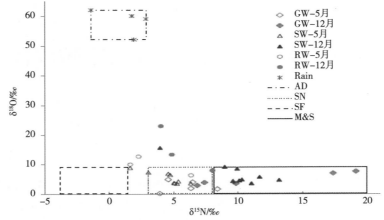

Rain. 雨水；AD. 大气沉降氮；SN. 土壤氮；SF. 化肥氮；M&S. 粪肥&污水氮，下同。

图10-2　主要源以及样品的同位素分布特征

（四）利用SIAR模型计算硝态氮来源

从图10-3中可以看出，不同污染源中的均值、中位数和最大后验概率估计均相近，但是大气沉降、土壤以及化肥的后验概率分布为非对称分布，如12月化肥的后验分布均值（0.12）、中位数（0.10）与最大后验概率估计的值（0.01）相差很大。粪肥污水、大气沉降源在12月贡献率高于5月；化肥、土壤源贡献率5月高于12月。其中粪肥污水在12月贡献率最大，化肥在5月贡献率最大。

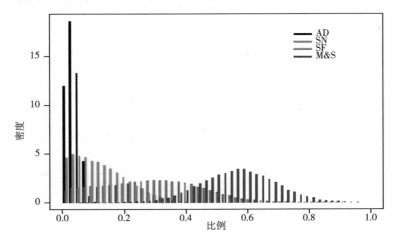

图10-3　典型特征样点S2的污染源贡献率后验分布

总体而言，4种源中大气沉降贡献率最小，且不管冬季还是夏季对水库的贡献率高于对地表水和地下水的贡献率。自然源（大气沉降+土壤源）对水库的贡献率冬季为48%，夏季是41%，该值大于自然源对地表水和地下水的贡献率。利用Kruskal–Wallis检验，土壤源、化肥源以及粪肥污水源在冬季和夏季间对水体氮的贡献率有显著差异。

上述结果表明：合溪水库流域氮素的季节分布差异较大，5月硝酸盐含量显著高于12月；粪肥污水以及化肥是该流域水体最大的氮素来源，冬季粪肥污水对水体的硝酸盐贡献率为52%，而夏季化肥对水体硝酸盐的贡献率为37%。

二、东南丘陵雷竹林农业面源污染防控技术研究

（一）减量施肥结合覆盖对集约经营雷竹林养分径流特征与损失的影响

2012—2014年在临安区太湖源镇开展了小区定位监测试验。共设置常规施肥、减量施肥、减量有机无机肥和不施肥4个处理，施肥方案见表10-1，平行设置在土壤条件和经营雷竹林基本一致的同一坡面上，坡度为12.5°，小区面积为120 m²，在每个径流区的上坡边与两长边用水泥预制板砌成挡水墙（高出地表10～15 cm），下坡边筑集水沟，集水沟的内径深20 cm，顶宽30 cm，底宽20 cm。集水沟连接蓄水沉沙池，蓄水沉沙池容积为100 cm×100 cm×100 cm，用于收集地表径流水和泥沙。2012年5月、9月、11月分别施用肥料总量的40%、30%和30%，2013年3月期间测定竹笋产量。

表10-1　2012年减量施肥方案

处理	施肥量N+P₂O₅+K₂O/（kg/hm²）	小区施用量/（kg/120 m²）		
		复合肥	尿素	猪粪
不施肥	0+0+0	0	0	0
常规施肥	850+337.5+337.5	27	13.4	0
减量施肥	510+337.5+337.5	27	4.5	0
减量有机无机	510+260.9+163.0	0	6.6	559

注：复合肥[$w(N)$=15%，$w(P_2O_5)$=15%，$w(K_2O)$=15%]；尿素[$w(N)$=46%]；猪粪[$w(N)$=0.55%，$w(P_2O_5)$=0.56%，$w(K_2O)$=0.35%，含水量=72.0%]；有机无机肥（50%有机+50%无机）。

2013年根据专家建议对施肥处理略做调整（表10-2）即氮磷钾均减量40%，并对有机肥和无机肥比例做了调整。2013年5月、9月、11月分别施用肥料总量的40%、30%和30%。

表10-2　2013年减量施肥方案

处理	施肥量N+P₂O₅+K₂O/（kg/hm²）	小区施用量/（kg/120 m²）		
		复合肥	尿素	猪粪
不施肥	0+0+0	0	0	0
常规施肥	850+337.5+337.5	27	13.4	0
减量施肥	510+202.5+202.5	16.2	8.04	0
减量有机无机	510+202.5+202.5	3.7+1.2 kg 60%KCl	8.2	335

注：复合肥[$w(N)$=15%，$w(P_2O_5)$=15%，$w(K_2O)$=15%]；尿素[$w(N)$=46%]；猪粪[$w(N)$=0.55%，$w(P_2O_5)$=0.56%，$w(K_2O)$=0.35%，含水量=72.0%]；有机无机肥（30%有机+70%无机）。

为了进一步减少养分流失、提高竹笋产量，2013年在减量施肥基础上各处理均进行了覆盖，覆盖于2013年12月10日进行，先覆盖麦麸皮5 cm，后在其上覆盖15 cm的砻糠。观测覆盖后至2014年3月期间的径流量，测定竹笋产量。

不同施肥处理雷竹林径流水中总氮（TN）和可溶性氮（DN）浓度的变化如图10-4、图10-5所示，从图中可以看出TN与DN整体的变化趋势基本一致，2012和2013年的总体变化趋势也基本一致。5月施肥后，整体的浓度随着时间推移整体呈下降趋势。9月和11月施肥均提高了径流水中的氮浓度。降雨-径流是农业面源污染中氮磷流失的主要方式，暴雨引发径流中氮素流失主要以地表径流为主，氮素的流失主要以溶解态为主，沉积物吸附态流失量较少。如2012年6月28日降雨量达到最大值130 mm时，此时氮的浓度也达到了最大值。

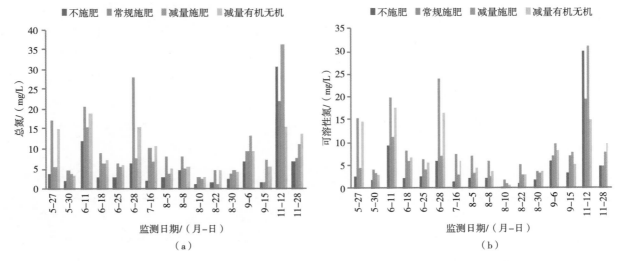

图10-4　2012年不同施肥雷竹林径流水中总氮（a）和可溶性氮（b）浓度变化

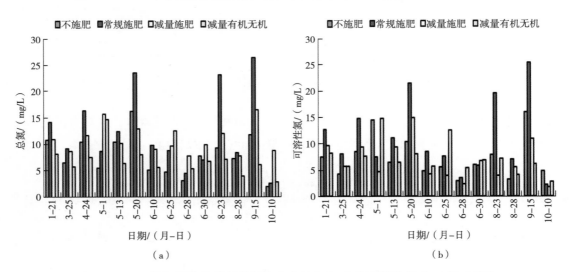

图10-5　2013年不同施肥雷竹林径流水中总氮（a）和可溶性氮（b）浓度变化

2012年和2013年氮的流失量见表10-3。总体而言，减量施肥明显降低了氮的流失量，2012年和2013年减量施肥分别比常规施肥减少46.85%和37.01%、减量有机无机分别比常规施肥减少23.12%和31.39%。

表10-3　2012年和2013年不同施肥处理总氮流失量

处理	2012年		2013年	
	总氮/（kg/hm²）	比常规减少/%	总氮/（kg/hm²）	比常规减少/%
不施肥	1.40	68.84	2.44	47.19
常规施肥	4.50	—	4.62	—
减量施肥	2.39	46.85	2.91	37.01
减量有机无机	3.46	23.12	3.17	31.39

（二）减量施肥结合覆盖对集约经营雷竹林地表径流磷浓度及流失量的影响

从图10-6、图10-7中可以看出，2012年多数采样日期的可溶性磷比例不到总磷的50%，但9月15日总磷的流失浓度达到了最大值，且以颗粒态磷为主。比较不同处理，由于2012年试验仅实施减氮施肥，因此减量施肥处理对径流水中磷素含量影响较小。径流水中磷浓度总体表现为减量有机无机肥处理最高。这可能与有机肥中可溶性磷和颗粒态磷的含量较高，或有机肥提高了磷的溶解性有关，从而易被冲刷。因此，集约化雷竹林有机肥（猪粪）使用过程中，改进施肥方法是防控磷素流失的重要措施。

2013年，氮磷钾均减量40%且有机肥和无机肥的比例调整为3∶7，径流水样中可溶性磷的比例有所提高，处理间的差异也增大，大多数采样日期减量施肥的磷浓度低于常规施肥。

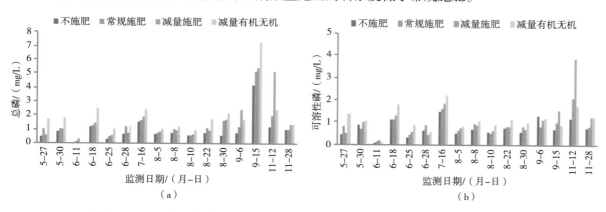

图10-6　2012年不同施肥雷竹林径流水中总磷（a）和可溶性磷（b）浓度变化

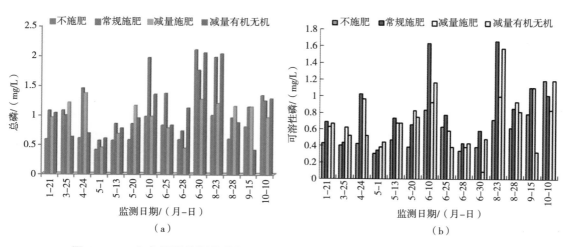

图10-7　2013年不同施肥雷竹林径流水中总磷（a）和可溶性磷浓度（b）变化

2012年和2013年磷的流失量见表10-4。从2012年的结果看，减氮不减磷、减量施肥没有降低磷流失的效果。2013年，减量施肥处理中氮磷钾均减量40%，其磷素流失比常规施肥减少了29%。减量有机无机处理减少磷流失的效果2012年和2013年不一致，2012年比常规施肥多流失43%、2013年则多17%，这可能与减量有机无机处理2013年施磷量进一步减少（减40%）、有机肥比例下调至30%有关。可见，减量施肥作为源头控制技术，对减少集约化雷竹林磷素径流损失也是十分有效的；减量并且有机无机合理比例配施是减少集约化雷竹林磷素径流损失的有效措施。

表10-4　2012年和2013年不同施肥处理总磷流失量

处理	2012年		2013年	
	总磷/（kg/hm²）	比常规减少/%	总磷/（kg/hm²）	比常规减少/%
不施肥	0.49	27.03	0.32	23.81
常规施肥	0.67	—	0.42	—
减量施肥	0.66	0.54	0.30	28.57
减量有机无机	0.95	-42.81	0.49	-16.67

（三）减量施肥结合覆盖对集约经营雷竹林地表径流及氮磷流失的影响

在2013年12月至2014年3月覆盖期间，多次降雨后均未发生径流，也没有N、P流失。表明覆盖技术可有效防止雷竹林地表径流，控制N、P流失。

（四）减量施肥结合覆盖对集约经营雷竹笋产量的影响

2013年和2014年径流小区各施肥处理的竹笋产量见图10-8。2013年常规施肥的竹笋产量最高、其次为减量有机无机和减量施肥、不施肥产量最低，但减量有机无机处理氮磷钾的农学效率分别比常规施肥高33.8%、3.8%和152.6%。2014年减量有机无机和减量施肥的竹笋产量分别比常规施肥减少9.5%和11.1%，除钾素农学效率比常规施肥高72.2%和44.4%外，氮磷的农学效率均较低。

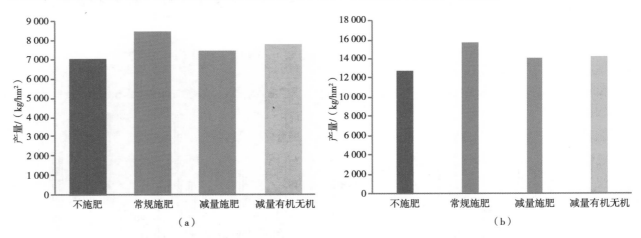

图10-8　不同施肥处理对2013年（a）和2014年（b）雷竹笋产量的影响

值得注意的是，2014年各处理竹笋产量均高于2013年，表明覆盖提高了竹笋产量，增产幅度在39.3%～47.1%。可见，覆盖技术既避免了氮磷径流损失、又提高了竹笋产量，综合效益明显。

三、减量施肥结合覆盖对集约经营雷竹林养分渗淋特征与损失的影响

试验于2012年4月在临安区太湖源镇开始实施，共设置5个处理（表10-5、表10-6），每个处理小区的面积为100 m²，小区之间用水泥隔板隔离。3次重复，随机区组排列。2012年和2013年5月、9月、11月分别施用肥料总量的40%、30%和30%。于2013年3月和2014年3月期间测定竹笋产量。

为了进一步减少流失量、提高竹笋产量，2013年在减量施肥基础上进行了覆盖。覆盖于2013年12月10日进行，将渗漏水采集装置中的通气口和采水口用塑料纸包好，以免杂物进入。地面先覆盖麦麸皮5 cm，后在其上覆盖15 cm的砻糠。观测覆盖后至2014年3月期间的径流量，测定竹笋产量。

表10-5　2012年减量施肥方案

处理	施肥量N+P₂O₅+K₂O/（kg/hm²）	小区施用量/（kg/100 m²）		
		复合肥	尿素	猪粪
不施肥	0+0+0	0	0	0
常规施肥	850+337.5+337.5	22.5	11.1	0
减量无机	510+337.5+337.5	22.5	3.76	—
减量有机	510+520.8+325.5	—	—	930.0
减量有机无机	510+259.8+165.4	—	5.54	464.0

注：复合肥 [w（N）=15%，w（P₂O₅）=15%，w（K₂O）=15%]；尿素 [w（N）=46%]；猪粪 [w（N）=0.55%，w（P₂O₅）=0.56%，w（K₂O）=0.35%，含水量=72.0%]；有机无机肥（50%有机+50%无机）。

表10-6　2013年减量施肥方案

处理	施肥量N+P₂O₅+K₂O/（kg/hm²）	小区施用量/（kg/100 m²）		
		复合肥	尿素	猪粪
不施肥	0+0+0	0	0	0
常规施肥	850+337.5+337.5	22.5	11.1	0
减量无机	510+202.5+202.5	13.5	6.66	0
减量有机	510+520.8+325.5	—	—	930.0
减量有机无机	510+202.5+202.5	3.1+1.0 kg 60%KCl	6.8	278.0

注：复合肥 [w（N）=15%，w（P₂O₅）=15%，w（K₂O）=15%]；尿素 [w（N）=46%]；猪粪 [w（N）=0.55%，w（P₂O₅）=0.56%，w（K₂O）=0.35%，含水量=72.0%]；有机无机肥（50%有机+50%无机）。

（一）减量施肥结合覆盖对集约经营雷竹林渗漏水氮浓度及流失量的影响

如图10-9所示，2012年5月施肥以后，竹林地在持续的降雨淋洗作用下，土壤氮素大量渗漏淋失，不同施肥处理土壤下渗水中氮浓度随时间呈下降趋势，到8月30日降到最低值。9月7日进行第2次施肥后，渗漏水中的氮浓度又有所回升。常规施肥渗漏水中的氮浓度一直是最高的，减量有机肥处理渗漏水中氮浓度相对其他处理总体最低。

2013年，渗漏水中氮的浓度相对变化平稳。第2次施肥之后，渗漏水中的氮浓度又有所回升，常规施肥中氮的浓度一直较高。氮素的流失浓度大，这与其流失的形态有关，氮素主要以硝态氮的形式流失，特别是有机肥在土壤中矿化后，在暴雨的冲刷下，下渗到地下装置中。但2013年12月进行覆盖后至2014年3月期间，多次降雨后均未采到渗漏水，因此未发生氮素淋失。

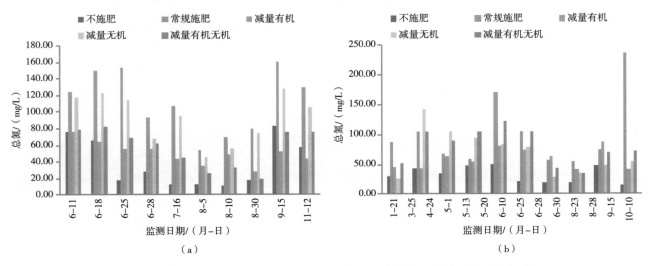

图10-9　2012年（a）和2013年（b）不同施肥雷竹林渗漏水中总氮浓度变化

2012年和2013年氮的渗漏量见表10-7。总体而言，减量施肥明显降低了氮的渗漏量，两年减量无机分别比常规施肥减少19%和48%、减量有机分别比常规施肥减少42%和44%、减量有机无机分别比常规施肥减少52%和36%。可见，减量施肥作为源头控制技术，是减少集约化雷竹林氮素渗漏损失的有效措施。

表10-7　2012年和2013年不同施肥处理总氮流失量

处理	2012年		2013年	
	总氮/（kg/hm²）	比常规减少/%	总氮/（kg/hm²）	比常规减少/%
不施肥	96.06	68.5	132.30	69.3
常规施肥	304.91	—	431.49	—
减量有机	177.73	41.7	242.58	43.8
减量无机	246.56	19.1	222.66	48.4
减量有机无机	145.95	52.1	274.50	36.4

（二）减量施肥结合覆盖对集约经营雷竹林渗漏水磷浓度及流失量的影响

2012年和2013年磷的流失量见表10-8。从2012年的结果看，减氮不减磷钾的减量无机处理磷的流失量与常规施肥相近，但减量有机和减量有机无机处理磷的流失量分别比常规施肥减少21%和60%，可见有机肥中的磷不易淋失，而且还可以减少无机磷肥的磷流失。2013年，氮磷钾均减少40%，减量有机、减量无机、减量有机无机3个减量施肥处理磷的流失量大幅降低，分别比比常规施肥减少34%、72%、54%。可见，减量施肥作为源头控制技术，对减少集约化雷竹林磷素径流和渗漏损失都是十分有效的。

表10-8　2012年和2013年不同施肥处理总磷流失量

处理	2012年		2013年	
	总磷/（kg/hm²）	比常规减少/%	总磷/（kg/hm²）	比常规减少/%
不施肥	3.05c	80.0	4.63c	90.1
常规施肥	15.26a	—	46.57a	—
减量有机	12.12ab	20.6	30.78ab	33.9
减量无机	14.88a	2.5	13.16bc	71.7
减量有机无机	6.16bc	59.6	21.59bc	53.6

注：同列不同小写字母表示处理间差异显著（*P*<0.05）。

（三）覆盖对雷竹林地表径流及氮磷流失的影响

在2013年12月至2014年3月覆盖期间，多次降雨后均未发生径流，未产生有N、P径流损失。

（四）减量施肥结合覆盖对集约经营雷竹林竹笋产量的影响

由图10-10可见，2013年常规施肥的竹笋产量最高，其次为减量有机无机、减量无机、减量有机肥，分别比常规施肥减产3.63%、8.51%、17.24%，但3种减量施肥和常规施肥的产量之间都没有达到显著性差异。而且，减量无机N的农学效率均比常规施肥高23.3%，减量有机无机肥N、P_2O_5、K_2O的农学效率分别比常规施肥高48.2%、15.5%、81.4%，养分利用率明显高于常规施肥。

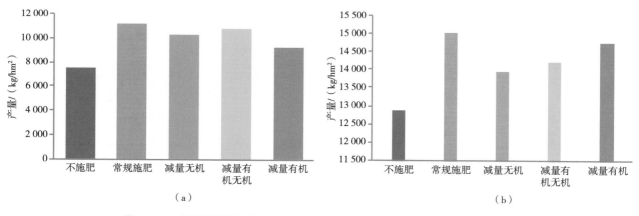

图10-10　不同施肥处理对2013年（a）和2014年（b）雷竹笋产量的影响

2014年，竹笋产量从高到低的顺序为常规施肥>减量有机>减量有机无机>减量无机>不施肥处理。虽然，减量有机肥、减量有机无机肥、减量无机、不施肥处理分别比常规施肥减产1.67%、5.11%、6.89%和14.22%，但都没有达到显著性差异。因此从统计上看，各种施肥处理对竹笋产量没有影响。另一方面，减量有机无机肥N、P_2O_5、K_2O的农学效率均比常规施肥高6.8%；虽然减量有机肥N的农学效率比常规施肥高47.1%，但P$_2$O$_5$、K$_2$O的农学效率分别比常规施肥低42.8%和8.5%。

值得注意的是，2014年各处理竹笋产量均高于2013年，表明覆盖提高了竹笋产量，增产幅度在23.7%~41.1%。同径流小区试验一样，覆盖技术既避免了氮磷渗漏损失、又提高了竹笋产量，综合效益明显。

四、雷竹化肥替代减量和覆盖集成技术

试验在临安区板桥镇灵溪村、太湖源镇畈龙村和太湖源镇众社村进行。板桥镇灵溪村雷竹为15年以上成林雷竹林，2014年为连续第4年孵笋；太湖源镇畈龙村雷竹为10年左右成林雷竹林，2014年为连续第3年孵笋；太湖源镇众社村雷竹为7年左右新成林雷竹，2014年为第1年孵笋。

试验设减量施肥、专用基质有机肥（45 m^3/hm^2）加缓释肥、专用基质有机肥（60 m^3/hm^2）加缓释肥、专用基质有机肥（75 m^3/hm^2）加缓释肥、改进常规施肥5种施肥处理，3次重复，随机区组排列。3个村试验样地的试验小区面积分别为：板桥镇灵溪村小区面积35.84 m^2、太湖源镇畈龙村小区面积46 m^2、太湖源镇众社村小区面积35.3 m^2，小区间隔均用空心水泥砖相隔，具体施肥方案详见表10-9。板桥镇灵溪村试验地于12月25日施肥覆盖，太湖源镇畈龙村试验地于12月2日施肥覆盖，太湖源镇众社村试验地于12月24日施肥覆盖。施肥前先用水浇湿土壤，然后将相当于全年30%用量的肥料一次性均匀撒施于土表，再覆盖麦糠或竹叶及谷糠等。出笋后分小区全田采挖称量，清点记录笋的株数和称量笋的鲜重。

表10-9　雷竹林有机肥替代施肥方案

编号	处理	施肥方案
1	减量施肥	单施45%复合肥（15-15-15）900 kg/hm^2，折纯用量N 135 kg/hm^2、P$_2$O$_5$ 135 kg/hm^2、K$_2$O 135 kg/hm^2
2	专用基质有机肥（45 m^3/hm^2）加缓释肥	专用基质有机肥45 m^3/hm^{2}加36%缓释肥（18-6-12）225 kg/hm^2，折纯用量：N 68.7 kg/hm^2、P$_2$O$_5$ 34.1 kg/hm^2、K$_2$O 85.8 kg/hm^2
3	专用基质有机肥（60 m^3/hm^2）加缓释肥	专用基质有机肥60 m^3/hm^{2}加36%缓释肥（18-6-12）300 kg/hm^2，折纯用量：N 91.5 kg/hm^2、P$_2$O$_5$ 45.3 kg/hm^2、K$_2$O 114.3 kg/hm^2
4	专用基质有机肥（75 m^3/hm^2）加缓释肥	专用基质有机肥75 m^3/hm^{2}加36%缓释肥（18-6-12）375 kg/hm^2，折纯用量：N 114.5 kg/hm^2、P$_2$O$_5$ 56.7 kg/hm^2、K$_2$O 142.9 kg/hm^2
5	改进常规施肥	施36%复合肥（20-6-10）750 kg+石灰氮600 kg，折纯用量：N 270 kg/hm^2、P$_2$O$_5$ 45 kg/hm^2、K$_2$O 75 kg/hm^2

注：雷竹专用有机肥为杭州锦海农业科技有限公司经堆制发酵工艺生产，包括50%禽畜粪便，20%山核桃外蒲壳基质，其他为蛭石等填加料，再添加缓释肥配制而成。其容重为0.454 g/cm^3，pH值7.7，全N 1.55%，全P 2.96%，全K 1.24%。

2015年，在太湖源镇畈龙村和太湖源镇众社村继续进行试验。在2014年试验的基础上，2015年试验增设一个专用基质有机肥（60 m^3/hm^2）加缓释肥（一年两施）处理，共6个处理，3次重复，随机区组排列。太湖源镇畈龙村小区面积46 m^2、太湖源镇众社村小区面积35.3 m^2，小区间隔均用空心水泥砖相隔。

（一）板桥镇灵溪村试验结果

5种施肥处理对竹笋产量和产值的影响见图10-11。可以看出，不同处理下竹笋产量存在明显差异，

其中有机肥（60 m³/hm²）加缓释肥（处理3）竹笋产量最高，产鲜笋35 421.3 kg/hm²，减量施肥处理产量最低，产鲜笋18 420.7 kg/hm²；除处理3外，减量施肥处理与其他各处理产量之间没有显著差异。减量施肥处理产量相对较低，与其比各有机肥加缓释肥处理覆盖物数量少、增温慢和幅度小有关；产量低于改进常规施肥处理，则可能与后者具有改良土壤酸性、养分量大有关。从表观结果看，专用基质有机肥加缓释肥以及改进常规施肥能较好地提高竹笋产量，且施蒲壳基质有机肥加缓释肥（处理2～4）较改进常规施肥（处理5）产量高，竹笋单株重量也较大。

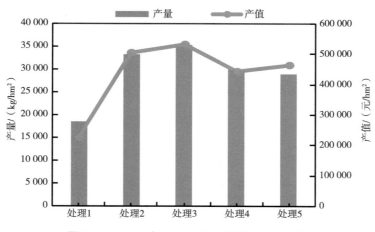

图10-11 2019年不同处理下竹笋产量与产值

（二）太湖源镇畈龙村试验结果

在2014年试验中，5种施肥处理对竹笋产量和产值的影响见图10-12。可以看出，在改进常规施肥（处理5）下，竹笋产量最高，产鲜笋26 050.7 kg/hm²，减量施肥处理产量最低，产鲜笋19 909.4 kg/hm²，但各处理间产量差异不显著。与减量施肥处理比较，处理2、3、4、5产量比处理1分别高18.4%、28.2%、28.1%、30.8%。从表观结果看，专用基质有机肥加缓释肥以及改进常规施肥在该试验点也能较好地提高竹笋产量。尽管施蒲壳基质有机肥加缓释肥（处理2～4）较改进常规施肥（处理5）产量略低，但前者竹笋单株重量较改进常规施肥（处理5）重，有利于提高单价。

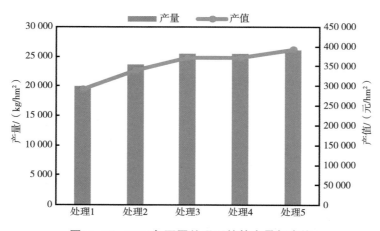

图10-12 2014年不同处理下竹笋产量与产值

在2015年试验中，6种施肥处理对竹笋产量和产值的影响见图10-13。可以看出，在改进常规施肥（处理5）下，竹笋产量最高，产鲜笋36 431.1 kg/hm²，减量施肥处理产量最低，产鲜笋24 782.6 kg/hm²，但各处理间产量差异不显著。从表观结果看，专用基质有机肥加缓释肥以及改进常规施肥在该试验点能较好地提高竹笋产量。可见，用专用基质有机肥部分替代化肥是可行的。

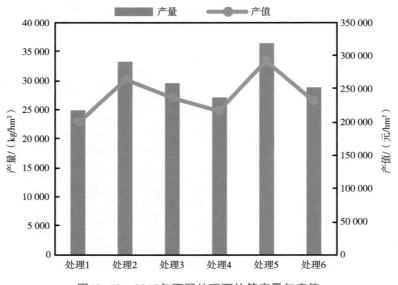

图10-13　2015年不同处理下竹笋产量与产值

（三）太湖源镇众社村试验结果

2014年试验中，5种施肥处理对竹笋产量和产值的影响见图10-14。可以看出，在专用基质有机肥（75 m³/hm²）加缓释肥（处理4）下，竹笋产量最高，产鲜笋23 626.1 kg/hm²，减量施肥处理产量最低，产鲜笋16 468.4 kg/hm²。但除处理4外，减量施肥与其他各处理产量差异不显著。从表观产量看，处理2、3、4、5的产量比减量施肥处理（处理1）分别高16.8%、4.3%、43.5%、14.2%。这些结果说明：专用基质有机肥加缓释肥以及改进常规施肥能较好地提高竹笋产量，且施蒲壳基质有机肥加缓释肥（处理2~4）较改进常规施肥（处理5）产量高，单株竹笋重量也较改进常规施肥（处理5）重。

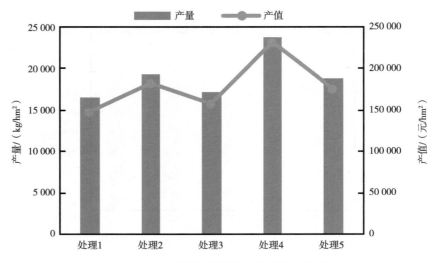

图10-14　2014年不同处理下竹笋产量与产值

在2015年试验中，6种施肥处理对竹笋产量和产值的影响见图10-15。可以看出，处理1（减量施肥）竹笋产量最高，产鲜笋为59 150.1 kg/hm²，处理4产量最低，产鲜笋为48 696.9 kg/hm²，但所有处理的产量差异不显著。从表观产量看，减量施肥以及专用基质有机肥加缓释肥都可获得较高的笋产量。可见，化肥减量以及用专用基质有机肥部分替代化肥是可行的。

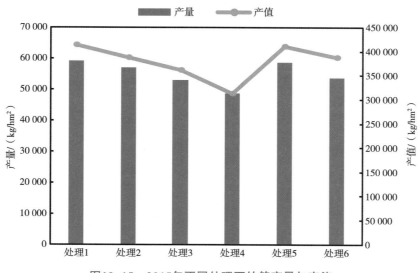

图10-15　2015年不同处理下竹笋产量与产值

五、源头控制和灌木缓冲带削减雷竹林氮磷流失及其生态拦截技术研究

试验于2013年5月至2015年5月在临安区太湖源镇进行。试验设2个因素，灌木缓冲带设有、无2个水平，即在土壤条件和雷竹经营管理一致的同一坡面上设置径流通过和不通过灌木缓冲带的成对排列的小区，小区之间用铝塑板隔开，高出地面10 cm，植入土深30 cm；肥料用量设2个水平，即常规和减量40%（即氮磷钾均减量40%），共4个处理，具体方案见表10-10。试验设3次重复，随机区组排列，共12个小区。施肥的竹林小区面积10 m × 1.8 m，灌木缓冲带小区面积3 m × 1.8 m。每年5月、9月、11月分别施用肥料总量的40%、30%和30%。每年3月测定竹笋产量。

表10-10　不同雷竹林减量施肥方案

处理	施肥量/（kg/hm²）N+P₂O₅+K₂O	小区施用量/（kg/18 m²）	
		复合肥	尿素
常规施肥	850+337.5+337.5	4.05	2.00
减量（40%）常规肥	510+202.5+202.5	2.43	1.20

注：复合肥 [w（N）=15%；w（P₂O₅）=15%；w（K₂O）=15%]；尿素 [w（N）=46%]。

（一）灌木缓冲带对雷竹林径流水中氮含量的影响

图10-16至图10-18为不同施肥处理雷竹林径流水中总氮、硝态氮和铵态氮浓度变化趋势。从图中可以看出施肥量对雷竹林径流水中氮含量有重要的影响，减量施肥措施可以显著降低雷竹林径流水中氮含量。

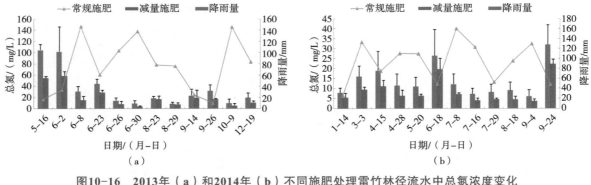

图10-16　2013年（a）和2014年（b）不同施肥处理雷竹林径流水中总氮浓度变化

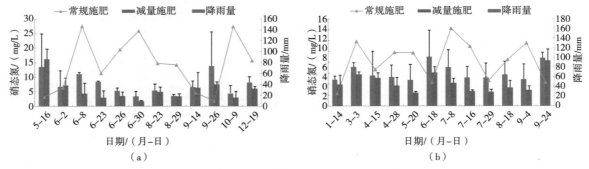

图10-17　2013年（a）和2014年（b）不同施肥处理雷竹林径流水中硝态氮浓度变化

　　2013年，减量（40%）施肥处理相比常规施肥处理可以分别减少雷竹林径流水中总氮、硝态氮和铵态氮浓度的9.39%~50.19%、18.65%~64.24%和19.46%~63.44%；2014年，减量（40%）施肥处理相比常规施肥处理可以分别减少雷竹林径流水中总氮、硝态氮和铵态氮浓度的25.84%~51.37%、5.31%~50.82%和20.52%~65.81%。平均而言，2013年减量（40%）施肥处理雷竹林径流水中总氮、硝态氮和铵态氮的浓度分别比常规施肥处理降低了40.56%、25.60%和49.45%，2014年分别比常规施肥处理降低了40.28%、33.33%和48.83%。

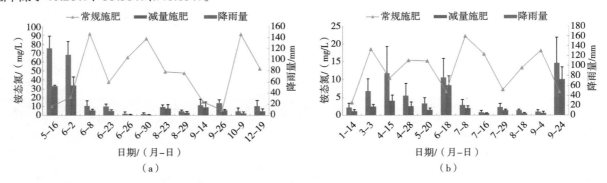

图10-18　2013年（a）和2014年（b）不同施肥处理雷竹林径流水中铵态氮浓度变化

　　从图10-19至图10-21中可以看出，植被缓冲带可以显著降低常规施肥雷竹林径流水中各形态的氮含量。2013年，常规施肥+植被缓冲带处理相比常规施肥处理分别可以减少雷竹林径流水中总氮、硝态氮和铵态氮浓度的72.59%~99.26%、51.67%~99.28%和76.93%~98.82%；2014年，常规施肥+植被缓冲带处理相比常规施肥处理分别可以减少雷竹林径流水中总氮、硝态氮和铵态氮浓度的52.08%~80.66%、38.97%~87.03%和67.96%~96.13%。平均而言，2013年植被缓冲带可以分别减少雷竹林径流水中总氮、硝态氮和铵态氮浓度的90.32%、84.03%和95.68%；2014年植被缓冲带可以分别减少雷竹林径流水中总氮、硝态氮和铵态氮浓度的72.85%、64.49%和90.19%。

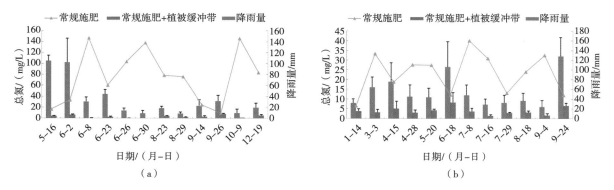

图10-19　2013年（a）和2014年（b）不同施肥处理雷竹林径流水中总氮浓度变化

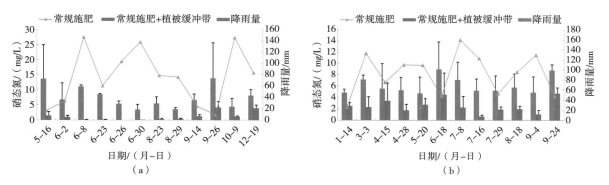

图10-20　2013年（a）和2014年（b）不同施肥处理雷竹林径流水中硝态氮浓度变化

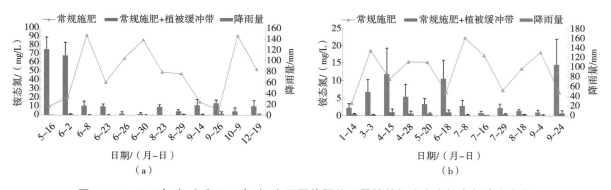

图10-21　2013年（a）和2014年（b）不同施肥处理雷竹林径流水中铵态氮浓度变化

图10-22至图10-24为植被缓冲带对减量施肥雷竹林径流水中各形态氮含量的影响。从图中可以看出在减量施肥处理下植被缓冲带也可以显著降低雷竹林径流水中各形态的氮含量。2013年，"减量施肥+植被缓冲带"处理相比减量施肥处理分别可以减少雷竹林径流水中总氮、硝态氮和铵态氮浓度的31.36%～93.00%、24.93%～99.20%和24.80%～97.17%；2014年，"减量施肥+植被缓冲带"处理相比减量施肥处理分别可以减少雷竹林径流水中总氮、硝态氮和铵态氮浓度的20.28%～73.81%、4.35%～95.32%和32.69%～91.72%。平均而言，2013年可以分别减少雷竹林径流水中总氮、硝态氮和铵态氮浓度的79.77%、75.72%和86.26%；2014年分别减少雷竹林径流水中总氮、硝态氮和铵态氮浓度的49.59%、44.22%和73.52%。

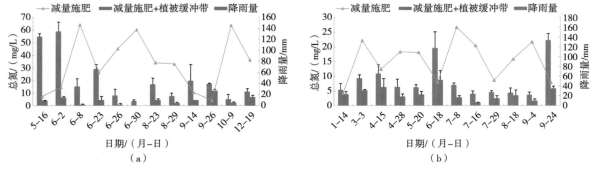

图10-22 2013年（a）和2014年（b）不同施肥处理雷竹林径流水中总氮浓度变化

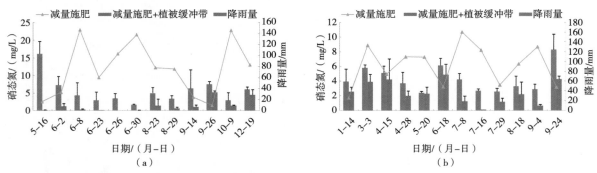

图10-23 2013年（a）和2014年（b）不同施肥处理雷竹林径流水中硝态氮浓度变化

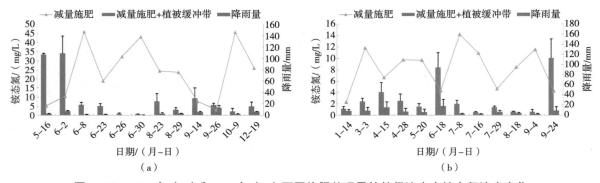

图10-24 2013年（a）和2014年（b）不同施肥处理雷竹林径流水中铵态氮浓度变化

（二）灌木缓冲带对雷竹林径流水中总氮流失量的影响

图10-25为不同施肥和植被缓冲带处理雷竹林径流水中总氮累积流失量。从图中可以看出，减量施肥措施可以显著减少雷竹林径流水中总氮的流失量，植被缓冲带可以极显著地减少雷竹林径流水中总氮的流失量。2013年，雷竹林径流水中总氮累积流失量的大小顺序为常规施肥处理（4.19 kg/hm²）>减量施肥处理（2.77 kg/hm²）>"减量施肥+植被缓冲带"处理（0.4 kg/hm²）>"常规施肥+植被缓冲带"处理（0.35 kg/hm²）。减量施肥处理相比常规施肥处理雷竹林径流水中总氮的累积流失量减少了33.91%，"常规施肥+植被缓冲带"处理相比常规施肥处理雷竹林径流水中总氮的累积流失量减少了91.56%，"减量施肥+植被缓冲带"处理相比常规施肥处理雷竹林径流水中总氮的累积流失量减少了89.32%，"减量施肥+植被缓冲带"处理相比减量施肥处理雷竹林径流水中总氮的累积流失量减少了83.84%。

2014年，雷竹林径流水中总氮累积流失量的大小顺序为常规施肥处理（3.08 kg/hm²）>减量施肥处理（1.99 kg/hm²）>"常规施肥+植被缓冲带"处理（0.51 kg/hm²）>"减量施肥+植被缓冲带"处理

（0.50 kg/hm²）。减量施肥处理相比常规施肥处理雷竹林径流水中总氮的累积流失量减少了35.39%，"常规施肥+植被缓冲带"处理相比常规施肥处理雷竹林径流水中总氮的累积流失量减少了83.42%，"减量施肥+植被缓冲带"处理相比常规施肥处理雷竹林径流水中总氮的累积流失量减少了83.73%，"减量施肥+植被缓冲带"处理相比减量施肥处理雷竹林径流水中总氮的累积流失量减少了74.82%。

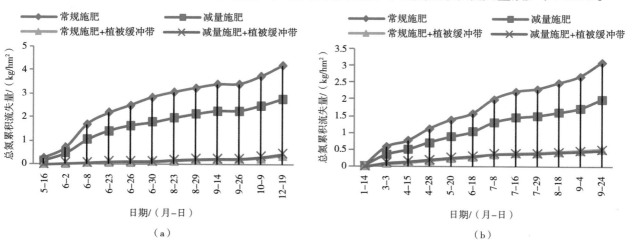

图10-25　2013年（a）和2014年（b）不同施肥处理雷竹林径流水总氮累积流失量

（三）灌木缓冲带对雷竹林径流水中磷含量的影响

图10-26至图10-28为不同施肥处理雷竹林径流水中各形态磷浓度的动态变化。在2013年5月12日施肥，6月2日典型降雨后常规施肥雷竹林径流水中总磷的流失浓度达到最大值13.70 mg/L。减量（40%）施肥处理相比常规施肥处理雷竹林径流水中总磷、可溶性总磷和颗粒态磷的含量分别减少了2.15%~54.49%、7.23%~68.20%和6.56%~66.76%。平均而言，2013年减量施肥处理雷竹林径流水中总磷、可溶性总磷和颗粒态磷的浓度分别比常规施肥处理下降了33.25%、32.85%、33.78%。在2014年9月4日施肥，9月24日典型降雨后常规施肥雷竹林径流水中总磷的流失浓度达到最大值为3.93 mg/L。减量（40%）施肥处理相比常规施肥处理雷竹林径流水中总磷、可溶性总磷和颗粒态磷含量分别减少了13.68%~35.57%、3.54%~39.86%和10.00%~66.00%。平均而言，2014年减量施肥处理雷竹林径流水中总磷、可溶性总磷和颗粒态磷的浓度分别比常规施肥处理下降了23.12%、19.74%和38.24%。

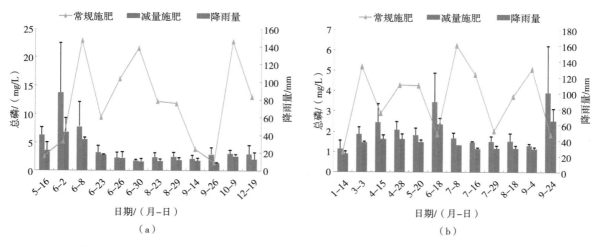

图10-26　2013年（a）和2014年（b）不同施肥处理雷竹林径流水中总磷浓度变化

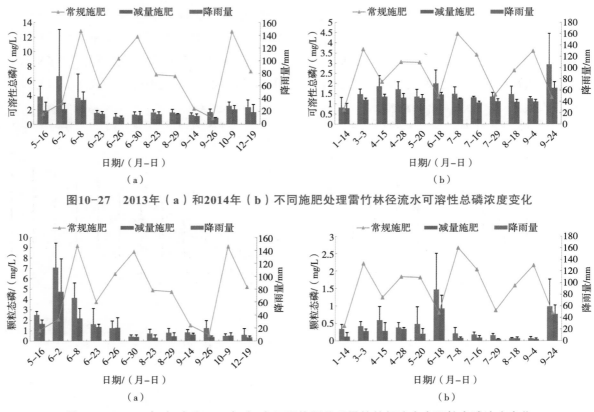

图10-27 2013年（a）和2014年（b）不同施肥处理雷竹林径流水可溶性总磷浓度变化

图10-28 2013年（a）和2014年（b）不同施肥处理雷竹林径流水中颗粒态磷浓度变化

图10-29至图10-31为植被缓冲带对常规施肥雷竹林径流水中各形态磷含量的影响。从图中可以看出，植被缓冲带可以显著降低常规施肥雷竹林径流水中各形态磷含量。2013年，"常规施肥+植被缓冲带"处理与常规施肥处理相比雷竹林径流水中总磷、可溶性总磷和颗粒态磷浓度分别降低了35.67%~94.60%、32.53%~97.80%和42.41%~98.14%。平均而言，"常规施肥+植被缓冲带"处理雷竹林径流水中总磷、可溶性总磷和颗粒态磷平均浓度分别降低了78.11%、77.83%和78.49%。

2014年，"常规施肥+植被缓冲带"处理与常规施肥处理相比雷竹林径流水中总磷、可溶性总磷和颗粒态磷浓度分别降低了34.61%~78.02%、47.35%~77.95%和18.18%~88.28%。平均而言，"常规施肥+植被缓冲带"处理雷竹林径流水中总磷、可溶性总磷和颗粒态磷平均浓度分别降低了61.29%、62.50%和52.94%。

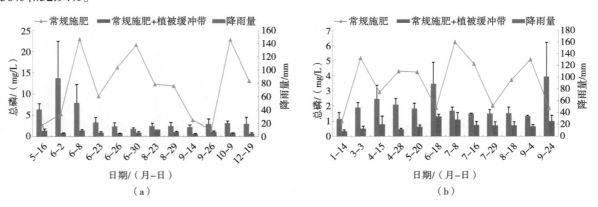

图10-29 2013年（a）和2014年（b）不同施肥处理雷竹林径流水中总磷浓度变化

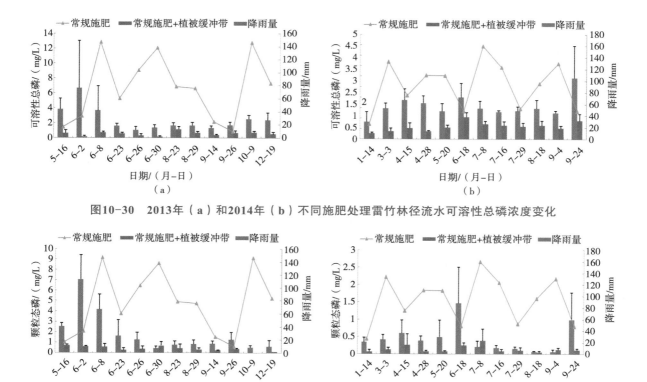

图10-30 2013年（a）和2014年（b）不同施肥处理雷竹林径流水可溶性总磷浓度变化

图10-31 2013年（a）和2014年（b）不同施肥处理雷竹林径流水中颗粒态磷浓度变化

图10-32至图10-34为植被缓冲带对减量施肥雷竹林径流水中各形态磷含量的影响。植被缓冲带也可以显著降低减量施肥雷竹林径流水中各形态磷含量。2013年，"减量施肥+植被缓冲带"处理相比减量施肥处理雷竹林径流水中总磷、可溶性总磷和颗粒态磷浓度分别降低了-8.63%～88.25%、-10.36%～90.45%和-1.99%～90.22%。平均而言，"减量施肥+植被缓冲带"处理雷竹林径流水中总磷、可溶性总磷和颗粒态磷的浓度分别降低了67.67%、68.29%和66.83%。

2014年，"减量施肥+植被缓冲带"处理相比减量施肥处理雷竹林径流水中总磷、可溶性总磷和颗粒态磷浓度分别降低了33.78%～73.25%、36.60%～74.40%和-79.55%～88.90%。平均而言，"减量施肥+植被缓冲带"处理雷竹林径流水中总磷、可溶性总磷和颗粒态磷的浓度分别降低了65.05%、66.45%和58.82%。

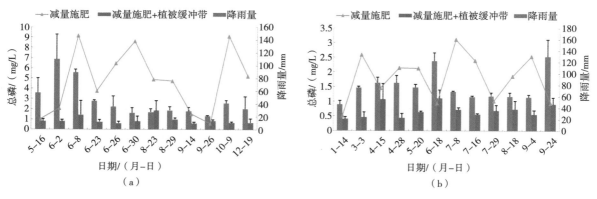

图10-32 2013年（a）和2014年（b）不同施肥处理雷竹林径流水中总磷浓度变化

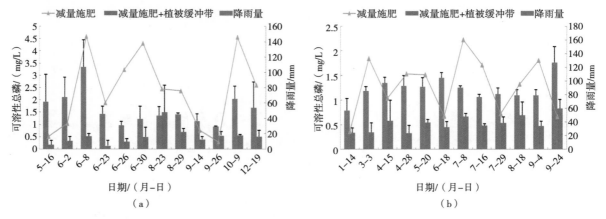

图10-33　2013年（a）和2014年（b）不同施肥处理雷竹林径流水可溶性总磷浓度变化

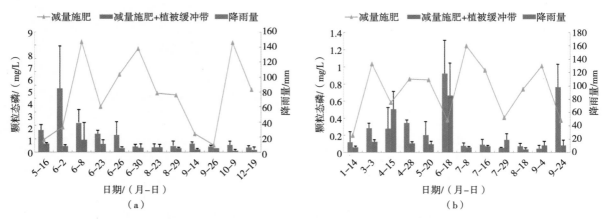

图10-34　2013年（a）和2014年（b）不同施肥处理雷竹林径流水中颗粒态磷浓度变化

（四）灌木缓冲带对雷竹林径流水中总磷流失量的影响

不同施肥和植被缓冲带处理雷竹林径流水中总磷累积流失量如图10-35所示。从图中可以看出，减量施肥措施可以减少雷竹林径流水中总磷的流失量，植被缓冲带可以极显著地减少雷竹林径流水中总磷的流失量。2013年，雷竹林径流水中总磷累积流失量的大小顺序为常规施肥处理（0.76 kg/hm²）>减量施肥处理（0.66 kg/hm²）>"减量施肥+植被缓冲带"处理（0.17 kg/hm²）>"常规施肥+植被缓冲带"处理（0.16 kg/hm²）。减量施肥处理相比常规施肥处理雷竹林径流水中总磷的累积流失量减少了13.16%，"常规施肥+植被缓冲带"处理相比常规施肥处理雷竹林径流水中总磷的累积流失量减少了78.95%，"减量施肥+植被缓冲带"处理相比常规施肥处理雷竹林径流水中总磷的累积流失量减少了77.63%，"减量施肥+植被缓冲带"处理相比减量施肥处理雷竹林径流水中总磷的累积流失量减少了75.76%。

2014年，雷竹林径流水中总磷累积流失量的大小顺序为常规施肥处理（0.48 kg/hm²）>减量施肥处理（0.39 kg/hm²）>"常规施肥+植被缓冲带"处理（0.11 kg/hm²）>"减量施肥+植被缓冲带"处理（0.09 kg/hm²）。减量施肥处理相比常规施肥处理雷竹林径流水中总磷的累积流失量减少了18.75%，"常规施肥+植被缓冲带"处理相比常规施肥处理雷竹林径流水中总磷的累积流失量减少了77.08%，"减量施肥+植被缓冲带"处理相比常规施肥处理雷竹林径流水中总磷的累积流失量减少了81.25%，"减量施肥+植被缓冲带"处理相比减量施肥处理雷竹林径流水中总磷的累积流失量减少了76.92%。由此可以看出减量施肥措施和植被缓冲带也可以有效地减少雷竹林径流水中总磷的流失量。

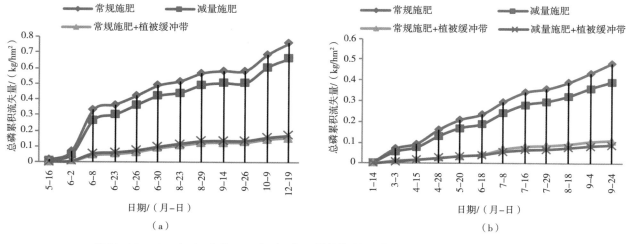

图10-35　2013年（a）和2014年（b）不同施肥处理雷竹林径流水总磷累积流失量

（五）灌木缓冲带对雷竹林竹笋产量及经济效益的影响

2014年春季，将不同时间萌发的竹笋分小区挖起，称其鲜重，记录各次产量，计算总产量并统计整个生长季竹笋收入，减去雷竹栽培中的实际支出，即可得到不同施肥处理的经济效益。从表10-11可知，在试验第一年，减量施肥处理比常规施肥处理雷笋产量略有降低，但未达到显著水平，减量施肥处理比常规施肥处理雷笋产量降低了9.05%，但经济效益却比常规施肥处理高696元/hm²。减量施肥处理比常规施肥处理具有更高的产投比，而且减量施肥处理在生产中还可以减少40%的氮磷投入，降低了氮磷流失的风险，具有很好的生态和社会效益。

表10-11　不同施肥处理雷竹林雷笋产量和经济效益

| 处理 | 鲜笋产量/（kg/hm²） | 收入/（元/hm²） | 支出/（元/hm²） | | | | 经济效益/（元/hm²） | 产投比 |
			肥料	用工	农药	合计		
常规施肥	11 352 ± 709a	34 056	9 450	4 200	450	14 100	19 956	2.42
减量施肥	10 324 ± 286a	30 972	5 670	4 200	450	10 320	20 652	3.00

六、稻田消纳雷竹林氮磷的调查测定

（一）稻田对雷竹林径流氮的消纳效果

比较雷竹林径流水和稻田田面水的氮浓度，可以看出稻田对集约经营雷竹林氮流失的阻控效果。2013年，各个采样日雷竹林径流水和稻田排水口田面水总氮、硝态氮、铵态氮浓度见图10-36。2013年5月10日、5月16日、6月2日、6月8日、6月26日和10月9日所有组合雷竹林径流水总氮平均浓度分别为12.65 mg/L、6.92 mg/L、8.36 mg/L、14.06 mg/L、7.17 mg/L和9.27 mg/L，稻田排水口田面水总氮平均浓度分别为2.72 mg/L、3.27 mg/L、3.62 mg/L、8.29 mg/L、4.82 mg/L和6.39 mg/L，稻田排水口田面水总氮平均浓度相比雷竹林径流水总氮平均浓度分别降低了78.50%、52.75%、56.70%、41.04%、32.78%和31.07%。全年平均，稻田对雷竹林径流水中总氮、硝态氮、铵态氮的消纳效果分别达到了50.19%、49.85%、5.67%。

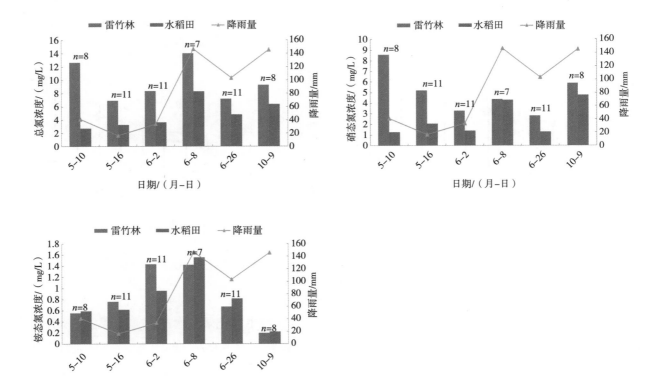

图10-36　2013年稻田对雷竹林径流氮的消纳效果

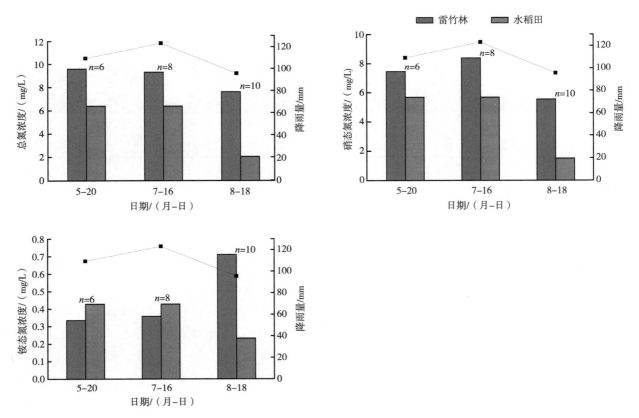

图10-37　2014年稻田对雷竹林径流氮的消纳效果

2014年，各个采样日雷竹林径流水和稻田排水口田面水总氮、硝态氮、铵态氮浓度见图10-37。5月20日、7月16日和8月18日稻田排水口田面水总氮和硝态氮平均浓度均低于雷竹林径流水总氮和硝态氮的平均浓度（组合7稻田因刚施过肥而未计算在内），所有组合雷竹林径流水3次水样总氮的平均浓度分别为9.57 mg/L、9.30 mg/L和7.62 mg/L，稻田排水口田面水总氮的平均浓度则分别为6.40 mg/L、6.40 mg/L和2.06 mg/L。稻田排水口田面水总氮平均浓度相比雷竹林径流水分别降低了33.12%、31.18%和72.97%。全年平均，稻田对雷竹林径流水中总氮、硝态氮、铵态氮的消纳效果分别达到了43.94%、40.00%、22.41%。

两年的结果均表明，雷竹林排水进入稻田，经稻田系统作用后，部分氮素可以被稻田再次吸收利用，使稻田排水中总氮、硝态氮、铵态氮浓度均低于相应雷竹林排水中总氮、硝态氮、铵态氮浓度。

（二）稻田对雷竹林径流磷的消纳效果

比较雷竹林径流水和稻田田面水的磷浓度，可以看出稻田对集约经营雷竹林磷流失的阻控效果。2013年，各个采样日雷竹林径流水和稻田排水口田面水总磷、可溶性总磷、颗粒态磷浓度见图10-38。2013年5月10日、5月16日、6月2日、6月8日、6月26日和10月9日雷竹林径流水总磷平均浓度分别为0.97 mg/L、0.56 mg/L、0.90 mg/L、0.27 mg/L、1.18 mg/L和0.20 mg/L，稻田排水口田面水总磷平均浓度分别为0.29 mg/L、0.39 mg/L、0.17 mg/L、0.11 mg/L、0.24 mg/L、0.09 mg/L。5月10日、5月16日、6月2日、6月8日、6月26日和10月9日稻田排水口田面水总磷平均浓度相比雷竹林径流水总磷平均浓度分别降低了70.10%、30.36%、81.11%、59.26%、79.66%、55.00%。全年平均，稻田对雷竹林径流水中总磷、可溶性总磷和颗粒态磷的消纳效果分别达到了68.41%、60.95%和71.00%。

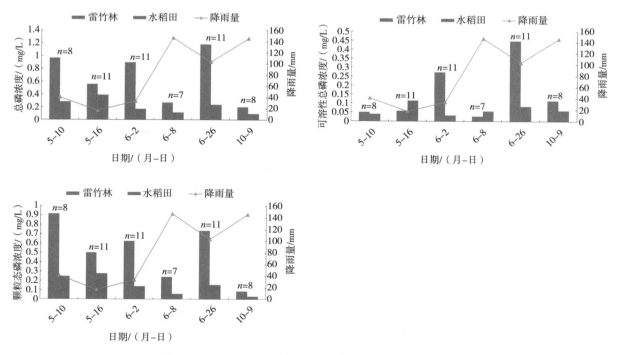

图10-38　2014年雷竹林-稻田系统对磷流失的阻控效果

2014年，各个采样日雷竹林径流水和稻田排水口田面水总磷、可溶性总磷、颗粒态磷浓度见图10-39。

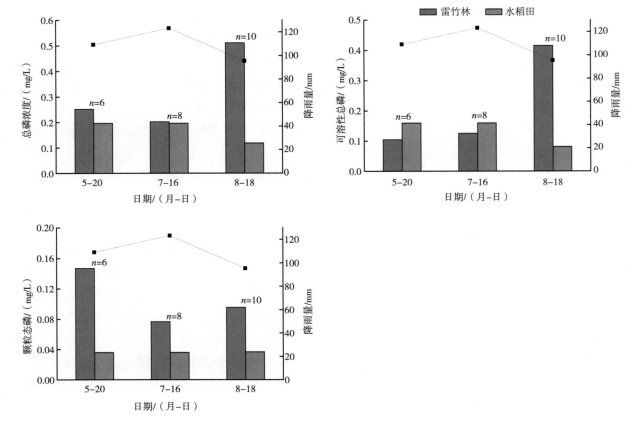

图10-39　雷竹林-稻田系统对磷流失的阻控效果

2014年5月20日、7月16日和8月18日雷竹林径流水总磷平均浓度分别为0.25 mg/L、0.20 mg/L、0.51 mg/L，稻田排水口田面水总磷平均浓度分别为0.20 mg/L、0.20 mg/L、0.12 mg/L。5月20日、7月16日和8月18日稻田排水口田面水总磷平均浓度相比雷竹林径流水总磷平均浓度分别降低了21.99%、3.12%、76.91%。其中以8月18日总磷浓度降低最多，8月18日稻田排水口田面水总磷平均浓度相比稻田排水口田面水总磷平均浓度降低了0.39 mg/L。可见，把雷竹林地径流水导入稻田，可有效地滞留径流中的磷素，减少雷竹林径流水中磷的流失，提高磷的利用率。而在5月20日和7月16日稻田排水中可溶性总磷比雷竹林排水中可溶性总磷含量略高，这可能因为雷竹径流水中的颗粒态磷被稻田固定和利用，使颗粒态磷向可溶性磷转化之故，但8月18日雷竹林径流水中的可溶性总磷含量比稻田排水口田面水中可溶性总磷含量高得多。

全年平均，稻田对雷竹林径流水中总磷、可溶性总磷、颗粒态磷的阻控效果分别达到了47.15%、37.88%、65.93%。其中以径流水中颗粒态磷的阻控效果最为明显。

七、稻田消纳雷竹林氮磷的试验研究

（一）稻田消纳雷竹林径流氮的效果

稻田对雷竹林总氮流失的消纳效果见图10-40。6月3日、6月10日、6月19日、7月11日和8月10日雷竹林径流水中总氮浓度分别为22.59 mg/L、34.19 mg/L、46.26 mg/L、25.56 mg/L和23.36 mg/L，5次水样平均总氮浓度为30.39 mg/L；稻田排水口中总氮浓度分别为2.21 mg/L、16.26 mg/L、10.26 mg/L、

7.18 mg/L和0.66 mg/L，5次水样平均总氮浓度为7.32 mg/L。分析表明，稻田使雷竹林径流水总氮浓度的下降幅度在52%～97%，年平均浓度的下降幅度为77.9%。可见，稻田对成片雷竹林径流水中的总氮有显著的消纳效果。

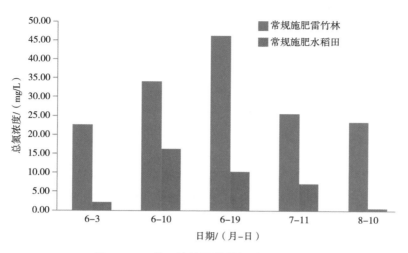

图10-40　稻田消纳雷竹林径流氮的效果

（二）稻田消纳雷竹林径流磷的效果

稻田对雷竹林总磷流失的消纳效果见图10-41。6月3日、6月10日、6月19日、7月11日和8月10日雷竹林径流水中总磷浓度分别为1.84 mg/L、1.52 mg/L、1.24 mg/L、0.11 mg/L和0.20 mg/L，5次水样平均总氮浓度为0.98 mg/L；稻田排水口中总磷浓度分别为0.38 mg/L、0.03 mg/L、0.13 mg/L、0.06 mg/L和0.19 mg/L，5次水样平均总氮浓度为0.16 mg/L。分析表明，稻田使雷竹林径流水总磷浓度的下降幅度为7%～89%，年平均浓度的下降幅度为64.03%。可见，单块稻田对成片雷竹林径流水中的总磷有显著的消纳效果。雷竹林径流水可溶性总磷浓度约占总磷浓度的30%，稻田对可溶性总磷浓度的年平均消纳率达到了59.5%。

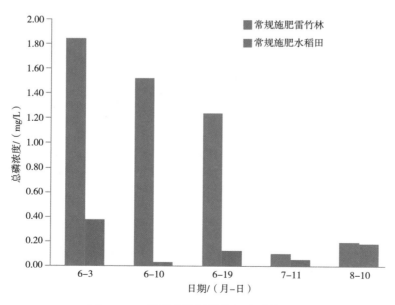

图10-41　稻田消纳雷竹林径流磷的效果

第三节　丘陵区水土流失与面源污染治理技术

一、丘陵区水土流失治理技术

目前丘陵区水土流失的主要防控技术可分为4大类，即工程措施、生物措施、封育措施和生态措施。

（一）工程措施

水土流失的工程措施主要包括：坡面治理工程、沟道防护工程及疏溪固堤工程。

1. 坡面治理工程

通过布设坡面工程措施，对地表下垫面进行二次改造和整理，能够增强土壤的抗蚀性，改变径流的冲刷距离，减小径流的搬运能力，减少径流和泥沙的输入，加强水分的入渗，提高坡面土壤含水量。坡面治型工程主要包括坡改梯工程、坡面水系工程（如排灌沟渠、蓄水池窖、沉沙池等）和田间道路工程，其中以水平沟为主，再结合水平台地、撩壕等措施加以组合配置。

浙江省总降水量很大，但季节分配非常不均，伏旱是全省主要的农业限制因素，因此在坡面配合截排水沟修建蓄水池是非常有效的蓄丰补欠措施。淳安县威坪镇琴溪村的"山茅坑"就是典型的坡面蓄水保土过程措施，其在斜坡地坡顶修筑蓄水池，而斜坡面根据完整坡面地块汇流面积的大小，逐级修筑小型蓄水池和排水道。降水产生的坡面径流可以被集蓄在池内，旱时用于农作物灌溉，还可根据集水量的多少和农作物需水量的大小，调整坡面农作物的种类，实行多样性种植。这一模式既起到了坡面保水保土的作用，又保证了生态农业和生物的多样性。

福建省长汀县地表植被以马尾松为主，结构简单，种类单一，当地土壤侵蚀严重，是我国南方典型的强度水土流失区，必须采取工程措施进行控制。在河田镇18°花岗岩红壤坡面上分别进行了水平沟、水平阶、鱼鳞坑坡面工程布设，发现相比荒坡，这3种工程分别减少了38.14%、34.60%和23.53%的地表径流量，其中鱼鳞坑还具有良好的保肥作用，其土壤的全磷、全氮及有机质含量比对照高43.36%、38.99%和23.23%。但是在应用这些治理工程的同时，还需保证其稳固度，减少侵蚀沟的产生与侧边泥沙的淤积（任文海，2012）。

2. 沟道防护工程

沟道防护工程是指在沟道建设一系列的拦沙坝和谷坊群，并在沟岸扩张和沟头溯源侵蚀严重的沟道辅以刺槐等植物措施，进行多层拦蓄，防止沟道下切，防治水土流失、减少入河入库泥沙的沟道防护系统。为了进一步巩固退耕还林还草和生态自然修复的成果，可结合沟道防护，将低效或无效的宽阔沟道中的劣质地加以培肥改造，提高肥力水平，开展农业生产，培育和增加目前日趋减少的宝贵耕地资源（林福兴等，2014）。

浙江省临安区桃源溪流域属山核桃种植区，农地长期受除草剂、杀虫剂污染，大量地表裸露，造成严重的土壤侵蚀和水土流失，树体倒伏状况频出，山核桃产量逐年减少，迫切需要治理。为拦截坡面及沟道上游泥沙，当地采取在沟道内设置谷坊和拦沙坝方式，形成流域内"上、中、下"层层拦截泥沙，减少坡面径流的水土流失防护体系，有效控制了水土流失的同时提高了山核桃的质量与产量。

3. 疏溪固堤工程

疏溪固堤工程是指在流域面积在10 km²以内、沟道比较开阔并且保护农田面积较大的小流域沟道上进行疏浚河道和沟道中的淤积物，提高防洪标准，减轻山洪灾害，稳定退耕还林还草成果的工程（Li et al.，2020）。

福建省长泰县湖珠溪流域河道狭窄，两岸分布有村庄和大面积农田，农田在雨季常被大水冲毁。为解决农田水土流失问题，当地积极开展生态水系建设，对河道进行清淤拓宽，生态护堤修复等，既告别了水患，又保持了土壤肥力，促进了地方农业经济的快速发展。

（二）生物措施

生物措施亦称林草措施，是利用乔、灌、草林下套种补植以及秸秆、树枝覆盖等手段提高林地地表覆盖，促进植物生长，从而达到减水减沙、提高土壤质量、恢复林地生态功能的目的，主要包括种植水土保持林、经济林果和套种绿肥等措施。

1. 种植水土保持林

植树造林是治理水土流失最有效的途径之一，植被的水土保持作用主要是通过林冠层对降水截留蓄积作用、枯枝落叶对雨水吸附和阻流作用以及植物根系提高土壤的抗冲性等几个方面实现的（Li et al.，2020）。

浙江兰溪市位于金衢盆地中的平缓低丘陵区，属典型的红壤，主要发生的侵蚀为蓄满径流侵蚀，水土保持林种类选择为幼杉。种植幼杉后，树木林冠层郁闭度明显升高，10～20 cm土层的储水能力也明显升高，在9月达到35 mm。这是因为根系在生长发育过程中的分泌物会促进土壤团粒结构的形成，进而增加了土壤水的储存库；同时，死亡的根系腐烂后所在空隙的存在，增加了土壤的毛管空隙度和非毛管空隙度，也增加了土壤的蓄水能力。且植树造林的水土保持效果会随着树龄的增加，进一步减小径流量、径流深度、悬移质、推移质、土壤侵蚀模数，提高土壤蓄水保肥能力。

福建省河田镇山地植被稀疏，表层土壤流失殆尽，整体侵蚀严重。在经过枫香、木荷与条沟乔灌草混种后，土壤地表径流减少了81.26%，产沙量降低了95%，这是由于灌草措施下，植被郁闭度和盖度高，能削弱降雨并改善土壤空隙状况，增强土壤对降雨的渗漏和通透性，减缓径流流速，使土壤颗粒不容易被降雨剥离（梁娟珠，2015）。

2. 种植经济林果

在坡度较缓、水源条件较好的退耕地上，结合当地经济发展规划发展经济林果，并结合鱼鳞坑、水平阶、果梯等整地方式，也可以有效控制水土流失。

浙江省经济林木种植栽培历史悠久，主要生态经济树种有杨梅、山核桃、山茱萸、香榧等，在发展经济的同时保护了生态环境。在城市化加快、土地资源开发局限及投资成本提高的情形下，在经济林下套种草本、灌木、小乔木以充分利用土地、空间资源，实行多层次的立体经营成了高效、经济的新发展模式。浙江省在山核桃林下套种豆科、禾本科等绿肥植物，如大巢菜、紫云英、紫穗槐等，使草本植物和山核桃形成生态位互补，且豆科草本还可通过固氮功能为山核桃提供氮素，并提高土壤的保水保肥能力，促进山核桃林的可持续发展（郭峰等，2018）。

3. 套种绿肥

绿肥作物根系发达、适应性强、生长迅速、耐涝、耐旱的特性，能改善土壤理化性状，促进作物生长，增加土壤微生物数量及多样性，改善土壤生态环境。利用绿肥作物覆盖新生土壤，可以有效减少裸露土地面积并大幅度减少水土流失，使环境的生态效益和农业的经济效益获得极大提高，促进农业的可持续发展。

浙江省常山县桃园果业基地为典型山地果园，降雨会在果树叶面形成较大雨滴，对没有遮盖的裸露地表产生击溅，导致表层土壤受到侵蚀，氮磷等养分大量流失，土壤肥力下降，水体恶化。在种植黑麦草、紫云英等绿肥作物后，果园土壤的植被覆盖度增加，有效降低了降水对土壤的侵蚀冲刷，减少了55.2%～56.4%的泥沙流失，且绿肥覆盖还会增加地表下渗水量，减少径流水量流失，使土壤水分渗透性及抗蚀性能增强，大大增强土壤保土保肥能力，保证了果实的产量与品质，因此在丘陵地区的果园套种绿肥是一种非常值得大力推广的模式。

福建省由于山地坡度较大，茶园多筑成梯形，茶园在封行之前，行间空隙地很大，地表大量裸露，在遇到暴雨时，极易发生水土流失，导致土壤有机质减少，肥力下降。对茶树矮小的幼龄茶园，可利用行间空隙地套种绿肥，实现"以园养地"。福建省安溪县铁观音茶园在套种马唐后，土壤性质明显改善，土壤水分蒸发减少，土壤含水率均值由12.65%升至34.02%，这是因为马唐根系细小，生长在浅土层，能够很好地保水固土，增加土壤的蓄水能力，减少茶园水土流失（潘荣艺等，2019）。

（三）封育措施

封育措施即封山育林，是指对具有天然下种或萌蘖能力的疏林、灌丛林地进行封禁，保护植物自然繁殖生长，并辅以人工促进手段，促使恢复形成森林或灌草植被；或是对低质、低效有林地、灌木林地进行封禁，并辅以人工经营改造措施，以提高林地质量（高智等，2014）。封育措施是我国南方红壤丘陵区退化人工次生林植被快速恢复和林下水土流失治理最有效、最经济、最科学的措施，短期封育可显著提高林下植被的盖度、物种多样性、生长状况及其水土保持效益；而长期封育则能够全面地改善退化马尾松生态系统的结构和功能，使林下水土流失问题从根本上得以解决。

福建省南安市丘陵区大面积的马尾松疏林地，经过近15年封禁封育等生态修复，植被覆盖度从30%～50%提高到91.4%～95.8%，林分水源涵养能力提高幅度达56.27%～76.86%，林地土壤结构得到改善，土壤肥力有了较大的提高，群落朝多样性、稳定性的顶级群落演替，林下水土流失得到控制（郭志民、黄传伟，2004）。

浙江省临安区在土地利用上以林地，尤其是山核桃林为主，常年对土地的不合理利用导致其水土流失严重、生态环境恶化。当地在采取封禁措施的同时，还根据林分内林隙的大小和分布特点采用了不同的补植方式。对于林隙面积较小且分布相对均匀的低效林进行均匀补植，形成人工林与天然林镶嵌分布的混交林型。对于林隙面积较大，分布不均匀的林分进行局部补植，形成原有林分与人工栽植呈岛状镶嵌分布的复合群落结构，以进一步加快植被恢复（高智等，2014）。

（四）生态措施

水土保持生态措施是将工程措施、农业耕作措施、生物措施合理组合配置的系统工程，其可将坡面水沙层层拦截，有效地保持水土资源。

浙江省常山县的常山港和大唐溪流域，地表物质组成主要是白垩系的红色砂砾岩、页岩及其风化产物的劣质土壤，不适宜进行农作物栽种，如果实行封禁政策，又与当地人多耕地少的形势不相配，面对这一实际情况，常山县采取了开发式人为辅助的生态修复模式，在侵蚀劣地上，通过整地、改良土壤、施肥、辅之以工程、套种绿肥等措施开发种植以常山胡柚和油茶为代表的经济林果，开发种植的各类经济果木林使森林覆盖率提高了近30%，水土流失得到有效控制。

二、丘陵区面源污染治理技术

针对农业面源污染问题，需要根据污染的不同来源，分为农田、畜禽养殖和农村生活污染3种类型进行分类治理。

（一）农田污染控制技术

农田面源污染控制技术的基本原理是以环保型肥料取代易流失的传统肥料，从肥料投入源头实现农田面源流失最小化，同时遵循氮磷及水土流失的发生机理与规律，实现农田面源污染截留最大化，达到农田面源污染控制的生态与经济的倍增效应。主要包括以下技术。

1. 生态化肥技术

有机肥资源主要分为畜禽粪尿、秸秆、绿肥、饼肥、菌渣等。我国东南地区畜禽养殖业发展迅速，粪污产生量大，且丘陵地带多种植水稻、小麦、玉米等，秸秆资源丰富，如果能合理利用这些农业有机废弃物，不仅可以减少化肥施用量，还能提升耕地土壤肥力、减轻环境污染，实现农产品增质提效。

东南丘陵农区在秸秆综合利用方面，已经逐步形成了秸秆肥料化-切碎还田、秸秆饲料化-畜禽养殖、秸秆基料化-食用菌栽培、秸秆净滤化-消纳生猪粪便等综合利用模式。其中将秸秆机械化切碎、深耕还田是秸秆资源化利用的最有效途径之一。稻麦秸秆通过农机完成小麦切割喂入、脱离清选、收集装箱等工序后，被连根翻入泥中，得以深耕还田。秸秆中由于含有大量的有机质、氮磷钾和微量元素，作为有机肥料还田可以补充和平衡土壤养分、改良土壤。

福建省尤溪县利用当地及周边地区畜禽养殖场的畜禽粪便和食用菌渣作为原料，建设配方有机肥生产装置，每年可生产配方生物有机肥22万t，既消除了畜禽养殖的废料污染，又助推了生态循环农业发展。

2. 化肥减量化技术

化肥减量化技术以适地养分管理法（SSNM）为主体，在综合考虑当地的气候条件、农作物品种的潜在产量、土壤固有养分供应能力和平衡养分供应等因素的基础上，适度降低肥料的某种成分比例，可在确保农作物高产的同时，节约成本并减少养分流失。

浙江省衢州市和金华市化肥施用强度高，其化肥经济过量施用率在50%以上，过量施用现象严重（刘文倩等，2018）。在浙江省金华市的田间试验表明，与农户传统施肥相比，SSNM法平均可减少32%氮肥用量，同时提高5%的水稻产量。浙江省安吉县茶园位于坡度较大的丘陵地区，土壤中的氮磷元素易在强降雨发生径流流失，将氮肥减施40%并配置合欢处理径流水，可减少近26%的总氮流失，能够在保持茶园土壤肥力水平的基础上，有效控制茶园水土和养分流失。

3. 水肥综合管理技术

水肥综合管理技术主要用于农业及果园中瓜菜等大田经济作物的栽培，尤其适用于丘陵地区。该技术原理为根据作物生长不同阶段对养分的需求，将适量肥料溶于水在灌溉过程中施用，从而准确地将肥料均匀施在根系附近，供植物根系直接吸收利用。该法常与滴灌、喷灌、渗灌等灌溉技术结合，可以节约灌溉用水和肥料用量，减少氮磷流失，实现水肥一体化管理，提高肥效（武淑霞等，2018）。

枣树耐旱、耐贫瘠，适应性强，分布范围广，在浙江地区多有种植，但是其在生产中存在生长慢、初期产量低、受益时间晚等问题，严重制约着种植规模的扩大和生产效益的发挥。通过采用了科学的水肥一体化肥水管理技术，在枣树生长各阶段相应施用高氮、高钾含腐植酸水溶肥及高钾水溶肥，发现与普通地栽相比，水肥一体化栽培模式下的枣树生长状况明显较快，树体生长势旺，主干周长平均值增幅为61%，主茎周长平均值增幅达148%，较普通地栽模式差异极显著，枣树的平均单株果实数也明显高于普通地栽，增产效果显著（孔海民等，2020）。

对福建省45个县（市）不同果园的施肥现状调查后发现，滴灌是水肥一体化最常用的出水方式，其既能节水省肥，又对肥料的水溶性要求较高，含杂质极少。在施肥量方面，在相同产量水平下，采用水肥一体化施肥可使施肥量减少10%～15%（孔庆波等，2021），提高了化肥利用率，实现了农业的稳产、高产和可持续发展。

（二）畜禽养殖废弃物污染控制技术

由于粮食饲料便宜，东南地区猪、鸭和鸡的养殖产业较为发达（Wang et al.，2021），其中产生的畜禽粪污是农业面源污染不可避免且必须解决的问题。畜禽粪便中含有丰富的有机质，经处理和加工后可转化为肥料、饲料、燃料等资源。对畜禽养殖业发达的东南地区而言，如果能有效利用粪污，不仅能解决畜禽养殖场环境污染问题，而且可以促进畜牧业可持续发展，带来显著的经济、社会和生态效益，实现农业生产的良性循环。

1. 固体废弃物肥料化

畜禽粪便的肥料化再利用模式主要有直接施用、栽培食用菌利用和堆肥后施用3种途径，其中堆肥是目前最为常用的肥料化方法。根据所采用的环境条件的不同，堆肥技术可分为好氧堆肥和厌氧堆肥。其中好氧堆肥发酵周期短，有机物分解彻底，无害化程度高（武淑霞等，2018），因此应用较广泛。

浙江省农业科学院在传统堆肥基础上，开发了蝇蛆生物脱水和生物转化处理畜禽养殖固体废弃物的新技术。研究发现，经蝇蛆处理后的新鲜畜禽粪含水率从75%左右下降至60%左右，可直接用于高温堆肥，生产的有机肥比市售普通有机肥的氮、磷、钾养分总量高出30%～50%，且含有大量小分子有机物质，提高了有机肥的肥效，更有利于促进作物生长。同时，采用该技术的堆肥周期比常规堆肥可缩短5 d以上（姚燕来等，2015），提高了堆肥效率，实现了资源的有效利用。

2. 固体废弃物饲料化

饲料化技术是指对畜禽粪便加以处理，将其转化成饲料应用。畜禽摄入体内营养的70%会随粪便排出体外，因此粪便中会含有大量的蛋白质、无机盐等营养成分，而饲料化技术是将畜禽粪便经过适当处理杀死病原菌后，利用剩余的各类营养成分（吴玉文，2021）。

与其他畜禽粪便相比，鸡粪的饲料化利用价值最高，这主要是由于鸡的消化道较短，饲料没有完全被消化吸收，使得鸡粪中营养成分更为丰富，加之鸡粪含水量低，在饲料化过程中利用相对容易（刘晨阳等，2022）。如可用鸡粪混合垫草直接饲喂奶牛，其效果与饲喂豆饼饲料相当。此方法简便易行，效益较好，但要做好卫生防疫工作，避免疫病的发生和传播。

通过使用白腐真菌处理鸡粪，可以有效降解畜禽粪便中的木质素和纤维素，把其中的非氮蛋白转化为优良的菌体蛋白，从而生产出高蛋白饲料，直接用于生猪喂养。该技术不仅解决了环境污染问题，还能将饲料成本降低了一半，得到了较好的经济效益。

3. 固体废弃物能源化

能源化技术是指将畜禽粪便转化成燃气、电力等能源。当前最为常用的是厌氧发酵法，该法是将畜禽粪便用厌氧微生物在无氧条件下进行发酵，生成沼气、沼渣和沼液。沼气可以用作燃气和发电，沼渣和沼液可用于农作物施肥。通过这种能源化技术，对畜禽粪便进行有效处理，可去除其中的寄生虫、病原微生物等，减少天然气、电力使用，增加养殖人员的附加收益（吴玉文，2021）。

有沼气工程在对猪粪进行厌氧发酵中，使用了太阳能收集器对河水进行加热，然后将热水放入蒸煮器中加热蒸煮器，以确保猪粪的快速和可持续发酵。运行结果显示，试验期间使用热水可将沼气产量提高2 540 m³，将猪粪的能量转化率提高14.3%。该生态工程使用清洁太阳能加速猪粪发酵，提高了能量转化率，并将产生沼气用于发电，缓解了能源危机，在我国东南农村地区具有良好的应用前景（Dong et al.，2013）。

4. 养殖废水处理技术

畜禽养殖废水排量大，有机物含量较高，且固体物体积较小，很难进行分离，加之冲洗时间相对集中，使得处理过程无法连续进行，是较难处理的有机废水。废水中的COD、BOD等指标严重超标，悬浮物量大，氮磷含量高且不易去除。目前对畜禽养殖废水主要的处理工艺有自然处理、厌氧处理、好氧处理等，一般需要使用多种处理方法相结合的工艺以达到排放要求。如浙江蓝天生态农业开发有限公司以综合利用为纽带的农业循环经济模式，浙江灯塔种猪有限公司的"猪—沼气—湿地—鱼塘"生态处理模式，浙江建德万秋养殖场的"猪—沼—果"生态利用模式等。

（三）农村生活污水处理技术

我国东南地区经济发展迅速，人口分布密集，根据统计公报，2021年浙江省和福建省的农村人口数分别达1 785.42万人和1 268.66万人，如何处理乡村生活污水成为目前美丽乡村建设中的重要一环。农村生活污水处理技术可分为管网截污、集中处理与分散处理。

管网截污模式主要是指在城镇污水处理厂的辅助下完成对农村生活污水的处理，其在实际使用的过程中不需要消耗更多的成本，不受农村房屋结构等因素的影响，使得污水处理更加便捷，实现对生活污水的高效处理。浙江省台州市椒江区近年来大力进行污水纳管工程建设，将农村生活污水统一纳进污水处理厂处理，实现了全区275个行政村截污纳管的全覆盖。福建省厦门市澳头自然村已全部实现"三根截污"，即将厨房、厕所和洗涤用水分成3个管道收集，厨房污水通过隔油池纳入污水管，雨水、污水管严格分离。污水经收集后通过提升泵站被抽至市政污水管网，最终汇入澳头污水处理厂集中处理。

集中处理模式是指在乡村建立单独的污水处理厂，该模式前期投入较大，但污水处理厂占地面积较小，安全可靠，适用于经济发达、人口稠密的地区。除此之外，还可以联合附近的乡村共同修建使用一个污水处理厂，这样既能够降低修建污水处理设施的成本，也能够提高污水处理的效率（叶辉，2022）。福建省云墩村对于人口分布密集的深洋和桥头片区即通过建设小型污水一体化设施，开展生活污水治理。当地还根据农业种植的用水需求进行了"黑灰水分离"，既发展了生态农业，又降低了农业面源污染。

分散处理模式是当前我国南方丘陵农村分散污水处理的最佳模式之一，这是由于南方丘陵地区气候温暖、人口众多，而农村居民居住分散，生活污水的产生和排放分散和无序，加之丘陵地形复杂，起伏较大，宜采取"分散收集、分散处理、就近排放"的方式对生活污水进行处理。分散处理技术主要包括厌氧或"厌氧+生态"处理（厌氧工艺如厌氧池，沼气池等），好氧或"好氧+生态"处理（好氧工艺如A/O、A²/O、微动力等），生物滤床，膜生物反应器及其耦合工艺及其他工艺（如生物转盘、土壤渗滤等。

1. 厌氧沼气池处理

厌氧沼气池将环境保护与经济效益相结合，是我国农村生活污水处理中应用最普遍的模式，尤其适用于南方各中小城镇（陈生东等，2021）。生活污水经厌氧处理后，部分有机物发酵产生沼气，作为浴室和家庭炊烧能源；而发酵后的污水可用作浇灌用水和观赏用水，实现了对资源的高效利用。沼气池工艺简单，成本与运行费用低，适用于农民家庭，该处理技术已在我国浙江等地得到了有效推广和使用。

2. 稳定塘处理

稳定塘是由若干自然或人工开挖的池塘组成，通过塘内的藻、菌、浮游水生物的综合作用达到净化污水的目的，按塘内溶解性有机碳含量和微生物优势群体可分为厌氧塘、兼性塘、好氧塘和曝气塘。其出水水质较好，与传统的二级生物处理技术相比，高效藻类塘塘深较浅，停留时间短，基建投资少，运行费用低，同时可最大限度地利用藻类产生的氧气，对BOD_5、NH_3-N、TP及病原体去除效率高（毛宇轩，2019）。对于土地资源相对丰富，但技术水平相对落后的农村地区来说，稳定塘是一种较具有推广价值的污水处理技术，尤其在水资源相对丰富、气候条件较温暖的南方地区，该技术是污水资源化利用的有效方法，成为我国着力推广的一项技术。

3. 人工湿地处理

人工湿地是一种由基质、植物和微生物组成的，通过强化自然过程来移除污水中污染物的工程生态系统，具有氮磷去除能力强、投资低、处理效果好、操作简单、维护和运行费用低等优点（Deng et al.，2020）。表面可根据净化要求种植漂浮植物、挺水植物、沉水植物、草滤带等（Kataki et al.，2021）。农村生活污水处理中的人工湿地通常搭配厌氧技术使用，"厌氧+人工湿地"技术保留了常规地下渗滤技术，具有环境和景观效果好、运行和管理费用低、维护简便等优点，同时增强了其脱氮除磷效果和气候（低温）适应性（刘娟等，2018），是一项效果好且可持续的农村生活污水处理新技术。

浙江省安吉县早期建设的污水处理工程以厌氧-潜流型人工湿地工程为主，监测发现该系统对生活污水处理效果良好，对COD_{Cr}的去除率可达63.91%～88.98%，出水COD_{Cr}平均浓度低于60 mg/L；对总磷的去除率为60.93%～95.91%；对总氮的去除率为31.08%～71.39%。同时发现进水面积负荷对出水污染浓度影响较大，尤其是对氨氮和总氮，因此在工程设计中应充分考虑污染物的面积负荷（沈琴琴等，2016）。

（四）化肥使用定额制减量技术

农业面源污染是当前中国水环境污染的最大污染源，化肥的大量施用是中国农业面源污染的主要诱因之一。

为了实现农作物种植的高产高收，保证农作物产品的绿色健康，过去单靠化肥进行农作物增产不仅增产的效果在慢慢降低，并且还给周围的自然生态带来了严重的污染。而化肥减量控害技术，即综合防治技术手段并进行水肥一体化和化肥减量技术的推广应用，在实现了农作物种植高产高收的同时大大降低了化肥的用量，促进了农作物种植业的绿色环保发展（Xin，2022）。

1. 化肥使用定额制技术

化肥使用定额制技术是指根据耕地地力、作物需肥规律、目标产量、产品品质、生态环境等因素，实施主要作物化肥投入控制在最高用量标准之内的制度，减少不合理化肥用量，促进化肥减量增效和农业绿色高质量发展。

近年来，化肥过量施用的负面影响已引起社会的广泛关注，浙江省总结测土配方施肥、有机肥替代化肥、水肥一体化等技术、实现化肥用量六连降的经验和做法，组织开展免费测土配方服务行动，建立"一户一业一方"施肥模式；并根据耕地地力、需肥规律、目标产量、种植效益等多重因素，率先研究制定了农作物化肥使用的最高限量标准，开展化肥定额制试点。客观剖析了实施化肥定额制的可行性、实施路径，提出了构建促进化肥定额制实施的政策体系、技术体系、工作体系和保障体系的对策建议，为全国化肥减量增效提供了"浙江方案"。

化肥是重要的农业生产资料，在促进粮食增产和农民增收中发挥着不可替代的作用，但化肥的用量并非越多越好，当产量出现峰值后继续提高化肥用量，作物增产效果微乎其微，甚至出现减产、绝产现象。此外，过量施肥不仅增加了农民种粮成本，而且易引发土壤酸化、次生盐渍化、土壤板结、养分失衡等问题，导致耕地质量逐步退化。为应对过量不合理施肥引起的一系列负面影响，自2013年实施化肥减量增效行动以来，浙江省化肥用量连续6年实现负增长，2018年全省化肥施用强度降低至近10年历史最低，化肥减量空间不断压缩，但对标发达国家施肥水平，对表国家对农业绿色发展先行区的考核要求，如何突破化肥减量瓶颈、持续推进化肥减施成为亟待解决的难题。

2. 化肥定额制的实施路径

（1）制定化肥定额制的标准体系。依托测土配方施肥技术成果，围绕主导产业生产情况，综合耕地地力、需肥规律、目标产量、种植效益等多重因素，遵循粮油作物"减氮、控磷、稳钾"、经济作物"减氮、减磷、控钾"总体施肥要求，制定了《主要农作物化肥定额制施用最高限量标准》，研究发布水稻、葡萄、茶叶、小麦、油菜等作物定额制施肥技术指南。各地结合实际，制定当地主要农作物化肥施用的最高限量标准。如黄岩早稻、连作晚稻、单季稻的氮肥限量指标与省定限量标准相比，每亩分别下降了3 kg、4 kg和3 kg。

（2）集成化肥定额制的技术措施。一是调整施肥结构。扭转重化肥、轻有机肥的施肥现状，推广秸秆还田、种植绿肥、增施商品有机肥等有机肥替代部分化肥技术；二是推广高效新型肥料。充分发挥配方肥、缓控释肥、有机无机复混肥、脲铵、水溶肥等新型肥料高效化、长效化、多元化的优势特点，鼓励和引导农户用"用量小"新型肥料替代"用量大"的传统化肥；三是转变施肥方式。大力发展机械深施、侧深施肥、水肥一体等高效施肥方式，逐步淘汰浅施、撒施、表施等落后施肥技术，提高肥效；四是加强养分周年运筹管理。大力推广菜-稻轮作、果（茶）-绿肥、稻-鱼（虾、鳖）等种养模式，统筹农田土壤周年养分管理，减少化肥用量，确保化肥投入定额制工作有效落地。

（3）探索化肥定额制的实施路径。将化肥投入定额制纳入化肥减量增效、果菜茶有机肥替代化肥、有机肥推广等项目实施的重要内容，探索建立"政策引导、实名购买、定向补贴、精准施肥、绩效管理"于一体的化肥定额制实施路径。如黄岩区建立了全域全产业推进定额制试点方案，全面实施化肥定额制；浙江富阳、平湖、天台等县采取"测土配方、招标供应、实名购买、定向补贴"的"测供施"模式。2018年起，浙江省全省组织开展规模主体免费测土配方服务行动，将规模主体土壤质量信息、种植结构、化肥限量标准、施肥建议等纳入信息化管理，研发智慧施肥决策系统和智慧施肥APP，主体可随时查询土壤质量信息和专家的施肥建议，实现精准测土、科学配方、减量施肥，推广"一户一业一方"精准施肥模式。目前浙江省已对2.3万个规模主体开展免费测土配方服务，诸暨等50余县（市、区）推广智慧施肥系统，为化肥定额制实施提供了坚实基础。

（4）建立化肥定额制的管理平台。依托浙江省农资监管与信息化平台，或农产品质量安全追溯平台，整合主体信息、土壤类型、种植面积、作物种类、化肥定额标准、化肥购买、使用等信息，实现化肥定额制的信息化管理。依托产业、农资经营等行业协会，推动生产、经营主体签订化肥定额制承诺书，建立施肥档案，落实实名购肥、限量施肥。如黄岩区全面建成生产主体信息库，主体通过"刷卡"或"扫码"等方式购买化肥时，以价格折扣形式直接补贴农户，实现化肥定额销售监管。平湖落实生产主体定额施用化肥承诺制，实施主体签订承诺书，对违反定额施用承诺的主体取消其政策资金补助资格。

化肥定额制是科学施肥理念、化肥使用制度的重大改革，是运用测土配方新成果、建立化肥减量与生态补偿机制、推动绿色农业高水平发展的技术创新、制度创新和机制创新，将有利于实施"藏粮于地、藏粮于技"战略、有效保护耕地质量、促进农业高质量发展。化肥定额制试点先行、强化技术研究、总结实施模式和经验，形成推进化肥定额制的技术方案、实施路径、保障机制，为全国化肥减量增效工作提供"浙江方案"（虞轶俊等，2019）。

第四节　丘陵区面源污染治理模式

一、雷竹

（一）雷竹基本特性与种植管理

雷竹，又名早竹、早圆竹，为禾本科刚竹属植物，一般出笋时间为早春打雷时，故得名雷竹。雷竹原产地为浙江省，之后逐渐引种至安徽省、广东省、江西省等地栽培。雷竹的笋味道鲜美，营养价值高，出笋时间早，持续时间长，产量高，栽植成本低，不会出现明显的大小年现象。

雷竹竿平均高度在10 m左右，直径为4~6 cm，幼竿的颜色为深绿，表面无毛，密集分布着一层白粉，老竿的颜色稍转浅，变为绿色、黄绿色等；雷竹节的颜色为暗紫，中部的节间长度达14~25 cm，节稍微向中部变细，有时可见到不明显的纵条纹（黄色）；竿壁的厚度在3 mm左右。

雷竹的地下茎为单轴散生型，栽植时间不受季节的限制，其中以秋、冬季栽植效果最佳。母株栽植后的第二年即会有新笋长出。

雷竹笋的长度平均在40 cm左右，单个笋重约250 g，壳薄，笋肉细嫩、厚实，可食用的部分超过80%。雷竹栽植后，一般第二年即可长出新笋，控制新竹密度在1 500株/hm²左右，鲜笋产量可达到1 200 kg/hm²以上；到第四年，新竹密度控制在2 250株/hm²左右，鲜笋的产量超过22.5 t/hm²以上，经济效益明显（杨红芳，2019）。

（二）雷竹种植地的氮磷流失

在雷竹生产过程中通常施用大量的化肥和冬季地表增温覆盖，这导致雷竹林土壤pH值降低，土壤有机质、总氮、碱解氮、总磷、速效磷和速效钾在土壤中大量积累。土壤中积累的氮磷等养分易随降水径流进入地表水体造成水体富营养化。

雷竹栽培区水体中总氮含量已远远高于地表水环境质量V类标准中总氮含量，属于劣V类（姜培坤等，2000）。陈闻等（2011）研究结果表明，常规施肥雷竹林全年氮磷渗漏流失负荷分别可达149.20 kg/hm²和5.13 kg/hm²。因此，集约经营雷竹林已经成为一个重要的农业面源污染源。有效地控制集约经营雷竹林氮、磷流失对于雷竹产区环境和雷竹可持续发展是至关重要的。

（三）雷竹种植地的面源污染治理模式

1. 雷竹林—水稻田源汇组合对雷竹林氮磷流失的阻控

集约经营雷竹林全年化肥施用量非常大，单施化肥的全年用量达到3.0~4.5 t/hm²，而化肥和有机肥配施的全年用量分别为1.0～2.0 t/hm²和80～100 t/hm²（许开平等，2011），氮肥用量是国际农田限量标准的3倍以上（李荣斌，2015）。氮磷等养分在雷竹林土壤中大量积累，集约经营雷竹林已成为新的农业面源污染源。利用雷竹林—水稻田源汇组合阻控雷竹林氮磷流失，一方面可以减少雷竹林氮磷等养分流失造成的水污染，另一方面可以提高氮磷等养分的利用率。

2. 减量施肥对雷竹林氮磷径流流失的削减作用

减量施肥措施可以有效地降低雷竹林径流水中氮磷的含量。在土壤氮磷盈余量高的雷竹林中，减量施肥措施在短期内并不会减少农民的经济效益，另外还可以大量减少生产中氮磷的投入，有利于降低雷竹林径流中各形态氮磷含量。减量施肥作为一种源头控制措施，可以有效地减少农业面源污染氮磷流失。

3. 灌木缓冲带对雷竹林径流水中氮磷的生态拦截作用

植被缓冲带现被公认为是一种减少氮、磷等养分从农业用地流向地表水体的过程控制措施。已有大量的研究证明了植被缓冲带对减少农业面源污染氮磷流失的效果。然而植被缓冲带对氮、磷流失量的拦截效果从负数到100%不等，这主要与当地的气候特点、土壤、植被缓冲带的坡度、宽度和植被类型等有关。灌木缓冲带作为过程控制措施，可以有效地减少集约经营雷竹林氮磷径流流失。灌木缓冲带可以在东南丘陵区进行推广，以期减少丘陵区农业面源污染氮磷流失（李荣斌，2015）。

（四）雷竹林农业面源污染防控技术模式示范

2012—2014年在临安区太湖源镇开展了减量施肥技术、减量有机无机肥配施技术、麦麸皮/砻糠覆盖试验示范。2013年，减量施肥处理中氮磷钾均减量40%，其磷素流失比常规施肥减少了29%。减量有机无机处理减少磷流失17%。减量施肥作为源头控制技术，对减少集约化雷竹林磷素径流损失也是十分有效的；减量并且有机无机比例合理，也是减少集约化雷竹林磷素径流损失的有效措施。

源头控制和灌木缓冲带削减雷竹林氮磷和重金属流失及其生态拦截技术。2012年5月施肥以后，竹林地在持续的降雨淋洗作用下，土壤氮素大量渗漏淋失，不同施肥处理土壤下渗水中氮浓度随时间呈下降趋势，到8月30日降到最低值。当9月7日进行第二次施肥之后，渗漏水中的氮浓度又有所回升。常规施肥中的氮的浓度一直是最高的，减量有机肥处理渗漏水中氮浓度相对其他处理来看，总体是最低的。氮素的淋失浓度与其形态有关，主要以硝态氮的形式淋失。2013年，渗漏水中氮的浓度相对变化平稳。第二次施肥之后，渗漏水中的氮浓度又有所回升，常规施肥中氮的浓度一直是较高的。氮素的流失浓度大，这与其流失的形态有关，氮素主要以硝态氮的形式流失，特别是有机肥在土壤中矿化以后，在暴雨的冲刷下，下渗到地下装置中。

总体而言，减量施肥明显降低了氮的渗漏量，减量无机分别比常规施肥减少19%～48%、减量有机分别比常规施肥减少42%～44%、减量有机无机分别比常规施肥减少36%～52%。可见，减量施肥作为源头控制技术，是减少集约化雷竹林氮素渗漏损失的有效措施。

由雷竹林化肥减量和覆盖耦合、雷竹林有机无机优化施肥、稻田消纳雷竹林径流氮磷、水稻化肥减量、水稻高效双低农药精准防治、灌木缓冲带生态拦截等关键技术、技术模式及其集成组成的东南丘陵雷竹-单季稻生态类型区面源污染综合防控技术体系。该技术体系由临安农业局负责推广示范，分别在临安区太湖源镇和板桥镇建立了核心示范区累计50.1 hm²，技术示范区累计414.3 hm²，技术辐射区累计4 031.1 hm²，3区累计4 495.5 hm²。经统计，3年累计减少使用化学氮肥（纯氮）886.01 t，化学磷肥（P₂O₅）335.55 t，折合化肥投入成本777.42万元，448.1 hm²水稻节约化学农药用量和工本费13.68万元。同时竹笋和水稻产量持平或略有增产，水稻氮肥利用率提高了4.4%，畜禽养殖废弃物资源化利用达85%。同时减少氮素径流和渗漏损失407.1 t，减少磷素径流和渗漏损失50.35 t，448.1 hm²水稻减少农药有效成分使用量137.28 kg。氮磷流失和农药使用量的减少对改善临安区的水环境质量起到了重要作用。

二、茶叶

（一）茶叶基本特征与种植管理

茶树是多年生常绿木本植物，是一年种植多次采收的芽用经济作物，以采收幼嫩的新梢、嫩叶、嫩梢为目标。茶叶是世界三大饮品之一，据统计，全世界约有60个国家和地区生产茶叶。2013年我国茶园面积达258万hm²，广泛分布于全国17个省（区、市）。据国际茶叶委员会和联合国粮农组织统计，2014年世界茶叶种植面积为437万hm²，茶叶年产量达517万t，其中我国茶叶种植面积为265万hm²，茶叶种植面积占世界茶叶总面积的60.6%，产量超过世界总产的40%，均居世界第一位。根据国家茶叶产业技术体系资料，2015年我国茶园面积扩展到287.7万hm²，茶叶总产量增至227.8万t，全国20个省（区、市）900多个县，拥有逾7万家茶叶生产加工企业，涉茶人员高达8 000万人以上，茶叶综合产值达3 078亿元。茶叶也是我国重要的出口创汇农产品，2012年我国茶叶出口量为31.35万t，居世界第二位。总体上，中国是世界茶叶的发源地，也是世界上最大的茶叶生产国、消费国和出口国，茶叶面积世界第一、茶叶产量世界第一，我国茶叶产销量约占世界总量的38%，是名副其实的世界第一茶叶大国。因此，茶叶生产在我国占有极为重要的地位，发展茶叶生产对农民增收和农村经济发展具有重要的作用。浙江省茶园面积、茶叶产量保持稳定，但茶叶单位产值、出口量和出口额等都一直领先全国（罗列万等，2021）。浙江省茶园施肥存在的主要问题有：①部分茶园肥料用量大，大幅度超过茶树需求；②茶园养分施用比例不合理，配方肥用量不足；③茶园肥料以化肥为主，有机肥使用率低；④茶园土壤酸化严重，改土措施不足；⑤茶园施肥方法落后，缺少高效施用技术与装备（马立锋等，2019）。

茶树生长发育过程中，树体吸收了40余种营养元素，主要来自空气、水和土壤。茶树营养有四大特点，即喜铵性、嫌钙性、聚铝性和低氯性，在养分吸收利用方面表现有明显的持续性、阶段性和季节性。除碳、氢、氧外，茶树吸收最多的则是氮、磷、钾3种大量营养元素。幼年茶树施肥时钾素和磷素的比重往往要高于氮素，随着茶树的生长，需要加大氮肥用量，氮、磷、钾配合施用。生产绿茶的茶园需适当提高氮素施用比例，生产红茶的茶园则要适当提高磷、钾等营养元素的比例。总之，茶树对氮素吸收最多、磷最少、钾介于两者之间，不同地区、不同品种和不同生长阶段茶树，对氮、磷、钾的吸收比例存在差异（瞿征兵、李录久，2017）。

（二）茶叶种植地的氮磷流失

为追求茶园高产许多茶农采取频繁施肥、大量施肥等措施。肥料的过量施用直接导致茶园土壤pH值降低、土壤质量恶化。丘陵坡地土壤土层较薄、抗蚀能力差，再加上茶园施肥强度大，独特的耕作制度会引起植被盖度和土壤理化性质的变化（茶园施肥多为深施或埋施，茶园的定期翻土会增加根系透气性，导致土壤松散，水分易沿土壤空隙下渗），叠加东部季风气候区降雨分布后，对坡地氮磷输出产生复杂影响。降水是显著影响坡地茶园径流氮磷养分流失的重要因素，茶园径流中氨氮、硝态氮浓度均在6月达到峰值，是因为6—7月正值浙江区域梅雨季节，此时期降雨相对集中，具有雨水多且降雨强度大、持续时间长、土壤水分饱和的特点。化肥施入茶园后能迅速水解，茶园土壤中水解出来的氨氮随降雨冲刷到径流中，导致径流中氨氮浓度增加（陈开放，2020）。氮、磷肥的大量施用会增加土壤气态氮（NO、N_2O等）的排放。

（三）茶叶种植地的面源污染治理模式

1. 茶树测土配方施肥技术

测土配方施肥是一种科学的施肥技术，既能实现增产增效又可提高土壤肥力。研究人员分析福建省安溪县历年茶树测土配方施肥试验结果后，建立了该县县域茶园土壤碱解氮、速效磷和速效钾等养分的丰缺指标，为茶树合理施用氮磷钾化肥提供了初步的技术参考。根据福建省尤溪县台溪乡茶叶生产实际情况，推广茶叶配方施肥技术后，取得了明显的经济效益、社会效益和生态效益。

2. 施加生物质炭减少茶园地表径流氮磷流失

生物质炭因其丰富的孔隙度和较大的比表面积而具有较强的吸附性，在茶园中输入生物质炭可以显著减少产流量。生物质炭将土壤中含氮磷的有机物紧密地吸附在生物质炭上，延缓茶园土壤氮磷养分的释放，降低茶园径流中氮磷养分浓度。

3. 科学施肥

控制氮、磷流失的首要措施是合理施肥。氮肥超量施用的问题在我国许多地区普遍存在，适量的氮肥及合理的氮、磷、钾肥比例会提高化肥的利用率，有效控制由于淋溶和径流产生的养分损失。根据不同的土壤条件、作物种类确定合理的施肥量，将氮肥用量控制在一定的范围之内，同时增加其他养分的投入，使化肥的施用取得平衡。增施有机肥料，以促进土壤大团聚体含量增加，提高茶园土壤的保肥和供肥能力。茶树专用控释肥处理能提高茶树光合速率和百芽重，以及茶树新梢中氮、磷、钾矿质元素的含量，明显提高氨基酸含量，降低酚氨比，从而提升茶品质。

4. 生态覆盖措施减少茶园地表径流氮磷流失

种植植物能减少养分流失、控制面源污染、有效阻止侵蚀泥沙的向下搬运，对粒径较大的颗粒的流失控制效果更明显。覆盖不仅能保持水土，改善土壤结构，增加土壤有机质及阳离子含量，还通过降低雨滴能量、避免雨滴直接打击土壤，减少土壤颗粒的分离，从而减少径流和土壤侵蚀等。

三、山核桃

（一）山核桃基本特征与种植管理

山核桃为世界四大干果之一，属于天然纯野生干果类，是中国干果中品质最好、营养价值最高的种类之一，在我国乃至世界均享有很高的知名度。其仅分布在北纬29°～31°、东经118°～120°之间的天目山区。经过多年来对山核桃的不断研究，目前人们对其生物学特性已有了较为深入的认识，主要集中在对山核桃的生长环境因子、生长周期、土壤肥力等方面进行研究。山核桃较耐寒也耐阴，年平均气温为15 ℃左右，海拔500～700 m，年降水量1 400 mm的阴坡山地最适宜其生长。山核桃的生长发育周期可以总结为：每年3月下旬至4月初体内树液开始流动，4月上中旬不断展叶，此后10 d左右生长旺盛，4月下旬至5月上中旬开花，5月上中旬为核果生长期，8月上旬为果肉及油脂的生长期，9月上中旬果实成熟。山核桃喜阴耐寒，高温和干旱对其生长影响很大，其中干旱、台风等异常气候对山核桃当年产量的影响最大。此外，土壤肥力对山核桃生长发育也有重要影响，在山核桃主要分布区域，母岩多为石灰岩，对山核桃的生长发育最适合。其高产林多分布在坡向为阴坡和半阴坡的中、下坡，但较高海拔地区以阳坡为主（戴胜利，2015）。

（二）山核桃种植地的氮磷流失

长期以来，林农为增加产量减少虫害，大量施肥和喷施灭蝇胺、啶虫联等杀虫剂，同时为了方便采摘，使用克无踪等除草剂。山核桃林地的这种不合理经营管理导致严重的土壤侵蚀和水土流失。同时，山核桃林生长在坡地上，汇流、径流流速较快，不利于泥沙的沉积。农业非点源污染中的降雨径流是造成受纳水体水质恶化的主要原因之一，而不同形态存在的氮磷是农业径流中的重要污染物（王莺等，2018）。

山核桃林地有较高的位能和水流动能，加上地形破碎、坡度陡、植被少，为水土流失的发生提供了地形条件，一有降水便会形成径流，无论大雨或小雨在坡度作用下，土壤的侵蚀流失都会很大。岩石裸露，土壤有机质含量低，土壤氮磷有很强的流失风险。受季风、地形坡陡及地形走向的影响，60%以上的降雨量发生于汛期，使得流域内暴雨集中、强度大、历时短、入渗有限、地表径流量较大，此种径流称为"强化径流"。此外，山核桃林地植被覆盖率小，森林封闭度低，使枝叶截流及根系固土保水能力减退、土壤生产力低下、水土流失严重。

（三）山核桃种植地的面源污染治理模式

1. 植物篱技术

降水量是引起土壤养分流失的重要因素，植物篱技术作为一种农业面源污染的源头控制技术，植物篱植被选择较难，虽然目前国内外已经有一些成功的模式可供参考，如在浙江省兰溪市金华衢州盆地，选择百喜草、黄花菜作为植物篱，具有明显的水土保持效应。但由于区域的土壤、气候、地形等环境因素不同，所选的植被也不同，因而需要针对不同区域，研究适合其地域特点的植物篱种植模式。

2. 测土配方施肥

山核桃为落叶树种，其春梢生长和花器发育从4月开始。期间，新叶和新梢的生长、开花以及果实的发育同时进行，生长速度快，6月开始为幼果膨大期，此期因营养生长和生殖生长同步旺盛进行，常需消耗大量的养分。随着幼果的不断膨大、果肉的增加，果实需要更多的营养元素，因而叶片与果实之间源库关系明显，由于叶片营养元素向果实输出，即使土壤养分供应充足，叶片营养元素含量水平也会有明显的下降。山核桃林地肥料试验结果表明，从5月开始，经开花，直到果实成熟及收获，山核桃叶片中氮、磷、钾含量均呈递减趋势，特别是从开花到坐果，叶片养分水平会显著下降。因此，山核桃树生长过程对营养元素的需求具有阶段性和动态变化规律，必须按照山核桃树的需肥规律，同时结合立地条件、山核桃生物学特性、土壤肥力状况和实用经济原则，进行科学施肥（邬奇峰等，2017）。

主要参考文献

陈开放，2020. 不同降雨和施肥条件下茶园坡地地表径流和壤中流氮磷流失通量研究[D]. 郑州：郑州大学.

陈生东，盛昊，戴斌，2021. 厌氧消化技术在农村生活污水处理中的运用[J]. 南方农业，15（5）：204-205.

陈闻，吴家森，姜培坤，等，2011. 不同施肥对雷竹林土壤肥力及肥料利用率的影响[J]. 土壤学报，48（5）：1021-1028.

戴胜利，2015. 山核桃生物学特性及其主要病虫害防治研究进展[J]. 现代农业科技（9）：125-126.

邓龙洲，2021. 侵蚀性风化花岗岩坡地土壤侵蚀及养分流失机理模拟研究[D]. 杭州：浙江大学.

董作珍，2015. 水稻氮磷钾肥料长期施用效应研究[D]. 杭州：浙江大学.

高智，刘志强，李援农，2014. 浙江临安市水土流失现状及生态修复对策[J]. 水土保持研究，21（5）：327-331.

郭峰，李钢，王惠丽，等，2018. 浙江省两种典型落叶经济林生态恢复技术[J]. 浙江水利科技，46（1）：8-11.

郭志民，黄传伟，2004. 闽东南沿海丘陵区小流域生态修复效果[J]. 中国水土保持科学，2（3）：103-105.

姜培坤，俞益武，金爱武，等，2000. 丰产雷竹林地土壤养分分析[J]. 竹子研究汇刊（4）：50-53.

孔海民，石庆胜，任海英，等，2020. 浙北地区鲜食枣限根栽培水肥一体化管理技术[J]. 中国农技推广，36（10）：65-66.

孔庆波，张青，栗方亮，2021. 福建省果园水肥一体化配置和使用现状调查[J]. 中国果树（3）：85-90.

匡云波，蔡丽婷，叶智文，等，2018. 食用菌栽培原料及其废料中营养成分分析比较[J]. 食用菌，40（1）：38-40.

李荣斌，2015. 集约经营雷竹林氮磷流失防控技术研究[D]. 杭州：浙江大学.

梁娟珠，2015. 南方红壤区不同植被措施坡面的水土流失特征[J]. 水土保持研究，22（4）：95-99.

梁伟，2015. 基于GIS技术的福建省耕地粮食生产主要限制因素评价[D]. 福州：福建农林大学.

林福兴，黄东风，林敬兰，等，2014. 南方红壤区水土流失现状及防控技术探讨[J]. 科技创新导报，11（12）：227-230.

刘晨阳，马广旭，刘春，等，2022. 畜禽粪便资源化利用研究综述与对策建议——基于供给与需求二维度视角[J]. 黑龙江畜牧兽医，3（2）：13-17，25.

刘娟，谢雪东，张洋，等，2018. 不同基质厌氧折流-垂直流人工湿地（ABR-VFW）对农村生活污水的处理效果[J]. 农业环境科学学报，37（8）：1758-1766.

刘文倩，费喜敏，王成军，2018. 化肥经济过量施用行为的影响因素研究[J]. 生态与农村环境学报，34（8）：726-732.

陆若辉，虞轶俊，吴春燕，等，2020. 浙江省主要作物的化肥施用现状与减施潜力估算[J]. 浙江农业科学，61（4）：757-760，775.

罗列万，冯海强，胡双，2021. 浙江省茶产业"十三五"回顾与"十四五"展望[J]. 中国茶叶加工（1）：6-12.

马立锋，倪康，伊晓云，等，2019. 浙江茶园化肥减施增效技术模式及示范应用效果[J]. 中国茶叶，41（10）：40-43.

毛宇轩，2019. 人工强化生态塘系统处理农村生活污水的研究[D]. 温州：温州大学.

潘荣艺，户杉杉，陈志鹏，等，2019. 马唐与铁观音茶树复合生长系统的生态效应研究[J]. 现代农业研究（3）：55-62.

瞿征兵，李录久，2017. 茶树营养特性与施肥技术研究进展[J]. 现代农业科技（15）：19-20.

任文海，2012. 花岗岩红壤坡面工程措施的水土保护效应研究[D]. 武汉：华中农业大学.

沈琴琴，宋颖，钟永梅，等，2016. 厌氧-潜流型人工湿地处理农村生活污水工程实例效果分析[J]. 浙江农业科学，57（7）：1100-1104，1111.

王莺，陆荣杰，吴家森，等，2018. 山核桃林闭合区内径流氮磷流失特征[J]. 浙江农林大学学报，35（5）：802-809.

汪玉磊，汪洁，单英杰，等，2017. 基于耕地因素分解的浙江省粮食生产变化研究[J]. 浙江农业学报，29（10）：1605-1610.

邬奇峰，章秀梅，阮弋飞，等，2017. 临安市山核桃林地土壤肥力特征及其施肥对策[J]. 浙江农业科学，58（7）：1132-1135.

吴玉文，2021. 畜禽粪便资源化利用技术的现状及展望[J]. 畜牧兽医科技信息（10）：24.

武淑霞，刘宏斌，刘申，等，2018. 农业面源污染现状及防控技术[J]. 中国工程科学，20（5）：23-30.

徐天予，2017. 安吉县域农业面源污染分区分类控制方案[D]. 杭州：浙江大学.

许开平，吕军，吴家森，等，2011. 不同施肥雷竹林氮磷径流流失比较研究[J]. 水土保持学报，25（3）：31-34.

杨飞，杨世琦，诸云强，等，2013. 中国近30年畜禽养殖量及其耕地氮污染负荷分析[J]. 农业工程学报（5）：1-11.

杨红芳，2019. 雷竹特征特性及笋用林经营技术[J]. 现代农业科技（11）：143-144.

杨军，李建琴，2020. 福建省农业经济增长、农业结构与面源污染关系研究[J]. 中国生态农业学报，28（8）：1277-1284.

姚燕来，薛智勇，王卫平，等，2015. 浙江省规模化畜禽养殖固体废弃物资源化利用途径的探讨[J]. 浙江农业科学，56（1）：23-26.

叶辉，2022. 农村生活污水处理的现状与技术应用研究[J]. 产业创新研究（12）：68-70.

虞轶俊，陈红金，陆若辉，等，2019. 浙江省化肥定额制实施路径与对策研究[J]. 中国农技推广，35（11）：3-6.

朱靖雄，钟佳莲，林祚贵，等，2022. 福建畜禽养殖废弃物资源化利用现状及特色分析[J]. 中国畜牧业（11）：67-69.

DENG S H, XIE B H, KONG Q, et al., 2020. An oxic/anoxic-integrated and Fe/C micro-electrolysis-mediated vertical constructed wetland for decentralized low-carbon greywater treatment [J]. Bioresource Technology, 315: 123802.

DONG F, LU J, 2013. Using solar energy to enhance biogas production from livestock residue – a case study of the Tongren biogas engineering pig farm in South China [J]. Energy, 57: 759-765.

KATAKI S, CHATTERJEE S, VAIRALE M G, et al., 2021. Constructed wetland, an eco-technology for wastewater treatment: A review on various aspects of microbial fuel cell integration, low temperature strategies and life cycle impact of the technology [J]. Journal of Environmental Management, 283: 111986.

LI Z W, NING K, CHEN J, et al., 2020. Soil and water conservation effects driven by the implementation of ecological restoration projects: evidence from the red soil hilly region of China in the last three decades [J]. Journal of Cleaner Production, 260: 121109.

WANG Y Z, ZHANG Y L, LI J X, et al., 2021. Biogas energy generated from livestock manure in China: current situation and future trends[J]. Journal of Environmental Management, 297（1）: 113324.

XIN L J, 2022. Chemical fertilizer rate, use efficiency and reduction of cereal crops in China, 1998–2018 [J]. Journal of Geographical Sciences, 32（1）: 65-78.

ZHU P Y, 2011. Eco-economic constructions of agricultural region: a case study on Fujian province, China [J]. Energy Procedia, 5: 1768-1773.

第十一章

华南集约化农区

第一节　区域农业生产现状与面源污染特征

一、区域农业生产现状

（一）种植业

华南地区是我国七大地理分区之一，位于中国南部，地处18°1′~26°24′N, 104°26′~117°15E′E。主要包括广东省、广西壮族自治区、海南省等行政区，广东省、广西壮族自治区大部分地区和海南省全境位于北回归线以南，气候分区包括亚热带、热带季风气候及热带季风海洋性气候，年日照时数1 169~2 600 h，年降水量1 080~2 760 mm，热量丰富，降水丰沛，水热同季，除广东、广西北部小部分地区偶有霜冻外，该地区基本全年无霜，宜于喜温作物生长，是我国重要的粮食及热带经济作物生产基地。华南地区总国土面积45.2万km²，占全国的4.70%，其中山地丘陵占56.3%，岗台平原占41.0%，水域及其他占2.67%。2019年耕地面积合计569.6万hm²，占华南地区总面积的12.6%，占全国耕地面积的4.45%，其中55.4%为水田和水浇地，44.6%为旱地。园地面积合计421.3万hm²，占华南地区土地面积的9.30%，占全国园地面积20.9%。人均耕地面积0.03 hm²，低于全国人均耕地面积水平（0.1 hm²），耕地资源总量少，主要分布于沿海、沿江的河流冲积平原，溶蚀与山前冲积平原等，受地形切割影响较大，集中连片耕地面积小，人地矛盾突出。

由于华南地区水热资源丰富，在耕地资源紧缺的条件下，依靠多熟种植，依然是我国重要的稻谷和蔬菜瓜果生产基地。2020年地区农作物总播种面积1 123.6万hm²，占全国农作物总播种面积的6.70%。粮食播种面积为528.15万hm²，其中稻谷播种面积382.2万hm²，占本地区粮食播种面积的72.4%，其次为玉米，播种面积为72.01万hm²，二者播种面积之和占粮食播种面积的85.0%以上。蔬菜、果树和糖料作物也是华南地区种植面积较大的种类，分别为315.9万hm²、256.2万hm²和105.2万hm²，占全国同类作物播种面积的14.7%、20.3%和67.1%。此外，豆类、薯类、油料、茶等作物播种面积也均超过10万hm²。但耕地资源开发略显不足，地区耕地复种指数平均为178.5%，其中广东相对较高，为215.5%，广西和海南分别为166%和119%。

从种植结构来看，华南地区较为重经济轻粮油，广东、广西和海南粮食播种面积分别占本省（区）农作物播种面积的49.5%、45.9%和40.0%，平均45.1%，远低于全国69.7%的粮食播种面积占比。油料作物平均占比5.6%，同样低于全国的7.8%。而糖料作物、蔬菜和瓜果等经济作物播种面积占比分别达到6.8%、31.3%和2.9%，远高于全国水平。

根据华南地区（广东、广西、海南）农村统计年鉴提供的相关数据，"十三五"期间，2016年华南地区3种主要种植作物类型：粮食产量为2 925.4万t，糖料为8 434.3万t，蔬菜为7 236.9万t。与2016年相比，2020年华南地区粮食产量为2 783.0万t，降低4.87%；糖料为8 694.6万t，增加3.09%；蔬菜为8 110.4万t，增加12.1%（图11-1）。

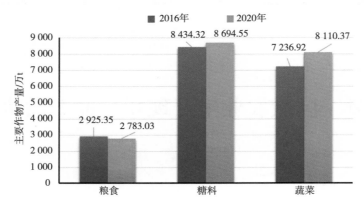

图11-1　2016年、2020年华南地区主要种植作物产量变化情况

广东是我国经济增长最快的地区，快速城市化导致农田面积不断被压缩、人多地少、山地多平原少，土地细碎化严重，地形以浅丘、山地为主。全省现有耕地面积约3 899.4万亩，人均耕地不足0.4亩，人均耕地面积不及全国水平的1/3。2019年，广东农田面积仅占区域总面积的11%左右，其中，深圳、东莞等市占比甚至低于5%。整体来看，广东种植类型主要有粮食作物、经济作物（如糖料），以及蔬菜和瓜果。2016年粮食作物总产量1 360.2万t，2020年下降到1 267.7万t，降幅为6.81%；糖料产量从2016年的1 271.7万t下降到2020年的1 176.3万t，降幅为12.9%；蔬菜种植是广东最大宗的经济作物和特色产业，主要分布珠三角地区、东翼地区、西翼地区和粤北山区，已成为农民增收的重要支柱，蔬菜产量从2016年3 569.1万t增加至2020年的3 706.9万t，增幅为3.86%（图11-2）。

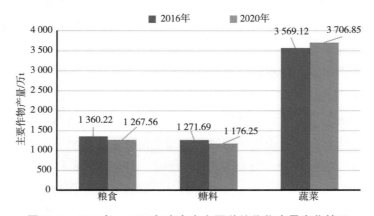

图11-2　2016年、2020年广东省主要种植作物产量变化情况

据广东省农业信息监测体系数据，2020年广东蔬菜种植总面积为2 051.0万亩，比2019年增加69.9万亩，同比增长3.50%；蔬菜种植以白菜类、甘蓝类和绿叶蔬菜为主，面积占比分别为72.6%、7.6%和7.1%（图11-3）。种植面积排名前5的种类分别是菜心、小白菜、芥蓝、茄子和生菜。2020年蔬菜种植面积增幅较大的是茄果类，同比增长13.3%，其中茄子面积同比增幅较大；甘蓝类同比增长8.20%；根菜类同比增长7.10%。蔬菜种植面积下降的是绿叶蔬菜，同比下降16.9%，其中空心菜种植面积同比下降39.6%，瓜类同比下降13.4%，白菜类下降0.40%。

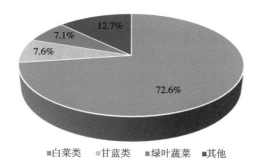

图11-3 2020年广东蔬菜种植面积规模比例

广西2016年粮食总产量1 419.0万t，2020年粮食总量下降到1 370.0万t，下降率为3.46%。全自治区粮食产量排名前三的城市分别是南宁、桂林、玉林，分别占比15.3%、12.9%、11.9%。此外，广西是我国水稻优势区，位于我国六大稻作区之一的华南双季稻作区。水稻在广西粮食生产和消费中占主导地位。2020年统计数据显示，广西水稻总产量为1 013.7万t，占粮食作物总产量的74.0%；其中水稻总产量排名前三的城市分别是南宁、玉林、桂林，分别占比14.6%、14.0%、13.5%（图11-4）。

广西是我国"南菜北运"重要基地，秋冬菜产量位居全国前列。广西壮族自治区农业农村厅数据显示，2021年广西蔬菜播种面积159.63万hm²，同比增长3.90%，蔬菜产量4 069.2万t，同比增长6.20%。广西蔬菜生产主要集中于桂中、桂西北、桂北地区，南宁、桂林、玉林、柳州、百色、河池、梧州7市蔬菜面积占全区蔬菜总面积的70%以上，尤以南宁与桂林蔬菜生产能力最强（图11-4）。

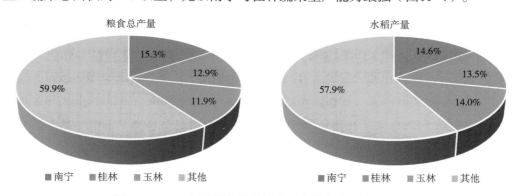

图11-4 2020年广西各地区粮食总产量和水稻产量比例

海南作为中国最南端的省份，地处亚热带地区，水量、热量充足，适合种植多种农作物。截至2021年年底，海南占地总面积3.54 km²，其中耕地面积为1 092.2万亩，基本农田面积943.83万亩。"十三五"期间，海南耕地面积从2016年的42.7万hm²增加到2020年的43.6万hm²，增加了2.11%。2016年海南种植作物总产量为1 260.8万t，2020年种植作物总产量为1 319.7万t，增加了4.67%，其中粮食和蔬菜类是产量最多的种植作物（图11-5）。

海南粮食总产量从2016年的146.1万t下降到2020年的145.5万t，而蔬菜产量从2016年的553.4万t增加到2020年的572.8万t；全省粮食总产量排名前三的分别是澄迈县、儋州地区、儋州市，分别占比14.29%、8.60%、8.59%；全省蔬菜产量排名前三的分别是澄迈县、乐东县、海口市，分别占比14.27%、9.71%、9.43%（图11-5）。

海南省蔬菜生产主要以冬季瓜菜种植为主，常年蔬菜生产为辅。冬季瓜菜指冬春茬生产且多北运的瓜类、茄果类、豆类蔬菜及西甜瓜等，出岛量占总生产量的70%以上；常年蔬菜指能周年生产且以供应本地为主的蔬菜，常年基地多种植叶菜类蔬菜。

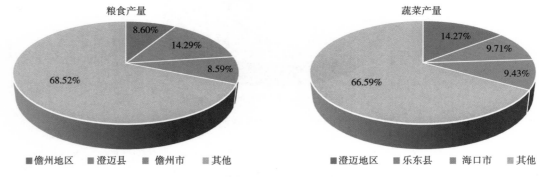

图11-5　2020年海南各地区粮食产量和蔬菜产量比例

经过多年的规划与布局、引导和实施，海南省蔬菜产业逐步形成了两大基地、四类蔬菜和五大区域布局，两大基地即冬季瓜菜生产基地和常年蔬菜生产基地，4类蔬菜即瓜类、茄果类、豆类和叶菜类蔬菜，五大区域布局包括：①南部，三亚、陵水、乐东等地，主要种植甜瓜、豇豆、樱桃番茄等；②东部，琼海、文昌等地，主要种植黑皮冬瓜、泡椒、线椒等；③西部，东方、昌江、儋州等地，主要种植南瓜、辣椒、樱桃番茄、茄子、黑皮冬瓜等；④北部，海口、澄迈、定安等地，主要种植丝瓜、菜豆、苦瓜、樱桃番茄、豇豆、叶菜类蔬菜等；⑤中部，屯昌、保亭等地，主要种植苦瓜等。

（二）畜禽养殖业

华南地区也是我国重要养殖区，《第二次全国污染源普查公报》显示，华南地区养殖总量大幅增长，5类畜禽养殖量折合生猪当量共计8 304.86万头，同口径（生猪全年出栏量≥50头、奶牛年末存栏量≥5头、肉牛全年出栏量≥10头、蛋鸡年末存栏量≥500羽、肉鸡全年出栏量≥2 000羽）比"一污普"的5 061.33万头增加了64.08%，其中广东、广西、海南的5类畜禽养殖量合计增幅分别为57.56%、82.14%、35.06%。如表11-1所示，华南地区广东主要畜禽养殖数量最多，生猪、奶牛、肉牛、蛋鸡、肉鸡数量分别为3 829.54万头、4.63万头、13.56万头、2 099.57万羽、51 853.45万羽；其次是广西，生猪、奶牛、肉牛、蛋鸡、肉鸡数量分别为2 105.40万头、4.15万头、33.29万头、1 488.15万羽、37 503.69万羽；海南主要畜禽养殖量最少，生猪、奶牛、肉牛、蛋鸡、肉鸡数量分别为327.12万头、0.13万头、5.79万头、479.97万羽、3 937.52万羽。华南地区养殖量占全国总量的10.21%；其中，华南地区生猪养殖占全国总量的12.83%；奶牛养殖占全国总量的1.32%；肉牛养殖占全国总量的3.30%；蛋鸡占全国总量的2.64%；肉鸡占全国总量的12.24%。从规模化养殖水平看，全国平均规模化率为42%，华南地区规模化养殖程度排名第4，5种畜禽综合规模化率达到41%。

表11-1　华南地区各地区主要畜禽养殖数量　　　　　单位：万头（羽）

地区	生猪	奶牛	肉牛	蛋鸡	肉鸡
广东	3 829.54	4.63	13.56	2 099.57	51 853.45
广西	2 105.40	4.15	33.29	1 488.15	37 503.69
海南	327.12	0.13	5.79	479.97	3 937.52

根据《中国农村统计年鉴》的相关数据，2016年华南地区（广东、广西、海南）生猪出栏数为7 341.6万头，牛235.7万头，羊338.2万头，家禽194 943.4万羽。2020年该区猪出栏数为5 080.8万头，牛188万头，羊425.5万头，家禽270 543.8万羽，禽类始终是华南地区养殖数量最多的品种。以2016年为基数，生猪养殖量平均每年以8.8%的速率下降，牛养殖量平均每年以5.5%的速率下降，羊养殖量以5.9%的速度增长，禽类养殖量以8.5%的速度增长（图11-6）。

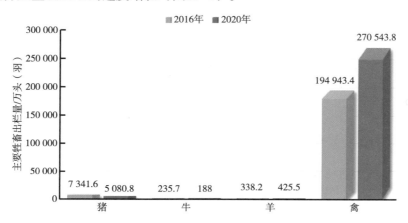

图11-6　2016年、2020年我国华南地区主要畜禽养殖量变化情况

根据《广东省农村统计年鉴》2017—2020年数据，全省生猪饲养规模户数逐年下降，从2017年的537 201户下降到2020年的159 532户，降幅为70.3%，规模总体呈现缩减趋势；其中，年出栏数1～49头的户数占比始终最多，散户养殖仍然是最主要的养殖模式，2017—2020年生猪规模化养殖（≥500头）的比例分别为2.6%、4.2%、5.9%、6.0%，集约化畜禽养殖现象越发明显（图11-7）。

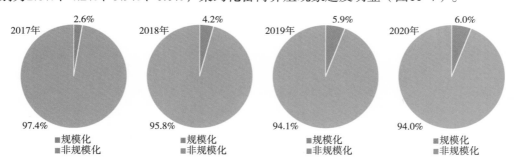

图11-7　2017—2020年广东生猪饲养规模/非规模比例

全省肉鸡饲养规模户数先下降后上升，2017年为1 735 767户，2020年为1 809 470户，增幅为4.2%；其中，年出栏数1～1 999羽的户数占比始终保持最高，肉鸡规模化养殖（≥50 000羽）的比例分别为0.09%、0.11%、0.15%、0.18%，集约化养殖比例逐年上涨，但是占比很小（图11-8）。

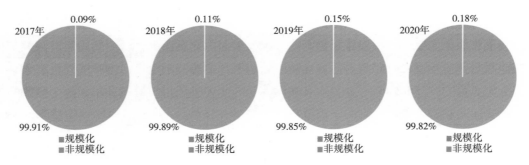

图11-8　2017—2020年广东肉鸡饲养规模/非规模比例

全省奶牛饲养规模户数2017年为572户，2020年为407户，降幅为28.8%；其中，年末存栏数1～49头的户数占比始终保持最高，奶牛规模化养殖（≥100头）的比例分别为7.7%、9.9%、8.5%、8.8%，集约化养殖占比基本呈现上升趋势（图11-9）。

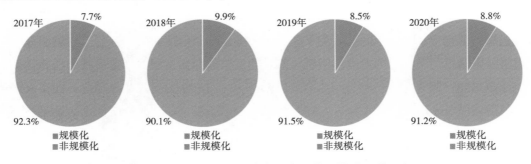

图11-9　2017—2020年广东奶牛饲养规模/非规模比例

总体来说，广东主要畜禽养殖仍然是散户、非规模化养殖占主导，但是近年来集约化畜禽养殖现象愈发明显、规模化养殖占比也逐年扩大。2020年年末广东牛存栏数122.41万头，存栏排名前三的分别是湛江市（24.00万头）、茂名市（18.09万头）、肇庆市（17.98万头），分别占比19.6%、14.8%、14.7%；年末全省猪存栏数1 767.27万头，排名前三的分别是茂名市（268.85万头）、湛江市（210.48万头）、韶关市（174.87万头），分别占比15.2%、11.9%、9.9%；年末全省家禽存栏数40 340.14万羽，其中鸡的数量最多，共29 049.51万羽，占家禽总数的72.0%；排名前三的分别是茂名市（7 136.39万羽）、云浮市（6 079.45万羽）、清远市（4 050.40万羽），分别占比17.7%、15.1%、10.0%（图11-10）。

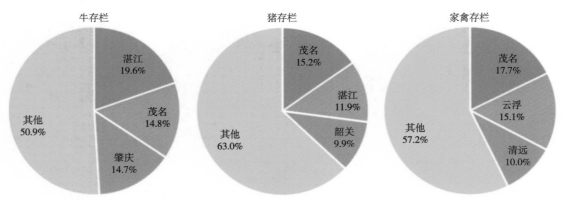

图11-10　2020年广东主要畜禽存栏各市对比

2020年广西全区生猪存栏1 828.34万头，其中，能繁母猪存栏211.49万头；生猪出栏2 281.24万头。全区共有生猪养殖户61.90万个，其中规模养殖户6 512个，占比为1.05%；活禽出栏114 571.54万只，年末存栏量32 561.67万羽，共有肉鸡养殖户312.55万羽，其中规模养殖户1.33万个，占比为0.43%（图11-11）。

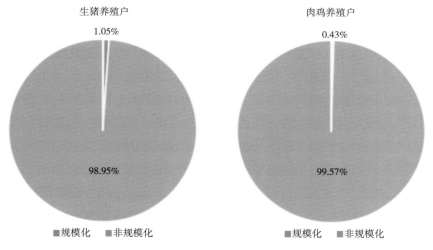

图11-11 2020年广西生猪、肉鸡养殖规模对比

2020年海南全生猪出栏262.25万头，其中生猪出栏头数较多的是儋州地区（44.82万头）、澄迈县（32.00万头）、琼海市（30.96万头），分别占比17.1%、12.2%、11.8%；禽类出栏18 590.83万羽，其中禽类出栏羽数较多的是文昌市（5 033.47万羽）、澄迈县（2 766.00万羽）、琼海市（2 440.86万羽），分别占比27.1%、14.9%、13.1%；牛出栏23.2万头，其中牛出栏头数较多的是乐东县（8.03万头）、文昌市（6.29万头）、定安县（5.89万头），分别占比34.6%、27.1%、25.4%；羊出栏89.35万只，其中羊出栏只数较多的是乐东县（11.93万只）、万宁市（7.81万只）、海口市（7.39万只），分别占比13.4%、8.7%、8.3%（图11-12）。

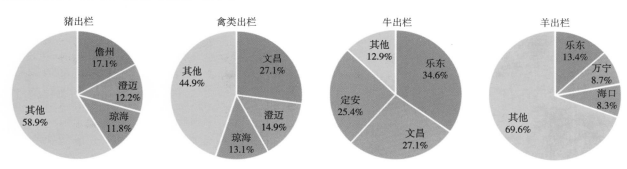

图11-12 2020年海南生猪、肉鸡养殖规模对比

（三）水产养殖业

中国是世界第一大水产养殖国，华南地区是我国传统的渔业生产集中区域。"十三五"期间，华南地区水产养殖业呈现平稳发展，水产品总产量、鱼类、甲壳类、贝类和其他类产量分别从2016年的14 501 925 t、9 124 750 t、1 716 269 t、3 141 783 t、392 355 t变化到2020年的13 862 516 t、8 545 660 t、1 812 391 t、3 075 688 t、340 423 t（图11-13），年平均增长率分别为-1.12%、-1.63%、1.37%、-0.53%、-3.49%，其中甲壳类产量上升，水产品总产量、鱼类、贝类和其他类产量均呈现下降趋势。

从总量来看，鱼类一直是水产养殖业的主体，在产量中占比最高，占比从2016年的62.92%下降到2020年的61.95%，降幅为1.54%；其次是贝类、甲壳类，占比分别从2016年的21.66%、11.83%上升到2020年的22.19%、13.07%，上升幅度分别为2.45%、10.48%；水产品中其他类产量占水产养殖总产量份额最少，从2016年的2.71%下降到2020年的2.46%，下降幅度为9.23%。

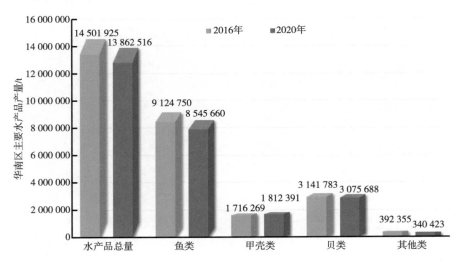

图11-13　2016年、2020年我国华南地区主要水产品产量变化情况

2016年广东水产品总量818.28万t，2020年增长到875.81万t，增长率为7.0%；其中淡水产品从2016年的376.75万t上升到425.28万t，增长率为12.9%；鱼类和甲壳类是产量最多的淡水产品，分别占91.4%和7.3%。水产养殖面积略微下降，2016年为48.08万hm²，2020年为47.57万hm²，其中淡水养殖面积从2016年的31.46万hm²下降至2020年的31.10万hm²，其中池塘和水库是最主要的养殖区域，分别占91.7%和5.9%。全省淡水养殖量排名前三的分别是佛山、肇庆、江门，分别占18.0%、12.4%、12.2%（图11-14）。

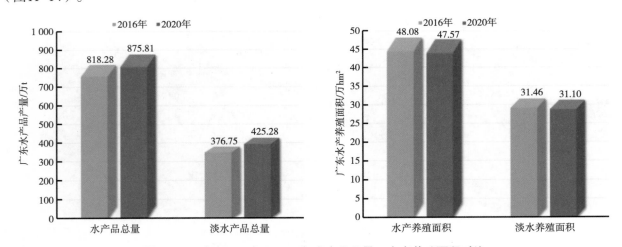

图11-14　广东2016年、2020年水产品总量、水产养殖面积对比

2016年广西水产品总量307.47万t，2020年水产品总量增长到343.96万t，增长率为11.9%；其中淡水产品产量从2016年的122.98万t上升到144.88万t，增长率为17.8%（图11-15），其中钦州市钦南区是广西水产品产量最多的区。

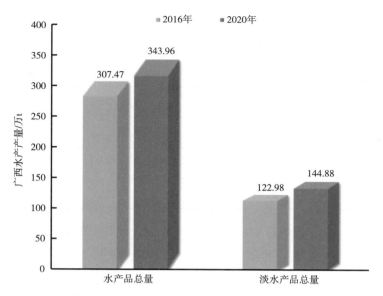

图11-15 广西2016年、2020年水产产量对比

海南淡水养殖面积从2016年的37 657 hm²下降到2020年的27 005 hm²，下降了28.3%；2016年海南省水产品总产量为1 921 289 t，2020年水产品总产量为1 667 878 t，下降了13.2%，其中鱼类和虾蟹类是产量最多的水产品。淡水养殖产品的产量从2016年的347 905 t增加到2020年的350 929 t（图11-16），全省淡水养殖量排名前三的分别是文昌市、澄迈县、琼海市，分别占45.4%、11.8%、7.7%。

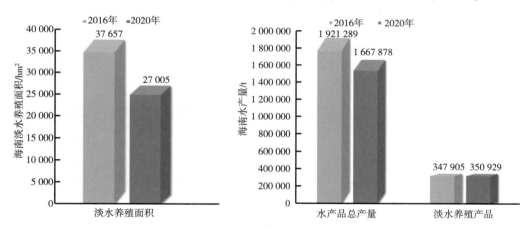

图11-16 海南2016年、2020年水产品产量、淡水养殖面积对比

"十三五"以来，华南地区水产养殖总量虽然略有下降，但养殖模式明显地向着集约化和规模化方向发展。集约化和规模化的水产养殖将会导致区域性或流域性水环境污染，因此，华南地区集约化和规模化水产养殖尾水治理工作不容忽视。

（四）典型流域农业分布与生产特征

1. 流域概况

东江流域位于广东省中部偏东区域，珠江三角洲的东北端，纵贯广东省全境。发源于江西省寻乌县的桠髻钵山，分水岭高程1 101.9 m，上游称寻乌水，自东北向西南流入广东省境至龙川县五合汇安远水后，始称东江。东江水流往龙川、河源、紫金、博罗、惠阳至东莞石龙镇分南、北两水道注入狮子洋。干流全长562 km（省内435 km），平均坡降为0.55‰，全流域集水面积35 340 km²（90%位于广东省境内，面积约31 840 km²，除去入海河网部分面积约为30 010.1 km²），约占珠江流域总面积的5.96%，占广东省境内珠江流域面积的24.3%。东江流域南临深圳和香港，西南部紧靠广州市，西北部与粤北山区韶关和清远两市相接，东部与粤东梅汕地区为邻，北部与赣南地区的安远市相接，地理坐标为22°38′～25°14′N，113°52′～115°52′E。东江流域在广东省境内涉及河源市、惠州市、东莞市、深圳市、韶关市（仅有少部分）、梅州市（仅有少部分）和广州市的增城区，其中惠州、东莞、深圳、广州为国家环保模范城市，惠州、东莞为国家水生态文明试点城市。

2. 典型流域主要农业种植类型

东江流域中下游（东莞、深圳等地）城镇化程度较高，但在流域非点源污染中，农业非点源仍是主要非点源污染形式，其中农业用地面积达到17.92%，主要分布在惠州、河源等地。因此，东江流域非点源污染研究中，农业作业所造成的非点源污染不可忽视。根据《广东省农村统计年鉴2015》《惠州统计年鉴2015》《东莞统计年鉴2015》《深圳统计年鉴2015》《河源统计年鉴2015》及《广州统计年鉴2015》，可得知研究区域内农业种植以水稻、蔬菜及果树种植为主，并统计可知流域内化肥的施用情况。

以荔枝种植为例，东江流域荔枝主要种植区域为东莞、增城及深圳等地。成熟荔枝每年施肥3次，包括促梢肥、促花肥与壮果肥，于荔枝不同的生长阶段施用。流域内主要种植区域主要考虑东江流域中下游惠州、东莞等地区。根据《广东省农村统计年鉴2015》，流域内每年施用氮肥量（折纯）为94 568.40 t，磷肥量为21 044 t。根据荔枝的需肥要求，流域内每年荔枝氮肥施用量9 456.84 t，磷肥2 104.4 t；结合流域内荔枝种植中的施肥规律，肥料施用比例一般为促梢肥占50%，促花肥占20%，壮果肥占30%，得出流域内荔枝基本施肥情况（表11-2）。

表11-2　东江流域荔枝化肥农药施用情况　　　　　　　　　　　　　　　　　　单位：t

地市	化肥施用实物量	化肥施用折纯量	氮肥折纯量	磷肥折纯量	农药使用量
河源市	230 585	71 481	40 579	7 743	3 257
惠州市	339 170	96 369	39 442	10 659	5 321
东莞市	29 441	14 721	9 320	1 607	711
深圳市	—	—	—	—	—
广州市	63 117	23 905	5 227	1 036	707
合计	662 313	206 476	94 568	21 044	9 996

3. 典型流域畜禽养殖

根据各地市统计年鉴数据，东江流域主要养殖类型为生猪、牛、羊及家禽，其中2015年生猪（存栏）量380.06万头，牛（存栏）量17.56万头，羊（存栏）量9.37万头，家禽（存栏）量4 851.59万羽（表11-3）。

从养殖占比结构分布上看，东江流域大型牲畜养殖（以猪、牛、羊计）主要集中在东江中上游的梅州市、惠州市及河源市三市，三市的大型牲畜养殖占比分别为40.37%、28.02%及20.32%，总占到整个东江流域大型牲畜养殖数量的88.37%；东江流域家禽类养殖和大型牲畜类养殖分布一直主要集中在东江中上游的梅州市、惠州市及河源市三市，三市的家禽类养殖占比分别为35.80%、24.83%及22.53%，总占到整个东江流域大型牲畜养殖数量的83.67%。

表11-3 2015年东江流域畜禽养殖情况

单位：头（羽）

地市	牛（存栏）	羊（存栏）	生猪（存栏）	家禽（存栏）
赣州市	39 060	19 609	284 788	2 869 400
梅州市	1 130	55 643	1 588 564	17 368 491
河源市	73 204	6 831	747 993	10 929 324
惠州市	45 027	5 681	1 091 271	12 046 505
东莞市	769	889	62 463	784 486
广州市	16 422	5 015	17 311	4 510 574
深圳市	—	—	13 514	7 140
流域合计	175 612	93 668	3 805 904	48 515 920

总的来说，东江流域畜禽养殖空间差异明显，各城市的畜禽养殖数量和密度差异巨大，这主要是区域发展的不平衡性引起产业结构所占比重的不同导致的。梅州市、惠州市及河源市三市畜禽养殖占比超过了80%，是东江流域畜禽养殖污染的重点城市，而深圳、东莞等由于产业结构占比的不同，畜禽养殖密度较低，畜禽养殖污染可能相对较轻。而且从近几年广东省畜禽养殖的发展来看，由于政府的控制，畜禽养殖产业逐渐从珠三角地区向粤东和粤西转移，珠三角核心城市整体的畜禽养殖数量正在降低（图11-17）。

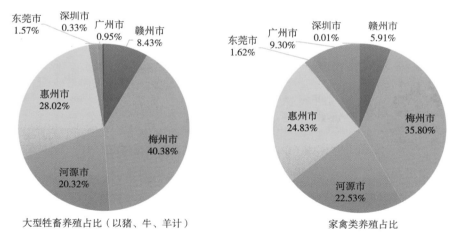

图11-17 东江流域各市大型牲畜类及家禽类养殖数量占比情况

4. 典型流域水产养殖

根据各地市统计年鉴数据，东江流域水产品总产量为44.37万t，其中以鱼类养殖为主，养殖类型包括四大家鱼（表11-4）。但从近年养殖趋势来看，养殖品种逐渐从四大家鱼等经济性较差的品种，逐渐向虾、鲈鱼、鲳鱼、桂花鱼等经济性较好的品种过渡，养殖规模及密度均呈逐渐上升趋势。

表11-4　东江流域水产养殖情况 　　　　　　　　　　　　　　　　　　　　　　　单位：t

地市	水产品总产量	鱼产量	草鱼	鲢鱼	鳙鱼	鲫鱼	罗非鱼
赣州市	—	—	—	—	—	—	—
梅州市	111 076	108 009	—	—	—	—	—
河源市	42 490	42 490	—	4 362	6 650	2 115	4 391
惠州市	166 977	109 069	—	7 783	10 030	5 002	20 934
东莞市	68 946	0	8 711	553	2 974	1 734	54 974
广州市	54 025	51 273	6 634	473	2 368	1 421	43 124
深圳市	196	—	—	—	—	—	—
流域合计	443 710	310 841	15 345	13 171	22 022	10 272	123 423

　　从水产养殖产量占比结构分布上看，东江流域水产养殖主要集中在东江中上游的惠州市、梅州市及东莞市三市，三市的水产养殖产品总量占比分别为37.63%、25.03%及15.54%，合计占到整个东江流域大型牲畜养殖数量的78.2%（图11-18）。

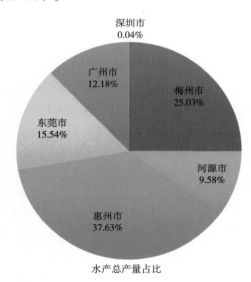

图11-18　东江流域各市水产品产量占比情况

二、农业面源污染现状、特征与成因

（一）总体情况

　　根据《第二次全国污染源普查公报》结果，华南地区种植业流失是氮磷污染物的重要来源。种植业总氮排放量为16.98万t，占华南地区农业污染源排放总量的67%。种植业总磷排放量为1.94万t，占华南地区农业污染源排放总量的50%（图11-19）。

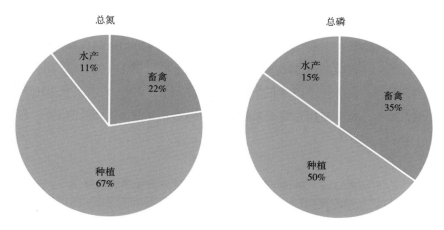

图11-19　华南地区总氮和总磷排放结构对比

（二）种植业

1. 污染现状

《第二次全国污染源普查公报》显示，华南地区种植业氨氮排放量共计20 702 t，总氮排放量169 811 t，总磷排放量19 361 t。无论是氨氮、总氮还是总磷，广西都是排放量最多的区域，其次是广东，排放最少的是海南（图11-20、表11-5）。

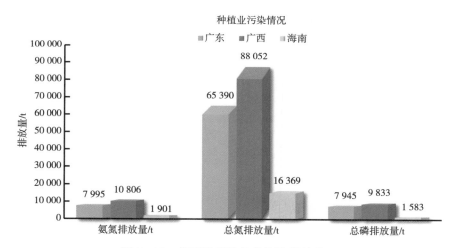

图11-20　华南地区种植业污染排放情况

表11-5　华南地区种植业污染排放情况表

单位：t

地区	氨氮排放量	总氮排放量	总磷排放量
广东	7 995	65 390	7 945
广西	10 806	88 052	9 833
海南	1 901	16 369	1 583

化肥使用量与污染排放量有一定的关系，从一定程度上可以反映区域污染情况的变化。2015年以来，农业部组织实施了化肥农药使用量零增长行动计划，目标是保持化肥使用量负增长，确保到2020

年化肥利用率提高到40%以上。从国家统计年鉴数据可以看出，经过5年实施，华南地区肥和农药施用量自2017年开始呈现逐渐递减，2020年该区化肥用量较2015年降低10.44%，其中氮肥减施率最高、为15.33%，磷肥减施4.53%，钾肥减施13.39%，复合肥减施7.89%（表11-6）。水稻化肥利用率达40.2%，比2015年提高了5个百分点。农药使用量降低25.37%，农药利用率达40.6%，比2015年提高4个百分点。农用薄膜使用量降低7.59%，地膜使用量降低8.43%，但地膜覆盖面积呈增加趋势，较2015年增加1.52%（表11-7）。

表11-6　2020年和2015年华南地区农业化肥施用量　　　　　　单位：万t

地区	化肥施用量									
	总施用量		氮		磷		钾		复合肥	
	2020	2015	2020	2015	2020	2015	2020	2015	2020	2015
广东	219.8	256.5	84.1	103.6	26.4	24.4	41.7	50.3	68.2	78.2
广西	247.9	259.9	71.2	74.2	29.5	31.1	54.4	58.3	93.7	96.2
海南	42.6	51.1	11.7	15.3	3	4.1	7.7	9.1	20.4	22.7
合计	619.1	691.3	203.8	240.7	73.8	77.3	123.5	142.6	212.5	230.7
减施率/%	10.44		15.33		4.53		13.39		7.89	

表11-7　2020年和2015年农用塑料薄膜和农药用量

地区	农用薄膜用量/t		地膜使用量/t		地膜覆盖面积/hm²		农药施用量/t	
	2020	2015	2020	2015	2020	2015	2020	2015
广东	42 558	46 795	23 575	26 046	135 710	138 426	83 217	113 782
广西	48 712	46 276	34 678	35 207	432 939	415 443	66 026	74 916
海南	30 580	32 433	16 815	15 481	57 780	44 213	19 747	39 800
合计	173 674	187 571	100 598	107 484	753 205	739 725	212 153	284 268
减施率/%	7.41		6.41		-1.82		25.37	

　　根据《中国环境统计年鉴》对比分析（表11-8至表11-10），广东和广西面积相当，单位面积的污染排放情况广西要大于广东。广东化肥使用量从2016年的261万t下降到219.8万t，降幅达到15.8%。而耕地面积略微增加。氮肥、钾肥和复合肥均出现不同程度的下降，其中氮肥是消耗最多的肥料，从2016年的104.8万t下降到84.1万t，磷肥使用量略有上涨。

表11-8　2016年、2020年广东化肥用量和耕地情况

年份	化肥使用量/万t	氮肥/万t	磷肥/万t	钾肥/万t	复合肥/万t	耕地面积/万hm²
2016	261	104.8	25	51.1	80.1	177.17
2020	219.8	84.1	25.8	41.7	68.2	177.65

广西是国内重要的农业经济区，农业经济发展增速慢，生态环境治理压力巨大。2016年至2020年，广西农业投入品化肥出现下降趋势，化肥施用量（折纯）从2016年的262.1万t下降到2020年的247.9万t，下降了5.4%，氮肥、磷肥、钾肥和复合肥均出现不同程度的下降；而耕地面积从2016年的164.6万hm²上升到173.1万hm²，提升了5.2%（表11-9）。

表11-9 2016年、2020年广西化肥用量和耕地情况

年份	化肥使用量/万t	氮肥/万t	磷肥/万t	钾肥/万t	复合肥/万t	耕地面积/万hm²
2016	262.1	74.9	31.1	59.0	97.2	164.6
2020	247.9	71.2	28.6	54.4	93.7	173.1

海南的耕地面积、化肥使用量均为华南地区最少，耕地面积从2016年的29.0万hm²上升到29.2万hm²，化肥使用量从50.6万t下降到42.6万t，下降了15.8%，氮肥、磷肥、钾肥和复合肥都出现不同程度的下降（表11-10）。

表11-10 2016年、2020年海南化肥用量和耕地情况

年份	化肥使用量/万t	氮肥/万t	磷肥/万t	钾肥/万t	复合肥/万t	耕地面积/万hm²
2016	50.6	15.5	3.3	8.8	23.0	29.0
2020	42.6	11.7	2.8	7.7	20.4	29.2

2. 污染特征

华南地区耕地复种指数较高，种植业化学投入品使用量较大，使用强度较高。由于降雨和径流等过程的影响，农业生产活动过程中过剩的化肥、农药、农膜、秸秆等残留物和畜禽粪便、农村生活垃圾分解物等在地面随径流进行迁移，最终进入水体而造成污染。因致污因素迁移转化的方式及效率有差异，其对应的潜伏和滞后时间也会不相同；而降雨量的大小，则会一定程度上决定农业面源污染暴发的时间。降雨量增大时，污染物入河量增大，易达到面源污染暴发临界值。

3. 成因分析

（1）不合理的种植结构、土地利用方式。以广东为例，作为我国和华南地区经济最为发达的省份，随着社会经济发展、城市人口增加及城乡居民对农产品消费的需求，其农业种养结构、发展模式不断调整，耕地向高投入高强度利用方向发展，农业面源污染也随之发生变化。《第二次全国污染源普查公报》显示，广东农业面源污染对全省氮磷污染的贡献率分别为39%和63%。农业面源污染成为广东水体污染、湖泊富营养化和农村环境恶化的主要原因之一（贺斌、胡茂川，2022）。

林兰稳等（2020）以珠三角、粤东、粤西和粤北4个区域为基本单元，利用2009和2019年广东农业统计年鉴数据，对2008年、2018年广东农业面源污染物（COD、TN、TP）的排放变化情况进行统计和对比分析，研究结果表明，种养业结构调整是引起农业面源污染时空变化的主要原因。2008—2018年，全省各市粮食作物播种面积下降，经济作物和其他作物种植面积增加，农业面源污染排放强度随之发生变化，2018年全省排放强度上升为687.45 kg/hm²，比2008年增加21.04 kg/hm²，其中珠三角、粤东有不同程度的下降，粤西、粤北有不同程度的上升；由农田施肥引起的TN排放强度除粤西上升外，其

他市均下降，而TP排放强度各区均上升。

（2）化学品投入量大且利用率较低。华南地区化学投入品用量过大也是导致农业面源污染的重要因素。长期以来，由于在化肥、农药等化学投入品的施用时间、施用数量及施用方式上缺乏科学性，过量施用，导致其有效利用率不高，大量化学投入品不能被有效合理的利用，加重了农业面源污染程度，且农户在农业生产过程中采用的农业技术不同，其农业面源污染排放量也有差异。

（3）农田化肥氮、磷流失。种植业中农田化肥引起的氮、磷流失仍是华南地区面源污染的主要来源。这主要是基于华南地区河流湖泊密集众多，农业耕作精细，集约化、复种指数和机械化程度较高，且高温高湿的气候条件，降雨和灌溉频繁也进一步加剧了农业面源污染流失负荷。华南地区自然地貌和气候条件也决定了农业氮磷面源污染一年四季均可发生。

（三）畜禽养殖业

1. 污染现状

《第二次全国污染源普查公报》显示，华南地区畜禽类排放的氨氮为9 242 t、总氮为5 6651 t、总磷为13 481 t。华南地区畜禽养殖业氨氮排放量为0.92万t，占全国8.34%；总氮排放量为5.67万t，占全国9.50%；总磷排放量为1.35万t，占全国11.26%。其中，规模畜禽养殖氨氮排放量为0.71万t，总氮排放量为4.07万t，总磷排放量1.00万t，分别占全国规模畜禽养殖总排放量76.34%、71.91%和74.07%。如表11-11和图11-21所示，按区域分析，广东氨氮、总氮、总磷排放量均最多，其次是广西，排放最少的为海南。

表11-11　华南地区各区污染物排放情况　　　　　　　　　　　　　　　　单位：t

地区	氨氮排放量	总氮排放量	总磷排放量
广东	6 217	37 286	9 291
广西	2 569	16 741	3 622
海南	456	2 624	568

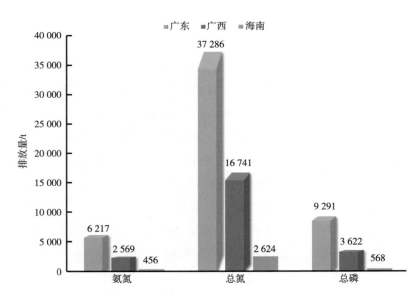

图11-21　华南地区各省份污染物排放情况

通过畜禽污染物年排放系数可以估算出2020年华南地区畜禽养殖粪污排放量已经超过1亿t，（表11-12）严重影响着生态环境。畜禽养殖污染具有量大面广、瞬时性强、构成复杂等特点，加上监管难度大，其防治与管控已成为当前我国环境领域的重大挑战，如何合理有效地消纳及资源化循环利用这些废弃物已成为农村生态环境保护的重要大事之一（吴根义等，2020）。

表11-12 华南地区各省份主要畜禽污染物年排放量　　　　　　　单位：t

污染物类别	生猪	奶牛	肉牛	蛋鸡	肉鸡
广东					
粪	7 042 524.06	422 686.59	509 557.68	957 403.92	3 992 715.65
尿	14 035 264.1	195 006.34	260 257.08	—	—
总氮	160 840.68	2 268.7	3 254.4	10 497.85	51 853.45
氨氮	26 806.78	138.9	786.48	6 298.71	518.534 5
总磷	45 954.48	745.43	542.4	2 099.57	10 370.69
广西					
粪	3 871 830.6	378 865.95	1 250 971.62	678 596.4	2 887 784.13
尿	7 716 291	174 789.7	638 934.97	—	—
总氮	88 426.8	2 033.5	7 989.6	7 440.75	37 503.69
氨氮	14 737.8	124.5	1 930.82	4 464.45	375.036 9
总磷	25 264.8	668.15	1 331.6	1 488.15	7 500.738
海南					
粪	601 573.68	11 868.09	217 576.62	218 866.32	303 189.04
尿	1 198 894.8	5 475.34	111 127.47	—	—
总氮	13 739.04	63.7	1 389.6	2 399.85	3 937.52
氨氮	2 289.84	3.9	335.82	1 439.91	39.375 2
总磷	3 925.44	20.93	231.6	479.97	787.504

这些年在政策支持和市场倒逼下，粪污处理设施不断完善，治理机制逐步健全。例如：广东2020年全省畜禽粪污综合利用率已达88.4%、规模养殖场粪污处理设施装备配套率达98.6%。目前我国畜禽养殖业正逐步向集约化、专业化方向发展，如何在确保畜禽养殖规模的前提下，加快推进污染防控、种养结合，实现粪污资源的有效利用是当前和未来一定时期内保障我国畜禽养殖业可持续发展亟须解决的重大现实问题。

图11-22结果显示，华南地区畜禽养殖污染的分布情况与受污程度各不相同，呈现明显的地域差别，污染较为严重的是广东和广西畜禽养殖集中地区，畜禽污染物排放总量分别占华南地区的57%和37%，农业面源污染处于较高风险水平。生猪养殖污染物贡献最大，分别占广东、广西、海南畜禽污染的77%、66%、68%。畜禽养殖引起的农业面源污染形势就十分严峻，面临着要加快治理与疏导利用之急迫形势。

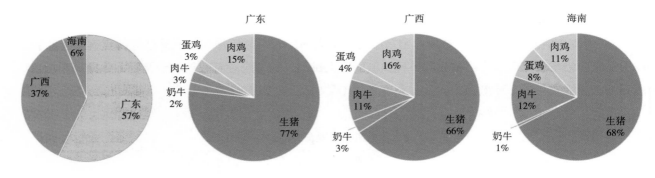

图11-22　华南地区各区域主要畜禽污染情况

2017年广东畜禽养殖业水污染物排放量：氨氮0.62万t，总氮3.73万t，总磷0.93万t；广西畜禽养殖业水污染物排放量：氨氮0.26万t，总氮1.68万t，总磷0.36万t；海南畜禽养殖业水污染物排放量：氨氮456.48 t，总氮0.26万t，总磷567.77 t。以畜禽折合成猪当量为单位，得到各区域单位养殖量的负荷，如表11-13所示。氨氮、总氮、总磷单位养殖量负荷排序均是广东>海南>广西，可见华南地区（特别是广东）农村面源污染物排放强度较大，污染防治形势较严峻。畜禽污染治理已成为改善水环境质量的关键突破口。

表11-13　单位养殖量的负荷情况　　　　　　　　　　　　单位：kg/头

区域	氨氮	总氮	总磷
广东	0.127	0.765	0.191
广西	0.087	0.562	0.120
海南	0.105	0.592	0.130

根据"二污普"调查结果，华南地区规模化养殖程度排名第4，5种畜禽综合规模化率达到41%，规模化畜禽养殖业占比较高。《广东省现代畜牧业发展"十四五"规划（2021—2025年）》数据显示，广东畜禽规模养殖比例从2015年的60.6%提升到2020年的72.4%。海南2017年出栏500头以上生猪规模养殖比例达到47.6%，比全国平均水平高出3.5个百分点，规模化生产比重逐步提高。值得注意的是，大多数规模化畜禽养殖场零星分布在各区县的郊野或山岭，畜禽养殖过程中每天都会产生大量粪污，且排放过程是连续不断的。因此，华南地区畜禽养殖行业污染物排放呈现点多面广、排放分散但持续不断的特点。

2. 成因分析

（1）集约化程度低。集约化在实现规模化效应的基础上，能使资源的配置和利用达到最优状态，实现高产、高效、优质的目标，发展适度规模经营，形成稳定的产业联合体。然而华南地区畜牧业仍然以中小散户养殖为主，以广东省生猪饲养规模为代表分析，2020年广东省生猪饲养合计159 532户，其中年出栏数1~49头的户数最多，共计110 978户，占比为69.6%，年出栏数1 000头以下的共155 224户，占比为97.3%。广东省肉鸡饲养合计1 809 470户，其中年出栏数1~1 999只的户数最多，共计1 779 280户，占比达到98.3%。广东省蛋鸡饲养合计307 738户，其中年末存栏数499只以下的户数最多，共计306 761户，占比达到99.7%。广东省奶牛饲养合计407户，其中年末存栏数1~49头的户数最多，共计363户，占比为89.2%；广东省肉牛饲养合计107 494户，其中年出栏数1~9头的户数最多，共计104 216

户，占比为97.0%；广东省养羊饲养合计16 121户，其中年出栏数1～29头的户数最多，共计12 525户，占比为77.7%。可以看出，在畜禽养殖业中，散养户仍占有相当大的比例，存在养殖方式落后、生产成本高、附加值低、集约化程度低等问题，大部分散户把农业养殖当作家庭收入的一个补充形式，环境意识较差，接受现代化的专业养殖技能比较困难，因此饲养畜禽模式不规范，饲养的畜禽棚舍随意搭建，畜禽粪便污染防治设施简陋，乱排乱放现象十分普遍。由于畜禽养殖污染具有面广量大，饲养种类多、规模大小不一等特点，仅仅依靠目前的监管队伍难以达到治理效果，这已成为制约我国畜牧业发展的一大现实瓶颈（凡宝娣、吴斌，2017）。

（2）资源化利用模式单一。虽然我国非规模养殖粪污以肥料化利用为主，但在不同地区、同一地区不同条件下其配套的设施在建设规模、建设标准等方面均存在较大差异。2020年，全国畜禽养殖废水主要以肥水利用和沼液利用为主，规模养殖场肥水利用和沼液利用的占比分别为51%和34%，养殖户肥水利用和沼液利用的占比分别为53.2%和18.1%。其中广东、广西、海南规模养殖畜禽养殖废水肥水利用和沼液利用的比例分别为16.6%、16.8%、23.5%和49.2%、70.6%、73.7%，养殖户畜禽养殖废水肥水利用和沼液利用的比例分别为22.2%、9.4%、55.3%和18.4%、66.3%、9.3%。2020年，全国畜禽养殖场粪便处理利用方式以生产农家肥为主，规模养殖场生产农家肥和有机肥的占比分别为72%和10%，养殖户生产农家肥和有机肥的占比分别为78%和0.4%。其中广东、广西、海南规模养殖场畜禽粪便生产农家肥和有机肥的占比分别为66.1%、67.7%、75.5%和16.6%、17.3%、3.7%，养殖户畜禽粪便生产农家肥和有机肥的占比分别为64.1%、82.7%、79.3%和6%、0、0。养殖废水未经无害化处理方式处理的肥水贮存方式、粪便简单堆放后生产农家肥的利用方式均难以有效杀灭其中的病原微生物，存在较大的传播疾病风险。

（四）水产养殖业污染现状

华南地区是全国水产养殖业的主产区，占30%以上。华南地区水产养殖业氨氮排放量为0.36万t，占全国15.92%；总氮排放量为2.68万t，占全国27.1%；总磷排放量为0.58万t，占全国35.77%（图11-23），广东水产养殖过程氨氮、总氮、总磷排放量分别为2 376 t、13 817 t、2 680 t，在华南地区水产养殖排放占比分别为66.8%、51.7%、46.4%，均排在首位；广西水产养殖过程氨氮、总氮、总磷排放量分别为981 t、7 862 t、1 797 t，在华南地区水产养殖排放占比分别为27.6%、29.4%、31.1%，均排在第2位；海南水产养殖过程氨氮、总氮、总磷排放量分别为199 t、5 072 t、1 293 t，在华南地区水产养殖排放占比分别为5.6%、19.0%、22.4%，均排在末位。

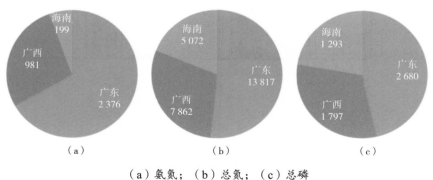

（a）氨氮；（b）总氮；（c）总磷

图11-23 华南地区水产养殖不同污染物排放情况（单位：t）

（五）中小流域综合体

1. 控制单元划分

基于30 m分辨率数字高程数据（DEM），利用ArcGIS软件水文分析功能进行小流域划分，并结合水系特征及行政边界等情况，按照"水环境功能区陆域控制范围"的水陆响应关系，可将东江流域划分为12个控制单元，分别为东江河源市龙川铁路桥下控制单元、新丰江韶关—河源市新丰江水库控制单元、东江河源市江口控制单元、增江惠州市九龙潭控制单元、东江惠州市博罗城下（新角）控制单元、增江广州市增江口控制单元、淡水河深圳—惠州市紫溪控制单元、沙河惠州市河口控制单元、东莞运河东莞市樟村（家乐福）控制单元、东江南支流东莞市沙田泗盛控制单元、石马河深圳—东莞市旗岭控制单元、西枝江惠州市马安大桥下控制单元。

2. 人口及经济发展

东江流域包括江西段和广东段，其中东江流域广东段基本为经济发达的沿海地区，改革开放以来经济发展和人口增长迅速。根据统计年鉴等资料，结合行政和流域边界，以控制单元进行统计分析，2015年东江流域覆盖的各地级市总人口为1 811.26万人。其中，东江河源市龙川铁路桥下控制单元83.49万人，东江河源市江口控制单元225.29万人，新丰江韶关—河源市新丰江水库控制单元57.33万人，东江惠州市博罗城下（新角）控制单元178.6万人，西枝江惠州市马安大桥下控制单元111.72万人，淡水河深圳—惠州市紫溪控制单元192.14万人，石马河深圳—东莞市旗岭控制单元340.06万人，沙河惠州市河口控制单元43.96万人，增江惠州九龙潭控制单元29.39万人，增江广州市增江口控制单元99.58万人，东莞运河东莞市樟村（家乐福）控制单元349.95万人，东江南支流东莞市沙田泗盛控制单元156.47万人。流域内常住人口分布特征大致为从上游到下游依次增多，东江源头水库区人口数量远低于下游地区。2011年以来，东江流域人口变化不大，呈现低速稳定增长的特性，部分控制单元常住人口受到产业转移的影响，常住人口轻微下降。近5年东江流域各地市的人口情况见图11-24。

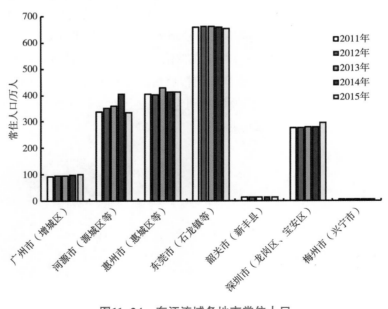

图11-24 东江流域各地市常住人口

2015年，东江流域广东省范围内地方GDP为13 073.1亿元其中，东江河源市龙川铁路桥下控制单元

153亿元，东江河源市江口控制单元482亿元，新丰江韶关—河源市新丰江水库控制单元173亿元，东江惠州市博罗城下（新角）控制单元918亿元，西枝江惠州市马安大桥下控制单元630亿元，淡水河深圳—惠州市紫溪控制单元2 373亿元，石马河深圳—东莞市旗岭控制单元2 955亿元，沙河惠州市河口控制单元225亿元，增江惠州九龙潭控制单元142亿元，增江广州市增江口控制单元945亿元，东莞运河东莞市樟村（家乐福）控制单元3 087亿元，东江南支流东莞市沙田泗盛控制单元984亿元。深圳市、东莞市等下游区域GDP远高于上游区域，总体呈现从上游到下游的阶梯上升的趋势，和人口梯度变化类似。

2015年，东江流域经济相比往年增长速度为8.9%，增长速度相对较快，但是各个控制单元差异较大，西枝江惠州市马安大桥下控制单元增长最快，为17%；增江惠州九龙潭控制单元增长最慢，为0%；总体上惠州区域增长较快，东莞次之，河源和深圳相对较慢，呈现出经济发达地区和经济落后地区增长相对缓慢，经济发展中地区增长迅速的特征。

从人均GDP来看，东江干流区域控制单元从上游到下游呈现明显的增长梯度，东江河源市龙川铁路桥控制单元最低，淡水河深圳—惠州市紫溪控制单元最高。支流所在控制单元相对干流较低。

2015年，东江流域三次产业结构为3∶51∶46，总体上第一产业最低，仅占3%左右；工业较为发达，占51%。总体上，上游区域第一产业比重仍然较大，如韶关为32%；中下游区域第二产业比重较大，东莞作为"世界工厂"，工业增加值相对较大（图11-25）。

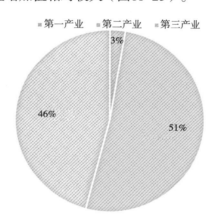

图11-25　2015年东江流域（广东省）三产占比

3. 土地利用情况

选取东江流域1980年及2015年2个年份的遥感影像图，利用ENVI进行解译，可得到东江流域1980年及2015年土地利用矢量数据，并依此进一步分析东江流域近30年土地利用演变特征及空间分布现状特征（表11-14）。

表11-14　1980—2015年东江流域土地利用基本情况

类型	1980年		2015年		1980—2015年	
	面积/km²	比例/%	面积/km²	比例/%	面积变化/km²	变化率/%
林地	25 558.37	70.06	25 155.16	68.86	-403.21	-1.10
草地	857.72	2.35	811.25	2.22	-46.47	-0.13
农田	4 932.46	13.52	4 439.26	12.15	-493.2	-1.35

（续表）

类型	1980年		2015年		1980—2015年	
	面积/km²	比例/%	面积/km²	比例/%	面积变化/km²	变化率/%
园地	2 380.44	6.52	1 945.77	5.33	−434.67	−1.19
城市	874.45	2.40	2 323.51	6.36	1449.06	3.97
农村	668.03	1.83	619.47	1.70	−48.56	−0.13
水体	1 209.96	3.32	1 186.98	3.25	−22.98	−0.06
未开发用地	0.5	0.14	0.47	0.13	0.03	−0.03

东江流域上游区域土地利用类型以农业用地为主（耕地、园地等），不透水面积占总面积的比例为0.44%，耕地面积占总面积的11.88%；东江流域中游区域，不透水面积占总面积的1.00%，耕地面积占总面积的13.23%，占比较东江流域上游均有小幅提升；东江流域下游区域开发程度高，不透水面积占总面积的11.51%，耕地面积占总面积的23.07%，建设用地上升明显（城镇用地为主），土地利用压力很大，其中石马河深圳—东莞市旗岭控制单元、东江南支流东莞市沙田泗盛控制单元、东莞运河东莞市樟村（家乐福）控制单元、淡水河深圳—惠州市紫溪控制单元主要土地利用压力来源于城镇建设（表11-15）。

表11-15　东江流域各控制单元土地利用统计情况表

片区	控制单元	总面积/km²	不透水面积/km²	耕地面积/km²	不透水面积比/%	耕地面积比/%
东江流域上游片区	东江河源市龙川铁路桥下控制单元	4 136.2	18.3	491.32	0.44	11.88
东江流域中游片区	东江河源市江口控制单元	5 166.71	79.23	745.54	1.53	14.43
	新丰江韶关—河源市新丰江水库控制单元	5 845.08	31.43	711.84	0.54	12.18
	中游小计	11 011.79	110.66	1 457.38	1.00	13.23
东江流域下游片区	东江惠州市博罗城下（新角）控制单元	3 399.49	176.45	1 067.8	5.19	31.41
	西枝江惠州市马安大桥下控制单元	2 856.32	51.33	535.29	1.80	18.74
	淡水河深圳—惠州市紫溪控制单元	1 303.56	292.04	378.64	22.40	29.05
	石马河深圳—东莞市旗岭控制单元	968.98	373.04	138.54	38.50	14.30
	沙河惠州市河口控制单元	1 082.77	24.75	321.95	2.29	29.73
	增江惠州市九龙潭控制单元	1 634.72	109.91	486.79	6.72	29.78
	增江广州市增江口控制单元	2 174.21	15.26	313.63	0.70	14.42
	东莞运河东莞市樟村（家乐福）控制单元	1 050.69	544.9	129.78	51.86	12.35
	东江南支流东莞市沙田泗盛控制单元	503.82	135.68	82.12	26.93	16.30
	下游小计	14 974.56	1 723.36	3 454.54	11.51	23.07
流域总计		30 122.54	1 852.3	5 403.24	6.15	17.94

4.农业种植源估算

采用《全国水环境容量核定技术指南》中推荐的标准农田法进行估算。标准农田指的是平原、种植作物为小麦、土壤类型为壤土、年化肥施用量为25～35 kg/亩，降水量在400～800 mm范围内的农田。标准农田源强系数为COD 10 kg/(亩·a)，总氮2 kg/(亩·a)，总磷为0.5 kg/(亩·a)。对于其他农田，对应的源强系数需要根据坡度、农作物类型、土壤类型、化肥施用量及降水量进行修正。依据东江流域各市、区（县）农业用地基本情况，计算得到的农田面源负荷见表11-16。

表11-16 东江流域各县区种植业污染物排放情况
单位：t/d

市、区（县）	农业种植源		
	COD	TN	TP
赣州市区域	31.03	6.21	1.55
定南县	16.59	3.32	0.83
寻乌县	14.43	2.89	0.72
河源市区域	89.31	17.86	4.47
源城区	2.11	0.42	0.11
东源县	18.10	3.62	0.91
和平县	13.01	2.60	0.65
龙川县	22.08	4.42	1.10
紫金县	21.89	4.38	1.09
连平县	12.12	2.42	0.61
梅州市区域	122.68	24.54	6.13
梅江区	3.75	0.75	0.19
兴宁市	27.28	5.46	1.36
梅县区	17.89	3.58	0.89
平远县	8.55	1.71	0.43
蕉岭县	7.78	1.56	0.39
大埔县	12.19	2.44	0.61
丰顺县	14.61	2.92	0.73
五华县	30.62	6.12	1.53
惠州市区域	96.81	19.36	4.84
惠城区	12.20	2.44	0.61
惠阳区	10.10	2.02	0.50
惠东县	31.64	6.33	1.58
博罗县	25.95	5.19	1.30
龙门县	13.80	2.76	0.69
大亚湾区	0.34	0.07	0.02
仲恺区	2.79	0.56	0.14

（续表）

市、区（县）	农业种植源		
	COD	TN	TP
东莞市区域	8.89	1.78	0.44
广州市增城区	14.08	2.82	0.70
深圳市区域	0.32	0.06	0.02
龙岗区	0.00	0.00	0.00
坪山区	0.32	0.06	0.02
龙华区	0.00	0.00	0.00
光明区	0.00	0.00	0.00
汇总	363.12	72.62	18.16

东江流域各市、区农业种植污染源COD、TN以及TP排放量贡献率表现一致为：梅州市区域（33.79%、33.79%、33.77%）>惠州市区域（26.66%、26.66%、26.66%）>河源市区域（24.60%、24.60%、24.61%）>赣州市区域（8.54%、8.54%、8.54%）>广州市增城区（3.88%、3.88%、3.85%）>东莞市区域（2.45%、2.45%、2.46%）>深圳市区域（0.09%、0.08%、0.11%）。东江流域内农业种植源排放量各区域间呈现出明显的空间差异性，这主要与城市发展有关。前三市级区域分别为梅州市、惠州市和河源市，三市农业种植源排放占比总和超过了85%，该三市主要仍以农业发展为主，农业种植地面积占比较大。而广州、东莞、深圳三市由于城市化的迅速发展，农业种植面积严重缩减，农业种植污染排放量占比较小（图11-26）。

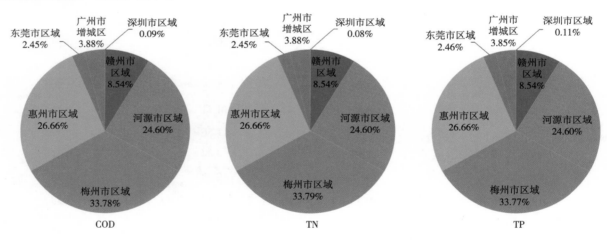

图11-26　东江流域各市（县、区）农业种植源COD、TN、TP排放负荷贡献率

5. 畜禽养殖源

畜禽养殖源污染物排放量估算参考《全国污染源普查畜禽养殖业源产排污系数手册》中南区排污系数进行计算，各类型排污系数如表11-17所示。

根据东江流域内各市级统计年鉴畜禽养殖数据，畜禽养殖业以养殖鸡、鸭、牛、猪等为主，其中大型牲畜（猪牛羊）年存栏数约为407.5万头，出栏数约为656.1万头，家禽类年存栏数约为4 851.59万羽，出栏数约为1.45亿羽（表11-18）。

表11-17 各类型养殖动物排污系数明细表   单位：g/d

动物种类	污染物指标	清粪工艺	排污系数
猪	COD	干清粪	39.14
		水冲清粪	181.22
		垫草垫料	0
	TN	干清粪	12.4
		水冲清粪	17.92
		垫草垫料	0
	TP	干清粪	0.21
		水冲清粪	3.13
		垫草垫料	0
牛	COD	干清粪	215.22
		水冲清粪	2 045.46
		垫草垫料	0
	TN	干清粪	32.15
		水冲清粪	60.42
		垫草垫料	0
	TP	干清粪	0.73
		水冲清粪	9.84
		垫草垫料	0
鸡	COD	干清粪	3.36
		水冲清粪	7.53
		垫草垫料	0
	TN	干清粪	0.11
		水冲清粪	0.32
		垫草垫料	0
	TP	干清粪	0.02
		水冲清粪	0.04
		垫草垫料	0

注：未给出养殖种类排污系数的养殖动物类型，按照畜禽量的换算关系为：3只羊=1头猪，家禽均转化为鸡当量进行计算。

表11-18 东江流域各县市区畜禽养殖存、出栏情况   单位：头（羽）

市、区（县）	牛（存栏）	羊（存栏）	生猪（存栏）	家禽（存栏）	生猪（出栏）	牛（出栏）	羊（出栏）	家禽（出栏）
河源市	7 3204	6 831	747 993	10 929 324	1 000 024	35 581	6 412	26 008 166
源城区	372	—	47 269	1 094 365	70 712	597	—	2 816 667

（续表）

市、区（县）	牛（存栏）	羊（存栏）	生猪（存栏）	家禽（存栏）	生猪（出栏）	牛（出栏）	羊（出栏）	家禽（出栏）
东源县	12 174	972	84 453	1 894 180	166 242	8 336	1 565	4 512 168
和平县	13 288	1 878	58 043	1 772 706	164 130	4 667	1 590	5 297 555
龙川县	9 798	2 970	236 778	2 839 175	261 315	7 378	1 757	3 960 293
紫金县	28 898	—	124 288	2 018 643	194 471	9 588	—	6 392 226
连平县	8 674	1 011	197 162	1 310 255	143 154	5 015	1 500	3 029 257
东莞市	769	889	62 463	7 844 86	114 939	1 267	1 168	3 982 731
广州市增城区	16 422	5 015	17 311	4 510 574	39 166	7 162	5 036	26 190 469
深圳市	—	—	13 514	7 140	26 176	—	—	563 270
龙岗区	—	—	13 514	—	26 176	—	—	—
坪山区	—	—	—	—	—	—	—	—
龙华区	—	—	—	—	—	—	—	—
光明区	—	—	—	—	—	—	—	—
梅州市	1 130	55 643	1 588 564	17 368 491	2 636 478	42 657	70 592	49 898 130
梅江区	33	1 224	63 712	629 373	188 426	1 229	1 553	2 858 833
兴宁市	123	7 928	338 584	4 511 684	595 402	4 660	10 058	11 641 289
梅县区	105	11 474	216 425	2 317 562	397 048	3 948	14 557	6 625 474
平远县	100	5 616	103 275	790 232	149 374	3 766	7 125	1 184 255
蕉岭县	150	6 510	109 739	594 813	242 446	5 661	8 259	1 782 792
大埔县	64	4 624	125 809	1 073 822	219 835	2 425	5 866	2 906 758
丰顺县	165	6 286	183 057	4 159 351	270 109	6 230	7 975	17 791 207
五华县	390	11 981	447 963	3 291 654	573 838	14 738	15 200	5 107 522
赣州市	39 060	19 609	284 788	2 869 400	614 192	14 705	18 607	5 520 700
定南县	8 130	1 975	231 600	609 000	508 200	3 075	1 735	1 056 200
寻乌县	30 930	17 634	53 188	2 260 400	105 992	11 630	16 872	4 464 500
惠州市	45 027	5 681	1 091 271	12 046 505	1 897 139	20 483	9 180	33 004 055
惠城区	6 408	206	217 968	2 009 253	415 038	2 532	317	4 314 685
惠阳区	2 572	598	18 709	1 119 012	51 678	1 300	612	3 650 162
惠东县	18 262	2 737	309 135	2 010 821	429 803	4 235	2 436	5 292 208
博罗县	14 803	1 367	465 807	4 650 960	868 832	10 284	5 221	15 863 964
龙门县	2 297	430	72 380	781 441	92 954	1 847	265	2 480 481
大亚湾区	152	—	3 019	54 683	28 413	93	145	151 802
仲恺区	533	343	4 253	1 420 335	10 421	192	184	1 250 753

如表11-19所示，东江流域畜禽养殖污染物排放量分别为COD 462.13 t/d、TN 48.06 t/d、TP 5.34 t/d。

表11-19　东江流域畜禽养殖污染物排放情况　　　　　单位：t/d

市、区（县）	畜禽养殖源		
	COD	TN	TP
赣州市区域	47.64	4.50	0.47
定南县	23.84	3.03	0.30
寻乌县	23.81	1.48	0.18
河源市区域	106.76	9.66	1.09
源城区	5.33	0.55	0.07
东源县	17.26	1.42	0.16
和平县	15.16	1.22	0.14
龙川县	24.88	2.56	0.28
紫金县	26.52	2.06	0.23
连平县	17.61	1.86	0.20
梅州市区域	157.35	18.50	2.03
梅江区	7.71	0.97	0.10
兴宁市	33.64	4.00	0.45
梅县区	21.37	2.60	0.28
平远县	9.51	1.14	0.12
蕉岭县	12.09	1.47	0.15
大埔县	11.78	1.46	0.16
丰顺县	22.24	2.20	0.28
五华县	38.99	4.67	0.49
惠州市区域	123.04	13.55	1.48
惠城区	22.91	2.71	0.29
惠阳区	5.09	0.39	0.05
惠东县	31.95	3.52	0.37
博罗县	52.10	5.89	0.64
龙门县	7.46	0.80	0.09
大亚湾区	0.84	0.11	0.01
仲恺区	2.69	0.13	0.03
东莞市区域	6.88	0.78	0.09
广州市增城区	19.37	0.92	0.17
深圳市区域	1.09	0.16	0.02
龙岗区	1.02	0.15	0.01
坪山区	0.00	0.00	0.00
龙华区	0.00	0.00	0.00
光明区	0.00	0.00	0.00
汇总	462.13	48.06	5.34

东江流域各市、区畜禽养殖源COD、TN以及TP排放量贡献率表现一致为：梅州市区域（34.04%、38.48%、37.95%）>惠州市区域（26.63%、28.19%、27.67%）>河源市区域（23.10%、20.11%、20.37%）>赣州市区域（10.31%、9.37%、8.78%）>广州市增城区（4.19%、1.91%、3.18%）>东莞市区域（1.49%、1.62%、1.68%）>深圳市区域（0.24%、0.32%、0.37%）。东江流域内畜禽养殖源排放量在空间特征分布上基本与农业种植源保持一致，前三市级区域也均为梅州市、惠州市和河源市，三市农业种植源排放占比总和超过了83%，以种植业、畜牧业为主导的第一产业仍是该区域的主要发展产业，所以畜禽养殖源占比较大。而广州、东莞、深圳三市由于第二、第三产业迅速发展，且2008年以来广东省政府对珠三角养殖结构进行调整，导致该区域畜禽养殖数量骤减，畜禽养殖污染排放负荷占比较小（图11-27）。

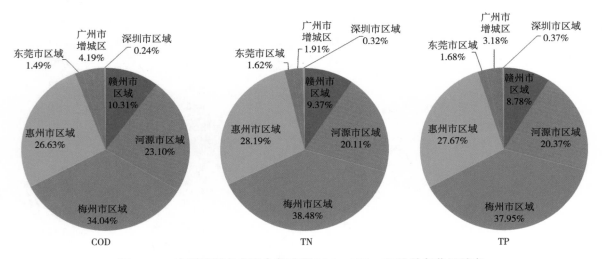

图11-27　东江流域各市畜禽养殖源COD、TN、TP排放负荷贡献率

6. 水产养殖源

根据东江流域内各市级统计年鉴水产养殖数据，参考《全国污染源普查畜禽养殖业源产排污系数手册》广东、江西地区水产养殖排污系数，对东江流域水产养殖污染进行核算进行计算，东江流域各主要水产养殖类型排污系数如表11-20所示。

表11-20　东江流域水产养殖系数明细　　　　　　　　　　　　　　　　单位：g/kg

种类	水产养殖排污系数表		
	TN	TP	COD
鲟鱼	0.664	0.044	2.624
鳗鲡	22.097	5.377	273.235
青鱼	0.842	0.155	12.543
草鱼	4.238	0.987	25.224
鲢鱼	2.681	0.465	20.56
鳙鱼	3.622	0.408	19.932

（续表）

种类	水产养殖排污系数表		
	TN	TP	COD
鲤鱼	0.996	0.183	14.829
鲫鱼	2.091	0.988 1	21.785
鳊鱼	1.443	0.11	5.598
泥鳅	6.281	0.451	79.333
鲶鱼	5.503	0.395	69.514
回鱼	4.339	0.312	54.809
黄颡鱼	6.198	0.445	78.291
鲑鱼	1.505	0.101	5.944
鳟鱼	0.833	0.056	3.288
黄鳝	4.275	1.04	52.864
罗非鱼	6.481	0.858	93.693
罗氏沼虾	2.401	2.008	9.888
青虾	2.672	0.569	2.501
其他	4.103	1.03	48.226

　　东江流域各市、区水产养殖源COD、总氮以及总磷排放量贡献率表现一致为：惠州市区域（36.13%；36.09%；36.43%）>梅州市区域（24.04%；23.99%；24.03%）>东莞市区域（14.92%；14.97%；14.73%）>广州市增城区（11.69%；11.71%；11.63%）>河源市区域（9.19%；9.21%；9.30%）>赣州市区域（3.98%；4.03%；3.88%）>深圳市区域（0.05%；0.00%；0.00%）。总体来看，东江流域水产养殖源在空间分布上也存在较大的差异性。其中惠州、梅州及东莞是主要的水产养殖污染源排放区域，排放占比达到了整个流域的75%。而赣州、深圳等地占比较小（图11-28）。

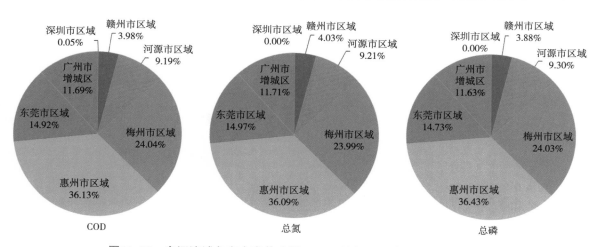

图11-28　东江流域各市水产养殖源COD、总氮、总磷排放负荷贡献率

东江流域水产养殖污染物排放量分别为COD 61.06 t/d、TN 5.19 t/d、TP 1.30 t/d（表11-21）。

表11-21　东江流域水产养殖污染物排放情况　　　　　　　　　　　　单位：t/d

市、区（县）	水产养殖源		
	COD	TN	TP
赣州市区域	2.43	0.21	0.05
定南县	1.40	0.12	0.03
寻乌县	1.03	0.09	0.02
河源市区域	5.61	0.48	0.12
源城区	0.18	0.02	0.00
东源县	1.15	0.10	0.02
和平县	0.44	0.04	0.01
龙川县	1.88	0.16	0.04
紫金县	1.25	0.11	0.03
连平县	0.71	0.06	0.02
梅州市区域	14.68	1.25	0.31
梅江区	0.98	0.08	0.02
兴宁市	2.34	0.20	0.05
梅县区	3.78	0.32	0.08
平远县	0.83	0.07	0.02
蕉岭县	1.27	0.11	0.03
大埔县	0.97	0.08	0.02
丰顺县	2.10	0.18	0.04
五华县	2.40	0.20	0.05
惠州市区域	22.06	1.88	0.47
惠城区	2.81	0.24	0.06
惠阳区	0.65	0.06	0.01
惠东县	8.47	0.72	0.18
博罗县	3.81	0.32	0.08
龙门县	0.88	0.08	0.02
大亚湾区	3.80	0.32	0.08
仲恺区	1.65	0.14	0.04
东莞市区域	9.11	0.78	0.19
广州市增城区	7.14	0.61	0.15
深圳市区域	0.03	0.00	0.00
龙岗区	0.00	0.00	0.00
坪山区	0.03	0.00	0.00
龙华区	0.00	0.00	0.00
光明区	0.00	0.00	0.00
汇总	61.06	5.19	1.30

7. 流域主要农业源汇总分析

从单位耕地面积化肥使用量来看，东江流域上游片区>东江流域中游片区>东江流域下游片区；从单位耕地面积农药使用量来看，东江流域下游片区>东江流域中游片区>东江流域上游片区；从单位土地面积畜禽养殖量来看，东江流域下游片区>东江流域上游片区>东江流域中游片区。综合来看，农村面源污染压力主要是农药和畜禽养殖，化肥施用的压力较小（表11-22至表11-24）。

东江流域各市、区各类污染源汇总情况见表11-25。从COD、TN和TP三方面分析农业种植源、畜禽养殖源、水产养殖源贡献比率，流域总体上COD的农业种植源、畜禽养殖源、水产养殖源的贡献比率分别为41%、52%、7%，TN的农业种植源、畜禽养殖源、水产养殖源的贡献比率分别为58%、38%、4%，总磷的农业种植源、畜禽养殖源、水产养殖源的贡献比率分别为73%、22%、5%。所以农业种植及畜禽养殖为东江流域最主要的农业类型污染源途径，尤其是对于总磷来说，因为农业种植而产生的总磷输出占比达到了将近3/4，对流域总磷污染的影响不容忽视（图11-29）。

表11-22　各控制单元化肥施用情况

片区	控制单元	耕地面积/hm²	化肥施用量/t					单位耕地面积化肥施用量/（kg/hm²）				
			2011	2012	2013	2014	2015	2011	2012	2013	2014	2015
东江流域上游片区	东江河源市龙川铁路桥下控制单元	49 132	16 501	16 757	16 814	20 058	20 107	335.86	341.06	342.22	408.26	409.24
东江流域中游片区	东江河源市江口控制单元	74 554	25 359	26 370	26 775	28 554	28 834	340.14	353.7	359.14	382.99	386.76
	新丰江韶关—河源市新丰江水库控制单元	71 184	21 499	21 470	22 177	22 392	22 851	302.02	301.61	311.54	314.57	321.01
	中游小计	145 738	46 858	47 840	48 952	50 946	51 685	321.52	328.26	335.89	349.57	354.64
东江流域下游片区	东江惠州市博罗城下（新角）控制单元	106 780	32 152	32 709	32 836	33 241	13 013	301.11	306.32	307.51	311.3	121.87
	西枝江惠州市马安大桥下控制单元	53 529	21 824	22 727	22 626	23 628	11 248	407.7	424.56	422.69	441.4	210.14
	淡水河深圳—惠州市紫溪控制单元	37 864	5 577	7 420	7 385	7 245	2 744	147.28	195.95	195.03	191.34	72.48
	石马河深圳—东莞市旗岭控制单元	13 854	5 092	4 993	3 900	3 597	3 528	367.56	360.39	281.52	259.63	254.67
	沙河惠州市河口控制单元	32 195	14 077	14 076	14 020	14 026	5 483	437.24	437.21	435.46	435.64	170.29
	增江惠州市九龙潭控制单元	48 679	10 605	10 692	11 147	11 443	3 636	217.85	219.64	229	235.06	74.69
	增江广州市增江口控制单元	31 363	15 604	14 824	17 875	17 868	17 157	497.52	472.66	569.93	569.71	547.06

（续表）

片区	控制单元	耕地面积/hm²	化肥施用量/t					单位耕地面积化肥施用量/（kg/hm²）				
			2011	2012	2013	2014	2015	2011	2012	2013	2014	2015
东江流域下游片区	东莞运河东莞市樟村（家乐福）控制单元	12 978	6 274	6 158	4 819	4 443	4 354	483.45	474.46	371.34	342.34	335.49
	东江南支流东莞市沙田泗盛控制单元	8 212	4 183	4 105	3 213	2 962	2 903	509.4	499.92	391.27	360.71	353.5
	下游小计	345 454	115 388	117 704	117 821	118 453	64 066	334.02	340.72	341.06	342.89	185.45
流域总体		540 324	178 746	182 300	183 587	189 455	135 859	330.81	337.39	339.77	350.63	251.44

表11-23　各控制单元农药使用情况

片区	控制单元	耕地面积/hm²	农药使用量/t					单位耕地面积农药使用量/（kg/hm²）				
			2011	2012	2013	2014	2015	2011	2012	2013	2014	2015
东江流域上游片区	东江河源市龙川铁路桥下控制单元	49 132	849	847	850	850	850	17.28	17.24	17.3	17.31	17.31
东江流域中游片区	东江河源市江口控制单元	74 554	1 008	910	948	1 018	1 032	13.51	12.2	12.72	13.66	13.84
	新丰江韶关—河源市新丰江水库控制单元	71 184	1 346	1 325	1 361	1 521	1 555	18.91	18.62	19.11	21.36	21.85
	中游小计	145 738	2 354	2 235	2 309	2 539	2 587	16.15	15.34	15.84	17.42	17.75
东江流域下游片区	东江惠州市博罗城下（新角）控制单元	106 780	2 144	2 122	2 143	2 135	2 141	20.07	19.87	20.07	19.99	20.05
	西枝江惠州市马安大桥下控制单元	53 529	540	535	570	572	578	10.09	9.99	10.64	10.69	10.79
	淡水河深圳—惠州市紫溪控制单元	37 864	398	298	352	321	314	10.51	7.87	9.29	8.47	8.3
	石马河深圳—东莞市旗岭控制单元	13 854	395	382	310	301	294	28.5	27.55	22.4	21.73	21.19
	沙河惠州市河口控制单元	32 195	1 192	1 186	1 189	1 191	1 186	37.03	36.85	36.92	36.99	36.85
	增江惠州市九龙潭控制单元	48 679	869	873	909	902	947	17.84	17.93	18.67	18.53	19.45
	增江广州市增江口控制单元	31 363	541	498	517	499	498	17.26	15.87	16.5	15.9	15.87
	东莞运河东莞市樟村（家乐福）控制单元	12 978	348	332	293	290	288	26.8	25.58	22.58	22.37	22.18
	东江南支流东莞市沙田泗盛控制单元	8 212	232	221	195	194	192	28.24	26.96	23.8	23.57	23.37
	下游小计	345 454	6 659	6 447	6 478	6 405	6 438	19.28	18.66	18.75	18.54	18.64
流域总体		540 324	9 861	9 528	9 637	9 793	9 875	18.25	17.63	17.84	18.13	18.28

表11-24 各控制单元畜禽养殖情况

片区	控制单元	土地面积/km²	畜禽养殖量/头（羽）					单位土地面积畜禽养殖量/[头（羽）/km²]				
			2011	2012	2013	2014	2015	2011	2012	2013	2014	2015
东江流域上游片区	东江河源市龙川铁路桥下控制单元	4 136.2	856 932	839 314	839 133	846 783	855 689	207	203	203	205	207
东江流域中游片区	东江河源市江口控制单元	5 166.71	1 292 024	1 246 664	1 169 145	1 156 893	1 142 230	250	241	226	224	221
	新丰江韶关—河源市新丰江水库控制单元	5 845.08	875 690	883 457	874 746	880 101	886 170	150	151	150	151	152
	中游小计	11 011.79	2 167 714	2 130 121	2 043 891	2 036 994	2 028 400	197	193	186	185	184
东江流域下游片区	东江惠州市博罗城下（新角）控制单元	3 399.49	1 175 304	1 273 198	1 211 983	1 189 470	1 181 121	346	375	357	350	347
	西枝江惠州市马安大桥下控制单元	2 856.32	94 105	938 980	942 973	943 252	985 593	33	329	330	330	345
	淡水河深圳—惠州市紫溪控制单元	1 303.56	180 587	176 674	164 018	159 997	156 057	139	136	126	123	120
	石马河深圳—东莞市旗岭控制单元	968.98	97 421	84 301	51 926	49 618	42 461	101	87	54	51	44
	沙河惠州市河口控制单元	1 082.77	361 478	503 029	489 984	482 119	468 106	334	465	453	445	432
	增江惠州市九龙潭控制单元	1 634.72	1 141 920	148 503	150 953	149 206	152 116	699	91	92	91	93
	增江广州市增江口控制单元	2 174.21	808 820	760 999	679 096	627 594	576 355	372	350	312	289	265
	东莞运河东莞市樟村（家乐福）控制单元	1 050.69	90 976	77 371	41 989	45 436	39 992	87	74	40	43	38
	东江南支流东莞市沙田泗盛控制单元	503.82	60 651	51 581	27 993	30 291	26 661	120	102	56	60	53
	下游小计	14 974.56	4 011 262	4 014 636	3 760 915	3 676 983	3 628 462	268	268	251	246	242
	流域总体		7 035 908	6 984 070	6 643 938	6 560 759	6 512 553	234	232	221	218	216

表11-25 东江流域各市、区污染物排放一览表 单位：t/d

区域	COD				TN				TP			
	水产养殖源	畜禽养殖源	农业种植源	小计	水产养殖源	畜禽养殖源	农业种植源	小计	水产养殖源	畜禽养殖源	农业种植源	小计
赣州市区域	2.43	47.64	31.03	81.10	0.21	4.50	6.21	10.92	0.05	0.47	1.55	2.08

（续表）

区域	COD				TN				TP			
	水产养殖源	畜禽养殖源	农业种植源	小计	水产养殖源	畜禽养殖源	农业种植源	小计	水产养殖源	畜禽养殖源	农业种植源	小计
河源市区域	5.61	106.76	89.31	201.68	0.48	9.66	17.86	28.01	0.12	1.09	4.47	5.67
梅州市区域	14.68	157.35	122.68	294.71	1.25	18.50	24.54	44.28	0.31	2.03	6.13	8.47
惠州市区域	22.06	123.04	96.81	241.92	1.88	13.55	19.36	34.79	0.47	1.48	4.84	6.79
东莞市区域	9.11	6.88	8.89	24.88	0.78	0.78	1.78	3.33	0.19	0.09	0.44	0.72
广州市增城区	7.14	19.37	14.08	40.58	0.61	0.92	2.82	4.35	0.15	0.17	0.70	1.02
深圳市区域	0.03	1.09	0.32	1.44	0.00	0.16	0.06	0.22	0.00	0.02	0.02	0.03
东江流域	61.06	462.13	363.12	886.31	5.19	48.06	72.62	125.88	1.30	5.34	18.16	24.79

对东江流域各市、区污染物排放进行统计分析可知。东江流域COD、TN和TP在空间分布上呈现相似的态势。总的来说，河源市、梅州市及惠州市是东江流域农业种植源类型COD、TN和TP排放量最高的3个区域，3市COD、TN和TP污染源之和占比分别达到了东江流域的84.45%、85.06%和84.45%，所以对于东江流域农业种植源类型污染，河源市、梅州市及惠州市应为重点管控区域。除此之外，虽然东莞市及广州市增城区的总体污染排放负荷占比不高，但此两处区域内水产养殖占比较高，在两区域内应注意水产养殖污染带来的影响（表11-25）。

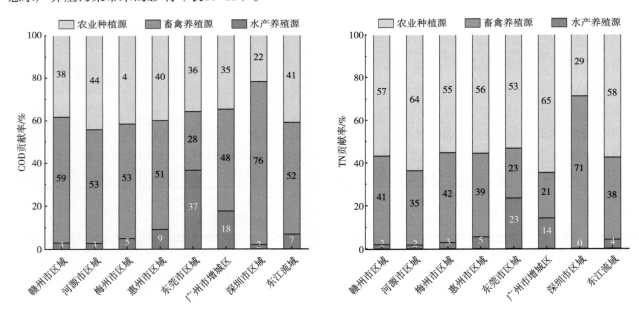

图11-29　东江流域及各市区COD、TN、TP排放负荷贡献率

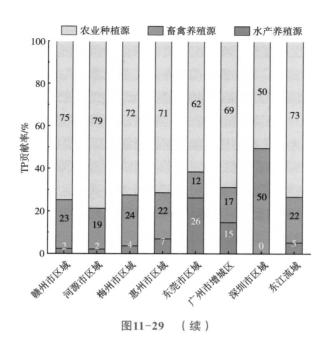

图11-29 （续）

第二节 多熟制稻田面源污染防控技术

一、稻田有机肥替代化肥技术

（一）适用范围

本技术适用于华南地区pH值为5.5~7.5的稻田。

（二）技术简介

以有机肥替代化肥，主要利用一般农业废弃物好氧发酵产物，包括牡蛎壳、秸秆腐化物、余菜腐化物、畜禽粪便发酵物等复配形成有机肥，根据地力情况全部或部分替代化肥，实现化肥减量，降低水体面源污染风险。

（三）操作方法

1．"有机肥+配方肥"模式

（1）基肥。移栽前，每亩施用猪粪、鸡粪、牛粪、种植业废弃物等经过充分腐熟的堆沤有机肥3~4 m³，或商品有机肥（含生物有机肥）350~400 kg，同时施用专用配方肥30~40 kg。

（2）追肥。一般移栽后7 d左右追施尿素5 kg/亩，淋施。以后每7~10 d追施专用配方肥6~10 kg，分7~10次随水追施。根据收获情况，每收获1~2次追肥1次。

2．"有机肥+水肥一体化"模式

该模式需水肥一体化灌溉系统实施。

（1）基肥。移栽前每亩施用猪粪、鸡粪、牛粪、种植业废弃物等经过充分腐熟的优质堆沤有机肥

3～4 m³，或商品有机肥（含生物有机肥）350～400 kg，同时施用专用配方肥30～40 kg。

（2）追肥。定植后前两次只灌水、不施肥，灌水量为每次每亩15～20 m³。苗期建议每次每亩施用专用配方水溶肥3～5 kg，每隔5～10 d灌水施肥一次，灌水量为每次每亩10～15 m³，共3～5次。瓜果类在开花坐果期和果实膨大期每次每亩施用专用配方水溶肥2～3.5 kg，灌水量为每亩5～15 m³，每隔7～10 d一次，共10～15次。叶菜类看苗施肥。一般情况下，秋冬茬前期（8—9月）灌水施肥频率较高，而冬春茬瓜果类在果实膨大期（4—5月）灌水施肥频率较高。

（四）注意事项

（1）及时清除农田里的杂草。杂草的防除，除采用化学方式外，还应采用人工除草、机械除草等。

（2）猪粪、鸡粪、牛粪、种植业废弃物等不得随意堆放。

（3）灌溉污水不得随意排放。

二、灌溉污水净化技术

（一）适用范围

该技术适用于华南地区水源水质未达到农田灌溉水质标准（GB 5084—2021）的灌溉用水净化。

（二）技术简介

通过切断外源污染、水体内源污染修复和水生生态系统重建，修复水体污染，恢复水生生态系统的原有结构和功能，达到污染灌溉用水净化和减小面源污染的目的。

（三）操作方法

1. 周边污染源阻隔

通过植被缓冲带、人工湿地、沉淀过滤池等技术和工程措施，降低或者阻断进入灌溉渠的污染负荷，为后续的水体污染修复和水生态恢复提供必要条件（图11-30）。

图11-30　人工湿地结构示意

2. 二级生态沟渠净化技术

以生物修复（微生物菌剂和高效植物）为主要手段，辅以必要的物理化学手段（如人工曝气增氧、原位改性土除藻吸磷等），结合工程手段（生态浮床、人工水草等），修复灌溉水体污染，降低灌溉水中悬浮物、有机物、氮磷营养盐的水平，提高水体透明度，并为沉水植物群落重建提供良好的生长条件，达到灌溉污水净化的目的（图11-31）。

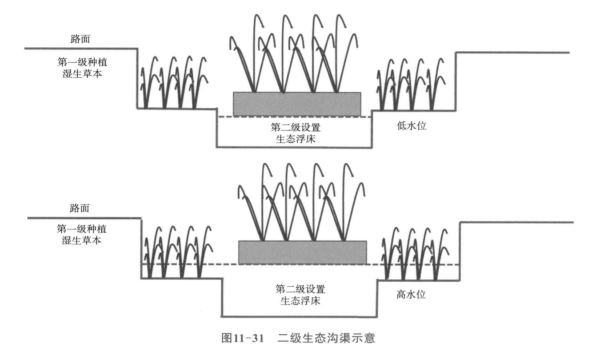

图11-31　二级生态沟渠示意

（四）注意事项

（1）要防止田间积水导致作物基部腐烂。

（2）及时清除农田里的杂草。杂草的防除，除采用化学方式外，还应采用人工除草、机械除草等。

（3）灌溉污水不得随意排放。

三、稻鸭共生技术

（一）适用范围

该技术适用于华南地区水源充足、灌溉方便、大片或者平坦区域且有一定种养习惯和基础的水稻种植区。

（二）技术简介

该技术是一种结合种植业和养殖业的生态农业模式，形成大水田、小群体、少饲养为特色的综合种养体系。一方面，稻田为鸭子提供天然饵料、充足的水源和生息的泥地；另一方面，鸭子在田间活动，捕虫除草，排粪肥田，奔跑活动又有利于田间通透，增加水中溶解氧，减少水稻病害，促进水稻根系生长。稻鸭共生系统可大幅减少农药、化肥和除草剂的施用，使得稻田中保持健康生态环境和生物多样性，可以形成良性循环达到稻鸭双丰收的目的。

（三）操作方法

1. 稻田及鸭种选择

选择便于管理、浮游生物及底栖动物等饵料生物丰富、灌溉方便、水源有保证、敌害相对少、不受洪水威胁的稻田作稻鸭共作田。鸭应当选用肉质优良、活动灵活、喜食野生动植物、生活力强、适应力和抗逆性均较强的中小型优良鸭品种。

2. 稻田管理

科学控制稻田的水深。一般情况下，水深以鸭掌正好能够接触到稻田泥土为宜，以便鸭在稻田中活动时对稻田泥土进行搅拌。在鸭子逐渐成长之后，水的深度可以逐渐增加。在将雏鸭投放到稻田之后，应对稻田进行田间管理。

3. 鸭苗投放和饲养

水稻返青立苗后放养雏鸭，每亩10～15只，田边以1 m左右的网围住，防止鸭子走失。在雏鸭进入稻田之后，应让雏鸭在田间自由觅食。为保证雏鸭健康生长，在雏鸭进入稻田的前3周每天为雏鸭补给饲料，早晚各喂一遍，食物以米糠和碎米为主，可依照田间虫害草量的大小酌情添加或减少投放食量。

4. 成鸭收回

由于鸭子喜欢吃稻穗，所以水稻在开始抽穗时就应将鸭子从稻田中收回。为了保证鸭群可以全部被快速收回，在日常喂鸭的过程中构建良好的相互交流模式非常必要，可以利用喂鸭这一时间段，将鸭子集中到简易鸭棚中，然后驱赶出稻田。

（四）注意事项

（1）鸭种选择应结合当地气候特点，优先选择适应性强、抗逆性好的当地品种为宜。

（2）采取化学措施防治水稻病虫害，要谨慎用药，做好鸭子在农药安全期间的隔离。

（3）由于鸭粪这类有机肥不能满足水稻生长的需求，需要在稻田的土壤中再施加一定量的基肥。基肥施用应该根据实际情况确定。

四、秸秆堆肥好氧发酵提升地力技术

（一）适用范围

适用于华南地区集约化种植所产生的大量秸秆等一般农业废弃物的资源化安全利用。

（二）技术简介

本技术以农业废弃物好氧发酵技术为核心，利用密闭智能好氧发酵设备，通过对农业废弃物的合理配比，添加好氧微生物发酵菌等辅料进行发酵，以简单操作获得无害化的有机堆肥产品替代化肥，提升地力，实现秸秆等农业废弃物的资源化循环利用。

（三）操作方法

1. 发酵工艺流程

（1）收集玉米秸秆、水稻和菜梗等农业废弃物，分别粉碎至粒径0.5 cm。

（2）将粉碎后的玉米秆、稻秆和藤本类废弃物按照4∶1∶2的质量比进行均匀混合。

（3）向上述混合物中加入调理剂、尿素和水，使混合物的碳氮比值在25～30，尿素的加入方式是用水溶解后均匀加入混合物中，水的加入量以使混合物的含水量在50%～60%（质量分数）为准。

（4）将上述混合物料传输到好氧发酵仓，当发酵温度超过60 ℃时，每天定时开启滚筒并通风20 min。物料在发酵仓连续发酵7～10 d后出料，即完成一次堆肥发酵，得到有机肥半成品。

（5）将经过一次堆肥发酵半成品粉碎至粒径0.2 cm以下，进行二次堆肥发酵，此时的堆肥水分含量控制在30%～40%，添加腐熟的有机肥作为辅料，腐熟的有机肥的添加量为有机肥半成品质量的10%，发酵时间30 d，当温度降低至室温，将堆体物料从发酵床中取出，即得到可以直接使用的有机肥。有机肥参数指标C/N比值降低到15左右，发芽指数达到85%以上，有机质含量达50%以上，而且"N+P$_2$O$_5$+K$_2$O"含量大于5%。

2. 密闭智能好氧发酵设备操作方法

（1）秸秆粉碎到0.5~1 cm，添加微生物发酵菌剂1 kg/t等辅料，调节水分至50%~60%，碳氮比值为25~30。

（2）打开设备电源，开进料正转开关，然后开滚筒正转开关，开辅料正转上料，使物料通过绞龙进入发酵仓。

（3）当堆肥物料达到发酵罐2/3体积时，上料完成。此时关闭进料正转按钮，滚筒正转按钮和辅料正转按钮。

（4）当发酵仓堆体温度达60 ℃时，每日定时开启滚筒正转20 min。

（5）堆体温度保持在55 ℃条件下3 d以上（或50 ℃以上保持5~7 d），可以杀灭堆料中所含病原菌，满足堆肥卫生学指标和堆肥腐熟的要求，可以出料。

（6）开滚筒反转按钮，开出料正转按钮出料。当发酵仓剩余1/5物料时，停止出料，滚筒正转10 min后关机。

（四）注意事项

（1）开机前先观察出料口是否顶住下面的料，没有就可以进料，顶住就先按正转滚筒按钮，待出料口和料有一定距离再进料。

（2）如果辅料正转出现堵塞，可以反转运行；如果出料正转堵塞，可点击出料反转按钮后再正转进料。

（3）发生紧急情况应立即按下急停按键，设备会立即停止运动。

五、应用案例

（一）稻田有机肥替代化肥技术应用

1. 基本情况

稻田有机肥替代化肥技术示范在江门市新会区三江镇开展，示范区面积约924亩，表层土壤pH值为4.40~7.70，平均值为5.90，土壤偏酸性；总氮含量在0.07~0.21 g/kg，平均值为0.13 g/kg，速效磷含量2.30~27.40 mg/kg，平均值为7.23 mg/kg。

2. 实施过程

按照全国农业技术推广服务中心编制的《双季稻测土配方施肥技术》，在亩产400~450 kg的情况下，早稻每亩氮肥用量为9~10 kg N，每亩磷肥用量3 kg P$_2$O$_5$，每亩钾肥用量7~8 kg K$_2$O。氮肥分次施用，基肥占40%，分蘖肥占20%~25%，穗肥占30%~40%。有机肥和磷肥全部作基肥用，钾肥一半做分蘖肥，另一半做穗肥。如亩施猪粪尿1 000~1 500 kg，则化肥用量可减少N 1~2 kg、P$_2$O$_5$ 1 kg、K$_2$O 1 kg。常年秸秆还田的，钾肥用量减少30%。晚稻每亩氮肥用量为9~12 kg N，每亩磷肥用量2 kg P$_2$O$_5$，每亩钾肥用量8~10 kg K$_2$O。氮肥分次施用，基肥占40%，分蘖肥占20%~25%，穗肥占30%~40%，粒肥占5%~10%。有机肥和磷肥全部做基肥用，钾肥一半做分蘖肥，另一半做穗肥。如亩施猪粪尿1 000~1 500 kg，则化肥用量可减少N 2 kg、P$_2$O$_5$ 1 kg、K$_2$O 1 kg。早稻秸秆还田的，钾肥用量减少30%。

按照当地施肥习惯，氮肥以硝酸铵（N：34%）计，磷肥以钙镁磷肥（P_2O_5：12%～18%）算，钾肥以硫酸钾（K_2O：48%～52%）算，且常年秸秆回田处理，即早稻每亩氮肥用量为26.5～29.4 kg、每亩磷肥用量16.7～25 kg、每亩钾肥用量9.8～11.2 kg，晚稻每亩氮肥用量为26.5～35.3 kg、每亩磷肥用量11.1～16.6 kg、每亩钾肥用量11.2～14 kg。

3. 污染防治效果

核算每年924亩稻田安全利用示范区，由于使用有机肥替代化肥技术，化肥减量分别为：氮肥47.7～58.2 t、磷肥25.0～37.4 t、钾肥18.9～22.7 t，每年合计氮、磷、钾化肥减量达到91.6～118.4 t。

（二）鸭稻共生技术应用

1. 基本情况

鸭稻共生技术应用示范研究在广东佛山市农业科学研究所开展，试验区位于佛山市三水区南山镇（112°51′E，23°32′N），毗邻清远，接壤肇庆，相接三级水源枕头湾水库。

2. 实施过程

佛山农业技术推广中心进行前期"鸭稻共生"试验，在水稻种植不久，即将1周大小的鸭苗进行投放，试验区稻鸭每亩养殖密度定为20只左右，非全天稻鸭共生（图11-32）。稻田周边有养殖舍，稻鸭管理主要采用人工驱赶方式，鸭子白天在鸭稻区域活动，晚上回到鸭棚栖息。稻鸭在单一田块逗留的位置和时间通过长竹竿驱赶进行管理，视田块大小、杂草多少、水浑程度而定。水稻返青后人工赶鸭频率较高，约15 min驱赶入下一田块，随后慢慢降低驱赶频率，抽穗前收回鸭棚喂养。随着鸭子成长，鸭排泄物逐渐增多，养分输入也增高；在后期，尽管稻鸭收获，残留鸭粪依然可以在稻田分解释放养分。稻田土壤中的氮主要通过氨挥发、硝化和反硝化、淋溶和径流等方式进入环境中；矿物质磷主要通过径流流失。

图11-32 鸭稻共生应用示范区现状

3. 污染防治效果

应用示范区施用少量有机肥，与施用化肥瞬间释放大量养分相比，有机肥养分含量低而可持续，多为水稻吸收，对外界环境的污染风险很低。鸭子活动、摩擦刺激水稻秆茎，一定程度上能促进水稻分蘖；且踩踏和啄食晚期小分蘖，显著降低水稻低效或无效分蘖。稻鸭共生促进了水稻根系活力和茎强度，促使根系扎深。鸭子排泄粪便，刺激水稻，有利于茎秆物质充实和生物量积累。鸭子在稻田的活动，使水稻植株形态发生了明显变化，植株碳水化合物含量、茎秆强度和抗倒伏指数显著提高。鸭子除食杂草，使得水稻行间通光性变好，能更有效合成叶绿素。示范区优质品种水稻亩产量一般在400 kg以上，农药残留、真菌毒素、重金属污染等项目完全达标。此外，桑基鱼塘也可以达到类似的种养结合的效果，从而可以减少农业氮磷面源的流失，起到降低农业氮磷面源污染的效果。

（三）秸秆好氧发酵提升地力技术应用

1. 基本情况

秸秆好氧发酵提升地力技术应用示范研究在佛山市三水区西北部的大塘镇开展，在佛山市农业技术推广中心开展农业废弃物好氧发酵示范的基础上，优化了设备的物料传送、布料和翻抛等结构，研发了适合示范区废弃物处理的"仓式"密闭好氧发酵设备，见图11-33。

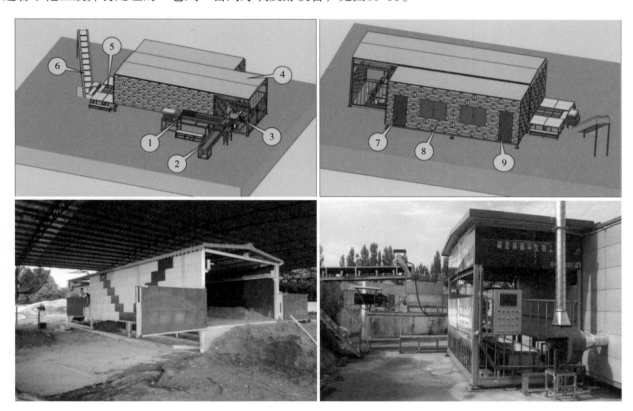

1. 双轴螺旋搅拌机；2. 可往复移动输送带；3. 传料料斗；4. 全封闭物料发酵仓；5. 料仓出料输送带；
6. 物料堆高斜输送带；7. 中控室；8. 空气净化设备间；9. 办公室。

图11-33 仓式密闭好氧发酵设备示意和实物

结合农业废弃物奶牛过腹或作为养殖区垫料为前处理，开展水稻等农作物秸秆和畜禽废弃物协同发酵处理，为珠三角地区以农业园区为基地的农业废弃物资源化利用模式提供了支持。

2. 实施过程

把收集的水稻等农作物秸秆粉碎到1~2 cm后和牛粪进行配比，通过调节物料的比例，使其C/N值保持在25~35，同时根据物料水分状况添加一定的水分，使其物料的含水量在50%~60%，为了加速发酵的进程，加入前期筛选的可以促进水稻秸秆快速降解的微生物发酵等菌剂，利用翻抛机对物料进行均匀混合后，通过传送带把堆肥物料送至布料斗，然后布料斗前后移动，把物料加入发酵仓开始批次发酵。利用稻秆和牛粪等物料进行堆肥发酵的过程中，第3天温度可以达到55℃。堆体温度保持50℃以上温度的时间为6 d（图11-34），达到无害化处理要求。堆肥结束后，堆肥物料的各重金属含量都未超出我国有机肥质量标准。

堆肥结束后，物料中氮、磷、钾养分含量较低，这与奶牛场以牧草、稻草等喂养有关。在堆肥过程中可以适当添加含氮量高的辅料，或过磷酸钙等外源物改善堆料养分含量。另外，该发酵产物可以作为其他有机肥生产企业的基质进行配合施用。

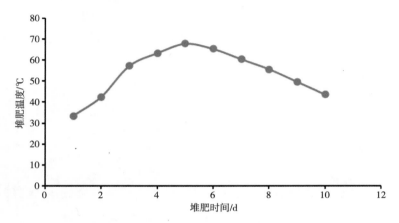

图11-34 仓式密闭好氧发酵设备发酵温度

3. 示范效果

佛山市三水区在大塘镇800亩农用地构建年产量约达2 000 t的可移动农业废弃物循环利用微站点，并在大塘镇现代农业产业园等地开展1万亩以上技术示范和推广，提高耕地安全利用水平。预计每年处理3 000 t农业废弃物以及1 500 t畜禽粪便、蔬果垃圾，生产有机肥2 000 t；通过农业废弃物的收集、发酵和商品化利用，实现了农业废弃物资源化利用。

第三节　高复种菜地面源污染防控技术

一、菜地精准施肥技术

（一）适用范围

本技术适用于华南地区pH值范围为5.5～7.5的菜地。

（二）技术简介

精准施肥技术是指根据一定面积上土壤的肥力变异情况而采取的针对性变量施肥技术。测土配方施肥是其常用的手段。测土配方施肥是以土壤测试和肥料田间试验为基础，根据蔬菜需肥规律、土壤供肥性能和肥料效应，在合理施用有机肥料的基础上，提出氮、磷、钾及中、微量元素等肥料的施用品种、施用数量、施肥时期和施用方法。

（三）操作方法

1. 测土配方施肥的基本方法

基于田块的肥料配方设计，首先要确定氮、磷、钾养分的用量，然后确定相应的肥料组合，通过提供配方肥料或发放配肥通知单，推荐指导农民使用。肥料用量的确定方法，主要包括土壤与植株测试推荐施肥方法、肥料效应函数法、土壤养分丰缺指标法和养分平衡法。

2. 测土配方施肥的主要步骤

（1）田间试验。通过田间试验，掌握各个施肥单元不同作物优化施肥量，基、追肥分配比例，施肥时期和施肥方法；摸清土壤养分校正系数、土壤供肥量、农作物需肥参数和肥料利用率等基本参数；构建作物施肥模型，为施肥分区和肥料配方提供依据。

（2）采集土样。一般在秋收后进行。采样的主要要求：地点选择以及采集的土样都要有代表性；采样深度一般为20 cm，如果作物的根系较深，可以适当增加采样深度；采样以50～100亩为一个采样单元，在采样单元中，按"S"形选择5～20个样点，均匀取土，然后，将采得的各点土样混匀。

（3）土壤测试。主要以5项基础化验为主，即碱解氮、速效磷、速效钾、有机质和pH值，了解土壤供肥能力状况。土壤测试要准确、及时，化验取得的数据要输入计算机，建立土壤数据库。

（4）确定配方。配方确定由农业科技人员完成，根据农户提供地块种植的农作物种类及其预期产量指标、土壤的供肥量，以及肥料的利用率等，同时，根据气候、地貌、土壤、耕作制度等相似性和差异性，结合专家经验，确定肥料配方。

（四）注意事项

（1）土壤采样深度一般为20 cm，如果作物的根系较深，可以适当增加采样深度。

（2）应保持土壤湿润，不能使土壤过度干旱。

（3）及时清除农田里的杂草。杂草的防除，除采用化学方式外，还应采用人工除草、机械除草等。

二、菜地有机肥替代化肥技术

（一）适用范围

本技术适用于华南地区pH值范围为5.5～7.5的菜地。

（二）技术简介

以有机肥替代化肥，主要利用自主研发的一般农业废弃物好氧发酵产物，包括牡蛎壳、秸秆腐化物、余菜腐化物、畜禽粪便发酵物等复配形成有机肥，根据地力情况全部或部分替代化肥，实现化肥减量，降低水体面源污染风险。

（三）操作方法

菜地有机肥替代化肥技术操作方法与稻田有机肥替代化肥技术一致，详见本书第639页。

（四）注意事项

（1）及时清除农田里的杂草。杂草的防除，除采用化学方式外，还应采用人工除草、机械除草等。

（2）猪粪、鸡粪、牛粪、种植业废弃物等不得随意堆放。

（3）灌溉污水不得随意排放。

三、农田排水三段式生态拦截技术

（一）适用范围

适用于华南地区氮磷面源污染菜田综合防治。

（二）技术简介

"近源拦截—输移阻控—末端净化"的农田排水三段式生态拦截技术组合可实现污染物阻控与强化净化。通过在排水口及进入河道前设置悬浮物拦截促沉系统，实现对排水中污染物的初步净化，尤其是对颗粒态污染物或是泥浆的沉降效果显著，可以削减氮磷镉砷等污染物的排放总量。

本技术依据生态工程原理，采用工程、生物等措施，对农田排水及地表径流中的氮磷等物质进行拦截、吸附、沉积、转化、降解及吸收利用，从而有效拦截农田流失的氮磷等养分，达到控制养分流失、实现养分再利用、减少农田面源污染等目的。

（三）操作方法

1. 构建种植区生态拦截带

在种植区排水沟，保留原生杂草，高度以不影响种植作物生长为标准，定时收割，可用作鱼料。由地表径流携带的泥沙、氮磷养分、农药等通过生态拦截带可被部分截留，达到控制地表径流，减少地表径流携带的氮磷等向水体迁移的目的。

2. 田间原位快滤装置拦截

设置于每个田块的主要排水口处，起到减缓水流、快速过滤田间排水中悬浮物的作用。首先在出水口处下挖一个深30 cm、边长100 cm的坑，坑壁处用固土片固定，固土片高出沟底5 cm，然后在坑内用填料进行填充。

主体框架 本装置主体框架采用固土片（不锈钢网片），加工成双层空间用于填料，填料区宽度约15 cm。固土片埋在地下深0.1 m左右，总高度1 m左右。

填料 装置内填料采用多面空心球填料和沸石（或砾石）两种物理材料，二者比例为1∶2。其中多面空心球直径为2.5 cm，比表面积≥118 m^2/m^3，孔隙率≥0.47 m^3/m^3；沸石粒径为3～5 cm，堆积密度≥0.7 g/cm^3，动态水吸附≥20%～22%。

3. 末端促沉池

以原位促沉装置形式设计于沟渠入河口处，主要实现对排水悬浮物和总氮的削减。

（1）基本参数。本装置规格主要根据汇水面积、气象条件以及耕作制度等因素综合考虑，基本参数如下：

基本尺寸 长（沿河向）4 m左右，总高度1.2 m，其中底部与河涌底部平，顶部与排水渠涵管顶部齐平。

主体框架 本装置主体框架为钢筋混凝土板型构造，板宽为河涌宽度，长1.2 m，厚5 cm，板上部离边沿30 cm处留有排水孔。

填料 装置内填料采用多面空心球填料和沸石（或砾石）两种物理材料，二者比例为1∶4。其中多面空心球直径为2.5 cm，比表面积≥118 m^2/m^3，孔隙率≥0.47 m^3/m^3；沸石粒径为3～5 cm，堆积密度≥0.7 g/cm^3，动态水吸附≥20%～22%。

（2）施工方法。在沟渠入河口处利用河涌直立驳岸和混凝土挡墙围成一个宽为河涌宽度、长4 m

（沿河涌向）的长方形区域。涵管出口处做一个50 cm×50 cm的水井，水井上口高度到涵管一半的高度，下口到沟底，在底部两个侧边分别接两根直径200 mm的PVC管，长度50 cm。装置内部用多面空心球和沸石按比例进行填充，填料高度比预制板高度低10 cm。

4. 生态沟渠尾水净化

（1）生态沟渠植物选配。植物种类筛选的原则及方法主要包括：①优先考量对氮、磷等营养元素有较强拦截和去除能力的植物。②优先选择抗逆性强的植物，抗逆性指标主要包括抗冻、耐污能力、抗热能力和抗虫害能力等。③优先选用本土的植物。谨慎选择外来植物，减少生物入侵可能性。所选植物要对种植地的气候和环境有较强的适应能力，易于移植和存活。④优先选择茎叶较为茂盛、根系较为发达的植物。具有发达根系的植物更易分泌适合微生物生存的物质，能够为生态沟中的各类微生物创造良好的生长空间，而微生物的生长又能促进植物根系的生物降解。

结合珠三角本地情况，优选以下植物：空心菜、旱伞草、泽泻、菖蒲、芦苇、美人蕉、李氏禾、铺地黍、黄花水龙等。

（2）种植方式。浅水区域直接种植在淤泥中，深水区域可以选用浮床种植，并加装生物刷。

网状浮床　利用PVC管及渔网做成，适合匍匐性植物种植，如空心菜、黄花水龙、铺地黍等。

杯状浮床　购置的商品浮床，适合直立型植物种植，如旱伞草、芦苇、美人蕉、菖蒲等。

（3）尾水停留时间。将农田灌溉尾水收集后，在生态沟渠集中处置5～7 d后，可排入外河涌。

（四）注意事项

（1）要防止田间积水导致蔬菜基部腐烂。

（2）及时清除农田里的杂草。杂草的防除，除采用化学方式外，还应采用人工除草、机械除草等。

（3）灌溉污水不得随意排放。

四、余菜堆肥好氧发酵提升地力技术

（一）适用范围

适用于华南地区集约化种植所产生的大量菜梗等一般农业废弃物的资源化安全利用。

（二）技术简介

本技术以农业废弃物好氧发酵技术为核心，利用密闭智能好氧发酵设备（图11-35），通过对农业废弃物的合理配比，添加好氧微生物发酵菌等辅料进行发酵，以简单操作获得无害化的有机堆肥产品替代化肥，提升地力，实现余菜等农业废弃物的资源化循环利用。

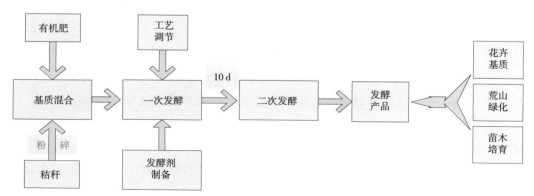

图11-35　好氧堆肥工艺流程

（三）操作方法

具体参见秸秆堆肥好氧发酵提升地力技术操作方法，详见本书第642页。

（四）注意事项

（1）开机前先观察出料口是否顶住下面的料，没有就可以进料，顶住就先按正转滚筒按钮，待出料口和料有一定距离再进料。

（2）如果辅料正转出现堵塞，可以反转运行；如果出料正转堵塞，可点击出料反转按钮后再正转进料。

（3）发生紧急情况应立即按下急停按键，设备会立即停止运动。

五、应用案例

（一）菜地精准施肥技术应用

1. 基本情况

精准施肥技术应用示范研究在广东佛山市农业科学研究所开展，试验区位于佛山市三水区南山镇（112°51′E，23°32′N），毗邻清远，接壤肇庆，相接三级水源枕头湾水库。试验区土壤理化性质如表11-26所示。应用示范以甘蓝为例，其养分吸收量见表11-27。

表11-26　核心试验区土壤理化性质　　　　　　　　　　　　　　　　单位：mg/kg

指标	pH值	有机质	碱解氮	速效磷	速效钾	总As	有效As	总Cd	有效Cd
数值	7.06	13.39×10^6	134.00	129.00	287.00	24.80	3.25	0.89	0.10

表11-27　甘蓝鲜样养分含量及化肥利用率　　　　　　　　　　　　　　　单位：%

养分	N	P_2O_5	K_2O
鲜样养分含量	0.20	0.072	0.22
化肥利用率	14	11.20	36

2. 实施过程

土壤有效养分校正系数：在40余次田间试验的基础上，通过对土壤速效养分测定值与白菜、甘蓝产量之间相关性检验，求得不同肥力土壤上的土壤速效养分校正系数，并得到土壤速效养分系数与土测养分值之间的回归方程（表11-28）。

根据所得回归方程计算试验区所需氮、磷、钾施肥量，以目标产量6 000 kg/亩，计算得出结果分别为20.08 kg/亩（以N计）、6.10 kg/亩（以P_2O_5计）、16.98 kg/亩（以K_2O计）。N、P_2O_5、K_2O的施用比例为1：0.3：0.8，在此比例基础上进行施肥调整。以甘蓝为受试植株进行两季试验，甘蓝当地常规施肥为每亩地135 kg（N-P_2O_5-K_2O=14-14-15）的复合肥，纯N、P_2O_5、K_2O含量均为20.25 kg/亩。施肥方式为基肥55%，3次追肥均为15%，也就是4次复合肥施肥量分别为75 kg/亩，20 kg/亩，20 kg/亩，20 kg/亩。调整施肥结构按照氮磷钾1：0.3：0.8的结构施肥，总的纯营养N、P_2O_5、K_2O与常规施肥总的纯营养量一致进行施肥。所用氮肥为尿素，含氮量≥46.40%（以46.60%计），磷肥为过磷酸钙，速效磷（P_2O_5）含量≥48.00%（以48%计），氮含量为18.00%，钾肥为氯化钾，K_2O含量≥50.00%（以50%计）；按照纯营养N、P_2O_5、K_2O分别为28.50 kg/亩，8.60 kg/亩，22.90 kg/亩，计算尿素、过磷酸钙、氯化钾的施肥量分别为54.95 kg/亩、17.92 kg/亩、38.17 kg/亩。

表11-28　土壤速效养分系数与土测养分值关系

蔬菜种类	土壤速效养分	回归方程	相关系数
早熟甘蓝	碱解氮	$y=244.81-40.65\ln x$	-0.74**
	速效磷	$y=105.47-17.84\ln x$	-0.79**
	速效钾	$y=272.16-45.18\ln x$	-0.76**
中熟甘蓝	碱解氮	$y=272.92-39.98\ln x$	-0.59
	速效磷	$y=165.38-27.59\ln x$	-0.83**
	速效钾	$y=581.68-100.84\ln x$	-0.77**

注：相关系数为正值说明二者正相关，负为负相关；极显著差异标记为**。

甘蓝为喜肥和耐肥作物，吸肥量较多，在幼苗期和莲座期需氮肥较多，结球期需磷、钾肥较多。试验施肥方案主要为基肥和追肥，基肥1次，追施3次，4次施肥所占比例为N（30%，30%，20%，20%）、P_2O_5（100%，0%，0%，0%）、K_2O（20%，30%，25%，25%）。4次施肥方式分别为：①基肥，移栽前2 d施肥；②第一次追肥幼苗期，定植后7 d施肥，并浇水冲刷；③第二次追肥莲座期，定植后25～30 d叶片数量为5～8片时进行施肥，开沟施肥；④第三次追肥结球期初期，莲座期生长25～40 d，莲座叶完全展开，球叶开始生长时进行施肥。

3. 污染防治效果

共进行了两个季度精准施肥田间试验，第一季度施肥处理为：CK常规施肥（对照，根据佛山市常规经验施肥量确定）；NT常规施肥（根据测土配方调整施肥结构，但不改变施肥总量）；LT Ⅰ减量施肥20%；LT Ⅱ减量施肥40%；LT Ⅲ减量施肥60%。第二季度施肥处理为CK常规施肥（对照，根据佛山市常规经验施肥量确定）；NT常规施肥（根据测土配方调整施肥结构，但不改变施肥总量）；LT Ⅰ减量施肥30%；LT Ⅱ减量施肥40%；LT Ⅲ减量施肥50%。精准施肥结果见图11-36。在第一季度试验中，常规施肥产量为4 736 kg/亩，调整施肥结构后产量为5 109 kg/亩，产量提高7.90%。在减量施肥的LT Ⅰ（20%）、LT Ⅱ（40%）、LT Ⅲ（60%）处理中，产量分别为4 344 kg/亩、3 658 kg/亩、3 678 kg/亩，对比常规施肥分别减产8.30%，22.80%、22.30%。在第二季试验中，相较于常规施肥产量6 084 kg/亩，调整施肥结构产量提升为6 870 kg/亩，升高12.90%；在减量施肥的LT Ⅰ（30%）、LT Ⅱ（40%）、LT Ⅲ（50%）处理中，产量分别为7 041 kg/亩、5 268 kg/亩、5 076 kg/亩，减肥30%处理产量相较于常规施肥提升了15.7%。减量施肥30%的纯营养N、P_2O_5、K_2O分别为19.95 kg/亩、6.02 kg/亩和16.03 kg/亩，与测土配方施肥结果（20.08 kg/亩、6.10 kg/亩、16.98 kg/亩）较为相近，因此，这种施肥方式较为合理。

精准施肥技术根据作物需肥规律和土壤供肥性能，合理建议氮、磷、钾肥料的施用数量及比例、施用时期和施用方法。在保证农产品产量的同时，降低了30%的肥料投入量。

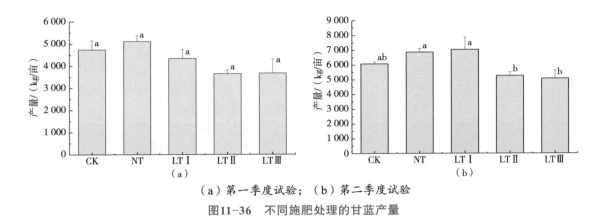

（a）第一季度试验；（b）第二季度试验

图11-36　不同施肥处理的甘蓝产量

（二）菜地有机肥替代化肥/水肥一体化技术应用

1. 基本情况

该技术应用示范研究在佛山市三水区白坭镇解放沙村开展。该区域常种植的蔬菜有结球甘蓝、荷兰豆和冬瓜，3种都是需肥量大的蔬菜。按照菜地应用示范区蔬菜连作种植制度，每年化肥用量为：每亩过磷酸钙41～60 kg，单施氮肥5～6 kg，钾肥10～15 kg，复合肥（N-P$_2$O$_5$-K$_2$O=16-13-16）30～50 kg，复合肥（N-P$_2$O$_5$-K$_2$O=14-14-15）130～201 kg，尿素13～19 kg，硫酸钾17～22 kg，总量为286～423 kg。

2. 实施过程

按照产量需求和地力情况，在应用示范区根据有机肥替代化肥/水肥一体化技术，对各季作物的肥料管理措施调整如下：

（1）冬瓜高产有机肥替代化肥技术应用。示范区域种植的冬瓜品种为黑皮冬瓜，于2016年获颁国家农业部农产品地理标志登记证书。黑皮冬瓜亩产达5 000～10 000 kg，是当地最重要的出口和内销商品蔬菜，其品质和产量对当地农民的收入影响很大。因此，当地农户在种植过程中往往大量施用化肥，据估算，实际施用量约为指导施肥量的2倍，且不同农户之间用肥习惯差异巨大。为规范冬瓜种植的用肥量，保证农产品质量，减少面源污染，开展有机肥替代化肥技术应用。

施肥技术规程如下：基肥亩施腐熟有机肥1 000～1 500 kg，复合肥（N-P$_2$O$_5$-K$_2$O=14-14-15）100～120 kg、钙镁磷肥40～50 kg、尿素10 kg、饼肥50 kg，施垄中间；移栽期根施复合肥（N-P$_2$O$_5$-K$_2$O=14-14-15）20～30 g/株，6～7片叶时每亩追施尿素10 kg、磷酸二铵10 kg；抽蔓期亩施复合肥（N-P$_2$O$_5$-K$_2$O=14-14-15）15 kg、尿素10 kg；初见第三、第四雌花/座瓜时，亩施硫酸钾10 kg、磷酸二铵10 kg、尿素5 kg或花生麸60 kg，并喷施叶面肥；吊瓜和壮瓜期亩施磷酸钙或过磷酸钙15 kg、硫酸钾30 kg、花生麸50 kg和硼酸250 g，并喷施叶面肥。

（2）荷兰豆和结球甘蓝水肥一体化技术应用。为提高荷兰豆和结球甘蓝种植时期的肥料利用率，康喜莱专业蔬菜生产合作社推广水肥一体化技术。大量元素配方水溶肥元素含量为N 31%、P$_2$O$_5$ 10%、K$_2$O 10%。

荷兰豆常规施肥：不施用基肥，苗期滴灌施肥3～5 kg/亩，每周1次，共2次；快速生长期，滴灌施肥3～5 kg/亩，施用1次。结球甘蓝常规施肥：使用蚕沙肥作为基肥，施用量为300 kg/亩；苗期滴灌施肥3～5 kg/亩，每周1次，共2次；快速生长期滴灌施肥3～5 kg/亩，每7～10 d 1次，共2～3次。

3. 污染防治效果

按照菜地应用示范区蔬菜甘蓝-豆角-冬瓜的连作种植制度，每年化肥用量为每亩复合肥（N-P$_2$O$_5$-

K_2O=14-14-15）100～120 kg，钙镁磷肥40～50 kg，尿素35 kg，磷酸二铵20 kg，硫酸钾40 kg，磷酸钙或过磷酸钙15 kg，配方水溶肥21～40 kg，总量为293～346 kg。与常规施肥比，化肥减量达18.3%～30.7%，有效降低了面源污染程度。

（三）农田排水三段式生态拦截技术应用

1. 基本情况

生态拦截沟技术应用示范区位于佛山市三水区解放沙村，区内以种植蔬菜为主，茬口安排紧密，复种指数和土地利用率较高。田块内排水渠为土渠，主排渠为水泥渠。主排渠（水泥渠）内泥土淤塞较严重，且沟底与田块间的高差小，水系流通不畅，需要靠水泵主动排水，致使降雨期间需要排水时渠内径流流速快，滞留时间短，短时间内的污染负荷较高，不利于径流水中污染物的拦截与净化。

2. 实施过程

（1）生态拦截系统布置。该拦截净化系统共涉及汇流面积约5 000 m²区域内径流流向较为简单，沟渠密度低，流径短（图11-37），根据该区域污染特点、污染负荷、土地利用情况等基本特征，设计了"近源田间原位快滤工艺""氮磷拦截带工艺""末端促沉拦截与强化净化工艺"等进行面源污染水体拦截与净化。总体工艺设计平面布置见图11-38。

图11-37 示范区排水沟渠现状

图11-38 总体工艺设计平面布置示意

近源拦截主要设置在田块通向主排水渠的出水口处，根据出水口形状和水量等设置不同类型的田间原位快滤装置。输移控制主要包括区内主排水渠的清淤疏通与氮磷拦截带的设置，涉及水泥渠长度约150 m，氮磷拦截带间隔距离10 m，设置位点根据径流流径、汇流节点等而定。末端强化促沉拦截工程主要为"原位促沉+强化净化"装置，布置于主排水渠入河的排水口处。工程量统计如表11-29所示。

表11-29　工程量统计表

工程名称	单位	工程量
田间原位快滤池	套	4
沟渠清理	米	150
氮磷拦截带	套	15
末端强化促沉净化装置	套	1

（2）田间原位快滤池的设计。田间原位快滤池设置于各田块的主要排水口处，起到减缓水流、快速过滤田间排水中悬浮物的作用。根据区内地块面积、土壤性质和肥力状况以及出水口形状等因素综合考虑，设定两种规格的装置，分别称为Ⅰ型和Ⅱ型。其中Ⅰ型装置主要设置于有汇水区和水泵的主排水口处，汇水流量大，出水流速快；Ⅱ型装置主要设置于农田两侧的自流排水口处。两种类型装置基本设计参数如下。

基本尺寸　装置依据汇水区形状设计成宽1.2～1.4 m的椭圆形双层结构，填料区宽度40～15 cm，总高度0.9 m，其中地下深0.1 m，顶部与田面齐平。

主体框架　本装置主体框架采用固土片（由控根器改造而成），将控根器一侧的突起用打磨机削平，形成透水孔。

填料　装置内填料采用多面空心球填料和沸石（或砾石）两种物理材料，二者比例为1：2。其中多面空心球直径为2.5 cm，比表面积≥118 m²/m³，孔隙率≥0.47 m³/m³；沸石粒径为3～5 cm，堆积密度≥0.7 g/cm³，动态水吸附≥20%～22%。

田间原位快滤池（Ⅰ型）：在每块农田的主汇水区处设置一近双椭圆结构的快滤池，直边与田边水泥渠平行，圆弧边朝向大田方向。先在汇水区四周紧贴坑壁用固土片进行固定，然后向中心方向延伸15～40 cm处再用固土片围成一个封闭的半椭圆圆柱体，内侧用钢管桩进行固定，在内圆柱体夹层中用填料进行填充。

田间原位快滤池（Ⅱ型）：该类型装置主要设置在每块农田的两侧排水口处，农田径流以自流方式进入主排水渠，流速较慢，流量小，该装置根据径流特点和沟渠形态设计成蓄滞池式结构。在出水口处下挖一深30 cm、边长100 cm的坑，坑壁处用固土片固定，固土片高出沟底5 cm，在坑内用填料进行填充。

（3）氮磷拦截带的设计。该工艺主要应用于面源污染物的输移控制，在现有沟渠清淤的基础上进行拦截带设置。由于区内主排水渠为水泥硬质沟渠，已没有进行生态沟改造的空间与条件，在优先保证农田排水顺畅的前提下，根据区域现状条件，通过基质配置进行氮磷拦截带设置，利用土壤-基质-微生物的协同作用，实现对农田排水污染的高效拦截和净化。沟渠内氮磷拦截带设置长度为60 cm，高30 cm，宽与水泥渠沟底等宽。

（4）末端强化促沉净化装置的设计。该工艺主要以原位促沉装置形式设计于沟渠入河口处，主要实现对排水悬浮物和总氮的削减。根据试验区内汇水面积、土壤性质和肥力状况、气象条件以及耕作制度等因素综合考虑，该试验促沉装置基本参数如下。

基本尺寸　本装置设计于排水沟渠末端入河涌处，宽度与河涌等宽，长（沿河向）2.5 m，总高度1.2 m，其中底部与河涌底部平，顶部与排水渠涵管顶部齐平，总容积约9 m³。

主体框架　本装置主体框架为钢筋混凝土板型构造，板宽0.5 m，长1.2 m，厚5 cm，板上部离边沿30 cm处留有排水孔。

填料　装置内填料采用多面空心球填料和沸石（或砾石）两种物理材料，二者比例为1∶4。其中多面空心球直径为2.5 cm，比表面积≥118 m²/m³，孔隙率≥0.47 m³/m³；沸石粒径为3~5 cm，堆积密度≥0.7 g/cm³，动态水吸附≥20%~22%。

在沟渠入河口处利用河涌直立驳岸和混凝土挡墙围成一个宽2 m（河涌宽度）、长4 m（沿河涌向）的长方形区域。涵管出口处做一个50 cm×50 cm的水井，水井上口高度到涵管一半的高度，下口到沟底，在底部两个侧边分别接两根直径200 mm的PVC管，长度50 cm。装置内部用多面空心球和沸石按比例进行填充，填料高度比预制板高度低10 cm。

（5）取样及监测指标。水样的采集主要设定在暴雨、灌溉等有径流排水时。2019年7月工程开始实施，期间由于百年一遇的干旱少雨，2019年只取得径流水1次（2019年9月5日），其余4次取样时间分别在2020年3月18日、2020年4月23日、2020年8月3日和2020年8月12日。共取得径流水5次。

取样时以进入系统前的田间原始水样作为对照组（K进水），K出水：系统内部经田间原位快滤池后的初次过滤水。C进水：降雨径流经过排水渠进入末端强化促沉池前的径流水，也就是排水渠最末端的水样，因连接田间原位快滤池与末端强化促沉池之间的排水渠，不仅包括经田间原位快滤池后的初次过滤水（K出水），还承载了排水渠沿途未经任何处理的菜田排水。C出水：为经过末端强化促沉池后的径流出水，也是整个系统处理后的最终出水水样。

监测指标：悬浮物（SS）、TN、TP和NH_4^+-N。

3. 污染防治效果

（1）主要水质指标的总去除率。面源污染防控技术对菜田径流水中的主要污染物具有较好的去除效果（表11-30）。本技术系统对径流水中TP的去除效率最高，达到了74.3%，远超设计标准；其次为SS，去除效率47.9%，亦超过设计标准；对TN的去除率为31.7%，达到设计标准（去除率30%）。

表11-30　菜田径流水主要水质指标的总去除率

项目指标	SS	TN	NH_4^+-N	TP
平均进水浓度*/（mg/L）	67.5	4.85	0.56	1.33
平均出水浓度*/（mg/L）	35.2	3.31	0.39	0.34
总去除率/%	47.9	31.7	30.4	74.3

注：* 数据为5次径流取样的平均值，下同。

（2）单项技术对SS的去除效率。末端强化促沉净化装置对菜田径流水中悬浮物的去除效果显著优于田间原位快滤池（表11-31）。该技术系统对径流中悬浮物的去除效果主要决定于进入河道的最后一道屏障（末端强化促沉净化系统）。

表11-31　不同单项技术对SS的去除效率

水样	SS/（mg/L）	单项技术去除率/%	总去除率/%
K进水	67.5	—	—
K出水	59.1	12.4	—
C进水	67.6	—	—
C出水	35.2	47.9	47.9

　　主要原因在于该技术系统中，田间原位快滤池在进行菜田径流污染净化的同时要兼顾快速排水，防止农田积水对蔬菜生产造成不良影响，该装置主要针对径流水中较大的土壤颗粒等，定位于对菜田径流的粗过滤，要兼顾净化效率与快速排水间的平衡。

　　（3）单项技术对总氮的去除效率比较。不同单项技术之间对菜田径流水中的总氮均具有较好的去除效果，其去除规律与对SS的去除规律基本类似，呈现末端强化促沉净化装置要优于田间原位快滤池的趋势（表11-32）。田间原位快滤池对总氮的去除效果要好于对SS的去除，去除率达到22.0%，整个技术系统对径流中总氮的去除效果由田间原位快滤池和末端强化促沉净化系统共同决定。

表11-32　单项技术对总氮的去除效率

水样	SS/（mg/L）	单项技术去除率/%	总去除率/%
K进水	4.85	—	—
K出水	3.78	22.0	—
C进水	6.51	—	—
C出水	3.31	49.1	31.7

　　（4）单项技术对NH_4^+-N的去除效率。NH_4^+-N的去除规律与SS、TN和TP去除规律有显著差异，田间原位快滤池与末端强化促沉净化装置对菜田径流水中NH_4^+-N的去除效果十分接近，两者之间仅相差了不到4%（表11-33），但整个技术系统的总去除率却低于任何一项单项技术。出现此现象的原因尚不明确，需进一步试验研究。

表11-33　单项技术对NH_4^+-N的去除效率

水样	SS/（mg/L）	单项技术去除率/%	总去除率/%
K进水	0.56	—	—
K出水	0.34	39.5	—
C进水	0.61	—	—
C出水	0.39	35.9	30.4

　　（5）单项技术对总磷的去除效率。末端强化促沉净化装置对菜田径流水的总磷具有较好的去除效果，单项技术去除率达到67%以上（表11-34）。

表11-34　单项技术对TP的去除效率

水样	SS/（mg/L）	单项技术去除率/%	总去除率/%
K进水	1.33	—	—
K出水	1.20	9.8	—
C进水	1.05	—	—
C出水	0.34	67.4	74.3

在所测4项指标中TP去除效率是最高的，在整套面源污染防控技术系统对总磷的去除中起到主要作用。田间原位快滤池对径流水中总磷的去除效率并不高（9.8%），显著低于末端强化促沉净化装置，其去除效率与悬浮物的基本类似，符合土壤磷流失主要是颗粒磷为主的规律。

菜田排水在时空上具有极大的不确定性和不连续性，并且与土地利用类型、耕作方式等密切相关。面源污染防控技术系统可以有效地去除菜田排水中所含的污染物。该技术系统对稻田径流中总磷的削减效果较好，总去除率可达74.3%；其次为悬浮物（去除率47.9%），对总氮的去除率可达30%，达到设计标准。此外，单项技术（末端强化净化促沉装置）对总氮的去除率可以达到49%。

第四节　集约化热带果园面源污染防控技术

华南地区果树生产长期以来被单纯看作是经济高效作物经营，多采用传统清耕制管理模式，果园生态系统单一，加之华南地区果园普遍位于丘陵或坡地，果园土地大面积裸露、抗蚀性弱，降雨时形成的地表径流造成水土流失，带走大量养分。水土流失及农业面源污染已成为目前水环境污染控制的重点和难点。果园生产中投入的过量农用化学品和处理不当固体废物是本区果园面源污染的主要来源。具体来说，在果园管理活动中使用的农用化学品包括化肥和农药等，除被果树吸收利用外，过量的部分滞留在土壤中或散发至大气中，通过降雨径流、土壤淋溶作用、大气沉降等过程迁移至水体，这是果园面源污染的主要来源之一。另外，处理不当的农药废物、肥料包装袋、地膜、枯枝烂叶、凋落腐烂的瓜果等固体废物，在风吹、日晒、雨淋等作用下，残留的农用化学品和营养物质会再次释放至环境中，这些也是造成果园面源污染的重要来源。果园面源污染主要受地形地势、土壤类型、降雨、果园开垦方式、地表植被覆盖情况、果园年龄、农用化学品施用等因素的影响。果园开垦方式对地表径流的产生量有较大的影响，顺坡种植较等高梯田种植产生的地表径流量大，相应带来的面源污染也较重。果园开垦初期，地表植被遭到破坏，土层松动，极易产生水土流失；随果园年龄的增长，果园地表植被逐步恢复，土层也较为紧实，此时水土流失量减轻，但会造成农用化学品在土壤中累积，当超过土壤持有量时，易随地表径流流失；此外，累积在土壤中的过量养分及污染物还可通过土壤淋溶、侧渗等迁移至下游水体。

华南地区果园面源污染防治应以生态学、环境科学、水土保持学等科学原理为指导，坚持预防为主，工程、生态、农业、管理措施相结合，从面源污染源头至末端实施全过程控制，采取"源头减量、径流拦截、过程控制、深度净化"的系统控制技术，减少面源污染风险。源头减量技术主要是通过科学整地，优化果园开垦方式，减少化肥、农药等农用化学品的投入量，选择合适化肥种类、优化施肥方式以提高其利用率，从源头减少污染物的产生量。径流拦截技术主要是采取果园生草、植物篱、秸秆覆盖等生态栽培措施，增加地表覆盖率，提高土壤水源涵养力，减少径流产生量，同时优化果园排水系统设计，从而减轻果园水土及氮磷养分等流失。过程控制技术主要是在果园径流汇入地表水体前进行控制，通过改善其水流条件，延长水力停留时间等措施，减少径流携带泥沙及污染物的入河（库）量，达到沉沙、净化水质的目的，主要工程措施包括修筑沉沙池、生态滞留塘、前置库、生态透水坝和生态缓冲带等。深度净化技术是在径流汇水区，根据现场条件设置生态沟渠、生态湿地、生态浮床等深度净化设施，对径流中的氮、磷等营养盐进行吸收利用，对果园排水进行深度净化后排入受纳水体。果园面源污染防治应集成多种面源污染防治技术，进行优化组合，充分发挥各项治理技术的优势，达到治理效果的最优化。本节介绍华南地区果园面源污染典型防控技术：优化施肥技术和生草栽培技术。

一、优化施肥技术

（一）技术原理

根据果树需求从源头减少肥料使用量、提高肥料利用率和增加土壤对养分的固持。从循环经济理念、养分平衡和施肥技术出发，科学制定环境友好的养分管理技术，合理控制化肥的施用量，在保障果园产量的前提下，提高化肥利用率，减少养分流失和面源污染。

（二）关键技术

现有阶段已提出的关键技术主要有测土配方施肥技术、有机无机配施技术、实时因地按需施肥技术、多种施肥方式相结合技术、施用新型肥料技术等。

（三）技术要点

（1）结合果树高产需求、测土配方技术、环境承载力和环境质量等要求，确定肥料类型、用量及施用方式。

（2）肥料选定时，应避免选用单质肥料，宜以氮磷钾三元复合肥为主，中微量元素肥料和水溶肥为辅。

（3）结合土壤理化性质，做到有机无机肥配施、基肥与追肥相结合，积极推广缓释肥料、生物有机肥等新型肥料，有效控制养分释放速率和释放量，提高肥料利用率，防止土壤板结。

（4）采取科学施肥方式，多种施肥方式（如叶面施肥、分次施肥、基肥与追施结合、化肥深施和定点施肥等）相结合。

（5）肥料施用方式应结合肥料性质而定，基肥要深施，宜选择在果树收获之后，追肥应结合果树对养分的需求分次施肥，不可单次过量施肥。

（6）果园宜采用条施、穴施、环施的方式施肥，不宜撒施，不宜选择雨前表施化肥，不宜在中午施肥，减少氨挥发损失。

二、生草栽培技术

（一）技术原理

该技术是在果树行间或全园的树盘外区域种植人工草种，或培育园区自然草本植被进行果园地表覆盖，并采取刈割等管理措施对草层高度进行控制。生草栽培技术在果园裸露的地面形成比较致密的下垫面，从而拦截降水，减少雨滴击溅侵蚀的发生，减少水土流失；果园地表因覆盖度增加，减少地面径流及其对地表的冲刷；而生草植被发达的根系可以有效固结土壤，提高土壤的抗侵蚀能力。

（二）适用范围

地表裸露，会由于雨滴击溅和径流冲刷而产生严重的水土流失，并由此带走大量富含腐殖质和盐基含量丰富的表土，导致土壤肥力下降的果园。

（三）技术要点

（1）进行果园生草植物选择时，要求草种高度适中，匍匐生长或低秆、根系浅、耐贫瘠，对水肥要求低，避免与果树争水争肥、生长迅速、有较高的产草量、没有与果树相同的病虫害、有较好的耐阴性和耐践踏性。

（2）果园生草应优先选择豆科植物、趋避植物、本土植物，引进外来物种时，应进行充分论证，避免引起生物入侵。目前研究发现禾本科与豆科草种适合作为果园生草，比如白三叶、红三叶、紫花苜蓿、鼠茅草、百喜草、黑麦草等。

（3）果园生草亦可采取自然生草法，即以本土植物自然生长，辅以必要的人工管理，除去不适宜种类的杂草，达到生草的目的。

（4）定期刈割，用割下的茎秆覆盖树盘，让其自然腐烂分解，从而改良土壤结构、提高土壤肥力和减少水果种植对生态环境的破坏。

（5）严格控制除草剂在生草中的应用，要科学施肥和灌水，但控制草不要长得过旺，同时要保证一定的产草量，否则生草的目的达不到。

（四）技术特点

果园生草栽培措施不仅能减少果园土壤和养分的流失，增加土壤矿化速率，提高土壤肥力，还能有效控制面源污染，减轻当地水体的富营养化，是一种有效的绿色生态农业耕作措施。虽然生草栽培技术能有效减轻果园地表径流导致的水土流失和氮磷等养分流失，但在大量使用化肥和农药的情况下，存留在果园的水分大部分下渗成为地下水，其如何影响地下水水质还有待研究。

第五节　集约化畜禽养殖污染防治技术

一、储存还田利用模式

（一）模式简介

储存还田利用模式是指畜禽粪尿还田用作肥料，是一种传统的、经济有效的粪污处置方法，在合理和有效施用的条件下可以实现畜禽粪尿资源化利用。人工首先将干粪（或吸收粪尿垫草）清扫出畜禽舍，清扫出的干粪可经简单堆肥后农业利用或好氧堆肥后生产有机肥。用少量的水冲洗舍中残存的粪尿并贮存于贮粪池中，在施肥季节向农田中施用（图11-39）。

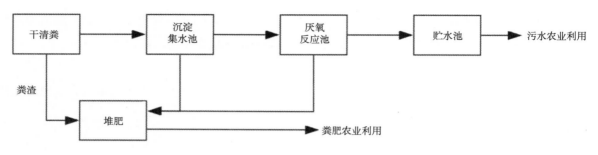

图11-39 储存还田利用模式示意

（二）适用范围

该模式适合应用在远离城市和城镇、经济不发达、土地宽广，有足够农田消纳养殖场粪污的地区，特别是周边有可常年施肥的集中式农业种植区，如蔬菜、经济作物的设施化农业生产区；养殖场规模不宜太大，一般年出栏生猪在3 000头规模以下。

（三）模式特点

（1）能最大限度实现资源化，可以减少化肥施用，增加土壤有机质及肥力。

（2）投资少，不耗能，不需专人管理，基本无运行费。

（3）存在着传播畜禽疾病和人畜共患病的危险，恶臭以及降解过程产生的氨、硫化氢等有害气体对大气构成威胁。

（4）不合理的使用方式或连续过量使用会导致土壤硝酸盐、磷及重金属的累积，从而对地表水和地下水构成威胁。

（四）建设要求

（1）用经过处理的粪肥作为肥料或土壤调节剂来满足作物生长的需要，其用量不能超过当地土壤对畜禽粪便的最大承载量，避免造成面源污染和地下水污染。在确定土壤承载能力时必须结合当地土壤结构类型、种植品种、环境质量要求等因素进行全方位评估。

（2）粪肥施用后，应立即混入土壤。畜禽粪肥属迟效型有机肥，应作为农田基肥翻耕入土，谨防撒施在土壤表面，以免污染地面水体。

（3）对高降雨区、坡地及容易产生径流和渗透性较强的沙质土壤，不适宜施用粪肥或粪肥使用量过高。当粪肥流失而引起地表水体或地下水污染时，禁止或暂停使用粪肥。

（4）粪便储存池必须做到防雨防渗处理，粪便储存池容积应不小于非种植施肥间隔期或雨季最长时间养殖场粪便收集量。可按如下算法进行估算：容积=畜禽日粪便产生量（m^3）×贮存周期（d）×设计存栏量（头）。单位畜禽粪便日产生量推荐值为：生猪0.01 m^3，奶牛0.045 m^3，肉牛0.017 m^3，家禽0.000 2 m^3，具体可根据养殖场实际情况核定。

尿液/污水必须建有防渗储存池，尿液/污水储存池体积不小于非种植施肥间隔期或雨季最长时间养殖场污水产生量。

二、发酵床还田利用模式

（一）模式简介

发酵床还田利用模式是指畜禽养殖粪污通过漏缝地板进入底层或转移到舍外的发酵池/槽，利用垫料和微生物菌进行发酵分解，将粪污转化为固态有机原料，可直接还田利用或进一步加工生产有机肥。具体来说，可分为舍外发酵床模式和高架发酵床模式（图11-40）。

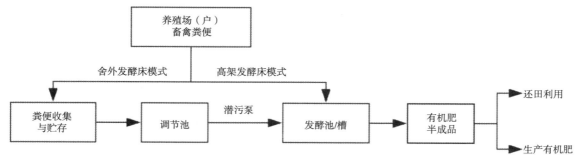

图11-40　发酵床还田利用模式示意

（二）适用范围

该模式适用范围较广，采用"公司+农户"模式的家庭农场宜采用舍外发酵床模式，规模生猪养殖场可采用高架发酵床模式。

（三）模式特点

（1）栏舍中需要配套建设漏缝和发酵池/槽，但无须建设固液分离设备。

（2）液态/固态粪污发酵转化为固态有机原料进行还田利用或生产有机肥。

（3）有机肥市场需求较大，可获取较好的经济效益。

（4）首次投资较大，但后续运行成本低，污染控制有保障。

（四）建设要求

（1）该模式需配套专用设施设备，包括集污池、调节池、发酵池/槽、阳光棚等主体设施，以及潜污泵、配套设备搅拌机、自动喷淋机、槽式翻抛机和变轨移机等。

（2）集污池和调节池必须做到防雨防渗处理，二者容积之和应大于非种植施肥间隔期或雨季最长时间养殖场粪污产生量。可按如下算法进行估算：容积=畜禽日粪污产生量（m^3）×贮存周期（d）×设计存栏量（头）。单位畜禽粪污日产生量推荐值为：生猪0.01 m^3，奶牛0.045 m^3，肉牛0.017 m^3，家禽0.000 2 m^3，具体可根据养殖场实际情况核定。

（3）发酵池/槽建设面积不小于0.2 m^2/头存栏生猪，并有防渗防雨功能，配套建设阳光棚及相关搅拌设施。

三、能源化利用模式

（一）模式简介

能源化利用模式是指养殖场产生的粪便堆肥农业利用或采用固体发酵池厌氧发酵生产沼气，污水经厌氧反应处理，粪污处理以环境效益为主，同时兼顾能源（沼气）回收，以厌氧硝化为主体工艺，结合农业利用系统，可以使畜禽养殖粪污循环利用（图11-41）。目前"能源化利用模式"已经成为比较成熟适用的，以综合利用为主的畜禽养殖污染防治模式。这种工艺遵循了循环农业原则，具有良好的经济、环境和社会效益。

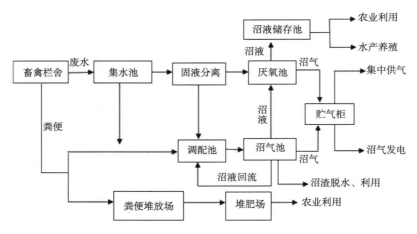

图11-41　能源化利用模式示意

（二）模式特点

（1）通过粪便厌氧发酵可产生生物质能源沼气，同时可降低畜禽养殖废弃物直接农业利用可能存在的病原菌传播风险；

（2）粪便沼气发酵后产生沼液浓度高，必须有足够且完善的沼液储存与浇灌系统；

（3）处理过程仅碳水化合物得到去除，对氮、磷几乎没有去除效果，必须有对应的农业利用土地和相应的浇灌工具，产生的沼液绝对不可直接排放或过量施用于农业种植；

（4）操作简单、管理方便、运行成本低；

（5）厌氧发酵受温度影响较大，温度较低时沼气发酵和厌氧处理必须有完善的加热保温设施。

（三）建设要求

建设内容主要包括沼气池、沼液沉淀和贮存系统、沼液输送系统（自流沟、输液泵及管道、运输车等）和沼液施用系统4个方面。

1. 沼气池、沼液沉淀池和贮存池

分别按相关技术规范要求实施。

2. 沼液输送系统

一是明沟自流输液，以沼液自流顺畅、不外流、溢流和淤积为宜；二是管道自流输液，以主管、干管、支管和毛管各级管径级配合适，不堵塞、裂管和输液顺畅为准；三是泵送输液，应充分考虑抽送沼液的电泵功率、扬程等的合理匹配，同时确保输送沼液的管网系统能够满足运行要求。

3. 沼液施用系统

（1）果园沼液施用系统。一是沟灌，应顺树冠滴水线开掘环形或平衡型施肥沟，其规格按果树种植要求实施；二是管灌，分硬管直接管灌和使用软管从硬管接出进行二次点施两种方法。前者以确保输液出水大小适宜为准，后者以在一定半径范围内（一般不大于50 m为宜），满足施肥操作为准。

（2）菜地沼液施用系统。一是沟灌，开沟深度、宽度按蔬菜种植要求规范执行，但应确保沼液沟灌流动顺畅；二是喷灌，应采用大孔径微喷为宜，做到既不因喷孔过小而堵塞，又不因喷施半径过大影响施肥效果。

（3）稻田沼液施用系统。稻田一般普遍采用与灌溉水混合施用方式，将沼液按一定比例混入灌溉用水，通过灌溉系统进行利用。

（4）林地沼液施用系统。一是自流沟施沼液，应按林地林木行距的适当间距开掘水平施肥沟，其沟深、宽度应视不同林种而定，一般分别为0.5 m和0.3 m；二是管灌沼液，其方法基本上与果园管灌相同。

（5）鱼塘沼液施用系统。一是灌注施用沼液，即直接把沼液流入鱼塘。此法宜在配置有鱼塘搅拌装置时采用；二是管灌或喷灌沼液，无论是管灌或喷灌，均必须确保管径级配合理、输液顺畅，其要求与其他管（喷）灌基本相同。

四、污水达标排放模式

（一）模式简介

污水达标排放模式是指畜禽场的畜禽粪便经干清后用于生产生物有机肥，污水经工业化处理后直接排入自然环境的污染治理模式，该模式要求最终出水达到国家或地方规定的排放标准，也有部分养殖场由于粪污消纳土地不够，会采用此模式降低废水中污染物浓度后再还田利用（图11-42）。

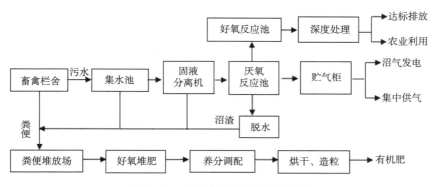

图11-42　污水达标排放模式示意

（二）适用范围

该模式适用于周边缺少消纳畜禽废弃物土地的大型规模化养殖场，污水处理量宜大于10 t/h；项目建设点周边排水要求高，外排的污水需减量化、无害化处理后达标排放；适用于规模较大的养殖场，以生猪养殖为例，年出栏量一般大于10 000头。

（三）模式特点

（1）在前处理时需尽可能通过物理方法去除污水中固形物，降低厌氧池工作负荷。

（2）污水减量化、无害化处理后达标排放，可有效防止二次污染。

（3）有机肥市场需求较大，有较好的经济效益。

（4）主体工程投资大、运行费用高、操作与管理水平要求较高。

（四）建设要求

（1）用污水达标排放型防治模式的，项目建设目标是畜禽粪便必须有固定设备加工利用（有机肥），污水经过处理后减量化、无害化后农业利用或达标排放。此类工程项目具有良好的环境效益和社会效益。目前该类工程污水处理一般采用厌氧反应工艺（UASB/EGSB反应器）与好氧反应工艺（SBR反应器、接触氧化、A/O工艺）相结合的典型工艺路线。

（2）采用该模式的污水排放必须建设废水在线监测装置并与环保部门联网，按有关要求确保处理后的污水达标排放。

五、应用案例

（一）广东省梅州市兴宁市某养猪场

1. 基本情况

该养猪场拥有养殖栏舍10栋，存栏母猪300头，存栏肉猪4 000头，年出栏生猪10 000头左右。该场采用干清粪收集模式，粪便和废水主要通过厌氧发酵池进行处理，沼液沼渣就近用于柚子种植，基本全部实现粪污资源化利用。

2. 污染防治模式及工艺

（1）污染防治模式。储存还田利用模式。

（2）污染防治工艺（图11-43）。养殖场采用干清粪工艺，人工清粪，粪便采用运输工具输送至发酵池进行堆肥处理。尿液及废水通过提升泵输送至山顶发酵池连同粪便一起进行发酵处理，经2个月左右的发酵腐熟后，作为有机肥通过管道输送至柚子园供种植利用。

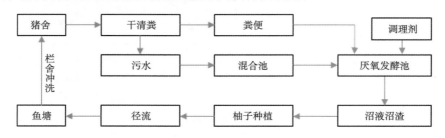

图11-43 兴宁市养猪场储存还田污染防治工艺流程

（3）污染防治设施类型及规模。该养殖场采用种养平衡模式，生猪养殖产生的废弃物全部用于果林。主要设施有废液提升与输送管道、厌氧发酵池若干（每15棵柚子树配一个厌氧发酵池）、3个混凝土结构沼液储存罐。沼液灌溉管道若干米。

3. 污染防治效果

该养殖场管理较为规范、精细，基本做到了种养平衡，养殖业产生的废水与粪便等通过柚子种植全部利用，径流汇集区上坪塘水库的水质未见发黑发臭现象，表明该养殖场的污染防治模式与具体措施较为成功，取得了较好的防治效果。

（二）广东省云浮市新兴县某肉猪家庭农场

1. 基本情况

该肉猪家庭农场存栏肉猪约3 600头，配备一套舍外降解床，降解床面积约700 m²，并配备一台自动翻耙机和全自动上粪设施，翻耙深度可达65 cm，对场内每天产生粪污进行处理，实现废弃物资源化利用率95%以上。

2. 污染防治模式及工艺

（1）污染防治模式。采用异位发酵床模式。

（2）污染防治工艺。发酵床技术是一种利用微生物降解猪粪尿的方法，可有效解决中小型养殖场产生的粪污问题。舍外异位发酵床技术的主要做法是在猪舍外面且靠近猪舍的地方建设发酵床（图11-

44，图11-45），在发酵床底部铺设垫料（锯末、稻壳等），添加发酵菌种，补加水分调节垫料的含水率在40%~50%，组成发酵床，养猪过程中产生的粪尿收集在粪尿储存池中，经过混匀后均匀喷洒在发酵床上，在微生物发酵作用下充分降解，转化成气体、菌体物质和其他无机物，同时产生一定热量，蒸发部分水分，可充分实现"零排放"。舍外发酵床技术具有可全部降解猪粪尿，劳动强度低，建设和运行成本较低，占地较少等优势，目前该技术已经被列入国务院办公厅发布的《关于加快推进畜禽养殖废弃物资源化利用的意见》推广技术模式之一。

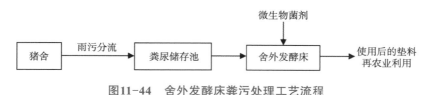

图11-44　舍外发酵床粪污处理工艺流程

3. 主要经济指标

对于中小型养殖场，该技术建设费用约为100元/头存栏猪（土建+设备），运行费用约为10元/头出栏猪（电费+垫料+菌种）。猪粪可以实现资源化利用，大大减少粪污排放，并转化为有机肥半成品，具有良好的社会效益和环境效益。

4. 治理效果及评析

经数据监测，该肉猪试验场的舍外发酵床技术能够有效运行，从舍外发酵床出料检测数据来看，有机质、总养分、水分等指标符合有机肥标准要求，能够作为有机肥进行资源化还田利用（表11-35）。

表11-35　舍外发酵床粪污出料检测指标数据　　　　　　　　　　　　单位：%

样品及标准	有机质	总养分	水分
有机肥料标准（NY/T 525—2021）指标	≥30	≥4.0	≤30
舍外发酵床出料	58.6	10.24	28.95

舍外发酵床适合中小型规模化养殖场应用，具有劳动强度低、建设和运行成本较低、占地较少等优势，可有效解决中小型养殖场产生的粪污问题，对场内每天产生粪污进行处理，实现废弃物资源化利用率95%以上。但是必须做好雨污分离，从源头上减少废水量。而且最后产生的是有机肥半成品，若要用作肥料仍需后续处理。

图11-45　舍外发酵床现场照片

（三）广东省河源市某高床发酵型生态养猪场

1.基本情况

该养殖场占地面积1 270余亩，其中山地1.2万亩，鱼塘约70亩，方圆1 km内无居民居住。公司第一期生产线2015年11月正式投产，设计规模为母猪2 500头，年出栏生猪5万头。第二期养猪生产线2016年6月动工建设，设计规模为母猪2 500头，年出栏生猪5万头，完全达产后达到年出栏生猪10万头。目前已进入到了正常流程生产，存栏猪已达到2万多头，现有员工60多人。

该养殖场规模较大，对传统的异位发酵床模式进行改良，形成高床发酵型生态养猪模式，将养猪生产与废弃物处理相结合，利用微生物好氧发酵原理，将养猪废弃物转化为固体有机肥料，既能保障正常养猪生产，又能减少用水，实现无废水排放且运行费用低，基本能够解决养猪废弃物的污染问题。

2.污染防治模式及工艺

（1）污染防治模式。粪便处理模式为原位高架床处理模式（图11-46）。

（2）污染防治工艺。主要做法为猪舍二层养猪生产设施中采用温控通风设备，地面采用全漏缝地板结构，养猪生产过程中不冲水、产生的猪粪尿通过漏缝板落入一层垫料中；猪舍一层高度为2.5～2.7 m，建设垫料发酵车间，铺设木糠等垫料消纳生产过程中产生的猪粪尿，垫料厚度60～70 cm，用机械每天对垫料进行翻堆处理，养猪废弃物在好氧微生物作用下发酵降解，转变成发酵垫料。

高床养猪配套有机肥厂，将发酵垫料与蘑菇渣等辅料混合，调节至适宜的含水率（50%～60%）和C/N值［（20～40）：1］，并添加复合菌剂后送入一次发酵车间（一般采用槽式或条垛式堆肥方式），每天翻堆并采用间歇式鼓风曝气，以维持堆肥内部良好的好氧环境，保持堆体温度在50～75 ℃，一次发酵时间为14～20 d；再将一次发酵后的物料移运到二次车间，每周用对堆体进行1次翻堆，当堆肥内部温度下降到40 ℃以下即表明堆肥腐熟，二次发酵时间需20～30 d；经检验合格产品进入肥料加工包装生产线，生产有机肥料。

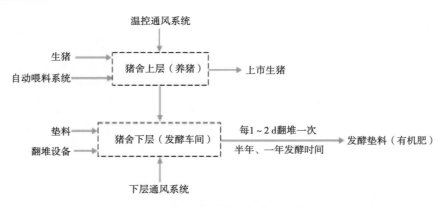

图11-46　高床发酵型生态养猪工艺流程

3.主要经济指标

年产1万头生产线的高床猪舍与传统养猪模式相比，土建投资及设备投入增加了335.27万元，但减少污水厂投入135万元。因此，高床发酵型生态养猪模式与传统养猪模式相比，增加固定资产投入200.27万元。

实践表明，高床发酵型生态养猪模式运行情况良好，采用高床发酵型养猪模式，二层养猪过程中产生的猪粪尿全部进入一层有机肥生产车间中发酵，并加工为有机肥料，年产1万头生产线，生产有机肥料约900 t，有机肥年收入为54万元；每年需垫料购置费35万元、人工费3.65万元、电费14.27万元，故年收益为1.08万元。而采用传统养猪模式，年需投入污水厂运行费用约14.60万元。因此，高床发酵型生态养猪模式与传统养猪模式相比，年节省运行费用15.68万元。

（四）广东省河源市某养猪场

1. 基本情况

该养猪场占地面积2 000亩，其中山地1 600亩，水塘400亩。场内拥有养殖栏舍10栋，存栏量24 790头，其中种公猪30头，后备公猪10头，生产母猪2 400头，后备母猪350头，哺乳仔猪4 000头、保育猪8 500头、生猪育肥猪9 500头。年出栏生猪4万头左右，其中猪苗2万头，肉猪2万头。该场采用干清粪收集模式，粪便主要通过有机肥厂制作有机肥销售；废水通过黑膜厌氧池及"UASB+ABR+SBR"等工艺净化后达标排放或灌溉附近林地，不存在污染周边环境的情况。

2. 污染防治模式及工艺

（1）污染防治模式。废水达标排放模式+粪便加工有机肥。

（2）污染防治工艺。该养殖场采用干清粪工艺，人工清粪，粪便采用运输工具输送至发酵池进行堆肥处理。废水经调节池匀质后，经黑膜厌氧池进行厌氧反应，黑膜厌氧处理后的沼液与经化粪池预处理后的生活污水一并排入匀质池，再经主体工艺"UASB+ABR+SBR"对废水进行深度处理。干清粪进入有机肥厂，与高架养殖垫料混合经2个月左右好氧高温堆肥发酵后再进行3个月的堆放陈化，然后进行包装销售。具体的污染防治工艺流程见图11-47。

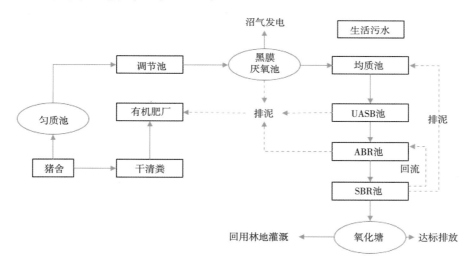

图11-47 "废水达标排放+粪便加工有机肥"防治工艺流程

（3）污染防治设施类型及规模。该养殖场废水约320 m³/d，2座黑膜厌氧池容积为2.5万m³，"UASB+ABR+SBR"工艺设计处理能力为400 m³/d。

（4）污染防治效果。该养殖场建设了完善的污水与固废污染防治设施，从实际效果看，经"UASB+ABR+SBR"工艺处理后的出水满足《GB 18596—2001畜禽养殖业污染物排放标准》有关要求；养殖粪便污染得到了较好的治理，有机肥生产线运行良好，干清粪经堆肥发酵处理后满足还田利用有关要求。

（五）海南省海口市美兰区某猪场污水处理工程

1.基本情况

该工程设计养殖规模年出栏生猪10万头。该场采用干清粪收集模式，粪便主要通过发酵池进行堆肥处理，废水通过"固液分离处理-厌氧-A/O-高级氧化"组合工艺进行净化，处理后的堆肥和出水就近用于柚子种植，未造成周边环境污染。

2.污染防治模式及工艺

（1）污染防治模式。达标排放模式。

（2）污染防治工艺。该养殖场采用人工干清粪，大多数粪便采用运输工具输送至发酵池进行堆肥处理，然后全部就近用于柚子种植，少部分猪粪、尿液及废水排入储存池进入后续污水处理工程。污水处理工程主体处理工艺采用"固液分离处理-厌氧-A/O-高级氧化"组合工艺（图11-48），设计处理量500 m³/d（每天24 h连续运行，20.83 m³/h），处理后排水按照《GB 5084—2021农田灌溉水质标准》中水质标准执行（表11-36），主要就近用于柚子浇灌。

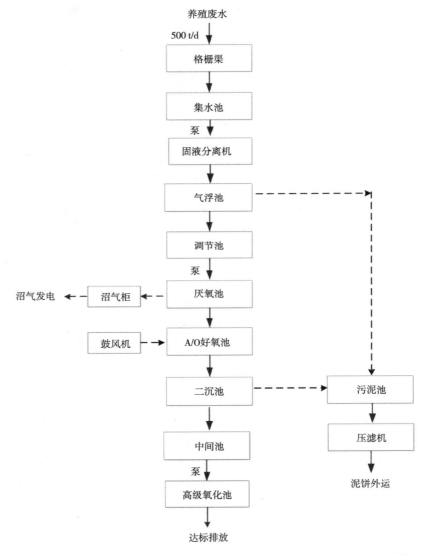

图11-48 "固液分离处理—厌氧—A/O—高级氧化"组合污水处理工艺流程

表11-36 设计出水水质一览表

指标	COD_{cr}/ （mg/L）	BOD_5/ （mg/L）	SS/ （mg/L）	pH值	阴离子表面活性剂/ （mg/L）	粪大肠杆菌/ （mPN/L）	蛔虫卵/ （个/L）
各指标数值	150	60	80	5.5～8.5	5	4 000	2

注：BOD_5，五日生化需氧量。

（3）污染防治设施类型及规模。该养殖场污水首先经过格栅（处理量20.8 m³/h）去除悬浮物或漂浮物后进入集水池（有效容积185.44 m³），通过污水泵将污水提升至固液分离机，进行固液分离，去除大部分的猪粪和猪毛，降低这些物质对水泵造成损害以及对主体生化处理造成的影响。经过固液分离处理后进入气浮池（有效容积47.1 m³），通过投加絮凝剂、助凝剂，进行絮凝反应和沉淀分离，去除部分悬浮物和有机物，提高有机物的可生化降解性，能降低后续处理的负荷。然后进入调节池（有效容积94.24 m³），对废水进行均质均量处理；通过提升泵提升进入厌氧池（有效容积1 013 m³），经水解、酸化、产酸、产甲烷4个阶段去除污水中的有机物。经厌氧处理后污水进入A/O好氧池（有效容积1 436.22 m³）在曝气条件下进行生化处理，处理后进行二沉池（有效容积109.76 m³）沉淀后经中间池提升后进入高级氧化池（有效容积66.00 m³），采用臭氧氧化及消毒处理后达标排放。废水在好氧反应池中的可溶性有机污染物为活性污泥所吸附，并被存活在活性污泥上的微生物群体所分解，从而起到大量降低COD_{cr}、BOD_5作用的同时，也能实现脱氮除磷的目的，通过高级氧化深度处理，最后出水达标排放。二沉池中的污泥排入污泥池（有效容积136.80 m³）后经污泥提升泵排如压滤机，压成泥饼外运后按规范处置。

3. 污染防治效果

该养殖场管理较为规范、精细，基本做到了种养平衡，养殖业产生的废水与粪便等通过柚子种植全部利用，径流汇集区上坪塘水库的水质未见发黑发臭现象，表明该养殖场的污染防治模式与具体措施较为成功，取得了较好的防治效果。根据进出水水质要求，本工程要求的污染物去除率如表11-37所示。

表11-37 主要污染物去除效果一览表

处理单元	COD_{cr}		BOD_5		SS	
	η/%	出水/（mg/L）	η/%	出水/（mg/L）	η/%	出水/（mg/L）
原水		12 000		8 400		7 500
隔渣+固液分离	20	9 600	20	6 720	85	1 125
气浮池	15	8 160	20	5 376	35	731.25
厌氧池	85	1 224	90	537.6	0	731.25
A/O池	85	183.6	85	81	90	73.125
高级氧化池	25	137.7	28	58	0	73.125
出水		138		58		73
排放标准		150		60		80

注：η为该处理单元的去除率，各单元均为出水水质。

（六）广东省汕尾市某公司养殖废弃物资源化利用工程

1.基本情况

该猪场年出栏生猪30 000头左右。该场采用干清粪收集模式，粪便、沼渣等经堆肥发酵处理后，加工成为有机肥出售；废水通过沼气池、曝气池、二沉池、厌氧池、接触氧化池等工艺处理后进行回用，能够有效实现粪污资源化和能源化利用。

2.污染防治模式及工艺

（1）污染防治模式。能源化利用模式+达标排放模式（回用）。

（2）污染防治工艺（图11-49）。该公司根据养猪场污水水质特性及排水状况，在污水处理工艺前端设置固液分离段，以利于粪便与污水初步分离，减少污水处理量，同时，分离后的粪便和人工清除的粪便作进一步堆积发酵处理后，加工成为有机肥出售。分离后的污水经格栅拦截后，进入沼气池，有机物被微生物分解为沼气，经净化后供食堂炊事、发电等用能，沼渣、沼液被加工为有机肥；沼气池出水采用淀粉基絮凝剂进行强化絮凝，去除色度、悬浮物和COD，提高曝气效果、减轻污染负荷；分离后的污水再依次进入曝气池、二沉池、厌氧池、接触氧化池，进一步脱磷、脱氨处理后，主要降解指标COD、BOD_5、NH_3-N去除率可达到98%以上，出水经类Fenton试剂产生的羟自由基作用，高效、快速、彻底杀灭大肠杆菌和各种病原微生物，保证废水安全回用，从而实现粪污的资源化利用。

（3）主要做法。一是开展了抗病育种和生态健康养殖技术研究，形成一套科学、有效的技术与管理体系，该体系具有生产效率更高，设备利用率更好，减少人工等诸多优点，实现了环保、节能、高效、安全等；二是通过研究，创新了规模化猪场粪污高值化利用和安全清洁生产工艺，核心是沼渣和沼液的利用，解决了目前沼渣沼液有机肥就地消纳易造成二次污染的难题，实现规模养猪粪污的安全清洁生态利用；三是结合本地区生猪、沼气、茶叶、沉香、火龙果等产业特点，进行了"猪-沼-茶（果）"等模式的研究和示范，创建了"猪-沼-茶""猪-沼-果""猪-沼-药"3种生态循环农业模式，成功解决了规模化猪场养殖废弃物资源化利用的关键共性问题，为规模猪场建设生态循环农业提供了技术支持和模式参考。

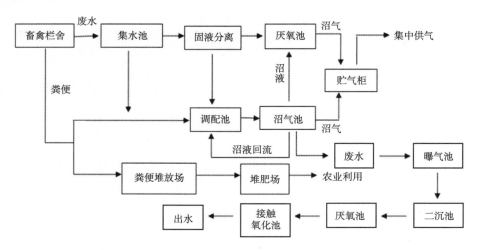

图11-49 养殖废弃物资源化利用工艺流程

3.主要经济指标

该工程案例投资概算情况详见表11-38：

表11-38　工程投资概算明细表

概算项目	日处理量/t	投资概算/万元			占地面积/ m²	配备人员/ 人	助剂/kg	处理费用/ （元/t）	服务村民/人
		土建	设备	其他费用					
数值概算	300	900	1 100	420	30 000	4	0	60	350

　　该案例为年出栏3万头生猪养殖项目，年产规模大于300万m³生物燃气和2.5万t生物有机肥，生物燃气和生物有机肥按其销售价格分别为2.5元/m³和100元/t计，可实现直接增收约3 250万元，同时由于本项目实施，优化养殖环境从而提高饲料利用率，并促进猪的生长，每头猪可增加利润82元，按年出栏3万头计算，可产生利润约246万元。因此，示范工程每年可为养殖场增收约1 246万元，每年处理费用657万元，利润为589万元。

第六节　集约化水产养殖污染防治技术

一、渔稻共作尾水处理模式

1. 模式简介

　　渔稻共作尾水处理模式是生态养殖型模式之一，采用渔农综合循环利用模式，使养殖尾水处理与稻渔共作相结合。养殖尾水直接进入稻田。稻田中养殖鱼、虾、蟹等经济动物，消除田间杂草和水稻害虫，并疏松土壤；水稻吸收氮、磷等营养元素净化水体，净化后的水体再次进入养殖系统进行循环利用，形成一个闭合的"稻-渔"互利共生良性生态循环系统，实现"一水多用、生态循环"。

2. 适用范围

　　适用淡水池塘、淡水养殖工程设施养殖尾水处理。

3. 工艺流程及处理要求

　　该模式工艺流程如图11-50所示，处理过程中要求养殖用水循环使用，不能外排。

4. 面积配比

　　池塘养殖条件下，每2 000 ~ 5 000 kg产量配套10 ~ 15亩稻田。

图11-50　渔稻共作尾水处理模式示意

二、温室鱼菜共生尾水处理模式

1. 模式简介

鱼菜共生是一种新型的复合农业，它把池塘养殖和作物栽培这两种原本完全不同的农耕技术，通过巧妙的生态设计，达到科学的协同共生，从而实现养鱼不换水而无水质忧患，种菜不施肥而正常生长的生态共生效应。该模式将池塘养殖中残饵和粪便等高污染物，通过底排的方式进入收集池，通过收集池沉淀后将浓缩的污染物排放到发酵池中，经过十几天发酵后，将发酵液通过管道进入温室鱼菜共生系统中，用于作物栽培，上清水回塘继续用于池塘养殖。鱼菜共生系统是一种可持续循环型零排放的低碳生产模式。当下，农村生活污水处理是涉及家家户户的"民心工程"，鱼菜共生系统能实现污水处理与循环利用，可以与美丽乡村建设相结合。

2. 适用范围

适用于面积在50亩以上集中连片淡水池塘养殖。

3. 工艺流程及处理要求

该模式工艺流程如图11-51所示，处理过程中要求养殖用水循环使用，不能外排。

4. 面积配比

一般要求温室鱼菜共生系统与池塘配比为1：（2~5）。

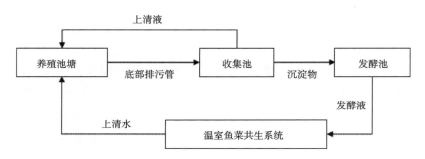

图11-51 温室鱼菜共生尾水处理模式示意

三、陆基集装箱尾水处理模式

1. 模式简介

该模式的核心原理为"分区养殖，异位处理"，将养殖箱体摆放在池塘岸基，箱体内实施高效养殖，养殖箱体与池塘建设一体化的循环系统，从池塘抽水、经臭氧杀菌后在集装箱内进行流水养鱼，养殖尾水经过固液分离后再返回池塘生态处理，不向池塘投放饲料和渔用药物，池塘主要功能变为湿地生态净水池。另外，通过高效集污系统，将90%以上养殖残饵粪便集中收集处理，不进入池塘，降低池塘水处理负荷，大幅延长池塘清淤年限。集中收集的残饵粪便引至农业种植区，作为植物肥料重新利用，实现生态循环。

2. 适用范围

适用于陆基推水集装箱式养殖模式。

3. 工艺流程及处理要求

该模式工艺流程如图11-52所示，处理过程中要求养殖用水循环使用，不能外排。

4. 单元面积占比

采用定制化的"集装箱"，尺寸是6.1 m×2.4 m×2.8 m，保持池塘与集装箱不间断地进行水体交换，常规5亩池塘配10个养殖箱。其中一级沉淀池∶二级净化池∶三级曝气池为1∶1∶8。每级间保持20 cm落差，形成水流剪力。

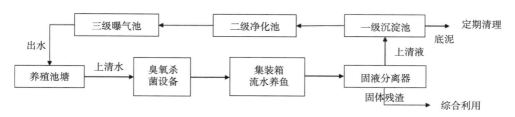

图11-52 陆基集装箱尾水处理模式示意

四、跑道式尾水处理模式

1. 模式简介

跑道式处理模式是集池塘循环流水养殖技术、生物净水技术和鱼类疾病生态防治技术于一体的新型池塘养殖模式。该模式对传统池塘进行工程化改造，将池塘分成小水体推水养殖区和大水体生态净化区，在小水体区通过增氧和推水设备，形成仿生态的常年流水环境，开展高密度养殖；在大水体区通过放养滤食性鱼类、种植水生植物、安置推水设施等，对水体进行生态净化和大小水体的循环。

2. 工艺流程及处理要求

生态净化塘→气提推水系统→循环水槽→集污池→生态净化塘（图11-53）。原则上要求养殖用水循环使用，对于特殊情况需要排出养殖场的尾水水质应符合农业部《SC/T 9103—2007海水养殖水排放要求》《SC/T 9101—2007淡水养殖水排放要求》或《DB 44/2462—2024广东省水产养殖尾水排放团体标准》。

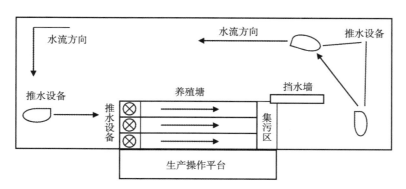

图11-53 跑道式尾水处理模式示意

五、"三池两坝"尾水处理模式

1. 模式简介

该模式对养殖水域进行科学规划，在池塘升级改造基础上（进排水分开），利用物理和生物生态的方法，采用"三池两坝"的工艺流程，对养殖尾水进行生态化处理，实现循环利用或达标排放。

2. 适用范围

适用于面积在50亩以上集中连片淡水池塘养殖。

3. 工艺流程及处理要求

该模式工艺流程主要包括生态沟渠→沉淀池→过滤坝→曝气池→过滤坝→生态净化池（图11-54）。原则上鼓励养殖用水循环使用或多级利用，对于需要排出养殖场的尾水水质应达到《SC/T 9101—2007淡水池塘养殖水排放要求》中的标准或收纳水体接受标准。

4. 单元面积占比

尾水处理设施单元面积应根据养殖品种、养殖密度、产量、排水水力停留时间等因素因地制宜进行设计。尾水治理设施单元包括生态沟渠、沉淀池、过滤坝、曝气池、生态净化池等，其总面积须达到养殖总面积的一定比例，根据不同养殖品种其设施面积建议要求如下：①鳜、鲈、鳢等肉食性鱼类的尾水治理设施总面积不小于养殖总面积的8%；罗非鱼、四大家鱼及其他养殖品种的尾水治理设施总面积则不小于养殖总面积的6%；②虾类的尾水治理设施总面积不小于养殖总面积的5%，蟹类的尾水治理设施总面积则不小于养殖总面积的3%；③龟鳖类、鳗鲡的尾水治理设施总面积不小于养殖总面积的10%。为达到尾水处理最佳效果，沉淀池与生态净化池面积应尽可能大，沉淀池、曝气池、生态净化池的比例约为45∶5∶50。

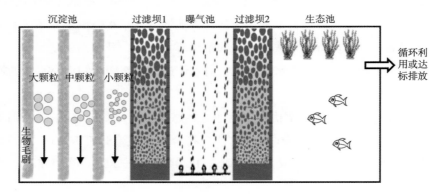

图11-54　"三池两坝"尾水处理模式示意

六、人工湿地尾水处理模式

1. 模式简介

该模式在池塘建立人工水生态系统，利用内基质、植物和微生物等协同作用，经过物理和生物两重处理，达到去除或消减水中污染物的目的。人工湿地应用于养殖尾水处理，可实现养殖尾水循环利用或达标排放。

2. 适用范围

适用于面积在50亩以上集中连片淡水池塘养殖模式。

3. 工艺流程及处理要求

该模式工艺流程主要包括生态沟渠→沉淀池→人工湿地（复合式人工湿地）→养殖池塘（外部水域）（图11-55）。处理后水质达标排放或循环利用。

4. 单元面积配比

人工湿地一般要求其总面积须达到所要治理的养殖总面积的10%以上。

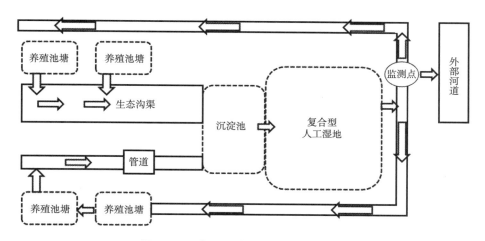

图11-55 人工湿地尾水处理模式示意

七、应用案例

（一）广东省佛山市南海区某渔场

1. 基本情况

该渔场主要养殖品种为加州鲈鱼。渔场总面积为608亩，其中养殖池塘数量58口，每口池塘平均10亩左右；场内建立了2套尾水治理系统，配套面积为31亩，在总面积中占比为5%。

2. 污染防治模式及工艺

（1）污染防治模式。采用"三池两坝"尾水处理模式。

（2）污染防治工艺。主要工艺流程见图11-56。该处理模式需要首先对鱼塘进行方格化平整，建立进排水分离排灌系统，需要建设的主体处理设施包括沉淀池、过滤坝、曝气池、生物净化池等养殖尾水处理设施，通过水生植物、碎石、细沙、陶粒、棕片等多种介质和曝气增氧技术等净化养殖水质，处理后的出水大部分达标排放（排入附近河涌）、少部分循环利用，改善养殖水域环境，提升水产品质，推动环境友好型生态渔业发展。

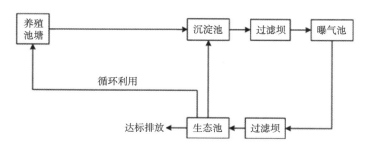

图11-56 "三池两坝"主体工艺处理流程

3. 主要经济指标

该渔场"三池两坝"系统建设投入每亩约3 500元，主要建设内容包括三池两坝建设、曝气系统建设、人工浮岛建设、进排水分离、水生植物种植等；电费约为每月2 000元（约3 175 kWh电），主要用于一台5 kW的抽水泵以及一台4～7.5 kW的三叶罗茨风机（曝气用），每天运行2～4 h。过滤材料每年更换1次，费用大约1万元。水生植物更新、修剪年等维护成本大约1万元。"三池两坝"系

675

统是该渔场升级改造的主要内容，升级改造后，渔场租金约7 200元/亩。加州鲈鱼亩产量约8 000斤（1斤=500 g），渔场总体年产量2 400 t；每亩产值2万元以上，年总产值约7 000万元。

4.污染防治效果

渔场的两套"三池两坝"系统稳定运行后养殖尾水排放的水质指标（化学需氧量、总氮、总磷、悬浮物）达到《SC/T 9101—2007淡水池塘养殖水排放要求》中淡水养殖废水排放标准值的二级标准，现场典型照片见图11-57。经现场采样监测核实，该工艺对化学需氧量、总氮、总磷的去除率分别为11%、76%、56%，出水中三种污染物的浓度分别为20.95 mg/L、0.80 mg/L、0.04 mg/L，可以满足达标排放要求。

"三池两坝"系统占地面积较大，一次性投入较高，但日常运维成本较低，比较适用于占地面积大、养殖规模较大、经济效益较好的水产养殖场。

沉淀池

过滤坝

曝气池

生态池

图11-57　渔场"三池两坝"主体工艺典型照片

（二）广东省佛山市某渔业科技园技术示范基地

1.基本情况

该基地为池塘"零排放"绿色高效圈养模式技术示范，2021年年底建成，目前还在试运行阶段。养殖池塘面积8亩，塘内养殖区共有32个养殖桶（8套×4个/套），养殖桶为圆柱体内径4 m，高3.1 m，有效水深约1.7 m，养殖品种为皖鱼、鲈鱼、桂花鱼等，目前每桶养殖密度低于农户普通的池塘养殖。

2.污染防治模式及工艺

（1）污染防治模式。采用改良版陆基集装箱尾水处理模式。

（2）污染防治工艺。主要工艺流程示意见图11-58。

在池塘中构建圈养装置，把主养鱼类圈在圈养桶内养殖，通过圈养桶特有的锥形集污装置高效率收集残饵、粪污等废弃物，废弃物经吸污泵抽排移出圈养桶、进入尾水分离塔，固废在尾水分离塔中沉淀分离、收集后进行资源化再利用，去除固废后的废水经人工湿地脱氮除磷后再回流到池塘重复使用，实现养殖废弃物的"零排放"。

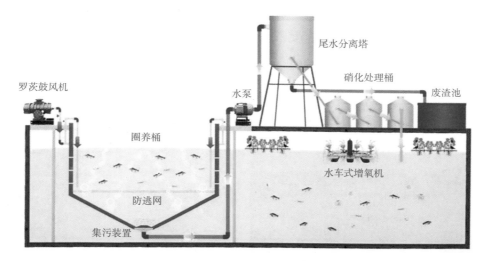

图11-58　池塘"零排放"绿色高效圈养模式工艺流程示意

养殖、捕捞系统　由圈养桶上部圆柱体组成，有效水深约1.7 m，有效养殖水体约20 m³。内设固定式防逃网和活动式捕捞网隔等。需要分级或捕捞时，提起捕捞网隔即可便捷化起捕（集成吸鱼泵技术与装备后，可实现捕捞机械化），通常2人即可完成捕捞，显著节约劳力成本。

增氧、推水系统　在圈养桶养殖系统底部，沿桶壁安装一圈微孔增氧管，采用空压机、罗茨鼓风机或纯氧机等进行微孔增氧。增氧产生的气泡，在圈养桶内形成由四周向中央推送的水流，可将残饵、粪便等养殖废弃物推送到圈养系统中央部位，以利于其沉降、收集。

集、排污系统　由圈养桶下部锥形结构、尾水管道、吸污泵等构成。残饵、粪便下沉至防逃网以下锥形部位后，定期开启吸污泵，将残饵、粪便的污水抽入尾水塔。

固废分离、净化系统　污水入尾水分离塔后，固废沉淀后从排污口排出，方便收集、用于后续的资源化再利用。上清液流入三级曝气桶处理后，再回流至圈养池塘循环利用，节约水资源。

圈养池塘水体自净系统　在圈养桶外的池塘种植轮叶黑藻等沉水植物，以及布设毛刷等措施，放鲢鳙鱼等滤食性鱼类，构建池塘水体的生物自净系统，池塘水体透明度可保持在60 cm以上。

3.主要经济指标

整套圈养设施及尾水处理系统建设成本约合10万元/亩，日常耗电设施包括抽水泵（24 h运行）、抽泥泵（每天运行1~2次，每次10~20 min）和曝气机（24 h运行），平均单个圈养桶日耗电7 kWh左右，电费总计每月约4 000元（约6 700 kWh电）。以加州鲈为例，每个圈养桶放养2 500尾左右，折算池塘养殖产量一般为5~6 t/亩，养殖收入10万~15万元/亩。

4.治理效果与评析

该养殖模式的尾水处理系统在稳定运行后，完全达到养殖水体循环利用的要求，所以本系统处理后的出水完全回用，真正实现"零排放"，现场典型照片见图11-59。经采样检测核实，该系统处理后养殖尾水水质指标（化学需氧量、总氮、总磷、悬浮物）达到《SC/T 9101—2007淡水池塘养殖水排放要求》中淡水养殖废水排放标准值的二级标准。

虽然该技术模式一次性投入成本较高、日常运行耗电也偏高，但它也具备明显的技术优势，例如：①绿色环保实现养殖尾水"零排放"，保护水域环境；②适应性广，无论池塘大小、水源好坏均可安装，适合圈养的鱼类种类、规格广；③直接利用养殖池塘，不额外占地，节能减排养殖固废资源化再利用，养殖水体得以循环利用，减少水资源消耗，单位产品能耗低，使养殖更环保；④提质增效实现好水养殖，无药残、土腥味低，产品品质好、单价高；⑤节约劳动力成本，劳动生产效率提高，农民养殖收益显著增加。

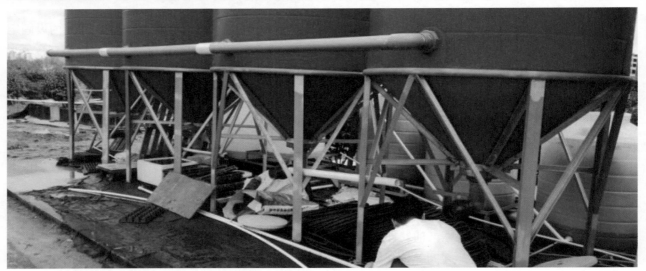

图11-59　池塘"零排放"绿色高效圈养模式典型照片

第七节　面源污染控制单元综合防治技术

一、基于数值模拟的农业源与水质响应关系模型构建技术

通过数值模拟的手段，可以较好地构建各类型农业源排放及其产汇污过程对东江流域水质的响应关系，较为常见的模型包括Ann AGNPS、HSPF及SWAT等模型。本文采用应用较为广泛的SWAT模型对东江流域农业面源污染模拟，模型将东江流域划分为106个子流域，5 573个水文响应单元，农业管理操作

考虑了脐橙、龙眼、荔枝、水稻和生菜等作物种植，水库及闸坝调度则考虑新丰江、白盆珠及枫树坝水库，点源输入则主要采用环境统计及污染源普查等相关数据，构建了较为精细化的模型数据库，建立了基本能反映流域实际情况的模型。

模拟结果表明干流最下游博罗站日尺度流量模拟效果较好，率定期（2009—2015年）及验证期（2014—2016年）均达到R^2>0.85，NS>0.82，RE<20%，基于率定好的流量，东莞桥头站污染负荷模拟效果也较好，日尺度NH_4^+-N及TP负荷率定期（2014—2015年）及验证期（2016年）均达到R^2>0.83，NS>0.80，RE<22%；TN模拟效果与其他参数相比模拟效果较差，其率定验证期也基本达到R^2>0.74，NS>0.72，RE<30%。总体而言，基于精细化模型基础数据库的构建，已建立的分布式模型在产汇流及污染物冲刷模拟方面，基本上抓住了随降雨变化而变化的特征，模拟趋势性及误差均控制在较为理想范围，模拟结果较为可靠。

面源污染负荷主要分布在东江各支流水系两岸及子流域较大的区域，N、P负荷在子流域的分布规律呈现一定差异性。其中P负荷的分布规律与产沙量的分布具有较高一致性，呈现上游>下游>中游规律特征，原因是上游存在大量的林地、草地及耕地，地形坡降较大，其植被覆盖附着不稳定，强降雨时根系层负载过大，容易受到破坏，同时这些流域内耕地及农村居民地居多，农田土层较薄且陡坡，只开垦不采取有效的水保措施会加大水土流失的可能性，土壤侵蚀模数较大，大量的污染物将随地表径流侵蚀入河，并且农业耕作活动密集，对非点源污染负荷贡献较大；下游则主要是建成区密集，根据野外径流试验场研究结论可知，庭院、公路等城市不透水地区，存在明显的降雨初期冲刷现象，其随地表径流输出的污染负荷量不容忽视。

N负荷则主要呈现下游>中游>上游的规律，这与流域城镇化程度具有较高的一致性，主要是因为流域内的城镇化加速导致基础设施建设相关的土石方工程等人类活动频繁，人口增加及生活物资需求的增加引起的牲畜养殖扩大，导致生活污染物及粪便排放量大，产生较多氨氮负荷，同时大量不透水路而增大总氮、总磷等迁移速率。流域上游部分氮、总磷负荷较大的原因是林地、耕地大片集中，特别是人工林及耕地管理喷洒农药和化肥施用率较高，动物粪便产量增加，超过地区环境荷载，从而产生较多非点源负荷。综上，面源负荷输出贡献的空间差异性不仅由降雨量时空分布差异决定，不同土地利用类型分布及人类活动也是重要因素之一。

二、基于流域水质目标的农业源污染精准治理技术体系

按照"流域-控制区-控制单元"三级分区体系推进水环境精细化管理，紧紧围绕水质目标（表11-39），坚持"熟水性、善治理"，以水环境治理和生态环境保护为纽带，深化细化生态环境保护任务和工作部署。在综合考虑东江流域现有主要水环境问题和水生态安全综合评估结果的基础上，综合采取农村环境综合整治、畜禽养殖资源化治理、水产养殖连片整治等措施。

表11-39　东江流域各控制单元主要控制断面水质目标

控制单元	控制断面	水质目标
东江河源市龙川铁路桥下控制单元	俐江出口	II
	龙川城下	II
	龙川铁路桥	II

（续表）

控制单元	控制断面	水质目标
	庙咀里	III
东江河源市龙川铁路桥下控制单元	兴宁电站	III
	枫树坝水库	II
	东源仙塘	II
东江河源市江口控制单元	江口	II
	榄溪渡口	II
	临江	II
新丰江韶关—河源市新丰江水库控制单元	新丰江水库	I
	东岸	II
	博罗新角段	II
	公庄河泰美	III
东江惠州市博罗城下（新角）控制单元	惠阳芦洲	II
	惠州剑潭	II
	惠州汝湖	II
	西枝江水厂	III
西枝江惠州市马安大桥下控制单元	马安大桥	III
淡水河深圳—惠州市紫溪控制单元	上洋	V
	西湖村	V
石马河深圳—东莞市旗岭控制单元	旗岭	V
	石马河口	V
沙河惠州市河口控制单元	沙河河口	III
增江惠州市九龙潭控制单元	九龙潭	II
增江广州市增江口控制单元	增江口	III
	大墩吸水口	II
	石鼓	IV
东莞运河东莞市樟村（家乐福）控制单元	樟村	IV
	镇口	IV
	石龙北河	II
东江南支流东莞市沙田泗盛控制单元	石龙南河	II
	沙田泗盛	III

加快农村环境综合整治。深化"以奖促治"政策，以重点流域、重要饮用水源地周边、生态发展区为重点，以农村生活垃圾、污水及畜禽养殖污染治理、村庄绿化美化为主要建设内容，以整县（区）推进农村环境连片综合整治为重要抓手，全面开展美丽乡村建设。积极创新投融资及建设模式，鼓励县（区）统一规划设计、统一资金管理、统一招标建设、统一运行维护，切实保障建设成效，改善农村人居环境。珠三角地区按照城乡一体化发展要求，加快城镇污水、垃圾处理设施和服务向农村延伸。到2025年形成具有岭南特色的生态宜居的社会主义新农村。深入推进石马河、淡水河流域、饮用水源保护区和重要水库周边农村连片整治，逐步改善农村生态环境。深化"以奖促治"政策，实施农村清洁工程，开展河道清淤疏浚，推进农村环境连片整治。有效控制农业面源污染。

开展畜禽养殖污染防治情况调查，建立数据库，强化监管。进一步规范畜禽养殖禁养区划定工作，依法关闭或搬迁禁养区内的畜禽养殖场（小区）和养殖专业户。实施养殖量与排放量"双总量"控制，现有规模化畜禽养殖场（小区）要配套建设粪便污水贮存、处理与利用设施，散养密集区要实行粪便污水分户收集、集中处理利用。新建、改建、扩建规模化畜禽养殖场（小区）要实施雨污分流、粪便污水资源化利用。推行规模化畜禽养殖场（小区）标准化改造和建设，鼓励和支持中小型养殖场和散养户采取就地或附近消纳污染物生态养殖模式，推动养殖专业户实施粪便收集和资源化利用，推动建设一批畜禽粪污原地收储、转运、固体粪便集中堆肥等设施和有机肥加工厂。到2025年，规模化养殖场、养殖小区配套建设废弃物处理设施比例达到80%以上。到2035年，规模化养殖场、养殖小区配套建设废弃物处理设施比例达到90%以上。强化农业面源污染治理，严控水产养殖面积和投饵数量，推进生态养殖。

制订实施农业面源污染综合防治方案。推广低毒、低残留农药使用补助试点经验，开展农作物病虫害绿色防控和统防统治。实行测土配方施肥，推广精准施肥技术和机具。完善高标准农田建设、土地开发整理等标准规范，新建高标准农田要达到相关环保要求。饮用水水源保护区、重要水库汇水区、供水通道沿岸等敏感区域要建设生态沟渠、污水净化塘、地表径流集蓄池等设施，净化农田排水及地表径流。

（一）东江流域上游片区

以规模化畜禽养殖场为主要切入点，将农业污染源纳入污染物总量减排体系。一是以集约化养殖场为重点，加快建设养殖场沼气工程和畜禽养殖粪便资源化利用工程，防治畜禽养殖污染。建设秸秆、粪便、生活垃圾等有机废弃物处理设施，推进人畜粪便、生活垃圾等向肥料、饲料、燃料转化。二是推行农村生活污染源排放控制，探索分散型污水处理技术的推广和应用。落实好"以奖促治""以奖代补"政策措施，推进农村环境综合整治。三是加强对畜禽养殖的管理，推行禽畜养殖业环保登记、污染源申报制度。

（二）东江流域中游片区

大力推进生态养殖。针对东江流域中游鱼塘分布多、养殖模式粗放、污染严重等特点，开展生态水产养殖试点工程。推广人工生态环境养殖、多品种立体养殖和水产品与农作物共生互利养殖等生态养殖方法，同时结合生态湿地处置养殖废水及养鱼塘污泥，有效减少因"晒塘"等引起的养殖废水与污泥直接外排风险。

全面清理整顿农家乐、山水农庄。因地制宜铺设管网将废水接入镇、村生活污水处理设施或自建污水处理设施，确保流域内的农家乐、山水山庄、饭店等饮食、休闲娱乐场所的废水稳定达标排放，无法稳定达标排放的一律关停。餐厨垃圾按要求妥善处理，避免乱堆乱放，一经发现，立即停业整顿。

（三）东江流域下游片区

广州、深圳、东莞等市和惠州潼湖流域等区域需严格落实禁养区内畜禽养殖业清理整治方案，按照省、市要求依法关闭或搬迁禁养区内的畜禽养殖场（小区）和养殖专业户；定期组织开展畜禽养殖业污染防治专项执法检查，采取联合监督、日常监督和群众有奖举报等多种形式，做到发现一宗，处罚一宗，严防禁养区返潮现象。少数限养区应规范畜禽养殖业生产，新建、改建、扩建规模化畜禽养殖场（小区）要实施雨污分流、粪便污水资源化利用。

三、东江流域畜禽养殖污染控制及资源化综合治理模式

全面开展辖区内畜禽养殖摸底调查，包括规模化场、养殖专业户及散养户的饲养规模及粪污处理设施、消纳地配套等信息，分别建档造册，遵循"源头减量、过程控制、末端利用"原则，支持、鼓励和引导养殖户推广养殖与种植有机结合、就地就近处理并消纳养殖粪污的生态养殖模式；大力推进畜牧业转型升级，重点加强对适养区养殖业的规范管理，以粪污处理和消纳能力决定养殖种类和规模，严格控制散养户乱排放行为（佘磊等，2021）。

（一）摸清底数，建立养殖情况月报制度

全面开展辖区内畜禽养殖摸底调查，建立市（县、区）、乡（镇）、村三级养殖情况上报制度，每半年以乡（镇）为单位组织各村汇总上报养殖情况，包括规模化场、养殖专业户及散养户的饲养规模及粪污处理设施、消纳地配套等信息，建档造册并定期（每半年）滚动更新，做到底子清、数据准。

（二）科学布局，优化养殖管控区域

制定流域畜禽养殖发展规划，强化畜禽养殖分区管控、污染防治等要求。一是在现有禁养区基础上，适当扩大禁养区范围，重点将流域内所有国考断面干流沿岸1 km范围内、纳入生态保护红线一级管控区的均纳入禁养区范围。在已有工作基础之上，建立禁养区内养殖场（户）清单，依法依规推动清单内养殖场（户）关停、清退工作。二是流域范围内禁养区之外的区域纳入养殖管控区，制定养殖管控区管理办法，原则上不得新增污染排放量，只允许新建规模以上、符合生态化养殖标准、设施先进的养殖场；对年存栏30～300头养殖规模的养殖场纳入严控范围，原则上不得新增；淘汰年存栏30头以下的低水平养殖散户，给予合理过渡期，优先支持养殖转型。

（三）推动规模化养殖场生态化养殖的标准化改造

对现有规模以上养殖场，分批次进行生态化改造，力争近期完成中小型养殖场改造、中期要完成所有规模养殖场改造，实现畜禽粪污综合利用率达到80%以上，规模养殖场粪污处理设施装备配套基本实现全覆盖，积极推动畜禽养殖资源化集中处理处置中心建设。一是畜禽养殖源头饲料无害化控制技术改造，饲料必须符合《GB 13078—2017 饲料卫生标准》等相关规定，降低日粮蛋白、磷的用量，采用消化率高、营养平衡、排泄物少的饲料配方技术，适当添加商品氨基酸、酶制剂、微生态制剂等，减少氮磷营养盐排放；二是推广使用畜禽养殖过程发酵床污染控制技术，垫层由微生物发酵剂及锯末谷壳等农业有机废弃物组成，根据养殖品种设置不同的发酵床垫料厚度和分层结构，充分利用微生物分解转化能力，实现无臭味、养殖过程污水零排放；三是实现粪污资源化利用全覆盖，对发酵床旧垫料进行规范加工，生产符合《GB/T 18877—2020 有机无机复混肥料》《NY 884—2012 生物有机肥》等标准的有机肥或有机无机复混肥；四是在畜禽养殖密度大、专业户较为集中的片区，建设规模化养殖粪污资源化利用处理中心。典型规模化养猪场粪污资源化利用技术路线见图11-60。

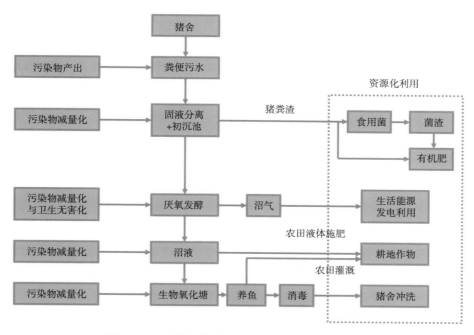

图11-60　规模化养猪场粪污资源化利用技术路线

（四）推广种养结合新模式

充分发挥畜禽粪污资源化利用和推广，根据不同资源条件，大力推广畜种规模化粪污全量收集还田利用、厌氧发酵还田利用、异位发酵床等模式（图11-61），进一步推进种养结合，积极引导规模养殖场（户）、有机肥厂与种植大户、农民专业合作社以及社会化服务组织等新型农民经营主体合作对接，争取形成多产业生态循环发展种养结合的产业模式。

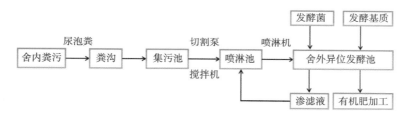

图11-61　规模化养猪场粪污异位发酵床资源化利用技术路线

（五）按照"三个一批"推动规模以下养殖污染物资源化处理全覆盖

对生猪年存栏300头以下的养殖场（户）按照"三个一批"原则实施严控。一是升级改造一批，对生猪年存栏养量为30~300头，现状养殖设施较为简陋，但对周边水体影响较小、近3年内无违法行为、未收到举报的养殖场（户），严格控制养殖数量基础上，进行设施生态化改造，并依托粪污资源化处置中心或附近大型养殖场进行粪污资源化处置，不得自行处理；二是清理劝退一批，对生猪年存栏养量小于30头，现状设置简陋、不具备粪污资源化条件的养殖场（户），通过疏导在2024年之前分批次进行劝退，政府给予合理过渡期并根据养殖场退出时间先后予以一定补贴；三是原地保留一批，对于具有一定规模，现状养殖设施较为先进、具备粪污资源化处置能力或依托大规模养殖场实现粪污资源化处理，近3年内无违法行为、未收到举报的养殖场，原则上可以就地保留，但严格控制养殖数量，不得超过相关部门核准的养殖数。

（六）制定粪污塘管理制度杜绝存量污染

一是全面排查流域内现有粪污塘，摸清底数，建立流域内粪污塘清单，分类施策，精准治理；对于整治完成的粪污塘，落实基层"河长制"监管职责，加强监管，杜绝重新用于排放粪污；二是建立雨季预警机制，在初期降雨之前尽可能处理粪污塘上层存量污水，确保粪污塘水位线不高于1/3，防治雨季溢流；在暴雨期间将周边雨水疏导汇入附近排渠、河道、池塘等，避免雨水大量汇入粪污塘导致粪污溢流入河，附近有空置或可租用池塘的，适当改造成为粪污塘应急池，雨前排空或尽可能降低水位，粪污塘溢流时可用于调蓄。

（七）加大宣传及执法力度

一是通过举办畜禽粪污治理专题培训班、印发宣传资料、现场观摩、进场入户指导等方式宣传推广畜禽养殖废弃物资源化利用的技术模式、经验做法，切实增强畜禽养殖场（户）的主体责任意识和生态绿色发展意识；二是对存在畜禽养殖污染安全隐患的养殖场（户）责令限期整改，不断形成和完善长效机制体制，督促养殖场（户）履行环评手续，进一步推动畜禽粪污处理各项措施落实到位，有效提升畜禽标准化养殖上新水平、上新台阶，促进全市畜牧业转型升级。不同规模畜禽养殖污染处置技术路线见图11-62。

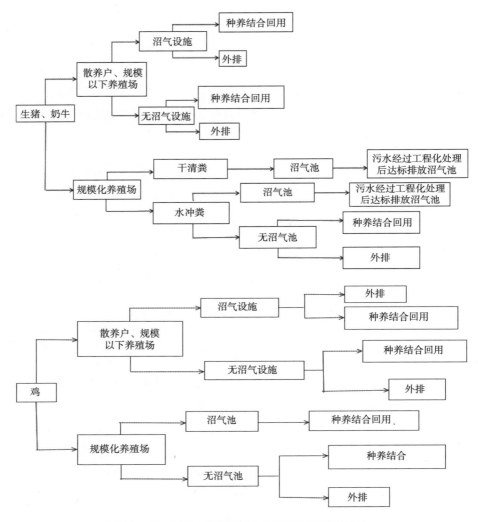

图11-62 不同规模畜禽养殖污染处置技术路线

四、东江流域连片面源污染生态治理模式

结合畜禽养殖废弃物资源化利用，大力发展"种养结合"的生态农业，增加有机肥施用量及物理灭虫设施，实施农药化肥减量化，从源头减少面源污染的排放；重点针对国考断面所在干流沿岸连片农业种植区，通过构建生态缓冲带及农业生态沟渠拦截净化系统，有效拦截净化种植区污染物。

（一）实施源头减量，有效控制化肥农药施用量

一是推行水稻氮肥定额制，控制施肥总量，按照"统筹规划、区域设点、综合试验"的要求，开展测土配方施肥，实现测土配方施肥技术覆盖率达到95%以上，推广使用配方肥、增施有机肥；二是加大力度推进重大病虫防控专业化统防统治与绿色防控、农药安全使用与减量控害、农药包装废弃物和废弃农膜的回收与处置技术等工作，持续减少农药使用量，精准发报预警，指导群众及时适时防控，达到农药使用减量增效的目标，实施绿色防控，进一步扩大应用绿色防控技术农田面积，争取实现绿色防控覆盖率明显上升至50%以上、农药减量5%以上。

（二）开展过程控制，建设防护隔离林生态缓冲带

重点针对连片种植区，根据地形及原沟渠水系，于坡耕地低洼处构建防护隔离林生态缓冲带，有效拦截净化农业种植区产汇流过程中的污染物。针对沿河连片农业面源污染可采取"生态沟渠+生态塘"的组合工艺进行过程净化及末端的综合治理，其生态治理技术思路如图11-63所示，典型的生态治理工程布局如图11-64所示。

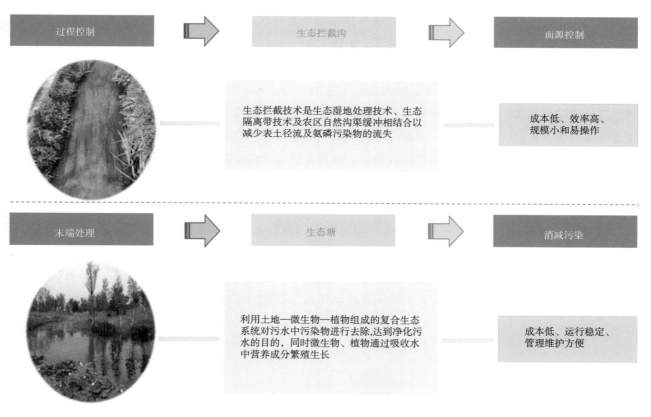

图11-63　连片农业面源生态治理技术思路

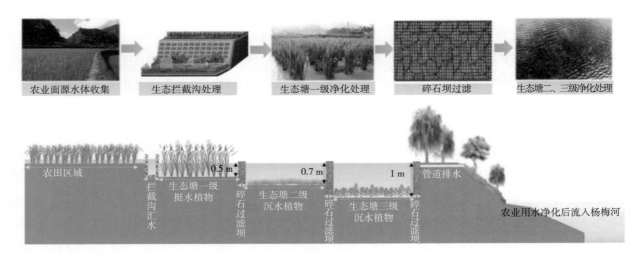

农业面源水体收集　　　生态拦截沟处理　　　生态塘一级净化处理　　　碎石坝过滤　　　生态塘二、三级净化处理

图11-64　连片农业面源生态治理工程布局

五、东江流域水产养殖污染综合治理模式

（一）加快推进水产养殖尾水排放要求制定及实施

充分结合主要河流及近岸海域功能区划及水质目标，研究制定《海水养殖尾水排放要求（试行）》和《淡水养殖尾水排放要求（试行）》，推动池塘等养殖尾水达标排放从行业自律转变为法规约束，为水产养殖污染治理提供了法律保障；针对连片集中鱼塘养殖区域，综合采取"源头防控+末端治理"的手段，有效控制了水产养殖污染（刘明庆等，2019）。

（二）加大淡水养殖产业升级和生态治理力度

推进水产生态健康养殖，积极发展大水面生态增养殖、工厂化循环水养殖、池塘工程化循环水养殖、连片池塘尾水集中处理模式等健康养殖方式，鼓励建设"鱼菜共生""鱼果复合""桑基鱼塘"等生态循环农业，重点针对万亩坡、大廊口等连片集中养殖区进行产业指导和扶持，推进养殖品种由低市场价值向高收益品种转变，提高产业经济价值，降低养殖密度和饲料药剂等投放密度，从源头上降低区域水体污染物浓度。

（三）全面开展鱼塘养殖尾水综合整治

区域统筹布局，因地制宜采用标准生产型（针对10亩以上连片）及简易生态型（针对10亩以下）进行整治，确保养殖尾水达到《广东省养殖尾水排放团体标准》中一级标准或《淡水养殖尾水排放要求（试行）》中较严值，打造水产养殖尾水净化及回用生态示范基地，以"先建后补"原则开展淡水池塘转型升级和尾水治理，近期构建水产养殖治理技术体系，打造国家级或省级示范点1~2个。

主要参考文献

董雪霁，吴志毅，幺瑞林，等，2018. 畜禽养殖污染防治及环境管理[J]. 环境与发展，30（3）：67-70.

凡宝娣，吴斌，2017. 畜禽养殖污染治理措施[J]. 中国畜禽种业，13（5）：36-37.

贺斌，胡茂川，2022. 广东省各区县农业面源污染负荷估算及特征分析[J]. 生态环境学报，31（4）：771-776.

胡静锋，2017. 重庆市农业面源污染测算与空间特征解析[J]. 中国农业资源与区划，38（1）：135-144.

李家宇，吕傲扬，2017. 黑龙江省农业面源污染影响因素分析——基于1987—2015年统计数据[J]. 中国林业经济（2）：44-48.

梁琪，2019. 广西西江流域农业面源污染综合防控研究[D]. 南宁：广西大学.

林兰稳，朱立安，曾清苹，2020. 广东省农业面源污染时空变化及其防控对策[J]. 生态环境学报，29（6）：1245-1250.

刘明庆，席运官，陈秋会，等，2019. 水产养殖环境管理与污染减排的政策建议[J]. 中国环境管理，11（1）：90-94.

彭友连，2019. 水产养殖环境的污染现状及控制对策[J]. 畜牧兽医科技信息（12）：34-35.

秦鹏，徐海俊，2019. 水产养殖污染防治的现实困境与规范进路[J]. 农村经济（12）：88-95.

佘磊，姜珊，姜彩红，等，2021. 我国畜禽养殖环境管理进程及展望[J]. 农业环境科学学报，40（11）：2277-2282，2272.

魏子仲，2022. 水产养殖污染与治理技术[J]. 畜牧兽医科技信息（3）：50-52.

吴根义，廖新俤，贺德春，等，2014. 我国畜禽养殖污染防治现状及对策[J]. 农业环境科学学报，33（7）：1261-1264.

吴根义，宋江燕，张震宇，2020. 非规模畜禽养殖污染防治政策建议[J]. 环境保护，48（8）：21-24.

第十二章

西北旱地农区

第一节　区域农业生产现状与面源污染特征

　　西北地区包括新疆、甘肃、青海、宁夏、陕西、内蒙古西部，是我国地膜覆盖历史最久、面积最大的地区。长期以来，由于地膜性能、回收机具及残膜资源化利用等方面的技术缺陷，导致地膜难以有效回收，白色污染日益严重，成为西北农业面源污染的突出表现形式。此外，水肥管理不当带来的农田氮磷流失、种养脱节引起的农作物秸秆焚烧和畜禽粪便排放也是西北农业面源污染的重要形式。

　　依生态条件和农业生产方式，西北旱地农区可划分为绿洲灌区、河套灌区和黄土高原区三大典型区域。绿洲灌区地膜残留和氮磷淋溶流失是面源污染突出表现形式，棉花是最有代表性作物；地膜残留和氮磷淋溶流失也是河套灌区主要面源污染形式，代表性作物为玉米和向日葵；黄土高原区氮磷径流、地膜残留是主要污染表现形式，玉米、马铃薯是最有代表性作物，苹果是最有代表性果树。

一、绿洲灌区棉花生产现状与面源污染特征

　　棉花是西北绿洲灌区最重要作物之一，主要分布于新疆，少量在甘肃河西走廊地区，普遍采用全生育期覆膜、水肥一体化等技术。新疆棉花单产全国最高，2020年播种面积3 761.38万亩，占全国种植面积的78.9%；产量为516.2万t，占全国棉花总产量的87.3%。新疆是我国最大的商品棉生产基地，棉花也是新疆重要的经济作物和农民增收的主要手段。近年来，新疆棉花机械采收面积逐年增加，机采是新疆棉花生产发展的必然趋势。2020年全疆棉花机采率60%以上，其中北疆棉区机采面积达到90%以上。虽然机械采收提高了劳动生产率、降低了收获成本，但是与传统的手采棉相比也存在产量损失、品质下降等突出问题。原因除了缺少适合机械采收的棉花品种以外，种植模式和栽培管理措施与机采棉生产不相适应也是主要因素。一方面为了满足机械采收，机采棉需要提前脱叶催熟，导致棉花正常生长时间较手采棉缩短1个月左右，但是目前机采棉的水肥管理仍然沿袭传统手采棉的模式，造成棉花贪青晚熟问题普遍，严重影响机采棉产量和品质，也导致水肥利用率降低，环境风险加剧。另一方面，由于棉花收获后才回收地膜，机采时残留地膜会混入造成棉花品级下降。

多年来，新疆膜下滴灌棉田通过大量投入水溶性化学氮肥来提高棉花产量。一般高产棉田氮肥（纯N）施入量为300~450 kg/hm², 磷肥（纯P_2O_5）投入量为150~300 kg/hm²。一方面造成氮磷化肥利用率低、植棉成本增加；另一方面也导致环境污染风险加剧、损失严重。20世纪90年代，新疆率先在棉花生产中大面积推广膜下滴灌技术，为实现棉花节水增产发挥了重要作用。滴灌条件下，产量随着灌水量在一定范围内增加而增加，但水分深层渗漏也增加；高灌水量条件下，滴灌棉田土壤硝态氮淋洗现象严重。滴灌棉田水分利用效率随滴水量的增大而显著降低，少量滴灌虽然可以获得较高的水分利用效率，但减产严重；而过量滴灌无显著增产效应，水分浪费严重。近年来，各地区农业生产都受到极端天气事件尤其是高温事件的影响。加之新疆滴灌棉田配水系统和管理制度仍不够完善，农民为了避免干旱影响棉花生长，实际生产中过量灌溉现象普遍存在。一方面，由于灌溉定额过大导致农田水分深层渗漏损失；另一方面，单次灌水定额过高也会导致水分深层渗漏。有研究表明，滴灌条件下土壤硝态氮淋洗程度随水分运动和硝态氮残留程度增加而增加。在新疆绿洲菜田3 m以上土层，硝态氮积累量达588 kg/hm²。民勤绿洲在施氮量400 kg/hm²条件下，0~100 cm土层硝态氮积累量达60 kg/hm²，淋失量达46 kg/hm²。模拟研究结果显示滴灌条件下氮肥淋洗损失率为2.6%~6.8%。增加灌水量可促进棉花生长、提高产量，但水分深层渗漏和氮素淋洗损失显著增加。因此，土壤水分深层渗漏和氮磷素淋洗也是滴灌棉田水分和氮磷养分损失的重要途径之一。

灌溉水资源总量不足，但是单次灌水量大、氮磷肥过量施用造成肥料利用率降低、环境污染风险加剧，是新疆滴灌棉花水肥管理所面临的主要问题。许多学者通过田间试验研究，提出滴灌棉花的优化氮肥施用量。滴灌条件下，水和氮可依据棉花水分养分需求规律，分阶段、分次供应。研究表明水氮分次供应有利于减少水分和氮肥损失，提高作物产量和水氮利用率。因此，在优化氮肥施用总量研究的基础上，进一步根据机采棉不同生育阶段的需肥规律，确定施肥时期、次数和分配比例，对于提高滴灌棉田氮肥利用率、减少淋溶损失至关重要。

新疆滴灌棉田土壤为石灰性土壤，磷肥利用效率较低。过去30年间，该地区施磷量逐年上升，但增产效益却在明显下降。研究表明新疆滴灌棉田土壤磷素表聚现象十分明显，耕层土壤速效磷含量高达40~60 mg/kg。长期大量施用磷肥导致新疆农田土壤磷素累积严重，最终会造成磷素淋溶，增加面源污染风险。磷肥的施用量、肥料种类（磷素形态）、施用方式等是影响土壤磷素迁移转化和磷肥利用的主要因素。因此，优化磷肥的类型和施用方式是提高滴灌棉田磷肥利用率、减少淋溶损失的重要途径。

新疆气候干旱，降水稀少，对农用地膜依赖尤为严重，地膜使用量每年高达22.87×10⁴ t，是中国地膜覆盖面积、地膜使用量最大的省区。自20世纪80年代初期引入地膜覆盖技术，现已遍及棉花、玉米、甜菜、番茄、蔬菜和瓜类等30多种农作物，棉花的地膜覆盖率达到了100%。但是，地膜覆盖栽培在带来显著经济效益的同时由于使用过的地膜没有全部回收，残膜年复一年累积在土壤中。新疆棉田中每年有18 kg/hm²的地膜残留在土壤中，农田中地膜残留率高达24%。新疆的地膜残留量高达259.1 kg/hm²，是全国平均水平的5倍多，新疆是残膜累积污染最为严重的省份之一。地膜的主要材料是聚乙烯类物质，分子结构稳定，在土壤中可以残留200~400年。废弃的地膜碎片进入到耕地土壤后会降低土壤通透性，影响土壤微生物活动以及土壤肥力水平，使耕地质量逐渐恶化；残留的地膜使土壤容重增加，对作物的生长发育造成严重的影响，并且残留地膜降低了土壤肥力水平，特别是速效磷、速效钾；妨碍作物主根生长，使根系形态呈现鸡爪型和丛生型等畸形；并且地膜残留还影响农机具作业质量，堵塞灌溉渠道，对农业生态环境造成污染。

二、河套灌区农业生产现状与面源污染特征

（一）河套灌区农业生产现状

河套地区位于内蒙古自治区西部（40°~41°N，107°~109°E），是黄河上游地区的特大型灌区，由沈乌灌域、解放闸灌域、永济灌域、义长灌域和乌拉特灌域组成，行政区划隶属于巴彦淖尔市。气候属典型温带大陆性气候，年平均气温6.3~7.7℃。由于地处西北内陆干旱、半干旱区，多年平均降水量和蒸发量分别为160 mm和2 240 mm，引黄灌溉是该地农业生产的必要条件。

河套灌区地形平坦，主要土壤类型有盐化灌淤土、盐土和潮灌淤土等，土壤质地以壤土、砂壤土、粉质黏土和少量细粉砂土为主，土层深厚，适宜农作物种植。2000—2018年，玉米平均种植面积为（139.7±39.1）×10³ hm²，占研究区面积的16.9%，呈波动上升趋势（P<0.001）；小麦种植面积呈显著下降趋势；向日葵种植面积呈显著增加，多年平均种植面积为（250.5±58.3）×10³ hm²，占研究区面积的30.4%；方瓜种植面积呈波动增加趋势（图12-1）。

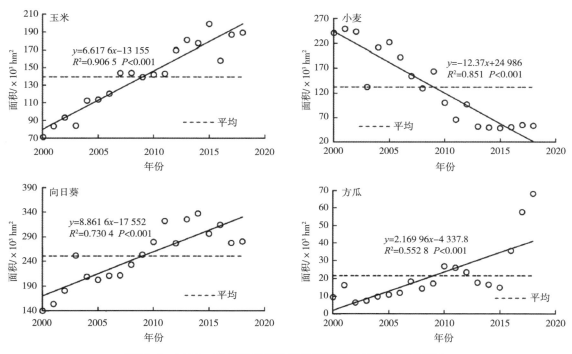

图12-1 2000—2018年河套地区主要作物种植面积变化趋势

农田化肥用量已由1978年的7×10⁴ t迅速上升到2002年的52×10⁴ t，2005年氮肥施用强度达到361.86 kg/hm²，但化肥利用率仅30%。独特气候和地理条件使得灌区农业灌溉分为夏灌（4—6月，用于补充土壤水分，以便满足作物生长发育需求），秋灌（一般在7—9月，灌水量占到总灌溉量的30%）和秋浇（一般在10月中旬至11月中下旬进行，是河套灌区一年中灌水量最大的一次，为1 800~2 000 m³/hm²，目的在于压盐和保墒）（邹宇锋等，2020）。河套灌区氮肥利用率低的原因是多方面的，但最主要的是当前的氮肥管理方法不当，不能很好地协同土壤氮的供应和作物需求造成的。河套灌区过去20年当中典型的氮肥施用量是大约每公顷300 kg纯氮，然而农民把其中的75%当作基肥施用，仅有25%被用作追肥（常菲等，2018）。

（二）河套灌区农业面源污染特征

过量基肥的使用因不能同步于作物对氮素的快速吸收时期，很容易造成氮的损失。对河套灌区主要作物向日葵和玉米种植区的面源污染状况进行了调查分析。

1. 农田土壤无机氮残留情况

由图12-2和图12-3可知，河套灌区内不同作物种植地块施肥量和土壤无机氮残留量有所差异，玉米和向日葵种植地块平均施肥量分别为477.56 kg/hm²和298.37 kg/hm²，平均无机氮残留量分别为92.19 kg/hm²和79.56 kg/hm²。从玉米田土壤无机氮残留量空间分布情况发现，河套灌区中部五原县和东部乌拉特前旗玉米田土壤无机氮残留量较高，最高值出现在隆兴昌镇宏伟村，达336.93 kg/hm²，占施肥量的61.7%，而西部杭锦后旗相对较低。从向日葵田土壤无机氮残留量空间分布情况发现，东部乌拉特前旗向日葵田土壤无机氮残留量较高，最高值出现在西小召镇槐木村，达273.66 kg/hm²，而中部五原县和西部杭锦后旗残留量较低。可见不同作物、不同地块土壤无机氮残留量差异较大，且土壤无机氮残留量高的地块，相应的氮肥施用量也高。

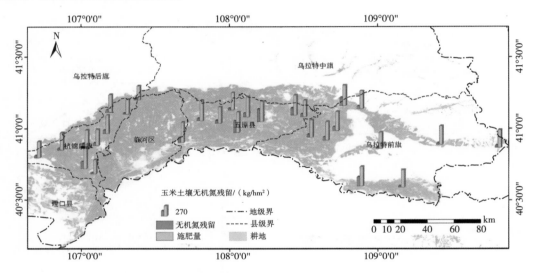

图12-2　河套灌区玉米田土壤无机氮残留量空间分布

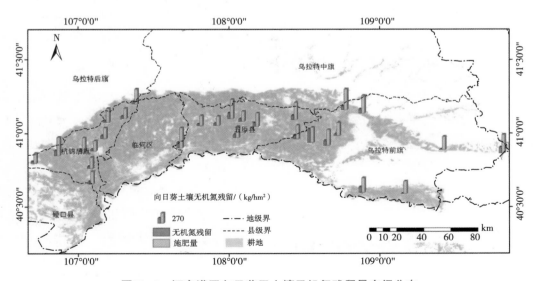

图12-3　河套灌区向日葵田土壤无机氮残留量空间分布

由河套灌区玉米、向日葵田0~90 cm土体无机氮残留量可知（图12-4，图12-5），玉米田平均残留量为92.20 kg/hm²，其中五原县最高，达152.48 kg/hm²，其次为乌拉特前旗，为85.17 kg/hm²；向日葵田平均残留量为79.55 kg/hm²，乌拉特前旗为最高，达103.46 kg/hm²，其次为五原县，为82.36 kg/hm²。同一地区玉米田0~90 cm土体无机氮残留量高于向日葵田0~90 cm土体无机氮残留量。

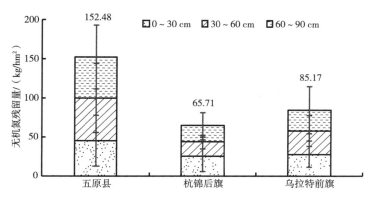

图12-4　河套灌区玉米不同土层无机氮残留量

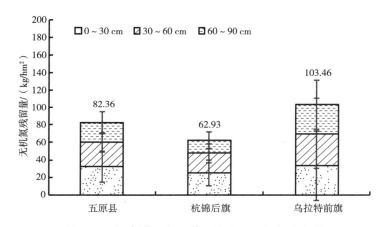

图12-5　河套灌区向日葵不同土层无机氮残留量

2. 农田土壤无机氮流失情况

通过以往的氮磷淋溶流失变化规律研究结果分析，过程调控条件下玉米全生育期100 cm土壤深度氮素淋溶量随生物质炭和控释肥施用而降低。

表12-1　玉米农田全年淋溶水量、氮素损失量和玉米产量

年份	处理	总氮浓度/（mg N/L）	淋溶水量/（m³/hm²）	氮素淋失量/（kg N/hm²）	产量/（t/hm²）
	CK	100.7	588.1	59.2	16.5
2015	HK	77.0	491.3	37.8	18.6
	C	70.1	575.9	40.4	17.5
	CK	94.1	701.5	66.0	13.6
2016	HK	73.6	717.6	52.8	14.5
	C	65.9	744.5	49.0	14.3

注：表中CK为常规施肥处理，HK为控释肥处理，C为生物质炭处理。

相对于常规处理，生物质炭处理氮素淋溶量降低25.7%~31.9%，控释肥处理氮素淋溶量降低20.0%~36.1%（表12-1）。产量方面，生物质炭和控释肥施用均增加玉米产量，增幅分别达5.1%~6.3%和6.9%~12.9%。氮素淋溶量和玉米产量间存在明显的年际差异，相对于2015年，2016年全年氮素淋溶量增加11.4%~39.6%，玉米产量降低17.5%~21.9%。

在年际尺度上氮素淋溶主要发生于灌水后，第一次灌水后氮素淋溶量最高，2015年和2016年氮素淋溶量峰值分别达23.4 kg N/hm²和16.9 kg N/hm²，随后氮素淋溶量逐渐降低；第一次施肥灌水氮素淋溶量对两年玉米生育期氮素淋溶贡献率分别为55.4%~58.2%和27.7%~31.0%，全年氮素淋溶量贡献率分别为37.0%~39.6%和22.4%~25.7%（图12-6）。河套灌区第一次灌水时间为第一次追肥后，80%氮素的输入和大量的灌水使第一次追肥灌水成为全年氮素淋溶损失的关键节点。

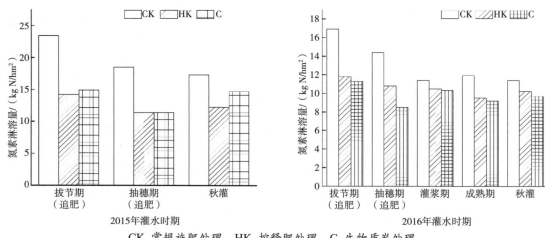

CK.常规施肥处理，HK.控释肥处理，C.生物质炭处理。

图12-6 农田灌水后氮素淋溶年际损失规律

3. 农田地膜残留情况

地膜残留量因种植作物、种植方式及回收方式的不同存在较大差异。根据克里金插值分析，调查区存在不同程度的污染（图12-7），重度污染主要分布在河套灌区东部和中部，中度污染分布在河套灌区东部、中部和西部，轻度污染分布在河套灌区各地区，清洁范围主要分布在西部和中部。调查区平均地膜残留量131.11 kg/hm²，整体处于中度污染水平，变异系数61.37%，表明各区域之间地膜残留量存在差异。各区域地膜残留量分布特征明显不同（图12-8），地膜平均残留量大小为：乌拉特前旗（164.70 kg/hm²）>临河区（128.15 kg/hm²）>杭锦后旗（117.56 kg/hm²）>五原县（110.23 kg/hm²）>磴口县（93.73 kg/hm²）。根据污染程度分析，乌拉特前旗污染程度以中度污染为主，并有一部分重度污染地区，西羊场嘎查（村）地膜残留量最大为394.90 kg/hm²。五原县西部呈中度污染而东部呈轻度污染和少部分清洁区域，其中中西部的乃日村地膜平均残留量最大，为204.90 kg/hm²，东部的胜丰镇新华村地膜平均残留量最小，为25.00 kg/hm²。临河区以中度污染和轻度污染为主，其中李过记村地膜残留量最大，为197.20 kg/hm²，红旗村残留量最小，为26.4 kg/hm²。杭锦后旗以中度污染为主，蛮会村地膜残留量最大，为305.50 kg/hm²，德丰村残留量最小，为46.80 kg/hm²。磴口县耕地面积最小，同时磴口县地膜残留量比其他旗县区地膜残留量少，污染程度较轻，主要以轻度污染为主，地膜残留量最大为230.40 kg/hm²，最小为18.2 kg/hm²。

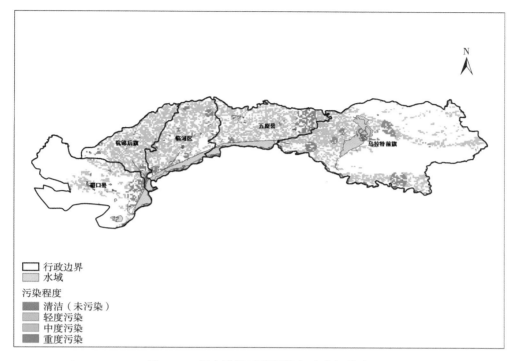

图12-7　河套灌区地膜污染程度空间分布

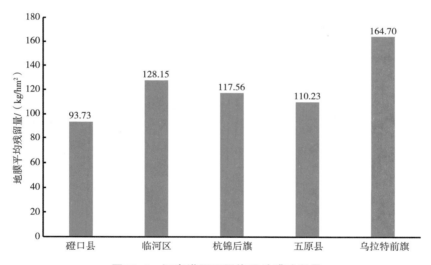

图12-8　河套灌区不同旗县地膜残留量

　　河套灌区种植年限多为30～40年，根据问卷调查将覆膜年限分为：≤10年、10～20年、20～30年、>30年。从单因素方差分析结果（表12-2）看，地膜残留量受地膜覆膜年限影响显著（$P<0.05$）。覆膜年限>30年和≤10年地膜残留量存在极显著差异（$P<0.01$），覆膜年限≤10年与10～20年、20～30年地膜残留量差异极显著，10～20年与20年以上的地膜残留量差异极显著。覆膜年限污染程度（图12-9）具体表现为，覆膜年限大于20年以中度污染为主，重度污染集中在覆膜年限30年以上的地块。根据不同覆膜年限污染程度来看，覆膜年限越长地膜污染越严重，覆膜年限30年以上的地块地膜重度污染比覆膜年限10～20年、20～30年的地膜重度污染的频率高出5倍左右。通过比较，可以看出地膜残留量随着覆膜年限的增长而增加，污染程度更加剧。

表12-2　不同覆膜年限下地膜残留量比较分析

覆膜年限/年	地膜残留量`xi/（kg/hm²）	`xi-72.41	`xi-116.18	`xi-138.75
>30	168.76	96.34**	52.58*	30.01
20～30	138.75	66.34*	22.57*	
10～20	116.18	43.77*		
≤10	72.41			

注：*$P<0.05$；**$P<0.01$。

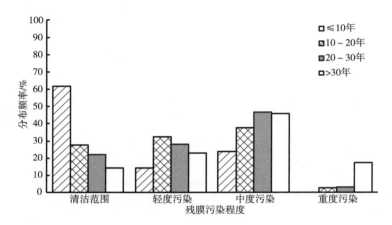

图12-9　不同覆膜年限地膜残留量分布频率

根据河套灌区主要覆膜作物的地膜残留量情况看（图12-10），玉米和向日葵两种作物地膜平均残留量分别为132.77 kg/hm²和127.88 kg/hm²，玉米种植区地膜残留量高于向日葵种植区。种植玉米的地块地膜残留量范围在25.00～418.60 kg/hm²，种植向日葵的地块地膜残留量范围在18.20～396.90 kg/hm²。种植玉米地块地膜残留污染程度与种植向日葵地块地膜污染程度相比，种植向日葵地块中度污染程度严重，中度污染分布频率相比种植玉米地块高出27.19%，清洁范围和轻度污染分布频率大致相同，而重度污染分布频率是种植向日葵地块的3倍（图12-11）。种植玉米残膜污染严重的地区为乌拉特前旗大佘太镇忠厚堂村，而种植向日葵残膜污染严重的地区为临河区新胜村。

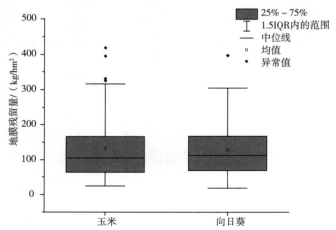

1.5IQR为1.5倍四分位数差，大于上四分位数1.5倍四分位数差的值或者小于下四分位数1.5倍四分位数差的值，划分为异常值，下同。

图12-10　河套地区不同作物地膜残留量

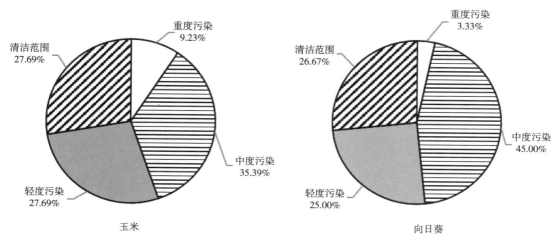

图12-11　不同种植作物地膜残留量分布频率

通过对河套灌区种植区的地膜回收调查情况分析得出（图12-12），地膜回收地块地膜平均残留量（108.28 kg/hm²）明显少于不回收地块地膜平均残留量（145.03 kg/hm²），地膜回收地块残留量整体范围在18.20～316.00 kg/hm²，地膜不回收地块残留量范围在39.20～418.6 kg/hm²，根据调查，回收方式主要是人工拾捡、利用犁、耙等耕作器械回收，很少利用残膜回收机械。其中不回收地块重度污染分布频率是回收地块的3倍，中度污染高出79.02%，而地膜回收地块轻度污染和清洁范围分别高出不回收地块的74.11%、50.89%。

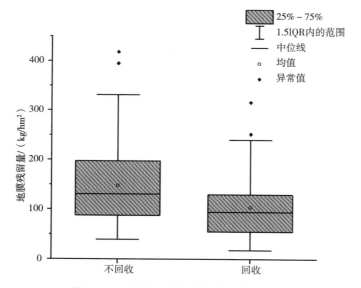

图12-12　河套地区是否回收地膜残留量

根据地理统计软件分析各因素对地膜残留量的影响，结果得出（表12-3），不同影响因子q值之间存在差异，从大到小为覆膜年限>是否回收>作物类型，覆膜年限是影响河套灌区的第一影响因素，贡献率为13.02%，第二影响因素为是否回收，贡献率为12.10%，其次是作物类型，贡献率为7.27%。综上，覆膜年限和回收是影响地膜残留量的主要因素。

表12-3　地膜残留量空间差异影响因子结果

影响因子	覆膜年限	回收	作物类型
Q统计量	0.130 2	0.121 0	0.072 7

三、黄土高原马铃薯生产现状与面源污染特征

甘肃省是全国商品马铃薯和脱毒种薯的核心生产区,播种面积57.47万hm²,播种面积居全国前三。马铃薯主要分布在定西市安定区、渭源县,白银市会宁县,平凉市庄浪县、静宁县等黄土高原半干旱雨养农业区。马铃薯产业已成为全省尤其是贫困山区旱作种植业结构调整、农业增产增效、农民持续增收的主导产业之一。由于该区春季气候寒冷、水资源严重缺乏,马铃薯生产普遍采用覆膜种植方式,全膜双垄垄侧栽培和半膜垄作栽培的马铃薯生长速度、株高、基部分枝数、单株结薯及产量均显著增加,是旱作马铃薯的最优栽培模式。

多年来在马铃薯生产中大面积高强度地使用地膜,而地膜厚度薄、拉伸强度小、耐候期不达标,缺乏高效的残膜回收机具,导致残膜回收效率低、难度大、资源化利用程度低,使农田残膜污染成为旱作农业区最大的面源污染物,也成为影响农田环境的重大威胁之一。因此,在马铃薯生产中迫切需要拉伸力强、耐候期长的专用地膜及残膜回收效率高、效果好、方便实用的残膜回收机械,构建马铃薯田地膜污染防治技术模式并示范推广,为马铃薯产业可持续发展提供良好的技术支撑。

四、黄土高原苹果生产现状与面源污染特征

20世纪90年代,我国苹果生产进入了快速发展时期,苹果种植面积超过200万hm²,苹果产量居世界第一,在我国农业生产中占据重要地位。黄土高原地区作为我国苹果优生区之一,近些年苹果种植面积和产量不断增加,导致土壤中养分大量消耗,土壤肥力下降。为保证苹果的高产稳产,需要每年投入大量的肥料,施肥所产生的大量养分在土壤过程的影响下(如侵蚀、淋溶等),会产生迁移及流失,尤其是在水土流失严重的黄土高原旱地农业区,会造成土壤中氮磷养分的不平衡,甚至导致农业面源污染。

苹果的栽培方式经历了从乔化栽培到矮化栽培的变化过程。矮化苹果园由于树体结构稳定,可采用统一的标准化管理模式。在水肥管理方面,多采用水肥一体化滴灌,直接滴灌在土壤表面,可适量多次施肥,进而提高水肥利用效率。水肥一体化系统作为矮化果园配套设施,是以滴灌、喷灌等技术为基础,将肥料与灌溉水按照一定比例混合后,通过压力补偿管道或非压力补偿管道系统,并根据苹果树不同生长时期的水肥需求以及生长状况,定时、定量、均匀输送至根系生长发达的土壤附近,为其提供良好的生长环境,从而促进其根系生长、提高水肥利用效率、降低环境污染风险等。

土壤养分随地表径流流失是一个复杂的过程,受到众多因素影响,如降雨因素(降雨强度、降雨量等)、土壤理化性质、坡面地形因素(坡度、坡长等)、管理措施因素(垄作、免耕、少耕等)以及地表植被覆盖等。坡面作为土壤侵蚀的基本单元,在侵蚀发生时,土壤养分也会随径流泥沙一起迁移,并在不同部位沉积,进而导致坡面土壤养分的再分布。降水作为土壤养分迁移的驱动力,对其迁移影响主要体现在以下两个过程,第一个为降雨入渗过程,土壤中的可溶性养分物质随降雨入渗向土层深处迁移;第二个为降雨产流过程,随着降雨历时增加,地表开始产生径流,土壤养分物质也随之迁移。土壤

养分随地表径流迁移作为流失的主要过程，其进入地表径流的形式主要有两种，一种是溶解态养分，存在于土壤溶液中，降雨时随着溶液交换进入地表径流；另一种是吸附态养分，这部分养分被牢牢地吸附在土壤颗粒上，降雨导致土壤侵蚀时，会随着泥沙进入地表径流。降雨强度与坡面径流量、土壤侵蚀量和养分流失量的突然增加或减少有关，随着降雨强度的增加，相同坡度的坡面上径流量是增加的，而土壤中氮素的流失途径主要是随地表径流流失，这就导致土壤养分流失量增加。土壤理化性质（土壤容重、孔隙状况、土壤水分以及土壤质地等）对径流和土壤侵蚀影响作用是不同的，进而导致土壤养分流失产生差异。坡地管理措施主要包括免耕、少耕、垄作以及秸秆覆盖等，直接拦蓄地表径流、改变了坡面入渗，并且长期的坡地管理措施还可以改善土壤的物理特性，提高坡地土壤抗蚀性，显著减少土壤侵蚀量。植被减少水土流失的作用被广泛认可，地表植物冠层可以拦截雨滴，减少其能量，并成为径流和泥沙在地表迁移的物理屏障，从而减少了径流量和沉积物的输送，进而影响养分的流失过程。

第二节　农田氮磷流失防控技术

一、绿洲棉田氮磷淋溶防治技术

（一）绿洲棉田氮磷淋溶特点

通过分析农业部新疆棉田氮磷淋溶重点监测点数据揭示氮磷淋溶关键节点和主导因素。监测点于2008年建于新疆库尔勒市包头湖农场新疆农业科学院基地（41°41′E，85°52′N），连续定位监测。试验区属于典型干旱气候，年平均降水量为56.2 mm，年平均蒸发量2 497.4 mm，年均日照2 878 h，≥10 ℃的积温4 252.2 ℃，无霜期205 d。前茬作物为棉花，供试土壤为砂壤土，属于中等肥力土壤。地下水位深度为6.5 m。供试土壤为灌耕灰漠土，土壤pH值8.4。埋设淋溶液原位采集装置收集90 cm深度处的淋溶液，按生育时期测定淋溶液体积、淋溶液中总氮、总磷、硝态氮、铵态氮含量，计算氮、磷淋溶量和流失系数。对2008—2013年连续6年的淋溶数据进行分析。

1. 绿洲棉田氮磷淋溶发生的关键时期

（1）氮素淋溶的关键时期。滴灌棉花常规水肥管理模式，是按当地大多数农民的灌溉、施肥制度设计的，施氮量357 kg/hm²，其中基施46%，追肥54%，分6次滴施；P_2O_5量57 kg/hm²，基肥100%；灌溉量4 800 m³/hm²，分8次。6年平均年氮素流失总量9.62 kg/hm²，流失系数1.09%，其中蕾期氮淋溶量4.10 kg/hm²，花期4.03 kg/hm²，铃期1.49 kg/hm²，蕾期氮淋溶量包括了冬灌水淋溶量。说明在棉花生长期，防控氮素淋溶的重点时间节点要放在蕾期和花期；在进行冬春灌的地区，由于亩灌水量达到200 m³左右，氮淋溶量很大，但不进行冬春灌是无法保证春播出苗的，因此在冬春灌时如何防控氮磷淋溶是重点。相对于地面灌粗放的水肥管理模式，滴灌"少量多次"的精细水氮运筹模式能减少土壤耕层内氮素流失量和流失系数，但还是有一定的空间进一步优化滴灌模式下水氮运筹策略、降低土壤耕层内氮的淋溶。

（2）磷淋溶量。2008—2013年各年的总磷流失量、流失系数都处于较低水平，流失量低于0.209 kg/hm²，流失系数低于0.09%，说明磷素移动性相对氮素要小得多，发生淋失的可能也较小。

2. 绿洲棉田氮磷淋溶的主要影响因素

（1）施肥量与氮磷淋溶关系。由图12-13和图12-14看出，2008—2013年的监测期内，总氮累积淋失量与累积施氮量呈明显的线性相关关系，相关系数达到0.762 0。氮素累积淋失系数与累积施氮量的 R^2 值0.213 7。也就是说随着施氮量的增加，累积氮淋失量也明显增加。总体来说，累积总氮淋失量及其累积淋失系数受累积氮肥施用量的影响较大，随着累积施氮量的增加而增加。

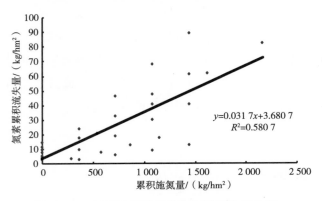

图12-13　累积施氮量和氮素累积淋失量关系

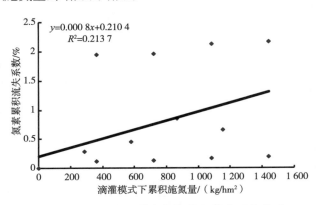

图12-14　累积施氮量和氮素累积淋失系数关系

磷累积淋失量、磷累积流失系数与累积施磷量呈线性正相关关系（图12-15，图12-16），其相关系数分别为0.443 4、0.871 8。随着累积施磷量增加，土壤累积磷素也增加，总磷的累积淋失量也呈叠加效应。总磷的累积淋失量与累积施磷量的关系，与施氮肥表现相似的规律。说明在0~20 cm土层，随施磷量增大，磷素的累积残留量也增大，适量适时施磷可减少磷素累积损失。

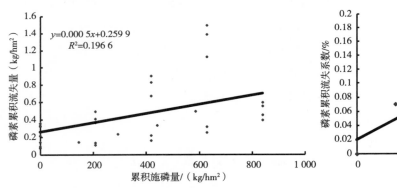

图12-15　累积施磷量和磷素累积淋失量关系

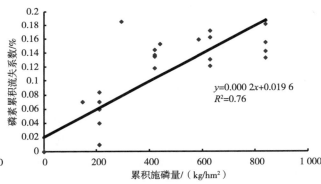

图12-16　累积施磷量和磷素淋失系数关系

（2）灌水量与氮磷淋溶关系。滴灌模式下总氮淋溶量与灌水量呈正相关关系，灌水量越高各个时期总氮淋溶量也越高（图12-17）。就二者相关性而言，总氮淋溶量与灌水量的相关系数达0.583 8。总的来说，各个时期灌水量明显影响总氮淋溶量，应控制棉花生育期的灌水量，注意适时适量供水。总氮累积淋溶量与累积施氮量的相关系数是0.762 0，与灌水量的相关系数是0.583 8，说明施氮量对氮淋溶量的影响要大于灌水量，因此防控氮淋溶的技术首先要考虑的是源头减量，即较少氮肥用量。

由图12-18可以看出，监测期总磷淋溶量与灌水量呈正相关关系，二者相关系数为0.386 8，R^2 值低于总氮淋溶量与灌水量的 R^2 值。说明棉田总磷淋溶量大小受灌水量影响较小。

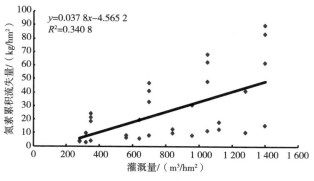

图12-17　累积灌溉量和氮素累积淋失量关系　　　　图12-18　累积灌溉量和磷素累积淋失量关系

（3）施肥量与土壤养分残留关系。图12-19是2008—2013年累积施氮量与0～100 cm土体硝态氮总累积量的相关关系，随着累积施氮量的增加，0～100 cm土体内累积的硝态氮总量也不断增加，其相关系数达到0.840 8。因此，优化施氮量有利于降低棉田土壤硝态氮的累积量，从而降低硝态氮向90 cm以下土壤淋洗的风险。

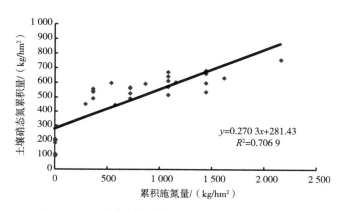

图12-19　累积施氮量与土壤硝态氮累积量关系

（二）绿洲棉田氮磷淋溶防治技术模式

绿洲棉田氮磷淋溶防控要充分考虑导致淋溶的灌水量、施肥量和土壤残留氮量这三个因素，以及发生淋溶的生育期、冬春灌这两个关键时期，遵从"源头减量、过程堵截"的原则，以节约型水肥耦合高效利用技术为主（图12-20）。源头减量就是减少导致淋溶损失的氮磷来源，即减少氮磷肥料的投入量，包括基肥和生育期追肥量。过程堵截就是在氮磷淋溶的过程中阻止或减少氮磷淋溶发生的概率，主要是控制灌水量、减少土壤中氮磷残留量、提高土壤保肥蓄水能力等。

棉花总施肥量通过肥料效应函数、百千克籽棉需肥量等方法确定，技术相对比较成熟，但是确定生育期每次滴灌追氮量的技术难度大。因为生育期滴灌间隔5～10 d，现有技术很难在这么短的时间内进行推荐决策。因此生育期滴灌追肥量的推荐技术是防控氮淋溶最关键的技术，也是氮磷淋溶防治模式的核心技术。基于棉花叶片的SPAD值推荐生育期施氮量的方法是相对可行的技术。关键技术还包括测土配方施基肥、生育期水肥耦合调控、改进冬春灌等。

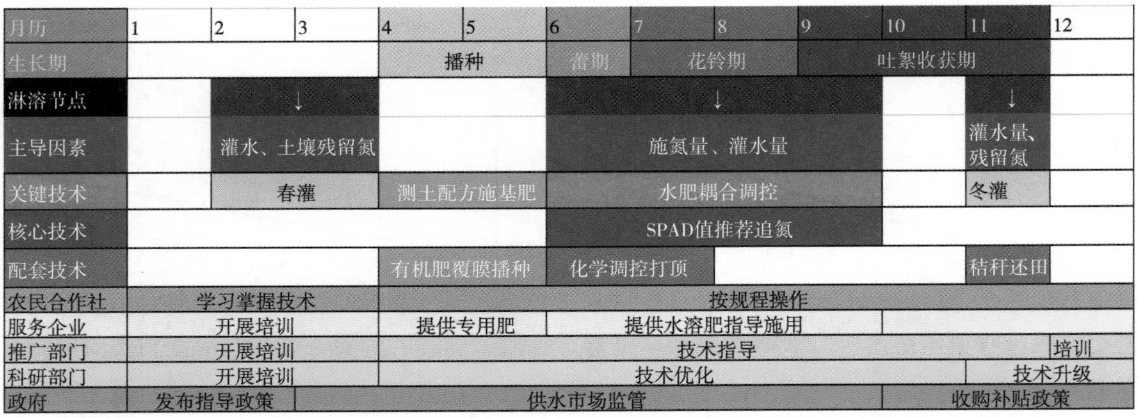

月历	1	2	3	4	5	6	7	8	9	10	11	12
生长期				播种		蕾期	花铃期		吐絮收获期			
淋溶节点			↓					↓			↓	
主导因素		灌水、土壤残留氮				施氮量、灌水量					灌水量、残留氮	
关键技术		春灌		测土配方施基肥		水肥耦合调控					冬灌	
核心技术						SPAD值推荐追氮						
配套技术				有机肥覆膜播种		化学调控打顶					秸秆还田	
农民合作社	学习掌握技术			按规程操作								
服务企业	开展培训			提供专用肥		提供水溶肥指导施用						
推广部门	开展培训			技术指导							培训	
科研部门	开展培训			技术优化							技术升级	
政府	发布指导政策			供水市场监管						收购补贴政策		

图12-20　棉田氮磷淋溶防治模式路线

1. 生育期推荐精准施氮技术

用叶绿素仪测定SPAD值来反映作物的氮素状况已经有很长的研究历史，并且已用于玉米、水稻、棉花、苹果等推荐施氮肥。因农作物品种、气候、土壤等条件的变化，应用时推荐施肥模型参数需要进行修正。基于测定棉花叶片的SPAD值推荐生育期施氮量技术有3个要点。

（1）施氮模型。通用的推荐施氮模型为 $N_d = N_{opt} + a/b - SPAD/b$。模型是某一地区棉花某一叶龄期叶片SPAD测定值与该叶龄期推荐施氮量的函数关系。其中，N_d 为棉花某叶龄期推荐施氮量；N_{opt} 为棉花全生育期总施氮量，由测土配方计算得到；$SPAD$ 为由叶绿素仪测定的某叶龄期的SPAD值；b为某叶龄期的SPAD测定值与施氮量线性方程的回归系数；a为施氮量线性方程的截距。a、b通过在某一区域的试验得出。

（2）测定样本数和位点。要达到SPAD±3的精度要求，在蕾期、初花期、盛花期、花铃期、盛铃期、吐絮初期，测定SPAD值适宜样本数分别为26、35、39、60、50、44个。叶片的适宜诊断位点为棉花倒四叶叶尖部位。

（3）对通用模型进行修正后得到本地的推荐施氮公式。模型修正是基于两个认识：通用模型公式中的2个常数a和b在某一叶龄期是常量，但从棉花整个生育期看是变量；从推荐施肥的原理和出发点考虑，可以认为试验区连续多年的棉花高产施肥方式下的总施肥量接近于测土配方推荐的最高产施氮量 N_{opt}，每次施肥量接近于推荐的追氮量 $N_{opt}-x$，x代表叶龄。修正步骤如下。

第一步，从文献获得任意一地推荐施肥所用的各叶龄期的a、b和 N_{opt} 值。把 N_{opt} 和各叶龄期的a、b代入通用模型，可以得到用于各叶龄期推荐施氮的一组方程 $N_{dx} = cx - SPAD/dx$，N_{dx} 是某个叶龄期（x叶龄期）的推荐施氮量，是因变量，$SPAD$ 是在此叶龄期（x叶龄期）测定的SPAD值，是自变量，cx和dx是此叶龄期（x叶龄期）的常数。

第二步，在某一叶龄期（x=m），测定一组当地棉花的SPAD值，用上面方程式计算出当地该叶龄期的推荐施氮量 N_{dm0}，并计算出 N_{dm0} 与 N_{opt-m} 的差值Δm。

第三步，假定cm和dm为未知数，是需要修正的参数。

第四步，以此叶龄期的另外一组实测SPAD值SPAD1、SPAD2、…，SPADn，利用上述方程计算出对应的 N_{dm1}、N_{dm2}、…，N_{dmn}，以及 $N_{dm1}+\Delta m$、$N_{dm2}+\Delta m$、…，$N_{dmn}+\Delta m$。

第五步，把SPAD1、SPAD2……SPADn代入 $N_{dm} = cm - SPAD/dm$ 的右侧自变量 $SPAD$，$N_{dm1}+\Delta m$、$N_{dm2}+\Delta m$、…，$N_{dmn}+\Delta m$。对应代入左侧的因变量 N_{dm}，组成联立方程组。

第六步，解该联立方程组得到cm和dm的新值，得到该叶龄期（m叶龄期）修正后推荐施氮公式 N_{dm}=cm-$SPAD$/dm，这时cm和dm为已知常数，$SPAD$和N_{dm}为未知量。

第七步，以此类推可以得到各叶龄期修正后的推荐施氮公式。

2. 测土配方确定总施肥量

利用成熟的测土配方技术确定棉花目标产量下的氮磷钾总施肥量。

由于膜下滴灌使水肥一体化管理更为便捷，肥料全部在生育期通过滴灌施用在一些地区正被应用，但是考虑到棉花苗期生长依赖土壤养分，所以根据土壤肥力情况确定基肥和追肥用量。这样既能控制施肥总量，从源头上减少生育期发生氮磷淋溶的可能性，又可控制土壤残留氮磷含量过高。

一般以需氮量的10%～40%作为基肥用量。具体基施比例根据土壤全氮含量，同时参照当地丰缺指标来确定。①全氮偏低，20%～40%作基肥。②全氮中等，10%～20%作基肥。③全氮偏高，5%～10%作基肥。也可以通过田间试验，建立当地棉花的施肥指标体系。

绿洲棉田均是平地，没有磷的径流损失，而磷淋溶损失很小。磷肥采用养分恒量监控施肥技术，基本思路是根据土壤速效磷测试结果和养分丰缺指标进行分级。当土壤速效磷水平处在中等偏上时，可以将目标产量需要量的100%～110%作为当季磷肥用量；随着速效磷含量的增加，减少磷肥用量，直至不施；随着速效磷的降低，适当增加磷肥用量，在极缺磷的土壤上，可以施到需要量的150%～200%。在2～3年后再次测土时，根据土壤速效磷和产量的变化再对磷肥用量进行调整。

3. 棉花生育期水肥耦合调控技术

膜下滴灌水肥一体化施用中充分考虑水肥耦合效应至少有3方面作用：一是减少每次的氮磷追肥量，二是减少每次的灌水量，三是促进棉花对养分和水分的吸收，从而降低收获时土壤残留氮磷量。

根据棉花各生育时期对养分、水分的需求量，结合常用的膜下滴灌施肥制度，提出每次施肥、灌水占总用量的比例，使这项技术具有广泛适用性。

（1）建设滴灌系统。包括首部（电动机、水泵、变配电设备、施肥装置、过滤设施、量测控制和保护设施等）、输水管道系统和田间毛管系统。由专业技术人员设计、安装。

（2）灌水技术。滴灌方式下灌溉定额4 200～4 800 m³/hm²，灌水8～10次，从蕾期开始灌水，每隔7～10 d灌溉1次，每次灌水量为灌溉定额的10%、10%、12%、15%、15%、15%、13%、10%。

（3）肥料运筹方法。将全部有机肥和部分磷肥、钾肥作基肥，氮肥小部分基施，大部分追施，追肥时采用随水施肥方法。中等肥力棉田滴灌方式下氮肥的20%做基肥、80%做追肥，追施的氮肥在棉花生长的蕾期、花期、花铃期、铃期、盛铃期、吐絮初期分6次施入，每次追肥量为总施肥量的6%、8%、22%、25%、12%、7%。

（4）施用水溶肥。可选液态或水溶性好的固态肥料，清液型液体肥效果更佳。可以与肥料企业合作，在首部建立专用的储施一体的施肥罐，由企业供应肥料，并指导施肥。

4. 改进冬春灌技术

冬春灌是不可或缺的，关键是减少冬春灌水量来减少淋溶。目前冬春灌洗盐压碱制度应当进行分区灌溉：在水资源充足，盐碱度重的植棉区，应当进行冬春灌，冬灌时间应在每年11月中下旬至12月上中旬土壤开始冻结或夜冻昼消时间段进行，春灌宜于2月中下旬至3月中下旬，注意避免灌后地温偏低，影响棉花播种和出苗；水资源丰富且可调控的棉区，应当优先考虑冬灌，春灌洗盐效果较差，不建议单独采用春灌；在水资源严重紧缺的棉区，可以不采用冬灌和春灌，而选用"滴水造墒"或"干播湿出"模式量。冬春灌水定额应在3 000 m³/hm²左右。

5. 配套技术

包括覆膜播种、有机肥替代化肥、化学调控、打顶、秸秆还田等。

（三）绿洲棉田氮磷淋溶防治技术效果

2019—2020年在库尔勒市农科院基地115 hm²棉田进行了示范，按时间顺序主要实施测土配方施基肥、生育期水肥耦合调控、生育期推荐精准施氮等关键技术，以及覆膜播种、化学调控、打顶、秸秆还田等配套技术，设置农民习惯施肥区以对比观测技术模式应用的效果。此外，为计算肥料养分利用率，设置不施氮肥（N0）、不施磷肥（P0）、农民习惯施肥（T2）、氮磷淋溶综合防治模式（M2）处理，N0、P0处理水肥管理及种植模式同农民习惯施肥模式（T2）。

①农民习惯施肥模式（T2），施肥量：300 kg N/hm²，105 kg P₂O₅/hm²，75 kg K₂O/hm²。肥料品种：尿素、磷酸一铵、硫酸钾。种植模式：1膜3管6行；氮肥运筹：施肥8次，分配策略"前轻后重"。
②氮磷淋溶综合防治模式（M2），施肥量N：240 kg N/hm²，105 kg P₂O₅/hm²，75 kg K₂O/hm²。肥料品种：基肥施用矿物源腐植酸有机肥料，追肥施用清液型酸性液体滴灌肥（N-P₂O₅-K₂O=20-12-0、19-9-4、19-5-5）。种植模式：1膜3管6行。氮肥运筹：施肥8次，分配策略"前重后轻"。

1. 示范区棉花产量

与T2处理相比，N0处理棉花减产显著，产量降低40.8%；P0处理对棉花产量影响不显著（图12-21）。M2处理棉花产量显著高于T2处理，较T2增加10.7%。

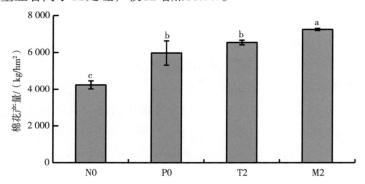

图中不同小写字母表示处理间差异显著（$P<0.05$），下同。

图12-21　不同处理棉花产量

2. 肥料利用率

T2处理棉花氮肥利用率平均为43.7%，M2处理氮肥利用率平均为63.3%（图12-22）。M2处理氮肥利用率T2处理增加19.6个百分点，相对提高45.1%。

T2处理棉花磷肥利用率平均为20.1%，M2处理磷肥利用率为38.1%（图12-22）。M2处理磷肥利用率平均较T2处理增加18个百分点，相对提高89.7%。

3. 氮、磷淋溶损失

T2处理棉田硝态氮淋溶损失量平均为8.96 kg/hm²，M2处理硝态氮淋溶损失量平均为2.43 kg/hm²（图12-23）。M2处理硝态氮淋溶损失量显著低于T2处理，较T2减少72.8%。

示范区滴灌棉田未监测到磷素淋溶。一方面滴灌棉田磷素淋洗很微弱，另一方面可能与监测方法有关。

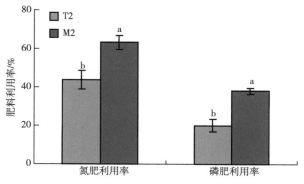

图12-22 不同处理棉花氮肥利用率和磷肥利用率 　　　图12-23 不同处理棉田硝态氮淋溶损失

4. 土壤氮、磷残留量

作物收获后，不同处理0～100 cm土壤硝态氮残留量见图12-24。T2处理硝态氮残留量是N0处理的7.8倍。M2处理硝态氮残留量显著低于T2处理，较T2减少32.8%。从不同处理土壤速效磷残留量可以看出，T2处理速效磷残留量是P0处理的1.9倍。M2处理速效磷残留量显著低于T2处理，较T2减少16.4%。

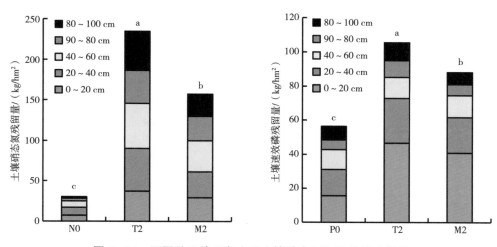

图12-24 不同处理棉田各土层土壤硝态氮和速效磷残留量

二、河套灌区玉米田氮磷面源污染防控技术

（一）玉米田氮磷面源污染单项防控技术

河套灌区氮磷淋溶流失是面源污染突出表现形式。针对氮磷淋溶造成的面源污染问题，按照源头优化、过程调控和生态阻截的思路，研究集成资源节约型水肥高效利用和氮磷流失生态阻截等针对氮磷流失关键节点的阻控技术。试验地点位于巴彦淖尔市五原县永联村研究基地（41°4′N，108°2′E），海拔1 027 m，该区属于温带大陆性气候，年均气温6.1 ℃，积温3 362.5 ℃，无霜期相对较短，为117～136 d；年均降水量为170 mm，多集中在夏秋，且雨热同期；土壤类型为灌淤土，耕层土壤养分含量如表12-4所示，作物以玉米、小麦和向日葵为主；当地农业用水来自黄河，灌溉集中在春灌、夏灌和秋浇3个时段。

表12-4　耕层土壤养分

养分指标	有机质含量/（g/kg）	硝态氮含量/（mg/kg）	速效磷含量/（mg/kg）	速效钾含量/（mg/kg）	pH值
数值	15.70	5.34	20.08	132.95	8.97

1. 河套灌区玉米田氮肥减量施用技术

试验小区面积6.5 m×10 m，裂区分为黄灌区和滴灌区，每区各设置7个处理、4次重复，淋溶桶等监测仪器设置在前3个重复，黄灌区与滴灌区试验处理均为：空白处理（CK）、30%尿素推荐施肥处理（30%Opt-U）、70%尿素推荐施肥处理（70%Opt-U）、尿素推荐施肥处理（100%Opt-U）、130%尿素推荐施肥处理（130%Opt-U）、170%尿素推荐施肥处理（170%Opt-U）和尿素传统施肥处理（Con-U）（表12-5，表12-6）。

两年供试玉米品种分别为当地主栽品种新玉12和晋丹42，在玉米生育时期内按当地灌溉规则灌水3次，黄灌区采用大水漫灌，总灌水量约为5 000 m³/hm²；滴灌区采用膜下滴灌，总灌水量约为1 400 m³/hm²。各处理氮肥施肥与追肥情况如表12-5、表12-6所示，黄灌区氮肥基追比例为3：7，滴灌区氮肥基追比例为3：3：3：1，磷钾肥料按照90 kg P₂O₅/hm²、120 kg K₂O/hm²量施用，均作为种肥一次性施入，其余农田管理措施皆为当地传统方法。

表12-5　黄灌区处理设置　　　　　　　　　　　　　　　　　　　　　　单位：kg N/hm²

处理	肥料种类	总施用量	施肥方式	施氮量	
				基肥	小喇叭口期追肥
CK	NA	0	撒施	0	0
30%Opt-U	尿素	54	撒施	16.2	37.8
70%Opt-U	尿素	126	撒施	37.8	88.2
100%Opt-U	尿素	180	撒施	54	126
130%Opt-U	尿素	234	撒施	70.2	163.8
170%Opt-U	尿素	306	撒施	91.8	214.2
Con-U	尿素	400	撒施	120	280

表12-6　滴灌区处理设置　　　　　　　　　　　　　　　　　　　　　　单位：kg N/hm²

处理	肥料种类	总施用量	施肥方式	施氮量			
				基肥	小喇叭口期追肥	大喇叭口期追肥	灌浆期追肥
CK	NA	0	冲施	0	0	0	0
30%Opt-U	尿素	54	冲施	16.2	16.2	16.2	5.4
70%Opt-U	尿素	126	冲施	37.8	37.8	37.8	12.6
100%Opt-U	尿素	180	冲施	54	54	54	18
130%Opt-U	尿素	234	冲施	70.2	70.2	70.2	23.4
170%Opt-U	尿素	306	冲施	91.8	91.8	91.8	30.6
Con-U	尿素	400	冲施	120	120	120	40

（1）氮肥减量对作物产量的影响。小区试验结果表明，黄灌区2019年，氮肥减量后玉米产量未出现降低的现象，Opt-U处理籽粒产量较Con-U处理平均增加6.22%；2020年氮肥减量后玉米籽粒产量有所下降，Opt-U处理籽粒产量平均降低10.06%；其中100%Opt-U和170%Opt-U两个氮肥减量处理玉米籽粒产量没有明显降低（表12-7）。

表12-7　黄灌区各处理产量指标

处理	2019年			2020年		
	千粒重/g	籽粒产量/（t/hm²）	秸秆产量/（t/hm²）	千粒重/g	籽粒产量/（t/hm²）	秸秆产量/（t/hm²）
CK	296.05 ± 30.93b	7.60 ± 1.55c	9.91 ± 2.01d	418.85 ± 27.42b	3.65 ± 0.51e	4.39 ± 0.62d
30%Opt-U	291.49 ± 21.02b	11.27 ± 1.62b	13.93 ± 1.06b	487.02 ± 23.97a	5.74 ± 0.38d	5.88 ± 0.37d
70%Opt-U	292.19 ± 13.17b	12.04 ± 1.25ab	14.20 ± 2.06b	491.17 ± 39.72a	7.61 ± 0.85c	8.49 ± 1.09c
100%Opt-U	292.60 ± 18.68b	12.45 ± 0.94b	11.31 ± 1.65c	492.85 ± 47.62a	9.48 ± 1.02ab	10.76 ± 0.93b
130%Opt-U	326.55 ± 16.35a	13.99 ± 2.69a	16.41 ± 2.45a	511.50 ± 57.04a	8.39 ± 0.43b	9.31 ± 0.64b
170%Opt-U	312.12 ± 21.83a	13.47 ± 2.45a	16.27 ± 2.51a	507.02 ± 45.04a	9.42 ± 0.79ab	11.23 ± 1.77a
Con-U	294.59 ± 22.69b	11.72 ± 2.47b	13.78 ± 3.22b	509.05 ± 19.18a	10.66 ± 1.01a	12.05 ± 2.1a

注：同列不同小写字母表示处理间差异显著（$P<0.05$），下同。

滴灌区各处理籽粒产量均随施肥量增加而增加，2019年氮肥减量处理明显降低了玉米籽粒产量；2020年氮肥减量处理后玉米籽粒产量有所降低，其中130%Opt-U和170%Opt-U处理下玉米籽粒产量降低不明显。2019年和2020年黄灌处理籽粒产量平均为10.52 t/hm²，滴灌处理籽粒产量平均为11.17 t/hm²（表12-8）。相比黄灌，滴灌玉米产量提升6.18%。

表12-8　滴灌区各处理产量指标

处理	2019年			2020年		
	千粒重/g	籽粒产量/（t/hm²）	秸秆产量/（t/hm²）	千粒重/g	籽粒产量/（t/hm²）	秸秆产量/（t/hm²）
CK	193.56 ± 17.00d	7.47 ± 0.48d	8.77 ± 0.36c	477.00 ± 23.95b	6.47 ± 0.90d	7.85 ± 1.60d
30%Opt-U	253.00 ± 24.22c	9.81 ± 0.97c	11.75 ± 0.48b	500.80 ± 40.81a	7.73 ± 0.63cd	7.96 ± 1.13d
70%Opt-U	264.66 ± 18.11c	9.52 ± 3.09c	11.37 ± 2.46b	452.97 ± 47.69c	8.43 ± 1.00c	9.38 ± 0.95c
100%Opt-U	291.76 ± 20.45b	11.23 ± 1.46b	12.49 ± 1.76b	509.67 ± 14.03a	10.91 ± 1.56b	12.39 ± 1.50b
130%Opt-U	288.47 ± 19.19b	12.42 ± 1.58b	12.80 ± 1.72b	496.75 ± 57.08a	11.02 ± 0.50ab	12.25 ± 0.96b
170%Opt-U	313.92 ± 16.22a	12.53 ± 3.24b	14.36 ± 1.26a	444.55 ± 42.14c	12.63 ± 0.51a	15.01 ± 1.58a
Con-U	269.78 ± 47.32c	14.89 ± 1.86a	15.71 ± 2.41a	463.70 ± 20.29c	12.95 ± 0.65a	14.60 ± 1.94a

（2）氮肥减量对氮素淋失的影响。由小区试验的结果可以看出，随着施肥量的增加氮素淋失量有增加的趋势，相同处理下滴灌区处理氮淋失量较黄灌区处理降低34.41%～47.89%，可见滴灌的应用减缓了氮素在土体中淋溶速度，降低了淋溶水中氮含量。因此，施肥量与灌溉水量是决定河套灌区农田氮

淋溶流失途径的关键因素，灌溉水是驱动因子，施肥是主控因子；在氮肥施用量减少23.5%~55.0%的基础上，氮流失污染负荷减少47.9%~56.4%（图12-25）。

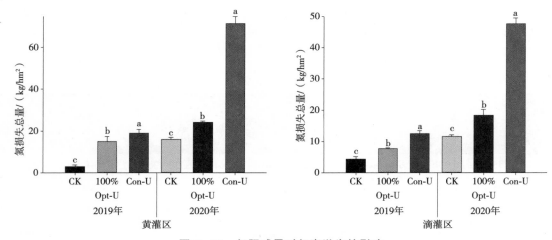

图12-25　氮肥减量对氮素淋失的影响

2. 新型肥料施用技术

试验小区面积6.5 m×10 m，裂区分为黄灌区和滴灌区，每区各设置6个处理、4次重复，淋溶桶等监测仪器设置在前3个重复，黄灌区试验处理为：尿素传统施肥处理（Con-U）、尿素推荐施肥处理（100%Opt-U）、缓释尿素推荐施肥处理（100%Opt-IU）、硫酸铵传统施肥处理（Con-AS）、硫酸铵推荐施肥处理（100%Opt-AS）、缓释硫酸铵推荐施肥处理（100%Opt-IAS）。滴灌区试验处理为：尿素传统施肥处理（Con-U）、尿素推荐施肥处理（100%Opt-U）、缓释尿素推荐施肥处理（100%Opt-IU）、硫酸铵推荐施肥处理（100%Opt-AS）、缓释硫酸铵推荐施肥处理（100%Opt-IAS）。

两年供试玉米品种分别为当地主栽品种新玉12和晋丹42，在玉米生育时期内按当地灌溉规则灌水3次，黄灌区采用大水漫灌，总灌水量约为5 000 m³/hm²；滴灌区采用膜下滴灌，总灌水量约为1 400 m³/hm²。各处理氮肥施肥与追肥情况如表12-9、表12-10所示，黄灌区氮肥基追比例为3：7，滴灌区氮肥基追比例为3：3：3：1，磷钾肥料按照90 kg P₂O₅/hm²、120 kg K₂O/hm²含量施用，均作为种肥一次性施入，其余农田管理措施皆为当地传统方法。

表12-9　黄灌区处理设置　　　　单位：kg N/hm²

处理	肥料种类	总施用量	施肥方式	施氮量 基肥	小喇叭口期追肥
Con-U	尿素	400	撒施	120	280
100%Opt-U	尿素	180	撒施	54	126
100%Opt-IU	尿素+脲酶抑制剂	180	撒施	54	126
Con-AS	硫酸铵	400	撒施	120	280
100%Opt-AS	硫酸铵	180	撒施	54	126
100%Opt-IAS	硫酸铵+硝化抑制剂	180	撒施	54	126

表12-10 滴灌区处理设置 单位：kg N/hm²

处理	肥料种类	总施用量	施肥方式	施氮量			
				基肥	小喇叭口期追肥	大喇叭口期追肥	灌浆期追肥
Con-U	尿素	400	冲施	120	120	120	40
100%Opt-U	尿素	180	冲施	54	54	54	18
100%Opt-IU	尿素+脲酶抑制剂	180	冲施	54	54	54	18
100%Opt-AS	硫酸铵	180	冲施	54	54	54	18
100%Opt-IAS	硫酸铵+硝化抑制剂	180	冲施	54	54	54	18

（1）新型肥料施用对作物产量的影响。黄灌区，2019年新型肥料处理的玉米籽粒产量有所降低，但并未出现显著效果，100%Opt-IAS处理的籽粒产量较100%Opt-IU处理降低8.51%~11.36%，2020年100%Opt-IU处理的籽粒产量降低不明显，而100%Opt-IAS处理籽粒产量降低明显（表12-11）。滴灌区，氮肥减量施用新型肥料后玉米产量降低明显，Con-U处理作物籽粒产量两年均表现为最高，Opt-IAS处理的籽粒产量较Con-U处理降低7.32%~16.46%（表12-12），滴灌区产量较黄灌区籽粒产量增加2.30%~25.92%。

表12-11 黄灌区各处理产量指标

处理	2019年			2020年		
	千粒重/g	籽粒产量/（t/hm²）	秸秆产量/（t/hm²）	千粒重/g	籽粒产量/（t/hm²）	秸秆产量/（t/hm²）
Con-U	294.59±22.69b	11.72±2.47a	13.78±3.22a	509.05±19.18a	10.66±1.01a	12.05±2.1a
100%Opt-U	292.60±18.68b	11.45±0.94a	12.31±1.65b	492.85±47.62a	9.48±1.02a	10.76±0.93b
100%Opt-IU	298.05±20.72b	10.81±1.95ab	13.21±2.62a	436.3±32.07c	8.67±0.65ab	8.72±1.70c
Con-AS	314.10±9.15ab	11.21±2.54a	13.55±2.84a	494.07±25.68a	7.78±0.55b	9.28±1.43b
100%Opt-AS	320.62±23.43a	9.20±3.44b	11.47±3.75b	501.75±30.31a	6.77±1.06c	8.29±1.23c
100%Opt-IAS	334.35±13.34a	10.25±0.33ab	12.13±0.97b	488.27±31.70b	6.89±1.22c	8.44±1.03c

表12-12 滴灌区各处理产量指标

处理	2019年			2020年		
	千粒重/g	籽粒产量/（t/hm²）	秸秆产量/（t/hm²）	千粒重/g	籽粒产量/（t/hm²）	秸秆产量/（t/hm²）
Con-U	269.78±47.32b	14.89±1.86a	15.71±2.41a	463.70±20.29d	12.95±0.65a	14.60±1.94a
100%Opt-U	291.76±20.45a	11.23±1.46b	12.49±1.76b	509.67±14.03b	10.91±1.56b	12.39±1.50b
100%Opt-IU	284.67±23.26a	11.33±1.20b	13.19±1.07b	495.40±31.69b	10.80±1.15b	10.84±2.29c

（续表）

处理	2019年			2020年		
	千粒重/g	籽粒产量/（t/hm²）	秸秆产量/（t/hm²）	千粒重/g	籽粒产量/（t/hm²）	秸秆产量/（t/hm²）
100%Opt-AS	265.93 ± 23.13b	10.78 ± 2.92b	12.51 ± 3.15b	480.40 ± 20.19c	9.14 ± 0.75c	10.88 ± 1.24c
100%Opt-IAS	292.19 ± 21.12a	10.50 ± 1.55b	12.10 ± 1.31b	541.75 ± 14.64a	9.02 ± 0.58c	11.11 ± 1.51c

（2）新型肥料施用对氮素淋失的影响。氮淋溶损失在黄灌区Opt-U处理较Con-U处理降低21.56%～66.16%，Opt-IU处理较Opt-U处理降低17.16%～24.49%。Opt-AS处理较Con-AS处理降低26.23%～51.44%，Opt-IAS处理较Opt-AS处理降低8.36%～13.89%（图12-26）。氮淋溶损失在滴灌区Opt-U处理较Con-U处理降低38.23%～61.3%，Opt-IU处理较Opt-U处理降低24.49%～59.56%，Opt-IAS处理较Opt-AS处理降低13.89%～24.77%，且尿素添加脲酶抑制剂处理减排效果更好。由此可见，氮肥减量减少了21.56%～66.16%的氮流失负荷，在优化施肥量基础上，新型肥料进一步减少了8.36%～59.56%的氮流失负荷（图12-26）。

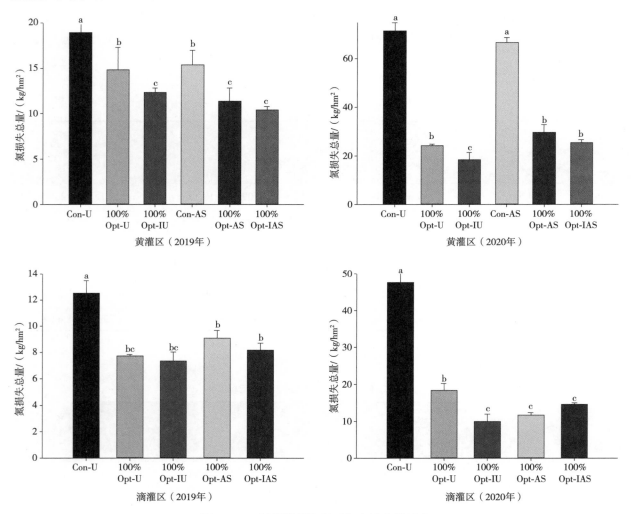

图12-26　新型肥料施用对氮素流失的影响

3. 玉米田有机肥替代化肥技术

2019年，根据田间监测结果和玉米需肥规律，将田间氮肥用量优化为300 kg N/hm²，并确定有机肥替代化肥比例为30%。同时，根据有机肥养分含量，最终确定有机肥施用量为1.5 t/亩，全部作为基肥施用，折合当季纯氮施用量为90 kg N/hm²；化肥用量为210 kg N/hm²，其中30%用于基肥施用，70%用于追施。2020年进一步对试验方案进行优化，在田间氮肥总量不变的情况下，将有机肥替代化肥比例优化为20%，最终确定有机肥施用量为0.8 t/亩，全部做基肥施用，折合当季纯氮施用量为60 kg N/hm²；化肥用量为240 kg N/hm²，其中30%用于基肥施用，70%用于追施（表12-13）。其他管理措施与当地农户传统管理措施一致。

表12-13　有机肥替代化肥大区试验与农户传统处理

| 年份 | 试验处理 | 面积/亩 | 品种 | 氮肥 | | | | |
				基肥用量/（kg N/hm²）	肥料类型	追肥量/（kg N/hm²）	肥料类型	氮肥总用量/（kg N/hm²）
2019	农户传统	—	新玉12	54 104	磷酸二铵 尿素	207	尿素	364
	有机肥替代	1.5	新玉12	90 63	羊粪（0.83%） 尿素	147	尿素	300
2020	农户传统	—	东润58	40 104	磷酸二铵 尿素	240	尿素	384
	有机肥替代	1.5	晋丹42	60 72	羊粪（0.83%） 尿素	168	增效尿素	300

（1）有机肥替代对作物产量的影响。从图12-27中可以看出，2019年有机肥替代化肥处理与农户传统施肥模式相比玉米产量下降了2.79%，但差异不显著。虽然2019年产量下降幅度尚未达到显著水平，但在2020年仍对有机肥替代化肥技术模式进行了优化，将有机肥替代化肥比例由30%调整为20%。与传统施肥模式相比，2020年玉米产量增加4.60%。

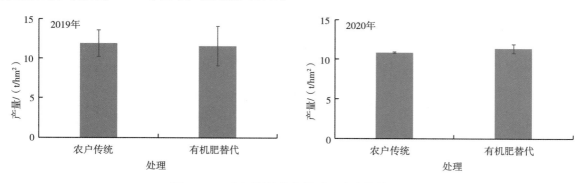

图12-27　有机肥替代化肥对玉米产量的影响

（2）有机肥替代对氮磷流失的影响。2019年和2020年有机肥替代化肥处理下两年氮流失量平均降低了25.67%，磷流失量平均降低5.16%（图12-28，图12-29）。在优化施肥的基础上（300 kg N/hm²），采用有机肥替代20%~30%的化肥，与传统施肥模式相比，化肥用量减少40%以上，在改良土壤的基础上减少化肥投入，从而达到降低氮磷淋溶和提高农业废弃物综合利用的目的。

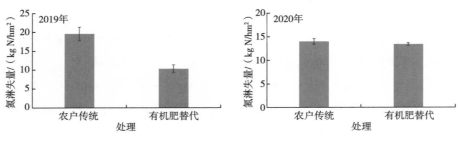

图12-28 有机肥替代化肥对氮淋失量的影响

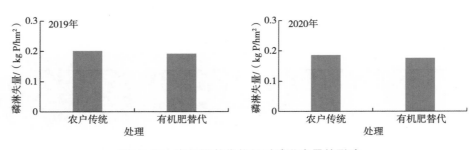

图12-29 有机肥替代化肥对磷淋失量的影响

4. 河套灌区玉米田水肥一体化技术

（1）滴灌减量施肥。试验区播种前进行土壤氮磷等养分背景值的测定，根据测定结果，分别在2019年和2020年使用配方N-P_2O_5-K_2O=17-17-11以及N-P_2O_5-K_2O=12-12-11的复混肥作为基肥，同时在田间进行滴灌设备的安装和铺设工作。详细试验设计见表12-14。同时对当年农户常规施肥量及方式进行调研。

表12-14 滴灌施肥大区试验与农户常规处理

年份	试验处理	面积/亩	品种	氮肥				
				基肥用量/（kg N/hm²）	肥料类型	追肥量/（kg N/hm²）	肥料类型	氮肥总用量/（kg N/hm²）
2019	农户常规	—	新玉12	54 104	磷酸二铵 尿素	207	尿素	364
	滴灌减量施肥	15	新玉12	90	复混肥 17-17-11	174 （3∶3∶1）	缓释尿素	264
2020	农户常规	—	东润58	40 104	磷酸二铵 尿素	240	尿素	384
	滴灌减量施肥	15	宏玉203	54	复混肥 12∶12∶11	138 （3∶3∶1）	增效尿素	192

滴灌减量施肥处理2019年玉米生长季内共进行3次灌水和追肥，第1次灌水追肥时间为2019年6月30日，第2次灌水追肥时间为2019年7月15日，第3次灌水追肥时间为2019年8月17日。追肥方式为将增效尿素溶于水中进行追施，追施比例为3∶3∶1。灌溉量分别为711 m³/hm²、651 m³/hm²、513 m³/hm²，共计灌溉量为1 875 m³/hm²。2020年玉米生长季内同样进行3次灌水和追肥，第1次灌水追肥时间为2020年6月25日，第2次灌水追肥时间为2020年7月15日，第3次灌水追肥时间为2020年8月

24日。追肥方式为将增效尿素溶于水中进行追施，追施比例为3：3：1。灌溉量分别为240 m³/hm²、320 m³/hm²、290 m³/hm²，共计灌溉量为850 m³/hm²。

（2）滴灌减量施肥对作物产量的影响。大区试验结果看出，2019年和2020年农户常规处理下玉米产量分别为11.90 t/hm²和10.85 t/hm²。与农户常规施肥处理相比，滴灌减量施肥处理下2019年玉米产量增加了6.49%，2020年玉米产量有轻微的下降，下降幅度为2.29%，但差异并不显著（图12-30）。

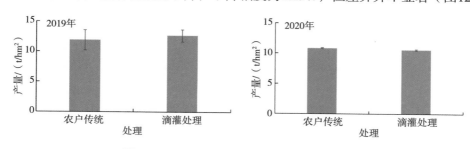

图12-30　滴灌减量施肥对玉米产量的影响

（3）滴灌减量施肥对氮磷流失的影响。大区试验结果表明，2019年和2020年农户常规处理下土壤氮淋失量分别为19.61 kg N/hm²和14.01 kg N/hm²。与农户常规施肥处理相比，2019年和2020年滴灌施肥处理下土壤氮淋失量分别显著降低了57.25%和25.59%，两年土壤氮淋失量降低了41.42%（图12-31）。磷淋溶量两年平均降低34.53%（图12-32）。由此可知，滴灌减量施肥处理能够在减少化肥投入的同时显著降低土壤氮磷淋失并维持甚至增加玉米的产量。

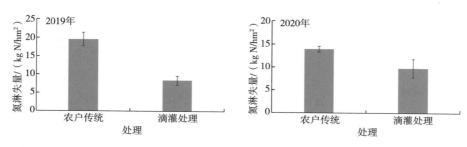

图12-31　滴灌减量施肥对氮淋失量的影响

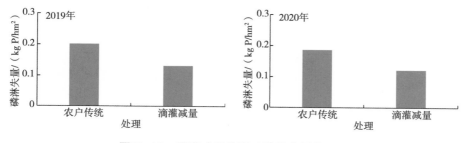

图12-32　滴灌减量施肥对磷淋失量的影响

（二）玉米田氮磷面源污染综合防控技术模式

针对内蒙古河套灌区过量施肥造成氮磷淋溶流失严重、秸秆处置不当等造成面源污染问题，在研发区域关键技术的基础上，优化集成了面源污染农田综合防治技术模式，开展田间示范应用。

1. 面源污染农田综合防治技术模式构建的科学依据

调研结果表明，内蒙古五原县有大量的秸秆和畜禽养殖粪便，废弃物资源丰富，有机肥料需求广泛，依托当地的养殖企业，进行玉米秸秆的饲料化，并将进一步产生的畜禽粪便进行无害化处理，形成有机肥，实现玉米秸秆的肥料化利用。玉米生育期氮磷施用量是氮磷淋失的主控因子，是氮磷淋失的物质基础，但只有在灌水的驱动作用下才会发生淋失，在基施肥或第1次追施氮肥后出现峰值，是控制氮素流失的关键时期，而合理的肥料运筹（氮磷减量、新型肥料施用、有机肥替代等）都能不同程度地降低氮磷淋失量。

2. 面源污染农田综合防治技术模式的构建及应用

（1）技术模式的构建。优化集成有机废弃物肥料化技术，氮磷减量施用、有机无机复混肥施用、土壤植株速测、新型肥料施用等农田氮磷淋失控制技术，以及配套玉米高产栽培和病虫草害绿色防控成熟技术。技术要点如下。

有机废弃物肥料化技术 玉米收获后进行玉米秸秆打捆回收饲料化应用，对产生的畜禽粪便进行无害化处理后，依据玉米需肥规律及当地土壤养分供给情况，依托当地的养殖业进行农业废弃物的肥料化应用，进行有机无机复混肥的生产。

农田氮磷污染防治技术 基于氮肥减量试验，在维持玉米产量稳定的基础上，进行氮肥总量控制，即氮磷减量施用技术：针对当地常规施肥模式下重基肥、轻追肥且基肥多施用化肥，导致内蒙古河套灌区氮磷淋失主要集中在第1次灌水施肥后的问题，基于有机肥替代化肥研究结果，优化施肥结构，将基肥由传统的化肥优化为有机无机复混肥施用技术。土壤植株快速无损监测技术：基于玉米需肥规律的滴灌施肥研究结果，实时监测玉米生长季氮素，进行合理追肥。新型肥料施用技术：基于新型肥料如添加脲酶抑制剂试验，将追施的氮肥优化为增效尿素。

配套成熟技术 实施"一穴双株"、合理密植、精量播种等玉米高产栽培技术以及播前地下害虫预防、播后土壤封闭及其生育期病虫草害综合防控技术。

（2）面源污染综合防治技术模式的应用。2018年，在内蒙古河套灌区五原县新公中镇永联村和联星村选择地势平坦地力均匀的地块开展田间示范。2019年和2020年玉米种植前，分别在核心示范区及周边农户田块随机选择4个区域，埋设4个淋溶桶进行监测。取0～30 cm表层土壤样品各30份，测定示范区及农户田块土壤基础理化性质（表12-15），可以看出农户常规管理区与示范区土壤基础理化性质差异不大。

表12-15 示范区基础土壤（0～30 cm）理化性状

年份	处理	pH值	有机质/（g/kg）	全氮/（g/kg）	速效磷/（mg/kg）	有效钾/（mg/kg）
2019	农户	8.38	17.34	0.75	19.85	220.23
	示范区	8.97	21.64	0.93	20.08	132.95
2020	农户	8.42	15.29	0.83	24.13	184.08
	示范区	8.65	17.98	0.97	28.70	177.55

根据测定结果，分别在2019年和2020年采用由内蒙古农业大学和中国农业大学联合研制的有机无机复混配方肥（N-P_2O_5-K_2O=14-20-10、N-P_2O_5-K_2O=17-22-6）作为基肥，在拔节期追施增效尿素（表12-16）。分别于2019年和2020年的6月18—25日进行氮肥追施。玉米生育期灌水3次，每年6月18—30日、

7月14—15日和8月12—21日进行灌溉，灌溉量分别约为1 200 m³/hm²、1 200 m³/hm²和1 500 m³/hm²，共计3 900 m³/hm²。其他管理措施与当地农户传统管理措施一致（表12-16）。

表12-16　综合防控技术示范区与农户常规管理施肥处理

年份	试验处理	面积/hm²	品种	基肥用量/(kg N/hm²)	肥料类型	追肥量/(kg N/hm²)	肥料类型	氮肥总用量/(kg N/hm²)
					氮肥			
2019	农户常规	—	新玉12	54 104	磷酸二铵 尿素	207	尿素	364
	综合优化	34.5	新玉12	90	有机无机复混肥 14-20-10	138	增效尿素	228
2020	农户常规	—	东润58	40 104	磷酸二铵 尿素	240	尿素	384
	综合优化	40	东润58	51	有机无机复混肥 17-22-6	138	增效尿素	189

氮磷淋溶流失规律　从图12-33可以看出，2019年和2020年N、P淋失高峰无论是示范区还是农户常规管理区均出现在第1次灌水追肥时期，N、P淋失量都占到了总淋失量的50%以上。与农户常规施肥模式相比，2019年和2020年综合防治技术模式下第1次取样氮流失量分别降低了64.84%和27.10%，第2次取样分别降低了0.26%和14.12%；磷流失量第1次取样分别降低了35.07%和34.00%，第2次取样分别降低了23.52%和15.14%。

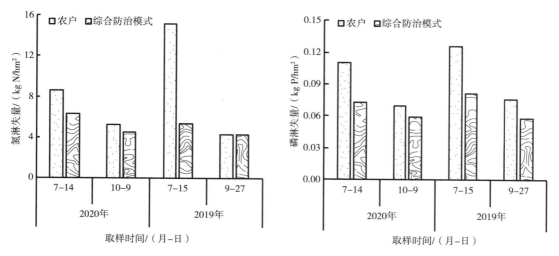

图12-33　综合防控技术模式氮磷淋失量动态变化规律

氮磷淋溶流失效果　2019年和2020年农户常规处理下氮流失量分别为19.61 kg N/hm²和14.01 kg N/hm²，与农户常规施肥管理模式相比，综合防治技术模式处理下2019年和2020年氮流失负荷分别削减了50.38%和22.17%，两年平均氮流失负荷削减了36.28%；磷流失负荷分别削减了28.71%和29.03%，两年平均磷流失负荷削减了28.87%（表12-17）。

表12-17　面源综合防治技术模式氮磷淋溶流失量分析

年份	试验处理	氮淋失量/（kg N/hm²）	氮流失削减量/%	磷淋失量/（kg P/hm²）	磷流失消减量/%
2019	农户常规管理	19.61	—	0.20	—
	综合防治模式	9.73	50.38	0.14	28.71
2020	农户常规管理	14.01	—	0.18	—
	综合防治模式	10.90	22.17	0.13	29.03
两年平均	农户常规管理	16.81		0.19	—
	综合防治模式	10.32	36.28	0.14	28.87

玉米生长季硝酸盐监测　利用硝酸盐试纸对玉米生育期土壤表层硝酸盐浓度进行测定，并进行氮肥的调控。由表12-18可知，不管是2019年还是2020年，农户常规管理模式下土壤硝酸盐含量均高于综合防治技术模式下的含量，其中，2020年农户常规模式下硝酸盐含量超出硝酸盐试纸最大测量范围（>250 mg/L）。

表12-18　示范区及农户常规管理区玉米生育期表层土壤硝酸盐含量

试验处理	硝酸盐含量/（mg/L）	
	2019年	2020年
农户常规	97	>250
综合防治模式	69	52

无机氮残留状况　由图12-34可知，与农户常规管理模式相比，综合防治技术模式下2019年和2020年0～30 cm土层无机氮含量分别降低了49.42%和32.16%，30～60 cm土层分别降低了48.85%和40.59%，60～90 cm土层分别降低了36.77%和35.99%，以上结果说明综合防治技术模式可以有效地降低土壤无机氮的残留，进而减少氮素流失风险。

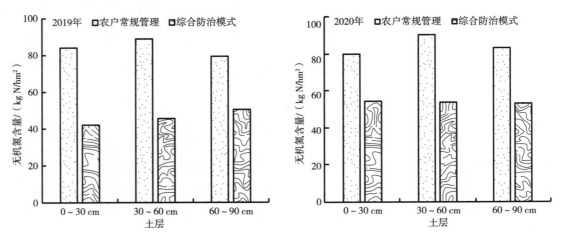

图12-34　示范区与常规管理种植区无机氮残留情况

玉米产量及经济效益分析　防控技术模式示范区产生秸秆全部收集后用于饲料化生产，示范区内可收集农业废弃物无害化利用率>95%。根据市场价格，按照尿素2.2元/kg、增效尿素3.4元/kg，磷酸二铵4.0元/kg，有机无机复混肥2.3元/kg计算，综合防控技术模式下肥料资金投入比农户常规管理少562.50元/hm²。实施两年，邀请专家分别对示范区和农民常规水肥管理区测产，2019年和2020年示范区玉米产量分别为15.61 t/hm²和11.92 t/hm²，平均为13.77 t/hm²，农民常规管理区两年产量分别为11.90 t/hm²和10.85 t/hm²，平均为11.38 t/hm²，按照两年当地玉米平均价格1 820元/t进行计算，节本增效4 914.45元/hm²（表12-19）。两年累计示范74.5 hm²，共计节本增效36.62万元，辐射推广1 266.7 hm²，实现经济效益622.31万元。

表12-19　面源污染农田综合防治效果

年份	试验处理	产量/（t/hm²）	肥料等生产成本/（元/hm²）	节本增效/（元/hm²）
2019	农户常规管理	11.90	2 685	—
	综合防治模式	15.61	2 400	7 032.61
2020	农户常规管理	10.85	2 550	—
	综合防治模式	11.92	1 710	2 796.29
两年平均	农户常规管理	11.38	2 617.50	—
	综合防治模式	13.77	2 055.00	4 914.45

注：肥料等成本根据实际施肥量和肥料单价计算得出，玉米价格按1 820元/t计算，节本增效=（示范区玉米产值-示范区施肥成本）-（常规施肥区玉米产值-常规施肥区施肥成本）。

三、黄土高原玉米田氮磷径流防治技术

（一）黄土高原玉米田氮磷径流防治思路

1. 时间节点及污染防控因素

（1）播种期。考虑肥料种类、优化配比、施肥量与施肥方式。

（2）作物生长季。考虑雨季径流阻控、追肥次数和肥量分配。

（3）收获后（期）。考虑秸秆综合利用方式和利用率。

2. 实施防治的技术条件

（1）选地整地。选择土层深厚、耕层疏松、砂壤土质没有砾石的农田。当农田坡度小于3°时直接整地备耕；当坡度大于3°时采用横坡等高种植，需采用渐成式等高田打造方法建设基本农田，减少水土流失。打造方法按《DB15/T 402—2005 渐成式等高技术规程》执行。

（2）残膜捡拾。播种前，选择适宜残膜捡拾机具清理农田残膜，将收集起来的残膜集中到地头，运输到残膜回收指定点进行安全处理，并资源化利用。建议应用11FMJ膜茬分离缠绕式残膜回收机、5CLZ-185秸秆破碎与膜茬分离锥形多角缠绕式残膜回收机、1MFJS-125A耙齿式残膜回收机等残膜捡拾机具。农田中残余地膜量应符合《GB/T 25413—2010 农田地膜残留限值及测定》中的要求；残膜回收机具选择时应符合《GB/T 25412—2021 残膜回收机》中的标准。

（3）土壤耕翻。建议秋季完成残膜捡拾后采用机械深耕25~30 cm，秋季未耕翻田块于播前进行耕翻，耕翻后耙糖平整土地，达到"深、松、碎、平"的要求。

（4）地膜选择。采用厚度0.010 mm以上、宽度为120 cm的玉米专用地膜，地膜拉伸负荷纵向达到2.3 N、横向1.7 N，断裂伸长率纵向460%、横向400%以上；地膜要求符合GB 13735—2017。

（5）播种时间及方式。在表土温度稳定在8~10 ℃时播种。不同地区应根据种植玉米的品种进行适当调整，一般应比当地传统播种期提早5~7 d。播深在4~6 cm。选择较传统覆膜生育期多7~10 d抗逆丰产玉米品种，如节水抗旱丰产品种——五谷568，种子质量应符合GB 4404.1—2008。采用全覆膜单粒精量播种机一次性完成开沟、覆膜、施肥、播种、覆土、镇压等作业。种植密度根据品种类型进行调节，一般膜上小行距40 cm，膜间大行距70 cm，株距30 cm，保苗4 500~5 000株/亩。在开沟覆膜播种前进行膜下封闭除草，一般用40%异丙草胺·阿特拉津悬浮剂进行喷雾除草，用药量200 mL/亩。

（6）合理施肥。按照测土结果，旱作玉米根据目标产量和玉米需肥特点选择适宜的缓释尿素，减少20%的氮肥用量。全部氮、磷、钾肥作为种肥播种时通过机械一次性施入，其中氮肥的40%施用缓释尿素，60%施用普通尿素，或选择与推荐施肥比例相近的缓释复合肥；缓释肥料选择满足GB/T 23348—2009。增施有机肥田块按1 500 kg/亩或商品有机肥100 kg/亩，腐熟有机肥在播种前撒施到农田中，在耕翻整地时通过机械翻耕翻入土壤中，腐熟有机肥须符合NY 525—2012。有补灌条件田块播种时按照推荐施肥量施用的总氮肥用量的30%和全部的磷钾肥作为种肥在播种时通过机械一次性施入；在玉米大喇叭口期氮肥追施全部施氮量的30%，在灌浆期追施全部施氮量的40%，追肥时将肥料加入施肥装置中，充分搅拌溶解均匀后用施肥泵按照一定的流量注入滴灌管道中，水肥一体施用，滴灌量以20 m³/亩为宜。

（7）田间管理。播种后出苗前遇雨，种植沟出现严重土壤板结时，应破除土壤板结，保障正常出苗；出苗时及时查看出苗情况，发现大面积幼苗在膜内生长难以破土情况，应及时放苗；玉米生长前期，应重点防治玉米螟，可采取频振杀虫灯、赤眼蜂进行统防统治，玉米生长后期重点防治双斑莹叶甲病虫害，可选用氰戊菊酯乳油或高效氯氟氰菊酯乳油等农药于上午10时前、下午5时后进行喷雾防治，重点喷在雄穗周围。具体实施方法参照DB15/T 947—2016执行。

（8）收获及秸秆利用。在玉米苞叶变黄、籽粒变硬、有光泽时即可收获；作为青储玉米饲料化利用，在植株干物质重达到30%左右时及时收获，黄土高原地区一般为9月上中旬，具体实施方案参照DB15/T 364—2001执行；未进行青贮收获田块，采用高效率大型联合收获机收获，一次性完成摘穗、剥皮、集穗、秸秆铺放或秸秆粉碎还田等作业，规模较小的分散农户玉米进入完熟期后，采用中小型玉米收获机进行收获，利用秸秆方捆打捆机实现部分秸秆出地，剩余约50%的玉米秸秆粉碎（长度为5~7 cm），并均匀抛撒于田间，用60 kg/hm²左右的尿素，兑水喷施在已粉碎秸秆上，调节土壤C/N值，加快秸秆腐解。

（9）地膜捡拾回收。玉米青贮收获或秸秆清理出农田后，选择适宜残膜捡拾机具清理农田残膜，将收集起来的残膜集中到地头，运输到残膜回收指定点进行安全处理，并资源化利用。

（二）缓释肥料施用氮磷流失防控技术

1. 对作物产量的影响

2019年采用全覆膜栽培施用传统肥料和缓释肥保苗率、株高、茎粗都没有显著差异（表12-20），传统肥的保苗率、株高和茎粗分别为58.2%、291.0 cm和3.1 cm，缓释肥对应值为61.1%、301.4 cm和

3.2 cm，但施用缓释肥植株产量有显著差异，缓释肥植株鲜重为4 130.1 kg/亩，较传统肥3 089.0 kg/亩增产33.7%，而且干物质占比提高了1.3个百分点。

表12-20 各处理产量指标

年份	处理	理论苗数/（株/亩）	保苗数/（株/亩）	保苗率/%	株高/cm	茎粗/cm	鲜重/（kg/亩）	干重/（kg/亩）	干物质/%
2019	全覆膜+传统肥	3 865	2 249.8	58.2	291.0	3.1	3 089.0	1 077.6	34.9
	半覆膜+缓释肥	3 865	3 015.6	78.0	298.9	3.1	2 909.3	1 096.6	37.7
	全覆膜+缓释肥	3 865	2 360.4	61.1	301.4	3.2	4 130.1	1 493.4	36.2
2020	全覆膜+传统肥	4 445	3 481.1	78.3	256.1	2.1	213.0	704.2	34.1
	半覆膜+缓释肥	4 445	3 658.9	82.3	297.8	2.3	291.9	763.4	33.6
	全覆膜+缓释肥	4 445	3 946.4	88.8	315.7	2.4	308.8	780.3	34.2

同样都施用缓释肥料传统半覆膜虽保苗数较全覆膜降低27.8%，但9月青贮利用时玉米地上部植株鲜重降低29.6%，而干物质量积累率相当，"半覆膜+缓释肥料"干物质为37.7%，"全覆膜+缓释肥料"干物质为36.2%。2020年传统肥处理的保苗率、株高、茎粗、籽粒产量和秸秆产量分别为82.3%、297.8 cm、2.3 cm、291.9 kg/亩和763.4 kg/亩，缓释肥的对应值分别为88.8%、315.7 cm、2.4 cm、308 kg/亩和780.3 kg/亩。同样都施用缓释肥料，传统半覆膜虽保苗数较全覆膜降低5.1%，但9月籽粒收获时玉米籽粒产量较全覆膜降低27%，而干物质量积累率相当，"半覆膜+缓释肥料"干物质为34.1%，"全覆膜+缓释肥料"干物质为33.6%。

2. 对玉米农田氮磷流失的影响

各处理在收获后耕层土壤有机质含量、土壤全氮含量、土壤全磷含量和土壤碱解氮含量均呈现显著差异（图12-35），"全覆膜+有机肥处理"因施肥量较高，故土壤有机质含量、土壤全氮含量、土壤全磷含量均为最高，且与其他处理呈现显著差异（$P<0.05$），但碱解氮含量却低于"全覆膜+缓释肥"处理，可见缓释肥中抑制剂对肥料分解过程起到作用；从不同覆膜方式来看，"全覆膜+缓释肥"处理在收获后耕层土壤有机质含量、土壤全氮含量、土壤碱解氮含量和土壤全磷含量均高于"半覆膜+缓释肥"处理，且两者呈现显著差异（$P<0.05$）。

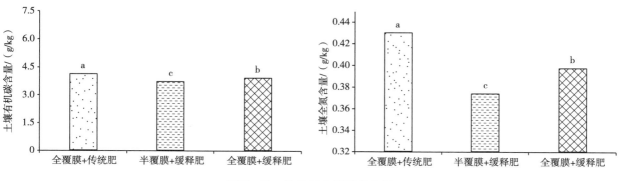

图12-35 各处理土壤养分含量

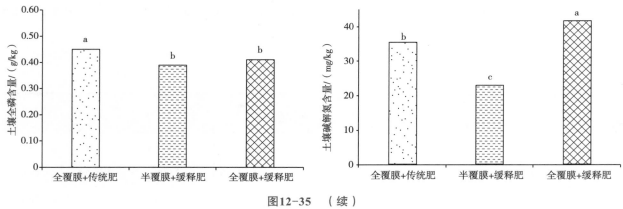

图12-35 （续）

3. 对作物肥料利用效率的影响

"全覆膜+缓释肥"处理最终产量为各处理最高，较"半覆膜+缓释肥"处理增加了37.33%，较"全覆膜+传统肥"处理增加了30.27%，增产效果显著（表12-21）；"全覆膜+缓释肥"处理在氮、磷、钾肥料利用率上均为各处理最高，且均呈现显著差异，而"半覆膜+缓释肥"处理氮、钾肥料利用率高于"全覆膜+传统肥"处理，磷肥利用率虽低于"全覆膜+传统肥"处理，但处理间差异不显著。

表12-21 各处理产量指标与肥料利用效率

处理	保苗数/ （株/亩）	株高/ cm	茎粗/ cm	产量/ （kg/亩）	氮肥利用率/ %	磷肥利用率/ %	钾肥利用率/ %
全覆膜+传统肥	2 249b	291.00b	3.08a	3 088.97b	9.49c	23.92b	18.10c
半覆膜+缓释肥	3 015a	288.93b	3.10a	2 775.95b	16.97b	21.17b	25.70b
全覆膜+缓释肥	2 360b	301.40a	3.22a	4 430.10a	26.15a	28.53a	39.05a

4. 对植株养分吸收量的影响

各处理的植株氮磷吸收量与"全覆盖+传统肥料"肥处理未形成显著规律（图12-36），与各项产量指标的关系也无法寻求相应规律，说明覆膜及缓释肥料施用对作物养分分配造成影响，进而影响了作物产量，但未对作物整体吸收情况造成明显影响。

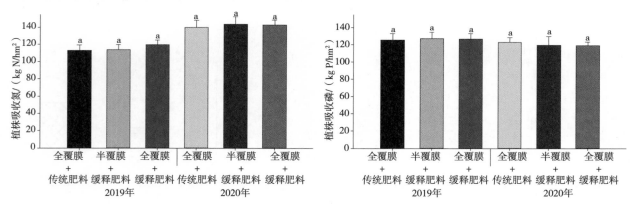

图12-36 各处理植株养分吸收量

5. 对土壤氮磷残留的影响

"全覆膜+缓释肥"处理的土壤残留氮浓度和磷浓度分别较"全覆膜+传统肥"处理降低24.52%和30.46%，且两者呈现显著差异（$P<0.05$），较"半覆膜+缓释肥"处理的土壤残留氮浓度和磷浓度分别降低29.27%和36.49%，且两者也呈现显著差异（$P<0.05$）（图12-37），由此可见"全覆膜+缓释肥"处理可显著降低土壤氮磷的残留量，且比起未施用缓释肥的"全覆膜+传统肥"处理以及未进行全覆膜的"半覆膜+缓释肥"处理更能有效降低土壤残留氮、磷浓度。

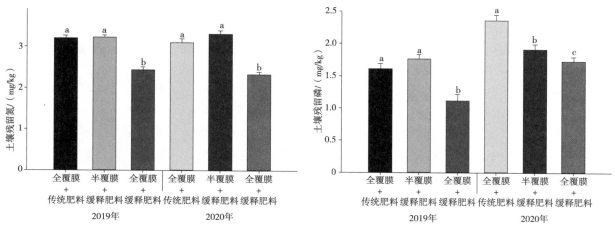

图12-37　各处理土壤养分浓度

"全覆膜+缓释肥"处理的氮磷流失负荷分别较"全覆膜+传统肥"处理降低51.47%和24.42%，且两者呈现显著差异（$P<0.05$），较"半覆膜+缓释肥"处理的氮磷流失负荷降低41.59%和18.40%，且两者也呈现显著差异（$P<0.05$）（图12-38），由此可见"全覆膜+缓释肥"处理可显著降低氮磷流失负荷，且比起未施用缓释肥的"全覆膜+传统肥"处理以及未进行全覆膜的"半覆膜+缓释肥"处理效果更显著。

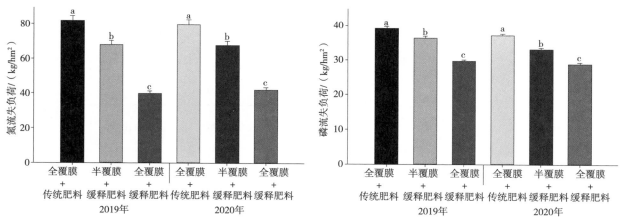

图12-38　各处理氮磷流失负荷

（三）有机肥与化肥配合施用氮磷流失防控技术

1. 对玉米生长发育和产量的影响

2019年增施有机肥不减肥（有机肥+化肥不减肥）、增施有机肥减肥15%（有机肥+化肥减肥15%）和单施化肥（不施有机肥）3个处理鲜重分别为4 548.1 kg/亩、4 004.8 kg/亩和3 644.0 kg/亩，干重分别为1 494.1 kg/亩、1 275.0 kg/亩和1 084.9 kg/亩，干物质含量分别为31.2%、31.8%和29.8%。

施用有机肥后植株产量和干物质大幅度提高，与单施化肥比鲜重增产9.9%～24.8%，干物质增加2%～3.1%；2020年"有机肥+化肥不减肥""有机肥+化肥减肥15%"、不施有机肥3个处理鲜重分别为4 445.8 kg/亩、4 250.2 kg/亩和4 168.9 kg/亩，干重分别为1 564.9 kg/亩、1 432.3 kg/亩和1 421.6 kg/亩，干物质分别为35.2%、33.7%和34.1%，与传统肥相比，增施2年有机肥显著提升玉米的鲜重和干重，分别提升了6.6%和10.1%，干物质增加了1.1个百分点（表12-22）。

表12-22　各处理产量指标

年份	处理	理论苗数/（株/亩）	保苗数/（株/亩）	保苗率/%	株高/cm	茎粗/cm	鲜重/（kg/亩）	干重/（kg/亩）	干物质/%
2019	有机肥+化肥不减肥	3 865	2 324.7	60.1	310.3	3.7	4 548.1	1 494.1	32.9
	有机肥+化肥减肥15%	3 865	2 602.4	67.3	275.0	4.0	4 004.8	1 275.0	31.8
	不施有机肥	3 865	2 659.0	68.8	295.6	3.7	3 644.0	1 084.9	29.8
2020	有机肥+化肥不减肥	4 600	3 879.5	84.3	336.0	3.2	4 445.8	1 564.9	35.2
	有机肥+化肥减肥15%	4 600	3 539.2	76.9	317.6	3.1	4 250.2	1 432.3	33.7
	不施有机肥	4 600	3 403.0	73.9	313.6	2.9	4 168.9	1 421.6	34.1

2. 对玉米农田氮磷流失的影响

收获后各处理耕层土壤养分含量均呈现显著差异（$P<0.05$）（图12-39），"有机肥+化肥不减肥"处理的土壤有机质含量、土壤全氮含量和土壤全磷含量均为最高，而土壤碱解氮含量则是"有机肥+化肥

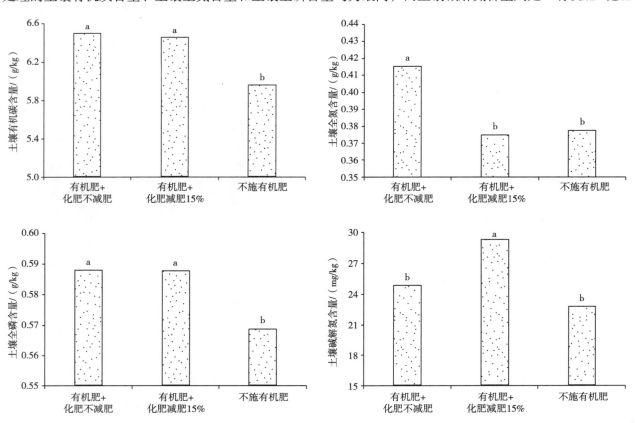

图12-39　各处理土壤养分含量

减肥15%"处理为最高，由此可见，较高的施肥量对土壤有机质与全量养分的影响较大，而速效养分则更多受耕作方式的影响。"有机肥+化肥减肥量15%"处理在收获后耕层土壤有机质含量、土壤全磷含量和土壤碱解氮含量均高于不施有机肥处理，分别增加了7.62%、3.25%和22.28%，且各处理之间呈现显著差异（$P<0.05$），土壤全氮含量与不施有机肥处理无显著性差异，由此可见，有机肥配施化肥对于土壤有机质含量和碱解氮含量的改良效果明显。

3. 对作物肥料利用效率的影响

"有机肥+化肥不减肥"处理在磷、钾肥料利用率上均为各处理最高，但其与"有机肥+化肥减肥量15%"处理间差异不显著，而氮肥利用率则为"有机肥+化肥减肥量15%"处理最高，而其氮磷钾肥利用效率较不施有机肥处理分别增加了7.94%、2.2%和5.88%，由此可见，有机肥配施化肥能够显著提高作物肥料利用效率（表12-23）。

表12-23　各处理产量指标与肥料利用效率

处理	保苗数/（株/亩）	株高/cm	茎粗/cm	鲜重/（kg/亩）	氮肥利用率/%	磷肥利用率/%	钾肥利用率/%
有机肥+化肥不减肥	2 324b	310.33a	3.68a	4 076a	26.88a	23.02a	22.11a
有机肥+化肥减肥15%	2 659a	276.63c	3.20ab	4 014a	27.06a	20.85ab	19.03a
不施有机肥	2 602a	295.63b	3.66a	3 644b	19.12b	18.65b	13.15b

"有机肥+化肥减肥15%"处理的植株氮磷吸收量与"有机肥+化肥不减肥"处理未形成显著规律，较不施有机肥处理植株氮磷吸收量分别增加17.60%和16.19%，除个别年份外大多呈现极显著差异，对应各项产量指标的结果，说明相对于"有机肥+化肥不减肥"处理，"有机肥+化肥减肥15%"处理并未对植株养分吸收量产生影响（图12-40）。

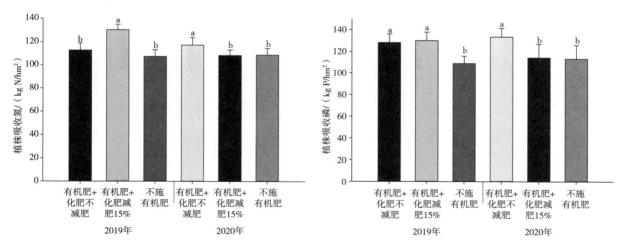

图12-40　各处理植株养分吸收量

4. 对土壤氮磷残留的影响

"有机肥+化肥减肥15%"处理的土壤残留氮浓度和磷浓度分别较"有机肥+化肥不减肥"处理降低26.97%和24.81%，且两者呈现显著差异（$P<0.05$），较不施有机肥处理的土壤残留氮浓度和磷浓度分

别降低28.23%和31.80%，且两者也呈现显著差异（P<0.05），由此可见"有机肥+化肥减肥15%"处理可显著降低土壤氮磷的残留量，且比起未减肥的"有机肥+化肥不减肥"处理更能有效地降低土壤残留氮、磷浓度（图12-41）。

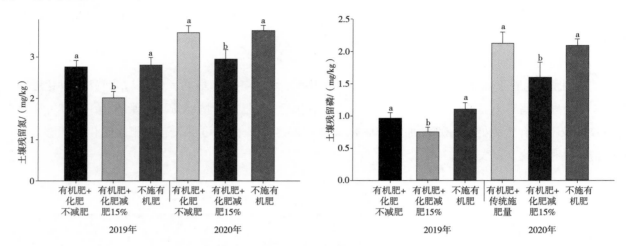

图12-41　各处理土壤养分浓度

"有机肥+化肥减肥15%"处理的氮磷流失负荷较不施有机肥处理的氮磷流失负荷分别降低29.92%和30.86%，且两者也呈现显著差异（P<0.05），由此可见"有机肥+化肥减肥15%"处理的应用可显著降低氮磷流失负荷，且作物产量较"有机肥+化肥不减肥"处理并没有显著降低，且比不施有机肥处理能起到进一步减排作用（图12-42）。

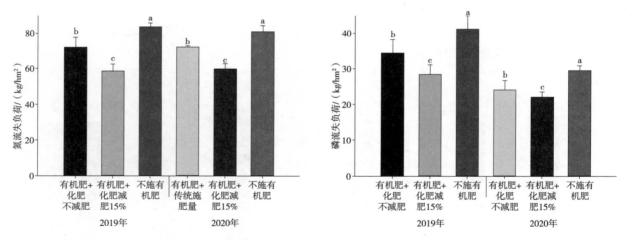

图12-42　各处理氮磷流失负荷

（四）秸秆还田及氮肥合理施用技术

1. 对土壤有机质的影响

土壤有机质是植物所需各种无机和有机养料的源泉，能改良土壤结构，培肥地力，促进作物产量形成。由表12-24可知，不同量秸秆还田对农田表层土壤有机质影响显著（P<0.05），且随着玉米生育期的不断推移，25%秸秆还田量（SF1，3 000 kg/hm²）、50%秸秆还田量（SF2，6 000 kg/hm²）、100%秸秆还田量（SF3，12 000 kg/hm²）和秸秆不还田（CK，0 kg/hm²）从苗期至成熟期均呈现先升高后下降

的变化态势，在玉米抽雄期达到峰值。土壤有机质变化与秸秆还田量密切相关，有机质含量随着还田量的增加先增加后降低，其中50%秸秆还田变化最为显著，25%秸秆还田、50%秸秆还田和100%秸秆还田处理相较于秸秆不还田分别提高4.88%、7.02%和5.76%；50%秸秆还田处理和25%秸秆还田、100%秸秆还田处理间差异显著（P<0.05）。50%秸秆还田处理土壤有机质含量提升效果最显著。

表12-24　不同秸秆还田量下土壤有机质变化　　　　　　单位：g/kg

处理	苗期	拔节期	抽雄期	灌浆期	成熟期
CK	9.93b	10.06c	11.16c	11.03c	10.25c
SF1	10.16a	10.45b	11.63b	11.45b	10.75b
SF2	10.20a	11.04a	12.33a	11.82a	10.97a
SF3	10.21a	10.60b	11.66b	11.52b	10.84ab

注：同列不同小写字母表示处理间差异显著（P<0.05），下同。

2. 对土壤全量氮磷钾养分含量的影响

土壤全氮是作物从土壤中获得氮的源泉，其丰缺程度会影响植株的生长发育和产量形成，是衡量土壤肥力的重要指标。由表12-25可知，在玉米苗期SF1、SF2、SF3处理土壤全氮含量显著低于CK（P<0.05），初期土壤中秸秆腐解速率快，需要消耗大量氮素，还田量越大，氮素消耗越多，SF1、SF2、SF3相较于CK分别降低4.6%~18.5%；拔节期开始，秸秆还田处理SF1、SF2、SF3均显著高于CK（P<0.05），土壤全氮含量随着玉米生育期推进呈先升高后降低的变化态势，在玉米抽雄期达到最大值，SF1、SF2、SF3处理土壤全氮含量分别相较于CK提高7.7%、13.8%和10.8%，其中以SF2和SF3提升效果最为显著，各处理间土壤全氮含量大小顺序为SF2>SF3>SF1>CK。说明秸秆还田处理可提高土壤全氮含量，以6 000 kg/hm²和12 000 kg/hm²还田量表现最好。

表12-25　不同秸秆还田量下土壤全氮变化　　　　　　单位：g/kg

处理	苗期	拔节期	抽雄期	灌浆期	成熟期
CK	0.65a	0.67d	0.71d	0.69d	0.65d
SF1	0.62b	0.73c	0.79c	0.77c	0.70c
SF2	0.60c	0.79a	0.84a	0.83a	0.74a
SF3	0.53d	0.76b	0.81b	0.80b	0.72b

由表12-26可知，在玉米苗期、拔节期、抽雄期、灌浆期和成熟期，不同量秸秆还田对土壤全磷含量影响显著（P<0.05）。玉米苗期SF1、SF2、SF3处理土壤全磷含量显著高于CK，分别提高7.40%、14.81%和11.11%；随着生育期的推移，各处理土壤全磷含量呈先降低后升高的变化态势，拔节期时，土壤全磷含量最低，在灌浆期土壤全磷含量达到最大值；SF1、SF2、SF3处理相较于CK分别提高11.11%、25.9%和14.8%，以SF2变化最为显著。

表12-26　不同秸秆还田量下土壤全磷变化　　　　　　　　　　　　　　单位：g/kg

处理	苗期	拔节期	抽雄期	灌浆期	成熟期
CK	0.27d	0.25b	0.28b	0.29d	0.27c
SF1	0.29c	0.26ab	0.30ab	0.32c	0.30b
SF2	0.31a	0.28a	0.32a	0.36a	0.34a
SF3	0.30b	0.27ab	0.31ab	0.34b	0.31b

由表12-27可知，不同量秸秆还田对土壤全钾影响显著（$P<0.05$）。从玉米苗期至成熟期，SF1、SF2、SF3和CK土壤全钾含量变化与土壤全氮变化趋势一致，呈先升高后降低的变化趋势。其中SF1、SF2、SF3处理显著高于CK，秸秆还田对土壤全钾变化影响显著（$P<0.05$），且随着还田量的增加土壤全钾含量增加，由于秸秆本身含有大量钾素，还田量越多，土壤钾素含量越高，SF1、SF2、SF3分别较CK提高5.41%、8.09%和7.99%。

表12-27　不同秸秆还田量下土壤全钾变化　　　　　　　　　　　　　　单位：g/kg

处理	苗期	拔节期	抽雄期	灌浆期	成熟期
CK	11.85c	11.77c	11.76c	11.72d	11.26c
SF1	12.57b	12.36b	12.33b	12.18c	11.87b
SF2	13.24a	12.92a	12.87a	12.93a	12.17a
SF3	12.84ab	12.55b	12.52b	12.65b	12.16ab

3. 对土壤速效氮磷钾养分含量的影响

土壤碱解氮是土壤中能被植物直接吸收或在短期内转化为被植物吸收的氮素，其含量大小反映了土壤中有效氮素养分的供应状况。由表12-28可知，不同秸秆还田处理下，土壤碱解氮含量大小顺序为SF2>SF3>SF1>CK，随着还田量的增多，土壤碱解氮含量先升高后降低，且随着生育时期的推进，土壤碱解氮含量先升高后降低。玉米苗期至拔节期，土壤碱解氮含量变化幅度最大。拔节期至抽雄期，土壤碱解氮逐渐降低，此时为玉米形态建成期，大量消耗土壤养分。在玉米灌浆期至成熟期时，土壤碱解氮含量略有增加，此时为玉米产量建成主要时期，对氮素需求较高，以SF2处理土壤碱解氮含量最高，成熟期时，SF1、SF2、SF3处理分别较对照CK提高0.21%、7.60%和6.84%。

表12-28　不同秸秆还田量下土壤碱解氮变化　　　　　　　　　　　　　单位：mg/kg

处理	苗期	拔节期	抽雄期	灌浆期	成熟期
CK	35.25c	38.35c	37.17c	34.46c	36.85b
SF1	35.89bc	39.65b	38.78b	34.95bc	36.93b
SF2	36.63a	41.36a	40.14a	36.63a	39.65a
SF3	36.25ab	41.03a	38.44b	35.25b	39.37a

土壤速效磷是土壤磷储备中对作物最为有效的部分，也是评价土壤对作物提供磷元素的重要指标。

由表12-29可知，土壤速效磷含量随着玉米生育时期的推进呈先降低后升高的变化趋势，其中SF2处理土壤速效磷含量最高。在玉米苗期至拔节期时，土壤速效磷含量逐渐降低，此时为玉米需磷主要时期，SF1、SF2、SF3处理相较于CK分别提高4.92%、11.38%和8.92%，说明秸秆还田可减缓土壤速效磷降低幅度。在抽雄期至成熟期时，土壤速效磷含量逐渐升高，且SF2处理增幅最高，在玉米成熟期时，SF1、SF2、SF3处理分别较对照CK提高9.73%、20.19%和17.96%。

表12-29　不同秸秆还田量下土壤速效磷变化　　　　　　　　　　　　　　　　单位：mg/kg

处理	苗期	拔节期	抽雄期	灌浆期	成熟期
CK	4.34a	3.25d	3.61d	4.21c	4.01d
SF1	4.36a	3.41c	3.85c	4.54b	4.4c
SF2	4.31a	3.62a	4.12a	4.91a	4.82a
SF3	4.28a	3.54b	3.99b	4.94a	4.73b

土壤速效钾含量是反映作物生长季内土壤供钾水平的重要指标之一，直接影响着作物的钾素供应。由表12-30可知，随着玉米生育期的推进，土壤速效钾含量在苗期、拔节期、抽雄期、灌浆期和成熟期，各处理耕层土壤速效钾含量呈逐渐降低的变化态势。随着还田量的不断增加，土壤速效钾含量呈升高后降低的趋势，其中以SF2还田处理最高，各处理土壤速效钾大小顺序为SF2>SF3>SF1>CK，在玉米成熟期，SF1、SF2、SF3处理分别较对照CK提高6.23%、8.04%和7.34%。

表12-30　不同秸秆还田量下土壤速效钾变化　　　　　　　　　　　　　　　　单位：mg/kg

处理	苗期	拔节期	抽雄期	灌浆期	成熟期
CK	108.11d	107.44d	103.64c	92.98c	90.25b
SF1	115.89c	113.34c	109.04b	98.79b	95.87a
SF2	123.26a	121.37a	113.67a	100.96a	97.51a
SF3	119.35b	118.28b	112.68a	99.45ab	96.87a

由表12-31可知，不同量秸秆还田处理间生物产量和籽粒产量均差异显著（$P<0.05$）。大小顺序为SF2>SF3>SF1>CK，SF1、SF2、SF3处理与CK差异显著，分别提高9.3%、13.1%和10.1%，SF2与其他处理相比均呈显著差异，生物产量SF2较CK提高13.1%；籽粒产量大小顺序为SF2>SF3>SF1>CK，SF1、SF2、SF3处理与CK差异显著，分别提高8.5%、11.4%和9.3%。以6 000 kg/hm²还田处理产量最高。

表12-31　秸秆还田下玉米产量变化

处理	生物产量/（kg/hm²）	籽粒产量/（kg/hm²）
CK	10 312c	7 872c
SF1	11 274b	8 541b
SF2	11 662a	8 769a
SF3	11 354b	8 602b

第三节　黄土高原苹果园氮磷流失防控技术

一、苹果园土壤氮磷时空特征

（一）研究方法

1. 样点选择与样品采集

矮化苹果园位于崔家头镇，由宝鸡华圣果业有限责任公司建立的现代苹果种植基地，为矮化自根砧苹果（矮化自根砧苹果：在矮化砧木上直接嫁接苹果品种，仅嫁接一次进行繁殖苗木）。矮化苹果树为宽行密植，树龄6年，株间距1.0 m，行间距为3.5 m。树体为纺锤形，树冠垂直投影1 m²左右，根系无主根为须根系，分布较浅，主要分布在0～20 cm深度土层中，需篱架栽培，防止倒伏。果园内安装有水肥一体化滴灌系统进行灌溉施肥，滴管沿着果树行向，贴近树干，固定在距离地面高度40 cm的水平钢丝上，如图12-43所示。

图12-43　果园灌溉状况

整个果园分为不同种植区，A种植区为富士苹果，G种植区为嘎啦苹果，两种植区经过土地平整地形平坦。避开园区边缘并选取两个种植区形状规则的矩形地块30亩左右，每个地块均匀布设9处土壤采样点。在每个采样点处离树干（滴头）不同距离钻取土壤样品，分别在离树干75 cm（果树树冠垂直投影处）和175 cm处各钻取1个土芯，由于矮化苹果树根系分布较浅，钻取1 m深的土层，每10 cm 1层，分为10层。两个种植区共计36个土芯，360个土壤样品。矮化果园C种植区内的微地形坡面，坡长30～40 m，坡度5°～8°，坡向朝东，苹果树顺坡栽培。等间距采样划分为坡顶、坡中、坡底，各坡位上每隔4行果树布设1处采样点，每个坡位共布设3处采样点，每个采样点分别在离果树树干75 cm（果树树冠垂直投影处）和175 cm处采样，各钻取1个土芯，每10 cm 1层，分为10层，共计18个土芯，180个土壤样品（图12-44）。H种植区为当年新移栽果树，针对黄土高原地区降雨特点和果园实际情况，修建氮磷流失模拟小区，径流小区坡度修整为5°，坡长为2 m，宽度1 m。小区以PVC板为隔挡，小区下部安装三角集流槽。实验栽植H种植区的果树，每个小区栽植2株，距小区上部50 cm栽植第一株，株间距100 cm，共设置4组试验：处理一，包括黑麦草覆盖、水肥一体化滴灌，有机肥化肥配合施用（华圣模式）；处理二，小区设有水肥一体化滴灌，有机肥化肥配合施用，无黑麦草覆盖；处理三，有黑麦草覆盖、有机肥化肥配合施用，无水肥一体化滴灌（即大水漫灌与坑施肥）；处理四，无黑麦草覆盖，无水肥一体化滴灌设施（传统模式）。人工降雨实验在7月，降雨强度设置为90 mm/h，降雨历时60 min，产流开始时，前20 min每隔2 min接一次样，而后每5 min接一次样，称重并记录。静置24 h取澄清水样50 mL于塑料瓶中，并放入冰箱进行冷冻后带回室内检测相应指标。

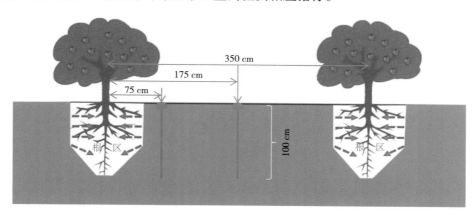

图12-44　土样采样点示意

乔化苹果园位于张家塬镇，由农户小规模种植经营管理，面积10亩，是传统的乔化苹果树，品种单一，为富士。树龄8～15年，果树行间距4 m，株间距3 m，果园灌溉施肥方式为大水漫灌和开沟施肥。果园形状规则，为矩形，采样时将其划分为3个地块，每个地块选择对角线交点附近的树冠垂直投影处采样，并错开施肥点，共采取3个土芯，每10 cm一层，分为10层，共计30个土壤样品。

2. 土壤养分分级标准

土壤养分分级参照全国第二次土壤普查养分分级标准，如表12-32所示。各养分指标均分为6个等级水平，分别为1级（极高）、2级（高）、3级（中上）、4级（中）、5级（低）、6级（极低）。

数据变异性：变异系数低于10%为弱变异，10%～30%为中等变异，高于30%为强变异。

表12-32　土壤养分分级标准对照表

养分等级	全氮/（g/kg）	全磷/（g/kg）	速效磷/（mg/kg）	碱解氮/（mg/kg）
1级	>2	>1	>40	>150
2级	1.5～2	0.8～1	20～40	120～150
3级	1～1.5	0.6～0.8	10～20	90～120
4级	0.75～1	0.4～0.6	5～10	60～90
5级	0.5～0.75	0.2～0.4	3～5	30～60
6级	<0.5	<0.2	<3	<30

（二）不同种植模式下苹果园土壤养分变化特征

1. 剖面土壤氮磷养分变化特征

不同种植模式下矮化苹果园与乔化苹果园0～100 cm土层土壤全氮和速效磷含量差异达到了显著性水平（$P<0.05$），如图12-45所示。乔化富士苹果园的全氮含量较高，比矮化富士、嘎啦苹果园分别高

0.16 g/kg、0.13 g/kg，但矮化种植模式苹果不同品种之间土壤全氮含量无显著差异，嘎啦苹果园全氮含量仅高出富士苹果园0.03 g/kg；各果园0～100 cm土层土壤全磷含量无显著差异，乔化富士苹果园土壤全磷含量比矮化富士、嘎啦苹果园高0.05 g/kg、0.07 g/kg；矮化苹果园不同品种间土壤速效磷含量也无显著差异，富士苹果园比嘎啦苹果园高3.50 mg/kg，但乔化苹果园土壤速效磷含量与矮化富士、嘎啦苹果园土壤速效磷含量相比，分别高44.03 mg/kg、47.53 mg/kg，差异显著（$P<0.05$）。

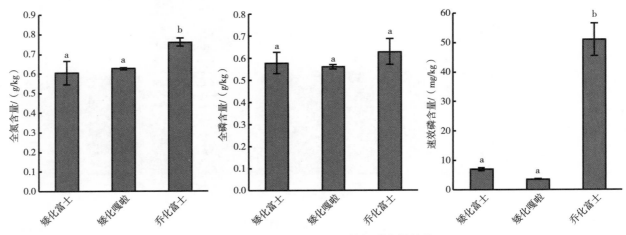

图12-45　果园0～100 cm土壤氮磷含量均值

2. 不同土层深度果园土壤氮磷养分变化特征

果园不同深度土层间的土壤氮磷含量变化如表12-33所示。矮化富士、矮化嘎啦和乔化富士苹果园土壤全氮含量变异性分别为强变异、中等变异、中等变异；全磷含量变异性为中等变异、中等变异、强变异；速效磷含量变异性均为强变异。

表12-33　果园0～100 cm各土层全氮、全磷和速效磷均值

土壤剖面深度/cm	养分指标								
	矮化富士			矮化嘎啦			乔化富士		
	全氮/(g/kg)	全磷/(g/kg)	速效磷/(mg/kg)	全氮/(g/kg)	全磷/(g/kg)	速效磷/(mg/kg)	全氮/(g/kg)	全磷/(g/kg)	速效磷/(mg/kg)
0～10	1.31 a	0.79 a	25.97 a	0.90 a	0.75 a	13.53 a	1.11 a	1.13 a	128.60 a
10～20	0.88 b	0.67 ab	10.3 b	0.76 ab	0.65 ab	4.63 b	1.05 ab	1.04 a	123.77 a
20～30	0.78 bc	0.62 b	6.54 c	0.67 bc	0.62 b	3.88 bc	1.01 b	0.86 ab	92.88 b
30～40	0.56 c	0.56 b	4.28 c	0.61 c	0.54 bc	3.39 c	0.97 b	0.78 bc	89.52 b
40～50	0.53 cd	0.54 bc	2.68 d	0.59 c	0.57 c	2.28 cd	0.59 c	0.50 cd	36.43 c
50～60	0.43 d	0.51 c	3.91 cd	0.54 c	0.52c	1.65 d	0.57 c	0.40 d	17.95 c
60～70	0.41 d	0.52 c	3.65 d	0.58 c	0.49 d	1.56 d	0.59 c	0.38 d	9.98 cd
70～80	0.41 d	0.52 c	5.23 d	0.54 c	0.5d	1.54 d	0.57 c	0.39 d	4.85 d
80～90	0.37 d	0.52 c	3.65 d	0.53 cd	0.52 c	1.24 d	0.57 c	0.40 d	3.24 d
90～100	0.36 d	0.51 c	3.56 d	0.50 d	0.52 c	1.10 d	0.54 c	0.39 d	2.83 d
变异系数/%	48	15	95	19	14	100	30	45	97

　　不同土层全量养分含量的变化相对较小，速效磷含量变化比较剧烈，离散程度较大，说明速效磷在土层中具有明显的聚集性。因此，根据表12-33对各土层养分含量进行评估划分等级。矮化苹果园0～20 cm土层的养分含量等级多为2、3级，即丰富和中等，20 cm深度以下土层为4～6级，多表现为缺乏甚至极度缺乏；而乔化苹果园0～100 cm土层养分含量的变化趋势更加剧烈，0～40 cm土层养分多为1～3级，含量很丰富，40 cm深度以下土层为4～6级，养分含量较为缺乏。

　　矮化富士苹果园浅层土壤全氮含量变化幅度相对较大，并且全氮含量随土层深度增加而降低，在20～40 cm土层处差异显著，40 cm土层深度以下全氮含量变化趋于稳定；矮化嘎啦苹果园土壤全氮含量随土层深度增加而缓慢降低，在10～40 cm土层处差异显著，之后趋于稳定；乔化富士苹果园土壤全氮含量变化相对剧烈，在40～50 cm土层处全氮含量陡降，50 cm土层深度以下趋于稳定。矮化富士、嘎啦苹果园土壤全磷含量随土层深度增加而缓慢降低，均在30～50 cm土层处发生显著变化，之后趋于稳定；而乔化苹果园浅层土壤全磷含量变化幅度相对较大，且在40～50 cm土层处全磷含量陡降，50 cm土层深度以下基本不变。矮化富士、嘎啦苹果园土壤速效磷在0～10 cm土壤中的聚集显著，分别占其0～100 cm总量的37.23%、38.90%；而乔化苹果园土壤速效磷主要聚集在0～40 cm土层中，约占其0～100 cm土层总量的85.24%。

　　3. 土壤氮磷养分含量与土层深度的变化关系

　　土壤养分与土层深的Spearman相关系数如表12-34所示，各苹果园的土壤养分含量与土层深度存在显著负相关关系（$P<0.05$），随着土层深度的增加，土壤中的养分含量下降，但它们变化趋势不同，如图12-46。矮化富士苹果园土壤全氮、全磷和速效磷含量随土层深度的变化过程更符合幂函数的变化关系，仅0～20 cm深度土层的养分含量下降较快；乔化富士苹果园土壤全氮、全磷和速效磷含量随土层深度的变化过程更符合对数函数的变化关系，整体下降趋势明显。

表12-34　土壤氮磷养分与土层深度的R^2值

项目	全氮	全磷	速效磷
矮化富士苹果园土层深度	0.967*	0.742*	0.675*
矮化嘎啦苹果园土层深度	0.833*	0.786*	0.958*
乔化富士苹果园土层深度	0.829*	0.811*	0.982*

注：*表示置信度为0.05时，相关性显著（$P<0.05$）。

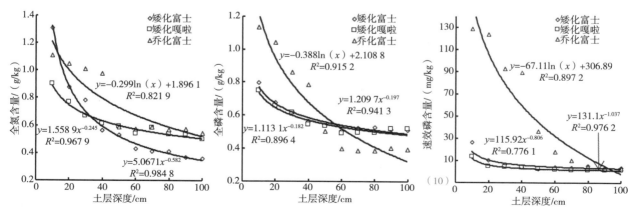

图12-46　土壤氮磷平均含量与土层深度变化关系

（三）不同坡位苹果园土壤氮磷养分分布

1. 坡面土壤养分含量空间变异特征

（1）坡位对土壤养分含量影响。在矮化苹果园内部微地形的坡面上，0～100 cm土层中土壤全氮、全磷、速效磷和碱解氮含量的变化趋势基本一致，均在坡底处出现累积，与坡顶和坡中位置上的土壤养分含量具有显著性差异，如图12-47所示。在离苹果树主干相同位置75 cm处，土壤全氮、全磷含量均呈现出坡底>坡中>坡顶，差异显著（$P<0.05$）。坡底土壤全氮含量分别比坡中、坡顶高0.15 g/kg、0.22 g/kg，全磷含量分别高0.10 g/kg、0.14 g/kg；而土壤速效磷和碱解氮含量与全量养分含量的变化略有不同，呈现为坡底>坡顶>坡中，土壤速效磷含量各坡位上差异均达到显著，而土壤碱解氮在坡顶和坡中的含量差异不显著，但都显著低于坡底。坡底土壤速效磷含量分别比坡中、坡顶高20.06 mg/kg、14.28 mg/kg，碱解氮含量分别高10.67 mg/kg、8.72 mg/kg。

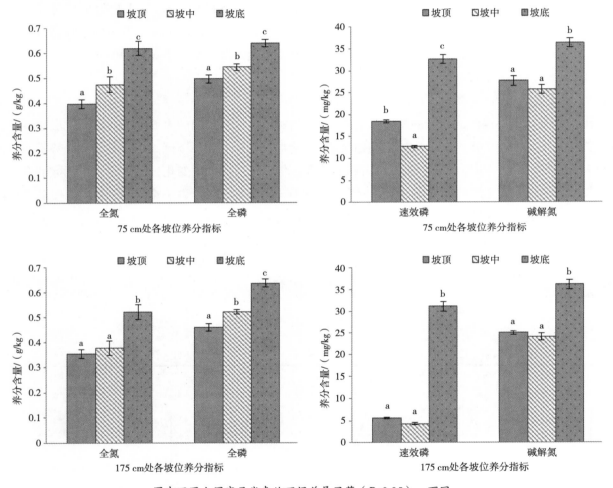

图中不同小写字母代表处理间差异显著（$P<0.05$），下同。

图12-47　不同坡位0～100 cm土层中土壤氮磷含量比较

在离苹果树主干相同位置175 cm处，土壤全氮、全磷含量均呈现出坡底>坡中>坡顶，土壤全氮含量在坡顶和坡中的含量差异不显著，但显著低于坡底含量，土壤全磷含量各坡位上差异均达到显著性水平（$P<0.05$）。坡底土壤全氮含量分别比坡中、坡顶高0.14 g/kg、0.17 g/kg，全磷分别高0.12 g/kg、

0.18 g/kg；而土壤速效磷和碱解氮含量变化一致，呈现为坡底>坡顶>坡中，并且坡顶和坡中差异不显著，均显著低于坡底。坡底土壤速效磷含量分别比坡中、坡顶高25.72 mg/kg、25.40 mg/kg，碱解氮分别高12.03 mg/kg、11.14 mg/kg。坡中、坡顶两处土壤养分含量均在坡底处累积，与坡面汇流有关。

（2）坡面采样距离对土壤养分含量影响。相同坡位上离树体主干不同距离的土壤全氮、全磷、速效磷和碱解氮含量变化不同，如图12-48所示。

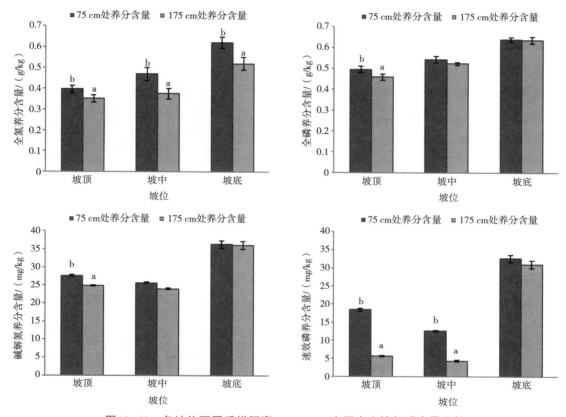

图12-48　各坡位不同采样距离0～100 cm土层中土壤氮磷含量比较

坡顶处，离树干75 cm处的土壤全氮、全磷、速效磷和碱解氮含量均显著高于175 cm处（P<0.05），分别高0.046 g/kg、0.037 g/kg、12.79 mg/kg、2.70 mg/kg，其中速效磷含量差异较大，75 cm处的速效磷含量是175 cm处的3.27倍；坡中处的变化规律与坡顶处并不一致，75 cm处的土壤全氮、速效磷含量显著高于175 cm处（P<0.05），分别高0.093 g/kg、8.31 mg/kg，同样是速效磷含量差异最明显，是175 cm处的2.92倍，而土壤全磷、碱解氮含量与175 cm处差异并不显著，仅分别高0.020 g/kg、1.64 mg/kg；在坡底位置，只有75 cm处土壤全氮含量显著高于175 cm处全氮含量0.10 g/kg（P<0.05），而土壤全磷、速效磷和碱解氮含量分别高0.003 3 g/kg、1.66 mg/kg、0.28 mg/kg，差异均不显著。由于在坡面上，无论是灌溉还是降雨产生的水流均会向坡底处汇集，并伴随着养分的汇集，故坡底处土壤中养分含量逐渐累积。

（3）不同坡位同土层间土壤养分含量差异。图12-49为坡顶、坡中、坡底3在离树干相同采样距离75 cm处的同土层间土壤全氮、全磷、速效磷和碱解氮含量状况比较，各养分含量整体变化趋势表现为坡底大于坡中和坡顶。在0～10 cm土层中，土壤全氮含量在3个坡位间差异显著（P<0.05），表现为坡底>坡中>坡顶，坡底处全氮含量分别高出坡中、坡顶0.17 g/kg、0.45 g/kg。土壤全磷含量在3个坡位之间差异显著（P<0.05），表现为坡顶>坡底>坡中，坡顶处全磷含量分别高出坡底、坡中0.08 g/kg、0.19 g/kg。坡顶处速效磷含量显著高于坡中和坡底（P<0.05），表现为坡顶>坡中>坡底，但坡中和坡底处含量差异不显著，坡顶处速效磷含量分别高出坡中、坡底60.74 mg/kg、65.76 mg/kg。土壤碱解氮含量表现为坡底>坡中>坡顶，坡底处含量显著高于坡中和坡顶（P<0.05），分别高出坡中、坡顶14.22 mg/kg、15.31 mg/kg，坡中和坡顶处碱解氮含量差异不显著。

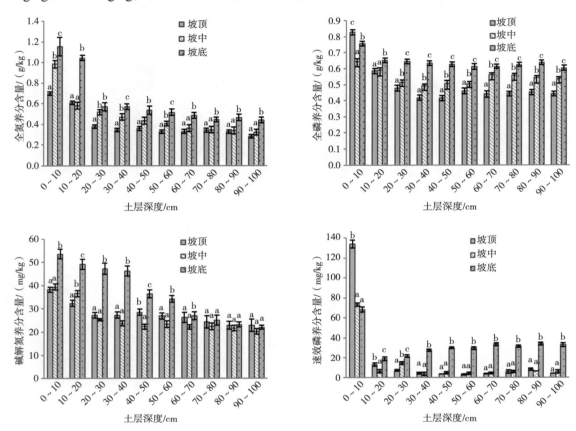

图12-49 75 cm处不同坡位同土层氮磷养分含量比较

10~20 cm土层中，坡底处的土壤全氮和全磷含量均显著高于坡中和坡顶（P<0.05），其中全氮分别高出坡中、坡顶0.46 g/kg、0.43 g/kg，全磷均高出坡中、坡顶0.06 g/kg，坡中和坡顶处全氮、全磷含量差异不显著。土壤速效磷含量在3个坡位间差异显著（P<0.05），表现为坡底>坡顶>坡中，坡底处速效磷含量分别高出坡顶、坡中5.97 mg/kg、12.85 mg/kg。3个坡位间土壤碱解氮含量差异显著（P<0.05），表现为坡底>坡中>坡顶，坡底分别高出坡中、坡顶12.51 mg/kg、16.74 mg/kg；20~30 cm土层中，土壤全氮含量为坡底>坡中>坡顶，坡底和坡中处的全氮含量显著高于坡顶（P<0.05），坡底和坡中间差异不显著，坡底的全氮含量分别高出坡中、坡顶0.06 g/kg、0.19 g/kg。土壤全磷、速效磷含量均为坡底>坡中>坡顶，各坡位之间含量差异显著（P<0.05），其中坡底处全磷含量分别高出坡中、坡底0.13 g/kg、0.16 g/kg，速效磷含量分别高出坡中、坡底7.13 mg/kg、14.62 mg/kg。土壤碱解氮含量为坡底>坡顶>坡中，坡底处碱解氮含量显著高于坡中和坡顶（P<0.05），坡中和坡顶间差异不显著，坡底处的碱解氮含量分别高出坡中、坡顶21.83 mg/kg、20.04 mg/kg。

30~40 cm土层中，土壤全氮、全磷含量均为坡底>坡中>坡顶，各坡位之间含量差异显著

（$P<0.05$），其中坡底处全氮含量分别高出坡中、坡顶0.10 g/kg、0.23 g/kg，全磷含量分别高出坡中、坡顶0.14 g/kg、0.21 g/kg。土壤速效磷、碱解氮含量均为坡底>坡顶>坡中，并且坡底处的含量均显著高于坡中和坡顶处（$P<0.05$），坡中和坡顶处速效磷、碱解氮含量差异均不显著，坡底处的速效磷含量分别高出坡中、坡顶24.21 mg/kg、23.38 mg/kg，坡底处的碱解氮含量分别高出坡中、坡顶22.65 mg/kg、19.07 mg/kg。40～50 cm土层中，土壤全氮含量表现为坡底>坡中>坡顶，坡底处全氮含量显著高于坡中和坡顶处含量（$P<0.05$），坡中和坡顶处含量差异不显著，坡底处的全氮含量分别高出坡中、坡顶0.10 g/kg、0.17 g/kg。土壤全磷含量在3个坡位间差异显著（$P<0.05$），表现为坡底>坡中>坡顶，坡底处的全磷含量分别高出坡中、坡顶0.12 g/kg、0.20 g/kg。土壤速效磷含量为坡底>坡顶>坡中，坡底处速效磷含量显著高于坡中和坡顶（$P<0.05$），坡中和坡顶间差异不显著，坡底处的速效磷含量分别高出坡中、坡顶25.42 mg/kg、26.82 mg/kg。土壤碱解氮含量在3个坡位间差异显著（$P<0.05$），表现为坡底>坡顶>坡中，坡底处的全磷含量分别高出坡中、坡顶14.00 mg/kg、7.81 mg/kg。

50～60 cm土层中，土壤全氮、全磷含量均为坡底>坡中>坡顶，各坡位之间含量差异显著（$P<0.05$），其中坡底处全氮含量分别高出坡中、坡顶0.11 g/kg、0.8 g/kg，全磷含量分别高出坡中、坡顶0.11 g/kg、0.15 g/kg。土壤速效磷、碱解氮含量坡底处的含量均显著高于坡中和坡顶处（$P<0.05$），其中速效磷含量为坡底>坡中>坡顶，碱解氮含量为坡底>坡顶>坡中，坡中和坡顶处速效磷、碱解氮含量差异均不显著，坡底处的速效磷含量分别高出坡中、坡顶25.69 mg/kg、26.67 mg/kg，坡底处的碱解氮含量分别高出坡中、坡顶10.86 mg/kg、7.39 mg/kg。60～70 cm土层中，土壤全氮含量表现为坡底>坡中>坡顶，坡底处全氮含量显著高于坡中和坡顶处含量（$P<0.05$），坡中和坡顶处含量差异不显著，坡底处的全氮含量分别高出坡中、坡顶0.12 g/kg、0.15 g/kg。土壤全磷含量在3个坡位间差异显著（$P<0.05$），表现为坡底>坡中>坡顶，坡底处的全磷含量分别高出坡中、坡顶0.05 g/kg、0.17 g/kg。土壤速效磷、碱解氮含量坡底处的含量均显著高于坡中和坡顶处，其中速效磷含量为坡底>坡中>坡顶，碱解氮含量为坡底>坡顶>坡中，坡中和坡顶处速效磷、碱解氮含量差异均不显著，坡底处的速效磷含量分别高出坡中、坡顶29.09 mg/kg、29.75 mg/kg，坡底处的碱解氮含量分别高出坡中、坡顶4.80 mg/kg、0.72 mg/kg。

70～80 cm土层中，土壤全氮含量表现为坡底>坡中=坡顶，坡底处全氮含量显著高于坡中和坡顶处含量（$P<0.05$），坡底处的全氮含量均高出坡中、坡顶0.10 g/kg。土壤全磷含量在3个坡位间差异显著（$P<0.05$），表现为坡底>坡中>坡顶，坡底处的全磷含量分别高出坡中、坡顶0.07 g/kg、0.18 g/kg。土壤速效磷含量为坡底>坡中>坡顶，坡底处速效磷含量显著高于坡中和坡顶（$P<0.05$），坡中和坡顶间含量差异不显著，坡底处的速效磷含量分别高出坡中、坡顶25.90 mg/kg、26.02 mg/kg。土壤碱解氮含量为坡底>坡顶>坡中，但在3个坡位间无显著差异；80～90 cm土层中，土壤全氮含量表现为坡底>坡中>坡顶，坡底处全氮含量显著高于坡中和坡顶处含量，坡底处的全氮含量分别高出坡中、坡顶0.12 g/kg、0.13 g/kg。土壤全磷含量在3个坡位间差异显著（$P<0.05$），表现为坡底>坡中>坡顶，坡底处的全磷含量分别高出坡中、坡顶0.10 g/kg、0.19 g/kg。土壤速效磷含量为坡底>坡顶>坡中，坡底处速效磷含量显著高于坡中和坡顶（$P<0.05$），坡中和坡顶间含量差异不显著，坡底处的速效磷含量分别高出坡中、坡顶28.18 mg/kg、26.43 mg/kg。土壤碱解氮含量为坡底>坡顶>坡中，但在3个坡位间无显著差异。

90～100 cm土层中，土壤全氮含量表现为坡底>坡中>坡顶，坡底处全氮含量显著高于坡中和坡顶处含量（$P<0.05$），坡底处的全氮含量分别高出坡中、坡顶0.12 g/kg、0.16 g/kg。土壤全磷含量在3个坡位间差异显著，表现为坡底>坡中>坡顶，坡底处的全磷含量分别高出坡中、坡顶0.07 g/kg、0.16 g/kg。

土壤速效磷含量为坡底>坡中>坡顶，坡底处速效磷含量显著高于坡中和坡顶（$P<0.05$），坡中和坡顶间含量差异不显著，坡底处的速效磷含量分别高出坡中、坡顶29.45 mg/kg、28.85 mg/kg。土壤碱解氮含量为坡底>坡顶>坡中，但在3个坡位间无显著差异。

如图12-50所示，在离树干175 cm处的土壤中，同土层间各养分含量整体变化趋势与75 cm处基本一致，也表现为坡底大于坡中和坡顶。在0～10 cm土层中，土壤全氮含量在3个坡位间差异显著（$P<0.05$），表现为坡底>坡顶>坡中，坡底处全氮含量分别高出坡中、坡顶0.32 g/kg、0.22 g/kg。土壤全磷含量表现为坡顶>坡底>坡中，坡底和坡顶处含量差异显著（$P<0.05$），与坡中处全磷含量差异不显著，坡底处全磷含量分别高出坡中、坡顶0.07 g/kg、0.03 g/kg。坡顶和坡底处速效磷含量显著高于坡中（$P<0.05$），表现为坡底>坡顶>坡中，坡顶和坡底处含量差异不显著，坡底处速效磷含量分别高出坡中、坡顶12.85 mg/kg、0.76 mg/kg。土壤碱解氮含量表现为坡底>坡顶>坡中，坡底处含量显著高于坡中和坡顶（$P<0.05$），坡中和坡顶处含量差异不显著，坡底处的碱解氮含量分别高出坡中、坡顶18.69 mg/kg、12.70 mg/kg；10～20 cm土层中，土壤全氮含量为坡底>坡中>坡顶，坡底处的土壤全氮含量显著高于坡中和坡顶（$P<0.05$），分别高出坡中、坡顶0.19 g/kg、0.20 g/kg，坡中和坡顶处全氮含量差异不显著。土壤全磷含量在3个坡位间差异显著（$P<0.05$），表现为坡底>坡中>坡顶，坡底处的全磷含量分别高出坡中、坡顶0.03 g/kg、0.07 g/kg。土壤速效磷、碱解氮坡底处的含量均显著高于坡中和坡顶处，其中速效磷含量为坡底>坡顶>坡中，碱解氮含量为坡底>坡中>坡顶，坡中和坡顶处速效磷、碱解氮含量差异均不显著，坡底处的速效磷含量分别高出坡中、坡顶20.67 mg/kg、19.57 mg/kg，坡底处的碱解氮含量分别高出坡中、坡顶19.83 mg/kg、22.30 mg/kg。

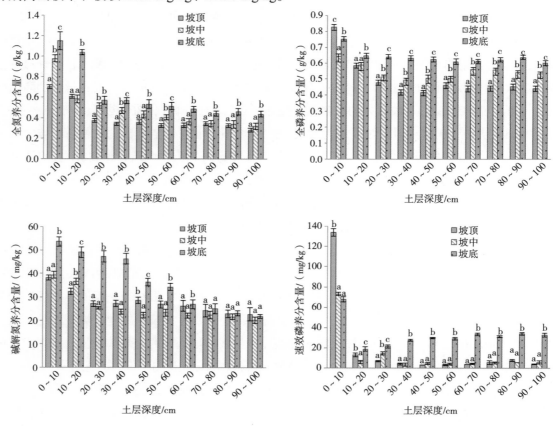

图12-50　175 cm处不同坡位同土层氮磷养分含量比较

20～30 cm土层中，土壤全氮、全磷含量均为坡底>坡中>坡顶，各坡位之间含量差异显著（$P<0.05$），其中坡底处全氮含量分别高出坡中、坡顶0.13 g/kg、0.27 g/kg，全磷含量分别高出坡中、坡顶0.05 g/kg、0.22 g/kg。土壤速效磷、碱解氮含量均为坡底>坡顶>坡中，并且坡底处的含量均显著高于坡中和坡顶处（$P<0.05$），坡中和坡顶处速效磷、碱解氮含量差异均不显著，坡底处的速效磷含量分别高出坡中、坡顶32.32 mg/kg、31.88 mg/kg，坡底处的碱解氮含量分别高出坡中、坡顶22.78 mg/kg、21.62 mg/kg。

30～40 cm土层中，土壤全氮、全磷含量均为坡底>坡中>坡顶，各坡位之间含量差异显著（$P<0.05$），其中坡底处全氮含量分别高出坡中、坡顶0.12 g/kg、0.24 g/kg，全磷含量分别高出坡中、坡顶0.12 g/kg、0.23 g/kg。土壤速效磷、碱解氮含量均为坡底>坡顶>坡中，并且坡底处的含量均显著高于坡中和坡顶处（$P<0.05$），坡中和坡顶处速效磷、碱解氮含量差异均不显著，坡底处的速效磷含量分别高出坡中、坡顶30.44 mg/kg、29.72 mg/kg，坡底处的碱解氮含量分别高出坡中、坡顶14.93 mg/kg、24.07 mg/kg。40～50 cm土层中，土壤全氮含量为坡底>坡中>坡顶，坡底处的土壤全氮含量显著高于坡中和坡顶（$P<0.05$），分别高出坡中、坡顶0.08 g/kg、0.15 g/kg，坡中和坡顶处全氮含量差异不显著。土壤全磷含量在3个坡位间差异显著（$P<0.05$），表现为坡底>坡中>坡顶，坡底处的全磷含量分别高出坡中、坡顶0.12 g/kg、0.22 g/kg。土壤速效磷、碱解氮坡底处的含量均显著高于坡中和坡顶处（$P<0.05$），其中速效磷含量为坡底>坡顶>坡中，碱解氮含量为坡底>坡中>坡顶，坡中和坡顶处速效磷、碱解氮含量差异均不显著，坡底处的速效磷含量分别高出坡中、坡顶27.85 mg/kg、26.89 mg/kg，坡底处的碱解氮含量分别高出坡中、坡顶13.26 mg/kg、13.28 mg/kg；50～60 cm土层中，土壤全氮含量为坡底>坡中>坡顶，坡底处的土壤全氮含量显著高于坡中和坡顶（$P<0.05$），分别高出坡中、坡顶0.10 g/kg、0.13 g/kg，坡中和坡顶处全氮含量差异不显著。土壤全磷含量在3个坡位间差异显著（$P<0.05$），表现为坡底>坡中>坡顶，坡底处的全磷含量分别高出坡中、坡顶0.13 g/kg、0.19 g/kg。土壤速效磷、碱解氮坡底处的含量均显著高于坡中和坡顶处（$P<0.05$），速效磷、碱解氮含量均表现为坡底>坡顶>坡中，坡中和坡顶处速效磷、碱解氮含量差异均不显著，坡底处的速效磷含量分别高出坡中、坡顶32.65 mg/kg、31.41 mg/kg，坡底处的碱解氮含量分别高出坡中、坡顶15.49 mg/kg、14.05 mg/kg。

60～70 cm土层中，土壤全氮含量为坡底>坡中>坡顶，坡底处的土壤全氮含量显著高于坡中和坡顶（$P<0.05$），分别高出坡中、坡顶0.09 g/kg、0.13 g/kg，坡中和坡顶处全氮含量差异不显著。土壤全磷含量在3个坡位间差异显著（$P<0.05$），表现为坡底>坡中>坡顶，坡底处的全磷含量分别高出坡中、坡顶0.11 g/kg、0.16 g/kg。土壤速效磷、碱解氮坡底处的含量均显著高于坡中和坡顶处（$P<0.05$），其中速效磷含量为坡底>坡中>坡顶，碱解氮含量为坡底>坡顶>坡中，坡中和坡顶处速效磷、碱解氮含量差异均不显著，坡底处的速效磷含量分别高出坡中、坡顶28.54 mg/kg、28.61 mg/kg，坡底处的碱解氮含量分别高出坡中、坡顶4.76 mg/kg、4.15 mg/kg；70～80 cm土层中，坡底处的土壤全氮和全磷含量均显著高于坡中和坡顶（$P<0.05$），其中全氮表现为坡底>坡顶>坡中，全磷为坡底>坡中>坡顶，坡中和坡顶处全氮、全磷含量差异均不显著（$P<0.05$），坡底处的全氮分别高出坡中、坡顶0.16 g/kg、0.13 g/kg，全磷分别高出坡中、坡顶0.15 g/kg、0.17 g/kg。土壤速效磷含量为坡底>坡中>坡顶，各坡位之间含量差异显著（$P<0.05$），坡底处速效磷含量分别高出坡中、坡底26.23 mg/kg、28.24 mg/kg。土壤碱解氮含量为坡底>坡中>坡顶（$P<0.05$），坡底处碱解氮含量显著高于坡中和坡顶（$P<0.05$），坡中和坡顶间差异不显著，坡底处的碱解氮含量分别高出坡中、坡顶3.74 mg/kg、4.07 mg/kg。

80～90 cm土层中，土壤全氮含量为坡底>坡顶>坡中，坡底处的土壤全氮含量显著高于坡中和坡顶（$P<0.05$），分别高出坡中、坡顶015 g/kg、0.13 g/kg，坡中和坡顶处全氮含量差异不显著。土壤全磷、速效磷含量在3个坡位间差异显著（$P<0.05$），均表现为坡底>坡中>坡顶，坡底处的全磷含量分别高出坡中、坡顶0.17 g/kg、0.22 g/kg，速效磷含量分别高出坡中、坡顶24.74 mg/kg、26.82 mg/kg。土壤碱解氮含量为坡底>坡顶>坡中，但在3个坡位间无显著差异；90～100 cm土层中，坡底处的土壤全氮和全磷含量均显著高于坡中和坡顶（$P<0.05$），其中全氮表现为坡底>坡顶>坡中，全磷为坡底>坡中>坡顶，坡中和坡顶处全氮、全磷含量差异均不显著，坡底处的全氮分别高出坡中、坡顶0.11 g/kg、0.10 g/kg，全磷分别高出坡中、坡顶0.21 g/kg、0.24 g/kg。土壤速效磷、碱解氮坡底处的含量均显著高于坡中和坡顶处（$P<0.05$），速效磷、碱解氮含量均表现为坡底>坡顶>坡中，坡中和坡顶处速效磷、碱解氮含量差异均不显著，坡底处的速效磷含量分别高出坡中、坡顶30.92 mg/kg、30.12 mg/kg，坡底处的碱解氮含量分别高出坡中、坡顶4.25 mg/kg、3.97 mg/kg。

（4）不同采样距离同土层间土壤养分含量差异。相同坡位在离树干75 cm、175 cm处的同土层间土壤全氮、全磷、速效磷和碱解氮含量状况如图12-51所示。在坡顶，75 cm处各土层的土壤全氮和全磷显著高于175 cm处同土层中的养分含量，仅个别土层差异不显著；而75 cm处的速效磷、碱解氮两个速效养分含量在以0～20 cm深度土层为主的浅层土壤中差异显著，深层的养分含量差异较小。0～10 cm土层中，75 cm处土壤全氮、全磷、速效磷含量显著高于175 cm处，其中速效磷含量差异最大，各养分含量分别高0.15 g/kg、0.18 g/kg、113.19 mg/kg，只有碱解氮含量是显著低于175 cm处，低1.94 mg/kg，主要与距离施肥点较近相关，且肥料中的速效磷含量较高；10～20 cm土层中，土壤全氮、全磷、速效磷和碱解氮含量显著高于175 cm处，分别高0.21 g/kg、0.05 g/kg、7.45 mg/kg、3.52 mg/kg；20～30 cm土层中，只有土壤碱解氮含量在两处差异不显著，全氮、全磷和速效磷含量在75 cm处显著高于175 cm处；30～40 cm土层中，75 cm处的全磷含量显著高于175 cm处，高0.02 g/kg，其他不显著；40～50 cm土层中，75 cm处的全氮、碱解氮含量显著高于175 cm处，分别高0.03 g/kg、6.57 mg/kg，全磷和速效磷含量差异不显著；50～60 cm土层中，75 cm处的全磷、碱解氮含量显著高于175 cm处（$P<0.05$），分别高0.02 g/kg、4.20 mg/kg，其他养分含量差异不显著；60～70 cm土层中，只有全氮含量在75 cm处显著高于175 cm处，仅高出0.03 g/kg，其他养分含量差异不显著；70～80 cm、80～90 cm、90～100 cm土层中，两处全氮、全磷含量差异显著，但相差相对较小，速效磷仅在80～90 cm土层差异显著，75 cm处高175 cm处3.84 mg/kg，而3个土层中碱解氮含量在两处差异均不显著。

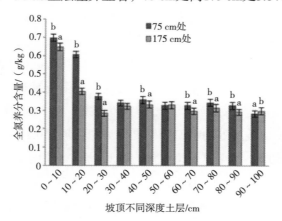
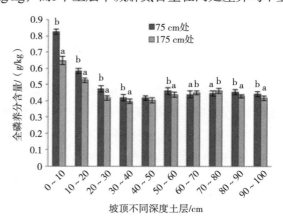

图12-51　各坡位不同采样距离同土层氮磷养分含量比较

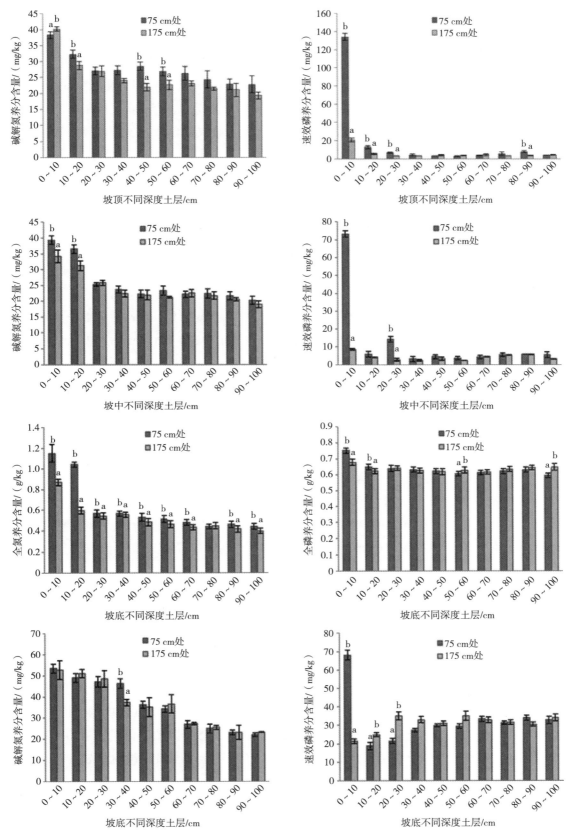

图12-51 （续）

在坡中，75 cm处的土壤全氮含量显著高于175 cm处，仅个别土层的全氮含量差异不显著，全磷含量差异主要在70～100 cm深度土层中，速效磷含量差异主要在0～30 cm土层，碱解氮含量差异主要集中在0～20 cm土层，均表现为75 cm处高于175 cm处。0～10cm土层中，75 cm处土壤全氮、速效磷、碱解氮含量显著高于175 cm处，其中速效磷含量差异最显著，各养分含量分别高0.43 g/kg、64.54 mg/kg、5.13 mg/kg，全磷含量差异不显著；10～20 cm土层中，75 cm处土壤全氮、碱解氮含量显著高于175 cm处，分别高0.16 g/kg、5.27 mg/kg，全磷、速效磷含量无显著差异；20～30 cm土层中，土壤全氮、全磷、速效磷含量差异显著（$P<0.05$），75 cm处的全氮、速效磷含量分别高于175 cm处0.10 g/kg、11.15 mg/kg，全磷含量低于175 cm处0.08 g/kg，碱解氮含量差异不显著；30～40 cm、40～50 cm、50～60 cm土层中，只有75 cm处的土壤全氮含量显著高于175 cm处，分别高0.03 g/kg、0.06 g/kg、0.04 g/kg，其他养分含量无显著差异；60～70 cm土层中，75 cm处土壤全磷含量显著高于175 cm处0.04 g/kg，全氮、速效磷、碱解氮含量无显著差异；70～80 cm、80～90 cm、90～100 cm土层中，75 cm处土壤全氮、全磷含量显著高于175 cm处，全氮含量分别高0.06 g/kg、0.07 g/kg、0.03 g/kg，全磷含量分别高0.06 g/kg、0.06 g/kg、0.09 g/kg，速效磷和碱解氮含量无显著差异。

在坡底，各土层土壤全氮含量变化与坡中、坡顶的变化趋势基本一致，除个别土层外，75 cm处含量均显著高于175 cm处，土壤全磷、速效磷含量差异主要集中在0～20 cm土层中，而土壤碱解氮差异最小，仅30～40 cm 1个土层差异显著。0～10 cm土层中，75 cm处土壤全氮、全磷、速效磷含量显著高于175 cm处，分别高0.28 g/kg、0.07 g/kg、46.67 mg/kg，碱解氮含量差异不显著；10～20 cm土层中，土壤全氮、全磷、速效磷含量差异显著，75 cm处的全氮、全磷含量分别高于175 cm处0.44 g/kg、0.03 g/kg，速效磷含量低于175 cm处6.15 mg/kg，碱解氮含量差异不显著；20～30 cm土层中，土壤全氮、速效磷含量差异显著（$P<0.05$），75 cm处的全氮含量高于175 cm处0.03 g/kg，速效磷含量低于175 cm处13.64 mg/kg，土壤全磷、碱解氮含量差异不显著；30～40 cm土层中，75 cm处土壤全氮、碱解氮含量显著高于175 cm处，分别高0.01 g/kg、9.03 mg/kg，全磷、速效磷碱含量差异不显著；40～100 cm土层中，除70～80 cm土层全氮含量差异不显著外，其他土层75 cm处土壤全氮含量均显著高于175 cm处，土壤全磷含量在50～60 cm、90～100 cm两个土层中差异显著，其他土层含量差异均不显著，土壤速效磷、碱解氮含量在各土层中差异均不显著。

2. 坡面土壤养分剖面分布特征

（1）坡顶土壤养分剖面特征。矮化苹果园微地形坡面的坡顶处，不同土层土壤氮磷养分含量差异达到了显著性水平（$P<0.05$），如图12-52所示。0～100 cm土层中，各养分含量在不同深度具有不同的变化特征，但整体趋势表现为随土层深度增加土壤各氮磷养分含量降低，0～30 cm范围深度土壤氮磷养分含量变化剧烈，30 cm以下深度的土层中具有较小幅度的起伏，基本稳定。坡顶离树体主干75 cm处，0～100 cm土层中土壤全氮含量变幅为0.28～0.70 g/kg，0～20 cm深度的土层中土壤全氮含量差异显著（$P<0.05$），其中10～20 cm土层是土壤全氮含量突然下降的变化层，是20～30 cm土层含量的1.62倍。0～20 cm土层中土壤全氮含量占0～100 cm土层中土壤全氮总量的32.82%。20 cm以下深度的土层中土壤全氮含量略有波动，变幅为0.28～0.38 g/kg，仅90～100 cm土层显著降低，较上一土层下降0.05 g/kg；土壤全磷含量变幅为0.42～0.83 g/kg，0～30 cm深度的土层中土壤全氮含量差异显著（$P<0.05$），20～30 cm土层是土壤全磷含量下降的变化层，是30～40 cm土层含量的1.14倍。0～30 cm土层中土壤全磷含量占0～100 cm土层中土壤全磷总量的38.11%。30～100 cm土层中土壤全磷含量差

异不显著，变幅为0.42～0.46 g/kg，波动较小；土壤速效磷含量变幅相对较大，为2.85～133.92 mg/kg，以0～20 cm深度的土层中土壤速效磷含量差异显著（$P<0.05$），其中含量最高的是0～10 cm土层，10～20 cm土层作为一个承上启下的变化层，较0～10 cm速效磷含量低121.09 mg/kg，是20～30 cm土层含量的1.87倍。0～20 cm土层中土壤速效磷含量占0～100 cm土层中土壤速效磷总量的79.66%。20～100 cm土层中土壤速效磷含量变幅为2.85～7.60 mg/kg，含量差异不显著；土壤碱解氮含量变幅相对较小，为22.81～38.24 mg/kg，0～20 cm深度的土层中土壤碱解氮含量差异显著（$P<0.05$），10～20 cm土层是土壤碱解氮含量下降的变化层，是20～30 cm土层含量的1.19倍。0～20 cm土层中土壤碱解氮含量占0～100 cm土层中土壤碱解氮总量的25.51%。20～100 cm土层中土壤碱解氮含量变幅为22.81～28.49 mg/kg，各土层间的含量差异不显著。

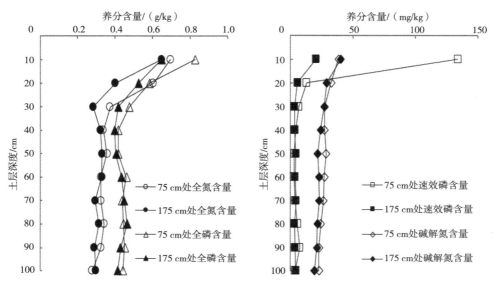

图12-52　坡顶土壤养分剖面分布特征比较

坡顶离树体主干175 cm处，0～100 cm土层中土壤全氮含量变幅为0.28～0.65 g/kg，0～20 cm深度的土层中土壤全氮含量差异显著（$P<0.05$），其中10～20 cm土层是土壤全氮含量突然下降的变化层，是20～30 cm土层含量的1.42倍。0～20 cm土层中土壤全氮含量占0～100 cm土层中土壤全氮总量的29.90%。20 cm以下深度的土层中土壤全氮含量略有波动，变幅为0.28～0.33 g/kg，各土层间的含量差异不显著；土壤全磷含量变幅为0.40～0.65 g/kg，0～20 cm深度的土层中土壤全磷含量差异显著（$P<0.05$），10～20 cm土层是土壤全磷含量下降的变化层，是20～30 cm土层含量的1.32倍。0～20 cm土层中土壤全磷含占0～100 cm土层中土壤全磷总量的25.60%。30～100 cm土层中土壤全磷含量变幅为0.40～0.47 g/kg，略有起伏，在70～80 cm、80～90 cm两个土层中的含量差异显著（$P<0.05$），其他土层间含量差异不显著；土壤速效磷含量变幅为3.23～20.73 mg/kg，0～20 cm深度的土层中土壤速效磷含量差异显著（$P<0.05$），10～20 cm土层是土壤速效磷含量下降的变化层，是20～30 cm土层含量的1.67倍。0～20 cm土层中土壤速效磷含量占0～100 cm土层中土壤速效磷总量的46.34%。20～100 cm土层中土壤速效磷含量变幅为3.23～4.45 mg/kg，各土层间含量差异不显著；土壤碱解氮含量整体变幅为19.27～40.19 mg/kg，0～10 cm土层中土壤碱解氮含量较其他土层差异显著（$P<0.05$），是10～20 cm土层含量的1.40倍，0～10 cm土层中土壤碱解氮含量占0～100 cm土层中土壤碱解氮总量的16.11%。

10～20 cm、20～30 cm土层含量显著高于其他土层，但差值较小，10 cm深度以下土层中土壤碱解氮含量变幅为19.27～28.77 mg/kg。

（2）坡中土壤养分剖面特征。矮化苹果园内部微地形坡面的坡中处，不同土层土壤氮磷养分含量差异达到了显著性水平（$P<0.05$），如图12-53所示。与坡顶处相同，在0～100 cm土层中土壤氮磷养分含量整体趋势表现为随着土层深度增加而降低，但全氮、全磷养分含量发生显著变化的土层深度增加，表现为分段的变化特点。而速效磷、碱解氮含量在0～20 cm的浅层土壤中含量变化剧烈，20 cm以下深度的土层中具有较小幅度的起伏，基本稳定。坡中离树体主干75 cm处，0～100 cm土层中土壤全氮含量变幅为0.32～0.98 g/kg，土壤全氮含量在0～50 cm深度的土层中差异显著（$P<0.05$），由0～10 cm土层中0.98 g/kg降至40～50 cm土层的0.43 g/kg，50 cm以下深度土层中土壤全氮含量趋于稳定，变幅为0.32～0.40 g/kg，其中0～50 cm土层中土壤全氮含量约占0～100 cm土层中土壤全氮总量的62.83%。土壤全磷含量变幅为0.49～0.64 g/kg，在0～100 cm土层中呈现先降低后略有增加的趋势，0～20 cm土层的含量差异显著（$P<0.05$），其约占0～100 cm土层中土壤全磷总量的22.67%，20～60 cm深度各土层间含量差异不显著，变幅为0.49～0.51 g/kg，60～100 cm深度土壤全磷含量虽然较前一段略有增加，但各土层间差异不显著。0～100 cm土层中土壤速效磷含量变幅相对较大，为3.24～73.18 mg/kg，0～30 cm深度的土层中土壤速效磷含量差异显著（$P<0.05$），其中含量最高的是0～10 cm土层，20～30 cm土层作为一个含量突然下降的变化层，是30～40 cm土层含量的4.42倍。0～30 cm土层中土壤速效磷含量约占0～100 cm土层中土壤速效磷总量的73.99%。30～100 cm土层中土壤速效磷含量趋于稳定，变幅为3.24～5.85 mg/kg，含量差异不显著；土壤碱解氮含量变幅相对较小，为20.24～39.33 mg/kg，同样也是0～30 cm深度的土层中土壤碱解氮含量差异显著（$P<0.05$），20～30 cm土层是土壤碱解氮含量下降的变化层，较10～20 cm土层含量低11.18 mg/kg，较20～30 cm土层高1.66 mg/kg。0～30 cm土层中土壤碱解氮含量约占0～100 cm土层中土壤碱解氮总量的39.36%。30～100 cm土层中土壤碱解氮含量变幅为20.24～23.67 mg/kg，各土层间的含量差异不显著。

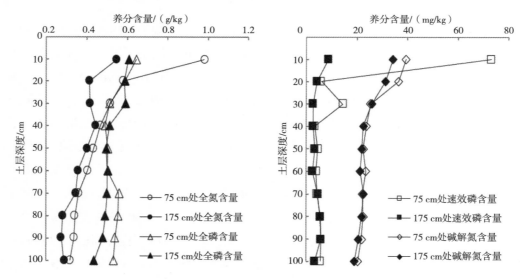

图12-53 坡中土壤养分剖面分布特征比较

坡中离树体主干175 cm处，0～100 cm土层中土壤全氮含量变幅为0.27～0.55 g/kg，0～10 cm土层中土壤全氮含量最高，与其他的土层含量差异显著（$P<0.05$），约占0～100 cm土层中土壤全氮总量的14.60%。10～50 cm土层土壤全氮含量变幅为0.40～0.44 g/kg，各土层间含量差异不显著，而50～100 cm土层土壤全氮含量变幅为0.27～0.36 g/kg，各土层间的含量差异不显著；0～30 cm深度的各土层中土壤全磷含量无显著差异，变幅为0.59～0.61 g/kg，是含量最高的3个土层，约占0～100 cm土层中土壤全磷总量的34.25%。30～100 cm深度的各土层中全磷含量较0～30 cm土层显著降低（$P<0.05$），但各土层间含量变幅较小，为0.44～0.51 g/kg；土壤速效磷含量变幅为2.45～8.64 mg/kg，0～20 cm深度的两个土层中土壤速效磷含量差异显著（$P<0.05$），10～20 cm土层是土壤速效磷含量下降的变化层，是20～30 cm土层含量的1.54倍。0～20 cm土层中土壤速效磷含量约占0～100 cm土层中土壤速效磷总量的29.94%。20～100 cm土层中土壤速效磷含量变幅为2.45～5.84 mg/kg，个别土层的速效磷含量增加，整体趋于稳定；土壤碱解氮含量整体变幅为18.99～34.20 mg/kg，0～30 cm土层中土壤碱解氮含量显著高于其他土层（$P<0.05$），20～30 cm土层是碱解氮含量下降的变化层，是30～40 cm土层的1.15倍，0～30 cm土层中土壤碱解氮含量约占0～100 cm土层中土壤碱解氮总量的37.91%。30～100 cm土层中土壤碱解氮含量变幅为18.99～22.52 mg/kg，各土层间含量差异不显著（图12-53）。

（3）坡底土壤养分剖面特征。矮化苹果园内部微地形坡面的坡底处，各土层的养分含量整体高于坡顶、坡中，如图12-54所示。0～100 cm土层中，不同深度土层中土壤氮磷含量具有不同的变化特征，但整体趋势表现为随着土层深度增加土壤氮磷养分含量是降低的，到达一定深度后，养分含量基本稳定。在坡底离树体主干75 cm处，0～100 cm土层中土壤全氮含量变幅较大，为0.44～1.15 g/kg，0～20 cm深度的土层中土壤全氮含量显著高于较20～40 cm土层中含量（$P<0.05$），降幅较大，由10～20 cm土层中的1.04 g/kg降低至0.57 g/kg，0～20 cm土层中土壤全氮含量约占0～100 cm土层中土壤全氮总量的35.40%。20 cm以下深度的土层中土壤全氮含量变幅为0.44～0.57 g/kg，20～30 cm、30～40 cm两个土层中土壤全氮含量差异不显著，但显著高于40～100 cm土层（$P<0.05$），差值相对较小；土壤全磷含量整体变幅相对较小，为0.60～0.75 g/kg，0～10 cm土层中土壤全磷含量较其他土层差异显著（$P<0.05$），是10～20 cm土层含量的1.16倍，0～10 cm土层中土壤全磷含量约占0～100 cm土层中土壤全磷总量的11.81%。10 cm以下深度的土层中土壤全磷含量差异不显著，变幅为0.60～0.65 g/kg；土壤速效磷含量的变化幅度相对较大，为18.80～68.16 mg/kg，

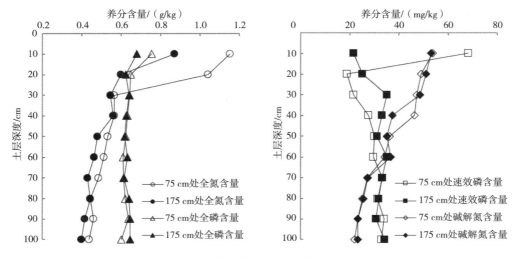

图12-54　坡底土壤养分剖面分布特征比较

其中含量最高的是0~10 cm土层，是10~20 cm土层中速效磷含量的3.63倍，约占0~100 cm土层中土壤速效磷总量的20.85%。30~100 cm土层中土壤速效磷含量存在差异，但变幅相对较小，为27.45~33.42 mg/kg；土壤碱解氮含量整体下降趋势显著，表现为分段降低，变幅为21.99~53.55 mg/kg，0~20 cm土层中土壤碱解氮含量较20~40 cm土层差异显著（$P<0.05$），20~40 cm土层中土壤碱解氮含量较40~60 cm土层差异显著（$P<0.05$），60 cm以下深度土层中土壤碱解氮含量趋于稳定，变幅为21.99~26.97 mg/kg，各土层间含量差异不显著。

在坡底离树体主干175 cm处，0~100 cm土层中土壤全氮含量是显著下降的，变幅为0.40~0.87 g/kg，其中0~10 cm土层中土壤全氮含量最高，与其他土层的含量差异显著（$P<0.05$），约占0~100 cm土层中土壤全氮总量的16.71%。10~40 cm各土层中土壤全氮含量差异不显著，但显著高于40~100 cm各土层中土壤全氮含量；土壤全磷含量整体变幅相对较小，为0.61~0.68 g/kg，0~10 cm土层中土壤全磷含量最高，显著高于其他土层（$P<0.05$），是10~20 cm土层含量的1.09倍，0~10 cm土层中土壤全磷含量约占0~100 cm土层中土壤全磷总量的10.68%。10 cm以下深度的土层中土壤全磷含量差异不显著，变幅为0.61~0.65 g/kg；土壤速效磷含量变幅为21.49~35.11 mg/kg，0~20 cm深度的两个土层中土壤速效磷含量显著低于20~100 cm各土层中的含量（$P<0.05$），约占0~100 cm土层中土壤速效磷总量的14.96%，20~100 cm各土层中土壤速效磷含量变幅为30.58~35.11 mg/kg，波动较小，趋于稳定；土壤碱解氮含量整体也表现为分段下降的趋势，变幅为23.14~52.89 mg/kg，0~30 cm土层中土壤碱解氮含量显著高于30~60 cm土层含量（$P<0.05$），0~30 cm各土层间和30~60 cm各土层间土壤碱解氮含量差异均不显著，60 cm以下深度土层中土壤碱解氮含量趋于稳定，变幅为23.14~27.28 mg/kg，各土层间含量差异不显著。

二、苹果园农田氮磷流失防治技术应用及其效果

（一）苹果园农田氮磷流失防治技术模式

传统模式中，施肥时间为3月、6月和9月，施肥方式为沟施，以复合肥料（$N-P_2O_5-K_2O=67.5-67.5-45$）为主，施肥量120 kg/亩。无生草覆盖，以药物除草，无灌溉或漫灌浇水。基于矮砧密植果园，构建苹果主产区农田氮磷流失全程防治技术模式，即华圣模式（图12-55）。

相较传统模式，华圣模式主要有以下几个方面的特点。

1. 水肥一体化应用，精准施肥，做到减肥增效

华圣模式主要采用少量多次的施肥方式，针对果树各时期水肥需求，精细控制果园施肥量。随时根据苹果的生长情况进行增减肥料，调节NPK比例，分期分量施水溶肥，全年占比基本为基肥5%NPK，花期10%NPK，果实膨大期施60%NPK，果实成熟期施25%NPK。每年施肥10~11次，年滴灌用水量50~100 m³/亩。一般成年的晚熟富士，亩产约5 t，每亩全年氮磷钾的施肥量分别为17 kg、15 kg、20 kg。而周边农户种植的是成年晚熟富士，亩产约4 t，全年每亩的氮磷钾施肥量分别为45 kg、45 kg、30 kg。华圣模式的氮肥与磷肥的使用量明显下降，肥料利用率提高。

2. 增施有机肥，改善土壤结构，提高土壤质量

华圣模式相比于传统模式，采用施腐熟牛羊粪等有机肥3 m³/亩，并配合施用5%NPK复合肥（$N-P_2O_5-K_2O=15-10-12$）作基肥。华圣模式不但有效改善了土壤结构，提高了土壤对养分的缓释能力，从而利于根系的生长与延伸，增强根系对养分的吸收能力，而且还促使土壤有机质含量提升，对提

目标	产量目标：3 000 kg；氮磷流失防控目标：核心区、示范区农田氮磷污染负荷消减25%和20%以上。					
技术模式	熟化核心技术：水肥一体化滴灌 集成关键技术：有机肥替代化肥、生草覆盖 配套成熟技术：矮砧密植、土地坡度平整、测土施肥、黑色尼龙编织物覆盖、防雹网、套袋防病虫害等					
月份	3、4	5	6	7、8	9、10	11、12、1、2
生育期	萌芽、开花期	幼果期	果实膨大期		采收期	休眠期
各生育期关键技术措施	土地平整技术：建园前进行土地平整。 生草覆盖技术：补/种黑麦草，防止其他杂草生长，根据生草的长势，适时刈割，留茬5～10 cm，可以截流，减少养分随地表径流流失 病害预防：黑星病、斑点落叶病、霉心病等，施用“吡唑醚菌酯+二轻蒽醌（碧翠）”800倍液或20%吡唑醚菌酯2 000倍液，使用效果好、持效期稍长的药剂 白粉病：发生始于4月，应在花芽露红期喷药，喷施部位着重于中下部枝稍的前端； 绣线菊蚜虫害：3—4月开始发生，初期以发生在枝梢为主，防控关键时期是花芽露红期，开花期再喷洒杀虫剂容易对传播花粉的蜜蜂造成伤害 测土施肥：水肥滴灌3～4次，根据果树的生长状况合理滴灌水肥	病害预防：使用10%多抗霉素1 000倍液+80%代森锰锌800倍液，预防霉心病、斑点落叶病；雨前，80%代森锰锌600倍液、70%丙森锌800倍液、80%克菌丹1 000倍液交错使用 草害：使用除草剂消除果树两侧杂草，覆盖黑色尼龙编织物。 水肥滴灌：2～3次，氮磷配合施用，以果树营养状况实时调整氮磷比例	套袋：6月开始套袋，套袋后第一次用药25%丙环唑+70%丙森锌可湿性粉剂600倍液+海洋寡糖钾粉剂	病虫害：喷施10%苯醚甲环唑1 000倍液+钙肥1～2次，防止果锈病；此外还需要注意轮纹病、褐斑病、桃小食心虫和蚜虫等，桃小食心虫的树上防治可以使用菊酯类杀虫剂 水肥滴灌：3次左右，该时期降雨较多，水肥基本能满足树体生长，可视具体情况施肥，干旱期间可单独灌水。 防雹网：夏季容易极端天气，会对果实产生较大伤害，造成减产，故合理搭盖防雹网	成熟收获期：采摘以人工为主，机械采摘伤果率过高 叶面施肥：采摘完喷2遍尿素水3%～5%浓度加上波尔多液杀菌剂 水肥滴灌：2～3次，以磷肥为主 施用有机肥：腐熟牛羊粪3 m^3/亩，距离树体50 cm处开沟30 cm撒施	病害预防：树干涂白，（配方）硫酸铜：熟石灰：水=1：20：200，涂白高度1～1.2 m，在落叶后且气温不低于0 ℃时处理，以免涂白剂结冰脱落 果树修剪：轻剪长放（保留多的枝条分散树体养分，通过拉枝等促进成花）、疏除为主（疏除过于粗壮的枝条）、单轴延伸（所有主枝通过疏除大侧枝保持单轴延伸）以及弱枝回缩（结果后的衰弱枝适当回缩，使营养集中供应主枝中后部分枝条） 冬灌施肥：水肥滴灌1次，主要施用氮肥
主要目标	便于机械化操作，保证花期水肥供应	保证挂果、除草保墒满足树体生长	降低病虫害、减少果实脱落和提高果面光洁度、促进果实发育		增加树体储存营养，保证花芽饱满	预防冻害和病虫、提高果树抗旱能力，提高来年产量
各时期田间长势						
机械、人工操作						

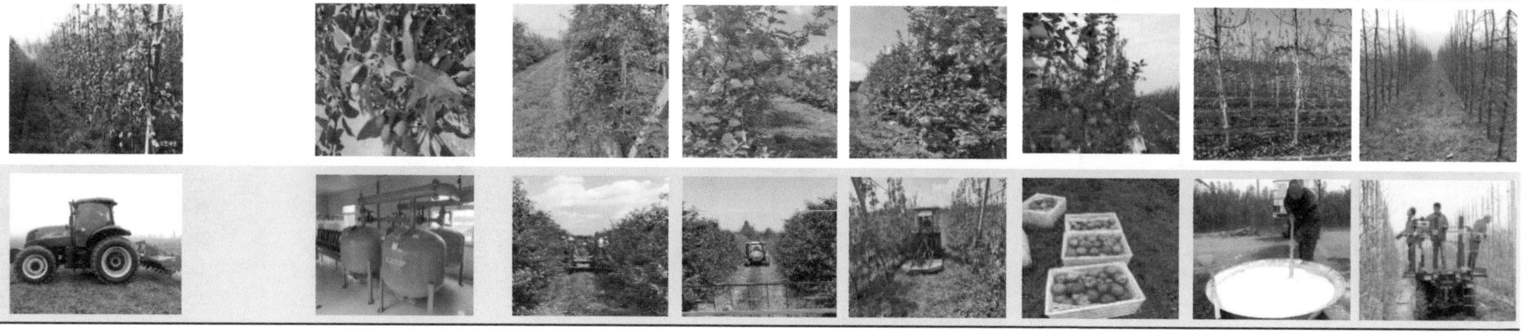

图12-55 苹果主产区氮磷流失全程防治技术模式

高果品品质有很大的作用。示范区周边的农户基本不施或者很少量地施入有机肥，因此，果园土壤质量下降，农户为了果品丰产，就会增加化肥的用量，进一步造成土壤质量下降，形成恶性循环。

3. 果园覆草，改善土壤结构，增加果园有机质，保湿保墒

华圣模式采用行间播种多年生黑麦草，草种用量2～3 kg/亩，根据生长状况进行刈割，留茬5～10 cm，树盘周围铺设黑色尼龙编织物，保墒并防控杂草。周边大部分农户无生草覆盖，以药物除草，无灌溉或漫灌浇水。华圣模式的覆草既能省水省肥，还能增加果园土壤有机质。

（二）产流量随时间变化特征

不同管理模式下的径流小区产流量随降雨历时变化曲线如图12-56所示。华圣模式与无生草覆盖模式下，小区的产流量曲线在整个降雨过程中具有一致的变化特征，0～15 min内，随着降雨历时的增加产流量迅速增加，15 min后产流量逐渐趋于平稳；无滴灌措施与传统模式小区的产流量曲线变化规律较为一致，0～10 min内，随着降雨历时的延长，产流量迅速增加，10～20 min内产流量增加缓慢，20 min之后降雨产生的径流量基本趋于稳定。4种模式下，各个小区的累积径流量均在20 min左右发生明显转折，随后累积径流量的增长速率减缓。华圣模式、无生草覆盖模式、无滴灌措施及传统模式下，各径流小区的60 min累计产流量分别为16.09 L、35.15 L、19.96 L、38.67 L，华圣模式相比于传统模式产流量减少58%。

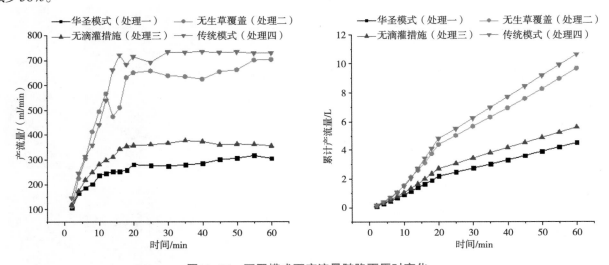

图12-56　不同模式下产流量随降雨历时变化

（三）地表径流中氮磷元素随时间流失变化特征

1. 地表径流中硝态氮随时间流失变化特征

相同降雨强度下4个径流小区地表径流中硝态氮浓度随降雨历时变化曲线如图12-57所示，在降雨的整个过程中，4种模式下小区地表径流中的硝态氮浓度随降雨历时的增加均呈现为减小的趋势。初始产流时刻，华圣模式、无生草覆盖模式、无滴灌措施及传统模式小区地表径流中的硝态氮浓度最高，随后浓度迅速降低，降低的时间节点均在5 min左右，随后硝态氮浓度开始上升，在8～16 min内浓度相对较高，16 min后，华圣模式、无生草覆盖模式及传统模式3个小区的硝态氮浓度波动相对较小，而无滴灌措施小区波动较大。主要因为降雨初期，坡度较缓，坡面上产生积水，地表中的硝态氮溶解到径流中，使初始径流中硝态氮浓度较高，致使0～5 min内径流中硝态氮由较高浓度迅速下降，5分钟后硝态

氮浓度又出现上升是因为表层土壤被径流冲刷带走，并且由于降雨入渗后，土壤中更多的硝态氮溶解到土壤水中，通过溶液交换进入到径流中，使硝态氮浓度又升高，而16 min后降雨入渗、产流基本稳定，进入到地表径流中的硝态氮浓度也趋于稳定。

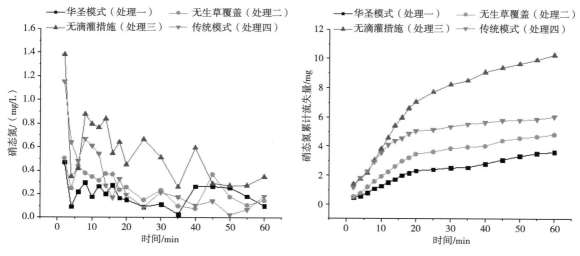

图12-57　硝态氮随降雨历时流失过程

降雨过程中，华圣模式、无生草覆盖模式、无滴灌措施及传统模式小区硝态氮流失量分别为2.89 mg、7.34 mg、9.50 mg和7.79 mg，华圣模式少量多次施肥以及黑麦草覆盖可减少养分随地表径流的流失，该模式下的径流小区硝态氮流失量比传统小区流失量少63%左右。

2. 地表径流中铵态氮随时间流失变化特征

4种模式下径流小区的地表径流中铵态氮浓度随降雨历时变化特征曲线如图12-58所示。

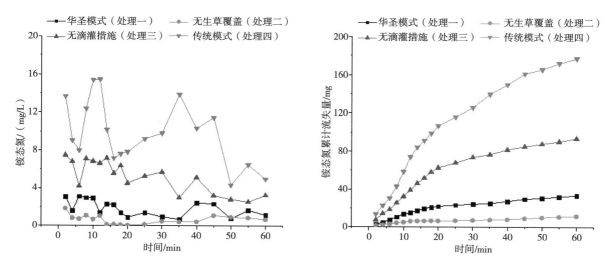

图12-58　铵态氮随降雨历时流失过程

在降雨过程中，4组小区地表径流中的铵态氮浓度随降雨历时的增加呈现为波动减小的趋势，且传统模式下径流小区铵态氮的波动最为明显，华圣模式径流小区铵态氮的浓度波动最小。降雨产生地表径流的短时间内，各地表径流中的铵态氮浓度均有降低，降低的时间节点均在第5分钟左右，无生草覆盖模式、无滴灌措施及传统模式小区小区6~16 min内径流中浓度保持在较高水平，而传统模式铵态氮浓度升至高点后迅速下降。传统模式在20~30 min出现升高现象可能与土壤侵蚀相关，使进入到径流中的铵态氮增加，而后逐渐降低为较低浓度，而其余3个小区在20 min后铵态氮浓度趋于稳定。铵态氮的流失量远大于硝态氮的流失量，可能主要与施用化肥的种类相关，滴灌措施对于铵态氮流失减少有明显作用，且多次少量施用肥料更加有利于果树吸收利用，减少流失量。

降雨时段内，华圣模式、无生草覆盖模式、无滴灌措施及传统模式小区铵态氮累积流失量分别为26.02 mg、21.51 mg、89.54 mg、352.99 mg。传统小区的铵态氮流失量远大于其余3种模式小区流失量，华圣模式较传统模式铵态氮流失减少高达93%左右。

3. 地表径流中总氮随时间流失变化特征

4种模式下径流小区地表径流中总氮浓度随降雨历时变化特征曲线如图12-59所示。0~10 min内，4组小区地表径流中的总氮浓度均呈现下降趋势，华圣模式、无生草覆盖模式、无滴灌措施在10 min后总氮浓度逐渐趋于平稳，而传统模式在10~20 min内大幅降低，后亦逐渐趋于平稳。此外，整个降雨过程中，传统小区总氮浓度波动较大，其余3种模式小区的浓度变化相对较小。

传统模式小区地表径流中总氮流失量最多，高达786.80 mg，无滴灌小区流失量次之，为154.50 mg，华圣模式与无生草覆盖模式总氮流失量分别为100.50 mg和7.10 mg，华圣模式较传统模式总氮流失减少87%左右。综合硝态氮、铵态氮及总氮流失量结果可知，各个小区地表径流中氮素流失形式多以铵态氮为主。这与施用化肥的种类以及主要成分有关，而且铵根离子在降雨过程中更易溶于地表径流中而随之流失。

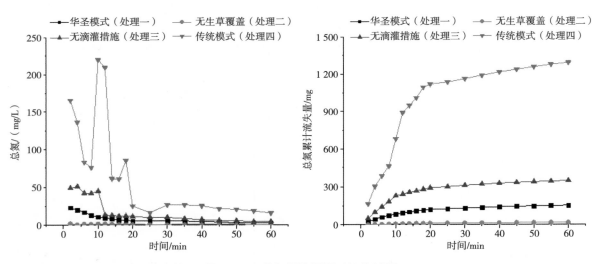

图12-59　总氮随降雨历时流失过程

4. 地表径流中总磷随时间流失变化特征

如图12-60所示，传统模式径流小区总磷浓度随降雨历时总体呈现下降趋势，华圣模式、无生草覆盖模式、无滴灌措施径流小区0~25 min内总磷随降雨历时先上升后降低，随着降雨入渗、产流基本稳定后，总磷浓度趋于稳定。

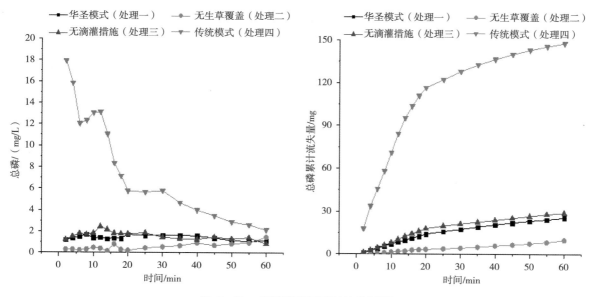

图12-60　总磷随降雨历时流失过程

华圣模式、无生草覆盖模式、无滴灌措施及传统模式小区总磷流失量分别为25.8 mg、6.2 mg、21.9 mg、111.2 mg，华圣模式小区地表径流中总磷流失量较传统模式径流小区减少77%。

（四）综合评价

与传统模式相比，华圣模式减流减沙效果明显。降雨过程中，华圣模式产流16.09 L，传统模式产流38.67 L，产流量减少58%；相同降雨条件下，华圣模式少量多次施肥以及黑麦草覆盖可减少氮磷养分随地表径流的流失，总氮总磷流失量分别为100.50 mg和25.80 mg；传统模式总氮总磷流失量分别为786.8 mg和111.2 mg，华圣模式较农户传统模式总氮流失减少87%，总磷减少77%。

第四节　农膜污染防控技术

地膜覆盖能够改善农田土壤水热条件，在抑制水分蒸发、提高地温、防治杂草等方面具有突出作用，地膜覆盖技术的应用使我国粮食产量平均提高了45.5%。但随着地膜覆盖技术的迅速普及应用，农田地膜残留量也不断增加。地膜作为一种外源物质不能与土壤胶体结合，残留在土壤中会成为分割土壤的"隔膜"，从而破坏了土壤团粒结构，导致土壤容重升高，孔隙度下降。当积累达到一定量时，还可能导致土壤板结。同时，地膜残留改变或者切断了土壤孔隙，增大了孔隙的弯曲度，从而对土壤水分运动产生阻碍，影响水分的垂直渗透和水平移动。而在河套灌区地膜的残留还可能会导致土壤盐分的聚集。朱金儒等（2021）发现土壤盐分随着深度的增加而增加，但是灌水后高残膜累积量阻碍了土壤盐分的迁移，导致土壤出现盐分富集现象。

此外，地膜残留可以通过直接或间接作用影响微生物的丰度和群落结构。地膜的物理阻隔作用能够抑制土壤内物质和能量的传递，从而抑制微生物生长，降低微生物丰度。其次，地膜残留增加了土壤容重，降低土壤的通气性，使微生物结构发生变化，导致好气微生物双的急剧下降。同时，地膜在土壤中的分解过程中会释放大量有害物质，对微生物的活性、丰度及结构也会产生影响。地膜残留对土壤养分状况也有一定的影响。大量研究表明，地膜残留量上升导致土壤有机碳、碱解氮、速效磷和速效钾含量均呈现下降趋势。

综上所述，地膜残留量的增加会导致土壤物理、化学以及生物学特性发生改变，从而对作物生长发育产生影响。因此，采用合理的技术手段提高土壤地膜回收率，降低地膜残留量是当前面临的重要课题。

一、绿洲棉田地膜污染防治技术

（一）绿洲棉田地膜污染防治技术模式

棉田地膜污染发生的节点在覆膜播种时。过了这个时间点，上一生长期铺设地膜的残留和往年的残膜再次成为陈旧性地膜在土壤中残留，至少会残留1年以上，而这个节点前都可以进行捡拾来减少残留。因此，此节点是防治地膜残留的标志性节点。

从地膜使用过程看，地膜质量、收获后对当年地膜回收程度、对陈旧性残膜回收程度、回收后的残膜的资源化利用程度是影响地膜残留程度的4个主要因素。因此地膜污染防治就要在播种前，针对以上4个因素进行相关技术的遴选、优化、组合（图12-61）。

月历	1	2	3	4	5	6	7	8	9	10	11	12
生长期				播种		蕾期	花铃期		吐絮收获期			
地膜残留节点				↓								
主导因素					地膜薄 地膜强度不够 回收率不高							
关键技术		播前捡拾地膜		厚膜覆盖播种						耕前地表残膜回收与秸秆还田联合作业		残膜资源化利用
目的		减地膜残留		标准厚度膜						减地膜残留		残膜升值
农民 合作社		学习掌握技术					按规程操作					
服务企业		开展培训					提供回收服务					
推广部门		开展培训					技术指导					培训
科研部门		开展培训					技术优化				技术升级	
政府		发布指导政策				供水 市场监管				收购补贴政策		

图12-61　绿洲灌区棉田地膜污染综合防治技术模式示意

（二）关键技术

1. 播前陈旧残膜回收

播前陈旧残膜回收是对上一茬苗期或秋后没有回收的地膜或者历年累积在土壤耕层的残膜进行清理回收。由于农机动力的限制，实际上残膜回收机只能对0～15 cm土壤中的残存地膜进行一次回收，达到"减存量"目标。有的地区农民还进行人工捡拾地膜，也是一种有益的回收残膜方式。

目前耕层内残膜回收机具主要分为犁后残膜清捡机与播前残膜回收机两类。

（1）犁后残膜清捡机。是在犁架上配置残膜清捡机，在犁地时清捡犁翻后的原耕层内（25 cm）土堡中的残膜。代表机型为新疆喀什地区麦盖提县研制生产的犁后残膜清捡机。

（2）播前残膜回收机械。对土壤中残留的地膜，在播前整地时回收不失为一种有效的补救措施。其代表机型为1SM—5型密排弹齿式残膜回收机，该机使用时将残膜搂集成条，辅以人工捡拾。

2. 标准厚度地膜覆盖播种

国家强制性标准要求地膜厚度不小于0.010 mm，但经过生长期的老化后，拉伸负荷等力学性能会降低，地膜破损、碎裂等非常不利于地膜回收。而且为防止地膜风吹破损，覆膜播种时一般要取部分土来压膜，这也会给后期的机械化残膜回收作业增加阻力。压在土中的边膜更是因为灌溉等原因与土壤黏在一起。秋后残膜经松土后地膜拉起需要17.84 N的力，而未松土时则需要29.4～35.28 N的力才能拉起。研究表明，采用厚度等于大于0.010 mm，提高了拉伸负荷、断裂标称应变、直角撕裂负荷等力学性能的高强度地膜，在秋季棉花收获后，其力学性能高于0.010 mm的普通地膜，可回收性提高。国外农膜的厚度一般为0.02～0.05 mm，也有利于回收。故此，应规范地膜质量与厚度，尽可能使用抗拉强度高的地膜，有利于回收、减少残留。

标准厚度地膜播种就是要用符合《GB 13735—2017聚乙烯吹塑农用地面覆盖薄膜》厚度等于大于0.010 mm的薄膜，禁止用薄于0.010 mm的薄膜。符合GB 13735—2017的0.010 mm薄膜在播种、耐候期等方面能满足棉花生产要求，但收获时碎裂严重，影响回收效果，但小于0.010 mm的薄膜在收获期碎裂更甚。

3. 耕前地表残膜回收

使用通过农机鉴定的残膜回收机在棉花收获后、耕地前能回收80%以上当年新铺设地膜，实现"控增量"，这一技术是减少地膜残留最重要的一个举措。目前市场上有十几种机具，拾净率、效率各有不同，推荐使用新疆农业科学院研发的4JSM-1800A1耕前棉田秸秆还田与残膜回收机，它可以捡拾边膜，仿形好，拾净率高达90%，而且残膜回收和秸秆还田一体化作业，秸秆是平铺在田间，符合秸秆还田的农艺要求。当然为了扩大残膜回收面积，其他型号的机具也应该推广。

（1）作业时间。在棉花收获后至耕地前为宜。

（2）田间条件。遇到雨、雪天气及土壤封冻，严禁机具作业。严禁机具在滴灌带未清理的农田作业。土壤含水率应不大于15%。农田较为平整，不得有田埂或直径大于5 mm的石块、砖块及树根。禁止牲畜对农田进行踩踏，防止地膜碎片化。

（3）选择残膜回收机。参照《GB/T 25412—2021 残地膜回收机》和《GB 10395.1—2009 农林机械 第1部分：总则》中的规定，严禁使用淘汰、报废无法使用或配套动力不合适或缺少安全防护装置（外露旋转部件）的残膜回收机。尽量使用秸秆还田与残膜回收联合作业机具，即机具在进行棉花秸秆粉碎并定向输送、均匀抛撒的同时进行收膜作业。其目的一是减少各类机具的进地次数，降低机具作业成本和对农田的机器碾压；二是机具首先进行棉花秸秆粉碎并定向输送、均匀抛撒，可减少待收工作幅宽内残膜面上的杂物量，有利于机械收膜中的杂膜分离以及残膜的回收。棉花收获后株行间残膜上存在大量的枯叶、茎秆、棉铃壳与土壤等杂物，如果能将残膜与茎秆、枯叶等分离开，则洁净的残膜有利于资源化再利用，从而提高经济效益，并且减轻机具的作业负荷，提高集膜箱的有效容积；三是减少因对农田作物残茬机械处理与残膜机械回收作业各环节进行分次作业而对农膜的碾压与人为破损概率，从而促进残膜回收率的提高；四是复式作业可节约工作时间。

（4）作业前要求。农机操作人员作业前应对作业地块进行了解，熟悉作业条件，并按照说明书进行机具调试。作业前应进行动力选配、机器挂接、传动连接及液压系统连接，确认符合各类滚筒式残膜回收机中使用说明书的规定。应检查所有安全标志及安全装置处于工作状态。大面积作业前，应进行检车与调整，通过调整限位机构，使土壤工作部件进行调整至合适尺寸，在合适的档位下作业30～40 m，观察作业效果。检查机具的紧固件（特别是运动部位紧固件）应安全可靠；检查齿轮箱内齿轮油油面高度应在检油螺钉孔水平面以上；应给各运动幅加注润滑脂；应检查三角皮带调整其张紧度。机具作业造成粉碎刀片的磨损情况不同，因此刀轴上同组粉碎刀片磨损状况的质量差应不大于25 g，避免引起粉碎机非正常震动。机具作业造成的挑膜齿损坏数量多于6个时，应及时更换挑膜齿，避免影响残膜回收率。

（5）作业中要求。无论是卷膜式卷膜或是挑膜齿挑膜输送残膜进膜箱，由于运动部件的作用，残膜的黏附及静电的作用，都会引起缠绕，从而影响了机具的连续作业，严重时甚至还会损坏机具，因此应定期清理机器上的缠膜和杂质，避免损坏机器。应先输入PTO动力，使工作部件运转起来后，再降下工作部件进行作业。为了提高作业效率及效果，机组应沿铺膜方向绕大圈隔行作业。通过后视观测系统观察集膜箱情况，及时卸膜，避免回带。残膜回收机出现异常情况应立即停机检查。地头转弯时，应提升挑膜部件离开地面，避免损坏。拖拉机作业速度在5.5～6.5 km/h时，工作速度应根据棉秸秆的高低、稠密稀松及土壤条件进行控制，以保证残膜回收质量为原则。齿轮箱间隙、动刀轴向间隙、齿轮啮合侧隙、留茬高度、挑膜齿入土深度、脱送膜机构、边膜铲、皮带轮等部件的调整方法参见各类滚筒式残膜回收机使用说明书中的调整部分，根据田间情况进行机具的作业调整。当机具选配有智能部件时，先打开摄像头，再参照说明书进行相应部件的调整。

（6）作业后要求。作业结束时，先分离PTO切断动力，再将机器全部举起，清扫并保养。每天作业后，应检查所有螺栓和接合点，保证紧固安全可靠，以消除可能产生的事故。

（7）运输要求。机器进行地块转移时或短距离运输时，应将机器置于运输状态。长距离运输装车前应将运输支撑腿安装好。长距离运输时，应将机具用拖车装载运输。装车运输时，机具应由固定绳索稳固在拖车上，避免前后和左右晃动。

（8）保养存放要求。当一个作业季节结束后，及时保养机器，以便于下一个作业季节使用。应彻底清洗机器，去除泥土等杂物，并进行涂油防锈工作。应卸下液压元件，保养后应进行防尘处理，如用干净布包扎好所有接口处，置清洁干燥处存放。应放松各部位的弹簧，使其呈自由状态。应检查机器的磨损、变形、损坏、缺件情况，并及时换件，或及早采购配件。露天存放时应停放在平坦、干燥的场地，用支架把机具支撑起来，避免轮胎长期置于承受重力状态。

（9）安全要求。作业人员应具备驾驶执照并且能够熟练操作拖拉机。作业人员不应在酒后、服国家管制的精神药品或疲劳状态下进行操作机具。粘贴在机具上的安全标志应符合各类滚筒式残膜回收机说明书的要求，安全标志应齐全、醒目、牢靠。作业时，机具上严禁站人，作业人员不应将手伸入运转部件中；禁止拆下各处安全防护罩，同时机具后方严禁站人，避免非预期后果。具有抛送机构的滚筒式残膜回收机，当秸秆发送不畅或堵塞时，应及时停机切断动力源再检修。当滚筒发生卡滞或运转不畅时，安全保护装置应调整到位。

4. 田间残膜打包运输及残膜再利用

用地膜回收打捆机对回收后堆积在田间和地头的残膜进行打包，拉运至残膜回收点或残膜加工企业，避免残膜堆积在田间、地头、路边，发生飞扬或运输中散落造成二次污染。回收的残膜在残膜加工厂经过清洗、熔化、再造粒，实现资源化利用或无害化处理。

（三）技术应用效果

在地膜污染防治技术应用中，充分发挥各职能部门的作用，利用农民合作社进行技术规范的操作培训和机具推广部门开展机具现场观摩会议与技术指导，积极完善科研部门的技术优化与升级以及政府部门的政策引导、市场监督和回收政策补贴等，实现了残膜污染的综合防治。

2019—2020年分别在尉犁县、阿克苏市、沙雅县、巴楚县、莎车县、图木舒克市、第六师、第五师举行了20次现场会（图12-62），展示耕前棉田残膜回收机、指导残膜机操作、检验残膜机性能（图12-63），累计示范推广作业面积达到9万亩。根据新疆维吾尔自治区农牧机械鉴定站鉴定报告，耕前棉田残膜回收机残膜回收率达到87%以上，机具可靠性达到98%。

图12-62　残膜机现场培训会及观摩演示会

图12-63　残膜回收机现场作业及指导

在尉犁县塔里木乡建设1 000亩示范区，完整示范技术模式。在示范区多点采样，测定作业前后残膜回收量和残留量。棉田在2019年10月采用耕前残膜回收机作业，2020年3月采用播前残膜回收机作业，表12-35可见示范区残膜量削减34.6%。

表12-35　示范区棉田两次作业后地膜削减量变化　　　　　　　　　　　　　单位：kg/hm²

时间地点	耕前作业前地表残留量	耕前回收量	耕前作业后地表残留量	时间地点	播前地表回收量	播前地表残留量	削减率/%
2019-10 示范区	113.10	93.90	19.20	2020-3 示范区	11.55	7.65	—
2019-10 示范区	112.35	93.30	19.05	2020-3 示范区	7.65	1.14	—
2019-10 示范区	113.70	94.35	19.35	2020-3 示范区	8.70	10.65	—
平均	113.10	93.90	19.20	平均	6.30	9.90	34.6
2019-10 对照区	103.80	83.10	20.70	2020-3 对照区	5.55	15.15	—

二、河套灌区农田地膜污染防控技术

（一）区域地膜适宜性评估

试验示范区位于内蒙古巴彦淖尔市五原县新公中镇永联村建立示范基地。易回收加厚地膜熟化的大区对比试验设4个处理，国标地膜、专用地膜、亮光地膜、普通地膜，每个处理面积为0.33 hm²。地膜的特性见表12-36。

1. 监测指标

监测指标主要包括地膜残留量、土壤温度和作物产量和地膜的当季回收率。

（1）地膜残留量。作物播种前测定覆膜的重量、面积，收获后收集土壤表层残膜，计算地膜残留量。监测区域内随机选择4个样点，用铁签作为四角支撑点，用粗线连接成一个100 cm × 100 cm的正方形。向外扩展约10 cm，沿着四边挖沟。用直尺从地表测量标记，取样至30 cm深度，初步形成一个110 cm × 110 cm大小的采样样方，里外间隔10 cm，深度40 cm。剖面内圈削去样方多余的土壤，使之形成大小为100 cm × 100 cm的正方形样方。将土壤样品放在帆布上，分别用筛子筛去土壤，将肉眼可见的残膜（≥1 cm²）捡出，洗净，晾干后称重。

表12-36　地膜主要参数

类型	厚度/mm	拉伸负荷（纵、横向）/N	断裂标称应变（纵、横向）/%	直角撕裂负荷（纵、横向）/N	添加物质/特殊工艺
普通地膜	0.006 ~ 0.008	≥	≥	≥	无
国标地膜	0.01	≥1.6	≥260	≥0.8	无
专用地膜	≥0.01	≥1.7	≥380	≥1.0	无
除尘地膜	≥0.01	≥1.7	≥380	≥1.0	防静电物质

（2）土壤温度。耕层土壤温度的测定采用温度自动记录探头进行测定，探头埋设深度为10 cm，每30 min记录1次数据，3次重复。

（3）作物产量。收获期测定作物经济产量。

（4）地膜的当季回收率。用残膜拾净率表示，测定方法为：机具的测试行程设为300 m，共测量3个行程。在每个行程测量区间内沿长度方向上的两车辙之间，随机抽取1个测点，测点面积为3 m×1 m，量取测点范围内当年地表残膜残余量，人工将测区内未被收起的残膜进行收集装袋，并用净水清洗干净，去除灰尘、茎叶等杂质，晾干后称其质量，计算残膜拾净率。

2. 不同地膜对作物产量影响

收获后对玉米籽粒产量进行测定，2019年普通地膜覆盖的玉米籽粒产量平均为12 253.5 kg/hm²，国标地膜为12 444.0 kg/hm²，除尘地膜为12 187.5 kg/hm²，专用地膜为12 319.5 kg/hm²，结果表明，加厚地膜比普通地膜产量略高，但无显著性差异（表12-37）。

2020年的结果与2019年一致，普通地膜覆盖的玉米籽粒产量平均为12 195.0 kg/hm²，国标地膜为12 364.5 kg/hm²，除尘地膜为12 186.0 kg/hm²，专用地膜为12 408.0 kg/hm²，结果表明，加厚地膜比普通地膜产量略高，但统计上无显著性差异（表12-37）。

表12-37　不同地膜对玉米籽粒产量的影响　　　　单位：kg/hm²

处理	2019年				2020年			
	I	II	III	平均	I	II	III	平均
普通地膜	12 279.0	12 243.0	12 238.5	12 253.5	12 154.5	12 234.0	12 196.5	12 195.0
国标地膜	12 618.0	12 481.5	12 232.5	12 444.0	12 528.0	12 403.5	12 162.0	12 364.5
专用地膜	12 397.5	12 297.0	12 264.0	12 319.5	12 534.0	12 466.5	12 223.5	12 408.0
除尘地膜	12 207.0	12 250.5	12 105.0	12 187.5	12 315.0	12 189.0	12 054.0	12 186.0

3. 不同地膜对土壤温度的影响

用温度自动记录仪测定土壤深度10 cm地温，间隔1 h读数，2019—2020年的测定结果表明，生育期内，普通地膜覆盖的平均温低于其他3种地膜，而国标地膜、加厚地膜和除尘地膜间差异不明显。

可见，加厚地膜对土壤增温效果更好，而且不同月份平均地温结果相比，加厚地膜的增温作用在5月出苗阶段更明显，其他月份差异逐渐变小（表12-38）。

表12-38　不同地膜覆盖对地温的影响　　　　单位：℃

年份	月份	普通地膜	国标地膜	加厚地膜	除尘地膜
	4	11.97	12.01	12.35	12.22
	5	14.86	18.15	18.36	19.24
	6	20.17	22.39	21.25	23.02
2019	7	23.40	21.60	21.89	22.03
	8	20.19	18.91	19.38	21.06
	9	17.01	15.27	15.78	16.77
	平均值	17.93	18.06	18.17	19.06

（续表）

年份	月份	普通地膜	国标地膜	加厚地膜	除尘地膜
2020	4	10.17	11.51	12.35	11.22
	5	14.33	16.15	16.36	15.24
	6	20.21	22.54	21.62	21.02
	7	23.87	23.16	23.09	23.73
	8	20.22	21.91	21.32	20.99
	9	17.31	18.72	18.20	18.64
	平均值	17.7	19.0	18.8	18.5

4. 不同地膜的当季回收率

用自主研发地膜捡拾机对不同地膜进行回收，2019年不同地膜的当季回收率差异较大，其中除尘地膜和专用地膜的回收效率最高，分别为80.5%和78.5%，其次是国标地膜，回收率为70.8%，普通地膜回收率最低，为59.6%。2020年由于机械性能的改进，残膜回收率普遍提高，其中专用地膜的回收效率最高，平均为85.0%，其次是除尘地膜和国标地膜，回收率分别为83.4%和82.3%，普通地膜回收率最低，为78.8%（表12-39）。可见，地膜越厚、抗拉能力越强，越有利于回收，除尘地膜的配方对土壤和地膜的分离有一定作用。

表12-39　不同地膜的当季回收率　　　　　　　　　　　　　　　　　单位：%

处理	2019年				2020年			
	I	II	III	平均值	I	II	III	平均值
普通地膜	55.1	55.7	68.0	59.6	80.7	75.6	80.2	78.8
国标地膜	65.0	72.7	74.8	70.8	83.2	81.3	82.3	82.3
专用地膜	74.5	75.3	85.8	78.5	90.8	79.8	84.3	85.0
除尘地膜	76.3	79.6	85.6	80.5	84.7	83.8	81.8	83.4

（二）残膜回收机的引进与研发

通过调研和观摩引进购置地膜专用回收机"1MFJG-125型双升运链卷轴自卸式废膜捡拾机"，其工作原理是通过起膜铲将地膜与根茬部分分离，用双升运链筛除大部分杂质，再用卷轴将收集残膜卷起，其优势是收集的残膜含杂率低，可资源化利用，且卸膜比较方便。

将引进的母机在示范基地应用后，发现存在的主要问题有：一是卷膜器对于破损较严重的残膜捡拾效果较差；二是残茬收集筐容量小、实用性差；三是膜杂筛分效率低；四是机器整体上结构较单薄，尤其是在较黏重的土壤上作业效率较低。针对这些问题，联合当地研发能力较强的农机制造有限公司对卷膜桶、渣制筛选带、起膜装置、犁地齿等部件进行了改造。改造工作和效果见表12-40。

经过多次改进后，该机型在解决玉米根茬"锁膜"妨碍残膜回收和农田大秸秆堵塞机器严重等问题方面得到大幅改进。一方面增加了根茬破碎装置，经过几次改进膜茬分离程度大幅增加；另一方面改进了边铲形状，改变了进料装置，使大型秸秆不易随传送链进入机器，从而降低了机器的堵塞频率提高了工作效率。研发的"11FMJ-140型残膜回收与秸秆粉碎还田联合作业机"（简称"联合作业机"）经过专业农机机构鉴定，该机型表层拾净率达到94.3%，缠膜率0.9%，生产率24～48 kg/h。

表12-40　地膜回收机的改造及效果

机型	改进部件/功能	存在问题
引入母机	—	结构单薄，工作效率较低。
改型一代	整体加固，延长机身，改进入土铲、起膜装置、渣制筛选带、辅助轮等部件	起膜装置容易堵塞，杂质收集筐安全性、实用性差
改型二代	在卷膜桶上加六方柱和六方孔，改进起膜装置，增加杂质传送带，增加防风抑尘盖	膜杂分离不稳定，整机成本较高
改型三代	调整传动链条的角度及两个传动链条的距离，减去防风盖等	卷膜功能容易受风影响，起膜装置在坚硬地块磨损严重
改型四代	计划调整卷膜桶的位置和角度，针对地块和茬口生产不同作业幅宽机型	根茬与残膜分离效果有待提高
改型五代	改进根茬破碎装置，将根茬打碎后分离残膜	工作效率需进一步提高

在覆盖国标地膜的情况下，分别用联合作业机和耙齿式残膜回收机进行残膜回收，从表12-41可看出，联合作业机的回收率平均为85.2%，回收效率较稳定，变异系数较小，而耙齿式残膜回收机在作业1遍的情况下残膜回收率为64.3%～97.1%，平均80.7%，变异范围很大。所以在作业1遍的情况下，膜茬分离捡拾机的作业效果优势明显。此外，该机不仅提高了残膜回收率，同时减少了回收残膜中的杂质，不同地膜回收后的含杂率为22.1%～25.6%，平均24.3%。与传统耙齿式残膜回收机相比，含杂率降低了67.1%，达到了较好的回收效果。

表12-41　不同机型的残膜回收效果比较　　　　　　　　　　　　　单位：%

机型	当季地膜回收率	含杂率
膜茬分离捡拾机	85.2 ± 5.1	24.3 ± 6.3
耙齿式残膜回收机	80.7 ± 16.4	91.4 ± 6.1

（三）河套灌区农田地膜污染综合防控技术模式

2019—2020年，以玉米栽培机艺融合与地膜回收机械化为核心，熟化易回收加厚地膜技术，集成厚膜覆盖和施肥覆膜播种一体化等技术，优化配套耐密高产品种、长效缓释专用肥和机械中耕等技术，构建玉米主产区地膜污染防治技术模式，即河套灌区应用的玉米地膜污染防治"一加一捡"技术模式。该技术模式符合河套灌区玉米生产实际，有可操作性、可复制性，具有一定推广价值。

1. 技术要点

该技术以加厚易回收地膜覆盖和自主研发的残膜回收机为核心，"一加"即播种时覆盖加厚地膜，"一捡"即收获后应用残膜捡拾机，同时配套减量覆膜播种技术、养分长效管理施肥技术以及病害绿色防控技术等，技术要点如下。

（1）选择易回收加厚地膜。地膜产品符合《GB 13735—2017 聚乙烯吹塑农用地面覆盖薄膜》（农用薄膜新国标），厚度不低于0.01 mm，耐候期不低于180 d，在作物收获后能保持较好的拉伸延展力。

（2）机械化播种。应用施肥覆膜播种一体化机械，播幅宽度与残膜回收机配套，有利于提高残膜机械回收效率。玉米采用膜侧播种方法，播种穴尽量靠近地膜边缘，削弱气生根"锁膜"。

（3）残膜回收机选型。残膜捡拾率不低于80%，膜杂分离度较高，机械性能稳定，作业效率较高，应用范围广，推荐机型"5CLZ-140秸秆破碎与膜茬分离锥形多角缠绕式残膜回收机"。

（4）回收时间。作物收获后整地前，膜面完整性较好时进行机械回收；也可以在第二年作物播种前，结合春翻地进行残膜回收。

（5）田间要求。土壤表层土壤相对干燥松散，不能捏成团为宜。向日葵和玉米等大型秸秆作物，尽量将秸秆全部打捆离田或粉碎还田。

2. 地膜污染综合防治技术模式的应用效果

2019—2020年在内蒙古河套灌区的五原县开展玉米主产区地膜污染防治技术模式示范工作，共建立核心示范区27.3 hm²，辐射应用106.7 hm²。其中，2019年建立示范区13.3 hm²，辐射应用40.7 hm²；2020年建立示范区14 hm²，辐射应用66.0 hm²（表12-42）。

表12-42　地膜污染综合防治示范技术和面积统计表

时间	地点	技术	核心区/hm²	辐射区/hm²
2019	五原县新公中镇	加厚地膜覆盖技术，残膜机械化回收技术	13.3	40.6
2020	五原县新公中镇 五原县塔尔湖镇	加厚地膜覆盖技术，残膜机械化回收技术，缓控释肥施用技术，病虫草害绿色防控技术	14.0	66.0
合计	—	—	27.3	106.6

（1）示范技术。在五原县新公中镇基地建立的核心示范区，通过现场技术指导、观摩会、生产跟踪等方式应用地膜污染防治技术模式中所有的技术，包括加厚地膜覆盖技术，残膜机械化回收技术，缓控释肥施用技术，秸秆打捆离田技术，病虫草害绿色防控技术。在新公中镇周边村及塔尔湖镇等地区，通过技术培训和资料发放等方式，并结合五原县残膜污染防控整县推进工作，与农机生产企业合作，推广应用国标地膜覆盖技术，以及自主研发的残膜回收机，取得了较好的应用效果。

（2）配套措施。

规范管理落实责任　由科研人员与当地农业技术推广部门科技人员联合成立技术攻关小组，签订合作协议，分工落实核心区、推广区和辐射区的示范推广任务。执行过程建立目标责任制，日常工作执行"四有"工作制度，出门有计划，田间有记载，返回有汇报，问题有讨论。通过制度约束保证各项示范任务圆满完成和各项生产问题及时解决。

加强宣传扩大影响　采取集中培训、专家讲座、网络培训和媒体宣传等形式加强技术的宣传和扩大影响力，提高农民对残膜危害的认识和残膜回收的法律责任意识，促进技术的大面积推广示范。执行期间，开展2次网络课堂培训，播放当日收看人数超过1 000人。推广的技术在内蒙古广播电视台的农牧民新闻服务栏目多次报道，扩大了技术的推广效应。

示范观摩田间指导　由承担单位和当地农业技术推广部门组织种植大户对示范田进行现场观摩，并在执行的关键期邀请咨询专家组成员和残膜污染防控方面的专家到示范区进行观摩和指导，共组织较大规模的观摩3次，260余人参加了活动，发放技术资料800余份。技术骨干在作物关键生育时期和病害发生期间连同所在旗县农业技术推广部门技术人员进行巡回式田间指导，保证了示范效果。

（3）示范效果。2019年筛选了专用地膜，残膜回收机初步改进，在核心示范区内，残膜回收效率提高了18.8%，当年土壤残膜削减13.1%。2020年各项技术熟化度大幅提高，应用国标地膜的情况下，残膜当季回收率平均为85.2%，收获期土壤地膜残留量可减少9.4 kg/hm²，播种前和收获后2次回收后当年土壤残膜削减27%。在辐射推广区域，应用国标地膜或者普通地膜的情况下，平均回收率80.6%以上，土壤残膜削减21.2%（表12-43）。

表12-43　核心示范区残膜削减效果　　　　　　　　　　　　单位：kg/hm²

年份	试验处理	当年覆膜量	残膜回收率/%	残膜回收量	收获期土壤地膜残留量	削减量	削减率/%
2019	普通地膜	69	59.6	41.1	38.28	—	—
	国标地膜	87	70.8	61.6	35.80	5.42	13.1
2020	普通地膜	64.4	68.3	44.0	44.21	—	—
	国标地膜	80.5	85.2	68.6	34.81	9.4	27.0

三、黄土高原玉米田地膜污染防治技术

（一）技术模式

根据地膜残留的主要因素和节点，精准把握残膜防控时间节点，采用针对性技术。在春季播种前，针对上年秋季未进行残膜回收的农田选择适宜的残膜回收机具提高残膜捡拾率；播种期正确选择地膜类型、质量、铺设量等减少源头污染物投入量；收获后（期）选用高效专用残膜回收机具提高残膜捡拾和回收效率。同时，配套耕地整地、抗逆丰产性品种、测土推荐施肥、施肥覆膜播种一体化、病虫害绿色防控等技术减少对地膜的损坏、提高残膜回收机的效率。

（二）关键技术

1. 播前捡拾耕层残膜

播种前，选择适宜残膜捡拾机具清理农田残膜，将收集起来的残膜集中到地头，运输到残膜回收指定点进行安全处理，并资源化利用。建议应用11FMJ膜茬分离缠绕式残膜回收机、5CLZ-185秸秆破碎与膜茬分离锥形多角缠绕式残膜回收机、1MFJS-125A耙齿式残膜回收机等残膜捡拾机具。农田中残余地膜量应符合《GB/T 25413—2010 农田地膜残留量限值及测定》的要求；残膜回收机具选择时应符合《GB/T 25412—2021 残地膜回收机》的要求。

2. 采用玉米专用地膜覆盖播种

采用厚度0.010 mm以上、宽度为120 cm的玉米专用地膜，地膜拉伸负荷纵向达到2.3 N、横向1.7 N，断裂伸长率纵向460%、横向400%以上。地膜质量应符合《GB 13735—2017 聚乙烯吹塑农用地面覆盖膜》的要求。

采用全覆膜单粒精量播种机一次性完成开沟、覆膜、施肥、播种、覆土、镇压等作业。种植密度根据品种类型进行调节，一般膜上小行距40 cm，膜间大行距70 cm，株距30 cm，保苗6 750～7 500株/亩。

3. 收获后回收表层地膜

青贮玉米或籽粒玉米都必须在收获后把秸秆清理出农田。

选择膜茬分离缠绕式残膜回收机。这类残膜回收机配套了膜茬分离和根茬粉碎还田装置，避免根茬及农田大部分土壤随根茬移出农田造成的养分流失；改进了边铲形状，改变了进料装置，使大型秸秆不易随传送链进入机器，降低了机器的堵塞频率提高了工作效率。

将收集起来的残膜集中到地头，运输到残膜回收指定点进行安全处理，并资源化利用。

（三）技术实施效果

1. 使用加厚地膜提高回收率

按照企业标准Q/LZJTD 02—2016生产的0.008 mm、0.010 mm和0.012 mm地膜，地膜越厚回收率越高（表12-44）。应用加厚专用膜，残膜回收率平均为88.5%，比国标地膜提高4.7个百分点，比生产上常见的0.008 mm地膜提高10个百分点。种植大户和农民普遍接受了玉米专用膜和增厚地膜有助于提高回收率的认识。

表12-44　不同厚度地膜对残膜回收率的影响　　　　　　　　　　　　　　　　　　单位：%

地膜厚度/mm	I	II	III	IV	平均
0.008	82.6	75.6	80.2	75.4	78.4
0.010	90.8	79.8	84.3	80.3	83.8
0.012	94.4	82.8	87.8	88.9	88.5

2. 使用选型改进的残膜回收机具提高回收率

以1MLJG-125A型滚筒式残留地膜清理机为基础，改进形成专利产品锥形多角缠绕式残膜回收机，根据黄土高原土壤地形特点和玉米垄沟集雨栽培地膜幅宽的条件，进一步改进形成11FMJ-90和11FMJ-140膜茬分离缠绕式残膜回收机。经农机鉴定，表层拾净率达到94.3%，缠膜率0.9%，生产率24～48 kg/h。

四、黄土高原马铃薯田地膜污染防治技术

（一）马铃薯田地膜污染防治技术模式

采用机械回收马铃薯田地膜的效率远高于人工回收，而地膜回收的关键时间节点在马铃薯收获后。秋季马铃薯收获后土壤翻耕前进行残膜回收，当年新铺地膜的回收率在88%以上（表12-45）。

表12-45　残膜回收时间节点对残膜回收效果影响　　　　　　　　　　　　　　单位：kg/hm²

残膜回收时间节点	2019年		2020年		平均	
	回收量	回收率/%	回收量	回收率/%	回收量	回收率/%
播种前	2.79	3.34	0.31	0.35	1.55	1.84
收获后	75.89	89.00	82.30	88.16	79.09	88.58
合计	78.68	92.33	82.61	88.51	80.64	90.42

由于马铃薯是起垄覆膜播种，为保证残膜回收机作业效率，马铃薯全程标准化、机械化作业至关重要，包括播种、压土、中耕、施肥、喷药、杀秧、收获等环节的作业要不损坏地膜（图12-64）。马铃薯多采用大垄双行种植，垄沟为机械作业行走带，垄幅120 cm，垄宽80 cm，垄沟40 cm，垄高30～35 cm。每垄种2行，行距30 cm，株距25 cm，种植密度为4 500株/亩。

起垄覆膜播种

出苗时覆土压膜

中耕施肥

无人机喷药

收获前杀秧

收获回收地膜联合作业

图12-64 适宜马铃薯田残膜回收的全程机械化作业流程

（二）地膜污染防治关键技术

1. 使用马铃薯专用地膜覆盖播种

地膜拉伸负荷和断裂伸长率是衡量地膜质量好坏的重要指标，拉伸性能和断裂伸长率越大，地膜越不易破碎，适宜于机械覆膜及机械回收作业，并可有效降低地膜残留量、减轻地膜污染。马铃薯生产中随着机械化程度提高，对地膜物理性能要求不断提高。通过对不同覆膜时期专用地膜物理性能监测结果看出，厚度0.010 mm、0.012 mm新地膜纵向拉伸负荷和断裂伸长率相近，但在收获时，厚度0.012 mm地膜纵向拉伸负荷和断裂伸长率分别比0.010 mm的高35.29%和37.65%。厚度0.012 mm地膜横向拉伸负荷和断裂伸长率优于0.010 mm，随覆膜时间延长，差异有增大趋势，收获时比0.010 mm厚度地膜分别高30.77%、16.81%（图12-65）。因此要推广使用厚度0.012 mm、膜幅90 cm，断裂伸长率380%、拉伸负荷2.7 N、覆盖时间360 d、直角撕裂1.0 N，地膜使用后断裂伸长率260%的马铃薯专用加厚地膜。

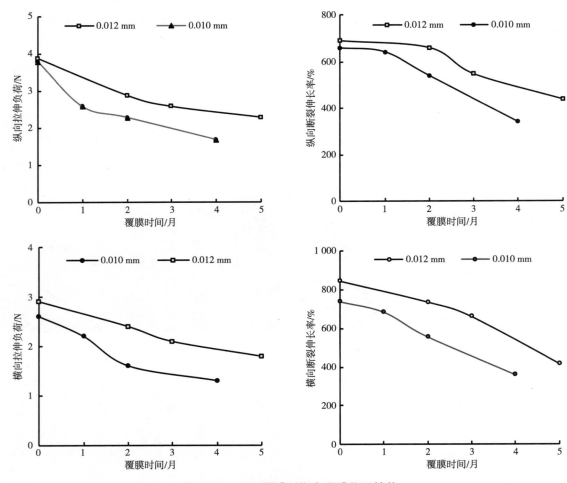

图12-65 不同覆膜时期专用膜物理性状

2. 收获前杀秧降低地膜与秸秆缠绕率

收获前杀秧是机械回收残膜必不可少的作业程序。杀秧后留在膜面上的秸秆越短，地膜回收效果越好。因此要选用杀秧效果好的农机，并且对操作人员提出严格要求。

3. 使用高性能残膜回收机械

对比了滚筒式残膜回收机（型号：1MFJG-125A）、耙齿式残膜回收机（型号：1MFJS-300）、马铃薯收获及残膜捡拾一体机3种回收机的回收性能。

马铃薯收获及残膜捡拾一体机，工作效率高、地膜回收率高。在膜上不覆土、杀秧效果好的传统种植田块残膜回收效果很好，但在膜上覆土及秸秆过多的田块，存在残膜易断裂及缠膜器不易捕捉到残膜问题。为此需要加强全程机械化，改进膜上覆土厚度，推广拉伸力强的专用地膜，提高杀秧效果，使农机、农艺、地膜配套。

滚筒式残膜回收机，对地表状况的适应能力强，通过螺旋滚筒对残膜、土块等的剪切推送作用，实现残膜与土壤的分离，防止了残膜对机具的缠绕，残膜卸载方便。该机型是目前设计比较合理新型机具，与耙齿式机械相比，滚筒式机械膜草分离效果更好，但存在回收残膜中秸秆量过高而影响残膜的再回收利用问题。

耙齿式残膜回收机，采用松土、膜土分离、残膜搂集为一体的工作原理，具有结构简单、经济适用、工作效率高、地表仿型能力强等优点，在黄土高原小型地块具有很高的推广价值。该机的主要问题是回收残膜混合物中秸秆比例过高，无法实现残膜资源化利用。

（三）技术实施效果

1. 专用地膜回收效果

2019—2020年对不同厚度地膜采用耙齿式机械、滚筒式机械、人工捡拾3种方式回收。如表12-46所示，地膜厚度对残膜回收量、回收率均有较大影响，在2019年0.012 mm地膜与0.010 mm相比，地膜回收量提高21.95%，回收率提高1.67%；2020年厚度0.012 mm地膜与0.010 mm相比，地膜回收量提高21.83%，回收率提高1.56%。这是因为0.012 mm厚地膜拉伸负荷、断裂伸长率大，地膜不易破碎，易于回收（图12-66）。

表12-46　不同厚度地膜对残膜回收效果影响　　　　　　　　　　　　　　　　单位：kg/hm²

地膜厚度/mm	2019年		2020年		平均	
	回收量	回收率/%	回收量	回收率/%	回收量	回收率/%
0.010	73.39	94.81	69.81	90.19	71.60	92.50
0.012	89.50	96.39	85.05	91.60	87.28	94.00

图12-66　马铃薯收获时高强度地膜易于回收

2. 机械回收效果

2019—2020年马铃薯收获后采用耙齿式、滚筒式残膜回收机及人工采用简易耙齿对不同厚度地膜进行回收（图12-67）。回收机械对残膜回收量、回收率均有较大影响。2019年，耙齿式、滚筒式机械残膜量回收率分别为95.37%、89.29%；2020年，残膜回收率分别为90.86%、86.16%（表12-47）。

表12-47　残膜回收机对残膜回收效果影响　　　　　　　　　　　　　　　　单位：kg/hm²

回收机械	2019年		2020年		平均	
	回收量	回收率/%	回收量	回收率/%	回收量	回收率/%
耙齿式机械	81.21	95.37	84.24	90.86	82.73	93.12
滚筒式机械	76.14	89.29	80.97	86.16	78.56	87.73
人工耙齿式	86.99	102.16	89.79	95.89	88.39	99.03

耙齿式残膜回收机　　　　　　　滚筒式残膜回收机　　　　滚筒式马铃薯收获与残膜回收一体机

图12-67　不同残膜机械回收效果

主要参考文献

常菲，邰翻身，红梅，等，2018.施肥措施对河套灌区氮素淋溶和玉米产量的影响[J].生态学杂志，37（10）：2951-2958.

刁生鹏，高日平，高宇，2019.内蒙古黄土高原秸秆还田对玉米农田土壤水热状况及产量的影响[J].作物杂志（6）：83-89.

丁凡，李诗彤，王展，等，2021.塑料和可降解地膜的残留与降解及对土壤健康的影响：进展与思考[J].湖南生态科学学报，8（3）：83-89.

高青青，方玉川，张春燕，等，2021.不同地膜覆盖对马铃薯农艺性状和产量的影响[R].中国作物学会马铃薯专业委员会，4.

韩黎明，2012.甘肃省定西市马铃薯产业化模式与发展对策[J].中国蔬菜（9）：14-18.

康露，朱靖蓉，杨涛，等，2021.畦灌下不同施肥方式新疆棉田氮素淋溶损失特征[J].中国土壤与肥料（3）：18-26.

李杰，何文清，朱晓禧，2014.地膜应用与污染防治[M].北京：中国农业科学技术出版社.

刘秀，司鹏飞，张哲，等，2018.地膜覆盖对北方旱地土壤水稳性团聚体及有机碳分布的影响[J].生态学报，38（21）：7870-7877.

娄善伟，马兴旺，托乎提·艾买提，等，2016.棉花施氮阈值与产量、无机氮储量的关系研究[J].新疆农业科学，53（12）：2217-2224.

马丽娟，侯振安，闵伟，等，2013.适宜咸水滴灌提高棉花水氮利用率[J].农业工程学报（14）：130-138.

马彦，杨虎德，2015.甘肃省农田地膜污染及防控措施调查[J].生态与农村环境学报，31（4）：478-483.

潘瑜春，刘巧芹，阎波杰，等，2010.采样尺度对土壤养分空间变异分析的影响.土壤通报，41（2）：257-262.

邵砾群，2014.中国苹果矮化密植集约栽培模式技术经济评价研究[D].杨凌：西北农林科技大学.

王洪媛，李俊改，樊秉乾，等，2021.中国北方主要农区农田氮磷淋溶特征与时空规律[J].中国生态农业学报（中英文），29（1）：11-18.

王立明，陈光荣，杨如萍，等，2021.覆膜种植方式对旱作大豆生长发育、产量及水分利用效率的影响[J].中国农学通报，37（21）：8-14.

王钰涵，唐璐，2020. 农田硝态氮淋溶损失影响因素及防治对策研究进展[J]. 华北水利水电大学学报（自然科学版），41（1）：58-64.

王志国，2021. 玉米秸秆综合利用途径探究[J]. 中国动物保健，23（5）：102，104.

吴湘琳，陈宝燕，蒲胜海，等，2021. 棉花SPAD值推荐施氮模型应用与修正[J]. 新疆农业科学，58（7）：1275-1281.

薛颖昊，靳拓，周洁，2021. 典型区域地膜使用及回收再利用情况的调查分析——基于河北、内蒙古、四川调研数据[J]. 中国农业资源与区划，42（2）：10-15.

杨荣，苏永中，王雪峰，2012. 绿洲农田氮素积累与淋溶研究述评[J]. 生态学报，32（4）：1308-1317.

杨希晨，刘炳，龚军，2006. 残膜回收机的研究现状及存在问题[J]. 新疆农机化（5）：3.

杨雨林，郭胜利，马玉红，等，2008. 黄土高原沟壑区不同年限苹果园土壤碳、氮、磷变化特征[J]. 植物营养与肥料学报，14（4）：685-691.

张君，赵沛义，潘志华，2016. 基于产量及环境友好的玉米氮肥投入阈值确定[J]. 农业工程学报，32（12）：136-143.

张梦，李冬杰，周玥，2018. 雨强和坡度对黄土坡面土壤侵蚀及氮磷流失的影响[J]. 水土保持学报，32（1）：85-90.

张迅，曹肆林，王敏，等，2017. 侧抛式棉花秸秆粉碎还田机的研制[J]. 新疆农机化（3）：7-9.

朱金儒，王振华，李文昊，等，2021. 长期膜下滴灌棉田残膜对土壤水盐、养分和棉花生长的影响[J]. 干旱区资源与环境，35（5）：6.

邹宇锋，蔡焕杰，张体彬，等，2020. 河套灌区不同灌溉方式春玉米耗水特性与经济效益分析[J]. 农业机械学报，51（9）：237-248.

第十三章 关中平原及秦岭山地农区

关中是指"四关"之内，即东潼关、西大散关、南武关、北萧关。关中地区现一般指西起宝鸡，东至潼关，南依秦岭，北至黄龙山、子午岭，位于陕西省中部的地区。这一地区四面都有天然地形屏障，易守难攻，从西周始，先后有秦、西汉、隋、唐等13代王朝建都于关中平原中心，历时千余年。现关中地区行政区包括西安、宝鸡、咸阳、渭南、铜川、杨凌五市一区，总面积55 623 km²，2020年底常住人口2 589万人。

关中地区从北向南地貌分为3种类型，即渭北高原、关中平原及秦岭山地。渭北高原多属雨养农业，作物一年一熟，且包气带厚，养分淋失相对较低。秦岭山地多为自然林地，耕地面积占比很低。而关中平原农业历史悠久，4 000多年前，后稷在这一地区"教民稼穑"，因此，关中地区是我国古代农业重要的发祥地之一；也是陕西农业集约化程度最高地区，不仅是陕西省主要粮食产区，也是我国北方重要的小麦与玉米种植区。近年来，以蔬菜及果树为代表的经济作物栽培面积显著增加，生产中过量施肥问题突出。此外，关中平原养殖业也发展迅速，种养分离问题突出。工农业生产发展，导致氮沉降量也是陕西省最高的地区。这些因素叠加，导致关中平原成为陕西省农业面源污染问题最突出的区域。

第一节 关中平原农区农业概况

一、地形地貌及农业生产概况

关中平原也称关中盆地或渭河平原。渭河横贯关中平原，东入黄河，河槽地势低平。从渭河河槽向南、北两侧地势呈不对称性阶梯状升高。渭河南北两侧地貌变化规律为河滩地—河流阶地—阶梯状黄土台塬—山前洪积扇。渭河北岸阶地与渭北高原之间，分布着东西延伸的渭北黄土台塬，塬面广阔，海拔在460～900 m；渭河南侧的黄土台塬断续分布，高出渭河250～400 m，呈梯状或倾斜的盾状，由秦岭北麓向渭河平原缓倾。

关中平原主要地貌类型包括洪积平原、冲积平原及黄土台塬。其中洪积平原分布于秦岭和北山山前，由多期洪积扇组成。秦岭山前以粗粒为主，北山山前则以细粒物质为主，且多被黄土覆盖。山前洪积扇潜水丰富且埋藏相对较浅。冲积平原位于关中盆地中部，系渭河及其支流冲积而成。眉县以西，渭河河谷狭窄，发育有四至五级阶地；以东河谷变宽，发育有三级阶地。漫滩及一、二级阶地宽广平坦，连续分布，三级以上阶地多断续分布。二级阶地以上各级阶地均为黄土覆盖。渭河北岸，泾河以东的泾、石、洛冲洪积三角洲平原，宽达10～24 km。黄土台塬可分为两级黄土台塬。一级黄土台塬黄土厚100余米，塬面高程540～880 m，高出冲积平原40～170 m，分布于渭河北岸及西安、渭南、潼关等地。二级黄土台塬主要分布在宝鸡、乾县、蓝田、白水、澄城等地，高600～1 000 m，高出一级黄土台塬或高阶地50～150 m。黄土厚度一般小于100 m，沟壑发育，地形破碎。

关中平原属暖温带半湿润气候，年平均气温12～13.6 ℃，年降水量为550～660 mm。受季风气候影响，降水主要集中在夏秋季的7—9月。由于这一地区处于较明显的双峰型雨区，因而出现7月和9月降水量较大，8月降水量相对较少的状况。渭河关中段北岸的支流相对较少，从西向东主要有千河、漆水河、泾河、北洛河等支流，这些河流经过黄土高原，夹带大量泥沙。南岸的支流较多，有"七十二峪"之说，其中较大支流从西向东包括石头河、黑河、灞河等。秦岭山脉直接造成南侧支流流域面较小且河流短，也使南侧支流的水能资源丰富。南侧的秦岭山脉植被多，水土流失不严重，河流含沙量较低。但较北侧支流而言结冰期较短，枯汛期流量差异大。

关中平原地势平坦，土壤肥沃，气候温暖。但人均水资源量不足，因此，自古就有"善治秦者先治水"之说。从大禹疏导江河平定洪水的传说，到郑国开山筑渠振兴秦国的足迹，历代人们都十分重视水利工程建设，使得关中平原最早被称为"金城千里，天府之国"。中华人民共和国成立后相继兴建了泾惠渠、洛惠渠、渭惠渠、宝鸡峡引水工程、冯家山水库、交口抽渭和东雷抽黄等大型灌溉工程，使得目前关中地区具有灌溉条件的耕地约103.4万hm²，占总耕地的63%（陕西省统计局，2021）。

改革开放前主要种植小麦、玉米、棉花等。20世纪80年代至今，关中平原地区农业种植结构发生巨大变化，粮食作物种植面积逐渐减少，而果园（苹果、猕猴桃、梨、桃子及冬枣）和菜地面积不断增加。1980年，关中地区农作物主要以粮食作物为主，占90%以上；经济作物（果园、菜地）种植面积约为8万hm²（图13-1）。至2020年，关中平原面积约为165万hm²，其中果园面积58.1万hm²、菜地28.8万hm²、

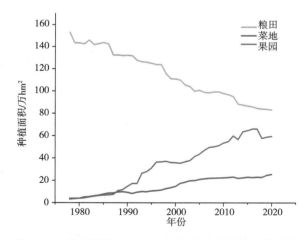

图13-1 关中平原1980—2020年农作物种植结构演变

粮田83.3万hm²。相比于1980年，果园和菜地种植面积分别增加了13.2倍、6.5倍，粮田面积减少了46%（图13-1）。果园、菜地的发展增加了该区域农业产值，从1985年到2020年增加了19倍。在关中平原北部形成了以礼泉、白水等县为主的苹果栽培区；在秦岭北麓形成了以周至、眉县为主的猕猴桃集中产区，在鄠邑、长安、临渭等形成了鲜食葡萄集中产区，在灞桥、澄城、铜川新区形成了樱桃集中产区，在大荔、临渭等形成了冬枣产业带。形成了以泾阳、三原、富平、阎良等为中心的西咸都市农业，以大荔、华州、华阴等为中心的沿黄公路南段百万亩设施农业板块。

二、区域农业面源污染特征

在一定的地形地貌、水文及土壤等环境条件下，农业生产活动导致的农田养分过量盈余等是农业面源污染发生的必要条件。与我国其他地区类似，19世纪70年代前，关中地区农田施肥仍以有机肥为主，养分损失少，农业面源污染尚未显现。虽然20世纪70年代发现在陕西关中平原一些地区浅层地下水硝态氮含量高（被称为肥水），但这些肥水井主要在居民点周围，应该与长期生活废水的排放有关。

进入20世纪90年代后，关中平原水污染问题凸显。与地下水相比，地表水污染更易看到，因此，最早开始了地表水水质监测。一些监测表明，渭河中下游区域，70%左右断面为劣Ⅴ类水质。2008年12月29日至2009年10月25日，43周中渭河陕西出境时的氨氮严重超标，其中仅6周为Ⅴ类水，37周为劣Ⅴ类水。据2010年6月4日陕西省政府发布的第一次污染源普查结果，农业源总氮、总磷的排放量分别为6.91万t和0.45万t，分别占排放总量的58.5%和57.7%。环保部门采取了许多整治措施，关闭了渭河沿岸许多污染严重的企业，在渭河流域沿岸城市建造了一些污水处理厂，取得了明显成效。据环保部门监测，与第一次污染源普查结果相比，水污染物排放结构发生转变。陕西省第二次污染源普查结果表明，陕西省水污染物排放由第一次污染源普查时期呈现的工业、生活和农业"三源鼎立"，转变为以生活源和农业源为主成为影响河流水质的主要因素。Shi等（2019）测定了陕西渭河流域渭河干流及主要支流水中氮素含量，结果表明，河水中硝酸盐含量介于0.58 mg/L和56.6 mg/L之间，平均为20.8 mg/L；整体而言，渭河干流中游和下游地表水硝酸盐含量较上游高，污染严重，这主要与中游和下游区域农业种植规模大和居民人口密度高有关。氮氧同位素源解析研究也表明，生活污水及有机肥是地表水硝酸盐的主要来源。Hu等（2021）对渭河最大支流——泾河陕西段的研究也表明，河水硝酸盐含量平均达45 mg N/L，污染严重；其中干旱季节来自有机肥及生活污水的占比接近2/3。

关中平原农区地下水水质监测及影响因素研究相对较晚。郭胜利等（2021）2017年对采集的关中平原213个地下水样本氮含量的分析发现，地下水硝态氮含量超过WHO饮用水标准的样点接近15%，并且存在显著的空间分布特征。超标地区主要分布在渭河流域中、下游的临潼、渭南等一带。地下水氮素含量高值地区与采样点化肥用量高且地下水位较高有关，而地下水位相对较低或施肥量较低的其他采样点化肥的影响明显较小。

关中平原灌溉历史悠久，其中引泾灌溉史超过2 260年，历年来均是陕西主要的粮食、棉花等作物主产区，被称为陕西的"白菜心"。20世纪90年代以来，泾惠渠灌区北部苹果种植面积不断增加，中部和南部地区是关中平原设施菜地发展较早且规模化种植区，长期过量施肥问题极为严重。有学者研究发现，该区域地下水硝酸盐平均为79 mg/L，最高达227 mg/L；相比于北部黄土台塬，南部冲积平原区域地下水硝酸盐污染最为严重（Gao et al.，2022）。我们对南部设施菜地采集了深剖面（9 m）

样品并进行分析，发现土壤剖面硝态氮平均累积高达3 500 kg N/hm², 且剖面底层硝态氮含量依然很高（21 mg N/kg），表明长期蔬菜种植伴随过量化肥投入已经导致该区域土壤剖面累积大量氮素、并迁移至地下水。位于渭河下游的交口灌区是关中9大灌区之一，1960年左右建立并投入使用，灌溉面积高达7.9×10^5 hm²。Zhang等（2021）对该区域地下水进行采集、测定发现，交口灌区超过50%的地下水样硝酸盐含量超过WHO（2011）饮用水最高限定标准（50 mg/L）；地下水硝酸盐含量为0.1~895 mg/L，平均为171 mg/L；且地下水硝酸盐污染严重的区域主要分布在中部水渠较多以及海拔较低的区域。可见关中平原灌区地下水硝酸盐污染问题突出，是值得关注的问题。

造成关中平原近年来农业面源污染问题凸显的主要原因包括：

（一）化肥用量明显增加，导致农田土壤养分盈余量增加

与我国其他地区类似，1980年以前，化肥供应不足，农田养分投入以有机肥为主，土壤氮磷巨缺，农田养分亏缺较为常见。1980年之后，农田氮磷肥用量显著增加。据调查，2004年关中平原小麦氮肥用量平均达178 kg/hm²，玉米达247 kg/hm²，显著高于20世纪八九十年代的"一袋白，一袋黑"（即每亩地施一袋碳铵，一袋过磷酸钙）的施肥量；渭河流域50%以上的农户氮肥施用过量。2018—2019年对关中平原麦区化肥用量调查表明，灌区氮磷钾用量分别为280 kg N/hm²、133 kg P₂O₅/hm²（魏蕾等，2022），过量施肥问题仍较为突出。关中地区农田化肥折纯施用量从1991年的51万t增加到2020年的146万t，增加了2.9倍（图13-2）。

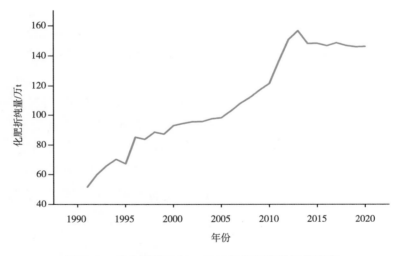

图13-2 关中平原1990—2020年化肥施用总量演变

长期施肥导致农田养分盈余，显著提高了土壤养分含量。严玉梅（2020）汇总了陕西第二次土壤普查（1980年）、2005—2009年测土配方施肥项目及2017—2018年耕地质量监测与评价项目数据，分析了40年间关中平原土壤有机质、全氮、速效磷及速效钾含量的变化（图13-3），可以看出，这几个指标均呈增加趋势，其中土壤速效磷含量增幅最大。

与磷、钾养分主要累积在上层土壤不同，氮素大量盈余导致土壤剖面硝态氮大量累积。我们在陕西关中地区户县（现称鄠邑区）、周至两县连续两年的20余个"3414"肥料田间试验结果表明，随着氮肥用量的提高，土壤0~2 m剖面硝态氮累积量明显增加，其向土壤下层淋溶的程度越严重。当施氮量为180~240 kg/hm²时，一些试验点的土壤氮素表观盈余；当施氮量达到270~360 kg/hm²，所有试验点土壤氮素均明显盈余。不同施氮量时土壤表观氮素平衡值（施氮量与氮素携出量的差值）与土壤0～2 m剖面硝态氮累积量之间呈极显著正相关，说明土壤表观氮素平衡盈亏决定了土壤剖面硝酸盐的累积状况；土壤氮表观盈余值每增加100 kg/hm²，0～2 m土壤剖面硝态氮累积量增加约62.5 kg/hm²（刘瑞等，2011）。土壤剖面硝态氮累积增加了氮素淋失进入地下水的风险。

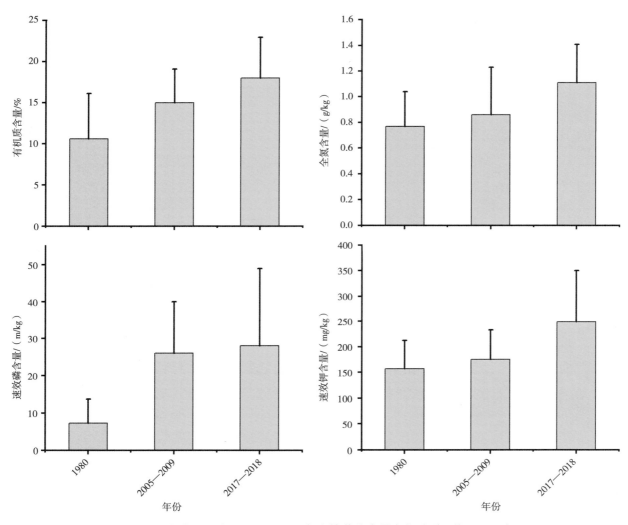

图13-3　关中平原农田1980—2020年土壤养分含量变化（严玉梅，2020）

（二）养殖业快速发展，种养分离导致养分难以循环利用

关中地区是我国古代农业的发源地之一，具有悠久的施用农家肥的历史。基于这一地区农业生产实践为基础，距今2 000余年前完成的我国现存最古的一部农书《氾胜之书》就有："凡耕之本，在于趣时和土，务粪泽"以及施用基肥、追肥和溲种的记载。由于长期施用土粪（粪尿与黄土混合物），在原地带性土壤——褐土剖面的基础上形成了厚度变化（一般在50～100 cm）的覆盖层，即我国古老的耕种土壤之一——塿土（系统分类属土垫旱耕人为土）。这一传统农业生产模式下养分最大限度循环利用。

随着传统农业向现代农业的发展，使得种植与养殖分离，导致农田养分投入严重依赖化肥养分。近年来，随着人口增加及人们对畜禽产品数量需求的增加，关中平原畜牧养殖整体显著增加（图13-4）。

2020年，关中地区大牲畜（牛、马、驴、骡）存栏量75万头，猪369万头，羊171万只（陕西省统计局，2021）。家畜家禽的养殖数量及规模不断扩大，产生的畜禽粪便难以就近还田，堆放、贮存、运输及施用带来的养分流失问题日趋严重。虽然畜禽粪肥也多加工为商品有机肥农田施用，但多流向经济价值高的果树、蔬菜等，粮田养分投入仍以化肥为主。

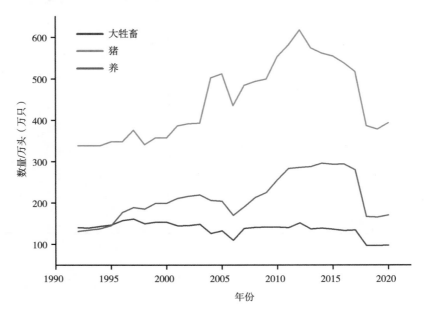

图13-4　1991—2020年关中平原大牲畜、猪和羊数量变化

（三）以果树、蔬菜为代表的经济作物发展迅速，过量施肥问题突出

1980年以来，关中平原果树、蔬菜栽培面积显著增加（图13-1），其中礼泉、白水等成为黄土高原南部苹果主产区，秦岭北麓成为全球最大的集中连片猕猴桃主产区，泾阳成为陕西省设施蔬菜集中区。果树、蔬菜栽培经济效益相对较高，生产中过量施肥问题尤为突出，使得果树、蔬菜集中产区成为农业面源污染的热点地区。

我们以黄土高原南部苹果主产区礼泉县为研究对象，分析了全县1981—2019年农田养分收支平衡的变化，并采集县域不同区域果园土壤剖面样品，以探究不同区域苹果园土壤硝态氮累积及空间变异性；连续监测了全县不同区域地下水水质，以评价苹果产业发展对地下水水质的影响。结果表明，礼泉县南部、中部和北部苹果园养分投入量存在差异，施氮（N）量分别为（1 060±473）kg N/hm²、（955±471）kg N/hm²及（786±293）kg N/hm²，施磷（P_2O_5）量分别为（544±302）kg P_2O_5/hm²、（479±318）kg P_2O_5/hm²及（372±255）kg P_2O_5/hm²，施钾（K_2O）量分别为（663±356）kg K_2O/hm²、（557±339）kg K_2O/hm²及（490±297）kg K_2O/hm²，灌区苹果园养分投入量远高于雨养区。南部、中部和北部苹果园0~8 m土壤剖面平均硝态氮累积量分别为16 723 kg N/hm²、11 554 kg N/hm²和6 075 kg N/hm²，显著高于粮食作物（443 kg N/hm²）。以硝酸盐的形式在土壤剖面累积是过去40年氮盈余的主要去向，据估计，礼泉县农田0~8 m土壤剖面硝态氮储量为517.8 Gg N，超过73%的硝酸盐累积在2~8 m剖面，表明礼泉县灌区苹果园长期的灌溉使硝酸盐迁移至深层包气带。礼泉县地下水连续采样监测分析（2020年7月至2021年10月，共4次）结果表明，礼泉县不同区域地下水化学参数存在差异，EC、Na^+、Ca^{2+}、Mg^{2+}、Cl^-、SO_4^{2-}、HCO_3^-、NO_3^-平均含量均表现为南部>中部>北部，地下水样硝酸盐含量与EC值呈极显著正相关关系。研究区的地下水样品有52.0%的硝酸盐含量超过世界卫生组织（WHO）饮用水标准，平均含量为16.7 mg N/L，其中南部灌区浅井超标率高达59.3%，中部超标率为53.3%，北部均为深水井且无超标现象，说明苹果产业发展已对礼泉南部灌区地下水质造成显著影响。

关中平原设施栽培主产区泾阳县的日光温室蔬菜施肥情况与土壤养分状况研究结果表明，日光温室氮、磷及钾养分的纯投入量平均为651 kg N/hm²、485 kg P_2O_5/hm²和855 kg K_2O/hm²，养分投入量明显偏高；种植7年后，土壤硝态氮、速效磷、速效钾的含量分别是农田土壤的1.8、5.1和3.6倍，水溶性钾、钙、镁分别是农田的12.2、4.5和2.6倍（刘岩等，2017）。陕西杨凌15个设施菜地0~5 m土壤硝态氮累积为2 311~12 157 kg N/hm²，平均累积量达5 860 kg N/hm²（Bai et al.，2021）。加上设施栽培灌水量高，无疑增加了土壤大量累积硝态氮的淋溶风险。

考虑到小麦-玉米轮作仍是关中平原种植的主要作物体系，以及秦岭北麓猕猴桃主产区过量施肥问题突出且降水及灌水量显著高于其他果树种类，本章将重点介绍这两个体系农业面源污染防控技术研究进展与应用。

第二节　小麦-玉米种植制度农业面源污染防控技术与模式

冬小麦-夏玉米轮作是陕西省关中平原主要的种植方式，为陕西省提供了85.3%的小麦和58.3%的玉米，对保障陕西省粮食安全有重要作用。20世纪90年代以来的农户调研表明，该种植体系过量施肥现象普遍，尤其是氮肥和磷肥的过量施用问题突出。针对以上问题，许多学者开展了不同管理措施对冬小麦-夏玉米轮作体系下的作物产量，养分效率及养分损失的影响研究，构建了小麦-玉米种植制度面源污染防治技术体系。

一、小麦-玉米粮田施肥现状

（一）施用化肥用对作物产量和养分效率的影响

大量调研表明，关中平原冬小麦-夏玉米轮作体系下农户年氮（N）、磷（P）、钾（K）养分的平均投入量分别为496 kg/hm²、63 kg/hm²和35 kg/hm²。而推荐施肥平均为392 kg N/hm²、60 kg P/hm²和40 kg K/hm²。推荐施肥较农户施肥显著减少了氮投入20.9%，磷投入5.2%，而钾肥平均用量略有增加（图13-5a）。另外，农户冬小麦-夏玉米体系氮肥偏生产力变化范围为17.7~50.9 kg/kg，平均28.4 kg/kg，磷肥偏生产力变化范围为90.3~301.5 kg/kg，平均214.3 kg/kg，钾肥偏生产力变化范围为210.5~268.4 kg/kg，平均为248.9 kg/kg。推荐施肥下小麦-玉米体系氮肥偏生产力变化范围为22.3~49.6 kg/kg，平均36.2 kg/kg，磷肥偏生产力变化范围为136.4~299.3 kg/kg，平均225.1 kg/kg，钾肥偏生产力变化范围为98.1~299.3 kg/kg，平均为236.8 kg/kg。推荐施肥下平均氮肥偏生产力较农户施肥显著提高27.4%，磷肥偏生产力提高5.0%（图13-5b）。同时，推荐施肥与农户施肥相比小麦、玉米以及周年产量相似（图13-5c，表13-1，表13-2）。

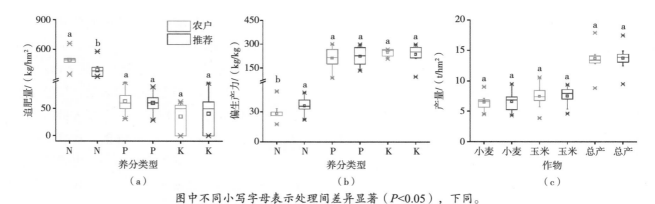

图中不同小写字母表示处理间差异显著（*P*<0.05），下同。

图13-5 关中地区农户施肥和推荐施肥下作物产量及养分偏生产力

（数据来源：柴泽宇等，2019；孔祥泽，2019；马小艳等，2022；杜文婷，2022。）

表13-1 推荐施肥条件下不同灌溉量对小麦-玉米体系养分效率的影响   单位：kg/hm²

来源	处理	产量		
		小麦	玉米	小麦+玉米
卢慧宇（2021）	常规灌溉	5 194a	9 360a	14 554a
	减量灌溉	4 989a	8 669a	13 657a
姜云（2021）	常规灌溉	2 995a	5 126a	8 121a
	减量灌溉	2 820a	5 079a	7 899a
Lu等（2021）	常规灌溉	6 028b	8 370b	14 398b
	减量灌溉	8 958a	11 157a	20 116a
	减量灌溉（滴灌）	8 810a	11 058a	19 868a

注：同列同一来源数据后不同小写字母表示处理间差异显著（*P*<0.05），下同。

另外，关中平原冬小麦-夏玉米轮作系统的需水量约为900 mm（Liu et al.，2002），该地区年降水量在350～900 mm，一般而言小麦季需要冬灌1次，玉米季灌溉1～2次，合理施肥量配合合理的灌溉对保障作物产量，提高养分效率至关重要。

表13-2 不同灌溉对小麦-玉米体系养分效率的影响

来源	处理	吸收效率		偏生产力/（kg/kg）		
		氮	磷	氮	磷	钾
卢慧宇（2021）	常规灌溉	0.73a	0.35a	44.1a	277.9a	—
	减量灌溉	0.72a	0.30a	41.4a	260.8a	—
姜云（2021）	常规灌溉	0.77a	—	33.8a	116.0a	—
	减量灌溉	0.78a	—	32.9a	112.8a	—
Lu等（2021）	常规灌溉	—	—	31.0b	68.6b	96.0b
	减量灌溉	—	—	42.7a	94.6a	132.5a
	减量灌溉（滴灌）	—	—	43.3a	95.8a	134.1a

合理施肥量配合合理的灌水量较常规灌溉量能维持或显著提高小麦、玉米和小麦-玉米体系周年产量（表13-1），同时小麦-玉米体系氮、磷养分吸收效率和氮磷养分偏生产力相似（表13-2）。Lu等（2021）两年试验结果也表明，与常规灌溉相比，减量灌溉显著提高了小麦-玉米体系氮、磷和钾偏生产力（表13-2）。

（二）小麦、玉米粮田氮磷养分损失

淋失是我国北方农田氮磷养分损失的重要途径之一，其中土壤氮素淋失的形态主要包括硝态氮、铵态氮和可溶性有机氮（DON），磷素淋失的形态主要为可溶性磷（TDP）、颗粒磷（PP），可溶性磷包括钼酸盐反应磷（MRP）和可溶性有机磷（DOP）。一般而言，氮、磷淋失量与施肥量呈极显著的正相关，因此合理施肥是减少氮磷淋失十分有效的措施。

Yang等（2015）报道推荐施肥90 cm深度土壤渗滤液中硝酸盐浓度（图13-6a）和淋失量（图13-6b）均低于农户施肥；且推荐施肥5年累计硝态氮淋失量（50.7 kg/hm²）低于农户施肥（79.2 kg/hm²）约36%（图13-6b）。另一个渗漏池试验报道推荐施肥（FP-F）较农户施肥（FP）不仅显著减少了硝态氮的淋失，也减少了可溶性有机氮和总氮的淋失量（图13-7a）（卢慧宇，2021）。

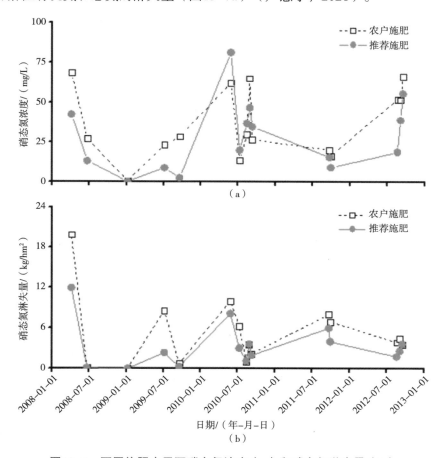

图13-6　不同施肥水平下硝态氮浓度（a）和硝态氮淋失量（b）

此外，推荐施肥还显著减少了颗粒磷的淋失，钼酸盐反应磷、可溶性有机磷、可溶性全磷和全磷的淋失也有减少趋势（图13-7b），同时该研究还发现推荐施肥的基础上进行水分优化（OPT），对减少氮、磷养分淋失的效果更佳（图13-7a）。

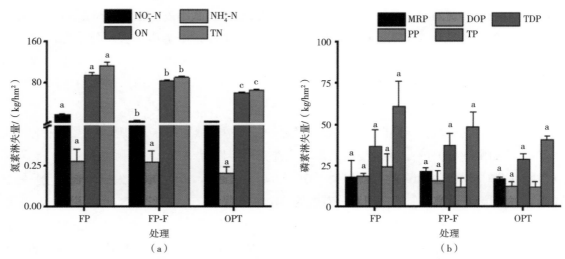

FP. 农户施肥；FP-F. 推荐施肥；OPT. 推荐水肥处理。

图13-7　不同管理措施氮（a）和磷（b）淋失量

　　过量施肥除增加氮磷淋失外，还会造成土壤剖面的氮磷累积。多年的田间定位发现推荐施肥较农户施肥降低了土壤剖面硝态氮含量，特别是减少了深层土壤硝态氮的累积（图13-8）（杜文婷，2022）。

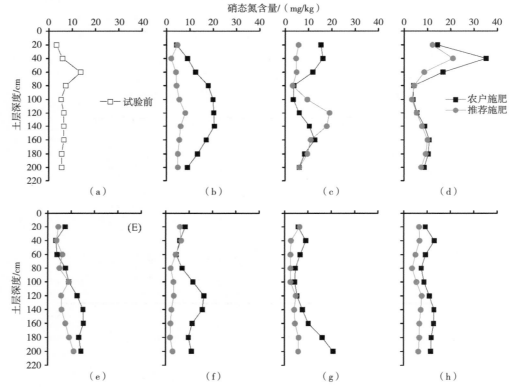

（a）试验开始前（2017-06）；（b）2018年小麦收获后；（c）2018年玉米收获后；（d）2019年小麦收获后；
（e）2019年玉米收获后；（f）2020年小麦收获后；（g）2020年玉米收获后；
（h）2018—2020年小麦-玉米体系平均硝态氮含量

图13-8　不同施肥对2017—2020年麦玉轮作系统土壤硝态氮含量的影响

丁燕（2015）也报道受年份间降雨量和作物地上部吸氮量变化的影响，年度间0～100 cm土层土壤有效氮累积量差异较大，但是推荐施肥较农户施肥降低了0～100 cm土层硝态氮、铵态氮以及无机氮的累积量，降低幅度分别为28.8%～66.9%、0～49.4%和26.6%～60.8%（图13-9）。

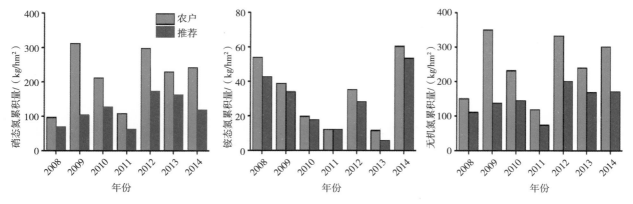

图13-9　农户及推荐施肥对0～100 cm土层有效氮累积量的影响

（三）小麦玉米农田温室气体排放

温室气体包括CO_2、CH_4、氧化亚氮（N_2O）等，其中N_2O不仅是重要的温室气体，还是破坏平流层臭氧的首要反应物，目前对全球变暖的贡献约为6%，在100a时间尺度上N_2O的全球增温潜势为CO_2的298倍（郝耀旭等，2017）。以往的研究表明，土壤CO_2和N_2O排放量受农田生产管理措施，如灌溉、施肥等的影响，在保证作物产量的前提下，当灌溉水平（W）一致时，减肥15%没有影响小麦季土壤CO_2和N_2O的累计排放量，降低了玉米季和年CO_2和N_2O累计排放量（表13-3）。而当施肥水平（F）一致时，灌溉减少15%没有影响小麦季土壤CO_2的累计排放量，减少了玉米季和年土壤CO_2的累计排放量，但增加了小麦季N_2O累计排放量，没有影响玉米季和年N_2O累计排放量（表13-3）。

表13-3　不同水肥条件下小麦-玉米体系作物产量和土壤温室气体累计排放量　　　　　单位：kg/hm^2

处理	产量			土壤CO_2-C累计排放量			土壤N_2O累计排放量		
	小麦季	玉米季	周年	小麦季	玉米季	周年	小麦季	玉米季	周年
$W_1F_{0.85}$	7 137a	8 360ab	15 497a	5 733a	54 853a	11 218a	0.46b	0.47ab	0.93b
$W_{0.85}F_1$	7 143a	8 700a	15 843a	6 191a	5 342a	11 534a	0.50a	0.54a	1.04a
$W_{0.85}F_{0.85}$	7 114a	8 264b	15 378a	5 576a	5 023b	10 599b	0.50a	0.43b	0.93b

注：表中W_1为小麦-玉米种植体系年灌溉量（195.5 mm）；F_1为该种植体系年施肥量（433.5 kg N/hm^2和204 kg P_2O_5/hm^2）；0.85表示灌溉量和施肥量分别减少15%。同列数值不同小写字母代表处理间差异显著（$P<0.05$）（张保成，2017；杨硕欢，2017）。

（四）氮肥分期调控及缓控释氮肥施用

根据作物不同生育期对养分的需求量不同，合理分配不同时期的肥料施用量，是保障作物高产和提高肥料利用率，减少环境污染的重要措施。陈祥（2008）在小麦季比较了氮肥一次施和分次施对作物产量的影响，结果表明，氮肥两次施用（50%基施+50%起身期追施）较一次施用显著增加了小麦籽粒产量和氮回收率（表13-4）。而张树兰等（2004）研究发现，分次施氮较一次施氮没有影响小麦-玉米体系作物产量和氮回收率（表13-4），在试验轮作一年期间分次施肥对硝态氮在土体中的分布、移动没有明显的影响，合适的氮肥用量是控制硝态氮向深层移动的主要因素。

表13-4 　氮肥用量及施用时间对小麦-玉米体系作物产量和氮回收率的影响 　　　　单位：kg/hm^2

来源/地点	施氮量	施用比例及时期	产量			氮回收率/%
			小麦	玉米	周年	
陈祥（2008）/ 杨凌	0	—	2 850d	—	—	—
	150	100%基施	3 246c	—	—	10.2c
	150	70%基施+30起身期追施	3 575ab	—	—	16.6b
	150	50%基施+50%起身期追施	3 857a	—	—	21.6a
	150	40%基施+20%起身期追施+40%拔节期追施	3 618ab	—	—	15.6b
	150	30%基施+30%冬灌追施+30%拔节期追施+10%抽穗期追施	3 446bc	—	—	14.2bc
陈祥（2008）/ 凤翔	0	—	6 470b	—	—	—
	150	100%基施	7 025b	—	—	20.3d
	150	70%基施+30起身期追施	7 545ab	—	—	35.3ab
	150	50%基施+50%起身期追施	8 240a	—	—	42.1a
	150	40%基施+20%起身期追施+40%拔节期追施	7 595ab	—	—	33.4bc
	150	30%基施+30%冬灌追施+30%拔节期追施+10%抽穗期追施	7 320ab	—	—	26.3cd
张树兰等（2004）/ 杨凌	0	—	3 680	3 744	7 424	—
	130	100%基施	4 966	6 124a	11 090	56.5
		30%基施+70%追施（小麦返青/玉米大喇叭口后期）	5 073	4 567b	9 640	60.0
	390	100%基施	6 112a	6 516	12 628	75.5
		30%基施+70%追施（小麦返青/玉米大喇叭口后期）	5 101b	5 982	11 083	61.1
	520	100%基施	5 224	5 242	10 466	57.8
		30%基施+70%追施（小麦返青/玉米大喇叭口后期）	5 313	5 187	10 500	59.9

注：氮回收率（%）=（施氮处理吸氮量-不施氮处理吸氮量）/施氮量×100。不同小写字母表示处理间差异显著（$P<0.05$）。

缓/控释肥料是结合现代植物营养与施肥理论以及控制养分释放高新技术，并考虑作物营养需求规律，采用某种调控机制技术延缓或控制肥料在土壤中的释放期与释放量，使其养分释放模式与作物养分吸收相协调或同步的新型肥料。孔祥泽（2019）研究发现在玉米季应用基施型缓释肥或在小麦季和玉米季同时应用缓释肥均可维持与推荐施肥相当的小麦、玉米产量和周年产量（表13-5）。与农户施肥相比，小麦和玉米季尿素配施缓释肥也维持了小麦、玉米及周年产量，并提高了小麦-玉米体系氮肥偏生产力和氮生理效率；而玉米季用缓释肥替代尿素增加了14%玉米和12%作物周年产量，同时提高了整个轮作体系氮效率（表13-5）。可见，在小麦-玉米种植体系应用缓释肥也具有较好的节肥增产效果，能够有效控制化肥的面源污染，但是缓释肥的经济效益还需要进一步评估。

表13-5　不同肥料管理措施下小麦-玉米体系施N量、作物产量和养分效率

处理	施氮量/（kg/hm²）	产量/（kg/hm²）			养分偏生产力/（kg/kg）			氮生理效率/（kg/kg）
		小麦	玉米	周年产量	氮	磷	钾	
N1	510	6 609	6 809	13 418	26.3	268.4	268.4	21.5
N2	420	6 978	7 021	13 999	33.3	280.0	280.0	25.4
N3	420	7 193	7 774	14 967	35.6	299.3	299.3	29.1
N4	420	6 991	7 111	14 102	33.6	282.0	282.0	23.8
N5	420	6 774	7 037	13 810	32.9	276.2	276.2	27.2

注：N1. 农户施肥，小麦基施210 kg N/hm²（尿素）+冬前追施60 kg N/hm²（尿素），玉米基施120 kg N/hm²（尿素）+大喇叭口期追施120 kg N/hm²（尿素）；N2. 减氮优化处理，将小麦季和玉米季施氮量均减少至210 kg N/hm²，小麦季减基肥施入量将冬前追肥后移至拔节期，玉米季不施基肥在拔节期和大喇叭口期进行施肥；N3、N4、N5施氮量与小麦季施肥时期与N2一致，但玉米季氮肥均在拔节期施用；N3. 玉米季用缓释肥氮代替全部尿素氮；N4. 小麦季玉米季尿素氮和缓释肥氮1∶1施用；N5. 玉米季尿素氮和缓释肥氮1∶1施用。缓释肥养分含量，N∶P∶K=28∶6∶6。

综上，小麦-玉米体系根据目标产量的养分需求结合土壤肥力水平，合理的水肥用量不但可以维持冬小麦/夏玉米高产，维持/提高氮磷养分效率，同时减少农田土壤氮磷淋失和温室气体的排放，是有效的面源污染防控技术。

二、秸秆还田技术

关中地区的特有种植结构使得当地拥有巨大的麦玉秸秆资源，然而，多年来当地秸秆资源的利用情况不容乐观，其中57%被用作生活燃料，13%被就地焚烧，仅17%用于还田。这不仅造成巨大的资源浪费，严重威胁到农田生产环境及人类生活环境，更带来难以估量的经济损失。随着秸秆禁焚政策在全国的有力推行，秸秆的综合利用率显著提高，而秸秆还田作为最直接便捷的利用途径，对农田土壤养分的补充有良好的作用。因此，化肥减量与秸秆还田的合理配置是减少肥料资源浪费和缓解环境污染的重要技术措施。

（一）秸秆还田对作物产量和养分效率的影响

大量田间试验结果表明，麦玉秸秆还田较秸秆不还田有利于维持或提高小麦-玉米轮作体系作物产量，且秸秆全量还田较半量还田效果更佳（图13-10a）。在还田量一致的情况下，减量施肥作物产量与农户施肥无差异（图13-10b）。丁燕（2015）报道秸秆还田增产逐年递增，从试验开始到第7年，小麦（图13-11a）、玉米（图13-11b）产量分别较秸秆不还田增加了15.4%和7.1%。常见的秸秆还田方式有直接还田、高留茬还田、机械收割切碎还田和秸秆深埋等。各种还田方式对作物产量的影响也不尽相同，一般而言，麦、玉秸秆同时还田效果较麦、玉秸秆单季还田效果更佳；不同组合方式之间相比，麦秸直接还田配合玉米秸直接还田、麦秸高留茬还田配合玉米秸直接还田增产效果最佳（表13-6）。

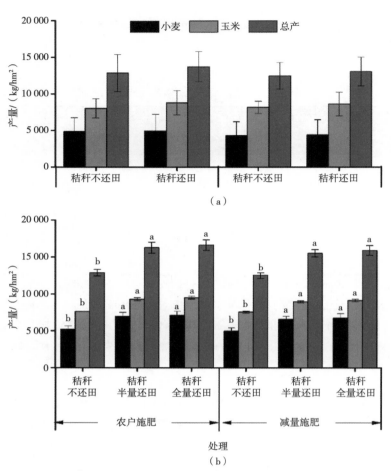

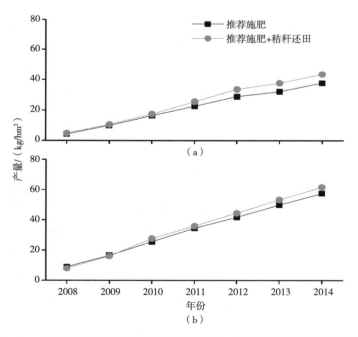

图a来源于杜文婷，2022；图b来源于王维钰，2019。

图13-10　秸秆还田对作物产量的影响

图13-11　推荐施肥条件下秸秆还田对小麦（a）和玉米（b）产量的影响

表13-6　不同秸秆还田模式对作物产量的影响　　　　　　　　　　　单位：kg/hm²

还田模式	籽粒产量			均值	秸秆产量			均值
	MC	MM	MN		MC	MM	MN	
玉米产量								
WH	6 381a	5 629bc	5 480bcd	5 830A	6 898a	6 206b	5 943bc	6 349A
WC	5 953ab	4 810e	4 708e	5 157B	6 394ab	5 257d	5 155d	5 602B
WN	5 124cde	5 168cde	5 020de	5 104B	5 605cd	5 552cd	5 480cd	5 546B
均值	5 819A	5 202B	5 069B		6 299A	5 672B	5 526B	
小麦产量								
WH	5 629abc	6 055ab	4 859cd	5 514A	6 093ab	6 700a	5 281bc	6 025A
WC	6 203a	5 681abc	5 617abc	5 834A	6 654a	6 070ab	5 709abc	6 144A
WN	5 299bcd	5 343bcd	4 764d	5 135A	5 522bc	5 868abc	4 878c	5 423A
均值	5 710AB	5 693A	5 080B		6 090A	6 213A	5 290B	
作物周年总产量								
WH	12 011a	11 684a	10 339b	11 345A	12 992a	12 906a	11 224b	12 374A
WC	12 155a	10 491b	10 325b	10 990AB	13 048a	11 327b	10 864b	11 746AB
WN	10 424b	10 511b	9 784b	10 239B	11 127b	11 420b	10 359b	10 969B
均值	11 530A	10 895B	10 149C		12 389A	11 884A	10 816B	

注：MC、MM、MN分别表示玉米秸秆直接还田、覆盖还田和不还田；WH、WC和WN小麦秸秆高留茬还田、直接还田和不还田。表中数值后不同小写字母表示麦玉秸秆组合还田处理间差异达5%显著水平；不同大写字母表示麦秸或玉秸还田处理均值间差异达5%显著水平（李锦，2013）。

以往的研究还表明，相同施肥条件下，秸秆还田较秸秆不还田提高肥料利用效率，如农户施肥条件下，秸秆还田较秸秆不还田能提高氮、磷肥效率和氮、磷肥偏生产力；推荐施肥条件下，秸秆还田也提高了氮磷养分吸收效率（地上部养分吸收量/施肥量）和氮磷钾肥偏生产力。此外，秸秆全量还田较半量还田也提高了氮肥吸收效率和氮、磷肥偏生产力（表13-7）。

表13-7　不同秸秆还田量对作物养分效率的影响　　　　　　　　　单位：kg/kg

来源	处理	吸收效率		偏生产力		
		N	P	N	P	K
杜文婷（2022）	农户施肥+秸秆不还田	0.57	0.32	—	—	—
	农户施肥+秸秆还田	0.60	0.35	—	—	—
	推荐施肥+秸秆不还田	0.72	0.42	—	—	—
	推荐水肥+秸秆还田	0.79	0.44	—	—	—
丁燕（2015）	推荐施肥+秸秆不还田	—	—	41.2	194.8	218.4
	推荐施肥+秸秆还田	—	—	45.5	215.0	241.2

（续表）

来源	处理	吸收效率		偏生产力		
		N	P	N	P	K
王维钰（2019）	农户施肥+秸秆不还田	0.89	—	37.2	155.2	—
	农户施肥+秸秆半量还田	0.96	—	38.8	161.9	—
	农户施肥+秸秆全量还田	1.01	—	40.5	169.2	—
	推荐施肥+秸秆不还田	1.06	—	45.4	188.9	—
	推荐施肥+秸秆半量还田	1.13	—	47.4	197.5	—
	推荐施肥+秸秆全量还田	1.20	—	49.8	207.2	—

（二）秸秆还田对土壤氮磷残留、损失的影响

研究表明，秸秆还田会降低农田氮素损失。如杨宪龙（2013）和Yang等（2015）报道，推荐施肥基础上秸秆还田较"农户施肥+秸秆不还田"降低90 cm深度渗滤液的硝酸盐浓度（图13-12a）和淋失量（图13-12b）。

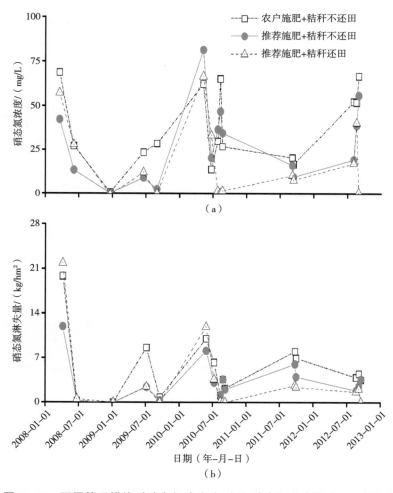

图13-12　不同管理措施对硝态氮浓度（a）和硝态氮淋失量（b）的影响

　　但是多年田间定位试验发现，农户施肥条件下秸秆还田较秸秆不还田增加了土壤剖面硝态氮含量，特别是增加了120 cm以内土层土壤硝态氮的累积；推荐施肥条件下秸秆还田土壤剖面硝态氮含量低于农户施肥处理（图13-13，杜文婷等，2022）。丁燕（2015）的研究也表明，与农户施肥相比，推荐施肥基础上进行秸秆还田明显降低了土壤氮素累积（图13-14）。

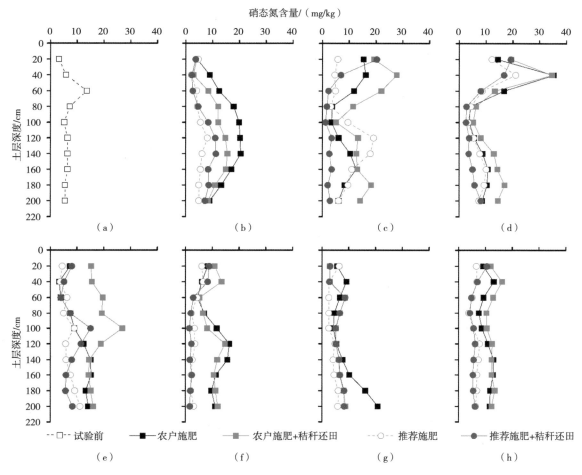

（a）2017年玉米播前；（b）2018年小麦收获后；（c）2018年玉米收获后；（d）2019年小麦收获后；（e）2019年玉米
收获后；（f）2020年小麦收获后；（g）2020年玉米收获后；（h）2018—2020年小麦-玉米体系平均硝态氮含量

图13-13　不同管理措施对2017—2020年麦玉轮作系统土壤硝态氮含量的影响

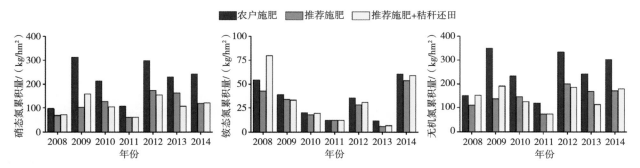

图13-14　不同管理措施对0～100 cm土层有效氮累积量的影响

秸秆还田较秸秆不还田处理虽然维持/增加了小麦-玉米体系作物产量，但也会增加土壤N_2O、CO_2和CH_4年排放总量（表13-8）。

综合考虑小麦-玉米体系作物产量、养分偏生产力、土壤氮磷含量和温室气体排放，秸秆还田配合推荐施肥，可以保证作物产量、提高养分效率和减少面源污染。

表13-8 不同秸秆还田量对土壤温室气体排放的影响

单位：kg/hm^2

来源	作物	处理	温室气体累计排放量		
			N_2O	CO_2	CH_4
郝耀旭等 （2017）	小麦季	农户施肥+秸秆不还田	0.60	—	—
		农户施肥+秸秆还田	1.40	—	—
	玉米季	推荐施肥+秸秆不还田	2.0	—	—
		推荐水肥+秸秆还田	2.0	—	—
	周年	推荐施肥+秸秆不还田	2.6	—	—
		推荐施肥+秸秆还田	3.4	—	—
王维钰 （2019）	小麦季	农户施肥+秸秆不还田	1.24	9 803	1.45
		农户施肥+秸秆半量还田	1.28	10 040	1.43
		农户施肥+秸秆全量还田	1.47	10 217	1.42
		推荐施肥+秸秆不还田	1.14	9 643	1.46
		推荐施肥+秸秆半量还田	1.24	9 873	1.45
		推荐施肥+秸秆全量还田	1.36	10 067	1.45
	玉米季	农户施肥+秸秆不还田	2.08	8 703	1.22
		农户施肥+秸秆半量还田	2.21	8 783	1.19
		农户施肥+秸秆全量还田	2.39	9 000	1.17
		推荐施肥+秸秆不还田	1.90	8 693	1.23
		推荐施肥+秸秆半量还田	2.08	8 760	1.21
		推荐施肥+秸秆全量还田	2.27	8 857	1.21
	周年	农户施肥+秸秆不还田	3.33	18 507	2.67
		农户施肥+秸秆半量还田	3.49	18 823	2.63
		农户施肥+秸秆全量还田	3.86	19 217	2.59
		推荐施肥+秸秆不还田	3.04	18 337	2.69
		推荐施肥+秸秆半量还田	3.32	18 633	2.66
		推荐施肥+秸秆全量还田	3.63	18 923	2.66

三、有机肥替代化肥技术

（一）对作物产量和养分效率的影响

大量田间试验表明，合理的有机肥替代化肥能维持/提高小麦-玉米体系作物产量。如Yang等（2014）报道70%有机氮替代化肥氮处理较单施化肥处理增加小麦-玉米体系作物产量、氮的农学效率以及偏生产力，不过由于没有替代磷肥，导致土壤磷素盈余显著增加。Han等（2022）报道25%~75%有机肥替代化肥较单施化肥可维持小麦、玉米及作物总产量（表13-9），其中25%有机肥替代化肥较单施化肥处理维持了氮效率，50%~75%有机肥替代化肥较单施化肥处理提高了氮生理效率（籽粒产量/地上部养分吸收量），降低了氮/磷偏生产力、氮/磷吸收效率、磷生理效率（表13-10）。

表13-9　不同比例有机肥替代化肥对小麦-玉米体系作物产量的影响　　　　单位：kg/hm²

处理	产量		
	小麦	玉米	总产
NPK	5 204 ± 512ab	9 264 ± 323a	14 468 ± 339a
25%M+75%NPK	5 616 ± 529a	9 051 ± 360a	14 668 ± 377a
50%M+50%NPK	5 404 ± 544ab	8 631 ± 354a	14 035 ± 426ab
75%M+25%NPK	5 169 ± 564ab	8 988 ± 404a	14 156 ± 486ab
100%M	4 572 ± 542b	8 528 ± 473a	13 099 ± 519b

注：M表示有机肥。有机肥替代化肥比例以N为标准计算，下同。

表13-10　不同比例有机肥替代化肥对小麦-玉米体系作物养分效率的影响　　　　单位：kg/kg

处理	偏生产力		吸收效率		生理效率	
	氮	磷	氮	磷	氮	磷
NPK	41.9	222.6	1.00	0.57	42.1	429.5
25%M+75%NPK	42.5	168.6	0.95	0.47	45.4	407.4
50%M+50%NPK	40.7	128.8	0.87	0.39	47.4	371.8
75%M+25%NPK	41.0	108.1	0.85	0.38	48.5	345.9
100%M	38.0	85.6	0.77	0.34	49.4	309.2

（二）对土壤氮磷残留、损失的影响

土壤剖面大量硝、铵态氮的残留是引起氮素淋溶损失的重要原因之一。不同比例有机肥替代化肥对小麦-玉米体系土壤剖面硝态氮残留和分布有显著的影响（图13-15），相比于单施化肥处理，有机肥替代化肥处理降低了0~200 cm土壤剖面硝态氮含量，特别是降低土壤硝态氮向下的迁移和累积。由于土壤铵态氮易于被土壤黏粒吸附固定，不同比例有机肥替代对小麦-玉米体系0~200 cm土壤剖面铵态氮的分布和累积没有影响。

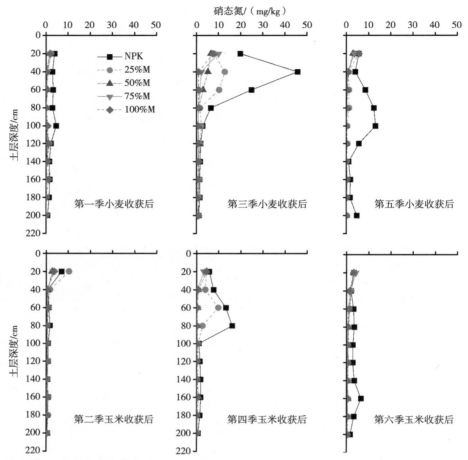

图中NPK为小麦-玉米体系养分推荐施肥，25%M、50%M、75%M和100%M分别表示用25%、50%、75%和100%的有机肥替代化肥。有机肥替代化肥比例以N为标准计算（吕凤莲，2019）。

图13-15　小麦和玉米收获后，不同施肥处理对0～200 cm土壤剖面硝态氮分布的影响

　　由于以往研究仅考虑有机肥替代氮肥，没有考虑有机肥的磷素替代，因此施用有机肥会显著增加土壤磷素的累积。Khan等（2018）发现有机肥替代化肥氮处理（MNPK）较单施化肥处理（NPK）显著增加0～20 cm土层土壤全磷、Olsen-P和CaCl₂-P含量（图13-16），其中多年有机肥替代化肥处理Olsen-P含量超过了该区农田磷淋溶阈值37 mg/kg，这可能会导致土壤磷素淋溶损失。

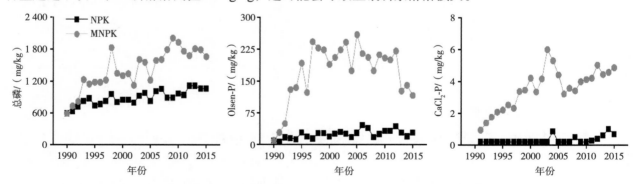

图13-16　1990—2015年不同施肥处理对0～20 cm土层土壤磷含量的影响

　　有机肥替代化肥对温室气体排放的影响不同研究之间结果并不一致。郝耀旭等（2017）报道70%

有机肥氮替代化肥氮较氮磷钾化肥处理没有影响小麦季和周年N₂O的排放量，但显著增加了玉米季N₂O的排放。而Lv等（2020）通过短期试验与长期模型模拟相结合的方法评价了不同比例有机肥替代化肥的N₂O排放，结果表明N₂O排放量随时间延长呈增加趋势，尤其是施肥25年后75%有机肥替代化肥（75%M）N₂O排放量高于NPK处理。30年平均N₂O排放量依次为NPK>25%M>50%M>75%M>100%M。单施化肥处理的单位产量N₂O排放量和排放因子最高（图13-17）。此外，50%~100%有机肥替代化肥处理减少了小麦-玉米体系年累计NH₃排放量。

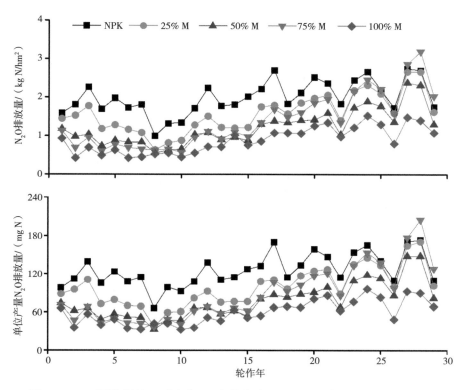

图13-17 不同施肥处理对小麦-玉米轮作（1974—2003年）N₂O排放的影响

从作物产量、氮磷残留和温室气体排放等方面考虑，关中平原小麦-玉米轮作体系中25%有机肥替代化肥比例是较为可行的。同时考虑到有机肥替代化肥往往仅考虑氮，而没有考虑磷、钾，造成土壤磷素的大量累积以及潜在的环境风险和资源浪费，未来有机肥替代化肥时应同时考虑氮磷钾养分，以提高资源利用效率，保护环境，促进农业绿色发展。

四、生物质炭合理施用技术

生物质炭施入土壤后本身不能直接为作物提供充足的养分，但可以通过改善土壤结构来提高土壤肥力，增加土壤的持水能力促进作物对养分的吸收，进而提高作物产量。

（一）对作物产量和养分效率的影响

关中平原短期渗漏池定位试验表明施用生物质炭（15 t/hm²）没有影响小麦-玉米体系作物总产量（图13-18a）。在常规施肥条件下施用低量生物质炭（8 t/hm²）可维持或增加小麦-玉米体系作物产量（图13-18b，c），而施用高量生物质炭（16 t/hm²）有降低作物产量的风险（图13-18b）。同时，施用生物质炭可以保持或提高小麦-玉米体系氮、磷和钾的养分偏生产力（表13-11）。

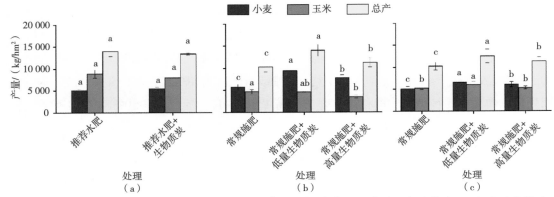

（a）来源于卢慧宇（2021），年生物质炭施用量为15 t/hm²；（b）（c）分别来源于成功等（2017）和陈静等（2018），
其中低、高量年生物质炭施用量分别为8 t/hm²和16 t/hm²。下同。

图13-18　生物质炭合理施用对小麦-玉米种植体系作物的影响

表13-11　施用生物质炭对小麦-玉米种植体系养分偏生产力的影响

来源	处理	生物质炭施用量/（t/hm²）	偏生产力/（kg/kg）		
			N	P	K
卢慧宇（2021）	推荐水肥	—	42.19	116.02	—
	推荐水肥+生物质炭	15	40.40	111.11	—
成功等（2017）	常规施肥		27.4	73.9	27.4
	常规施肥+低量生物质炭	8	37.3	100.3	37.3
	常规施肥+高量生物质炭	16	30.0	80.7	30.0
陈静等（2018）	常规施肥	—	27.3	73.4	27.3
	常规施肥+低量生物质炭	8	33.3	89.6	33.3
	常规施肥+高量生物质炭	16	30.1	81.0	30.1

（二）对土壤氮磷淋失和温室气体排放的影响

渗漏池试验发现推荐水肥的基础上施用生物质炭（15 t/hm²）显著减少了渗漏液中硝态氮、可溶性有机氮和总氮的淋失（图13-19a），有减少磷素淋失的趋势（图13-19b）（卢慧宇，2021）。

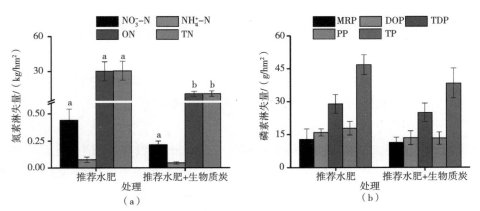

图13-19　2016—2020年不同管理措施对氮（a）和磷淋失（b）的影响

成功等（2017）利用静态暗箱气相色谱原位监测小麦-玉米轮作系统条件下生物质炭施用对土壤 CO_2、CH_4 和 N_2O 3种温室气体排放的影响，结果表明：生物质炭的施用降低了土壤 N_2O 和 CH_4 的年排放总量，且施高量生物质炭处理减排效果更佳（表13-12）。此外，与常规施肥相比，"常规施肥+高量生物质炭"处理减少了土壤 CO_2 的年排放总量，而"常规施肥+低量生物质炭"处理没有显著影响土壤 CO_2 排放。总的来说，与常规施肥相比，施用低量和高量生物质炭净增温潜势分别降低24.1 t/hm^2 和58.4 t/hm^2。

表13-12　施用生物质炭对小麦-玉米体系温室气体累计排放量和净增温潜势的影响

作物	处理	生物质炭用量/（t/hm^2）	排放总量/（kg/hm^2）			净增温潜势/（t/hm^2）
			N_2O	CO_2	CH_4	
小麦	常规施肥		0.74 ± 0.06a	3 068 ± 79a	1.43 ± 0.11a	—
	常规施肥+低量生物质炭	8	0.62 ± 0.10a	2 842 ± 226ab	0.60 ± 0.10c	—
	常规施肥+高量生物质炭	16	0.45+0.10b	2 594 ± 169b	0.89 ± 0.06b	—
玉米	常规施肥		0.37 ± 0.02a	2 574 ± 59a	1.23 ± 0.43a	—
	常规施肥+低量生物质炭	8	0.19 ± 0.05b	2 575 ± 256a	0.85 ± 0.41ab	—
	常规施肥+高量生物质炭	16	0.26 ± 0.04b	2 235 ± 338a	0.43 ± 0.13b	—
周年	常规施肥		1.11 ± 0.08a	5 641 ± 117a	2.66 ± 0.55a	-10.1 ± 4.2a
	常规施肥+低量生物质炭	8	0.81 ± 0.06b	5 417 ± 98a	1.45 ± 0.44b	-34.2 ± 8.2b
	常规施肥+高量生物质炭	16	0.68 ± 0.13b	4 829 ± 308b	1.33 ± 0.19b	-68.5 ± 14.8c

注：不同小写字母表示处理间差异显著（$P<0.05$）。

综上所述，在关中平原对于小麦-玉米轮作体系而言，在推荐水肥的基础上施8 ~ 16 t/hm^2 生物质炭能够维持/提高作物产量和养分效率并降低氮磷淋失和温室气体排放。

五、小麦-玉米种植制度面源污染防控综合技术模式

关中平原近10年的田间试验以及土壤调查数据显示，土壤有机质平均含量为14.4 g/kg、全氮0.96 g/kg、速效磷21.1 mg/kg、速效钾179 mg/kg，其中速效磷和速效钾含量处于较高水平，均高于小麦和玉米最佳产量的土壤速效磷、速效钾临界值。加之小麦-玉米种植体系秸秆除了用于饲料或者其他工业用途外，基本上全部直接还田，因此作物养分的携出量可以只考虑籽粒携出量。在目前土壤肥力条件下，沿用过去的养分需求规律来估算养分投入量可能导致过量施肥，难以控制面源污染。

近年来田间试验表明，关中平原100 kg小麦籽粒所携出的氮（N）、磷（P_2O_5）和钾（K_2O）量分别为1.9 kg、0.7 kg和0.6 kg；100 kg玉米籽粒携出的氮（N）、磷（P_2O_5）和钾（K_2O）量分别为1.6 kg、0.5 kg和0.5 kg。因此，在秸秆还田情况下，维持现有土壤养分状况的情况下小麦-玉米种植体系施肥量基于籽粒养分携出量估算（土壤富钾，不考虑施用钾肥），不同产量水平下推荐施肥量见表13-13。

另外，根据2018年国家统计局数据，陕西省有机肥资源约6 256万t，主要用于经济作物，小麦-玉米体系有机肥使用的可能性不大。有条件施用有机肥的地块，根据有机肥替代25%的化肥进行。生物质炭由于价格高，增产效果有限，大面积应用有难度，可以考虑在面源污染脆弱区补贴施用。

表13-13　不同产量水平冬小麦-夏玉米的推荐施肥量　　　　　　　　　　　　　　　单位：kg/hm²

产量水平	冬小麦		夏玉米	
	氮（N）	五氧化二磷（P₂O₅）	氮（N）	五氧化二磷（P₂O₅）
6 000 ~ 7 500	114 ~ 143	42 ~ 53	96 ~ 120	33 ~ 41
7 500 ~ 9 000	143 ~ 171	53 ~ 63	120 ~ 144	41 ~ 49
高于9 000	171 ~ 200	63 ~ 74	144 ~ 168	49 ~ 58

由于不同品种小麦、玉米的基因型差异，目前报道的高产高效小麦品种有伟隆169、伟隆121、小偃58、西农979和伟隆158（王云凤，2022）；玉米品种为先玉335、郑单958和陕单8806。考虑到环境条件对养分有效性的影响，小麦-玉米体系磷肥考虑在冬小麦播前一次施入，夏玉米不施磷肥。因此，基于品种、施肥以及灌溉等因素，关中平原冬小麦-夏玉米种植制度秸秆还田下控制面源污染的综合技术模式见图13-20。

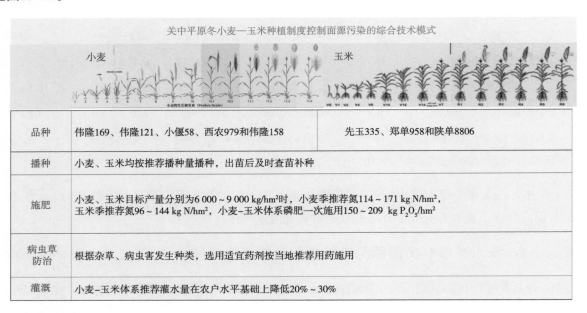

图13-20　关中平原冬小麦-夏玉米种植制度下控制面源污染的技术模式

第三节　秦岭北麓猕猴桃产区面源污染防控技术

一、秦岭北麓猕猴桃主产区概况

秦岭北麓地处渭河以南，秦岭南北分水岭以北区域，东与河南省交界，西与甘肃省相连。东西宽约400 km，南北宽20 ~ 60 km，总面积1.48万km²，占全省总土地面积的7.2%，平原面积6 286 km²，山地面积8 514 km²。地势西高东低，平原区由北向南分布着河流阶地—黄土台塬—洪积扇裙等地形，由于地势平坦，岩层透水性好，接受降水、河流、灌溉水等渗入补给，蕴藏着较为丰富的地下水，是关中平原重要的生态屏障和水源涵养地。行政区划上包括西安、宝鸡、渭南三市的灞桥、长安、户县、周至、潼关、临渭、临潼、华阴、华县、蓝田、眉县、太白、陈仓、岐山、渭滨等15个县（区）。秦岭北麓峪口众多，有一定规模的有48个，蕴含了丰富的水资源。

秦岭北麓猕猴桃规模化栽培于20世纪70年代起步于陕西周至县。因这一区域属温带大陆性气候，日照充足，光热资源丰富，降雨充沛且灌溉便捷，非常适合猕猴桃的生长。因此，20世纪90年代后该区域陕西省周至、眉县两县传统的以小麦-玉米为主体的作物种植逐渐被猕猴桃栽培所取代，猕猴桃种植面积不断扩大（图13-21）。目前，该区域已发展成为猕猴桃高度集约化种植区，其栽培面积为6.53万hm²，位居全国猕猴桃栽培面积之首，约占世界猕猴桃总栽培面积的1/3（陕西省统计局，2021）。猕猴桃产业已发展成为陕西秦岭北麓地区的特色优势产业，有效推动了当地农业和农村经济的发展，加快了农民致富进程。

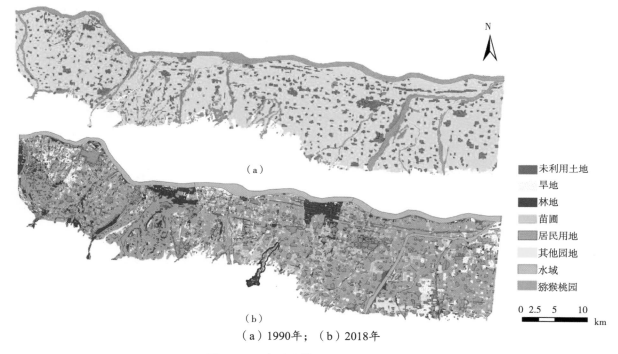

（a）1990年；（b）2018年

图13-21 秦岭北麓土地利用方式变化

该区域年平均气温13.8 ℃，年均降水601 mm，集中于每年7—9月；海拔为387～974 m，自西向东逐渐降低；土壤类型主要为塿土、褐土、潮土等，土壤质地主要为壤土、砂黏壤及壤砂土。含水层主要分为两类，西部区域含水层主要为洪积平原砂，含泥的砂砾卵石层孔隙含水岩组，东部区域主要为洪积平原砂砾卵石层孔隙含水岩组。

二、秦岭北麓猕猴桃主产区农业面源污染现状

（一）秦岭北麓猕猴桃主产区施肥及养分盈余现状

近30多年来，秦岭北麓地区猕猴桃产业集约化生产水平不断提高，由此也带来了一些养分管理问

题。受传统施肥观念的束缚及经济利益的驱使,果农期望以大肥投入的形式来提高果实产量,因此,果农对果园的化肥投入量越来越高,特别是氮肥的投入。目前,该猕猴桃主产区果园过量施肥已成为普遍现象,表现在以下几个方面。

1. 过量施肥问题突出

秦岭北麓猕猴桃园养分投入以化肥为主,其中氮肥投入量占主导。以该主产区一个具有代表性的小流域(陕西周至俞家河小流域,面积6.4 km²)为研究对象(图13-22),连续两年对该流域242个猕猴桃园施肥量及产量调查分析发现,猕猴桃园有机肥存在投入不足现象,有26%~47%的果园存在不施或少施有机肥的情况(图13-22)。

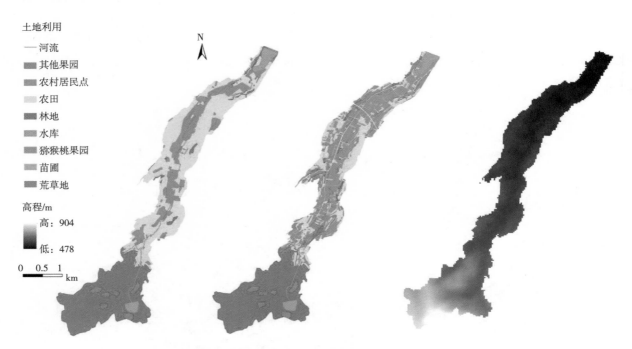

图13-22 俞家河小流域土地利用变化及数字高程

施用有机肥的果园,有机肥所提供的养分总量(N+P$_2$O$_5$+K$_2$O)占果园总养分投入量的不足30%。造成该区域有机肥施用不足的原因主要有:一方面,近年来该区域养殖业的农户逐渐减少,有机肥源短缺;另一方面,使用有机肥费时费工且见效缓慢,导致果农过分依赖化肥。

化肥投入的氮(N)、磷(P$_2$O$_5$)和钾(K$_2$O)养分平均用量分别为891 kg/hm²、386 kg/hm²和559 kg/hm²,可见果农重氮现象普遍严重。受传统施肥观念束缚,果农普遍认为施肥量越高,果实产量也会随之增加。而从调查结果中施肥量与产量间的关系来看,随着化肥氮、磷和钾养分投入量的增加,果实产量呈现先增加后保持不变或先增加后降低的趋势,化肥养分整体上表现出报酬递减的规律(图13-23)。猕猴桃园化肥氮(N)、磷(P$_2$O$_5$)和钾(K$_2$O)年合理施肥量分别应控制在400~500 kg/hm²、200~300 kg/hm²和300~400 kg/hm²,因此,从养分年平均投入量来看,已严重超过了其合理施用量(路永莉等,2016)。

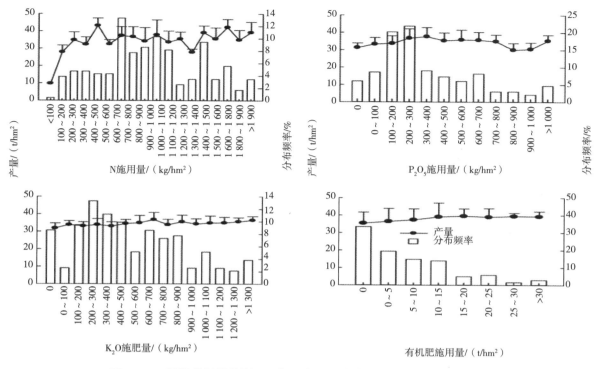

图13-23　猕猴桃果园化肥不同投入水平下的产量和果园样本分布频率

家庭联产承包责任制下农业经营者的分散化与集体行动能力不足是我国农业面源污染治理面临的棘手问题。在秦岭北麓猕猴桃产业发展中面临着同样的问题。一家一户的"超小规模"经营，且呈现细碎化分布的特点。同时，受传统施肥习惯的影响且施肥过程无科学施肥指导，相当一部分农民依照经济状况决定施肥量。经济条件好的则施肥量大，经济条件差的则施肥量小；且果农施肥量与前一年水果销售价格有关系，价格可观，则下一年施肥量就会加大；价格低，则会挫伤果农的积极性，进而降低肥料投入。以上多方面原因导致不同果园间养分投入量存在较大差异。对242个猕猴桃园施肥量调查发现，氮肥用量的变幅为94～3 991 kg N/hm²，磷肥用量的变幅为0～2 430 kg P₂O₅/hm²，钾肥用量变幅为0～1 920 kg K₂O/hm²。其中，化肥氮（N）、磷（P₂O₅）和钾（K₂O）投入量合理的比例分别仅占到7.0%、19.4%和10.7%，而投入过量的比例却分别高达83.0%、51.7%和58.7%（路永莉等，2016）。可见，该区域化肥尤其是氮肥施用存在较大的变异性。

2. 长期过量施肥导致果园养分大量盈余

农田养分盈余分析是氮磷环境风险评价的常用方法。养分盈余指的是氮磷养分的输入与输出的差值，差值为负表示存在养分亏缺，会导致土壤肥力下降；差值为正表示存在养分盈余，会带来污染风险。在我国瓜果蔬菜等园艺作物栽培中，养分尤其是氮素大量盈余问题非常突出。如在山东设施菜地年平均氮素盈余量高达3 327 kg N/hm²；在陕西，果园平均盈余量也高达876 kg N/hm²（赵佐平等，2014）。而对于秦岭北麓猕猴桃园而言，养分大量投入已严重超出作物正常生长发育对养分的需求量，导致养分盈余特别是氮素盈余量处于非常高的水平。从调查数据分析结果可以看出，猕猴桃园氮养分盈余量最高，达1 081 kg N/(hm²·a)，磷（P）、钾（K）养分盈余量分别为237 kg/(hm²·a)和491 kg/(hm²·a)。猕猴桃园施氮量及氮养分盈余量高的原因可能是果农误认为猕猴桃养分吸收量大，但在该区域猕猴桃园试验研究发现，果园每年因果实收获、枝条修剪和树体吸收而携出的氮、磷及钾养分量仅占养分总投入量的一小部分，分别约为10%、12%和20%（表13-14）（Lu et al.，2016），说明猕猴桃养分尤其是氮养分已出现了明显的供过于求的现象，导致果园养分出现大量盈余。

表13-14　果园和农田年表观养分平衡状况　　　　　　　　　　　　　　　　　单位：kg/hm²

养分	投入	携出	盈余
氮N	1 201（285）	120（22）	1 081（274）
磷P	268（89）	31（6）	237（76）
钾K	615（182）	124（36）	491（169）

注：数据来源于Lu et al.，2016。括号中数据为标准差。

猕猴桃园氮素携出量显著低于氮素投入量，导致氮素利用效率（氮素携出/氮素投入）普遍很低，2018—2019年连续两年对该区域430个猕猴桃园调查分析发现（图13-24），超过99%的猕猴桃园氮素利用效率在50%以下，且92%的果园氮素利用效率低于20%。而对于当地农田系统而言，在所调查的18个样本中，超过71%的农田氮素利用效率大于30%，且41%农田氮素利用效率在50%以上，显著高于猕猴桃园（Gao et al.，2021a）。

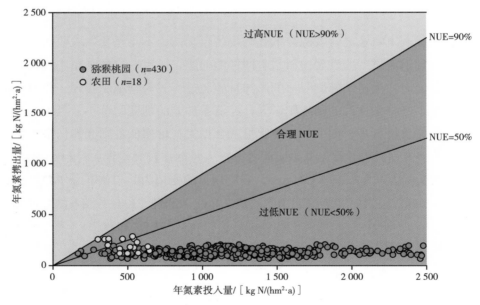

图13-24　农田及猕猴桃园氮素利用效率（NUE）

（二）秦岭北麓猕猴桃种植区土壤养分累积及损失

1. 土壤养分大量累积

肥料施入土壤后主要去向包括作物吸收，土壤残留和损失。土壤养分残留与施肥量之间存在显著正相关，化肥过量施用是土壤及周边环境污染负荷增加的主要原因。而土壤氮素大量残留及损失是我国园艺作物生产中面临的主要环境问题。利用¹⁵N示踪技术研究表明，在我国蔬菜和果园体系中，土壤残留氮平均占到了化肥氮施用量的48.3%（Zhu et al.，2022）。土壤中大量残留的氮素通过各种途径，如氨挥发、淋洗损失、硝化-反硝化及径流损失等，发生损失。硝态氮作为土壤无机态氮的主要形态之一，是氮肥在土壤中残留和转化的重要产物。在土壤矿质态氮中，铵态氮带正电荷易被土壤胶体固定，而硝态氮带负电荷，易发生淋溶损失。

猕猴桃园多年过量施肥已导致大量氮素累积于土壤中。同样以俞家河小流域为例，对猕猴桃园0~10 m土壤剖面采样分析发现，0~1 m、0~2 m、0~5 m和0~10 m土壤剖面硝态氮平均累积量分别为594 kg N/hm²、1 230 kg N/hm²、3 674 kg N/hm²和7 113 kg N/hm²（图13-25），而在整个秦岭北麓猕猴桃种植区0~10 m土层土壤硝态氮累积量高达266.5 kg N/hm²，其中根区以下（1~10 m）累积量高达236.0 kg N/hm²（Gao et al.，2021a）。

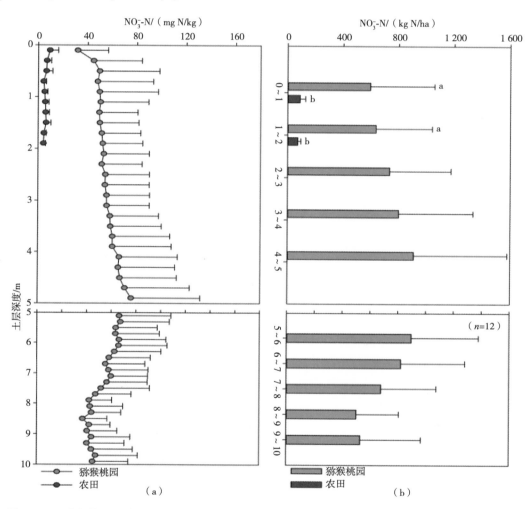

图13-25　猕猴桃园和农田0~10 m土壤剖面硝态氮累积（a）及分布（b）（Gao et al.，2021a）

对俞家河小流域88个猕猴桃园土样分析表明，猕猴桃园耕层土壤平均速效磷含量为86 mg/kg，在测定样本中，仅有3.41%猕猴桃园的土壤速效磷含量处于偏低水平，有20.45%猕猴桃园的土壤速效磷含量处在适宜标准，而有76.14%猕猴桃园的土壤速效磷含量处于过高水平。测定耕层投入速效钾平均含量为360 mg/kg，在测定样本中，仅有2.27%猕猴桃园的土壤速效钾含量处于偏低水平，有17.05%猕猴桃园的土壤速效钾含量处在适宜标准，而有80.68%猕猴桃园的土壤速效钾含量处于过高水平（表13-15）（康婷婷等，2015）。土壤大量养分累积，未被果树充分利用，造成养分损失，增加了农业面源污染风险。

表13-15　秦岭北麓俞家河小流域猕猴桃园土壤速效磷和速效钾含量（康婷婷等，2015）

指标	土层/cm	平均值（mg/kg）	最大值（mg/kg）	最小值（mg/kg）	变异系数/%	比例/%		
						偏低	适宜	偏高
速效磷	0~20	86.34	183.78	16.03	40.67	3.41	20.45	76.14
速效钾	0~20	360	632	117	32.54	2.27	17.05	80.68

2. 土壤养分损失严重

（1）氮素损失。土壤中大量累积的氮素主要通过氨挥发、淋洗损失、硝化-反硝化及径流损失等途径发生损失。

氨挥发损失　氨挥发被认为是农田氮肥施用后向环境排放的一个重要途径，氨挥发损失受氮投入量、施肥方式、土壤理化性质等多种因素的影响。以氨挥发方式损失的氮可达氮素投入量的1%~47%，其中碳铵的氮素损失在49%~66%，尿素损失量为29%~40%。有研究分析了1980年以来农业氨排放的全球变化发现，与1980年相比，2018年全球农业氨排放量增加了78%，其中农田氨排放量增加了128%（Lv et al.，2020）。可见，农业活动对氨排放的影响之大。秦岭北麓猕猴桃园由于大量氮肥的施用显著增加了氨挥发损失。在该区域的研究显示，猕猴桃园在3个施肥季氨挥发累积量为11.57~13.98 kg NH$_3$/hm^2，显著高于当地粮田氨挥发损失率（1.64~2.27 kg NH$_3$/hm^2），平均为农田的6倍（李志琴，2022）。

径流损失　土壤侵蚀导致水土流失是农业面源污染的重要原因，是危害程度极为严重的农业面源污染过程。降雨是坡面土壤侵蚀和养分损失的自然驱动力，同时是土壤溶质的溶剂和载体，是导致土壤养分损失的重要因素。秦岭北麓是陕西渭河段径流的主要来源，占全区水资源量的2/3以上。但这一地区地形复杂，呈现"一沟一梁一面坡"的地貌特征，水土流失严重。受地形地貌的影响，该区域耕地和园地多分布于山地丘陵地带，加上雨季降雨集中，果园施肥量大等因素，直接加剧了果园养分的径流损失。利用RUSLE模型对俞家河小流域年均土壤侵蚀量和养分损失进行定量估算发现，小流域耕地和园地全氮年均损失量达8.83 t（韦安胜，2015）。

土壤硝态氮淋溶损失　园艺作物体系由于施肥量高，养分利用率低以及根系相对较浅，加上硝态氮在土壤中的移动性强，容易发生淋溶损失，因此硝态氮淋失是园艺作物体系氮素损失的一个较大途径。毋庸置疑，过量氮肥施用是硝态氮产生淋溶损失的首要条件和重要原因。有研究采用^{15}N标记技术监测了澳大利亚东北部农业种植密集区地下水氮含量，结果表明，有14%~21%的井水受到了氮素的污染，其中超过50%的井水氮污染来自化肥的过量施用。

秦岭北麓猕猴桃果园氮素淋溶风险相对较高，一方面是因为果园氮肥过量施用问题十分严重，另一方面是由于猕猴桃根系分布较浅，其中78%的根系集中分布在0~40 cm土层，15%的根系分布于40~60 cm土层，而只有极少的根系分布在100 cm以下土层（王建等，2010）。同时，硝态氮淋溶与降水和灌溉关系密切，增加灌溉水投入能显著增加硝态氮的淋溶损失，且土壤硝态氮的累积峰随灌溉水量的增加而明显下移（Huang et al.，2018）。秦岭北麓地区属于山地丘陵地带，降水充沛，全年降水的70%~80%集中于7—9月，同时该区域灌溉方式仍以大水漫灌为主且单次灌溉量大无疑加剧了果园硝态氮的迁移及淋溶损失。另外，研究区果园多分布在坡耕地上，这增加了硝态氮的径流损失风险。

在俞家河小流域对6个坡地猕猴桃园定点观测表明，在雨季之前，坡上部与坡下部土壤剖面NO$_3^-$-N

含量均出现先增加后减少的趋势，其NO$_3^-$-N最大含量主要分布于60～120 cm土层。经过一季降雨之后，坡上部与坡下部土壤剖面NO$_3^-$-N含量出现先减少后增加的趋势，且NO$_3^-$-N最大含量分布于160 cm以下土层。说明经过一季降雨，NO$_3^-$-N出现明显向深层土壤淋溶现象，其迁移距离超过60 cm（图13-26）。对于坡上部与坡下部而言，无论雨季前还是雨季后，坡下部0～200 cm土层NO$_3^-$-N累积量均高于坡上部，且雨季之后两者之间的差异增大，坡上部雨季后0～200 cm土层NO$_3^-$-N与雨季前相比有所降低，而坡下部雨季后0～200 cm土层NO$_3^-$-N累积量与雨季前相比有所增加（图13-27）（高晶波，2016）。以上结果表明，在山地丘陵地带不仅存在硝态氮的垂直淋溶损失，同时存在顺坡向下迁移的现象。对猕猴桃园0～10 m土壤剖面采集分析发现，1 m以下土壤硝态氮累积量达6 519 kg/hm^2，占整个10 m土壤剖面的91.6%，且至10 m土层硝态氮含量仍高达45.22 mg/kg，同样表明该区域猕猴桃园存在严重的硝态氮淋溶损失现象（Gao et al.，2021a）。长期过量的氮肥投入使得果园在集中降雨及大水漫灌的条件下存在氮素损失的巨大风险，这无疑增加了该流域水环境的污染负荷，不利于流域果园及生态系统的健康、可持续发展。

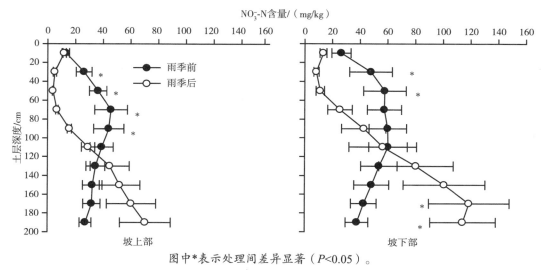

图中*表示处理间差异显著（P<0.05）。

图13-26　雨季前后同一坡位0～200 cm土壤剖面NO$_3^-$-N含量变化（高晶波，2016）

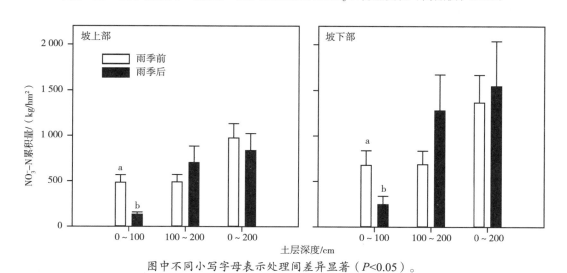

图中不同小写字母表示处理间差异显著（P<0.05）。

图13-27　雨季前后同一坡位0～200 cm土壤NO$_3^-$-N累积量变化（高晶波，2016）

（2）磷素损失。磷肥施入土壤后，与土壤固相发生剧烈的吸附、固持反应；在氮素释放、流失得到有效管理而水体富营养化问题仍得不到有效控制的情况下，人们逐渐认识到农业生态系统中土壤磷素流失对水体环境的重要性，现在普遍认为农田土壤磷素流失是水体富营养化磷素的主要来源。

果园土壤中大量累积的磷素可以地表径流或淋溶的方式进入水体，造成水体磷含量超标，引起水体富营养化问题。秦岭北麓猕猴桃果园多分布在坡耕地上，加之该区域降水充沛且灌溉量大，土壤磷素以径流方式损失风险较大。利用RUSLE模型对俞家河小流域年均土壤侵蚀量和养分损失进行定量估算发现，小流域耕地和园地速效磷年均损失量为0.18 t，其中，园地（以猕猴桃果园为主）损失占比达66.7%（Chen et al.，2019）。

土壤磷素以淋溶方式损失也是一个不容忽视的问题。通常以土壤磷含量的突变点来衡量磷从土壤迁移到水体的潜在风险。在该区域研究表明，猕猴桃园土壤速效磷的淋溶突变值为40.11 mg/kg（张瑞龙等，2014）。而对该区域猕猴桃园耕层土壤（0~20 cm）速效磷测定发现，其平均含量已高达86 mg/kg（康婷婷等，2015），据此推测，研究区果园土壤磷素淋溶途径的损失风险比较高，容易引起水环境污染问题。

（三）秦岭北麓猕猴桃种植区过量施肥对当地水质的影响

猕猴桃园过量施用化肥加之该区域土壤多发育于山前洪积扇，土质疏松，夏季降雨充沛，使得土壤表面养分更容易随降雨而流失，从而增加水体富营养化风险。而该区域猕猴桃种植已对当地地表及地下水水质产生了严重影响。

1. 地表水

为了明确猕猴桃集约化种植对地表水质的污染程度，以秦岭北麓俞家河小流域为研究对象（图13-28）。

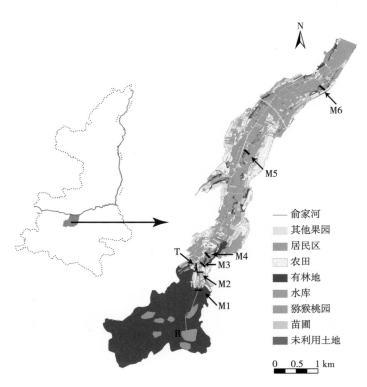

图13-28　秦岭北麓俞家河小流域土地利用方式及河流监测断面分布

在猕猴桃3个典型施肥时期（早春施基肥期、盛夏追肥期和秋冬越冬肥期）的不同降雨条件下对河流不同断面水质进行监测，分析了水体中氮、磷含量的时空分布特征及降雨和施肥对其产生的影响。

对河流总氮含量变化进行监测，发现监测时段内总氮浓度为4.53～11.45 mg/L，平均为6.51 mg/L，处于地表水劣V类水质（《GB 3838—2002 地表水环境质量标准》）。在早春施基肥期和盛夏追肥期，河流总氮浓度在大雨时显著高于晴天和小雨，可见，水体中总氮浓度受大雨影响较大（郭泽慧等，2017）。对河流氮素形态分析发现，硝态氮占总氮含量的71.5%～91.2%（高晶波，2020），可见，硝态氮是该流域河流氮素的主要形态。水体硝酸盐具有多种不同来源，如大气沉降、土壤有机氮矿化、化肥及有机肥施用以及生活和工业废水的排放等。因此，识别水体硝酸盐来源是制定相应措施，及时切断污染源，控制水体硝酸盐污染的最重要的环节。对于俞家河小流域，主要以农业为主，无工业污染源。而化肥和有机肥施用及生活污水排放为河流硝酸盐的主要来源（表13-16）。利用硝酸盐氮、氧同位素示踪技术分析发现，河流硝酸盐主要贡献源为化肥氮。

表13-16 俞家河流域水样采样断面地理位置与土地利用状况

采样断面及性质	样点编号	海拔/m	距源头距离/m	在流域的位置	土地利用状况所占比例/%			
					耕地	园地	林地	居民区
张龙村（上游水库）	R	592.8	0	源头	0	0	—	—
白仙沟	M1	588.6	864	上游	39.3	29.1	10.4	15.8
丹阳村1（支流前对照）	M2	584.1	1 348	上游	36.9	34.6	5.4	17.3
丹阳村2（支流控制）	T	585.7	1 351	上游	—	—	—	—
丹阳村3（支流汇入后控制）	M3	579.9	1 378	上游	—	—	—	—
岭梅村1（支流消减/岭梅村入村对照）	M4	576.1	1 807	中游	26.3	41.4	6.3	18.0
岭梅村2（岭梅村中部控制）	M5	529.7	4 076	中游	—	—	—	—
岭梅村3（岭梅村出村控制）	M6	496	6 359	下游	16.6	46.9	6.6	9.9

对河流总磷含量变化进行监测，发现总磷平均浓度的变化范围在0.004～1.377 mg/L。3个施肥时期，水体总磷的平均浓度在大雨条件下均显著高于晴天和小雨。在3种天气状况下，盛夏追肥期水体总磷的平均浓度均显著高于早春萌芽肥和秋冬基肥期。可见，水体中磷素含量高低与降雨强度和施肥期有密切关系（郭泽慧等，2017）。

2. 地下水

NO_3^--N是土壤中氮素的主要存在形态，因其本身带有负电荷不易被土壤胶体吸附，具有极易溶于水、移动性强等特点而成为集约化农区地下水的主要污染物。如早在2007年，赵同科等（2007）对环渤海7省（市），包括北京、河北、河南、山东、辽宁、天津以及山西的地下水硝酸盐含量状况进行大面积调查发现，上述7省（市）地下水硝酸盐含量已处于较高水平，平均值达11.9 mg N/L，约34.1%的地下水超过WHO制定的饮用水标准，且对果园、菜地的影响较大。

农业生产中过量施用氮肥是造成污染的重要原因。大量施用氮肥引起的硝酸盐累积及淋溶损失导致地下水硝酸盐污染问题日益严重，秦岭北麓猕猴桃园大量施氮加大水漫灌等粗放式的田间管理措施，导致土壤硝态氮累积及淋溶损失现象普遍严重。对该区域俞家河小流域40个地下水采样点进行连续3年的持续监测发现（图13-29），土地利用方式对地下水硝酸盐含量有显著影响，猕猴桃集约化种植区浅层地下水硝酸盐超标率达56.3%，平均含量为55.3 mg/L，显著高于当地农田区及自然林地区浅层地下水硝酸盐含量（图13-30）。而猕猴桃集约化栽培不仅对浅层地下水环境构成了威胁，同时影响到了深层地下水水质，在所监测的小流域中，有超过22.2%的深层地下水硝酸盐含量已超过WHO规定的饮用水标准。通过对地下水硝酸盐$\delta^{15}N\text{-}NO_3^-$和$\delta^{18}O\text{-}NO_3^-$进行测定分析发现，化肥及有机肥施用是该小流域地下水硝酸的主要来源（Gao et al.，2021b）。

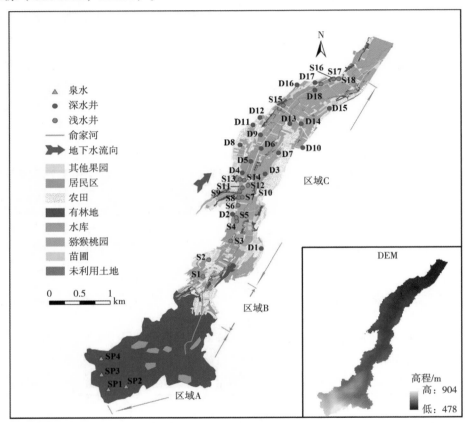

图13-29　俞家河小流域土地利用方式、数字高程（DEM）及地下水采样点分布

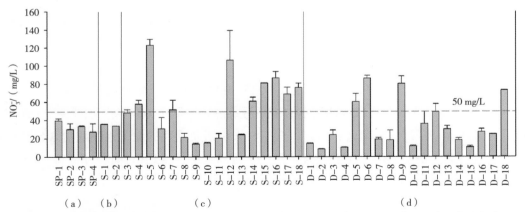

图a、图b、图c和图d分别为区域A的泉水，区域B的浅水井，区域C的浅水井及区域C的深水井。
红色线表示WHO规定的饮用水硝酸盐含量标准上限。

图13-30　俞家河流域不同区域地下水硝酸盐含量（Gao et al.，2021a）

　　对秦岭北麓猕猴桃主产区31个浅水井进行采样分析表明，地下水硝酸盐含量范围在14.88～209.99 mg/L，平均值为116.85 mg/L。采集的31个地下水样中，97%的地下水样品硝酸盐含量超过WHO地下水饮用标准（50 mg/L，WHO，2011）（图13-30；Gao et al., 2021a）。而在2001年，有研究报道该区域大部分区域地下水硝酸盐含量低于50 mg/L，可见，秦岭北麓地区30多年来猕猴桃产业的迅速发展已对当地地下水水质产生了严重影响。

　　土壤中累积的硝态氮迁移至地下水存在延迟性，这主要与包气带厚度及土壤性质有关。包气带厚度的增加将显著延迟土壤硝态氮进入地下水的时间，如在英国Eden流域的一项研究发现，对于包气带较厚的区域，硝态氮迁移至地下水的时间可达几十年。而在秦岭北麓猕猴桃主产区，包气带厚度在不同区域间存在较大差异，薄的区域<5 m，厚的区域超过100 m，将显著影响土壤硝态氮进入地下水的时间（图13-31）。与黄土高原中部地区相比，该区域超过70%的区域包气带厚度小于20 m。因此，该区域由于土壤大量硝态氮累积及较浅的包气带，在未来几年可能会面临更加严重的地下水硝酸盐污染问题。

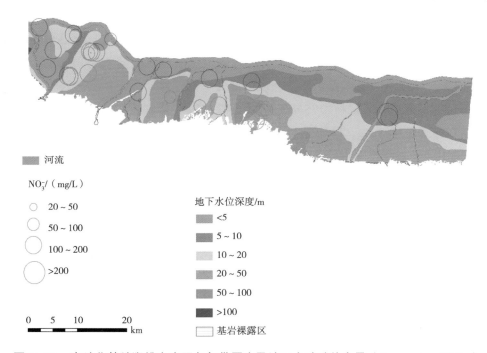

图13-31　秦岭北麓猕猴桃主产区包气带厚度及地下水硝酸盐含量（Gao et al., 2021a）

三、秦岭北麓猕猴桃主产区农业面源污染防控技术与模式

　　秦岭北麓猕猴桃产区过量施肥及大水漫灌突出，因此降低肥料用量，采取节水灌溉是控制区内农业面源污染的关键；采用水肥一体化技术、施用肥料增效剂以及坡地改梯田（"坡改梯"）等措施是提高养分利用、减少损失的主要方法。加强科学施肥与农业面源污染方面的研究及知识的推广与普及，提高生产者的生态环境保护意识，也是应加强的工作。

（一）减量施肥

　　大量田间试验结果显示，作物产量并不随氮肥用量的增加呈直线增加，而是表现为二次曲线函数关系。氮素损失量与氮肥用量之间存在显著的线性正相关关系，可见，过多的氮肥投入不仅不利于作物产量的提高，而且会引起环境污染等一系列潜在风险。因此，确定果园合理的施肥量不仅能提高产量，而且还能降低面源污染的风险。成龄猕猴桃果园的最佳施氮量范围为350～500 kg N/hm²，磷（P$_2$O$_5$）和钾（K$_2$O）年合理施肥量分别应控制在200～300 kg/hm²和300～400 kg/hm²（路永莉等，2016）。对于集约化果园而言，采用目标产量和肥料效应函数进行施肥优化后，作物生产不会受到明显影响，但施肥量可显著降低，如氮肥用量可减少20%～30%，同时可显著减少氮素损失，降低面源污染物的排放（Lu et al.，2016）。

在陕西秦岭北麓猕猴桃园连续7年的田间定位试验结果表明，在果农习惯施氮量的基础上减少氮肥用量45%，对树体养分吸收、果实产量和果品质量的稳定并没有产生影响，但显著提高了氮肥偏生产力（PFPN），平均增幅为47%～110%；同时，显著降低了土壤硝态氮残留量，相对于农民常规处理，0～200 cm硝态氮累积量减少了30.6%～52.4%；而在减量施氮的基础上施用控释尿素能够显著降低土壤硝态氮向下层土壤的淋溶损失（高晶波，2020）。

通过2018—2019年对该区域430个猕猴桃园进行的调查分析发现，猕猴桃园年氮素总投入量高达1 332 kg/hm²，其中化肥氮投入量占比超过72%，年氮素平均盈余量高达1 206 kg/hm²（Gao et al.，2021a）。若对所调查的430个猕猴桃园中化肥氮投入量超过推荐施用量（500 kg/hm²）的果园均采用500 kg投入量来计算，猕猴桃园氮素投入及盈余量将显著降低，整个秦岭北麓猕猴桃主产区（猕猴桃栽培面积约5.68万hm²）氮素总投入量将由75.6 Gg降低至47.6 Gg，降幅达37%。同时，氮素盈余总量也将显著降低，由68.3 Gg降至40.3 Gg，降幅达41%。因此，该区域猕猴桃园在当前种植管理模式下，有巨大的减肥潜力。采用减量施肥技术将显著降低土壤养分的盈余和累积。

（二）水肥一体化技术

秦岭北麓猕猴桃园管理方式粗放，当前仍以传统的大水漫灌方式为主，且该区域大部分果园分布于坡地上，导致土壤果园养分流失严重。因此，采用节水灌溉十分必要。在秦岭北麓俞家河小流域坡地猕猴桃园进行水肥一体化减水减肥试验研究发现，与常规处理相比，水肥一体化技术显著提高了猕猴桃对水分及养分的利用效率，氮肥及灌溉水投入分别减少58%和60%，肥料偏生产力提高了151%，灌溉水利用效率及水分利用效率分别提高了171%和37%。两种处理下猕猴桃产量未出现明显差异，但水肥一体化技术明显提高了猕猴桃果实品质。同时，坡地果园采用水肥一体化技术显著降低了土壤剖面硝态氮向深层土壤的淋溶损失及顺坡向下的迁移（高晶波，2016）。

（三）施用肥料增效剂

近年来，除与作物生长相匹配的精细施肥和农田管理措施外，氮肥增效剂（硝化抑制剂、脲酶抑制剂等）的利用也是有效阻控农田土壤氮素损失的重要手段，通过抑制氮素转化过程中的某一环节来匹配供氮与作物吸氮的关系，达到降低氮肥损失、提高氮肥利用率的作用。

尿素在全球合成氮肥市场中约占55%，是农业生产中最常用的氮肥类型。尿素施入土壤后1～2 d内在土壤脲酶的催化作用下迅速水解为碳酸铵，随后分解为CO$_2$和铵态氮。脲酶抑制剂通过抑制土壤脲酶活性来减缓尿素向铵态氮的转化。NBPT是目前研究使用最为广泛的脲酶抑制剂，其与尿素配合施用能够显著降低土壤NH$_3$日挥发量，并减少NH$_3$损失总量。同时也会影响硝化作用及后续反硝化作用速率，降低N$_2$O排放和土壤硝态氮的淋溶损失。已有不少研究证实了NBPT在减少氮肥损失、提高氮素利用率和作物增产方面的显著作用。

在现代农业氮循环中，硝化作用与氮素损失和利用密切相关，成为提高氮素利用率和减少氮污染的关键环节。硝化作用是土壤氮循环的关键过程，氨氧化过程是该反应的限速步骤。硝化抑制剂能通过抑制氨氧化细菌微生物的活性来暂时阻止NH_3氧化为羟胺，进而延长NH_4^+在土壤中的滞留时间，减缓硝化作用进程，从而降低该过程中N_2O排放及土壤硝态氮的淋溶损失。因此，硝化抑制剂被认为是减少农田氮素损失，提高氮肥利用率的重要措施之一，并被广泛应用于农业系统中。目前，DCD和DMPP是最为常见并已商业化应用的硝化抑制剂。研究表明，DCD具有抑菌作用而非杀菌作用，其主要通过抑制AOB的生长和活性，从而限制其对NH_4^+的吸收和利用。DMPP能够通过螯合AMO中的Cu来阻碍AOB对NH_3的氧化反应，高效抑制AOB的生长和相关amoA的表达。研究发现，将硝化抑制剂与尿素混合使用，NO_3^--N淋溶损失率能减少48%，N_2O排放降低44%，同时增加作物产量（Burzaco et al., 2014；Qiao et al., 2015）。

除了化学硝化抑制剂外，近几年，生物硝化抑制剂（BNI）因其高效且环境友好的特点，越来越被关注。生物硝化抑制剂主要由植物根系产生和分泌，具有抑制土壤硝化作用的能力。近10年来，随着根系分泌物收集、分离和鉴定技术的快速发展，已从高粱、湿身臂形草和水稻的根系分泌物中发现了5种BNI，分别为对羟基苯丙酸甲酯、高粱酮、樱花素、臂形草内脂和1,9-葵二醇等。不同类型的BNI其应用效果受土壤理化性质等各种因素的影响。如高粱BNIs对羟基苯丙酸甲酯和高粱酮在中性土壤中表现出显著的抑制效应，而亲水性物质樱花素添加至土壤后却失去了活性（陆玉芳、施卫明，2021）。最新研究还证实，水稻源1,9-葵二醇对我国碱性潮土、中性水稻土和酸性红壤等3种典型农田土壤的硝化活性均有显著抑制作用（Lu et al., 2019）。

在秦岭北麓猕猴桃主产区，尿素及铵态氮肥为主要氮肥施用类型。因此，氮肥配施硝化抑制剂可成为果园减少氮肥损失，提高氮肥利用率，提高果实产量的一个有效途径。

（四）坡改梯减缓养分损失

水土流失作为一个世界性的环境问题，不但能直接导致土壤质量退化、降低土地生产力，还能通过地表径流引起的土壤养分物质流失造成面源污染。为解决坡耕地水土流失及养分损失问题，国家在全国范围内逐步实施了"坡改梯"工程。"坡改梯"措施通过改变微地形，降低田面坡度，不仅能够提高农业综合生产力，让当地水土资源得到可持续利用，而且能够从根本上减弱水土流失的发生，进而从源头上解决养分损失问题。在秦岭北麓俞家河小流域的研究显示，与原坡耕地相比，"坡改梯"措施显著减少了农田的径流量和泥沙量，减少幅度分别达68.8%和91.2%，而随径流流失的总氮、总磷和矿质态氮也分别减少了29.8%、72.3%和26.3%（张晓佳，2014）。由此可见，"坡改梯"措施具有较好的水保效益。

（五）加强科学施肥宣传和指导

由于农业面源污染范围广、随机性强、治理成本高，末端治理技术和措施难以全面推广。因此，从源头进行污染物减排非常重要。农户是农业生产的主体，农户对农业面源污染认知与生产行为直接影响农业和农村生态环境。因此，要实现农业面源的源头防治，离不开广大农户的积极参与。而在秦岭北麓地区，果农主体多以中老年人为主，知识水平相对较低，对农业面源污染没有足够认识，多数农户对此态度漠然；同时，广大果农仍缺乏科学合理施肥观念，大部分果农依据农作经验进行施肥，缺少合理施肥的依据，且普遍认为降低施肥量存在很大的减产风险，因此，果农即使了解化肥的过量施用会给农业生产及生态环境带来负面影响，但并不愿意在农业生产中改变施肥行为。

因此，在该区域应加强农业环境保护宣传，提高农户环境认知，使果农充分认识到环境友好型生产行为对当地居民身体健康、生态环境、土壤质量及农产品品质等方面的重要性。同时，应进一步加强科学施肥宣传和指导，通过农业技术培训等形式使果农树立正常的施肥观念、掌握科学施肥方法，通过测土配方施肥等技术减少施肥量，提高肥料利用率；提倡有机无机配施，转变不施或少施有机肥的现象。农技推广部门或科研院所应加强试验示范基地建设，通过实际减肥增产技术效果进一步增强果农对科学施肥的认知，改变传统施肥观念。

主要参考文献

柴泽宇，于艳梅，张池，等，2019. 关中小麦-玉米轮作农田磷肥减施增效研究[J]. 西北农业学报，28（10）：1674-1680.

陈静，张建国，赵英，等，2018. 秸秆和生物炭添加对关中地区玉米-小麦轮作农田温室气体排放的影响[J]. 水土保持研究，25（5）：170-178.

陈祥，2008. 冬小麦/夏玉米高产研究中的养分资源管理[D]. 杨凌：西北农林科技大学.

成功，陈静，刘晶晶，等，2017. 秸秆/生物炭施用对关中地区小麦-玉米轮作系统净增温潜势影响的对比分析[J]. 环境科学，38（2）：10.

丁燕，2015. 陕西关中平原小麦玉米轮作下农田氮素淋失特征及氮素平衡研究. [D]. 杨凌：西北农林科技大学.

杜文婷，2022. 水肥减量及秸秆还田对麦玉体系作物产量和氮磷效率的影响[D]. 杨凌：西北农林科技大学.

高晶波，2016. 秦岭北麓猕猴桃园土壤硝态氮累积及水肥调控研究[D]. 杨凌：西北农林科技大学.

高晶波，2020. 秦岭北麓土地利用方式变化对土壤氮素累积及损失的影响[D]. 杨凌：西北农林科技大学.

郭胜利，张树兰，党廷辉，等，2021. 褐土区农田土壤氮磷淋溶特征及其管理措施[J]. 中国生态农业学报（中英文），29（1）：163-175.

郭泽慧，刘洋，黄懿梅，等，2017. 降雨和施肥对秦岭北麓俞家河水质的影响[J]. 农业环境科学学报，36（1）：158-166.

郝耀旭，刘继璇，袁梦轩，等，2017. 长期定位有机物料还田对关中平原冬小麦-玉米轮作土壤N_2O排放的影响[J]. 环境科学，38（6）：2587-2593.

姜云，2021. 施氮及栽培模式对麦/玉轮作体系作物产量及氮素利用的影响[D]. 杨凌：西北农林科技大学.

康婷婷，张晓佳，陈竹君，等，2015. 秦岭北麓猕猴桃园土壤养分状况研究——以周至县余家河小流域为例[J]. 西北农林科技大学学报（自然科学版），43（11）：159-164.

孔祥泽，2019. 氮肥运筹对小麦-玉米周年作物生长及产量、品质的影响[D]. 杨凌：西北农林科技大学.

李锦，2013. 秸秆还田及其基础上氮肥减量对土壤碳氮含量及作物产量的影响[D]. 杨凌：西北农林科技大学.

李志琴，2022. 秦岭北麓猕猴桃主产区氨挥发及大气氮沉降效应研究[D]. 杨凌：西北农林科技大学.

刘瑞，戴相林，张鹏，等，2011. 不同氮肥用量下冬小麦土壤剖面累积硝态氮及其与氮素表观盈亏的关系[J]. 植物营养与肥料学报，17（6）：1335-1341.

刘岩，周建斌，刘占军，等，2017. 日光温室土壤养分含量及比例与种植年限的关系[J]. 土壤通报，48（2）：420-426.

卢慧宇，2021. 水肥调控及生物炭施用对作物产量和氮磷效率及氮磷淋失的影响[D]. 杨凌：西北农林科技大学.

陆玉芳，施卫明，2021. 生物硝化抑制剂的研究进展及其农业应用前景[J]. 土壤学报，58（3）：545-557.

路永莉，康婷婷，张晓佳，等，2016. 秦岭北麓猕猴桃果园施肥现状与评价——以周至县俞家河流域为例[J]. 植物营养与肥料学报，22（2）：380-387.

吕凤莲，2019. 冬小麦/夏玉米轮作体系有机无机肥配施的农学和环境效应研究[D]. 杨凌：西北农林科技大学.

马小艳，杨瑜，黄冬琳，等，2022. 小麦化肥减施与不同轮作方式的周年养分平衡及经济效益分析[J]. 中国农业科学，55（8）：15.

陕西省统计局，2021. 陕西统计年鉴[M]. 北京：中国统计出版社.

王建，同延安，高义民，2010. 秦岭北麓地区猕猴桃根系分布与生长动态研究[J]. 安徽农业科学，38（15）：8085-8087.

王维钰，2019. 秸秆周年投入与施肥对小麦-玉米轮作温室气体排放效应及农田生产力的影响[D]. 杨凌：西北农林科技大学.

王云凤，2022. 陕西关中不同小麦品种产量及磷效率的差异研究[D]. 杨凌：西北农林科技大学.

韦安胜，2015. 秦岭北麓面源污染风险评价[D]. 杨凌：西北农林科技大学.

魏蕾，米晓田，孙利谦，等，2022. 我国北方麦区小麦生产的化肥、农药和灌溉水使用现状及其减用潜力[J]. 中国农业科学，55（13）：2584-2597.

严玉梅，2020. 陕西耕地土壤养分现状与土壤肥力评价[D]. 杨凌：西北农林科技大学.

杨硕欢，2017. 玉米-小麦轮作农田土壤CO_2排放对水肥供应的响应[D]. 杨凌：西北农林科技大学.

杨宪龙，2013. 陕西关中小麦-玉米轮作区农田氮素平衡研究[D]. 杨凌：西北农林科技大学.

张保成，2017. 水肥供应对玉米-小麦轮作系统土壤N_2O排放的影响[D]. 杨凌：西北农林科技大学.

张瑞龙，吕家珑，刁展，2014. 秦岭北麓两种土地利用下土壤磷素淋溶风险预测[J]. 农业环境科学学报，33（1）：121-127.

张树兰，同延安，梁东丽，等，2004. 氮肥用量及施用时间对土体中硝态氮移动的影响[J]. 土壤学报，41（2）：270-277.

张晓佳，2014. 秦岭北麓"坡改梯"农田土壤肥力状况及水土保持效应研究[D]. 杨凌：西北农林科技大学.

赵同科，张成军，杜连凤，等，2007. 环渤海七省（市）地下水硝酸盐含量调查[J]. 农业环境科学学报（2）：779-783.

赵佐平，闫莎，刘芬，等，2014. 陕西果园主要分布区氮素投入特点及氮负荷风险分析[J]. 生态学报，34（19）：5642-5649.

BAI X L，JIANG Y，MIAO H Z，et al.，2021. Intensive vegetable production results in high nitrate accumulation in deep soil profiles in China [J]. Environmental Pollution，287：117598.

BURZACO J P，CIAMPITTI I A，VYN T J，2014. Nitrapyrin impacts on maize yield and nitrogen use efficiency with spring-applied nitrogen：field studies vs. meta-analysis comparison [J]. Agronomy Journal，106：753-760.

CHEN Z J，WANG L，WEI A S，et al.，2019. Land-use change from arable lands to orchards reduced soil erosion and increased nutrient loss in a small catchment [J]. Science of the Total Environment，648：1097-1104.

EU Nitrogen Expert Panel，2015. Nitrogen use efficiency（NUE）-an indicator for the utilization of nitrogen in agriculture and food systems [M]. Alterra，Wageningen，Netherlands：Wageningen University.

GAO J B，LI Z Q，CHEN Z J，et al.，2021a. Deterioration of groundwater quality along an increasing intensive land use pattern in a small catchment [J]. Agricultural Water Management，253：106953.

GAO J B，WANG S M，LI Z Q，et al.，2021b. High nitrate accumulation in the vadose zone after land-use change from croplands to orchards [J]. Environmental Science & Technology，55：5782-5790.

GAO Y Y，CHEN J，QIAN H，et al.，2022. Hydrogeochemical characteristics and processes of groundwater in an over 2260 year irrigation district：a comparison between irrigated and nonirrigated areas [J]. Journal of Hydrology，606：127437.

HAN Y，LV F L，LIN X D，et al.，2022. Crop yield and nutrient efficiency under organic manure substitution fertilizer in a double cropping system: a 6-year field experiment on an Anthrosol [J]. Agronomy, 12: 2047.

HU J, PAN M Y, HAN T H, et al., 2021. Identification of nitrate sources in the Jing River using dual stable isotopes, Northwest China [J]. Environmental Science and Pollution Research, 28: 68633–68641.

HUANG P, ZhANG J B, ZHU A N, et al., 2018. Nitrate accumulation and leaching potential reduced by coupled water and nitrogen management in the Huang-Huai-Hai Plain [J]. Science of the Total Environment, 610–611: 1020–1028.

KHAN A, LU G Y, AYAZ M, et al., 2018. Phosphorus efficiency, soil phosphorus dynamics and critical phosphorus level under long-term fertilization for single and double cropping systems [J]. Agriculture, Ecosystems and Environment, 256: 1–11.

LIU C M, ZHANG X Y, ZHANG Y Q, et al., 2002. Determination of daily evaporation and evapotranspiration of winter wheat and maize by large-scale weighing lysimeter and micro-lysimeter [J]. Agricultural and Forest Meteorology, 111 (2): 109–120.

LU J S, GENG C M, CUI X L, et al., 2021. Response of drip fertigated wheat-maize rotation system on grain yield, water productivity and economic benefits using different water and nitrogen amounts [J]. Agricultural Water Management, 258: 107220.

LU Y F, ZHANG X N, JIANG J F, et al., 2019. Effects of the biological nitrification inhibitor 1,9-decanediol on nitrification and ammonia oxidizers in three agricultural soils [J]. Soil Biology and Biochemistry, 129: 48–59.

LU Y L, CHEN Z J, KANG T T, et al., 2016. Land-use changes from arable crop to kiwi-orchard increased nutrient surpluses and accumulation in soils[J]. Agriculture, Ecosystems & Environment, 223: 270–277.

LV F L, SONG J S, GILTRAP D, et al., 2020. Crop yield and N_2O emission affected by long-term organic manure substitution fertilizer under winter wheat-summer maize cropping system [J]. Science of the Total Environment, 732: 139321.

QIAO C L, LIU L L, HU S J, et al., 2015. How inhibiting nitrification affects nitrogen cycle and reduces environmental impacts of anthropogenic nitrogen input [J]. Global Change Biology, 21: 1249–1257.

SHI P, ZHANG Y, SONG J X, et al., 2019. Response of nitrogen pollution in surface water to land use and social-economic factors in the Weihe River watershed, northwest China [J]. Sustainable Cities and Society, 50: 101658.

YANG X L, LU Y L, TONG Y A, et al., 2015. A 5-year lysimeter monitoring of nitrate leaching from wheat-maize rotation system: comparison between optimum N fertilization and conventional farmer N fertilization [J]. Agriculture Ecosystems & Environment, 199: 34–42.

YANG X Y, SUN B H, ZHANG S L, et al., 2014. Trends of yield and soil fertility in a long-term wheat-maize system [J]. Journal of Integrative Agriculture, 13 (2): 402–414.

ZHANG Q Y, QIAN H, LI W Q, et al., 2021. Effect of hydrogeological conditions on groundwater nitrate pollution and human health risk assessment of nitrate in Jiaokou Irrigation District [J]. Journal of Cleaner Production, 298: 126783.

ZHU X Q, ZHOU P, MIAO P, et al., 2022. Nitrogen use and management in orchards and vegetable fields in China: challenges and solutions [J]. Frontiers Agricultural Science and Engineering, 9: 386–395.

第十四章

华北集约化农区

第一节 区域农业生产现状与面源污染特征

一、区域自然和社会经济概况

华北农区主要包括北京、天津、河北、河南、山东5个省份，约占我国国土总面积的5.65%，其人口数量、耕地面积、粮食产量和农业总产值分别占全国的22.06%、15.98%、24.39%和21.13%（图14-1），是我国重要的粮食、蔬菜、肉蛋奶生产区之一，对我国社会经济的发展有举足轻重的影响。该区地势低平且土地资源丰富，具有温带大陆性气候特征，四季分明，春季干旱多风，夏季炎热多雨，秋季天高气爽，冬季寒冷干燥。热量条件较好，光照资源充足，全年日照时数2 300～2 800 h，无霜期175～225 d，80%的降水集中在6—9月。雨热同期，有利于农作物生长发育，农业以旱地种植为主，耕作制度为一年两熟或两年三熟，是我国冬小麦、夏玉米、棉花、花生、水稻、蔬菜等主产区。该地区农业生产直接关系到国家粮食安全，尤其是小麦生产，其产量占全国总产量的51%；其次为玉米，占全国总产量的40%。

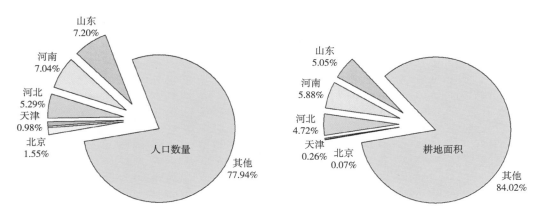

图14-1 华北地区人口数量、耕地面积、粮食产量及农业总产值

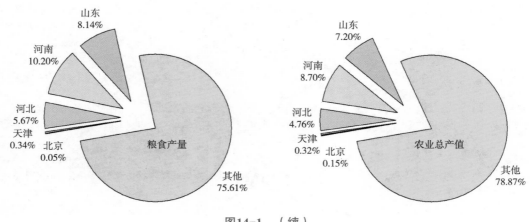

图14-1 （续）

华北地区是国家"京津冀协同发展战略"核心区，改革开放以来，其社会生产力与人们生活水平明显提高。华北地区经济上以工业为主导，农业为基础，第一、第二、第三产业协调发展（表14-1）。截至2020年年底，华北地区生产总值为214 519.2亿元，人均生产总值为6.9万元。

同时，该地区人口稠密，有丰富的劳动力条件，自给自足的小农经济尤为发达；工业基础好，机械化水平比较高；交通便利、城市多，靠近消费市场；另外发展农业的历史比较悠久，水利设施比较完善。就经济而言，北京是中华人民共和国首都、直辖市和国家中心城市，天津位于华北平原海河五大支流汇流处，其中滨海新区被誉为"中国经济第三增长极"。河北内环北京和天津两都市，经济相互辐射和渗透，构成了京津冀经济区，京津冀地区的经济融合程度有了较大的提高，成为华北地区经济规模最大、最具活力的地区。山东是中国发展较快、经济最发达的省份之一，自改革开放以来，该省经济一直保持着持续、快速发展，产业结构日趋合理，经济效益不断提高，国内生产总值以年均10%以上的速度递增，人均国内生产总值已经突破万元大关，国民经济主要指标居全国前列。山东省一直把农业作为发展经济的基础产业，农业产值居全国第1位。河南资源丰富，人口众多，是全国人口大省，劳动力资源丰富；区位优越，位居天地之中，素有"九州腹地、十省通衢"之称，是全国重要的综合交通枢纽和人流、物流、信息流中心；农业领先，是全国农产品主产区，发展较快，经济总量稳居全国第5位（表14-1）。

表14-1 2020年华北地区社会经济情况统计 　　　　单位：亿元

省（市）	第一产业	第二产业	第三产业	地区生产总值
北京	107.61	5 716.31	30 278.57	36 102.55
天津	210.18	4 804.08	9 069.47	14 083.73
河北	3 880.14	13 597.20	18 729.54	36 206.89
河南	5 353.74	22 875.33	26 768.01	54 997.07
山东	5 363.76	28 612.19	39 153.05	73 129.00
合计	14 915.43	75 605.11	123 998.64	214 519.24

二、区域农业生产现状

（一）种植业

华北集约化农区土壤类型繁多，主要以褐土和潮土为主，是盐渍土或次生盐渍化土普遍发生的区域，悠久的耕作历史使自然土壤熟化为农业土壤。该农区耕地面积约为2 043.33万hm^2，占全国的15.98%，是中国重要的粮食产区，截至2020年年底，华北地区的粮食产量占全国的24.39%，主要农作物有小麦、玉米、谷子、水稻与高粱，其中全国60%~80%的小麦和35%~40%的玉米由该地区生产。同时该地区也种植多种经济作物，主要有花生、核桃、大枣、薯类、梨、柿子、苹果、山楂与葡萄等。对于植被类型来说，整个华北地区零散分布着各种草甸、落叶阔叶林、灌丛、沼泽、针叶林与草丛。

北京市和天津市耕地主要分布在平原地带，主要粮食作物以玉米和小麦为主，种植业呈现出以设施农业为主的现代农业生产格局，并扩大效益较高的蔬菜和经济作物种植面积。河北省土地开垦程度高于全国平均水平，是中国重要的粮食产区。其中，玉米的种植面积最大、产量最高，总产量居全国第6位，为玉米的重要产区。小麦的种植面积和产量仅次于玉米，薯类、豆类也是重要的粮食作物。经济作物以棉花、油料为主。

山东省是我国粮食、棉花、花生、蔬菜、水果主要产区之一，粮食年产量连续多年超过4 000万t。山东还是中国最大的花生产区，其面积和产量分别占全国的13.76%和15.93%，主要产于胶东与鲁中南丘陵区和黄泛平原地势较高的沙土地。同时棉花也是最主要经济作物之一，其主要产区在黄泛平原。近年来，蔬菜成为该省农业中第2大主导产业，2020年蔬菜种植面积为148.73万hm^2，每年调出各种干鲜菜近百万t，被称为全国最大的"菜篮子"，建有日照、莱芜等大宗商品菜生产基地，是北京、上海等大城市蔬菜市场的主要供货地之一。但由于肥料投入量大、设施栽培年限增加及管理不当等原因，山东设施菜地土壤出现不同程度的次生盐渍化。此外，山东还是著名的水果之乡，被誉为"北方落叶果树的王国"，主要生产高品质的苹果、梨、桃、杏、枣、葡萄、西瓜等，产量居全国第1。

在全国率先提出了农业产业化的发展思路，加快了由传统农业向现代农业转变的步伐。河南省耕地面积为751.41万hm^2，仅次于黑龙江省，名列全国第2，是全国粮食产量超过3 000万t大关的3个省份之一（图14-2）。主要生产小麦、棉花、油料、烟叶等农产品，其中小麦种植面积占粮播面积的52.8%，产量占全国20%以上（表14-2）。

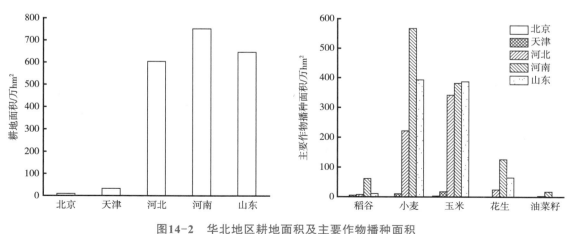

图14-2　华北地区耕地面积及主要作物播种面积

表14-2　华北地区农作物播种面积　　　　　　　　　　　　　　　　　　　　　　　　　　单位：万hm²

农作物类别	北京	天津	河北	河南	山东
粮食作物	4.89	35.02	638.88	1 073.88	828.15
棉花	0.00	0.78	18.92	1.62	14.29
油料	0.12	0.08	35.54	159.75	66.64
麻类	—	—	0.00	0.16	0.00
糖料	—	0.00	1.26	0.15	0.00
烟叶	0.00	—	0.10	8.05	1.82
蔬菜	3.66	5.29	80.35	175.38	148.73
茶园	—	—	0.00	11.30	2.72
果园	4.25	2.40	52.16	45.22	60.32

注：0.00代表当地有种植而数据记录规范接近0；—表示地区没有该种作物。

（二）畜禽养殖业

近年来，华北地区畜禽养殖业发生了巨大变化，养殖方式逐渐由农户散养向集约化转变，养殖规模越来越大。从国家统计局发布的数据来看，2020年年底华北地区五省（市）猪、牛、羊的数量分别占全国的21.56%、11.14%和15.65%，其中河南牲畜饲养量位居华北地区榜首（图14-3），其猪牛羊肉产量达390.2万t，占全国产量的7.39%。

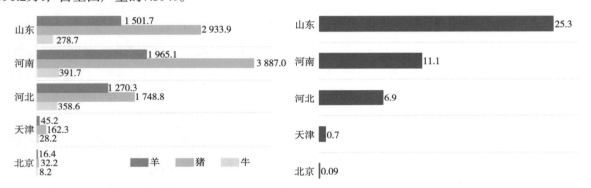

图14-3　2020年年底五省（市）牲畜饲养数［万头（万只）］和家禽（亿羽）出栏量

2020年全国家禽存栏67.8亿羽，比2019年年末增加2.6亿羽，增长4.0%；出栏突破150亿羽关口，达到155.7亿羽，比上年增加9.3亿羽，增长6.3%（图14-4），其中，华北地区以山东省的家禽出栏量最多。2020年该区家禽生产取得较大增长，创下自1997年以来30余年的历史最高点（图14-3）。

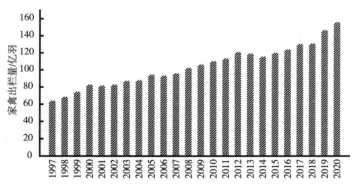

图14-4　1997—2020年全国家禽出栏量

北京和天津市畜禽养殖多以生猪、蛋鸡、肉牛、奶牛为主。根据实际调查数据统计，2020年年底两市猪牛羊饲养量及家禽出栏量分别为292.5万头（万只）和0.79亿羽。其中，北京顺义区养殖量大，尤其是猪养殖最多，占全市的32.8%。而天津市畜禽养殖业重点在宁河、宝坻、西青、北辰、滨海新区大港。2020年河北省猪、牛、羊饲养量和家禽出栏量分别为1 748.8万头、358.6万头、1 270.3万只和6.9亿羽。畜产品大量销往外省，禽蛋销往20多个省（区、市），牛、羊肉占领京津一半以上市场，奶制品覆盖全国市场。河南省的畜禽养殖具有一定的区域分布特点，主要养殖区集中在豫东的商丘、周口、豫南的驻马店、信阳、南阳，这些地区的养殖总量占全省的50%左右，已基本实现畜禽养殖向规模化、区域化方向的转变。截至2020年，河南省现有生猪存栏3 578万头，生猪存栏量居全国第1。河南省畜禽养殖业整体呈现出"在平稳中调整，在调整中优化"的发展趋势（付强、尹佳文，2020）。山东省畜牧业历史悠久，品种资源丰富，拥有一大批像鲁西黄牛、渤海黑牛、莱芜猪、里岔猪、青山羊、寿光鸡等地方良种，是我国畜牧业大省，肉、蛋、奶产量在全国名列前茅。2020年，全省肉类总产728万t，占全国肉类总产量的9.40%；肉蛋奶供给保持稳定，畜牧业总体效益较好，总产值达2 571.9亿元，占全国畜牧业总产值的6.39%，实现多年连续增长。

三、区域面源污染特征

该区河北、河南和山东的化肥用量排全国前列，农业化学品使用量普遍高于全国平均水平的3～4倍，但仅有30%～40%的化肥利用率及40%～50%的农药利用率（刘坤，2016）。该区畜禽饲养折合总量排在前列的省份有河北、河南和山东。长期化肥不合理施用，畜禽粪便随意排放等对农业生态环境带来巨大威胁，农业面源污染负荷大，导致大量农业生态系统物质进入地表和地下水及大气环境。近20年以来，华北农区浅层地下水硝酸盐超标率处于逐步增长趋势，在2016—2018年对华北潮土区403个采样点监测发现，地下水超标率为19%，显著高于1998年地下水硝酸盐的超标率（12%）。

研究发现，华北平原地下水硝酸盐超标率为19.3%，有些地区甚至高达300 mg/L。通过对北京市2005—2012年地下水硝酸盐含量监测数据分析发现（李文娟等，2013），北京市集约化农区地下水中硝酸盐含量变化范围为0～105.39 mg/L，平均值为6.42 mg/L，其中约19.35%的地下水样超过饮用水标准，约7.03%的地下水样严重超标。根据我国《GB/T 14848—2017 地下水质量标准》，以水中硝酸盐含量衡量，北京市集约化农区地下水水质达标率为92.97%，这说明目前北京市地下水整体质量良好。2011年对天津市地下水硝酸盐含量监测发现，该地区地下水硝酸盐含量不高，但约有12.06%的地下水样超出了中国生活饮用水标准，且降雨对其含量有较大影响，降雨能够稀释地下水体中硝酸盐浓度。对于天津市不同地区而言，西青区和滨海新区地下水硝酸盐分别处于含量最高和最低水平，数值分别为18.25 mg/L和0.1 mg/L，西青区接近中国地下水质量标准。根据WHO标准及中国生活饮用水卫生标准，将天津市10个区地下水硝酸盐含量水平分为3个层次：西青区和蓟州区地下水硝酸盐含量高于10 mg/L，武清、宝坻、静海3个区地下水硝酸盐含量处于居中水平，津南、北辰等5个区地下水硝酸盐含量处于最低水平。在2006—2012年对河北11个地区连续7年进行地下水硝酸盐监测发现（茹淑华等，2013），河北地下水硝酸盐平均含量为8.4 mg/L，超标率、严重超标率分别达22.3%和9.7%，其中Ⅳ类和Ⅴ类水有明显增加趋势。对河南43个县（市）地下水调查发现，该地区地下水污染严重，大于10 mg/L的样品占总样品数的31.4%。地下水硝酸盐主要来源于有机肥和化肥的施用，蔬菜种植区地下水硝酸盐超标率高于粮食作物种植区（金玉文等，2022）。

第二节 小麦-玉米种植制度面源污染防控技术与模式

一、化学投入品增效减损氮磷减排阻控技术与产品

（一）氮磷协同增效型复混肥料产品创新

1. 研发出吸附型增效材料

通过采用无机酸、有机酸化学改性方法研制复合增效材料，制成腐植酸改性膨润土、酸化膨润土及酸化沸石3种增效剂（图14-5）。通过微观结构和热力学性质表征，腐植酸改性膨润土和酸化沸石较改性前层间距增大，热稳定性降低，其中酸化沸石比表面积增加了27.13%，DSC吸热峰位置比未改性前降低了21.31 ℃；傅立叶红外图谱证明改性后外加酸进入材料插层结构内部（Shen et al., 2020b）。增大比表面积，使材料具备更高的氮素吸附能力，而酸的加入使材料具备了一定的磷活化能力。

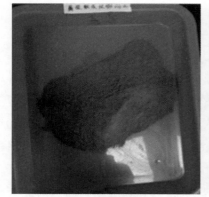
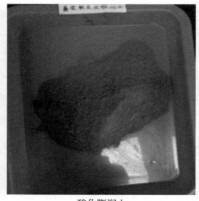

腐植酸改性膨润土　　　　　　　酸化膨润土　　　　　　　　酸化沸石

图14-5　增效材料

2. 养分增效机理

改性后增效材料对铵离子的吸附性能和腐植酸对铵离子的交换作用，是增效材料增效氮素的主要机制，而铵离子被增效材料吸附后，将氢离子代换出来，使材料具备了磷活化能力（图14-6）。因此，选用腐植酸改性膨润土作为增效材料，因其具有氮磷协同增效作用。

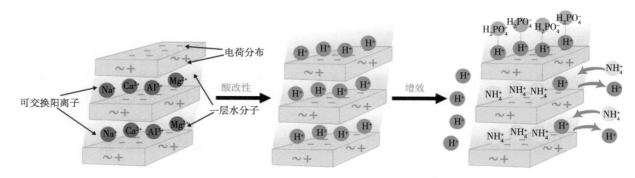

图14-6　改性膨润土增效机理图示

3. 控氮促磷型增效复混肥料制备及效果

我国有24亿t的膨润土储量，作为关键增效材料，改性工艺简单，价格低廉，制备的肥料材料成本仅提高50～100元/t，而传统缓控释肥料膜材料成本一般在500～1 000元/t。肥料生产工艺采用常见有机无机复混肥料生产工艺，无需流化床等复杂生产工艺（图14-7）。本品能使氮肥利用率比常规施肥提高12.5个百分点，磷肥利用率提高5%以上；小麦玉米基肥减量15%～25%的基础上平产，能使氮素气体损失率减少52.7%，氮磷淋溶降低28.3%（Shen et al.，2020b）。

图14-7　控氮促磷增效复混肥料生产线

（二）腐植酸尿素和聚天冬氨酸增效肥料产品

1. 腐植酸提取工艺

与传统碱法和氧化法相比，采用的"碱化+磺化法"提取工艺来提取的腐植酸增效剂（图14-8），水溶性腐植酸含量提高36%，磺化法制备的水溶性腐植酸钾中含有腐植酸、黄腐酸含量均相对较高，具有较高的水溶性、抗硬水能力、缓冲酸碱能力。提取后的腐植酸与熔融尿素反应制备了腐植酸尿素增效肥料。

图14-8　"碱化+磺化法"提取黄腐酸生产工艺

2. 聚天冬氨酸制备工艺

聚天冬氨酸合成方法，主要分为天冬氨热缩聚合，马来酸与氨水熔融聚合、天冬氨酸共聚合和低聚物交联聚合。采用熔融聚合法生产聚天冬氨酸来制备聚天冬氨酸尿素（图14-9），比传统热缩合聚合工艺产量提高8.89%，比国外天冬氨酸共聚工艺产量提高19.8%（表14-3）。

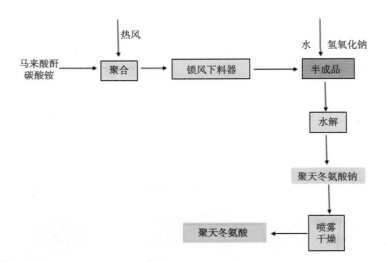

图14-9 熔融聚合法生产聚天冬氨酸工艺流程

表14-3 不同聚天冬氨酸合成工艺比较

合成方法	原料构成	优势	不足	黏均分子量（MW）	应用领域	其他
热缩合聚合	L-天冬氨酸	操作及合成步骤简单，原料和仪器易得	产率低	5 000~10 000	肥料、污水等	国内普遍采用工艺
熔融聚合	顺丁烯二酸酐、氨或携氨剂（如碳酸铵）	原料丰富价格低廉，产品回收率高	对设备和操作要求高	5 000~10 000	肥料、污水、阻垢等	本项目工艺；聚合率因设备不同稍差异
天冬氨酸共聚合	天冬氨酸与其他单体	—	有机合成	较大	食品医药领域	—
低聚体交联聚合	天冬氨酸低聚物与交联剂	—	较复杂	提高10倍以上	食品医药领域	—

3. 腐植酸尿素和聚天冬氨酸尿素养分增效机制

开展了腐植酸尿素和聚天冬氨酸尿素增效肥料的增效机理研究试验，明确了腐植酸和聚天冬氨酸通过化学键和脲酶抑制来提高氮素利用率的增效机理（Shen et al.，2020a）。

（三）减源增效农艺阻控技术

通过小麦玉米盆栽、小区试验及土柱试验，进行增效肥料品种筛选、氮磷减量、氮磷模拟淋溶及不同土壤类型应用效果研究，明确增效剂及增效肥料品种，肥料氮磷减施量及对氮磷淋溶的影响，最终确立减源增效农艺阻控技术。该技术适用于棕壤、潮土、褐土小麦-玉米轮作区，针对土壤有机质10 g/kg以上，小麦产量每亩450~600 kg，玉米产量每亩550~700 kg的生产目标制定，该技术能够实现提高作物产量与养分利用效率，降低肥料不合理施用所引发的环境污染，使小麦、玉米主产区的氮肥及磷肥利用率提高3%~5%，肥料投入减少8%以上，实现氮磷淋失负荷下降20%~30%（Shen et al.，2020a）。在冬小麦上施用，潮土区、褐土区可保证氮磷同减20%不减产；棕壤区氮减量20%，磷减量30%不减产。在夏玉米上施用，潮土区、棕壤区可保证氮减量20%，磷减量30%不减产；褐土区可保证氮磷同减量20%不减产。

（四）稳定减损氮肥产品

1. 氮磷淋失新型阻控剂技术产品

通过室内培养和田间小区试验筛选脲酶抑制剂、硝化抑制剂、磷素活化剂，主要选取目前国内大规模生产的产品，同时在产品质量、性能指标和产品成本上全方面考虑，既保证氮磷阻控效果，同时技术产品增加成本便于农民接受，专用肥成本增加控制在90～120元/t。

（1）氮磷阻控剂对磷含量的影响。速效磷含量随着土层深度的增加而降低。磷淋失在土壤中主要发生在土壤表层0～6 cm土层中，因此淋失不是磷肥的主要问题，磷在土壤中的移动性，才是磷肥高效利用的关键。因此，添加氮磷阻控剂，促进磷素移动，防止磷被土壤固定。随着土层深度增加，磷淋溶或者说磷的移动逐渐降低。添加剂可促进磷的移动，其中，"抑制剂80%+腐植酸+聚谷氨酸""抑制剂100%+腐植酸""抑制剂100%+腐植酸+聚谷氨酸"3个处理对磷的活化效果更好，可有效防止磷的固定，促进氮磷被作物吸收利用。磷在土壤中垂直移动2～3 cm，添加活化剂可显著增加磷的移动4～6 cm，磷素活化剂对磷矿的分解有明显的效果，其拥有的芳香族及多种官能团，具有弱酸性、吸水性、胶体性、吸附性、离子交换性、络合性、氧化还原性等物理化学和生物活性，在化肥增效方面效果显著，其可保护速效磷，减少对速效磷的固定，在促进作物根部对磷的吸收以及提高磷肥的利用率方面均有极高价值（图14-10）。

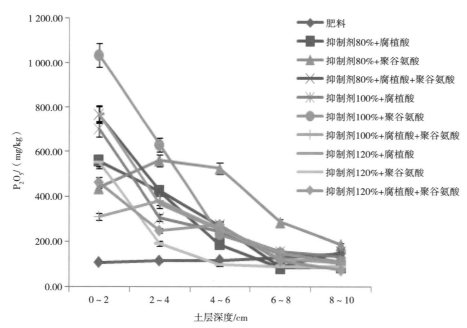

图14-10　抑制剂配施磷活化剂对土壤速效磷含量的影响

（2）减施磷肥对玉米产量的影响。从图14-11可以看出，在棕壤、潮土、砂浆黑土上，减少磷肥20%～40%情况下配施磷活化剂处理玉米产量没有降低，并且有一定幅度的增长或者持平。减少磷肥施用量60%，4种处理的玉米产量均与对照基本持平；而在褐土上的表现，磷肥减量施用处理2～4的产量低于处理1（不减量施磷）（图14-11）。

从图14-12可以看出，减磷并未影响玉米根部对磷的吸收，说明采用活化剂刺激了植物根部对磷的吸收利用。

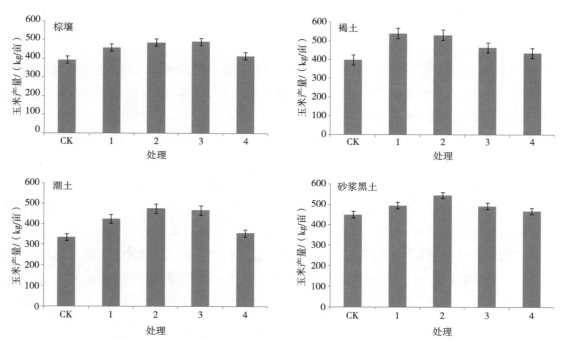

CK.空白，施氮钾，不施磷肥；处理1.磷酸一铵；处理2.80%磷酸一铵+腐植酸+聚谷氨酸；处理3.60%磷酸一铵+腐植酸+聚谷氨酸；处理4.40%磷酸一铵+腐植酸+聚谷氨酸。各处理的N、K用量相同，P采用减量处理，分别为120 mg N/kg土，80 mg K₂O/kg 土，P₂O₅为100 mg/kg 土，下同。

图14-11　磷肥减施配施氮磷阻控剂对盆栽玉米产量的影响

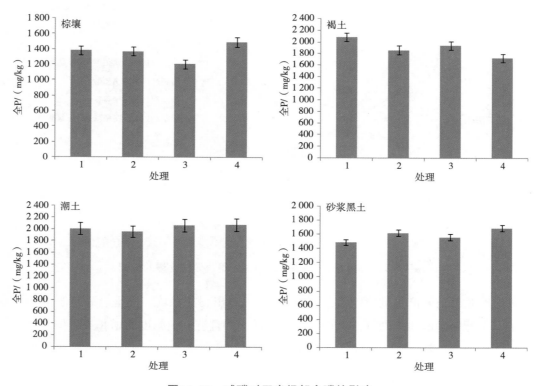

图14-12　减磷对玉米根部全磷的影响

（3）氮素抑制剂配伍对硝态氮、铵态氮含量的影响。施入土壤中的氮肥部分被土壤所固定固持，转化为有机态氮，氮肥转化为铵态氮和硝态氮，30%～35%被作物吸收利用，还有一部分通过硝化反硝化、氨挥发损失或者通过径流和淋洗进入地表和地下水体。

通过添加脲酶抑制剂和硝化抑制剂控制氮素转化的形态及转化的进程，进而抑制脲酶活性和硝化亚硝化细菌活性，控制尿素转化为铵态氮、铵态氮转化为硝态氮的速率，控制氮素以铵态氮和硝态氮的形态吸附在土壤中，减少氨挥发及淋溶损失，为作物高产提供技术储备，同时也减少温室气体排放及减轻面源污染对地下水硝酸盐污染的风险（图14-13）。

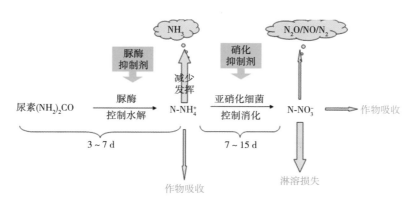

图14-13　氮素抑制剂调控氮素转化示意

从图14-14可以看出，在棕壤上，复合抑制剂可以将硝态氮和铵态氮的释放高峰期向后推迟10～20 d，铵态氮和硝态氮在土壤中保持更长时间，减少挥发和淋溶损失。基于产品价格以及控制铵态氮、硝态氮释放效果，推荐NBPT中量加DCD和DMPP中量为最优处理。

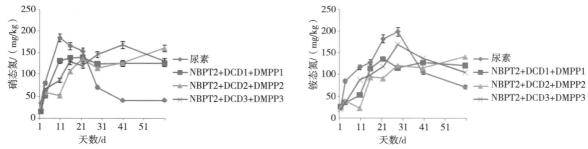

DCD1、DCD2、DCD3，纯氮2%、4%、8%；DMPP1、DMPP2、DMPP3，纯氮0.2%、0.4%、0.8%；NBPT1、NBPT2、NBPT3，纯氮0.4%、0.8%、1.6%。

图14-14　棕壤抑制剂组合对硝态氮和铵态氮含量的影响

（4）磷素活化剂对速效磷含量的影响。从图14-15可以看出，磷素活化剂处理对速效磷含量的影响表现为，除柠檬酸外，其他处理都较好地提高了土壤速效磷含量。在25 ℃条件下活化能力大小为：脲基甲酸乙酯>腐植酸>低分子有机酸钠钙盐>腐植酸钠，速效磷含量分别提高33.9%、18.8%、18.35%、16.54%。

目前主要的磷素活化剂有非生物活性和生物活性两大类，非生物活性的可分为有机和无机两个类别。生物活化剂包括：一是解磷微生物及有机酸，如溶磷菌株、VAM菌等，低分子有机酸（柠檬酸、苹果酸），高分子有机酸（腐植酸、木质素等）；二是复杂有机质，如有机肥、造纸废液等；三是激素类，如ABT生根粉等；四是水溶性高分子材料（聚乙烯醇、聚丙烯酰胺和聚乙二醇）。非生物活性物质如沸石粉、粉煤灰等；还有络合物、微量元素活化剂等等。

目前研究的磷素活化剂种类很多，真正在农业生产中应用的只有少数几种，主要是因为价格高（水溶性高分子材料等）、性能不稳定（解磷菌等）等多种因素影响其在农业生产中发挥作用。

本研究采用腐植酸，能够与磷酸盐发生分解反应，使不溶性磷转化为可溶性磷，其羧基、酚羟基等活性官能团具有活化土壤中磷素和增强磷肥有效性的作用，根据图14-15，采用腐植酸作为磷素活化剂和磷肥组配可提高速效磷含量，降低土壤对施入磷素的固定及淋溶风险。

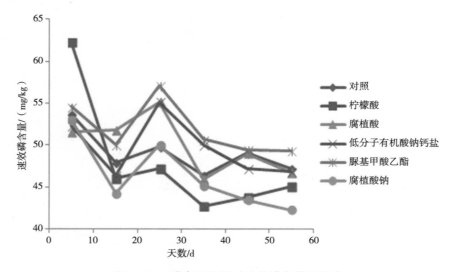

图14-15 磷素活化剂对速效磷含量的影响

（5）氮磷阻控剂对硝酸盐淋溶的影响。从图14-16可以看出，单施肥料处理硝态氮淋溶在第5周大幅度增加，说明土壤固持硝态氮能力较弱，随水流失的风险加大，对地表及地下水硝态氮的累积贡献率最大；添加抑制剂及磷素活化剂的处理从第2周开始硝酸盐淋失强度大大降低，其中"抑制剂100%+腐植酸"处理、"抑制剂100%+聚谷氨酸"处理硝态氮控制较好，硝态氮的淋溶损失降低了23%～78%。采用氮磷阻控剂协同增效，控制氮素转化进程与转化形态，可促进氮磷吸收利用，减少硝酸盐的淋失。

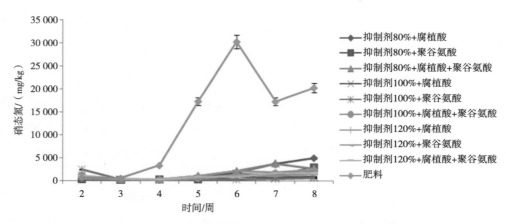

图14-16 抑制剂配施磷活化剂对淋溶液硝态氮含量的影响

2. 研发追施用液体和固体氮磷淋失减损肥料工艺和配方

针对抑制材料溶解度低、不易调节用量且不稳定的性能，通过筛选表面活性剂和保护剂，采用螯合工艺，实现了抑制材料与尿素硝酸铵溶液的有机融合，开发出追施液体减损肥料，可任意调节用量且溶液澄清无杂质（图14-17，图14-18）。

（a）

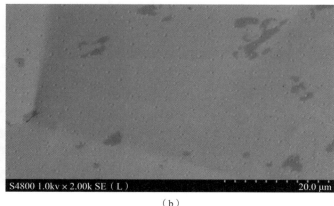
（b）

图14-17　追施液体减损尿素产品（a）与材料表观（b）

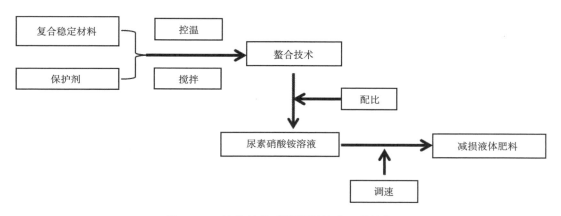

图14-18　追施液体减损肥料技术工艺流程

在此基础上，采用涂覆工艺、利用转鼓包衣设备开发出追施固体减损肥料产品（图14-19a）。解决了抑制材料包裹不均匀、包裹过程中易损失的技术难题。通过检测养分释放性能，优化了肥料产品配方。液体减损肥料延长了尿素硝酸铵溶液养分有效作用时间，提高养分吸收效率、降低其损失率，与普通尿素硝酸铵溶液肥料相比，减肥10%～30%。实现耕层平均减少氨挥发33%（夏玉米）、34%（冬小麦）以上。土壤残留硝态氮在作物易吸收层（0～90 cm）增加36.58%～56.17%，易淋失层（90～180 cm）减少30.42%～36.79%。尿素表面有一层均匀的涂覆层，很薄但很致密、光滑，物质分布均匀，与尿素表面结合紧密，互相嵌入，达到了较理想的涂覆效果。通过能谱分析可以看出，因为尿素本身含氮和碳高，加入复合抑制剂后，磷和硫的含量增高（图14-19b），而只有抑制剂中含有二者，说明抑制剂与尿素已经很好地融合，为后期调控氮素提供了较好的前提条件。追施固体减损肥料，可减轻氮素造成的污染，与普通尿素肥料相比，实现耕层减少氨挥发40%～70%（夏玉米）、30%～60%（冬小麦）以上，氮素损失减少5.9%（夏玉米）、8.6%（冬小麦）。具有省时、省力、省人工，增效的作用。

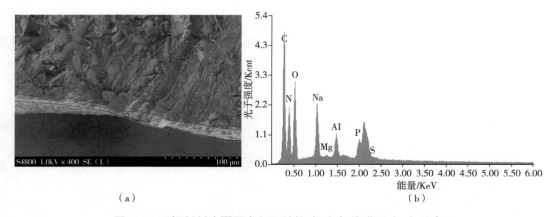

图14-19　抑制剂涂覆尿素剖面结构（a）与能谱图（b）示意

（五）生物阻控农田土壤硝酸盐淋失技术

1.分离筛选了功能菌株并揭示其硝酸盐同化特性

利用具有硝酸盐同化功能菌株在亚深层构建硝酸盐同化微生物阻断层从而阻控氮淋失。从潮土中初步筛选了150余株单菌，通过特异性培养基对其硝酸盐代谢能力进行测定（图14-20），得到10株潜在目标菌株，对其进行分子生物学分析，并对硝酸盐代谢过程涉及的所有基因进行PCR鉴定。

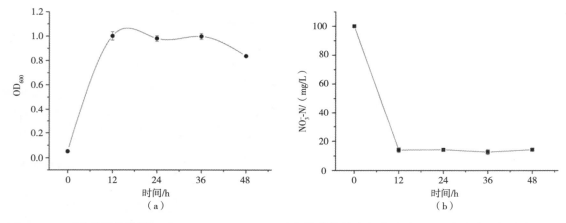

图14-20　硝酸盐同化菌株F1在100 mg/L NO_3^--N反硝化培养基的生长曲线（a）及硝酸盐同化效率（b）

最终，对筛选出来的假单胞菌（*Pseudomonas*）F1菌株提取基因组DNA，并将其进行全基因组测序。将测得的结果用MasuRCA软件进行组装、Prokka软件进行功能基因注释，发现菌株涉及的硝酸盐代谢基因主要为硝酸盐同化基因*Nas*和硝酸盐还原基因*napA*。实验室分析表明，该菌株具有较好的硝酸盐同化能力。

2.建立了制备阻控氮淋失微生物菌剂的工艺流程

结合分离培养方法和分子生物学技术，建立了从土壤中分离培养具有阻控氮素淋失的功能微生物菌剂（以硝酸盐同化功能为主）的工艺流程（图14-21）。首先通过特异性培养基的筛选，从土壤中筛选出具有效减少硝酸盐潜力的微生物，包括硝酸盐同化和反硝化微生物。通过对菌株的代谢活性测定和相关功能基因的分子生物学分析，进一步明确菌株的功能。通过菌株活化、扩大培养等技术，制备相关菌剂。

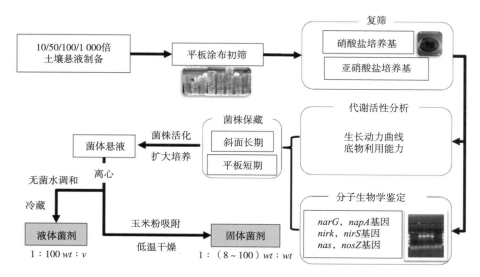

图14-21 微生物功能菌剂制备工艺流程

3. 解析了不同管理措施对反硝化微生物和农田土壤N₂O排放的影响

施用硝化抑制剂和秸秆添加作为提高农田氮肥利用率管理措施得到广泛应用。然而其在不同土壤类型中造成的温室气体N_2O排放风险可能有所不同，且微生物机制尚不明确。通过盆栽试验，比较了在常规施肥的基础上施用硝化抑制剂（NI）和秸秆添加（SI）2种管理措施对潮土、红壤和黑土3种典型农田土壤N_2O排放的影响（图14-22）。整体而言，在不同的土壤中，施用氮肥均显著提高了N_2O的排放量。而在此基础上施用硝化抑制剂可有效控制潮土和红壤的N_2O排放，但是在黑土中效果不甚明显。但施用秸秆的效果则在不同土壤中差异较大。在黑土和红壤中，特别是后者，施肥的同时秸秆还田显著提高了N_2O排放，在潮土中则可以降低N_2O排放，但是效果不及硝化抑制剂。

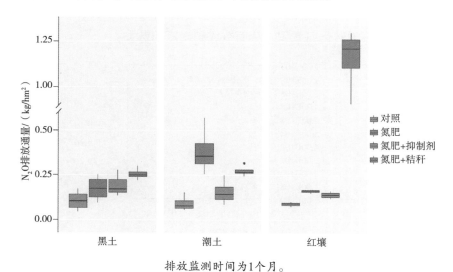

排放监测时间为1个月。

图14-22 硝化抑制剂（N+NI）和秸秆（N+SI）添加对黑土、潮土和红壤N_2O排放量的影响

通过荧光定量PCR（qPCR），对亚硝酸盐还原酶*NirK*和氧化亚氮还原酶*nosZ*的基因丰度进行了研究。结果发现，秸秆还田在不同土壤中均显著提高了亚硝酸盐还原酶基因的数量，但氧化亚氮还原酶的响应在不同土壤中有所差异（图14-23）。

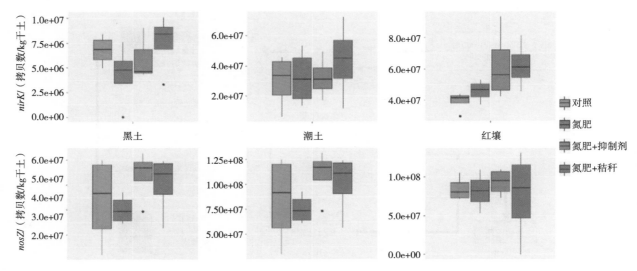

图14-23　不同处理对亚硝酸盐还原酶和氧化亚氮还原酶的影响

*nirK*和*nosZ*的基因丰度在黑土中显著增加，在红壤中则变化不明显。而这可能是导致红壤中秸秆还田处理N₂O排放剧烈增加的重要原因。研究结果表明，不同的管理措施在不同的土壤中会有不同的环境效应。潮土的N₂O排放对于不同管理措施的响应更为积极，表明潮土中的反硝化微生物组成可能更趋近于完整反硝化类型。因此实际操作过程中，应充分考虑土壤背景的差异和微生物的作用，选择合适的管理措施。

（六）沼液阻控硝态氮淋失微生物调控技术

以长期定位实验为研究平台，通过现代分子生物学技术，解析了褐土小麦-玉米种植体系硝态氮淋失的微生物学机制。研究发现长期施用化肥条件下，0～100 cm土层中，反硝化微生物与土壤有机碳呈显著正相关性（图14-24），说明耕层以下土壤有机碳含量低引起的"碳饥饿"导致土壤反硝化微生物数量少、活性低，硝态氮无法被转化而累积，从而造成硝态氮的淋失。

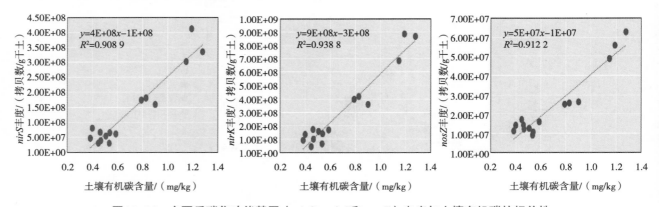

图14-24　主要反硝化功能基因（*nirS*、*nirK*和*nosZ*）丰度与土壤有机碳的相关性

根据以上结果，提出了深层土壤增碳以提高微生物数量、激活微生物活性，从而强化微生物硝态氮转化能力以降低土壤硝态氮负荷、降低氮淋失风险的策略。通过室内培养实验发现，添加小分子有机碳（谷氨酸钠）可以显著提高土壤反硝化活性，增强对硝态氮的转化能力，而且产物主要为氮气（图14-25），说明增碳是提高硝态氮转化、降低硝态氮负荷的有效手段。

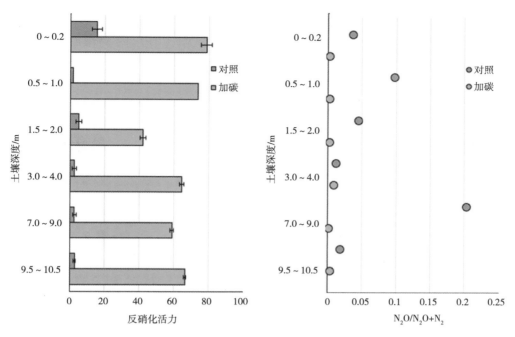

图14-25 添加谷氨酸钠对土壤反硝化活力和N$_2$O/（N$_2$O+N$_2$）比例的影响

根据旱地土壤硝态氮淋失主要集中于夏季多雨时期，需要在较短的时间内快速激活土壤微生物生长和活性，选用了微生物易利用活性炭含量较高且价格低廉的牛粪沼液作为增碳的材料，通过土柱试验研究了沼液添加对土壤微生物总量、反硝化功能微生物量和硝态氮含量的影响。结果发现在0.2 m处添加沼液（每亩100 kg）可有效提高微生物数量和反硝化微生物丰度，降低0.1~0.3 m土层硝态氮含量（图14-26），减少硝态氮淋失量31%。

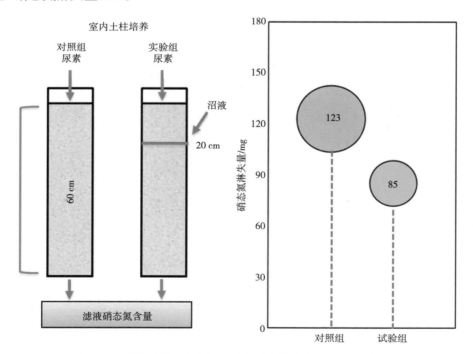

图14-26 沼液添加试验处理及其对土壤硝态氮淋失量的影响

同时，通过实时荧光定量PCR的方法测定了沼液对主要硝化功能基因丰度的影响，结果发现，沼液添加显著提高了10~30 cm土层反硝化功能基因的丰度（图14-27），说明沼液添加可有效促进反硝化功能微生物的增殖，从而增强反硝化作用，降低土壤硝态氮含量。

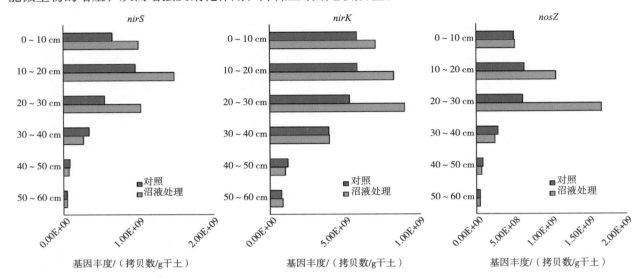

图14-27　沼液添加对各土层反硝化功能基因丰度的影响

根据室内培养的结果，开展了田间的验证试验，在夏玉米播种的同时进行0.2 m土层的沼液施用，然后在玉米收获后测定了0~1 m土层（每0.2 m一层）硝态氮含量，结果发现施用沼液处理各土层硝态氮含量都显著低于对照（图14-28），说明此方法可在田间发挥很好的效果。同时，研发了"液体肥深施玉米播种一体机"，实现了机械化操作。

图14-28　田间沼液施用试验不同土层硝态氮含量

以上结果说明，添加沼液可以有效地提高土壤微生物总量和反硝化微生物丰度，从而提高微生物对硝态氮的转化能力，降低土壤中硝态氮的含量和淋失风险。

经过机制解析、试验验证和田间实践，形成了"沼液阻控硝态氮淋失微生物调控技术"，技术示意见图14-29。

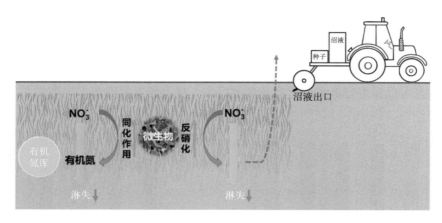

图14-29　沼液阻控硝态氮淋失的微生物调控技术示意

（七）氮磷淋失减损阻控技术体系

集成氮磷淋失减损技术、土壤深层硝酸盐同化技术与沼液增碳微生物调控技术，构建"氮磷淋失减损阻控技术体系"，包括"菌剂+秸秆深还/沼液+底施包膜抑制双控肥料""菌剂+秸秆深还/沼液+追施固体减损肥料""菌剂+秸秆深还/沼液+追施液体减损肥料"。3种技术体系中的"菌剂+秸秆深还/沼液"施用方法相同，减损肥料采用各自施用方法。

小麦季：秸秆采取分区分年深埋（40 cm以下）、间隔密播方法施用。秸秆深埋之前，将菌液以1∶50比例兑水后，按每亩500 L的用量喷洒至秸秆上，翻至地下。包膜抑制双控肥料可以与种子一起实施种肥同播，所需肥料释放期为60 d，与普通尿素配比为4∶6（纯氮）；在作物机械播种时一次性深施入，施肥深度应在种子侧方5～8 cm、下方10～15 cm的位置。

玉米季：包膜抑制双控肥料、"菌剂+沼液"（1∶100）、种子一起实施种肥同播，所需肥料释放期为45 d，与普通尿素配比为3∶7（纯氮）；在作物机械播种时一次性深施入，施肥深度应在种子侧方5～8 cm、下方20 cm以下的位置。"菌剂+沼液"按照50 kg/亩进行沼液施用，常规灌溉。

二、废弃物资源化利用面源污染防控技术与产品

（一）秸秆生物质炭产品

1. 优化工艺条件，筛选并制备高性能低成本秸秆生物质炭

秸秆生物质炭还田成本高，制约着秸秆生物质炭大面积农田施用。基于此，引入磷酸酸解前处理和保温碳化两种措施，成功制备出低成本高性能的秸秆生物质炭。通过与同类其他生物质炭比较，酸解前处理秸秆生物质炭的比表面积、孔隙度和碳化率有了显著提升。比较不同温度和磷酸添加量条件下生物质炭的各项指标，结果发现，在400～500 ℃和1%磷酸添加条件下，秸秆生物质炭的关键指标效能和性价比最优，不同指标提升近40%，成本降低20%～30%（吕金岭等，2021；白俊瑞等，2023）。

2. 生物质炭及其衍生产品对降低氮素淋溶及氨挥发损失的作用

开展不同生物质炭及衍生产品（高碳有机肥和碳基缓释肥）对土壤养分、氮素迁移影响的研究（图14-30）。其中T1到T6分别代表CK、常规无炭、常规秸秆生物质炭、低温酸解秸秆生物质炭（DHC）、碳基肥和高碳有机肥。结果发现，DHC及其衍生产品不仅可以显著提高土壤总氮、速效磷和有机质含量，而且还可以显著降低农田氮素的深层迁移和氨挥发的损失。相比常规秸秆生物质炭，

DHC可以实现少量生物质炭还田显著降氨的效果（图14-31）。除此之外，酸解秸秆碳基复合肥（DHC
与化肥配比）也可以实现土壤剖面N_{min}显著降低的效果，这主要由于碳基性能（比表面积和孔隙度）的
改善增强了对土壤可溶性氮的吸附，最终实现了对土壤氮素的固持，降低了氮素的淋溶损失。研发的生
物质炭及其衍生产品可以显著降低气体挥发及淋溶损失，利于氮素的固存。

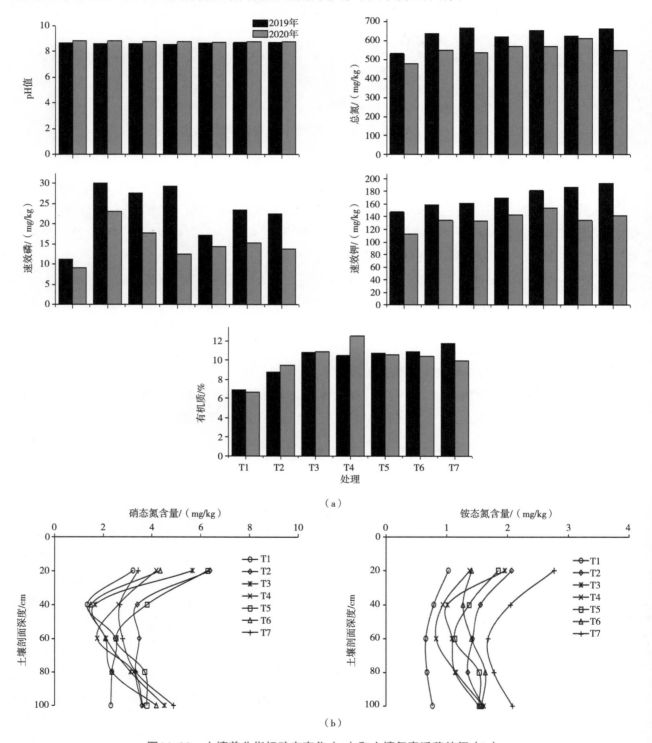

图14-30　土壤养分指标动态变化（a）和土壤氮素迁移特征（b）

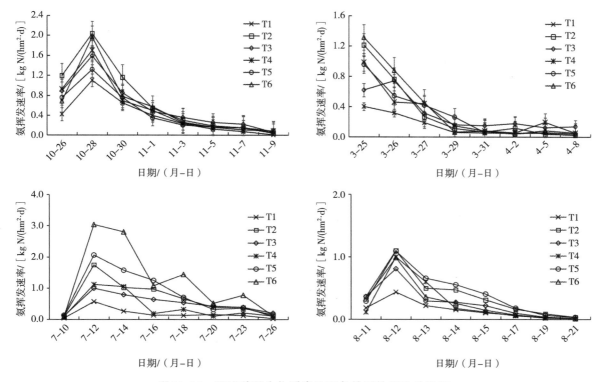

图14-31 不同秸秆生物质炭处理条件下的氨排放特征

（二）秸秆腐熟剂产品

1. 筛选制备秸秆高效腐熟菌肥液

基于微生物同化秸秆过程中碳代谢流平衡机制，成功筛选出"功能菌系+次级代谢产物降解菌"，并制备了复合高效玉米秸秆腐解菌剂（JX-1）。试验结果显示，与常规商用菌剂相比，新菌剂产品可有效提高秸秆腐解率35.0%~76.8%，且成本降低至少50%。

2. 优化秸秆高效腐熟菌肥液施用条件

为有效提高菌剂在田间的应用效果，以浓缩沼液为原材料，成功配制了大量元素型和腐植酸型营养液，并通过响应曲面分析法，对腐熟菌剂添加量、营养液添加量、秸秆含水率等关键因子进行了优化，确定了产品的最佳施用条件，结果显示在最优条件下，即含水量90%、腐熟剂和营养液（以氮含量计）添加量分别为秸秆质量的2.0%和0.17%，25 d秸秆腐解率可达63%左右（苏瑶等，2019）。

3. 秸秆腐熟还田土壤增碳效应及微生物机制

根据优化条件，将菌剂与营养液进行配比后，结合改制后的秸秆处理机械，可一次性完成秸秆还田同时进行菌肥剂喷施。该项秸秆促腐还田一体化技术已成功应用于大田玉米-小麦主产区。短期内（160 d），秸秆腐熟还田较直接还田分别可提升耕层土壤溶解性有机碳和矿物结合态有机碳含量33%~44%和0.6%~2.3%。长期内（11年），秸秆腐熟还田更有利于土壤有机碳增加，但秸秆量过大时，腐熟还田会减少土壤速效养分含量。短期内土壤可溶性有机碳显著影响微生物群落；长期还田下颗粒有机碳和矿物结合态有机碳成为显著影响因子。长期腐熟还田更有利于土壤有机碳的增加和土壤微生物区系的健康发展；短期腐熟还田更有利于秸秆碳快速转化为土壤活性有机碳，并向亚表层迁移，促进碳组分慢循环积累。

（三）小麦玉米秸秆农田土壤综合增碳固氮技术

大量长期定位试验结果显示秸秆还田增碳效率有限，大部分的秸秆最终以CO_2的形式回归大气，部分干旱或者极端干旱地区的秸秆增碳效率甚至更低，秸秆还田增碳效果不明显。基于此，整合高性能秸秆生物质炭、秸秆腐熟菌剂以及高碳有机肥的研究成果，以小麦-玉米轮作农田土壤增碳固氮为主要目标，以秸秆为主要利用对象，形成以酸/碱解秸秆生物质炭肥、高碳有机肥相互结合的秸秆还田增碳固氮技术和以秸秆腐熟剂、沼液营养液和一体化装置相结合的秸秆还田增碳固氮技术模式（图14-32），两种技术在农田氨减排、氮素淋溶降低和土壤有机碳固持方面均取得了显著效果。

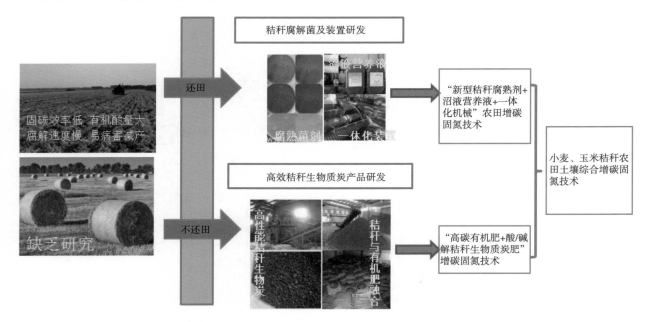

图14-32　秸秆综合利用农田土壤增碳固氮技术模式

1. "高碳有机肥+酸/碱解秸秆生物质炭肥"增碳固氮技术

（1）高碳有机肥用量依据土壤有机质含量确定，有机质含量小于5 g/kg的土壤，每亩地用量为1 000～1 500 kg；有机质含量5～10 g/kg，每亩用量为800～1 200 kg；有机质含量大于10 g/kg，每亩用量为500～1 000 kg；建议分2次施用，小麦季施用1次，玉米季施用1次。

（2）酸/碱解秸秆生物质炭与肥料、种子一起实施种肥同播，与普通尿素配比为（2∶1）～（3∶1）（纯氮）。

（3）作物机械播种时一次性深施入，深度应在种子侧方5～8 cm、下方10～15 cm的位置。

（4）玉米季播种前撒施，待播种施肥完成后，结合降雨或灌溉即可。

2. "新型秸秆腐熟剂+沼液营养液+一体化机械"农田增碳固氮技术

（1）干粉菌剂使用按照1 000 kg秸秆用量2 kg菌剂，1 kg菌剂与50～200 kg液体的比例混合均匀后，采用机械或人工的方式均匀喷洒于已粉碎的玉米秸秆表面。

（2）喷施后立即将秸秆旋耕、整地、耙平整，避免秸秆长期在土壤表面放置。

（3）秸秆旋耕深度10～15 cm，土壤湿度掌握在田间持水量的40%～60%为宜。

3. 功能与效果

高碳有机肥与常规秸秆还田或者有机肥还田相比，可以显著提升土壤有机碳含量5%～8%，降低氨挥发损失5%~10%。酸/碱解生物质炭与常规生物质炭相比比表面积和孔隙度更大，吸附效果更好，与尿素配合施用可以降低农田5%~10%氨挥发损失；试制菌剂对玉米秸秆的降解率较3种商用秸秆腐解菌剂分别提高了35.0%、66.3%和76.8%；"试制菌剂+沼液"处理后120 d，秸秆腐解率可达61.33%，较其他处理高出10.4%~35.6%；相较于秸秆直接还田，秸秆腐熟还田可更有效促进秸秆碳在前期向土壤有机碳的转化，增幅为8%~13%。

4. 适用条件或范围

施用于小麦-玉米轮作常规农田，也可施用于其他低产、低肥力农田土壤。主要用于提高土壤有机质含量，改善土壤理化性质，降低农田氮素损失，满足作物生育期需水需肥要求，达到增碳固氮目的。

（四）碳氮磷水协同面源污染农艺防控技术

1. 全耕层调蓄扩容条件下土壤养分均衡供应机制

（1）不同深度还田秸秆降解与养分供应释放特征。秸秆浅还田后（0~5 cm）其分解速率前期较快，后期变缓，在还田开始的前20 d，浅埋处理分解速率较高，其中D5 cm分解最快，第20 d时，已剩总量的75%，D25 cm处理分解较慢，还残存总量的90%（图14-33）。

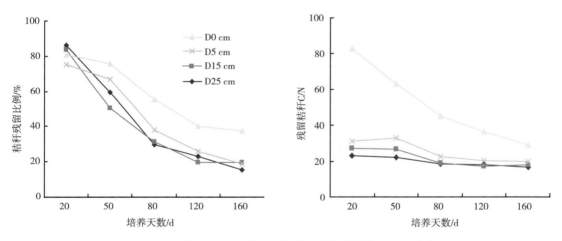

图14-33 秸秆不同深度还田方式下分解速率与C/N比动态

20 d之后浅埋分解速率减慢，特别是D0 cm处理秸秆残存量显著高于其他处理。在分解过程中残留秸秆C/N值也发生明显不同变化。秸秆初始C/N值为53，在还田后20 d秸秆粉碎处理（D25 cm、D15 cm、D5 cm）先是急剧下降，在随后的试验期间则是缓慢下降。而D0 cm处理在还田后20 d先是显著上升，随后呈逐渐降低趋势。结果说明前期浅埋措施促进玉米秸秆的分解，而随着微生物可利用氮素的减少，微生物活动受到抑制，分解速率下降，在深埋条件下秸秆与土壤混合程度高，微生物容易利用更多土壤氮素，秸秆分解速率高于浅埋处理。

在还田初期，秸秆深还处理D25 cm下秸秆氮素浓度与残留量均显著高于浅层还田（图14-34）。地表还田秸秆前期氮素释放非常迅速，而后期几乎不再释放，深还处理则是前期释放缓慢，后期持续稳定释放，这有利于作物后期吸收利用，并避免前期土壤中的过量积累造成淋失风险。秸秆中磷素浓度在分解过程与氮释放相同，深还处理D25 cm下秸秆磷素浓度与残留量均显著高于其他浅还方式。秸秆深还也有利于秸秆中磷素的存留。秸秆深还利于钾素的前期释放，后期差异不显著。总之，秸秆深还由于前期氮磷元素的保存，促进后期释放利于作物吸收，降低淋溶风险。

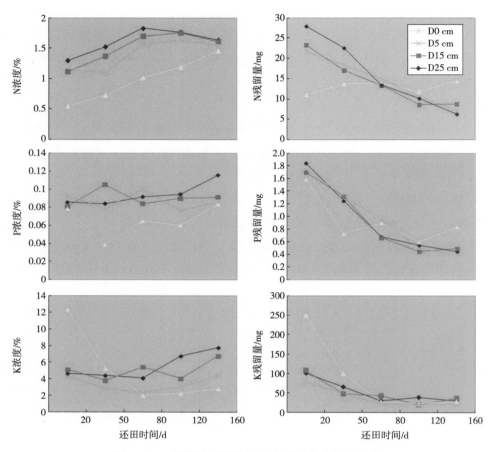

图14-34　不同秸秆深层还田方式下养分释放动态

（2）不同层次养分作物吸收利用与平衡特征。玉米收获后根据^{15}N同位素丰度和土壤氮素收支计算氮素平衡。如表14-4所示，表层肥料施用作物吸收最大，并且氨挥发损失也最高，深层施用则土壤残留（以硝态氮计）较高，施用^{15}N肥料回收率也较低，其中分层深施回收率最低，未测到的同位素去向可能有2种途径，一是通过反硝化以N_2O和N_2形式排放到大气当中，二是以生物或非生物方式固定在土壤当中，考虑到北方旱地水分含量较低，反硝化量较小，估计未回收氮素主要是被土壤吸附固定。综合试验结果表明，肥料表施作物利用效率最高，氨挥发损失大；深施则吸收利用降低，淋溶风险高；分层深施最佳，作物吸收虽较表施略有降低，但氨挥发和淋溶损失均显著减少。

表14-4　不同层次土壤氮素吸收利用与输出途径　　　　　　　　　　　　单位：g N/盆

施肥方式	总氮平衡					
	地上吸收	土壤残留	氨挥发	根系吸收	总和	回收率
深层条施	0.78	0.62	0.04	0.05	1.50	0.68
分层深施	0.86	0.35	0.09	0.05	1.36	0.62
表层条施	1.09	0.17	0.26	0.06	1.59	0.72

（续表）

施肥方式	总氮平衡					
	地上吸收	土壤残留	氨挥发	根系吸收	总和	回收率
表层撒施	—	—	—	—	—	
深层条施	2.26	1.19	0.04	0.27	3.77	—
分层深施	2.45	0.78	0.09	0.25	3.56	
表层条施	2.48	1.06	0.26	0.22	4.02	—
表层撒施	2.65	0.16	0.44	0.29	3.53	—

2. 控释肥分层深施关键技术及装备研发

通过开展系列^{15}N标记肥料调控的桶栽试验，发现了不同应用方式下肥料累积迁移特征和作物根系养分空间吸收规律。为实现养分供应与作物吸收时空匹配，构建了缓控释肥分层深施关键技术，研发了分层深施作业装备。

（1）肥料不同施用方式下硝酸盐迁移累积特征。小麦分层施肥措施明显降低深层土壤硝酸盐累积量（图14-35）。收获期，20~40 cm土层分层深施处理硝酸盐含量分别为71 mg/kg和119 mg/kg，显著低于集中深施和集中浅施处理。虽然分层深施增加了肥料施用深度，但相比浅层条施在30~40 cm土壤累积硝酸盐量要低。这主要是因为尿素分层施用，加大了肥料与土壤接触的表面积，促进土壤对尿素水解后铵态氮的吸附固定，抑制了进一步的硝化作用。0~40 cm土层累积残留硝酸盐分别为：28.1 g/m^2（分层深施），40.5 g/m^2（集中浅施）和45.4 g/m^2（集中深施），相比2种集中施肥处理，分层深施累积残余显著减少31%和43%。因此，小麦季氮素分层施用有利于土壤对氮素的固定，降低硝态氮的淋溶损失。

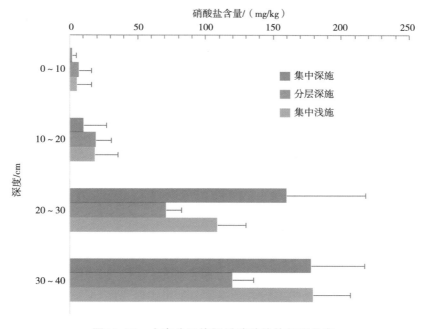

图14-35　小麦分层施肥后硝酸盐的剖面分布

　　玉米分层施肥措施明显降低深层土壤硝酸盐累积量。如图14-36所示，20～30 cm土层深层条施处理硝态氮含量最高，为150 mg/kg，分层深施处理最低，且二者差异显著（$P<0.05$）。玉米收获期取土测定硝酸盐含量表明，所有处理0～20 cm土层含量都在20 mg/kg以下。而20～40 cm土层硝酸盐含量显著高于表层土壤。30～40 cm土层条施处理硝态氮含量相当，分别为177 mg/kg和159 mg/kg，并均显著高于分层深施处理（119 mg/kg）。结果说明，虽然分层深施增加了肥料施用深度，但相比浅层条施在30～40 cm土壤累积硝酸盐量要低。由此可见分层施用有利于土壤对氮素的固定，降低硝态氮的淋溶损失。

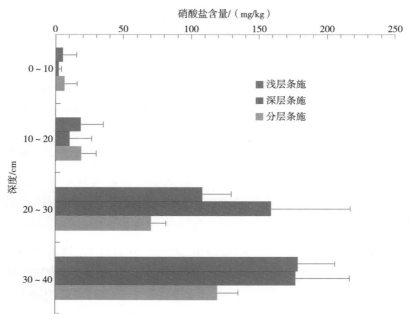

图14-36　玉米不同施肥方式下土壤硝酸盐剖面分布

　　（2）作物氮素吸收同位素特征和层次吸收比例。控释肥分层定向施用，优化养分时空释放规律，有效提高作物吸收。如图14-37所示，分层深施处理地下生物量（22.5 g/m²）显著高于集中浅施处理（18.5 g/m²），总生物量也是分层深施处理最大（136.7 g/m²），相比2种集中施肥措施增加3.9%～5.5%。作物根系[15]N同位素比值剖面分布随着深度增加而呈下降趋势。说明植物早期根系主要利用肥料氮素，后期吸收土壤氮素比例增加。其中浅层条施处理在整个剖面玉米根系的[15]N同位素比值均为最高，深层条施最低，说明前者利用肥料氮素最多。上中下各层吸收比例为45∶30∶25。肥料深施明显促进小麦根系下扎，提高地下生物量。但是如果肥料全部施入下层，则会减弱浅层根系养分吸收利用，不利于小麦的后期生长。因此，合理分布肥料空间分配比例有利于改善作物生长，提高肥料利用效率。

　　针对作物根系与养分、水分空间分布不匹配、养分损失严重的问题，研发了基于长效控释肥的分层深施技术，分层定向施用长效控释肥，优化养分时空释放规律，实现碳氮磷协同促进作物高效利用吸收、减少环境污染排放目标。控释肥不同方式深施的结果表明（图14-38），条状深施有利于作物吸收，提高产量。普通尿素分层条状深施和控释肥条状深施小麦产量最高，分别为440 kg/亩和427 kg/亩。条状深施明显提高小麦的穗粒数，千粒重也有增加的趋势。说明肥料条状深施有利于作物生育后期的养分供应,增加产量,提高肥料利用效率。以上结果说明,缓控释条状分层深施措施有效改善氮素养分时间与空间释放特征,最大促进作物吸收,提高肥料利用效率。因此,控释肥条状分层深施为最佳施肥方案,可改善养分释放供应特征,促进作物吸收利用,并提高吸附固定比例,降低硝态氮淋溶损失。

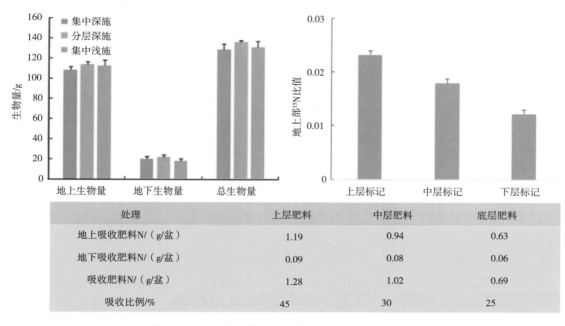

处理	上层肥料	中层肥料	底层肥料
地上吸收肥料N/(g/盆)	1.19	0.94	0.63
地下吸收肥料N/(g/盆)	0.09	0.08	0.06
吸收肥料N/(g/盆)	1.28	1.02	0.69
吸收比例/%	45	30	25

图14-37 小麦吸收氮同位素特征和层次吸收比例

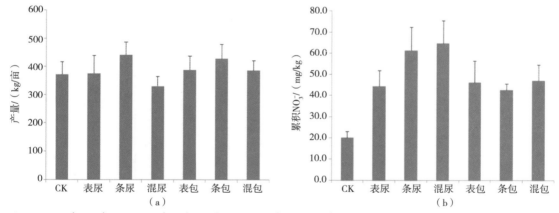

CK.不施肥处理;表尿.表层施用尿素;条尿.条状深施尿素;混尿.表层+条状分层深施尿素;表包.表层施用控释肥;条包.条状深施控释肥;混包.表层+条状分层深施控释肥,下同。

图14-38 控释肥分层深施对小麦产量(a)与硝酸盐累积(b)的影响

从作物产量构成来看(图14-39),条状深施明显提高小麦的穗粒数,这与前期试验结果一致,即深施提高后期养分供应,利于小穗分化,提高穗粒数。从千粒重来看,不施肥处理千粒重最大,这是因为CK处理养分供应较差,穗分化少,从而使单粒重量增加。相比尿素表施,各深施处理千粒重都有增加的趋势,说明深施增加了灌浆期的养分供应,提高了粒重。因此,作物产量组成分析也证明,肥料条状深施有利于作物生育后期的养分供应,增加产量,提高肥料利用效率。

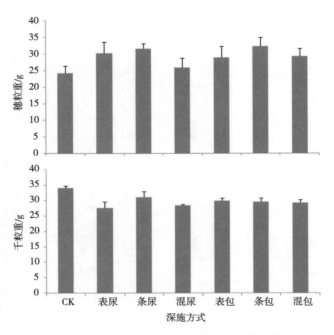

图14-39　不同深施方式对小麦产量组成的影响

肥料深施显著影响小麦根系生物量和剖面分布。如图14-40所示，不施肥处理（CK）根重最大，已有研究结果表明，适当养分胁迫促进根系的生长从而促进作物吸收更多的土壤养分。本试验中控释肥表施处理根重最低，也从另一方面证明，表层养分充足供应抑制根系的进一步增长。从根系分布来看，同样是不施肥处理（CK）根重表层比例最低，而尿素和控释肥表施比例最高。并且，控释肥条施也显著降低了表层根系的分布比例。这说明，肥料深层施用减少苗期表层养分供应，促进根系下扎，而控释缓慢释放增强后期深层养分供应，促进产量提高。

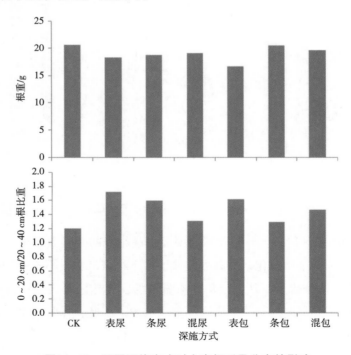

图14-40　不同深施方式对小麦根系及分布的影响

（3）控释肥分层深施田间应用技术。采用生物、化学和机械的综合技术手段，调控肥料时空供应特征为目标，构建了小麦/玉米周年控释肥分层深施技术体系，并研发整地播种分层施肥联合作业一体机。

通过该技术应用，有效地打破犁底层，促进根系下扎，增强深层土壤固碳能力；长效控释肥分层定向施用，优化养分时空释放规律，实现碳氮磷协同促进作物高效利用吸收、减少环境污染排放目标。成功研制相关配套机械，"一种整地深松分层施肥撒播联合作业机"并申请专利1项（专利号：ZL20172179908.5）（图14-41）。通过技术的实施，降低了示范区表层土壤铵态氮含量，减少氨挥发损失50%以上；并促进深层土壤铵态氮固定，硝态氮淋失减少10%以上，降低硝化作用和硝态氮淋溶风险；小麦产量提高14%~16%，利用率提高3.6%~17.5%，每亩节省作业成本20元，为保障小麦玉米主产区粮食安全生产提供技术支撑。本项技术实现一次性联合作业，大大减少了作业工序和成本能耗，从而提高了农民收入。该技术已在河北栾城的聂家庄乡、西营乡、藁城马庄乡和晋州小吾村等试验区进行了示范性的推广，2018—2019年累计作业300余亩。

图14-41　整地深松分层施肥撒播联合作业机

3. 研发了秸秆混合深旋还田关键技术

针对长期旋耕秸秆表聚、有机质等养分层化率高、根系难以下扎造成养分吸收利用的问题，研发秸秆切断混合深旋还田技术，调节碳氮平衡、促进苗期生长，调蓄扩容，提高水分效率，增碳固氮，减少氮损失。小麦收获时取土测定土壤剖面有机质和速效磷含量表明（图14-42），秸秆深旋还田（RS）与翻耕深还（PT）显著提高20~40 cm土层有机质和速效磷含量，表层含量明显降低。秸秆深旋还田能够提高10~30 cm土层有机质和速效磷含量，但增加幅度小于秸秆填埋深还（BS）。

秸秆翻埋深还导致小麦产量降低。秸秆深旋还田在2018年和2019年小麦产量显著高于常规旋耕处理。翻耕深还处理在试验第1年产量显著高于旋耕处理，第2年差异不显著。秸秆翻埋深还处理则在第1年显著降低小麦产量。这可能与秸秆填埋措施使底层生土翻转到土表，抑制了作物对养分的吸收有关。第2年抑制作用减缓，与旋耕产量没有显著差异，秸秆填埋对作物产量影响需长期试验评价。

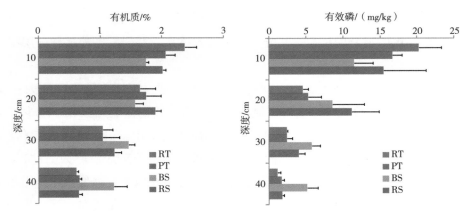

RT. 常规旋耕；PT. 翻耕深还；BS. 秸秆翻埋深还；RS. 秸秆深旋还田

图14-42　不同秸秆深层还田方式下土壤有机质和速效磷剖面分布

通过对2019年小麦产量构成分析表明，秸秆深旋还田处理显著提高了小麦穗粒数（表14-5）。说明深还促进后期养分供应，利于小穗分化，提高穗粒数。并且深还处理也有利于提高小麦收获指数，也说明深还利于后期生殖生长。从表14-5中还可以看出，相比常规旋耕处理，各秸秆深还措施降低了千粒重，一方面可能是由于穗粒数的提高，作物本身的平衡作用；另一方面，也可能是深还措施降低后期土壤水分，对灌浆有一定影响，需要进一步分析。

表14-5　秸秆深还对小麦产量构成的影响

处理	密度/（万茎/亩）	穗粒数	千粒重/g	株高/cm	收获指数
RT	41.0 ± 3.2ab	35 ± 3b	30.1 ± 0.7	66.0 ± 0.6a	0.42 ± 0.01
PT	44.4 ± 2.5a	37 ± 4ab	28.7 ± 0.5	66.0 ± 3.6a	0.41 ± 0.01
BS	38.6 ± 1.5b	36 ± 4ab	29.2 ± 0.7	60.7 ± 2.0b	0.42 ± 0.02
RS	40.5 ± 3.5ab	41 ± 3a	29.7 ± 0.5	65.4 ± 1.4a	0.44 ± 0.02

秸秆深旋还田将秸秆切成10 cm的小段，0～30 cm土层混合深旋还田，相比"十二五"浅层秸秆还田技术，降低表层播种障碍，出苗率提高15%；活化深层土壤养分，层化率下降到1.8%以下；秸秆切段粉碎降低前期分解速率，固持养分促进后期吸收利用，产量提高3.6%～17.5%，淋溶风险降低5%～31%（图14-43）。

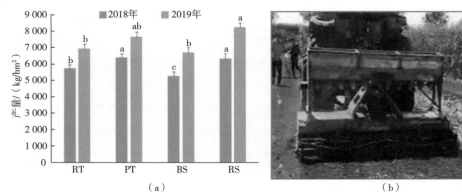

（a）　　　　　　　　　　　　　　　　　　（b）

图a中不同小写字母表示同一年不同处理之间差异显著（P<0.05）。

图14-43　混合深旋还田作物产量（a）及田间应用效果（b）

4.优先流阻控灌溉技术

通过开展田间优先流染色试验和灌溉调控试验，发现优先流对土壤空隙结构特征的响应规律，明确了水分控制对氮素转化和迁移影响规律，构建了生物质炭与灌溉协同控制优先流技术体系。

（1）不同土壤空隙条件下优先流发生规律。研究了灌溉量、表面活性剂、生物质炭对优先流的影响。灌溉水量大时，优先流相对不明显，水分均匀下渗；当灌水量小时，优先流明显，水分主要沿着优先路径运动。同时也可以看出优先流程度变小的趋势随着灌溉量的增加而有所变缓，因此，在实际灌溉中应采取适量多次灌溉，以最大程度地减少优先流发育程度。对用于表征不同处理优先流的4个指标进行Friedman检验，由图14-44得出，各优先流指标与灌溉量显著相关（$P<0.05$）。

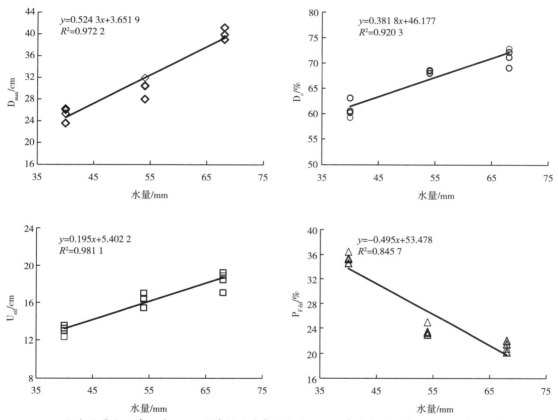

D_{max}. 优先流最大入渗深度；D_c. 土壤剖面染色面积比；U_{nif}. 基质流区深度；$P_{F\text{-}ff}$. 优先流分数。

图14-44 不同灌溉量与优先流指标的相关关系

（2）水分控制对氮素转化和迁移影响规律。在小麦追肥时期开展不同初始水分条件下延迟灌溉对氮素迁移影响模拟试验。试验选择小麦/玉米主产区3种典型土壤类型，分别为褐土、潮土和棕壤。设置3个初始水分含量，分别为5%、10%和15%，并设置3个延迟灌溉间隔，分别为施肥后0 h、6 h和12 h后灌溉。于试验第2天和结束时（第7天）测定土壤剖面无机氮分布。图14-45为灌溉后第2天尿素态氮分布情况，由图可知土壤初始水量对尿素转化迁移影响不显著，而延迟灌溉明显提高3种土壤表层尿素含量，而随着延迟时间变长深层含量逐渐降低。研究结果证明延迟灌溉降低尿素水解速率，并减缓尿素垂向迁移。

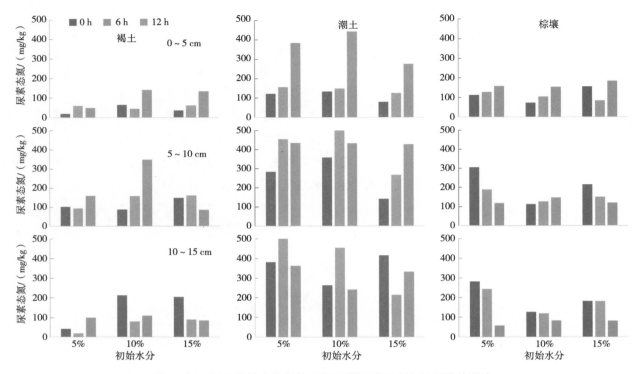

图14-45　不同初始水分条件下延迟灌溉对尿素态氮迁移的影响

　　延迟灌溉降低深层NH_4^+-N含量，促进土壤对氮素固定。图14-46为施肥后第7天土壤NH_4^+-N剖面分布，可知随着初始水分含量增加土壤NH_4^+-N浓度减低，并且延迟灌水也明显降低NH_4^+-N浓度，其中褐土最为明显。从剖面分布来看，褐土与潮土在低初始水分条件下，延迟灌溉促进了NH_4^+-N向下迁移，在高水分条件下，延迟灌溉则减缓迁移过程。棕壤在3种初始水分条件下延迟灌溉均减缓迁移过程。

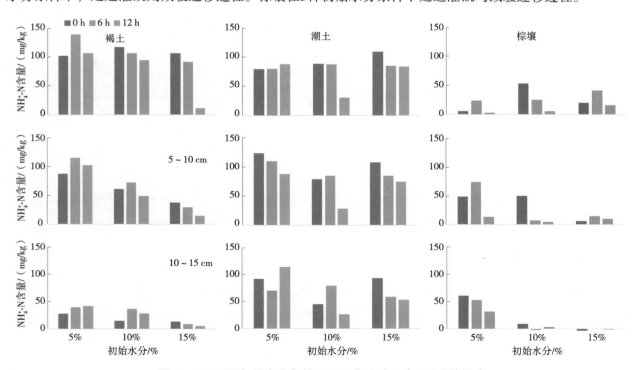

图14-46　不同初始水分条件下延迟灌溉对NH_4^+-N迁移的影响

　　适当延迟灌溉降低深层硝态氮含量，降低淋溶风险。图14-47为施肥后第7天土壤NO$_3^-$-N剖面分布。由图可知随着初始水分对NO$_3^-$-N含量影响不明显，而延迟灌水具有明显降低NO$_3^-$-N浓度的趋势，其中褐土最为明显。

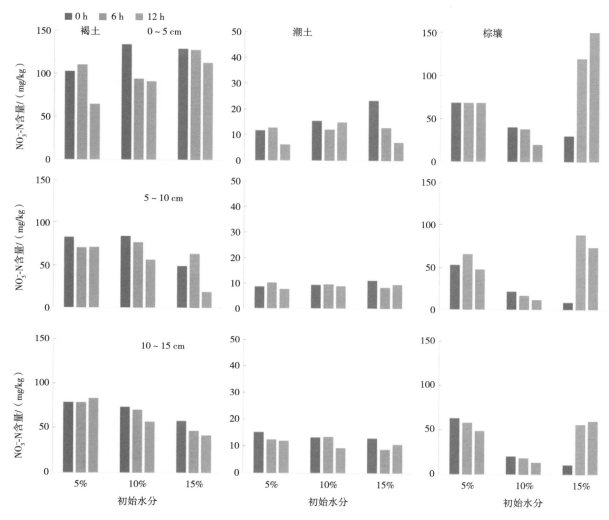

图14-47　不同初始水分条件下延迟灌溉对NO$_3^-$-N迁移的影响

　　从剖面分布来看，褐土在低初始水分条件下，延迟灌溉对NO$_3^-$-N迁移影响不明显，而在高水分条件下，延迟灌溉则减缓迁移过程。潮土中总体NO$_3^-$-N含量较低，说明硝化作用较弱，可以适当提高延迟灌溉时间，更有利于促进水解作用，加强NH$_4^+$-N的固定。棕壤在高水分条件下，提高了各层NO$_3^-$-N含量，具有潜在淋溶风险。因此，针对不同类型土壤，施肥期采取合理水分调控措施，可以有效改善氮素转化迁移规律，从而显著降低淋溶风险。

　　（3）生物质炭与灌溉协同优先流阻控技术。针对田间大孔隙优先流影响关键因素，从土壤结构、灌溉用量和时机等方面精细化调控优先流发育与淋溶过程，开发了生物质炭与灌溉协同优先流阻控技术。如图14-48所示，通过添加生物质炭改善土壤结构，首次证明生物质炭使优先流分数降低了6%~17.5%；控制初始水分，防止优先流生成；延迟灌溉技术促进酰胺水解固定，降低易淋溶形态氮素比例。相比"十二五"灌溉水量和频次调控技术，淋溶风险降低10%~27%，产量提高14%~16%。

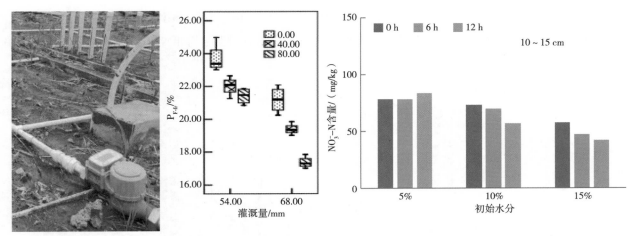

0.00代表不施用生物质炭；40.00代表施用生物质炭40 t/hm²；80.00代表施用生物质炭80 t/hm²。

图14-48　生物质炭与灌溉协同控制优先流技术效果

通过不同物料添加比较发现，添加生物质炭可以降低优先流发育程度。这可能是由于生物质炭能改善土壤结构，可减少优先流发生的先决条件即优先路径的形成（图14-49b）。添加表面活性剂，优先流更为明显（图14-49a），造成该现象的原因，可能是施加的表面活性剂降低了土壤-水的界面张力，表面活性剂的浓度在使土壤胶体分散作用大于凝聚作用的浓度内，分散作用使水分主要沿着优先路径迅速运动。基于上述试验，研究证实添加生物质炭以及适当增大灌水量有利于减轻优先流发育程度。

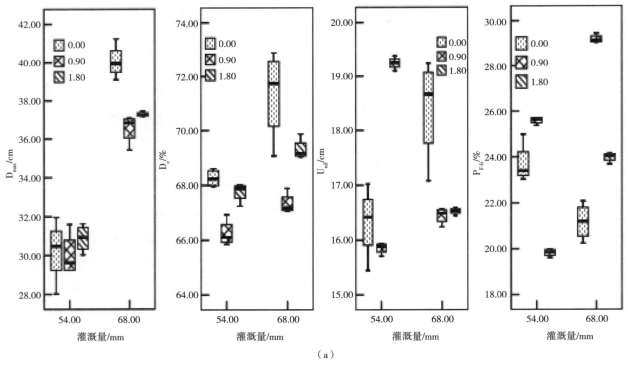

（a）

D_{max}. 优先流最大入渗深度；D_c. 土壤剖面染色面积比；U_{nif}. 基质流区深度；P_{F-fr}. 优先流分数。图（a）中0.00代表不施表面活性剂，0.90代表施用表面活性剂0.9 t/hm²，1.80代表施用表面活性剂1.8 t/hm²；图（b）中0.00代表不施生物质炭，30.00代表施用生物质炭30 t/hm²，60.00代表施用生物质炭60 t/hm²。

图14-49　表面活性剂（a）和生物质炭（b）添加条件下土壤染色图像指数箱体图示意

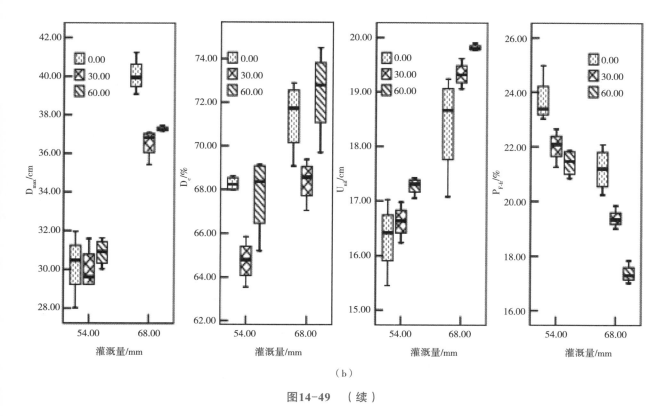

（b）

图14-49 （续）

（4）生物质炭与水肥协同显著提高玉米产量。本试验玉米于2020年9月25日收获，对各处理玉米进行了室内考种，结果见表14-6。除T10处理的各项指标均显著降低外，其余各处理的穗长、穗行数和百粒重的差异不大，可见施肥灌水和施用生物质炭对以上3个指标影响均较小。玉米穗粒数在高水高肥高碳处理下，T9比T6增加0.02%，T7比T6增加1.51%，可见施用生物质炭可以显著增加穗粒数，在同一灌水施肥条件下，无论低碳还是高碳处理的玉米穗粒数都要多于不施碳处理。

表14-6 2020年不同水肥处理对夏玉米产量构成性状的影响

处理	穗长	穗行数	穗粒数	百粒重	产量
T1	14.62 ± 3.92a	13.82 ± 2.19a	379.82 ± 25.18d	37.01 ± 7.00b	8 367.92 ± 132.56i
T2	16.16 ± 4.04a	13.80 ± 1.8a	402.30 ± 15.7bc	40.36 ± 9.05a	10 240 ± 156.38d
T3	15.14 ± 3.36a	14.55 ± 1.45a	416.36 ± 26.63b	40.19 ± 6.01a	11 749.00 ± 201.36c
T4	13.62 ± 3.62a	14.55 ± 2.55a	383.90 ± 24.09cd	39.48 ± 5.50a	9 716.87 ± 189.63f
T5	13.74 ± 2.74a	13.64 ± 2.36a	448.81 ± 27.18a	39.86 ± 7.64a	10 040.84 ± 165.39e
T6	15.96 ± 2.74a	14.73 ± 2.73a	386.63 ± 17.36d	40.28 ± 7.29a	9 224.32 ± 153.87g
T7	16.16 ± 2.86a	14.67 ± 1.33a	462.75 ± 26.75a	40.89 ± 5.65a	13 161.62 ± 187.39b
T8	13.72 ± 3.12a	13.45 ± 3.45a	354.54 ± 19.45e	38.87 ± 5.36a	8 732.31 ± 111.32h
T9	15.75 ± 4.55a	14.46 ± 2.46a	453.62 ± 24.38a	40.29 ± 8.56a	13 529.42 ± 126.53a
T10	9.93 ± 4.57b	11.26 ± 1.4b	235.70 ± 26.3f	27.76 ± 9.36c	3 459.75 ± 98.98j

（续表）

处理		穗长	穗行数	穗粒数	百粒重	产量
	I	19.395**	3.528*	32.090*	124.007**	24.211**
F值	N	52.248**	5.118*	35.338*	112.992**	49.819**
	C	2.308	1.283	16.328*	5.659*	14.663**

注：夏玉米试验设置3个因素，分别为灌溉、氮肥、生物质炭，其中灌溉设置2个水平，分别为"灌一水"（I1，苗期灌水一次67.5 mm）和"灌二水"（I2，苗期灌水67.5 mm，拔节期灌水54.0 mm，二次合计灌水121.5 mm）；氮肥设置2个水平，分别为优化75%施氮（N1，施氮量150 kg N/hm²）、优化施氮（N2，施氮量200 kg N/hm²）；生物质炭设置3个水平，分别为不施碳（C1，0 t/hm²）、低碳（C2，20 t/hm²）和高碳（C3，40 t/hm²），以基肥形式于夏玉米种植前一次性施入土壤；另外设置不灌溉、不施氮肥、不施生物质炭的空白处理1个。T1代表I1N1C1处理、T2代表I1N2C2处理、T3代表I1N2C3处理、T4代表I1N1C2处理、T5代表I2N1C3处理、T6代表I2N2C1处理、T7代表I2N2C3处理、T8代表I2N1C1处理、T9代表I2N2C2处理、T10代表空白处理。F代表F检验，I代表灌溉，N代表氮肥，C代表生物质炭。不同小写字母代表处理间差异显著（P<0.05）。*P<0.05；**P<0.01。

不同处理之间玉米的最终产量差异达到了极显著水平。通过对不同处理之间产量的多重比较发现，T9>T7>T3>T2>T5>T4>T6>T8>T1>T10。在高水高肥处理下，T9碳比T6增加46.67%，T7比T6增加42.68%。由此可见，在高水高肥处理下，低碳处理的产量最高，说明低碳与高水高肥配比更有利于产量的增加。

（五）小麦-玉米轮作体系氮磷面源污染防控技术模式

1. 小麦田氮磷面源污染防控技术模式

（1）增碳固氮技术模式。"玉米秸秆切碎+施肥+深旋+压实还田深耕"为一体的"旋施还"一体化秸肥深施增碳固氮技术（图14-50）。

图14-50　"旋施还"一体化秸肥深施增碳固氮技术

技术内涵　玉米联合收割机收获玉米不粉碎秸秆，采用秸秆切碎施肥深旋耕压实一体机将"秸秆切碎（5～10 cm）还田+研发的增效复混肥或减损复合肥（化肥氮减量20%、磷减量15%）、碳基高碳有机肥（500 kg/亩）+深旋耕（25～30 cm）+压实"，播种小麦。

技术特点　①碳氮平衡、促进苗期生长。秸秆切碎深旋还田能够减少土壤与秸秆的有效接触面积，延缓秸秆腐解时间，避免了秸秆表聚快速腐解争氮问题。②调蓄扩容，提高水分效率。秸秆切碎深旋还田后秸秆水分损失少，可将深层土壤旋耕到表层，增加表层土壤墒情；由于深旋打破犁底层，可以调蓄扩容，提升土壤蓄水量，提高水分利用效率。③增碳固氮，减少氮损失。采用深旋施肥，可将秸秆和底施肥料均匀地分布于0～30 cm土层；秸秆腐解后可提升土壤碳库，增强固氮能力，减少养分损失。

机具配备　玉米联合收割机、秸秆切碎施肥深旋压实一体作业机（150马力以上拖拉机，1马力≈735 W）、小麦播种机（配套30马力以上拖拉机）。

（2）氮磷肥料调控技术模式。"玉米秸秆粉碎—分层施肥+旋耕+深松"为一体的分层施肥氮磷高效利用技术（图14-51）。

图14-51　分层施肥氮磷高效利用技术

技术内涵　大型玉米联合收割机收获玉米并粉碎秸秆后，采用"分层施肥+旋耕+深松+小麦播种"一体作业机结合研发的增效复混肥或减损复合肥（化肥氮减量20%、磷减量15%）、碳基高碳有机肥（500 kg/亩），同时实现分层施肥、旋耕、深松、播种小麦4种农机作业。通过肥料的定位分层深施，降低表层土壤铵态氮浓度，减少氨挥发损；并促进深层土壤铵态氮固定，降低硝化作用和硝态氮淋溶风险，为保障小麦玉米主产区粮食安全生产提供技术支撑。

技术特点　①养分均衡分布、减少氨挥发，促进氮磷协同增效。通过分层施肥，将研发的新型肥料均衡地分布于0~30 cm的根层，减少了养分表聚，控制了氨挥发。同时，氮磷养分条播到土壤中，分布于小麦根系两侧，定向释放，增加了根系对氮磷的吸收利用，促进了根系的生长和下扎，补充活化深层磷素肥效，促根提高氮吸收。②打破犁底层、调蓄扩容，提高水肥利用效率。通过土壤深松，打破犁底层，可以调蓄扩容，提升土壤蓄水量，提高水分利用效率。同时也促进了小麦根系下扎，防控氮磷淋失。

机具配备　玉米联合收割机、秸秆粉碎机（100马力拖拉机），分层"施肥+旋耕+深松+小麦播种"一体作业机（150马力以上拖拉机）。

2. 玉米农田氮磷面源污染防控技术模式

增碳固氮技术模式。"小麦秸秆（高留茬）粉碎混土+秸秆腐熟剂还田-玉米铁茬播种（种肥同播）"为一体的秸秆混土快腐增碳固氮技术（图14-52）。

图14-52　秸秆混土快腐增碳固氮技术

技术内涵　大型小麦联合收割机收获小麦秸秆高留茬，留茬高度30 cm左右。采用"小麦秸秆粉碎混土+秸秆腐熟剂还田"一体作业机结合研发的高效腐熟菌剂和有机液体肥，将研发的增效复混肥或减损控释复合肥（化肥氮减量20%）结合铁茬播种进行种肥同播，避免了肥料地表裸露。

技术特点 秸秆粉碎混土快腐、减少氨挥发，促进氮磷协同增效。通过小麦秸秆粉碎混土配合秸秆腐解菌剂，将小麦秸秆快速腐解形成有机碳和营养成分随雨水进入土壤，增加土壤碳库；将研发的新型增效、减损控释肥料一次施肥，结合种肥同播将肥料条播到种子的侧下方根层，减少了养分表聚，控制了氨挥发。同时，增效氮磷养分条播到玉米根系两侧，定向释放，增加了根系对氮磷的吸收利用，促进了根系的生长和下扎，补充活化深层磷素肥效，促根提高氮磷吸收，控释氮肥在玉米中后期释放，可以保障玉米中后期的根系活力提高，促进氮磷协同增效。

机具配备 大型小麦玉米联合收割机、"秸秆粉碎+腐熟剂喷洒作业"一体机（100马力拖拉机），玉米铁茬播种机（30马力拖拉机）。

3. 技术模式效果

氮磷增效减损技术模式实现小麦季提高氮肥利用率6.4%～11.3%，降低氮淋失量28.1%～32.6%，减少氨挥发54.2%～65.8%；提高玉米季氮肥利用率7.7%～11.6%，降低氮淋失量27.1%～30.5%、降低氨挥发39.8%～49.6%。为黄淮海小麦-玉米轮作区大面积应用提供了科学方案，实现了氮素减损粮食稳产增效。

第三节　菜地氮磷面源污染防控技术

施肥量和灌溉量大已经成为我国蔬菜种植体系的生产特征，这导致大量氮磷通过径流、淋溶进入地下和地表水体（Wang et al.，2018；Zhang et al.，2017；王瑞等，2021）。以山东省为例，1994—1997年，山东省设施菜地氮肥、磷肥平均施用量达到了1 351 kg N/hm^{2}和1 701 kg P$_2$O$_5$/hm^2，截至2004年，氮肥和磷肥施用量虽然有所下降，但仍处于高位；2016—2017年，番茄年平均氮和磷施用量达855～1 021 kg N/hm^{2}和684～804 kg P$_2$O$_5$/hm^2，黄瓜年平均氮和磷施用量达1 277～1 334 kg N/hm^{2}和1 187～1 197 kg P$_2$O$_5$/hm^2（江丽华等，2020）。氮磷的平均投入量超过蔬菜养分需求量的7.2倍和12.9倍，导致氮磷在土壤中大量累积。1997年，山东寿光设施大棚中氮素和磷素的年盈余量分别高达1 957 kg N/hm^{2}和3 187 kg P$_2$O$_5$/hm^2。菜地耕层土壤硝态氮平均含量可达695～936 mg/kg，平均每季磷素盈余量为527 kg/hm^2，87%的设施菜地速效磷含量超过了磷环境阈值。集约化设施蔬菜种植区传统的灌水模式为大水漫灌，每季灌水量达800～1 000 mm。即使采用滴灌每季蔬菜灌水量也达300～450 mm。在传统的水肥管理模式下，氮素的淋溶流失可达20%～40%，每年有250～500 kg N/hm^{2}以硝态氮形式淋溶损失。磷素的淋溶系数要低于氮素，然而，当速效磷含量超过其环境阈值时，磷的淋溶流失风险加大。

目前，因菜田氮磷污染削减技术与产品在不同地区应用效果受区域条件、土壤理化性质、气候条件、习惯种植制度等影响，针对区域氮磷污染负荷特征、种植条件等开展技术适应性研究，研发形成了水肥一体化的蔬菜投入品调控氮磷淋溶减排技术体系、菜田土壤生境调控氮磷减排技术体系及种植制度和结构优化氮磷面源污染防控技术体系，并形成了集约化菜地氮磷面源污染防控技术模式。

一、菜田投入品调控氮磷淋溶减排技术

主要包括控释肥育苗技术、低淋溶肥料控制技术、氮磷形态调控技术和氮磷最小淋失控制技术，涉及的投入品主要有缓控释氮肥、低淋溶肥料助剂、氮素抑制剂和氮磷增效剂、养殖肥液、水肥智能控制装备。

（一）控释氮肥

基质草炭、蛭石、珍珠岩按照3∶1∶1比例进行配制，每100 L基质中加入260 g控释尿素、290 g磷酸二氢钾和160 g硫酸钾，充分拌匀后装盘播种育苗。

以嫁接黄瓜苗作为研究对象，砧木是砧省薪431（RSM NO.431），接穗是博新10-2（秋冬茬）和德瑞特1701（春茬）。与传统育苗（Con）相比，控释肥育苗（CRFs）可以显著提高育苗指数和黄瓜苗期的地下部干物质累积（表14-7），增加黄瓜毛细根数量（图14-53），同时实现带肥移栽，显著降低设施蔬菜前期（基肥）氮磷负荷。

表14-7 不同育苗方式对黄瓜生长的影响

| 茬口R | 处理T | 株高/cm | 茎粗/mm | SPAD值 | 干重/（g/株） | | | 壮苗指数 |
					地上	地下	植株	
2017A-W	Con	15.2a	0.35a	35.0b	0.48b	0.13b	0.61b	0.18b
	CRFs	15.0a	0.39a	45.3a	0.56a	0.17a	0.72a	0.23a
2018S-S	Con	14.0b	0.50b	31.1b	0.45b	0.13b	0.57a	0.18b
	CRFs	16.0a	0.55a	37.6a	0.53a	0.14a	0.66a	0.20a
2018A-W	Con	16.6b	0.37a	39.6b	0.37b	0.15b	0.51b	0.22b
	CRFs	17.0a	0.39a	45.0a	0.50a	0.17a	0.66a	0.24a
2019S-S	Con	16.3b	0.31b	29.9b	0.33a	0.12b	0.50a	0.19b
	CRFs	18.7a	0.42a	37.7a	0.38a	0.14a	0.55a	0.21a
处理		***	***	***	**	***	**	***
茬口		***	***	***	***	***	***	***
R×T		***	**	*	NS	**	NS	NS

注：表中A-W表示秋冬茬；S-S表示冬春茬；Con. 传统育苗；CRFs. 控释肥育苗。*$P<0.05$；**$P<0.01$；***$P<0.001$。

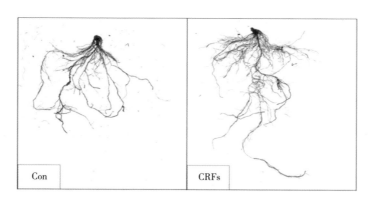

图14-53 不同育苗方式黄瓜根系扫描结果

（二）低淋溶肥料助剂

肥料增效助剂（聚醚改性有机硅表面活性剂）DY-ET100特征参数为分子量1 000～14 000，25 ℃时黏度为20～40 cP，用法为稀释1 500倍后按单次10 m³/亩滴灌。

当滴速24 mL/min、滴灌量4 500 mL时，DY-ET100与目前市面上常见的水分调节剂相比，表层土壤的水分扩展半径增加了7.36%，扩展面积增加了10.01%，显著减弱了水分的下渗，增强了土壤的保水性能（图14-54和图14-55）。

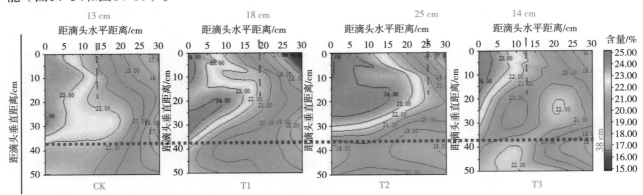

CK. 清水；T1. 清水+KNO₃；T2. DY-ET100+KNO₃；T3. 渴以友+KNO₃。

图14-54　DY-ET100对水分空间分布的影响

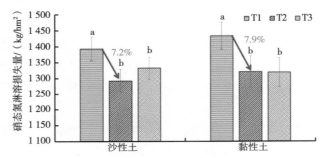

T1. 清水+KNO₃；T2. DY-ET100+KNO₃；T3. 渴以友+KNO₃。

图14-55　DY-ET100对土壤硝态氮淋溶量的影响

同时，DY-ET100的添加使得番茄整个生长季土壤硝态氮淋溶量显著减少了22.33 kg/hm²，降低幅度为7.2%～7.9%。该材料应用成本600元/亩，仅是市面上同类型产品的1/4。该肥料增效助剂在青岛齐沃农业科技有限公司实现转化。

（三）氮磷增效剂及氮素抑制剂

针对设施蔬菜生产过程中氮磷养分投入形态与作物吸收不匹配导致的氮磷淋失等问题，研发了基于形态调控氮磷流失化学控制技术，技术要点包括以下3个方面：基肥阶段，使用钙镁磷肥，用量占全生育期投入量的70%，有机氮投入量为传统施肥量的75%，同时配合使用植酸酶、壳寡糖等氮磷增效剂；定植阶段，使用抗逆增效菌剂沾根，定植水减少20%～25%，氮磷增效剂随水滴灌；追肥阶段，追施尿素硝酸铵和多聚磷酸铵，硝态氮占比75%，氮磷增效剂和氮素抑制剂随水肥滴灌。以黄瓜为例，连续使用该技术3年，较常规施肥可节氮25%、节水28.5%～37.5%、增产7.8%、淋溶水总氮削减率20.7%、总磷削减率28.2%（图14-56）。

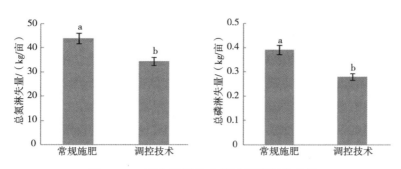

图14-56　形态调控技术削减氮磷污染效果

（四）养殖肥液

针对养殖肥液的养分优势和在设施菜地应用上的短板等问题，优化了养殖肥液设施蔬菜安全灌溉制度，明确了养殖肥液1：2稀释灌溉（表14-8），灌水定额为1 250 m³/hm²、总氮投入292 kg N/hm²条件下，设施油麦菜产量增加，品质符合《农产品安全质量无公害蔬菜安全要求》；创制了系列高效吸磷生物质炭材料，将3%的改性生物质炭添加到土壤中，养殖肥水灌溉总磷淋溶量削减42%；开发了"硝化抑制剂（DCD添加量10%）+脲酶抑制剂（HQ添加量1%）+生物质炭（添加量2%）"削减养殖肥液氮淋溶技术，总氮淋失削减率最高达到48%，在漫灌和滴灌、不同蔬菜类型、酸碱性土壤上均具有良好的适用性，能够同时提高蔬菜产量、降低蔬菜硝态氮含量，具有效率高、使用方法简单等优势。

表14-8　养殖肥水灌溉对油麦菜生长的影响

稀释倍数	鲜重/（g/株）		株高/cm		叶片数/（片/株）	
	第一季	第二季	第一季	第二季	第一季	第二季
不稀释	316 ± 99ab	278 ± 72c	40 ± 8.5a	46 ± 6.5bc	45 ± 5ab	38 ± 8ab
1：1	320 ± 35ab	246 ± 79c	40 ± 10.2a	43 ± 9.5bc	42 ± 3b	37 ± 1ab
1：2	373 ± 80a	443 ± 97a	45 ± 5.9a	60 ± 6.9a	49 ± 4a	44 ± 3a
1：3	293 ± 92ab	324 ± 88bc	41 ± 6.8a	50 ± 6.0ab	43 ± 1b	42 ± 4ab
1：5	159 ± 56b	134 ± 80d	34 ± 5.1b	35 ± 1.9c	35 ± 1c	33 ± 3c
CK	317 ± 29ab	411 ± 91ab	40 ± 4.1a	50 ± 5.1ab	42 ± 5b	44 ± 8ab

（五）水肥智能控制装备

该设备系统集成了智能灌溉云平台、精细化滴灌技术、在线监测与信息反馈、智能决策等技术（图14-57）。

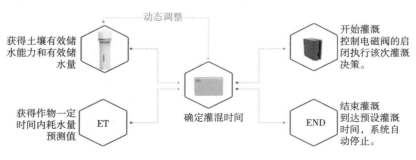

图14-57　设施农田氮磷淋失智能控制工作示意

操作系统采用ARM A9 Linux，硬件配置为1 G主频、8 G存储、1 G内存，通信方式采用Wi-Fi AP、LoRa，可并行接入128个开关，有效通信距离1 km，工作温度-20～60 ℃；实现轮灌、单阀/单区域灌溉、多个程序组合灌溉等模式，最大可实现8个可控施肥通道，可通过隔膜调节施肥速度，施肥通道流量200～600 L/h，同时实现EC、pH值在线监测与数据展示；该系统采用模块化设计，具有良好扩展性、闭环管理和在线反馈等技术优势。与传统灌溉系统相比，每亩节支增收2 000元以上，系统使用寿命不低于5年，根层土壤水分淋失率小于4.50%，氮磷淋失率分别小于2.60%、2.70%。该装备在天津、寿光等地应用。

二、菜田土壤生境调控氮磷减排技术

主要包括酶制剂调控氮磷减排技术、微生物菌剂调控氮磷减排技术和基于物理阻隔的氮磷淋失阻控技术。

（一）酶制剂调控氮磷减排技术

采用平板透明圈法从土壤中分离产几丁质酶放线菌株L12，进行初筛和复筛发酵，确定该菌株较适产酶培养基和发酵条件。

条件优化后，30 ℃摇瓶发酵48 h，几丁质酶活力达到1.06 U/mL。通过菌种扩大和发酵培养、过滤除菌、超滤浓缩、冷冻干燥后获得几丁质酶干粉，而后与纤维素酶复配，优化确定了复合酶制剂的最佳组成（几丁质酶：纤维素酶=1：4）、用量（5～10 mg/kg）和使用时期（定植期）。相较于单独使用几丁质酶和纤维素酶，复合酶制剂能显著提高作物对氮磷的利用率，可使辣椒对土壤全氮的利用率提高20.8%，对土壤总磷的利用率提高达22.5%（图14-58）。该复合酶制剂在山东省食品工业研究院成功试制，亩成本60～120元，可实现蔬菜增产3%以上，在山东兰陵、寿光和临淄等地应用。

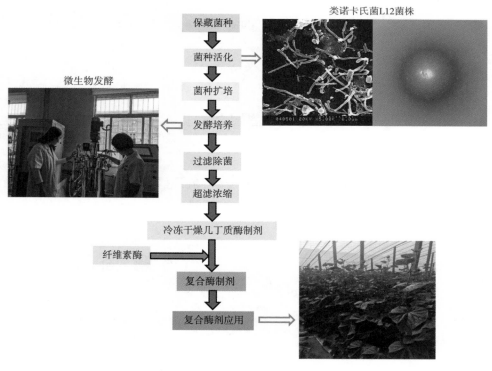

图14-58 复合酶制剂研发与应用

（二）微生物制剂调控氮磷减排技术

筛选得到聚磷菌、解磷菌和根际促生菌等功能菌株，确定其最佳发酵条件（包括培养基配方、温度、初始pH值、初始接种量、转速等），而后将功能菌株的发酵液与硅藻土等载体材料混合，通过压滤、离心等浓缩工艺和闪蒸、喷雾干燥等干燥工艺，获得干燥菌粉，再与稳定剂、保护剂、润湿剂等成分混匀后，得到菌剂产品（图14-59）。当设施土壤中的速效磷含量较高时，如Olsen-P大于60 mg/kg时，推荐使用聚磷菌剂，可以将土壤中过多的速效磷转换为生物磷，从而减少土壤磷素淋失风险。当土壤中速效磷含量较低时，在适当降低磷肥用量的条件下，配合使用解磷菌剂和促生根菌剂。聚磷菌剂、解磷菌剂和根际促生菌剂推荐使用方法：根据土壤速效磷含量选择解磷菌或聚磷菌，配合根际促生菌剂，分3次进行接种，第1次在蔬菜移植时，通过蘸根处理进行接种；第2次和第3次分别在定植后的第10天、第20天进行灌根处理。该微生物制剂产品在山东沃地丰生物肥料有限公司试制，相关技术在山东、山西、河北、北京进行示范应用，可显著改善根际土壤菌群结构、促进根系生长发育、提高氮磷利用率，蔬菜作物产量可提高4%以上。

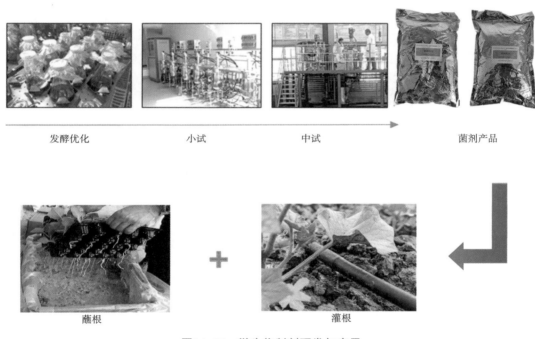

图14-59　微生物制剂研发与应用

（三）基于物理阻隔的氮磷淋失阻控技术

以作物秸秆为主要原料，对其进行季铵化改性，研发出对硝酸根（NO_3^-）具有高吸附性能的秸秆季铵化材料，明确了最佳改性参数，即固液比8 g/L为适宜投加量、pH中性至偏碱性时，季铵化改性秸秆对硝酸根的最大吸附量提高约100倍。

在季铵化改性基础上将材料凝胶化，制备成秸秆季铵化改性水凝胶材料。以核桃壳、羊粪、烟秆等为原料，以鸡蛋壳、牡蛎壳、$LaCl_3$等为改性试剂创制了系列高效吸磷生物质炭材料，该材料对磷的最大吸附容量高达210 mg P/g。上述氮磷高吸附性能的秸秆季铵化改性水凝胶材料与筛选的沸石等黏土矿物材料按一定比例组合，并在不同条件下制备成块状阻隔产品和粒状阻隔产品，块状阻隔产品在

5.7 MPa压力下制备，产品规格高0.6 cm，直径6 cm；粒状阻隔产品高6 mm左右，直径4 mm左右，高压造粒而成。阻隔产品在诸城齐舜农业有限公司实现转化，产品稳定性较高，产品可实现养分吸附阻隔。

将上述阻隔产品置于距表层40～60 cm处，阻隔材料厚度5 cm左右，和无阻隔材料处理相比，淋溶液中总氮2年削减率平均达22.8%，总磷3年削减率平均达37.7%，总磷削减效果优于总氮（图14-60）。为便于该项技术的推广应用，对使用方法进行了改进和优化，针对北方设施茄果定植类蔬菜，将阻隔材料加工成块状阻隔产品，在蔬菜定植时置于苗下5 cm左右；针对南方叶菜，将阻隔材料加工成粒状阻隔产品，在蔬菜播种前将产品与肥料一起使用。研究表明，两类用法对氮磷流失削减率均可达到25%以上。

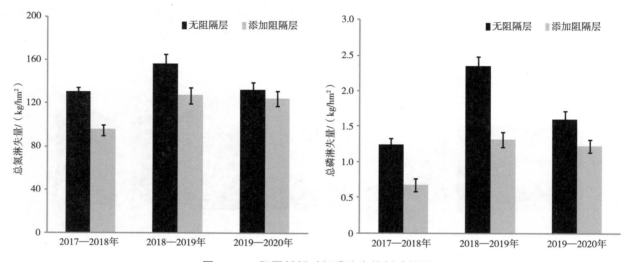

图14-60　阻隔材料对氮磷流失的削减效果

三、种植制度和结构优化氮磷面源污染防控技术

主要包括豆科作物轮作养分减投技术、深浅根系作物间套作氮磷流失阻控技术、夏季揭棚期填闲蔬菜阻控氮磷流失技术、设施菜地分段式生态沟渠过程氮磷阻控技术和基于时空优化配置的菜地养分循环利用技术。以下主要阐述前两种技术。

（一）豆科作物轮作养分减投技术

针对番茄-甜瓜轮作高水肥投入造成的资源浪费和环境污染，提出了引入豆科作物的轮作模式调整技术，在河北衡水国家农业科技园区饶阳县大尹村镇南北岩村（115°50′82″E，38°16′14″N）开展了相关技术应用，试验开始于2018年6月，设置3种轮作模式：番茄-甜瓜（TM）、豆角-甜瓜（BM）、番茄-豆角（TB）。结果发现，引入豆科蔬菜的轮作模式相对于传统番茄-甜瓜轮作，可显著改变土壤硝态氮累积、迁移及淋失规律（图14-61），其中番茄-豆角轮作模式对于削减0～100 cm土壤中硝态氮残留量及淋溶液中硝态氮淋失量效果最佳。

设施土壤硝态氮淋失量与0～100 cm土壤贮水量、各土层硝态氮含量以及表层土壤有机质含量及季节变化密切相关。其中硝态氮淋失量随贮水量增加呈指数增长，土壤硝态氮含量、表层有机质及温度均与淋失量显著正相关，随着各土层硝态氮含量升高、表层有机质增加以及温度升高，淋失量均直线升高，且越深层土壤硝态氮含量升高对硝态氮淋失增加的贡献越大。年均减少氮素投入23.44%，水分投入22.73%，2年总硝态氮淋失量显著降低39.74%，经济效益提高12.62%。

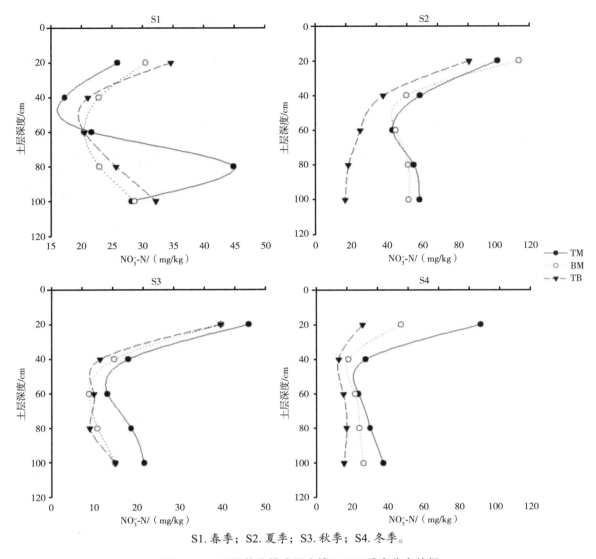

S1.春季；S2.夏季；S3.秋季；S4.冬季。

图14-61 不同轮作模式下土壤NO$_3^-$-N垂直分布特征

（二）深浅根系作物间套作氮磷流失阻控技术

针对设施农业施肥过量、土壤氮磷累积高、灌水量大、种植结构单一等问题，通过对比研究辣椒单作（MP）、辣椒和紫花苜蓿间作（IPA）、辣椒和玉米间作（IPM）对土壤氮素转化效率、植物氮素利用率等的影响，选取氮磷流失阻控高效的辣椒-玉米间作进行大田验证，形成基于深浅根系作物间套作制度的氮磷流失阻控技术。辣椒-玉米间作种植具有间作优势，且间作相比于单作具有更繁茂的根系来进行养分吸收。

辣椒和玉米间作模式比单作土壤中存留较多储量的无机氮，特别是作物生长中后期更能增加氮素的利用。无间隔和尼龙网间隔处理的辣椒和玉米间作模式与完全间隔处理相比，根系形态参数普遍增多，AOB基因丰度显著增加，硝态氮更多地固持在25~50 cm土层，整个体系表观氮素损失显著降低，氮素利用效率显著提高。辣椒-玉米间作主要通过根系形态和根系间相互作用，依靠不同土层的生态位增加土壤养分吸收，减缓硝态氮在土壤中的淋失，辣椒-玉米间作氮素利用效率提高20.86%~29.86%，表观氮素损失降低7.50%~14.19%，硝酸盐淋溶损失削减了16.4%~59.1%（图14-62）。

MP. 辣椒单作；IPA. 辣椒和紫龙苜蓿间作；IPM. 辣椒和玉米间作。

图14-62　辣椒-玉米间套作氮磷流失阻控效果

四、集约化菜田氮磷面源污染防控技术

(一)设施菜田氮磷面源污染防控技术

1. 技术适应性应用

黄淮海及环渤海地区主要设施类型为日光温室和塑料大中拱棚，主要防控技术如下。

（1）水肥协同调控技术。氮磷用量和水量投入比农民习惯均降低10%~25%，黄瓜产量可提高9.3%以上；60 cm土层硝态氮淋失可减少12.5%~28.7%；总氮、总磷的淋失量分别降低29%~48.1%和30%~68.3%。

（2）生物调节技术。40~100 cm土层硝态氮含量降低11%~13%，速效磷含量降低5.9%~18%；总氮和总磷的淋失量比农民习惯分别降低46.0%、36.6%。

（3）物理阻隔技术。设施草莓60 cm土层硝态氮含量降低32.4%，速效磷含量降低7.8%；而在番茄试验中，60 cm土层硝态氮含量降低20.0%，速效磷含量降低18.7%。

（4）种植制度优化。在黄瓜或者西葫芦拉秧后，夏季空棚期种植草菇，草菇收获后再种植黄瓜或者西葫芦的模式，该模式下淋溶水中总氮、总磷的含量分别比常规降低30.9%和11.1%。

（5）化学形态调控技术。80~100 cm土层硝态氮含量比习惯施肥处理降低35.8%~62.0%，淋溶水中总氮和总磷含量分别降低34.9%和64.2%。

2. 技术应用效果

优化技术与产品的组装应用，遴选不同区域应用技术清单（表14-9）。

表14-9 黄淮海及环渤海区域遴选技术清单及效果排序

地区	水肥协同智能控制技术	生物调节技术	物理阻隔技术	种植制度优化技术	化学形态调控技术	拦截回用技术
黄淮海及环渤海	+++	+++	++	+++	++	—

注：+++. 氮减排>20%，磷减排>30%；++. 氮减排15%～20%，磷减排20%～30%；+. 氮减排5%～15%，磷减排5%～20%；—. 无效果。

3. 氮磷污染负荷削减技术模式构建

基于研发技术与产品在典型区域设施农业中的应用效果，构建了以"共性+个性"技术模式，即"2+X"模式，其中2个共性技术为水肥协同智控和生物调节技术，X为种植制度优化。应用各技术模式后，黄淮海及环渤海地区氮磷污染负荷分别平均削减33.9%和40.5%。

（二）露地菜田氮磷面源污染防控技术

大蒜氮磷面源污染防控技术

以大蒜为研究对象，研究了不同氮肥类型下氮磷面源污染防控效果，设置了常规施肥、精准施肥（优化）、稳定性氮肥、有机肥替代化肥和新型增效氮肥等处理。结果表明稳定性肥、有机肥替代化肥和新型增效肥处理蒜薹硝酸盐含量比常规施肥处理分别降低11.4%、7.5%和11.0%；精准施肥、稳定性氮肥、有机肥替代化氮肥和新型增效肥处理蒜头硝酸盐含量分别比常规施肥处理降低8.9%、10.7、12.8%和9.2%（图14-63）。

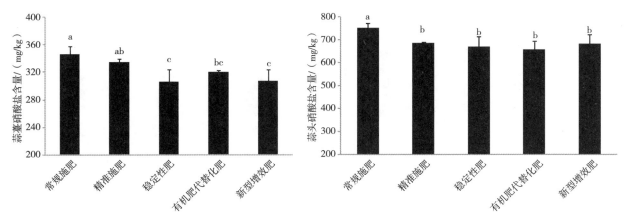

图14-63 不同氮磷污染防控处理蒜薹和蒜头硝酸盐含量

大蒜收获后精准施肥、稳定性氮肥、有机肥替代化肥和新型增效氮肥处理土壤20～40 cm、40～60 cm、60～80 cm、80～100 cm土层土壤硝态氮含量低于常规施肥处理，分别比常规施肥对应土壤硝态氮含量低13.4%～32.0%、39.6%～56.5%、48.4%～60.5%、47.6%～69.6%（图14-64）。

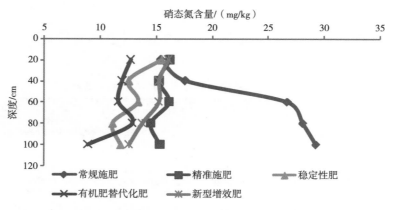

图14-64 大蒜收获后各处理不同土层土壤硝态氮含量

精准施肥、稳定性氮肥、有机肥替代化肥和新型增效氮肥处理土壤淋溶水硝态氮损失量分别比常规施肥处理低34.4%、16.0%、27.5%和21.4%，铵态氮损失量分别比常规施肥处理低41.0%、31.7%、47.0%和52.6%，总氮损失量分别比常规施肥处理低31.6%、26.0%、18.3%和20.2%，总磷损失量分别比常规施肥处理低31.6%、26.3%、21.6%和45.5%（图14-65）。

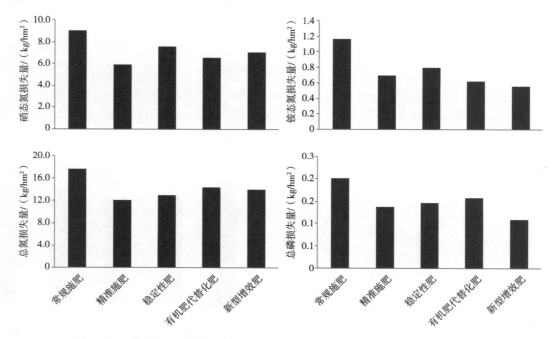

图14-65 大蒜生长季各防控措施淋溶水硝态氮、铵态氮、总氮、总磷损失量

第四节 规模化奶牛场为主体的种养结合污染防控技术模式

2019年以来，农业农村部联合生态环境部等多部委密集发布了《关于开展绿色种养循环农业试点工

作的通知》等系列指导性政策文件，明确提出了"以粪污无害化处理、粪肥全量化还田为重点，推进绿色种养循环，探索技术模式、打造示范样板、建立示范基地；到2025年和2035年，畜禽粪污综合利用率分别达到80%和90%"的目标。"十三五"期间，结合华北集约化农区奶牛养殖-作物种植特征，建立了奶牛粪尿"通铺发酵床垫料-堆肥还田"、奶牛场粪便"蚯蚓转化-蚓粪还田"、奶牛场粪污"固液分离前置-卧床垫料再生"、奶牛场粪水"厌氧消化处理-沼液还田施用"4大绿色种养生态循环模式。

一、奶牛场粪尿"通铺发酵床"原位消纳回用模式

（一）模式简介

该模式是近年来一些中小型规模化奶牛场采用的通铺发酵床养殖-粪污减量化模式，即将除采食通道以外的其他区域（占牛舍总面积的60%~80%）通体铺满牛粪，用于奶牛自由行走、趴卧和排泄；料床厚度一般在50~90 cm，可施用微生物菌剂促进料体发酵。日常只需清理采食通道上的粪污，通铺发酵床上的粪尿通过翻耕转移至底层发酵，通铺垫料一般持续使用3~5年后完整更换一次，加工成有机肥还田（李荣岭等，2019）。

（二）模式特点

1. 主要优势

从源头减少60%~80%的粪污处理量，显著降低粪污整体处理处置难度；提高奶牛日常生活舒适度，同时显著降低乳房炎、肢体病等发病率，有利于增加产奶收益并节省疫病防控开支；替代卧栏等基础设施一次性投入，节省卧床垫料等投入。

2. 主要缺陷

由于翻耕不及时、环境湿度大等问题造成部分区域形成"死床"，导致发酵效果不理想；相比传统自由卧栏式养殖，缩减了单位空间可容纳养殖规模及其规模效益。

3. 适用范围

适用于"三北"地区配套消纳粪污农地面积不足、有一定经济基础的中小型规模化奶牛场，主要用于养殖泌乳牛群。

（三）关键技术

1. 通铺发酵床制作技术

采用固液筛分并经无害化处理后的干牛粪作为通铺发酵床垫料，冬季等环境湿度较大时可适当掺入少量稻壳、锯木屑、秸秆、麦麸等，不同区域奶牛场可根据周边条件选择适宜垫料。通铺内除四周围栏外无须再设置栏架，只需确保地面平整即可，通常在水泥地面上铺设50~90 cm的发酵垫料，且最大限度保证舍内采光和通风量以蒸发垫料中的水分，保持卧床干燥。

2. 床体养护技术

为避免发酵床上粪便分布不均匀，需要加强疏粪管理，通常每天待泌乳牛上厅挤奶时用翻耙机将床体翻耙1~2次，每周将床体整体旋耕3~4次，确保各层物料混合充分，保持料床的整体通透性，可随翻耙和旋耕时喷洒一定配比的微生物菌剂，以促使微生物快速分解奶牛粪尿。值得注意的是，夏季高温高湿季节时需要每天将新鲜粪便掩埋至垫料下，掩埋深度约20 cm，能抑制蝇蛆的产生。

（四）工艺流程

奶牛舍采用通铺发酵床消纳奶牛排泄的粪尿，在站槽采食或行走时排泄出的粪尿通过刮粪板运至集

粪沟暂存,自流或由固液筛分后的水回冲至场区集污池处,经固液筛分后的固体部分由铲车运送至堆肥车间充分腐熟发酵后在晾晒场晾(风)干后回垫通铺发酵床,供奶牛日常趴卧和行走;经固液筛分后的液态部分从集污池依次流经暂存池、贮存池和氧化塘,其中分别在贮存池和氧化塘经过自然厌氧和好氧腐熟发酵后于还田季节施用。该模式总体工艺流程如图14-66所示。

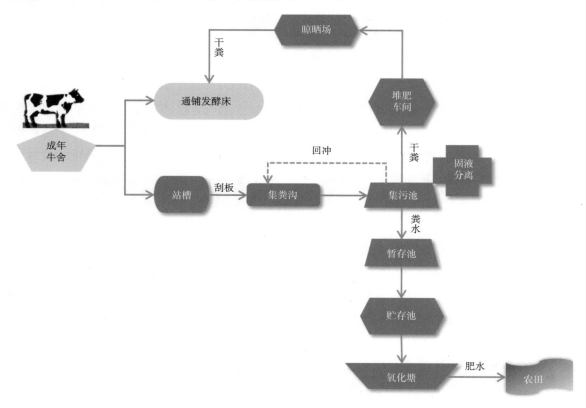

图14-66   "通铺发酵床"模式工艺流程

(五)典型案例

1. 基本情况

天津市武清区海林养殖场(以下简称"海林养殖场")位于天津市武清区石各庄镇敖东村,是当地一家中型家庭奶牛场,也是国家奶牛产业技术体系武清综合试验站和天津市奶牛(肉羊)产业技术体系创新团队京津冀协同综合试验站(图14-67)。该场始建于2001年,总占地面积约185亩,原有鱼塘80亩改造为氧化塘,建筑面积约2.2万m²;常年养殖存栏规模约800头,其中成母牛约400头,育成牛约300头,犊牛约100头。奶牛场共有5栋牛舍,包括成母牛舍和育成牛舍各1栋、犊牛舍2栋,挤奶厅1间、青贮窖4栋、干草库1栋、精料库1间,配套兽医室和配种室等设施,场区门口和过牛通道都设立了配套消毒设施,疫病防控体系相对完善。奶牛养殖采用"通铺发酵床"模式(图14-67),其中犊牛采用稻壳、锯木屑、秸秆等作为垫料,成年牛采用筛分后的干粪作为垫料;饲喂采用移动式全混合日粮(TMR)饲喂方式,挤奶采用鱼骨式自动化机械挤奶方式,粪污清运采用"刮板干清粪+水冲粪"方式,粪污处理采用螺旋挤压式固液分离机进行固液筛分,固体部分堆肥发酵、液体部分在氧化塘贮存还田;通铺发酵床部分日常旋耕翻抛和晾晒,2~3年后加工成商品有机肥售卖。该场的特色即采用"通铺发酵床"原位消纳粪尿,实现场内奶牛粪污减量化处理和资源化利用的小循环模式。

图14-67　海林养殖场内景

2. 模式应用情况

该场将成母牛舍传统的卧床区域和育成牛舍运动场区域改造成通铺发酵床，床体高度80 cm上下，舍区采食通道和清粪通道上的粪污由两端统一收储至中间的集粪沟中暂存，再进入场区集污池中固液筛分，筛分后80%的液态粪水泵送至田间储存池存放，20%用于回冲集粪沟；分离出的固体干粪在堆肥车间腐熟发酵（图14-68）并在场区中心空地上晾晒后回垫通铺发酵床，每天翻抛消毒2次（图14-69），每周彻底深翻1次，床体可消纳70%~80%的粪水。将原有牛舍顶棚加长改为移动式顶棚，既保障了雨污分流减少了粪污总产生量，又提供了敞开式遮阳棚；一方面为奶牛提供了良好通风且舒适的躺卧区域，有效降低了炎热夏季应激反应，增强奶牛疫病自主防御能力，增加产奶量和牛奶品质；另一方面可减少舍区风机和喷淋等环控设备耗能，节省一定成本投入。

图14-68　堆肥车间牛粪晾晒消毒　　　　图14-69　成母牛舍通铺发酵床日常管护

3. 效益分析

该场自采用"通铺发酵床"模式后，日粪污处理量约15 m³，相比传统的自由卧栏养殖方式，日产粪污量缩减了80%；垫料按细沙计算，每头成年母牛需要6 m³/a，以该场400头成母牛计算，传统卧床养殖方式需要垫料2 400 m³，每立方米细沙130元，利用牛粪制作"通铺发酵床"，年可节约31.2万元；此外，年节约粪污设施设备运维成本约40万元，年均节约耗电43.2万度，粪污处理耗电成本节约15.5万元，合计年节约86.7万元，提高了经济效益和生态环境效益，实现了奶牛场粪污的减量化处理和资源化利用。

二、奶牛场粪便"蚯蚓转化-蚓粪还田"高值转化利用模式

(一)模式简介

该模式是奶牛场粪便高值资源化利用的一条重要途径,即利用蚯蚓自身丰富的酶系统(蛋白酶、脂肪酶、纤维酶、淀粉酶等)将奶牛粪便迅速彻底分解,转化为蚓粪绿肥和活体蚯蚓。蚯蚓作为鱼饵等出售,蚓粪作为有机肥料,用于改善土壤,实现种养结合、绿色发展。该模式不但工艺简便、成本低廉,不与动植物争食争地,还可以变废为宝、无二次污染,绿色环保。通过示范奶牛场粪便"蚯蚓转化-蚓粪还田"高值转化利用,创新复合生态种养模式,可促进有机农业的发展。

(二)模式特点

1. 主要优势

利用发酵后的牛粪在闲置土地上养殖蚯蚓,解决了粪便处理问题,实现了粪污减量(60%以上)与安全资源化。而牛粪养殖蚯蚓,蚯蚓粪又可以改善土质、种植作物,作物秸秆还可以养殖牲畜,形成了一个封闭循环的绿色环保产业链。整个过程中能量被层层利用,损耗极小,不仅提高了居民收入,还逐步改善了周边环境,充分利用了闲置资源,实现了经济效益与生态环境效益的统一。

2. 主要缺陷

蚯蚓对环境的要求非常高,温度低于5 ℃或高于32 ℃,蚯蚓将进入休眠状态;温度低于0 ℃或高于40 ℃,蚯蚓则会死亡;蚯蚓养殖除了定期喂食并掌控好温度、湿度以外,对于病虫害的防治也非常重要,比如蚂蟥、青蛙、蝼蛄、蚂蚁、老鼠都是蚯蚓的天敌。

3. 适用范围

可适用的范围较广,如北方少雨地区可采用农田、林地露天养殖;南方多雨地区可采用棚式养殖。

(三)关键技术

1. 牛粪发酵技术

牛粪100%或牛粪、猪粪、鸡粪各20%、稻草屑42%,鸡粪需要先用来养蛆后或放置1年以上才可以用来养蚯蚓,否则蚯蚓会全部逃走或死掉。用稻草、秸秆先铺一层厚10～15 cm的干料,然后在干料上铺4～6 cm粪料,重复3～5层,每铺一层用喷水壶喷水,直至水渗出为好,长宽不限,并用薄膜盖严,在气温较高季节,每隔7 d翻1次,一般翻3～5次即完成了饲料的发酵工作(Tian et al.,2021)。饲料发酵好以后,测试pH值。蚯蚓饲料一般要求适宜pH值为6～7.5,但很多动植物性废弃物的pH值往往高于或低于这个数值。当pH值超过9时,可以用醋酸或柠檬酸作为缓冲剂。

2. 蚯蚓养殖技术

牛粪养殖蚯蚓其种蚯蚓数量应控制在1万条/m²以内,生产蚓群3 kg/m²(2万～3.1万条),前期幼蚓3万条/m²,后期下降到2万条/m²。通常20 d左右蚯蚓就能将全部牛粪变为蚯蚓粪,此时需补料。补料时可以在原饲料的基础上覆盖新料,根据蚯蚓的食量确定加料量,饲料要铺设均匀,再加上稻草,经常浇水保湿。在养殖蚯蚓的过程中为了确保蚯蚓正常生长,特别是夏季,每天至少要浇1遍水,水不能有污染,水流量不宜太大,但要浇至使上下层料对接,最好选择温度较低的早上或傍晚浇水。

(四)工艺流程

用作蚯蚓饲料的有机废弃物如畜禽粪便、农作物秸秆等经过堆制发酵进行饲料堆腐,该过程是利用微生物分解各类废弃物中有机物质的生物化学过程,使之经过糖分分解、纤维降解、木质素降解3个阶

段，当微生物数量趋于衰减、pH值达到6~7.5时，即可投加蚯蚓种苗（田雪力等，2022）。利用牛粪进行蚯蚓养殖，应严格控制蚓床温湿度并添加经过发酵的混合饲料以满足蚯蚓生长、繁殖的要求。然后进行蚯蚓和蚯蚓粪的分离调整，蚯蚓粪定期收集，进行加工精蚯蚓粪有机肥和作为蚓粪混合复合肥原料，蚯蚓可作为动物饲料蛋白质添加剂、制药、生物肥料、活体饵料等。该模式总体工艺流程如图14-70所示。

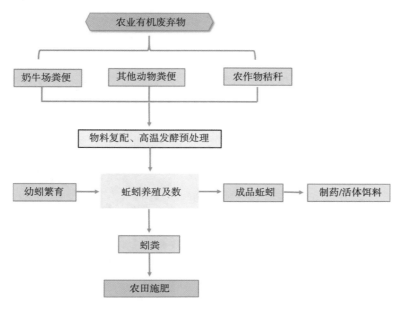

图14-70　"蚯蚓转化-蚓粪还田"模式工艺流程

（五）典型案例

1. 基本情况

天津市忠涛蚯蚓养殖合作社位于天津市静海区大丰堆镇津沧高速辅路南500 m（图14-71），成立于2011年，注册资金1 000万元，是一家专业从事蚯蚓养殖、有机肥制造的农民专业合作经济组织，合作社现有员工30余人，其中博士学位的研发人员5名，团队中的多名专家均是天津市科委命名的"蚯蚓科技帮扶团队"科技特派员，在生物工程领域都有着丰富的经验，承担或参与过多项国家级、市级的重大研究课题，并成立了专业的研发实验室。

图14-71　蚯蚓养殖基地鸟瞰照片

公司拥有600余亩的示范基地。通过培训、示范、帮扶的模式，带动农民就业、创收（图14-72）。主营产品有活体蚯蚓及制品、有机肥料等，活体蚯蚓具有活性强、存活周期长的特点，可广泛应用于垂钓市场和精品饲料市场及药品和保健品、功能性食品市场；有机肥料具有土壤改良的功效，不仅用于花卉市场，还可重点用于盐碱地改良、荒地复垦等，且效果显著。

2. 模式应用情况

该场采用牛粪80%和奶厅废弃物20%的混合物料，预发酵20 d后用来养殖蚯蚓。即起床时用作物秸秆先铺一层厚10 cm的干料，然后在干料上铺约5 cm粪料（重复5层），每铺一层用喷水壶喷水，直至水渗出为好，每隔7 d翻1次，一般翻3～5次即完成了饲料的发酵工作；然后开始接种蚯蚓苗，幼蚓近3万条/m²，通常14～20 d蚯蚓可将全部牛粪变为蚯蚓粪，然后收集蚯蚓，并开始补料（上添法）。该场现有蚯蚓养殖面积600余亩，生产车间1 000多平方米，能实现年处理畜禽粪污4万t，年产蚯蚓150 t（图14-73），年产蚯蚓粪1.5万t（图14-74），产品遍及10多个省份，年利润300万元。为全面推进国家"化肥减量，有机肥增量"的工作进程作出了贡献。

此外，合作社还建立了"企业+农户"的发展模式，探索出一条成熟的牛粪-蚯蚓养殖体系。组建帮扶团队，现场讲授蚯蚓养殖技术、苗木管理技术、蚓床越冬管理措施等实用新技术，累计培训3 000多人次；筛选并推广蚯蚓优良品种，向养殖户提供蚯蚓幼种和养殖设备，保证养殖成功率，同时以市场托底价回收，解除了养殖户对技术和市场销售的后顾之忧，带动解决了农村剩余劳动力2 100人。被列为"畜禽粪污处理基地"之一。

3. 效益分析

每亩农用地每月可产蚯蚓活体200 kg，蚯蚓粪12 m³，每斤蚯蚓活体保底收购价6元，蚯蚓粪300元/m³，养殖户每月毛收入6 000元。除去每月每亩4 000多元的成本支出，每亩年纯收益超过10 000元。除了稳定可观的经济效益，该技术模式蚯蚓养殖所带来的生态环保效益更佳。蚯蚓粪松软无异味、团粒结构好、保水能力强，除富含植物所需的常量元素外，还含有多种微量元素、腐植酸、胡敏酸、植物生长激素和土壤有益微生物，故蚯蚓粪是一种改良土壤盐碱化和提升地力的优良改良剂。

图14-72 基地内蚯蚓养殖骑床上料机

图14-73 牛粪养殖蚯蚓

图14-74 牛粪源蚯蚓粪制成的有机肥

三、奶牛场粪污"固液分离前置-卧床垫料再生"模式

（一）模式简介

该模式是全国"三北"奶牛优势区域规模化奶牛场普遍采用的粪污减量化模式之一。基于成母牛粪便纤维素含量高、质地松软等特点，通常在成母牛粪污集中收储处进行固液筛分，对分离出的固体部分进行就地堆肥或反应器高温发酵等无害化处理，然后通过自然晾晒、烘卧床垫料再生系统等方式对粪便进行杀菌和降低含水率后制备卧床垫料，为奶牛提供舒适的休息环境。

（二）模式特点

1. 主要优势

可替代细沙、稻壳、木屑等传统垫料，降低废弃物后续处理难度；节省垫料采购等成本投入；各环节技术相对成熟，易于非专业人员操作管理和运行维护。

2. 主要缺陷

若无害化处理不彻底，存在奶牛患乳房炎等生物安全隐患；机械固液筛分有一定能耗，且分离效果很大程度上影响制备出的垫料质量，如分离后物料含水率高容易增加后续处理难度和成本。

3. 适用范围和条件

广泛适用于北方地区大中型规模化奶牛场中的成母牛舍和育成牛舍，一方面所处作业环境条件相对干燥可保障固液分离效果；另一方面需要相对充足稳定的成母牛粪源，确保固液筛分物料规模。

（三）关键技术

1. 固液筛分前置高效分离技术

在泌乳牛舍尽头或近牛舍的集粪设施处进行固液筛分，替代大量回冲用水从而降低整个场区的粪污量和浓度。应用本套固液分离前置系统，大大缩短了奶牛粪污储存时长、异味小，固液筛分后的干物质含量高，垫料再生量大，奶牛躺卧舒适，整个系统处理效果显著。整个处理工程无须大型储存设施和长距离粪水输运系统，运行成本低且操作简便。目前规模化奶牛场粪水分离通常采用螺旋挤压式的固液筛分机，适用于总固体悬浮物（TS）浓度范围3%～8%的奶牛粪污。粪污从进料口泵入，筛网中的挤压螺旋以30 r/min的转速进行脱水，将干物质通过机口形成的固态物质柱体相挤压而被分离出来，液体则通过筛网筛出。筛分后的出料含水率可降至65%～75%，处理能力达到10～20 m³/h，TS去除率达到40%。螺旋挤压式分离技术的工作效率取决于粪水中的干物质含量和黏稠度等因素，相比同类技术总体筛分效率高，系统结构简单且维修保养简便（农业部环境保护科研监测所，2017）。

2. 牛粪卧床垫料再生技术

卧床垫料再生技术以从奥地利引进的卧床垫料再生系统（Bedding recycling unit，BRU）处理效果最佳，该系统是基于滚筒式反应器的集"固液筛分-消毒杀菌-垫料制备"为一体的粪污高效处理系统，主要包括BRU主机、控制面板、发酵仓、输料设备及二次分离器。其中，BRU主机连接3条管道，其中一条用来进料，一条用来对未及时处理的粪便进行回流，一条用来输送处理完的粪便液体。从BRU主机中输出的固体干粪将进入发酵仓，用以对固液分离后的固体物料进行烘干和杀菌。微生物发酵使仓内的温度逐渐上升，最高可达70 ℃，一般情况下温度为65 ℃左右，大部分细菌将被灭活；同时，高温也使垫料中的水分尽快烘干将发酵仓内已完成杀菌及烘干过程的物料输送到垫料库。因BRU主机对粪便进行第一次固液分离后，分离出的液体含水率仍然较高（75%～80%），为保证粪便中固体部分得到充

分利用，以及保证液体部分含固率满足回冲粪沟水质的标准，故对BRU主机分离出的液体进行二次固液筛分，进一步降低筛分后的粪便含水率。

与细沙、稻壳、木屑等传统垫料相比，经卧床垫料再生系统产生的垫料更接近奶牛喜欢的自然舒适的草地环境，舒适性好，奶牛易于接受，且后期粪便处理比沙子更简洁方便；与稻草等传统有机垫料相比，BRU再生垫料具有易获得、成本低、无季节性影响、可长期供应、管理方便等特点。此外，在环保性、安全性、舒适性及经济性等方面也具有优势。采用BRU系统对奶牛场粪便进行深度无害化处理后，场区内的环境得到改善，臭气排放量减少，蚊蝇等寄生虫减少，奶牛场整体环境的安全性得到显著提升。牛舍卧床使用BRU再生垫料后，奶牛乳房炎及跛足病的患病率下降（田雪力等，2018）。

（四）工艺流程

泌乳牛舍的粪污经刮板或铲车清运至集粪沟暂存，自流或由固液筛分后的水回冲至场区集污池处，经BRU系统固液筛分和不同温度发酵处理后的固体部分由铲车运至垫料储存车间存放3～4 h后，用垫料抛撒车铺撒至奶牛卧床，供奶牛日常趴卧休息；经固液筛分后的液态部分从集污池依次流经暂存池、贮存池和氧化塘，在贮存池和氧化塘经过自然厌氧和好氧腐熟发酵后于还田季节施用。该模式总体工艺流程如图14-75所示。

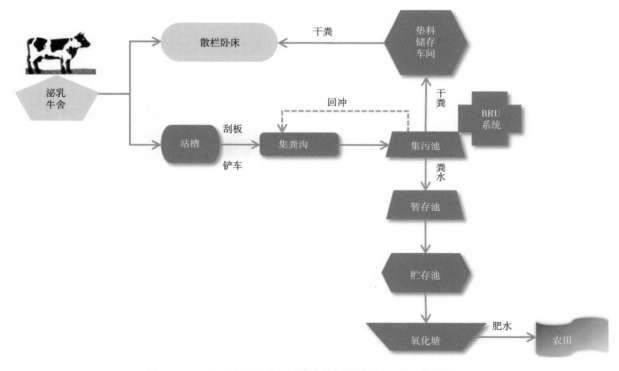

图14-75 "固液分离前置-卧床垫料再生"模式工艺流程

（五）典型案例

1. 基本情况

天津神驰农牧发展有限公司（以下称"神驰奶牛场"）位于天津市滨海新区中塘镇甜水井村，是当地一家大型民营奶牛养殖企业，是天津市奶牛（肉羊）产业技术体系创新团队种养结合功能试验站（图14-76）。该场始建于2015年，场区占地面积370亩，建筑面积近6万 m^2 ，另有1.1万亩配套农用地，种植玉米、苜蓿和燕麦。常年总存栏规模约3 000头，其中成母牛和育成牛各1 300头，犊牛400头。总共13栋牛舍，其中泌乳牛舍4栋，后备牛舍9栋，青贮窖3座，干草棚和精料库1间。成年母牛养殖均采用传统的自由散栏卧床式，犊牛单独养殖在犊牛栏舍中；采用移动式TMR饲喂方式，挤奶方式为并列式自动化挤奶机；泌乳牛舍粪污采用"干清粪+水冲粪"工艺，舍内通过刮板或铲车定期清运至牛舍一端尽头的集粪沟中，自流或被固液筛分后的粪水回冲至集污池处，先后进行2次固液筛分后在堆粪场堆沤风干，在露天空地处晒干，其中第一次固液筛分是在BRU（图14-76）中进行，出料经晾干后直接用于回垫泌乳牛的散栏卧床，第二次为传统的螺旋挤压式固液分离，筛分出料的颗粒更细，通常用铲车运至堆粪棚自然堆肥腐熟发酵后辅配液态肥水还田；液态粪水直接泵至场区尽头的两个氧化塘中贮存，并于还田季节施肥农用。该场的特色即采用"固液分离前置+卧床垫料再生"系统实现场内粪污的减量化处理和资源化回用小循环模式。

图14-76　神驰奶牛场内景

2. 模式应用情况

在近泌乳牛舍的固液分离车间内对集污池中的混合粪污进行固液筛分，粪污中的含固率一般在8%以下，冬季需引入少量奶厅污水进行稀释。该场采用螺旋挤压筛分机对奶牛粪污进行固液分离，将干物质从固相物质中挤压分离出来，液体通过筛网回流到暂存池储存。筛分后的物料含水率降至70%左右，整套系统的处理能力达到20 m³/h，TS去除率达到40%。卧床垫料制备环节，该场通过SSXH（5.5 kW）潜水搅拌器和SAGNUSCSPH（7.5 kW）潜水切割泵进行匀浆和提升。BRU系统由大小2个集装箱组成，小型集装箱在上，内部为PSSS855型固液分离机及整个系统的电控系统；大型集装箱在下，用于安装滚筒发酵仓。粪污由潜水切割泵提升至小型集装箱内的固液分离机中，经1 mm筛网筛分、螺旋挤压后，未处理完的粪污回到集污池内，分离后的固体落入下层滚筒发酵仓内进行发酵、干燥，通过管道进入出料池（图14-77）。当滚筒仓内物料达到体积的2/3时，温度上升至45 ℃左右时，固液分离机同步工作开始连续进料程序。运行35 d后，进料口的温度稳定在35 ~ 45 ℃，仓中部温度稳定在55 ~ 60 ℃，后部温度稳定在65 ~ 70 ℃，出料口温度维持在35 ~ 40 ℃。充分发酵腐熟（图14-78）并晾干后的干牛粪由垫料抛撒车均匀铺撒到泌乳牛舍的卧床上，铺设高度不低于20 cm。

图14-77　高温腐熟后进入出料池　　　　　图14-78　一次筛分后的垫料

3.效益分析

该场总卧床面积约4 000 m²，传统的人工配合撒料车模式，约需要15人常年负责定期清粪，年人员工资5万元，购买传统的细沙或稻壳、锯木屑等垫料每年需要18万元；更换为该模式后每年可生产优质卧床垫料1万t，节省传统垫料投资约80万元以上，减少天气极端变化情况下乳房炎发病率3%以上，年间接效益达40万元；同时，采用该模式可100%替代细沙、稻壳、锯木屑等传统垫料，后续粪污处理量减少60%以上，化学需氧量和氮磷减少40%以上。

四、奶牛场粪污"厌氧消化处理-沼液还田施用"模式

（一）模式简介

该模式是适合（超）大型奶牛场采用的兼顾能源化和资源化利用的模式之一。以奶牛场粪污为发酵物料，以沼气工程为纽带，经过高浓度厌氧消化生产沼肥，其中沼气用于发电或提纯炼制生物乙醇/柴油，沼渣制备卧床垫料回用或生产有机肥农田利用，沼液在农田施肥和灌溉期间进行肥水一体化施用。

（二）模式特点

1.主要优势

对奶牛场所有粪便、尿液、粪水等废弃物进行集中、统一、高效处理，降低周边中小规模奶牛场粪污贮存设施投资，可由专业化服务队伍负责运维，能源化利用效率较高。

2.主要缺陷

北方寒冷地区存在中低温发酵技术难题；一次性投资和运维管理成本较高，需要专业化服务队伍操控设备；缺少政策支持或市场调控机制时，沼气能源利用难度大；沼液产生量大且集中，深度处理成本较高，需要配套科学合理的还田利用措施。

3.适用范围和条件

一方面适用于有能源需求、资金来源充足稳定、沼液消纳用农田面积相对充足的（超）大型规模化奶牛场或养殖密集区中小型奶牛场；另一方面具有沼气或生物天然气并网发电条件，地方政府有稳定配套政策的支持。

（三）关键技术

1.厌氧消化技术

以奶牛场粪污为主要发酵物料的厌氧消化技术是该模式的核心无害化处理技术，即在反应器中缺

氧条件下进行生化反应，粪污被多种厌氧菌和兼氧菌分解代谢，破坏有机物产生甲烷和二氧化碳的混合生物气体，经过脱水、脱硫等措施净化处理后，用于集中供气、发电上网、提纯制备生物天然气等。奶牛场配套建设的沼气工程厌氧反应器通常选用升流式固体反应器（USR）、推流式反应器（PFR）、全混式厌氧反应器（CSTR）工艺，水力停留时间（HRT）通常在7~60 d，日处理粪污能力80 t以上，中温发酵（38~42 ℃）、高温发酵（50~55 ℃），经厌氧消化后的粪污中有机物降解率≥70%，杀菌率接近100%。3种常用厌氧消化技术参数详见表14-10，其中CSTR型在奶牛场最为常用，兼具了适合于高悬浮固体含量的发酵物料；消化器内物料分布均匀，避免分层，增加底物和微生物接触反应的机会；消化器内温度分布相对均匀，利于快速发酵腐熟完全；进入消化器的抑制物能够迅速分散，并能保持较低的浓度水平；避免浮渣、结壳、堵塞及气体逸出不畅和短流的问题等诸多优点，但同时也需要充分地搅拌，有较大能耗（Song et al.，2016；孔德望等，2018）。

表14-10　常用厌氧消化技术参数表

比对项目	USR	PFR	CSTR
原料TS浓度/%	3~5	5~12	8~13
HRT/d	8~15	20~60	10~30
单池容积/m³	200~2 000	300~5 000	300~3 000
容积产气率/[m³/(m³·d)]	0.4~1.2	0.5~1.5	0.5~1.5
单位能耗	中等	较低	较高
操作难度	中等	中等	中等
经济效益	高	较高	较高
沼液处理难度	中等	中等	中等

2. 肥水一体化配施技术

在农田施肥和灌溉期间将无害化处理后的肥水与灌溉用水按照一定比例混合进行肥水一体化配施是该模式中资源化利用关键技术。沼液施用时间根据作物的养分需求时间确定，施肥一般采用基肥和追肥的方式，基肥与追肥的施用量根据土地性质和作物不同时期的需肥量确定，施用次数和施用量也有所不同，单次全量肥水施用量应控制在300~800 m³/hm²，各类农田肥水单次最大施用量通常≤900 m³/hm²，对于环境风险较高的土地，肥水施用的限值为50 m³/hm²。如旱作区小麦种植越冬期，肥水作为追肥施用，施用量120 kg/hm²；拔节期或抽穗期也用作追肥，施用量120 kg/hm²（天津市市场监督管理委员会，2018）；旱作区玉米种植，播种前作为底肥施用，施用量150 kg/hm²，喇叭口期用作追肥，施用量60 kg/hm²；华北地区苜蓿种植，播种前用作底肥施用，施用量90 kg/hm²，第一次刈割后用作追肥，施用量60 kg/hm²（天津市市场监督管理委员会，2020）。沼液还田施用方式上，可借鉴欧盟经验做法，对于粪浆、液态肥、沼肥，严禁采用喷施的方式，宜采用拖管表施或注射式的施肥方式；而对于裸露土壤和饲草地，宜采用注射式施肥方式（对粪浆酸化后可采用拖管表施的方式，以替代注射式）；如果添加固体粪肥混合施用，宜在6 h后将固体粪肥施进土壤（Du et al.，2019；王贵云等，2020）。

（四）工艺流程

成年牛舍中的全部粪污统一由铲车运至集粪沟暂存，自流或由固液筛分后的水回冲至场区集污池处，经固液筛分后的固体部分由铲车运送至堆肥车间充分腐熟发酵后在晾晒场晾（风）干后用垫料抛撒车铺撒至奶牛卧床，供奶牛日常趴卧休息。

经固液筛分后的液态粪水从集污池流经调节池混匀加热，由提升泵送至CSTR发酵罐体快速厌氧消化，产生的沼气储存至气膜中，经脱硫提纯后为牛舍供热等，发酵后的沼液贮存于氧化塘中，经过6个月以上深度处理后于还田季节施用。该模式总体工艺流程如图14-79所示。

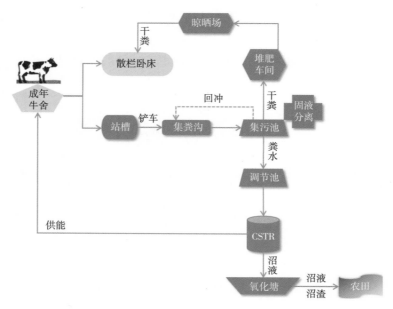

图14-79 "厌氧消化-沼液还田"模式工艺流程

（五）典型案例

1. 基本情况

天津市嘉立荷牧业集团有限公司第一奶牛场分公司（以下称"嘉立荷示范场"）位于天津市宝坻区大钟庄镇大钟农场内，是当地一家超大型奶牛养殖企业，也是天津市奶牛（肉羊）产业技术体系创新团队宝坻蓟州综合试验站（图14-80）。

图14-80 嘉立荷示范场内景

该场始建于2011年，占地面积700亩，配套农用地11 000亩，其中1 000亩种植玉米和小麦，10 000亩种植水稻。总养殖规模年存栏约4 800头，其中成母牛2 700头，育成牛1 500头，犊牛600头。该场共有50多栋牛舍，2栋挤奶车间，固定式TMR饲料加工站，泌乳牛和育成牛均采用传统的自由散栏卧床式养殖，挤奶方式为并列式挤奶机，粪污由铲车定期清运至牛舍尽头一端的集粪沟中，由固液筛分后的部分粪水回冲集粪沟至集污池中汇集，采用2台螺旋挤压式筛分机进行固液同步分离，分离后的干粪在堆肥车间腐熟发酵晾晒后回垫卧床，液态粪水部分在调节池中调质匀浆加热升温至中温厌氧消化适宜温度，然后被提升至CSTR三级厌氧反应器（共9 000 m³）快速发酵（图14-81），发酵后产生的沼气用于场区供能和整套反应装置保温。经过15 d的厌氧消化，沼液进入7个氧化塘（共10 000 m³）放置6个月以上后待施肥季节还田利用。该场的特色即采用"厌氧消化处理-沼液还田施用"模式实现了粪污资源化利用的种养结合大循环。

2. 模式应用情况

将全部成年牛舍的粪污全部汇集至集污池经固液分离后，将液态粪污在调节池预处理后提升至沼气工程进行厌氧消化（图14-81），水力停留时间（HRT）总共30 d，与污泥停留时间（SRT）和微生物停留时间（MRT）相等。进料TS浓度8.5%，发酵温度38 ℃，有机负荷（OLR）3.75 kg VS/(m³·d)；发酵罐容积产气率0.94 m³/(m³·d)，沼气甲烷含量56%。发酵罐内原料在厌氧菌的作用下厌氧发酵，产生沼气。发酵罐产生的沼气汇集到气膜中，先进入生物脱硫塔，经生物脱硫后进入沼气冷干机进行脱水，脱水后通过罗茨风机增压，将沼气输送至沼气发电机进行发电，以及场区锅炉自用等。

图14-81 沼气工程厌氧消化

经过厌氧消化后的沼液在氧化塘中贮存至少180 d以上（图14-82），后由双吸泵打入施肥管网，再经过泵站输送至田间地头的混灌池中，运距大概10 km范围，然后再利用田间管网漫灌和沟灌，或者用沼液施用车辆运输到田间施用，每车次还田沼液18 m³。沼液作为基肥施用，每年在水稻种植整地前施用沼液1次，施肥时间通常在每年水稻种植前的2—4月；作为基肥施用时大约10 m³/亩，施肥后立刻翻耕入土；此外，在插秧前旋耕时施入复合肥20 kg/亩，分蘖期追施尿素6 kg/亩，开花期追施穗肥尿素8 kg/亩，灌浆期追施粒肥5 kg/亩复合肥。

图14-82 沼液贮存氧化塘

3. 费效分析

采用该模式，每亩可节约肥料成本93.5元，水稻年增收85.8万元；全年共计替代330 t化肥，相比常规施用化肥的水稻田相比，每亩可减少化肥施用总量的43.5%；通过持续监测3年以来，土壤有机质含量由以前未施用沼液的2.93%提高到3.2%。可有效杀灭粪大肠菌群、蛔虫卵等病原微生物95%以上，提升了土壤的固碳能力，实现了减污降碳协同增效。

五、集约化猪场粪污沼气处理还田模式

（一）工艺简介

沼气处理还田模式，以沼气工程为纽带，在对畜禽粪便无害化处理与获取生物质沼气能源同时，将发酵残余物（沼液沼渣）作为改良土壤提升地力的有机肥料加以还田利用。产生的沼气用于发电，也

可用于养殖场、园艺大棚的照明、供暖、补光等；产生的沼渣、沼液用作粮、菜、林、果生产的肥料，其中沼液还可以与灌溉相结合，实现水肥一体化。该模式不仅可实现畜禽养殖粪污无害化与污染物减量化，还有助于畜禽养殖与粮、菜、林、果生产及生态环境改善的有机结合、协同发展。目前应用较多的有"猪-沼-粮""猪-沼-果""猪-沼-菜"等模式。

（二）技术原理

沼气发酵又称厌氧消化，是指各种有机物在一定的水分、温度、厌氧条件下，被各类沼气发酵微生物分解转化，最终生成沼气的过程。沼气发酵可分为液化阶段、产酸阶段和产甲烷阶段3个阶段，一般认为有4类微生物参与厌氧发酵全过程。液化阶段依赖发酵细菌，将沼气发酵原料中淀粉、纤维素、半纤维素、果胶质、蛋白质等生物大分子，通过分泌胞外酶水解成为可被细菌细胞吸收的可溶性糖、肽、氨基酸和脂肪酸。发酵性细菌将上述可溶性物质吸收进入细胞后，经过发酵作用将它们转化为乙酸、丙酸、丁酸等脂肪酸和醇类及一定量的氢、二氧化碳。发酵性细菌将复杂有机物分解发酵所产生的有机酸和醇类，除甲酸、乙酸和甲醇外，均不能被产甲烷菌所利用，必须由产氢产乙酸菌将其分解转化为乙酸、氢和二氧化碳。产氢产乙酸菌和耗氢产乙酸菌将不能被甲烷菌利用的小分子有机酸和醇转变成有机酸（主要为乙酸）、氢和二氧化碳。最终，在一群生理上高度专业化的古细菌——产甲烷菌，没有外源受氢体的情况下把乙酸和H_2/CO_2转化为CH_4/CO_2，使有机物在厌氧条件下的分解作用得以顺利完成。

畜禽粪污通过沼气工程厌氧发酵，在削减有机污染物同时产生沼气。经厌氧发酵后，粪污COD削减率可达到40%以上，基本消除了恶臭，减少了对环境的污染。猪场沼液呈弱碱性，pH值7.40～8.04，COD浓度为1 138～12 160 mg/L，TN为400～700 mg/L，TP为30～60 mg/L，TK为100～300 mg/L，产生的沼液是一种优质液体有机肥，通过农田消纳，实现养分再利用。

（三）工艺流程及技术要点

1. 工艺流程

集约化猪场粪污，经过场区粪污收集系统收集，将全部粪污送入酸化池先进行酸化处理后，再输送至厌氧发酵池进行厌氧发酵。一些养殖场为减少厌氧发酵负荷，对收集粪污先进行固液分离，分离出来的粪渣进行堆肥处理，仅将污水部分用于厌氧发酵。厌氧发酵产生的沼气可用于发电或用作燃料，产生的沼液经储存池储存后还田利用，沼渣可送至堆肥厂加工成肥料，工艺流程见图14-83。

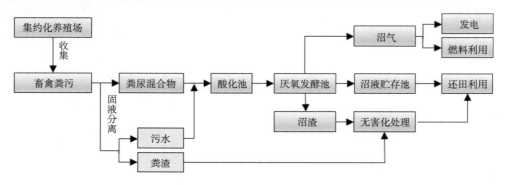

图14-83　沼气还田模式工艺流程

2. 技术要点

（1）粪污收集。规模猪场的清粪方式主要有水泡粪和干清粪。水泡粪是猪场污水全部排入缝隙地板的粪沟中储存1～2个月后，再进入地下粪池或地面储粪池。采用水泡粪清粪工艺的养猪场，宜采用沼气工程技术处理污水。干清粪工艺是将粪、尿、污水分离，并分别清除，是目前粪污收集与清理的最佳办法。主要方式有机动铲式清粪，适用于南方开放或半开放式畜舍和北方涉外排粪猪场。刮板清粪适用于大型机械化养殖场，分明沟刮板清粪和地面设漏缝板。

（2）固液分离。猪场污水固形物含量低，一般不超过20%，而细小颗粒含量高，0.5 mm以下颗粒含量占比50%以上。猪场粪污常用的固液分离机有螺旋挤压式、斜筛式、叠螺式、板框压滤或多种组合。叠罗固液分离机或"叠罗+螺旋"挤压设备处理能力均在10~12 m³/h，板框压滤机处理能力为3 m³/h。但叠罗固液分离机或"叠罗+螺旋"挤压设备处理后粪便含水率均在76%~79%，污水中的SS均在30~40 g/kg，板框压滤机处理后的干粪含水量大约为65%，污水中SS低于20 g/kg。

（3）厌氧发酵。厌氧发酵池水力停留时间须设计≥15 d，"三沼"（沼液、沼渣与沼气）均得到有效利用或处置。沼气工程可建成地下式、半地下式和地上式。根据反应器结构类型，可以用罐式或HDPE膜式反应器。工程应配套沼气燃烧器（或）和沼气发电机组，并设置沼气火炬，禁止沼气直接排入大气。

（4）沼液还田。沼液沼渣施用技术，沼液以氮含量为标准，计算不同作物氮肥替代量，化学氮肥替代比例应不大于75%，并以基施与前期追施为主；沼渣以含磷量为标准，计算不同作物磷肥替代量，替代比例以小于50%为宜，不宜大量长期集中施用。

（5）沼气利用技术。选择燃料或发电功能配套设备。燃料及发电用于职工生活；用于养殖场、园艺大棚的照明、供暖、补光、通风、降温、消毒、饲料加工等。

（四）结构设计与运行参数

1. 厌氧反应器设计与运行

全混式厌氧反应器有搅拌和加热保温装置，可以连续进出料，反应器内部在连续搅拌时物料处于接近完全混合的状态，厌氧微生物和基质有良好的接触。全混式反应器通常需要物料较长的停留时间，反应器体积较大，单体反应器容积常在1 000~4 000 m³，可以处理高含固率的有机废弃物（8%~10%）（邓良伟，2015）。全混式工艺处理废水多采用中温发酵，一般停留时间长于30 d。在实际工程中，全混式工艺可根据需要有多级工艺组合的形式，如"一级发酵+二级发酵"和"高温发酵+中温发酵"等组合工艺（王凯军，2015）。

（1）上流式厌氧污泥床（UASB）。畜禽粪污经过固液分离，将污泥停留时间（SRT）、微生物停留时间（MRT）与（水力停留时间）HRT分离，在较短的时间内获得了较长的SRT，发酵液离开反应器，含微生物的污泥得以保留，属于污泥滞留型反应器。UASB污泥停留时间显著增长，水力停留时间明显缩短且有机负荷高，运行成本低，厌氧反应器的生化性能高。

（2）厌氧折板反应器（ABR）。ABR是一种介于全混式与推流式之间的一种厌氧反应器。反应器在垂直于水流方向上设置多个竖向挡板。将反应器分割成串联的上流室和下流室，废水进入反应器后沿导流板上下折流前进，借助导流板的阻挡和污泥自身的沉降，大量的污泥被截留在反应器中，抗负荷冲击能力较强。ABR反应器隔室数量通常为3~8个，处理低浓度废水时3~4个，处理高浓度废水时6~8个，折流板的折角一般应取45°~60°（李晨艳等，2017）。

（3）黑膜沼气池。黑膜沼气池是在开挖平整好的土方基础上，用HDPE（高密度聚乙烯）作为底膜和顶膜密封形成的一种厌氧反应器。是利用HDPE膜材防渗、防漏的特点，在挖好的土坑里面铺设一层HDPE防渗膜，根据厌氧发酵工艺要求在池内安装进出水口、排渣管和沼气收集管，土坑池上口再加盖HDPE防渗膜焊接密封，四周锚固沟固定，形成一个密闭的空间，养殖污水经厌氧发酵，实现污水处理和生产沼气的双重效果。同时，利用黑膜吸收太阳热量，提高沼气生产效率（张凯等，2019）。容积<1 000 m³沼气池基槽深度在2.5 m为宜，容积≥1 000 m³以上沼气池基槽深度可适当增加，基槽形状以正方形或长方形为宜；黑膜沼气池焊接好后，顶膜和底膜形状基本对称，容积相当。底膜建议使用厚度1.0 mm以上的HDPE膜进行铺设，顶膜建议采用厚度1.5 mm以上的HDPE膜进行铺设。

2. 沼液还田

（1）沼液直接还田。沼液通过罐车或者沟渠管道运输至田间贮存池便可进行还田施用。除常规沟灌、淌灌等传统施用方式外，还可以采用液体粪肥还田脐带式装备系统（图14-84），还田效率、肥料利用率高。

图14-84　液体粪肥还田脐带式装备系统

液体粪肥还田脐带式装备系统将液粪池（沼液池）内的粪液长距离高效率泵送到农田，粪液流经粪污泵、输送软管和拖拽软管，最后通过悬挂在拖拉机上的液粪施肥机精准定量还田（图14-85）。该装备系统配套拖拉机一起使用，粪肥肥料利用率高，氨氮挥发少，单位立方还田成本低，还田速度快，还田量可达60~500 m³/h。

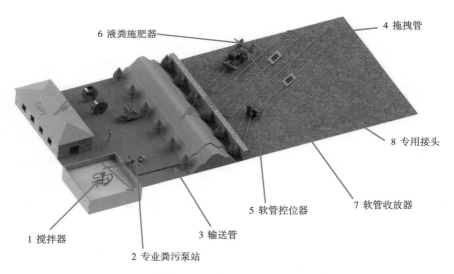

图14-85　液体粪肥还田脐带式装备系统作业模式

（2）沼液水肥一体化工程。沼液池下设置排放口，并连接至养殖基地泵房。养殖基地泵房里的泵组再连接至预先田间铺设好的HDPE管或者PVC管至各田块的灌溉泵房出水口。灌溉泵房启动河水提升泵时，同时启动基地沼液泵房的泵组。并在灌溉泵房出水池处简易调节沼液输送管HDPE管出口的流量，与灌溉水形成一定比例。灌溉水与粪液掺和兑匀，一同通过田间水渠分流到农田（图14-86）。

图14-86　水肥一体化灌溉模式——肥水混合池

（3）沼液还田利用主要模式。

"猪-沼-粮"模式　沼液在小麦玉米农田施用应符合《NY/T 496—2010 肥料合理使用准则》的要求，遵守养分供需平衡、合理稀释、安全施用原则。沼液的农田施用量以作物需肥量为依据，与化肥结合施用。

小麦施用时一般采用越冬期追肥方式，每年11月至翌年2月，根据小麦施氮量及其肥料运筹，进行等量沼液氮替代化肥氮使用。在小麦上，沼液替代25%～50%的肥料氮。采用沼液喷灌技术设计好田间沼液管网系统，利用增压泵和自走式喷灌车进行田间喷灌沼液。

玉米施用时一般作为拔节期追肥，每亩用量5～8 m³，适当稀释。采用沼液沟灌、畦灌方式进行。

"猪-沼-果"模式　沼液用于果树施肥，多采用滴管方式。沼液滴灌应经过120目以上的过滤器过滤，喷灌应经过80目以上的过滤器过滤。喷滴灌以后至少清水冲洗30 min以上。可适当稀释后根施、叶面喷施。施用时期为萌芽、开花、果实膨大期，每亩每次喷施40～100 kg。

"猪-沼-菜"模式　根据蔬菜需肥特性、土壤养分状况和沼液特性，进行平衡施肥、按需施肥。沼液可替代25%～50%的肥料氮，基肥占全部施用量的60%，沼液中磷、钾等元素不足的，应补足。蔬菜沼液施用以喷灌、滴灌为主。

（五）运行管理

1. 厌氧反应器运行管理

全混式厌氧反应器通常需要物料较长的停留时间以降解固形物，进入全混式厌氧反应器的粪水总固体浓度不宜过低。采用多级罐进行发酵，以确保消化效果，避免未发酵完全的物料排出。

ABR反应器　温度是影响ABR反应器的重要环境参数，温度在25 ℃以上没有显著影响，温度降低到15 ℃以下时反应器性能显著下降。ABR反应器存在一定的死区体积，在实际运行中应控制较好的流态，适宜的水力停留时间和产气是保障反应器良好流态的重要因素。

黑膜沼气　黑膜沼气池建好后，周边要建设围护栏，防止人畜靠近；护栏周边明显处要悬挂安全警示标语、标志；要经常检查沼气池膜面和输气管线是否漏气，发现漏气要及时修补，防止发生意外；当过量沼气不能使用完时，应采用火炬燃烧排放，不能直接放，以免对大气环境造成污染。

2. 沼液输送系统

沼液输送管道布局宜采用单水源系统，与沟、渠、路平行，当管线需穿越道路和河沟时，尽可能与之垂直。管网布置应力求管道总长度最短、避开软弱地基、填方区或受洪水威胁的地带。输送管道选用口径不小于160 mm，压力1 MPa以上的PE管。主管道出水口应满足沼液流量的要求，过流平顺、避免冲刷。田间支渠采用明渠设计，短而直，避免深挖。支渠走向宜平行作物种植方向，并按照施肥面积大小均匀设置独立的配水口与阀门。在沼液输送前后，泵站输入清水，利用高压对管道中残留的沼渣、附着物进行冲洗。

（六）适宜范围

1. 厌氧反应器

CSTR反应器是目前应用最多、适应性最广的反应器，广泛适用于猪、牛、鸡粪污处理，适合处理含有未经过固液分离的高悬浮固体的养殖废水，不适合处理有机物浓度过低的原料。

UASB适合于经过固液分离的养殖场粪污，对悬浮物（SS）含量较高的废水适应性差，容易堵塞、短流，微生物与有机物接触程度以及对废水种类的适应性不高等问题。

ABR反应器对进水的悬浮固体浓度没有严格要求，可处理中、低浓度的畜禽养殖废水。

黑膜沼气池施工方便，建设、运行和管理成本低廉，适用范围广泛，大、中、小型畜禽养殖场均适合建设。

2. 沼液输送

根据养殖场匹配农田的地形和位置，养殖场和匹配农田间道路交通状况等合理地设置可调配水量的管道，沟渠输送系统或罐车运输系统，确保粪液能到达施肥的农田。养殖场周围交通繁忙，且农田与养殖场距离较远（1 km以外）时，可在田间建立污水农田贮存池，养殖场每天用罐车将沼液运输到农田污水贮存池。养殖场到农田距离较近（1 km以内），且跨越道路较多，车流和人流量大，宜采用埋地硬质塑料管道或中压聚氨酯或者丁腈橡胶扁平软管，沼液输送到农田边，再进行后续施用处理。

（七）典型案例

江苏省连云港赣榆区绪明农业技术服务部畜禽粪肥还田技术模式（"有机肥加工+沼液还田"模式）。

1. 基本情况

连云港市赣榆区位于江苏省东北部，是全国农业百强县、商品粮基地县和生猪调出大县。耕地面积103万亩，常年小麦种植面积56万亩，水稻43万亩，林果业26万余亩；生猪存栏66万头以上，牛2万头以上。近年来，该区探索建立"1+12+N"三位一体循环发展模式，建设1个有机肥厂，收集周边养殖场户固体粪便或外购堆肥生产有机肥，配套12个畜禽粪污收集处理中心，覆盖全部农业大镇600余家养殖场户，免费收集处理畜禽粪污并处理；联结N个生态循环农业基地，粪污收集处理中心与区内农业园区等无缝对接，实现粪肥就地就近循环利用，解决粪污"消纳"难题。

连云港绪明农业技术服务部（以下简称"绪明农业"），是"1+12+N"畜禽粪污利用模式中12个分中心之一，服务范围覆盖赣马镇56个村，55 300亩耕地，15家养殖场，年处理畜禽粪污30 000余t。

2. 工艺流程

将畜禽粪污全量收集到储料池，然后从储料池输送到发酵池全封闭发酵（发酵时间夏季50~60 d，秋冬季60~90 d)。发酵物料技术指标满足《NY/T 2065—2011 沼肥施用技术规范》。通过吸粪车运输到储存池储存(容积为100 m³)(图14-87),配套管网1 000 m³(图14-88),顶加盖。粪肥农田施用季节,先把上部液体粪肥用罐车抽取运送待还田地块,用吸污车喷施入田;再将剩余固体粪肥送至有机肥加工中心,制备有机肥后还田,有机肥技术指标满足《NY/T 525—2021 有机肥料》,粪肥还田符合《GB/T 25246—2010 畜禽粪便还田技术规范》、农业部《畜禽粪污土地承载力测算技术指南》,具体工艺流程见图14-89。

图14-87 田间沼液贮存池   图14-88 桃园沼液滴灌

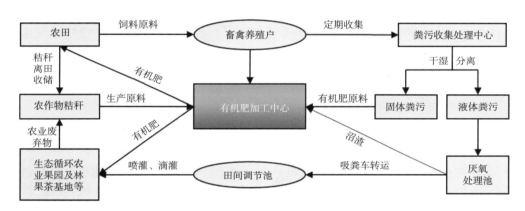

图14-89 "有机肥加工+沼液还田"模式工艺流程

3. 运行管理

养殖场户负责将畜禽粪污收集到发酵池,连云港绪明农业技术服务部负责将养殖场畜禽粪肥收集清运至田间畜禽粪肥储存池,按10元/t收取清运费。施肥季节,连云港绪明农业技术服务部在插秧前2~7 d将畜禽粪肥从田间畜禽粪肥储存池运送施入试点农田,种植农场负责提供畜禽粪肥还田用地,并按照方案要求开展粪肥还田试点,按20元/t向连云港绪明农业技术服务部支付施肥作业服务费。

4. 经济效益分析

赣榆区实行"1+12+N"三位一体循环发展模式以来,粪肥资源得到了全量利用,畜禽粪肥还田技术在赣榆区水稻、果园中的应用面积不断扩大。畜禽粪肥还田后水稻主产区土壤耕地质量提升1个等级,减少化学氮肥4.6~8.5 kg N/亩,减施20.19%~39.91%,产量较常规对照处理增产6.18~28.44 kg/亩,亩净增纯收益73.42~32.64元。

果园施用沼液土壤有机质含量提高0.7~1.5 g/kg,全氮含量提高0.029~0.045 g/kg,速效磷含量提高1.1～3.0 mg/kg，速效钾含量提高6～11 mg/kg，pH值提高0.1～0.3，容重减少0.02～0.07 g/m³，田间持水量提高0.8%～1.9%，杂草株防效89.02%～95.12%，产量较常规对照增产55.5～129.60 kg/亩，增产率最高可达4.49%。

六、集约化猪场粪污堆肥处理还田模式

（一）工艺简介

堆肥是指在有氧条件下，通过好氧微生物的代谢活动，对有机物进行分解代谢，代谢过程中释放的热量使堆体温度升高并保持在55℃以上，从而实现猪粪的无害化腐熟。腐熟后的猪粪还田利用，实现农业生产的良性循环和农业废弃物的资源化利用。

（二）技术原理

堆肥是在人工控制水分、碳氮比和通风条件下，依靠专性和兼性微生物的作用，使有机物降解，使之矿质化、腐殖化和无害化的过程。猪粪通过堆肥过程中的高温达到无害化，其还含有可被植物吸收的养分，具有土壤改良和地力培肥的作用。

（三）工艺流程及技术要点

1. 猪粪、尿的特性

成年猪粪含水率为81.5%、有机质24.16%、全氮2.65%、总磷1.6%、总钾0.5%。猪尿中水分占97%以上，固形物占3%。猪尿中含氮物质全为非蛋白氮，包括尿素、马尿酸、氨氮等，其中尿素氮占26.6%。

猪场粪污是猪粪、尿和冲洗水的混合物，猪场粪污总氮1.8～3.0 kg/m³、氨氮0.90～1.44 kg/m³、P_2O_5 1.44～3.72 kg/m³、K_2O 1.32～3.24 kg/m³。

2. 工艺流程

由于猪场粪污含水率高（>85%），无法直接进行好氧发酵。通常需要经固液分离，经固液分离后得到的干粪与农作物秸秆等农业废弃物混合均匀后，可用于好氧堆肥。好氧堆肥工艺流程包括原料预处理、一次高温发酵、二次陈化、腐熟、后处理及贮存等过程。具体的工艺流程见图14-90。

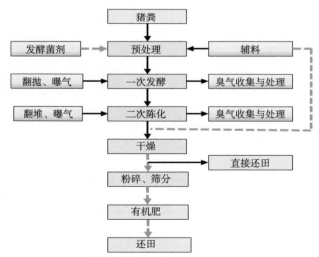

实线为必需步骤，虚线为可选步骤。

图14-90　好氧堆肥工艺流程

3. 技术参数

堆肥是有机肥由不稳定转为稳定的状态的过程，堆制效果与温度、含水率、pH值、碳氮比、通气量密切相关。猪粪堆肥通气量为0.40 m³ O₂/(min·kg物料)；初始含水率为50%～60%为宜；碳氮比值适宜范围为（25～35）∶1，pH值在6.0～9.0为宜。

（四）结构设计与运行参数

猪场应用较多的好氧堆肥工艺包括槽式堆肥、条垛式堆肥、反应器堆肥。

1. 槽式堆肥

槽式翻堆发酵槽的尺寸据物料量的多少及选用的翻堆设备而定，堆体高度一般1.5 m左右。根据堆肥物料的温度、水分、氧含量等参数的变化，由中央控制系统开启鼓风机向发酵槽内曝气。一般每隔1～2 d翻堆1次。发酵物料入槽后2～3 d内即可达到45 ℃，一般情况下，堆肥周期为15 d，堆肥温度可以上升至60～70 ℃，并持续 10 d以上。经过一个周期的堆肥，发酵后的含水率大幅度降低（一般下降到40%左右），后堆放至陈化车间，直至堆肥反应缓慢结束，物料达到稳定状。

2. 条垛式堆肥

条垛式堆肥是将堆肥物料以条垛状堆制，在好氧条件下进行发酵。将预处理好的物料堆成长条形的堆体，一般条垛规格为：垛宽2～4 m，高1～1.5 m，长度不限。条垛表面可覆盖30 cm的腐熟堆肥，以减少臭气扩散和保持堆肥温度。堆制后，采用人工或机械方法对堆肥物料翻转。翻堆次数取决于物料中微生物的耗氧量，翻堆频率在堆肥升温和高温期高于降温期和腐熟期。一般堆肥初期2～3 d翻堆1次，温度超过70 ℃要增加翻堆频率。

3. 反应器堆肥（罐式堆肥）

按照反应器类型，罐式堆肥分为立式反应器和卧式反应器。立式发酵罐是利用密闭式装置对粪便进行分层发酵。密闭式发酵罐从顶部进料、底部出料，通风系统使空气从筒仓的底部通过堆料，在筒仓的上部收集和处理臭气。堆肥原料经皮带或料斗提升到发酵筒仓内，通过主轴搅拌以及重力作用物料逐步下移，在移动中完成发酵过程。一般要求发酵仓内温度55 ℃持续7 d以上。发酵结束后的物料排出后运送至陈化车间进行二次发酵。发酵过程产生的废气通过引风机经生物滤池部分吸附、喷淋塔洗涤净化处理后达到排放标准，经由高15 m的烟囱向外界排放。

近年来研发的超高温预处理堆肥工艺是卧式反应器堆肥的一种（图14-91）。该工艺突破了传统工厂化堆肥养分损失大、腐熟周期长、成本高及用工难、贵的问题，具体包括原料收集、筛分后，经过85 ℃以上的高温预处理2～4 h，再经槽式堆肥和二次静态腐熟等工艺，最终形成高质量堆肥产品的过程。工艺流程如图14-92所示。

图14-91　超高温预处理堆肥反应器

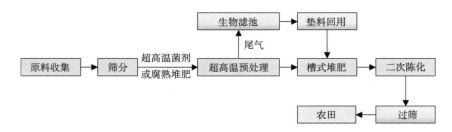

图14-92 超高温预处理堆肥工艺

（五）运行管理

堆肥过程控制参数主要包括温度、水分、通气量等参数的控制。

1. 条垛式堆肥和槽式堆肥过程控制

条垛式堆肥和槽式堆肥主要工艺过程包括一次发酵和陈化2个阶段，具体控制参数，如表14-11所示。

表14-11 条垛式堆肥与槽式堆肥工艺过程控制参数

控制参数	条垛式堆肥		槽式堆肥	
	一次发酵	二次陈化	一次发酵	二次陈化
发酵周期	25~30 d	30~35 d	10~20 d	15~30 d
翻堆频率	1次/d	2 d/次	1~2次/d，氧浓度在5%以上	2~3 d/次
发酵温度/持续时间	55℃以上，≥15 d	温度≤40℃	55℃以上≥7 d	温度≤50℃
产品技术指标	含水率≤50%，温度≤40℃，无蝇无虫卵	含水率≤50%，温度≤40℃，无臭味	含水率≤50%，温度≤40℃，无蝇无虫卵	含水率≤45%，温度≤35℃，臭气浓度符合恶臭污染物排放标准

2. 反应器堆肥过程控制

（1）原料控制。包含原料成分控制和原料水分控制。原料主要为猪粪及调理剂，去除石块、玻璃、铁丝等杂质。原料水分含量为50%~70%时，可直接进料；原料水分大于70%时，应适当脱水或加入部分腐熟返料。

（2）温度控制。反应器堆肥过程中，堆体温度应达到55℃以上，保持7 d，堆体温度高于75℃时，应增加曝气。

（3）曝气与搅拌控制。反应器堆肥过程中一般采用间歇曝气方式，如风机开30 min/停30 min、开60 min/停30 min、开120 min/停30 min。实际运行过程中根据堆体温度和含氧量调整曝气量。一般也采用间歇搅拌方式，开30 min/停30 min、开60 min/停60 min、开120 min/停120 min。实际运行过程中根据堆体温度和出料情况调整搅拌频率。

（4）水分控制。一般要求出料含水率低于40%，如出料含水率高于40%，可通过增加搅拌频率与曝气时间来促进水分脱除。

（六）适宜范围

条垛式堆肥适用于厂房面积大、基础设施较弱的规模化养殖场。槽式堆肥适用于大规模的养猪场。密闭式反应器堆肥适合中小规模养殖场，尤其是应用机械化自动清粪的养殖场。

（七）典型案例

1. 基本情况

莒南六和养殖有限公司是新希望六和股份有限公司旗下的分公司，先后被评为省、市两级标准化示范场，也被新希望六和选为养猪大学培训基地之一。

莒南六和养殖有限公司演马种猪场建有分娩舍、妊娠舍、代转舍、隔离舍、后备舍及宿舍楼等建筑物，总建筑面积约32 270 m²，同时配套建设粪污处理工程及其他生产辅助设施。年存栏种猪6 000头，年出栏猪苗18万头。

2. 工艺流程

猪场粪污采用干清粪处理，经固液分离后固体按照有机肥模式进行处理。液体按照污水达标排放的要求进行处理。固体粪便采用密闭式高温好氧发酵工艺，液体污水采用厌氧发酵。堆肥产物就近销售给周边种植大户，作为蔬菜和经济林果有机肥使用，厌氧处理后的沼液用于猪场周边农田（主要作物玉米及苗木，套种）消纳。工艺流程见图14-93。

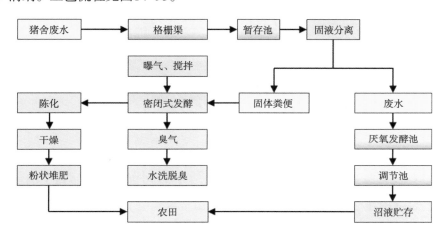

图14-93　莒南六和养殖有限公司粪污处理与利用流程

3. 技术单元

本方案中采用从日本引进的密闭式堆肥反应器（VTFY/T-90）来进行高温好氧堆肥化处理（图14-94）。VTFY/T-90主体为一个从顶部进料底部卸出堆肥的筒仓，内部有可以输送空气和进行搅拌的叶片（图14-95）。每天由一台旋转钻在筒仓的上部混合堆肥原料、从底部取出堆肥。进料时，将粪污倒入料斗中，由自动提升料斗至各发酵罐进料口。物料在发酵罐中搅拌并从上往下移动，同时由鼓风机定时进行鼓风补充新鲜空气。经过10～12 d的发酵，物料发酵基本腐熟，由底部出料口出料，直接进入陈化车间，待物料温度下降至常温即完成发酵。发酵过程产生的臭气经过收集后进入水洗脱臭塔进行处理并排放。发酵处

图14-94　密闭式发酵罐

理后有机肥的水分为20%~40%。发酵时的温度可达到70~80℃，确保杀死各种病原菌和杂草种子等（表14-12）。

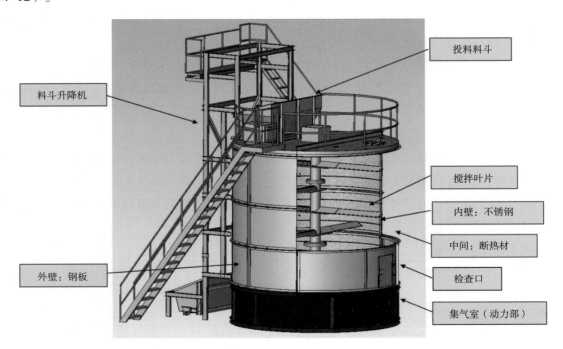

图14-95　发酵罐结构图示

本工程处理粪便满足《GB 7959—2012 粪便无害化卫生标准》《GB/T 36195—2018 畜禽粪便无害化处理技术规范》《NY/T 525—2021 堆肥产品主要技术指标应满足有机肥料》的要求。堆肥产品还田肥料化利用应符合《GB/T 25246—2010 畜禽粪便还田技术规范》《畜禽粪污土地承载力测算技术指南》，农田灌溉应符合《GB 5084—2021 农田灌溉水质标准》。

表14-12　发酵罐运行参数

项目	参数
发酵周期	10~12 d
发酵温度	65~80 ℃
送风量	0.2~0.3 m³/min
进料水分	≤75%
产品水分	20%~40%

本工程处理废水主要来自猪只尿液、冲栏污水、生活污水等。厌氧发酵反应器为UASB，处理之后的沼液暂存于沼液储存池，在施肥季节进行农田利用。

4. 效益分析

该工程环保设施设备总投资300万元，有机肥生产成本300元，污水厌氧处理成本8~9元/t。目前该工程日处理养殖污水200 t，干粪15 t。堆肥产物就近销售给周边种植大户，作为蔬菜和经济林果有机肥使用，厌氧反应产生的沼液通过养殖场自建的管网系统输送至猪场周边农地（主要作物玉米及苗木，套种）消纳，可施肥面积800余亩，每年可降低农户化肥成本150元/亩，粮食产量平均提高100 kg/亩。年产有机肥1 200余t，有机肥售价400元/t，可获利12万元。

七、集约化猪场粪污沼气–深度处理AO–还田模式

（一）工艺简介

该模式以实现畜禽场粪污能源化、肥料化为主要方向，适合中小型规模化猪场的粪污处理和资源化利用，以沼气化厌氧发酵为核心，沼气用于发电和烧锅炉，节支场区部分电力和能源消耗，沼液则依据农事用肥规律，用肥用水季节直接作为水肥还田利用，非用肥季节则进行AO或多级AO深度处理后进行绿化灌溉或稻田补水，因含有微量的有机质而提高稻田水的浮游动物和微生物数量；稻田养殖螃蟹，以稻田水体中的浮游动物或微生物为饵料，实现小生态系统微循环，实现沼气、沼肥、水稻、螃蟹的"四位一体"多途径增收。

（二）技术原理

养殖场产排粪污主要分两大类，一类是固态粪便，主要用于制备商品有机肥。而另一类液态污水，则分两方面进行处理，一方面将部分粪便和等量污水混合，将发酵物TS调节到5%～8%，进入CSTR沼气发酵罐进行沼气发酵，以产沼气和沼肥为目标；另一方面，将污水经过固液分离后送往UASB厌氧发酵罐、通过A^2/O反应池、两级生态塘净化达到畜禽养殖废水排放标准，再进入稻田和蟹塘肥田肥水养蟹，实现养殖废水的资源化循环利用，获得稻蟹双丰收，取得了良好的环境效益和经济效益。

（三）工艺流程及技术要点

1. 技术要点

（1）该模式主要包含高浓度粪污沼气化处理与肥料化利用技术、低浓度猪场废水深度处理与农业循环利用技术、猪场废水和沼液微生物除臭技术、猪场粪污高效制备有机肥技术、基于碳氮磷养分循环的沼–稻–蟹种养循环关键技术5个单项技术。

（2）以实现粪污的肥料化利用为核心，猪场固体粪便以制备固态有机肥为主方向，实现粪污在非用肥季节的有效保藏和商品化生产，为企业解决污染的同时，实现绿色增产增效。

（3）液态废水在非灌溉季节需要通过污水的深度处理技术进一步降解和稳定贮存，一方面贮存设施的水力停留时间要达到3～6个月，衔接水肥用肥季节的资源化利用，另一方面定期为稻田注入适量养分促进稻田水体中浮游微生物的增加，为螃蟹养殖提供充足饵料。

（4）两组不同厌氧发酵设备产出的沼气要配套沼气发电机或沼气锅炉，为发酵罐配套余热增温循环系统，来提高发酵设备整体温度，提高发酵效率，提高产期率，电能为场区用电节支和平衡用电。

（5）稻田要设置约80 cm高的围栏防止螃蟹外逃导致减产，稻田内应不规则挖几处60～100 cm深的水洼，利于螃蟹栖息和螃蟹收获。

2. 工艺流程

猪舍粪污进行分类收集，粪便送往堆粪场，制备有机肥。污水进入污水暂存池固液分离（图14-96），分离难降解纤维和固形物，匀浆处理后分流进入CSTR和UASB反应器进行厌氧发酵，进入CSTR的污水需要添加一定比例鲜猪粪，用于高浓度沼气发酵，以生产沼气和高浓度液态肥为目标；进入UASB反应器的污水则以深度处理和还田利用为主，通过稻田肥水补水促进稻蟹种养结合，提高单位亩产。

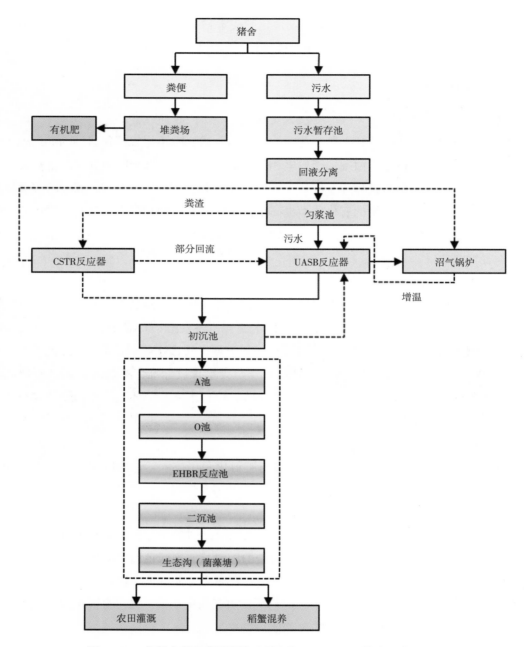

图14-96 集约化猪场粪污沼气-深度处理AO-还田模式工艺流程

（四）结构设计与运行参数

1. 结构设计

该工艺在粪污收集环节多采用干清粪工艺，固体部分通过刮板或人工清粪的方式收集和转运，至有机肥发酵区，通过配套的有机肥发酵系统好氧发酵转化为商品有机肥，一般可以配套槽式发酵槽、翻抛机、陈化车间、包装机械等等。液体部分还需要进行机械固液分离，分离出容易堵塞发酵设备和管路的纤毛和杂质，液体部分根据转化目的不同，分类输送到CSTR和UASB厌氧生物反应器，反应器采用搪瓷拼装或混凝土浇筑，CSTR反应器需配套搅拌设备，强化微生物接触，UASB需配套三相分离器实现气液固自动分离，2类厌氧反应器均需配套加热系统，利用沼气发电循环散热水为反应器进行循环加热，沼气热量不足部分可以通过气煤混烧锅炉或电加热来实现对物料的强制增温，以求提升发酵效率。通过CSTR发酵后的沼液则送往专门的沼液池用来贮存高浓度液态肥，通过后续的配肥配水池完成针对不同作物的营养配肥，用于农田测土配方施肥；通过UASB反应器处理后的养殖废水因对其有出水污染物指标限制，后续配套缺氧池（A池）、好氧池（O池）、EHBR生物反应器、二沉池和生态沟（菌藻塘）等进行深度脱氮除磷，为农田补水和农田灌溉提供肥田水源。

2. 运行参数

系统CSTR厌氧发酵温度应控制在30～35 ℃中温发酵，UASB厌氧发酵温度应控制在20～35 ℃中低温发酵；CSTR的容积产期率应达到1.0 m³/m³，UASB的容积产期率应达到0.3 m³/m³；CSTR出水COD$_{Cr}$应在3 000 mg/L以下，UASB出水COD$_{Cr}$应在1 200 mg/L以下；生态沟（菌藻塘）出水水质标准应满足《GB 5084—2021 农田灌溉水质标准》中的相关要求。

（五）运行管理

（1）养殖场要实施"三分离"，即达到雨污分离、干湿分离和固液分离。污水要做到暗管或暗沟封闭收集，与雨水分流管理。粪便和污水要分开存放和单独管理。动物纤毛、未消化的动物饲料、塑料药瓶、杂草和秸秆等难降解固形物应通过固液分离机提前分离。

（2）要定期对厌氧反应器、初沉池、A/O池、EHBR反应器、二沉池进行清淤处理，形成的底泥可掺混秸秆、粪便等生物质原料调节含水率在60%～70%后送往有机肥生产车间转化固态有机肥。

（3）生态沟（菌藻塘）要对塘体内快速繁殖的水生植物进行定期的清捞，每次留塘面积1/3的量作为种苗，当塘体4/5被覆盖时需尽快进行清捞。清捞出塘体的水生植物可运往有机肥处理中心作为有机肥发酵辅料，或青贮发酵后送往猪牛舍作为饲喂原料。

（4）稻田的围栏要经常巡检查看，发现有破损或倾倒的地方要及时进行修补、扶正和加固处理，确保田间的螃蟹不发生逃逸。

（5）全部粪污处理区及各单元都应该固定警示铭牌，增加防火、防跌入和非工作人员不得入内等安全提醒，各塘体、池体类要设置安全围栏，避免发生安全事故。

（6）粪污处理区内应配备防火、防雨、避雷、防毒等消防安全设备，并按要求定期检查更换，确保突发事件条件下的应急能力。

（六）适宜范围

该工艺适合干清粪工艺，污水或液体部分需要通过固液分离机分离后再处理，液体部分含固率要控制到3%以下。适合有沼气能源需求、有一定量的消纳水稻田，愿意发展稻蟹循环农业经济的养殖企业，实现以沼代肥、绿色种稻、生态养蟹、稻蟹共产的高品质高产出的驯化农业模式。该模式更适合水稻种植区，旱作农业区不适合发展该模式。

（七）典型案例

1. 基本情况

地处天津市宁河区廉庄乡卫星河路南的天津市绿时代牧业有限公司（图14-97），是一家集生猪饲养、水产养殖、水稻种植、牛羊屠宰加工、水产品加工冷藏库和冷链派送、产品销售等多位一体的大型民营企业，是天津市农业产业化经营重点龙头企业。全场占地750亩，建成养殖、加工、生活和粪污处理等相对独立的功能区域。养殖场生猪存栏量为6 000余头，妊娠猪1 000余头，年出栏种猪13 000头。粪污日排放量约为82.9 t，其中粪便约12.9 t，污水约70 t。

图14-97 绿时代牧业有限公司粪污处理布局

2.效益分析

（1）经济效益。天津市绿时代牧业有限公司养猪场年污水系统处理养殖废水2.5万m³，年可提供沼渣沼液肥2.3万t，可肥料化节支30万元；养殖场年产沼气4万m³，能源节支2.8万元；年转化高效肥料0.33万t，年增收50万元；年产回灌水肥量为2万t，节支灌溉用水12万元；稻蟹混养300亩，年增收10.5万元，合计产生直接经济效益135.13万元；粪污工程可有效改善场区环境卫生，大大降低养殖牲畜的发病率，减少仔猪的淘汰率。按照正常生猪出栏率至少提高1%～3%计算，项目实施地每年可增加出栏量130～390头，年实现总收益为142.93万元。

（2）生态效益。项目实施后，年减排COD_{Cr} 1 057 t，减排总氮83.7 t，减排总磷15.3 t，养殖场粪便和废水得到了有效的收集和沼气转化，场区粪污全部实现循环利用和环境零排放，恶臭得到了有效控制，周边卫星河和地下水都得到了有效保护。

（3）社会效益。发展稻蟹种养一体化，增加了农户的亩产收入，为周边农户提供了增加收入的成功样板，引领了周边万亩稻田的种养结构转型，带动了周边村落农户的整体增收和共同致富。

八、集约化猪场粪污集中处理还田模式

（一）工艺简介

集中处理还田模式主要是指一定区域范围内存在大量中小规模生猪养殖场户的情况下，单个养殖场户缺乏处理或消纳粪污的能力，通过区域粪污处理中心统一收运、集中处理、分步还田或销售的一种模式。区别于一般有机肥生产企业的是区域粪污处理中心还负责通过异位发酵床技术处理中小规模养殖场户的粪水并为中心的堆肥处理提供原料，实现区域生猪养殖粪污全量收集处理和资源化利用。

（二）技术原理

本模式的核心技术是异位发酵床技术（图14-98）。异位发酵床技术脱胎于微生物发酵床技术和好氧堆粪技术，是相对于舍内原位微生物发酵床技术而提出的一种处理技术，其技术原理与好氧堆肥一

致，即依靠好氧微生物对猪场粪污中的有机物进行吸收、分解和转化，依靠微生物的发酵作用将猪场粪污中的污染物转化成无害化的、稳定的、作物可利用的营养物质的过程。其过程主要可以分为驯化、升温、高温和腐熟4个阶段，其中驯化阶段主要逐步淘汰不适应发酵环境的微生物；升温阶段主要依靠嗜温性微生物逐步分解堆体中的有机物，并提升堆体温度；高温阶段由嗜热性微生物与嗜温性微生物交替主导，维持50～70℃的发酵温度，杀灭病原体和寄生虫等，进一步分解有机物；腐熟阶段堆体温度逐步下降，发酵堆体内的物质逐渐稳定，腐殖质进一步提升，单次发酵过程最终完成。由于异位发酵床堆体不断加入新的粪污，其发酵温度一般长期维持在50℃左右，直至整体出料进行后续处理环节。

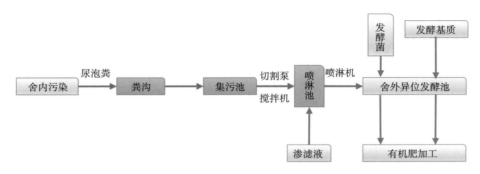

图14-98　异位发酵床技术处理技术路线

（三）技术要点及工艺流程

1. 技术要点

（1）异位发酵床原料及辅料选择。异位发酵床的主要原料为猪场粪污，对于猪场粪污要求含固率不能太低，宜不小于8%，原料含固率过低则会导致发酵效果变差，升温速度变慢。异位发酵床辅料应选择长短适中、粒径合适的辅料，过细的辅料会导致发酵床透气性变差，发酵速率受到影响，过粗的辅料则会引起堆体的坍塌或有效容积减小。因此辅料中稻壳、木屑等建议不低于5 mm，秸秆等不大于5 cm。

（2）异位发酵床含水率。异位发酵床混合后的物料应将含水率控制在50%～60%，含水率太低会导致微生物活动率下降，太高则导致物料透气性变差，好氧发酵转为厌氧发酵。

（3）异位发酵床碳氮比。异位发酵床碳氮比应参考好氧发酵堆肥技术碳氮比，适宜范围为（25～30）∶1。

（4）供氧量。翻抛通风供氧是异位发酵床技术的关键参数，供氧不足会导致微生物消纳有机物的速率下降，导致死床，但应注意在冬季时供氧量应进行适当控制，避免过冷的空气影响发酵过程。堆体的内部需氧量与有机物含量有关，一般异位发酵床中强制通入空气或及时翻抛即可满足氧浓度要求，每天翻抛1～2次。

（5）温度。温度是异位发酵床的指示性指标，温度会大幅影响微生物的生长，一般认为高温微生物对有机物的分解效率高于中低温微生物。一般异位发酵床的堆体核心温度应控制在60～70℃，中层温度应控制在50℃左右，属于发酵成功，如长期无法提升温度，应考虑原料和辅料是否满足要求、通风翻抛情况是否在要求范围内。

2. 工艺流程

对于周边的中小型生猪养殖场，由各户完善运行粪便和污水的收集系统。

养殖场户的粪便和污水由区域粪污处理中心统一收集（图14-99）。粪便进入中心后存放入原料贮存棚内或直接进入生产车间，添加一定的微生物菌剂，与辅料或异位发酵床垫料结合经过好氧发酵堆肥制成初级肥料，该初级肥料可以进一步陈化、二次发酵、添加营养物质后作为成品商品有机肥打包销售，也可以在实现无害化、进行粗筛后与镇域范围内的种植大户或周边农户签订协议，直接作为粪肥用于周边大田、蔬菜大棚、林地或果园。

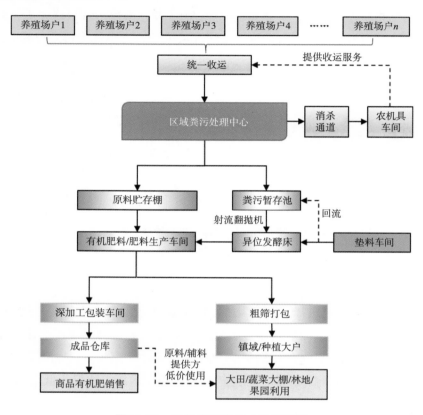

图14-99 异位发酵床技术工艺流程

液态粪污进入区域粪污处理中心后首先贮存在粪污暂存池内，通过射流翻抛机定期喷洒入异位发酵床系统，经过好氧发酵与垫料形成有机肥料原料。异位发酵床不能及时消纳的污水通过回流系统回到粪污暂存池内，等待继续利用。

区域粪污处理中心内的所有车辆严禁单次往返多个养殖场，每次运输完毕后都必须经过消杀通道后方可进行下一趟运输，避免产生交叉感染。

（四）结构设计与运行参数

1. 结构设计

异位发酵床通常包括粪污暂存池、异位发酵池及辅料仓库等；设备包括污水（泥浆）切割泵、搅拌机、射流翻抛机和移位机等。

集中处理还田模式中的异位发酵床结构与单户异位发酵床技术有些许结构差异，其处理能力一般大于单户异位发酵床，因此应有单独的发酵车间，车间结构高度不宜低于6 m，一方面该高度可以满足大部分车辆机械和射流翻抛机的工作高程；另一方面整体建筑通风性较好。车间整体应采用钢结构，钢结构应采用热镀锌钢，切口、焊口应做防锈处理。车间顶部宜采用双层阳光板等透光结构，便于冬季内部增温。车间侧墙上每跨都应设置通风窗户。车间内部应设置臭气收集与处理系统。

异位发酵床发酵槽应尽量选择现浇钢砼结构槽体，避免砖混结构长期使用后因腐熟和老化而导致的墙体粉化，槽墙宽度应与射流翻抛机匹配。槽墙底部应有排水口，发酵槽旁应有粪污暂存池或可以将粪污引入粪污暂存池的暗沟，用于将消纳不了的粪污从底部排出，保证异位发酵床堆体的含水率。发酵槽底部应采用防渗混凝土硬化当存在多条发酵槽时，应配备翻抛机移位机，并在车间内安装移位槽。

粪污暂存池宜采用全地下钢砼结构，顶部采用阳光板或混凝土浇筑，预留排气口和人孔。

2. 运行参数

异位发酵床发酵辅料装填高度1.5~1.6 m，同时按照1 kg/（7~10）t垫料的比例添加入发酵菌剂，装填完毕即可将暂贮在粪污暂存池中的粪污通过射流翻抛机一次或多次地喷洒到发酵池表面；多个发酵池可轮换错开喷淋时间，可采用间隔10 d的方式分别启动床体，避免出现同一时间所有床体均达到发酵周期的情况。

单个床体的发酵周期为4个月，在发酵周期中垫料会随着发酵过程产生一定程度的消耗，约10 d缩减10%，需要定期补充新的垫料至原位置。

（五）运行管理

（1）中小型生猪养殖场户应做到雨污分流，避免大量雨水进入粪污收集系统，同时各场户的粪污收集系统应尽量远离养殖区域，位于场外一定防疫距离，如实在无法建设在场外的，应自行设置提升泵与运输车辆进行对接，每次对接后应尽快进行接口消毒处理。

（2）中小型生猪养殖场户应积极采用各类节水措施，从源头控制进入异位发酵床的粪污有机质含量，粪污浓度过低会严重影响异位发酵床的稳定运行甚至导致死床。

（3）区域粪污处理中心在运输前应考察养殖场户的消毒防疫情况，对于非洲猪瘟暴发的养殖场户应及时取消运输粪污资格，对非洲猪瘟集中暴发区域应提前避开。在运输过程中严禁粪污洒漏。

（4）对于地下设置的维护尤其是粪污暂存池的维护应按照沼气工程设施的维护要求执行。

（5）应密切关注异位发酵床车间和发酵槽内物料的情况，包括车间牢固性、腐蚀程度、抗风抗雪情况、地面排水情况、舍内水蒸气饱和度情况、通风情况、发酵槽温度湿度情况等，遇到突发情况应及时采取相应措施。

（六）适宜范围

该模式适合于区域范围内存在大量中小规模生猪养殖场户的粪污集中处理中心使用。

（七）典型案例

天津运发生物有机肥科技有限公司坐落于天津市滨海新区大港小王庄镇刘岗庄村，于洋苏公路与徐太公路交叉口北侧，公司占地面积11 200 m²，建筑面积4 500 m²，公司原有发酵车间1 500 m²、生产加工车间2 600 m²、陈化车间2 200 m²、包装加工车间960 m²和成品仓库380 m²，配备有平盘搅拌机、分筛机、自动缝包机、自动码垛机、粉末有机肥生产线、粉碎机、传输机、翻抛机、履带式翻抛机等，满足年产1.7万t有机肥的生产能力。

2020年，在原有有机肥生产线的基础上，该公司承担起服务小王庄镇全镇中小型生猪养殖场户粪污处理的重担，新增建设了异位发酵床发酵车间及附属车间4 530 m²，安装污水回流系统1套（图14-100），垫料仓库737 m²，集污池390 m³，并购置附属生产设备/车辆/垫料/发酵菌剂等设备/设施/材料（图14-101，图14-102），与60余家养殖场户签订消纳协议，分别以每立方米鸡粪60元、羊粪40元、猪粪40元、牛粪20元收购畜禽粪便，垫料每吨的价格分别为稻壳单价550元、秸秆400元、锯末500元。收集污水养殖户支付18元。中心建成后，增加区域内约0.95万m³的畜禽养殖污水处理量，增加商品有机肥生产能力约2 900 t，消纳周边农作物秸秆、稻壳等废弃物3 800 t，中心辐射区域内可增加380 t化肥减施量（按复合肥氮磷钾总养分50%计），使畜禽粪污变废为宝，减少环境污染，提高土地综合生产力，彻底解决中小养殖场户粪污排放带来的环境污染问题，并通过提供优质有机肥和收购垫料原料提质增效，增加周边农民的收入，实现农业绿色、可持续发展（图14-103）。

图14-100 临时污水贮存池

图14-101 翻抛机和喷洒中的异位
发酵床

图14-102 异位发酵床垫料仓库

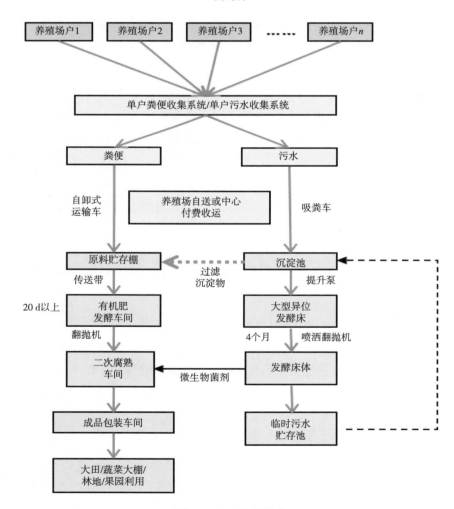

图14-103 技术模式

主要参考文献

白俊瑞，李路，张皓月，等，2023. 改性生物炭对汞污染土壤黄瓜生长及品质的影响研究[J]. 干旱地区农业研究，41（2）：70-77.

邓良伟，2015. 沼气工程[M]. 北京：科学出版社.

付强，尹佳文，2020. 河南省畜禽养殖量的区域差异规律分析[J]. 中国农业资源与区划，41（6）：231-236.

江丽华，李妮，徐钰，等，2020. 山东省设施蔬菜施肥现状调查研究[J]. 山东农业科学，52（2）：90-96.

金玉文，芦远闯，许华森，等，2022. Meta分析养分管理措施对菜田土壤硝酸盐累积淋溶阻控效应[J]. 农业工程学报，38：103-111.

孔德望，张克强，房芳，等，2018. 猪粪厌氧发酵消化液回流体系微生物群落结构特征与产气关系研究[J]. 农业环境科学学报，37（3）：559-566.

李晨艳，乔玮，邵蕾，等，2017. 厌氧发酵技术在畜禽养殖粪水处理与资源化中的利用[J]. 猪业科学，34（5）：92-94.

李荣岭，宫本芝，李建斌，等，2019. 奶牛场"大通铺"卧床技术模式探讨[J]. 中国奶牛，394（5）：8-10.

刘坤，2016. 华北集约农区地下水氮素来源及影响因素分析[D]. 北京：中国农业大学.

骆晓声，李艳芬，寇长林，等，2018. 减量施肥对河南省典型设施菜田硝态氮和总磷淋溶量的影响[J]. 河南农业科学，47：61-65.

吕金岭，李太魁，寇长林，2021. 生物质炭和微生物菌肥对酸化黄褐土农田土壤改良及玉米生长的影响[J]. 河南农业科学，50（6）：61-69.

马超，周静，刘满强，等，2013. 秸秆促腐还田对土壤养分及活性有机碳的影响[J]. 土壤学报，50（5）：914-921.

马林，王洪媛，刘刚，等，2021. 中国北方农田氮磷淋溶损失污染与防控机制[J]. 中国生态农业学报，29（1）：1-10.

马婉君，2022. 华北平原农田关键带分类及其特征分析[D]. 石家庄：河北师范大学.

马妍，刘振海，刘陆涵，等，2017. 三种环境材料复合对土壤水肥保持同步增效的影响[J]. 农业环境科学学报，36（12）：113-120.

农业部环境保护科研监测所，2017. 规模化奶牛养殖场粪污分散收集前处理系统：ZL 2016 2 1420579. 8 [P]. 2017-5-19.

全国畜牧总站. 2016. 畜禽粪便资源化利用技术——种养结合模式[M]. 北京：中国农业科学技术出版社.

茹淑华，张国印，孙世友，等，2013. 河北省地下水硝酸盐污染总体状况及时空变异规律[J]. 农业资源与环境学报，30（5）：48-52.

宋涛，尹俊慧，胡兆平，等，2021. 脲酶/硝化抑制剂减少农田土壤氮素损失的作用特征[J]. 农业资源与环境学报，38（4）：585-597.

苏瑶，贾生强，何振超，等，2019. 利用响应曲面法优化秸秆腐熟剂的腐解条件[J]. 浙江农业学报，31（5）：798-805.

天津市市场和质量监督管理委员会，2018. 奶牛养殖场肥水农田施用冬小麦：DB12/T 787—2018 [S]. 天津：天津市标准化研究院.

天津市市场监督管理委员会，2019. 牛粪制备卧床垫料技术规程：DB12/T 907—2019 [S]. 天津：天津市标准化研究院.

天津市市场监督管理委员会，2020a. 奶牛养殖场肥水农田施用 苜蓿：DB12/T 1026—2020 [S]. 天津：天津市标准化研究院.

天津市市场监督管理委员会，2020b. 奶牛养殖场肥水农田施用 青贮玉米DB12/T 1027—2020[S]. 天津：天津市标准化研究院.

天津市市场监督管理委员会，2020c. 奶牛养殖场肥水农田施用 燕麦：DB12/T 1028—2020[S]. 天津：天津市标准化研究院.

田雪力，翟中葳，丁飞飞，等，2018. 奶牛场粪污制备卧床垫料过程中物料性质及污染物含量的周年变化规律[J]. 农业环境科学学报，3（3）：552-558.

田雪力，李仲瀚，杨凤霞，等，2022. 铜对蚯蚓转化牛粪过程中抗生素抗性基因的影响[J]. 中国环境科学，42（10）：4688-4695.

王贵云，张克强，付莉，等，2020. RZWQM2模型模拟牛场肥水施用夏玉米土壤硝态氮迁移特征[J]. 农业工程学报，36（14）：47-54.

王凯军，2015. 厌氧生物技术. I，理论与应用[M]. 北京：化学工业出版社.

王瑞，仲月明，李慧敏，等，2021. 高投入菜地土壤磷累积、损失特征及阻控措施的研究进展[J]. 土壤，53（6）：1114-1124.

吴鹏，陆爽君，徐乐中，等，2017. 改性沸石湿地脱氮除磷效能及机制[J]. 环境科学，38（2）：160-168.

许卓. 2011. 猪场粪便污水固液分离预处理工艺研究[J]. 吉林农业，5：300-302.

张凯，杨林，汪晓峰，等，2019. 黑膜沼气池工艺特点及施工技术[J]. 农业工程，9（4）：48-50.

CHEN J，LV S Y，ZHANG Z，et al.，2018. Environmentally friendly fertilizers：a review of materials used and their effects on the environment [J]. Science of the Total Environment，613-614：829-839.

DU H Y，GAO W X，LI J J，et al.，2019. Effects of digested biogas slurry application mixed with irrigation water on nitrate leaching during wheat-maize rotation in the North China Plain [J]. Agricultural Water Management，213：882-893.

LIU Z，ZHANG Y，LIU B Y，et al.，2018. Adsorption performance of modified bentonite granular （MBG） on sediment phosphorus in all fractions in the West Lake，Hangzhou，China [J]. Ecological Engineering，106：124-131.

SHEN Y，JIAO S Y，MA Z，et al.，2020a. Humic acid-modified bentonite composite material enhances urea nitrogen use efficiency [J]. Chemosphere，255：126976.

SHEN Y，LIN H T，GAO W S，et al.，2020b. The effects of humic acid urea and polyaspartic acid urea on reducing nitrogen [J]. Journal of the Science of Food & Agriculture，100：4425-4432.

SONG X Y，ZHANG K Q，HAN B Y，et al.，2016. Anaerobic co-digestion of pig manure with dried maize straw[J]. BioResources，11（4）：8914-8928.

TIAN，X L，HAN B J，TIAN X F，et al.，2021. Tracking antibiotic resistance genes （ARGS） during earthworm conversion of cow dung in Northern China [J]. Ecotoxicology and Environmental Safety，222：112538.

WANG X Z，ZOU C Q，GAO X P，et al.，2018. Nitrate leaching from open-field and greenhouse vegetable systems in China：a meta-analysis [J]. Environmental Science and Pollution Research，25：31007-31016.

ZAMPARAS M，DROSOS M，GEORGIOU Y，et al.，2013. A novel bentonite-humic acid composite material Bephos™ for removal of phosphate and ammonium from eutrophic waters [J]. Chemical Engineering Journal，225：43-51.

ZHANG B G，LI Q，CAO J，et al.，2017. Reducing nitrogen leaching in a subtropical vegetable system [J]. Agriculture，Ecosystems & Environment，241：133-141.

第十五章 / 东北规模化农区

第一节　区域农业生产状况与面源污染特征

一、东北农区农业生产条件

东北地区包括黑龙江、吉林、辽宁以及内蒙古自治区的呼伦贝尔市、通辽市、赤峰市和兴安盟，是我国地理纬度最高的地区。东北地区地形复杂，丘陵、低山和平原交错分布，东、北、西三面中、低山环绕，中部为广阔的三江平原、松嫩平原和辽河平原。东北地区属温带半湿润、半湿润大陆性季风气候。该地区年平均气温一般在5～10 ℃，冬季受极地大陆气团控制，气候严寒，1月为全年最冷月，夏季平均温度在20～25 ℃，≥10 ℃积温在2 000～3 600 ℃；日照时数为2 200～3 000 h，从东南向西北逐渐增加；无霜期由辽南及东南沿海向北逐渐减少，为160～200 d，由于无霜期短，作物一年一熟。降水时空分布不均匀，全年降水量400～1 000 mm，其中60%集中在7—9月，地域间差别很大，基本由东南向西北减少，雨热同季，与作物生长期匹配较好，基本能满足作物生长需求。但降水的年际变化较大，各地降水最多年雨量可为最少年的数倍，西北干旱地区可达4～4.5倍，容易发生旱涝灾害。主要土壤类型有黑土、水稻土、暗棕壤、棕壤、黑钙土、沼泽土、白浆土、草甸土和褐土。

二、农业生产现状与面源污染特征

（一）平原区种植业氮磷大量投入和冻融交替导致淋溶流失面源污染严重

东北地区耕地以平原为主，总面积约33.2万km²，约占全国平原面积的1/3，主要分布在松嫩平原、辽河平原、辽西丘陵和三江平原。是我国最重要的商品粮生产基地之一，粮食产量约占全国粮食总产量的20%（中国农业年鉴编辑编委会，2018；2019）。在我国具有重要的战略地位，是国家粮食安全保障的重要基地。本地区为一熟区，主要作物为水稻、小麦、玉米、大豆等，2019年黑龙江、吉林、辽宁水稻种植面积达516万hm²；作为全国最大的玉米生产区，种植面积约2.3亿亩（中华人民共和国国家统计局，2021）。该区域地表水系分布和农耕土地的分配比例适中，农业发展潜力巨大。但东北地区具有降雨集中、耕层养分含量高、土壤冻融作用强烈导致氮磷流失严重的特点，从而导致种植业化肥农药污染、畜禽养殖粪便污染和农村居民生活污染等是东北地区主要的农业面源污染源。当地农民普遍习惯性重施偏施化肥、缺施少施有机肥、过度用地不注重养地，造成农田土壤板结、地力贫瘠，由于长期实行浅耕作业，致使该区域农田耕层逐年变浅、犁底层上移加厚、耕层养分库容量不断下降，导致土壤蓄水保肥能力下降，阻碍玉米根系下扎和生长发育，不利于作物生长及养分吸收，加剧农田土壤氮磷养分流失风险。季节性冻融是东北农田土壤最显著的物理特征之一。冻融交替加剧了氮磷流失风险，季节性冻土常在降水未来得及排出就被冻结，从而形成隔水板，造成地表积水和雪水不能下渗，这与主要由降水所形成径流的水文过程存在很大差异，加之渠系和田间工程还可能形成与天然流域相反的逆汇流过程。冻融侵蚀成为东北地区水土流失主要形式之一。以该区种植面积最大的玉米为例，在常规种植模式中，辽宁、吉林、黑龙江和内蒙古东四盟市试验区玉米田淋溶水量分别为347 m^3/hm^2、288 m^3/hm^2、276 m^3/hm^2和297 m^3/hm^2；淋溶水总氮浓度分别为4.46 ~ 87.8 mg/L、7.10 ~ 105 mg/L、2.09 ~ 74.6 mg/L和2.21 ~ 79.0 mg/L；氮淋溶流失负荷分别为11.2 kg/hm^2、12.2 kg/hm^2、7.0 kg/hm^2和8.11 kg/hm^2。

（二）特殊地形条件和人为因素导致坡耕地氮磷流失

东北地区耕地中坡耕地面积比例大，面积为19.5万 km^2（表15-1），占全区耕地总面积的58.7%，占全国耕地面积的14.4%，坡耕地粮食产量占到全国粮食总产量的12%。多为漫川漫岗，坡度较小但坡面延伸很长，一般为300 ~ 500 m，局部地区可达800 ~ 1 000 m，平均坡度为<5°、5° ~ 10°、10° ~ 15°、>15°，不同坡度耕地面积占总坡耕地面积的比例分别为78.5%、15.8%、4.2%、1.5%（张天宇、郝燕芳，2018）。

表15-1　东北地区坡耕地面积

省（自治区）	坡耕地总面积/万 km^2	<5°坡耕地	
		面积/万 km^2	占坡耕地总面积比例/%
内蒙古（东部）	4.6	3.4	73.91
辽宁	3.4	2.2	64.71
吉林	3.6	2.8	77.78
黑龙江	7.9	6.9	87.34
合计	19.5	15.3	78.46

坡耕地以玉米种植为主，多采取顺坡种植方式，由于坡度缓、坡面长，降雨在坡面产生径流易于汇集形成股流，对地表冲刷形成浅沟，逐渐形成切沟、冲沟等侵蚀沟，蚕食土地，淤积河道。另外，冬季降雪在春季形成融雪径流，在坡面也产生了十分严重水土流失。东北地区春季昼夜温差大，冻融交替使得土体内部水分体积冻结时膨胀、融化时缩小，这种变化对土壤的结构造成破坏，导致土壤结构松散，在沟道边缘容易发生崩塌、泻溜等。加上该地区春季地表植被覆盖度较低，大量的耕地裸露，阻碍物较少，因此，即便是大多耕地地势较缓所遭受的水土流失问题也十分明显。集中的降水和强烈的冻融交替作用造成了大量氮磷养分伴随水土流失，不仅造成了土壤退化，黑土层被剥蚀，严重阻碍粮食

生产，也造成了严重的农业面源污染。据2018年水土保持公报报道，东北地区水土流失面积27.63万km²（表15-2），占该区土地总面积的22.28%，占全国水土流失总面积的10.09%。严重的水土流失导致土层侵蚀厚度达0.316~0.433 mm/a（阎百兴、汤洁，2005）。据估算，东北地区坡耕地土壤流失量约为49.84万m³。

表15-2 东北地区水土流失面积

省（自治区）	水土流失面积/km²	占土地总面积比例/%
内蒙古（东部）	121 218[b]	25.61
辽宁	36 865	24.89
吉林	42 628	22.41
黑龙江	75 549	17.18
合计	276 260[a]	22.08

注：a. 2018年中国水土保持公报；b. 2018年内蒙古自治区水土保持公报。

除了自然条件和地形地貌特征，人为因素也是影响坡耕地水土流失的主要因素之一。为了追求收益，对坡耕地利用强度加大，不合理的耕作方式引起耕层变薄、土壤结构恶化、土壤保墒能力差；坡耕地中化肥施用量不断增加，在降雨和径流冲刷作用下，土壤中过量的氮、磷等养分通过地表径流和壤中流的途径迁移，引起土壤氮、磷等养分的流失和周边水体污染。粗放的耕作以及重化肥轻有机肥的生产方式，导致坡耕地水土流失、土壤养分流失、土壤质量下降等现象严重，造成了较严重的作物减产。这不仅威胁国家粮食安全，而且引起了严重的农业面源污染问题。

（三）未利用秸秆资源造成大气和水体环境污染

秸秆是农业副产物，也是宝贵的生物质资源。东北地区是中国粮食主产区，也是秸秆资源产出最为集中的地区，东北地区秸秆理论产生量超过1.9亿t，占全国总量的1/5以上。黑龙江省秸秆产生量最大，超过0.8亿t。近年来，秸秆可收集量和利用量分别在1.6亿t和1.4亿t以上。秸秆利用以肥料化、饲料化和燃料化为主，综合利用率连年上升，"因地制宜，以疏促禁"的秸秆产业发展态势初步形成肥料化、饲料化、燃料化、基料化、原料化利用优先时序，2019年达到87.4%。黑龙江肥料化利用占比最高，2019年达到78.5%。内蒙古秸秆饲料化利用占比最高，是内蒙古东四盟市秸秆综合利用的突出特点，2019年达到60.0%。辽宁和吉林秸秆能源化利用比例相对较高，2019年吉林达到46.0%（丛宏斌等，2021）。但东北地区秸秆总量大、积温低，是中国秸秆综合利用的重点和难点地区。在农业生产中，秸秆还田存在成本较高、增产效果不显著、秸秆粉碎机械设备水平低等问题，还田导致种植整地质量差、播种质量差、病虫害严重等问题严重限制了秸秆肥料化利用。农民往往将大量秸秆焚烧或堆弃至路边，不仅造成大量秸秆养分资源浪费，还易引起周边地区空气环境和水源污染、影响农村生活居住环境。

因此，如何降低东北地区平原氮磷淋溶和坡耕地土壤氮磷径流和淋溶流失，以及秸秆堆弃造成的环境污染，保证耕地可持续利用、提高资源循环利用效率成为当前农业生产中亟待解决的问题。

第二节　东北流域农业面源污染综合防控技术模式

一、基于情景分析的农业面源污染综合防控技术模式设计

集成东北规模集约化农区土壤冻融氮、磷减排技术，土壤氮、磷增容农业面源污染防控技术，地表径流阻控技术，开展流域农业面源总氮和总磷污染综合防控技术模式方案设计。

（一）氮削减污染防控技术模式方案

包括以下6种模式（表15-3）：

（1）情景1（常用优化措施）—TN_SA1：A2+A9+B4+C1（A2化肥+秸秆还田、A9垄沟秸秆覆盖、B4大豆过滤带、C1水体岸边缓冲带）。

（2）情景2（政策导向优化措施）—TN_SA2：A1+A2+A10+B1+B3+C1（A1合理施肥、A2化肥+秸秆还田、A10深松筑挡阻控技术、B1抗低温人工湿地（连续运行）、B3谷子过滤带、C1水体岸边缓冲带）。

（3）情景3（农民参与优化措施）—TN_SA3：A2+A7+A9+B4（A2化肥+秸秆还田、A7免耕处理、A9垄沟秸秆覆盖、B4大豆过滤带）。

（4）情景4（科学优化措施）—TN_SA4：A3+A4+A8+B5+B6+C1（A3化肥+生物碳、A4化肥+腐植酸、A8施肥插秧一体化技术、B5农田径流净化处理、B6单级自养脱氮生物膜反应器、C1水体岸边缓冲带）。

（5）情景5（高削减率优化措施）—TN_SA5：A1+A10+B2+B3+B6+C1（A1合理施肥、A10深松筑挡阻控技术、B2抗低温人工湿地（间歇运行）、B3谷子过滤带、B6单级自养脱氮生物膜反应器、C1水体岸边缓冲带）。

（6）情景6（源头控制优化措施）—TN_SA6：A1+A2+A5+A6+A7+A8+A9+A10（A1合理施肥、A2化肥+秸秆还田、A5施用碳基缓释肥、A6包膜缓释肥处理、A7免耕处理、A8施肥插秧一体化技术、A9垄沟秸秆覆盖、A10深松筑挡阻控技术）。

（二）磷污染防控技术模式方案

包括以下6种情景（表15-4）：

（1）情景1（常用优化措施）—TP_SA1：A2+A9+B4+C1（A2化肥+秸秆还田、A9垄沟秸秆覆盖、B4大豆过滤带、C1水体岸边缓冲带）。

（2）情景2（政策导向优化措施）—TN_SA2：A1+A2+A10+B1+B3+C1（A1合理施肥、A2化肥+秸秆还田、A10深松筑挡阻控技术、B1抗低温人工湿地（连续运行）、B3谷子过滤带、C1水体岸边缓冲带）。

（3）情景3（农民参与优化措施）—TP_SA3：A2+A7+A9+B4（A2化肥+秸秆还田、A7免耕处理、A9垄沟秸秆覆盖、B4大豆过滤带）。

（4）情景4（科学优化措施）—TP_SA4：A5+A6+A8+B5+C1（A5施用碳基缓释肥、A6包膜缓释肥处理、A8施肥插秧一体化技术、B5农田径流净化处理、C1水体岸边缓冲带）。

（5）情景5（高削减率优化措施）—TP_SA5：A4+A10+B2+B4+C1（A4化肥+腐植酸、A10深松筑挡阻控技术、B2抗低温人工湿地（间歇运行）、B4大豆过滤带、C1水体岸边缓冲带）。

（6）情景6（源头控制优化措施）—TP_SA6：A1+A2+A3+A4+A7+A8+A9+A10（A1合理施肥、A2化肥+秸秆还田、A3化肥加生物质炭、A4化肥+腐植酸、A7免耕处理、A8施肥插秧一体化技术、A9垄沟秸秆覆盖、A10深松筑挡阻控技术）。

表15-3　流域氮农业面源污染负荷削减优化措施

措施分类	代号	措施名称	N削减效率/%		情景设计（氮削减措施执行率）					
			下限	上限	TN_SA1	TN_SA2	TN_SA3	TN_SA4	TN_SA5	TN_SA6
源头控制	A1	合理施肥	14.13	44.18		(0.15, 0.47)			(0.35, 0.68)	(0.12, 0.3)
	A2	化肥+秸秆还田	17.37	22.32	(0.1, 0.35)	(0.15, 0.47)	(0.25, 0.6)			(0.12, 0.3)
	A3	化肥+生物碳	13.27	18.73				(0.05, 0.25)		
	A4	化肥+腐植酸	9.34	12.37				(0.05, 0.25)		
	A5	施用碳基缓释肥	7.96	11.86						(0.12, 0.3)
	A6	包膜缓释肥处理	11.25	14.83						(0.12, 0.3)
	A7	免耕处理	18.97	26.83			(0.25, 0.6)			(0.12, 0.3)
	A8	施肥插秧一体化技术	11.11	23.40				(0.05, 0.25)		(0.12, 0.3)
	A9	垄沟秸秆覆盖	18.18	22.22	(0.1, 0.35)		(0.25, 0.6)			(0.12, 0.3)
	A10	深松筑挡阻控技术	65.73	80.00		(0.15, 0.47)			(0.35, 0.68)	(0.12, 0.3)
路径控制	B1	抗低温人工湿地（连续运行）	20.26	83.20		(0.1, 0.25)				
	B2	抗低温人工湿地（间歇运行）	31.55	81.41					(0.1, 0.2)	
	B3	谷子过滤带	57.71	80.27		(0.08, 0.17)			(0.07, 0.15)	
	B4	大豆过滤带	52.72	69.18	(0.05, 0.2)		(0.17, 0.35)			
	B5	农田径流净化处理	15.83	41.67				(0.07, 0.21)		
	B6	单级自养脱氮生物膜反应器	60.00	80.00				(0.05, 0.25)	(0.1, 0.25)	
河岸控制	C1	水体岸边缓冲带	23.80	47.00	(0.07, 0.3)	(0.21, 0.47)		(0.05, 0.25)	(0.35, 0.55)	

表15-4　流域磷农业面源污染负荷削减优化措施

措施分类	代号	措施名称	P控制效率/%		情景设计（磷削减措施的执行率）					
			下限	上限	TP_SA1	TP_SA2	TP_SA3	TP_SA4	TP_SA5	TP_SA6
源头控制	A1	合理施肥	8.74	10.53		(0.15, 0.47)				(0.12, 0.3)
	A2	化肥+秸秆还田	18.97	31.37	(0.1, 0.35)	(0.15, 0.47)				(0.12, 0.3)
	A3	化肥+生物质炭	12.73	17.24				(0.05, 0.25)		(0.12, 0.3)
	A4	化肥+腐植酸	23.89	36.21				(0.05, 0.25)	(0.35, 0.66)	(0.12, 0.3)
	A5	施用碳基缓释肥	2.11	4.41			(0.25, 0.6)			
	A6	包膜缓释肥处理	8.34	11.76						
	A7	免耕处理	16.55	24.74						(0.12, 0.3)
	A8	施肥插秧一体化技术	30.77	74.35				(0.05, 0.25)		(0.12, 0.3)
	A9	垄沟秸秆覆盖	4.57	21.73	(0.1, 0.35)					(0.12, 0.3)
	A10	深松筑挡阻控技术	72.66	80.00		(0.15, 0.47)			(0.35, 0.66)	(0.12, 0.3)
路径控制	B1	抗低温人工湿地（连续运行）	58.21	97.33		(0.1, 0.25)				
	B2	抗低温人工湿地（间歇运行）	52.58	91.32					(0.1, 0.2)	
	B3	谷子过滤带	39.71	60.37		(0.08, 0.17)	(0.17, 0.35)			
	B4	大豆过滤带	52.50	63.95	(0.05, 0.2)				(0.15, 0.3)	
	B5	农田径流净化处理	5.23	23.35				(0.07, 0.21)		
河岸控制	C1	水体岸边缓冲带	34.60	59.00	(0.07, 0.3)	(0.21, 0.47)		(0.05, 0.25)	(0.35, 0.55)	

二、流域农业面源污染防控技术模式模拟

（一）氮污染防控技术模式的实现

采用输出系数法通过蒙特卡罗模拟得到未使用任何措施情况下的总氮污染基准值TN$_{total}$以及6种情

景的模拟优化值。参考《第一次全国污染源普查种植业、畜禽养殖业产排污系数手册》确定输出系数，查阅哈尔滨市统计年鉴，得到不同土地利用类型的面积、畜禽养殖的年存栏量以及农业人口数。流域农业面源污染来源主要包括4部分：农业用地、自然用地、畜禽养殖和农村居民生活。

$$\text{TN}_{\_farm}=\left(C_{\_rice}\times A_{\_rice}+C_{\_corn}\times A_{\_corn}+C_{\_bean}\times A_{\_bean}+C_{\_fruits}\times A_{\_fruits}+C_{\_garden}\times A_{\_garden}\right)/1\,000 \quad (15\text{-}1)$$

$$\text{TN}_{\_natural}=\left(C_{\_forest}\times A_{\_forest}+C_{\_grass}\times A_{\_grass}\right)/1\,000 \quad (15\text{-}2)$$

$$\text{TN}_{\_poultry}=\left(C_{\_cow}\times N_{\_cow}+C_{\_pig}\times N_{\_pig}+C_{\_goat}\times N_{\_goat}+C_{\_chick}\times N_{\_chick}\right)/1\,000 \quad (15\text{-}3)$$

$$\text{TN}_{\_population}=\left(C_{\_people}\times N_{\_people}\right)/1\,000 \quad (15\text{-}4)$$

$$\text{TN}_{\_total}=\text{TN}_{\_farm}+\text{TN}_{\_natural}+\text{TN}_{\_poultry}+\text{TN}_{\_population} \quad (15\text{-}5)$$

其中，C表示输出系数，A表示面积，N表示数量。

$$\text{TR}=\left(1-R_{\_Axi\_farm}\right)\times\left(1-R_{\_Axj\_farm}\right) \quad (15\text{-}6)$$

$$\text{Reduc}=E_{\_A\_farm}\times\text{TR}+1-E_{\_A\_farm} \quad (15\text{-}7)$$

$$\text{TN}_{\_farm\_SA1}=\text{TN}_{\_farm}\times\text{Reduc} \quad (15\text{-}8)$$

$$\text{TN}_{\_afterA}=\text{TN}_{\_farm\_SA1}+\text{TN}_{\_natural}+\text{TN}_{\_poultry\_SA1}+\text{TN}_{\_population} \quad (15\text{-}9)$$

$$\text{TN}_{\_SA1}=\text{TN}_{\_afterA}\times\left[E_{\_Byi}\times\left(1-R_{\_Byi}\right)+1-E_{\_Byi}\right]\times\left[E_{\_Byj}\times\left(1-R_{\_Byj}\right)+\right.$$
$$\left.1-E_{\_Byj}\right]\times\left[E_{\_C}\times\left(1-R_{\_C}\right)+1-E_{\_C}\right] \quad (15\text{-}10)$$

$$\text{Ratio}_{\_SA1}=\text{TN}_{\_SA1}/\text{TN}_{\_total}\times 100 \quad (15\text{-}11)$$

$$\text{Average}\left(\text{Ratio}_{\_SA1}\right)=\text{sum}\left(\text{Ratio\_SA1}\right)/n \quad (15\text{-}12)$$

分别计算得到：$\text{Ratio}_{\_SA2}$、$\text{Ratio}_{\_SA3}$、$\text{Ratio}_{\_SA4}$、$\text{Ratio}_{\_SA5}$、$\text{Ratio}_{\_SA6}$；average（$\text{Ratio}_{\_SA2}$）、average（$\text{Ratio}_{\_SA3}$）、average（$\text{Ratio}_{\_SA4}$）、average（$\text{Ratio}_{\_SA5}$）、average（$\text{Ratio}_{\_SA6}$）。

其中，E表示执行率，R表示削减率，xi、xj表示源头控制中的某措施，yi、yj表示路径控制措施中的某措施。

（二）磷污染防控技术模式的实现

采用输出系数法通过蒙特卡罗模拟得到未使用任何措施情况下的总磷污染基准值$\text{TP}_{\_total}$以及6种情景的模拟优化值。

$$\text{TP}_{\_farm}=\left(C_{\_rice}\times A_{\_rice}+C_{\_corn}\times A_{\_corn}+C_{\_bean}\times A_{\_bean}+C_{\_fruits}\times A_{\_fruits}+C_{\_garden}\times A_{\_garden}\right)/1\,000 \quad (15\text{-}13)$$

$$\text{TP}_{\_natural}=\left(C_{\_forest}\times A_{\_forest}+C_{\_grass}\times A_{\_grass}\right)/1\,000 \quad (15\text{-}14)$$

$$\mathrm{TP}_{\_poultry} = (C_{\_cow} \times N_{\_cow} + C_{\_pig} \times N_{\_pig} + C_{\_goat} \times N_{\_goat} + C_{\_chick} \times N_{\_chick})/1\,000 \quad (15-15)$$

$$\mathrm{TP}_{\_population} = (C_{\_people} \times N_{\_people})/1\,000 \quad (15-16)$$

$$\mathrm{TP}_{\_total} = \mathrm{TP}_{\_farm} + \mathrm{TP}_{\_natural} + \mathrm{TP}_{\_poultry} + \mathrm{TP}_{\_population} \quad (15-17)$$

式中，C表示输出系数，A表示面积，N表示数量。

$$\mathrm{TR} = (1 - R_{\_Axi\_farm}) \times (1 - R_{\_Axj\_farm}) \quad (15-18)$$

$$\mathrm{Reduc} = E_{\_A\_farm} \times \mathrm{TR} + 1 - E_{\_A\_farm} \quad (15-19)$$

$$\mathrm{TP}_{\_farm\_SA1} = \mathrm{TP}_{\_farm} \times \mathrm{Reduc} \quad (15-20)$$

$$\mathrm{TP}_{\_afterA} = \mathrm{TP}_{\_farm\_SA1} + \mathrm{TP}_{\_natural} + \mathrm{TP}_{\_poultry\_SA1} + \mathrm{TP}_{\_population} \quad (15-21)$$

$$\mathrm{TP}_{\_SA1} = \mathrm{TP}_{\_afterA} \times [E_{\_Byi} \times (1 - R_{\_Byi}) + 1 - E_{\_Byi}] \times [E_{\_Byj} \times (1 - R_{\_Byj}) +$$
$$1 - E_{\_Byj}] \times [E_{\_C} \times (1 - R_{\_C}) + 1 - E_{\_C}] \quad (15-22)$$

$$\mathrm{Ratio}_{\_SA1} = \mathrm{TP}_{\_SA1}/\mathrm{TP}_{\_total} \times 100 \quad (15-23)$$

$$\mathrm{Average}(\mathrm{Ratio}_{\_SA1}) = \mathrm{sum}(\mathrm{Ratio}_{\_SA1})/n \quad (15-24)$$

分别计算得到：Ratio$_{\_SA2}$、Ratio$_{\_SA3}$、Ratio$_{\_SA4}$、Ratio$_{\_SA5}$、Ratio$_{\_SA6}$；average（Ratio$_{\_SA2}$）、average（Ratio$_{\_SA3}$）、average（Ratio$_{\_SA4}$）、average（Ratio$_{\_SA5}$）、average（Ratio$_{\_SA6}$）。

式中，E表示执行率，R表示削减率，xi、xj表示源头控制中的某措施，yi、yj表示路径控制措施中的某措施。

三、流域农业面源污染综合防控技术分析

（一）流域农业面源总氮污染防控技术分析

采用蒙特卡罗法分别模拟每种总氮污染情景的优化效果，得到总氮污染优化效果的正态分布图（图15-1）和箱式图（图15-2）。由图15-1可知，情景6（SA6）的模拟结果分布相对分散，情景1~5（SA1~SA5）的模拟结果分布相对集中；通过蒙特卡罗模拟出来的随机数没有出现极端值，情景2分布区间相对大，情景6分布区间较小，总氮污染优化情景1~6的优化效果大致分别集中分布在83、68、75、73、45和90左右，其中情景2和情景5的优化效果相对较好，情景1和情景6的优化效果相对较差，情景3和情景4的优化效果相近，优化效果居中。即政策导向型污染综合防控技术模式和高效型污染综合防控技术模式优化效果相对较好，源头控制型污染综合防控技术模式优化效果相对较差。由于存在一定的读数误差，箱式图与正态分布图平均值存在误差，但总体优化结果相同。

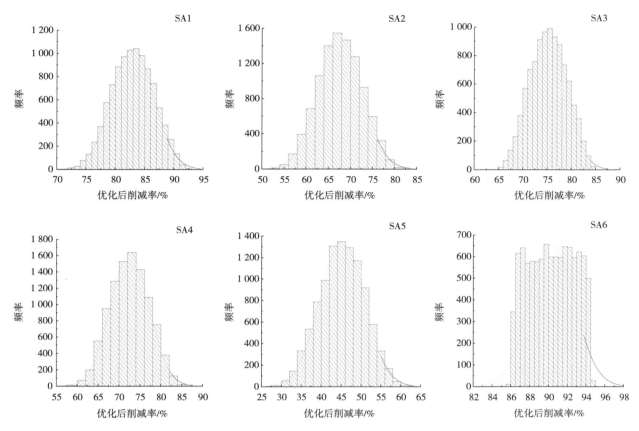

图15-1 流域农业面源总氮污染优化效果正态分布

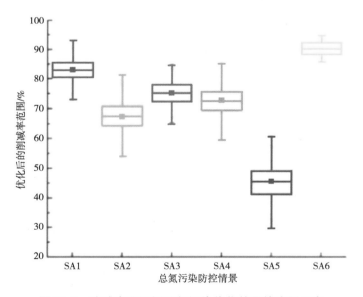

图15-2 流域农业面源总氮污染优化效果箱式图示意

采用蒙特卡罗法分别模拟每种总氮污染优化情景的优化效果，通过计算得到每种情景下总氮污染优化效果（表15-5）。

表15-5　不同情景下氮削减效果及对应措施

TN削减	源头控制	路径控制	河岸控制	优化效果/%	方案意义
SA1	A2化肥+秸秆还田、A9垄沟秸秆覆盖	B4大豆过滤带	C1水体岸边缓冲带	82.94	常用型优化情景
SA2	A1合理施肥、A2化肥+秸秆还田、A10深松筑挡阻控技术	B1抗低温人工湿地（连续运行）、B3谷子过滤带	C1水体岸边缓冲带	67.65	政策导向型优化情景
SA3	A2化肥+秸秆还田、A7免耕处理、A9垄沟秸秆覆盖	B4大豆过滤带		75.27	农民积极参与型优化情景
SA4	A3化肥+生物质炭、A4化肥+腐植酸、A8施肥插秧一体化技术	B5农田径流净化处理、B6单级自养脱氮生物膜反应器	C1水体岸边缓冲带	72.50	科学型优化情景
SA5	A1合理施肥、A10深松筑挡阻控技术、B2抗低温人工湿地（间歇运行）	B3谷子过滤带、B6单级自养脱氮生物膜反应器	C1水体岸边缓冲带	45.21	高效型优化情景
SA6	A1合理施肥、A2化肥+秸秆还田、A5施用碳基缓释肥、A6包膜缓释肥处理、A7免耕处理、A8施肥插秧一体化技术、A9垄沟秸秆覆盖、A10深松筑挡阻控技术	—	—	90.34	源头控制型优化情景

情景1～6的优化效果分别为：82.94%、67.65%、75.27%、72.50%、45.21%、90.34%，与图15-2的读数相近，由每种优化情景的优化效果做柱状图（图15-3）可以直观看出，情景2和情景5的优化效果相对较好，情景1和情景6的优化效果相对较差，情景3和情景4的优化效果相近，优化效果居中，即政策导向型农业面源污染综合防控技术模式和高效型农业面源污染综合防控技术模式优化效果相对较好，源头控制型农业面源污染综合防控技术模式优化效果相对较差，与正态分布图和箱式图的分析结果相同。由表15-5看出，情景6只采取源头控制措施，而路径控制措施和河岸控制措施均未实施，导致其优化效果最差，而且相对其他5种优化情景，情景6中源头控制措施最多，由此可知，路径控制措施和河岸控制措施对于农业面源总氮污染的治理非常重要。情景5的优化效果最好，其采取的措施均为优化效果较好的措施，且执行率相对高，在优化情景的设计中最好将3类优化措施相互结合，且选取效果较高的措施并加大其执行率，使优化效果最大化。

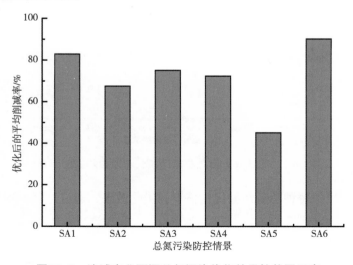

图15-3　流域农业面源总氮污染优化效果柱状图示意

　　流域农业面源总氮污染，根据其迁移转化过程，优化措施主要分为3种类型：源头控制措施、路径控制措施和河岸控制措施，分别称为阶段A、阶段B和阶段C。6种优化情景分别选用3类优化措施进行优化情景设计，每种情景中的每种措施分别设定不同的执行率，由上分析易知情景2和情景5的优化效果较好，情景3和情景4的优化效果居中，情景1和情景6的优化效果较差，为方便分析每类优化措施的优化效果，使用蒙特卡罗分别模拟出3类措施实施中对基准值的优化效果。由图15-4易知阶段A的优化效果整体比阶段B和阶段C好，但需要注意的是阶段A的执行仅是针对农田中产生的农业面源污染，而阶段B和阶段C都是针对全部农业面源污染的优化，包括农田、林地及人畜等产生的农业面源污染，因此情景6虽然在阶段A的优化效果比情景1好，但情景6中阶段B和阶段C均未采取任何优化措施，情景5中3类措施的优化效果均较好，因此其总体优化效果最好，情景2中阶段B和阶段C的优化效果相对情景3和情景4均较低。由此可见阶段B和阶段C的优化执行对于整体农业面源污染的治理非常重要，即路径控制措施和河岸控制措施对农业面源污染氮污染削减均具有重要作用。

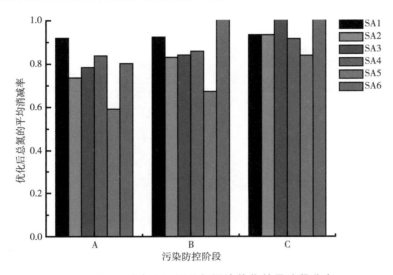

图15-4　流域农业面源总氮污染优化效果阶段分布

　　通过图15-1至图15-4分析可以得出情景2和情景5的优化效果相对较好，情景1和情景6的优化效果相对较差，情景3和情景4的优化效果相近，优化效果居中，即政策导向型农业面源污染综合防控技术模式和高效型农业面源污染综合防控技术模式优化效果相对较好，源头控制型农业面源污染综合防控技术模式优化效果相对较差。阶段B和阶段C的优化执行对于整体农业面源污染的治理非常重要，即路径控制措施和河岸控制措施对农业面源污染氮污染削减具有重要作用。在优化情景的设计中最好将源头控制措施、路径控制措施和河岸控制措施3类优化措施相互结合，且选取效果较高的措施并加大其执行率，使优化效果最大化。源头控制措施相对来说成本较低，但只采用源头控制措施难以达到治理流域农业面源污染的目的。情景3是农民积极参与的优化措施，源头控制措施和路径控制措施相结合，执行率相对高但每种优化措施并非高效，缺乏科学指导和规范的政策引导；情景1和情景4是3类控制措施相互结合，情景1是比较常用的优化措施，缺乏科学指导和政策规范，情景4是比较科学的优化措施，但执行率相对低，目前难以大面积推广使用。由此可见流域农业面源污染的治理需要在规范的政策引导下，采用比较高效的优化措施，将科学的农业面源污染综合防控技术模式逐步推广，提高执行率才能将计划落到实处。

（二）流域农业面源总磷污染防控技术分析

采用蒙特卡罗法分别模拟每种总磷污染优化情景的优化效果，得到总磷污染优化效果的正态分布图（图15-5）和箱式图（图15-6）。由图15-5可以看出，情景6的模拟结果分布相对分散，情景1~5的模拟结果分布相对集中，由图15-6看出通过蒙特卡罗模拟出来的随机数没有出现极端值，情景2分布相对分散，情景6分布比较集中。总磷污染优化情景1~6的优化效果大致分别集中分布在80、57、74、81、45和87左右，其中情景2和情景5的优化效果相对较好，情景6的优化效果相对较差，情景1、情景3和情景4的优化效果相近，优化效果居中。即政策引导性优化措施和高效型农业面源污染综合防控技术模式优化效果相对较好，源头控制型农业面源污染综合防控技术模式优化效果相对较差。由于存在一定的读数误差，箱式图与正态分布图平均值存在误差，但总体优化结果相同。

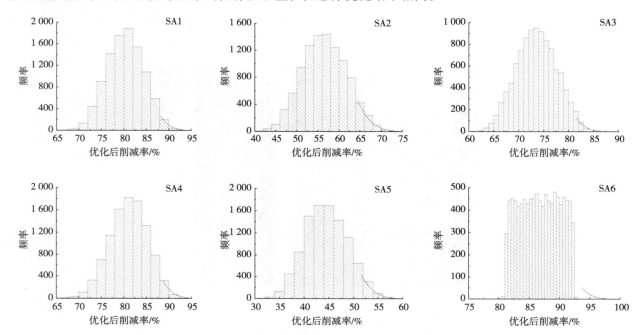

图15-5 流域农业面源总磷污染优化效果正态分布图示意

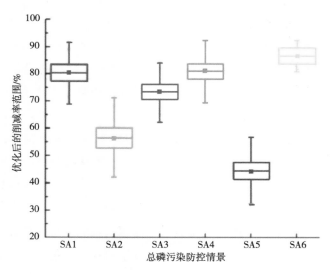

图15-6 流域农业面源总磷污染优化效果箱式图示意

采用蒙特卡罗法分别模拟每种总磷污染优化情景的优化效果,通过计算得到每种情景下总磷污染优化效果(表15-6)。情景1~6的优化效果分别为80.31%、56.56%、73.55%、81.06%、44.54%、86.80%,与图15-6的读数相近,从每种优化情景的优化效果图(图15-7)可以直观看出,情景2和情景5的优化效果相对较好,情景6的优化效果相对较差,情景1、情景3和情景4的优化效果相近,优化效果居中。即政策导向型农业面源污染综合防控技术模式和高效型农业面源污染综合防控技术模式优化效果相对较好,源头控制型农业面源污染综合防控技术模式优化效果相对较差。由表15-6看出,情景6只采取源头控制措施,而路径控制措施和河岸控制措施均未实施,导致其优化效果最差,而且相对其他5种优化情景,情景6中源头控制措施最多。由此可知,路径控制措施和河岸控制措施对于农业面源总磷污染治理,情景5的优化效果最好,其采取的措施均为优化效果较好的措施,且执行率相对高,在优化情景的设计中最好将3类优化措施相互结合,且选取效果较高的措施并加大其执行率,使优化效果最大化。

表15-6 不同情景下磷削减效果及对应措施

TP削减	源头控制	路径控制	河岸控制	优化效果/%	方案意义
SA1	A2化肥+秸秆还田、A9垄沟秸秆覆盖	B4大豆过滤带	C1水体岸边缓冲带	80.31	常用型优化情景
SA2	A1合理施肥、A2化肥+秸秆还田、A10深松筑挡阻控技术	B1抗低温人工湿地(连续运行)、B3谷子过滤带	C1水体岸边缓冲带	56.56	政策导向型优化情景
SA3	A2化肥+秸秆还田、A7免耕处理、A9垄沟秸秆覆盖	B4大豆过滤带		73.55	农民积极参与型优化情景
SA4	A5施用碳基缓释肥、A6包膜缓释肥处理、A8施肥插秧一体化技术	B5农田径流净化处理	C1水体岸边缓冲带	81.06	科学型优化情景
SA5	A4化肥加腐植酸、A10深松筑挡阻控技术	B2抗低温人工湿地(间歇运行)、B4大豆过滤带	C1水体岸边缓冲带	44.54	高效型优化情景
SA6	A1合理施肥、A2化肥+秸秆还田、A3化肥+生物碳、A4化肥+腐植酸、A7免耕处理、A8施肥插秧一体化技术、A9垄沟秸秆覆盖、A10深松筑挡阻控技术	—	—	86.80	源头控制型优化情景

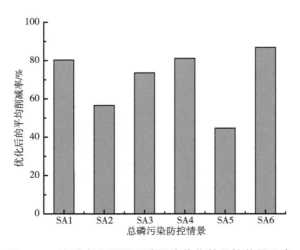

图15-7 流域农业面源总磷污染优化效果柱状图示意

流域农业面源总磷污染，根据其迁移转化过程，优化措施主要分为3种类型：源头控制措施、路径控制措施和河岸控制措施，分别称为阶段A、阶段B和阶段C。6种优化情景分别选用3类优化措施进行优化情景设计，每种情景中的每种措施分别设定不同的执行率，由上分析易知情景2和情景5的优化效果较好，情景1、情景3和情景4的优化效果居中，情景6的优化效果较差，为方便分析每类优化措施的优化效果，使用蒙特卡罗法分别模拟出3类措施实施中对基准值的优化效果。由图15-8易知情景5中的3阶段措施效果均为最佳，其次为情景2的各阶段优化效果，因此情景2和情景5的优化效果相对好。情景6在阶段A的优化效果比情景1好，但情景6中阶段B和阶段C均未采取任何优化措施，情景1的最终优化效果比情景6好，由此可看出阶段B和阶段C对农业面源污染治理的重要性，即路径控制措施和河岸控制措施对农业面源污染磷污染削减具有重要作用。

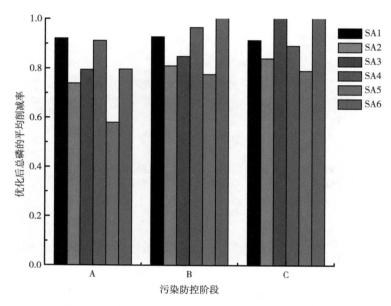

图15-8　流域农业面源总磷污染优化效果阶段分布

通过图15-5至图15-8分析可以得出情景2政策导向型农业面源污染综合防控技术模式和情景5高效型农业面源污染综合防控技术模式优化效果相对较好；情景6源头控制型农业面源污染综合防控技术模式优化效果相对较差；情景1常用型农业面源污染综合防控技术模式、情景3农民积极参与型农业面源污染综合防控技术模式和情景4科学控制农业面源污染综合防控技术模式，3种农业面源污染综合防控技术模式优化效果居中。阶段B和阶段C对农业面源污染治理即路径控制措施和河岸控制措施对农业面源污染磷污染削减具有重要作用。在优化情景的设计中最好将源头控制措施、路径控制措施和河岸控制措施3类优化措施相互结合，且选取效果较高的措施并加大其执行率，使优化效果最大化。源头控制措施相对来说成本较低，但只采用源头控制措施难以达到治理流域农业面源污染的目的。情景3是农民积极参与的优化措施，源头控制措施和路径控制措施相结合，执行率相对高但每种优化措施并非高效，缺乏科学指导和规范的政策引导；情景1和情景4是3类控制措施相互结合，情景1是比较常用的优化措施，缺乏科学指导和政策规范，情景4是比较科学的优化措施，但执行率相对低，目前难以大面积推广使用。由此可以得出流域农业面源污染的治理需要在规范的政策引导下，采用比较高效的优化措施，将科学的农业面源污染综合防控技术模式逐步推广，提高执行率才能将计划落到实处。

四、流域农业面源污染综合防控技术模式的遴选

通过对流域农业面源总氮、总磷污染各个防控模式的分析，得出政策导向型农业面源污染综合防控技术和高效型农业面源污染综合防控技术为2套最佳面源污染综合防控技术模式。

1. 模式一：政策导向型农业面源污染综合防控技术

总氮污染综合防控技术措施主要包括：A1合理施肥、A2化肥+秸秆还田、A10深松筑挡阻控技术、B1抗低温人工湿地（连续运行）、B3谷子过滤带、C1水体岸边缓冲带，各类防控措施和可预见的效果见表15-7；总磷污染综合防控技术措施主要包括：A1合理施肥、A2化肥+秸秆还田、A10深松筑挡阻控技术、B1抗低温人工湿地（连续运行）、B3谷子过滤带、C1水体岸边缓冲带，各类防控措施和可预见的效果见表15-8。

表15-7 模式一农业面源总氮污染综合防控技术的措施优选和防控效果预测

阶段	措施	防控效果	平均防控效果	总体防控效果
A	A1合理施肥	（14.13%，44.18%）	29.16%	73.68%
	A2化肥+秸秆还田	（17.37%，22.32%）	19.85%	
	A10深松筑挡阻控技术	（65.73%，80.00%）	72.87%	
B	B1抗低温人工湿地（连续运行）	（20.26%，83.20%）	51.73%	83.14%
	B3谷子过滤带	（57.71%，80.27%）	68.99%	
C	C1水体岸边缓冲带	（23.80%，47.00%）	35.40%	93.42%

表15-8 模式一农业面源总磷污染综合防控技术的措施优选和防控效果预测

阶段	措施	防控效果	平均防控效果	总体防控效果
A	A1合理施肥	（8.74%，10.53%）	9.64%	73.93%
	A2化肥+秸秆还田	（18.97%，31.37%）	25.17%	
	A10深松筑挡阻控技术	（72.66%，80.00%）	76.33%	
B	B1抗低温人工湿地（连续运行）	（58.21%，97.33%）	77.77%	81.04%
	B3谷子过滤带	（39.71%，60.37%）	50.04%	
C	C1水体岸边缓冲带	（34.60%，59.00%）	46.80%	84.01%

2. 模式二：高效型农业面源污染综合防控技术

总氮污染综合防控技术措施主要包括：A1合理施肥、A10深松筑挡阻控技术、B2抗低温人工湿地（间歇运行）、B3谷子过滤带、B6单级自养脱氮生物膜反应器、C1水体岸边缓冲带，各类防控措施和可预见的效果见表15-9；总磷污染综合防控技术措施主要包括：A4化肥加腐植酸、A10深松筑挡阻控技术、B2抗低温人工湿地（间歇运行）、B4大豆过滤带、C1水体岸边缓冲带，各类防控措施和可预见的效果见表15-10。

表15-9　模式二农业面源总氮污染综合防控技术的措施优选和防控效果预测

阶段	措施	防控效果	平均防控效果	总体防控效果
A	A1合理施肥	（14.13%，44.18%）	29.16%	59.18%
	A10深松筑挡阻控技术	（65.73%，80.00%）	72.87%	
B	B1抗低温人工湿地（间歇运行）	（20.26%，83.20%）	51.73%	67.29%
	B3谷子过滤带	（57.71%，80.27%）	68.99%	
	B6单级自养脱氮生物膜反应器	（60.00%，80.00%）	70.00%	
C	C1水体岸边缓冲带	（23.80%，47.00%）	35.40%	84.01%

表15-10　模式二农业面源总磷污染综合防控技术的措施优选和防控效果预测

阶段	措施	防控效果	平均防控效果	总体防控效果
A	A4化肥+腐植酸	（23.89%，36.21%）	30.05%	57.99%
	A10深松筑挡阻控技术	（72.66%，80.00%）	76.33%	
B	B2抗低温人工湿地（间歇运行）	（52.58%，91.32%）	71.95%	77.56%
	B4大豆过滤带	（52.50%，63.95%）	58.23%	
C	C1水体岸边缓冲带	（34.60%，59.00%）	46.80%	78.95%

流域农业面源污染的治理要在政府引导下做好治理规划，将源头控制措施、路径控制措施和河岸控制措施3类控制措施相结合，选用高效的优化措施，制定合理的流域农业面源污染治理方案，将科学的优化措施逐步推广，提高执行率，最终将流域农业面源污染治理规划落到实处。

五、农业面源污染综合防控技术模式的集成示范

将政策导向型农业面源污染综合防控技术和高效型农业面源污染综合防控技术分别在东北三省进行模拟示范，以辽宁、吉林、黑龙江及整个东北三省每年农业面源污染状况为基准，由应用2套污染综合防控技术效果（表15-11，图15-9、图15-10）可知，高效型农业面源污染综合防控技术对于农业面源污染总氮和总磷的优化效果均较明显，政策导向型农业面源污染综合防控技术对于农业面源污染总氮和总磷的治理效果也较好，2套技术模式对于东北地区农业面源污染的治理效果显著，其推广使用具有一定参考价值。

表15-11　东北三省两种优化模式推广防控效果　　　　　　　　　　　　　年：t/a

	TN			TP		
	基准值	模式一	模式二	基准值	模式一	模式二
黑龙江	4.09	2.77	1.85	240	135.74	106.90
吉林	5.60	3.79	2.53	79	44.68	35.19
辽宁	13.90	9.40	6.28	380	214.93	169.25
总和	23.59	15.96	10.67	699	395.35	311.33

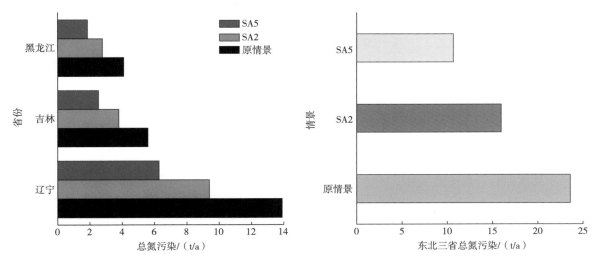

图15-9 农业面源总氮污染防控技术在东北三省的集成示范

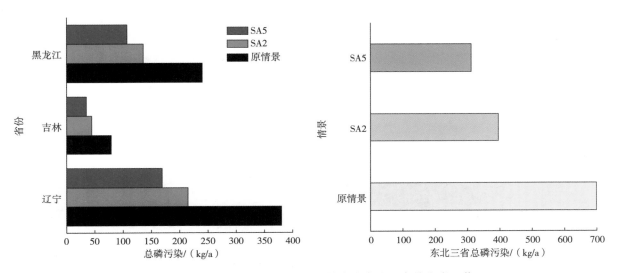

图15-10 农业面源总磷污染防控技术在东北三省的集成示范

第三节 平原农区氮磷减排与增容技术

一、旱田氮磷减排技术

（一）玉米优化施肥+秸秆还田+深翻技术

1. 技术简介

玉米是黑龙江省主要粮食作物，种植面积稳定在8 000万亩以上，约占黑龙江省耕地面积的1/3。当地农民习惯种植模式中，施肥不够合理，一般氮肥（以纯N计）用量为180～225 kg/hm²、磷肥（以P₂O₅计）用量为75～120 kg/hm²、钾肥（以K₂O计）用量为30～45 kg/hm²；磷肥和钾肥全部作为基肥施入，氮肥1/3作为基肥，2/3作为追肥在大喇叭口期施入。秸秆处理方式一般为就地焚烧或移走作为燃料和饲料，少量农户采用立茬还田。此外，还有一些农田采用顺坡垄作模式，相比横坡垄作地表径流大。针对以上问题，本技术主要整装了优化施肥、采用缓释肥、秸秆还田、深翻等技术，可有效减少氮磷的流失。

2. 技术适用范围与条件

该技术适用于东北冷凉区一熟制，规模化种植，平地或坡耕地。

3. 技术规程与流程

（1）耕翻整地。实施松、翻、耙相结合的土壤耕作制。整地方式分为翻耕和深松两种。按整地时间可分为秋翻整地和春翻整地两种。土地3~5年深翻1次，翻深30 cm以上。深翻一般使用五铧犁，100马力以上的拖拉机（图15-11）。秋翻整地：耕翻深度20~25 cm，做到无漏耕、无立垡、无坷垃，翻后耙耢（图15-12），按种植要求垄距及时起垄镇压，严防跑墒，减少水土流失。春翻整地：坡耕地早春顶浆起垄，先松原垄沟，再破原垄台合成新垄，及时镇压。秸秆覆盖和还田：平原地区可根据气候条件秋翻整地或春翻整地。对于坡度>3°以上的地块，应该选择秸秆覆盖或留高茬，尽量横坡打垄，并选择春天整地。秸秆还田与联合收割同时进行，土壤相对含水量应达到60%~80%；玉米秸秆含水量宜达到20%~30%，秸秆机械粉碎长度≤10 cm。使用秸秆还田机械将留在地里的作物茎秆和叶子就地粉碎并抛撒在地表进行覆盖（图15-13），或施肥后将秸秆翻埋入土（图15-14）；根据土壤肥力状况合理施肥，适当增加氮肥，秸秆粉碎还田后，加施尿素75 kg/hm^2。

图15-11　翻地作业

图15-12　耙地作业

图15-13　秸秆覆盖

图15-14　秸秆翻埋入土

（2）施肥。实施测土配方施肥，做到氮、磷、钾及微量元素合理搭配。有机肥：每公顷施用含有机质8%以上的农家肥30~40 t，结合整地撒施或条施肥。化肥：每公顷施氮肥（N）100~150 kg，其中

30%～40%做底肥或种肥，另60%～70%做追肥施入；每公顷施磷肥（P_2O_5）75～112 kg，结合整地做底肥或种肥施入；每公顷施钾肥（K_2O）60～75 kg，做底肥或种肥，但不能作为秋施底肥。根据施肥量施等量复合肥或掺混肥，缓释肥料施入80%～90%，根据生长状况做追肥处理。

（3）播种。播期：地温稳定超过6～8 ℃时抢墒播种。黑龙江省第1积温带4月25日至4月30日播种；第2积温带、第3积温带4月25日至5月10日播种。播种方式：土壤含水量低于20%的地块催芽坐水埯种，坐水埯种地块播后隔天镇压。垄上机械精量点播，可在成垄的地块采用施肥播种一体机械同步施肥与播种。播种做到深浅一致，覆土均匀。机械播种随播随镇压。镇压后播深达到3～4 cm，镇压做到不漏压，不拖堆。密度：株型收敛品种，每公顷保苗8万～9万株；株型繁茂品种，每公顷保苗6万～8万株。按种植密度要求确定播种量。

（4）封闭除草。玉米田杂草种类多，主要以稗草、马唐、狗尾草、反枝苋、藜等杂草为主。化学除草：苗前封闭以乙草胺、噻吩磺隆为主，每亩使用量为"81.3%乙草胺（125～150 g）+75%噻吩磺隆（2～2.5 g）"，若没有封闭除草，或由于气象问题封闭效果不好可用苗后除草。

（5）苗后管。铲前深松、趟地：出苗后进行铲前深松或铲前趟一次，增加地温。苗后除草：苗后除草选择在玉米3～5叶期、杂草3叶1心时施药。使用20%硝磺草酮苗后除草，用量为750～900 mL/hm²，建议加入高效助剂，可提高农药利用效率10%～15%。

（6）追肥。大喇叭口期，铲后追施尿素要深施入土5～10 cm，施肥后盖土，不要撒施地表。也可结合中耕，在玉米根部附近追施尿素。趟地覆土要够深度，以提高肥料的利用率，减少流失。叶面肥的施用：根据作物生长状况，微量元素、生长调节剂一般叶面喷施，可提高肥料利用效率。

（7）病虫害防治。虫害：玉米虫害主要是玉米螟，玉米螟宜在幼虫三龄前进行防治。用赤眼蜂防治玉米螟，投放量为15 000头/亩，放蜂间隔30 m。病害：玉米病害主要以丝黑穗病和大斑病为主。化学方法预防黑穗病常用的有效方法是用0.3%的戊唑醇拌种，效果显著。大斑病发病初期应及时打药，常用药剂有75%的百菌清可湿性粉剂300～500倍液、50%多菌灵可湿性粉剂500倍液。抽雄期连续喷药2～3次，每次间隔7～10 d。

农药施用后残余的药液或清洗农药容器后的废液，避免随意倾倒，回收并集中处理用过的农药包装袋、药瓶，不得随意丢弃。

（8）适时收获。玉米成熟期即籽粒乳线基本消失，一般在9月25日至10月5日，收获后及时晾晒。

4. 技术效果

（1）减排效果。对于松花江流域，氮磷流失主要集中在6月初至9月中旬，由于是雨养农业，所以跟当地降雨状况有关（包括降雨量和雨强）。采用玉米种植面源污染控制技术能够减少氮磷流失20%以上（表15-12）。

表15-12　技术评估表

技术名称	技术适用条件	面源污染物减排	生产影响	经济效益	环境风险
优化施肥	无	减少TN23.2%，TP21.3%	增产	增加	降低
深翻	3～5年一次	减少	增产	增加	降低
秸秆覆盖	坡耕地	明显减少TN26.8%，TP24.8%	增产	增加	降低
缓释肥料	正常年份	减少	不减产	增加	降低

（2）增产效果。采用优化施肥、深松整地等技术集成的玉米种植面源污染控制技术模式能够增加玉米产量，但差异不显著（表15-13）。

表15-13 不同模式对玉米产量的影响

地点	处理	产量/（kg/hm²）	增产/（kg/hm²）	增产/%	秸秆产量/（kg/hm²）
松花江	整装技术	11 672a	1 204	11.5	11 610
	常规种植	10 468a	—	—	10 618

注：不同处理之间相同小写字母表示差异不显著（P>0.05）。

5. 经济效益分析

和常规种植技术相比，采用本技术能够增加经济效益1 285.5元/hm²（表15-14）。

表15-14 经济效益分析 单位：元/hm²

投入项目	种植技术	
	常规种植	整装技术
玉米种子	1 500	1 500
复合肥	1 350	0
缓释肥	0	1 980
尿素	469.5	0
封闭除草剂	75	75
苗后除草	75	90
助剂	0	30
杀虫剂	60	150
播种	300	300
喷药	150	150
中耕	300	300
深翻	0	225
浅翻深松	300	300
收获作业	375	375
投入合计	4 954.5	5 475
产出合计	15 702	17 508
增加经济效益	—	1 285.5

注：计算依据，复合肥2 800元/t，缓释肥3 300元/t，尿素1 800元/t，封闭除草含乙草胺、噻吩磺隆，合计成本4~5元/亩，叶面肥1~2元/亩，高效助剂0.8~1元/亩，赤眼蜂价格150元/hm²，玉米价格1.5元/kg，不考虑人工费。

6. 推广政策建议

由于土地的个体经营，很难做到土地深翻，造成土壤产生犁底层，耕层越来越浅，使土壤蓄水储肥能力减弱，容易造成水土流失，建议政府采购大型机械或加大合作社购买补贴，做到每3~5年将土地深翻一次。目前农村机械无法达到秸秆优质还田，建议对购买大型还田机械进行补贴，机械补贴20%，玉米秸秆还田补贴1 500元/hm²。

（二）玉米田肥水热调控氮磷减排技术

1. 技术简介

玉米田肥水热调控氮磷减排技术是指在东北地区旱作农田玉米生产过程中，一种调控土壤水热条件、改善肥料利用效率，从而减少冻融土壤氮磷流失风险的技术集成措施。主要关键技术包括化肥减施控源、冻融水热调控等。

东北地区独特的土壤和气候环境条件非常适合种植玉米，玉米作物在东北地区农业生产中占据非常大的比例。玉米田肥水热调控氮磷减排技术针对东北粮食主产区平原地区旱田因不合理耕作、过量施肥等造成的土壤氮磷养分流失，以及冻融交替导致的氮磷淋溶流失风险加剧问题，结合东北平原地区冻融型氮磷流失污染特征及其对肥水热变化的响应规律，从"控失、保水、减冻"入手，集成冻融水热调控、化肥减施控源等关键技术，形成一套综合技术措施。该综合技术措施具体通过秸秆还田、增施新型材料等措施的有机结合，进而建立冻融型玉米田肥水热调控技术模式。这将为构建区域冻融型旱田氮磷流失污染阻控技术体系提供技术支撑，也为保障东北粮食主产区的可持续生产发展提供技术服务。

2. 技术流程

玉米植株高大、根系发达，虽对土壤种类的要求不严格，但也需要大量地吸收土壤水分和养分，如果土地环境不好，则会影响产量与质量；因此，要选择地势平坦、土层深厚、质地疏松、通透性好的土地种植玉米，才能保证高产。玉米播种时机也要做好选择。春玉米播种过早易造成低温烂种、出苗不齐，播种过晚则导致后期籽粒不能正常成熟。应根据各地区的土壤状况、种植习惯、栽培管理水平，因地制宜地选择合适的玉米品种播种。春玉米生育期长，需肥较多，要想获得高产，必须施加肥料提供养分，为玉米生长发育创造良好的环境条件。

（1）整地还田。在秋季前茬玉米收获的同时进行秸秆还田作业。如采用覆盖还田方式，将玉米秸秆留茬20～25 cm割倒，均匀覆盖留置于耕地表面越冬，春季采用条带还田方式，清理出用于播种的无秸秆苗带，对苗带实施深松，苗带之间仍保持秸秆覆盖；采用碎混还田方式，将秸秆粉碎均匀撒施，翻压还田至15～18 cm土层中；鉴于东北地区冬季气候寒冷干燥，也可采用顶凌作业方式，秋季收获时，将秸秆进行翻压还田，翌年春季，比常规整地至少提前10～20 d将秸秆与基肥联合翻压入土。

（2）播种施肥。①播种：宜在表层土壤（5～10 cm）温度稳定通过10～12 ℃时，采用免耕播种机沿上茬原垄的垄帮上进行精量播种。若采用条带作业整地方式，可在无秸秆苗带处进行播种。②施肥：根据东北地区较多一次性施肥的习惯，建议选用缓释肥料、控释肥料、稳定性肥料等长效型肥料替代全部化学肥料并适量减施，在保证玉米稳产的同时，降低氮磷流失风险。可在播种时根据不同玉米田土壤的肥力情况，将氮肥（N）100～195 kg/hm²，磷肥（P_2O_5）60～90 kg/hm²、钾肥（K_2O）90～120 kg/hm²与增效剂450～750 kg/hm²配合使用，不再追肥，施肥深度为15～20 cm。为避免种子和肥料直接接触导致烧苗，机械播种时要将种子与肥料隔离7～10 cm。

（3）病虫草害防治。种植过程中及时观察玉米长势，做好清理杂草、病虫害防治工作。对于田间杂草，可根据《GB/T 17980.42—2000 农药田间药效试验准则（一）除草剂防治玉米地杂草》在播种后苗期、苗后早期施用除草剂灭草或人工锄草。对于病虫害，可根据《GB/T 23391.1～3—2009 玉米大、小斑病和玉米螟防治技术规范》，通过药物防治或非药物防治等方式进行针对性防治以减轻危害。应根据本地区常见的病虫害种类选择合适的防治方法，同时合理规划播种时期、种植密度以及抗病品种，合理选择药物，并在施药时应严格按照规定的安全剂量用药。

（4）收获期秸秆还田。9月下旬至10月上旬，玉米果穗中部籽粒乳线消失或苞叶开始变黄后7~10 d，籽粒出现黑色层时为玉米最佳收获期。可利用玉米联合收割机适时收获与贮藏，在玉米收获的同时进行秸秆还田操作。玉米贮藏前，必须把籽粒充分曝晒，使含水量降到13%~14%以下。在贮藏时注意检查，防止虫蛀、鼠害和霉变。

玉米田肥水热调控氮磷减排技术操作流程如图15-15所示。

条带作业　　　　　　　　　播种施肥

收获覆盖　　　　　　　　　病害防治

图15-15　玉米田肥水热调控氮磷减排技术操作流程

3. 技术效果

（1）土壤剖面氮、磷分布特征。

土壤剖面氮分布特征　各试验区不同模式土壤剖面全氮含量变化如图15-16所示。从全氮含量来看，土壤表层（0~20 cm）差异性不显著；20~40 cm土层由于氮施入量的下降，采用整装技术模式的辽宁、吉林、黑龙江以及内蒙古东四盟市试验区分别减少了7.14%、3.90%、6.78%和2.95%；40~60 cm土层全氮含量均低于常规施肥方式，辽宁、吉林、黑龙江以及内蒙古东四盟市试验区分别减少了2.59%、8.31%、6.67%和9.90%。农民通过施入氮肥为农田土壤补充氮素，以保障农田作物持续稳定产出。整装技术模式能够保持表层土壤全氮的稳定，延缓了土壤氮的释放，抑制了土壤氮向耕层底部的淋溶作用，其中增效剂的添加有利于增加作物对氮的吸收利用效率；同时也可以取代一部分化学肥料为作物提供养分，从而达到改善土壤性状、减少环境污染的目的。

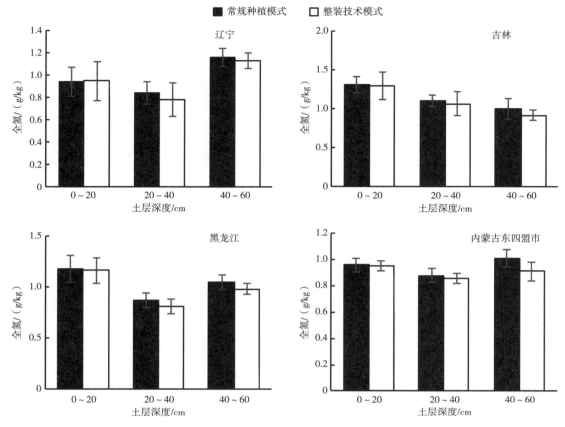

图15-16　不同模式土壤剖面全氮含量变化

氮肥施入土壤后绝大部分以硝态氮和铵态氮2种无机态形式存在。纵向对比硝态氮含量（图15-17），土壤硝态氮主要集中在表层土壤，各层含量都随剖面深度的增加而降低；而与常规种植模式相比，采用整装技术模式下的硝态氮含量显著降低，辽宁、吉林、黑龙江以及内蒙古东四盟市试验区在0～20 cm土层处分别减少了68.19%、31.47%、30.39%和53.87%，在20～40 cm土层处分别减少了68.05%、51.54%、33.17%和43.63%，在40～60 cm土层处分别减少了83.10%、54.59%、67.51%和66.34%。

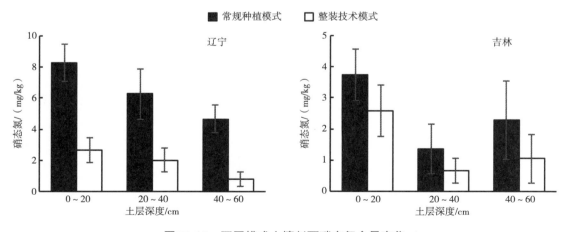

图15-17　不同模式土壤剖面硝态氮含量变化

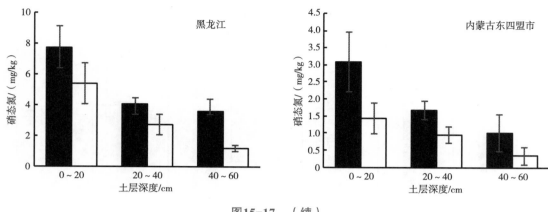

图15-17　（续）

　　铵态氮含量的变化也表现出了表层土壤集中的特征（图15-18），在土壤表层0～20 cm处，不同试验区采用整装技术模式与常规种植模式相比，其含量下降了28.84%～55.33%，其余土层波动较大，少则下降了9.07%，多则下降75.26%。结果表明，采用整装技术模式可以减少铵态氮与硝态氮在土壤剖面不同土层的含量，从而减小无机态氮的淋失风险。

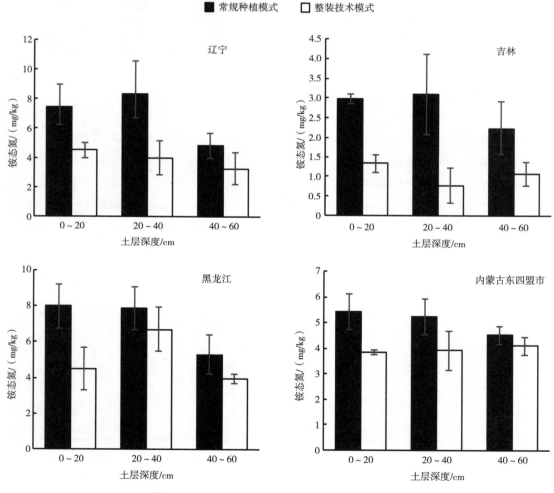

图15-18　不同模式土壤剖面铵态氮含量变化

土壤剖面磷分布特征　不同模式土壤剖面总磷含量的变化如图15-19所示，在土壤表层0~20 cm处，辽宁、吉林、黑龙江以及内蒙古东四盟市试验区采用整装技术模式与常规种植模式相比，分别增加了7.64%、7.17%、9.40%和11.41%，其余土层波动较大。总体来说，整装技术模式使土壤总磷含量增加，提高作物对磷的吸收利用效率。

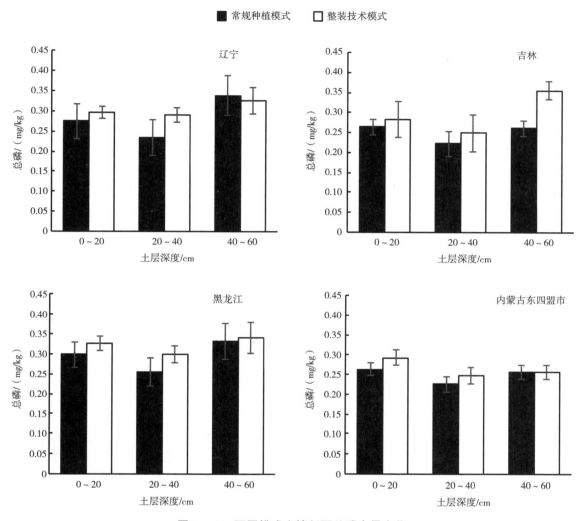

图15-19　不同模式土壤剖面总磷含量变化

（2）土壤氮、磷减排效果。

淋溶水量　农田养分的淋失过程的实质为营养物质以土壤水为载体在土壤中向下迁移的过程。施用化肥具有肥效快的特点，但化肥带来的速效养分也易随着淋溶作用进入地下水，尤其是在单次降雨量较大或连续降雨的时期（习斌等，2015）。如图15-20所示，常规种植模式中，淋溶水产生量分别为辽宁358.94 t/hm²、吉林304.09 t/hm²、黑龙江279.92 t/hm²、内蒙古东四盟市329.64 t/hm²；采用整装技术模式，淋溶水产生量分别为辽宁286.18 t/hm²、吉林227.24 t/hm²、黑龙江234.32 t/hm²、内蒙古东四盟市264.07 t/hm²。与常规种植模式相比，采用整装技术模式辽宁、吉林、黑龙江以及内蒙古东四盟市试验区淋溶水产生量分别减少了20.27%、25.27%、16.29%和19.89%，说明通过整装技术模式抑制了耕层底部的淋溶作用，显著减小淋溶水产生量，从而减少土壤养分流失。

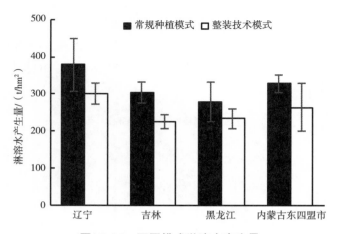

图15-20 不同模式淋溶水产生量

氮淋溶流失量 不同模式总氮、铵态氮与硝态氮淋溶流失量的变化如图15-21所示。常规种植模式，氮淋溶流失量分别为辽宁8.81 kg/hm²、吉林7.59 kg/hm²、黑龙江7.20 kg/hm²、内蒙古东四盟市8.53 kg/hm²；采用整装技术模式，氮淋溶流失量分别为辽宁7.06 kg/hm²、吉林6.38 kg/hm²、黑龙江5.66 kg/hm²、内蒙古东四盟市6.97 kg/hm²。与常规种植模式相比，采用整装技术模式辽宁、吉林、黑龙江以及内蒙古东四盟市试验区氮淋溶流失量分别减少了19.91%、15.88%、21.32%和18.24%。

不同模式铵态氮流失量的变化显示，采用整装技术模式辽宁、吉林、黑龙江以及内蒙古东四盟市试验区铵态氮流失量分别减少了14.41%、15.74%、11.61%和18.37%。土壤氮素淋溶损失以硝态氮为主，是因为土壤胶体对硝态氮的吸附甚微，极易被淋失。在整装技术模式下，辽宁、吉林、黑龙江以及内蒙古东四盟市试验区的硝态氮流失量分别减少了12.37%、8.31%、17.23%和13.32%，效果显著。

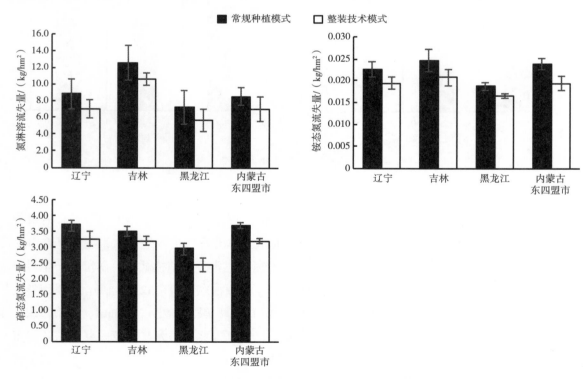

图15-21 不同模式氮、铵态氮与硝态氮流失量

施用有机肥可以降低土壤氮淋溶，这主要是由于有机肥矿化分解过程中微生物消耗了土壤部分氮素，使得矿质氮被固持，土壤中硝态氮累积量降低。整装技术模式能够显著减小氮素淋溶流失量，降低铵态氮与硝态氮的比例，降低氮素淋溶风险。

磷淋溶流失量　肥料的施用为土壤耕层提供磷素，但作物对磷素的利用率较低，当土壤磷素大量累积，在降雨量或者灌溉量较大时，极易产生淋溶，水分运动和土壤磷素状况是决定土壤磷向深层移动的最基本的2个条件。

不同模式磷淋溶流失量的变化如图15-22所示。与常规种植模式相比，采用整装技术模式辽宁、吉林、黑龙江以及内蒙古东四盟市试验区磷淋溶流失量分别减少了13.21%、9.39%、15.10%和12.82%。农田渗漏水中的可溶态磷在总磷中占主要比例，当施肥量增加，溶解性磷的含量随着土壤磷素累积量增加而提高，给农业面源污染造成潜在威胁。采用整装技术模式辽宁、吉林、黑龙江以及内蒙古东四盟市试验区溶解性磷的流失量分别减少了20.83%、13.08%、16.07%和22.58%。肥水管理对磷素淋失有重要影响，采用整装技术模式能够提升土壤对磷的吸附作用，显著减小磷淋溶流失量，降低磷素淋溶而产生的环境风险。

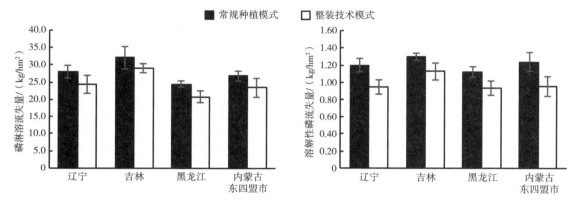

图15-22　不同模式磷与溶解性磷流失量

（3）效益评价。

经济效益　以辽宁省铁岭市蔡牛镇技术示范区投入与产出情况为例，进行投入产出成本计算（表15-15），玉米种植的生产投入包括种子、农药、化肥、增效剂，设备费与人工费。蔡牛镇采用常规种植模式玉米田平均产量9 698.7 kg/hm²，整装技术模式玉米田平均产量10 683.6 kg/hm²，增幅10%，增产效果明显。

表15-15　单位规模投入产出成本表　　　　　　　　　　　　　　　　　　单位：元/hm²

常规种植模式		整装技术模式	
生产投入项目	成本	生产投入项目	成本
播种	350	播种	350
农药	150	农药	150
化肥	180	化肥	130
设备费	356	设备费	403
人工费	280	人工费	280

（续表）

常规种植模式		整装技术模式	
生产投入项目	成本	生产投入项目	成本
氮磷损失	532	氮磷损失	447
秸秆处理	2 529	增效剂	3 000
玉米收获	16 487	玉米收获	18 162
合计	12 110	合计	13 402

在常规生产投入方面，常规种植模式播种350元/hm²，施加农药150元/hm²，施肥180元/hm²，均衡其他因素，共投入680元/hm²；整装技术模式播种350元/hm²，增效剂3 000元/hm²，施加农药150元/hm²，施肥130元/hm²，共投入3 680元/hm²。

在设备投入方面，整装技术模式免耕播种机投入300元/hm²（1台免耕播种机补贴后3万元，1个作业期作业100 hm²），秸秆粉碎还田机投入56元/hm²（1台秸秆粉碎还田机1.85万元，1个作业期作业333 hm²），则共投入356元/hm²；常规种植模式旋耕起垄机投入303元/hm²（1台旋耕起垄机2万元，1个作业区作业66 hm²），机械式精量播种机投入100元/hm²（1台机械式精量播种机0.5万元，1个作业期作业50 hm²），共投入403元/hm²。

在人工投入方面，秋季玉米收获与秸秆还田时，常规种植方式玉米收获机需驾驶员1人（300元/d），日均作业量为3 hm²，则人工费用约为100元/hm²；整装技术模式玉米秸秆粉碎还田机需驾驶员1人（300元/d），日均作业量为3 hm²，则人工费用约为100元/hm²；春季玉米播种需驾驶员1人（300元/d），日作业6 hm²，则人工费用约为50元/hm²；旋耕起垄需驾驶员1人（300元/d），日作业6 hm²，则人工费用约为50元/hm²；施肥与田间管理人工费用约为80元/hm²。

秸秆露天焚烧可产生如CO_2、CO、NO_x、PM_{10}、$PM_{2.5}$等大气污染物，间接造成经济损失。每焚烧1 kg秸秆造成大气损失0.14元，按照玉米秸秆量=1.2×玉米产量换算，产生大气损失1 629元/hm²，加之传统人工清除地块玉米粉碎秸秆人工费900元/hm²，常规种植模式在秸秆处理花费为2 529元/hm²。通过折算系数得到常规种植模式氮磷流失532元/hm²，整装技术模式氮磷流失447元/hm²。综合减少环境损失的经济效益2 614元/hm²。

采用整装技术模式后，试验点增产玉米985 kg/hm²，按照2018—2020年玉米平均价格1.70元/kg计算，增收1 674元/hm²；整装技术模式较常规技术模式减少肥料施用量15%，提高玉米产量5%~15%，增加农机具投入47元/hm²，增加增效剂投入3 000元/hm²，节省秸秆焚烧与氮磷流失带来的环境效益损失2 614元/hm²，综合增加成本1 291元/hm²，提高10.7%，经济效益增加显著。

环境效益 通过对整装技术模式的应用，在保证玉米产量的同时，使氮施入量下降14.50%，磷施入量下降8.50%。与常规种植模式相比，土壤中全氮含量稳定，硝态氮含量降低55%，铵态氮含量降低38%，总磷含量增加11%，土壤淋溶流失水量降低20%，氮淋溶流失量降低18%，磷淋溶流失量降低13%，减少了化肥施用量，但提高了土壤中无机态氮与磷的含量，为作物生长提供养分，减少了土壤氮磷流失及对周围水体富营养化的影响。

整装技术模式中使用的秸秆覆盖方式，在杜绝了秸秆焚烧所造成的大气污染的同时，还能增加土壤有机质，改良土壤结构，使土壤疏松，孔隙度增加，容量减小，促进微生物活力和作物根系的发育。秸秆覆盖可以显著减少土壤表面的蒸发，降低冻融循环次数，延缓冻融日期，具有明显的保墒节水效应。

二、水田氮磷减排技术

（一）秧苗控氮技术

1. 技术背景

在水稻的生产过程中，培育壮苗仍是水稻生产中的关键技术环节，壮苗能够为水稻丰产打下坚实的基础。东北地区相对冷凉，秧苗返青缓慢，同时，受插秧断根胁迫的影响，容易形成僵化秧苗和老化秧苗。常规技术，为实现插秧育壮和秧苗的抗僵抗衰，在插秧期大量施用氮磷肥料养分，造成氮磷严重流失的面源污染问题。

解决问题的关键之一，是培育具有根冠比优势健壮秧苗，增强秧苗发根和叶展分蘖的能力，提高秧苗耐受插秧断根胁迫的能力水平，减少或不施插秧育壮和秧苗抗僵抗衰的氮磷养分，从根本上避免稻田插秧期的氮磷流失造成的环境面源污染。

利用低温和镇压秧苗的非生物环境胁迫锻炼技术和方法，基于非生物胁迫环境条件，实施集中规模化、批量化处理，形成环境胁迫信号的传递过程，在秧苗体内诱导激发和调动作物功能基因表达，促进体内功能活性物质的生成富集，从而提高作物抵御非生物灾害胁迫的能力水平；同时，促进根系生长发育，适度抑制地上部的生长，最小限度地减少由于地上部生物量减少而造成的产量损失，以形成具有适应和耐受非生物灾害胁迫的作物根冠性状和株型。进一步，结合稻田土壤地力培肥，优化集成侧深施肥插秧的根际精准施肥先进技术，以及增密减氮源头减控等技术，实现水稻减施肥种植稳产高产新技术集成。

2. 技术简介

低温催芽诱导结合插秧定植前物理辊压胁迫，构成培育具有叶展发根分蘖优势秧苗的基本技术。水稻的抗逆活性，能够通过设置环境胁迫锻炼，获得诱导作用影响，生成并积累抗逆耐受环境胁迫的活性物质，调动激发抗逆潜能优势，提高水稻的环境抗逆活性（耐低温、耐高温、抗倒伏等），形成适度抑制地上部的生长，促进根系生长发育，具有耐受插秧断根胁迫的秧苗根冠比和秧苗快速叶展发根分蘖优势性状株型，结合稻田土壤培肥地力，减施或不施插秧育壮和秧苗抗僵抗衰的氮磷养分，从根本上避免稻田插秧期的氮磷流失造成的环境面源污染。

3. 技术流程

（1）选种与消毒。通过晒种和选种，筛选优良健康的种子，并对附着在稻种上的病原菌进行消毒处理等过程。在育苗1周前，选晴天将种子晒6~8 h，然后将晒好的种子放在干燥、阴凉的地方凉透，以促进种子的呼吸作用和酶的活性，有利于提高种子发芽率和发芽势，杀死部分附着在种子上的病原菌。利用盐水比重（1.15~1.17）筛选，去除不成熟或染病种子等劣种（比重相对较轻），再通过清水浸种5~6 h后，使附在种子上的病菌孢子萌动，采用药剂浸种进行种子杀菌消毒6~8 h（消毒药液应高出种子表面1寸），然后清水反复冲洗干净杀菌消毒后的种子。

（2）低温处理和物理辊压胁迫。

芽前稻种低温胁迫环境锻炼（第一种方法）　稻种发芽的重要条件是水分、温度和氧气，尤其是水分影响更为重要。浸种是水稻种子的吸水过程。吸水后的种子酶活性增强，在酶活性作用下胚乳淀粉逐步溶解成糖，释放提供胚根、胚芽和胚轴所需的养分。稻种吸水量达到谷重25%时，胚开始萌动破胸或露白。种子吸水量达到谷重40%时，种子能够正常发芽，这时的吸水量为种子饱和吸水量。通常的种子发芽过程条件，种子吸水快慢存在差异，酶活性作用存在差异，整体发芽准备状况存在差异，稻种不能齐整发芽，茎叶地上部生长势旺，根生长活性差，缺乏环境胁迫锻炼，培育得到的秧苗细弱徒长，对非生物环境胁迫的耐受抵御活性差。

稻谷吸收自身重量25%的水分达到萌发的条件。稻谷吸水，水温越高吸水越快，10 ℃达到萌发条件约需10 d，20 ℃约需5 d，也就是通常所说的水稻积温达100 ℃开始萌动发芽。但是，水稻积温达100 ℃，并不是在任何条件下都可以萌动发芽，稻谷吸水萌动发芽的最低温度是8～10 ℃，最高不能超过44 ℃，最适温度为30～32 ℃，即使充分吸水的稻谷低于最低温度也不萌动发芽，同时，浸种水的含氧量低抑制根系延长。在1个月低温浸种过程中，通过缓慢而充分的吸水，并受低温环境胁迫诱导作用影响，刺激生成抗逆耐受环境胁迫的活性物质，达到萌动发芽稻谷含水分条件的同时，通过低温锻炼，激发调动了水稻的抗逆潜能优势，具备了齐整萌动强劲发芽的准备条件，能够形成根量大、茎芽健壮、早生快发的秧苗。

芽前种子低温锻炼，采用交换或流动循环水的方式，通气保持良好的有氧环境，在1～4 ℃低温度浸种处理1个月。在低温浸种过程中，稻种缓慢而充分地吸水，受低温环境胁迫诱导作用影响，激发生成抗逆耐受环境胁迫的活性物质在体内积累，达到萌动发芽稻谷含水分条件的同时，经过低温胁迫环境锻炼，调动激发水稻的抗逆潜能优势，具备了齐整萌动强劲发芽的准备条件。每次浸水稻种20～30 kg，完成浸种之后，离心脱水7～8 min，不需要再进行催芽，直接播入育苗盘，在25～30 ℃温度条件下进行保温育苗，能够培育齐整发芽健壮早生快发的秧苗。

催芽稻种低温胁迫环境锻炼（第二种方法）　浸种过程种子吸水酶活性开始上升，胚乳淀粉转化成糖供给胚根、胚芽和胚轴的养分需要。当稻种吸水达到谷重25%时，胚芽萌动，谷种露白破胸。现阶段，通常条件下的催芽培育苗株，一般要求3 d内完成催芽，催芽的温度较高。在30～38 ℃温度条件下催芽之后播种育苗，温度越高催芽过快，茎叶生长势旺，根生长活性弱，容易形成徒长细弱苗。培育健壮秧苗催芽温度选择30～32 ℃。

将催芽露白的谷种置于交换或流动循环且保持良好通气有氧环境的低温冷水中，在低温水3～5 ℃温度条件下浸种14～20 d。催芽谷种在14～20 d的低温浸润过程中，进一步缓慢而充分吸水，达到萌动发芽稻谷含有水分条件，受低温环境胁迫诱导作用影响，生成积累抗逆耐受环境胁迫的活性物质，激发调动水稻的抗逆潜能优势，具备了齐整萌动强劲发芽的准备条件，形成根量大，茎芽健壮、早生快发的秧苗。该低温环境胁迫处理的作用特点，培育的水稻秧苗生育速度快、植株健壮、根生长量大，插秧后能够早生快发分蘖生长。

完成催芽芽种的低温锻炼之后，于28 ℃温水中浸润2～3 h，将浸水种子离心脱水，不需要进行催芽，直接播入育苗盘能够培育健壮早生快发的秧苗。每次浸水种子20～30 kg，离心脱水7～8 min，在25～30 ℃条件下进行保温育苗，形成齐整发芽健壮的苗株。

（3）育秧温度及水分管理。播种后至1叶露尖，温度以保温为主，保持温度在25～30 ℃，最适温度为25～28 ℃，2叶期保持25 ℃，3叶期保持20～22 ℃，最低不能低于10 ℃。水稻出苗绿化后要揭掉地膜，一般以在晚上揭地膜为好，这时温差小，秧苗适应环境快。苗床水分管理：播种后浇透底水，原则上在2叶前尽量不要浇水，以后浇苗床水应在早、晚叶片叶尖不吐水、午间新展开的叶片卷曲、苗床土表发白时进行，应把上午晒温的水一次浇透，尽量减少浇水次数，避免冷水灌床导致冷水僵苗影响生长。尽量做到旱育壮苗，促进根系发育。

4. 技术效果

与采用常规种植管理相比，壮苗控氮技术（减施氮肥10%）总氮减排11.9%［差异达显著水平（$P<0.05$），图15-23］，总磷减排6.8%（差异未达显著水平，图15-24）。

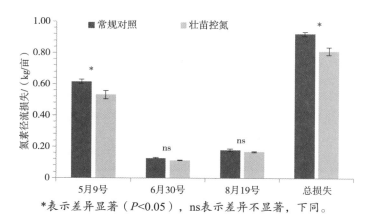

*表示差异显著（$P<0.05$），ns表示差异不显著，下同。

图15-23 不同处理水田氮素径流损失

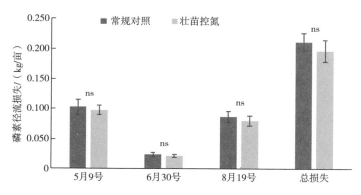

图15-24 不同处理水田磷素径流损失

与常规育苗技术相比，壮苗控氮技术培育的秧苗发根力、叶展活性、根冠比，以及快发分蘖抽穗等优势特性明显，为后期大田期充分发挥促进养分吸收、减少养分损失的作用奠定了基础。壮苗控氮秧苗与常规秧苗对照相比较，秧苗发根力增加54.2%、叶展活性（茎基宽）提高17.6%、鲜重根冠比增加21.3%（表15-16）。

表15-16 不同处理秧苗素质调查表

处理	叶龄	株高/cm	根条数/条	根长/cm	发根力	茎基宽/mm	百株地上鲜重/g	百株地下鲜重/g	百株地上干重/g	百株地下干重/g	根冠比
壮苗控氮	2.78	10.24	9.90	2.43	24.06	2.00	8.60	6.46	1.68	1.48	0.88
常规对照	2.49	9.37	8.30	1.88	15.60	1.70	6.14	3.80	1.22	1.06	0.87

壮苗控氮（减氮10%）处理的秧苗分蘖期提前4 d，抽穗期提前1 d（表15-17）。单株分蘖数，壮苗控氮秧苗较常规对照增加0.07个百分点（表15-18）。

表15-17 不同处理对水稻生育期的影响   单位：d

处理	播种期	出苗期	移栽期	返青期	分蘖期	抽穗期	成熟期
壮苗控氮	4.8	4.16	5.11	5.18	6.14	7.24	9.15
常规对照	4.8	4.15	5.11	5.18	6.18	7.25	9.15

表15-18 不同处理对水稻产量及产量性状的影响

处理	株高/cm	穗长/cm	有效穗/（个/m²）	穗粒数/（粒/穗）	实粒数/（粒/穗）	结实率/%	千粒重/g	实脱产量/（kg/亩）
壮苗控氮	77.6	15.1	610	83.3	75.2	90.3	24.6	640.3
常规对照	78.6	15.0	550	82.9	80.4	97.0	25.0	610.6

注：实脱产量按14%标水折算。

（二）振捣提浆控污技术

水田耕整地是水稻生产的初始环节，也是水稻生产全程机械化的关键环节。水田耕整地质量直接影响水田的平整，主要环节包括翻耕（或耙耕）、基肥抛洒、灌水泡田和搅浆平地等工序，存在整地周期过长和机械搅动频繁，导致土壤团粒结构破坏严重，泥浆颗粒过细和耕层透气性较差等突出问题，长期的耕作应用造成土壤板结、通透性差、还原性增强以及对根系的生长和功能发挥产生抑制作用，直接影响着中国粮食生产和土壤生态系统的安全。为了改善稻田土壤性状和提升整地质量，研究振捣提浆机应用技术模式，有利于机械插秧，节约水资源，提高肥料利用率，对水稻种植具有重要意义。

1. 技术简介

振捣提浆与侧深施肥耕作技术利用水田振动起浆平地机的机械式高频激振结构和带圆弧埋茬梳齿的船型拖板共同作用，一次作业完成碎土、根茬压埋、土层起浆和平地等多道工序，在秋翻地、旱整平作业的基础上，实施饱和水或花达水泡田，土壤水分充分饱和后用振捣提浆机进行水整地作业，实现田面平整，浆层厚度2~2.5 cm满足插秧要求，根据插秧进度，采用二次提水方式提升泡田水层至合理高度喷施封闭药，采用侧深施肥插秧机替代传统人工抛洒肥料进行插秧施肥，施肥区域在水稻秧苗根部一侧距离3 cm、深5 cm处的耕层土壤。

振捣提浆机械是一种高效、节能、环保、节本增效的新型机具，它的出现填补了寒地水稻种植领域水整地机械单一的空白。应用振捣提浆技术，使水田的整地模式发生了改变：秋翻地—旱旋平整—放水泡田—振捣提浆—插秧。与传统技术相比，该技术具体优势在于：一是只需一次振动提浆即可实现2~4 cm的浆层，直接插秧，节省农时1周左右；二是振动后浆层以下土壤呈团粒结构，透气性好，能够促使水稻根系发达，有效防止根系早衰，提高稻米品质；三是节约水资源，振捣插秧前灌水泡田只需达到花达水状态即可，全生育期需水240 m³左右，比常规栽培方式节水40%以上；四是节约耕地资源，全生育期通过管道供水，不需要干、支、斗、农、毛等灌渠和排渠等基础设施，可节约耕地2%；五是减少作业费用，同等秋翻旱整平情况下，常规水田搅浆平地亩成本为35元左右，使用振捣提浆作业亩成本在15元左右，每亩能减少成本20元。

2. 技术原理

拖拉机后悬挂点与振动式提浆整地机悬挂架挂接；拖拉机动力输出轴通过传动轴与三相发电机连

接；拖拉机动力输出带动发电机发电，为振动电机提供电力，当发电机电压达要求电压时，振动电机带动振动板高频振动，振动板不停拍打泡田后的土壤表面，从而达到提浆效果。

3. 技术适用范围

在黑龙江省水稻灌区（盐碱地和渗漏严重的灌区除外），振捣提浆技术模式适用于已开展翻地、旋耕和旱平地作业的稻田，满足振捣提浆机械作业前稻田相对平整，保障振捣提浆机械作业质量。环境空气质量应符合GB 3095—2012的规定，土壤环境质量应符合GB 15618—2018的规定，灌溉水质量应符合GB 5084—2021的规定。

4. 技术操作的基本要求

（1）严抓稻田旱整地作业质量。振捣提浆整地技术对旱整地作业标准要求较高，结合黑龙江秸秆禁烧政策的实施，旱整地作业质量需满足振捣提浆机械作业要求和稻田插秧标准，如何有效处理好秸秆还田和离田问题，减少稻田地表残茬量和秸秆聚集拖堆。秸秆还田作业标准为粉碎长度8～10 cm和抛洒器抛洒均匀一致，若不符合该条件可开展二次粉碎作业。秸秆还田作业的田块需开展深翻作业，翻地作业选用扣堡严密、翻堡平整的水田犁，作业要求翻垡整齐、到头到边、不重不漏、完成土壤翻转20 cm以上，将全量稻田秸秆扣入阀片以下。旋耕作业要求土壤含水量低于25%，可在春秋两季结合土壤墒情适时开展旋耕作业，并利用激光技术平整农田一次，保持稻田土层平整一致。秸秆离田作业的田块可删减深翻作业环节，直接开展旋耕作业。

（2）保障机械提浆作业质量。水稻泡田期首次灌溉水量需满足振捣提浆机械作业要求，在旱整地基础上，第一茬水在水整地前1～2 d，缓水慢灌泡田，实施饱和水或花达水泡田，田面水层高度≤3 cm，灌溉定额700～900 t/hm²，避免水层过高影响振捣效果，造成泥浆层厚度的降低。振捣提浆水整地作业结束后，稻田隔天进行二次提水作业并喷施封闭药剂，结合插秧时间合理调整田间水层高度。

5. 技术规程

（1）秸秆还田与整地。秸秆还田：水稻机械收获时，一次性完成稻谷脱粒和秸秆粉碎抛撒作业。若留茬过高、秸秆粉碎抛撒达不到要求时，采用二次粉碎抛撒作业，作业质量应符合《GB/T 24675.6—2021 保护性耕作机械 第6部分：秸秆粉碎还田机》的规定。要求秸秆粉碎长度≤10 cm，留茬高度≤8 cm，秸秆粉碎长度合格率≥85%，粉碎后秸秆抛撒均匀，严防堆积，作业质量应符合《NY/T 500—2015 秸秆粉碎还田机 作业质量》的规定。深翻作业：秋季土壤封冻前，土壤含水量在25%～30%时，开展翻耕作业，翻耕深度18～22 cm，作业要求翻垡整齐、到头到边、不重不漏、完成土壤翻转，无秸秆及根茬露出地表，作业质量应符合《NY/T 501—2016 水田耕整机 作业质量》的规定。旋耕与平地作业：秋翻土壤含水量小于25%时，在春秋两季开展旋耕和平地作业，旋耕深度12～15 cm，其他作业质量应符合《NY/T 499—2013 旋耕机 作业质量》的规定。为便于作业和节约农时，旋耕后可进行旱扶埂作业，并每隔2～3年，利用激光技术平整农田一次，保持田面平整。

（2）泡田与水整地。泡田水管理：泡田最佳时间4月20日至4月25日，在旱整地基础上，实施饱和水或花达水泡田，灌溉定额1 500～1 700 t/hm²。第一茬水在整地前1～2 d，缓水慢灌泡田，田面水层高度≤3 cm，灌溉定额700～900 t/hm²。振捣提浆水整地作业结束后，稻田隔天进行二次提水作业并喷施封闭药剂，结合插秧时间合理调整田间水层高度。未喷施封闭药剂的稻田可提浆后直接插秧，移栽后10～15 d喷施封闭药剂。振捣提浆水整地作业：稻田土经泡田水充分浸泡后，使用振动起浆平地机进行水整地作业，四轮机车为振动电机提供动力输出50～80马力，振动电机带动振动板高频振动，电机动力输出转数为750~1 000 r/min，减震弹簧起到减震效果，及时调整振动板角度20°~45°和变频器输出频率确定振动最佳效果，振动板在耕层表面开始振动提浆，振力控制在0~10 000 N，作业速度3~5 km/h，作业幅宽4 m，并悬挂作业宽幅6 m木捞子进行平整，使浆层厚度达到2~2.5 cm，田面高度差≤3 cm。若浆层厚度和田面高度差达不到要求时，采用稻田二次振捣提浆作业。

（3）日常管理。水稻插秧：秧苗移栽日平均气温大于13 ℃，5月26日之前结束。水层管理：以水稻不同叶龄期需水特点进行灌溉，依据DB23/T 2430—2019 的规定执行。肥料管理：以侧深施肥方式进行施肥作业，作业质量应符合《DB23/T 2478—2019 水稻机插秧同步侧深施肥生产技术规程》的规定。农药管理：对水稻不同叶龄期发生的病、虫、草害进行农药防治，喷施标准依据《GB/T 8321.1—2000 ~ GB/T8321.10—2018 农药合理使用准则》的规定。水稻收获：水稻黄化完熟率95%时，需及时收割。

6. 技术应用效果

（1）水稻田泡田水灌溉量。2018年4月26至28日在试验田进行测定，3次测定平均灌溉水流量为6.42 kg/s、7.54 kg/s和5.96 kg/s，计算得振捣提浆灌溉用水量50.70 t/亩，搅浆平地作业灌溉用水量57.86 t/亩，振捣提浆比搅浆平地节约泡田水12.37%（表15-19）。

表15-19　大田模拟首次灌溉用水量试验

处理	灌溉水效率/（kg/s）	灌溉水效率/（t/h）	灌溉区间	时间/min	灌溉量/（t/亩）	灌溉量/（t/亩）	节水率/%
搅浆平地	6.42	23.11	8：45~11：10	145	55.85		
	7.54	27.14	11：10~13：00	110	49.76	57.86	—
	5.96	21.46	13：50~17：00	190	67.95		
振捣提浆	6.42	23.11	8：45~11：10	145	55.85		
	7.54	27.14	11：10~13：00	110	49.76	50.70	12.37
	5.96	21.46	13：50~16：00	130	46.49		

注：田间操作过程泡田水开始灌溉至结束共计4个周期，分别包括（1）8：45—11：10，灌溉效率为6.7 s，灌溉水量为43 kg，每秒灌溉水量为6.42，1 h灌溉水量为23.11 t；（2）11：10—13：00，灌溉效率为5.7 s，灌溉水量为43 kg，灌溉水量为7.54 kg，1 h灌溉水量为27.14 t；（3）13：00—13：50，出现故障停水未灌溉；（4）13：50—16：00，取平均值为5.96 kg/s，灌溉效率为1 h灌溉水量21.46 t。

计算振捣提浆正常作业使用的灌溉水用量为：6.42×60×145+7.54×110×60+5.96×130×60=152.11 t/3亩，折算后为50.70 t/亩。搅浆平地用水量较振捣提浆用水量多灌溉了5.96×3 600=21.46 t/3亩，折算后为57.86 t/亩，节水率为12.37%。

（2）水稻田生育期灌水量。振捣提浆耕作生育期总灌溉量237.38 t/亩，搅浆平地耕作生育期总灌溉量245.87 t/亩，水稻生育期振捣提浆耕作较搅浆平地耕作节水3.45%（表15-20）。

表15-20　水稻生育期灌溉量　　　　　　　　　　　　　　　　　　　　　单位：t/亩

处理	测定时期						合计
	泡田整地（4月21日）	一次封闭前（5月1日）	插秧后（5月15日）	二次封闭前（6月10日）	晒田后（7月10日）	补水（7月31日）	
	第一次	第二次	第三次	第四次	第五次	第六次	
搅浆平地+常规撒施	57.86	60.00	24.67	46.67	33.32	26.67	249.19
搅浆平地+侧深施肥	57.86	56.67	30.00	43.34	26.67	28.00	242.54

（续表）

处理	测定时期						合计
	泡田整地 （4月21日）	一次封闭前 （5月1日）	插秧后 （5月15日）	二次封闭前 （6月10日）	晒田后 （7月10日）	补水 （7月31日）	
	第一次	第二次	第三次	第四次	第五次	第六次	
振捣提浆+常规撒施	50.70	53.34	26.67	40.00	36.67	25.33	232.71
振捣提浆+侧深施肥	50.70	63.34	23.33	49.34	32.00	23.33	242.04

（3）水稻田生育期排水量。水稻生育期中进行了3次集中排水，分别水稻插秧前期、水稻分蘖末期和雨季集中排水，在排水同时取水样用于氮磷含量测定。第三次排水量较多是由于2019年8月降雨量大，振捣提浆耕作生育期总排水量205.02 t/亩，搅浆平地耕作生育期总排水量209.84 t/亩，水稻生育期振捣提浆耕作较搅浆平地耕作减排水2.30%（表15-21）。

表15-21 水稻生育期排水量 单位：t/亩

处理	测定时期			合计	节水/%
	插秧前排水（5月14日）	晒田排水（6月30日）	雨后排水（8月19日）		
	第一次	第二次	第三次		
搅浆平地+常规撒施	50.00	42.00	126.34	218.34	0.00
搅浆平地+侧深施肥	44.67	40.00	116.67	201.34	7.79
振捣提浆+常规撒施	43.34	41.34	120.01	204.69	6.25
振捣提浆+侧深施肥	53.34	38.67	113.34	205.35	5.95

水稻田生育期排水中氮磷含量及排放量 研究结果表明，"振捣提浆+侧深施肥"处理（减施化肥10%）与对照（搅浆平地+常规施肥）比较，全氮减排21.39%，全磷减排21.36%（表15-22，表15-23）。

表15-22 水稻生育期排水TN含量及排放量

处理	测定时期						合计	
	插秧前排水		晒田排水		雨后排水			
	氮含量/ （mg/L）	氮排量/ （kg/亩）	氮含量/ （mg/L）	氮排量/ （kg/亩）	氮含量/ （mg/L）	氮排量/ （kg/亩）	氮排量/ （kg/亩）	氮排量/%
搅浆平地+常规撒施	34.12	1.71	50.46	2.12	16.32	2.06	5.89	100.00
搅浆平地+侧深施肥	30.56	1.36	48.78	1.95	13.28	1.55	4.83	82.00
振捣提浆+常规撒施	32.87	1.42	45.52	1.88	15.15	1.82	5.12	86.92
振捣提浆+侧深施肥	31.43	1.67	41.23	1.59	12.12	1.37	4.63	78.61

注：氮磷排放量=排水量×氮含量。

表15-23　水稻生育期排水TP含量及排放量

处理	测定时期						合计	
	插秧前排水		晒田排水		雨后排水			
	磷含量/（mg/L）	磷排量/（kg/亩）	磷含量/（mg/L）	磷排量/（kg/亩）	磷含量/（mg/L）	磷排量/（kg/亩）	磷排量/（kg/亩）	磷排量/%
搅浆平地+常规撒施	1.22	0.061	1.92	0.080	1.33	0.168	0.309	100.00
搅浆平地+侧深施肥	1.02	0.045	1.38	0.055	1.23	0.144	0.244	78.96
振捣提浆+常规撒施	1.17	0.051	1.79	0.074	1.12	0.134	0.259	83.82
振捣提浆+侧深施肥	0.98	0.052	1.24	0.048	1.26	0.143	0.243	78.64

"振捣提浆+侧深施肥"处理铵态氮和硝态氮含量也低于对照（表15-24，表15-25）。

表15-24　水稻生育期排水铵态N含量　　　　　　　　　　　　　　　　单位：mg/L

处理	测定时期			合计
	插秧前排水（5月14日）	晒田排水（6月30日）	雨后排水 8月19日	
	第一次	第二次	第三次	
搅浆平地+常规撒施	0.45	6.50	0.35	7.30
搅浆平地+侧深施肥	0.40	5.15	0.30	5.85
振捣提浆+常规撒施	0.43	5.30	0.30	6.03
振捣提浆+侧深施肥	0.33	4.65	0.23	5.21

表15-25　水稻生育期排水硝态N含量　　　　　　　　　　　　　　　　单位：mg/L

处理	测定时期			合计
	插秧前排水（5月14日）	晒田排水（6月30日）	雨后排水（8月19日）	
	第一次	第二次	第三次	
搅浆平地+常规撒施	0.80	1.30	1.00	3.10
搅浆平地+侧深施肥	0.70	0.95	0.50	2.15
振捣提浆+常规撒施	0.65	1.03	0.80	2.48
振捣提浆+侧深施肥	0.55	0.95	0.65	2.15

7. 技术应用效果——水稻产量

"搅浆平地+常规撒施"处理穗长指标最低，"振捣提浆+侧深施肥"处理有效穗数指标最低。"振捣提浆+侧深施肥"处理穗粒数和千粒重指标最高，振捣提浆耕作模式下侧深施肥处理和常规撒施处理穗粒数和千粒数指标均高于常规搅浆处理。

实测产量，"振捣提浆+侧深施肥"处理实际产量指标680.79 kg/亩，比"常规搅浆+常规撒施"增产5.18%（表15-26）。

表15-26 不同处理对水稻产量及产量性状的影响

处理	产量性状							实脱产量/（kg/亩）
	株高/cm	穗长/cm	有效穗/（个/m²）	穗粒数/（粒/穗）	实粒数/（粒/穗）	结实率/%	千粒重/g	
搅浆平地+常规撒施	84.6	13.9	685	92.6	89.4	96.6	23.3	647.24
搅浆平地+侧深施肥	88.4	15.3	725	104.6	101.2	96.7	21.5	669.26
振捣提浆+常规撒施	84.1	15.0	620	110.9	102.1	92.1	24.3	665.54
振捣提浆+侧深施肥	86.0	14.9	515	123.5	101.4	82.1	25.6	680.79

注：实脱产量按14%标水折算。

（三）水稻侧深施肥技术

1. 技术背景

水稻种植过程中各个施肥环节绝大多数一直沿用人工手撒表层性施肥方式，施肥量大，且肥料在田间分布均匀性差，这样就造成水稻秧苗吸肥量不均，直接影响水稻产量和品质。最为严重的是这样的施肥方式肥料完全溶解在水中，伴随生产过程排水，含有肥料的水体流入江河，造成生产、生活用水严重污染。因此，肥料的施用方法已成为水稻种植中最重要的问题。水稻侧深施肥技术经中国农业科学院中日国际合作项目引进后，经过多年的试验和推广，在我国实现了大面积的应用。前期研究表明，侧深施肥技术和施用控释肥是提高水稻产量和氮肥利用率的有效途径。水稻侧深施肥插秧一体化能够在减少氮肥投入的情况下提高水稻产量，减少氮素流失，是一项资源节约、环境友好型的水稻种植技术。

2. 技术概述

水稻侧深施肥技术是用专用机械在插秧同时将缓控施肥料一次性集中施于秧苗一侧3～5 cm处，深度5 cm（图15-25），从而形成一个贮肥库逐渐释放养分供给水稻生育的需求，不需追肥，提高了肥料利用率。

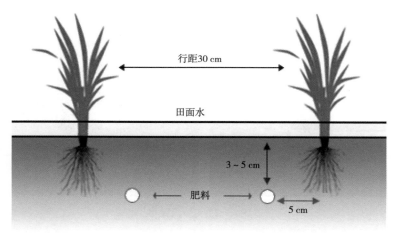

图15-25 水稻侧深施肥技术原理示意（王玉峰等，2018）

水稻侧深施肥技术能够将肥料集中施于耕层，距离水稻根系较近，有利于吸收利用，能够提高肥料利用率；并且减少与田面水的接触，从而减少肥料挥发及径流损失，插秧同时施肥避开了常规种植模式基肥后插秧前排水的流失关键期，有效地减少肥料流失，降低环境污染风险；可以减少肥料投入10%以上。侧深施肥技术能够促进水稻早期生育，低位分蘖多，确保分蘖茎数，穗数增多，倒伏减轻，结实率高，因此可比常规施肥增产5%以上。另外还可减轻水稻病虫害，抽穗成熟提早，提升水稻品质。

3. 技术实施流程

秧苗 选择当地主栽优良水稻品种培育壮苗，根据插秧机要求选用毯状或钵体苗盘，插秧作业时秧龄应达到30 d以上，3.0叶以上，苗高13～15 cm。

肥料 水稻侧深施肥的肥料品种以缓控释肥料为宜，质量应符合国家相关标准要求。一般按照当地施肥量的80%～90%进行施肥，可根据水稻长势确定是否需要追肥。

机械 使用配备施肥装置的插秧机械（图15-26），加装平地轮确保作业质量，作业前后需对机械进行保养，防止堵塞排肥通道造成施肥偏差。

图15-26 侧深施肥插秧机

整地 旱整地与水整地相结合，旱整地土壤适宜含水量为25%～30%，耕深15～18 cm；采用翻耕、旋耕相结合的方法（图15-27）。5月上旬放水泡田，泡田7 d左右开始水整地，利用搅浆平地机械精细整平，泥浆沉降时间以3～5 d为宜，软硬适度，用手划沟分开，然后就能合拢为标准。泥浆过软易推苗，过硬则行走阻力大。

图15-27 稻田整地

插秧施肥 日平均气温稳定通过13 ℃时开始插秧，5月末结束。插秧时水层保持在1～3 cm，插秧行株距为30 cm×（13～16）cm，每穴3～5株基本苗，插秧深度不超过2 cm。

插秧前做好机械检查和调整，保障作业质量，按照确定的施肥量对机械进行施肥量校正和调整，设定取苗量和株距，经过试插稳定后开始大面积作业。做到行直、穴匀，肥料集中施于秧苗一侧3～5 cm、深5 cm处（图15-28）。

图15-28 插秧施肥作业

田间管理 追肥：采用缓释肥进行测深施肥一般不需要追肥，要做好管理是水稻长势情况酌施穗肥，防止缓释肥养分释放过快造成水稻后期脱肥。水分管理：水稻插秧后灌护苗水，水深为苗高的1/3～1/2。返青期水层保持3～5 cm，分蘖期水层保持10～15 cm。一般在6月末至7月初，接近有效分蘖终止期要撤水晒田5～7 d控制无效分蘖。拔节幼穗期不能缺水，此期水层也不能过深，一般保持水层3～5 cm为宜。灌浆至成熟期间歇灌溉，一般蜡熟末期停灌，黄熟初期排干。病虫草害防治：除草主要通过以苗压草、以水压草、人工除草、药物除草等方法。主要防治稻瘟病、纹枯病等病害，及二化螟、潜叶蝇等虫害。可采用浸种消毒、生物防治、农药、农艺措施综合防治。

4. 技术效果

减排效果 2019年在兴凯湖农场开展了技术应用，结果表明采用水稻侧深施肥技术能够实现减少氮肥投入15%，氮素流失量减少32.9%～42.0%，磷素流失量减少17.5%～22.5%。

从水稻全生育期来看，常规施肥处理氮流失量最高达到9.2 kg/hm²，侧深施肥3个处理氮流失量分别为6.2 kg/hm²、5.3 kg/hm²、5.7 kg/hm²，分别减少氮素流失32.9%、42.0%、38.0%（图15-29）。

常规施肥处理磷流失量最高达到0.45 kg/hm²，侧深施肥3个处理磷流失量分别为0.37 kg/hm²、0.35 kg/hm²、0.35 kg/hm²，分别减少磷素流失17.5%、22.0%、22.5%（图15-30）。

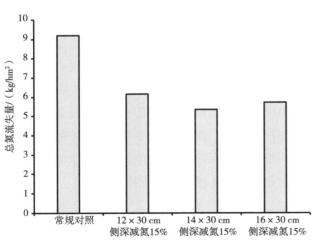

图15-29 侧深施肥对水田全生育期排水
总氮流失量的影响

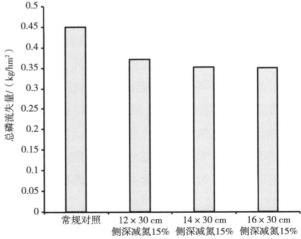

图15-30 侧深施肥对水田全生育期排水
总磷流失量的影响

对产量的影响　采用测深施肥插秧一体化技术,在肥料减量15%的条件下,与常规模式相比产量差异不显著或显著增产(图15-31)。

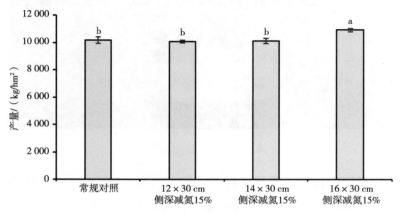

图15-31　侧深施肥技术对水稻产量的影响

5. 经济效益分析

该项技术减少了施肥量,节约了人工,但增加了机械成本,综合计算增加经济效益1 980.7元/hm²(表15-27)。

表15-27　侧深施肥经济效益分析

单位:元/hm²

处理	基肥	基肥人工	插秧	插秧施肥	追肥	追肥人工	机械损耗	水稻增收	总增收
侧深施肥	2 220	0	112.5	75	0	0	450	2 225.7	1 980.7
常规	1 162	90	225	0	438	450	247.5	—	—

注:缓释肥3 800元/t,复合肥3 100元/t,尿素2 200元/t,插秧人工费300元/d,水稻按照增产幅度最高的处理计算,增产741.9 kg/hm²,水稻价格3元/kg。侧深施肥插秧一体机使用年限10年,每年作业500亩,每年损耗15 000元;普通插秧机使用年限6年,每年作业200亩,损耗3 300元。

(四)水稻增密减氮技术

1. 技术背景

目前东北地区水稻,以旱育稀植为主,为了进一步合理施用氮肥,通过提高栽插密度发挥产量潜力,能够减少氮肥用量,降低环境风险。有研究表明,增加插秧密度减少氮肥用量,可以提升氮肥利用效率。合理运筹各时期氮肥比例,能够有效地提高水稻产量和氮素利用效率。前人研究表明,施肥后10 d内是稻田氮素径流流失的风险窗口期(杨坤宇等,2019),降低稻季氮肥施用量能够显著降低稻季农田地表径流总氮流失量(杨和川等,2018)。因此增加秧苗密度,减少基蘖肥用量、保障穗肥稳定,建立增密减氮技术模式,充分发挥密度与氮肥运筹的协同作用,在保障产量的前提下,减少氮肥投入,减少氮肥流失,为东北粮食主产区农业面源污染防治和农业绿色发展提供技术支撑。

2. 技术概述

水稻增密减氮技术是针对当前水稻生产插秧密度低、基本苗数不足并且氮肥用量大、运筹比例不合理等问题,减少氮肥施用量,改变氮肥运筹比例,确定最适宜的密度。通过提高每穴苗数来增加种植密度,通过减少基肥和分蘖肥来实现氮肥减量,穗肥用量不变,实现在不减产的条件下,减少氮肥流失。

氮肥水平与栽植密度对水稻产量有极显著的交互效应,适宜的氮肥水平和种植密度组合有利于水稻获得高产。插秧前排水是水田氮磷流失关键期，氮流失量最大，采用增密减氮技术减少施氮量，尤其是基蘖肥的减少降低了关键期的流失量，密度的增加提高了作物的养分吸收量，有利于产量的形成并减少了流失。因此增密减氮是一项兼顾经济效益和环境效益的水稻种植技术。

3. 技术流程

育秧　选用已通过审定、适合当地环境条件、抗逆性好、抗病虫能力强的高产优质品种培育壮苗。插秧时秧龄30 d以上，叶龄3.0～3.5叶，苗高15～17 cm，根数9～11条，充实度3.0左右。

整地　翻耕：用铧式犁耕翻，可春翻也可秋翻。有机质含量多的稻田应以秋翻为主。翻地深度一般为14～20 cm，翻地时要掌握土壤适耕水分，一般在25%～30%时进行。旋耕：旋耕一次即起到松土、碎土、平地的作用，可代替翻、耙、耢等项作业，但旋耕耕深较浅，一般只有12～14 cm，旋耕不宜连续超过3年。水整地：在旱整地的基础上，于插秧前7～10 d灌水泡田，水层不超过5 cm。利用搅浆平地机械精细整平。

施肥　施肥原则：科学合理确定肥料品种、施肥量和施肥方法。所用肥料应符合《NY/T 496—2010 肥料合理使用准则 通则》的要求。施肥应尽量采用多次施肥、深施以及平衡施肥的方式。施肥量：根据水稻需肥规律、土壤养分供应状况和肥料效应，确定相应的施肥量和施肥方法。水稻整个生育期氮肥（N）用量135～180 kg/hm²，磷肥（P_2O_5）用量45～75 kg/hm²，钾肥（K_2O）用量60～75 kg/hm²。施肥方式：常规栽培条件下，40%氮肥、全部磷肥及60%钾肥作为基肥。插秧后到分蘖前，追施40%的氮肥。拔节初期施入穗肥，追施20%的氮肥。采用增密减氮技术全生育期可减施氮肥5%～15%，其中穗肥与常规模式施用量相同，基肥和蘖肥相应减施氮肥。

插秧　日平均气温稳定通过13 ℃时开始插秧，5月末结束。插秧时水层保持在1～3 cm，按照品种和气候条件选择行株距，一般插秧行株距为30 cm×（13～16）cm，每穴基本苗数较常规增加2株左右，为5～7株基本苗，插秧深度不超过2 cm。

田间管理　水分管理：水稻插秧后灌护苗水，水深为苗高的1/3～1/2。返青期水层保持3～5 cm，分蘖期水层保持10～15 cm。一般在6月末至7月初，接近有效分蘖终止期要撒水晒田5～7 d控制无效分蘖。拔节幼穗期不能缺水，此期水层也不能过深，一般保持水层3～5 cm为宜。灌浆至成熟期间歇灌溉，一般蜡熟末期停灌，黄熟初期排干。病虫草害防治：除草主要通过以苗压草、以水压草、人工除草、药物除草等方法。主要防治稻瘟病、纹枯病等病害及二化螟、潜叶蝇等虫害。可采用浸种消毒、生物防治、农药、农艺措施综合防治。

4. 技术效果

减排效果　2019年在兴凯湖农场开展了技术应用，结果表明采用增密减氮技术能够实现减少氮肥投入5%～20%，氮素流失量减少13.4%～53.5%，磷素流失量减少12.1%～24.9%。

从3次排水来看，插秧前排水（5月9日）总氮流失量显著大于其他两次，由于插秧前施肥造成了排水中氮素浓度高，因此插秧前排水是水田氮磷流失关键期，通过增密减氮，减少氮肥施入量能够有效降低此次排水的氮素流失（图15-32）。

从水稻全生育期来看，常规处理（施氮10 kg/亩+3株苗/穴）流失量最高达到11.8 kg/hm²，氮素流失量随着施氮量的降低而降低，一方面是由于施氮量的降低，另一方面是因为株数的增多，增加了作物的养分吸收量，有利于产量的形成并减少了流失。增密减氮处理总氮流失量比常规处理降低13.4%～53.5%（图15-33）。

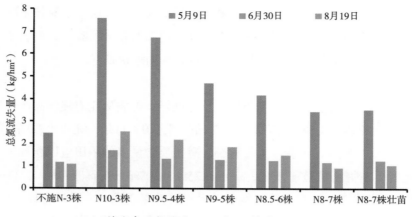

N10-3株代表施氮量为10 kg/亩，3株苗/穴，下同。

图15-32 增密减氮对水田各次排水总氮流失量的影响

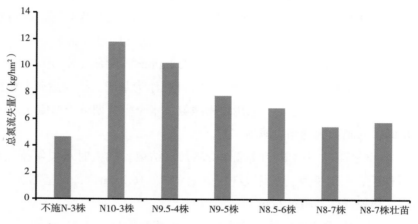

图15-33 增密减氮对水田全生育期排水总氮流失量的影响

不同处理对水田排水总磷流失量的影响见图15-34，由于未设置磷的梯度处理，各处理施磷量一致，但是由于增加了水稻植株密度，影响了磷的吸收量。因此，不施氮3株苗处理磷流失量最大，为0.58 kg/hm²；其次为常规处理（施氮10 kg/亩+3株苗/穴），为0.54 kg/hm²；增密减氮处理总磷流失量比常规处理降低12.1%～24.9%（图15-35）。

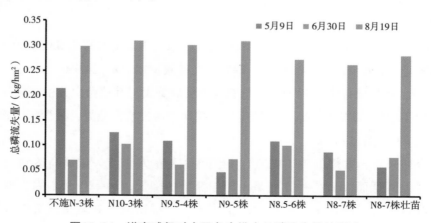

图15-34 增密减氮对水田各次排水总磷流失量的影响

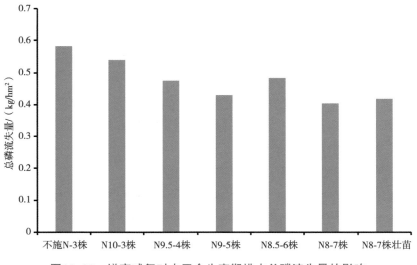

图15-35　增密减氮对水田全生育期排水总磷流失量的影响

将施氮量降低5%～20%，将插秧株数增加到4～7株，植株生长吸收养分多，在保障产量的同时，氮素流失量明显减少，并且减少了氮投入；生产实践中再结合壮苗培育技术、侧深施肥技术等，预期能够取得良好的效果，在不减产的条件见下实现氮磷减排。

对产量的影响　采用增密减氮技术，在氮肥减量5%～20%的条件下，与常规模式相比产量差异不显著（图15-36）。

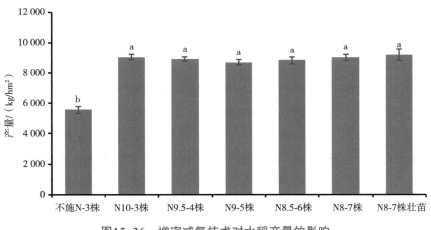

图15-36　增密减氮技术对水稻产量的影响

5. 经济效益分析

该项技术减少了施肥量，但增加了秧苗成本，综合计算经济效益基本与常规模式持平，主要产生可观的环境效益。

三、土壤氮磷扩容技术

（一）旱田氮磷扩容增汇技术

1. 技术简介

针对东北平原区玉米田耕作施肥不合理所引发的土壤氮磷养分流失问题，以改善耕层结构、增加土壤氮汇、促进作物输出为目标，围绕"耕作扩容"和"碳源增汇"研究思路，通过集成整合源头减控施肥、翻免交替耕作、秸秆还田、增施有机肥等技术措施，优化相关配套参数，构建东北平原玉米田氮磷流失扩容增汇整装技术模式，降低氮磷流失风险，为有效防治区域农田氮磷面源污染提供技术支撑。其关键技术主要包括源头肥量控制、耕作优化扩容和碳源增汇持氮。

玉米田氮磷流失扩容增汇整装技术适宜区域为东北平原地区，包括三江平原、松嫩平原和辽河平原，尤其是该区域地势平坦，土地连片，适合大规模机械化耕作的玉米田，以及该地区长期实行浅旋耕作、土壤耕层结构差、有机质含量低的玉米田。

2. 技术流程

（1）整地。秋季收获后进行整地作业，采用3年循环作业模式，即连续2年深翻还田作业、第3年免耕还田作业。深翻还田：采用联合收获机同步进行玉米收获和秸秆粉碎，再用翻转犁进行深度不小于25 cm的翻压还田作业，最后进行深度18~20 cm的旋耕灭茬起垄、镇压保墒作业。免耕还田：将玉米秸秆留茬20~25 cm割倒，均匀覆盖地表。

（2）施肥。优先选用颗粒复合肥，施肥量分别为氮肥（N）160~195 kg/hm²，磷肥（P_2O_5）60~90 kg/hm²和钾肥（K_2O）90~120 kg/hm²，均作底肥一次性施入，施肥深度15~20 cm。有机肥优先选用商品有机肥，也可选用经过堆腐或沤制腐熟、无毒、无害的粪肥、厩肥等，施用量不超过3 000 kg/hm²，用作基肥于玉米秋收后，结合整地耕作作业均匀施入土壤，施肥深度15~20 cm。

（3）播种。选用当地适宜种植的优质玉米品种，采用施肥播种一体机进行机械播种，播种深度为3~5 cm。种植密度由品种而定，一般密植品种以60 000株/hm²较为适宜，稀植型品种不宜超过50 000株/hm²。

（4）病虫草害防治。在玉米生长期间，定期观察玉米长势及田间杂草、病虫害情况等，及时清理杂草、防治病虫害发生。一般在播种后至出苗前或玉米3~5叶期喷洒化学除草剂或进行人工锄草。病虫害综合防治一般在发生初期做好预防，应根据不同地区常见的病虫害种类选择合适的防治方法，可采用病虫害化学防治、生物防治、农业防治或综合防控手段，如选用优质抗病玉米品种、灯光诱杀害虫、合理施用化学农药等。

（5）收获。根据当地种植情况、气象条件、品种特性等因素，采用玉米联合收割机适时收获，而后进行秸秆还田整地作业。玉米贮藏前，须充分晾晒籽粒，使其含水量降至13%以下。

3. 技术效果

（1）淋溶水量。东北地区玉米试验田淋溶水量如图15-37所示，在常规种植模式中，辽宁、吉林、黑龙江和内蒙古东四盟市试验区玉米田淋溶水量分别为347 m³/hm²、288 m³/hm²、276 m³/hm²和297 m³/hm²；在整装技术模式中，辽宁、吉林、黑龙江和内蒙古东四盟市试验区玉米田淋溶水量分别为287 m³/hm²、252 m³/hm²、249 m³/hm²和255 m³/hm²。与常规种植模式相比，采用整装技术模式辽宁、吉林、黑龙江以及内蒙古东四盟市试验区玉米田淋溶水量分别减少了17.3%、12.5%、10.1%和14.1%，整装技术模式有助于减缓水分向下层土壤迁移，减少土壤淋溶水量，具有降低土壤氮磷淋失风险的潜力。一方面可能是因为该整装技术模式引入了秸秆还田，玉米秸秆具有吸水性，可延缓土壤含水率到达饱和状态，减缓土壤因含水饱和而引起多余水分向下运移，同时秸秆作为阻隔缓冲层，能够缓解雨滴对土壤的冲击，减缓因雨水冲刷造成耕层结构受损而引起淋失；另一方面，翻免交替耕作和增施有机肥有利于改善耕层土壤结构，提高土壤保水保肥能力，增加有效耕层水分贮存量，减缓土壤水分淋失。

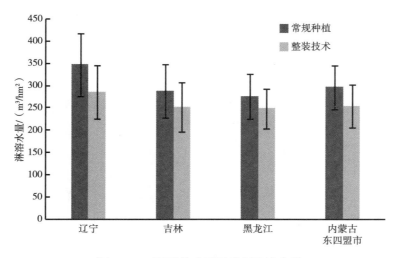

图15-37　不同模式下玉米田淋溶水量

（2）淋溶水氮、磷浓度。由于施肥、降雨等因素影响，不同试验区玉米田淋溶水氮、磷浓度呈现出一定差异，而同一地区不同时期淋溶水氮、磷浓度异质性也较大。在常规种植模式下，辽宁、吉林、黑龙江和内蒙古东四盟市试验区玉米田淋溶水总氮浓度分别为 4.46 ～ 87.8 mg/L、7.10 ～ 105 mg/L、2.09 ～ 74.6 mg/L 和 2.21 ～ 79.0 mg/L；在整装技术模式下，辽宁、吉林、黑龙江和内蒙古东四盟市试验区玉米田淋溶水总氮浓度分别为 3.21 ～ 80.1 mg/L、6.58 ～ 98.0 mg/L、1.78 ～ 63.4 mg/L 和 1.88 ～ 67.2 mg/L（图15-38）。

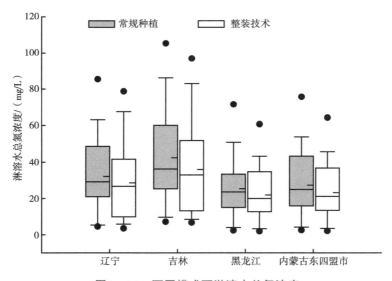

图15-38　不同模式下淋溶水总氮浓度

整装技术模式下淋溶水总氮浓度的最大值、最小值和平均值均低于常规种植，说明整装技术模式具有降低淋溶水氮浓度的潜力，一方面是因为整装技术模式采取了源头肥量减控，减少了氮肥投入，另一方面可能是秸秆、有机肥等碳源投入增加了部分氮素养分固持，有利于降低淋溶水氮浓度。尽管整装技术模式也进行了磷肥减施，但其淋溶水总磷浓度与常规种植模式基本相当（图15-39），这可能是因为秸秆、有机肥的添加向土壤中补充了有机碳源，降低土壤对磷的吸附作用，且秸秆在分解过程中可引起土壤局部酸化，从而提高土壤磷酸盐有效性（Ai et al., 2017；Hahn et al., 2012）。前人研究发现，秸秆还田对土壤磷流失影响较小，甚至增加了径流水总磷浓度，这与整装技术模式下淋溶水总磷浓度变化相似。

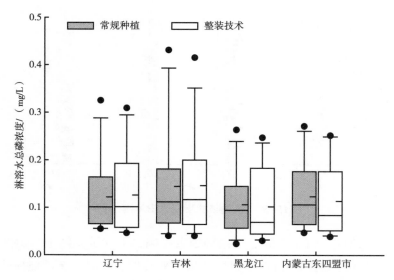

图15-39 不同模式下淋溶水总磷浓度

（3）氮、磷淋溶流失负荷。不同技术模式下玉米田土壤氮磷淋溶流失负荷如图15-40和图15-41所示。在常规种植模式下，辽宁、吉林、黑龙江和内蒙古东四盟市试验区玉米田氮淋溶流失负荷分别为11.2 kg/hm²、12.2 kg/hm²、7.0 kg/hm²和8.11 kg/hm²；在整装技术模式下，辽宁、吉林、黑龙江和内蒙古东四盟市试验区玉米田氮淋溶流失负荷分别为9.83 kg/hm²、10.5 kg/hm²、5.76 kg/hm²和6.92 kg/hm²（图15-40）。

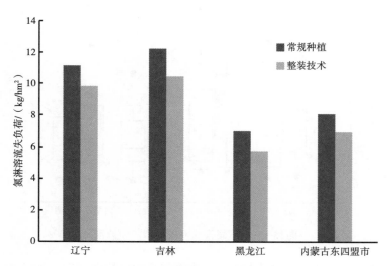

图15-40 不同模式下玉米田氮淋溶流失负荷

与常规种植相比，整装技术模式下4个试验区玉米田氮淋溶流失负荷依次降低了12.23%、13.93%、17.71%和14.67%，说明整装技术模式有助于削减玉米田土壤氮淋失负荷。

玉米田磷淋溶流失负荷远远低于氮，如图15-41所示，在常规种植模式下，辽宁、吉林、黑龙江和内蒙古东四盟市试验区玉米田磷淋溶流失负荷分别为39.4 g/hm²、41.7 g/hm²、27.5 g/hm²和31.7 g/hm²；在整装技术模式下，辽宁、吉林、黑龙江和内蒙古东四盟市试验区玉米田磷淋溶流失负荷分别为36.2 g/hm²、36.9 g/hm²、25.3 g/hm²和29.0 g/hm²。与常规种植相比，整装技术模式下4个试验区玉米田磷淋溶流失负荷依次降低了8.04%、11.6%、7.78%和8.52%，说明整装技术模式降低了玉米田土壤磷淋失负荷。

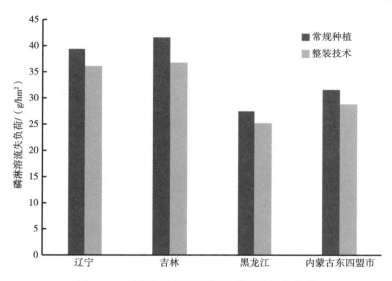

图15-41　不同模式下玉米田磷淋溶流失负荷

整装技术模式对于玉米田氮磷淋失负荷的削减是多重农艺措施共同调控的技术效果。一方面整装技术模式采用了源头化肥减控措施，减少了氮磷化肥投入量，从源头上削弱了氮磷淋溶流失负荷；另一方面，整装技术模式采用了翻免交替耕作措施，有利于改善土壤物理性状，扩充氮磷养分库容，为玉米生长提供良好的生长空间及养分条件，从而促进玉米地上部生物量提高，间接增加作物氮磷养分输出量，降低土壤氮磷淋失风险。此外，整装技术模式还采用了秸秆还田、增施有机肥增碳措施，这不仅能够蓄水保肥、缓冲雨水对耕层土壤冲刷，使得淋溶水量有所降低，而且玉米秸秆和有机肥能够促进土壤团聚体形成与稳定，提高土壤吸附性能，增加土壤养分固定，秸秆作为碳源能够调节土壤氮的固持转化，将易流失的矿质氮转化为相对稳定的结合态氮，有利于降低氮素淋失。

4. 效益分析

（1）经济效益。以辽宁省铁岭市蔡牛镇技术示范区投入与产出情况为例，进行投入产出经济效益计算（表15-28），其中玉米种植生产投入包括农资投入成本（种子、农药、化肥、有机肥）、机械作业成本与人工成本，产出为玉米经济收益。

表15-28　辽宁省铁岭市蔡牛镇技术示范区单位规模成本收益表　　　　　单位：元/hm²

项目	明细	常规种植模式	整装技术模式
农资成本	种子	900	900
	复合肥	1 500	1 300
	农药	750	750
	有机肥	0	600

（续表）

项目	明细	常规种植模式	整装技术模式
机械成本	旋耕起垄	50	0
	施肥播种	50	50
	收获	100	100
	秸秆粉碎	0	50
	深翻镇压	0	50
人工成本	人工劳务费	300	380
经济收益	玉米售卖	18 097	19 680
净收益		14 447	15 500

在农资投入成本方面，常规种植模式下玉米种子900元/hm²，复合肥1 500元/hm²，农药750元/hm²；在整装技术模式下，玉米种子和农药成本与常规种植模式一致，因整装技术模式采用了源头化肥减量控制措施和有机肥增施措施，复合肥成本降至1 300元/hm²，同时增加有机肥投入成本600元/hm²。

在机械作业成本方面，常规种植模式下旋耕起垄作业费50元/hm²，施肥播种一体机作业费50元/hm²，玉米机械收获作业费100元/hm²；在整装技术模式下，施肥播种一体机作业费和玉米机械收获作业费与常规种植模式一致，因整装技术模式采用了深翻耕作和秸秆还田，增加秸秆粉碎机作业费50元/hm²及翻耕镇压作业费50元/hm²。

在人工成本方面，常规种植模式下机械作业（包括整地、施肥、播种和收获等）所需人工费及日常田间管理人工费共计300元/hm²；整装技术模式下由于增加了秋整地深翻耕作、秸秆粉碎还田和增施有机肥等作业，人工成本共计约为380元/hm²。

在玉米产出收益方面，按照2019年10月当地玉米价格1.83元/kg计算，常规种植模式玉米田平均产量为9 889 kg/hm²，经济收益为18 096元/hm²；整装技术模式玉米田平均产量10 754 kg/hm²，经济收益为19 680元/hm²。

将两种模式投入成本与产出收益比较发现，在农资成本方面，整装技术模式比常规种植模式增加成本400元/hm²；在机械成本方面，整装技术模式比常规种植模式增加成本50元/hm²；在人工成本方面，整装技术模式比常规种植模式增加成本80元/hm²；即整装技术模式在生产成本上比常规模式增加530元/hm²。在玉米产出收益方面，整装技术模式比常规种植模式增加收益1 583元/hm²。综上，整装技术模式比常规种植模式增加纯经济收益1 083元/hm²，具有显著经济效益。

（2）环境效益。通过在东北地区玉米种植中应用该整装技术（"源头肥量减控+翻免交替耕作+秸秆还田+有机肥"），不仅实现了玉米稳产增产，减少了氮磷化肥投入，而且还降低了玉米田土壤氮磷养分淋失，其中氮淋失负荷削减率达11.9% ~ 17.9%，磷淋失负荷削减率达7.78% ~ 11.6%。该整装技术采用大规模机械化耕作，相较于农户分散使用小型机械，能够节约成本、降低能源消耗，降低周边地区空气环境污染。该整装技术原位消化了本地玉米秸秆，既避免了秸秆焚烧造成的大气污染，又实现了玉米秸秆养分资源利用。该整装技术还实现了农家有机肥资源化再利用，避免农家肥随地堆弃可能造成的面源污染，间接改善乡村生活居住卫生环境，促进种植养殖融合绿色生产。此外，将秸秆和有机肥等碳源引入玉米田，有利于培肥地力、提高水利用率、固持土壤养分，促进作物生长，增加作物养分吸收携出，间接减少氮磷养分淋失，降低地下水硝酸盐污染风险。综上，应用该整装技术能够实现生产投入节能降耗、养分资源循环利用、养分流失削减防控等环境效益。

（二）水田氮磷扩容减排技术

1. 水田精准施肥扩容技术

（1）技术原理。

精准定量施肥　按水稻的需肥规律进行精确化施肥，实现氮、磷、钾及中微量元素平衡施用，可以提高肥料利用率、降低生产成本、达到高效生产，并能保护环境，实现水稻可持续生产。

精准时间施肥　不同生育期对氮、磷、钾的吸收量也是不同的，因此施肥水平和肥料运筹策略也相应变化。

扩容　通过增施有机物料来提高土壤碳汇，提高土壤对氮素的固持能力，增加土壤氮磷库容，实现"以碳控氮磷、以碳保氮磷"的目的。

（2）技术内容。

施肥标准　黑龙江省水稻整个生育期一般氮肥（N）用量为135～180 kg/hm²，磷肥（P_2O_5）用量45～75 kg/hm²，钾肥（K_2O）用量60～75 kg/hm²。为了水稻增产又减少污染，施肥量不超过测土配方施肥量的125%。

土壤氮磷增容措施　施用生物质炭、腐植酸、生物肥、有机肥、秸秆还田及高碳氮比新型肥料，化学肥料减量15%。

施肥方法　基肥：40%氮肥、全部磷肥及60%钾肥。追肥：插秧后到分蘖前，每公顷施尿素50～75 kg。拔节初期施入穗肥，每公顷施尿素40～50 kg，硫酸钾40～50 kg。要注意拔节黄，叶色未褪淡不施，等叶色褪淡再施。抽穗前施入粒肥，每公顷施尿素10～20 kg，生长正常和生长过旺的水稻可少施或不施粒肥。若底肥没有施用锌肥，可在穗至灌浆期用0.2%～0.3%的磷酸二氢钾等液体肥料喷施。不可在暴雨来临之前追肥，不能在温度过高时施肥，否则会破坏肥效，增加氮磷流失风险。

（3）技术先进性。在根据作物品种、产量指标、土壤肥力、肥料类型等综合信息确定肥料配方的基础上，充分利用碳素投入，实现土壤氮磷养分增容，通过田间校验确定碳素投入量，得出化肥替代方案。根据试验结果开发高碳氮比新型肥料以及生物肥料。通过精准定量、增加氮磷库容、提高肥料利用率3个途径实现氮磷面源污染的源头减量。

（4）技术效果。基于资料调研、作物目标产量、土壤肥力条件和专家推荐的综合方法，确定流域内水稻优化施肥氮磷钾比例为11∶3.5∶6。优化施肥处理在产量不降低的情况下，氮肥利用率提高15.13%，磷肥利用率提高4.09%。优化施肥总氮流失量比常规施肥低23.19%，流失系数降低46.77%；优化施肥总磷流失量比常规施肥低17.04%，流失系数降低32.43%。采用新型肥料处理与常规施肥相比，稻田氮投入减少12.1%，氮肥利用率提高12.14%，平均增产4.89%。氮素流失量平均减少33.67%，磷素流失量平均减少38.18%。如图15-42、图15-43所示，施用生物质炭、腐植酸及有机肥等可以增加土壤氮磷容量，从而实现氮磷减排的目的，氨氮流失量平均减少13.04%，总磷流失量平均减少24.14%。

在施用有机物料的基础上，基于测土配方结果，使用缓释肥、生物型水稻专用肥等的集成精准施肥技术模式，可减少化肥用量8.6%～12.1%，氮素流失量平均减少35.06%，磷素流失量平均减少39.22%。

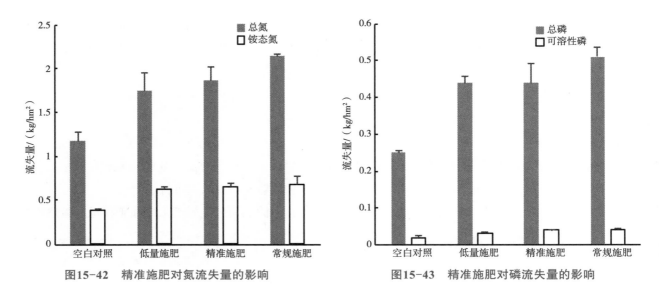

图15-42　精准施肥对氮流失量的影响　　　　　　图15-43　精准施肥对磷流失量的影响

２．有机肥替代扩容减排技术

（１）技术背景。有机肥替代部分化肥可以协调作物对养分的需求，一方面，有机肥施用会引起稻田土壤氮素循环多个环节发生变化（如增强氨化过程、协调硝化和反硝化过程、降低氨挥发和减少氮素损失等），改变土壤氮素供给状态（提高小分子有机氮供给、协调铵态氮和硝态氮含量及其比例、提高土壤微生物生物量氮和总氮固持），进而改善根系形态，促进水稻氮素吸收，协调植株氮素分配过程，最终实现水稻稳产增产；另一方面，有机肥具有改良土壤性状、培肥地力、提高养分供应能力、增加作物产量等积极作用，提升土壤基础地力可以减少对化肥的依赖，进而实现减肥减排。

所以，有机肥替代技术的当季利用可以实现在不减产的条件下，有效控制氮素损失，减轻面源污染。而有机肥替代技术的持续施用可逐步提升土壤基础地力，从根本上解决东北水田高产模式下对化肥的过度依赖问题，进而提高肥料利用率，减少氮素损失造成的面源污染。通过有机肥替代技术的应用，结合壮苗快发，优化集成侧深施肥插秧的根际精准施肥先进技术，以及增密减氮源头减控等技术，实现水稻减施肥种植稳产高产新技术集成。

（２）技术概述。有机肥所含的养分呈缓效性，肥效期较长，通常覆盖整个作物生育期，与化肥的养分速效性及肥效期较短形成优势互补，所以有机肥替代部分化肥后，促进了整个生育期作物营养需求和土壤养分供应之间的同步，在维持作物高产的前提下提高肥料利用率，减少养分损失，实现面源污染的有效控制。此外，有机肥的持续施用还能起到逐步培肥地力的作用，进而逐渐减轻肥料投入的依赖性和不断提升有机肥替代比例，最终实现有机肥的替代比例最大化、经济效益最大化、面源污染控制最大化。

（３）技术流程。在秋翻整地的生产环节，按照替代化肥氮素10%～20%的用量，先将有机肥均匀地撒施于地表，而后通过农机作业翻压混合于耕层土壤中。10%～20%的替代率为当前一定时期内的推荐值，随着有机肥的持续施用，土壤肥力和基础地力会持续提升，进而会逐步减轻作物高产对化学肥料的依赖。

（４）技术效果。有机肥替代技术措施（替代10%～20%氮肥）减少了水田的氮素流失，总氮减排3.2%～7.2%，其中有机肥替代20%氮肥处理的减排效果（7.2%）达到显著水平（图15-44），对磷素流失的减控效果不明显（图15-45）。有机肥替代应是一个逐步替代的过程，随着有机肥的逐年持续施用，其替代效果将会逐渐提升，环境效益亦可能逐渐提高。

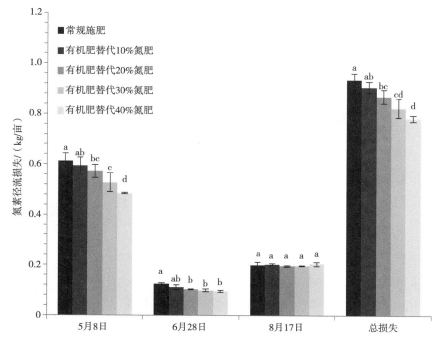

相同小写字母代表处间差异不显著，不同字母代表处理间差异显著（$P<0.05$），下同。

图15-44 不同处理水田氮素径流损失

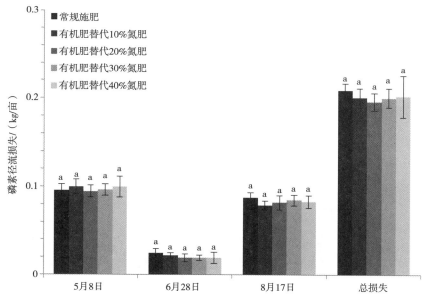

图15-45 不同处理水田磷素径流损失

与常规施肥对照相比，有机肥替代10%~20%氮肥维持了作物高产，但替代30%~40%则显著降低了作物产量（图15-46），说明10%~20%的替代比例是比较理想的技术推荐参数，结合氮素径流损失的结果，推荐20%作为替代技术参数。

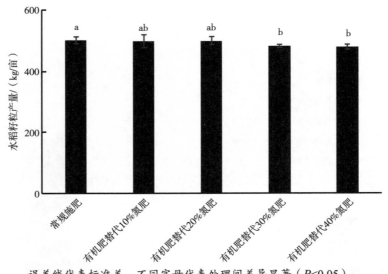

误差线代表标准差，不同字母代表处理间差异显著（*P*<0.05）。

图15-46　不同处理水稻籽粒产量

　　有机肥替代技术措施持续实施5年后显著提升土壤肥力，表现为土壤有机碳含量提高13.3%，土壤团聚体稳定性提高9.2%，土壤速效磷含量提高9.4%，全氮、全磷、速效氮含量亦有不同程度地提高（图15-47）。这是因为持续的有机培肥增加了有机碳和养分的投入，从而导致有机碳和养分的积累，而作为土壤胶结剂，有机碳的增加进而增强土壤团聚体的稳定性。

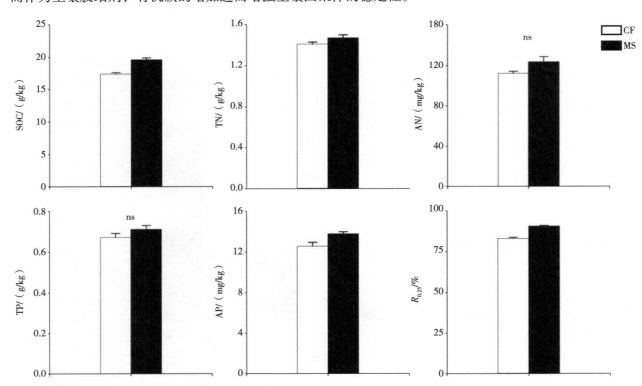

　　CF. 常规施肥；MS. 有机肥替代处理；SOC. 有机碳；TN. 全氮；AN. 有效氮；TP. 全磷；AP. 速效磷；$R_{0.25.}$ >0.25 mm 团聚体的比例；误差棒代表标准差；ns代表差异不显著；未标示的表示差异显著（*P*<0.05）。

图15-47　常规施肥对照和有机肥替代20%氮肥处理下土壤关键理化性质

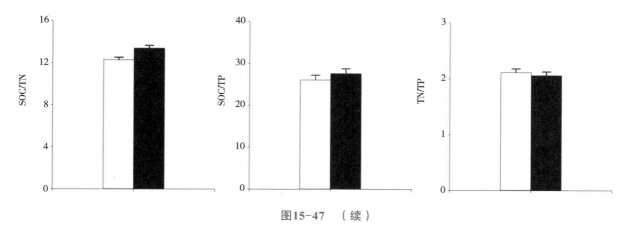

图15-47　（续）

与常规施肥对照相比，有机肥替代处理显著提高了土壤中与碳代谢有关的酶（例如AG、BG、CBH、XYL）和与氮代谢有关的酶（例如NAG）活性：在7月分别提高了33.0%、19.4%、24.5%、23.3%、45.2%；在9月分别提高了62.8%、38.9%、40.01%、35.9%、59.8%（图15-48）。尽管有机肥替代处理在两个季节也均提高了LAP和与磷代谢有关的PHO活性，但并未达到统计显著水平（图15-48）。总体来讲，有机肥替代处理显著提高了土壤总的酶活性。

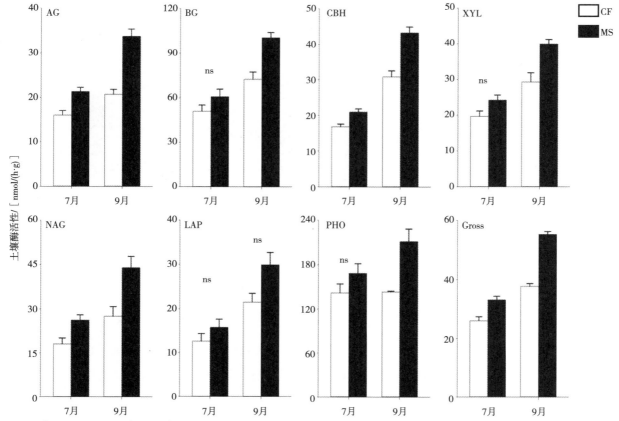

CF. 常规施肥；MS. 有机肥替代处理；AG. α-葡糖苷酶；BG. β-葡萄糖苷酶；CBH. 纤维二糖酶；XYL. 木糖苷酶；NAG. 乙酰氨基葡萄糖苷酶；LAP. 亮氨酸氨基肽酶；PHO. 磷酸酶；Gross. 总酶活性；误差棒代表标准差；ns代表差异不显著；未标示的表示差异显著（$P<0.05$）。

图15-48　常规施肥对照和有机肥替代20%氮肥处理下土壤酶活性

土壤有机质是微生物赖以生存的重要底物资源，土壤团聚体稳定性的提高则有助于改善土壤孔隙度，增强土壤通气、保水性能，有利于大部分微生物的生长繁殖。这种底物资源和生境条件的改善，必然对土壤微生物及酶活性产生显著的影响。此外，有机肥本身携带了一定的微生物和酶，这也可能是有机肥替代后土壤多种酶活性提高的一个直接原因。

相比于常规施肥对照，有机肥替代处理显著提高了土壤酶活性碳氮比值即BG/(NAG+LAP)（P<0.05），而对酶活性碳磷比值即BG/PHO和氮磷比值即(NAG+LAP)/PHO均没有显著影响；尽管未达到统计显著水平，有机肥替代处理在两个季节均有明显增加NAG/LAP的趋势；有机肥替代处理下与碳转化相关的酶活性以及总的酶活性的均匀度指数没有明显变化（图15-49）。

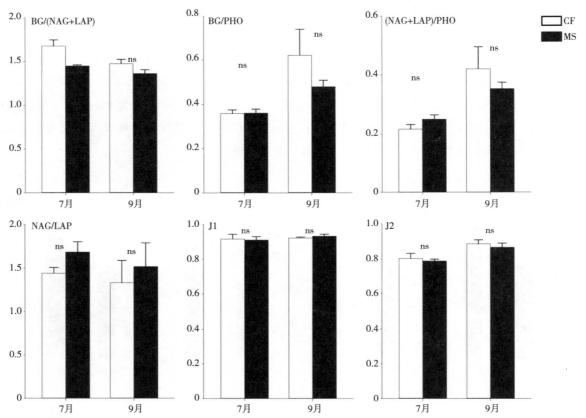

CF. 常规施肥；MS. 有机肥替代处理；BG/(NAG+LAP). 土壤酶活碳氮比；BG/PHO. 土壤酶活碳磷比；(NAG+LAP)/PHO. 土壤酶活氮磷比；NAG/LAP表征分解通道；J1表示与碳转化相关的酶的均匀度指数；J2表示7种酶活性的均匀度指数；误差棒代表标准差；ns代表差异不显著；未标示的表示差异显著（P<0.05）。

图15-49　常规施肥对照和有机肥替代20%氮肥处理下土壤酶群生态指数

土壤酶化学计量比能够反映出土壤微生物对土壤养分需求的变化，在一定程度上反映出土壤养分的相对有效性。土壤酶活性碳氮比值[BG/(NAG+LAP)]呈现有机肥替代低于常规施肥处理的趋势，这反映了有机肥替代20%氮肥处理下底物氮素有效性的相对不足，导致微生物释放相对更多的氮转化相关酶来满足其氮需求的相对增加。总之，有机肥替代措施下土壤生物能够释放更多与氮转化有关的酶来以适应底物养分相对有效性和化学计量的变化。NAG/LAP数值高，反映了底物分解相对以真菌分解通道为主；NAG/LAP数值低，反映了底物分解相对以细菌分解通道为主。土壤NAG/LAP均呈现在有机肥替代高于传统施肥处理的趋势，表明有机肥替代措施提高了真菌分解通道的相对优势。这可能主要归因于土壤团聚体结构的改善通常意味着较多的土壤孔隙空间和较好的通气性，有利于真菌菌丝的延伸生长，而且通气性的增强创造了对真菌生长更适宜的物理环境。

有机肥替代（10%~20%氮肥）技术措施维持了作物的高产水平，对作物生产没有造成负面影响。该项技术推荐使用商品有机肥，按照商品有机肥的市场价格和替代氮肥20%的施用量核算，结果显示该技术对经济具有一定的负面影响，造成一定的经济损失。针对这一情况，该技术在应用推广时需要配合生态补偿的政策保障。需要指出的是，随着有机肥的持续施用，土壤基础地力将逐年提升，进而会在维持高产的情况下进一步减轻化肥依赖和降低有机肥的替代比例，这必然会逐步地节省化肥投入成本，逐渐降低经济损失乃至于相对维持或提高经济收入。

第四节　坡耕地水土流失阻控技术

一、坡耕地玉米田氮磷流失控源技术

（一）技术流程

1. 整地

秋季玉米收获后，将玉米秸秆留茬20~25 cm割倒，并将整秆均匀覆盖地表。春季播种前用搂草机将覆盖的秸秆归拢呈条状，分至两侧，保证种床上无整根秸秆，采用免耕机进行垄沟种植或者原垄卡种。采用免耕种植2年后，可根据土壤状况进行深松，深度20~25 cm，实行2年免耕1年深松的循环作业模式。

2. 播种施肥

（1）播种。当耕层（5~10）cm土壤温度稳定在10 ℃，土壤墒情稳定即土壤含水量达到田间持水量的60%以上时，可适时播种。播种密度：密植品种以60 000株/hm²较为适宜，稀植型品种不宜超过50 000株/hm²，采用单粒精量播种，种子发芽率要求达到97%以上，播种深度3~5 cm，种肥隔离。

（2）施肥。优先选择颗粒型且颗粒粒径均匀的复合肥料。肥料施用量分别为氮肥（N）100~195 kg/hm²，磷肥（P_2O_5）60~90 kg/hm²、钾肥（K_2O）90~120 kg/hm²，增效剂施用量为450~750 kg/hm²，其中1/3氮肥和全部磷、钾肥及增效剂作为底肥施入，2/3氮肥在玉米拔节期进行追肥。若采用控释/缓释肥料施肥量可减施10%。底肥采用侧向深施，种、肥横向间隔5~7 cm，肥料深度12~15 cm以上；追肥后肥料用土进行掩盖。

3. 病虫草害防控

玉米生长期间做好杂草清理、防治病虫害等工作。对于田间杂草，可采用化学药剂（参照《农药合理使用准则》*）或人工锄草进行防治。对于病虫害防治，可采用农业防治，优选抗逆、抗病、抗虫品种，注意晒种、拌种，做到适时播种，合理密植，及时发现并铲除病株，而后带出田间集中销毁；生物防治，利用生物和微生物防治玉米病虫害；物理防治，一是利用害虫趋光性的特点设置黑光灯等进行灯光诱杀，二是选择性诱剂，三是利用害虫的趋色特性设置色板诱杀害虫；化学防治要遵循科学合理施用

---

* 标准号为GB/T 8321.1—2000~GB/T8321.10—2018。

化学药剂的原则。

4. 收获

根据当地种植情况、气象条件、品种成熟性等灵活掌握，适时收获。

（二）技术效果

1. 氮磷流失量

（1）径流量。整装技术模式对东北地区坡耕地玉米田径流水流失量的影响如图15-50所示。从图中可以看出，各示范区玉米生长季坡耕地径流流失量表现出相似的趋势，即常规种植模式径流流失量均高于整装技术模式径流流失量。与常规种植模式相比，采用整装技术模式黑龙江、吉林、辽宁以及内蒙古东四盟市4个示范区玉米生长季坡耕地径流流失量分别减少31.91%、34.25%、45.23%和31.48%。坡耕地地表径流是引起土壤侵蚀和养分流失的主要驱动力。免耕秸秆覆盖避免了机械对土壤的压实作用，减少了耕作对土壤结构的破坏；秸秆覆盖可有效减少雨水的冲击，延缓、分散土壤径流，减缓径流强度，削弱径流侵蚀力，增加了降水的入渗。

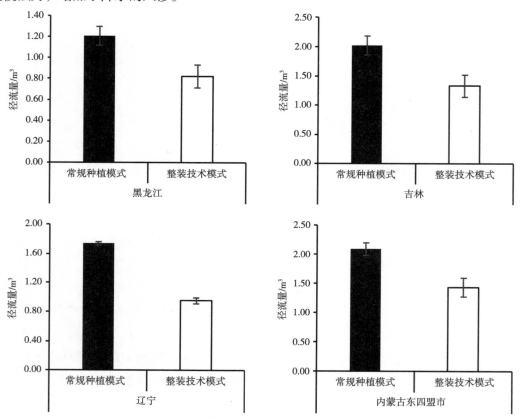

图15-50 东北地区坡耕地玉米田径流流失量

（2）总氮流失量。整装技术模式对东北地区坡耕地玉米田径流水总氮流失量的影响如图15-51所示。常规种植模式，4个示范区玉米生长季坡耕地总氮流失量分别为黑龙江3.18 kg/hm²、吉林2.85 kg/hm²、辽宁2.45 kg/hm²、内蒙古东四盟市1.49 kg/hm²；采用整装技术模式，4个示范区玉米生长季坡耕地总氮流失量分别为黑龙江1.92 kg/hm²、吉林1.74 kg/hm²、辽宁1.43 kg/hm²、内蒙古东四盟市0.98 kg/hm²。与常规种植模式相比，采用整装技术模式黑龙江、吉林、辽宁以及内蒙古东四盟市4个示范区玉米生长季坡耕地总氮流失量分别减少39.62%、38.95%、41.63%和34.22%。

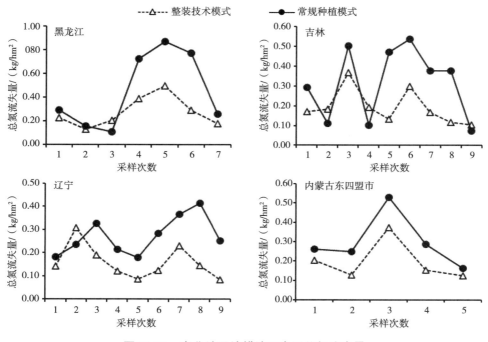

图15-51　东北地区坡耕地玉米田总氮流失量

（3）总磷流失量。整装技术模式对东北地区坡耕地玉米田径流水总磷流失量的影响如图15-52所示。常规种植模式，4个示范区玉米生长季坡耕地总磷流失量分别为黑龙江0.75 kg/hm²、吉林0.82 kg/hm²、辽宁0.79 kg/hm²、内蒙古东四盟市0.62 kg/hm²；采用整装技术模式，4个示范区玉米生长季坡耕地总磷流失量分别为黑龙江0.60 kg/hm²、吉林0.61 kg/hm²、辽宁0.45 kg/hm²、内蒙古东四盟市0.44 kg/hm²。与常规种植模式相比，采用整装技术模式黑龙江、吉林、辽宁以及内蒙古东四盟市4个示范区玉米生长季坡耕地总磷流失量分别减少15.47%、25.61%、43.04%和30.65%。

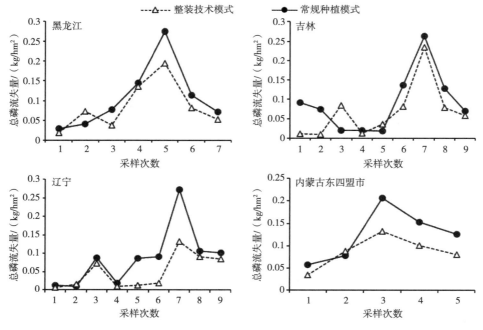

图15-52　东北地区坡耕地玉米田总磷流失量

2. 土壤含水量

整装技术模式对坡耕地0～100 cm土层土壤含水量的影响如图15-53所示。采用整装技术模式可提高0～100 cm土壤含水量，并且随着土壤深度的增加，土壤含水量有增加的趋势。与常规种植模式相比，采用整装技术模式黑龙江、吉林、辽宁以及内蒙古东四盟市4个示范区玉米收获后0～100 cm土壤平均含水量分别提高了33.33%、25.58%、25.49%和29.56%。土壤水分是土壤NO_3^--N、NH_4^+-N在土壤中运移的重要影响因子之一，施肥能够提高土壤水势，增强土壤的供水能力。免耕秸秆覆盖使耕层土壤的生物功能以及土壤水分的保蓄能力得到增强。整装技术模式通过增施增效剂、免耕秸秆覆盖等手段，改善了土壤物理性状，提高了土壤蓄水能力和水分入渗量，增强了土壤抗侵蚀能力。

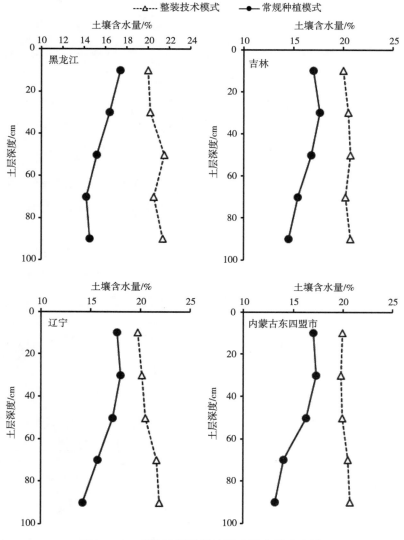

图15-53　东北地区坡耕地玉米田土壤含水量

3. 土壤无机氮

（1）土壤硝态氮。整装技术模式对0～100 cm土壤剖面硝态氮含量分布的影响如图15-54所示。各示范区0～100 cm土壤硝态氮含量的分布具有相似性，随着土壤深度的增加土壤硝态氮含量呈下降的趋势；0～40 cm土层中硝态氮含量占0～100 cm土层中硝态氮含量的60.52%～73.79%，这说明土壤硝态氮具有表聚性。与常规种植模式相比，采用整装技术模式黑龙江、吉林、辽宁以及内蒙古东四盟市4个示范区玉米收获后0～100 cm土壤硝态氮含量分别降低了32.41%、28.29%、34.00%和30.13%。过量施用氮肥，能显著增加土壤硝态氮浓度，从而增加氮素淋失的潜在风险。整装技术通过优化施肥，从源头减少氮磷肥的投入，达到平衡施肥的目的；整装技术中的秸秆覆盖还田由于秸秆腐解程度较慢，会固定土壤中的部分矿质态氮，同时土壤中还存在着微生物和作物对氮素吸收利用的竞争作用，二者共同作用导致表层土壤硝态氮含量的减少，降低了土壤硝态氮淋溶的风险。

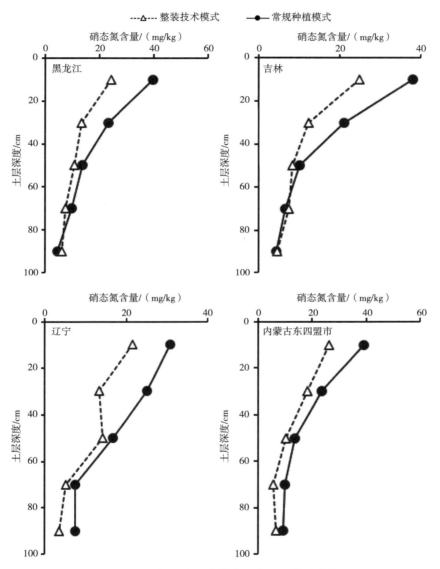

图15-54　东北地区坡耕地玉米田土壤硝态氮

（2）土壤铵态氮。整装技术模式对0～100 cm土壤剖面铵态氮含量分布的影响如图15-55所示。各示范区0～100 cm土壤铵态氮含量随着土壤深度的增加呈下降的趋势；0～40 cm土层中铵态氮含量占0～100 cm土层中铵态氮含量的60.83%～76.12%，土壤中铵态氮含量主要集中在0～40 cm土层中，这与土壤中硝态氮含量的变化趋势基本一致。与常规种植模式相比，采用整装技术模式黑龙江、吉林、辽宁以及内蒙古东四盟市4个示范区玉米收获后0～100 cm土壤铵态氮含量分别降低了10.21%、43.30%、

36.86%和18.61%。由于铵态氮极易被土壤吸附，且迁移能力不强，各示范区40~100 cm深层土壤中铵态氮含量的变化范围为2~5 mg/kg，受施肥和耕作方式的影响较小。

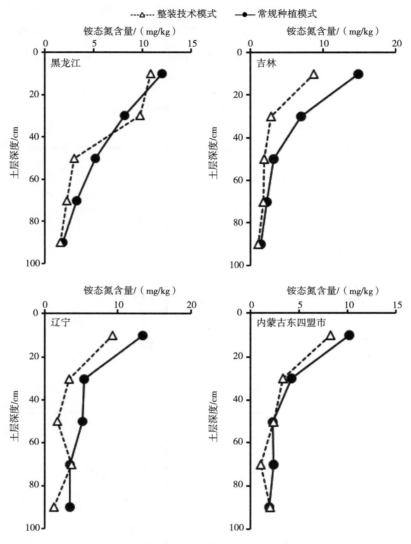

图15-55　东北地区坡耕地玉米田土壤铵态氮

（3）土壤无机氮。整装技术模式对土壤无机氮累积量的影响见表15-29。各示范区硝态氮累积量占无机氮累积量的67.42%~82.05%，这表明土壤中硝态氮是无机氮的主要存在形式。各示范区0~100 cm土层土壤无机氮累积量均为常规种植模式最高，且显著高于整装技术模式（$P<0.05$）。与常规种植模式相比，采用整装技术模式黑龙江、吉林、辽宁以及内蒙古东四盟市示范区0~100 cm土壤无机氮累积量分别减少26.69%、31.92%、34.70%和28.08%。连续秸秆覆盖还田提升了表层土壤硝态氮和铵态氮含量，且随还田年限的延长而增加。秸秆还田可降低玉米收获期0~100 cm土层土壤无机氮累积量，且随秸秆还田年限的延长，土壤无机氮累积量也随之降低。由于秸秆为微生物提供了充足的碳源，土壤微生物活性增强，部分矿质氮被固持。合理的氮肥施用量结合适宜的耕作方式可有效地降低0~100 cm土壤无机氮残留量，降低氮素淋溶对环境污染的风险。

表15-29 土壤无机氮累积量 单位：kg/hm²

地区	处理	NO₃⁻-N					NH₄⁺-N					合计
		0～20 cm	20～40 cm	40～60 cm	60～80 cm	80～100 cm	0～20 cm	20～40 cm	40～60 cm	60～80 cm	80～100 cm	0～100 cm
黑龙江	常规种植模式	98.93a	57.61a	36.20a	25.53a	12.04a	30.09a	20.47a	13.64a	8.62a	4.79a	307.90a
	整装技术	59.97b	32.91b	28.54b	19.17b	15.79a	27.18a	24.29a	7.89b	5.93a	4.04a	225.72b
吉林	常规种植模式	95.00a	52.96a	26.50a	17.52a	11.48a	36.90a	17.43a	8.38a	5.93a	3.68a	275.79a
	整装技术	62.15b	30.59b	22.27b	19.54a	12.10a	21.72b	6.98b	5.11a	4.58a	2.74a	187.77b
辽宁	常规种植模式	76.65a	62.69a	43.96a	19.73a	19.80a	33.47a	13.51a	13.57a	9.24a	9.13a	301.76a
	整装技术	53.76b	33.48b	37.55b	13.59b	8.96b	23.21b	8.35b	4.80b	9.78a	3.59b	197.06b
内蒙古东四盟市	常规种植模式	97.59a	59.21a	36.09a	26.16a	24.86a	25.43a	10.54a	5.95a	6.38a	5.04a	297.25a
	整装技术	65.48b	45.74b	26.93b	14.46b	17.73b	20.58a	8.28b	6.35a	2.87b	5.35a	213.77b

4. 减排效果评价

整装技术模式通过优化施肥从源头上减少了氮磷肥的投入，避免了过量养分在土壤中的残留，同时降低了径流水中氮磷含量。与常规种植模式相比，通过整装技术模式的实施，黑龙江、吉林、辽宁以及内蒙古东四盟市4个示范区总氮流失量分别减少39.62%、39.30%、41.63%、和34.22%；总磷流失量分别减少15.47%、26.83%、43.04%和30.65%；土壤无机氮累积量分别减少26.69%、31.92%、34.70%和28.08%。增施增效剂通过改善土壤物理性状，提高了土壤蓄水和养分库的容纳能力，降低了土壤水分和养分流失的风险，同时提高了土壤的保墒能力，为春播提供一定的保障。黑龙江、吉林、辽宁以及内蒙古东四盟市4个示范区土壤平均含水量分别提高了33.33%、25.58%、25.49%和29.56%；秸秆留茬覆盖通过根茬和地表覆盖，缓冲了降水对土表的冲击破坏，增加了对径流冲刷的阻挡，阻碍地表径流的形成，降低了氮磷污染的风险。

二、坡耕地玉米田氮磷流失生态拦截技术

（一）技术流程

根据东北地区坡耕地的地形条件和土壤类型，坡度5°～25°玉米田在保护性耕作的基础上采取坡地梯田改造技术和植物篱拦截技术减少氮磷流失，达到养分流失拦截和循环利用的目的。其中，5°～15°缓坡地以坡地梯田改造技术措施为主、植物篱拦截措施为辅，15°～25°陡坡地以植物篱拦截措施为主，坡地梯田改造技术为辅进行治理（和继军等，2010）。

1. 水平梯田设计

参考《GB 51018—2014 水土保持工程设计规范》《GB/T 16453.1—2008 水土保持综合技术规范坡耕地治理技术》开展东北地区坡耕地改水平梯田设计，具体梯田设计要素见图15-56。根据东北地区地形条件、土层厚度、梯田因素等基本条件，推荐水平梯田参考田面宽度为4.9～28.3 m，田坎高度为1.0～3.0 m，田埂高度0.3～0.5 m，田坎侧坡坡比（1∶0.1）～（1∶0.4），田埂边坡采用1∶1（表15-

30）。梯田两端向田面方向做围埂，防止径流集中冲毁田间路和下部梯田。梯田排水标准采用当地10年一遇短时暴雨计算。在水平梯田田埂边缘修建田埂植物篱。

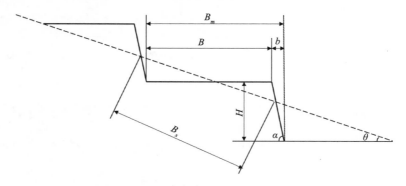

图15-56　水平梯田断面要素图示（单位：m）

各要素间关系见公式（15-25）至公式（15-31）：

$$H = B_x \times \sin \theta \tag{15-25}$$

$$B_x = H/\cos \theta \tag{15-26}$$

$$b = H \times \cot \alpha \tag{15-27}$$

$$B_m = H \times \cot \theta \tag{15-28}$$

$$H = B_m \times \cot \theta \tag{15-29}$$

$$B = B_m - b = H(\cot \theta - \cot \alpha) \tag{15-30}$$

$$V = \frac{1}{8} BHL \tag{15-31}$$

式中，θ为原地面坡度（°）；α为梯田田坎坡度（°）；H为梯田田坎高度（m）；B_x为原坡面斜宽（m）；B_m为梯田田面毛宽（m）；b为梯田田坎占地宽（m）；V为单位面积梯田土方量（m³）；L为单位面积梯田长度（m）。

表15-30　东北地区水平梯田参数　　　　　　　　　　　　　　　　　　　　　单位：m

适宜地区	坡度	田宽	坎高
东北坡耕地	5°	11.2 ~ 28.3	1.0 ~ 2.5
	10°	5.4 ~ 16.7	1.0 ~ 3.0
	15°	5.2 ~ 10.9	1.5 ~ 3.0
	20°	4.9 ~ 7.9	2.0 ~ 3.0

2. 植物篱结构设计

植物篱的空间结构包括带间距、带内结构和株距。其中，带间距是植物篱设计的关键参数，带间距过大不能起到拦蓄氮磷流失的作用，带间距小易与作物竞争养分，影响作物产量。植物篱最大带间距理论公式为：

$$L = 4H / \sin \alpha \qquad (15-32)$$

满足耕作要求的最小带间距公式为：

$$L = 1.5 / \cos \alpha \qquad (15-33)$$

式中，H 为坡地土层平均厚度，α 为坡度。最大带间距公式前提是植物篱可以拦截全部水土流失，适宜土层较薄、成土速度较慢的地区（王玲玲等，2003）。蔡强国指出对于土壤侵蚀严重的地区植物篱带间距应以细沟侵蚀产生的临界坡长为最大带间距的临界值（蔡强国，1998）。

根据通用土壤流失方程，以东北地区坡耕地水蚀速率作为控制指标，反向推算各坡度植物篱带间距，为东北地区植物篱带间距设计提供参考，根据文献分析和技术示范得出东北地区坡耕地玉米田的植物篱推荐带间距为2.5~9.5 m，具体参数见表15-31。

表15-31　东北地区不同坡度植物篱参数　　　　　　　　　　　　　　　　　单位：m

坡度	临界坡长	植物带带间距
5°	8.0~9.0	8.0~9.5
10°	6.0~6.5	7.0~7.5
15°	4.0~4.5	5.0~5.5
20°	2.5~3.0	3.5~4.0
25°	1.5~2.0	2.5~3.0

根据东北地区的土壤侵蚀程度、田面宽度和当地农民的接受度设置植物篱带内结构，带宽一般为0.5~2.0 m，带内种植单排或双排植物篱。植物篱株距计算公式为：

$$N = P_n / P_m \qquad (15-34)$$

式中，N 为单位长度所需的植株数，P_n 为植物篱所需近地面枝条密度，P_m 为植物单株平均近地面枝条密度。近地面枝条密度（P_n）可根据植株基部直径（距地面约10 cm高度处植株的水平截面）和基部萌枝数（距地面约10 cm高度处植株的水平截面的枝条总数）计算得出。植物篱近地面枝条密度与植物篱种类无关，主要取决于不同植物的枝条平均直径。

3. 植物篱布设与管理

（1）品种筛选。根据东北地区的自然环境、气候条件、土壤类型、社会经济、农业生产方式以及植物生物特性筛选出6种适合当地的植物篱品种，包括灌木类黑豆果、紫穗槐、胡枝子、刺五加、金银花和草本类紫花苜蓿（吕文强等，2015；李立新等，2016；颜佩风，2017）。通过文献数据和现场试验结果，黑龙江省推荐的植物篱品种包括黑豆果、刺五加、胡枝子、紫穗槐，吉林省推荐的植物篱品种包括胡枝子、紫穗槐和紫花苜蓿，辽宁省推荐的植物篱品种包括胡枝子、紫穗槐、金银花和紫花苜蓿，内蒙古自治区推荐的植物篱品种包括刺五加、胡枝子和紫花苜蓿。

（2）种植方式。

黑豆果 秋季收获后（10月中旬）深耕植物篱带施入底肥，进行移栽（保证土壤湿润）。双行种植，株距15~20 cm，行距20~25 cm。灌水后要用土把苗埋严，第2年4月中旬撒土，然后灌1次催芽水，确保成活。春季萌芽展叶后，要进行苗木成活情况检查，发现死株及时补栽。

刺五加 秋季收获后将植物篱带深翻，第2年4月中上旬（春播前）雨后进行种植（保证土壤湿润）。播种前要深翻耙细，可同时施入农家肥。将种子均匀地撒在植物篱带，上面覆盖细土厚0.5~1.0 cm，然后盖上地膜，大约1个月后出苗。当出苗率达到50%后揭去地膜。当苗高3~5 cm时进行间苗，苗高达到10 cm时定苗，株距8~10 cm，在间苗的同时要进行除草松土。

紫穗槐 秋季收获后将植物篱带深翻，第2年4月中旬（春播前）雨后进行种植（保证土壤湿润）。在植物篱带开出20~30 cm浅沟，双行种植，选取15 cm长度的穗条成品字形插入土中，每穴扦插2~3条，株距8~10 cm，行距20~25 cm。为提高成活率需搭遮阳网1周，每天定时浇水。

胡枝子 秋季收获后将植物篱带深翻，第2年4月中旬（春播前）雨后进行种植（保证土壤湿润）。胡枝子采用开沟条播，开出20~30 cm浅沟，覆土0.5~1.0 cm，每亩播种量2 kg。

金银花 秋季收获后将植物篱带深翻，第2年4月（春播前）雨后进行种植（保证土壤湿润）。在植物篱带按行距20~25 cm开沟播种，覆土1 cm，2 d喷水1次，10日即可出苗，种子用种量15 kg/hm²。

紫花苜蓿 秋季收获后将植物篱带深翻，第2年4月（春播前）雨后进行种植（保证土壤湿润）。在植物篱带宽40 cm，按行距15~20 cm开沟播种，覆土2 cm为宜，种子用种量30 kg/hm²。

（3）田间管理。

黑豆果 在春季或秋季进行施肥，4月初灌催芽水，5月下旬灌坐果水，6月中旬灌催果水。保持土壤疏松，及时进行铲趟耕翻，清除杂草。在生育期最好间翻2遍，铲1遍。在秋季结合施基肥进行深翻。在土壤封冻前在枝条基部培土10~20 cm，以防病虫害在此寄生越冬及枝条失水抽干。

刺五加 苗定植后要及时进行除草松土，割除萌发的杂草和灌木，保持田间清。在6月下旬追肥1次，并浇1次清水。随时剪去生长过密的枝条，以及枯死枝、衰老枝、病腐枝和畸形枝，保持树木卫生状况及旺盛长势。

紫穗槐 定苗后，田间管理要抓好中耕除草和防止干旱。每年对植物篱带除草松土1~2次，隔年应割1次。紫穗槐抗逆性很强，无病害，但偶有蓑蛾为害叶片，可用药剂喷杀或捕杀。

胡枝子 苗出齐后进行第1次除草，以浅除为好。视杂草情况再除1~2次即可。2~3年时需进行平茬，促进其生长发育。

金银花 每年春季和秋后封冻前，要进行松土、培土工作，每年施肥1~2次，与培土同时进行，可用土杂肥和化肥混合使用。合理修剪整形，在地封冻前，将老枝平卧于地上，上盖蒿草6~7 cm，草上再覆土越冬，次年春萌发前去掉覆盖物。

紫花苜蓿 幼苗期、返青后、刈割前后都要除草，每年可刈割2~3次，留茬高度一般为5 cm左右。最后一次刈割应在早霜来临前30 d左右，而且留茬高度应为7~8 cm，以利于越冬。

（二）技术效果

1. 整装技术模式对水土流失影响

在相同的坡度和降雨条件下，顺垄种植径流流失量远远大于生态工程拦截技术模式产生的径流流失量。根据现场监测结果，生长季顺垄种植模式、植物篱模式和水平梯田模式玉米田产生的径流量分别为1 394.74 m³/hm²、677.28 m³/hm²和507.87 m³/hm²，整装技术玉米田径流量减少了51.44%～63.59%（图15-57）。玉米田径流携带的泥沙量分别为3 338.12 kg/hm²、819.02 kg/hm²和785.44 kg/hm²，整装技术玉米田泥沙量减少了75.46%～76.47%（图15-58）。植物篱技术、水平梯田技术可以较好地控制坡耕地水土流失，与对照顺垄种植相比，显著降低了径流量和平均含沙量。

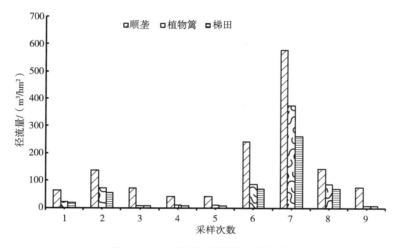

图15-57　不同模式坡耕地径流量

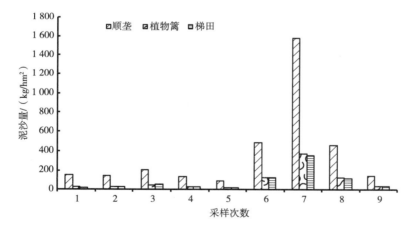

图15-58　不同模式坡耕地泥沙量

2. 整装技术模式对氮磷流失影响

整装技术对东北地区坡耕地径流水氮磷流失量的影响如图15-59和图15-60所示。生长季玉米田的总氮流失负荷分别为3.61 kg/hm²、1.30 kg/hm²和0.68 kg/hm²，与对照顺垄种植相比，总氮流失负荷减少了63.99%～81.16%。生长季玉米田的总磷流失负荷分别为0.23 kg/hm²、0.04 kg/hm²和0.03 kg/hm²，与对照顺垄种植相比，总磷流失负荷减少了82.61%～86.96%。与对照坡耕地相比植物篱、水平梯田的氮磷流失量均明显降低。

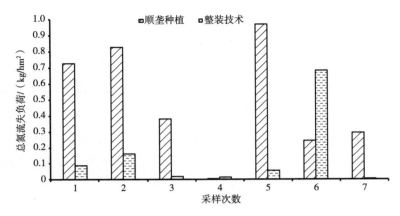

图15-59 不同模式坡耕地径流水总氮流失负荷

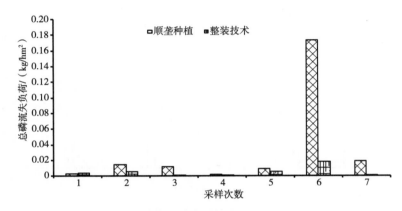

图15-60 不同模式坡耕地径流水总磷流失负荷

3. 整装技术模式对土壤侵蚀的影响

在相同的坡度和降雨条件下，根据现场监测，生长季玉米田产生的土壤侵蚀量分别为3 381.56 kg/hm²、1 741.09 kg/hm²和1 671.83 kg/hm²。与顺垄种植相比，植物篱技术、水平梯田技术土壤总氮含量提高了13%～28%，植物篱技术比水平梯田固氮效果更好。水平梯田技术改变了坡耕地原本的地形坡度，减少了土壤氮素流失，植物篱技术通过根系固氮作用，降低了地表径流挟带泥沙量，从而减缓了土壤氮素的流失。不同种植模式土壤总磷含量在0.32～0.67 g/kg，与顺垄种植相比植物篱技术和水平梯田技术总氮含量提高了30.6%～37.3%（图15-61）。

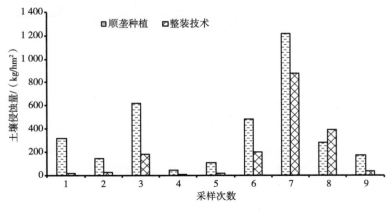

图15-61 不同模式坡耕地土壤侵蚀量

　　通过生态工程拦截整装技术的实施，坡耕地年均径流量降低26.08%～54.67%，泥沙量减少75.87%～84.37%，土壤侵蚀量减少了48.15%～66.14%。通过植物篱和水平梯田的机械阻滞作用，截断连续坡面，减低坡面水流速和冲刷力，降低了径流的泥沙携带能力。植物篱茎秆和根系通过拦截、过滤和利用，实现分流和缓流。植物篱技术通过维持土壤渗透性、拦蓄流动表土、降低地表径流速度、提高土壤养分，从而减少坡耕地水土流失和流域面源污染。同时植物篱可增加土壤有机质、全氮、全磷含量，与常规种植相比，分别平均增加了5.28%～10.27%、19%～23%、10.75%～15.78%。研究表明，每1 000 kg紫穗槐叶含氮616 g、磷144 g、钾319 g，而且紫穗槐体内存在大量的根瘤菌，可以降低土壤的盐碱化程度，增加土壤肥力，快速改善土壤。此外，植物带也可减少带间农作物病虫害的发生并减缓其传播速度。

三、坡耕地玉米田固土减蚀整装技术

（一）技术流程

1. 秸秆粉碎深翻还田

　　（1）秸秆粉碎深翻。5°以下坡耕地玉米种植第1年，待秋季玉米收获后，使用秸秆粉碎农机具进行秸秆粉碎作业，长度小于≤10 cm。秸秆粉碎后，采用深翻机械农机具将秸秆直接翻压入土，翻压深度≥30 cm。为了不影响播种出苗，土层翻压深度要够，同时要对表面镇压。坡地固土减蚀整装技术流程如图15-62所示。

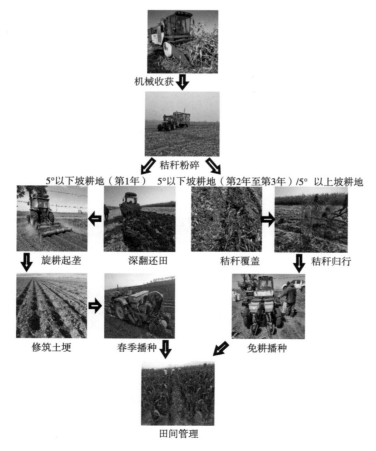

机械收获

秸秆粉碎

5°以下坡耕地（第1年）　5°以下坡耕地（第2年至第3年）/5° 以上坡耕地

旋耕起垄　深翻还田　　秸秆覆盖　　秸秆归行

修筑土埂　　春季播种　　　　　　免耕播种

田间管理

图15-62　坡地固土减蚀整装技术流程

3年深翻1次，深度30 cm以上，要做到旋耕、灭茬、起垄、镇压一次完成，可同时结合施基肥，做到土壤上虚下实，平整细碎，提高土壤蓄水保墒能力。秸秆粉碎深翻还田可改善土壤理化性质，增加土壤有机质含量，增强土壤微生物活性，提高土壤蓄水保土性能。

（2）旋耕起垄。第二年春季采用整地机械农机具进行耙地、旋耕、起垄、镇压。垄向与等高线平行，由下至上进行翻耕、起垄，垄高和垄间宽度根据耕作机具和坡度确定。

（3）修筑土埂。可采用机械筑埂机结合秋季整地在垄沟内每隔一定距离修筑一个略低于垄台的横向土埂，形成封闭的格网状坑穴（图15-63）。修筑土埂操作简便易行，动土量少，作业成本低，能够有效拦蓄降雨产生的径流，提高土壤含水量，改善土壤水分环境。修筑土埂适用于坡度6°以下坡耕地，原因是大于6°的坡耕地修筑土埂占垄沟面积大，作业费工。

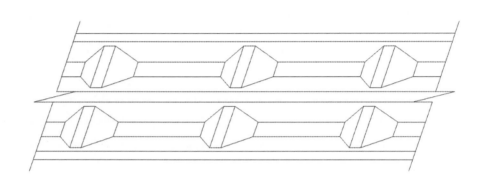

图15-63 垄沟筑土埂图示

最佳土埂间距设计 垄沟内土埂之间的距离过大，汇集雨量多，会使雨水冲垮垄台，更易形成冲沟，破坏耕地的平整性；土埂之间的距离过小，会增加作业量，提高耕作成本。因此需要确定合理的土埂间距用于指导生产实践。经前人通过人工模拟降雨试验和计算机模拟计算，土埂高度应低于垄台高度2~3 cm，高度14~16 cm，土埂底宽30~45 cm，顶宽10~20 cm，最佳土埂间距L值计算，见公式15-35。

$$L = 168\theta^{-0.5}$$ （15-35）

式中，L为两个土挡之间的距离（cm）；θ为坡度（°）。

2. 秸秆覆盖免耕还田

（1）秸秆覆盖还田。5°以上坡耕地玉米种植每年或5°以下坡耕地玉米种植第2~3年，待玉米收获后，不进行深翻、整地、筑埂，而是将粉碎后的秸秆直接覆盖地表直到第2年播种前。减少对土壤的扰动，保墒固土、防止风蚀、水蚀，改善土壤结构，增加土壤有机质含量。人工收获的地块也可采用整株秸秆覆盖还田。秸秆覆盖根据留茬高度分低留茬、高留茬两种。

低留茬 适合在坡度小于3°坡耕地进行作业。玉米收获时秸秆直接粉碎均匀覆盖地表，留茬高度小于5 cm，秸秆粉碎长度≤10 cm。

高留茬 适合在大于3°坡耕地进行作业，留茬高是为了拦截覆盖在地表的玉米秸秆被雨水冲走。玉米收获时采用高留茬25~30 cm，上部秸秆直接粉碎均匀覆盖地表，粉碎长度≤10 cm。

（2）秸秆归行。翌年春季不整地、不动土，采用秸秆归行机将秸秆清理归行，留出40 cm宽播种带，播种带秸秆清理度大于90%。翌年春季不整地、不动土，直接免耕播种。

（3）播种。玉米苗最低萌发温度为6~7℃，玉米幼苗合适生长温度为10~12℃，东北地区播种时间宜在4月下旬到5月上旬、土壤表层（5~10 cm）温度稳定通过10~12℃时。早熟玉米品种播种密度4 500~5 000株/亩，晚熟玉米品种播种密度3 500~4 000株/亩。播种可采用免耕播种机与施种肥一次性同时完成。

（4）田间管理。

施肥　玉米种植施肥包括底肥、种肥和追肥。底肥施用时间在秋季收获后、整地之前，一般结合整地施优质并充分腐熟的农家肥。种肥施肥时间与播种同时进行。追肥时间在拔节期（玉米生长到7片叶子、株高30 cm时）、大喇叭口期（玉米生长到13~14片叶子、株高1~1.5 m时）。种肥和追肥施肥深度15~20 cm，种肥浅一些，追肥深一些。建议在坡度较陡的坡耕地采用分次施种肥和追肥的方式，在地势较缓、适合机械作业的坡耕地可采用一次性施复合肥。主要是考虑到陡坡地水土流失较大，早施肥容易造成肥料氮磷养分流失、玉米后期生长缺肥。

化学除草　在播种后至出苗前使用除草剂喷洒土壤表面，进行土壤封闭除草。

病虫害防治　在秸秆粉碎还田时需要注意对秸秆中的病虫害进行预防。病害主要有大斑病、小斑病、弯孢菌叶斑病、灰斑病、纹枯病、顶腐病等。虫害主要有玉米螟、黏虫、玉米叶螨、蚜虫、地下害虫等。可通过物理防治、生物防治或者化学防治方法。

（5）收获。东北地区玉米一般完熟期在9月下旬至10月上旬，当植株底部叶片变黄，苞叶松散且呈黄白色，籽粒变硬呈固有粒形和粒色时即可收获。收获后要及时晾晒，籽粒含水量达到20%以下时脱粒、清选。

（二）技术效果

1. 水土流失阻控效果

坡地固土减蚀整装技术采用横垄种植、垄沟横档拦截地表径流；秸秆覆盖减轻径流冲蚀，保护土壤资源，减少土壤流失。试验表明：采用固土减蚀整装技术措施，地表径流量与常规种植技术相比辽宁减少59.74%、吉林减少61.11%（许晓鸿等，2013）、黑龙江减少27.08%（魏永霞等，2013）、内蒙古东四盟市减少46.15%（牛晓乐等，2019）；土壤侵蚀量与常规种植技术相比辽宁减少60.09%、吉林减少86.11%（许晓鸿等，2013）、黑龙江减少40.30%（魏永霞等，2013）、内蒙古东四盟市减少49.80%（牛晓乐等，2019）（图15-64）。

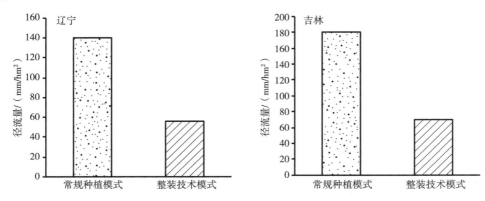

图15-64　固土减蚀整装技术对径流量的影响
（辽宁数据来源于作者2018—2020年铁岭试验数据）

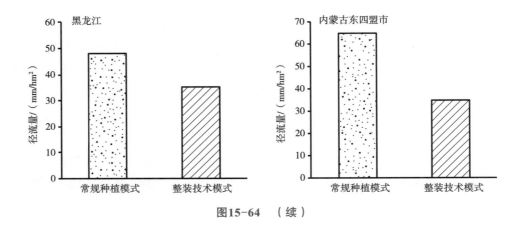

图15-64 （续）

2. 氮磷流失阻控效果

坡地固土减蚀整装技术在减少土壤养分流失方面效果显著。研究表明，整装技术模式相比常规种植模式，流失的泥沙中有机质含量降低81.40%，全氮含量降低80%，全磷含量降低84.62%（图15-65）（许晓鸿等，2013）。

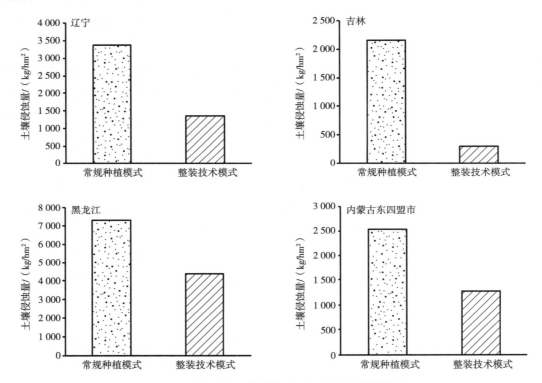

图15-65 固土减蚀整装技术对土壤侵蚀量的影响
（辽宁数据来源于作者2018—2020年铁岭试验数据）

3. 改善土壤特性

坡地固土减蚀整装技术改善了土壤团粒结构、增大土壤孔隙度，土壤持水能力增加，土壤水分含量提高，有利于保墒抗旱；秸秆还田增加土壤有机质，提高土壤养分，增强了土壤黏聚力和抗蚀性，秸秆覆盖措施增加地表覆盖，减轻雨滴对土壤表面的溅蚀作用。试验结果表明，采用固土减蚀整装技术措施，土壤容重在0～10 cm、10～20 cm、20～30 cm土层深度较常规种植技术分别减少5.26%、6.06%、

17.75%；土壤含水量在0~10 cm、10~20 cm、20~30 cm土层深度较常规种植技术分别增加41.50%、9.42%、4.42%（图15-66）。说明该整装技术对改善土壤结构、增大土壤孔隙度、保持土壤水分、提高土壤保墒抗旱能力具有积极作用。

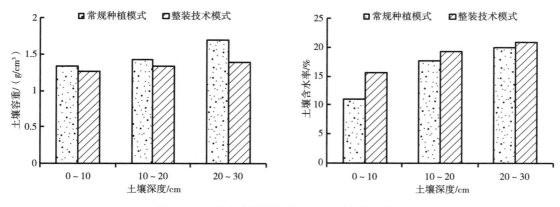

图15-66 固土减蚀整装技术对土壤特性的影响
（数据来源于作者2018—2020年铁岭试验数据）

坡地固土减蚀整装技术的实施改善了土壤结构，提高了土壤拦蓄能力；减少了地表径流对坡耕地的破坏，增加土壤保墒抗旱能力。减少地表径流减少27.08%以上，土壤流失减少40.30%以上，土壤含水量增加4.42%以上；同时化肥投入量减少13%以上，拦截泥沙中的氮磷流失80%以上，减少了对下游水域的污染。

第五节 秸秆资源化利用技术

一、玉米秸秆还田技术

（一）玉米秸秆全量深翻还田技术

1. 技术简介

（1）技术原理。秸秆机械翻埋还田技术就是用秸秆粉碎机将摘穗后的农作物秸秆就地粉碎，均匀抛撒在地表，随即翻耕入土，使之腐烂分解，有利于把秸秆的营养物质完全地保留在土壤里，增加土壤有机质含量、培肥地力、改良土壤结构，并减少病虫危害。对比传统耕作模式，土壤有机质增加5%~10%，氮肥利用率平均提高8%以上，生产效率提升20%，节本增效8%以上。

（2）适用区域。适宜东北降水量在450~650 mm的地区，要求土地平整、黑土层厚度在30 cm以上。

2. 技术流程

（1）秋整地、秸秆翻埋。玉米进入完熟期后，采用大型玉米收获机进行收获，同时将玉米秸秆粉碎（长度≤20 cm），并均匀抛撒于田间，喷施玉米秸秆腐解剂2 kg/亩。采用液压翻转犁（图15-67）将秸秆翻埋入土（要求牵引动力在150马力以上，行驶速度应在6~10 km/h以上，翻耕深度30~35 cm），将秸秆深翻至20～30 cm土层（图15-68），在翻埋后用重耙耙地，耙深16～18 cm，达到不漏耙、不拖堆、土壤细碎、地表平整达到起垄状态，耙幅在4 m宽的地表高低差小于3 cm，每平方米大于10 cm的土块不超过5个（图15-69）。

图15-67　1LQTFZ-44型液压翻转犁

如作业后地表不能达到待播状态，要在春季播种前进行二次耙地。当土壤含水量在田间持水量的70%以上时，镇压强度为300～400 g/cm^2；当土壤含水量低于70%时，镇压强度为400～600 g/cm^2。

图15-68　秸秆深埋还田

图15-69　液压翻转犁田间工作及效果

（2）春整地、播种。

整地　在秋季秸秆深翻还田整地的前提下，采用圆盘轻耙压一体整地机进行整地，将中、小土块打碎至待播状态。

播种　采用机械化平地播种方式，一次性完成施肥、播种等环节。当土壤5 cm处地温稳定通过8 ℃、土壤耕层含水量在20%左右时可抢墒播种，以确保全苗。出苗率应保证在90%以上，播种深度3~5 cm，在机械精量播种的同时，进行机械深施肥，施肥深度在种床下3~5 cm，选择玉米专用肥。播后对苗带及时进行镇压。

补水播种　播种期内土壤水分低于20%，可采用外挂补水装置（图15-70）进行补水播种，播种时注意水流速度及水流方向，预防种子随水移动，造成种子堆积、断苗。

播种密度　低肥力地块种植密度5.5万~6.0万株/hm²，高肥力地块种植密度6.0万~7.0万株/hm²。

品种选择　选择中晚熟品种，玉米株型为紧凑型或半紧凑型较为理想，株高适合在2.5~2.8 m，穗位较低，抗倒防衰，适合机械收获的品种。

（3）养分管理。

施肥　根据土壤肥力和目标产量确定合理施肥量。肥料养分投入总量为180~220 kg N/hm²、50~90 kg P_2O_5/hm²、60~100 kg K_2O/hm²。40%氮肥与全部磷、钾肥作底肥深施；

追肥　在封垄前，8~10展叶期（拔节前）追施氮肥总量的60%。

图15-70　补水装置

（4）除草管理。视当季雨量选择苗前或苗后除草，若雨量充沛，应在降雨之后选择苗后除草；若雨量较小，选择苗前封闭除草。

苗前除草　播种后应立即进行封闭除草，选用莠去津类胶悬剂及乙草胺乳油，在玉米播后苗前土壤较湿润时进行土壤喷雾。

苗后除草　苗前除草效果差，可追加苗后除草，使用烟嘧磺隆和苞卫或与阔草清、耕杰、溴苯腈混用可有效防除玉米田杂草。药剂用量严格按照说明书使用。

（5）病虫防治。

玉米螟防治　于7月初释放赤眼蜂及新型白僵菌颗粒或粉剂（采用新型球孢白僵菌颗粒剂），应用无人机或人工实施白僵菌颗粒剂田间高效投放技术（图15-71），具有较好防治效果，防效达70%以上。

黏虫防治　按照药剂说明书使用剂量进行喷施"丙环嘧菌酯+氯虫·噻虫嗪"。

图15-71　无人机实施白僵菌颗粒剂田间高效投放技术

（6）收获。使用玉米收割机适时晚收。玉米生理成熟后7～15 d、籽粒含水率在20%～25%时为最佳收获期，田间损失率≤5%，杂质率≤3%，破损率≤5%。

（7）注意事项。秸秆深翻还田应秋季收获后进行，避免春季动土散墒。秸秆深翻还田要抢在收获后、上冻前这一时间段，但同时要注意土壤水分过高时不宜进行秸秆翻埋，会造成土块过大、过黏，不宜于春季整地操作。秸秆深翻条件下，注意玉米生长期的杂草控制，杂草过多不利于玉米苗期生长，同时对玉米中后期病虫害影响带来风险。

3. 效益分析

（1）经济效益。传统耕作模式下，秸秆需在收获后进行打包处理，然后进行灭茬整地、镇压起垄，而秸秆深翻还田模式下，秸秆在收获后用液压翻转犁进行深翻深埋，然后进行耙地、压地平整耕地。

秸秆深翻还田的农机耕作成本比传统耕作模式略有增加，但经过多年试验发现，前者增产幅度在10%以上，收益增加明显。

依据2018—2019年试验结果显示（表15-32），秸秆深翻模式平均成本总计约5 400元/hm²，平均产量为11 000 kg/hm²左右，纯收益约为11 115元/hm²；传统耕作模式农机耕作成本总计约5 200元/hm²，平均产量为10 000 kg/hm²左右，纯收益约为9 800元/hm²，平均增收1 315元/hm²。

表15-32　经济效益对比　　　　　　　　　　　　　　　　　单位：元/hm²

类别与项目		成本	产量/（kg/hm²）	总产值	纯效益
农民习惯种植	秸秆清理费用　200	5 200	10 000	15 000	9 800
	整地费用（包括灭茬）　500				
	收获费用　900				
	播种费用　300				
	肥料、种子、农药费用 3 300				
秸秆深翻还田	翻地费用　700	5 400	11 010	16 515	11 115
	整地费用（联合整地机+镇压）　500				
	收获费用　900				
	播种费用　300				
	肥料、种子、农药费用 3 000				
节本增效情况		-200	1 010	1 515	1 315

（2）社会效益。可以改善农村环境，增加农民收入，提高农业的综合收益，促进农业的可持续发展，在农业经济的发展中发挥重要的作用，可谓利国利民、一举多得。

根据国内外大量研究及实践经验，从资源合理利用及效益角度分析，将东北地区玉米秸秆2/3直接还田，保障黑土资源永续利用，另1/3用于燃料、饲料及其他用途，并以此作为秸秆资源利用的基本准则长期坚持，是我国东北地区科学、合理的秸秆资源化利用结构和方式。

（3）生态效益。秸秆全量还田，一方面可以极大地减少秸秆焚烧、无序堆放等现象，同时可以减少有害气体的排放，对环境保护也具有重要的意义；另一方面可以有效地改良土壤，改善土壤的物理性状，增加土壤有机质。

玉米秸秆全量还田相当于每公顷施用110 kg尿素、30 kg磷酸二铵、170 kg硫酸钾，土壤有机质年均增加0.01%。秸秆还田还能够增加土壤微生物数量，提高酶活性，加速有机物质分解和矿物质养分转化。可以有效解决东北黑土因长期重用轻养而导致的土壤有机质衰减、耕层结构变差、肥力退化等问题，是提高黑土资源可持续利用的有效措施。玉米秸秆还田能够增强土壤的固碳量，减少其向大气中二氧化碳的排放，对保护农田生态环境起着重要作用。

（二）玉米秸秆覆盖还田技术

1. 宽窄行秸秆全覆盖还田归行播种模式

技术流程　收获（秸秆覆盖还田）→秸秆归行处理→免耕播种施肥→防治病虫草害→土壤深松，实现农业生产的全程机械化。

收获　收获时采用具有秸秆粉碎装置的玉米联合收获机（图15-72）收获果穗或籽粒后，秸秆和残茬以自然状态留置耕地表面越冬。

图15-72　机械收获

秸秆归行处理　由于秸秆覆盖量大，在播种时易出现拥堵，需对播种带（苗位）的秸秆进行整理，使用改制的归行机具耙（图15-73）将宽行（播种带即苗位）的秸秆搂归到窄行里，倒出播种位置，形成无秸秆覆盖的条带（图15-74），保证播种质量。由于播种带没有秸秆覆盖，可以有效地接受阳光照射，提高了地温，保证了种子发芽所需的温度。

图15-73 改进的秸秆归行机具

图15-74 宽窄行秸秆归行处理效果

免耕播种施肥 用牵引式重型免耕播种机直接播种施肥。一次性完成侧深施肥、压实种床、播种开沟、单粒播种、施口肥、覆土、重镇压等作业工序。宽窄行免耕播种第一年实施时，由于上一年是常规种植，即均匀垄种植，将免耕播种机行距调整为40~50 cm在相邻两垄内侧播种，隔一个垄沟再在另外两垄内侧播种，形成窄行、宽行模式，第二年在宽行中播种窄行，以后每年依此类推（图15-75）。

图15-75 免耕播种施肥

播种时玉米品种必须根据土壤、肥力等条件选择合适的品种，播种数量可以根据需要调节，一般下种量为2~2.5 kg/亩，种子要选颗粒饱满、优质的良种，发芽率95%以上，并对种子进行包衣处理。肥料要选用颗粒肥料，粉状化肥易结块、流动性差，会影响施肥效果。施肥前对颗粒肥进行检查，结块要去除，以免堵塞排肥管影响施肥量，施肥量每亩50~65 kg为宜。播种作业时，宜将种子播入土壤3~5 cm深，化肥要施到土壤8~12 cm深，种肥分施距离达到5 cm以上。不漏播、不重播、播深一致，覆土良好，镇压严实。免耕播种的播期一般较常规播种晚。

病虫草害防治 ①化学除草：化学除草可选择在播种后苗前封闭除草或苗后期喷施茎叶除草。苗前封闭除草药适合玉米播种后，草未长出前使用（图15-76），一般在播后7 d内喷完，如果玉米苗已经露头，就不要喷药了。喷药时外界平均气温应在15 ℃以上，同时土壤墒情要好。亦可在杂草3叶期用选择性或"灭生型"除草剂进行除草（12 h内下雨后重新喷施）。近年来玉米苗后选择性除草剂渐受农民欢迎，这类除草剂主要有硝磺草酮·莠去津、四甲基磺草酮和烟嘧磺隆，使用时多在玉米3~5片叶，杂草2~4片叶时喷施。苗前封闭除草，应当选择风幕式喷药机；苗后除草，可选喷杆喷雾机或风幕式喷药机。②病虫害防治：病虫害的防治要根据发生情况确定，与其他常规种植方式的生产田一样，要根据各地情况以及病虫害发生情况有针对性地进行防治。由于秸秆常年不回收，玉米螟发生相对较多，应注意防治。可采用释放赤眼蜂的方法防治玉米螟。

图15-76 化学封闭除草

土壤疏松 土壤疏松环节很重要，但不需每年进行，主要根据以下两个方面来确定是否进行土壤疏松，一是耕地存在犁底层过厚，可供根系生长的空间过小；二是耕层板结严重，这两种情况都应该进行土壤疏松。宽窄行的土壤疏松时间，夏季是最佳的作业时期，可在玉米苗期雨季到来之前进行，一般是在6月下旬，这时正是追肥期，可以结合追肥进行深松作业，夏季作业一是可以充分接纳雨季降水，确保下渗效果；二是有利于地温的提高，弥补了免耕播种地温低的缺陷；三是被深松的条带通过雨水的淋溶和冬春季的冻融、沉降，加速耕层土壤的熟化。在秋季收获后土壤封冻前进行土壤疏松也可以达到理想的效果，但禁止春季作业。作业方法一般选择间隔深疏松，即只对宽行（播种带）作业（图15-77）。作业深度一般以打破犁底层为主，一般在30 cm左右。机具一般使用高性能多功能深松整地联合作业机，一次进地完成土壤疏松、平地、碎土、镇压等工序。

图15-77 玉米行间深松

宽窄行秸秆全覆盖还田模式适宜大部分耕地上采用，但个别二洼地、低洼地块不适宜这种种植方式。

2. 均匀行秸秆全覆盖还田归行播种模式

技术流程 收获（秸秆覆盖还田）→秸秆归行→免耕播种施肥→防治病虫草害→中耕→必要的土壤深松，实现农业生产的全程机械化。

收获 收获时采用玉米联合收获机收获果穗或籽粒。收获后，秸秆和残茬以自然状态留置玉米行间表面越冬封闭。收获机一般选用2行以上自走式收获机，作业效果理想。均匀行平作在收获作业时，将秸秆粉碎装置的动力切断，不粉碎秸秆，这样秸秆就能均匀覆盖在地表。均匀行垄作在收获时将秸秆粉碎后全部覆盖在垄沟即可。

秸秆归行 使用改制的归行机具将播种带的秸秆归到非播种带内，倒出播种位置，待播。同时，播种带没有了秸秆覆盖，可以有效地接受阳光照射，提高了地温，保证了种子发芽所需的温度（图15-78）。

图15-78 秸秆归行以清理出苗带

966

免耕播种施肥　免耕播种机一次性完成播种开沟、侧深施肥、压实种床、单粒播种、施口肥、覆土、重镇压等作业工序。均匀行平作免耕播种第一年实施时，由于上一年是常规种植的均匀垄，如果垄型较突出，需将垄型旋平。播种时播种均匀行距，行距要在65 cm以上，第二年实施时在上年播种行的行间进行播种，以后每年依此类推；均匀行垄作在灭茬旋耕的垄上进行免耕播种均匀行，行距要在60 cm以上，以后每年依此类推。

播种时玉米品种必须根据土壤、肥力等条件选择品种，播种数量可以根据需要调节，一般下种量为2～2.5 kg/亩，种子要选颗粒饱满、优质的良种，发芽率95%以上，并对种子进行包衣处理。肥料要选用颗粒肥料，粉状化肥易结块、流动性差，会影响施肥效果。施肥前对颗粒肥需进行检查，结块要去除，以免堵塞排肥管影响施肥量，施肥量每亩50～65 kg为宜。播种作业时，宜将种子播入土壤3～5 cm深，化肥要施到土壤8～12 cm深，种肥分施距离达到5 cm以上。不漏播、不重播、播深一致、覆土良好、镇压严实。免耕播种的播期一般较常规播种晚些。

病虫草害防治　病虫草害防治方法与宽窄行秸秆全覆盖还田模式方式相同。

中耕培垄　原垄垄作地块在6月中下旬进行，这时垄沟内的秸秆已部分腐烂，秸秆的韧性已弱化，此时结合中耕进行拿大垄作业，这样接下来的雨季时可以起到散墒和提高地温的作用，而且有利于秋季收获时秸秆的存放。

土壤深松　对于均匀行来说土壤深松很重要，因为采用均匀行秸秆全覆盖还田模式种植机械作业时机械碾压处很难避开播种带，因此土壤深松重要但不需每年进行，主要根据以下两个方面来确定是否进行土壤深松，一是耕地存在犁底层过厚，可供根系生长的空间过小；二是耕层板结严重，这两种情况都应该进行土壤深松。均匀行的深松主要是在秋季收获后土壤封冻前进行，禁止春季作业。作业方法是一般在播种带进行深松，如深松后播种带不平整需进行一次行上旋耕，以达待播状态。深松的作业深度以打破犁底层为准，一般在30 cm左右。机具选择，通常使用高性能多功能深松整地联合作业机，一次进地完成土壤疏松、平地、碎土、镇压等工序。

均匀行秸秆全覆盖还田模式适宜在大部分耕地上采用，其中均匀行平作更适于保护性耕作，归行播种出苗齐（图15-79），适于规模化经营的耕地上应用，但个别低洼地块不适宜此种植方式；原垄垄作用于风沙、盐碱地块效果更好。

图15-79　归行播种出苗质量

3. 效益分析

（1）经济效益。玉米秸秆条带还田保护性耕作技术较常规耕作方式每公顷节约成本700元，增加产量10%左右，每公顷节本增效合计1 900元（表15-33）。

表15-33　与常规耕作方式机械作业成本对比

单位：元/hm²

玉米秸秆条带还田		常规耕作方式	
作业项目	成本	作业项目	成本
播种	500	播种	500
除草	100	除草	100
深松	600	灭茬起垄施底肥	900
秸秆归行	200	中耕	600
收获	1 000	收获	1 000
合计	2 400	合计	3 100

（2）社会效益。保护性耕作新技术农机与农艺技术相结合，带动了项目区玉米机械化生产技术的应用，相关机具的生产已经形成了产业化。随着新技术的大面积示范推广，形成了以合作社或农机大户带动下的土地规模化经营模式，加快了吉林省中部玉米生产机械化及土地集约化规模化生产进程，具有显著的社会效益。

（3）生态效益。建立的以玉米条带覆盖深松少耕为主体的保护性耕作技术模式，显著增加了有机物料还田量；通过条带深松打破了犁底层，加深了耕层，改善了土壤物理性状，与常规耕作方式相比，土壤容重降低，孔隙度增加，耕层土壤含水率显著增加，自然降水利用效率提高10%以上；此外，还减少了对土壤的扰动，有利于土壤结构的恢复。建立的保护性耕作技术体系集土壤培肥与自然降水高效利用于一体，大面积推广应用具有显著的生态效益。

二、水稻秸秆还田技术

（一）深翻还田技术

1. 技术简介

水稻秸秆深翻还田是在水稻机械收获的同时将秸秆粉碎并均匀抛撒于地表的前提下，利用铧式翻地犁将秸秆翻埋于土壤耕层之下的一种秸秆还田方式。充分利用秸秆还田结合水田深翻整地技术，可实现水稻秸秆还田率100%，还田效果良好，能很好地改善水田耕地质量。

2. 技术流程

（1）秸秆处理。水稻收获后应立即进行秸秆还田作业，对秸秆进行粉碎处理，秸秆长度≤10 cm，根茬高度≤10 cm，秸秆粉碎长度合格率≥85%，粉碎后的秸秆应均匀抛撒覆盖地表。

（2）整地。水稻田提倡以秋翻为主，旋耕为辅，实践证明水田秋翻有减少病、虫、草害的作用，秋翻应与增施氮肥相结合，以补充秸秆腐烂过程中消耗的氮素，加快秸秆腐烂速度，保证水稻苗期生长旺盛，为水稻生长创造一个较肥厚的土壤条件；秋季土壤封冻前，在土壤含水量为25%～30%时，撒施纯氮20 kg/hm²，使用铧式犁将秸秆、根茬及氮肥翻埋于土壤中，严格控制耕翻深度，深翻深度要求18 cm以上，耕深一致，不得过深或过浅，不重翻和漏翻。

（3）放水泡田。翻耕后的稻田应在春季插秧前20～30 d放水泡田，泡田水深为垡片高度的2/3，泡田5～7 d。

（4）搅浆。插秧前15～20 d采用搅浆平地机进行水耙地，耙后秸秆应混搅于泥浆中，无秸秆及根茬漂浮，田块四周平整一致。耙后应保持30～50 mm水层，沉淀后在田面指划成沟，后缓慢恢复平整，为最佳沉淀状态。

（5）水分管理。在水稻的分蘖期、灌浆期实施浅湿灌溉，操作要点：浅水勤灌促返青、分蘖，水层深度5～30 mm；分蘖后期及时晒田，当茎蘖数达到有效穗数80%时，排干田面积水，晒田7～10 d，使耕层土壤含水量不低于田间持水量的65%；拔节孕穗期间歇灌，每次灌水后水层深3 cm，水层耗尽后3～4 d再灌；抽穗开花及乳熟期湿润灌溉，每次灌水水层深2 cm、水层耗尽后3～4 d再灌；黄熟期自然落干，遇雨排水。

（6）病虫草害防治。综合运用生物防治、农艺措施等防治病虫草害，农药以低毒和生物农药为主。苗床除草采用封闭灭草和覆膜等措施，本田除草主要通过以苗压草、以水压草、人工除草、药物除草等方法。可采用浸种消毒、生物防治、农药、农艺措施综合防治虫害。

（7）收获。在水稻籽粒成熟度达到95%以上时，采用机械收获，秸秆粉碎均匀抛撒，秸秆粉碎长度≤10 cm。

（二）粉碎搅浆还田技术

1. 技术简介

秋季采用水稻直收机或秸秆粉碎机将水稻秸秆粉碎到5～10 cm，均匀抛撒田面；采用深翻犁，将秸秆翻埋到土壤25 cm以下，深翻扣严；第二年春季，运用旋耕整地机，进行旱旋平地，采用双轴搅浆机进行浅层搅浆；使用压沉机械，将没有完全进入土壤的秸秆压沉到泥浆中；运用大马力的插秧机，进行移栽；在底肥施用上，适当增施氮肥，适当晒田通气，注重防治病虫草害等环节的技术。

该技术能解决水稻秸秆还田农机农艺不配套造成的漂秧、争肥、机械整地难等问题，主要适宜于大马力机械作业的水田区。

2. 技术流程（图15-80）

（1）机械收获秸秆覆盖。在收获作业时选择带有秸秆粉碎还田装置的水稻收获机，收获同时将秸秆粉碎后均匀覆盖在稻田。

（2）秋季深翻。一年一次，秋季采用大马力的翻转犁进行稻田的深翻，深翻深度为25～40 cm。

（3）耙田起浆。插秧前，结合底肥施用，采用重耙机进行平整耙田，将秋翻稻田地表进行耙田平整，将裸露秸秆进一步粉碎，将95%以上的秸秆翻压在土壤中，稻田灌水进行泡田，水层不宜过深，刚淹没土壤为宜，采用双轴搅浆机进行起降，沉压，将水稻秸秆全部插压到土壤中。

（4）机械插秧。采用20马力以上的插秧机，进行插秧。

（5）追肥。一般在水稻返青期进行铵态氮肥追施，在分蘖期追施缓释氮肥，追施氮、钾肥。

（6）病虫害防治。依照灾害发生情况确定，病虫害防治在发生初期进行。

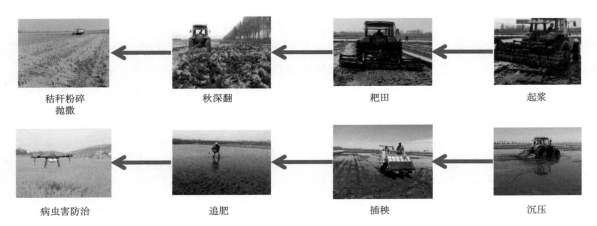

秸秆粉碎　　　　　秋深翻　　　　　　　耙田　　　　　　　起浆
抛撒

病虫害防治　　　　　追肥　　　　　　　插秧　　　　　　　沉压

图15-80　寒地水稻秸秆粉碎搅浆还田技术流程

3. 效益分析

（1）作业成本分析。收割机配备粉碎机直接抛撒亩成本10元/亩，拖拉机配备秸秆粉碎机二次还田作业费20元/亩，深翻作业费10～15元/亩。

（2）经济效益。水稻秸秆直接还田比例达60%以上，作物增产10%，实现农民增收。

（3）社会与生态效益。水稻秸秆还田利用措施在东北大面积推广应用，能够提高黑土区土壤水肥利用效率，改善土壤环境，实现土地用养结合，促进黑土的可持续利用，有效保护自然资源和生态环境，加快农业和农村经济的发展，提高人们生活水平，促进农业生产可持续发展。

可以减轻环境污染，改善生态环境，生产绿色农产品，有助于人们的健康。同时实现水稻秸秆资源有效利用，大幅度提高农业废弃物资源的利用效率，从根本上改变东北地区农业生产的环境条件，逐步恢复土壤肥力，增强抵御自然灾害的能力，保护耕地资源，实现低碳农业，显著降低粮食生产对生态环境的压力。可明显改善东北黑土区域的生态环境。

主要参考文献

蔡强国，1998. 坡面细沟发生临界条件研究[J]. 泥沙研究（1）：3-5.

丛宏斌，孟海波，于佳动，等，2021. "绿色"引领下东北地区秸秆产业发展长效机制解析[J]. 农业工程学报，37（13）：314-321.

和继军，蔡强国，王学强，2010. 北方土石山区坡耕地水土保持措施的空间有效配置[J]. 地理研究，29（6）：1017-1026.

李立新，陈英智，董景海，2016. 东北低山丘陵区小流域水土流失防治措施的布设及效益评估——以黑龙江省宁安市和盛小流域为例[J]. 水土保持通报，36（1）：253-258.

吕文强，党宏忠，周泽福，等，2015. 北方带状植物篱土壤水分物理性质分异特征[J]. 水土保持学报，29（3）：86-91，97.

牛晓乐，秦富仓，杨振奇，等，2019. 黑土区坡耕地几种耕作措施水土保持效益研究[J]. 灌溉排水学报，38（5）：67-72.

邱立春，孙跃龙，王瑞丽，等，2015. 秸秆深还对土壤水分转移及产量的影响[J]. 玉米科学，23（6）：84-91.

王玲玲，何丙辉，李贞霞，2003. 等高植物篱技术研究进展[J]. 中国生态农业学报（2）：137-139.

王玉峰，谷学佳，张磊，2018. 水稻施肥插秧一体化技术在黑龙江省的应用前景[J]. 黑龙江农业科学（1）：129-132.

魏永霞，李晓丹，胡婷婷，2013. 坡耕地保护性耕作技术模式的保水保土增产效应研究[J]. 东北农业大学学报，44（5）：51-55.

习斌，翟丽梅，刘申，等，2015. 有机无机肥配施对玉米产量及土壤氮磷淋溶的影响[J]. 植物营养与肥料学报，21（2）：326-335.

谢德体，2014. 三峡库区农业面源污染防控技术研究[M]. 北京：科学出版社.

徐虎，2017. 长期施肥下我国典型农田土壤剖面碳氮磷的变化特征[D]. 贵阳：贵州大学.

许淑青，张仁陟，董博，等，2009. 耕作方式对耕层土壤结构性能及有机碳含量的影响[J]. 中国生态农业学报，17（2）：203-208.

许晓鸿，隋媛媛，张瑜，等，2013. 黑土区不同耕作措施的水土保持效益[J]. 中国水土保持科学，11（3）：12-16.

阎百兴，汤洁，2005. 黑土侵蚀速率及其对土壤质量的影响[J]. 地理研究，24（4）：499-506.

颜佩风，2017. 辽西坡耕地不同植物篱对水土流失及土壤养分空间分布的影响[J]. 水土保持应用技术（2）：4-6.

杨和川，樊继伟，任立凯，等，2018. 种植密度与施氮量对稻麦轮作体系作物产量及地表径流氮素流失的影响[J]. 江西农业学报，30（7）：13-18，23.

杨坤宇，王美慧，王毅，等，2019. 不同农艺管理措施下双季稻田氮磷径流流失特征及其主控因子研究[J]. 农业环境科学学报，38（8）：1723-1734.

张天宇，郝燕芳，2018. 东北地区坡耕地空间分布及其对水土保持的启示[J]. 水土保持研究，25（2）：190-194，389.

中国农业年鉴编辑委员会，2018. 中国农业年鉴2017[M]. 北京：中国农业出版社.

中国农业年鉴编辑委员会，2019. 中国农业年鉴2018[M]. 北京：中国农业出版社.

中华人民共和国国家统计局，2021. 中国统计年鉴2020[M]. 北京：中国统计出版社.

AI L，KOHYAMA K，2017. Estimating nitrogen and phosphorus losses from lowland paddy rice fields during cropping seasons and its application for life cycle assessment [J]. Journal of Cleaner Production，164：963-979.

HAHN C，PRASUHN V，STAMM C，et al.，2012. Phosphorus losses in runoff from manured grassland of different soil P status at two rainfall intensities [J]. Agriculture Ecosystems and Environment，153：65-74.

PENG S B，TANG Q Y，ZOU Y，2009. Current status and challenges of rice production in China [J]. Plant Production Science，12（1）：3-8.

第十六章

都市农业区

第一节　都市农业内涵及现状

　　都市型现代农业〔简称"都市农业"（Urban Agriculture）〕，是都市经济的重要组成部分，它作为与都市经济发展和人民生活息息相关的基础产业，具有保障供给、发展经济、平衡生态和示范引领等多重作用。都市农业的提出，反映了全球工业化、都市化和都市经济高度发展以后人类对新时代农业的一种探索。同时深刻地表明，城乡关系发生了根本性变化，由原来的相互排斥、对立，变为更加互补、融合；都市农业已经成为大都市可持续发展一种内在的需要。

一、都市农业的概念

　　随着现代化大都市城乡一体化的协调发展，农村与城市的融合、农业与非农产业的融合将更加明显，都市区域范围的农业也将会形成一个更复杂、更独特、更富有都市气息的多目标、多功能系统。由于传统的城郊农业概念容纳不了都市区域范围内农业的新内容，就必然要产生一个全新的概念——都市农业。

　　都市农业于20世纪30年代初期率先出现在日本等发达国家的城市化地区，它是在工业化和城市化高度发展过程中提出来的。随着城乡一体化的不断发展和现代化大都市的崛起，日本和欧美各国的一些经济学家相继开展了对都市农业的研究，从此都市农业的概念被广泛接受。都市农业在我国的探索、实践时间较短，但发展较快，自20世纪90年代初以来，先后在深圳、上海等城市开展了较为深入、系统的研究，并得到许多兄弟城市的积极响应，在如何创建具有中国特色的都市农业上逐步取得共识。1994年上海市政府就提出规划，要求到2010年逐步建立与国际大都市相适应、具有世界一流水平的现代化都市型农业。1996年9月由中日合作组织在上海召开了"上海市—大阪府都市农业发展研讨会"，1998年9月中国农学会等单位组织在北京召开了"首届全国都市农业发展研讨会"，2006年9月中国农学会都市农业与休闲农业分会成立，2012年起农业部每两年组织全国35个大中城市召开一次全国都市现代农业现场交流会，2017年11月上海交通大学首次发布《中国都市现代农业发展报告2017》，至2022年已经连续发布3次。都市农业是现代农业在大都市条件下具有一定前瞻性的特殊农业形式。

关于都市农业的概念，最初的表述为"都市农业区域"和"都市农业生产方式"等。进入20世纪80年代，随着城市化的不断发展和现代化大都市的崛起，日本、新加坡和韩国的一些经济学家相继开展了对都市农业的研究，并不断丰富都市农业的概念和内涵，都市农业在我国发展的时间较短，在20世纪90年代初期，先后产生了"城市农业""都市型农业""都市型现代农业"和"都市农业"等概念和名称。20世纪90年代中期以来，我国许多学者从不同的角度对都市农业的基本概念和特征进行研讨，并开展了大量的都市农业理论研究，如上海交通大学组织专家主编了上海市普通高等院校"九五"重点教材《都市农业导论》、新世纪现代农业职业技术教育教材《都市农业概论》和新世纪农业丛书《创建都市农业》等一套都市农业系列教材。同时在我国京津冀、长三角和珠三角等地区的各大城市开展了大量的实践，并得到我国其他地区大中城市的积极响应。

然而，国内外不同学者对都市农业概念的理解不尽一致。日本学者指出："城市农业的概念是指城市化发展地区的整体农业。具体说来，就是以城市计划区域的市街化区域为基础，包括在不久的将来具有开发城市可能性的市街化调整区域的农业"。我国学者则提出了具有中国特色的都市农业的概念，如张德永（1997）认为："都市型现代农业的实质是顺应大都市城乡一体化建设需要，具有紧密依托并服务于大都市、与大都市相关产业相融合这两大特色，并呈现农工贸一体化、多功能化、高智能化、外向化四大特征的、超前性发展的大农业体系"等。

综上，都市农业概念可以总结为：都市农业就是都市经济发展到较高水平时，随着农村与城市、农业与非农产业等进一步融合，为适应都市城乡一体化建设需要，在都市区域范围内形成的具有紧密依托并服务于都市的、生产力水平较高的现代农业生产体系。都市农业的概念是广义的，它是一个复杂的综合系统，并不是某些农业技术措施的集合。它既是融生产保障、生态建设、休闲服务、文化教育和示范引领等功能于一体的综合农业，又是市场化、集约化、产业化、绿色化和信息化的新型农业。因此，都市农业既是现代农业的一种地域分工，又是可持续农业的一种具体形式。

二、都市农业的功能与内涵

（一）都市农业的功能

从都市经济发展和都市建设对农业的多元需求出发，都市农业必须向多功能开拓。使原先局限于保障供给型的城郊农业，加速转型为融生产保障、生态建设、休闲服务、文化教育和示范引领于一体的都市农业。同时，通过农业向非农产业延伸，实现农产品的种养加、产加销一体化，提高农业生产的综合效益。一是利用我国在食补、食疗和康养等领域的传统优势，积极开发绿色食品和功能性保健食品，以提高农业的生产保障功能。二是生态建设也将由绿化、美化和净化城乡生态环境，逐步转向创建园林化大都市；将高投资、高科技和高效益农业进一步纳入可持续发展轨道，并创建一批国家级（或省市级）生态农场。三是休闲服务功能的开拓，将通过城市旅游业向农业延伸，开发观光农业、休闲农业等农业旅游项目，提高都市居民休闲生活的意境和档次，改善投资环境。四是在都市农业区内开辟市民农园、教育农园等，展示浓郁的农业文化，让青少年接触农业、体验农业生产过程，并接受农耕文化教育。五是依靠现代科技进步，开拓农业生物技术产业，使生技产品立足国内，逐步走向世界。旨在把都市农业建设成为我国现代农业的样板，并起到示范引领作用。

1. 生产保障功能

生产保障功能是指都市农业为都市居民生产和提供更多的名特优、鲜活嫩的农副商品，以满足不同层次的物质消费需要。首先，都市农业在保障城市居民的物资供应的同时，还要确保农业经营者（农民）有较高的稳定收入。这就要求农业不能停留在初级农产品的生产上，而是应该通过农业产业化的发展，建立农副产品的生产、深度加工和市场销售的生产经营体系，特别要对农产品进行精深加工，促进高附加值商品生产的发展，从而不断提高农业生产效益。其次，都市农业对于城市居民的物质需求不能仅满足于数量，更要注重于质量。要重视建设和发展以玻璃温室、塑料大棚为主体，有土和无土相结合，一年四季农副产品均衡供应的可控农业生产基地，就地生产周边省市不可替代的、鲜活的、高档的蔬菜、瓜果和特种畜禽水产等农副商品。同时，要积极开发绿色或有机食品、功能性保健食品的生产和加工，以适应城市人民生活质量日益提高的需要和飞速发展的健康饮食消费需求。

2. 生态建设功能

生态建设功能是指充分发挥都市农业的绿化、净化和美化作用，减少农业面源污染，构建园林化大都市，以建立人与自然、都市与农村和谐的生态环境，使整个都市充满生机和活力。实现都市经济的可持续发展和社会全面进步的归宿点是提高都市人民的生活水平、生活质量。而现代都市，特别是国际化大都市，人口密度高，交通拥挤，到处是"水泥森林""柏油沙漠"，废气多，噪声大，污水垃圾等问题突出，生态环境不容乐观。因此，都市农业不仅要为人们提供鲜美的农副产品，而且还要为人们带来宝贵的新鲜空气、洁净水质和优美的田园风光，成为都市的一块绿洲和"绿肺"。因此，调节环境、平衡生态和减排控污是都市农业不可忽视的功能之一。通过发展生态农业，创建一批生态园林区、休闲农区和绿色食品生产园区等。发展生态农业的宗旨就是以生态建设为基础，坚持绿化生态环境与生产绿色食品相结合。以园林绿化工程、绿色食品生产基地建设工程，即"两绿工程"为代表的生态农业建设项目，都是围绕生态建设功能来开发的，完全符合人们价值观念不断更新、讲究生活质量、注重环境和回归自然的需要。

3. 休闲服务功能

休闲服务功能是指通过开发休闲农业与乡村旅游产业，为都市居民和国内外游客提供洁净优美的休闲、游览场所，提高人们的休闲生活质量。在都市农业区域范围内开辟市民农园、百花园、百菜园、百果园、宠物园、郊野公园和乐龄农园等，可以让市民体验农耕和丰收的喜悦，增进情感和健康，也可展示浓郁的农业文化，提高都市居民休闲生活的意境和档次，并提高农业效益，改善投资环境。如日本东京、大阪等的观光农业很有特色，观光农园内既种植果树、蔬菜和花卉等，又养农家动物；既有餐厅雅座和红木桌子，又有传统农具，如水车、纺车、牛车、马车和犁耙等；既有小桥流水，又有绿柳成荫。这种观光农业深受都市市民欢迎，它既满足了市民对观光旅游的要求，又得到了较高的经济效益。又如我国台湾有十大最著名的休闲农场，一般休闲农场内，公共服务设施面积不超过总面积的10%。同时，还规划了各具特色的休闲活动小区，如农业生产与农业体验、民族技艺与传统文化、景观与自然生态和休闲度假设施等小区，吸引了许多城市居民前来体验农业和休闲度假。

4. 文化教育功能

文化教育功能是指在都市农业区域范围内开辟市民农园、教育农园和农业公园等，让市民及青少年接触农业、体验农业生产和农耕文化，在回归自然中获得一种全新的生活乐趣，并接受文化教育。据报道，日本创建了一种"市民农园"，市民可以在其中租赁一块土地，学习传统和现代的农艺技术，尝试参与农业耕种的全过程，包括插秧、割稻等传统的劳动方式，从中享受农业这一古老产业带给现代人的乐趣。日本的一些中小学也把市民农园作为学生学习农业知识的实习场所。我国的大都市一般都有几十万到几百万的中小学生，他们绝大多数生在城市或城镇，长在较为舒适的家庭环境中，兴建教育农园、农业公园和科技示范农园等基地，通过与教育部门，尤其是有重点地选择一些中小学合作开发，可使其成为新型的青少年教育基地。中小学生到基地不仅能体验普通农家生活，了解一些简单的农艺知识，而且能培养他们热爱农业、热爱劳动的思想观念。同时，激发他们为振兴中华而勤奋学习的热情和积极性，也使他们得到祖国传统文化教育和民族教育。

5. 示范引领功能

示范引领功能是指都市农业凭借都市经济实力、科技基础和人才优势，在农业设施装备、农业高科技开发应用、农业生产力水平等方面，将率先接近或赶上国际先进水平，并为推进全国实现农业现代化提供经验，起到示范引领的作用。目前，我国的都市农业应当尽快将综合配套技术组装，如将生态农业技术、数字农业技术、智能装备技术等组合，形成产业链。还要依靠科技进步，开拓农业生物技术产业，使生技产品立足国内，逐步走向世界。如可重点研究农业种子、种苗、种禽和种畜生物工程；生物疫苗、生物农药工程；医用动物转基因工程，如利用转基因动物生产特种蛋白质和生技药物等。农业信息技术的应用将给种植业、畜牧业的生产带来一场新的革命，不断提高农业生产效率，并达到农业增效和农民增收目标。把都市农业建设成为我国现代农业的样板，并成为向全国各地辐射先进农艺和综合农业技术的科技输出中心。同时，都市农业要依靠科研单位多、科技成果丰富、农业技术装备先进、社会服务体系健全和对外科技交流频繁诸多优越条件，逐步形成一个开放型的、服务全国的现代农业信息交流和新技术培训中心。

（二）都市农业的内涵

都市农业脱胎于城郊农业，但又有别于城郊农业，它是城郊农业的一种高级形式。都市农业主要定位在特大型国际化城市地区即都市区域范围，它直接受到城市及其扩展的影响。都市农业的发展除了关注其经济效益外，还要重视它提供的休闲服务、生态建设和文化教育等公益功能所具有的生态效益和社会效益。都市农业的内涵主要表现为农业产业结构的市场化、农业生产要素的集约化、农业经营模式的产业化、农业生产技术的绿色化和农业生产管理的信息化等。因此，都市农业的发展必须走可持续发展的道路，并且要体现生态持续性、经济持续性和社会持续性的统一。

1. 农业产业结构的市场化

农业产业结构的市场化就是要根据农产品市场的供求情况并结合都市各区县、乡镇的农业自然资源条件和社会经济条件，确定适宜开发的主导产业和主导产品，发展产加销一体化和高度市场化的开发型都市农业，开拓国内外市场。我国的传统农业是一种计划性农业，而都市农业是一种市场化农业。市场化农业就是要农民树立起农产品的质量意识、商品意识、市场意识，以促进农业创名牌。都市农业在培育主导产业和建设大规模农产品基地时，要特别注意避免在资源趋同的地区形成雷同的产业和产品，要因地制宜，扬长避短，做到"人无我有，人有我优，人优我特"。同时，要建立政府与市场相结合的调控机制。一靠市场导向；二靠政府部门的宏观调控。其中，市场导向就是强调不断地满足都市居民的基本消费需求，合理调整农业产业结构，把发展粮食作物与经济作物、饲料作物生产相结合，发展种植业与林业、牧业、副业、渔业相结合，发展大农业与第二、第三产业相结合，形成农业生态系统的良性循环体系。而宏观调控就是要形成两种约束：一是软约束，指的是引导农业企业、农民合作社和家庭农场等农业经营主体形成生产技术规范或标准化生产规程，建立行业（企业）标准、地方标准和国家标准；二是硬约束，指的是加强农业立法和执法，可以规定哪些是农业企业、农民合作社和家庭农场等农业经营主体可以做的？哪些是农业经营主体不能干的？并建立农业经营主体和经营者个人的诚信档案，以确保农产品市场的有序竞争。

2. 农业生产要素的集约化

都市农业的集约化生产，就是要改变过去的粗放型、兼业化的生产经营形式，向机械化、良种化、专业化和标准化融为一体的生产经营形式发展。日本大阪的都市农业集约化程度很高，大多数农户农机设备齐全，水稻插秧、收割和耕作等早已实现机械化、良种化。同时，日本农产品贮运配送的集约化程度也很高，很多农户都有冷库、冷藏车，以及配送设施。和歌山一家农协的配送中心，装运采用机器人，配送时通过电脑测定每只橘子的大小、糖度和含水量，并根据品质和形状分为近20个不同等级。农业生产的专业化生产就要求生产相对专一和集中，如在种植业上生产单一的农作物，可以是"一村一品"，也可以是"一乡一业"，如上海市浦东新区大团镇赵桥村（水蜜桃）、上海市奉贤区青村镇解放村（黄桃）、上海市嘉定区马陆镇（葡萄）、上海市青浦区练塘镇（茭白）、上海市崇明区中兴镇（花菜）等5个村镇入选第一批全国"一村一品"示范村镇名单。同时，专业化的发展必须以适度规模的农业标准化生产作基础。如上海市松江区2007年开始探索发展种粮家庭农场，至2021年全区家庭农场838户，其中种养结合家庭农场91户、机农一体家庭农场650户；户均经营面积160亩，经营总面积13.4万亩，占全区水稻种植面积的89%。实践证明，发展种养结合家庭农场并实施标准化生产，既稳定了粮食和生猪生产，促进了农民增收，又改善了农业生态环境，提高了农业专业化生产水平。

3. 农业经营模式的产业化

长期以来，农业似乎只是种植业和养殖业的生产，而农产品的加工则被看成第二产业，农产品的流通被看成第三产业。由于生产、加工、销售分割的利润分配不合理，导致农产品价格波动大，农业生产效益不稳定。都市农业的建设首先要解决这一问题，真正成为我国农业产业化的先行者。为了加快都市农业产业化建设的步伐，可采取多种措施和途径，大力提升农业组织化程度，改变原来的传统农业经营模式，着力解决"千变万化大市场"与"千家万户小生产"的矛盾，提高农业应对市场竞争的能力。都市农业的产业化就是要因地制宜，采用以下3种经营模式：

（1）规范发展"公司+基地（农户）"经营模式。一是协调龙头企业与基地（农户）的利益关系。重点对龙头企业与基地（农户）全面推行契约化经营、合同化管理，强化对龙头企业和基地（农户）的双向约束，使双方真正结成风险共担、利益共享的经济利益共同体。二是建立农业企业品牌形象。要借鉴现代工商企业在生产、加工与营销等方面的管理方式，建立农业企业形象，开发自己的主导产业和特色产品，在市场竞争中处于优势地位。

（2）优先发展"农民合作社+家庭农场（农户）"经营模式。一是实行政策聚焦，积极培育一批经营规模大、服务能力强、产品质量优、民主管理好、社员得实惠的农民合作社。同时，稳步推进土地适度规模经营，不断培育家庭农场。二是鼓励农民合作社与超市、标准化市场、社区、企业、学校等对接，逐步建成产加销一体化经营体系。

（3）试点示范"农业产业化联合体"经营模式。农业产业化联合体就是以龙头企业为核心、农民合作社为纽带、家庭农场（农户）为基础，通过股份合作、订单生产等利益联结形式，形成的关联紧密、分工明确、链条完整、利益共享的全产业链开发组织联盟，其运作机制主要表现为龙头企业专心抓"市场"、农民合作社专心抓"服务"和家庭农场（农户）专心抓"生产"。

4. 农业生产技术的绿色化

都市农业一定要率先实现农业生产技术的绿色化，并发展成为技术先进、装备一流的高效生态农业。首先，要实现设施农业生产的自控化和绿色化。借助现代生物技术，农业生物种质将得到定向改造；依靠现代信息技术和工程技术，农业生产环境、生产过程将得到自动化控制和最优化管理。同时，设施农业往往大量使用农膜、化肥、农药、除草剂等化学投入品，如果不严格控制将对都市农业生态环境造成严重污染。从理论上讲，选择都市地区的气候、土壤等自然条件适宜种植的蔬菜等园艺作物来发展露地生产，这是最顺应自然的都市地区园艺作物种植模式。因此，在都市地区，为了满足都市居民蔬菜等园艺作物的消费需求，可以适度规模发展设施农业，千万不要盲目扩大设施农业面积，要大力提倡设施农业技术的绿色化。其次，要优先发展生态农业，确保都市农业农产品的优质和安全。在都市经济的三大产业中，农业与都市自然环境的关系是最密切的，生态循环的作用直接在农业上表现出来。滥施化肥、农药等农业短期行为造成都市城乡生态平衡的破坏是人所共知的，而大气、水体和土壤的污染也会带来农业的歉收甚至绝收。因此，发展都市生态农业，不仅是实现都市农业"绿色、高质和高效"目标的需要，而且也是创建园林化现代大都市的客观要求。目前，都市地区农业面源污染问题仍非常突出，建设生态农业更具重要意义。在党的十九大报告中，把生态文明建设提到了一个前所未有的高度，而生态农业就是农村生态文明建设中重要的一个环节。因此，我国都市地区的生态农业建设更是任重道远，必须改变思路，发展优质、高效、生态多样化和资源总量平衡的生态农业模式，并制定相应的生态农业补贴政策。

5. 农业生产管理的信息化

农业信息化理应成为都市农业优先发展领域。首先，要用现代信息技术改造传统农业，使农业由定性走向定量、由经验走向科学、由粗放走向精确。发展都市农业就是一种战略思想，必将是信息等高新技术在农业宏观和微观领域中的广泛运用。未来都市农业生产管理的核心就是"信息化"，其中，基于高新技术的"精准农业"就是农业信息化的一种模式，它的全部概念建筑在"空间差异"的数据采集和处理上。如它在技术上可以保证作物在生育期内的管理是最好的，运用精准农业技术生产的最终产品是最优商品。因此，精准农业是资源节约型现代农业的典范。近年来，物联网技术开始引入和应用于农业生产和科研中，物联网技术在农业生产源头追溯、农产品物流管理上将大有可为，物联网可以改变粗放的农业生产管理方式，提高动植物疫情和疫病防控能力，提升农产品安全监管能力，确保农产品质量安全。其次，要发展农业科技、农资和商贸市场等信息系统，为"三农"提供信息服务，使农业由分散封闭到信息灵通、由微观管理到宏观管理。通过信息、交通、邮电、通信、金融等方面的配套建设，逐步形成融农业信息发布与交流、新产品推销、技术转让与推广、农业物化技术与专家系统软件促销、农业商贸信息服务、远程教学培训为一体的农业信息中心。一般信息服务可包括天气预报、农资价格、期货市场行情、汇率与利率变化等信息的服务，为农业企业、农民合作社和家庭农场作经营决策提供帮助。同时，开拓农业咨询业的新领域，如开展宏观决策、产业规划、市场定位、产品策划、科技抉择和灾情预报等多方面的咨询服务。

三、都市农业的发展现状与前景

（一）都市农业的发展现状

近年来，我国各大中城市将发展都市农业放在经济社会发展全局中统筹布局，以实施乡村振兴战略为总抓手，贯彻落实创新、协调、绿色、开放、共享的新发展理念，充分发挥农业资源禀赋丰富和资本、科技、人才、管理等先进要素集聚等优势，稳步推进农业产业结构优化与升级，强化农业绿色发展与三产融合，都市农业高质量发展迈上新台阶，都市农业服务城市能力稳步提升，各种新业态、新模式不断涌现。具体表现为：都市农业的生产保障功能进一步增强，农业生态与可持续发展水平不断提高，农业生产要素聚集水平稳步提升，农业产业化经营模式日趋完善，一二三产业深度融合发展趋势良好，都市农业学科群建设卓有成效等。

1. 都市农业的生产保障功能进一步增强

我国各大中城市认真落实"菜篮子市长负责制"，坚持以鲜活农产品为重点，扎实推进"菜篮子"工程建设，加快推广应用新技术新品种，大力发展设施农业、智慧农业，建设了一批高水平生产基地和农产品物流中心，农产品供给保障能力明显增强。北京市围绕自给率、控制率、合格率和应急保障能力"三率一能力"目标，扎实推进"菜篮子"工程建设。同时按照"本地稳总产提单产、外埠建基地促流通"的总体思路，充分发挥市场的作用，不断完善农产品供应链条，努力保证首都正常运行和市民日常所需。韦岸和曹正伟（2021）运用熵值法从粮食保障水平、蔬菜保障水平、畜牧产品保障水平和水产品保障水平四个方面对长三角地区内各城市农产品自产保障能力进行评价测算，研究表明长三角地区内各城市农产品自产保障能力水平差异较大，江苏省与安徽省的总体排名高于浙江省与上海市。在经济高速发展和人口持续增长的背景下，长三角地区各城市的粮食与农副产品生产保障显得尤为重要。因此，上海市通过稳定粮食和蔬菜等农产品的生产能力、提高市场流通能力、加强质量安全监管，确保农产品安全生产和稳定供应。

2. 农业生态与可持续发展水平不断提高

我国各大中城市深入贯彻落实农业绿色发展理念，化肥、农药施用强度不断下降。据《中国都市现代农业发展报告》对我国直辖市、省会城市和计划单列市等36个大中城市的农业生态与可持续发展水平进行的测算，2020年，36个大中城市全年农药施用量11.8万t，施用强度达到0.5 kg/亩，同比降低5.5%。各城市农业废弃物综合利用水平继续提升，其中农作物秸秆综合利用率和畜禽粪污综合利用率分别达到92.4%和91.4%，同比分别增加1.2%和3.4%。近年来，我国各大中城市围绕生态优先原则，不断优化都市农业产业结构和生产模式。上海市自2019年以来，积极推进生态循环农业示范创建工作，计划5年内完成2个整建制生态循环农业示范区，10个生态循环农业示范镇，100个生态循环农业示范基地的创建任务。2021年10月上海市农业农村委员会和上海市财政局联合发布了《上海市生态循环农业示范创建奖补实施办法》，旨在巩固已有的创建成果，进一步引导和鼓励生态循环农业示范创建工作，以点带面推动生态循环农业健康发展。

3. 农业生产要素聚集水平稳步提升

我国各大中城市持续加大现代农业投入，2020年，36个大中城市农林水事务支出占农林牧渔业增加值比重为78.8%，同比增加1.98%。各大中城市在引导资本、科技和人才向农业领域聚集方面开展了积极探索。北京市加快建设"国家现代农业科技城"，高端服务、总部经济研发、产业链创业和先导示范等功能逐步发挥，创制了世界首个水稻全基因组芯片，构建世界首张西瓜全基因组图谱，建成世界最大的玉米标准DNA指纹库。"种业之都"建设稳步推进，初步确立了全国种业科技创新中心、企业聚集中心、交易交流中心和种业发展综合服务平台"三中心一平台"地位。天津市积极抢抓京津冀协同发展机遇，以"绿色化、集约化和功能化"为方向，明确了"优质菜篮子产品供给区、农业高新技术产业示范区、农产品物流中心区"的功能定位，基本形成布局科学合理、产业特色明显、科技水平先进、管理高效集约、综合效益突出、功能丰富多元的都市农业产业体系，全面提升了都市农业发展质量和水平。

4. 农业产业化经营模式日趋完善

我国各大中城市充分发挥市场优势，稳步提升都市农业经营水平，新型农业经营主体走规模化、组织化和品牌化道路取得成效，农业产业化经营模式不断完善。2020年，37个大中城市农业土地产出率分别达到了7 702元/亩，同比增加8.4%。各大中城市精准发力，制定相关举措提升农业生产经营效能。广州市大力发展都市农业全产业链经营模式，出台《广州市都市农业产业链高质量发展三年行动计划（2021—2023）》，推动实施"链长制"。同时重点谋划推进花卉、荔枝、现代渔业、农牧等农业产业园建设；加强农产品品牌化，突出打造一批"穗字号"农业精品品牌；强化联农带农，增加农民收入，促进农民致富。深圳市创建"粤字号"农业品牌79个、农业龙头企业173家，其中国家级龙头企业11家、省级龙头企业78家，2021年农业龙头企业营业收入超过2 000亿元。北京市推动农民专业合作社联合河北沽源、河南南阳等地农民专业合作社协同发展，从传统的种植合作社向以供应链管理、社会化服务为主的综合型合作社转型。同时以农业企业、农民专业合作社、家庭农场等新型经营主体为引领，示范实施"农业企业+农民合作社+农户"为主的农业产业化联合体经营模式，这些措施已经成为保障北京市农产品安全供给和促进农民增收的重要基础。

5. 一二三产业深度融合发展趋势良好

一二三产业融合发展是我国各大中城市发展高效农业、提升服务能力的重要领域。2020年，35个大中城市农产品加工业与农业总产值比值为2.4，各大中城市大力推动农业产业转型升级，促进了一二三产业的深度融合。浙江省宁波市围绕绿色都市农业强市建设和农业供给侧结构性改革，优化农业产业结构，提升农产品加工水平，拓展农业产业链，发挥农业多功能性。

6. 都市农业学科群建设卓有成效

2017年，农业部批准设立由若干所大学、科研院所承建的全国都市农业学科群重点实验室，成为国家农业科技创新体系的重要组成部分。上海交通大学获批为全国10家重点实验室的牵头单位，承担都市农业学科群综合性重点实验室的建设任务。近年来，我国都市农业学科群建设取得明显成效，都市农业理论体系也逐渐成熟。都市农业学科群重点实验室聚焦都市农业发展的重大关键问题，围绕都市农业的结构、空间、功能和模式，形成了都市农业四维理论体系，为都市农业发展提供理论和技术支撑，同时，我国都市农业评价体系不断完善。《中国都市现代农业发展报告2019》指出"中国都市现代农业发展评价指标体系（UASJTU）"共包括"菜篮子"产品保障能力、农业生态与可持续发展水平、三产融合发展水平、农业先进生产要素聚集水平、现代农业经营水平5项一级指标，共涵盖23项二级指标。在农业农村部市场与信息化司指导下，各省（自治区、直辖市）、省会城市、计划单列市等都市农业管理部门的支持配合下，形成了我国都市农业数据库，每两年对全国都市农业发展水平开展指标评价，都市农业评价智库作用初步显现，对我国各地都市农业发展发挥了良好的导向作用。

（二）都市农业的发展前景

都市农业的本质特征表现为既服务城市，又依托城市。都市农业与城郊农业或农区农业有很大的不同，它特别强调其生态效益、社会效益和经济效益的协调统一。因此，今后我国都市农业的发展，必须紧紧围绕"创新驱动、转型发展"，以加快转变都市农业生产方式为主线，创新体制机制，强化科技支撑，促进都市农业稳定增效和农民持续增收，维护城乡生态与社会的可持续发展，并为全国各地的现代农业建设做出示范。

1．注重地域特色，构建都市农业产业体系

随着市场经济的发展和都市经济繁荣，都市人民的生活水平不断提高，消费需求发生了很大变化。都市农业要以市场为导向，调整农业产业结构，不断地满足都市居民的两种基本消费需求：一种是有形的物质需求，另一种是无形的精神需求（或称生态需求）。实现都市农业的可持续发展，是一项长期而又艰巨的任务。必须要从都市农业的基本功能出发，结合都市居民的消费需求，因地制宜构建我国新型的都市农业产业体系。这种新型的都市农业产业体系可归纳为：①产品型都市农业，包括生态农业、精准农业和加工农业等。通过合理布局生产保障型产业，生产和加工粮食、蔬菜和肉禽蛋奶等常规农副产品，开发"名、特、优、新"农副产品，调整并优化种植业结构和养殖业结构，来满足人们的物质需求；②服务型都市农业，包括休闲农业、电商农业和物流农业等。通过发展融观光性、游乐性、休养性为一体的休闲农业与乡村旅游产业，开发优质农产品电商、物流仓储等其他农业服务业，来满足人们的精神需求。

2．适度规模经营，保持土地承包关系稳定长久

目前，农业土地规模经营被看成是提高都市农业劳动生产率和农业比较效益的根本途径。但是，从全国范围来看，农业土地规模经营的进展不快，主要原因是现实条件的限制。实现土地规模经营的最基本的前提是，大批农村剩余劳动力稳定转移到非农产业，土地经营不再作为他们的谋生手段。在实践中，我国各地把60%～70%的农村劳动力稳定地转入非农产业，作为实行规模经营的起步条件。就我国大都市地区总体来看，已具备这个条件。但是，有些城市郊区农村劳动力仍大量集中在第一产业，对于有偿转让土地承包权还有种种顾虑。因此，都市农业土地适度规模经营应该是一个渐进的过程，不能一蹴而就。据报道，美国家庭农场（农户）平均规模为169 hm^2，欧盟30～40 hm^2，日本1.84 hm^2，韩国和我国台湾大约1 hm^2。随着我国工业化、城镇化的快速推进，大量的农村劳动力将不断向非农岗位转移，适度规模化经营的家庭农场（农户）数量会愈来愈多。我国现有2.2亿农户，如果到2030年全国总人口控制在15亿、城镇化率达到75%，那么农村常住人口为3.75亿，约有1亿多家庭农场（农户），我国的耕地保持在18亿亩（红线守住），到那时，我国的家庭农场（农户）平均耕地为1 hm^2以上，就相当于目前韩国和我国台湾的水平。因此，可以这样说，我国将来的小农户数量会越来越少，家庭农场（农户）经营的规模会越来越大。

3．品牌质量兴农，实现小农户与大市场的对接

一是组建农业龙头企业或农民专业合作社，架起大市场与小农户（家庭农场）的桥梁。利用大都市资本经济实力，组建农业龙头企业，并采用"公司＋基地（小农户）"的经营模式。纵向实行种养加、产加销、贸工农一体化，横向实行土地、资金、技术、劳力的集约化经营，从而建立农副产品生产、深度加工和市场销售相结合的生产经营体系。农民专业合作社是农业产业化中一种新型服务主体，为加快都市农业产业化进程，必须高起点培育、组建各种类型的农民专业合作社，采取"农民合作社＋小农户（家庭农场）"经营模式，实现小农户与大市场的有效对接。二是协调农业企业或农民合作社与小农户（家庭农场）的利益关系。重点对农业企业或农民合作社与小农户（家庭农场）全面推行契约化经营、合同化管理，组织农业企业或农民合作社与小农户（家庭农场）签订产销合同，并经公证机关公证，以法律形式明确界定产销双方的权利和义务，强化对农业企业或农民合作社与小农户（家庭农场）的双向约束，使双方真正结成风险共担、利益共享的经济利益共同体。三是树立农业企

业或农民合作社的品牌形象。要借鉴现代工商企业在生产与营销等方面的管理方式，建立农业企业或农民合作社形象，创立品牌，注册商标。开发自己的主导产业和特色产品，在市场竞争中处于优势地位。要采用先进的科学技术和设备来武装农业企业或农民合作社，按市场需求确定农产品生产、加工的规模，避免主导产业趋同，超出市场容量，从而产生超越市场需求的生产、加工能力的过剩，确保农业增效和农民增收。

4. 发展生态农场，推进都市农业绿色发展

近年来，农业绿色发展被提到了国家总体发展战略的重要高度，这就对都市农业的可持续发展提出了更高的要求。农业绿色发展的理念就是要求我们在进行农业生产保量的同时，保护农业生态环境，转变农业生产方式、经营方式和组织方式。发展生态农场，就能解决农业集约化、规模化带来的环境问题，提高农业管理效率，资源利用效率，实现"既要粮食满仓，又要绿水青山"。可见，发展生态农场与都市农业绿色发展的理念与目标是相吻合的，发展生态农场是推进都市农业绿色发展的重要举措。同时，发展生态农场，有利于人们在深刻把握自然规律和正确认识人类的农业活动对自然和社会双重影响的基础上，提供既能适应自然规律的，又有科学预见的和可调控的人类行为方式，促使农业的生产和经营对生态平衡的正面影响得以极大发挥。还可以借助都市农业高新技术建立高效的信息反馈与控制系统，对农业面源污染进行有效的监测和防治，最大限度地减少都市农业生产过程对农业生态环境和农产品质量产生的不良影响，重建与优化农业生态系统，并建立更合理的结构，促进都市农业的可持续发展。因此，为保障都市城乡居民的食品安全，防控农业面源污染，应大力发展生态农场。

5. 围绕产业振兴，促进农村一二三产业深度融合

都市农业一定要以第一产业发展为基础来支撑农村一二三产业的深度融合，做优农村第一产业，推进优质农产品生产；做强农产品加工业，全面提高精深加工水平；做活农村第三产业，积极发展农产品电子商务、休闲农业等新业态、新模式。同时，紧紧围绕乡村产业振兴，深入推进农业供给侧结构性改革，提高农业组织化程度，通过产业深度融合发展，使原本不赚钱的第一产业的都市农业变身为综合产业，使农产品增值，让农业企业和农民增收，实现都市农业的绿色、高质和高效。具体来说，农村一二三产业深度融合发展的路径主要有：①农业产业整合型。种植业、畜牧业等都市农业内部子产业在经营主体内或主体之间建立起产业上下游之间的有机关联，提高资源综合利用率，建立起"资源—产品—废弃物—再生资源"完整的农业产业链。②农业产业链延伸型。都市农业产业链的生产和加工环节向前后不断延伸，通过对产业链各环节实施管理，针对农产品安全，实现全程可追溯过程。最终通过产业链延伸产生效益链，产生种植、养殖、加工、销售、品牌与服务效益"1+1>2"的放大效应。③农业多功能拓展型。通过拓展都市农业和农村功能，实现其生产、生活和生态功能的有机结合与互补，丰富科教、文化、艺术、休闲、体验等内涵，形成都市农业多功能拓展型的农村一二三产业深度融合。

四、典型案例分析

近年来，我国各地高度重视都市农业的发展，走出了一条独具中国特色的发展之路，促进了都市农业与城乡经济社会协调发展，并取得显著成效。特别是京津冀、长三角和珠三角等地区的大中城市涌现了一批都市农业发展水平较高和生产效益良好的典型案例。

（一）京津冀都市农业发展典型案例

京津冀地区是中国的"首都经济圈"，京津冀城市群包括北京、天津两大直辖市，还包括了河北

省石家庄等11个城市和雄安新区。京津冀城市群区域总面积约21.5万km³，占全国国土面积的2.3%。苑紫彤（2022）采用SWOT分析等方法，对京津冀都市农业协同发展水平及现状进行测算和分析，结果表明：京津冀都市农业协同发展水平逐渐提高，而都市农业发展水平梯度落差大，京津两市优势地区对周边地区辐射带动作用有待加强。同时，雄安新区作为京津石都市农业协同发展纽带，将大力发展科技创新型都市农业，培育"科技+""农业+""物联网+"等新兴产业和新型业态，引领带动河北省现代农业转型升级，为京津冀都市农业协同发展创造了机遇。

1. 北京市小毛驴市民农园

小毛驴市民农园在生产方式上坚持生态农业的种养结合，在经营模式上借鉴国际发达国家普遍采用的、较为成熟的社会生态农业（CSA）方式，秉持城乡公平贸易的理念，推动市民参与生态农业，倡导消费者与生产者"共担风险、共享收益"，先后为北京3 000多个市民家庭提供蔬菜配送和菜地租种等服务，为近300个本地农民及各地大学生提供就业和创业平台。10多年来，小毛驴团队在CSA试验与推广、市民农业实践、生态农业CSA人才培养、适用技术研发、农耕文化传播、亲子自然教育、都市农业政策推动等方面，为都市农业与城乡融合发展做出了卓有成效的探索。具体做法有：

（1）生态资源价值化。激活乡村资源价值，将土地、环境、文化、景观等农村资源要素重新定价，充分发挥农业观光休闲、文化传承、食农教育、环境保育等多种功能，将生态农业的种养模式与市民农园的经营模式相结合，推进农业生态化和三产化，提高土地的附加值。

（2）有机生产本土化。坚持"生态、健康、公平、关爱"有机农业四大原则，结合本地自然条件和以本土社群为基础的传统农耕经验，坚持无农药、无化肥、无除草剂及化学添加品，生产过程开放透明，为北京市民提供高品质的有机农产品。还从韩国赵汉珪地球村自然农业研究院引进"自然农业"养殖法，向北方农村地区推广低成本、节水型、无污染的生态养殖技术。

（3）产销对接一体化。将有机农业生产方式与城市人的健康生活方式连接起来，构建新型有机农产品产销直供链条；充分发挥政府、高校、企业、农民、市民、媒体、社团等多元主体优势，打造多方共赢的社会化生态农业产业，最终形成农民有机生产合作与市民绿色消费合作的城乡互助合作平台，推动乡村建设与城乡一体化融合。

2. 石家庄市鹿泉区奶业产业集群

河北省石家庄市鹿泉区现代农业产业园坚持自主创新、引进创新、协同创新相结合，加快提升科技研发水平，建成世界一流的集奶牛繁殖技术、乳业发酵剂和加工工艺为一体的奶业研发高地。产业园建有5 000头以上奶牛示范基地1个，辐射带动全国奶牛养殖基地共106个，奶牛年单产量9 t以上，远高于全省、全国平均水平，蛋白质等各项指标超过欧盟标准。通过构建质量安全可追溯管理系统，聚集资金、人才和土地等先进要素，精心打造奶业产业集群。

（1）聚集资金要素，建设一流奶业加工示范区。统筹涉农资金0.8亿元、整合金融贷款1.2亿元，引导撬动社会资本27.4亿元，加快产业园乳品加工能力建设。产业园内共有乳品加工企业6家，建有乳制品生产线73条，全部应用CIMS/CAM中央控制系统的国际顶级生产线，乳制品年加工能力95万t、乳粉产能占全国的10%，加工技术达到世界先进水平。

（2）聚集人才要素，高质量规划建设产业园。规划布局"一心四区"即科技创新中心、生态循环种养区、国际标准加工区、高端物流集散区、产村融合宜居区，规范引领产业园项目建设科学有序推进。通过岗位补贴、职称津贴、专家公寓、住房补贴等一系列手段，吸引高端人才入驻产业园，建有博士后工作站1个。同时培育新型经营主体逐步成长为产业园建设主要力量,已有21家农民合作社、117家种养大户、8个家庭农场直接参与产业园内奶业生产经营。

（3）聚集土地要素,推进产业融合发展。一是打造青贮示范基地。着眼一产助力二产,流转土地500余亩,开展畜用青贮玉米示范种植。二是拓展提升园区功能。围绕三产服务二产,建设占地330亩的优质牧场,建成国内首家奶牛科普馆、牛奶果园等休闲牧业科普文化教育基地。三是探索联农带农机制。规划建设占地面积679亩的乳制品加工物流区,带动产业园内5个乡镇、23个村、1.7万余户、6.8万余农民增收致富。

（二）长三角都市农业发展典型案例

长三角城市群是中国经济最发达、城镇集聚程度最高的地区,位于长江下游地区,濒临黄海与东海,是长江入海之前形成的冲积平原,一般认为长三角城市群涉及上海市、江苏省、浙江省、安徽省共26个市,区域总面积21.17万km²,约占全国国土面积的2.2%。2018年11月,长江三角洲区域一体化发展上升为国家战略,并明确了长江三角洲区域包括沪、江、浙、皖一市三省全域。即在长三角城市群26个城市基础上,进一步扩展至41个城市。夏梦蕾和曹正伟（2022）运用改进的熵值法从菜篮子产品保障能力、农业生态与可持续发展水平、三产融合发展水平、农业先进生产要素聚集水平、现代农业经营水平5个维度测算评价长三角城市群26个城市都市现代农业发展水平。结果表明,长三角城市群都市现代农业发展水平较高,但城市群内部的都市现代农业发展水平存在不均衡性,安徽省与苏浙沪在整体发展水平上差距较大,但其在5个维度上各有优势。

1. 南京市徐家院特色田园乡村建设

徐家院位于江苏省南京市江宁区谷里街道张溪社区,地处江宁西部美丽乡村示范区的核心区,以特色田园乡村建设为抓手,不断拓展都市农业功能,推动乡村产业振兴。徐家院村现有村民43户139人,村庄及周边用地共计1694亩,其中村庄面积75亩,水体总面积250亩。2018年徐家院村荣获中国美丽乡村百佳范例称号。

（1）以科学规划引领乡村产业发展。立足本村的土地空间和绿色蔬菜特色,以"渔耕樵读"为院落主题,以"耕读传家"和乡村书院为文化传承的特色田园乡村规划建设方案。现已建成规模蔬菜生产基地300亩,年产蔬菜1200t;建成以桑果、无花果为特色的经济林果200亩;建成花卉和蔬菜合理套种的田园花海160余亩,形成赏花经济链,年吸引游客3万余人。

（2）以绿色发展推进乡村生态建设。一是在生态乡村建设上,以农村人居环境综合整治为抓手,实现垃圾分类社区全覆盖,实施河道疏浚整治工程,村庄水质显著提升。二是在生态菜园建设上,通过秸秆回收利用,多用有机肥料、少用或不用化学肥料,采用诱虫灯、诱虫板等物理防治方法,实现蔬菜的绿色生产。

（3）打通都市农业"接二连三"链条。根据菜园、果园、庭园"三园共建、三产联动"的思路,以农地股份合作社、家庭农场为主体,以"互联网+有机瓜果蔬菜"为主要业态,建设以"野八鲜""水八鲜""富蓝特蓝莓"为特色的绿色安全农产品基地,实现线上线下同步销售,成功打造了"徐家院野菜""张溪蓝莓"等多个特色品牌。

（4）以产业振兴助力农民增收。依托特色田园乡村建设,培育新型经营主体6家,发展农村电商2家,农业年产值超500万元。积极发挥农民合作社的示范带动作用,成立南京溪沚田畔蔬果种植农地股份专业合作社,吸纳周边农户151户,入股面积547亩,年产量1200余t,销售额300万元,亩均综合增效

2 000元，农户户均增收1 940元。

2. 杭州市高科技企业中药材生态栽培模式

杭州创高农业开发有限公司（以下简称"杭州创高"）是一家集名贵中草药种苗组培研发生产、林下药材栽培和销售为一体的高科技农业企业。公司根据铁皮石斛及黄精等名贵林药对原生态环境的要求，以自然生长的野外林木作为载体，结合模仿雾、雨滴的自动喷雾系统，还原有利于此类名贵林药材生长的近野外环境。此模式充分利用林下自然条件，进行合理种植，不与粮食争良田，不与林木争林地，环境友好，产品原生态，节约大量土地资源，并有利于野生种群的恢复。

（1）采用"原生态，有机栽"的模式。2014年通过了中国有机食品认证和中国GAP认证并持续至今，杭州创高在全国范围内率先采用林药的野外原生态栽培模式，实行"野外原生态栽培、现代科学化管理、品质可追溯体系"的方式进行名贵中草药养生产品的栽培和加工。

（2）与知名院校联合打造科研合作平台。在白虎山林地建立了林下野外原生态栽培基地500亩；新品种选育及驯化的高新现代化基地；种苗生物组织培养中心2 000多平方米，并在2018年引进复旦大学的无套组培技术，通过技术改造升级生物组培车间。

（3）以原生态栽培确保中草药材质量。在保证中草药材食用安全性的基础上，有效成分含量的高低是关键。杭州创高开展了野外林下原生态栽培模式的探索，承担了省农业科技项目以及国家林业和草原局示范推广基地项目，目前基地的原生态铁皮石斛，就多糖这一指标就超过中国药典标准的80%以上，是一般大棚栽培药材含量的近2倍。

（4）农业设施的智能化提升改造与应用。基地驯化苗用的大棚基本都是智能温室大棚，有效提高了土地利用效率和种苗产出时效，降低了人工管理成本和病虫害防治成本，解决了木本藤本类植物组培苗的移栽驯化生根成活率低的问题，实现了种苗规模化、工厂化生产。

（三）珠三角都市农业发展典型案例

珠三角城市群是亚太地区最具活力的经济区之一，珠三角城市群包括"广佛肇"（广州、佛山、肇庆）"深莞惠"（深圳、东莞、惠州）"珠中江"（珠海、中山、江门）等3个新型都市区。珠三角城市群区域总面积约5.5万km²，占全国国土面积的0.6%。杨忍和刘芮彤（2022）以珠三角城市群地区的县（区）为研究单元，从生产供给、经济发展、社会保障和生态保育四个维度构建都市农业功能评价指标体系，对2005年、2012年和2019年三个时段珠三角地区都市农业多维功能演变及协同-权衡关系进行测度。结果表明：2005—2019年，珠三角地区都市农业的生产供给、经济发展和社会保障功能均值先下降后上升，而生态保育功能反之；生产供给和生态保育功能总体呈现稳定的外部较强而中心偏弱的空间格局，经济发展和社会保障功能的空间分布格局变化较大。都市农业功能演变及协同-权衡关系发展具有阶段性特征，大致呈现"相互独立/低位协同-相互权衡-高位协同"的演化规律。

1. 广州市万花园现代农业示范园

万花园位于广州市从化区城郊街，流转土地约1.3万亩，引进企业50多家，生产面积约1.1万亩，形成了以生产、研发鲜切花、盆花、种苗、兰花、特色苗木为主体、"玫瑰花""樱花"和"火龙果"观光休闲为主题的格局，全力打造国家级现代农业示范区和广东农业公园，并对当地的村集体经济发展和乡村振兴发挥了良好的促进作用。

（1）改变了农业生产方式。农业经营由分散向集约转变，基础条件有效改善。土地流转后，改变了过去一家一户分散经营的传统模式和落后的生产方式，发展了大棚生产的高产值、高附加值的花卉种植，并配套建设了水、电、路等基础设施，夯实了园区生产基础条件，为农业持续增产增收奠定了坚实的物质基础。

（2）带动了村级集体经济发展。位于万花园核心区的西和村，依托万花园良好的产业优势和明显的区位优势，紧抓美丽乡村建设机遇，加快发展休闲农业和乡村旅游，形成了以兰花、樱花、玫瑰花和火龙果为主题的休闲农业旅游景点，有效提高了村集体经济收入，2016年村集体经济收入34.23万元。

（3）增加了当地村民收入。园区入驻企业共吸纳当地及周边富余劳动力就业3 000人次/年。园区发展休闲农业与乡村旅游拓宽了农民就业渠道，外出打工农民纷纷返乡，到附近景区当起了导游、厨师、农家店服务员等，有的利用自有房屋、自有宅基地开办农家乐和农家旅馆，农民足不出户就有就业门路。

园区产业的发展为农民提供了多种收入来源，如土地出租收入、在园区企业就业取得工资性收入和自主经营收入等。2016年园区内农民年人均纯收入20 800元。

2. 深圳市旺泰佳鹏城美丽乡村

旺泰佳鹏城美丽乡村（简称"旺泰佳鹏"）位于大鹏新区大鹏办事处鹏城片区，排牙山以南，大鹏所城以北，东西比邻东山寺和鹏城四合村，总占地面积约1 000亩。围绕生态农业、观光农业、教育体验式农业发展目标，旺泰佳鹏完善道路、灌溉等基础设施，温室大棚、鱼塘、农田、生产办公等附属设施建设，充分利用和发挥樱花园、油菜园的自然条件，依山傍水田园风情的优势，将其建设成为生态环境优美、功能布局合理、基础建设完善、具有生态示范意义和本土文化特色的生态园。同时，把园区各主要的景观种植设计为每个花季都有开放的花卉大道，例如：樱花大道、紫藤花大道、紫荆花大道等，搭配种植一年四季都会开花的百花园。还设计合理位置种植各种水果，主要是具有地方特色和四季交替采摘，例如：有岭南特色的杨梅、酸梅、杨桃等。初步建成"一带、二核、三区、多点"的空间格局。

（1）一带。以"骑行美丽乡村"为主题，用园区休闲单车将园区各个景点和政府市政绿道，现有的景点即大鹏所城、东山寺、较场尾等串联起来，形成生态观光旅游带。

（2）二核。一是以樱花和油菜花交替开放为核心的主题观光区。二是以教育和亲子旅游、中小学生户外实践教育作为重点进行田园建设，投入必要的配套设施。

（3）三区。每年四季花草观光区，时令果蔬采摘区；中小学生校外教育实践体验区，亲子活动游乐区；吃、喝、玩、乐、养体验区，综合服务区。

（4）多点。建有蔬菜奇异馆、休闲垂钓、油菜花迷宫、亲子动物园、稻草人、莲心茶诗阁、室内CS基地等多个体验式景点。

第二节　都市农业发展存在的环境问题与分析

一、土壤环境问题

（一）土壤氮磷盈余及流失

都市农业发展过程中，由于都市人口众多，对粮食需求巨大，一部分依靠从其他区县进行外源输入，另一部分需要在都市区域自产自销，同时保证因自然灾害引起的食物运输保障遇到阻碍时的应急之需。都市农业生产活动主要发生在城郊地区，随着城市化的进程，人口快速增长对食物需求增加，城郊农业生产压力也随之加大，同时由于城郊种植户知识的局限性和农业科技技术培训不到位，高效施肥技术普及率低，导致在农业生产过程中，为了追求粮食产量，过度施肥、施肥方法和施肥结构不合理，导致农田土壤氮磷养分累积现象。已有研究表明珠三角典型区域农田土壤表观氮、磷处于盈余状态，且氮平衡强度约为磷平衡强度的4倍，加剧了农田土壤氮磷流失的风险，这也是造成农业面源污染和河流、湖泊等水体富营养化的重要原因。

研究发现，地表径流中氮、磷流失的主要载体皆为泥沙，施肥显著提高地表径流中NH_4^+-N浓度和泥沙TP质量分数。种植户常规施肥模式易造成氮磷流失，其中珠三角典型旱地甜玉米生育期常规施肥模式氮磷流失分别达到3.48 kg/hm^{2}和0.045 kg/hm^2（梁善，2019）。

（二）土壤中农药和新型污染物的残留

随着农业科技发展，都市农业土壤农药残留也随之减少，但是仍有存在，同时由于很多新型投入品产生，土壤环境也出现了不同新型污染物，如有机污染物、抗生素、微塑料等。

对长春市、吉林市、四平市城郊菜地土壤中有机氯农药残留含量调查发现，六六六和滴滴涕仍是最主要的有机氯农药残留，两者占有机氯农药残留总量的百分比分别为88.29%和82.05%（张静静，2013），同时发现吉林郊区蔬菜土壤中多氯联苯（PCBs）平均含量达111.00 μg/kg，部分超出土壤环境质量二级标准，存在一定的潜在危害（陈晓荣等，2015）。南京城郊农田土壤多环芳烃（PAHs）含量均值达226.64 μg/kg，其主要来源为燃烧源和石油源的混合源（张秀秀等，2021）。天津市城郊8个不同土地利用类型土壤（旱地、公园、林地、滩涂、水浇地、绿化带、居民区、荒地）抗生素总体检出浓度在（4.35~1.35）×10^3 μg/kg，总体浓度顺序为四环素类（TCs）>磺胺类（SAs）>喹诺酮类（QNs）>大环内酯类（MLs）>β-内酰胺类（β-lactams），其中旱地土壤中抗生素含量显著高于其他土地利用类型土壤抗生素，主要与有机肥施用有关（裴浩鹏等，2021）。与之调查结果相似，长三角地区典型城郊流域土壤抗生素含量显著高于园地和林地，其中，检出浓度顺序为：四环素类（TCs）>喹诺酮类（QNs）>大环内酯类（MLs）>磺胺类（SAs），平均含量分别为41.43 μg/kg、11.38 μg/kg、0.15 μg/kg、0.09 μg/kg，也与有机肥施用密切相关（赵方凯等，2018）。同时，在武汉城郊菜地土壤20个采样点中也发现了土壤微塑料的存在，其丰度范围在320~12 560 items/kg，平均丰度为2 020 items/kg（陈玉玲，2020）。

二、大气环境问题

都市农业对大气环境的影响主要来自温室气体的排放。据估计，大气中20%的CO_2、70%的CH_4和90%的N_2O来源于农业活动和土地利用方式转换等过程。研究发现由于土壤呼吸每年土壤向大气释放CO_2为（1.6±1.0）Gt。20世纪80年代末，IPCC报告认为全球稻田CH_4排放量每年高达110 Tg，约占全球CH_4排放总量的1/5。而全球人为排放N_2O的60%~90%直接来源于农田施用氮肥。全球耕地面积占陆地总面积的13%，化学氮肥的施用量为每年80 t。在农业生产活动中，不同的作物和不同的种植方式对农田排放气体都会产生影响。

（一）二氧化碳

二氧化碳的过量排放是造成温室效应的主要原因之一，在农业生产过程中，温度、光照、秸秆还田的方法，耕种方式和是否覆盖地膜都会影响农田二氧化碳的排放量。京郊农田种植冬小麦的农田在6月收获期时二氧化碳排放通量最高，最高可达到1 007.55 mg/(m^2·h)，其影响排放通量的主要因素是温度和耕作方式（杨志新，2006）。崇明岛小麦农田，小麦季CO_2排放总量为84.355 g/m^2（侯玉兰，2013）。关中平原冬小麦农田在秸秆投入下与对照组相比，CO_2累积排放量显著增加24.8%，同时随秸秆覆盖量的增加，CO_2累积排放的增加效应呈上升趋势，在秸秆覆盖量小于4.5 t/hm^2和大于等于9 t/hm^2时，CO_2累积排放量分别增加16.5%和33.1%。关中平原夏玉米农田在地膜覆盖的情况下CO_2排放总量会显著增加（赵金磊，2021）。

（二）甲烷

甲烷（CH_4）是一种重要的温室气体，土壤CH_4释放与温度、秸秆还田方式、耕作方式、光照甲烷菌基质规模和品质有关。上海崇明岛稻季农田CH_4排放总量为8.56 g/m^2（侯玉兰，2013）。关中平原冬小麦夏玉米轮作田在秸秆投入下CH_4累积排放量与无秸秆投入相比显著增加79.3%。秸秆还田量小于4.5 t/hm^2和大于等于9 t/hm^2时，CH_4累积排放量分别增加127.3%和72.1%；秸秆覆盖量小于4.5 t/hm^2和大于等于9 t/hm^2时，CH_4累积排放量分别增加46.6%和107.8%（李鹏飞，2022）。珠三角农地1996年到2014年，碳排放总量增长了13%、年平均增长率为1%，尤其是在2007年到2014年，由74.30万t稳步上升至85.31万t，上涨势头明显。2000年时，碳排放强度为821.34 kg/hm^2，到2005年突破1 000 kg/hm^2大关，再到2014年，碳排放强度已达1 387.80 kg/hm^2，共增长68.97%，年平均增速为4.20%。从碳排放总量方面可以看出，化肥施用导致的碳排放占比最大，最高占到68.42%，最低也占到64.53%，常年超过总量的2/3；农药利用导致的碳排放次之，最高占到18.05%，最低占到15.06%；农膜利用为第三大排放源，最高为13.63%，最低为8%，且对总量的贡献程度逐年升高（朱子玉，2017）。长三角地区农田采用旋耕秸秆还田方式CH_4周年累计排放量为652.61 kg/hm^2（宋知远，2019）。重庆水稻农田采用传统冬水田平作CH_4排放总量显著高于水旱轮作和粪作免耕，其排放总量达到2.96 mg/(m^2·h)（张军科等，2012）。

（三）氧化亚氮

氧化亚氮（N_2O）是主要的大气温室效应气体之一，能够消耗臭氧层物质，而农业活动是N_2O浓度增加的主要原因之一，影响农田释放N_2O的因素有光照、时间、秸秆还田方式、灌溉方式、施肥的类型和数量、土地利用类型、地膜覆盖与否等。崇明岛稻季农田N_2O排放总量为374.033 mg/m^2，麦季农田N_2O排放总量为51.63 mg/m^2。关中平原冬小麦夏玉米轮作田在秸秆投入下N_2O累计排放量与无秸秆投入相比显著增加28.3%，秸秆覆盖显著增加N_2O累计排放量，其中覆盖量在小于4.5 t/hm^2和大于等于9 t/hm^2，N_2O累计排放量显著增加63.0%、38.1%和25.1%。秸秆还田量在大于等于9 t/hm^2时，N_2O累计排放量显著增加70.8%（李鹏飞，2022）。长三角地区农田采用旋耕秸秆还田方式N_2O周年累计排放量为3.53 kg/hm^2（王永明等，2021）。黄土高原玉米农田在覆盖地膜的情况下累积排放量为338.07 g/hm^2。华东地区单季水稻田采用间隙灌溉和节水灌溉的方式会显著增加N_2O的排放量（王永明等，2021）。陕北马铃薯农田采用沟灌的方式N_2O的累计排放量最高（刘远超等，2022）。黄土丘陵区生长季农地N_2O通量均值为7.08 μg/(m^2·h)，红枣林种植地N_2O通量均值为0.52 μg/(m^2·h)（孙文浩等，2017）。重庆水稻农田采用水旱轮作N_2O排放总量显著高于传统冬水田平作，其排放总量达到123.6 μg/(m^2·h)。华北平原冬小麦土壤进行常规耕作免耕处理比使土壤N_2O排放通量显著升高，免耕处理的土壤N_2O累积排放量是常规耕作的77.0%（张贺等，2013）。

（四）氨气

大气中氨气的来源广泛，人类活动是主要来源，主要包括农业生产活动排放、生物质的燃烧及其他类型来源，其中农业源占全球氨气排放总量的90%。在农业活动中，畜牧业和氮肥施用被认为是氨气的主要来源。据研究，在内槽式好氧堆肥车间NH_3的浓度变化范围为$0.85 \sim 22.40$ mg/m³，堆肥前期氨气浓度高于后期，虽然在整个堆肥周期NH_3平均值为3.63 mg/m³，但大多数的氨排放浓度高于《GB 14554—1993 恶臭污染物排放标准》限值要求（厂界二级标准1.5 mg/m³）（刘明辉等，2022）。南京江北地区农田在秸秆覆盖处理的情况下氨气平均净挥发通量为810.1 μg/(m²·h)（徐北瑶等，2021）。太湖地区典型蔬菜地采用常规尿素施肥的NH_3排放系数最高（李晓明，2021）。

三、水体环境问题

在来自工业和城市生活污水的点源污染得到控制后，面源污染逐渐成为水体污染物的主要来源，其中农业生产生活引起的面源污染是造成目前水体污染的主要原因之一。第二次全国污染源普查结果显示，2017年农业源水污染物排放量：化学需氧量1 067.13万t，氨氮21.62万t，总氮141.49万t，总磷21.20万t。其中种植业水污染物排放（流失）量：氨氮8.30万t，总氮71.95万t，总磷7.62万t；畜禽养殖业水污染物排放量：化学需氧量1 000.53万t，氨氮11.09万t，总氮59.63万t，总磷11.97万t；水产养殖业水污染物排放量：化学需氧量66.60万t，氨氮2.23万t，总氮9.91万t，总磷1.61万t。

根据《2020年中国生态环境状况公报》，2020年长江流域、西北诸河等7个流域水质为优或良好，只有海河流域为轻度污染；长江流域、西北诸河等7个流域无劣Ⅴ类水质断面，海河流域和西南诸河仍有劣Ⅴ类水质断面。2021年1—5月，京津冀地区劣Ⅴ类断面占断面总数的比例为3.9%。长江流域水质为优，但太湖为轻度污染，主要污染指标为总磷，西部沿岸区为中度污染，可见高度集约化的都市农业带来的水体氮磷、重金属、农药、抗生素等污染不容忽视，特别是京津冀与长三角都市农区。

（一）水体硝酸盐污染问题

随着我国农业现代化的不断发展，农业生产活动对地下水质量的影响越来越大，不同农田利用类型对地下水硝酸盐含量的影响不同。由于蔬菜种植过程中施肥量很大，尤其经常过量施用氮肥，灌溉频繁，种植区对地下水硝酸盐含量影响最大。北京市雨季前不同农田利用类型地下水硝酸盐含量由高至低依次为蔬菜>其他>粮食作物、果园>花卉。雨季后地下水硝酸盐含量由高至低排序依次为粮食作物>蔬菜>其他>果园>花卉；天津市雨季前后不同农田利用类型地下水硝酸盐含量由高至低依次为蔬菜>>粮食作物>果园>其他。华北地区各省（市）地下水硝酸盐含量间具有一定差异，以山东（13.8 mg/L）最高、其次是河北（9.5 mg/L）、河南（9.4 mg/L）、天津（7.0 mg/L），北京（5.6 mg/L）较低。天津整体地下水硝酸盐含量较低（符合Ⅱ类水质标准）的样品占多数（李明悦等，2013），但是蔬菜种植区地下水硝酸盐平均含量较高，且表现非常突出，该种植区雨季前地下水下硝酸盐监测结果（27.1 mg/L）高出国家地下水质量Ⅲ类水质标准，雨季后（30.4 mg/L）更是高出国家地下水质量Ⅴ类水质标准。北京、河北和河南水质整体相对较好，三省（市）各类土地利用类型区地下水硝酸盐平均含量均未超过国家地下水质量Ⅲ类水质标准，相对而言，北京市各农业利用类型区地下水硝酸盐含量更低一些，仅有粮食作物种植区雨季后地下水硝酸盐平均含量超过WHO饮用水水质标准，而河北、河南蔬菜种植区雨季前后两次监测地下水硝酸盐平均含量和河南其他农业类型区雨季前地下水硝酸盐平均含量超过WHO饮用水水质标准。

（二）水体总磷污染问题

磷是陆地和水体生产力的关键元素，但过量的磷负荷是导致地表水体富营养化和水质恶化的基本原因。随着社会经济的发展，磷污染成为影响长江流域水环境质量改善的主要因素。长江中下游区域是我国重要的粮、油、棉生产基地，农业生产强度大，农业灌区化肥流失、畜禽和水产养殖亦是总磷的主要来源，农业面源污染问题不容忽视。根据《中国统计年鉴》中各省磷肥施用量统计数据得到的长江流域2016年磷肥施用量为225.3万t，总磷流失量约为8.73万t，主要集中在中下游地区（杨卫、李瑞清，2021）。长江流域雨量较为丰沛，尤其到了汛期，降雨量、降雨强度均显著增大，城郊中的污水垃圾、农业种植的农药化肥、畜禽养殖粪便粪水都易随着降雨冲刷流入附近水体，造成水体污染、水质变差。"十三五"以来长江流域国控断面水质数据显示，在每年汛期，长江干流、太湖流域、巢湖流域、汉江中下游断面总磷易超标。虽然长江中下游各省份的总磷平均去除率达到了80%以上，但污水处理设施总磷平均排放浓度仍然高达0.680 mg/L，高于地表水Ⅴ类水质标准（秦延文等，2018）。加上当前城镇污水收集率普遍不高，部分未进管网直接入湖的城镇污水对总磷的影响可能更加突出。长江干流水体总磷总体达标，且近年来持续改善。2019年，长江干流除江苏省无锡市小湾断面为Ⅲ类水质外，其他断面水质均为Ⅱ类。2015—2019年，长江干流总磷浓度持续下降，2019年长江总磷年均浓度为0.081 mg/L，比2016年下降23.7%（尹炜等，2022）。

（三）水体微塑料、农药等有机污染

农膜、农药、抗生素等在农业生产上做出了极大贡献，但随着使用量的逐年加大，使农药等有机污染物经雨水冲淋或经地面径流等途径进入水环境。水环境中的残留微塑料、农药、抗生素等破坏了水生态系统，对水生生物造成严重的危害，进而对人类健康构成威胁。目前，水体微塑料、农药等污染状况逐渐受到了人们的广泛关注。长江流域水体微塑料污染处于中等偏低的水平，湖泊和水库的微塑料丰度普遍高于河流型水体；长江流域水体微塑料以聚酯类、聚乙烯和聚丙烯为主，形态多为纤维状、碎片和薄膜状；长江流域从上游至下游水体微塑料丰度逐渐升高，且多数水体微塑料丰度呈沿岸高、中心低的分布特征（李天翠等，2021）。长江江苏段水源地雌酮（E1）、雌二醇（E2）、双酚A（BPA）的浓度处于ng/L水平，各雌激素总浓度的均值分别为（1.00±1.72）ng/L、（0.65±1.49）ng/L、（4.41±5.29）ng/L，BPA的检出率和平均浓度水平均高于E1和E2，不同水情下浓度差异表现为丰水期>枯水期>平水期。水源地E1、E2、BPA的活性分别为（0.25±0.43）ng/L、（0.65±1.49）ng/L、（0.00062±0.00074）ng/L（以雌二醇当量计，下同）。考虑到雌激素对水生生物的内分泌干扰作用，需在今后的水源地水质安全评价指标体系中加强雌激素监测（师博颖等，2018）。

第三节　京津冀区域都市面源污染与防控

一、京津冀农业现状

京津冀区域面积21.7万km²，人口1亿（占全国8%）。该区具有良好的自然和农业生产条件，2013

年耕地面积699万hm²，蔬菜播种面积90.4万hm²，其中设施栽培42万hm²，在我国农业生产中具有重要地位，发展都市型现代农业是京津冀地区的必然趋势。

（一）京津冀地区农林牧渔业总产值小幅波动

2019年京津冀地区农林牧渔业总产值6 757.5亿元，同比增长5.7%。其中，北京农林牧渔业总产值281.7亿元，同比减少5.1%。天津农林牧渔业总产值414.4亿元，同比增长6.1%。河北农林牧渔业总产值6 061.5亿元，同比增长6.2%。

（二）京津冀地区粮食产量提高

民以食为天，粮食是关系国计民生的重要战略物资。近几年，随着农业技术普及，粮食单产提高，粮食总产量增加。2020年京津冀地区总产量4 055万t，较2016年增加了344.7万t。其中，北京粮食总产量为30.5万t，同比增长6.2%；天津粮食总产量228.2万t，比上年增长2.2%；河北粮食总产量3 795.9万t，比上年增长1.5%，连续8年保持在700亿斤以上。

（三）农业机械化水平提高

随着农业现代化不断推进，农业机械拥有量快速增加，农作物机械化率大幅提高。2019年京津冀地区农业机械总动力达到8 313.4万kW，较2016年增加296.9万kW。其中，北京农业机械总动力122.8万kW，天津农业机械总动力359.8万kW，河北农业机械总动力7 830.7万kW。农业机械拥有量较快增长，广泛应用，极大地提高了农业劳动生产率。

（四）京津冀三地现代农业分为"两区"

推进京津冀现代农业协同发展，有利于形成特色鲜明、优势互补、市场一体、城乡协同的区域发展新格局，对确保京津冀协同发展战略顺利实现意义重大。《京津冀现代农业协同发展规划（2015—2020年）》将京津冀三地农业发展划分为"两区"，即都市现代农业区和高产高效生态农业区。

都市现代农业区是京津冀现代农业发展的核心区，包括京津和河北省环京津的27个县市。该区域以发展都市现代农业为主攻方向，突出服务、生态、优质、科技、增收、传承六大功能，着力推进五项重点任务：即以"调粮增菜、扩果控畜"为重点，优化农业产业结构，强化京津"菜篮子"产品供给保障能力；大力发展生态循环农业，着力打造环京津生态保育圈；积极发展主食加工业和农产品物流业，建设布局合理、快速便捷的加工物流网络；以种业、信息化为重点，打造农业科技创新高地；稳步发展休闲农业、传承农耕文明，满足居民健康生活需求。着力打造服务城市、宜居生态、优质高效、科技创新、富裕农民、传承农耕文明的农业，实现农业田园景观化、产业园区化、功能多元化、发展绿色化、环境生态化，发挥率先突破、引领带动作用。

高产高效生态农业区是京津冀现代农业发展的战略腹地，包括河北省146个县（市、区）。该区域以承接都市现代农业区产业转移、强化支撑保障、促进转型发展为主攻方向，突出优质高效、加工物流、生态涵养三大功能，着力推进5项重点任务：即以山前平原区为主建设粮食等重要农产品生产基地，提高京津冀都市群"米袋子""菜篮子"产品供给能力；以黑龙港地下水超采区为主发展高效节水型农业；以冀北坝上和接坝地区为主建设高原特色农牧业；以太行山、燕山为主建设山区生态农业，为建设京津冀都市群生态安全绿色屏障提供有力支撑；以环渤海地区为主打造沿海水产经济带，保护近海水域渔业资源和生态环境。着力打造服务都市的产品供给大基地、农业科技创新成果转化大平台、农产品加工物流业转移承接大园区、生态修复和环境改善大屏障。

（五）积极建设现代农业产业园

现代农业产业园是推进乡村振兴的重要平台和载体。自2017年以来，农业部和财政部批准创建了151个全产业链发展、现代要素集聚的国家现代农业产业园，其中已认定87个，带动各地创建了3 189个省、市、县产业园，基本形成以园区化推动现代农业发展的格局。其中，河北国家级现代农业产业园有2个，北京和天津各有1个国家级现代农业产业园。

二、京津冀农业面源污染现状

京津冀地区设施农业复种指数高，产出强度大，化肥、有机肥大量使用，造成土壤氮磷超量累积，氮磷淋失严重，面源污染形势严峻，危及土壤及地下水安全，生态环境质量下降。此外，随着集约化程度的提升，尾菜等设施农业废弃物不断增加，给环境带来巨大压力。所有这些环境污染问题已成为阻碍经济、社会可持续发展的重要瓶颈，严重制约着京津冀协同发展。

（一）设施菜田土壤肥力现状

设施菜田调查点土壤肥力见表16-1。调查点养分综合指数为87.2，属于高肥力水平，其中高肥力（含高和较高等级）地块47块，代表面积10 460亩，占设施菜田总调查面积的86.1%；中等肥力地块6块，代表面积1 670亩，占设施菜田调查面积的13.7%；低肥力（较低）地块1块，代表面积20亩，占设施菜田总调查面积的0.2%。

表16-1　设施菜田调查点土壤肥力情况

肥力等级	地块数	代表面积/亩	面积所占比例/%	有机质/（g/kg）	全氮/（g/kg）	碱解氮/（mg/kg）	速效磷/（mg/kg）	速效钾/（mg/kg）	养分综合指数
高	23	1 900	15.6	40.1	2.14	258	363.3	460	100.0
较高	24	8 560	70.5	20.5	1.54	178	206.3	350	88.1
中	6	1 670	13.7	18.9	1.26	247	29.6	142	68.3
较低	1	20	0.2	10.8	0.76	52	5.1	57	31.0
低	—	—	—	—	—	—	—	—	—
合计/平均	54	12 150	100.0	23.3	1.60	200	206.2	338	87.2

（二）种植年限对设施蔬菜田土壤养分累积影响

设施菜田土壤养分累积量均随种植年限呈现增加趋势，种植年限小于5年的设施菜田土壤无机氮平均值为63.65 mg/kg，土壤速效磷为177 mg/kg，土壤速效钾为453.5 mg/kg，种植年限为5～10年的设施菜田无机氮、速效磷、速效钾分别增加102%、42%、22%，种植年限>20年的设施菜田无机氮、速效磷、速效钾分别增加175%、128%、34%，小于5年的设施菜田电导率为30.79 mS/m，大于20年的设施菜田电导率，增至59.19 mS/m（表16-2）。

表16-2 种植年限对设施蔬菜土壤养分累积影响

种植年限/a	样本量/个	土壤全氮/（g/kg）	土壤无机氮/（mg/kg）	土壤速效磷/（mg/kg）	土壤速效钾/（mg/kg）	有机质/（g/kg）	电导率/（mS/m）
<5	82	1.69	63.65	177.31	453.50	21.93	30.79
5~10	84	2.12	128.93	252.71	554.19	23.48	41.83
10~20	102	2.02	166.75	382.69	524.23	32.51	47.69
>20	28	2.48	175.27	404.18	611.10	37.89	59.19

（三）作物种植类型对设施蔬菜田土壤养分累积影响

果类蔬菜土壤无机氮、速效钾、有机质、电导率均高于其他作物类型，果叶轮作相比单种叶菜、果菜，能降低土壤无机氮、速效磷、速效钾累积（表16-3）。

表16-3 作物种植类型对设施蔬菜田土壤养分累积影响

作物类型	样本量	土壤全氮/（g/kg）	土壤无机氮/（mg/kg）	土壤速效磷/（mg/kg）	土壤速效钾/（mg/kg）	有机质/（g/kg）	电导率/（mS/m）
叶菜	65	1.79	120.34	239.26	560.65	22.39	29.01
果菜	298	2.35	214.47	245.6	751.4	38.44	55.54
果叶轮作	30	2.78	155.26	191.7	418	21.77	16.15
粮菜轮作	4	2.39	167.54	699.2	367	21.88	—
果树	6	2.14	14.33	612.01	612.34	24.9	—

（四）设施菜田肥料投入情况

露地菜田有机肥纯养分投入为84.1 kg/亩，化肥30.8 kg/亩，有机肥与化肥投入比例（以纯养分计）为1∶0.4；设施菜田有机肥投入养分为125.9 kg/亩，化肥投入养分为49.1 kg/亩，有机肥与化肥投入比例（以纯养分计）为1∶0.4，具体见表16-4。

表16-4 周年肥料投入情况　　　　　　　　　　　　　　　　　　　　单位：kg/亩

种植模式	肥料投入加权平均											
	有机肥						化肥					
	实物量	成本/（元/亩）	N	P₂O₅	K₂O	养分小计	实物量	成本/（元/亩）	N	P₂O₅	K₂O	养分小计
露地菜田	2 560	1 246	32.1	24.5	27.5	84.1	61	146	18.5	10.3	2.0	30.8
设施菜田	5 275	1 585	57.9	23.2	44.8	125.9	110	327	20.3	9.5	19.3	49.1

菜田调查点主要作物有番茄、小油菜、草莓、生菜、大白菜、黄瓜、西瓜、绿菜花、架豆、茄子、

花椰菜、甜瓜、结球甘蓝共13种（表16-5）。其中，总养分投入较高的前3种作物分别是草莓128.8 kg/亩、西瓜126.9 kg/亩和甜瓜118.2 kg/亩；排在中间的5种分别是番茄112.5 kg/亩，小油菜106.4 kg/亩、黄瓜82.0 kg/亩、茄子81.5 kg/亩和生菜75.1 kg/亩；排在最后的5种是绿菜花72.0 kg/亩、架豆53.3 kg/亩、结球甘蓝41.7 kg/亩、大白菜39.2 kg/亩和花椰菜29.7 kg/亩。

表16-5　主要作物的肥料投入情况　　　　　　　　单位：kg/亩

作物名称	有机肥投入情况					化肥投入情况					总养分投入情况				样本数/个
	实物量	N	P_2O_5	K_2O	小计	实物量	N	P_2O_5	K_2O	小计	N	P_2O_5	K_2O	合计	
番茄	3 608	40.2	14.9	26.7	81.8	69	11.0	5.2	14.5	30.7	51.2	20.1	41.2	112.5	18
小油菜	1 953	40.9	15.4	45.7	101.9	10	3.9	0.3	0.3	4.5	44.8	15.6	46.0	106.4	11
草莓	3 816	40.0	33.7	35.5	109.2	39	6.5	4.3	8.8	19.6	46.5	38.0	44.3	128.8	9
生菜	2 409	21.3	11.7	16.3	49.3	56	10.4	7.6	7.8	25.8	31.7	19.3	24.1	75.1	9
大白菜	1 010	10.4	8.0	8.8	27.2	23	6.9	4.3	0.8	12.0	17.3	12.3	9.7	39.2	8
黄瓜	3 604	24.5	8.9	21.1	54.5	61	13.6	3.2	10.7	27.5	38.1	12.1	31.8	82.0	8
西瓜	3 100	41.3	35.3	37.0	113.6	29	3.9	3.2	6.2	13.3	45.2	38.5	43.2	126.9	6
绿菜花	1 286	16.8	14.4	15.0	46.1	52	18.0	6.2	1.6	25.8	34.8	20.6	16.6	72.0	6
架豆	1 789	17.3	11.4	13.9	42.5	24	6.8	2.0	1.9	10.8	24.1	13.4	15.8	53.3	6
茄子	1 706	28.3	13.0	20.7	62.1	42	8.7	3.9	6.7	19.4	37.1	17.0	27.4	81.5	5
花椰菜	0	0.0	0.0	0.0	0.0	61	19.1	6.8	3.8	29.7	19.1	6.8	3.8	29.7	5
甜瓜	4 015	41.6	16.3	28.5	86.3	71	11.3	8.5	12.1	31.9	52.9	24.8	40.5	118.2	3
结球甘蓝	429	4.8	4.1	4.1	13.0	63	16.5	5.9	6.3	28.7	21.3	10.0	10.4	41.7	3

从肥料实物量投入分析，有机肥投入较高的前3种作物分别是甜瓜4 015 kg/亩、草莓3 816 kg/亩和番茄3 608 kg/亩；排在中间的5种是黄瓜3 604 kg/亩、西瓜3 100 kg/亩、生菜2 409 kg/亩、小油菜1 953 kg/亩和架豆1 789 kg/亩；排在最后的5种是茄子1 706 kg/亩、绿菜花1 286 kg/亩、大白菜1 010 kg/亩、结球甘蓝429 kg/亩和花椰菜0 kg/亩。

化肥投入较高的前3种作物分别是甜瓜71 kg/亩、番茄69 kg/亩和结球甘蓝63 kg/亩；排在中间的5种是黄瓜61 kg/亩、花椰菜61 kg/亩、生菜56 kg/亩、绿菜花52 kg/亩和茄子42 kg/亩；排在最后的5种是草莓39 kg/亩、西瓜29 kg/亩、架豆24 kg/亩、大白菜23 kg/亩和小油菜10 kg/亩。

（五）设施菜田主要作物投入产出情况

京津冀设施菜田主要作物有番茄、小油菜、草莓、生菜、大白菜、黄瓜、西瓜、绿菜花、架豆、茄子、花椰菜、甜瓜、结球甘蓝共13种（表16-6）。从养分投入与产出的比来分析，每投入1 kg的纯养分，产量排在前3位的是：大白菜133.6 kg，花椰菜83.2 kg，结球甘蓝56.6 kg。排在中间5位的是：黄瓜55.4 kg，架豆53.2 kg，番茄52.4 kg，生菜44.8 kg，茄子41.1 kg。排在最后5位的是：绿菜花39.8 kg，西瓜19.6 kg，草莓18.0 kg，小油菜16.7 kg，甜瓜16.3 kg。

表16-6　主要种植作物投入产出情况　　　　　　　　　　　　　　　　　单位：kg/亩

作物名称	样本数/个	产量	养分投入/产出	肥料养分投入			
				N	P₂O₅	K₂O	小计
番茄	18	5 898	1：52.4	51.2	20.1	41.2	112.5
小油菜	11	1 781	1：16.7	44.8	15.6	46.0	106.4
草莓	9	2 316	1：18.0	46.5	38.0	44.3	128.8
生菜	9	3 364	1：44.8	31.7	19.3	24.1	75.1
大白菜	8	5 237	1：133.6	17.3	12.3	9.7	39.2
黄瓜	8	4 544	1：55.4	38.1	12.1	31.8	82.0
西瓜	6	2 487	1：19.6	45.2	38.5	43.2	126.9
绿菜花	6	2 862	1：39.8	34.8	20.6	16.6	72.0
架豆	6	2 832	1：53.2	24.1	13.4	15.8	53.3
茄子	5	3 345	1：41.1	37.1	17.0	27.4	81.5
花椰菜	5	2 467	1：83.2	19.1	6.8	3.8	29.7
甜瓜	3	1 932	1：16.3	52.9	24.8	40.5	118.2
结球甘蓝	3	2 357	1：56.6	21.3	10.0	10.4	41.7

（六）设施菜田主要作物养分盈余情况

设施菜田总养分盈余量较高的3种是西瓜116.4 kg/亩、草莓99.9 kg/亩和甜瓜94.8 kg/亩；排在中间的5种是小油菜86.8 kg/亩、番茄54.7 kg/亩、生菜51.8 kg/亩、茄子48.7 kg/亩和黄瓜47.5 kg/亩；排在最后5种是结球甘蓝21.9 kg/亩、大白菜17.2 kg/亩、架豆4.6 kg/亩、绿菜花-21.1 kg/亩、花椰菜-50.5 kg/亩（表16-7）。

盈余倍数较高的前3位是西瓜11.1、小油菜4.4、甜瓜4.1；排名中间5位的是草莓3.4、生菜2.2、茄子1.5、黄瓜1.4、结球甘蓝1.1；排在最后5位的是番茄0.9、大白菜0.8、架豆0.1、绿菜花-0.2、花椰菜-0.6。

从氮磷钾投入比例看，草莓养分投入比例为1：0.8：1.0，推荐需肥比例为1：0.4：1.4，磷肥投入水平过高，钾肥可适当补充。

番茄养分投入比例1：0.4：0.8，黄瓜养分投入比例为1：0.3：0.8，小油菜为1：0.3：1.0，茄子为1：0.5：0.7，4种蔬菜的推荐需肥比例为1：0.3：1.4，钾肥可适当增加。

绿菜花养分投入比例1：0.6：0.5，花椰菜养分投入比例1：0.4：0.2，二者推荐需肥比例为1：0.3：0.7，两种蔬菜的钾肥可适当增加投入。

结球甘蓝养分投入1：1.5：0.5，推荐需肥比例为1：0.1：0.9；生菜推荐需肥比例为1：0.6：0.8，推荐需肥比例为1：0.2：0.6；架豆养分投入1：0.6：0.7，推荐需肥比例为1：0.3：0.8；西瓜养分投入比例1：0.9：1.0，推荐需肥比例为1：0.2：1.1；4种蔬菜都是磷肥投入过量。

大白菜养分投入比例为1：0.7：0.6，推荐需肥比例为1：0.5：1.3；甜瓜养分投入比例1：0.5：0.8，推荐需肥比例为1：0.5：2.0；两者钾肥可适当增加投入。

表16-7　主要作物的肥料投入盈余量　　　　单位：kg/亩

作物名称	肥料总养分投入				作物吸收带走养分量				养分盈余量				盈余倍数（盈余/带走）	样本数/个
	N	P_2O_5	K_2O	小计	N	P_2O_5	K_2O	小计	N	P_2O_5	K_2O	小计		
番茄	51.2	20.1	41.2	112.5	21.2	5.9	30.7	57.8	30.0	14.2	10.5	54.7	0.9	18
小油菜	44.8	15.6	46.0	106.4	6.8	2.8	10.0	19.6	38.1	12.8	36.0	86.8	4.4	11
草莓	46.5	38.0	44.3	128.8	10.4	4.2	14.4	29.0	36.1	33.8	30.0	99.9	3.4	9
生菜	31.7	19.3	24.1	75.1	12.4	3.0	7.7	23.2	19.2	16.2	16.4	51.8	2.2	9
大白菜	17.3	12.3	9.7	39.2	7.9	3.7	10.5	22.0	9.4	8.6	-0.8	17.2	0.8	8
黄瓜	38.1	12.1	31.8	82.0	12.7	4.1	17.7	34.5	25.4	8.0	14.1	47.5	1.4	8
西瓜	45.2	38.5	43.2	126.9	4.5	1.0	5.0	10.4	40.7	37.5	38.2	116.4	11.1	6
绿菜花	34.8	20.6	16.6	72.0	57.2	19.2	16.6	93.0	-22.5	1.4	0.0	-21.1	-0.2	6
架豆	24.1	13.4	15.8	53.3	22.9	6.5	19.3	48.7	1.1	6.9	-3.4	4.6	0.1	6
茄子	37.1	17.0	27.4	81.5	12.0	3.0	17.7	32.8	25.0	14.0	9.7	48.7	1.5	5
花椰菜	19.1	6.8	3.8	29.7	49.3	16.5	14.3	80.2	-30.3	-9.7	-10.5	-50.5	-0.6	5
甜瓜	52.9	24.8	40.5	118.2	6.8	3.3	13.3	23.4	46.1	21.5	27.2	94.8	4.1	3
结球甘蓝	21.3	10.0	10.4	41.7	9.7	1.2	9.0	19.8	11.6	8.8	1.4	21.9	1.1	3

（七）设施蔬菜种植体系的氮风险评估

对设施菜田氮素盈余情况进行风险等级评估，47.8%的地块盈余量>800 kg/hm²，为高风险区，8.7%的地块为中风险区，15.2%的地块为低风险区，28.3%为无风险区；按地块面积看，62.6%的设施菜田存在中高风险（表16-8）。

表16-8　设施蔬菜种植体系的氮风险评估

风险等级（氮盈余）	地块数	地块数所占比例/%	代表面积/亩	面积所占比例/%	盈余平均值/（kg/hm²）
高风险>800 kg/hm²	22	47.8	4 150	61.4	1 339.9
中风险600~800 kg/hm²	4	8.7	80	1.2	669.0
低风险400~600 kg/hm²	7	15.2	730	10.8	558.8
无风险≤400 kg/hm²	13	28.3	1 800	26.6	-128.4
合计/平均	46	100.0	6 760	100.0	856.6

（八）设施蔬菜种植体系的磷风险评估

对设施菜田磷素盈余情况进行风险等级评估，69.6%的地块速效磷含量>110 mg/kg，为高风险区，

13%的地块为中风险区，4.3%的地块为低风险区，13.0%为无风险区；按地块面积看，97.6%的设施菜田存在中高风险（表16-9）。

表16-9　设施蔬菜种植体系的磷风险评估

风险等级（土壤速效磷）	地块数	地块数所占比例/%	代表面积/亩	面积所占比例/%	加权平均值/（mg/kg）
高风险>110 mg/kg	32	69.6	6 450	95.4	265.0
中风险80～110 mg/kg	6	13.0	150	2.2	102.8
低风险50～80 mg/kg	2	4.3	40	0.6	67.0
无风险≤50 mg/kg	6	13.0	120	1.8	28.5
合计/平均	46	100.0	6 760	100.0	256.0

三、京津冀农业面源污染防控技术与策略

（一）源头控制

1. 基于磷素平衡（P-based）的养分均衡调控技术

施用化肥对提高作物产量、保障粮食安全有重要意义，但近年来我国过量施用化肥现象普遍，尤其是蔬菜过量施肥现象更加严重。我们前期对河北省5个设施蔬菜种植面积超过6 000 hm²的县（市）施肥情况调查结果表明，河北省N、P_2O_5和K_2O用量超出推荐量平均分别为2.2、8.4和2.5倍（表16-10）。

表16-10　河北省定兴县养分均衡调控技术优化定位试验　　　　　单位：kg/亩

处理	总养分用量				养分投入减量		
	N	P_2O_5	K_2O	总量	N	P_2O_5	K_2O
常规施肥（CK）	102.1	84.2	195	318.2	—	—	—
养分均衡调控1（T1：化肥减20%）	100.3	53.6	184.2	273.2	-1.8	-36.3	-5.5
养分均衡调控2（T2：化肥减30%）	92.1	50.9	173.4	243.3	-9.8	-39.5	-11.1
养分均衡调控3（T3：化肥减40%）	83.9	48.3	162.6	213.5	-17.8	-42.6	-16.6
养分均衡调控4（T4：化肥减50%）	75.7	45.7	151.8	183.7	-25.9	-45.7	-22.2
养分均衡调控5（T5：推荐施肥）	63.2	41.7	135.3	138.2	-38.1	-50.5	-30.6

过量施肥导致土壤氮磷速效养分富集，从源头上降低化肥养分投入以修复高氮磷残留土壤具有重要意义。2017年10月至2020年6月在河北省定兴县开展了化肥用量减施的养分均衡调控试验，分别从控制养分投入、协调养分比例、调整基追比例、优化水肥管理等4个方面进行了调控。试验结果表明，减施化肥养分用量20%～30%，能使番茄增产4.6%～11.1%，土壤硝态氮平均降低34.2%，土壤速效磷平均降低15.2%（图16-1）。

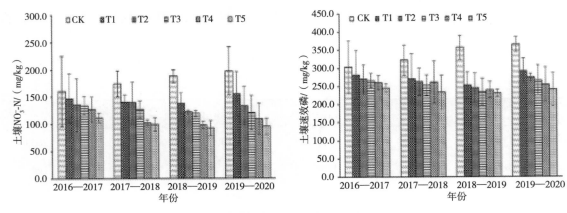

图16-1 化肥减量调控对土壤速效氮磷含量的影响

与露地作物相比，设施蔬菜生产中，有机肥和基施化肥中的N、P_2O_5、K_2O比例明显不合理，P_2O_5占比明显过高，因而导致温室和大棚土壤速效磷含量长期居于高水平（≥150 mg/kg），占比分别达到59.3%和35.3%。研究优化磷调控技术对修复高氮磷残留土壤具有重要意义。本研究于2018年10月至2020年6月在河北省定兴县开展了磷肥调控技术试验，分别从磷肥投入减量、化肥磷运筹、优化水肥管理等3个方面进行了调控。结果表明，在等氮等钾的情况下，磷养分用量减施52.9%~100%，能使黄瓜增产2.8%~29.4%，土壤速效磷含量平均降低12.8%（图16-2）。

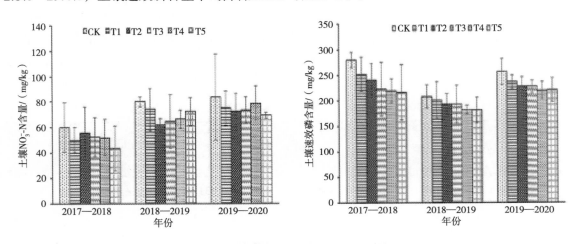

图16-2 磷肥运筹对土壤速效氮磷含量的影响

与以往化肥减量和有机替代无机等传统源头调控措施相比，本研究以磷素平衡（P-based）为基础，集成化肥减量、有机无机配施与中微量元素平衡调控技术等，并且与其他土壤磷素阈值条件下有机肥安全定量施用技术也有着重要的承接作用，并为后续的过程调控和末端消耗手段提供了良好的研究基础，是集成高氮磷残留土壤修复与污染控制技术的重要先导和关键环节。

2. 设施土壤磷素阈值及磷素淋失风险防控

（1）探明了河北省设施土壤磷素累积特征，有80%存在淋失风险。调查表明河北省设施土壤速效磷平均含量在200 mg/kg左右，土壤$CaCl_2$-P平均含量在10 mg/kg左右（图16-3）。按照提出的土壤速效磷含量划分标准，土壤速效磷含量低于100 mg/kg的低淋溶或者无淋溶风险的约占21%，高于100 mg/kg但是低于250 mg/kg的中淋溶风险的约占54%，高于250 mg/kg的高淋溶风险的约占25%。总体上河北省设施土壤约80%存在中等以上程度的土壤磷素淋溶风险。土壤磷素淋失防控技术研究与示范推广对于设施农业面源污染防控意义重大。

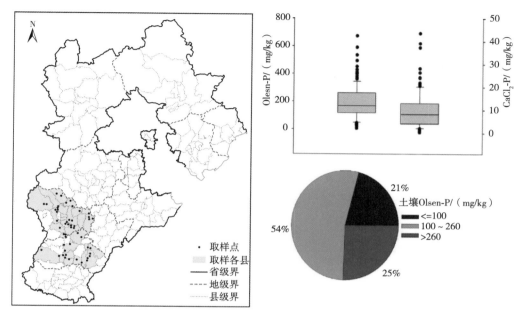

图16-3　河北省典型设施蔬菜田表层土壤Olsen-P和CaCl₂-P含量调查结果

（2）研究提出了饶阳设施蔬菜土壤磷素控制阈值。首次提出了设施土壤磷素淋失的"双拐点阈值"，提出以Olsen-P 60 mg/kg作为淋溶阈值，260 mg/kg的土壤Olsen-P作为磷肥投入控制阈值（图16-4）。

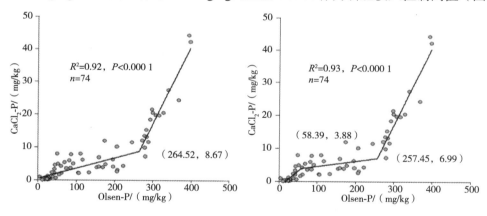

图16-4　饶阳设施蔬菜土壤磷素淋溶阈值

当Olsen-P含量处于0~60 mg/kg时，土壤中水溶性磷含量较低，可以常规施用磷肥；当Olsen-P含量处于60~260 mg/kg时，CaCl₂-P基本控制在10 mg/kg以下，水溶性磷随Olsen-P含量增加的幅度也较小，如果通过防控措施能够降低土壤磷素淋失，就可以实现农业生产和环境保护的双赢。但是当土壤Olsen-P含量增加到260 mg/kg以上时，土壤水溶性磷含量急剧增加，磷素淋失风险指数级增大，很难有效控制磷素淋失对环境的污染风险。因此，土壤Olsen-P 260 mg/kg应作为磷素投入控制环境阈值和本地区现阶段设施蔬菜生产磷肥施用的环境红线。

依据设施农业土壤特点，发明了按土体构型进行土壤养分淋失风险评价体系。根据土壤质地和构型发明了依据土体构型的设施土壤养分淋失风险评价方法，将设施土壤划分为不易淋失、轻度淋失、中度淋失和重度淋失共4级（表16-11）。基于设施土壤养分淋失常用评价标准，以养分淋出100 cm土体为淋失，不易被作物再吸收利用。将设施土壤0~90 cm的土体划分成0~30 cm、30~60 cm和60~90 cm 3个层次，分别对应耕作层、过渡层和心土层。将土壤质地按照黏粒含量进行标准化，再将耕作层、过渡层和心土层赋予权重，依据综合评价得分将设施土壤养分淋失风险划分为不易淋失区、轻度淋失区、中度淋失区和重度淋失区4个级别，为后续有机肥安全量化施用技术提供科学基础。为了便于示范推广，将土体构型的划分做成简化表。

表16-11　土壤质地及土体构型分级

级别	淋失风险	表层（0~30 cm）	中层（30~60 cm）	底层（60~90 cm）
1	不易淋失	中壤、重壤及黏土	中壤、重壤及黏土	中壤、重壤及黏土
2	轻度淋失	中壤、重壤及黏土	中壤、重壤及黏土	中壤、轻壤、砂壤、砂土
3	中度淋失	中壤、重壤及黏土	轻壤、砂壤、砂土	轻壤、砂壤、砂土
4	重度淋失	轻壤、砂壤、砂土	轻壤、砂壤、砂土	轻壤、砂壤、砂土

　　基于土体构型评价，结合淋溶阈值和控制阈值构建了设施蔬菜土壤磷素淋失风险综合评价体系。

　　首先，以土壤因子作为一级指标，根据发明的依据土体土壤质地和构型的设施土壤养分淋失风险评价方法，将设施土壤划分为不易淋失、轻度淋失、中度淋失和重度淋失共4级；再以土壤Olsen-P含量作为二级指标，分为低风险（Olsen-P<100 mg/kg）、中风险（Olsen-P 100~250 mg/kg）、高风险（>250 mg/kg）共3级；最后统合土壤构型和土壤磷含量两级指标构建了土壤磷素淋失风险综合评价体系，综合风险评价划分为5级，分别给予1、2、3、4、5等级评分，风险评价分级越高，磷素淋失风险越大（表16-12）。

表16-12　土壤磷素淋失风险评价体系

一级指标土壤因子（权重0.6）	二级指标磷素阈值（权重0.4）	综合风险评价值	综合风险等级
不易淋失（1）	低风险（1）	1	1
	中风险（2）	1.4	1
	高风险（3）	1.8	2
轻度淋失（2）	低风险（1）	1.6	2
	中风险（2）	2	3
	高风险（3）	2.4	3
中度淋失（3）	低风险（1）	2.2	3
	中风险（2）	2.6	4
	高风险（3）	3	5
重度淋失（4）	低风险（1）	2.8	4
	中风险（2）	3.2	5
	高风险（3）	3.6	5

　　注：第1、第2列括号里数字分别为土体构型淋失风险赋值及土壤速效磷淋失风险等级赋值。综合风险等级划分：综合风险评价值小于等于1.5为1级，大于1.5小于2为2级，大于2小于等于2.5为3级，大于2.5小于等于3为4级，大于3为5级。

（3）提出了河北省典型设施农田有机肥源和无机肥源土壤磷素淋溶阈值。首先，通过室内土壤培养实验和数学模型的方法确定了河北省设施菜田土壤磷素淋溶阈值，首次区分了设施菜田有机肥源和无机肥源磷素淋溶阈值，分别为87.8 mg/kg和198.7 mg/kg（图16-5）。

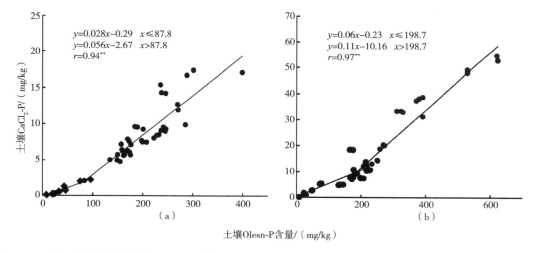

图16-5 添加有机肥磷（a）和无机肥磷（b）条件下设施菜田土壤Olsen-P含量和CaCl₂-P含量的关系

（4）结合田间试验推荐基于土壤磷素阈值的有机肥安全用量。在不施用无机磷肥的情况下，番茄-甜瓜轮作周期内在番茄季一次性施用40%有机肥，既能保障番茄和甜瓜两季的产量和品质，又能防止土壤磷素累积，降低了设施农田面源污染风险（图16-6）。结果表明合理地施用有机肥，不施用无机磷肥既能提高产量又不降低蔬菜品质，在河北省较高磷含量的设施菜田番茄-甜瓜轮作体系中是可行的。这也表明在保障蔬菜产量和品质的前提下在河北省蔬菜体系中减施化肥和有机肥具有很大潜力空间。

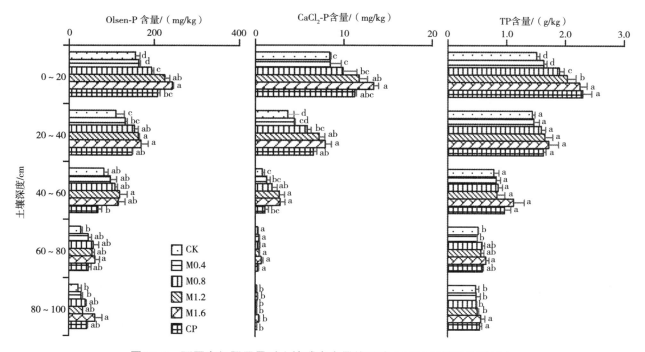

图16-6 不同有机肥用量对土壤磷素含量的影响（2020年甜瓜收获后）

（5）提出了设施土壤磷素农学阈值。结果表明，按农民习惯施磷量的25%施磷可保持磷平衡状态，即饶阳现有条件下磷素投入农学阈值以75 kg/hm²为宜，能够达到磷素表观平衡，番茄和甜瓜均可以获得较平衡的产量和环境效益（图16-7，图16-8）。

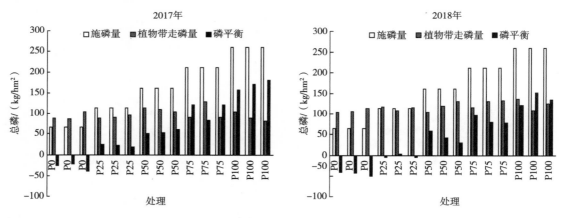

图16-7　番茄季不同施肥处理磷素表观平衡

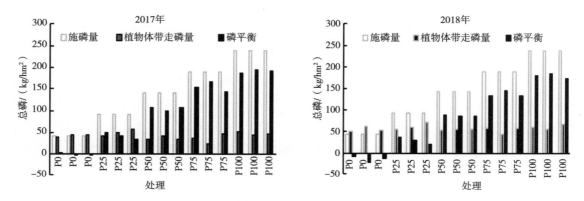

图16-8　甜瓜季不同施肥处理磷素表观平衡

（6）提出了基于土壤磷素淋溶阈值的有机肥-无机肥-微生物肥安全施用技术。低磷土壤中（Olsen-P 28.4 mg/kg）指导原则："补充所需，活化磷库，高效利用"。在比农民常规施肥（处理FT）减少投入25%的肥料用量的基础上，增施微生物菌剂1（胶质芽孢杆菌）（处理MF1），既减量25%施肥，又使得0～20 cm土壤耕层速效磷含量显著提高，与单纯减量25%施肥（处理OPT）相比，3年平均提升的幅度为30.8%～33.3%，且增产效果稳定，3年平均增产37.8%（图16-9，图16-10）。

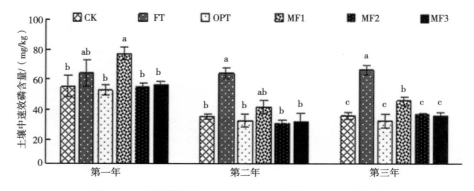

图16-9　不同肥料处理下0～20 cm土壤Olsen-P含量差异

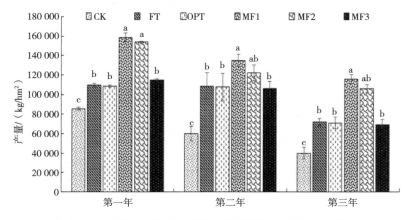

图16-10 低磷背景设施土壤不同肥料处理下黄瓜产量差异

中磷土壤中（Olsen-P 79.2 mg/kg）指导原则："按需补给，降低累积，防控淋溶"。番茄-油菜3个轮作周期后，与常规习惯施肥（处理TB1）相比，采用有机肥-功能微生物肥配施（处理TB2，不施用化肥），可有效降低0～100 cm土体中33.7%土壤磷素残留，减少土壤磷素淋失风险（图16-11）。

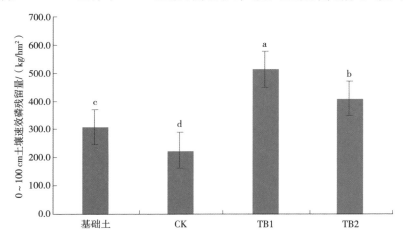

图16-11 中磷背景设施土壤不同施肥处理下0～100 cm土壤Olsen-P残留量差异

同时，增施功能微生物肥（处理TB2）番茄和油菜产量均最高，番茄3年平均增产10.1%，油菜3年平均增产24.1%（图16-12，图16-13）。

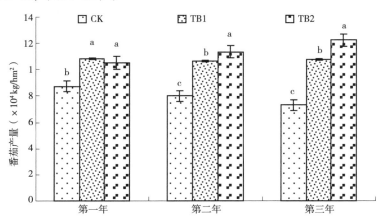

图16-12 中磷背景设施土壤不同肥料处理下番茄产量差异

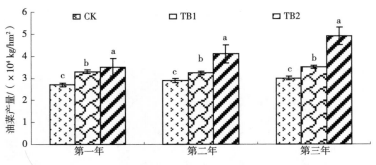

图16-13　中磷背景设施土壤不同肥料处理下油菜产量

高磷土壤中（Olsen-P=225.9 mg/kg）指导原则："源头减量，综合防控，降低淋溶"。有机-无机肥料合理配施对0～100 cm土壤磷淋失量影响差异显著，传统施肥（处理TB1）的番茄-甜瓜两季淋溶液中累积磷素淋失量最大，不施磷对照（处理TB0）最小，处理TB3（总量减量25%施肥：有机肥75%+无机肥25%）比处理TB2（总量减量25%施肥：有机肥50%+无机肥50%）显著降低了30.2%；处理TB3（总量减量25%施肥：有机肥75%+无机肥25%）比传统施肥（处理TB1）的0～100 cm土壤磷淋失量显著降低了66.9%（图16-14）。

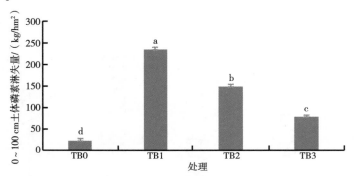

图16-14　有机-无机肥料合理配施对0～100 cm土壤磷素淋失量的影响

不同有机-无机配施对土壤淋溶液中磷素淋失量有显著影响，1年轮作周期后，以传统施肥（处理TB1）的番茄-甜瓜两季淋溶液中累积磷素淋失量最大，以不施磷对照（处理TB0）最小。而不同有机-无机肥料施用比例相比，处理TB3（总量减量25%施肥：有机肥75%+无机肥25%）比处理TB2（总量减量25%施肥：有机肥50%+无机肥50%）显著降低了8.9%；处理TB3（总量减量25%施肥：有机肥75%+无机肥25%）比传统施肥（处理TB1）的淋溶液中累积磷素淋失量显著降低了64.0%（图16-15）。

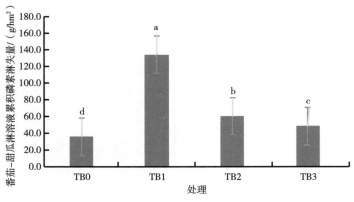

图16-15　有机-无机肥料合理配施对磷淋失量的影响

3年间番茄产量除不施磷处理外，不同比例配施对番茄、甜瓜产量影响差异不显著，并且总量减投25%并不会对番茄和甜瓜产量造成不利影响（图16-16，图16-17）。

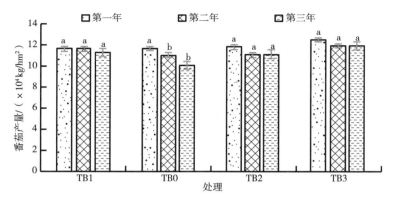

图16-16　不同有机-无机肥料合理配施对番茄产量的影响

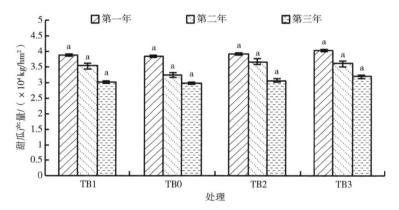

图16-17　不同有机-无机肥料合理配施对甜瓜产量的影响

（7）提出了水肥统筹土壤磷素淋溶防控技术。节水配合减量施肥是防控土壤磷素淋失的重要措施。研究表明，不同水肥处理显著影响0～100 cm土壤Olsen-P累积量（F=18.83，$P<0.01$），整体上无磷CK（T0）、"减量施肥+畦灌"（T2）、"减量施肥+滴灌"（T3）、"减量施肥+水肥一体化"（T4）处理生育季末土壤Olsen-P累积量显著低于"常规+畦灌"（T1），相对于传统水肥管理，减量施肥和节水灌溉处理土壤Olsen-P累积量显著降低18.51%～22.61%（图16-18）。

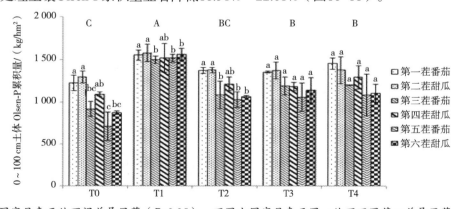

不同大写字母表示处理间差异显著（$P<0.05$），不同小写字母表示同一处理不同茬口差异显著，下同。

图16-18　减量施肥与节水灌溉对0～100 cm土壤Olsen-P累积量的影响

与Olsen-P结果相同，双因素方差分析表明，不同水肥处理显著影响0~100 cm土壤CaCl₂-P累积量（F=24.23，$P<0.01$），T2~T4处理相对于T1，三年六茬土壤CaCl₂-P累积量平均显著降低了26.68%~32.74%（图16-19）。

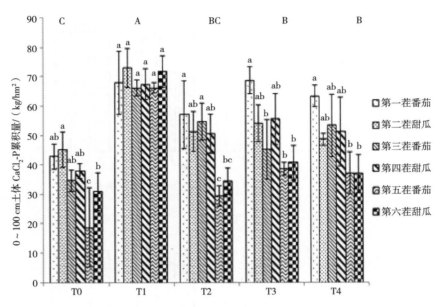

图16-19　减量施肥与节水灌溉对0~100 cm土壤CaCl₂-P累积量的影响

常规施肥灌溉模式下，番茄-甜瓜轮作周年磷素淋失量可达4.91 kg/hm²，而无磷CK（T0）处理可下降到1.23 kg/hm²（图16-20）。

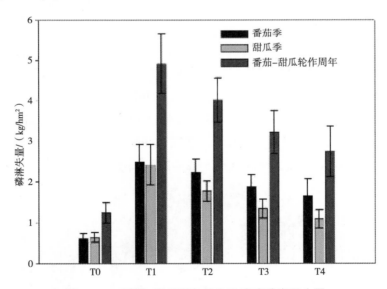

图16-20　番茄-甜瓜周年轮作淋溶液磷素淋失量

周年轮作，"减量施肥+滴灌"（T3）""减量施肥+水肥一体化"（T4）处理磷素淋失量显著低于"常规+畦灌"（T1）处理。在磷肥投入量降低25%的情况下，"减量施肥+畦灌"（T2）处理轮作周年磷素淋失量比T1仅降低了18.11%。而配合水分管理措施（滴灌、水肥一体化，T3、T4）则能更好地控制磷素淋失，可以分别降低磷素淋失34.47%和44.07%。

（8）集成了土壤磷素淋溶阈值控制下的有机肥量化施用技术。综合上述定位试验数据，统筹集成优化了土壤磷素淋溶阈值控制下的有机肥量化施用技术：针对种植时间较短、基础地力较低的新棚（风险等级1、2），推荐"优化施用量+平衡水溶肥+生物肥料"（表16-13）。当风险等级提升至3~5，磷素施用量降低25%~35%，其中3/4来源于有机肥，1/4来源于无机肥料，作物盛花期和坐果期配合施用微生物肥（胶质芽孢杆菌）5 L/亩，即"优化施用量+低磷水溶肥+生物肥料"；当风险等级超过5级，底肥不再施用有机肥，根据目标产量，仅少量启动磷底施，追施无磷水溶肥，在作物盛花期和坐果期施用无磷水溶肥，即"无磷底肥+无磷水溶肥"模式（表16-13）。

表16-13　基肥施用量　　　　　　　　　　　　　　　　　　　　　　　　　　　　单位：kg/亩

一级指标土壤因子（土体构型淋失风险评价）	二级指标磷素阈值（土壤速效磷淋失风险评价）	综合风险评价值（一、二级指标权重分别为0.6和0.4）	综合风险*等级	管理规程		
				有机肥推荐量	底肥种类	底肥推荐量
（重壤-黏土）	低风险（P≤80）	1	1	3 000~3 500	平衡复合肥	25~30
	中风险（80<P≤250）	1.4		3 000~3 500	平衡复合肥	25~30
	高风险（P>250）	1.8	2	2 000~3 000	平衡复合肥	20~25
（中壤-重壤）	低风险（P≤80）	1.6	2	2 000~3 000	平衡复合肥	20~25
	中风险（80<P≤250）	2	3	1 500~2 000	平衡复合肥	14~20
	高风险（P>250）	2.4		1 500~2 000	平衡复合肥	14~20
（轻壤-中壤）	低风险（P≤80）	2.2		1 500~2 000	平衡复合肥	14~20
	中风险（80<P≤250）	2.6	4	1 000~1 500	低磷复合肥	10~15
	高风险（P>250）	3	5	<500	无磷	<10
（砂土-砂壤）	低风险（P≤80）	2.8	4	1 000~1 500	低磷复合肥	10~15
	中风险（80<P≤250）	3.2	5	<500	无磷	<10
	高风险（P>250）	3.6	5	<500	无磷	<10

*1.极不易淋失；2.不易淋失；3.轻度淋失；4.中度淋失；5.重度淋失。

（二）过程调控

1. 堆肥钝化技术

近年来，以生物质炭为代表的碳基类材料，因其兼具无机添加剂吸附性和有机添加剂高碳含量的双重优势，在堆肥进程控制、温室气体减排、碳氮转化及污染物降解方面的研究已经逐渐趋于成熟。而磷素作为堆肥中非常重要的养分元素之一，其形态转化不仅与农业中作物的增产增质息息相关，还关系到粪肥在环境中的迁移和流失。然而目前尚缺乏相关研究阐明堆肥过程中碳基材料与磷素相互作用关系及转化机制。

生物质炭和木本泥炭对堆肥产品Hedley磷素各形态含量变化的影响。CK1、BC和WP 3个处理堆肥产品中活性磷比例分别为63%、60%和52%，添加木本泥炭可显著降低堆肥产品中活性磷的水平。生物质炭和木本泥炭可以明显促进堆肥中H_2O-P_o和$NaHCO_3-P_o$的形成或抑制其分解。且在添加木本泥炭的处理中，$NaHCO_3$-P_o和$NaOH$-P_o含量相对偏高，而堆肥中$NaHCO_3$-P代表着与铁铝氧化物结合态的磷，木本泥炭中M3浸提的铁铝（1.13 g/kg和0.72 g/kg）含量显著高于生物质炭（0.39 g/kg和0.12 g/kg），证明该部分磷含量的增加是由木本泥炭带入较多的铁铝元素造成的；$NaOH$-P代表与有机物结合态的磷，木本泥炭本身含有较多的腐植酸，在堆肥中可能促进了腐植酸与磷的吸附或结合，或者形成"大分子腐植酸-Fe/Al-PO_4^{3-}"三元复合物。通过试验发现，堆肥中添加生物质炭和木本泥炭，不仅可以调节堆体pH保持在一个相对稳定的碱性或酸性条件，而且可以对堆肥中活性磷产生钝化效果，降低其环境流失风险（表16-14）。

表16-14　生物质炭和木本泥炭对堆肥产品中磷素组分含量的影响　　　　　　　　单位：g/kg

处理	H_2O-P		$NaHCO_3$-P		$NaOH$-P		HCl-P		残留态-P
	P_i	P_o	P_i	P_o	P_i	P_o	P_i	P_o	
CK1	1.04c	0.01a	0.57c	0.05a	0.07b	0.29b	0.28b	0.06a	0.49b
BC	0.80b	0.06b	0.47b	0.07a	0.05a	0.18a	0.26ab	0.04a	0.65c
WP	0.70a	0.16c	0.34a	0.11b	0.10c	0.30b	0.22a	0.05a	0.33a

注：CK1，对照组；BC，添加10%生物质炭；WP，添加10%木本泥炭；P_i，无机磷；P_o，有机磷。同列不同小写字母表示不同处理间差异显著（$P<0.05$）。

2. 土壤-作物系统养分高效运转技术

针对北京地区主要设施菜田有机肥用量过高（10 m³/亩），开展有机肥减量及微生物菌剂对土壤氮磷含量及作物产量的影响试验研究。供试作物为快菜，设置对照（CK）、100%常规有机肥（100%M）、90%常规有机肥（90%M）、80%常规有机肥（80%M）、70%常规有机肥（70%M）、60%常规有机肥（60%M）和50%常规有机肥（50%M）共7个有机肥梯度处理，同时在90%M、80%M、70%M、60%M和50%M 5个减量梯度处理基础上，按亩用量150 mL和300 mL（稀释2 000倍）添加微生物菌剂（分别记作T1和T2），研究微生物菌剂对土壤氮素残留的影响（图16-21）。

微生物菌剂两茬试验土壤无机氮变化的结果表明，在50%M时，按照150 mL/亩和300 mL/亩添加微生物菌剂，第一茬快菜试验土壤无机氮含量分别降低11.5%和12.0%，第二茬快菜试验土壤机氮含量持续降低13.8%和18.2%；60%M时，添加微生物菌剂，能使第二茬试验土壤无机氮含量分别显著降低6.01%和5.05%；80%M时，两个梯度微生物菌剂分别能使第二茬试验土壤无机氮含量显著降低20.6%和24.5%。

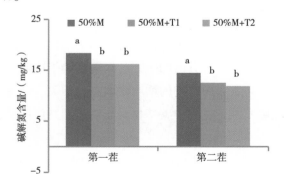
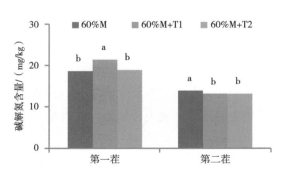

图16-21　微生物菌剂对土壤无机氮含量的影响

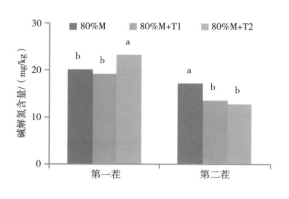

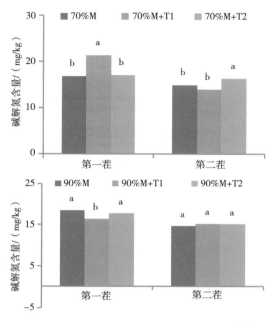

图16-21 （续）

3. 组合高碳有机肥、土壤改良剂、磷素活化剂的过程调控技术

畜禽粪便养分含量高，肥料化利用潜力巨大，而堆肥化技术是其变为优质有机肥的重要途径，以往的研究均围绕着降低堆肥氨挥发和氮素固定展开，而随着粪肥投入量的增加和其磷素环境风险的突出，粪肥中的活性磷也需要钝化，然而目前对于实现吸附沉淀磷素，同时降低氨挥发保留氮素的钝化剂产品，以及钝化剂类别的差异是否会对粪肥堆肥过程中磷素形态转化产生不同的影响尚未可知。

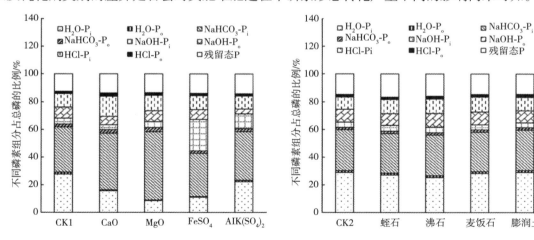

图16-22 添加钝化剂对堆肥磷素形态的影响

基于以上问题，进行了堆肥中添加不同类型钝化剂对于氨挥发和磷素固持的研究，结果表明，化学物质可明显降低堆肥中的水溶性磷，降低效果依次为：MgO 60.2%，FeSO$_4$ 58.8%，CaO 38.0%，AlK(SO$_4$)$_2$ 28.9%，且添加CaO和MgO主要促进H$_2$O-P$_i$向更稳定的NaHCO$_3$-P$_i$、HCl-P转化，添加FeSO$_4$和AlK(SO$_4$)$_2$主要促进了H$_2$O-P$_i$向NaOH-P$_i$转化；黏土矿物对磷素的钝化效果较弱，蛭石和沸石能降低堆体11.7%~17.3%水溶性磷含量，而麦饭石和膨润土基本没有效果（图16-22）。

同时，FeSO$_4$、AlK(SO$_4$)$_2$、麦饭石、沸石和膨润土5种添加剂对氨挥发减排和抑制氮素损失的效果较好，分别减少氨挥发43.7%、30.0%、24.4%、29.9%和20.1%，分别减少氮素损失33.8%、26.5%、15.4%、22.9%和13.4%（图16-23）。

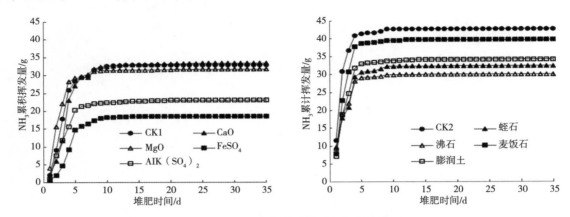

图16-23　添加钝化剂对堆肥氨挥发的影响

频繁灌溉和磷素累积容易造成设施土壤磷素流失，增加设施周边水体富营养化的风险。施用钾明矾和白云石能够固持设施高磷土壤中的活性磷，从而阻控磷素流失。但是，很多因素影响钾明矾和白云石对土壤磷的固持作用，而相关机制和效果缺乏系统研究。

本研究基于土壤培养试验、盆栽试验和连续3年田间试验，结合磷素分组和多种表征手段明确了磷酸盐在钾明矾和白云石表面的吸附特征，钾明矾和白云石不同施用量和施用方式对土壤磷素形态转化和剖面移动特征的影响（图16-24），主要结果表明：钾明矾和白云石显著降低了石灰性土壤的测试磷含量，但白云石能使酸性红壤CaCl$_2$-P和Olsen-P分别提高1.32%和40.5%，钾明矾使两种土壤的活性磷转化为Al-P，白云石使酸性红壤中的Al-P和Fe-P转化为弱结合态磷和Ca-P；pH值6.5时，钾明矾对磷酸盐的吸附以内圈配位为主，最大吸附量达到73.1 mg P/g，pH值8时，低浓度磷酸盐在白云石表面以吸附为主，高浓度磷酸盐在白云石表面同时发生了吸附、沉淀和羟基交换；石灰性土壤中活性磷的固定量随着钾明矾用量的提高而显著提高，且与一次施用相比，钾明矾分次施用可进一步降低土壤CaCl$_2$-P和Olsen-P；累计施用8 400 kg/hm^{2}钾明矾或者钾明矾和白云石的混合物（1：2）能显著降低土壤磷素移动和表层土壤CaCl$_2$-P含量，但不会影响作物产量（图16-25）。

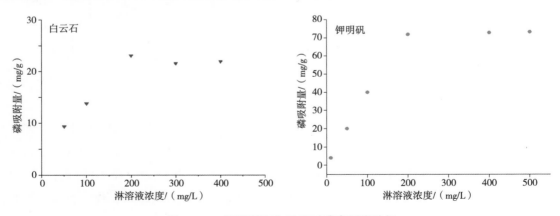

图16-24　钾明矾和白云石对磷素吸附特征

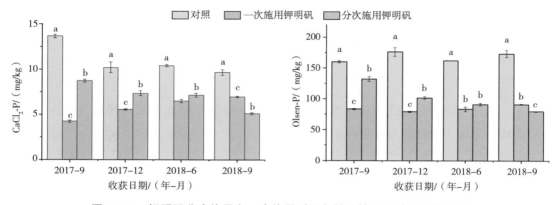

图16-25 钾明矾分次施用和一次施用对石灰性土壤无机磷组分的影响

水溶性肥料有其自身的成本和养分等含量的限制，故磷素活化剂在添加进水溶性肥料时也应遵守其要求。EDTA和柠檬酸均是良好的磷素活化剂，2种物质具有一定的酸性，同时螯合能力也较强，价钱也并非十分昂贵，适宜作为两种模式磷素活化剂进行研究。在北方石灰性土壤上施用的肥料多为pH值4～5（肥料原液稀释200～250倍后）的酸性肥料，然而在其中EDTA和柠檬酸浓度相对较低（0.05～0.5 g/L）的条件下，螯合剂是否仍能发挥磷素活化功能，以及对于钝化后的土壤其磷素活化特征如何还未可知。针对以上问题，开展了分次施用EDTA和柠檬酸对钝化土壤磷素活化效果的研究，结果表明，在pH值=4的浸提液中添加EDTA和柠檬酸可活化土壤中的磷素；对于明矾钝化土、白云石钝化土和混合钝化土，去离子水对磷素的累积浸提量仅占其在高磷设施土壤上磷素浸提量的42%、88%和57%，EDTA和柠檬酸可以显著提升25%～100%磷素活性；添加白云石不会改变螯合剂对磷素的提取特征，而添加明矾会使螯合剂对磷素的提取特征转为缓慢提取型；EDTA在钙质主导的土壤上磷素活化效果稍弱于柠檬酸，且磷素来源主要为Ca$_2$-P和Ca$_8$-P，柠檬酸可显著活化被明矾钝化的磷素，促进Al-P的释放（图16-26）。

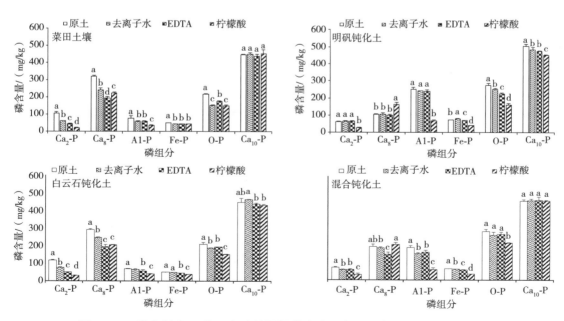

图16-26 螯合剂（pH值=4）连续浸提并移除10次后土壤中无机磷组分含量

相比于传统源头控制策略，基于土壤磷素阈值条件下有机肥安全定量施用与化肥合理配施技术，采用多种过程调控手段，旨在促进已形成高量氮磷残留土壤的安全利用与污染控制。提出了"土体固持、根区活化"的改土套餐施肥技术，主要内容为将高碳有机肥、磷素固持剂作为基肥施用，作物需磷关键期追施小分子磷素活化剂，同时融合功能型水溶肥、栽培、填闲作物种植和水肥—体化等多项农艺调控措施。该技术的实施有利于精准调控磷素养分供应，从而减少磷素损失和面源污染，最终实现京津冀地区设施高氮磷残留土壤生态修复与污染控制。

（三）末端治理

1. 作物时空合理配置技术

在饶阳示范区主要开展设施蔬菜为深根系品种番茄与适宜该地区土壤气候特点的较高经济价值且易于种植的浅根系品种紫快菜、樱桃萝卜、小油菜、快菜等间套作技术试验。对番茄-叶菜间套作模式下设施土壤硝态氮含量分析，番茄单作模式下0~20 cm土壤硝态氮含量为265.0 mg/kg，番茄-紫快菜、番茄-樱桃萝卜、番茄-小油菜和番茄-快菜4个间作模式下硝态氮含量分别为87.3 mg/kg、90.1 mg/kg、97.8 mg/kg和79.4 mg/kg，与之相比，4种间套作模式土壤硝态氮含量分别降低67.1%、66.0%、63.1%和70.1%。20~100 cm 4个土层间，4种间套作模式相比番茄单作模式土壤硝态氮含量降低幅度在40.8%~85.4%，土壤硝态氮含量下降幅度明显（图16-27）。

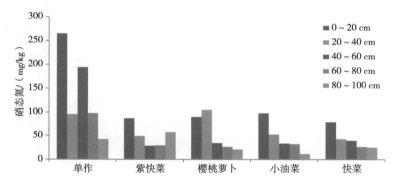

图16-27 不同间作模式对土壤硝态氮含量的影响

土壤铵态氮在土壤胶体中容易被吸附，受作物种植制度及耕作模式影响较小，同时具有挥发性，不稳定性。对番茄-叶菜间套作模式下设施土壤铵态氮含量分析表明，番茄单作与番茄-紫快菜、番茄-樱桃萝卜、番茄-小油菜和番茄-快菜5个种植模式下0~100 cm土层中都呈现不同趋势的变化形式，番茄-叶菜间套作模式下土壤铵态氮含量与番茄单作相比未表现出规律性变化（图16-28）。

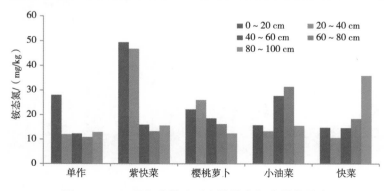

图16-28 不同间作模式对土壤铵态氮含量的影响

同时在北京房山开展蔬菜轮作模式研究（番茄-生菜），调整水肥使用参数（表16-15）。统筹考虑周年养分投入情况，底施有机肥-配方肥和追施水溶肥，降低施肥量，提高水肥生产效率，降低土壤中氮磷累积状况。周年调控基施有机肥-配方肥及追施水溶肥，实现基肥减量和追肥优化，示范区内氮投入（纯量N）由每年55.1 kg/亩降低到34.4 kg/亩，氮负荷削减37.6%；磷投入（纯量P_2O_5）由52.3 kg/亩降低到32.7 kg/亩，磷负荷削减37.5%；示范区内采用滴灌施肥方式，每年亩节水115 m^3，有效提高了水肥生产效率，降低了面源污染风险。

表16-15　番茄-生菜轮作施肥参数　　　　　　　　单位：kg/亩

作物	处理	底肥		追肥	灌溉制度
		有机肥	配方肥	水溶肥	
番茄	常规施肥	3 000	50	基地常规追肥（全生育期追施80 kg/亩）	基地常规灌溉
	减量施肥	2 000	30	共追肥8次，开花期追肥2次，每次5 kg/亩，结果初期追肥3次，每次8 kg/亩，结果盛期追肥4次，每次8 kg/亩，全生育期共追肥60 kg/亩	定植：灌溉1次，每次20~25 m^3/亩；苗期：灌溉0~2次，每次6~10 m^3/亩；开花期：灌溉0~2次，每次6~10 m^3/亩；坐果期：灌溉8~11次，每次8~12 m^3/亩
	优化施肥	2 000	0	共追肥4次，开花期追肥1次，每次5 kg/亩，结果初期追肥1次，每次8 kg/亩，结果盛期追肥2次，每次8 kg/亩，全生育期共追肥30 kg/亩	
生菜	常规施肥	1 000	50	基地常规追肥（全生育期追施30 kg/亩）	基地常规灌溉
	减量施肥	1 000	20	追施3次，莲座期、结球初期5 kg/亩，结球中期10 kg/亩	定植：灌溉1次，每次20~25 m^3/亩；苗期：灌溉1~2次，每次8~10 m^3/亩；莲座期：灌溉1~2次，每次8~10 m^3/亩；结球期：灌溉3~5次，每次10~12 m^3/亩
	优化施肥	0	0	共追肥2次，开花期追肥1次，每次5 kg/亩，结果初期追肥1次，每次5 kg/亩，共10 kg/亩	

2. 填闲作物末端消耗技术

（1）2016—2020年，引进高生物量、经济效益较高的夏填闲作物——糯玉米和饲用甜高粱，进行了不同密度优化种植技术降低土壤氮磷负荷试验示范。研究结果发现，糯玉米以高密度种植（6 600~7 000株/亩）对土壤氮磷的吸收量最高，分别达到28 kg N/亩、9 kg P/亩以上；饲用甜高粱以高密度种植（9 000~10 000株/亩）对土壤氮磷的吸收量最高，分别达到23 kg N/亩、10.5 kg P/亩以上。填闲糯玉米能降低4.7%~33.6%土壤全氮含量和1.4%~8.3%全磷含量，填闲饲用甜高粱可以降低21.4%~26.9%全氮含量和0.5%~3.4%全磷含量。总体上，土壤表层总氮磷和有效氮磷均有所降低，中下层有效氮磷也有一定程度降低，达到了深根系提氮磷阻控其下降的效果（表16-16）。

（2）2016—2020年，依托填闲糯玉米种植开展了高氮磷设施土壤不同调理剂组合盆栽定位试验，研究结果表明，腐植酸、"腐植酸+生物质炭+硅钙材料""腐植酸+生物质炭+明矾"等处理降低土壤速效磷含量效果较好，主要表现为抑制了有机磷的矿化和稳定磷的释放过程。综合来看，"腐植酸"和"腐植酸+生物质炭+明矾"处理有利于饲用糯玉米对土壤磷素的吸收，有利于降低潜在的环境风险和改善由磷素积累所产生的设施农田磷环境问题。

表16-16　填闲作物种植密度设计

年份	作物种类	密度/（株/亩）
2017		3 300/5 000/6 600
2018	糯玉米	4 500/7 000/9 000
2019		4 500/7 000/9 000
2017		4 500/7 000/9 000
2018	饲用甜高粱	7 000/10 000/14 000
2019		7 000/10 000/14 000

（3）基于单项试验研究，提出了"基施生物质炭和优化有机肥"、追施腐植酸低磷配方肥 [N-P$_2$O$_5$-K$_2$O=14-5-15+H、N-P$_2$O$_5$-K$_2$O=18-6-14-MgO（2）+H]、夏填闲种植饲用甜高粱，辅以滴灌节水方式"的综合集成措施，并提出集成参数：生物质炭适宜用量为1%～2%，有机肥用量3 000～3 500 kg/亩（高碳有机肥：鸡粪=2∶1），追施低磷配方肥（12 kg N/亩，4 kg P$_2$O$_5$/亩），滴灌水量12 m^3/亩，糯玉米和饲用甜高粱适宜种植密度分别为6 600～7 000株/亩、9 000～10 000株/亩。

本研究针对氮磷污染控制，优化了夏填闲作物——糯玉米和饲用甜高粱的最佳种植密度，并明确了不同类型土壤调理剂组合与作用效果，从而制定了天津地区设施氮磷面源污染控制的综合集成措施和填闲作物种植技术规范。

第四节　长江三角洲农业面源污染与防控

一、长三角农业现状

长江三角洲地区（简称"长三角地区"）包括上海市、江苏省、浙江省、安徽省，共41个城市，位于中国长江的下游地区，濒临黄海与东海，地处江海交会之地，沿江沿海港口众多，是长江入海之前形成的冲积平原。长三角地区是我国经济最具活力、开放程度最高、创新能力最强的区域之一，同时又是我国多种农产品的重要产区。以上海市，江苏省南京、无锡、常州、苏州、南通、扬州、镇江、盐城、泰州，浙江省杭州、宁波、温州、湖州、嘉兴、绍兴、金华、舟山、台州，安徽省合肥、芜湖、马鞍山、铜陵、安庆、滁州、池州、宣城27个城市为中心区（面积22.5万km^2），辐射带动长三角地区高质量发展。

（一）长三角地区农业总体概况

1. 农业投入

长三角地区以亚热带季风气候为主，年降水量在500～2 000 mm。农业用地逐年减少，2017年，长三角地区4个省（市）农业用地总面积约2 649.5万hm^2，占全国农业用地总面积的比重连续4年保持在4.1%。与2007年相比，长三角区域的农业用地减少了约50万hm^2。与上年相比，长三角农业用地面积下降3.7万hm^2。与占全国3.7%的土地面积相比，长三角地区的耕地和园地资源相对丰富，林地资源一般，牧草地极少。2017年，长三角地区耕地面积、园地面积和牧草地面积分别约为1 260.87万hm²、123.45万hm²和0.09万hm²，占全国总面积的比重分别为9.3%、8.7%和0.0%，与第二次土地调查时期（2009年）相比，耕地、林地、园地和牧草地面积占全国的比重均有所下降。与上年相比，2017年耕地、园地、牧草地面积占全国的比重基本持平。

农业化肥施用量逐年下降，但全国占比略有上升。2020年，长三角地区的化肥使用量为647.2万t（图16-29），约占全国化肥使用量的12.3%。各类农业化肥中，氮肥和复合肥的施用量高于磷肥和钾肥的施用量。2020年，长三角地区氮肥、磷肥、钾肥、复合肥的施用量分别为252.9、62.9、47.2、284.3万t。其中，江苏省和安徽省的化肥施用量较高，上海市和浙江省的化肥施用量较低。

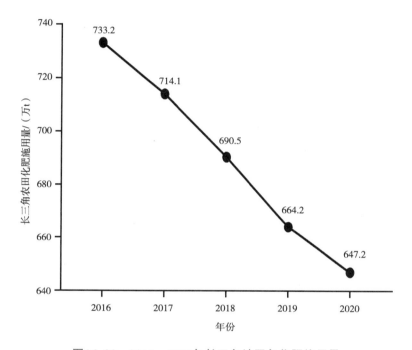

图16-29　2016—2020年长三角地区年化肥施用量

农业人力投入相对稳定，农业就业占比较低。长三角地区农业劳动力的投入在绝对数上虽然逐年减少，但占全国的比重相对稳定。与前几年相比，长三角地区农业从业人口数量呈逐年下降趋势，占全国的比重相对稳定在12.7%上下。2018年，长三角地区农业从业人员继续减少，为2 597万人，比上年减少56万人。与4.1%的农业用地占有率相比，长三角地区人口聚集比重为12.8%，是我国重要的农业从业人员集聚区。从就业结构来看，长三角第一产业就业人口占全部就业人口的比重继续下降，与全国平均水平的差异有所缩小。近年来，长三角地区第一产业从业人口比重逐年下降。2018年底，长三角4个省（市）第一产业从业人口比重为18.1%，比全国平均比重低8个百分点，与2017年相比，差距有所缩小。

农业投资有所下降，占总投资比重明显偏低。2017年，长三角地区农林牧渔业固定资产投资额为1 814亿元，约是2011年的2.9倍，占全国农林牧渔业固定资产投资总额的7.9%，比2011年提高0.7个百分点。从2013年到2017年，长三角地区年平均农林牧渔业固定资产投资额为1 532亿元，占全国农林牧渔业固定资产投资额的比重为7.7%。2011年以来，长三角地区对农业的投入逐年提高，占全国农业投资的比重在2014、2015和2017年达到较高水平；2016年有所下降，降幅为0.4个百分点，说明2017年长三角地区农业投资虽然有所下降，但下降幅度低于全国平均水平，故投资额占全国农业投资的比重不降反升。从农业投资在各地区总投资中的地位来看，2017年，长三角地区对农林牧渔业的固定资产投资占总投资额的比重为1.5%，比全国平均农业投资比重低2.1个百分点。2013—2017年，长三角地区对农林牧渔业的投入占固定资产总投入的比重先升后降，5年平均为1.5%，比全国平均低2.1个百分点。与第一产业在国民经济总收入中的比重（4.4%）相比，长三角地区对农林牧渔业的投资比重明显偏低。

2. 农业规模

农业增加值显著增加，对全国的贡献有所回升。近年来，长三角地区农业经济总量持续增长，2019年，长三角4个省（市）共实现农业增加值约9 413亿元，在全国农业经济总量中的比重为14.5%，在我国农业经济发展中发挥了重要作用。与2018年相比，长三角地区的农业增加值比上年平均增长6.2%，比全国的平均增速（8.8%）低2.2个百分点。4个省（市）除上海外均实现了不同程度的增长，其中安徽省和江苏省的增速相对较快，增长率分别为10.5%和6.1%。

农业总产值增长显著，对全国的贡献有所下降。2019年，长三角地区农业总产值继续保持增长态势。4个省（市）共实现农业总产值约1.6万亿元，占全国农业总产值的13.2%。与上年相比，长三角地区的农业总产值增加明显，但占全国的比重有所下降。从增速变化来看，近年来，长三角地区农业总产值增速变化的地区差异比较明显，上海自2014年以后开始持续负增长，2017年后有所回升，2019年接近2016年的水平。其他3省增速均明显下降，2019年有所提高，江苏、浙江和安徽3省增速分别为4.3%、6.3%和10.5%。从各子行业来看，长三角地区的渔业和农林牧渔服务业的规模相对较大，2019年分别占全国总规模的27.0%和14.9%。

粮食总产量再创新高。我国高度重视粮食自给能力，坚持"米袋子"省长负责制，长期鼓励粮食生产，扶持粮田基础设施建设。长三角地区和全国一样，粮食产量长期呈现上升趋势，在2016年小幅调整后，2017—2019年来保持了增长趋势。2019年，长三角地区4省（市）粮食总产量约8 448万t，高于上年的总产量；2014年，长三角地区产量占我国粮食总产量的比重为12.2%，而后两年逐渐降低，2017年后显著增加，2018—2019年稳定在12.7%左右。从粮食作物种类来看，长三角地区稻谷生产规模较大。除粮食外，长三角地区也是我国油料、茶叶、蚕茧、柑橘、水产品等特色农产品的重要产区。其中，安徽、江苏是我国棉花主产区，江苏和安徽省是我国油菜籽的主要产区。

3. 农业结构

农地结构以耕地和林地为主。2017年，长三角地区耕地面积、园地面积和牧草地面积的比重分别为47.6%、4.7%和0.0%，如以2016年的林地经营面积估计2017年林地面积，则林地面积占比为28.5%。与全国农地结构相比，长三角地区的耕地和园地资源较为丰富，林地面积相对较少，牧草地资源极少，其他用地相对较多。其中，耕地面积比重比全国高约27个百分点，其他农业用地面积比全国高7.8个百分点，园地面积高2.5个百分点。

以种植业为主，渔牧业并重。2019年，长三角地区农业总产值构成中种植业占48.7%，其次是渔业和畜牧业，分别占20.8和20.1%，林业及农林牧渔服务业比重较低，分别占4.4%和5.9%。与上年相比，农业和渔业的比重下降较为明显，畜牧业比重有所上升。

与全国相比渔业贡献较大。长三角地区农业经济结构与全国平均水平类似，以种植业为主。但与全国的畜牧业一业次强相比，长三角特点明显，为渔业和牧业两业次强。与全国平均水平相比，长三角地区的农业和牧业比重明显低于全国平均水平，分别低5和6.6个百分点，渔业比重显著高于全国平均水平，2019年高出10.7个百分点。

（二）长三角农业现阶段发展重点

随着长三角农业农村一体化发展，长三角农业发展重点现已倾向"一体化""高质量"，重点内容包括建设长三角绿色农产品生产加工供应基地、促进农产品全程可追溯、长江10年禁渔等方面。

建设长三角绿色农产品生产加工供应基地方面，根据中共中央、国务院印发的《长江三角洲区域一体化发展规划纲要》关于"建设长三角绿色农产品生产加工供应基地"的部署要求，安徽省已于2021年启动实施长三角绿色农产品生产加工供应基地"158"行动计划。"1"就是围绕粮油、畜禽、水产、果蔬、茶叶、中药材等优势特色产业，开展"一县一业（特）"全产业链创建；"5"就是到2025年，建立长三角绿色农产品生产类、加工类、供应类示范基地500个；"8"就是到2025年，面向沪苏浙地区的农副产品和农产品加工品年销售额达到8 000亿元。

此外，长三角地区绿色农产品认证系统较完善，有机农业侧重于高附加值农产品。据中国绿色食品发展中心统计，2020年我国获得有机食品认证的单位总数为1 228家，其中江苏75家、安徽32家、上海18家、浙江10家，分别占全国总数的6.11%、2.61%、1.47%和0.81%，长三角地区占全国总数的11%（钱昶，2021）。长三角地区的有机农业主要侧重于发展有机蔬果、有机茶叶等高附加值农产品，以符合因地制宜的要求，通过较低的成本换得较高的经济收益。

促进农产品全程可追溯方面，农业农村部农产品质量安全监管司印发的《2022年农产品质量安全监管工作要点》提出推进生产过程可视化和监管信息化，实施农产品全程追溯促进行动。加强部门协作、政企协同，探索在学校食堂、农贸批发市场、大型商超率先开展追溯试点，京津冀、长三角等重点地区先行先试。长三角地区农产品的"高质量"不仅是绿色有机，还将实现质量安全监管完善。

长江10年禁渔方面，农业农村部在官网发布关于长江流域重点水域禁捕范围和时间的通告，宣布从2020年1月1日0时起开始实施长江10年禁渔计划。通告称，长江干流和重要支流除水生生物自然保护区和水产种质资源保护区以外的天然水域，最迟自2021年1月1日0时起实行暂定为期10年的常年禁捕，在这期间禁止天然渔业资源的生产性捕捞。2021年2月10日农业农村部公布的数据显示，长江10年禁捕，共计退捕上岸渔船11.1万艘、涉及渔民23.1万人。长三角地区位于长江下游地区，禁渔也是长三角地区现阶段的重点工作。

二、长三角农业面源污染现状

长三角地区常住人口约占全国的1/6，经济总量约占全国的1/4，是我国经济增长的重要引擎，但同时也是当前生态退化和环境污染较严重的地区。目前，长三角区域内水环境质量仍有待改善，水质性缺水等现象仍普遍存在，在工业污染得到有效控制后，农业面源污染问题逐渐显现并受到重视。

长三角地区在经济发展带动农业发展的同时，农业发展产生的面源污染越来越严重。农业生产中出现了过度使用化肥、农药，畜禽粪便随意堆放，以及其他农业生产与农村生活污染等环境问题，对区域内水体带来了严重的环境污染和生态破坏。

近年来，长三角一体化发展呈现良好态势，省级统筹加强，形成了决策层、协调层、执行层三级运作机制，长三角三省一市持续推进水环境协同治理。沪苏浙联合建立了淀山湖湖长协商协作机制，加强重点河湖协同保护。在各方共同努力下，长三角区域水环境质量持续改善，2020年1月至6月，长三角333条地表水国考断面水质优Ⅲ类及以上比例达到85.9%，无劣Ⅴ类断面。但当前长三角污染防治压力依然较大，区域内部分水环境质量还有待治理，如在太湖地区，点源排污基本被禁，人工养殖也基本被取消，但目前主要污染源已转变为化肥农药使用带来的农业面源污染。

（一）养殖面源污染

长三角地区的畜禽养殖规模不断扩大，1998—2014年，本地区畜禽产品量增长了30%。由于养殖设施简陋，农民环保意识不强，畜禽粪便往往未经处理，随着每天冲洗棚舍的污水或雨后径流进入养殖场周边水体，给河流、湖泊造成严重的污染。生猪养殖是长三角地区最主要的畜禽养殖类型之一，至2014年，长三角地区肉猪养殖存栏头数达4 521万头，若按国内外畜禽日排放量参数最小量计算，即日排粪2.5 kg，排尿2.0 kg，每年产生粪尿20 385万t，其中至少排放总氮113.91万t，排放磷83.39万t。据对江苏省畜禽养殖面源污染的调查显示，生猪养殖排放量居总量之首，占比46.66%，而且以小型规模为主，数量多，污染治理难度高、压力大。

近几年来，随着长三角地区畜禽养殖业布局优化，至2020年，长三角地区畜禽养殖规模收缩，畜禽产品量同比2014年降低了22%。2019年，农业农村部与包括上海、江苏和浙江在内的7个省（市）签署《畜禽粪污资源化利用整省推进合作协议》，带动各地加快推进畜禽粪污资源化利用的步伐，按源头减量、过程控制、末端利用的要求，一方面，推行清洁养殖，促进畜禽粪污源头减量，另一方面，健全种养循环发展机制，大力培育发展畜禽粪污处理和资源化利用，降低了畜禽养殖的直接污染风险。但就目前而言，畜禽粪污资源化利用仍处于发展阶段，存在诸多问题，如种养分离，农牧循环匹配度差，一定区域内没有做到种养结合妥善利用，还存在养殖场周边农田承载量不足、种植业施肥季节性等问题。此外目前畜禽粪污处理工艺仍不完善，技术和政策支撑不够，还田过程中也存在污染风险等。

作为"鱼米之乡"，几十年间，长三角地区的水产品产量一直占据全国的20%以上。在水产养殖过程中，大量饲料、农药和畜禽粪便直接或间接进入水体，加剧了水体的污染和富营养化。据调查，江苏宜兴市水产养殖面积约为17.3万亩，每年约产生总氮125 t，磷20 t，累积排污量巨大，对太湖水质造成了严重影响。

（二）农田面源污染

农田面源污染面广量大，污染源分散且隐蔽，污染负荷总量占比大，化肥、农药、有机肥等的施用是污染主要来源。长三角区域，农田耕作及种植制度相对固定，化肥、农药的投入量大，占据全国8%的耕地面积上常年投入了占据全国12%的化肥。随着养殖污染的减轻，目前，农田面源污染已经上升为制约水生态环境质量持续改善的主要矛盾，治理瓶颈逐渐显现。

由于国民经济增长，农民收入不断增加，农民对化肥的施用一直存在滥用的情况，江苏、浙江和上海等环太湖的部分区域，化肥施用量一度维持在500 kg/hm²以上，达到国家为防止化肥污染而制定的225 kg/hm²标准的2倍多。施肥不平衡、重氮轻钾化肥表施、过量施肥等导致肥料大量剩余，其中尤以化肥表施为重，肥料的利用率极低，极易造成水体的富营养化、土壤的酸化和次生盐渍化。研究表明，常规施肥下太湖地区稻田和麦田的径流氮素流失量每年分别达到14.6 kg/hm²和45 kg/hm²，流域内（江苏、浙江、上海）农田总氮和总磷的年输出量分别为6.76万t和0.37万t。对江苏省种植业面源污染调查显示，受农民施肥习惯、科学施肥推广应用力度影响，不同区域不同种植类型肥料滥用程度存在差异，蔬菜园艺作物滥施化肥、不计成本的现象较为普遍。

近几年，随着环境保护为导向的农业补贴政策如有机肥补贴、测土配方施肥、精准施肥和"双减"示范基地等的出台与实施，单位面积耕地的化肥施用量呈现稳中有降的趋势，2016—2020年5年间，长三角地区的化肥使用量下降约11%。但目前各项政策的实施仍存在瓶颈，如测土配方主要服务于种植大户，农民对有机肥的接受程度取决于补贴额度，"双减"政策的普及性仍有待提高等。

三、长三角农业面源污染防控技术与策略

目前针对农业面源污染的源头、过程和末端，已经开发了很多适地性控制技术，如基于源头减量的高效施肥技术、肥料农药替代技术、生态种养技术等；也根据污染环节建立了各种防控工程，如生态沟渠、生态湿地等。尽管上述单项技术或工程对污染物的控制已经取得了一定的效果，但由于长三角地区污染源多且过程复杂等特点，单项技术或工程的应用防控效果往往较差，或者需要长期维护。"十三五"期间，国内研究者开始从系统调控的角度思考农业面源污染防控的问题，提出了通过构建基于面源污染防控的农田生态系统模式来全面地协调农田系统高效生产和面源污染防控之间矛盾的全局性策略。

（一）长三角农业面源污染防控技术

1. 基于源头减量的面源污染防控技术

"十二五"期间长三角地区复种指数达2.65，农田年均化肥纯养分使用量为610 kg/hm²、农药投入有效成分量4.85 kg/hm²，远高于全国平均水平。污染物总量削减是解决面源污染问题的根本，源头减量能够有效控制污染物的产生，提高输入养分的利用率，进而减少污染物从系统中的流出。针对长三角高度集约化的农田，可以采用肥料优化管理、水分优化管理、耕作制度调整和生态种养等技术来达到面源污染"源头减量"的总目标。

（1）肥料优化管理技术。针对水稻集约化种植区域中存在的肥料施用过量、施肥时期与肥料配比不合理、肥料利用率低等现象，根据作物养分需求、产量目标和土壤供肥能力，采用测土配方施肥、养分专家系统（Nutrient Expert system，NE）、模型推荐和基于高光谱遥感技术的精准施肥等方法进行科学的肥料管理，是减少我国农田氮、磷流失最直接有效的途径。

目前，长三角大部分稻区肥料施肥量远远高于作物需求，NE系统在苏北农场稻田的应用结果表明，NE推荐施肥量分别为：250 kg N/hm²，75 kg P$_2$O$_5$/hm²，120 kg K$_2$O/hm²；农民习惯施肥（FP）为：354 kg N/hm²，78 kg P$_2$O$_5$/hm²，78 kg K$_2$O/hm²。NE推荐施肥与当地农民习惯施肥处理相比，增产2.23%，增收6.24%；氮肥、钾肥回收利用率分别提高4.91%、19.35%（表16-17）。

表16-17　不同施肥处理对水稻产量和经济效益的影响

处理	产量/（kg/hm²）	NE处理较其他处理		化肥投入/（元/hm²）	收益/（元/hm²）	纯收益/（元/hm²）	产投比
		增产/（kg/hm²）	增产率/%				
NE	7 891a	—	—	2 208	32 351a	30 144a	13.66b
NE-N	6 300c	1 591	25.25	1 133	25 828c	24 695b	21.81a

（续表）

| 处理 | 产量/（kg/hm²） | NE处理较其他处理 | | 化肥投入/（元/hm²） | 收益/（元/hm²） | 纯收益/（元/hm²） | 产投比 |
		增产/（kg/hm²）	增产率/%				
NE-P	6 990ab	901	12.89	1 795	28 659abc	26 864ab	14.97b
NE-K	6 685bc	1 206	18.04	1 488	27 408bc	25 920ab	17.43b
FP	7 719ab	172	2.23	3 273	31 646ab	28 373ab	8.67c

注：稻米价格为4.1元/kg，N、P_2O_5、K_2O和14-14-15复合肥价格分别为4.3元/kg、5.5元/kg、6.0元/kg和4.0元/kg。

基于上海市青浦区长期定位试验中氮、磷流失数据，赵峥等人（2016）通过对DNDC模型进行校准、验证和模拟，发现上海地区稻田最佳的氮肥施用量为250 kg N/hm²，最佳配施比例为150 kg N/hm²尿素加100 kg N/hm²有机肥。以2013年为例，上海地区稻田产生的氮流失总量高达1 142.48 t，若稻田能够采用DNDC模型推荐的最佳施肥方式，能够减少458.36 t的氮素流失负荷（图16-30）。

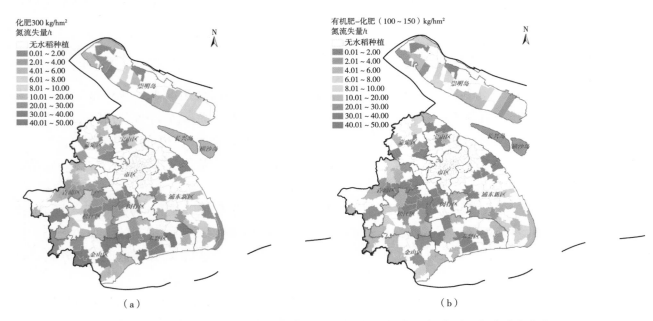

图16-30　2013年上海各乡镇常规（a）与优化施肥条件下（b）稻田氮素流失分布

（2）基于废弃物资源化利用的氮磷流失控制技术。长三角稻麦轮作系统中秸秆产生量大，秸秆腐解为疏松多孔结构，直接吸附氮磷，在上海市青浦现代农业园区（121.12°E，31.15°N）进行秸秆还田模式下土壤污染调控技术示范。试验前表层土壤理化性质为SOC 16.59 g/kg、TN 1.96 g/kg、TP 0.80 g/kg、TK 18.22 g/kg、AN 140.47 mg/kg、AP 36.51 mg/kg、AK 146.00 mg/kg、pH值7.08。试验设置为2个处理，即常规种植和秸秆还田，3次重复，随机区组排列，小区面积为56 m²。水稻季施肥总量为纯N 300 kg/hm²、P_2O_5 120 kg/hm²、K_2O 150 kg/hm²，其中P（P_2O_5）和K（K_2O）肥一次性基肥施用，N肥按基肥∶分蘖肥∶穗肥为4∶3∶3施用。2019年度秸秆还田处理下TN、TP总流失负荷均显著低于常规种植，分别降低29.78%和32.88%；2020年秸秆还田处理TN、TP的总流失负荷也均显著低于常规种植，分别降低35.46%、39.29%。

表16-18 秸秆还田模式下稻田氮磷流失负荷
单位：kg/hm²

年份	处理	TN				TP			
		径流流失负荷	渗流流失负荷	总流失负荷	流失系数/%	径流流失负荷	渗漏流失负荷	总流失负荷	流失系数/%
2019	常规种植	16.51a	5.79a	22.30a	7.43	1.23a	0.23a	1.46a	1.22
	秸秆还田	11.62b	4.04b	15.66b	5.22	0.85b	0.13b	0.98b	0.82
2020	常规种植	52.74a	9.11a	61.85a	20.62	4.43a	0.38a	4.81a	4.01
	秸秆还田	34.07b	5.85b	39.92b	13.31	2.74b	0.18b	2.92b	2.43

2. 基于过程管理的面源污染防控技术

（1）浮萍控草技术。自20世纪80年代化学除草剂在稻田中的大量使用，造成农田杂草群落的恶性演替和抗性增强，土壤污染和面源污染等问题日益突出。稻田套养的水生作物（浮萍、红萍、固氮蓝藻等）繁殖速度快，能够迅速生长覆盖稻田水面，隔离水气界面的氧气和光照，抑制杂草的萌发生长。两年田间试验结果表明，两种浮萍引入稻田都显著降低了杂草群落的密度（图16-31）。

图16-31 浮萍控草现场

2018—2019年水稻生长季，少根紫萍（LP）和多根紫萍（SP）处理的杂草密度和杂草生物量都比同时期的CK组显著降低，分别降低了85.95%～100%和92.74%～100%。两种浮萍引入稻田都显著降低了水稻生长季初期的杂草群落生物量（图16-32，图16-33）。综合所有时期杂草调查的结果，SP处理的杂草密度和生物量基本上总是最低的。

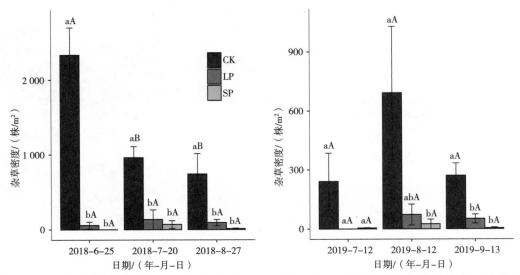

同一时期不同小写字母表明处理间差异显著（$P<0.05$）；同一处理的不同大写字母表明时期间差异显著（$P<0.05$），下同。

图16-32　不同时期各处理的杂草总密度

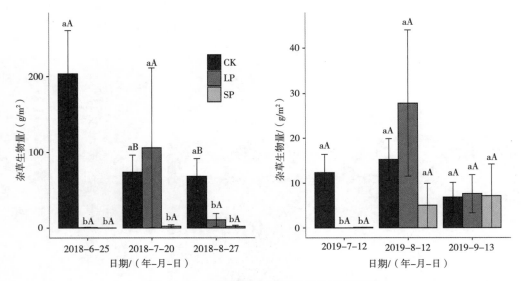

图16-33　不同时期各处理的杂草总生物量

（2）设施菜田"菜-草"共生栽培面源污染防控技术。土壤次生盐渍化破坏了蔬菜根际的营养平衡，对蔬菜生长造成了严重的盐分胁迫，导致蔬菜植株中氮代谢的失衡，从而直接影响蔬菜的产量和品质。

"菜-草"共生栽培中，草坪植物的须根系主要分布在0～10 cm的表层土壤中，而蔬菜的直根系则主要分布在10～50 cm的深层土壤中；草坪植物仅在蔬菜植株的空隙处形成地表的植物覆盖，在蔬菜种植穴10 cm之内则没有草坪，且随着蔬菜植株的长大，能够对低矮的草坪植物造成遮荫胁迫，形成草坪植物覆盖度自然缩小的态势。"菜-草"在垂直与水平位置上的分布差异有效地避免了草坪与蔬菜对水、肥和光照的竞争。"菜-草"共生栽培利用草坪植物对土壤硝酸盐、钠、钙、镁等盐分离子偏好性吸收和草坪根系浅且致密等特性，能够将通过毛细管运动上移到土壤表层的盐分吸收并富集到草坪植物中，从而消除了蔬菜根际土壤的盐分胁迫，维持了蔬菜的营养平衡（图16-34）。

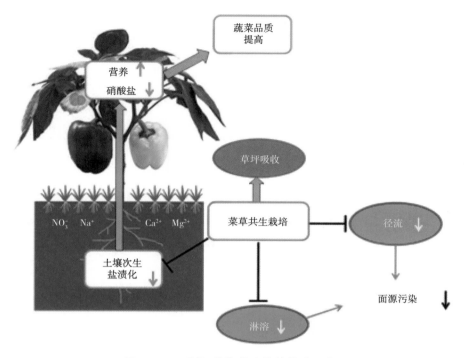

图16-34 "菜-草"共生栽培模式示意

蔬菜中吸收和积累的硝酸盐含量显著降低，可溶性蛋白含量显著提高，显著改善了蔬菜的营养品质，保障了蔬菜的食用安全。另外，草坪植物致密的茎叶和须根系在地表形成了完整的覆盖，弥补了蔬菜定植早期土壤裸露的缺陷，又吸收了土壤中过多的硝酸盐、钠、钙、镁等盐分离子，能够有效减少土壤因雨水和大水灌溉引起的土壤径流和淋溶造成的营养流失，避免了设施蔬菜生产过程中的面源污染风险。

研究发现，草坪与辣椒的共生栽培显著降低了设施菜田径流和渗漏液中的TN、NH_4^+-N、NO_3^--N、TP、K含量，其中海滨雀稗共作的效果最好（表16-19，表16-20）。

表16-19 不同草坪植物共生栽培对设施菜田径流面源污染的影响　　　　　　　　单位：mg/L

菜草共作	TN	NH_4^+-N	NO_3^--N	TP	K
海滨雀稗	3.1 ± 0.4d	0.55 ± 0.05c	1.15 ± 0.10d	0.81 ± 0.07c	16.5 ± 2.3c
假俭草	4.5 ± 0.4cd	0.58 ± 0.05c	1.64 ± 0.15c	2.22 ± 0.31ab	36.7 ± 4.5b
杂交百慕大	2.7 ± 0.1d	0.62 ± 0.02c	1.18 ± 0.04d	1.14 ± 0.17c	17.5 ± 4.9c
高羊茅	5.2 ± 0.5bc	0.65 ± 0.09c	1.85 ± 0.26c	2.50 ± 0.28ab	18.4 ± 1.5c
草地早熟禾	6.6 ± 1.2b	0.89 ± 0.01b	2.53 ± 0.04b	1.85 ± 0.11b	43.5 ± 1.7b
无草对照	11.0 ± 0.7a	1.22 ± 0.06a	3.48 ± 0.162a	2.60 ± 0.22a	61.6 ± 1.9a

表16-20　不同草坪植物共生栽培对设施菜田渗流面源污染的影响　　　　单位：mg/L

菜草共作	TN	NH₄⁺-N	NO₃⁻-N	TP
海滨雀稗	2.73 ± 0.11b	0.20 ± 0.01c	1.07 ± 0.08b	2.49 ± 0.43c
假俭草	3.47 ± 0.29b	0.29 ± 0.01b	1.03 ± 0.01b	3.69 ± 0.23ab
杂交百慕大	2.79 ± 0.34b	0.18 ± 0.02c	0.81 ± 0.08b	2.83 ± 0.34bc
高羊茅	3.13 ± 0.1b	0.36 ± 0.02ab	1.57 ± 0.11b	2.89 ± 0.28bc
草地早熟禾	6.90 ± 0.26a	0.39 ± 0.04a	2.88 ± 0.46a	4.03 ± 0.46a
无草对照	7.60 ± 0.41a	0.43 ± 0.03a	3.24 ± 0.6a	4.47 ± 0.22a

（3）生态种养技术。除植物共作之外，动物与植物的互作也能够对农田生态系统中的物质循环和能量流动产生影响，例如，稻鸭共作、稻鱼共作、稻蛙共作等。一方面，水稻为稻田生物提供了良好的环境，分蘖后期开始，水稻对水面有很好的遮盖效果，能够帮助水生动物躲避蛇、飞鸟等天敌的捕捉；另一方面，水稻的生长也能够净化田面水环境、降低田面水，为水生生物的生存生长提供很好的栖息地。动物的活动能够促进稻田土壤养分转化，动物粪便又能替代一部分肥料。在稻蛙共作系统中（图16-35，图16-36），蛙的引入大大减少了水稻生长过程中对农药的依赖。

图16-35　田间的虎纹蛙

图16-36　稻蛙共作系统

蛙作为水稻虫害（稻飞虱等）的天敌，既保护了水稻的生长，又实现了"水稻-蛙-虫害"的生态平衡，减少了喷洒农药对环境造成的破坏。同时，蛙的粪便也是一种有机肥补充，实现稻田养蛙模式的高效生态，不断提升稻米品质。岳玉波等（2014）研究发现有机稻蛙、绿色稻蛙能够有效地控制稻田中氮、磷流失负荷（表16-21，表16-22）。

表16-21　2014年不同水稻种植模式下稻季氮素流失负荷

试验处理	渗漏		径流		总流失	
	流失负荷/（kg/hm²）	占施氮比/%	流失负荷/（kg/hm²）	占施氮比/%	流失负荷/（kg/hm²）	占施氮比/%
常规种植	7.12a	2.37	13.91a	4.63	21.03a	7.01

（续表）

试验处理	渗漏		径流		总流失	
	流失负荷/（kg/hm²）	占施氮比/%	流失负荷/（kg/hm²）	占施氮比/%	流失负荷/（kg/hm²）	占施氮比/%
绿色稻蛙	5.70b	1.90	12.56a	4.19	18.26b	6.09
有机稻蛙	6.03a	2.01	11.22b	3.74	17.25b	5.75

表16-22　2014年不同水稻种植模式下稻季磷素流失负荷

试验处理	渗漏		径流		总流失	
	流失负荷/（kg/hm²）	占施磷比/%	流失负荷/（kg/hm²）	占施磷比/%	流失负荷/（kg/hm²）	占施磷比/%
常规种植	0.28a	0.47	0.54a	0.90	0.82a	1.37
绿色稻蛙	0.27a	0.45	0.48b	0.80	0.75b	1.25
有机稻蛙	0.32b	0.38	0.46b	0.55	0.78b	0.83

菜-鳝-蚓生态种养模式（VE）是一项涉及微生物、植物、水产品三者共营共生的技术，利用三者间的生态关系实现能量物质间的循环可持续动态发展，达到一种仿自然生态而胜于自然生态的人工系统。既能利用水体中生物的粪便，水产养殖残饵、氨氮提供蔬菜生长所需的养分，又能利用蔬菜净化水质，改善水产生存环境，提高水产质量和产量，从而实现不换水而无水质忧患，种菜不施肥而正常成长的生态共生效应，对于农业面源污染防控具有较大的价值（图16-37）。

图16-37　菜-鳝-蚓生态种养

VE模式的N、P的输入、输出以及输出/输入比均高于CK模式，且VE模式降低了N、P的表观损失量（输入-输出-土壤截存量）。综合考察菜田系统输入、输出、内部循环和土壤截存，VE模式全年氮磷表观损失量均低于CK模式，氮磷损失分别减少46.1%和25.4%（表16-23）。

表16-23　菜田系统氮磷损失分析

项目	N总量		P总量	
	种养	非种养	种养	非种养
输入量/kg	65.53	65.19	24.69	24.60
输出量/kg	49.47	44.05	9.08	8.23

（续表）

项目	N总量		P总量	
	种养	非种养	种养	非种养
循环量-根部/kg	3.65	3.58	1.39	1.34
土壤截存量/kg	2.22	-1.35	1.88	-1.51
输入/输出/%	75.5	67.6	36.8	33.5
表观损失量/kg	10.19	18.91	12.34	16.54

3. 基于末端治理的面源污染防控技术

（1）生态沟渠。生态沟渠和人工湿地是目前农田主要采用的基于末端治理的面源污染防控技术手段。通过对比3种国内较普遍使用的排水沟渠（图16-38）对面源污染的拦截效果发现，生态沟渠可较好地去除稻田排水中的氮和磷，相对于土坡渠道和混凝土板型沟渠，生态沟渠对于稻田中N、P的拦截能力高达54.18%和58.21%（表16-24）。

图16-38 不同类型稻田排水沟渠

表16-24 不同类型沟渠（270 m）氮磷去除率与截留量

	总氮平均去除率/%	总磷平均去除率/%	总氮截留量/kg	总磷截留量/kg
生态沟渠	54.18a	58.21a	9.51a	1.22a
土坡沟渠	31.91b	38.46b	5.84b	0.78b
混凝土板型沟渠	11.03c	15.38c	1.21c	0.15c

（2）生态湿地。人工湿地是一种新兴的水处理工艺，具有净化水体、生物多样性保护等多种功能。尤其是"小微湿地"是丰富物种多样性、去除农田面源污染的重要手段。小微湿地的面积一般在 8 hm² 以下，在同一个地理区间内零散分布，创造了更多异质生境和缓冲区，从而可以发挥同等面积的独立大型湿地所不能及的重要生态功能，例如对于维持两栖和爬行类动物的多样性发挥了重要作用（图16-39）。

图16-39 稻田生态湿地

（二）长三角农业面源污染防控策略

为了解决农业高效生产与环境可持续发展之间的矛盾，长三角地区开展了大量有关农业面源污染防控技术的研究，但针对农田生态系统污染防控技术比较单一，并且存在许多二次污染影响生产等现象。需要根据区域特征因地制宜，从污染物源头、迁移转化和污染排放3个过程入手，实现"源头减量-过程阻断-末端治理"的全过程控制。针对面源污染的发生和发展过程，用生态学和系统论的原理和方法，从系统的视角重建农业生态系统，协调各生态要素之间的关系，促进农田生态系统的物质循环和能量流动，形成农田面源污染综合防控模式及策略，同时实现经济效益、生态效益和社会效益的全面发展。在"十三五"期间，长三角地区从农田生态系统调控的角度出发，通过构建农田食物链、调控种间竞争等生态方法解决城市周边农区的面源污染风险问题，为面源污染防控模式和策略的研究提供了很好的案例。

1. 城市周边农田面源污染综合防控技术模式

针对长三角地区稻田和菜地（设施菜地）化肥、农药过量施用，流失严重，污染环境等突出问题，研究开发城市周边农田面源污染综合防控技术模式及其推广体系，为减少城市周边农田污染、促进环境的可持续发展提供技术支持。

（1）核心技术点。城市周边农田面源污染综合防控与修复技术模式由集"绿肥轮作+有机肥""生物农药替代+秸秆还田"的源头控制技术、"生态种养+浮萍控草减排"的生态种养技术和"生态沟渠+人工湿地"的污染物阻断技术为一体的稻田面源污染防控技术和"生物质炭+微生物-植物强化养分利用"的菜田面源污染防控技术，结合污染物全程监测和综合评估的方法构成（图16-40）。

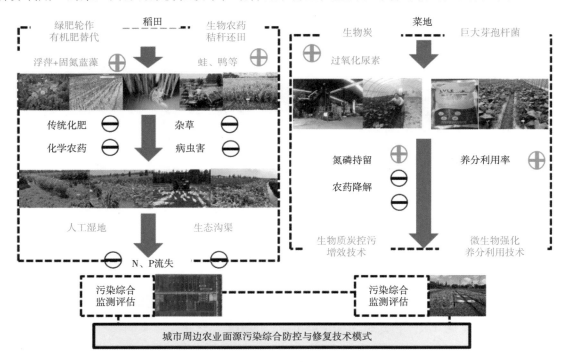

图16-40 城市周边农田面源污染综合防控与修复技术模式

（2）模式实施效果。自2007年起由上海青浦现代农业园区率先开始对稻田养蛙模式进行试验和示范，对稻田放养蛙的密度、合理的生态种养配比结构、病虫草害防治等技术进行了探索，并于2009年起依托上海交通大学农业与生物学院的技术支持，进一步研究与示范稻田养蛙模式的集成技术体系。通过共建上海交大蛙稻米教授工作室，该技术不断集成并成熟，支撑了蛙稻米深加工系列产品的研制和上海市青浦区蛙稻米品牌的建设。由上海自在源农业发展有限公司生产出绿色和有机认证的"蛙稻米"牌大米产品，取得了较好的试验和示范效果，生态效益和经济效益显著。目前上海交通大学农业与生物学院与上海自在源农业发展有限公司合作共建了基于面源污染防控的蛙稻米示范基地，拥有核心示范面积1 660亩，技术示范基地3 163亩，示范基地在进行水稻生产的同时兼顾稻米产地生态环境的良性循环；利用研发的基于农林废弃物碳化技术开发的生物炭基肥，与时科生物科技（上海）有限公司合作，在上海青浦、浦东等地180亩示范基地开展菜田面源污染控污增效示范。技术模式实施后，示范区氮污染负荷削减30.13%，磷污染负荷削减36.08%，农药污染负荷削减39.29%。农产品蛙稻米质量分别达到有机和绿色标准，秸秆无害化利用率99.20%。

上海交通大学与示范基地和示范区分别共建了"自在青西-上海交大教授工作室"和"青浦区教授工作站"，建立了集科研-推广-农企-农民-政府多元协同的推广体系，通过开展农村培训、农业技术推广、示范基地建设、课题合作申报、农业农村规划与咨询5个方面工作为青浦区提供科技服务。教授工作站和工作室的成立为城市周边农田面源与重金属复合污染综合防控与修复技术模式的推广和应用、助力乡村振兴搭建了很好的平台（图16-41）。该模式具有可复制性，推广性强，能够广泛应用于长三角地区单季稻和蔬菜的种植生产。

图16-41　青浦区教授工作站和自在青西-上海交大教授工作室成立

2. 都市农业面源污染防控与生态功能提升技术模式

长三角都市农区不仅要求农业的生产功能，更加强调农业的环境保护功能和生态景观功能。长三角都市农区居民对高品质农产品、优良人居环境和科普休闲农业的需求为都市农区大力发展都市农田生态种养技术、建立高质量水体、土壤污染防控技术体系和模式起到了推动作用。本模式研发了都市农业面源污染防控与生态功能提升技术模式，为满足都市居民的多重需求提供了案例参考。

（1）核心技术点。都市农区面源污染综合防控及生态功能提升技术模式由鸭稻共作、菜鳝蚓生态种养、农田有毒有害化学/生物污染防控、农业废弃物资源化利用和都市农田生态缓冲与景观功能提升等技术集成（图16-42），形成了"源头削减、过程阻控、末端治理和景观提升"的面源污染综合防控模式。

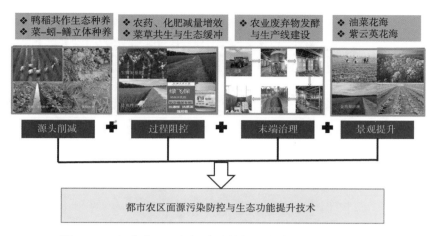

图16-42　都市农区面源污染防控与生态功能提升综合技术

（2）模式实施效果。上海交通大学农业与生物学院与上海博露农业有限公司建立了都市农区面源污染综合防治与生态功能提升技术示范区，示范区面积930亩；在上海崇明三星镇和奉贤庄行镇新叶村分别建立了生态种养基地，示范区面积累计1 570亩。示范区内通过"鸭稻共作"生态种养技术、农药污染综合防控技术、生物质炭和碳基肥的使用、"紫云英-水稻-油菜-水稻"轮作、都市农田生态缓冲景观植被的构建、生态沟渠对稻田排水的蓄储与净化等技术的应用，实现了示范区农田的农药残留率下降53.7%，农药污染负荷削减33.1%，氮负荷削减42%，磷负荷削减35%。所生产的"博露"品牌大米达到国家优质大米标准。此外，基于废弃物资源化利用的末端治理技术采用具有自主知识产权的秸秆降解菌剂JSD-1对园区内产生的猪粪、水稻秸秆、蔬菜秸秆等农业废弃物进行条垛式发酵堆肥，制备成生物有机肥并进行还田。单批次处理废弃物总量约为150 t，堆肥周期约80 d，年处理量约600 t。

目前，都市农区农田面源污染综合防治与生态功能提升技术已推广并辐射到上海星辉蔬菜有限公司（图16-43）、五四农场、光明集团、绿瑞蔬果专业合作社、浦江绿谷、奉贤区、崇明区，江苏诺丽农业科技有限公司、邳州等单位和地区，技术辐射推广面积1万亩。

图16-43　上海博露农业有限公司稻田景观

第五节 珠三角农业面源污染与防控

珠三角地区作为广东省乃至中国改革开放的先驱，具有人口密度大、工农业生产发达和国民经济产值高等特点，其农业产业发展具有显著代表性。经济高速增长和农业种养结构复杂导致其农业面源污染问题日趋严峻。针对珠三角地区的农业面源污染源解析和评价、农业面源污染防控策略研究还较为缺乏，本章节基于文献及广东省农业农村统计年鉴等资料，对珠三角农业现状、农业面源污染特征及防控策略进行分析。

一、珠三角农业现状

（一）地理位置

珠江三角洲位于广东省中南部，珠江入海口与东南亚地区隔海相望，包括广州、深圳、佛山、中山、惠州、东莞、珠海、江门、肇庆以及深汕特别合作区，大珠三角还包括香港特别行政区、澳门特别行政区共12个地区。珠三角面积5.53万km²，人口7 115多万，其面积和人口分别占广东省的23.4%和56.5%，其国内生产总值占广东省的70%以上，城市化水平达到70%以上，属经济发达区。珠三角地势平坦，平原地区河网密布、土壤肥沃，适宜农业发展，是我国以桑基鱼塘为代表的传统农业重要耕作区，作为改革开放的前沿阵地，快速的经济发展及城镇化直接促进了区域农业转型，农业功能的转变和农业景观形态的演变尤为明显，具有很强的典型性和代表性。

（二）耕地面积及利用结构

1. 耕地面积

耕地是农业赖以维系的重要条件，据2021年《广州市统计年鉴》统计（数据为2018年土地变更调查确定系数），珠三角耕地面积为60.25万hm²（不含可调整地类），占广东省耕地总面积的23.23%。其中水田面积40.09万hm²，占珠三角耕地面总面积的66.55%；水浇地面积为7.66万hm²，占珠三角耕地总面积的12.71%；旱地面积为12.49万hm²，占珠三角耕地面积的20.74%（表16-25）。人均耕地面积仅有0.13亩。随着珠三角地区城市化的快速发展，耕地越来越多地趋向于非农化。由于耕地数量急剧下降，对于提高地区的耕地利用效率，关系到珠三角地区经济社会的可持续发展。

2020年末珠江三角洲各市的耕地面积中，江门市、肇庆市和惠州市的耕地面积最大，分别为15.56万hm²、14.78万hm²和13.86万hm²，而深圳市的耕地面积最少，约0.36万hm²。在水田方面，江门市、肇庆市和惠州市的水田占地面积最多；在水浇地方面，则是广州市的占地面积最大，为2.62万hm²，占广州市耕地面积的33.08%，水浇地以种植经济作物为主，如蔬菜等，可以看出广州市相对于其他城市，以经济作物种植为主。

2. 耕地面积变化

2020年珠三角耕地面积60.25万hm²，其中水田面积40.09万hm²，水浇地面积7.66万hm²，旱地面积12.49万hm²，与2010年比，珠三角耕地总面积减少了6.56万hm²，其中水田面积减少了13.85万hm²，水浇地面积增加了6.75万hm²，旱地面积增加了0.55万hm²（表16-25）。

表16-25 珠三角地区2010—2020年耕地利用结构　　　　　　　　　单位：万hm²

地区	水田		水浇地		旱地		总和	
	2010年	2020年	2010年	2020年	2010年	2020年	2010年	2020年
广州市	6.28	5.12	0.38	2.62	0.49	0.17	7.14	7.91
深圳市	0.00	0.00	0.004	0.35	0.006	0.01	0.01	0.36
珠海市	1.33	1.16	0.01	0.19	0.06	0.39	1.40	1.74
佛山市	2.13	2.20	0.01	0.91	1.02	0.50	3.16	3.61
江门市	16.20	8.21	0.37	1.20	3.78	4.46	20.35	13.86
肇庆市	13.93	0.09	0.002	1.05	3.04	0.14	16.96	1.28
惠州市	10.83	0.61	0.07	0.51	3.25	0.03	14.14	1.15
东莞市	0.47	12.50	0.01	0.36	0.09	2.70	0.57	15.56
中山市	2.79	10.21	0.05	0.48	0.23	4.09	3.07	14.78
珠三角	53.95	40.09	0.91	7.66	11.94	12.49	66.80	60.25

广州、深圳、珠海、佛山、东莞、中山耕地面积增加，江门、肇庆、惠州耕地面积减少。其中广州市、珠海市、佛山市、惠州市水浇地面积增加，水田及旱地面积减少；深圳水田、水浇地及旱地面积均有所增加；江门市水浇地及旱地面积增加，水田面积减少；东莞市、中山市水田、水浇地及旱地均有所增加。

3. 耕地利用布局

2020年珠三角地区农作物播种面积174.15万hm²，占全广东省的39.11%。其中粮食播种面积54.53万hm²，占农作物播种面积的31.31%；经济作物66.08万hm²，占37.94%；其他作物为53.54万hm²，占30.74%。从变化趋势来看，农作物播种面积总体有增加的趋势，2010—2020年增加40.39万hm²，主要体现在经济作物播种面积与其他作物播种面积的增加，10年间分别增加了51.31万hm²和0.98万hm²；粮食作物的播种面积有所减少，10年间减少了11.01万hm²（表16-26）。随着城市化的发展和政策的引导，粮食播种面积在减少，经济作物和其他作物播种面积呈增加趋势。

表16-26 2010—2020年珠三角地区农业用地结构变化

年份	全年农作物播种面积/万hm²	粮食作物		大豆		经济作物		其他作物	
		播种面积/万hm²	比例/%	播种面积/万hm²	比例/%	播种面积/万hm²	比例/%	播种面积/万hm²	比例/%
2010年	133.76	65.54	49	0.89	0.70	14.77	11	52.56	39.30
2020年	174.15	54.53	31.31	0.62	0.35	66.08	37.94	53.54	30.74
变化	40.39	-11.01	-17.69	-0.27	-0.35	51.31	26.94	0.98	-8.56

4. 农业投入产出情况

选取农业劳动力、农业机械总动力、农用化肥施用量、农作物播种面积4项要素来表示耕地的投入情况，以农业总产值来表示耕地的产出情况。

2020年珠三角地区的农业劳动力为1 843.43万人，占全省农业劳动力人口的45.4%，其中深圳市的农业劳动力人口最少，仅3万人左右，而广州市的农业劳动力人口较多，约为473.55万人；在农业机械总动力方面，2020年珠三角地区的农业机械总动力约为871.46万kW，占全省农业机械总动力的33.86%，其中深圳市的农业机械总动力的使用最少，仅27.12万kW，而江门市机械使用量最高，约为181.39万kW；在产出方面，珠三角地区的种植业总产值为1 214.5亿元，占全省的31.2%，其中珠海市的种植业总产值最低，仅15.2亿元，而肇庆市的种植业总产值最高，约为309.15亿元。珠三角地区2020年投入产出情况见表16-27。

表16-27 珠三角地区2020年耕地投入产出情况

地区	投入情况				产出情况
	农业劳动力/万人	农业机械总动力/万kw	农用化肥施用量/万t	农作物播种面积/万hm²	农业总产值/亿元
广州市	473.55	125.12	9.98	30.67	278.55
深圳市	3.14	28.12	0.27	10.29	15.52
珠海市	37.12	27.12	0.56	10.63	15.27
佛山市	194.60	92.01	2.66	10.06	128.47
惠州市	212.24	111.91	8.29	20.44	245.17
东莞市	139.08	48.8	0.31	11.48	34.35
中山市	387.62	81.23	1.17	11.67	35.82
江门市	195.27	181.39	12.19	23.16	152.2
肇庆市	200.80	177.76	16.12	45.76	309.15
珠三角	1 843.43	871.46	51.55	174.15	1 214.5
全省	4 060.48	2 495.43	219.80	445.18	3 769.26

（三）农业现状

珠三角在农业现代化示范区和现代农业产业园的基础上，逐步发展起集科技创新、生产示范、休闲观光、餐饮娱乐、农耕体验和科普教育为一体，种植业、畜牧业和渔业协同发展的新型都市农业。与此同时，珠三角城市人口迅速增加，耕地面积迅速减少，加之工业"三废"、城市生活污水和垃圾等的影响，导致耕地质量下降、农业自身面源污染加重，资源环境承载力下降，农产品质量安全压力加大，直接影响到珠三角都市农业可持续发展和城乡居民的生活水平。珠三角地区农业集约化程度高，化肥用量达到约2 540 kg/hm²（折纯量）；畜禽养殖业发达，每年产生畜禽粪便近1 300多万t，处理率不到9%。

基塘农业是珠三角地区的传统景观，20世纪六七十年代，珠三角是全国九大商品粮基地之一，三大蚕桑基地之一，最大的蔗糖基地、塘鱼基地，随着近年来农业生产结构和布局的巨大变化，种植面积减少，粮食生产总量降低，已从国家级商品粮基地变为粮食调入区，蚕桑生产逐渐消失，桑基鱼塘逐渐变为杂基鱼塘，基面改种水果、蔬菜、花卉、象草等塘鱼饲料。塘鱼、蔬菜、瘦肉型猪、家禽、优质水果、花卉等高产值农业发展迅速，大量销往港澳及内地。近年来，随着经济特区工业、城镇的发展，地价上涨，许多鱼塘已经填土作为工厂和住宅，农业土地利用正在快速转型之中。水果生产方面，珠三角是岭南佳果的主要产地之一，盛产荔枝、香蕉、柑橘、龙眼等多种热带水果，东莞的香蕉，增城、从化、广州郊区的荔枝，新会、四会的柑橘远近驰名。

在改革开放的30多年里，珠三角经济迅速发展，地区农业也以前所未有的速度跨越式发展，较好地克服了资源匮乏、技术落后、自然灾害频发、土地生产率低下等不良因素。如今，珠三角地区农业已承担起了广东省农产品供给的重要责任，逐步重视现代农业基础建设，逐年加大农业科技投入，部分发达地区亦采用了信息化手段进行管理，由此对农产品病害防治以及自然灾害和突发情况的预防起到一定的积极作用，商品化、标准化生产初具规模，逐步开始发挥农业促进工业和服务业稳定发展的保障作用；珠三角地区农村已部分实现城镇化，农村富余劳动力向城市转移，农村体制建设逐年完善，建设社会主义新农村初见成效；农民劳作可采用机械辅助，效率高，体力消耗少，经济收入提高，基本解决温饱问题，农民幸福指数不断上升。但回顾历史，珠三角地区农业的发展代价亦是巨大的，部分农业的发展以牺牲生态健康和百姓健康为代价，不考虑可持续发展，仅看到眼前的利益，导致可耕作的农田数量正逐年递减，农田的生产率和利用率也在逐年下降，过度城镇化也导致了耕地面积逐年减少，鱼塘面积也因不合理开发大幅度减少，水利排灌设施落后导致水资源流失严重，这种代价都是非可逆的，长期下去势必导致耕地资源衰竭、鱼塘荒废，农产品供给不足，农业发展缓慢；商品农业的发展也给不良商家带来商机，超标准、不合格甚至有毒的农产品进入百姓餐桌，这不仅不是农业的发展反而是农业的倒退，它失去了原本的保障人民基本生活需要的意义。珠三角地区农村的发展也不是一帆风顺的，在城镇化过程中，富余劳动力向城市转移，农村劳动力大大减少，"人少田多"的现象日益凸显，部分农村综合生产力弱化。珠三角地区农民虽然在城镇化的过程中实现了部分富余劳动力转移到城市中，但生活在城市中的农民工却干着时间长、工资低的体力活，经常出现劳资纠纷，基本生活得不到充分保障；留在农村的部分农民则成了小生产和大市场矛盾中的受害者，他们的生产能力、组织形式和社会服务方式在短期内无法充分满足商品化、专业化和产业化的大市场的需求，农业生产成本增加，农民承担了这些矛盾激发的风险。就目前而言，珠三角地区农业的发展方式总体上仍然是传统的、粗放的，现代化和信息化水平不高，科技投入不足，与西方发达国家的农业现代化水平相差甚远，现代农业发展基础仍然薄弱。部分农田和鱼塘基础设施老化，年久失修，对病害的预防和自然灾害的抵抗尚未掌握国际先进的具有前瞻性和科学性的方式方法；部分科研单位的基础设施建设不够完善，科研经费投入不足，基础研究与农业实际生产脱节，不能很好地与产业有机结合，未能起到科研成果转化和示范推广的作用；农民自身文化水平低，加之科研单位能够给予的引导和支撑不足，从而造成产、学、研分离，农业增长方式更多地依赖家庭型小生产、传统式小经营，主要依靠投放大量低成本劳动力进行农业生产；而且农机装备投入不足，结构有待优化和完善，机械化程度较低，"靠天吃饭"的局面未能得到根本改变；在社会风气方面重工轻农现象严重，惠农政策有待进一步完善。

二、珠三角农业面源污染特征

（一）农业面源污染现状

随着农业生产的不断发展，珠三角也无法摆脱被污染的命运。由于未及时采取救治措施，到20世纪90年代为止珠三角农业面源污染仍未得到有效控制，面源污染问题日益凸显。2008—2018年，虽然广东省农作物总播种面积减少，但因种植业结构调整和养殖业规模变化，广东省农业面源污染物总排放强度上升，达到687.45 kg/hm²，比2008年增加21.04 kg/hm²，其中，珠三角农业面源污染物排放量达149.05 kg/hm²。研究发现，农业面源污染与农业种植业结构调整引起的施肥变化密切相关，而蔬菜业是需要施用大量肥料的一个产业，它的发展无疑加重了农业面源污染防治工作的开展难度，是面源污染防治的关键切入点。

据广东省环境质量状况公报显示，西江、北江、东江干流等珠江三角洲的主要干流水道水质优良，但是流经珠江三角洲城市江段和部分水量较小的支流，如市桥水道、深圳河、小东江湛江段等江段水质污染依然严重，属于重度污染，水质均为劣Ⅴ类水，其主要污染指标为氨氮、总磷和部分耗氧有机物，甚至有部分河水已失去最基本的自净能力，不再适合鱼类生存。黄显东（2016）研究表明，珠江三角洲地区面源污染正不断加剧区域水体恶化，以氨氮为主的农业面源污染已经成为珠三角地区水环境污染的主体。

由于珠三角地区城乡之间、城市与城市之间、乡镇之间的界线越来越模糊，农业受到城市化、工业化的冲击越来越明显，农业地面水受污染的趋势将会更加严重。珠江三角洲农业以水稻种植为主，在大量使用农药防止水稻病虫害的同时，也使相当数量的农药残留于土壤中，在土壤水分运动和地表径流及田间排水的作用下，残留农药母体及其衍生体进入地下水和地表水系统，威胁人体健康。对饮水安全及人体有害的农药主要包括有机氯农药、有机磷农药、有机硫农药以及有机汞、砷农药。20世纪80年代末，我国开始禁止使用有机氯农药，以有机磷农药取代。有机磷农药虽然比有机氯农药残留时间更短，但其毒性却更大。农业面源污染呈加重趋势，化肥、农药以及畜禽粪便等在降雨过程中随地表径流不断地进入就近各大小河涌，造成了区域严重的面源污染以及水体污染。

基于上述珠三角农业面源污染情况，近些年来，已有学者对珠三角地区农业面源污染空间分布及影响其变化的因素开展一系列相关探讨。基于土地利用、社会经济统计和污染普查资料等多源数据，从行政区单元和流域单元估算粤港澳大湾区及周边城市的总氮排放规模、来源结构及其区域差异，分析得出粤港澳大湾区的主要污染源是居民生活，其次为种植业。东江流域、西北江三角洲流域和潭江流域污染排放量最大，其岸段承载的排放压力也最大，对应的伶仃洋、珠海金湾海域和黄茅海污染严重。以2018年统计年鉴为基础数据，运用清单分析法对珠三角四大经济强市——广州市、东莞市、深圳市和佛山市的农业面源污染情况进行了统计与分析。研究发现珠三角四市首要污染物为COD主要来自畜禽养殖业；而TN、NH_4^+-N和TP主要来自农村生活和种植业。就地区而言，佛山市污染物排放强度是广州市的1.5倍，居四市之首。广州市与佛山市农业面源污染造成的综合水质指数大于4，为严重污染地区，农业面源污染物削减压力较为严峻，而东莞市与深圳市为轻污染地区。采用清单分析法对1999—2019年广东省农业面源污染负荷时空变化特征及来源情况研究发现，珠三角地区是广东省农业面源污染负荷最高的地区，且水产养殖业成为珠三角地区TN和TP污染负荷的主要来源。

（二）种植业面源污染特征

根据计算得到的2020年珠三角种植业面源污染排放量的空间分布及近10年氮磷负荷变化趋势图（图16-44），总氮污染负荷从大到小的顺序依次是肇庆、惠州、江门、广州、佛山、中山、珠海、深圳及东莞；总磷污染负荷从大到小的顺序依次为：肇庆、广州、江门、惠州、佛山、中山、深圳、珠海及东莞。不同地市种植业总氮与总磷排放大小顺序并不一致，表明种植业发展对氮、磷排放的贡献不同步。以惠州为例，总氮排放量位居珠三角第二，而总磷排放量位居第四，2020年惠州市的氮肥施用量3.54×10⁴t，位居珠三角地区第二，磷肥施用量为1.32×10⁴t，位居珠三角第四（表16-28、图16-44）。种植业氮肥与磷肥的施用量不同步，造成种植业发展对氮、磷排放的贡献不同步。

通过Sen's斜率估计分析得到珠三角2010—2020年氮磷污染负荷变化趋势。Sen's斜率估计是由Sen提出的一种非参数趋势斜率计算方法，估计n个样本中N对数据的趋势斜率，该法不受异常值的干扰并且能够较好地反映序列的趋势变化。2010—2020年，珠三角地区总氮负荷量均呈下降趋势，下降趋势从大到小依次为：肇庆、佛山、惠州、广州、中山、江门、东莞、珠海及深圳，珠三角5个地市总磷负荷量呈下降趋势，下降趋势从大到小依次为中山、佛山、广州、东莞、佛山，总磷排放量呈上升趋势的地市依次为肇庆、深圳、江门及惠州。

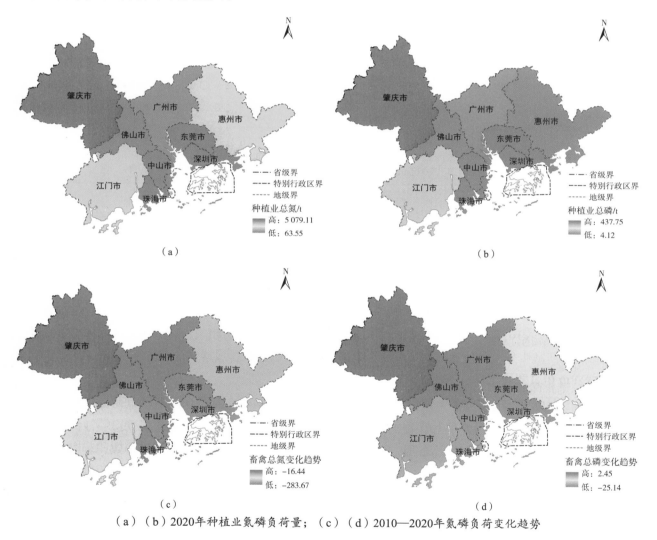

（a）（b）2020年种植业氮磷负荷量；（c）（d）2010—2020年氮磷负荷变化趋势

图16-44　珠三角种植业面源污染负荷排放量空间分布

2020年珠三角地区的氮肥、磷肥施用量分别为20.57×10⁴t、8.17×10⁴t，2010年珠三角地区的氮肥、磷肥施用量分别为27.93×10⁴t、7.40×10⁴t（表16-28），珠三角地区氮肥施用量的降幅为26.35%，磷肥施用量的增幅为10.41%。珠三角地区种植业总氮污染防治取得了较好的效果，而种植业总磷污染防治仍需加强。

表16-28　珠三角2010—2020年各市农田施肥量及生猪饲养量

地区	施氮量/×10⁴ t		施磷量/×10⁴ t		生猪饲养量/×10⁴头	
	2010年	2020年	2010年	2020年	2010年	2020年
广州市	3.34	2.67	1.21	1.41	233.84	42.22
深圳市	0.24	0.05	0.08	0.05	22.44	5.57
珠海市	0.49	0.26	0.11	0.12	45.55	0.85
佛山市	2.54	1.06	0.58	0.44	204.96	23.65
江门市	5.32	4.62	1.64	1.61	248.82	160.64
肇庆市	10.18	7.83	1.98	2.97	404.37	223.64
惠州市	4.08	3.54	1.28	1.32	200.13	95.85
东莞市	0.48	0.16	0.10	0.04	33.64	1.33
中山市	1.27	0.38	0.43	0.21	55.74	1.64
珠三角	27.93	20.57	7.40	8.17	1 449.49	555.39

2010—2020年珠三角地区农作物播种总面积呈增加趋势，农作物播种总面积从2010年的133.76×10⁴ hm²增加到2020年的174.15×10⁴ hm²。但就种植业内部结构而言，则呈现为经济作物和其他作物种植面积逐年增加，粮食作物播种面积逐年下降的趋势。随着农业种植业结构调整，农田施肥氮、磷比例也随之发生变化，氮肥施用量减少，而磷肥施用量增加。珠三角地区氮肥（折纯量）施用量从2010年的27.93×10⁴ t减少为2020年的20.57×10⁴ t，而磷肥（折纯量）则从2010年的7.4×10⁴ t增加到2020年的8.17×10⁴ t（表16-28）。农田化肥面源污染排放与施肥关系密切相关，珠三角地区除深圳、东莞、中山磷排放有所减少外，其他地区均呈现氮污染排放减少而磷污染排放增加的态势（图16-44）。

（三）禽畜养殖业面源污染特征

图16-45为2020年珠三角畜禽养殖业面源污染排放量的空间分布及近10年氮磷负荷变化趋势图，珠三角地区氮磷污染负荷空间分布上较为一致，氮磷污染负荷从大到小的顺序依次是肇庆、江门、佛山、惠州、广州、中山、珠海、深圳及东莞。不同地市种植业总氮与总磷排放大小顺序一致，表明中畜禽养殖业发展对氮、磷排放的贡献同步。2010—2020年，珠三角地区畜禽养殖业总氮负荷量均呈下降趋势，下降趋势从大到小依次为：广州、佛山、东莞、中山、深圳、惠州、江门、珠海及肇庆，其中6个地市总磷负荷量呈下降趋势，下降趋势从大到小依次为佛山、广州、东莞、中山、深圳及珠海，总磷排放量呈上升趋势的地市依次为肇庆、惠州、江门。珠三角地区畜禽养殖业氮磷污染防治均取得了一定效果。2013年国务院第26次常务会议通过《畜禽规模养殖污染防治条例》，珠三角地区积极响应号召，近10年广东省加强畜禽养殖污染防治监管，特别是严格执行禁养政策，畜禽养殖规模有所减少，由此造成的氮磷污染负荷减少。

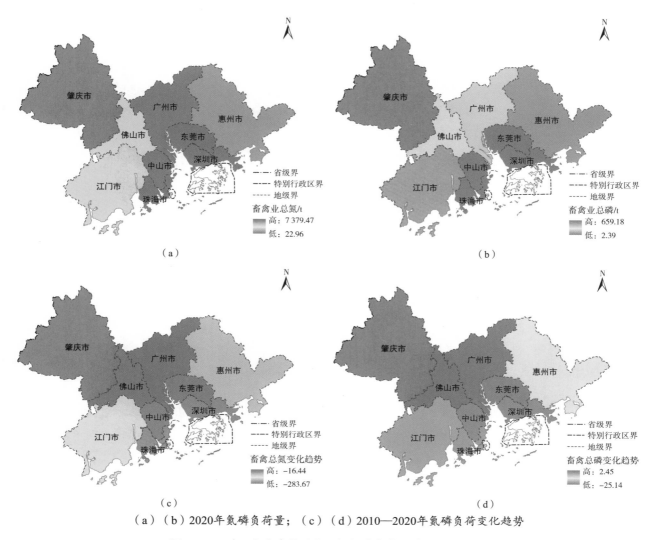

（a）（b）2020年氮磷负荷量；（c）（d）2010—2020年氮磷负荷变化趋势

图16-45　珠三角畜禽养殖业面源污染负荷排放量空间分布

随着珠三角经济发展和城乡居民生活水平提高对禽畜肉类产品的消费需求增加，珠三角禽畜养殖业的发展也随之发生变化。由于环境保护的压力，生猪养殖业呈现为从城市化水平较高的区域向城市化水平较低的区域转移，其中，珠三角生猪饲养量从2010年的1 449.49万头减少到2020年的555.39万头（表16-28）。体现为珠三角的生猪粪便污染物总氮、总磷排放量明显减少，同时，猪、鸡等畜禽饲养方式也从传统的农村散养逐步向高密度的规模化、专业化养殖方向发展，为畜禽养殖面源污染的防治提供了有利条件。

（四）水产养殖业面源污染特征

图16-46为2020年珠三角水产养殖业面源污染排放量的空间分布及近10年氮磷负荷变化趋势图，珠三角地区水产养殖业氮磷污染负荷空间分布上较为一致，氮磷污染负荷从大到小的顺序依次是肇庆、江门、广州、中山、珠海、佛山、惠州、东莞及深圳。不同地市水产养殖业总氮与总磷排放大小顺序一致，表明水产养殖业发展对氮、磷排放的贡献同步。2010—2020年，在珠三角9个地市中，除东莞市的水产养殖规模减小，氮磷排放量减少外，其余8个地市的水产养殖规模均在扩大，水产养殖污染物所排放的总氮、总磷均在增加，增长趋势从大到小依次为：肇庆、佛山、江门、珠海、广州、中山、惠州及深圳。

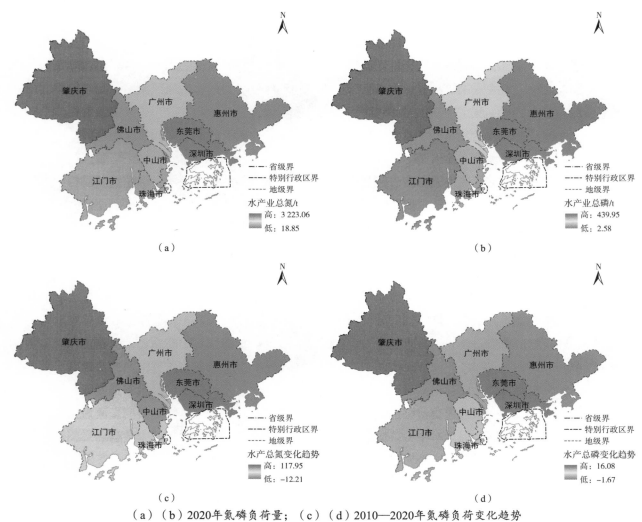

（a）（b）2020年氮磷负荷量；（c）（d）2010—2020年氮磷负荷变化趋势

图16-46 珠三角水产养殖业面源污染负荷排放量空间分布

珠三角地区大部分城市位于沿海地带，水产养殖业较内陆城市发达，2020年珠三角地区水产养殖产量为330.14×10⁴ t，占广东省的44.22%，相比2010年，水产养殖总产量上升32.35%，水产养殖规模的扩大使得水产养殖污染物排放的总氮总磷增多，2020年珠三角水产养殖的总氮排放量为1.75×10⁴ t，相比2010年增长了38.4%；总磷排放量为0.24×10⁴ t，相比2010年增长了41.18%（表16-29）。珠三角由水产养殖带来的面源污染也在不断加重，需要增加水产养殖面源污染排放的监管和治理力度，加强水产养殖控制技术的研究，制定有效的预警防治措施。

表16-29 珠三角2010—2020年各地市水产养殖量及氮磷排放量

地区	水产养殖量/×10⁴ t		总氮排放量/t		总磷排放量/t	
	2010年	2020年	2010年	2020年	2010年	2020年
广州市	35.27	44.76	1 927.19	2 284.28	263.54	312.21
深圳市	0.44	2.08	7.85	19.31	1.08	2.65

（续表）

地区	水产养殖量/×10⁴ t		总氮排放量/t		总磷排放量/t	
	2010年	2020年	2010年	2020年	2010年	2020年
珠海市	18.34	31.74	682.73	1 332.76	88.77	180.30
佛山市	55.79	74.69	3 689.11	5 041.41	505.70	691.17
江门市	55.71	72.52	1 775.95	2 716.32	238.54	363.94
肇庆市	32.33	51.36	2 105.40	3 214.05	287.60	437.99
惠州市	11.75	13.90	446.85	582.34	61.27	79.84
东莞市	6.36	4.24	373.70	268.00	51.15	36.70
中山市	33.45	34.85	1 639.93	2 046.77	219.02	277.10
珠三角	249.45	330.14	12 648.70	17 505.24	1 716.66	2 381.91

（五）农业面源污染负荷变化特征

1. 珠三角农业面源污染负荷时间变化特征

从图16-47可以看出，2010—2020年广东省农业面源总氮污染负荷总体呈下降趋势，2010年总氮负荷6.06×10⁴ t，2020年5.69×10⁴ t，降幅达到6.2%。

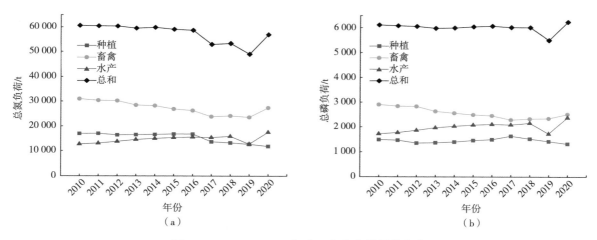

图16-47　2010—2020年珠三角各来源污染负荷

其中，种植业总氮负荷由1.7×10⁴ t下降至1.19×10⁴ t，降幅为30.04%；畜禽养殖业总氮负荷由3.1×10⁴ t下降至2.75×10⁴ t，降幅为11.34%；水产养殖业总氮负荷由1.26×10⁴ t增加到1.75×10⁴ t。总磷污染负荷总体呈上升趋势，由2010年的0.61×10⁴ t增长到2020年的0.62×10⁴ t，增幅为2.11%。其中，种植业总磷负荷呈现先增加后减少的趋势，其中2010—2017年总磷负荷量增加，由0.15×10⁴ t增加到0.16×10⁴ t，2018—2020年总磷负荷量减少；畜禽养殖业负荷由0.29×10⁴ t减少到0.26×10⁴ t；水产养殖业总磷负荷由0.17×10⁴ t增加至0.24×10⁴ t，增幅为38.75%。珠三角4—9月总氮和总磷排放量占全年排放量的60%（图16-48），这与珠三角的降雨分布特征有关，该区间降雨充沛，雨水冲刷携带大量氮磷从陆地迁移进入水体。

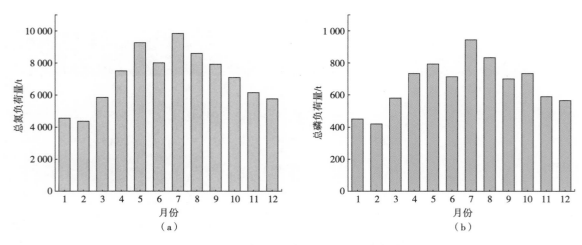

图16-48 珠三角多年平均面源污染负荷

2. 农业面源污染负荷空间变化特征

根据计算得到的2020年珠三角面源污染排放量的空间分布及近10年氮磷负荷变化趋势（图16-49）可知，珠三角地区氮磷污染负荷空间分布上较为一致，空间氮磷污染负荷从大到小的顺序依次是肇庆、江门、佛山、广州、惠州、中山、珠海、东莞及深圳市。2010—2020年，珠三角不同地市间氮磷污染负荷量差异较大，这与各地市的农业生产结构有重要关系。肇庆市、江门市污染负荷量最大，这与当地农业经济规模和高强度的农业开发密切相关，以肇庆为例，2020年家禽存栏量为2 632.83万只，耕地每公顷施肥量更是高达1.09 t。东莞市、深圳市氮磷污染负荷量最小，深圳市因无农村生活污染源和区域面积较小，综合农业面源污染较轻；同样，东莞市因畜禽养殖体量小、区域面积较小，综合农业面源同样较轻。

2010—2020年，珠三角地区6个地市总氮负荷量呈下降趋势，下降趋势从大到小依次为：佛山、广州、东莞、中山、惠州及深圳；肇庆、江门及珠海总氮负荷量呈上升趋势，这3个地市的农林牧渔业总产值增幅均超过100%，可见农业发展水平提升的同时也造成了更多的总氮污染负荷。

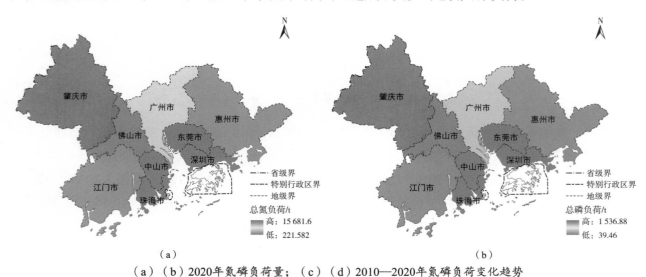

（a）（b）2020年氮磷负荷量；（c）（d）2010—2020年氮磷负荷变化趋势

图16-49 珠三角面源污染负荷排放量空间分布

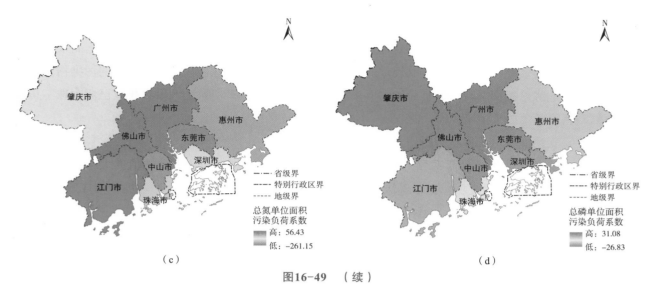

图16-49　（续）

2010—2020年珠三角5个地市总磷负荷量呈下降趋势，下降趋势从大到小依次为广州、佛山、东莞、中山及深圳，总磷排放量呈上升趋势的地市依次为肇庆、江门、珠海及惠州。肇庆、江门和珠海3个市总氮和总磷排放量的增长趋势均位于珠三角地区前三位。说明这3个地市农业生产中氮磷污染排放量变化一致。

（六）污染来源解析

由珠三角各污染源氮磷负荷的贡献率可知（图16-50），对于总氮污染负荷来说，2010—2015年各污染源的平均贡献率从大到小依次为：畜禽养殖、农田种植、水产养殖。2015—2020年水产养殖对总氮的贡献率超过农田种植，各污染源的平均贡献率依次变为：畜禽养殖、水产养殖、农田种植。其中，种植业对总氮的贡献率整体呈下降趋势，由2010年的28%下降为2020年的21%，平均占比达26.81%；畜禽养殖业对总氮的贡献呈下降趋势，由2010年的51%下降为2020年的48%，平均占比达47.88%；水产养殖业对总氮的贡献率呈上升趋势，由2010年的21%增长到31%，平均占比达25.31%。对于总磷污染负荷来说，各污染源的平均贡献率从大到小依次为：畜禽养殖、水产养殖、农田种植。种植业对总磷的贡献率2010—2017年呈上升趋势，由2010年的24%增长到2010年的27%，2018—2020年对总磷的贡献率呈下降趋势，由2018年的25%下降为2020年的21%，平均占比达24.26%。畜禽养殖业对总磷的贡献率呈下降趋势，由2010年的48%下降为2020年的40%，平均占比达43.02%；水产养殖业对总磷的贡献率呈上升趋势，由2010年的28%增长为2020年的38%，平均占比达32.7%。

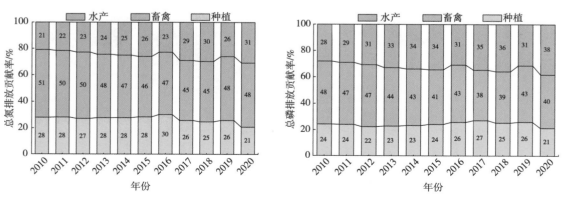

图16-50　2010—2020年珠三角各污染源占比

畜禽养殖对氮磷污染负荷贡献最大，是珠三角农业主要的污染来源。值得注意的是水产养殖对氮磷负荷的贡献均呈现上升的趋势，2020年珠三角地区的水产养殖总面积占广东省的44.2%，然而水产养殖过程中饲料的利用效率普遍较低，导致大量的养分扩散至水域或养殖区域内，水产养殖的污染物排放逐渐成为珠三角地区总氮和总磷污染负荷的主要来源，截至2020年水产养殖的污染物排放已成为珠三角农业面源氮磷污染的第二大污染源。

（七）珠三角面源污染程度分析

采用单位面积农业污染负荷系数（K）评价各市的农业面源污染程度，根据K值的大小，可以将总氮、总磷对各地市的影响程度分为3个等级（陈守越，2011），其中，$K<0.6$，对环境不构成威胁；K介于[0.6，1]对环境有威胁；$K>1$，对环境构成严重威胁。根据单位面积污染负荷系数（K）分析结果（图16-50，图16-51），2020年深圳、东莞、惠州总氮、总磷的K值小于0.6，对环境不构成威胁，广州、珠海总氮、总磷K值为0.6~1，对环境稍有威胁；佛山、江门、肇庆、中山总氮、总磷K值大于1，对环境

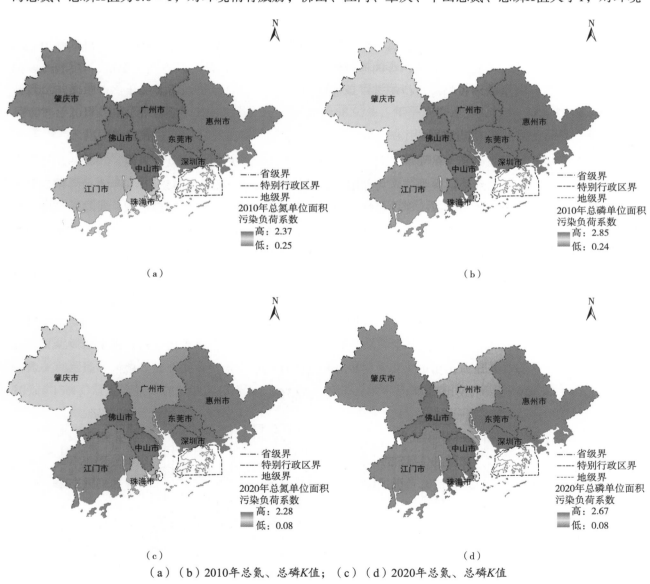

（a）（b）2010年总氮、总磷K值；（c）（d）2020年总氮、总磷K值

图16-51 珠三角各市农业面源污染单位面积污染负荷系数

构成严重威胁，其中佛山市总氮、总磷的单位面积污染负荷系数更是大于2，对环境构成的污染最为严重，是珠三角地区面源污染最为严重的区域。深圳和东莞的农业活动对环境不构成威胁，这主要是因为当地农业产值比重低，农业用地面积少，如东莞2020年年末家禽出栏数仅为64.49万只，每公顷耕地施肥量仅为0.24 t。

佛山市在畜禽、水产养殖行业体量大，其畜禽、水产养殖行业的排放贡献率超过50%，而且佛山的水资源总量较小，仅为广州的48%，佛山市需针对畜禽、水产养殖行业进行产业结构调整及污染防治治理，从源头减少污染物产生，淘汰限制传统的规模以下养殖户，优化资源配置，合并重组规模以下养殖户向规模以上养殖场转变，加强规模以上养殖场污染防治措施，因地制宜实现污染物资源化利用。与2010年相比，2020年6个地市总氮、总磷的K值减小，从大到小依次为：广州、东莞、深圳、中山、佛山及惠州，说明10年间珠三角地区农业面源污染程度减弱，农业面源污染治理取得了一定效果。江门、肇庆及珠海总氮、总磷K值增加，其中江门、肇庆氮磷排放对环境的威胁上升明显。

三、珠三角农业面源污染防控策略

结合珠三角各区农业实际，提出农业面源污染防控主要对策如下。

1. 加强主要农作物养分需求及施肥技术研究，提高肥料利用效率

广东人地矛盾突出，随着广东城镇化及经济快速发展，非农建设挤占耕地的趋势难以逆转。土地（尤其是耕地）为不可再生资源，为了在有限的耕地资源情况下提高土地单位产出和产值，最大限度地满足城乡居民对农产品的消费需求，调整农业生产结构、提高耕地复种指数和增施化肥，是现阶段农业发展的必然选择。珠三角各区资源、环境条件迥异，土壤类型和农作物品种类型多样。因此珠三角各区应加强蔬菜等主要农作物养分需求及测土配方施肥技术研究，实施精准施肥，提高施肥技术水平及肥料利用效率，立足源头控制，才能有效地遏制农业面源污染排放。

2. 以高标准农田建设为契机，完善农田基础设施建设，提升现代农业先进技术应用水平

随着广东城市扩张和经济快速发展，非农就业机会增多，土地资源、水资源和劳动力资源等供需矛盾突出，农业用水和农业青壮年劳动力资源将成为广东农业发展的制约因素。因此珠三角各区应以高标准农田建设为契机，完善农田基础设施建设，提高农业机械化和现代化先进技术（如推广使用高浓度液体肥料，推广节水灌溉及水肥一体化施用技术等）应用水平。此外，在高标准农田建设中，应避免修建硬底化排水沟渠，因地制宜规划建设农田生态沟渠、人工湿地、农田排水集蓄回用设施，发挥排水沟、人工湿地的养分阻滞和植物净化作用，实施过程拦截，才能有效地控制和减少农业面源污染排放。

3. 深入开展禽畜粪污土地承载力研究，科学规划及控制禽畜养殖场规模，提高禽畜粪污资源化利用效率

随着城乡居民对禽畜肉类产品消费的增长，传统农户散养方式逐步退出，规模化养殖快速发展，不断增加的禽畜粪污已成为农业面源污染的主要来源，提高畜禽粪污的资源化利用效率势在必行。珠三角土地贫瘠，有机养分匮乏，因此珠三角各区应深入开展禽畜粪污土地承载力研究；在国土利用规划编制中，于农田区科学规划划定禽畜养殖区及控制禽畜养殖规模；制定禽畜养殖场和养殖户对禽畜粪污采取无害化处理技术还田，支持肥料生产企业以禽畜粪污为原料生产有机肥，鼓励农业经营者施用以禽畜粪污为原料的有机肥的扶持政策；实施就近农田消纳利用，种养结合，提高禽畜粪污资源化利用水平。这对于减少农田化肥施用及农业面源污染排放，提升耕地质量具有意义重大。

第六节　都市农业发展中的面源污染防控

一、环境友好的都市农业发展思路

党的十六届五中全会首次提出了"建设资源节约、环境友好型社会"（简称"两型社会"）的目标，并首次把建设"两型社会"确定为国民经济与社会发展中长期规划的一项战略任务。"环境友好"是在可持续发展基础上发展来的新理念，是对社会经济系统与生态环境系统之间协调关系的高度概括，强调经济发展、资源利用、生态环境保护之间合理均衡，体现人与自然关系的平衡和融洽。环境友好理念是对当前资源与生态环境复合压力下的解决途径，侧重于经济的绿色发展，通过对传统经济发展模式的创新，在生态承载力、环境容量和自然资源消耗速度容许限度内的经济发展模式。"环境友好"的目的是降低现有技术经济背景下社会经济活动对环境的不良影响，并将这种影响控制在生态系统资源供给能力以及环境自净能力范围之内，从而保证生态环境与经济活动形成良性循环。

（一）环境友好都市农业是我国都市经济、农业经济的重要组成，也是"两型社会"建设的重要组成部分

环境友好型农业以控制农业污染、保护农业生产环境和农村生态环境、美化农村生活环境为目标。有专家认为环境友好型农业是以当地自然资源与环境承载力为基础，遵循自然规律，倡导环境文化和生态文明，以绿色科技为动力，广泛运用环境友好型和资源节约型农业技术，维护或保护农业和农村生态环境的农业。环境友好型农业至少分为3种状态：①最低状态，生态环境受到轻微影响，农村自然资源总量消耗基本稳定，控制在一定的承载范围内；②一般状态，保持农村自然资源总量稳定，维持农村生态环境质量基本不变；③最高状态，改善与提高环境质量和状态。邓正华（2013）认为环境友好型农业以保持和改善农业生态环境系统动态平衡为主导，最大限度节约农业生产要素，以资源综合循环利用和农业生态环境建设保护为重点，强调低能耗、低排放，大力推广沼气等清洁能源，以尽可能少的化肥、农药和燃料等投入品的输入，以求得尽可能多的农业产出，从而实现农业生产发展、能源再生利用、生态环境保护、经济效益四者协调发展。也有学者根据党的十七届三中全会的解读，认为环境友好型农业以提高资源利用效率和生态环境保护为核心，以资源综合循环利用和农业生态环境建设保护为重点，推广应用节约型的耕作、播种、施肥、施药、灌溉与旱作农业、集约生态养殖、秸秆综合利用等节约型技术，推广应用减少农业面源污染、减少农业废弃物生成、注重水土保持和保护环境等环保型技术，促进农业实现可持续发展的农业生产方式。基于以上认识，环境友好的都市农业是可持续发展农业的范畴，以维护和改善都市农业生态环境为核心，以减少农业要素投入、提高资源利用效率和资源综合循环利用率为途径，推广应用环境友好型农业技术和措施，减少农业污染和废弃物排放，进行清洁生产和绿色生产，增加绿色农产品生产效率和产出，可以实现都市区农业生态环境保护与社会经济文化效益协调发展的都市农业形式。

（二）都市农业是城市发展的一部分

都市的发展需要将农业生态环境和水环境、大气环境、固体废物、绿化等方面作为整体来整治和建设，注重生态环境多样性综合改善。环境友好型都市农业的发展需要从生产方式、产业结构、空间布局和体制机制上协同管理，统筹处理好生产、生活、生态的关系，努力把都市农业打造成可持续发展的示

范区。发展环境友好的都市农业，需要做好以下几方面工作。

1. 坚持以可持续发展的科学发展观来指导都市农业发展

都市农业位于都市区中心或者市郊，土地资源和劳动力资源都十分缺乏，环境容量受生活源和工业源污染挤占，生态环境敏感而脆弱，坚定不移地走可持续发展的道路是其唯一选择。这就需要以维护和改善都市农业生态环境为核心，以提高质量、效益作为都市农业的中心环节，推进都市农业产业升级，加快都市农业经济增长方式，发展循环农业，探索农业资源保护和合理利用的有效途径，提高农业资源利用效率，实现农业生产、经济发展和生态环境保护与改善的有机结合。

2. 保护农业资源

农业资源是农业可持续发展的基础。我国人均耕地面积偏少，质量较低，污染严重，都市区农田耕地面积尤其珍稀，但是往往受到较大污染。我国农业水资源利用效率不高，灌溉用水有效利用系数较低，都市区水资源往往较为紧张。城市和工业化对都市区农田造成较大的污染，而大量农业生产化学品的投入量大，农业面源污染较为严重，地膜残留增加，水土流失、沙化、南方土壤酸化等问题严重，农田生态系统退化（宋洪远等，2016）。因此，保护都市农业的耕地、水资源、生态系统等农业资源，是发展环境友好型都市农业的前提和基础。

（三）都市农业的发展，需要依托当地的资源禀赋条件

发展环境友好的都市农业，需要以下几方面的保障（罗平，2011）。

1. 以标准化、产业化和规模化为方向

环境友好型农业侧重于投入减量化、废物再循环再利用、零排放和清洁生产，其中资源循环利用是其中的关键。环境友好型都市农业的参与主体是农民，当前我国农民的经济实力相对薄弱，科技水平较低，抗风险能力较差。因此，需要将分散的农户生产经营转化为标准化、规模化和集约化经营，合理组织原材料供应、农产品生产和销售、资源循环和废弃物回收利用等环节，把都市农业产业化和农业污染减排结合起来，通过农业合作社和龙头企业对农业投入品数量和质量、农业废弃物回收再利用进行把关和串联，并向农民宣传农业绿色生产、清洁生产以及生态环境保护意识，推广环境友好型农业措施和技术。

2. 完善农业环境保护政策与立法

制定严格的农业环境保护立法，使农业生产者的生产行为，特别是畜禽养殖粪污排放和兽药使用、水产养殖弃水排放、种植业化肥和农药使用，受到理性和法律的双重约束，自觉转向环境友好型农业技术的应用上来。推广农田最佳养分管理技术，对都市农业区环境敏感区域的农田的轮作类型、肥料类型、施肥量、施肥时间以及施肥方式进行明确规定，从源头上减少污染排放。改革原有不合理的农业补贴政策，制定以促进清洁生产、循环农业为核心的都市农业财政补贴新政策，将财政对都市农业生产的支持与保护环境进行捆绑，逐步使都市农业补贴转化为农业环境保护和污染控制补贴。出台相关政策鼓励对畜禽粪便、农作物秸秆等农业资源进行综合开发利用；对循环农业生产给予财政支持。考虑都市农业特色，结合地方气候、环境及作物等不同，结合测土配方等措施，建立各地特有的化肥施用政策，加快化肥减量增效技术推广，推广有机肥替代化肥，推动有机农业发展。

（1）完善污染治理政策法令。珠三角应从实际情况出发，建立与完善农业面源污染的法律法规和信息管理机制，如地方性农业环境保护、农业投入品污染防治法规制度，以及化肥、农药和农膜等使用管理办法，细化化肥和有机肥等产品的质量标准，同时加大对化肥等化学品监管及农业面源污染防治的力度，避免或减少其对农业面源污染的危害性。此外，应完善有机废弃物、畜禽粪便、稻秆还田管理等相关法规，有效控制城镇和规模化养殖场的污水排放；积极推进农业生态示范村建设，建立健全三角洲市县级清洁生产的技术规范，并完善与之相关的政策法令；积极探索政府主导、市场运作、公众参与的生态农业发展的新模式，注重生态农业的可持续发展，建立农业环境评价体系等，确保珠三角各级地方政府在治理农业面源污染实践中有法有章可依，同时加大行政执法力度。

（2）强化财政治理污染办法。在农业面源污染治理上，其投资方式主要是以财政投资为主体、社会投资为辅助。可借鉴农村环境保护财政投入机制，在财政预算中设立农村环境保护支出科目，建立农村环境保护专项资金，同时吸引社会或民间投资，加大对农村环保建设的投入力度。今后一定时期应着重支持基层环保监测网络体系建设，增强农村饮用水、小城镇等环保基础设施及农村环境科技的财政投资。与此同时，应建立综合性的农村环保投融资促进机制。如制定农村生态环境保护的投融资政策，采取财政贴息等方式鼓励政策性银行、商业性银行参与，带动民间资本和国际资本等多渠道投入，逐步形成城市扶持农村的新型农村环境保护投资机制。地方各级政府应加大对农业面源污染的资金扶持力度，调动地方政府、企业和农户参与面源污染治理的积极性；给予采取环保政策的农村合作社、畜禽养殖场等投资补贴和税收减免优惠等。

（3）加大技术治理污染力度。影响农业面源污染环境原因复杂，包括土地类型及利用、农田基础设施及管理方式、地质地貌特征、气候水文条件和氮磷污染物等因素。各级地方政府及农业、科技部门应积极加快新技术的推广进程，如秸秆处理、生物农药、绿色化肥、可降解农膜等产品方面，加大研发与生产力度，同时给予政策上的支持。强化技术治理农业面源污染的有效措施，例如，依靠先进的科学技术积极创建"环境友好型农业"，取代传统农业的高污染、高能耗模式，在重要水源保护区实行限定性技术标准，施肥平衡、适量使用农药、建立生态沟渠，进一步减少农田和畜牧业氮磷径流和淋溶；利用面源污染的试点地区，构建人工湿地与植物过滤带的综合生态工程，稀释农田中的氮、磷、泥沙和除草剂等物质，过滤泥污和污染物，从末端上防治面源污染。

3. 都市农业科技化、生态化，推广应用环境友好型农业技术

在高标准农田建设和规模经营的基础之上，实现农业机械化，提高农业设备装备的水平和数量；培养大批具有专门知识和技能的农业人才，以促进农业科技成果的推广和转化，大力推进都市农业技术现代化，实现都市农业高产、优质、高效，突破资源短缺对都市农业的限制和约束。维持都市农业生态系统结构完整和功能协调，控制化肥、农药的施用量，增施有机肥，推广生物农药和肥料，提倡有害生物的综合治理，在农作物病虫害防治方面采用综合治理手段，如种子包衣处理、选用抗病虫害和天敌的作物品种、轮作倒茬、生物覆盖等。发挥都市农业绿化环境、美化景观、净化空气的功能，实现都市农业生态化。通过示范教育、降低环境友好型技术应用的技术和金融成本等措施，促进都市农业生产者采纳环境友好型农业技术并从中获益，同时降低其面临的技术和金融风险，使得环境友好技术在都市农业中可持续应用。构建完善的技术咨询与推广、技术培训、示范应用、检验检测服务等技术服务体系，给应用环境友好型农业技术的农业生产者适当融资优惠或者财政补贴，做好环境友好型都市农业技术应用的技术和金融服务工作，降低环境友好型都市农业的技术和金融成本，形成良好的环境友好型农业技术市场。

4. 改变都市农业发展思路，提高都市农业的生态环境、社会、科技文化和经济价值

都市农业靠近城市中心，面向城市巨大的文化、科教、旅游需求，可以将都市农业按照农业公园

思路建设，以蔬菜、水果、花卉、水稻以及畜禽水产养殖等种养农业为基础，结合本地资源和当地民俗与农时农事以及农业科技示范，满足市民学农、爱农、了解农业、文化观光、健康养生、休闲体验等需求，实现产业结构优化、空间布局合理、生产技术先进、生态环境优美、休闲生活时尚，充分发挥都市农业集农业生产、生态保护、教育文化、科技示范、健康养生、休闲观光旅游于一体的功能和效益。

5. 加强都市农业生态环境建设

发掘都市农业的生态平衡功能，为都市区设立生态屏障。随着都市区经济的发展，人们对健康、养生、休闲观光等有了新的需求，不仅需要优质绿色食品，也需要清洁空气、洁净水体和优美环境，城市工矿企业、交通产生的大气和水体污染也需要"绿肺"来净化。优化农业种植业内部结构，尽量减少裸露农田和扬尘，加大农业废弃物资源化利用水平，加快发展生态循环农业，减少畜禽养殖和水产养殖对周围空气、地表和地下水环境造成污染，建设农业面源污染生态防控工程，减少农业面源污染排放。鼓励科学使用有机肥，培肥地力，降低污染；在都市农业中开展生产节约模式，推广高效节水灌溉技术，有效节约水资源；改进农药喷洒技术，减少农药施用量；大力发展沼气和生物天然气。

6. 大力发展循环农业

利用循环农业理念，实行"种养平衡一体化"，完善畜禽粪便再生利用体系，同时对大都市区厨余垃圾和农业生产废弃物资进行统筹管理，实现污染物减量排放、资源化利用，减少城市垃圾的生产和消纳量，减轻环境污染负荷，预防大气、水体和土壤污染。在都市农业中，推广生态种养技术和有利于动植物绿色清洁生产的生产资料，提高农产品品质和竞争力，增加农业产业效益，提高农民收入，发展低碳农业，对农业废弃生物资源进行综合开发利用，发展绿色能源产业。

二、生态保护优先的都市农业模式

（一）有机农业模式

目前我国有机产品总量仅占食品总量的0.2%，但消费需求旺盛，尤其是大都市居民追求高品质的食品，对有机产品的需求量逐渐增加，使得都市农业进行有机农业生产具有广阔的市场。国家标准《GB/T 19630—2019 有机产品生产、加工、标识与管理体系要求》对有机生产的定义为：准照特定的生产原则，在生产中不采用基因工程获得的生物及其产物，不使用化学合成的农药、化肥、生长调节剂、饲料添加剂等物质，遵循自然规律和生态学原理，协调种植业和养殖业的平衡，保持生产体系持续稳定的一种农业生产方式；对有机产品的定位为：有机生产、有机加工的供人类消费、动物食用的产品。有机农业的特征包括：以自然资源特别是可再生资源为基础，不使用自然资源以外的物质，有效利用太阳能和生物系统的生产潜力，维持土壤肥力，最大限度实现植物养分和有机物质的循环，维持生态系统和农业景观的基因多样性，向畜禽提供适应其行为本性的生活条件等。其基本原则为：依靠传统农业技术（时空多样性和连续性、空间和资源的最佳利用、养分循环、作物系统自我调控和作物保护）和现代农业技术，实现耕作与自然的结合，培育健康的土壤，保护不可再生性自然资源，充分利用农业生态系统内的自然调节机制，生产高品质的食品。

在有机种植业模式中，土壤肥力的主要来源包括作物秸秆、畜禽粪肥、豆科作物、绿肥和有机废弃物，提倡少耕法，保护土壤结构，不用壁形犁耕作，通常使用齿形或圆盘形装置浅耕，只是将土壤混合一下，但不把土壤翻转过来，坡耕地采用梯田、带状或等高种植等方式保持土壤免受侵蚀；农田杂草主要通过轮作、耕作和中耕除草来控制，极少使用除草剂；病虫害主要通过选育抗病虫品种，轮作间作，物理、生物防治，生态措施保持生产体系内生物多样性，天敌保护、吸引和施放等来控制。有机畜禽养殖要求采用现代的良好牲畜饲养及管理方法，不使用生长调节剂和饲料添加剂等化学物质，通过环境安全型畜禽舍减少和控制疫病发生，利用空气电净化自动防疫器、粪道等离子体除臭灭菌系统进行除菌除病毒除臭，为畜禽提供悉心关爱来促进其健康，同时满足其行为需求。有机农业也强调种养结合，如利用畜禽粪污产生沼气用于发电，沼渣沼液用于肥料和病虫害防治，提高物质和能量的利用率。有机农业能够提高土壤有机质含量8%～115%、微生物量碳6%～51%，降低土壤容重9%～30%（王磊等，2017），显著降低农田土壤硝酸盐含量，减少农田氮径流流失量30%～50%。如东北典型稻区有机水稻硝态氮排放量比常规水稻低67%（陈淑峰等，2012）；上海市有机蛙稻模式下总氮总流失负荷比常规种植减少25.76%（岳玉波等，2014）；江苏溧水有机种植区地表径流中化学需氧量、总氮、总磷分别由4.6 mg/L、5.34 mg/L、0.68 mg/L减少到2.1 mg/L、0.45 mg/L、0.08 mg/L，氮磷减排效果显著（刘新等，2012）；太湖地区有机稻麦轮作中稻季、麦季总氮径流流失分别减少19.27%～25.10%和40.29%～67.58%，年氮流失量减少19.00%～54.00%，每年减少氮流失量25.91～30.42 kg/hm²，其中地表径流和淋溶分别减少9.40～36.00 kg/hm²和2.40～3.40 kg/hm²（陈秋会等，2016）；昆明松华坝有机蔬菜基地氮淋失量为10.55 kg/hm²，磷淋失量为0.06 kg/hm²，与常规生产相比，氮淋失和磷淋失分别减少42.88%和40.00%。2018年全国有机作物种植面积已经达到313.5万hm²，估算每年减少了180万t化肥、5 000 t化学农药的使用；其中"国家有机食品生产基地"11.2万hm²，每年可减少化肥投入约4.48万t、农药投入约303 t（张弛等，2018）。有机生猪养殖可以降低猪粪中重金属含量，有研究表明，常规养殖猪粪Cu和Zn超标率分别为100%和83%，而有机养殖猪粪中Cu和Zn样本超标率分别只有22%和11%（陈秋会等，2019）；有机水产养殖也可以降低面源污染排放量，与常规养殖相比，COD减少4.32%，无机氮减少12.54%，无机磷减少7.76%。

都市农业发展生态保护优先的有机农业，可以通过政府主导，协调各要素从技术、资金、政策等各个层面支持有机农业的发展，结合效益、示范以及宣传等方式全面激发广大农民、企业参与有机农业的热情，进一步扩展市场，构建特色有机产品品牌；可以通过由有机农场或牧场经营者、农户组成的有机农业协会来推进有机农业的发展，构建统一的有机农产品标识，统一标准生产、统一注册商标、统一包装、统一质检、统一销售，甚至可以统一购买生产资料，规范有机农产品的生产模式，定期对生产者进行抽查，还为农业生产者提供免费咨询、技术支持、有机认证和市场营销等工作；也可以通过龙头企业带动发展，龙头企业通过与农户、生产基地联合生产或加工、销售一种或若干种产品在提高自身生产效益的同时，扩大影响力。

（二）绿色生态农业模式

绿色生态农业是运用生态经济学原理，以绿色生态科学技术为基础，集节约资源、保护与改善农业农村生态环境、发展农业经济于一体，并倡导绿色消费生活方式的可持续农业发展模式。都市绿色生态农业模式重点在于加强农业生态环境建设、增加绿色生态农业技术的使用以及绿色食品的开发。绿色生态农业技术是不对农业农村生态环境造成明显危害的生产农产品的技术、工具和手段。绿色生态农业技术主要体现在农业生态环境保护功能，包括选育多抗作物优质品种、物理防治法等节药类绿色生态农业技术，测土配方施肥、选用高效且环保的肥料、把握施肥时期、改进施肥方法等节肥类绿色农业技术，以及秸秆综合利用、畜禽粪便综合利用等农业资源循环利用技术（刘亚，2021）。

按照生态经济学原理和绿色农业的生产要求，适宜都市农业的绿色生态农业模式包括以下几类。

1. 共生互惠类模式

这类模式主要包括稻鸭共育模式、稻蛙共育模式、稻渔（鱼、虾、蟹）共育模式、田埂种草（诱虫）模式、田埂种豆（保护天敌）模式等。稻渔共作模式中，未被摄食的养殖饲料以及养殖动物的粪便中的氮磷可以被水稻吸收利用，减少稻田氮肥投入，其中氮肥施用量可减少30%，农药投入可减少23.4%，共生系统能够降低系统内总氮和总磷的含量，缓解沉降物再悬浮，在缓解水体富营养化中起着重要的作用，并且使得稻田CH_4、NH_3和N_2O的排放量显著降低，同时还可以显著提高稻田土壤肥力和生态系统的生产力，稻米品质也较常规种植的高（佀国涵等，2017）。稻-蛙共作系统中，蛙在稻田中的跳跃和捕食活动可以为稻田中耕松土，同时能刺激水稻吸收养分，增加水稻根系的直径、生物量和体积，从而促进水稻的生长；稻-蛙生态种养可提高巨大芽孢杆菌数量以及酸性磷酸酶活性，促进难溶性的磷转化为可溶性磷，从而提高稻田土壤磷素的供应能力；因此，稻-蛙系统可以减少水稻病虫害发生以及化肥农药投入，在提高生态系统养分利用效率、增强水稻品质的同时，减少农业面源污染物氮、磷、CH_4、N_2O和NH_3的排放（岳玉波等，2014；周雪芳等，2016；陈慧妍等，2021）。如在上海市青浦区现代农业园区试验发现，2018年稻-蛙生态系统水稻生长季CH_4和N_2O排放分别减少了24.70%和41.75%，2019年分别减少了21.68%和51.21%，CH_4排放随青蛙数量的增加而减少。稻-鸭共生系统中，鸭子通过不停踩踏，增加扰动，提高稻田中的溶解氧含量，帮助释放土壤中有害气体硫化氢和沼气等，增加土壤有机质、速效磷、速效钾、碱解氮和全氮等养分的含量，降低土壤容重、改善土壤通气情况与氧化还原状况，使水稻根系扎得更深，并且鸭子不停地碰撞水稻植株，可促进水稻植株的生长，增加了水体中氮素的吸收，提高水稻对氮磷的利用效率；鸭子取食稻田里的害虫和杂草，可以减少农药和除草剂的使用，同时排泄物作为有机肥为水稻提供营养，可以减少化肥的使用，从而减少氮磷通过渗漏和径流流失，并减少CH_4、N_2O和NH_3的排放。

2. 资源循环利用农业模式

循环农业是指在资源投入、生产及其废弃的全过程中，把传统的依赖资源消耗的线性增长的生产，转变为依靠生态型资源循环来发展的农业生产。循环农业模式以物质资源节约和循环利用为特征，是建立在自然资源有价值基础上的可持续发展的生产模式。循环农业在环境保护上表现为污染的"低排放"甚至"零排放"。循环农业以农业废弃物资源化利用为纽带，通过农业生产内部及其之间的要素之间耦合、产业共生为途径，努力提高太阳能的利用率，逐步减少化肥、农药、除草剂、农膜和饲料添加剂的利用，实现农产品的优质、无害，实现农业秸秆、畜禽粪便等的资源化，实现农业土地、水肥、秸秆的高效循环利用，防止农业环境污染，改善农村环境。发展都市循环农业的途径很多，主要包括畜禽-沼气-种植业模式、秸秆等农业废弃物综合利用模式、种草养畜（禽）模式等。

（1）畜禽粪便的资源化利用。家禽类粪便经过处理可以作为养猪的饲料添加剂，禽畜粪便还可以通过干燥法、青贮法和发酵法等措施来制作反刍动物的饲料。畜禽粪便还可以进入沼气池制作沼气作为能源，沼气渣和沼气液则是很好的有机肥料。畜禽粪便可以经过发酵之后作为有机肥供种植业使用，还可以用作菌类种植和蚯蚓养殖的材料。微生物发酵床的养猪垫料堆制30 d腐熟之后的pH值、有机质、全氮、全磷、总养分含量分别为7.2、37.8%、2.5%、3.7%和7.6%，达到或者超过了农业有机肥料的标准，可以作为种植业的有机肥（黄义彬等，2011）。以发酵垫料为原料可以制作成生物腐植酸肥料，不仅具有丰富的营养价值，而且还能有效减少农田径流中的污染物，配施生物腐植酸后，化肥、普通有机肥、生物有机肥所产生的径流量污染分别降低了9.2%、9.7%和17.5%；总氮流失分别降低了27.8%、42.2%和

50.1%；COD流失分别降低了36.6%、20.7%和16.4%（李红娜等，2015）。

（2）作物秸秆资源化利用。秸秆可以直接还田或者发酵加工成有机肥（肥料化），还可作为畜牧业和水产业的青贮饲料（饲料化）、沼气原料气化作燃料（燃料化）、栽培食用菌的原材料（基料化），合成纤维板的原材料（原料化）等。据统计，2017年中国秸秆理论资源总量已达10.2亿t，其中玉米、水稻、小麦秸秆量分别为4.3亿t、2.4亿t、1.8亿t，三大作物秸秆量占比达到83.3%；全国秸秆可收集资源量为8.4亿t，已利用量约达到7亿t，秸秆综合利用率（已利用量与可收集量的比例）超过83%，其中秸秆肥料化、饲料化、燃料化、基料化、原料化等利用率分别为47.3%、19.4%、12.7%、1.9%和2.3%，已经形成了肥料化、饲料化等农用为主的综合利用格局（石祖梁，2018）。

循环农业可以根据当地在资源条件和禀赋，进行不同的组合与细化。"畜禽养殖-沼气/蚯蚓-种植业"模式中根据当地的特色，畜禽养殖可以选择猪、牛、羊、鸡、鸭、鹅等，畜禽粪便可以通过沼气池产生沼气作为能源，沼液和沼渣可以作为肥料用于种植业；畜禽粪便也可以用于蚯蚓养殖，蚯蚓可以作为饲料等生产的原料，蚯蚓粪则可以作为肥料还田；种植业可以根据当地的市场需求和特色，种植蔬菜、粮食作物、水果、牧草、花卉等。"粮-菇-田"模式则是利用粮食作物的秸秆和畜禽粪便一起生产菇类，然后将菇类培养基肥料还田的循环农业模式。在东江源头区杏林农庄的研究表明，"猪-沼-果-鱼"绿色模式通过控源、截流和净化等措施，可以大大减少果园农药、化肥使用量，减少养殖废水排放量及氮、磷、COD等污染物的产生量，有效截留果园泥沙，控制水土流失，净化径流水，改善系统出水水质，总排水口出水水质总体良好，基本达到《GB 3838—2002 地表水环境质量标准》Ⅲ类水质要求，控制面源污染与保护生态环境效果显著。

3. 种地养地模式

这类模式包括秸秆还田模式、冬种绿肥（牧草）等发展冬季养地作物模式、合理轮作模式等。秸秆还田的增产机制是优化了农田生态环境，秸秆还田不仅能改良土壤，还有显著提高土壤微生物和土壤酶活性、增加作物养分、培肥地力作用，而且对保持土壤水分、调节土壤温度、抑制杂草生长都有显著作用。有研究表明，在将秸秆翻压还田7 d后，土壤中微生物的生物量增加了2倍；果园秸秆覆盖可增加0 ~ 60 cm耕作层内固氮菌数量95.47%，尤其0 ~ 20 cm土层中增加了123.80%。秸秆还田可以替代部分化肥，提高氮肥的利用率3.9% ~ 13.9%，维持甚至增加农产品产量和品质。在稻菜轮作系统中，秸秆还田替代部分化肥也可以在保证产量的前提下提高土壤养分含量，降低轮作农田氮磷流失量；在旱地玉米秸秆还田也可以提高氮的利用效率，增加产量并减少氮磷的淋溶和流失。翻耕、旋耕、免耕情景下，秸秆还田分别减少总氮流失量29%、24%、20%，能有效减少稻田氮素径流流失总量和流失率；秸秆覆盖可显著减少地表径流和产沙量，可比传统耕作处理降低27% ~ 40%以上养分流失（王静等，2010；2011）。相关试验的结果表明，冬季改种绿肥，夏季水稻在不施肥的前提下，获得的产量大概是施肥的90%，如果在这个基础上使用正常施肥量的30% ~ 50%，可以获得正常的产量，甚至可以提高5% ~ 10%的产量（杨林章，2018）。

4. 控制有害生物类模式

这类模式包括灯光（频振灯或太阳能灯）诱虫模式、色板诱虫模式、种子磁化、控制有害生物的农艺技术模式等。物理诱控技术以杀虫灯诱杀、色板诱虫和防虫网控虫最为普遍，主要用于防治稻田的稻飞虱、稻纵卷叶螟等害虫，豆田的草地螟、卷叶蛾、地老虎、食心虫等害虫，棉田的棉铃虫等害虫，果园的吸果夜蛾、刺蛾、毒蛾、椿象、梨小食心虫、桃蛀螟等害虫，蔬菜上的斜纹夜蛾、小地老虎、甜菜夜蛾、银纹夜蛾等多种害虫，茶园的茶细蛾、茶毛虫、斜纹夜蛾等主要害虫和地下害虫铜绿丽金龟、大黑鳃金龟、苹毛丽金龟等。色板诱虫是利用害虫对颜色的趋向性，通过板上黏虫胶防治虫害，应用广泛的为黄板、蓝板及信息素板，对蚜虫、斑潜蝇、白粉虱、烟粉虱、蓟马等害虫有很好的防治效果。昆虫信息素诱控技术应用广泛的是性信息素、报警信息素、空间分布信息素、产卵信息素、取食信息素等，用于防治粮食作物和经济作物上水稻螟虫、玉米螟、小麦吸浆虫、大豆食心虫、甜菜夜蛾、斜纹夜蛾、瓜实蝇、棉铃虫、小菜蛾、柑橘实蝇、柑橘潜叶蛾、梨小食心虫等20余种害虫。糖醋液诱杀害虫主要用于防治苹果小卷蛾、桃小食心虫、梨小食心虫、甜菜夜蛾、斜纹夜蛾、小地老虎、棉铃虫、烟青虫、黏虫等害虫。另外，遮阳网覆盖技术可缓解夏季高温、强光、暴雨、病虫害等的危害，创造适宜蔬菜生长的环境条件；套袋技术可阻挡害虫病菌侵入甜瓜、西瓜、苦瓜等瓜果的机会，有效防止害虫及多种病害的侵染和危害，提高瓜面的光洁度，同时避免农药与瓜面的直接接触，大大减少果实上的农药残留。防虫网防虫技术可以切断多种害虫特别是鳞翅目、鞘翅目等害虫成虫潜入途径，减少化学农药的用量，同时能缓解暴雨的冲刷和冰雹危害。种子磁化可以改善并提高农作物品质、种子自身的发芽率、发芽势，后期出苗齐、苗壮、叶厚，抗病性增强，抵御自然灾害和适应环境变化的能力提高。我国东北磁化处理玉米、水稻种子，增产幅度为10%~26%；磁化处理蔬菜种子，增产幅度为5%~25%。

5. 农用化学品替代模式

这类模式主要包括化肥的有机和生物替代技术模式、农药的绿色替代技术模式等。有机肥替代化肥可以维持土壤pH的稳定，提高土壤肥力和氮磷利用率，降低土壤硝态氮残留量，减少氮磷排放量。有机肥替代化肥后，土壤脲酶、酸性磷酸酶、过氧化氢酶、蔗糖酶、纤维素酶及脱氢酶活力均有显著提升，微生物对磷的溶解能力和矿化能力得以提高，促进了微生物对磷的固定。不同地区和作物研究表明，适当的减施化肥和有机肥替代不会降低农作物产量，但可以显著降低氮的流失，而磷的流失则有可能减少也可能增加，不同研究结论差异较大。田埂上种植香根草引诱水稻螟虫产卵集中灭杀技术对稻田二化螟的防效达45.8%（杨兰根等，2009）。

（三）低碳农业模式

低碳农业模式是在发展绿色农业的过程中以减少碳排放、增加碳汇和适应变化技术为手段，通过基础设施建设的加强、化肥农药的科学施用、土壤固碳能力的增强等措施推动农业向低碳型发展的一种生态保护优先都市农业模式。这种模式能实现低能耗、低排放、高碳汇的农业发展以及农业发展和环境双赢的局面。不同地区的都市农业应根据自身的条件，选择因地制宜的不同低碳农业发展模式，如在发展绿色农业中减少农药等有害品的投入，积极探索农药化肥的替代品，如用有机肥替代化肥，用生物农药、生物治虫替代化学农药，用可降解农膜替代不可降解农膜；开展测土配方施肥、采用缓控释肥技术和平衡施肥方案，根据土壤状况和农作物生长需要确定化肥的合理施用量，减少对生态环境的破坏；因地制宜，充分考虑林木、牧草品种上的差异，种植碳汇水平高的品种；积极发展先进的固碳技术，加强农、牧、林、渔业的管理，改变土地利用方式，增加固碳能力。测土配方施肥技术具有增产、增收、提高经济效益、改良土壤、培肥地力，避免过度施肥、提高肥料利用率、保护农业环境，改变了以前靠多施化肥获得增产的做法，代之以按需、按量施肥，优化了施肥结构，提高了肥料利用率，减少了肥料施用量，对农业面源污染有较好的防控效果。在广东的试验表明，测土配方施肥平均每亩节省肥料3.1 kg，节约肥料投入成本16.5元。缓控释肥技术的肥料利用率比传统施肥方式提高30%以上，可有效减少化肥使用量。

（四）立体农业模式

立体农业属农业生态系统范畴，由于对农业资源的充分利用，是生态文明农业现代化建设中的组成部分，在都市农业中具有推广应用价值。

1. 农作物套种、混种等模式

（1）以粮食为主的组合模式，不同粮食作物套种，充分利用了时间差、高低差和边行优势，及地上部冠层和地下部根层层次差。如小麦-玉米-大豆、小麦-玉米-甘薯（或马铃薯）或小麦-玉米-谷子等；如水稻品种多样性混栽亩均增产粮食30.6 kg（王合云，2017）。

（2）以粮食作物和经济油料作物为主组合模式，如小麦-棉花-花生、玉米-花生、玉米-黄豆等。上部冠层和地下部根层不同层次的充分利用，改善田间小气候，充分利用光能发挥各个边行优势，既减少了病虫危害，又提高了产品品质。如黄豆和玉米垄间作，亩均增产粮食33.25 kg，能降低养分流失，对坡耕地均能不同程度地截留土壤和氮磷（王合云，2017）。

（3）以粮菜为主搭配模式，如小麦-白菜-大蒜、小麦-菠菜-西瓜-玉米-白菜等，延长作物生育期，填补了瓜菜生产的空档，充分利用了自然资源，如光、热、水、气、土等功能要素，可取得较大的经济效益。如玉米行内种黄瓜可使黄瓜花叶病减少61.6%；大蒜行间栽白菜可使白菜软腐病减少62.5%；玉米与辣椒间作，由于玉米的遮荫作用，辣椒日灼病和病毒病比单作田减少72%；葡萄园里种黄瓜可使葡萄褐斑病、霜霉病的发病率平均下降47.5%；玉米间种南瓜，南瓜花蜜能引诱玉米螟的寄生性天敌黑卵蜂，通过黑卵蜂的寄生作用，可以有效减轻玉米螟的为害等。

（4）以林果为主的组合模式，包括粮林、粮果间种、林油、林菜间种、上果下药、果树套种牧草等。如与清耕果园相比，龙眼套种圆叶决明3年的果园径流总量由2 482.4 t/hm² 减少到61 t/hm²，土壤流失量由42.06 t/hm² 下降到0；地表极端温度夏季降低7.8 ℃、冬季提高8.8 ℃；土壤有机质由10.2 g/kg 提高到17.7 g/kg，速效N、P、K含量分别从47.6 mg/kg、2.3 mg/kg、30.4 mg/kg提高到85.4 mg/kg、9.0 mg/kg、95.1 mg/kg；土壤孔隙度、土壤含水量分别提高7.1%、1.2%；而苹果园套种地被植物后，节肢动物的物种丰富度、多样性指数和均匀性指数均明显大于清耕区，禾草区较清耕区天敌增加57.36%，紫花苜蓿区较清耕区增加177.90%，紫花苜蓿、禾草混植区较清耕区增加369.03%；紫花苜蓿、禾草混植区和紫花苜蓿区的天敌发生期提前，持续时间延长；种植地被植物后天敌对害虫的控制作用明显，以紫花苜蓿、禾草混植区作用最好，平均控制效果为85.98%，其中对蚜虫类的控制效果可达94.07%，红蜘蛛类为80.39%，鳞翅目幼虫为88.14%，其他类害虫为81.30%（迟全元等，2011）。

2. 混合养殖模式

畜牧和水产养殖是南方都市农业的优势产业之一，对农业发展和农民增收贡献较大，但都市区大规模畜禽养殖和大面积的常规水产养殖是城市水环境污染的最直接污染源之一。混合养殖模式包括以下两种。

（1）同类不同品种混养，如立体混养的有机水产养殖模式，采用自然生态学方法，投入不同种类的水生动植物，从上到下又依次布局着上层鱼类、中层鱼类、下层鱼类以及底栖生物，充分利用水域生存环境，强调资源的多级利用和循环利用，可投入有机饲料，不使用合成饵料、杀虫剂、药物和基因生物，具体如池塘鱼鱼混养、鳖虾混养、鱼鳖混养、鱼虾鳖混养等多种养殖模式，能有效减少饵料浪费和水污染。如在中层鱼异育银鲫、底栖的梭鱼、上层滤食性的鲢、鳙，以及草鱼养殖中，"60%异育银鲫+30%梭鱼+10%鲢、鳙"饲料的氮、磷利用率最高，分别为30.09%、19.15%，氮、磷环境负荷量最小，分别为51.81 kg/t、12.84 kg/t（韩士群等，2018）；将鲴鱼添加到纯鲢鳙养殖池塘中，鲴鱼摄食微囊藻沉淀和鱼类排泄物，可以降低叶绿素浓度Chla和藻细胞密度，同时增加鲴鱼可增加沉积物中芽孢杆菌属（*Bacillus*）与假单胞菌属（*Pseudomonas*）以及动胶菌属与芽孢杆菌属等反硝化菌属的数量；增强氨化作用，减少了沉积物有机氮的含量，并提高了沉积物中反硝化菌属的数量；加强反硝化反应，使水体中更多的硝酸盐氮转化为气态氮并移出水体（张哲等，2022）。

（2）不同类养殖品种混养，如鱼鸭一体养殖。鸭子在水中游动时还能给水中增加溶氧量，促进有机物进行分解，提供有机碎屑给鱼类使用，鸭粪也可以给水质增肥，形成一个循环系统，提高鱼鸭混养的综合经济收益。相关研究表明，鱼鸭生态混合养殖的经济效益比单纯养鱼高3~8倍，鱼、鸭、菜混合种养则可以达到5.5倍。

3. 种养结合模式

包括稻渔/稻鸭共作模式、林下养殖禽畜、桑基鱼塘等。桑基鱼塘是我国传承千年的立体养殖模式，具有节地、节水、节肥、节药、节能等优点，不仅降低了农业生产成本，减轻农民负担，还可增加农民收入，保护农业生态环境，有效治理农业污染。稻渔复合共生生态种养模式是指在同一块稻田中，在进行水稻生产的同时，利用稻田湿地资源发展鱼、鸭、虾等的养殖，从而实现对空间生态位的充分利用，既能有效地防控稻田病虫草害，又可以使稻田经济效益最大化。构建稻渔共生轮作互促系统，通过规模化开发、产业化经营、标准化生产、品牌化运作，能实现水稻稳产、水产品产量增加、经济效益提高、农药化肥施用量显著减少的目的，是一种具有稳粮、促渔、提质、增效、生态、环保等多种功能的立体农业发展模式。在稻鸭共作模式中，通过役鸭在田间的取食活动，产生的粪便能有效地提高土壤肥力，土壤有机质含量可增加37.4%，草害的防控效果达95%，减少了化学农药的使用，创造了有利于天敌生存的自然农田生态系统，起到了役鸭和天敌自然害虫的效果（夏柏玉等，2021）。在稻鲤共作模式中，表层土壤中绿弯菌门和厚壁菌门微生物相对丰度显著增加，根系土壤中绿弯菌门含量增加，表层土壤和根系土壤的细菌Sobs指数及PD指数也均增加（聂志娟等，2020），与常规稻作相比，稻鸭共作中鸭子的活动能改善稻田土壤氧化还原电位，有利于土壤微生物大量增殖，能显著提高土壤微生物数量，其中细菌数最多，放线菌次之，真菌最少。稻田养鸭能增加N_2O释放损失而养鱼则降低N_2O释放损失，两者都可以降低田面水pH值，进而减少NH_3的挥发；稻鸭共作可以比常规稻田减少CH_4排放40.7%~44.2%。鸭和鱼的存在加速了土壤有机氮营养的周转，减少水稻无效分蘖，提高成穗率8.08%，增加水稻群体基部透光率4.05%，齐穗期和成熟期的绿叶面积分别增加6.01%和10.65%，叶片叶绿素含量增加2.90%和17.82%；齐穗期的根系活力和灌浆期剑叶的光合作用强度分别比对照增加24.02%和15.73%，从而积累较多的有机同化物，提高经济系数2.87%，增产稻谷4.93%。稻-鱼共作在许多情况下农药的使用量大大减少，化肥用量也显著减少，在保障产量的前提下，农药和化肥使用量分别降低44%~68%和24%，除草剂使用量降为0。稻鸭、稻鱼共作可以减少施入氮肥潜在的下渗淋失。鱼排泄物有17%~29%被水稻吸收，从而降低氮素在水体的停留，合理的稻鱼系统能够解决淡水养殖导致的一些问题，减少资源浪费和水体污染（丁伟华等，2013）。

林下养殖可以充分利用林地土地、生物等资源，林地野草茂盛，营养丰富，使畜禽有了主要饲料来源，林地空气流动性强、氧气充足、畜禽活动空间广阔，因而畜禽体质健壮、患病率低、繁殖快，克服了封闭式饲养场畜禽密度大、粪便集中、通风不良、氨气含量高、臭气熏天、污染环境等影响畜禽生长的弊端；同时林下养殖可抑制林中杂草的繁衍，既省去了人工灭草的劳动，又避免了化学除草所带来的环境污染，畜禽的粪便又增加了林木的养分，鸡鹅是许多草木害虫的天敌，林地养殖围剿了它们的藏身之地，林木虫害自然可得以避免或减轻，这都说明，林地养殖为林木茁壮成长提供了有利条件，畜禽与林木相互依存、相得益彰，促进了生态平衡。

（五）生态保护优先的设施农业模式

生态保护优先的设施农业模式是通过采用现代化的农业工程和机械技术，人为地创造出相对可控制的动植物生长环境，以有机肥料全部或部分替代化学肥料，以生物防治和物理防治措施为主要手段进行病虫害防治，以动植物的共生互补促进良性循环，从而在一定程度上实现摆脱农业生产依赖自然环境的一种模式。设施农业具有高投入、高效益、高科技、高品质、高产量等特点，其栽培主要对象为蔬菜、花卉、果树以及畜牧养殖；其显著特征是人为地创造出相对可控制的动植物生长环境，其优势是利用现代化农业工程和机械技术，摆脱了农业生产对自然环境的依赖，提高了农业经济效益。生态保护优先的设施农业模式在都市农业中广泛适宜，都市农业靠近大城市，具有广阔的消费者市场，同时靠近资本市场而容易获得投资，而且消费者对品质的追求较高同时可以承受较高的价格，在都市农业中发展生态保护优先的设施农业可以满足城市消费者对于新鲜农产品的需求。

（六）生态保护优先的生猪养殖模式

生猪养殖的环境危害主要包括猪粪便及污水未经无害处理直接排放或还田对土壤造成污染，如抗生素、病原体、重金属污染等；或排入水体污染地表水和地下水，造成水体富营养化等；生猪养殖还会产生大量的恶臭气体和携带病原微生物的粉尘对大气造成影响。生猪养殖的面源污染防控体系包括控制猪场选址与规划、投入品管理、粪污处理。要做到生态保护优先，生猪养殖需要从生猪养殖经营者的教育培训体系、投入品的管理和疾病控制与预防体系以及污染物控制体系入手加强管理。生猪养殖经营者的教育培训体系通过规范养殖者的生产操作，实现饲料、添加剂和兽药的合理规范使用。投入品的管理和疾病控制与预防体系是保障生猪产品产量和品质的基础，污染物控制体系则直接关系到生猪养殖对环境的影响。提高饲料转化、利用率，科学配制高效日粮可以从源头降低养殖环境污染。研究证实，按照理想蛋白质模式，以可消化氨基酸为基础配制符合猪营养需要的平衡日粮，可将传统日粮的粗蛋白水平降低3%，而日粮中粗蛋白水平每降低1%，氮的排泄量平均可减少8%，氨的排放量降低10%；在猪日粮中添加合成赖氨酸，粪尿中氮素的排出可减少25%，如果用合成赖氨酸、蛋氨酸、色氨酸和苏氨酸来进行氨基酸营养平衡，代替普通的蛋白质，则氮素排泄量可减少50%以上。种养结合是解决生猪养殖污染的重要途径，要对猪场的选址和规划进行严格审批，严格按照种植业与养殖业结合的原则，尽量在大面积农场附近建猪场，以便消纳猪粪。养殖过程要做到干湿分离，粪污无害化处理，如发酵床养殖、沼气池处理、猪粪堆肥发酵，生态塘处理等。微生态发酵床养猪技术是一种新型生态养猪模式，已经被证实具有"零排放、无污染、低成本、高效益"等多方面优势，这种模式是按一定比例混合锯末、糠麸、粉碎作物秸秆等和微生物垫料，在猪舍内构建一个微生态发酵床，快速消化、分解粪尿等有机物，令猪舍内不产生特有的刺鼻臭气，废料转化为有机肥，从源头上治理了养殖污染问题。畜禽养殖业与种植业有机结合是减少畜禽养殖业污染排放的重要生态保护优先的都市农业模式。养殖业产生了大量的粪便，对于养殖业来说是废弃物，是一种负担，但对于种植业而言却是最好的肥料资源，这些粪便经过无害化处理后可以有效改善土壤环境，促进农产品产量提升，是种植业中最为宝贵的资源。另外，粪便收集后进入沼气池处理，可以产生一定的沼气，可以用于发电或者作为燃料使用，沼液和沼渣则可以作为有机肥料使用。据统计，生态保护优先的养猪模式可节约饲料20%～30%，节约水电约80%，节约劳力约50%，并且显著提升猪的免疫力和改善猪肉品质，养猪成本相应降低，增收效益明显。

楼宇养殖模式具有节约土地、生产效率高、易管理、生物安全性好等优点，已成为都市畜牧业未来主要的发展方向之一。楼宇养殖就是在多层建筑内进行养殖，可以把有限的养殖用地变为无限的养殖空间，实现土地高效利用。理想中的"养猪大楼"是13～15层，楼宇养殖只需平层养殖1/10的土地（周渊锦，2022）。楼宇立体养殖可以极大地降低用地成本，凭借大城市巨大资本实体、紧靠庞大消费市场以及极低的运输成本等优势，有可能使楼宇立体养殖成为都市农业的重要发展方向。此外，楼宇养殖可以提高养殖业的规模化和集约化程度，降低养殖管理成本，有利于加快养殖业向智能化、机械化、标准化发展，有利于建立完善的防疫体系，提高养殖业疫情防控水平。此项技术可有效去除空气病菌40%～90%，降低空气湿度5%～20%，除雾50%～99%，使室内空气清洁无异味，对生物气传病害的防治效果可达70%以上，对畜禽舍内有害气体H_2S、NH_3和有机臭气的分解率分别为50%～80%、40%～75%和72%～98%，可防止高浓度H_2S、NH_3引起的畜禽呼吸道系统、消化道系统、眼结膜、眼角膜炎症等病变的发生，增强了畜禽对疫病的抵抗力。

（七）生态保护优先的水产养殖模式

在我国南方地区，城市周边依然有大量的水产养殖。不同类型和养殖品种的水产养殖系统产生的污染物有所差异，但大多数水产养殖产生的污染物主要包括残饵、养殖生物的排泄物和分泌物、清塘和养殖过程中的化学投入品和治疗剂，如杀菌剂、杀真菌药、杀寄生虫剂、除藻剂、除草剂、杀虫剂、杀杂鱼药物、杀螺剂、麻醉剂、促进产卵或增进生长的激素、疫苗以及消毒水等，可能会造成水体富营养化、土壤盐渍化等。生态保护优先的水产养殖模式与普通模式的差异在于养分的多级利用与养殖水净化与循环利用，关键在于水体净化系统的构建，以便能够实现零污水排放。生态保护优先的工厂化水产养殖系统依赖于固液分离系统将不同类型养分进行分离用于植食性、滤食性和碎屑食性动物养殖系统，并通过水体消毒实现养殖水的循环利用。对养殖池塘的改造，也是生态保护优先的水产养殖模式的重要手段，"高位节能循环养殖模式"采用封闭式循环运转，节水98%以上，并实现零排放。高位节能循环养殖系统包括高位池、中央排污系统、循环过滤系统、保温工程等多个组成部分，实现了养殖用水的循环使用和零污染排放，具有高产、高效、低风险、节能、节地等功能。池塘实行水土隔离，池底呈现锅底形，方便污物沉淀，定时排污；池塘中配备的水车式增氧机，一方面可以增氧，另一方面使池水形成环流，便于集污；同时，池中还安装了固液分离器，有效过滤水体中的污物，防止养殖水体的恶化，分离出的污物压榨成有机肥，达到零污染。养殖废水通过生态净化系统净化，可实现养殖水的循环利用，减少废水排放。生态净化系统主要由沉淀池、曝气池和水生植物湿地3部分组成，其COD（锰法）、氨氮、总磷处理率分别达到91.9%、99.9%和99.1%，最终处理的水质可达到Ⅲ类水标准（沈勤，2016）。固液分离设施和生态净化系统可以结合起来，构成水产养殖绿色圈养技术体系。养殖废水经过固液分离设施进入生态净化塘进行脱氮降磷处理，净水再回流养殖池塘重复利用，养殖系统排污效率90%以上，养殖容量50～100 kg/m³，饵料系数下降约20%，可实现养殖废水零排放。

（八）休闲观光农业模式

该模式指以生态农业为基础，利用都市农业范围内特有的自然和特色农业优势，经过科学规划和建设，集采摘、赏花、垂钓、狩猎、餐饮、骑行、健身、宠物乐园等设施与活动于一体，形成具有生产、观光、休闲度假、娱乐乃至承办会议等综合功能的一种农业生产经营模式。该模式的优势是利用自然资源优势，实现农业发展与休闲娱乐的有机结合，提高了农业经济效益。如保定的昌利农业旅游示范园成为集农业观光旅游和特色农业、新技术推广为一体的农业科技示范基地。

（九）面源污染综合防控的生态农业模式

前述农业模式主要从源头减少都市农业面源污染的产生，然而农业面源污染分散性、隐蔽性、随机性和时空不确定性的特点使得农业面源污染防控难度较大，需要从流域尺度出发，进行全过程多维度综合治理。农田面源污染除源头减量措施外，需要将面源污染在"农田-沟渠-河道"汇集、传输过程进行多重拦截以及在进入受纳水体之前进行末端净化，并在整个过程进行养分的回收和再利用（杨林章等，2013）。

过程阻断技术指在污染物向水体的迁移过程中，通过一些物理的、生物的以及工程的方法等对污染物进行拦截阻断和强化净化，延长其在陆域的停留时间，最大化减少其进入水体的污染物量，主要包括农田内部的拦截和污染物离开农田后的拦截（杨林章等，2013）。农田内部的拦截根据不同的农田类型可以设置不同的拦截技术。稻田生态田埂技术在现有的田埂基础之上加高10～15 cm，可以有效防止30～50 cm降雨时产生地表径流，从而可减少大部分的农田养分通过地表径流流失，而在田埂的两侧可栽种氮磷吸收能力强的植物，形成隔离带在发生地表径流时可有效阻截养分，也可有效地控制地表径流的养分损失。植物篱技术在旱地和水浇地种植香根草等生物篱能有效地降低地表径流并减少地表径流造成的土壤氮素流失。与传统辣椒种植小区相比，香根草生物篱种植小区的地表径流中NH_4^+-N和NO_3^--N流失量平均分别降低57.9%和59.7%，土壤侵蚀量平均降低64.5%，侵蚀土壤的氮流失量平均降低64.8%。生态拦截缓冲带技术在农田排水进入河道前的径流路径中设置草带，可以拦截42%～91%的氮、30%～92%的磷流失。果园秸秆覆盖或者种植牧草可以极大地减少地表径流和土壤侵蚀，进而减少养分流失，如龙眼林套种决明3年后径流总量由2 482.4 t/hm²减少到61 t/hm²，土壤流失量由42.06 t/hm²下降到0。

污染物离开农田后，可以通过生态沟渠等进行拦截。目前高标准农田建设的沟渠都是水泥筑成，污水离开农田很快便进到河塘水系，"三面光"的沟渠的生态功能极其有限。生态沟渠是将原有的沟渠进行生态化改造，利用多孔砖、沸石等吸附性能良好的材料替代水泥板，在沟渠底部和两侧种植氮磷吸收强的水生植物，辅以生物膜、微生物制剂、人工碳源或电子源等措施，建成具有拦截、净化污染物功能的沟渠系统。生态沟渠系统一方面减缓流速，延长农田排水的水力停留时间；另一方面通过强化的植物吸收和微生物活动，将一部分氮磷固定在陆地生态系统中，或者转化为其他形态排出水体。在太湖流域和滇池流域等地多年的监测表明，生态沟渠系统对稻田径流排水中氮磷的平均去除率可达48%～60%和40%～64%；对设施菜地夏季揭棚期径流氮排放的平均拦截率为48%；耦合"厌氧-兼性-好氧"强化处理的生态沟渠对径流总磷和总氮的去除率分别可达81%和79%（施卫明等，2013；杨林章，2018）。

在农田退水进入河流湖泊等受纳水体之前，利用生态湿地、生态浮床等进行多维末端净化，实现农田面源污染的终端削减与生态系统修复的结合。生态湿地可以较好地去除农田退水中的氮、磷和农药，去除效果可以达到60%以上（朱金格等，2019；王沛芳等，2020）。采用生态浮床修复技术后，水体中氨氮、总氮和总磷最高分别降低69.9%、80.7%和63.5%；浮床区域水体中的氨氮、总磷分别较区外平均降低了19.1%和22.3%（杨林章，2018）。生态沟渠和生态湿地去除氮磷物质的机理主要体现在水生植物的吸收利用、微生物活动对氮磷的转化、沟渠基质的吸附和颗粒物质的沉降截留。

农业面源污染的综合防治还包括氮磷养分资源的循环利用，主要包括畜禽粪便氮磷养分农田回用技术、农作物秸秆中氮磷养分的农田回用技术、农田排水及富营养化河水中氮磷养分的稻田处理技术等。

如稻田作为一种湿地，可以消纳来自蔬菜地、园地的部分排水，生态湿地收集到的富氮磷污水可以用于农田灌溉，可以替代部分肥料，减少农田化肥投入，减少氮磷向下游水体的排放（施卫明等，2013）。

三、面源污染防控与都市农业可持续发展

可持续发展是以人与自然的和谐发展为前提，其核心思想是"既满足当代人需要，又不对后代人的需求构成危害"。可持续发展是生态持续、经济持续和社会持续的和谐统一，是三者相互协调基础上的永续发展。农业可持续发展是可持续发展理念在农业领域的延伸，包括经济、生态及社会的可持续发展3个方面。经济可持续发展是指在较长时间内维持较高的投入产出水平，是可持续发展的基础；生态可持续发展是指农业发展所依赖的自然资源的永续利用和保持良好的生态环境，是实现农业可持续发展的根本保证；社会可持续发展是指通过农业功能的良好发挥，如提高农民收入和保护生态环境等，实现社会的良性发展，是农业可持续发展的最终目标。

城市环境压力日趋加大，都市农业作为城市的重要组成部分，其生态功能是其他一切功能的基础，都市农业要实现可持续发展，需要做好面源污染防控。通过技术创新和管理创新，提高能量固定率和资源利用率、减少化肥农药等污染物质输入，建设资源节约、高效高产高质、农业废弃物循环有效利用、排污少、涵养生态环境的生态型农业是都市农业发展的根本途径，使农产品的产地环境、生产过程、产品质量符合国家有关标准和规范要求，保证农产品的无公害要求，逐步扩大绿色农产品、有机农产品的生产比例。

（一）农业面源污染对都市农业可持续发展的影响

都市农业面源污染危害包括过度施用化肥、农药引起的地表水富营养化污染、地下水硝酸盐污染、增加温室气体排放、农药中毒风险、土壤农药残留污染、农产品农药残留污染，导致饮用水污染、人类和生物健康损害、水净化成本增加、下游渔业损害、水系娱乐价值减少、温室效应加剧、未来作物减产或不可预见的损失以及生物多样性降低等危害；秸秆其他作物废弃物焚烧导致养分流失、地力下降、大气污染、土壤侵蚀、温室效应加剧；农膜使用引起土壤微塑料残留，导致下游土壤结构破坏、水体微塑料污染、人体和生物健康损害等；畜禽和水产养殖等废弃物泛滥和废水排放引起地表水富营养化、土壤污染、地下水污染、病原菌传播、土地负荷加重，导致异味和有害气体散发、水净化成本增加、下游渔业损害和生物多样性减少。长期过量施肥导致了设施农田土壤环境的恶化，土壤速效P、速效K累积量过高，易出现盐渍化现象，有机质降低、大量元素和微量元素的比例失调；导致土壤溶液浓度过高，对植株及根系造成直接伤害；导致土壤中一些中微量营养元素有效性降低，增加了植株发生生理性病害的概率；导致盐分积聚毒害，影响蔬菜产品品质，导致产品质量下降；改变了包括氮转化相关微生物在内的土壤菌群组成，显著增加了土壤N_2O的排放。我国引入覆膜种植技术以来，农膜使用量达249.32万t，残留量为总使用量的1/4~1/3（邹小阳等，2017），残留农膜不仅破坏土壤结构，抑制微生物活性，阻碍水肥传输，引起作物减产，而且增大农事作业阻力，造成次生环境污染，对农业生产和生态环境构成巨大威胁。残留农膜会破坏土壤团聚体结构，阻断或改变土壤孔隙连续性，减小土壤孔隙度和降低通气性；增大水分入渗阻力，影响土壤吸湿性，降低土壤水分入渗率；降低土壤比热容，加快土壤热传递，使土壤降温加快；破坏土壤空气循环过程，影响土壤微生物和蚯蚓的生理活动；残膜分解过程中产生的邻苯二甲酸二酯明显抑制土壤脱氢酶活性，降低土壤微生物群落功能多样性（邹小阳等，2017）。农业面源污染对都市河流水体污染的贡献依然较大，对地表水、地下水中的NO_3^-溯源研究表明，污水、粪

肥已经成为我国水体NO_3^-污染的重要来源，农业水产养殖对地表水水体NO_3^-污染影响严重。如生活污水/粪肥、土壤氮、化学肥料对典型城市河流京杭运河杭州段的硝酸盐来源贡献率分别为37.0%、35.7%、19.1%（金赞芳等，2021）。据估计，大气中每年有5%~20%的CO_2、15%~30%的CH_4、80%~90%的N_2O来源于土壤，而农田土壤是温室气体的重要排放源，中国农业生态系统每年产生的CH_4约920万t C、N_2O约130万t N，分别占全国排放量的50.15%和92.47%（张玉铭等，2011）。

都市农业面源污染对土壤、水体、大气等环境的污染，以及对人体和生物的危害，影响了都市农业的可持续发展。土壤侵蚀、养分流失、地力下降、土壤结构破坏和土壤污染等会直接导致种植业产量和产品品质的下降；水体污染会导致下游渔业损害。污染农田和水体的农产品还会对人体和生物造成进一步的损害，都市农业面源污染对空气、水体和土壤造成的污染也影响生态环境服务功能，导致生物多样性下降，降低生态环境的景观功能。面源污染导致的土壤侵蚀、土壤酸化、土壤结构破坏、地力下降、土壤微生物种群失调、农田生物多样性下降等又会导致农作物养分需求增加、土壤保水保肥能力变差、作物病虫害增加，导致化肥农药投入的增加，水体和空气污染也会导致病原菌的传播，造成养殖动物的病害增加，生产效率降低，导致药品投入增加。养殖水体受污染，水体富营养化严重，会导致水体溶解氧缺乏，导致养殖的水产品死亡。因此，农业面源污染影响都市农业可持续发展，做好农业面源污染防控是都市农业可持续发展的必须途径。

（二）农业面源污染防控对都市农业可持续发展的贡献

1. 农业面源污染防控可以提升耕地质量，保障农田的可持续利用

测土配方、减量施肥、有机肥替代、秸秆还田、保护性耕作、地膜回收等农业面源污染防控措施，可以减少土壤酸化、土壤侵蚀，维护土壤厚度和结构，同时增加土壤有机质含量，培育土壤肥力；滴灌、水肥一体化等节水节肥技术在减少面源污染的同时，也可以避免土壤的盐碱化，从而保障农田的可持续利用。牛粪还田菜地可显著减少耕层土壤65%的NO_3^--N与NH_4^+-N的累积量，增加1.25~1.45倍的有机质含量，从而减缓耕层土壤酸化作用（毛妍婷等，2020）。秸秆还田、免耕、秸秆覆盖等保护性耕作措施都可以增加降雨入渗量，减少地表径流量，减少土壤侵蚀。大量研究表明，保护性耕作保持土壤原有结构，减少表土有机碳的流失，减少土壤碳氧化程度，降低温室气体CO_2和CH_4的排放，增加表层土壤有机碳的含量。

2. 农业面源污染防控可以减少水体污染

农业面源污染防控能有效减少土壤氮、磷的流失，维护水系环境的稳定，有利于下游水产养殖的可持续发展。有机农业、绿色生态农业、低碳农业、立体农业等可以从源头减少面源污染的产生，而过程生态拦截、末端净化和养分循环利用等综合治理模式可以减少面源污染向受纳水体的迁移，从而保护下游受纳水体的水环境质量，减少水环境污染。

3. 都市农业面源污染防控可以减少能源消耗和温室气体排放

化肥、农药、兽药、饲料等农业投入品生产过程会消耗大量的能源，产生大量的CO_2，都市农业面源污染防控可以减少化肥、农药、兽药、饲料等农业投入品的投入，进而减少CO_2的排放，减缓全球气候变化，有利于人类社会的可持续发展。

此外，N_2O的排放量会随施氮量的增加呈指数型增加，减少氮肥施用量可以减少N_2O排放。稻蛙、稻鸭共生系统可以增加根系土壤孔隙度和氧气分泌，增加田间水体溶解氧含量和土壤氧化还原电位，从而减少了N_2O和CH_4排放。秸秆和畜禽粪污资源化利用等可以替代部分化肥或饲料，减少直接焚烧或者

排放导致的大气污染。

4. 都市农业面源污染防控可以维持并改善农业生态环境系统，保护生物多样性

都市农业面源污染防控一方面通过生态系统内部的相互作用，降低农作物病虫害，减少农药的施用，提高农产品的产量和品质；另一方面，农业面源污染防控维持农田景观，尤其是都市农业公园以及休闲观光农业利用农业面源污染防控措施打造的净化塘等湿地景观，本身是一种美化环境的景观，起到绿化环境、改造景观、净化空气的功能。生物多样性对都市农业可持续发展具有重要意义，物种多样性提供了生物资源基础、遗传多样性提供了丰富的种质资源，生态系统多样性为生物生存提供了多样性的生存空间和环境。

农业面源污染是我国土壤、水体和大气污染的重要源头，都市农业是城市可持续发展的物质保障、休闲场所和绿色屏障，但由于长期追求经济效益而忽略了生态环境效益，其导致的面源污染问题依然十分严重，只有坚持环境友好的都市农业发展思路、践行生态保护优先的都市农业模式，才是都市农业可持续发展的根本途径。

主要参考文献

陈慧妍，沙之敏，吴富钧，等，2021. 稻蛙共作对水稻-紫云英轮作系统氨挥发的影响[J]. 中国生态农业学报（中英文），29（5）：792-801.

陈秋会，席运官，王磊，等，2016. 太湖地区稻麦轮作农田有机和常规种植模式下氮磷径流流失特征研究[J]. 农业环境科学学报，35（8）：1550-1558.

陈秋会，席运官，张弛，等，2019. 有机与常规养殖生猪粪便重金属污染特征与农用风险评价[J]. 环境污染与防治，41（3）：351-356.

陈守越，2011. 南通市农业面源污染负荷研究与综合评价[D]. 南京：南京农业大学.

陈淑峰，孟凡乔，吴文良，等，2012. 东北典型稻区不同种植模式下稻田氮素径流损失特征研究[J]. 中国生态农业学报，20（6）：728-733.

陈晓荣，王洋，刘景双，等，2015. 吉林市城郊蔬菜土壤中多氯联苯残留特征及生态风险评价[J]. 农业环境科学学报，34（6）：1127-1133.

陈玉玲，2020. 微塑料在武汉城郊菜地土壤中的污染现状及其对赤子爱胜蚓的生态毒理研究[D]. 武汉：中国科学院大学（中国科学院武汉植物园）.

迟全元，王晓梅，吴晓云，等，2011. 果树行间套种地被植物对天敌及害虫的影响[J]. 西北农业学报，20（7）：155-161.

邓正华，2013. 环境友好型农业技术扩散中农户行为研究[D]. 武汉：华中农业大学.

丁伟华，李娜娜，任伟征，等，2013. 传统稻鱼系统生产力提升对稻田水体环境的影响[J]. 中国生态农业学报，21（3）：308-314.

韩士群，周庆，姚东瑞，等，2018. 水产养殖模式对池塘水环境和环境负荷量的影响[J]. 江苏农业学报，34（3）：578-584.

侯玉兰，2013. 崇明岛稻麦轮作田温室气体排放规律及排放量估算研究[D]. 上海：华东师范大学.

黄显东，2016. 广东省珠江三角洲地区中小河流水生态现状及修复对策初探[J]. 广东水利水电（5）：16-19.

黄义彬，李卿，张莉，等，2011. 发酵床垫料无害化处理技术研究[J]. 贵州畜牧兽医，35（5）：3-7.

金赞芳，胡晶，吴爱静，等，2021. 基于多同位素的不同土地利用区域水体硝酸盐源解析[J]. 环境科学，42（4）：1696-1705.

李红娜，叶婧，刘雪，等，2015. 利用生态农业产业链技术控制农业面源污染[J]. 水资源保护，31（5）：24-29.

李明悦，廉晓娟，朱静华，等，2013. 天津市地下水硝酸盐污染现状与年际变化规律研究[J]. 环境保护前沿，3：90-94

李鹏飞，2022. 秸秆投入和氮肥施用对农田温室气体排放的影响[D]. 杨凌：西北农林科技大学.

李天翠，黄小龙，吴辰熙，等，2021. 长江流域水体微塑料污染现状及防控措施[J]. 长江科学院院报，2021，38（6）：8.

李晓明，2021. 不同类型氮肥对太湖地区露地蔬菜气态活性氮排放的影响[D]. 扬州：扬州大学.

梁善，2019. 珠三角旱作农田氮磷流失特征及其生态沟渠阻控效应研究[D]. 广州：仲恺农业工程学院.

刘明辉，沈红，张世早，等，2022. 畜禽粪便堆肥大气污染物排放及其控制研究进展[J]. 农业工程，12（5）：36-44.

刘新，张齐生，高彩凤，等，2012. 有机农业集成配肥技术调控水体流失氮磷的应用研究[J]. 江苏农业科学，40（3）：341-343.

刘亚，2021. 现代农业建设中的绿色农业发展模式研究[J]. 现代农业研究，27（10）：15-18.

刘远超，刘梦圆，赵殿峰，等，2022. 不同灌溉方式对陕北沙区马铃薯农田土壤N_2O排放的影响[J]. 榆林学院学报，32（4）：32-37.

罗平，2011. "两型社会"背景下的都市农业发展研究[D]. 武汉：华中农业大学.

毛妍婷，刘宏斌，陈安强，等，2020. 长期施用有机肥对减缓菜田耕层土壤酸化的影响[J]. 生态环境学报，29（9）：1784-1791.

聂志娟，李非凡，赵文武，等，2020. 哈尼梯田稻鲤共作模式下的微生物群落结构[J]. 水产学报，44（3）：469-479.

裴浩鹏，徐艳，陈蕊，等，2021. 天津市城郊不同土地利用类型土壤中抗生素分布特征及影响因素分析[J]. 环境工程，39（1）：166-173.

钱昶，2021. 新时代长三角地区有机农业现状及发展建议[J]. 南方农业，15（24）：152-154.

秦延文，马迎群，王丽婧，等，2018. 长江流域总磷污染：分布特征来源解析控制对策[J]. 环境科学研究，31（1）：9-14.

沈勤，2016. 水产温室大棚养殖废水生态化治理技术研究[J]. 中国水产（3）：85-87.

师博颖，王智源，刘俊杰，等，2018. 长江江苏段饮用水源地3种雌激素污染特征[J]. 环境科学学报，38（3）：875-883.

施卫明，薛利红，王建国，等，2013. 农村面源污染治理的"4R"理论与工程实践—生态拦截技术[J]. 农业环境科学学报，（9）：1697-1704.

石祖梁，2018. 中国秸秆资源化利用现状及对策建议[J]. 世界环境（5）：15-18.

佀国涵，彭成林，徐祥玉，等，2017. 稻虾共作模式对涝渍稻田土壤理化性状的影响[J]. 中国生态农业学报，25（1）：61-68.

宋洪远，金书秦，张灿强，2016. 强化农业资源环境保护推进农村生态文明建设[J]. 湖南农业大学学报（社会科学版），17（5）：33-41.

宋知远，2019. 长三角稻麦轮作农田秸秆还田方式的净减排潜力及推广策略[D]. 南京：南京农业大学.

孙立彬，2020. 上海畜禽养殖污染防治情况的调研[J]. 上海农村经济（1）：14-17.

孙文浩，杨世伟，高晓东，等，2017. 黄土丘陵区不同土地利用类型土壤CO_2，N_2O通量特征[J]. 水土保持研究，24（1）：68-74.

王合云，2017. 浅析红河州粮食作物间套种的成效与措施[J]. 云南农业（4）：25-27.

王静，郭熙盛，王允青，2011. 秸秆覆盖与平衡施肥对巢湖流域农田氮素流失的影响研究[J]. 土壤通报，42（2）：81-85.

王静，郭熙盛，王允青，2010. 自然降雨条件下秸秆还田对巢湖流域旱地氮磷流失的影响[J]. 中国生态农业学报，18（3）：492-495.

王磊，杨静，席运官，等，2017. 有机耕作方式对我国南方典型土壤质量影响的评价[J]. 生态与农村环境学报，33（6）：564-570.

王沛芳，娄明月，钱进，等，2020. 农田退水净污湿地对污染物的净化效果及机理分析[J]. 水资源保护，36（5）：1-10.

王永明，徐永记，纪洋，等，2021. 节水灌溉和控释肥施用耦合措施对单季稻田CH_4和N_2O排放的影响[J]. 环境科学，42（12）：6025-6037.

韦岸，曹正伟，2021. 长三角地区农产品自产保障能力评价与分析研究[J]. 上海交通大学学报（农业科学版），38（1）：70-76.

夏柏玉，陈英豪，童星，等，2021. 机插"稻鸭共作"试验示范生态效果及效益浅析[J]. 农业装备技术，47（3）：31-33.

夏梦蕾，曹正伟，2022. 长三角合作共赢型都市现代农业发展评价研究[J]. 湖北农业科学，61（3）：200-204.

徐北瑶，赵雄飞，王体健，等，2021. 南京江北地区农田氨气挥发与干沉降通量的观测研究[A]. //中国环境科学学会. 第二十五届大气污染防治技术研讨会论文集[C]，136-146.

杨兰根，罗奇祥，彭春瑞，等，2009. 南方红壤丘陵区水田绿色农业模式及配套技术[J]. 江西农业学报，21（9）：40-42.

杨林章，施卫明，薛利红，等，2013. 农村面源污染治理的"4R"理论与工程实践——总体思路与"4R"治理技术[J]. 农业环境科学学报，32（1）：1-8.

杨林章，2018. 我国农田面源污染治理的思路与技术[J]. 民主与科学（5）：15-18.

杨忍，刘芮彤，2022. 珠三角城市群地区都市农业功能演变及其协同-权衡关系[J]. 地理研究，41（7）：1995-2015.

杨卫，李瑞清，2021. 长江和汉江总磷污染特征及成因分析[J]. 中国农村水利水电，1：42-47.

杨志新，2006. 北京郊区农田生态系统正负效应价值的综合评价研究[D]. 北京：中国农业大学.

伊素芹，赵建坤，李显军，2018. 德国有机农业发展模式及借鉴研究[J]. 农产品质量与安全（1）：84-88.

尹炜，王超，张洪，2022. 长江流域总磷问题思考[J]. 人民长江，53（4）：44-52.

于立河，王鹏，于立红，2012. 地膜中酞酸酯类化合物对土壤-大豆污染的研究[J]. 土壤与作物，1（2）：79-83.

苑紫彤，王军，刘叶，等，2022. 京津冀都市化农业协同发展路径与机理[J]. 河北农业科学，26（3）：5-12.

岳玉波，沙之敏，赵峥，等，2014. 不同水稻种植模式对氮磷流失特征的影响[J]. 中国生态农业学报，22（12）：1424-1432.

张弛，席运官，肖兴基，2018. 有机农业推动绿色发展与面源污染防控[J]. 世界环境（4）：36-39.

张贺，郭李萍，谢立勇，等，2013. 不同管理措施对华北平原冬小麦田土壤CO_2和N_2O排放的影响研究[J]. 土壤通报，44（3）：653-659.

张静静，2013. 吉林省主要城市城郊土壤-蔬菜系统中有机氯农药残留及风险研究[D]. 长春：中国科学院研究生院（东北地理与农业生态研究所）.

张军科，江长胜，郝庆菊，等，2012. 耕作方式对紫色水稻土农田生态系统CH_4和N_2O排放的影响[J]. 环境科学，33（6）：1979-1986.

张俊华，尚天浩，刘吉利，等，2020. 宁夏西吉县养牛场粪污和周边土壤重金属及细菌群落特征[J]. 应用生态学报，31（9）：3119-3130.

张秀秀，卢晓丽，魏宇宸，等，2021. 城郊农田土壤多环芳烃污染特征及风险评价[J]. 环境科学，42（11）：5510-5518.

张玉铭，胡春胜，张佳宝，等，2011. 农田土壤主要温室气体（CO_2、CH_4、N_2O）的源/汇强度及其温室效应研究进展[J]. 中国生态农业学报，19（4）：966-975.

张哲，高月香，张毅敏，等，2022. 鲴鲢鳙混养系统中微生物对氮素迁移转化的影响[J]. 中国环境科学，42（2）：897-906.

赵方凯，杨磊，李守娟，等，2018. 长三角典型城郊土壤抗生素空间分布的影响因素研究[J]. 环境科学学报，38（3）：1163-1171.

赵峥，褚长彬，周德平，等，2016. 稻田氮素流失及其影响因素的模型模拟研究[C]//中国土壤学会. 土壤科学与生态文明（下册）——中国土壤学会第十三次全国会员代表大会暨第十一届海峡两岸土壤肥料学术交流研讨会论文集. 杨凌：西北农林科技大学出版社.

赵金磊，2021. 大气CO_2浓度升高与地膜覆盖对旱地玉米农田温室气体排放的影响[D]. 杨凌：西北农林科技大学.

周雪芳，朱晓伟，陈泽恺，等，2016. 稻蛙生态种养对土壤微生物及无机磷含量的影响[J]. 核农学报，30（5）：971-977.

周渊锦，2022. 楼宇养殖模式的优势及现实意义[J]. 现代农业科技（4）：187-188.

朱金格，张晓姣，刘鑫，等，2019. 生态沟-湿地系统对农田排水氮磷的去除效应[J]. 农业环境科学学报，38（2）：405-411.

朱子玉，2017. 珠三角农地利用碳排放及减排政策研究[D]. 广州：暨南大学.

邹小阳，牛文全，刘晶晶，等，2017. 残膜对土壤和作物的潜在风险研究进展[J]. 灌溉排水学报，36（7）：47-54.

第十七章 中国农业面源污染防控策略与建议

第一节 国内外农业面源污染防控实践

随着我国经济社会的快速发展，人口、资源与环境之间矛盾在一定时间内仍会日益突出。粮食和生态环境安全是人们生存的两大基石，协调农业生产发展与环境保护之间矛盾是我国当前和今后一段时期面临的一项艰巨的重要任务。面源污染发生的不确定性以及复杂性特征决定了我国面源污染防治工作的困难性和长期性。因此，需要多学科协同创新，应用现代信息技术和先进检测、监测仪器设备，以我国构建的农业面源污染"天地一体化"协同监测平台为基础，探索我国农业面源污染发生基本规律，针对我国农业主产区面源污染关键源区和关键因子，研发农业投入品和产出品等多要素农业面源污染防控关键技术、产品与装备；根据中国国情及农业生产特点，在学习借鉴国外先进技术基础上，整装集成构建我国区域或流域农业面源污染系统和综合防控体系，综合施策，才能有效实现农业可持续发展和环境保护双赢目标。

一、国外农业面源污染治理实践

近年来，我国在农业面源污染研究方面发展较为迅速，取得较大进展，形成了较为系统的理论体系。目前科研发文量高，2000—2021年我国农业面源污染领域发文量占全球的46.18%，多于起步较早的美国，但由于研究起步较晚，研究方法和技术手段仍受国外的影响较大，研究成果创新性和实用性不高，在国际影响力方面仍显不足；实现保障粮食安全与区域环境协同保护目标的可大面积规模化应用的面源污染防控关键技术、产品、装备与解决方案仍较为缺乏，因此，追赶国际发展前沿，借鉴美国、欧盟等国家农业面源污染系统生态防控思路和技术方法，加大科研成果转化力度，构建适合我国国情的农业面源污染综合防控方案的任务依然艰巨。

在工作思路上，美国、日本、欧盟等一些发达国家和地区将监督约束与激励机制相结合，通过法律制度规范生产要素投入，开展面源污染全过程管控，同时通过生态补贴政策激励经营主体，保障农户生产效益不降低。如日本通过颁布系列法律明确了农业生产中化肥农药减量施用要求、养殖废弃物排放阈值、生态农业生产标准等，构建了以绿色生态为导向的农业生产全程法律约束体系，同时采取设施设备补贴、低息贷款、税费减免等优惠政策措施保障农民经济效益。坚持系统观念，利用综合技术提升治理成效，系统解决面源污染问题。如美国积极推行最佳管理实践，利用工程、非工程措施，减少或预防水资源污染。韩国、丹麦等国通过农作物养分综合管理，推广物理、生物等防控技术，结合轮作间作等栽培制度实现化肥农药减量施用目标。

在防控技术上，目前国际农业面源污染领域的知识群组主要集中在水土流失、氮和磷、农业面源污染模型、最佳管理措施等方面，研究前沿包括利用生物技术控制农田径流中氮磷污染、利用现代信息技术建立多种模型并对模型进行集成与优化、确定经济技术可行最佳管理措施、识别关键源区风险水平和空间分布等。而国内对农业面源污染的研究主要侧重于农业面源污染负荷、氮磷、人工湿地、防治对策等方面。加强农业面源污染领域国际交流合作仍十分必要，取长补短，尤其是在基础理论研究方面，有助于提高我国农业面源污染领域研发的水平及能力。

二、国内农业面源污染治理实践

近年来，各级农业农村部门把绿色发展摆在突出位置，加快转变农业发展方式，强化制度建设、行动引领、示范带动、科技支撑，聚焦投入减量、绿色替代、循环利用，农业面源污染治理工作取得积极进展。

强化制度建设。推动印发《关于创新体制机制推进农业绿色发展的意见》，联合出台《"十四五"重点流域农业面源污染综合治理建设规划》《农业面源污染治理与监督指导实施方案》，印发长江经济带、黄河流域综合治理实施方案，加强政策引导和统筹谋划。

强化行动引领。2015年以来有关部门先后部署推动以"一控两减三基本"（即严格控制农业用水总量，减少化肥和农药施用量，畜禽粪污、农作物秸秆、农膜基本资源化利用）为目标的农业面源污染防治攻坚战、农业绿色发展五大行动、农业农村污染治理攻坚战等，各项治理工作全面铺开。

强化示范带动。2019—2020年，在长江经济带8省53县建设农业面源污染综合治理重点县，中央补助资金11亿元；2021—2022年，将实施范围扩展到黄河流域，在长江、黄河流域12省65县实施治理项目，中央补助资金15亿元，探索总结典型治理模式，以点带面提升全国农业面源污染综合治理水平。

强化科技支撑。优化农业科技资源布局，依托国家农业废弃物循环利用等科技创新联盟，实施一批重点研发专项，合力突破关键技术瓶颈。遴选推介稻田氮磷流失田沟塘协同防控等绿色发展为导向的农业主推技术，促进农业转型升级和高质量发展。针对未来我国农业发展过程中面临稳产保供与生态保护协同目标和农业绿色发展需求，总结国内外农业面源污染治理经验措施，提出适合我国未来农业发展方向和方式的全过程、全要素综合规范化治理技术体系，强化配套政策机制保障，促进治理工程措施持续发挥实效。

第二节　我国农业面源污染防控策略

一、农业面源污染系统、生态、区域防控思路

我国农业面源污染物从常规的氮磷、COD、BOD$_5$转到叠加地膜残留、农药、抗生素、激素、病原微生物等新型污染物状态，面源污染物扩散途径从单一以径流为主转到淋溶、挥发、累积并重的阶段，污染介质从单一地表水体转到包括低下水体、大气以及农田生态系统状态，加之我国复杂多样的农业生产条件、气候条件、农业生态条件。仅仅采取某一单项技术措施很难取得面源污染有效防控的目标，必须从系统的角度整装集成面源污染防控技术、产品和装备，构建针对性面源污染综合技术体系与模式，才能实现有效防控面源污染，大幅削减污染负荷目标。

中国特色社会主义进入新时代，经济转向高质量发展阶段，我国社会主要矛盾已经转化为人民日益增长的美好生活需要和不平衡不充分的发展之间的矛盾。因此，我国不可能再走发达国家先污染后治理的老路，必须走"五位一体"统筹推进，在发展中保护、在保护中发展的道路。农业面源污染治理也不例外，必须采取生态防控技术措施实现农业安全生产与环境协同保护目标。

农业面源污染发生呈现出时空的不确定性和随机性，受自然地理条件、水文气候特征和农业生产条件等因素影响，污染物没有明确的排放途径，地理边界和位置难以识别和确定。面源污染综合防治需要对污染物源汇路径全过程的监测，相应的面源污染监测要从田间尺度拓展到流域尺度、区域尺度范围；利用模型评估面源污染时空分布规律研究必须以区域或流域为对象，才能获得较高精度计算结果，反过来为面源污染的区域或流域治理提供科学支撑。农业面源污染治理从田块尺度防控向区域、流域尺度防控转变，才能取得更加明显成效，实现社会经济可持续发展、美丽乡村和生态文明建设多重目标。

（一）南方平原水网区

该区域农业面源污染治理以控制地表径流氮磷排放为主要目标，以"源头减量、过程拦截、循环利用、末端治理"为主要治理路径，通过推广农业绿色生产技术，减少化肥农药施用量，降低畜禽粪污产生量，结合实施农田面源污染防治、畜禽粪污资源化利用、池塘尾水治理等工程，有效降低氮磷流失负荷，提高养分利用率，恢复提升农业生态功能。

（二）南方山地丘陵区

该区域农业面源污染治理以控制氮磷排放、减少水土流失为主要目标，根据地形坡度大、降雨丰富、分散式庭院养殖等特点，以"径流拦蓄利用、种养结合、尾水末端处理"为主要治理路径。

（三）华北平原区

该区域农业面源污染治理以保护地下水资源、降低水环境污染风险、保障耕作土壤可持续生产为主要目标，以"生态循环、农林复合、量水生产"为主要治理思路，通过推广实施种养废弃物资源化、农田林网缓冲带、节水灌溉、减肥减药等技术措施和工程，大力推进农机、植保等第三方托管服务和农田环境监测服务，构建现代化体系下的农业面源污染综合防控技术体系，修复提升农业生态功能。

（四）东北平原区

该区农业面源污染治理以有效阻控集约规模化种植氮磷淋失、氮磷径流流失、防控秸秆等废弃物环

境污染为重点，有效贯彻农业面源污染防控"一控两减三基本"政策措施，一方面科学合理降低农业生产资料投入量。另一方面通过农业生产科技水平提升提高农业生产资料利用效率、扩库增容提高农田养分固持能力培育健康土壤。优化农业种养业结构和田间栽培管理模式，以及提高农田系统废弃物无害资源化效率，提高农田生态系统物质能量循环利用能力，大幅降低农田生态系统向环境排放污染物质负荷。

（五）西北干旱半干旱区

该区农业面源污染治理要以"节水控水、农牧循环、回收再利用"为主要治理路径，坚持把水资源作为最大刚性约束，严格控制农业用水总量，减少不合理用水需求，优化种植结构，减少高耗水作物种植面积；坚持以地定畜、以种定养，统筹资源环境承载力，合理确定养殖业布局与规模，提高种养匹配度；推进废旧农膜、秸秆等农业固体废弃物回收再利用，建立健全回收网络体系，提高回收处置能力，推广应用全生物可降解地膜，减少地膜残留污染。

二、建立农业面源污染防控技术体系

（一）加强氮磷土肥水系统管理

氮磷养分是流失之源，水是物质移动的载体、流失驱动因素，构建农田合理施肥灌溉制度、加强土肥水系统管理是控制面源污染的根本。

针对北方农业主产区氮磷淋溶问题，其着眼点在于研究氮磷在根层-深层包气带-地下水系统淋溶的机理和阻控机制，明确氮磷淋溶损失强度，揭示不同土壤类型、种植模式、降水年型和气候条件下农田氮磷淋失时空分布特征；确定农田土壤硝态氮淋失界面，建立农田系统氮磷输入、积累、富集、淋失之间的定量化关系，阐明包气带氮磷垂向淋溶规律和阻控机制；明确氮磷淋失与水肥响应及耕作制度的相关关系，突破3种土类（黑土、潮土和褐土）粮田和菜田氮磷淋失阻控的关键技术；构建区域尺度根层-深层包气带-地下水连续系统氮磷淋失和地下水污染风险联动模型，揭示区域尺度氮磷垂向淋溶规律及影响因素，提出根层-深层包气带-地下水系统氮磷淋溶区域消减途径。

针对水稻主产区氮磷流失问题，聚焦东北、长江流域和东南沿海三大水稻优势产区氮磷径流流失阻控，以单季稻、双季稻、水旱轮作等典型稻作模式为研究对象，在田间氮磷控源增汇方面，研究制定水稻氮磷最大允许投入量及氮磷化肥施肥技术标准，定向研发低成本高分子控源材料和高碳氮比生物质材料方面产品，目标是控源增汇、错期施肥，降低稻田排水氮磷浓度；在田间控水扩容环节，基于水稻各生育期水分平衡及水稻适应性，构建基于气象-土壤-水文大数据的稻田精准控水扩容技术，目标是提高稻田水库容量，减少高风险期稻田排水。

针对设施农业面源污染问题，全链条设计，构建防控技术体系：①源头控制，包括基肥减施、高氮磷残留土壤作物氮磷钾优化调控技术，平衡施肥有机肥替代、节水灌溉、水肥一体化、精准施肥等技术；②过程调控，包括用于土壤氮磷形态调控的土壤调理剂（钝化与活化）、缓控释肥、生物质炭、沼液替代、保水剂等的科学合理施用技术；③末端治理，包括填闲作物、蔬菜轮作、间套作、生态拦截技术体系以及农业废弃物资源化利用技术，其中畜禽粪便处理方面，在确定病原体监测体系及抗生素去除的基础上，通过筛选和应用改良剂（黏土矿物剂、金属盐）等措施，在降低氨挥发、保留氮素的同时，吸附或者固定磷素，实现磷活性的稳定，进一步降低氮磷面源污染风险。

在旱地、稻田和设施条件下研究如何通过氮磷土肥水系统管理与调控来降低面源污染负荷，阐明机制、构建技术体系对于指导实践具有重要的现实意义。在全国层面上，我们需要发挥农业环保体系的力量，进一步加强应用研究，真正做到因地制宜、一县一策，从田块到区域和流域，提高作物针对性，构建精准调控指标体系和技术防控措施。

（二）强化绿色投入品创新研发

农业结构调整和高质农产品生产急需农业投入品更新换代和与之配套施用技术的标准化。利用现代生物学、材料科学、信息技术、5G技术等手段，加快研发高效、低成本、绿色智能及其配套施用技术装备，提供作物健康适宜生长环境，构建安全、低碳、循环、智能、集约、高效的农业绿色发展技术体系。实现投入品减量化、生产清洁化、废弃物资源化、产业模式生态化，在保证农业产量和效益的前提下，提高农业可持续发展能力。

（三）加大农业废弃物绿色资源化利用

农业生产过程中，除人类所需农产品外还有大量废弃物（作物秸秆和动物粪尿等）的产生，也是农业面源污染的主要贡献者。2017年年底，畜禽粪污产生量为38.0亿t，综合利用率为60%；秸秆产生量为8.2亿t，综合利用率为83.7%；蔬菜残余物为2.3亿t，综合利用率不足30%；农产品加工废弃物产生量为4.5亿t，综合利用率不足40%。未经无害化处理农业废弃物随意堆置和无序排放对环境带来巨大威胁。各类有机固体废弃物蕴含约1.2亿t粗有机质和8 300万t植物必需营养元素。在农业绿色发展的背景下，实现有机养分从废物向农田资源化回流利用势在必行。利用现代生物学技术、现代化工业体系、现代化信息技术，创新研发农业废弃物高值化利用技术、产品和装备，如畜禽粪污微生物现场快速检测技术和装备、一体化筒仓堆肥反应器、滚筒反应器和槽式反应器、大型立式高效秸秆粉碎机及清塑除杂生产线成套装备、干法连续推流厌氧发酵、分区接种批式干法厌氧发酵、高浓度湿法高效组合式机械搅拌、湿法两相厌氧发酵反应器等核心技术装备，对于实现农业废弃资源循环绿色利用，有效防控面源污染，大幅削减环境污染负荷，节省大量农业生产资料投入、提高作物资源利用效率具有十分重要的意义。

（四）加强种养结构布局优化

种养业时空错位布局是导致资源浪费、农业面源污染发生的重要原因之一。基于区域或流域层面开展农业面源污染防控，除了做好农田种植环境管理外，还要关注养殖污染治理，推进种养协同防控，提出农业面源污染综合控制方案，依据"种养结合、清洁生产、因地制宜、循环发展"的思路，集约化畜牧业发展要充分考虑有机废弃物自身无害化处理率和区域土地承载力，全面开展种养结合区种植、养殖结构解析与耕地粪污污染负荷核算，形成种养协同防控模式。贯彻国家大食物安全观理念，从宏观上调整区域粮、畜基地建设规划和农业产业结构。确保食物安全，提高产量的粮、畜基地向中低产地区和低风险污染区转移。把种植业和林业、牧业、渔业以及相关加工业有机结合起来，建立具有生态合理性、功能良性循环、能耗低的新型综合农业体系，走绿色低碳循环之路，实现经济、生态和社会效益统一。

（五）加强农药等新型面源污染物综合防控

面对农田新型（有机）污染物污染的复杂性、典型区域特殊性等，农田快速检测设备与检测方法和技术急需创新，以适应科研、生产对土壤、农产品中新型（有机）污染物定性定量筛查判定和分类管理的需求。源头上，遵循以下原则：①高效，包括具有降解、调控效应与阻控污染物扩散能力。②需要合理的施用条件和措施，修复的同时保证农业生产不受影响。③生态安全性，保证修复后农田土壤、农业环境和农产品质量安全不受影响。④廉价，适应我国农业发展的切实需要和市场需求。针对农药的大量过量使用，以"十三五"构建的农田有毒有害物质优先控制名录为基础，政府召集成立专门机构对农业投入品进行监管，加强对农产品源头的监控，依法对农药、化肥、饲料、添加剂等投入品进行监督检查，结合污染来源、途径、危害程度以及我国的管控实际，提出典型农田有毒有害化学污染物分类、分区、分级的源头管控策略。选择抗病虫害的优良品种，科学指导农民适量使用化肥、农药和添加剂，保障在源头上减免过量化学物质对土壤污染的威胁。过程中，研究旱地、稻田、设施菜地等农田系统中典型农药、酞酸酯、激素、抗生素、抗性基因和病原菌等的环境效应、污染特性与变化规律；通过生物性农药应用、病虫草害的生物、物理与农艺综合控制和农药残留生物降解，以及利用昆虫天敌、杀虫灯、性引诱剂等绿色技术替代降低高毒高残留农药的使用量和农田残留量；同时构建农田土壤残留农药、抗生素等植物、动物和微生物等原位生物降解生态修复技术体系，制定配套应用技术规程。建立农田病原生物昆虫媒介传播阻隔绿色防控技术，按照"微生物群落调控－土壤生态调理"的绿色生态综合防控思路，构建病原生物污染绿色生态综合调控技术体系，研发生物调控技术工艺和产品，提出农田污染防控的解决方案。在农膜残留污染防控技术上，采取新型可降解液膜替代技术和农膜回收利用技术，减少塑料薄膜的使用量和残留量，从源头阻断难降解型农业用覆盖塑料膜造成的有机化合物的污染。

（六）加强区域空间利用优化

控制农业面源污染是一个系统工程，需要多学科协同攻关。以水环境污染为例，应以流域为研究区域，综合考虑水体功能要求、环境容量和自净能力，通过源解析确定农业面源污染是否为主要污染源及其污染途径，有针对性地通过农业结构布局、种植结构调整、最佳养分管理、耕作制度改革、控制水土流失等方式进行源头治理；依据氮磷生物地球化学循环规律，采取生态拦截和水体岸边植被缓冲带建设等措施，对氮磷污染进行过程控制和末端治理。

第三节　农业面源污染防控建议

面对人口规模巨大和资源紧缺的压力，农业系统外源投入和内源自身产生的环境污染问题仍很突出，追求高投入高产出的农业集约化和家庭经营为单元的小农自由化发展模式导致农业生态系统自我调节能力减弱、防灾抗灾减灾能力降低。农业应对气候变化等多元化目标的实现与可持续发展的新挑战，加之农业绿色发展面临的资源短缺与生态环境污染双重约束与压力越来越受到社会的普遍关注与重视。

一、构建四大体系

（一）构建农业面源污染防控法规制度约束体系

借鉴国外发达国家的立法经验，依据我国国情，制定农村环境治理与农业面源污染防控的法律法规和管理规范标准。一方面，建立从农业生产投入品到食品加工和饮食业等各个环节法律法规及配套制度，如防治化肥和农药面源污染的专项法，着重控制化肥和农药生产、销售、施用等各个环节，畜禽粪便无害化处理立法，从源头有效控制农业污染。另一方面，完善农业环境保护法和食品安全法等相关的污染控制法规和条例。完善农业面源污染违法惩罚制度，对违法违规行为依法惩处；提升公众遵法守法意识，健全农业生态环境损害赔偿制度，提高农业面源污染违法成本和惩罚标准。加强农业面源污染防控的强制性管理，让农业面源污染防控与治理有法可依，依法防控，为有效控制农业面源污染提供有力的政策保障。

（二）构建农业面源污染防控技术支撑体系

组建国家、省级、市县级农业面源污染综合治理专家指导组，组织开展培训、调研等工作，加强对农业面源污染治理工作的技术支持。优化农业科技资源布局，依托国家农业废弃物循环利用等科技创新联盟，深化产学研企合作，合力突破关键技术瓶颈。强化现代农业产业技术体系建设，增设农业废弃物处理等领域岗位专家，为农业面源污染防治技术研发和推广提供人才支撑。遴选推介稻田氮磷流失田沟塘协同防控等绿色发展为导向的农业主推技术，促进农业转型升级和高质量发展。

（三）构建农业面源污染综合治理示范带动体系

长江经济带、黄河流域是我国农业面源污染高风险区，也是我国农业面源污染治理的关键所在。要以重点流域农业面源污染治理示范项目为抓手，系统性设计、高质量推进，发挥示范引领作用。建立协商推进机制，确保农业面源污染治理工作有牵头单位、责任部门、实施主体，合力推进项目实施。加强项目管理，建立定期调度机制，保证项目建设质量。强化技术指导，聘请专业团队作为技术支撑单位，全程跟踪项目实施，确保实施效果。

（四）构建农业面源污染防治监测评价体系

完善农业面源污染监测网络，做好国控点例行监测工作，在重点地区和重点流域加密布设省控监测点，建立大数据和智能终端监控平台，发挥用数据说话、用数据决策的功能和作用。构建治理评价指标体系，在农业投入、污染物减排、废弃物利用、农村环境治理、合格农产品供给等各个环节设置评价指标，科学评价各省县农业面源污染治理现状与成效。加强对地方治理工作考核，将农业面源污染治理工作纳入地方政府考核体系，将治理成效与各省项目资金支持挂钩。

二、建立四大机制

（一）建立农业面源污染防控技术标准化运行机制

近年来，在国家和地方对面源污染领域项目支持下，无论是在农业面源污染及其防控理论，还是在农业面源污染防控技术、产品和装备研发等方面都取得较大进展，构建了我国农业面源污染及防控理论体系，研发出一大批农业面源污染防控技术。政府相关部门牵头组织领域专家对面源污染领域成果开展梳理，编制技术清单，组织制定系列农业面源污染综合防控技术规范等，推进农业面源污染防治标准化规范化，促进面源污染理论和技术成果真正落地实施，提高了农业面源污染防控工作的目标性和针对性。具体来看，突破植物营养实时在线监测与精准施用及其标准化是农业现代化的症结；研究高质量农产品生产的土壤、水、投入与产出品等安全、高效、低成本、可复制的技术、产品与装备和农业环境污染风险防治整体解决方案；坚持节约与保护优先，破解农业资源趋紧、环境污染风险突出、生态系统退化等重大瓶颈问题。

（二）建立农业面源污染产学研用协同治理机制

在农业面源污染的防控中，技术创新与市场需求脱节、技术研发与产业发展相割裂的情况仍然存在，推动"政产学研用"融合发展与模式创新势在必行，也是推动农业面源防控和农业高质量绿色发展的必然要求。要深化产学研企合作，充分发挥科研机构、农业产业体系、相关企业等各自优势，组建技术攻关团队，合力突破关键技术瓶颈，将科研成果与实际应用结合起来，积极推广安全可靠、经济可行、操作轻简方便，取得良好应用效果的新技术、新产品、新装备和整装集成技术模式。

（三）建立农业面源污染区域生态补偿机制

建立长江经济带、黄河流域等为代表的重点区域或流域等环境敏感区或脆弱区财政补贴制度，将农业面源污染治理工作纳入地方政府绩效考核，根据治理效果确定补偿标准。根据污染防控策略和措施，推动经营主体积极有效使用环境友好技术，探索饮用水水源水质和水价联动、水源地保护区污染防控生态补偿资金、生态旅游特许经营、绿色有机农产品价值提升等机制。以水环境整体改善为目标，推行农业面源污染治理跨省县保护区和受益区间的横向补偿，实现流域上下游协同保护。

（四）建立农业面源污染治理长效运行机制

深入实施化肥农药减量增效、地膜科学使用回收、秸秆综合利用等重大项目，逐步建立"农民自愿、企业受益、环境改善"的良性循环机制。强化地方政府工程运营监管机制，加大后期维护管理资金保障力度，确保治理项目发挥实效。加快培育新型治理主体，撬动更多社会资本投入，构建农业面源污染防治多元协同长效可持续治理体系。

三、强化四项保障

（一）组织保障

政府及主管农技推广部门参与是农业面源污染治理技术、产品与装备落地实施取得成效的重要组织保证。结合区域经济发展水平、农民科技水平、土地经营方式、面源污染特点，探索政府主导、市场运作、公众参与的农业面源污染防治模式，建立工作调度会制度，及时协调解决督办农业面源污染防治过程中出现的问题。制定农业面源污染防治规划和实施方案，保障工作有序开展，进而提高农业面源污染治理效能。

（二）制度保障

实践证明，政策、法律是技术、产品和装备有效实施重要制度保障。通过实地调研，制定符合当地农业生产实际的面源污染防治技术标准规范，以标准为依据，制定农业面源污染防治政策与法律法规，构建监督约束与激励机制，通过法律制度规范生产要素投入，开展面源污染全过程管控，同时通过生态补贴、低息贷款、税费减免等优惠政策激励经营主体使用绿色环保农业面源污染防治技术、产品与装备，保障技术应用主体经济效益，实现环境效益、社会效益协调统一。

（三）宣传保障

公众参与是农业面源污染防治工作取得成效的根本保证。利用现代融媒体等多渠道宣传媒介，建立适于当地社情民意、农业生产和农业面源污染特点的培训宣传平台，加大宣传培训力度，首先让土地经营者意识到农业面源污染防治工作的意义和重要性，提高他们的认知度和参与度；其次，提高他们应用农业面源污染防治技术科技水平，进而更好发挥技术作用；第三，通过宣传和舆情监督更好地营造农业面源污染防治良好的积极社会氛围，让先进典型和技术更好更快地推广应用。

（四）投入保障

资金是农业面源污染防治工作有效实施的重要物质保证。除国家和地方政府财政资金外，制定农村生态环境保护的投融资政策，采取财政贴息等方式鼓励政策性银行、商业性银行参与，带动民间资本和国际资本等多渠道投入，逐步形成城市扶持农村的新型农村环境保护投资机制。加大农业面源污染治理试点与示范工程的建设，提高技术熟化度，在保证技术生态环境效益和社会效益同时，进而提升技术应用经济效益，提高资金投入产出比，使农业面源污染防治工作走上良性循环发展轨道。

总之，我国生态环境质量呈持续改善态势。但环境保护与经济发展复杂性有所上升，仍是广大人民群众关注的焦点问题。随着我国农业生产经营方式的转变，资源禀赋的质量改变和人民生活方式需求变化，面对新时代土壤健康与农业绿色发展需求，粮食安全与环境友好、生态环境保护与经济社会发展的矛盾还很突出，改善生态环境质量仍面临巨大压力，将是一项长期而艰巨的任务。未来，要持续加强田块、流域、区域等多尺度面源污染防控技术集成配套与工程化应用研究，实现防控技术的协调统一，落实防控技术工程应用"政产学研用"保障机制与措施，全面推进我国农业面源污染治理工作，促进我国农业高质量健康发展。